中国水产学会海水养殖分会

中国海水养殖科技进展

Progress of mariculture science and technology in China

(2016)

王清印　主编

海洋出版社

2017年·北京

内 容 简 介

本书是中国水产学会海水养殖分会编辑的《中国海水养殖科技进展》丛书之2016年卷,也是该《丛书》之第15卷。该卷收录的论文、报告是在2016年11月16—17日在厦门集美大学召开的"2016年全国海水养殖学术研讨会"上发表的200多篇论文报告的基础上,经过筛选编辑而成。本届研讨会由中国水产学会海水养殖分会、福建省水产学会和农业部海洋渔业可持续发展学科群主办,集美大学承办,福建大北农神爽水产科技有限公司、厦门惠盈动物科技有限公司和厦门市科环海洋生物科技有限公司协办。

全书按专业领域分为历史与回顾,综述,遗传、育种与生物技术,苗种培育与健康养殖,营养、生理与饲料,疾病防控与毒理实验,养殖生态与环境等七个部分。

本书可供高等院校、科研院所以及从事水产养殖工作的科技人员和管理工作者参考使用。

图书在版编目(CIP)数据

中国海水养殖科技进展.2016/王清印主编.—北京:海洋出版社,2017.9
ISBN 978-7-5027-9882-6

Ⅰ.①中… Ⅱ.①王… Ⅲ.①海水养殖-文集 Ⅳ.①S967-53

中国版本图书馆 CIP 数据核字(2017)第 183017 号

责任编辑:方 菁
责任印制:赵麟苏

海洋出版社 出版发行

http://www.oceanpress.com.cn
北京市海淀区大慧寺路8号　邮编:100081
北京文昌阁彩色印刷有限公司印刷　新华书店北京发行所经销
2017年9月第1版　2017年9月第1次印刷
开本:787mm×1092mm　1/16　印张:34.5
字数:800千字　定价:90.00元
发行部:62132549　邮购部:68038093　总编室:62114335
海洋版图书印、装错误可随时退换

编辑委员会名单

主　编：王清印

副主编：易敢峰　吴灶和　吴凡修　吴常文　方建光　常亚青
　　　　李　健　刘世禄

编　委：（以姓氏笔画为序）

丁兆坤　丁晓明　马　甡　王　波　王文琪　王印庚
王志勇　王春生　王勇强　王爱民　王清印　方建光
邓　伟　包振民　邢克智　庄　平　刘世禄　刘克奉
刘海金　刘雅丹　江世贵　孙　忠　李　波　李　琪
李　健　李长青　李文姬　李向民　李色东　李秉钧
杨红生　杨建敏　杨清源　吴灶和　吴常文　吴凡修
易敢峰　张　勤　张志勇　陈　刚　林志华　赵玉山
赵振良　赵聪明　胡超群　徐　皓　曹杰英　常亚青
阎斌伦　梁　骏　童万平　曾志南　蔡生力

前　言

2016年11月17—18日，由中国水产学会海水养殖分会、福建省水产学会和农业部海洋渔业可持续发展学科群主办，集美大学承办，福建大北农神爽水产科技有限公司、厦门惠盈动物科技有限公司和厦门市科环海洋生物科技有限公司协办，在集美大学召开了"2016年全国海水养殖学术研讨会"。

中国水产学会理事长贾晓平，福建水产学会理事长李祥春，集美大学副校长于洪亮出席会议并先后致辞，对大会的顺利召开表示祝贺。中国水产学会海水养殖分会主任委员王清印研究员做了工作报告。会议由中国水产学会海水养殖分会副主任委员李健研究员主持。

贾晓平理事长在致辞中代表中国水产学会向大会的顺利召开表示祝贺，向来自全国各地的海水养殖业界的领导、专家、代表以及企业界的朋友们表示欢迎。他充分肯定了海水养殖分会取得的成绩，高度赞扬了各位会员和会员单位的工作热情与积极性，并对下一步的工作提出了希望。王清印主任委员在分会工作报告中指出，中国水产学会海水养殖分会自2002年成立以来，在中国水产学会的正确领导和全体会员的共同努力下，围绕我国渔业的中心任务和海水养殖业的发展目标，针对海水养殖产业发展的重点、热点和难点问题，每年举办一次大型学术研讨会，对产业发展和学科进步起到了很好的推动作用。每年的学术研讨成果由海洋出版社编辑出版《中国海水养殖科技进展》丛书，至今已经出版了14卷。丛书的出版忠实记录了我国海水养殖科技发展的足迹，为推动我国海水养殖业的健康发展发挥了积极作用，受到广大会员和会员单位的好评，产生了良好的社会影响。

参加本次研讨会的代表约360人，会议收到各类论文报告200余篇。会议特邀集美大学谢潮添教授，中国科学院海洋研究所杨红生研究员，中国海洋大学李琪教授，新加坡淡马锡生命科学研究院岳根华教授，上海海洋大学蔡生力教授，中国海洋大学张全启教授，集美大学王志勇教授，宁波大学王春琳教授，厦门大学苏永全教授，广东海洋大学黄翔鹄教授以及福建大北农神爽水产科技有限公司易敢峰总裁等 11 位知名专家、教授作了大会主旨报告。

研讨会共安排 80 多篇论文报告在 3 个分会场进行学术交流。分别围绕海水养殖生物的遗传育种、养殖模式、养殖环境与生态保护、疾病防控、营养与饲料、海水设施养殖以及海水养殖发展战略等专题进行研讨与交流。部分海水养殖企业的代表参加了会议交流，并展示了各具特色的产品和成果。本次年会是我国海水养殖业界的一次科技盛会。

《中国海水养殖科技进展》丛书之 2016 年卷，是在"2016 年全国海水养殖学术研讨会"上发表的 200 余篇论文报告的基础上，经过筛选编辑而成。全书共分历史与回顾，综述，遗传、育种与生物技术，苗种培育与健康养殖，营养、生理与饵料，疾病防控与毒理实验，养殖生态与环境等七个部分。

希望本卷丛书的出版，对保持和维护中国水产学会海水养殖分会的学术权威性，探索现代学术交流的方式和方法，提高学术交流的水平和质量，增强学术活动的吸引力和凝聚力，特别是在鼓励青年学者和研究生积极参与学术交流，加快青年人才培养以及建立水产学术活动品牌等方面进一步发挥积极作用。为推进我国海洋强国战略建设，实现海水养殖业的可持续发展做出积极贡献。

编者　谨识
2017 年 3 月

目 次

历史与回顾

中国水产业引进HACCP推广应用始末 …………………………………… 李晓川(3)

综 述

我国海水养殖业供给侧改革的任务与对策 ……………………………… 刘世禄(31)
牡蛎育种研究进展 ………………………………………………………… 宁岳等(42)
底栖动物增殖放流生态风险评价体系 …………………………………… 祁剑飞等(60)

遗传、育种与生物技术

三疣梭子蟹低盐耐受性和体重的遗传参数估计及其相关分析 ………… 卢少坤(71)
短期温度胁迫对驼背鲈(♀)×鞍带石斑鱼(♂)杂交子代幼鱼抗氧化及消化生理的影响
……………………………………………………………………………… 刘玲等(78)
葡萄牙牡蛎外套膜转录组测序及壳色基因挖掘 ………………………… 严璐琪等(88)
温度胁迫下银鲳转录组的 de novo 拼接和差异表达的分析 …………… 施兆鸿等(95)
大黄鱼选育家系 F_1 生长性状研究 ……………………………………… 章霞等(114)
金属线码标记操作胁迫对大黄鱼5种血清酶活力的影响 ……………… 黄建华等(122)
大黄鱼过氧化氢酶(CAT)基因的克隆及其对鳗弧菌感染响应的研究 … 包苗苗等(130)
基于微卫星标记研究我国南海翡翠贻贝群体遗传多样性和遗传结构 … 叶莹莹(138)
曼氏无针乌贼 TLR 基因的克隆与病原菌胁迫下的表达 ……………… 霍利平等(149)
栉江珧染色体组型的初步分析 …………………………………………… 周丽青等(158)
四种壳色马氏珠母贝遗传规律研究 ……………………………………… 李健强等(164)
17α-甲基睾酮及芳香化酶抑制剂对条纹锯鮨性逆转的影响 ………… 刘莉等(171)
黄盖鲽 Tachykinin 1 基因克隆及表达特性分析 ………………………… 郑风荣等(183)
基于转录组测序的星斑川鲽微卫星分子标记的开发 …………………… 郑风荣等(194)
星斑川鲽微卫星标记在相近物种及杂交后代中的应用 ………………… 郑风荣等(204)
许氏平鲉淋巴囊肿病毒核衣壳蛋白基因序列分析及基因型分析 ……… 郑风荣等(212)
基于 cyt b 和 D-loop 部分序列的4个大泷六线鱼群体遗传多样性分析 …… 沈朕等(219)

卵形鲳鲹低氧相关基因的克隆、序列分析及其在低氧胁迫下的表达变化 ··· 陈世喜等（230）

苗种培育与健康养殖

低盐度对泥东风螺稚螺生长与存活的影响 ··· 郑雅友等（245）
pH 和 N/P 比对微小原甲藻和青岛大扁藻生长竞争的影响 ································ 葛红星等（251）
养殖密度对珍珠龙胆石斑鱼摄食行为和生长的影响 ······································· 王丽娜等（261）
福建省红树林湿地小型底栖动物丰度及生物量的研究 ···································· 刘梦迪等（270）
卵形鲳鲹滩涂半封闭型多级综合生态养殖试验研究 ·· 区又君等（283）
工厂化养殖珍珠技术与实施 ·· 傅百成等（291）
花鲈消化及视觉器官早期发育的组织学观察 ··· 温海深等（295）
循环水养殖好氧反硝化细菌的分离和脱氮应用 ·· 陈钊等（302）

营养、生理与饲料

烷过氧自由基氧化对大黄鱼肌原纤维蛋白的影响 ··· 员三月等（315）
野生条斑紫菜叶状体对干出胁迫的抗氧化生理响应特征 ································ 李晓蕾等（326）
锯缘青蟹与三疣梭子蟹营养成分分析及比较 ·· 姚兴南等（336）
不同养殖模式马氏珠母贝鲜肉矿物元素含量的比较 ·· 郑兴等（344）
甘露寡糖对欧洲鳗鲡生长、消化酶活性及非特异性免疫的影响 ···················· 杨敏等（350）
高盐胁迫对凡纳滨对虾生长、摄食及饵料转化率的影响 ································ 李娜等（357）
注射多巴胺和5-羟色胺对3种主要养殖对虾争胜行为的影响 ························· 赵玉超等（362）
高度不饱和脂肪酸对水生动物代谢的影响及其机理 ·· 许友卿等（368）
高度不饱和脂肪酸对水生动物生长、发育和繁殖的影响及其机理 ················· 许友卿等（379）
丙氨酰-谷氨酰胺和维生素 E 对军曹鱼幼鱼特定生长率和不同组织器官 RNA/DNA
　比值的影响 ·· 许友卿等（386）
饲料中添加虾青素、叶黄素等4种物质对豹纹鳃棘鲈（东星斑）生长和体色的影响 ·········
·· 关献涛等（397）
野生金乌贼缠卵腺的营养成分分析及评价 ·· 刘长琳等（408）
下丘脑神经肽对半滑舌鳎垂体促性腺激素和生长激素表达及分泌的影响 ········
·· 王滨等（417）
饲料中添加微藻粉替代鱼油对星斑川鲽幼鱼生长和体组成的影响 ··············· 张燕等（424）

疾病防控与毒理实验

我国东部沿海地区养殖密集型水域抗生素抗性细菌的多样性分析 ··············· 李云莉等（437）
海洋动物共附生放线菌分离及拮抗菌筛选 ·· 田云方（443）

牙鲆肠道白浊病治疗效果的研究 …………………………………… 李爽等（455）
氟苯尼考在感染副溶血弧菌的脊尾白虾体内的药效学 …………… 冯艳艳等（459）
镧对黄姑鱼的促生长作用及抗病力的影响 …………………………… 陈超等（466）
美洲黑石斑鱼"突眼"症的病原菌分离鉴定 ………………………… 陈建国等（473）

养殖生态与环境

天津人工鱼礁区海域水质环境质量评价 …………………………… 王婷等（485）
天津大神堂活牡蛎礁海洋特别保护区水质分析 …………………… 王群山等（491）
不同填充率的藤壶壳对虾塘养殖尾水处理效果的影响 ……………… 章霞（496）
温度和盐度对刺参稚参温度耐受性的影响 ………………………… 孔令锋等（502）
牙鲆仔稚幼鱼肠道菌群结构比较分析 ……………………………… 刘增新等（509）
碱度对水产养殖絮体培养中氮素转化及絮体生物学特性的影响 …… 马涛等（517）
厦门白哈礁海域石珊瑚的初步分类鉴定 …………………………… 倪智等（524）
厦门白哈礁石珊瑚对温度和盐度胁迫响应行为的研究 …………… 刘佳英等（533）

历史与回顾

中国水产业引进 HACCP 推广应用始末

李晓川

(中国水产科学研究院 黄海水产研究所 青岛,266071)

20世纪90年代中国水产界从国外引进"危害分析与关键环节控制点"(Hazard Analysis and Critical Control Point,HACCP)质量安全控制技术并在行业内推广应用一事虽然已经过去多年,但是其意义重大,内容丰富,持续时间长,影响深远。这件事应当在中国渔业史或中国渔业大事记上专门书写一笔。我虽然现在已经进入古稀之年,但是作为主持开展这项工作的技术专家,还是觉得有责任把这段历史尽可能详细地记录下来。我在整理过去多年的工作记录、出国汇报和国际会议资料的基础上,写成此文,对当年引进 HACCP 和推广应用的情况作了较为系统全面的介绍,以期为后来者知悉这段历史,借鉴其中经验,为将来编写相关史志留存可信的第一手资料。

从20世纪80年代初起步的我国现代水产品加工业的标准化与质量管理工作,从无到有制定了多项水产品标准,初步建立了行业标准体系,通过开展产品评优和企业升级工作,建立了渔获物质量管理规章制度,促进了当时的水产加工产业发展。但是到了90年代初,我国结束计划经济开始建立社会主义市场经济、水产品国际贸易迅速扩张和食品安全问题突出之际,按照改革开放的总方针和政策,采用国际通行标准和质量管理技术,以适应满足时代变化的需要就成为当时我国水产业的迫切任务。

90年代初,HACCP 这一正在国际上开始传播的质量保证技术还没有引进国内。国内食品卫生和进出口检验的主管部门对此尚不了解,食品卫生操作管理的国家标准旧貌依然。当年农业部渔业局领导对国际上水产品质量管理的新进展反应得当,全力支持以部直属黄海水产研究所为依托的国家水产品质量监督检验中心抓住机遇及时引进 HACCP 并开展推广应用。这不仅成为行业的一件大事,也开启了我国水产品质量检验与相关国际组织和国际水产界在水产品质量保证领域建立技术交流合作的先河。

得到农业部渔业局支持,我有幸在1990年就参与了美国食品药品管理局(FDA)和联合国粮食与农业组织(FAO)主导的在全球推广 HACCP 的活动,并在国内水产加工行业率先推广应用。从出国参加研讨会第一次接触 HACCP,到我主持起草的以 HACCP 为基础的行业标准 SC/T3009-1999《水产品加工质量管理规范》发布,先后历时十载。此时我正值盛年,主持国家水产品质量监督检验中心和全国水产品加工标准委员会的工作,这也更有助于

作者简介:李晓川,男,黄海水产研究所 研究员,长期从事水产品质量检验和监督工作,E-mail: lixc@ysfri.ac.cn

HACCP技术和相关法规的引入和推广。

从那时到现在已经过去20多年。20世纪90年代以来活跃在国际水产品检验与质量保证界的一辈人，包括为我国引进HACCP提供过帮助且亲历亲为的联合国粮农组织(FAO)渔业部水产品利用与市场处水产品技术与质量保证培训项目主管鲁宾先生(Hector M. Lupin)和桑托斯先生(Carlos Lima dos Santos)都已经退休，淡出行业的舞台了。当时主导并大力支持这项工作的国内主管部门农业部渔业局加工处林美娇处长，林姣绒副局长也都退休，贾建三副局长后来到FAO的罗马总部工作。我们应当牢记并感谢当时对这项工作先后给予大力支持的农业部渔业局的各位领导同志。牢记并感谢当时给予我们真诚和周到的支持、为我国水产质量保证和产品检验走出国门和结识国际同行提供许多平台与机会的FAO渔业部水产品利用与市场处的朋友们。

1 危害分析与关键控制点(HACCP)原则的由来与内容

"危害分析与关键控制点"的英文是"Hazard Analysis and Critical Control Point, HACCP"。HACCP的概念大致可归纳为：系统、逻辑地分析可能出现的造成产品质量缺陷的潜在危害(Hazard Analysis)，并建立关键控制点(Critical Control Point)，采取相应措施防止之。它是20世纪70年代初因美国航天食品供应安全要求提出，开始是为防止食品中的微生物污染。到80年代中期，因为消费者对食品的安全和卫生越来越关心，美国科学院将其推荐到食品工业。1986年美国国会指令NOAA依据HACCP原则改进水产品监督体系。

危害分析与关键控制点——HACCP是一逻辑性强、简明而且高度专业化的食品质量控制体系，是质量管理的有效工具。自70年代初逐步发展到今天，已为欧洲和美国、加拿大等国纷纷应用，以保证食品的安全、卫生和无经济欺诈，满足消费者不断增长的需求。

HACCP体系已被广泛研讨，专家们各有见解但总的趋势是在HACCP的主要原理认识上逐步取得一致。为此国际食品标准委员会CAC已在1997年修订的《食品卫生通则》(CAC RCP1 Rev.3 1997)中作了明确的阐述和规定。

危害分析与关键控制点是以预防为主的食品生产的安全与质量控制的方法，其基本原理是：①评估影响产品质量与安全卫生的风险，分析其潜在危害HA。这贯穿于食品原料、加工制造以至到市场销售的全过程；②鉴别生产加工过程中控制点并按已分析出的危害确定关键控制点CCP；③确定与各关键控制点相适应的临界值CL；④确立各关键控制点的监控程序和频度以确保符合临界值M；⑤确定经监控认为关键控制点失控时应采取的纠正措施CA；⑥确定验证HACCP体系的正常有效的运行程序V；⑦建立全部的证实HACCP系统正常运转的程序文件和与上述原理及其应用相适应的准确有效的记录R。

HACCP体现的是以预防为主而不是事后检验的质量管理理念。

这一质量管理的一个重要原则后来很快受到联合国粮食与农业组织(FAO)的推崇。

2 20世纪90年代国际水产界的HACCP推广与培训

从20世纪80年代末开始的10年间是美国和联合国粮农组织(FAO)在国际推行

HACCP 的高潮时期。主要形式是举办区域性研讨会和定向培训班,大力宣讲传播 HACCP 基本原则及以 HACCP 为基础的水产品质量法规。

了解到国际 HACCP 推广趋势和水产品质量管理与卫生法规的发布实施情况,使我们强烈感到在国内水产业进行这方面的推介工作的重要与紧迫。引入 HACCP 体系就是与国际标准接轨的一种创新和改革。

中国水产业是国内最早参加国际 HACCP 的研讨会并及时向国内介绍推广的。1989 年设在部直属单位黄海水产研究所的国家水产品质量监督检验中心受农业部渔业局委托派员参加了美国在泰国曼谷举办的培训班。此后,在 1990 年参加了美国在马来西亚举办的 HACCP 与相关法规的推介研讨会,1992 年参加 FAO 在马来西亚举办的针对发展中国家的 HACCP 师资培训班和 UNIDO 在英国举办的欧盟新的水产品法规研讨会,1996 年参加在美国举行的第二届国际水产品质量检验大会和针对发展中国家的 HACCP 应用研讨会,1998 年参加了 FAO 在丹麦举行的 HACCP 高级应用研讨会。参加这些国际会议和研讨班为将 HACCP 引进中国水产界提供了坚实的技术基础。

2.1 美国主导的 HACCP 推广培训

从 80 年代末开始,美国国内水产业的主管部门——国家海洋与大气管理局渔业署(NOAA NMFS)所属的国家水产品实验室(National Seafood Laboratory)承担开展"HACCP 海产品监督示范项目"。通过国家水产学会(NFI)和相关技术服务公司对其应用提供咨询。

国际上,美国大力向海外推行 HACCP 管理原则及其相关法规。美国召开多个区域性研讨会进行介绍和推广 HACCP。典型的是从 1989—1991 年美国食品药品管理局(FDA)、国家海洋与大气管理局渔业署(NOAA NMFS)和美国水产学会(NFI)联合举办的几次水产品检验规范研讨会。

亚洲区域:1989 年在泰国曼谷举办,1990 年 9 月 17—19 日在马来西亚首都吉隆坡举办,黄海水产研究所国家水产品质量监督检验中心在农业部渔业局支持下均派出人员参加了这两次亚洲区域的研讨会。

欧洲区域:1991 年 7 月在比利时首都布鲁塞尔分别举办过两次。

北美区域:1991 年 8 月在北美墨西哥的首都分别举办过两次。

这里对亚洲区域的一次研讨会的内容做详细介绍,以其一斑,可知全部。

1990 年 9 月 17—19 日,美国食品药品管理局(FDA)、国家海洋与大气管理局渔业署(NOAA NMFS)和美国水产学会(NFI)在马来西亚首都吉隆坡 举办水产品检验规范研讨会(International Orientation Workshop, FDA/NOAA Voluntary Seafood Inspection Program)。

主办方在介绍本次培训班的内容与目的时强调:希望学员在培训结束时不是成为 HACCP 的专家,而是理解 HACCP 的基本原理及其在水产品检验中是怎样应用的。

这次是在亚洲区域的最后一次,也是规模最大的一次 HACCP 研讨会,有 20 个国家的 210 名相关人员参加。这反映了亚太地区水产品出口国家,重视美国市场,积极响应美国对进口水产品的质量管理要求。

NFI 的斯莱文先生介绍 HACCP 的内容及应用,包括 HACCP 的基本概念,如何制订某个产品的HACCP计划以及水产品加工的HACCP典型示例。FDA的乔治先生讲水产品的安全性和消费者的关切。由NOAA NMFS的丽塔女士和理查先生介绍美国新的推荐性水产品检验方案(FDA/NOAA Voluntary Seafood Inspection Program)及其应用。FDA的玛丽女士讲现行的美国水产品进口程序和要求,详细说明有关管理机构和企业应当怎样行动采取什么措施方能达到美国新的推荐性水产品检验方案的要求。

经过几年的综合研究实验到1991年终于推出美国新的推荐性水产品检验方案。不过,这还是初步方案,1992年才成为正式方案。制订这个方案的目的是进一步保证产品的安全性和食品卫生并避免产品的经济欺诈行为(如短重、掺假等)(注:那一些危害应是HACCP所针对的,这点在FDA和NOAA之间是有争论的,几年后《美国新的推荐性水产品检验方案》由FDA主导的以HACCP为基础的美国联邦法规CFR123所取代,新的联邦法规就没有将经济欺诈行为作为危害列入)。FDA要求今后进入美国市场的水产品都应按HACCP原则监督生产。如果一个企业按HACCP原则组织生产并为美国FDA认可或了解,其产品的可信度就相应提高,就能较容易进入美国市场。讨论会主办者希望在政府主管机构的推动下,生产企业自觉地应用HACCP原则制订出自己的相关产品的质量监督检验方案,从1992年开始美国拟选取9个国家作为推行HACCP的试点国。亚洲地区选3~4个。选取原则主要考虑地理位置、对美国出口水产品的数量品种及管理基础等因素。

参加研讨会的马来西亚、巴布亚新几内亚、泰国、中国、印度尼西亚和加拿大的代表都作了简短发言。中国代表团团长、来自国家水产品质量监督检验中心的李晓川简要介绍了中国水产品质量检验和标准化工作并表示要把HACCP概念和质量监控体系引入中国的水产业。

2.2 联合国粮农组织(FAO)主导的全球HACCP推广培训

90年代FAO在国际上大力推行HACCP。FAO渔业局水产品利用与市场处(FIIU)通过不同项目特别是丹麦王国政府提供经费资助的FAO/DANIDA水产品技术与质量保证培训项目(GCP/INT/391/DEN)从1986年开始实施在全球组织推行HACCP的活动。到1993年已经给发展中国家的2 500多个水产技术人员提供了HACCP培训,使许多发展中国家建立了本国的以HACCP为基础的水产品监控体系以应对水产品国际贸易技术壁垒。设置在黄海水产研究所的国家水产品质量监督检验中心参加了FAO组织的这些活动。

2.2.1 针对发展中国家的HACCP推广师资培训

1992年3月9—20日FAO举办的第二届国际水产品检验与质量控制员的师资培训班(2nd International Training Course for Trainers of Fish Inspectors and Quality Controllers)。

FAO在邀请函中表示:各国所推荐的参加人员应具备一定的资格,现在正从事并有志于为政府机构和企业培训水产品检验和质量控制人才。

FAO与INFOFISH杂志社、马来西亚渔业发展部、加拿大纽芬兰/拉布拉多渔业海洋研究所和加拿大渔业海洋部检验局合作举办这次培训班。这次培训班的主要学习内容为:① HACCP基本知识;② 加拿大的(水产品)质量管理纲要(QMP);③ 培训技术。

本次培训班的目的在于使学员当课程结束时应具备较全面的培训能力,包括:① 确定一次培训活动的要求;② 提出清晰现实的培训目的;③ 制订完善的培训计划;④ 设计合适的全部课程和选择适宜的方法;⑤ 安排培训时间和教材;⑥ 准备有效的直观教具;⑦ 采用参与式培训法;⑧ 评价培训结果。

学员共12名,分别来自:马来西亚、中国、印度、印度尼西亚、泰国、越南、菲律宾、孟加拉、塞内加尔、尼日利亚、巴拿马共11个国家。

培训班主要由加拿大渔业海洋部(DFO)检验局的乔伊斯女士(Joyce Noseworthy)和加拿大纽芬兰/拉布拉多渔业海洋研究所的埃德加先生(Edgar Churchill)两位讲课。乔伊斯女士主要讲质量管理的新概念 HACCP 和加拿大的水产品质量管理纲要(Quality Management Program QMP),QMP 的内容将在下面介绍,在此不多述。

埃德加先生长期从事渔业社区及渔业学校的教学开展渔业技术培训服务。从1960年起他们的海洋研究所就致力这项工作。先是搞流动学校,每年派6~8个专职人员携带教学器具,深入渔区举办长达6~8周的培训班,课程有造船、航海、修理、织网等。现在他们的教学条件已大大改进,采用录像、电话、电视网络等先进手段。1991年举办各类培训班112个,参加学员1 000多人,获得外部资金100多万加元。

他讲的培训技术内容有四部分:① 课程设计,首先要确定不同的培训班的目的和学习主题,根据培训要求科学合理地安排教学的各部分内容及有针对性的技能训练;② 在教学中以学员为中心以不同的手段、方法进行有效的表述;③ 学习环境的掌握;④ 培训评价,了解学员的学习情况及课程设计是否合理,为评价进行的考核应切中教学主题,有效真实而又综合检查出学员的技能和知识是否提高。

在本次培训班的课时安排上,埃德加先生将学习重点放在课程设计上,这也是学员回国后能否有效开展工作的根本。要求学员结合水产品检验和加工保鲜的专业内容,应用HACCP 原则模拟准备一个2~3 d 的培训教学大纲。在本次培训班结业前两天,每个学员各自进行两次按所拟教学大纲上讲台试讲课,并当堂由教师和同学予以评价。要求学员利用所学的知识做好教学目的和内容的设计,能正确使用教学设备(本次培训班上用胶片投影仪等),以积极的态度达到教学目的。

中国学员演习的两节课的题目是"如何正确加冰保鲜渔获物"和"中国的水产品质量检验与培训"。埃德加先生给予这两个演习讲课的评价是"非常清晰的表述","课程内容清楚","设计课堂讨论是个好想法"。

3月20日中午这次培训班结束,向学员颁发有两位教师和 FAO 桑托斯先生签名的结业证书。证书上还有一个联合国工业发展组织(UNIDO)的标志,表明 FAO 与 UNFAO 一起主办了这次培训班。

2.2.2 针对发展中国家的研讨会

FAO 除了培训发展中国家的这一领域的专业技术和管理人员,还举办 HACCP 的国际研讨会,通过讲课座谈和参观进一步提高他们的实施能力与水平。

在美国举办的第二届国际水产品检验与质量控制大会结束后,1996年5月28—30日FAO 在美国密西西比州(Mississippi MS)召开水产业 HACCP 应用与培训研讨班。美国国家水产品检验研究所是会议的承办单位,他们研究所就在该州的珀斯卡哥拉(Pascagoula)。

参加研讨班的有 FAO 的鲁宾先生(Hector M. Lupin)、卡洛斯先生(Carlos A. Lima dos Santos)和丹麦哥本哈根大学的胡斯教授(Pro. Hans Henrik Huss)以及来自发展中国家的人员共 29 人。

研讨内容主要以 HACCP 在水产业的应用为主。鲁宾、胡斯等专家都作了相关报告,发展中国家的同行介绍了自己国家 HACCP 的实施情况。美国国家水产品检验研究所介绍了他们承担的美国国家的一个应用 HACCP 的海产品监督示范项目(MODEL SEAFOOD SURVEILLANCE PROJECT),把鱼、虾、蟹、贝等水产品的生产到销售各环节都做出 HACCP 的分析与实施计划,内容如下:

MODEL SEAFOOD SURVEILLANCE PROJECT

HACCP REGULATORY MODEL

——RAW SHRIMP 原料虾

——BREADED SHRIMP 沾面包屑的虾

——COOKED SHRIMP 烹饪过的虾

——BREADED FISH and SPECIALTY ITEMS 沾面包屑鱼与特制品

——MOLLUSCAN SHELLFISH 软体动物贝类

——BLUE CRAB 兰蟹

——SCALLOPS 扇贝

——IMPORTED PRODUCTS 进口产品

——SMOKED AND CURED FISH 烟熏与腌鱼

——FISHING VESSELS 渔船

——WHOLESALERS/DISTRIBUTORS/SEAFOOD AUCTIONS 批发经销商与水产品拍卖

——AQUACULTURE 水产养殖

HACCP PROTOTYPE MODEL

——RETAIL 零售

——FOOD SERVICE/CONSUMER EDUCATION 食品服务与消费者教育

——NON-STATE INSULAR AREAS 非国有海岛地区(译注:指美国的海外属地,美国的非宪辖管制领土,如关岛、北马里亚纳群岛、波多黎各、美属维尔京群岛等。)

SAMPLING CONSIDERATIONS UNDER A HACCP INSPECTION SYSTEM

——HACCP 检验体系的抽样注意事项

这次研讨班的另一重要活动是实地参观考察墨西哥湾海产品实验室和水产加工企业。美国食品药品管理局(US FDA)下属的墨西哥湾水产研究所(The Gulf Coast Seafood Laboratory GCSL)就在邻近的阿拉巴马州(Alabama)。墨西哥湾海产品实验室负责人为来访者介绍了他们的研究工作和成果,也同时介绍了主要研究人员。他们研究范围和方向大致有 4 点:重金属污染、有害微生物、农药残留和石油烃污染(墨西哥湾是美国的原油开采产地)。

参观两个水产加工企业，一个是从事冷冻鱼糜方便食品的小型加工厂；另一个是较大型的冻虾仁加工厂（原料来自墨西哥湾海捕虾）。参观过程中看到他们的生产场所卫生条件较好，都有良好的生产记录。

FAO组织的这次研讨班让发展中国家的学员近距离接触美国同行，现场了解美国水产加工业是如何应用HACCP原则，政府机构对企业和水产品进行质量监控。

FAO/DANIDA的水产业HACCP实施与经济学高级研讨会。

1999年8月23—28日在丹麦希茨海尔斯（Hirtshals）举办水产业HACCP实施与经济学高级研讨会。会议是由FAO/DANIDA共同组织的。丹麦王国政府资助FAO主导推广HACCP活动的水产品技术与质量保证培训项目。来自发展中国家的从事水产品质量监控的技术人员或政府相关机构的管理者，这一领域的国际知名人士包括丹麦技术大学的胡斯教授、英国的麦克狄龙，FAO和丹麦的有关专家官员共38人参加会议。会议总结FAO开展HACCP培训以来的各国实施情况与经验，讨论如何进行HACCP体系的验证与审核，从更高层面介绍水产品的风险分析及食品安全经济学。研讨会的亮点是鲁宾先生对全球水产品质量控制和安全的现状与发展做了较长时间的演讲，他提出21世纪继HACCP之后水产品的安全管理将开始风险分析的时代。

2.3 国际水产品大会提供HACCP的研讨交流平台

20世纪90年代HACCP推广热潮中，国际水产品大会与国际水产品检验协会年会也是全球水产品质量界定期的重要交流平台。

1996—2009年的14年间国家水产品质量监督检验中心派出技术专家作为我国水产业的代表应邀参加了第二、五、六、八届国际水产品质检大会。

这正是我们致力于将HACCP引进中国并推广应用期间，也是我国水产品质量检验工作迅速发展的时期。参加国际水产品质检大会让我们有机会及时了解和跟踪国际水产品检验与质量控制领域的最新进展与发展趋势，与国际同行有了更多的交流，对扩大中国水产业的影响和HACCP推广应用有积极意义。

2.3.1 国际水产品大会

（各届国际水产品质检大会的英文名称不尽相同，中文名称有人翻译成国际水产品质检大会，也有称其为国际水产大会）

联合国粮农组织FAO早在20世纪60年代便开始积极协调举办国际水产品检验及质量管理论坛。国际水产品质检大会是由FAO和联合国工业发展组织（UN IDO）支持，为全世界从事水产品质量管理、水产品质量检验的专家学者、企业和政府主管部门的人员提供接触和交流的一个定期的国际会议。第一届国际水产品质检大会于1969年在加拿大东海岸的著名渔业港口城市哈利法克斯（Halifax）举行。当时水产品安全问题尚不突出，水产品的国际贸易规模还较小，水产品国际贸易保护主义等问题还未像今天这样如此泛滥。因而在这次会议上，水产品的质量管理的重点主要是保鲜技术开发和推广。从1996年的第二届大会后一般两年召开一次，会议地点也是通过协商在全球五大洲各国不断变换。

第二届国际水产品质检大会（International Conference on Fish Inspection and Quality Control)在全球水产品贸易大发展、水产品的质检受到重视、HACCP在全球广泛推行的情况下,与第一次大会间隔27年后,1996年5月19—24日在美国首都华盛顿特区近邻的弗吉尼亚州(Virginia)阿灵顿(Arlington)举行。美国渔业学会(National Fisheries Institute NFI)承办这次大会。

这次会议预期参会人数在150人左右而实到参会人数高达350人。

这次会议因其内容丰富以及召开的时机较为关键,吸引了全球35个国家和地区的300多名业内人士参加,包括FAO渔业部水产品加工与市场处的负责人史迪夫先生(Steve Karnicki)、鲁宾先生,加拿大渔业海洋部检验局局长埃默伯里先生(John Emberley)、美国渔业协会(NFI)李先生(Lee Wedding)、美国海洋渔业署水产研究所所长斯潘塞·加勒特先生(Spencer Garrett)等许多国际水产界知名人士。我国农业部渔业局及时组团参加,由国家水产品质量监督检验中心李晓川带队。通过参加会议,我们还结识了许多国际同行,扩大了中国水产品质检界,特别是中国农业部质量检测系统在全球的影响。

在会议会场外同时举办展览,有27个来自美国、加拿大、英国、丹麦的质量检验机构或企业参展,以美国最多。展出内容主要是新的快速(微生物、生物毒素、药物残留物)检验技术,HACCP和质量保证技术的咨询服务包括协助企业制订HACCP计划、培训质量保证人员等。

这次会议内容全面广泛,从水产品的国际贸易问题到HACCP的推广、水产品检验技术的研究进展等。① 主要水产品进口与出口国家实施HACCP的情况;② 最新的质量保证方法与质量控制体系;③ 捕捞、养殖、加工工业各领域实施HACCP控制的专题讨论。

2.3.1.1　HACCP是当今全球水产品检验和质量控制的主要原则

会议回顾了自从1969年在哈利法克斯举行第一次水产品检验的国际会议以来,全球水产业和水产品贸易有了巨大发展,30%以上的渔获物进入国际贸易,贸易额由1970年的29亿美元到1993年已经超过400亿美元。这一方面因为对于作为健康食品——水产品的需求不断增长,也因为通过关贸总协定GATT(国际贸易组织WTO的前身)水产品的国际贸易逐渐自由化。然而最重要的是:在这个过程中,行之有效的水产品检验和质量控制在全球逐渐协调一致,促进国际标准、导则的发展和实施新的包括HACCP在内的质量保证体系。

1986年FAO决定接受HACCP并在与水产品安全及质量有关的各类活动中大规模介绍推广。1991年FAO在丹麦召开首次国际会议,讨论在发展中国家推广实施HACCP。主要水产品进口国和地区美国、加拿大和欧州等都制订了依HACCP原则的质量检验法规。这次大会上许多国家的代表发言介绍本国情况时都表示:他们是按HACCP原则制订的水产品管理规范和标准,符合美国、欧共体、加拿大等有关质量检验和管理的要求。

可以认为:经过多年的推广和发展,HACCP已经成为国际水产界产品检验和质量控制的共同准则。

2.3.1.2　各国水产品质量检验与控制简况

从大会上的报告分析,可以将全球各国分为两大类:一是以发达国家为主的水产品进口国;二是以发展中国家为主包括部分西方国家的水产品出口国。

美、欧、加等发达国家的进出口贸易和产品来源与品种的多样性使其对水产品安全卫生极为关注,在产品检验和质量控制上大量投入,取得全球同行的先进和主导地位。其特点是:把HACCP的应用和实施纳入法制轨道,已经有成熟的技术和管理的文件体系。如美国FDA和NOAA对从捕获和养殖的水产品原料到加工各环节实施HACCP,都提出相应的控制各种危害的示范模式。美国政府投入大量经费用于药物残留、化学污染物、有害微生物、石油烃残留物等危害的调查研究分析的基础工作,初期就有1.7亿美元。美国已针对加工和进口水产与水产加工品强制实施HACCP写入联邦法规中(21,CFR Parts 123 and 1240)。欧盟有强制性法规"EEC91/493对投放市场和生产水产品的卫生规定"。加拿大渔业海洋部制定有针对本国生产和进口水产品的质量管理规范QMP(1992年成为强制性的)。

他们的法规制定工作过程大体为:① 调研和讨论HACCP的有关问题,包括质量指标、危害种类、控制方法等;② 起草相应标准规范、法规,有行政机构、行业代表与技术专家参与;③ HACCP标准与规范的介绍与培训人员;④ 通过认证在企业实施HACCP为基础的质量管理规范。

在发展中国家中,由于多方面的原因在水产品出口时只能努力遵循发达国家的相关规定,争取得到进口国的认可。搞得较好的国家有泰国、巴西、乌拉圭、越南、冰岛、新西兰等,泰国称其现有65%的企业完全建立实行了以HACCP为基础的质量管理体系。这些国家的工作过程大致为:① 介绍HACCP和美、欧、加的有关法规;② 培训人员;③ 在企业实施认证或审核。

2.3.1.3 水产品检验与质量控制面对的问题

从本次大会看,HACCP原则已经在多个国家广泛推广应用,但在实施中仍有些问题。如何协调HACCP与ISO9000、GMP等标准和方法的关系,难以进行HACCP效益的评估,缺乏训练有素的人员等。

水产品检验与质量控制是一个系统工程,需要多部门多学科的参与。从大会提交的报告看,所涉及的有:政府管理部门的决策与支持;质量管理标准化;实验室分析测试与检验技术;计算机技术;国际贸易与法律知识;人材培训方法与技术。

大会结束前,提出了12条建议。这些建议的主要内容包括:

(1)充分认识到世界贸易组织(WTO)采取《卫生和植物卫生措施协议》(SPS)和《贸易技术壁垒协定》(TBT)重要性,鼓励政府和企业界实施这些协定,以平等、协商和交流的精神消除任何国际贸易技术壁垒。

(2)敦促优先考虑SPS措施的平等性,鼓励各国政府通过国际食品法典标准(CODEX)和双边或多边的协调的共同行动,改善和扩大平等协商,促使各国之间形成基于更多理解的伙伴关系。

(3)敦促国际食品法典委员会(CAC)通过改革会议之间的标准工作组来改进标准制订。这需要政府主管部门、企业界和消费者组织积极主动参与。

(4)会议注意到HACCP为基础的(质量检验)规范正在全球水产加工界广泛推广。建议各国政府主管部门继续努力并充分重视HACCP为基础的质量保证体系的贯彻实施。

(5) 通过宣传、培训使政府和民间的部门认识到：只有在良好操作规范（GMP）的基础上HACCP 的应用才能成功。

(6) 促进政府和企业界尽可能选择有活力的机制以保证生产企业实行 HACCP 为基础的质量规范，包括利用已获得授权检验机构、国际项目的专家小组和民间实验室。采用这些选择机制不应当以任何方式影响实施 HACCP 的交流和效果。

(7) 销售者和消费者对水产品的处理也是影响质量安全的重点。鼓励有关组织致力于消费者教育，特别是在风险信息及高风险产品的处理方面。

(8) 认识到全球水产养殖的巨大发展及适当的管理措施与合理的药物对防治病害的必要性。鼓励重视研究药物残留等对养殖水产品安全造成的危害，确定合适的药物残留检测方法。

(9) 敦促 CAC 所属的食品卫生专业委员会（CAC CCFH）回顾并评价与鲜活水产品的寄生虫传染病有关的食品卫生问题。

(10) 计算机自动系统和快速检测方法在实行 HACCP 为基础的检验和质量控制中将发挥越来越重要的作用。鼓励研究机构和企业界有更多的应用研究和技术开发，以进一步提高水产品检验质量控制工作的效果。

(11) 注意到各个有关微生物标准或导则的差别。敦促 CAC CCFH 讨论和解决这一问题。有必要提出规定水产品固有致病菌为零的标准要求。

(12) 认识到在实行质量保证项目中，人员培训和技术援助的重要作用。鼓励国际团体充分利用其资源，通过安排项目，在这一领域发挥作用。

会后不久，NFI 编辑出版了本次会议的论文集（Fish Inspection, Quality Control, and HACCP A GLOBAL FOCUS *proceedings of Conference held May* 19-24,1996 *Arlington, Virginia, USA, Edited by* ROY E MARTIN …）论文集收入李晓川的署名文章——HACCP 在中国的推广应用。

3 年后，1999 年 10 月第三届国际水产质检大会在加拿大著名的渔业城市哈利法克斯 Halifax 举行，大会主旨是"水产品质量安全与市场开拓"。这次会议上成立了国际水产检验者协会（International Association Fish Inspectors IAFI）。我国没有派人参加。

第五届国际水产品质检大会（5th World Fish Inspection and Quality Control Congress）于 2003 年 10 月 19—23 日在荷兰的海牙举行。会议主办者是 FAO 和 UNIDO、IAFI、VWA（荷兰食品安全局）承办。国家水产品质量监督检验中心李晓川受到 FAO 邀请并提供经费参加了这次会议。同时受到 FAO 邀请的还有许多发展中国家的同行。

10 月 19 日，IAFI 举办"硝基呋喃、欧盟法规和追溯研讨会"，20—22 日是国际水产品大会，主要内容有：质检体制的发展，进入欧盟、美国、日本等主要水产品市场的焦点问题（法规与管理）；水产品国际贸易中的拒收和扣押的原因；生物恐怖活动：产品、企业和个人安全；HACCP 用于水产养殖业，食品安全、法规与实践；风险分析的应用；水产加工与产品的技术进展。

23 日是 IAFI 的年会。内容有：活动报告，选举新理事，发布 2004—2005 年度的工作重点。从大会上了解到欧盟正在提出并实行水产品中硝基呋喃残留及检验的信息对我国水产养殖业来说很重要。当时我们在这方面的监控和检验还是落后的。这是在我国输欧水产品氯霉素残留事件后一个新的贸易技术壁垒动向。

食品质量追溯技术和监管是当时全球性新的热点和课题。会上主讲这一技术的是来自英国的麦克·狄龙博士（Ph. D. Mike Dillon）和他的团队。他们详细讲解食品质量追溯的重要性和追溯技术的内容，还特别介绍了他们如何将食品质量追溯技术应用于不久前召开的雅典奥运会的实践。

通过参加这次大会，我们较早地向国内介绍水产品质量追溯的理念、必要性和技术内容，及时撰写文章给《中国水产》《现代渔业信息》等杂志发表，提出建立我国水产品质量追溯体系的建议。将水产品质量安全追溯的理念和技术用在奥运城市建设。青岛市是2008奥运会举办城市之一，保证食品安全可靠意义重大。当时青岛市食品综合主管部门是市经委，他们管辖范围包括了食品供应、"菜篮子"工程和食品质量管理等。奥运食品供应也由市经委负责。2006年初我们提出应用国际先进的追溯技术建立青岛市奥运食品安全监管体系的建议，得到市政府主管部门的重视并作为首席专家主持了《青岛市食品安全关键技术战略研究》。该课题全面调研青岛市食品产业从生产、供应到消费各环节的现状和国内外相关食品安全监督管理技术、法规与标准；对青岛市食品安全科技成就与存在的问题进行研究分析，提出发展青岛市食品安全关键技术的战略性规划与措施，为强化青岛市食品安全提供有力技术支撑。

2005年黄海水产研究所李晓川主持由科技部国家科技基础条件平台工作"优势水产品质量安全技术标准体系研究"（2004DEA70880）项目，将水产品质量追溯技术研究作为其中的子课题："国内外水产品溯源技术的对比分析"并由李晓川兼主持人。这个子课题的研究主要内容和预期成果是："跟踪欧美等发达国家的水产品追溯体系的技术法规和标准，分析我国的水产品安全管理提出建议，起草水产品追溯技术规范，为保证优势水产品的质量安全，培养水产品质量和标准化研究队伍，形成可持续发展的机制。"

第六届国际水产品质检大会（6th World Congress on Seafood Safety, Quality and Trade）于2005年10月14—16日在澳大利亚的悉尼市召开。得到FAO邀请并提供旅行费用，李晓川参加了这次大会。

大会承办者是澳大利亚海产品服务中心（SSA）新西兰水产品行业协会（NZSIC）。这次会议的主题是"和谐与协调"。会议主要内容包括水产品安全和促进贸易的若干焦点问题，如：国际水产品贸易中的协调问题、水产品的风险分析、水产品安全性的评价特别是金枪鱼、养殖鲑鱼的安全性、水产品的追溯技术进展等。

特别应当提到的是：金枪鱼、养殖鲑鱼的安全性问题在这次大会上成为一个热点。

养殖鲑鱼的安全性问题是前一年由美国的一个专家炒作出来的。他发表文章认为全球养殖鲑鱼受到二噁因（Dioxins）和多氯联苯（PCBs）的污染，从而引起轩然大波。虽然后来这篇文章被认为是2004年的几个学术骗局之一，但已经对当时国际鲑鱼养殖业和鲑鱼的消费市场产生了不利影响。鲑鱼养殖业在北欧和南美较发达，尤其是挪威。就在这次会上，挪威代表团的本特森(Marc HG Berntssen)先生做了题为"挪威养殖大西洋鲑鱼中的二噁英"的报告。他用事实和分析数据驳斥了养殖鲑鱼受到污染的谬论,说明养殖鲑鱼是安全的食品,维护了挪威的国家利益和声誉。

在这次 IAFI 的研讨会上(10 月 11 日上午)澳大利亚南澳研究发展院的戴维·帕杜拉(Divid Padula)博士根据自己收集的大量信息和研究结果做了关于水产品持久性污染物残留标准与检测等内容的报告。戴维·帕杜拉博士曾经访问过中国,主要是为澳大利亚蓝鳍金枪鱼产品出口到中国的污染物限量标准进行调查研究等。

南澳大利亚的蓝鳍金枪鱼养殖业主要集中在林肯市,该地有许多海上金枪鱼养殖网箱和陆上的金枪鱼加工厂。最初与日本商社合作,南澳的海上金枪鱼养殖产品大部分出口日本,少量出口到美国。下一步希望开拓中国市场,以减少对日本市场的过度依赖。

他们将海上获取的较小的野生金枪鱼放在离岸较远的海上网箱养殖,网箱直径约有 40~50 m 深有 18~20 m。主要投饲沙丁鱼等,半年后逐步收获。单个金枪鱼重可达 50~70 kg。南澳大利亚研究发展院(SARDI)为其进行食品安全评价。主要包括汞、铅、二噁英,多氯联苯、农药等危害物残留量。

后来戴维·帕杜拉博士又多次到中国,曾到黄海水产研究所做过学术报告。

2007 年 9 月 25—28 日第七届国际水产品质检大会在爱尔兰的都伯林市举行。我国没有派人参加。

2009 年 10 月 3—7 日在摩洛哥阿加迪尔(Agadir)召开第八届世界水产品大会(World Seafood Congress),大会主题是"建立水产品国际贸易和市场诚信",重点就海洋食品保健、全球经济衰退与气候能源危机及利益竞争对水产品贸易影响,生态标签和地区法规(如 IUU 法规等)问题进行大会报告和热烈讨论。黄海水产研究所周德庆参加这次大会并作了题为"中国水产品加工和贸易及渔业发展"大会报告,介绍了中国水产品加工贸易质量安全监管,引起与会者关注。

世界水产质检大会聚集了全球相关人员,在 IAFI 会员国与水产专家间既有的伙伴关系为基础上分享其专业知识及全球标准的制定,了解专业的技术进步和创新构想,地区及区域性的最佳实践并接触国际水产及检验界的同行。世界水产质检大会提供了对水产品安全、现代化检验、持续发展与创新、市场及全球出口与贸易等议题进行讨论的最佳机会。

2.3.2 国际水产品检验者协会(IAFI)

1999 年 10 月在加拿大举办的第三届国际水产质检大会期间,成立了国际水产品质检者协会(International Association Fish Inspectors IAFI),IAFI 的秘书处设在加拿大。IAFI 对于各国从事水产品捕获、加工和销售的企业界、学术界、政府部门和民间团体来说,主要的宗旨是:① 交流水产品及水产加工品的检验及质量管理的信息、思路和方法,交流水产品加工技术。② 为促进全球水产品进出口贸易和消费,使个人、团体组织和政府间加强理解与合作。③ 研讨分析现行的水产品检验与质量控制体系、法规体制和水产品加工业的基础结构,提出改进水产品质量安全检验和减缓由水产品导致的消费者疾病的风险的建议。④ 支持制定全球的水产与水产加工品的产品标准和新的水产品检验体系方法与技术。⑤ 促进水产品检验与控制体系和风险分析及日常应用的研究与教育水平的提高。

此后,每届国际水产品质检大会与 IAFI 年会同时举行。IAFI 成为每届国际水产品质检大会的具体筹划组织工作的承担者。

李晓川是在 1996 年第二届国际水产会议上酝酿倡议成立 IAFI 的发起人之一。后来,2007 年 5 月 15 日,IAFI 网站发布新增理事通知:中国李晓川研究员当选 IAFI 理事。

全球水产业在过去 30 年变化甚大,而过去 10 年内的变化更是急遽,产生了许多问题,若不能妥善解决将衍生为公共卫生的隐患。世界水产质检大会让与行业相关的人员可以得知目前形势变化,而发展中国家的检验及质量管理人员亦可借此机会与发达国家相互交流对话,与他们共享进一步建立起来的水产检验与质量管理的信息与成果。

3 HACCP 在中国水产业的推广应用

从 1993 年 3 月开始在农业部渔业局领导的支持下国家水产品质量监督检验中心在国内大力推广应用 HACCP,在全国沿海地区开展广泛的人员培训活动和大量的资料编辑翻译与印行,这些工作对我国水产界产生较大影响和良好效果。在开展 HACCP 企业认证方面我们较早谋划也作了不少工作。

3.1 人员培训与资料编译

3.1.1 中国水产业举办第一次 HACCP 培训班

1993 年 3 月 8—12 日在农业部渔业局和 FAO 的支持下,国家水产品质检中心在国内成功举办了首次水产品 HACCP 培训班,培训内容有介绍 HACCP 原则、水产品危害及监控措施、美欧和加拿大的水产品质量法规等。为这次培训班,FAO 渔业部水产品利用与市场处(FAO/FIIU)水产品技术与质量保证培训项目主管鲁宾先生、卡洛斯先生到会并聘请丹麦哥本哈根大学的胡斯教授和加拿大渔业海洋部检验局蒋汶德(Rudy Chiang)博士来授课。国家水产品质量监督检验中心主任、黄海水产研究所所长邓景耀研究员出席培训班开幕式。

国家水产品质检中心为这次培训班准备的相关材料有 6 份,均为出国参加 HACCP 研讨培训带回的重要资料翻译成中文的油印本,包括:

——《监测关键控制点的临界限度》作者:美国国家海洋与大气管理局(NOAA)水产品检验实验室 斯潘塞(E spencer. Garrett)

——《FDA/NOAA 美国新的推荐性水产品检验方案》

——《加拿大质量管理纲要(QMP)》实施说明

——《欧州议会指令 91/493/EEC 水产品生产和投放市场上的卫生条件的规定》

——《迎接挑战:海产品监测的新方向》作者:美国国家海洋与大气管理局(NOAA)水产品检验实验室

——《美国的食品法规与执法》。

20 多年前,当时打印的条件还很简陋。上述资料全部由中心工作人员翻译、编辑后再打印出蜡纸经油墨印刷和装订。

培训班学员主要来自全国各地水产管理机构、企业和研究所。

山东商检局(单位在青岛)的李泽尧女士在得知我们举办这次培训班的消息,征得我们同意后她紧急通知山东和江苏商检的几位技术人员来参加。

这次专业性强、主要针对 HACCP 这一国际新的理念和欧美加水产品质量法规的培训班,给我国水产加工和质量管理领域带来一股春风。学员们后来大多成为我国推广实施 HACCP 的精干人士。

3.1.2 国家水产品质检中心在沿海渔区开展人员培训

继 1993 年 3 月在青岛举办首届全国水产品质检与 HACCP 培训班之后,1996 年年底到 1997 年初在中国沿海地区水产业广泛开展了标准宣讲与 HACCP 培训活动。

1996 年 10 月 28 日全国水产加工工作座谈会召开之际,林美娇处长在青岛召集有关人员协调这次活动。活动重点是宣讲贯彻当年发布的冻虾仁、小龙虾、扇贝等五项行业标准,分析质量管理的发展趋势。各省、市、自治区渔业行政管理部门负责把当地生产企业请到培训班上来。农业部渔业局为这次培训活动发了通知并拨发补助经费。

国家水产品质量检验中心负责培训班讲课。从 1996 年 12 月开始,李晓川带领质检中心的陈远惠、王联珠等人在浙江(杭州)、上海、辽宁、山东(烟台)、江苏(南京)、福建、河北(秦皇岛)各地分别举办多期培训班(浙江因参加人员较多又在舟山举办一期)。培训内容是新颁布实施的水产品标准和 HACCP 与国外水产品法规,培训资料是我们编译并已经印行的上述 3 本资料:《水产品标准与法规汇编》、《国外水产品质量控制法规选编》和 FAO 渔业技术文献《水产品质量保证》。各地渔业主管部门给予大力协助,他们承担会务并组织当地的企业和研究人员参加培训。各地培训班参加人员总数超过了 600 人次。有多个当年的培训班学员现在已经是部级水产质量检验机构负责人,如:天津水产研究所的李宝华,江苏淡水水产研究所的吴光红,山东省海洋水产研究所的张秀珍。山东、江苏等省商检部门的一些同行闻讯也赶来参加学习,我们都表示欢迎。这次广泛开展的人员培训活动规模和深度都远超过 1993 年的首届培训班,对在中国水产业推广 HACCP 影响显著。

各地培训班的简况如下:

1996 年 12 月 28—30 日江苏省水产品加工标准与质量保证培训班在南京苏粮饭店举办。江苏省水产局领导到会。培训活动引起学员的高度关注,培训班还没结束学员就提出了"企业认证是否用 HACCP"这样超前的问题。

1997 年 1 月 3—5 日浙江省水产品加工标准与质量保证培训班在宁波举办。浙江省水产局余况军副局长和加工处长到会。

1997 年 3 月山东省水产品加工标准与质量保证培训班在烟台举办。山东省水产局积极组织沿海许多水产加工企业参加。山东烟台商检局的一些人员也参加了这次培训活动。

1997 年 3 月 13 日河北省水产品加工标准与质量保证培训班在唐山市畜牧水产局招待所举行。河北省水产局王玉框副局长、韩志宣处长到会。王玉框副局长在讲话中提到:省局在加工行业举办培训班还是第一次。河北省没有合格的水产品出口企业,还都属三类,因此引进推广应用国际上的 HACCP 很重要。

这次在沿海地区开展的培训活动影响深远,为 HACCP 的推广和之后的水产品质量认证打下良好基础。

3.1.3　国家水产品质量检验中心承担的其他单位委托培训

1996 年 5 月 13 日世界银行代表和农业部水产项目办公室人员就曾来黄海水产研究所考察并就 HACCP 及其实施进行座谈交流。1996 年 11 月 13 日世界银行代表和农业部水产项目办公室的专家和官员再次来黄海水产研究所访问,再次明确世界银行给中国的海岸带管理项目中 HACCP 的实施是贷款能否得到批准的关键,HACCP 应是该项目的一部分。这次就 1997 年由我们负责举行的培训班的内容、人员、时间等进行详细讨论。

1997 年 8 月 4 日按去年的商定,受农业部水产项目办公室(世界银行中国农业援助项目)委托举办一期水产品与质量控制培训班如期开幕。在黄海水产研究所内八角楼会议室举办的培训班得到所领导的支持。李晓川主持开幕式,世界银行的代表和黄海水产研究所的领导都讲话祝贺。参加培训班的主要是接受援助项目的辽宁、山东、江苏和福建省的 23 家水产企业的负责人和当地渔业外事部门相关人员。世界银行是由美国主导的,自然它要求接受援助项目企业依 HACCP 原则对其产品质量和生产过程进行管理。这次培训班是农业部水产项目办公室的卢立群负责联系。培训方式采用教师讲课、学员讨论并分组做模拟练习,并参观水产企业的国际通行模式。

1998 年 5 月 11—15 日为农业部外经中心水产处(农业部水产项目办公室——世界银行中国农业援助项目)举办了 HACCP 质量管理培训班。参加者主要是接受援助项目的辽宁、山东和福建的 11 家水产企业或事业单位的负责人以及当地渔业外事部门的相关人员。结合学员情况和我国产业发展,我为这次培训班又专门编写了培训教材。近 5 万字的这份教材包括:HACCP 的发展过程,HACCP 的主要内容,HACCP 体系在水产品生产企业的推行程序,HACCP 在水产品加工过程中的应用(包括鱼、虾、贝类产品及我国重要出口水产品烤鳗鱼),应用 HACCP 的优点与存在的问题以及我国水产业应用 HACCP 的现状。

讲了两天的培训课程后,第三天安排学员参观生产企业,观摩水产品加工过程并结合前两天的理论学习进行分析。第四天全天进行企业质量审核的培训。第五天考试,举行颁发证书典礼。

1999 年 9 月李晓川在青岛为农业部畜牧兽医局举办的欧盟兽医卫生法规研讨会暨官方兽医培训班讲课,介绍"HACCP 原则的主要内容与 HACCP 体系的推广应用程序"。

这期间,还有中国水产学会、中国通标公司(SGS 与国家技术监督局合作的产品检验与认证的企业)青岛办事处、美国斯莱文技术服务公司等都曾与我们联系合作开展 HACCP 培训。

3.1.4　FAO/农业部渔业局主办 HACCP 高级培训班

除了上述国家水产品质量监督检验中心在国内开展的培训活动,FAO 在中国为水产业还举办过 HACCP 及相关的培训活动,其授课内容与聘请教师都是由联合国粮农组织渔业部水产品利用与市场处(FAO/FIIU)高级工程师、FAO/DANIDA 水产品技术与质量保证培训项目主管鲁宾先生和卡洛斯先生两位组织策划的。

继 1993 年 3 月在青岛举办首届全国水产品 HACCP 培训班之后，1999 年 4 月和 2000 年 5 月 FAO 和农业部渔业局及中国水产学会 INFOYU（中国渔业信息）在大连与烟台分别举办 HACCP 培训班，上述 FAO 的两位官员和他们请的专家来华主持和讲课。教学内容为 HACCP 基本原则、体系审核及欧盟和美国的有关法规等。2002 年 FAO/农业部渔业局、中国水产学会在上海主办风险分析培训班。这几次培训班 FAO 都邀请国家水产品质量监督检验中心李晓川作为国家教师讲课，内容是中国的水产品质量状况与监测体系。

3.1.5 HACCP 培训资料的编译与印行

中国水产业引进 HACCP 推广的一个工作重点就是编译培训人员的教材。这项工作主要包括：

（1）1994—1995 年间国家水产品质量检验中心主持翻译 FAO 渔业技术文献 334《水产品质量保证》。1994 年国家水产品质量监督检验测试中心受 FAO 委托将刚出版不久的胡斯教授主编的 HACCP 应用于水产业的培训教材《Assurance of Seafood Quality》（FAO Fisheries Technical Paper 334）翻译成中文。中文书名为《水产品质量保证》。全书由李晓川审校。《水产品质量保证》中文版共印行 1000 本。

FAO 渔业部副部长克朗先生（W. Krone）在为本书写的前言强调："本书主要着重于危害分析与关键控制点（HACCP）——这一被认为是保证食品安全和风味品质的最好体系。此外，HACCP 体系还旨在降低水产业的无谓的成本耗费，包括减少渔获后的损失。HACCP 体系作为新的水产品检验法规的基础，已经为欧洲经济共同体（EEC）、美国、加拿大和许多发展中国家所接受。这些新法规往往标以 HACCP 为基础的体系。"

鲁宾先生作为 FAO/DANIDA 水产品技术与质量保证培训项目主管，亲自撰写了中文版前言："这对发展中国家是一个挑战。为应付这种挑战，需要进行新的和专门的培训，要求政府和行业予以支持。训练有素的人员和合适的教材也是极其重要的。特别对发展中国家的水产科技工作者来说更是一个考验，他们将被要求以更实际的方式，运用其专业知识和技能（专长）为此做出贡献。就这点来说，希望《水产品质量保证》中文版的出版能对注重于国际和国内市场的中国水产业的发展有所帮助。《水产品质量保证》已经有英文版、法文版，西班牙文版也即将出版。本书作为 HACCP 和质量保证的语汇检索参考的工具书，也将有助于消费者、技术人员和水产品检验人员的交流，甚至能有助于本领域的世界性法规和标准的协调统一"。

"中文版前言是以两条诠释和提示性的中国古人名言开头的。HACCP 的基本原则——预防为主是与中华文化充分协调的。因此，我希望本书能对那些在致力于了解、接受和应用 HACCP 及水产品质量保证技术的中国朋友们有宝贵的帮助。"

上面的两位 FAO 官员的话，更加表明这本书对于 HACCP 推广应用的重要性。这本由位于哥本哈根的丹麦皇家畜牧农业大学胡斯教授主编的 HACCP 培训教材称得上是通用和经典的。从内容上看比较全面，不仅详细论述与公共卫生有关的潜在危害和水产品的变质腐败及在不同类型的水产企业运用 HACCP，从 HACCP 角度论述水产品加工的清洁卫生（SSOP）与企业人员设施的基本要求，而且还专门阐明传统的单靠抽样分析的水产品检验和质量控制方法的局限性及 HACCP 体系与现行的 ISO 9000 族标准的关系,应用 HACCP 和应用 ISO 9000 族标准进行企业认证各自的优点、缺点与存在的问题。因而这本教材对于专业技术和质量管理人员都很适用。从编写过程上看,胡斯教授从 1986 年就开始在非洲、亚洲、拉丁美洲和加勒比海地区进行由 FAO/DAIDA 渔业技术与质量控制培训项目(GCP/INT/391/DEN)支持和组织的多个研讨班和培训活动,深入接触了解吸收许多发展中国家的水产业实践经验,用来不断完善修改本教材。这使得这本教材具有更加广泛的实用性和可操作性。

由国家水产品质量监督检验中心翻译印行的 FAO 这本教材是国内最早的 HACCP 培训资料,后来见到的一些国家所编选的 HACCP 教材无出其右者。

(2)编辑和翻译《水产品标准与法规汇编》和《国外水产品质量控制法规选编》。1996 年 10 月由农业部渔业局提出并由国家水产品质量监督检验中心承担编辑和翻译的《水产品标准与法规汇编》和《国外水产品质量控制法规选编》完成全部文稿审定。两本重要资料各印刷 1 000 本。此时,连同以前已经印发的 FAO《水产品质量保证》,3 种资料在青岛召开的第一届全国渔业博览会上发送,受到同业者广泛欢迎。此外,国家水产品质量检验中心还专为农业部外经中心等单位举办 HACCP 培训班编写了多份教材。

国家进出品商品检验局也积极在出口企业推广应用 HACCP。还联合国家水产品质量监督检验中心翻译印行了美国和欧盟的相关教材与法规,为我国水产品出口企业人员培训和获得商检局的 HACCP 认证提供方便。1997 年 5—7 月,由美国海产品 HACCP 联盟编写的《水产和水产品危害控制指南》和《水产品 HACCP 管理官员培训教材(1997 年 3 月第 1 版)》分别被翻译成中文印发。

3.2 我国重点水产品的 HACCP 计划的研究与制定

HACCP 计划是 HACCP 体系的一部分,是企业以 HACCP 原则为基础的质量保证体系实际运行的规范性书面文件。HACCP 计划是针对企业每个产品的,内容主要包括:产品名称和基本介绍、产品工艺流程、HACCP 计划表、操作规范、监控记录、修订等。HACCP 计划表是其核心,规定了产品危害及其关键控制措施等。

HACCP 计划的重要性和技术性明显但制作难度较大,除了一些大型企业外,多由行业内的管理和技术专家在调研和试验的基础上编制。这些 HACCP 计划还要在企业试运行后,经过不断修改再向其他企业推广。在美国有专门的公司在做这方面的咨询服务。美国商务部(DB)国家海洋与大气管理局海洋渔业署的国家水产品检验研究所承担的国家海产品监督示范项目在这方面作了大量工作。

我们借鉴美国等发达国家同类产品资料的同时,针对我国水产品的具体情况和产业需要在进行大量调研和试验的基础上,陆续编制了多个水产品的 HACCP 计划:河豚鱼片、贝类、冻扇贝、冻虾仁的 HACCP 计划。

河豚鱼片(烤鱼片)加工是我国南方特别是福建沿海地区利用当地海洋渔业资源重要途径。但是由于处理不当可能有安全隐患,农业部渔业局加工处下达相关研究项目后,我们把制订河豚鱼片(烤鱼片)安全加工的 HACCP 计划作为项目主要工作内容,并在河豚鱼片(烤鱼片)加工企业试行。后来,这项工作与我国卫生部门进行了合作。河豚鱼片(烤鱼片) HACCP 计划的具体内容请参阅李晓川编著的《河豚鱼及其加工利用》(农业出版社 1998 年)。

冻扇贝、冻虾仁和贝类是我国在 20 世纪 80 年代和 90 年代主要出口欧美的产品。我们与山东商检局和江苏商检局开展协作,制订了相关的 HACCP 计划并在企业运行,也为下一步开展认证工作提供了技术基础。这些资料内容在我们举办的培训班和研讨会曾经发送过,限于篇幅在此也不详细论述。

当时山东和江苏商检局与黄海水产研究所质检中心进行出口水产品冻对虾和冻扇贝柱应用 HACCP 技术合作。1993 年 6 月山东商检局牵头起草"出口冻对虾加工 HACCP 实施方法"也与黄海水产研究所有合作。

3.3 我国 HACCP 水产品质量管理规范的制定过程

HACCP 推广的另一个重点是在企业促使生产者建立并运行自己的 HACCP 质量体系,而从国家和行业层面应是先行一步制定法规或标准,开展企业 HACCP 质量认证工作。农业部渔业局领导充分认识到此事的重要性和紧迫性,早在 1996 年 1 月 10 日农业部渔业局加工处林美娇处长就提出申请质量认证先抓标准制订。1997 年 1 月 10 日在农业部渔业局加工处讨论水产品质量认证时,林美娇处长再次强调标准要快搞并指定李晓川为主要起草人,抓紧开展工作。农业部渔业局有关领导多次召开讨论会邀请各方面专家现场对认证规范的草稿提供修改意见。多位局、处领导为一个标准给予这样的关注这在水产标准化工作中是少见的。

接受这个认证标准的起草任务后,我参阅了大量国际标准、国外相关法规和文献资料,研究分析了美国、加拿大等国的类似法规标准编制过程,调研了我国几个重点水产加工企业。这一标准的编制方式、程序和出台过程表明农业部渔业局对其高度重视和认真严谨的态度:政府主管部门、质量管理专业人员和重点企业代表参加,多次开会研讨(有记录可查的认证标准草案的现场讨论修改会议多达四次并且主管的农业部渔业局加工处领导均到会参加讨论修改),反复征求意见和修改后才定稿送审报批。

1997 年 4 月 8 日农业部渔业局加工处在上海东海水产研究所召开认证规范(导则)草案讨论会。农业部渔业局加工处林美娇处长主持会议,她表示国家技术监督局已经同意将 HACCP 作为水产的单独体系来认识和对待,因此须有自己的认证标准。还要有一批人员开展这方面的咨询和宣传。李晓川介绍了认证规范(导则)的编制原则和文本框架。参加会议的还有上海鱼品厂、上海水产总公司、舟山海洋渔业公司、青岛海洋渔业公司、东海水产研究所的质量管理和水产加工方面的专家。

1997 年 6 月 14—15 日农业部渔业局加工处在上海东海水产研究所再次召开认证规范(导则)草案讨论会。林美娇处长讲话中谈到这次开会的目的是讨论认证导则的框架是否可行,特别是其中分产品论述的格式和关键控制点(CCP)的选定。希望这次讨论修改后就能够出台发布了。

实际上,事情并没有这样简单顺利。认证规范(导则)承载的任务之重要,涉及的内容之广泛使得起草和协调的工作量很大,更要紧的是认证规范(导则)出台的形式一直没有明确。

1998年3月12日农业部渔业局林姣绒局长主持召开质量认证工作汇报会上又明确此事,由加工处和李晓川负责认证规范(导则)的起草。1998年9月8日农业部渔业局加工处和科技处的工作会上又一次确定几天后组织专家在青岛对认证规范(导则)的草案进行讨论修改。1998年9月21日在青岛黄海水产研究所召开认证导则草稿讨论会,农业部渔业局加工处孙处长传达农业部质量标准司金发忠处长意见:认证规范(导则)宜以标准形式,这样出台快,便于执行。至此,终于确定将认证规范作为行业标准发布实施。

1998年10月20—21日在上海东海水产研究所召开水产品认证专题讨论会,会议主要讨论由李晓川起草的认证规范征求意见稿。经过一天半的讨论,大家对标准的文字、内容安排、标准的作用等方面提出许多意见和建议,加深了对标准的认识。认为这标准是企业制订自己的HACCP计划的通用依据,而不宜写成具体水产品的HACCP计划;这个标准不应将对企业HACCP体系的认证审核包括在内,认证审核的规定另外制定。

1999年6月行业标准《水产品加工质量管理规范》送审稿通过全国水产标准化技术委员会水产品加工分技术委员会审查后报批。

经过两年多的紧张编制过程,行业标准SC/T3009—1999《水产品加工质量管理规范》1999年10月1日发布实施。这是我国水产业推广应用HACCP并纳入法制化轨道的标志性成果。标准规定了水产品加工企业的基本条件、水产品加工卫生控制要点以及以危害分析与关键控制点(HACCP)原则为基础建立质量保证体系的程序与要求。这为水产品加工企业制定并实施HACCP计划,有关机构开展HACCP认证提供了技术和法规依据。

此时,国际食品法典(CODEX)《食品卫生通则 CAC/RCP 1—1969,Rev.3(1997)》采用了HACCP原则的第三次修订版刚在两年前发布。国际食品法典《水产及水产加工品操作规范》还处于起草阶段。我们这项采用了HACCP原则的操作规范行业标准在国内也属首次制定发布实施。

3.4 我国水产企业HACCP认证的开端与实践

我们在国内较早提出在水产业开展HACCP认证,积极筹划准备建立水产品质量认证机构并开展水产品质量认证实践。

1994年1月14日农业部水产司加工处林美娇处长在听取李晓川汇报推行HACCP的工作思路、步骤后,指示抓紧开展这项工作并立即向国家技术监督局联系,争取他们的支持搞水产品加工认证。1994年1月17日李晓川在国家技术监督局认证处向谢军处长汇报本行业情况,她同意我们开展水产品质量认证工作的建议并就准备成立认证机构等事宜给以明确指示。

1995年1月11日在农业部质量办公室开会讨论水产品质量认证问题。林美娇处长和李晓川都到会。农业部质量办公室谢燕谋处长主持,分析了认证工作开展的总体形势并介绍其他行业开展认证工作的经验。

1995年6月8日农业部渔业局加工处林美娇处长表示继续搞质量培训班并与认证工作结合起来。李晓川建议:起草建立水产品质量认证委员会的报告;找几个试点企业;把建立企业HACCP认证体系形成政府规范性文件。下午,在农业部质量司谢处长认为农业系统内水产品最有条件首先搞起认证。他表示要先写可行性报告给技术监督局并向丁其东司长、谢军处长当面汇报,说明为什么要搞,有没有能力搞,如获得批准成立认证委员会,秘书处可放在国家水产品质量检测中心。

1995年9月21日林美娇处长和李晓川到国家技术监督局认证处向谢军处长汇报水产品认证筹备工作的进展情况。谢军处长谈了对我们起草的"水产品认证申请报告"的修改意见,表示应当及时把HACCP转化为自己的标准或法规,明确是中国的HACCP体系认证,要说明标准情况和检验能力。她提示农业部内要协调好产品认证,有的行业覆盖面宽可以多搞几个,现在已经有"绿色食品"认证,水产品认证可以借鉴他们的经验。希望农业部对获取认证的水产品企业有支持出口政策。

1996年1月11日在农业部质量办公室讨论水产品质量认证,内容包括:① 认证管理委员会的建议组成单位;② 在国家水产品质检中心建立认证秘书处,待黄海水产研究所唐所长到北京时再谈一次;③ 认证的产品检验单位,以国家水产品质检中心为龙头,位于上海的东海水产研究所和广东湛江为两翼,每个单位应该配有3~4个检验员;④ 现场评审员每个检验单位有2~3名,舟山、大连、上海、广东、江苏、等主要渔业地区都有,还要从商检和食品卫生部门邀请;⑤ 认证产品开展的顺序,烤鳗、冻虾、贝类(冻扇贝)、冻鳕鱼片、鱼糜制品、烤鱼片;⑥ 认证产品的标准;⑦ 认证导则的制订;⑧ 选择企业试点;⑨ 宣传与培训工作,评审员的注册。

1996年4月,国家技术监督局正式同意由农业部负责筹建中国水产品质量认证中心并对外开展工作。

从1994年开始筹划水产品质量认证之初,农业部渔业局加工处林美娇处长和质量标准司(农业部质量办公室)宋家丰司长都从有利于工作开展的角度一致同意将认证管理委员会秘书处和认证中心由设在黄海水产研究所的国家水产品质量检测中心承担。这是因为国家水产品质量检测中心从1985年开始经过十多年建设,熟悉水产行业产业情况和生产企业的工艺技术与产品质量检验管理,与他们有广泛联系和交流,几年来为引入推广HACCP做了大量工作,有精通业务的人材和良好的设备条件,机构相对独立。这些是承担认证秘书处并在水产食品企业开展认证的最合适条件,也是国内其他行业的做法,如汽车和水泥认证秘书处就设在质量检验中心。但是,到了1996年7月5日在农业部渔业局讨论认证委员会的筹建时,渔业局领导考虑到黄海水产研究所和东海水产研究所都参加认证工作,因而决定将水产品质量认证中心由设在北京的中国水产科学研究院院部承担。自此之后,国家水产品质量检测中心也就不再负责水产品质量认证中心的筹备工作以及承担认证委秘书处而专注于认证标准的起草和检验等专业技术工作。

经过5年的酝酿和筹备,1999年2月8日中国水产品质量认证管理委员会(CCFFPQ)和中国水产品质量认证中心(CFFPQ)在北京揭牌成立。成立大会在北京梅地亚中心举行。国家质量技术监督局潘岳副局长,农业部副部长万宝瑞以及农业部渔业局和中国水产科学研究院的领导都到会参加。水产品质量管理委员会及其领导的中国水产品质量认证中心,可代表国家独立地对水产品进行第三方公正评价,可依据产品标准及国家有关认证规定,并结合水产品特点开展认证活动。

进入法制轨道是 HACCP 在一个国家推广应用程度的标志。所谓进入法制轨道就是制定以 HACCP 为基础的质量管理法规、规范或标准。在广泛宣讲和人员培训之后,依据以 HACCP 为基础的标准或规范在企业开展认证是推广应用 HACCP 的下一步的重要工作,开展认证也是实施这些管理法规、规范或标准的最好平台。

认证中心成立后要开展有能对企业质量体系进行咨询和审核的人员,包括:外审员和内审员的培训,培训教材的内容清单与编写,培训班师资,参加培训人员范围,培训合格的发证等问题。

1999 年 8 月 15 日在北京中国水产科学研究院召开认证培训教材讨论会。教材主要是用于认证审核员资格培训。教材内容主要包括四部分。

(1)水产品基本知识与产业现状。

(2)水产品质量管理:① 行业标准《水产品加工质量管理规范》的编制说明;② HACCP 的发展过程与主要内容;③ "产品生产质量管理规范" GMP Good Manufacturing Practice;④ "卫生标准操作程序" SSOP Sanitation Standard Operation Procedure;⑤ HACCP 计划的编制;⑥ 企业质量体系文件。

(3)质量体系审核。

(4)附录及参考文献。

认证中心成立后更重要的问题就是要尽快开拓认证市场。国家水产品质量检测中心以自己的优势在寻求和联系企业客户、提供产业和产品信息、参与现场考察和审核等认证市场的开拓方面给予支持和协助。这些企业有辽宁大连海藻加工企业,江苏盐城的小龙虾加工企业,山东荣成鱼粉加工企业等。当时,水产品认证市场的开拓受到多方面因素的制约,企业获得认证的积极性还有待提高,通过认证审核的企业数量占全行业企业总数的比例较少,但在水产行业内产生的影响是不可忽视的。2003 年农业部农产品质量安全中心成立后,水产品质量认证中心成为其下设的渔业产品认证分中心。

1997 年 3 月,原国家商检局派出了 5 人团组参加了 FDA 在华盛顿美国农业部举办的海产品 HACCP 管理官员培训班。1997 年 10 月,原国家商检局安排了对水产品工厂实行 HACCP 的检查计划,检查以 HACCP 为基础,确定工厂制定的 HACCP 和 SSOP(卫生操作计划)能否符合美国海产品 HACCP 法规所规定的要求。2001 年,国务院决定国家质量技术监督局与国家出入境检验检疫局合并成立中华人民共和国质量监督检验检疫总局,按照国务院授权,认证认可管理职能交给中国国家认证认可监督管理委员会承担。包括 HACCP 为核心的食品安全管理体系认证在内的认证认可工作实现了统一归口管理,为全面实施 HACCP 为核心的食品安全管理体系提供了保障。2002 年 3 月 20 日国家认证认可监督委员会发布了第 3 号公告《食品生产企业危害分析与关键控制点(HACCP)管理体系认证管理规定》,自 2002 年 5 月 1 日起执行。这一规章的实行进一步规范了食品生产企业实施 HACCP 体系的认证监督管理工作,HACCP 体系认证管理做到了有法可依。

2002年4月19日,国家质检总局发布第20号令《出口食品生产企业卫生注册登记管理规定》,自2002年5月20日起施行。规章要求对列入《卫生注册需评审HACCP体系的产品目录》的出口食品生产企业需依据《出口食品生产企业卫生要求》和国际食品法典委员会《危害分析和关键控制点(HACCP)体系及其应用准则》建立HACCP体系。按照上述管理规定,目前必须建立HACCP体系的有水产品等共六类生产出口食品企业,这是我国首次强制性要求食品生产企业实施HACCP体系,标志着我国应用HACCP进入新的发展阶段。几年后,约有500多家水产品出口企业获得HACCP认证。

4 引进HACCP对我国水产业的影响日益显现

从20世纪90年代初开始,持续了十几年的中国水产业HACCP引进和推广应用工作已经过去。然而,它对我国水产品质量控制工作所产生的促进作用和重大影响延续至今。

HACCP的引进和推广应用顺应了当时我国改革开放的热潮,接续了我国水产业在80年代中期先行推进的市场化改革,填补了我国计划经济结束市场经济开始时的水产品质量控制理论和技术方面的空白。

我们引进HACCP推广应用正值全球水产品质量控制的迅速发展和提高的时代。我们有机会与国际组织和发达国家的同行面对面交流,及时了解欧、美等主要水产品进口国的质量控制与进口法规的最新进展,以新的视角来审视水产品国际市场的竞争及其背后可能出现的国际贸易技术壁垒,更加主动维护我国水产品出口利益。

我们引进和推广应用HACCP的过程中有自己的特色和创新。一是结合中国水产行业的具体情况制定了以HACCP为基础的标准与法规。二是在河豚鱼干制品领域提出自己的质量安全控制HACCP计划和操作规范并应用于企业生产。三是我国HACCP培训与推广是从我们的国情出发由政府主导,国家水产品质量监督检验中心具体实施的全行业开展的培训推广活动。参加和接受培训的都是各省、市、自治区主要水产企业和研究机构的技术人员。"星星之火,可以燎原。"这样收到的效果和产生的影响也很好。

HACCP的引进增强我国水产业应对欧美对我水产品质量控制体系检查的能力。世界上主要水产品进口国都是发达国家。长期以来,他们在技术法规、技术标准、认证制度等方面形成的技术性贸易壁垒,成为中国水产品在国际贸易中最普遍、最难以应对的贸易壁垒。由于在引进HACCP的过程中我们及时深入了解和熟悉理解欧、美的水产品安全法规,能够尽早采取应对措施。不断建立健全我国水产品增养殖的法规和标准体系就是其中之一。1997年11月21日农业部渔政渔港监督管理局行业法规《贝类生产环境卫生监督管理规定》发布。这为我国加强近海增养殖贝类的安全管理、应对欧盟检查提供法规基础。2002年颁布实施中华人民共和国水产行业标准《贝类净化技术规范》(SC/T 3013—2002)。2001年农业部颁布实施《无公害食品 海水养殖用水水质》(NY5052—2001)和《无公害食品 淡水养殖用水水质》(NY5051—2001)等标准,农业部渔业局依据上述标准对海水养殖水域进行划型,禁止将不符合水质标准的水源用于水产养殖。使用水域、滩涂从事水产养殖的单位和个人应当按有关规定申领养殖证并按核准的区域、规模从事养殖生产。2003年9月1日起实施《水产养殖质量安全管理规定》（农业部令第31号），规定："使用渔用饲料应当符合《饲料和饲料添加剂管理条例》和农业部《无公害食品渔用饲料安全限量》（NY5072—2002）。""使用水产养殖用药应当符合《兽药管理条例》和农业部《无公害食品渔药使用准则》（NY5071—2002）。""农业部负责制定全国养殖水产品药物残留监控计划，并组织实施。""水产养殖单位和个人应当接受县级以上人民政府渔业行政主管部门组织的养殖水产品药物残留抽样检测。"这些法规和标准的内容都与本文前面介绍的国际先进水产养殖法规接轨。这些法规和标准的制定都有黄海水产研究所和国家水产品质量监督检验中心的主导或者参与。

HACCP的引进和推广应用提高了水产业在大农业质量监督体系中的地位。继水产标准化工作在改革开放之初领先农业其他行业之后，又以HACCP的引进和推广应用为显著标志，使水产行业在当时的农业质量监督体系中仍然处于领先地位。在HACCP资料编译和人员培训、以HACCP为基础的质量管理标准制订实施、参加HACCP的国际技术交流等方面我们都处在当时国内各行业的最前面。

HACCP的引进和推广应用对于在国内产生和发展新的水产品质量和安全学科起到奠基的作用。为后来开展的食品安全风险分析提供了技术基础。许多水产高等院校相继将HACCP编入教材开设水产品质量课程，中国水产科学研究院将水产品质量和安全作为院内的十大学科之一。现在，HACCP进入了高等学校的食品专业教材，已经为更多的学子和企业所认知。

5 新世纪HACCP的新天地

20世纪的最后10年间，以国家水产品质量检验中心为代表的我国水产科技人员帅先引进HACCP，做了"取它山之石"的开创性工作，而在生产实践中推广应用HACCP的过程却是持续发展的。

2002年12月中国认证机构国家认可委员会才启动对HACCP体系认证机构的认可试点工作，开始受理HACCP认可试点申请。2011年正式开始制订认证标准。2012年5月国家食品卫生标准《危害分析与关键控制点体系 食品生产企业通用要求 GB/T27341—2011》正式实施。HACCP认证已经逐步从水产品出口加工企业扩大到全食品行业，出现不少做HACCP认证公司。

HACCP影响持续扩大。根据世界贸易组织（WTO）协议，FAO/WHO食品法典委员会制定的法典规范或准则被视为衡量各国食品是否符合卫生和安全要求的尺度。这样，HACCP原则也为世界贸易组织所接收，其推广实施的范围和深度进一步扩大。2005年，国际标准化组织（ISO）推出以HACCP原理为基础的ISO 22000:2005食品安全管理体系标准。这个标准是在广泛吸收了ISO 9001质量管理体系的基本原则和过程方法的基础上而产生的，它是对HACCP原理的丰富和完善，更有利于企业在食品安全上进行管理。

今天,HACCP 的推广应用更加完善。作为 HACCP 载体的标准和法规仍然在发展。20 世纪 90 年代美国和欧盟相继出台的若干影响全球水产界的法规已经逐渐为新世纪以来的更科学严格的新法规所取代。欧盟 1993 年开始执行的水产品质量与卫生法规——《生产和市场上的水产品的卫生条件的规定》(欧盟议会指令 91/493/EEC)在几年前就已经停用,而代之以几个新法规。美国在 2011 年发布的《食品安全现代化法》首个配套联邦法规《食品良好操作规范和危害分析及基于预防的风险控制》(21 CFR 117 Current Good Manufacturing Practice, Hazard Analysis, and Risk-Based Preventive Controls for Human Food) 于 2015 年 9 月 17 日正式实施。这个法规将 GMP 与 HACCP 整合(前面提到的 ISO 22000:2005 标准已经这样做了),扩大了风险控制的范围(要求将企业中的人为故意导致的危害因素也作为风险),控制措施的要求更全面(不仅要求对不同食品工艺进行危害分析和关键点控制,还要求整合原料、过敏源、召回计划等控制措施)。

进入 21 世纪后,全球对 HACCP 的研究和应用还在持续!以 HACCP 为基础的水产品质量安全法规还在不断完善和推出!

参考文献

国际食品法典(CODEX).食品卫生通则 CAC/RCP 1-1969,Rev.3(1997).1997 修订版.
国家水产总局.1979.关于全国水产工作会议情况的报告.
国务院 1986 年 71 号文件《关于加强企业管理若干问题的决定》1986 年.
国务院批转国家水产总局关于全国水产工作会议情况的报告的通知.1979-4-29.
李晓川.1996.参加第二届水产品检验与质量控制国际会议工作汇报.(打印稿).
李晓川.1998.河豚鱼及其加工利用.北京:农业出版社,135-144.
李晓川.1999.水产品标准化与质量保证.北京:中国标准出版社.
李晓川.2002.水产品中氯霉素残残留测定方法的分析研究.海洋水产研究,(4).
李晓川.2003.HACCP 在全球的实施.中国水产,2003(7).
李晓川.2003.健全对虾生产安全监控体系 应对欧美新法规.中国水产,2003(12).
李晓川.2003.水产品中氯霉素的问题与检测.农业质量标准,(3).
李晓川.2003.推动 HACCP 计划 确保水产品安全—国际水产界实施 HACCP 概览.中国渔业报,6 月 2 日和 7 月 1 日分两次刊登.
李晓川.2005.欧洲双壳贝类的安全监控.中国水产,2005(12).
农业部渔业局,国家水产品质量监督检验中心.1996.国外水产品质量控制法规选编.
农业部渔业局,国家水产品质量监督检验中心.1996.水产品标准与法规汇编.
农业部渔政渔港监督管理局.1997 贝类生产环境卫生监督管理规定.
全国水产标准化技术委员会.2006.水产标准化与质量监督工作简报,总第 16 期.
中华人民共和国 行业标准 水产品加工质量管理规范(SC/T3009-1999).
C A Lima Dos Santos.1996.An Overview of HACCP Implementation in the Seafood Industry.Proceedings of 2nd International Conference on Fish Inspection and Quality Control U S NFI.
Code of federal regulations 50 REVISED AS OF OCTOBER 1, 1994 REGULATIONS GOVERNING PROCESSED FISHERY PRODUCTS AND U.S.STANDARDS FOR GRADES OF FISHERY PRODUCTS.

Guide to Drug, Vaccine, and Pesticide Use in Aquaculture by the Working Group on Quality Assurance in Aquaculture Production U.S.A 1994.

H H Huss.1994.Assurance of Seafood Quality.FAO Fisheries Technical Paper,334.

H M Lupin.1996.FAO Technical Assistance on HACCP in the Fishery Industries.Proceedings of 2nd International Conference on Fish Inspection and Quality Control U.S NFI.

Mike Dillon,Chris Griffith.1996.How to HACCP.UK：M.D.Associates.

综　述

我国海水养殖业供给侧改革的任务与对策

刘世禄

(中国水产科学研究院 黄海水产研究所 青岛,266071)

自我国实施改革开放政策以来,我国的水产养殖业得到了快速发展并取得了举世瞩目的成就,水产养殖产量从1950年的不足10万t,1985年的362.6万t增至2015年的4 937.9万t(其中,海水养殖产量1 875.6万t),在渔业中的比例从8%、45%增至73%以上,近30年产量翻了近四番,成为世界第一水产养殖大国(占世界产量的2/3)和世界上唯一渔业养殖产量超过捕捞产量的国家。

2015年我国水产品总产量6 699.65万t,其中,水产养殖产量4 937.90万t,占总产量的73.7%;捕捞产量1 761.75万t,占总产量的26.3%。水产养殖作为中国大农业发展最快的产业之一,不仅在保障市场供应、解决吃鱼难、促进农村产业结构调整、增加农民收入、提高农产品出口竞争力、优化国民膳食结构和保障食物安全等方面做出了重要贡献,同时在促进渔业增长方式的转变、减排二氧化碳、缓解水域富营养化等方面也发挥了重要作用。

但是,近年来水产养殖业面临市场价格下滑、养殖空间受到明显制约,环境污染和病害威胁加重,水产品质量安全和市场监管难度增加,科技支撑体系薄弱,水产养殖模式与养殖管理亟待转型升级等诸多问题。因此,研究水产养殖业供给侧改革具有重要的战略意义。

1 我国海水养殖业发展现状

1.1 海水养殖产业规模发展现状迅速

改革开放以来,我国的水产养殖业快速发展取得了举世瞩目的成就,养殖产量从1950年不足10万t,1985年的362.6万t增至2015年的产量4 937.9万t(其中,海水养殖产量1 875.6万t),在渔业中的比例从8%、45.2%增至73.5%,近30年产量翻了近四番,成为世界第一水产养殖大国(占世界产量的2/3),世界上唯一渔业养殖产量超过捕捞产量的国家(表1和表2)。

表1 2015年全国水产养殖产量情况 万t

指标	养殖产量	海水养殖		淡水养殖	
		产量	同比/%	产量	同比/%
全国总计	4 937.90	1 875.63	3.47	3 062.27	4.31
鱼类	2 845.77	130.76	9.92	2 715.01	4.30

基金项目:农业部渔业局项目"渔业供给侧结构性改革政策与路径研究——海水养殖专题"。
作者简介:刘世禄(1953—),男,中国水产科学研究院黄海水产研究所研究员,长期从事海洋信息、海洋经济以及海洋发展战略研究。E-mail:liusl@ysfri.ac.cn

续表

指标	养殖产量	海水养殖		淡水养殖	
		产量	同比/%	产量	同比/%
甲壳类	412.55	143.49	0.08	269.06	5.11
贝类	1 384.60	1 358.38	3.18	26.22	4.39
藻类	209.81	208.92	4.22	0.89	4.35
其他	85.17	34.08	2.34	51.09	0.47

表2 2015年全国海水养殖面积情况

指标	面积/hm²	同比/%	占总面积比重/%
总计	2 317 760	0.53	
鱼类	84 050	4.29	3.63
甲壳类	314 220	2.83	13.56
贝类	1 526 640	-0.25	65.87
藻类	130 560	4.46	5.63
其他类	262 290	-0.61	11.32

2015年,全国海水养殖产量1 875.63万t,占海水产品产量的55.01%,比上年增加62.98万t、增长3.47%。其中,鱼类产量130.76万t,比上年增加11.80万t、增长9.92%;甲壳类产量143.49万t,比上年增加0.12万t、增长0.08%;贝类产量1358.38万t,比上年增加41.83万t、增长3.18%;藻类产量208.92万t,比上年增加8.46万t、增长4.22%。海水养殖鱼类中,大黄鱼产量最高,为14.86万t;鲆鱼产量位居第二,为13.18万t;鲈鱼产量位居第三,为12.25万t。

2015年,全国水产养殖面积8 465 000 hm²,同比增长0.94%。其中,海水养殖面积2 317 760 hm²,同比下降0.53%;淡水养殖面积6 147 240 hm²,同比增长1.09%;海水养殖与淡水养殖的面积比例为27:73(图1至图3)。

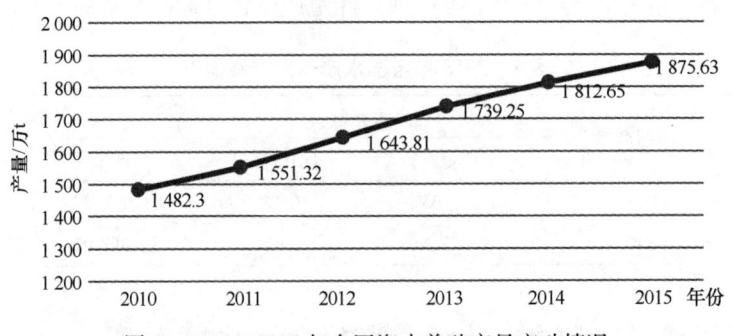

图1 2010—2015年全国海水养殖产量变动情况

全国水产品人均占有量 48.74 kg（人口 137462 万人），比上年增加 1.50 kg、增长 3.18%。

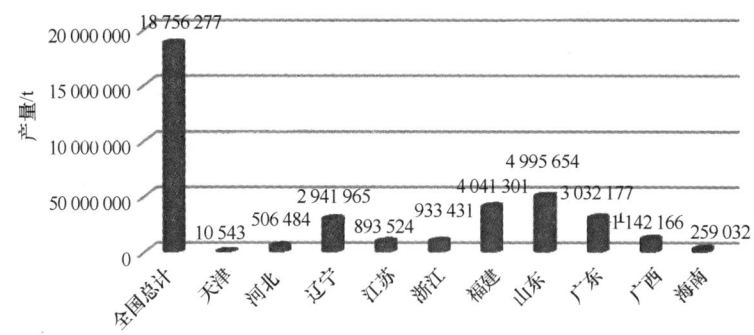

图 2　2015 年全国沿海各省、市、自治区海水养殖产量变动情况

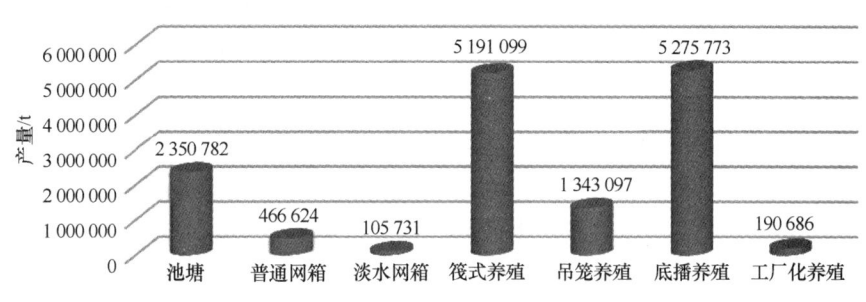

图 3　2015 年全国不同海水养殖方式产量变动情况

1.2　我国水产品生产潜力分析

1.2.1　人口增长对水产品的需求将继续增加

随着人口的增长，我国 2020—2030 年水产品需求预测值见表 3。2030 年，我国人口总量将达到 15 亿，比现在增加 1.6 亿，如按人均水产品占有量为 50 kg 计，总产量需达到 7 500 万 t，新增水产品产量近 2 000 万 t。由于近海资源衰退及远洋发展受限，渔业捕捞产量提高幅度不会很大。因此，到 2030 年水产品总产量需要再增加的产量，主要通过发展水产养殖来实现。

但是，中国水产品生产存在明显的地域性，海洋捕捞和海水养殖集中在沿海的河北、辽宁、江苏、浙江、福建、山东、广东、广西、海南、天津、上海，淡水捕捞和淡水养殖虽然全国各地都有发展，但仍以水域资源比较丰富的湖南、广东、江苏、安徽、湖北、江西 6 省为主。长期以来生产的地域性直接导致了各地消费习惯与消费偏好的差异；加之水产品长途运输的保鲜保活技术和成本因素，中国水产品消费的地域差异较为明显，中西部地区水产品消费水平与东部沿海地区差距较大。

表3 2020—2030年我国水产品供给状况与需求预测

项目	2000年	2010年	2020年	2030年
人口/亿人	12.7	13.4	14.6	15
城镇化率/%	36.2	47.5	60	70
人均消费量/kg	29.4	40	45	50
消费总量/t	3 706	5 373	6 570	7 500

数据来源：中国统计年鉴2011.人口系根据国家人口与计划生育委员会及相关人口专家预测资料.

1.2.2 经济和社会发展将进一步拉动对水产品的需求

近20年来，我国每年的水产品需求增量都在100万t以上，随着经济的发展，对水产品的消费需求仍将是扩大趋势。另外，尽管2010年我国人均水产品占有量已超过40 kg，超过世界人均占有量的18.6 kg/人(FAO,2010)，但人均消费量还很不均衡。随着我国城市化的建设和小城镇建设步伐的加快，城镇人口会迅速增加，对水产品的消费需求也会大幅增加，因为在目前我国水产品的消费格局中，城镇的消费量集中，而且所占的比重很大，占总消费量的70%以上。

1.2.3 国际市场需求仍保持继续增长

据联合国粮农组织(FAO)预测，未来二三十年全球水产品消费量将继续保持增长态势，日益扩大的新增市场份额主要靠进口水产品来弥补，这为我国水产品出口提供了广阔的空间。由于过度捕捞等原因，世界渔业资源衰退的趋势仍将继续，国际水产品新增的市场需求主要靠养殖产品供给。

目前，世界水产品总产量中约有40%的产品进入了国际贸易，而我国水产品外贸依存度仅为10%，水产品出口贸易仍有较大的发展潜力。

据海关统计，2015年我国水产品进出口总量814.15万t、进出口总额293.14亿美元，同比分别降低3.59%和5.08%。其中，出口量406.03万t、出口额203.33亿美元，同比分别降低2.48%和6.29%，出口额占农产品出口总额(706.8亿美元)的28.77%；进口量408.1万t、进口额89.82亿美元，同比分别下降4.66%和2.22%。贸易顺差113.51亿美元，比上年同期减少11.61亿美元(图4)。

2 我国海水养殖业供给侧存在的突出问题、影响和成因

2.1 存在的突出问题

近年来我国水产养殖业发展迅速，养殖产量已连续多年居世界首位，但是制约水产养殖可持续发展的因素也日趋凸显。

2.1.1 水产养殖发展与资源、环境的矛盾不断加剧

我国水产养殖的发展在追求数量和增长速度的过程中是以占用、消耗大量资源为代价取得的，粗放式养殖生产占地盘、争水源，导致的生态失衡和环境恶化等问题已日益显现，各种养殖水域周边的陆源污染、工程建设、自身污染等对养殖水域的环境影响不断增大，尤其

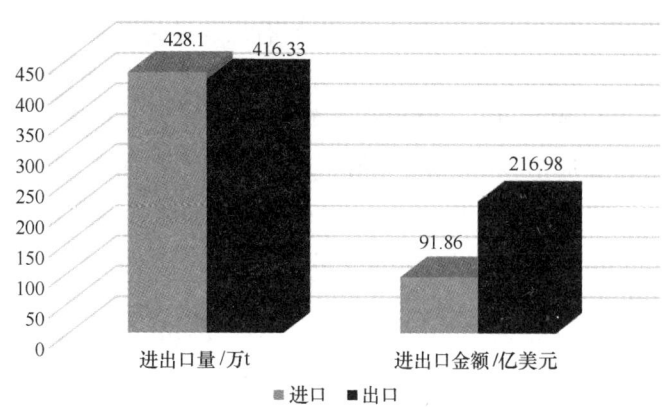

图 4 2015 年我国水产品进出口贸易情况

是随着城市的发展,水产养殖和城市用地、工业用地之间的矛盾逐渐凸显;海水养殖业在一些城市的近海已经逐步退出(如厦门、青岛等地)

2.1.2 水产养殖集约化和机械化程度不高

我国现阶段水产养殖以零星分散的小农经济体制为主,集约化养殖较少。以家庭联产责任制为主的生产经营形式,使得健康生态养殖标准组织生产和统一管理的难度较大,加大了发展健康生态养殖的难度。目前我国的水产养殖业仍然是一个劳动密集型产业,水产养殖劳动力紧缺已经成为制约水产养殖可持续发展的关键因素,水产养殖标准化、机械化和自动化程度亟待加强。

2.1.3 新型水产生态养殖模式亟待构建

目前的养殖模式在布局和容量控制方面缺乏科学依据的政策调控措施与养殖规划,片面追求产量和经济效益,品种搭配不够合理,养殖生产方式单一,对生态承载力和经济社会效益重视程度不够,养殖水域超容量开发,忽略了对水域生态环境的保护,不合理的布局也浪费了大量的海域空间资源。

2.1.4 水产养殖病害成为产业发展的"瓶颈"

我国渔业部门近几年的统计数据表明,每年水产病害引起的损失在 140 亿元左右,约占养殖总产值的 2%,据《2014 年中国水生动物卫生状况报告》统计,2014 年全国各地共监测到水生动物疾病 80 种。其中,鱼类疾病 46 种、虾类疾病 13 种、蟹类疾病 7 种、贝类疾病 4 种、两栖类疾病 3 种和爬行类疾病 7 种。这些疾病中,病毒病 16 种、细菌病 36 种、真菌病 5 种、寄生虫病 22 种。而分子生物学研究表明,我国流行的主要疾病的病原又存在明显的株型差异和致病力差异,如自从白斑综合征发生以来,白斑综合征病毒已可区分出 10 种以上主要变异。病害已成为水产养殖产业规模化和集约化发展的主要限制性因素,产业健康发展的可持续性受到严峻挑战。

2.1.5 水产养殖管理制度急需加强

我国的养殖管理主要通过水域使用证和养殖许可证的发放进行管理,养殖者获得两证后,可以在确权的水域从事养殖活动,但对于养殖密度、养殖种类结构和养殖布局则无任何限制。在20世纪90年代以前,这种管理方式对促进我国水产养殖业的发展发挥了重要作用。但随着养殖空间的不断拓展,养殖规模的不断扩大,单位水体养殖生物量无限制的增加,导致了养殖自身污染加剧,环境质量下降,病害频发,水产品质量越来越难以保障。此外,我国养殖许可证和海域使用证管理混乱,权责不明。养殖许可证的发放由农业部管理,而海域使用证的发放则由国家海洋局管理,两证发放隶属于两个政府部门管理,这种管理方式不利于增养殖统筹规划。

据中国水产养殖网公布的资料,截至2016年4月,其"渔药库"收录的渔药生产企业有281家,生产的渔药12 291种,其中消毒剂类1 251种、抗微生物药1 668种、抗寄生虫药1 261种、微生态制剂521种、环境改良剂3 848种、营养保健品1 444种、中草药386种、渔药综合1 911种,总数约为国家标准渔药制剂数量的69倍,环境改良类更是高达385倍。这提示渔药企业可能存在低水平重复多,产品系列乱,质量安全问题多等令人堪忧的严重问题。而由于诊断制剂长期以来注册标准不适宜,作为生物安保必须的水产诊断制剂注册至今为零,已在生产中应用的实用化水产病原快速诊断试剂盒也只有20余种。导致水产养殖中药物滥用情况堪忧。

2.1.6 经费投入与基础设施急需加强

近年来,中央财政加大了对渔业的投入,促进了渔业各项工作的开展,但在支持力度上还不够。由于缺乏财政资金引导性投入和财政支持力度较小,导致水产养殖基础设施年久失修,良种繁育、疫病防控、技术推广服务等体系不匹配,严重制约了养殖业可持续发展。因此,必须进一步改造和加强养殖基础设施建设,保障水产养殖的可持续健康发展。

2.2 影响和成因

2.2.1 食物安全面临挑战

进入21世纪,随着我国人口的增长和百姓对优质蛋白的需求,预计2030年我国对水产食物的需求将大幅增加,需要增加的产量近1 000万t,已成为保证食物安全不可忽视的部分。专家们还预言,海洋将成为人类重要的"蓝色粮仓",因此,要像对待地力一样提高"海力",大力发展海洋农业,高效利用近海滩涂。对此,国家和社会的高度重视,科技如何支撑水产食物的增产并为保证食物安全做出新的贡献,已成为需要认真研究的问题。

2.2.2 生态安全面临挑战

目前列入我国濒危动物红皮书的濒危鱼类物种数量92种,列入《CITES公约》附录的物种近300种,2000年修订颁布的《国家重点保护水生野生动物名录》中保护物种达169种,是1988年所颁布《国家重点水生野生动物名录》中保护物种数量的两倍。随着工业的发展和城市扩容,沿海、城郊优良的渔业水域、滩涂被大量占用,传统的水产养殖区域受到挤压,旅游、航运等产业开发与渔业发展的矛盾日益尖锐;大型水利工程建设改变了水生生物赖以栖息的生态环境,部分宜渔水域受到污染,鱼类的产卵场遭受破坏,珍稀水生野生动植物濒危程度加剧。

据《2015年中国海洋环境状况公报》显示:

(1) 我国近岸海域污染依然严重。2015 年冬季、春季、夏季和秋季，符合劣四类海水水质标准的海域面积分别为 6.7 万 km^2、5.2 万 km^2、4.0 万 km^2、6.3 万 km^2，分别占我国管辖海域面积的 2.2%、1.7%、1.3%、2.1%；污染区域主要分布在辽东湾、渤海湾、莱州湾、江苏沿岸、长江口、杭州湾、浙江沿岸、珠江口等近岸海域；主要污染要素是无机氮、活性磷酸盐和石油类。面积在 100 km^2 以上的 44 个大中型海湾中，21 个海湾全年四季均出现劣四类海水水质。

(2) 典型海洋生态系统健康状况不容乐观。实施监测的河口、海湾、滩涂湿地、珊瑚礁等典型海洋生态系统 86% 处于亚健康和不健康状态。其中杭州湾、锦州湾持续处于不健康状态；雷州半岛西南沿岸、广西北海的珊瑚礁生态系统健康状况呈下降趋势。

(3) 陆源入海污染居高不下。监测的 77 条主要河流携带入海的污染物总量 1 750 万 t 左右。在枯水期、丰水期、平水期，入海监测断面水质劣于第 V 类地表水水质标准的河流比例分别为 58%、56% 和 45%。

陆源入海排污口达标排放率仍然较低，监测的 445 个入海排污口全年达标排放次数占监测总次数的 50%，较上年下降 2 个百分点。入海排污口邻近海域环境质量总体较差，88% 的排污口邻近海域水质不能满足所在海洋功能区环境质量要求。

(4) 海洋环境风险仍然突出。东海依然为赤潮高发海域，赤潮发现次数占总数的 43%；渤海赤潮累计面积最大，占总面积的 54%。黄海绿潮灾害规模为近 5 年来最大，其中最大分布面积约 52 700 km^2，最大覆盖面积约 594 km^2。渤海、黄海和东海局部滨海地区海水入侵和土壤盐渍化加重，砂质和粉砂淤泥质海岸侵蚀严重。

2.2.3 良种、种质以及苗种生产面临挑战

目前，全国水产原良种体系的框架已基本形成，原良种生产能力有了较大提高。但现实情况却是原良种场中没有良种，抑或良种不良。良种的匮乏导致原良种体系出现较大问题。首先，原良种场生产的"良种"与一般商业育苗场生产的普通种没有明显区别，而标准化的生产程序又增加了原良种场的生产成本，原良种场在市场竞争中处于劣势地位。其次，国家对原良种场的投资仅限于固定资产，在原良种场运行初期没有稳定的经济支持，致使优良品种不能按照要求进行培育和生产，原良种场在发展的初期就陷入了经济困境而难以为继，优良品种因为缺少培育条件而夭折。此外，我国正处在社会结构转型期，企业所有权变更、体制改革频频发生，原良种场的体制和管理常常变化，变动较大，对原良种场定位功能的落实和发展方向均产生了较大的影响。整个行业缺乏生产优质水产苗种的体制机制，导致苗种市场混乱，整体质量不高，为质量安全问题埋下隐患。大量苗种不在监控范围之列。由于监测数量有限，水产苗种风险评估以及风险预测工作更是难以开展，监测结果也未能得到充分利用，影响了监督抽查工作的效果。

2.2.4 建立现代水产养殖产业面临挑战

现代渔业已成为各种新技术、新材料、新工艺密集应用的行业，渔业的规模化、集约化、标准化和产业化发展，使其对科技的依赖程度在不断提高。因此，必须加快水产养殖业科技进步，充分吸纳、融合现代生物技术、信息技术和材料技术的新成果，发展具有自主知识产

权、自主品牌的设施渔业和水产品精深加工业,降低资源消耗、环境污染和生产成本,不断提高渔业的资源产出率和劳动生产率,进一步引领和支撑优质、高效、生态、安全的现代水产养殖发展。

2.2.5 市场价格下滑和渔业灾情面临挑战

近年来,由于国家相关政策调控,水产养殖产品价格总体呈下降趋势。水产养殖企业效益很低或大面积亏损,导致不少企业压产、减产或者退出养殖业。

如:通过对2012—2015年我国鲆鲽类养殖主产区的大菱鲆、牙鲆、半滑舌鳎出池价格进行分析,可以明显地看出市场价格大幅度下降,其中:大菱鲆下降43.2%,牙鲆下降40%,半滑舌鳎下降37.5%。经济效益下滑严重(表4,表5和图5)。

表4 辽宁省葫芦岛市养殖大菱鲆出池价格变动情况　　　　　　　元/kg

月份	2015年	2014年	2013年	2012年	2015年与2014年同比增幅/%	2015年与2013年同比增幅/%	2015年与2012年同比增幅/%
1	38	42	56	70	−9.5	−32.1	−45.7
2	44	36	55	74	22.2	−20.0	−40.5
3	44	36	50	87	22.2	−12.0	−49.4
4	44	36	46	74	22.2	−4.3	−40.5
5	50	36	44	84	38.9	13.6	−40.5
6	50	36	40	75	38.9	25.0	−33.3
7	42	36	38	75	16.7	10.5	−44.0
8	41	50	52	71	−18.0	−21.2	−42.3
9	38	46	58	70	−17.4	−34.5	−45.7
10	36	52	52	68	−30.8	−30.8	−47.1
11	34	50	51	62	−32.0	−33.3	−45.2
平均价格	42	41	49	74	2.4	−14.3	−43.2

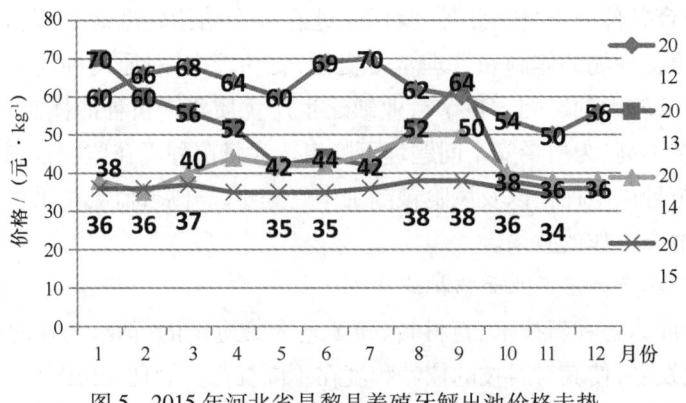

图5 2015年河北省昌黎县养殖牙鲆出池价格走势

表5　山东省烟台市养殖半滑舌鳎出池价格变动情况　　　　　　　　　元/kg

月份	2015年	2014年	2013年	2012年	2015年与2014年同比增幅/%	2015年与2013年同比增幅/%	2015年与2012年同比增幅/%
1	130	160	172	236	-18.8	-24.4	-44.9
2	130	150	166	220	-13.3	-21.7	-40.9
3	130	140	150	200	-7.1	-13.3	-35
4	130	130	150	185	-	-13.3	-29.7
5	130	130	148	190	-	-12.2	-31.6
6	130	130	164	222	-	-20.7	-41.4
7	130	130	160	220	-	-18.8	-40.9
8	130	130	170	220	-	-23.5	-40.9
9	130	130	182	220	-	-28.6	-40.9
10	130	130	150	180	-	-13.3	-27.8
11	120	130	150	180	-7.7	-20.0	-33.3
平均价格	129	135	160	207	-4.7	-19.4	-37.5

注:半滑舌鳎的规格为0.5~0.75 kg/尾.

渔业灾情:2015年,全国由于渔业灾情造成水产品产量损失99.91万t,直接经济损失200.16亿元。其中,受灾养殖面积690 810 hm²;沉船3 122艘,经济损失0.41亿元;死亡、失踪和重伤人数33人。2016年夏季发生的全国洪涝灾害,更进一步加重了水产养殖企业的亏损面。

3　我国海水养殖业供给侧改革的战略思路与重点任务

3.1　总体思路

以创新、协调、绿色、开放、共享发展理念为引领,坚持提质增效、减量增收、绿色发展、富裕渔民,大力推进渔业供给侧结构性改革,加快转变养殖发展方式,压减低效、高污染产能,大力发展标准化健康养殖,保护近海资源环境,改善基础设施,提升信息装备,促进科技兴渔,强化依法治渔,加快形成产出高效、产品安全、资源节约、环境友好的水产养殖业发展新格局。

3.2　发展原则

坚持总量控制,提高质量效益。正确处理海水养殖业发展"量的增长"与"质的提高"的关系,将发展重心由注重数量增长转到提高质量和效益上来。压缩调整资源消耗多、环境污染重、产出效益低的养殖品种和生产方式,不断提高质量安全水平,促进水产品向价值链高端发展。

坚持因地制宜,加强分类施策。根据渔业资源禀赋、市场需求和生态环境状况,科学确定产业发展规模、产品发展重点,指导各类经营主体调整产品产业结构和生产方式,优化产业布局。

坚持生态优先,强化资源养护。改善水域生态环境,合理调整海水养殖产业结构和布局,促进节水减排、清洁生产、低碳循环、持续发展。

坚持创新驱动,强化科技支撑。加强渔业科技创新,充分发挥现代科技对海水养殖业的引领和支撑作用。推进生产经营方式创新、管理创新和制度创新,激发各类经营主体的创造性,提高组织化水平。培育新型职业渔民,增强渔民创业能力和就业技能,全面提升渔业从业人员素质。

坚持市场主导,强化政策支持。充分发挥市场在水产养殖资源配置中的决定性作用,建立现代渔业多元化投入机制。加大关键环节的财政投入,改善水产养殖渔业基础设施和信息装备条件,更好地发挥政策的引导作用。

坚持依法管理,强化法治保障。完善海水养殖业法律法规体系,用法治破解海水养殖业发展管理中的难题。加强行政执法队伍建设,严格行政执法,不断提高依法行政水平,维护生产秩序和公平正义。

4 重点战略任务

4.1 进一步优化海水养殖空间布局
完善养殖水域滩涂规划,设置养殖水域最小使用面积保障线,积极挖掘水产养殖水域使用面积潜力。

4.2 实现科学布局海水养殖
建立养殖水域的容纳量评估制度,发展生态系统水平的新型养殖生产模式,加快实施养殖装备提升工程,推进设施标准化和现代化更新改造。

4.3 加快转变养殖业发展方式
加快经营方式的转变,引导养殖者向规模化发展,大力发展海水健康养殖,促进粗放型水产养殖向现代养殖设施工程化方向转变,提升陆基集约化高效养殖系统的规模化管理技术水平,优化近海养殖模式,探索深远海养殖技术,加快推进海水养殖节水减排,进一步优化海水养殖品种结构,大力发展养殖水产品加工技术体系。

4.4 进一步强化养殖业金融和财政政策
鼓励各类金融机构发挥信用创造功能,促进海水养殖业的发展。更重要的是通过金融、财政政策促进海水养殖企业的良性发展,使之形成良好的正反馈效应,从而使相关的海水养殖业金融和财政政策事半功倍。此外,直接融资和股权融资渠道,更看重企业的长期发展,这也要求金融、财政政策具有长期稳定性。

4.5 积极发展海水养殖物联网
一是制订我国水产养殖物联网发展规划,全面布局;二是提升水产养殖信息化水平,改善水产养殖物联网应用环境;三是加强科研创新,突破关键实用技术;四是推进水产养殖物联网示范项目建设。紧紧围绕发展现代化水产养殖生产的重大需求,在全国范围内启动一批水产养殖物联网示范项目,研发一批适合水产养殖特点的物联网自主产权技术产品,建设一批国家级水产养殖物联网示范基地,创新物联网在水产养殖领域的应用技术模式,建立水产养殖物联网可持续发展的机制,以点带面,全面推进物联网技术在水产养殖生产经营管理领域中的应用。

4.6 继续加强管理与执法能力建设

加快完善水产养殖的法律法规,加强养殖水域保护,建立养殖水域生态补偿机制,全面推进水产养殖执法与监管。

参考文献

陈昌福.2014年水产养殖病害流行趋势预测及其依据.中国水产频道,2014-1-18.
环保部.2014.中国环境状况公报[R].北京:中华人民共和国环境保护部.
黄倢.2016.养殖对虾流行病学与生物安保//2016(北海)海洋经济发展研讨会,北海,1-7.
李明爽,林连升,赵蕾.2013.我国水产种业发展现状、趋势与对策探析[J].中国渔业经济,31(2):139-145.
梁军能.2004.关于水产健康养殖及其管理措施的思考[J].广西水产科技,19-25.
农业部,环保部.2014.中国渔业生态环境状况公报[R].北京:中华人民共和国环境保护部.
农业部渔业渔政管理局.2015.2014年中国水生动物卫生状况报告[M].北京:中国农业出版社.
农业部渔业渔政管理局.2015-2016.中国渔业统计年鉴[M].北京:中国农业出版社.
全国水产原种和良种审定委员会.中华人民共和国农业部公告:水产新品种名录(1996-2015)
唐启升,丁晓明,刘世禄,等.2014.我国水产养殖业绿色、可持续发展保障措施与政策建议[J].中国渔业经济,(2).
魏保振.2012.水产健康养殖的内涵及发展现状[J].中国水产,(7):5-7.
徐皓,江涛.2012.我国离岸养殖工程发展策略[J].渔业现代化,39(4):1-6.
游桂云,杜鹤,管燕.2012.山东半岛蓝色粮仓建设研究—基于日本海洋牧场的发展经验[J].中国渔业经济,3(30).
赵海瑞,卢建强,姜文荣.2014.水产养殖物联网技术装备构成及现状[J].江苏农机化,(3):33-35.
中国养殖业可持续发展战略研究项目组.2013.中国养殖业可持续发展战略研究:水产养殖卷[M].北京:中国农业出版社.
周燕侠,魏友海.2012.产业升级,渔业将进入"物联网"时代[J].科学养鱼,(2).
朱洪波,杨龙祥,朱琦.2011.物联网技术进展与应用[J].南京邮电大学学报:自然科学版,31(1):1-9.

牡蛎育种研究进展

宁岳[1,2]，郭香[1,2]，曾志南[1,2]，祁剑飞[1,2]，巫旗生[1,2]

(1. 福建省水产研究所，福建 厦门 361013；2. 福建省海洋生物资源开发利用协同创新中心，福建 厦门 361013)

牡蛎属软体动物门(Mollusca)、双壳纲(Bivalvia)、珍珠贝目(Pterioida)，牡蛎科(Ostreidae)，是一种重要的海洋生物，其肉味鲜美，营养价值较高，素有"海中牛奶"之美称。牡蛎地理分布广、生长快、产量高，具有很高的经济价值，是世界各国重要的海水养殖对象。2014年世界牡蛎产量达516万t，产值41.7亿美元；中国牡蛎产量居全球首位，达435万t，占世界牡蛎产量的84.3%，特别是近15年来中国牡蛎年产量均在300万t以上，牡蛎已成为中国乃至世界养殖产量最大的经济贝类[1-2]。

牡蛎食用与养殖的历史悠久，目前牡蛎养殖苗种来源主要是通过自然采苗和人工育苗，但长期采用人工育苗养殖后，导致遗传变异逐渐降低、近交衰退、瓶颈效应，养殖牡蛎普遍出现个体变小、生长缓慢、高死亡率等现象[3]，因此采用传统遗传育种方法和现代各种生物技术，培育出符合生产需要的高产、优质和适应性广的优良品种对推动牡蛎养殖产业发展具有重要意义。综述了近些年来国内外牡蛎育种的研究现状与进展，以期为牡蛎及其他贝类的育种研究与应用提供参考。

1 牡蛎选择育种

选择育种是遗传育种的最基本方法，也是目前水产动物遗传改良的主要途径。牡蛎群体中许多性状存在可以遗传的变异，此外牡蛎的怀卵量大、性成熟较快、繁殖周期相对短，使牡蛎成为良好的选择育种材料[4]。

近年来除中国外，美国、澳大利亚、法国等先后开展了牡蛎选择育种研究工作，并取得了一定的成效。在牡蛎抗病育种方面，1957年美国特拉华湾(Delaware Bay)美洲牡蛎(*Crassostrea virginica*)开始连续发生尼氏单孢子虫病(MSX)，其高感染率和高死亡率使美国东海岸牡蛎养殖业遭受严重影响[5]；从20世纪60年代开始，美国Rutgers大学Haskin等[6]进行了持续的研究，证实了美洲牡蛎对MSX抗性可遗传，并通过几十年的不懈努力，成功地人工选育出5个抗MSX美洲牡蛎新品系，选育群体生长速度与自然群体无差异，但对该病的抗性提高了8~9倍，并成功进行了商业化养殖。在抗派金虫病(Dermo)选育方面，Burreson[7]和Calvo[8]从特拉华湾(Delaware Bay)美洲牡蛎自然群体中通过4代连续选育，成功选育出能同时抑制MSX和Dermo疾病的双抗品系，第3代比对照组死亡率减少22%，而且生长速

基金项目：现代农业产业技术体系建设专项(CARS-48)；福建省人民政府种业工程项目(2014S1477-9)。
作者简介：宁岳，助理研究员，E-mail: 7285970@qq.com
通信作者：曾志南，研究员，E-mail: xmzzn@sina.com

度也有提高。20世纪80年代初,美国华盛顿大学的Hershberger等[9]针对长牡蛎夏季高死亡率,开展了较系统的选择育种研究工作,并对性成熟周期、糖原含量变化等可能导致夏季死亡的影响因素进行了分析。1996年美国水产遗传育种技术中心(ABC)继续启动了针对MSX和Dermo的美洲牡蛎育种项目,经过近10年的研究,建立了8个ABC选育系,在4个地方养殖结果显示,当MSX和Dermo发生时,选育系存活率明显高于对照组,其中东海岸组(East Coast EC)、东海岸与路易斯安那杂交组(hybrids between East Coast and Louisiana,HY)存活率分别比对照组高52%~82%和40%;此外选育系平均产量也比对照组高29%[10]。

澳大利亚Nell[11-12]和Dove等[13-14]也开展了悉尼岩牡蛎抗QX(*Marteilia sydneyi*引起)和冬季致死选育研究,经过两代的选育,选育系的死亡率比对照组低22%,显示抗马尔太虫病(QX疾病Queensland unknown disease,由*Marteilia sydneyi*引起)的选育有效可行;经过第3代选择,1号选育系显示抗QX能力强,但无抗冬季致死,2号选育系同时具备抗QX和冬季致死,而3号选育系仅对抗冬季致死有较好的效果;经过第4代选育,当QX暴发时选育系死亡率为28%,而未选育组死亡率达97%,显示出较好的选育效果。

法国是传统的牡蛎养殖大国,20世纪70年代从日本引进长牡蛎并开始进行人工养殖,针对牡蛎幼苗夏季高死亡率,法国海洋研究所(IFREMER)开展了"MOREST"牡蛎研究计划,Dégremont等[15]建立了家系并在3个不同的地方进行养殖试验,结果显示在存活率方面家系效应显著,占总方差组分的46%,同时也存在家系与环境互作效应。近年来由于牡蛎疱疹病毒病(OsHV-1)的暴发,给法国牡蛎养殖业造成了严重的损失,Dégremont等[16-17]从2009年开始针对存活及抗OsHV-1开展了长牡蛎群体选育,建立了两个选育系,选育系(G1)平均存活率较对照组提高22.2%;选育至第4代(G4)时,选育系存活达69.0%,而对照组仅7.3%;此外G1、G2、G3和G4幼苗期存活率较对照组分别提高了22.2%、43.9%、50.2%和61.8%,牡蛎抗OsHV-1现实遗传力在0.34~0.63之间;通过连续4代的群体选育,显著提高了牡蛎存活及抗OsHV-1能力。

在生长速度选育方面,早在1968年马里兰州的Wilde就开始了对美洲牡蛎生长速度及杯深(壳宽)等性状进行选育,并培育出"Wilde strain"品系,该品系在好的养殖条件下6个月可达商品规格,取得了很好的经济效益,并沿用至今[5]。20世纪70年代开始,美国国家海洋渔业局(NMFS)也开展了牡蛎选育计划,通过对长岛海峡(Long Island Sound)的美洲牡蛎进行连续4代选育,培育出速长品系"Milford high-line",并一直用于养殖生产;此后1988年美国缅因大学又对缅因州本地的"Milford high-line"品系进行了选育,经过一代选育后获得10%的遗传进展[5]。1995年开始俄勒冈州立大学等单位联合开展了养殖牡蛎选择育种遗传改良计划[18-19];通过一代的全同胞家系选育,长牡蛎7个测试群体平均体重比对照组高9.5%,同时通过在不同地点建立家系有力地证实遗传与环境互作[20];Evans等[21]进一步研究了长牡蛎遗传与环境互作效应,结果显示长牡蛎24个家系中,收获时个体大小、成活率和产量都明显受家系、环境及其交互作用影响,其中家系、环境和交互作用分别占产量总表型方差的14%、62%和5%。

澳大利亚也是传统牡蛎养殖大国,主要养殖悉尼岩牡蛎(*Saccostrea glomerata* Gould

1850)和长牡蛎。1990年新南威尔士州启动了以悉尼岩牡蛎快速生长为选育目标的育种计划,Nell等[22-24]建立了4个选育系,经17个月养殖,第2代选育系平均体重较未选育组分别提高0%、2.9%、5.0%和8.5%;经连续两代选择后(第3代)4个选育系的平均体重比对照组高18%(各选育系在14%~23%),将牡蛎上市时间(平均全重不小于50 g)提前了3个月;第4代选育系经3年养殖,上市时间较未选育组提前12.5个月,其中2号选育系提前15个月;Dove等[25]在7个养殖区对第5代选育系开展了生产性能评价试验,结果显示各养殖区选育系均比未选育组个体大,平均上市时间为29.3个月。20世纪40—50年代,澳大利亚从日本引进长牡蛎并开始进行养殖,Ward等[26]从1996年开起开展长牡蛎选育研究,他们首先分析了本地种与日本原种的遗传差异,建立了两个独立的基础群体,并通过歧化选择(divergent selection,又称双向选择),分别建立起快速生长和慢速生长系;147 d和275 d后,快速生长系生长速度明显高于慢速生长系;此后还建立了多个家系,对多个不同生长指标进行了主因子分析,并开展了分子标记辅助育种研究。此外,新西南考思伦研究所(Cawthron Institute)等也开展了牡蛎育种研究,Adams等[27]将精子冷冻保存技术应用于长牡蛎选择育种上,利用冷冻精子建立了20个组合(1雌×1雄),其中17个获得了足够多的D型幼虫,显示精子冷冻保存技术可以很好地应用于家系构建。

在国内,王庆志[28]获得56个全同胞家系,估算了长牡蛎成体阶段生长性状的遗传参数,结果显示长牡蛎成体阶段各生长性状间的遗传相关和表型相关均为正相关,壳高和总重具有较高的遗传力,分别为0.35±0.15和0.27±0.13。孔宁等[29]采用模型拟合方法研究了长牡蛎F_3快速生长选育群体不同时期各生长性状的发育规律,并利用多项式模型拟合了养成期各生长性状的发育规律,揭示长牡蛎的生长发育特征。张景晓等[30]利用连续2代的长牡蛎近交群体,研究了不同近交系数的长牡蛎家系在幼虫期和稚贝期产生的近交效应,结果显示:幼虫阶段,F_1组和F_2组的壳高与壳长均从12日龄出现衰退,稚贝阶段,F_1组和F_2组的平均壳高在各日龄均表现出近交衰退。这些研究为长牡蛎选择育种和遗传改良提供了很好的基础数据和理论参考。李琪等[31]以山东乳山海区自然采苗养殖的长牡蛎为基础群体,采用群体选育技术,以生长速度和壳形作为选育指标,经连续6代选育,培育出"海大1号"长牡蛎新品种,该品种15月龄平均壳高较普通商品长牡蛎苗种提高16.2%,总湿重提高24.6%,出肉率提高18.7%,且壳型整齐度明显优于普通商品长牡蛎。

曾志南等[32]收集福建沿海诏安、漳浦、罗源及广东南澳等牡蛎主养区人工育苗养殖的葡萄牙牡蛎,分别以贝壳颜色和生长速度为选育目标性状,利用群体选择技术,通过多代连续选育,培育出金黄壳色速长葡萄牙牡蛎"金蛎1号"新品系(表1)。

表 1 部分牡蛎选育研究成果总结

国家	种类	选育目标	主要结果	文献
美国	美洲牡蛎	抗尼氏单孢子虫病（MSX）	选育出 5 个抗 MSX 美洲牡蛎新品系，选育群体生长速度与自然群体无差异，但对该病的抗性提高了 8~9 倍	[6]
美国	美洲牡蛎	抗派金虫病（Dermo）	通过 4 代连续选育，成功选育出能同时抑制 MSX 和 Dermo 疾病的双抗品系，第 3 代比对照组死亡率减少 22%，而且生长速度也有提高	[7-8]
美国	美洲牡蛎	抗 MSX 和 Dermo	建立了 8 个 ABC 选育系，在 4 个地方养殖结果显示，当 MSX 和 Dermo 和发生时，选育系存活率明显高于对照组，其中 EC 组、HY 组存活率分别比对照组高 52%~82% 和 40%；此外选育系平均产量也比对照组高 29%	[10]
澳大利亚	悉尼岩牡蛎	抗 QX（Marteiliasydneyi）	经过 4 代选育，当 QX 暴发时选育系死亡率为 28%，而未选育组死亡率达 97%	[11-14]
法国	长牡蛎	抗 OsHV-1	选育至第 4 代（G4）时，选育系存活达 69.0%，而对照组仅 7.3%；此外 G1、G2、G3 和 G4 幼苗期存活率较对照组分别提高了 22.2%、43.9%、50.2% 和 61.8%；通过连续 4 代的群体选育，显著提高了牡蛎存活及抗 OsHV-1 能力	[16-17]
美国	美洲牡蛎	生长速度	培育出"Wilde strain"品系和"Milford high-line"速长品系，其中"Wilde strain"品系在好的养殖条件下 6 个月可达商品规格	[5]
澳大利亚	悉尼岩牡蛎	生长速度	第 4 代选育系上市时间（平均全重不小于 50 g）较未选育组提前 12.5 个月	[22-25]
中国	长牡蛎	生长速度	经连续 6 代选育，培育出"海大 1 号"长牡蛎新品种，该品种 15 月龄平均壳高较普通商品长牡蛎苗种提高 16.2%，总湿重提高 24.6%，出肉率提高 18.7%，且壳型整齐度明显优于普通商品长牡蛎	[31]
中国	葡萄牙牡蛎	贝壳颜色、生长速度	利用群体选择技术，通过五代连续选育，培育出金黄壳色速长葡萄牙牡蛎"金蛎 1 号"新品系	[32]

2 牡蛎杂交育种

相对于选择育种，牡蛎杂交育种进展相对缓慢[33-34]。牡蛎的远缘杂交研究至今已有 130 多年的历史，Bouchon-Brandely[35]最早开展了葡萄牙牡蛎与欧洲牡蛎的种间杂交。20 世纪 50 年代开始陆续开展了许多牡蛎种间杂交实验和研究，但由于未进行遗传鉴定，其可信度令人怀疑[36]。目前，已经过遗传鉴定的牡蛎种间杂交组合如下：美洲牡蛎×长牡蛎[37]、美洲牡蛎×近江牡蛎[37]、长牡蛎×近江牡蛎(*C. rivularis*)[37]、长牡蛎×葡萄牙牡蛎[38-39]、长牡蛎×熊本牡蛎[40-41]、近江牡蛎×熊本牡蛎[42]、香港牡蛎×长牡蛎[43]、香港牡蛎×近江牡蛎[44]等(表2)。大多数牡蛎种间杂交幼虫具有存活率低、不变态等特点,仅很少一部分可以完成变态成稚贝。

表2 5种巨蛎属牡蛎受精方向性及其兼容性[35]

♀	♂				
	长牡蛎 *C. gigas*	葡萄牙牡蛎 *C. angulata*	熊本牡蛎 *C. sikamea*	香港牡蛎 *C. hongkongensis*	近江牡蛎 *C. ariakensis*
长牡蛎	√	√	×	×	√
葡萄牙牡蛎	√	√	×	×	√
熊本牡蛎	√	√	√	√	√
香港牡蛎	√	√	√	√	√
近江牡蛎	√	√	×	×	√

注:"√"表示可以受精,"×"表示不可受精.

杂交是否会产生积极的杂种优势是育种学家们最关心的,但杂种优势的产生机理十分复杂,既与亲本间的遗传差异有关,同时还与基因的表达调控、基因效应的大小和方向、效应间的相互作用及所处的环境有密切关系[45-46]。在牡蛎杂种优势方面,长牡蛎×熊本牡蛎[42]、香港牡蛎×长牡蛎[47]杂交后代生长情况均不如自交组,表现出生长缓慢的特点;在长牡蛎与近江牡蛎的种间杂交中,以长牡蛎为母本的杂交组具有显著的生长及存活优势,而反交则表现出生长及存活劣势[48];近江牡蛎与熊本牡蛎杂交后代有明显的生长及存活杂种优势[42];香港牡蛎×葡萄牙牡蛎[49]杂种幼虫生长缓慢,但变成稚贝以后,在不同环境条件下培育的生长状况不同:适宜的条件下,会表现出快速生长的特征;不利于生长的条件下,表现出生长劣势,表明生长性状与环境互作具有一定的相关性;目前仅有报道香港牡蛎×近江牡蛎杂交后代表现出明显的杂种优势,1龄杂交子代平均壳高分别比香港牡蛎和近江牡蛎大54%和25%[44]。

种间杂交后经常会出现杂交不亲和、种后代育性差和"疯狂"分离等现象[45],可利用可育的杂种F_1与亲本种间的轮回杂交来改良杂种个体中某一亲本的性状表现。霍忠明等[50]开展了香港牡蛎×近江牡蛎杂种与双亲的回交试验,香港巨蛎与近江牡蛎的杂交牡蛎与香港巨蛎或近江牡蛎都可以正常交配,但各回交组受精率明显低于两牡蛎自交组,未发现明显的回交优势。喻子牛等[51]对香港巨牡蛎开展了杂交育种研究,以牡蛎种间杂种(香港牡蛎♀×长牡蛎♂)个体与香港牡蛎速生品系(F_4)个体回交获得的回交一代(BC_1F_1)为基础群,通过表型性状与分子标记协同上选,以生长率作为指标,筛选出的生长快、盐度适应范围略高于香港牡蛎的牡蛎新品种"华南1号","华南1号"遗传稳定性达96.7%;在相同养殖条件下,总体重较香港牡蛎提高17.1%,产量提高23.1%,并可在较高盐沿海河口水域养殖(拓宽养殖区域盐度约5 g/L),适当扩大了现有养殖水域。

张国范[52]提出了贝类群体间的杂交及其杂种优势利用的可能性,阐明了地理种群或群体间的杂交与农作物品系间杂交的类同性。在牡蛎不同群体杂交方面,孔令锋等[53]以中国长牡蛎(C)和日本长牡蛎(J)为材料,进行了4个组合的杂交和自交实验,揭示长牡蛎日本群体♀×中国群体♂的杂交子代在生长性状方面具有显著的杂种优势。王卫军等[54]以中国、日本和韩国长牡蛎F_4选育群体为材料,建立了选育系间杂交和自交群体,结果表明,各交配组合在180日龄、360日龄和450日龄生长优势差异显著($P<0.05$),多数杂交子代在生长性状上存在一定程度的杂种优势。

3 分子标记技术在牡蛎育种中的应用

分子标记来源于个体DNA水平的变异,与传统的形态标记相比有数量多、种类丰富的特点,近年来在经济动植物育种方面已经取得了备受瞩目的成果,如奶牛、水稻和番茄等。在牡蛎中,随着测序成本的降低,基因组[55]和不同时空条件下转录组测序[56-60]的完成,EST(expression sequence tag)数据库的构建[61],大量的共显性分子标记被相继开发[62-63]。遗传分子标记的丰富将牡蛎的遗传育种工作从传统方法推向分子辅助育种的新层面。目前,分子标记技术已广泛应用于牡蛎的遗传多样性分析、连锁图谱构建、数量性状定位以及关联分析等研究领域,体现出有效可靠,快捷方便的优势,成为培育牡蛎优良品系的有效手段之一。

3.1 图谱构建

1997年5月美国农业部将包含牡蛎在内的5种水产种类作为基因组图谱的研究对象,至此,多种牡蛎品种都开展了图谱构建工作。Lallias等[64]基于AFLP和SSR标记构建了欧洲牡蛎 Ostrea edulis 的雌雄两性图谱;Yu等[65]构建了美洲牡蛎 C. virginica 的 AFLP 连锁图;长牡蛎作为最重要的经济牡蛎品种,世界上多个实验室开展了其遗传图谱构建工作,目前已获得了分辨率较高的连锁图。Li和Guo[66]基于AFLP标记构建了长牡蛎的雌雄两性图谱,Dennis 等构建了 C. gigas 的微卫星连锁图[67],同时Hubert等使用6个三倍体家系确定了52个微卫星位点的基因—着丝粒距离图谱[68]。Guo等基于AFLP和SSR绘制了长牡蛎的性别平均连锁图,图谱平均密度达到1.2 cM[69]。Zhong等利用SSR和SNP两种共显性标记也构建了长牡蛎的性别平均连锁图[70]。为了提高长牡蛎遗传图谱上的微卫星标记密度,郭等采用6个家系图谱间的共有微卫星标记作为锚定标记,构建了长牡蛎的整合图谱,研究发现不同作图家系连锁群上的标记分组保持一致,但标记顺序存在差异,这可能归因于长牡蛎自然群体中存在大量的染色体重排现象[71]。牡蛎遗传图谱的构建为后续的经济性状定位、重要功能基因克隆和分子标记辅助育种打下了坚实的基础。但是,连锁图构建仍然处于初级阶段,主要存在两个方面的问题:① 以显性标记为主,缺少共显性标记;② 图谱的密度和覆盖度低,有待进一步完善。

3.2 数量性状定位及关联分析

QTL定位是以一定饱和度的遗传连锁图谱为基础,通过连锁分析确定数量性状位点,牡蛎的定位工作主要集中在生长发育、抗性、性别和外观颜色等重要经济性状上。Yu和Guo

在美洲牡蛎的雌雄两性遗传图谱上,鉴定到了 12 个与抗 Dermo/Summer 病毒相关的 QTLs[72]。Guo 等基于 F_1 家系性别平均图谱对长牡蛎生长相关性状(壳长、壳高、壳宽、软体部重、总重、壳容积、左壳深、出肉率和条件指数)和性别进行 QTL 定位分析,共定位了 3 个与生长相关的 QTL,解释的表型变异率为 0.6%~13.9%;同时,检测到一个与性别相关的 QTL,父母本等位基因解释的性别表型变异率分别为 39.8% 和 0.01%[69]。Zhong 等基于 SSR 和 SNP 标记连锁图定位了两个 QTLs,其中一个与糖原相关,解释的表型变异率为 0.27%~79.05%,另一个与壳色相关,定位在第 9 连锁群上,父母本等位基因解释的表型变异率为 6.75% 和 17.44%[70]。另外,Zhong 等对出肉率和壳形(壳宽和壳深)性状也进行了 QTL 定位分析,共检测到 13 个相关的 QTL,分布在 3 个连锁群上,表型解释率为 0.25%~47.53%[73]。

除了连锁分析,重要功能基因与经济性状的关联分析在牡蛎分子遗传育种中也备受关注。两个淀粉酶基因在部分长牡蛎家系中呈紧密连锁,显著的生长差异在部分养殖场中被观测到,暗示了这种多态性是非中性的,可能经历了选择。两种淀粉酶基因型的预期产量也是有差异的,表明淀粉酶标记在牡蛎选择育种上的潜在育种价值[74]。随后,Huvet 等[75]又进一步检测了淀粉酶基因与生长、生理生化和淀粉酶分子表达水平的关联性,结果发现这种关联性更多的与长牡蛎的消化率而不是吸收率相关。刘思玮等[76]在长牡蛎糖原合酶的外显子编码区域,通过连锁不平衡分析构建 SNP 单倍型,筛选到一个可能导致长牡蛎高糖原含量的单倍型;在糖原磷酸化酶基因中检测到 5 个与生长性状显著相关的 SNPs 位点($P<0.05$)。采用候选基因重测序和 mRNA 表达分析法,在长牡蛎糖原脱支酶和磷酸化酶两个基因中共检测到 3 个与糖原含量相关的 SNP 标记,且这两个候选基因在糖原含量高和低的两组个体中的转录本丰度是有差异的[77]。丛等在长牡蛎胰岛素相关多肽基因和胰岛素受体相关受体基因中,均检测到与生长性状和糖原含量呈显著相关的 SNPs 分子标记和单倍型[78-79]。

在牡蛎的遗传育种中,表观性状如壳色和外套膜颜色也是一个重要的经济性状,成为一个新的重要的育种研究方向。采用两个着色度相对的长牡蛎亲本构建的 F_1 分离群体,分别选择壳色相对的子代构建 DNA 混合池,然后用 AFLP 标记扫描筛选到与该分离群体的贝壳着色相关联的 7 条多态性片段,且这些标记全部位于同一个连锁群上,可解释 80% 的壳色表型变异,且其中一个 AFLP 标记成功转化为共显性的 SCAR 标记,并整合到长牡蛎连锁图谱上[80]。为了加快长牡蛎壳金品系的选育进展,Ge 等通过构建壳金和壳白亲本的 F_1 分离群体,采用混合池分离分析法,利用 AFLP 标记筛选到 7 条多态性片段,其中 4 个转化为共显性标记,且 7 个片段全部来自母本,定位于同一连锁群上[81]。

3.3 遗传多样性分析

Appleyard 和 Ward 采用同工酶和微卫星标记,比较 4 个塔斯马尼亚岛连续选育第 4 代群体与两个塔斯马尼亚岛野生群体和两个来自日本当地的群体发现,在连续 4 代选育群体中,微卫星等位基因数目减少,杂合度受到了轻微影响。人工选育明显导致了部分遗传变异的丢失。这一研究结果暗示如果要继续开展基于家系的人工选育,育种者需要考虑增加亲本数量[82]。

长牡蛎具备极高的繁殖力和很低的死亡率,Taris 等构建了 10 个父本和 3 个母本的长牡蛎混养群体,遴选掉群体中偏小的 50% 个体,测量了幼虫生长,死亡率,变态为面盘幼虫的时间等性状。结果表明遴选对于幼虫性状有一个相对较大的选择效应,尤其是附着时间。同时,采用微卫星多重 PCR 技术进行了混养群体的亲子鉴定,评估了亲本繁殖成功率差异,有效群体和群体遗传结构,发现养殖过程中的遴选导致群体的遗传多样性丢失,像野生状态下的与体积大小相关的选择压一样,很可能对种群产生了显著的遗传影响[83]。

Li 等采用 7 个微卫星位点检测了 5 个中国长牡蛎养殖群体的遗传变异和种群结构。F_{st} 和 R_{st} 值在 5 个群体之间表现出显著的遗传差异。基于群体间遗传距离构建的 NJ 树拓扑结构可以清晰地将 5 个群体分为南北两组[84]。

美国西北部的长牡蛎是 20 世纪 20—70 年代陆续从日本引进的种群。Camara 采用 AFLP 标记分析了 1 个日本野生群体,5 个北美驯化群体,两个新西兰群体,7 个来自美国西海岸的选育养殖群体,研究每一次大规模移植后美国长牡蛎群体的遗传水平变化。结果发现除了蒂拉穆克群体之外,其他所有驯化群体在遗传上都更加接近日本有明群体,而所有养殖选育群体在遗传上与日本宫城群体更相似。据当地长牡蛎养殖者介绍,蒂拉穆克群体可能源自养殖牡蛎的新进殖民化。在随机遗传漂变广泛存在的情况下,这种一致性是出乎意料的。不过,笔者推测,自然和人工选择可能已经改变了 AFLP 等位基因在驯化和养殖群体中的频率[85]。

Miller 等采用微卫星十重 PCR,分析了韩国和日本当地群体、法国和澳大利亚驯化群体,澳大利亚育种项目养殖群体。结果发现遗传多样性在自然群体和驯化群体中都非常高,养殖群体相对较低。该研究结果暗示了自长牡蛎引进以来,驯化群体在遗传上没有发生变化,暗示了引进的驯化群体也可以作为优良的选育材料之一[86]。

An 等采用微卫星九重 PCR 技术探究了韩国长牡蛎野生和养殖群体之间遗传上可能存在的相似和差异性。与野生群体相比,养殖群体杂合度和等位基因多样性未显著降低,但是两个群体之间存在显著的遗传异质性。研究结果暗示了多年的养殖实践并未显著影响牡蛎群体的遗传水平[87]。

长牡蛎现今已经入侵欧洲沿海各地,Meistertzheim 等采用 7 个微卫星标记评估了欧洲沿海自然群体和法国养殖群体的遗传多样性,未发现两种群体间存在遗传差异。这种遗传同质性可是因为同一入侵群体作为亲本在各地之间多次转运的结果[88]。

Jiang 等采用 AFLP 和甲基化敏感扩增多态性技术评估了基础群体和第 3 代选育群体之间的遗传和表观遗传差异。两个群体相比,基因频率有所改变,但是未观测到遗传多样性的降低和平均甲基化水平的差异。不过观测到少量的条带在两个群体之间出现频率有差异[89]。

An 等利用微卫星九重 PCR,评估了韩国来自两个地理分区的 6 个长牡蛎群体的遗传水平。所有的群体都表现出高水平的遗传多样性和杂合子缺失,在两个地理分区之间存在弱而显著的遗传差异($F_{ST}=0.003,P=0.002$),这主要归因于泰安郡(Taean)和加德(Gaduk)两个群体间的遗传差异。这种遗传差异可能是最近才出现的,应该是多因素综合作用的结果,暗示了来自两个地理分区的群体应该被区别对待[90]。

欧洲牡蛎自30年前自缅因州被引进到加拿大沿海诸省,Vercaemer等利用5个微卫星位点分析了3个加拿大养殖群体和1个缅因州自然群体遗传多样性的差异。大量的等位基因丢失也被观测到,但是,遗传多样性和杂合度在各群体中仍然是相当高的[91]。

4 转基因育种

转基因技术的原理是将人工分离和修饰过的优质基因,整合到生物体基因组中并使其稳定遗传给后代,从而达到改造生物的目的。水产动物的转基因研究比较滞后,自1985年Zhu等[93]报道了第一例转基因鱼以来,其他水产生物也相继开展了一些转基因术应用研究。在软体动物中,常用的转基因方法有显微注射、基因枪轰击和电穿孔法等,实际使用中,多种方法联合效果更佳。

(1)显微注射法是利用专业的显微操作设备,将外源基因直接注入受体动物的受精卵原核内部,外源基因整合到受体细胞染色体上发育成转基因动物的技术。显微注射法可直接转移目的基因,外源基因转移效率高,实验周期短。但是,这种方法整合的拷贝数和位点都具有不确定性,整合到染色体组的非活跃区时,会导致外源基因低表达或不表达。

(2)基因枪轰击法是指利用火药爆炸或高压气体加速等动力系统,将携带了目的基因的金属粒子(金或钨)高速微弹,送入生物组织和细胞中,从而实现外源目的基因在生物体内稳定表达的技术。基因枪轰击法操作便捷,可同时处理大量受体细胞,但整合效率较低。

(3)电穿孔法是利用外部的脉冲电压击穿细胞膜后,外源基因直接从击穿的膜孔通道进入受体细胞内的方法。电穿孔法操作简单,一次可以处理大量受精卵;但是,这种方法基因导入无定向、效率低,针对不同物种需要摸索最佳电脉冲条件。

转基因技术在牡蛎中的应用研究比较滞后,还处于初始阶段,迄今,仅有少量的研究被报道。采用受精卵电穿孔后再用泛嗜性病毒处理的方法,成功实现了长牡蛎胚胎解离培养细胞的外源基因的表达[93]。Cadoret等[94-95]采用受精卵显微注射技术和对卵、受精卵及担轮幼虫基因枪轰击法探索了在长牡蛎中开展转基因研究的可能性;Buchanan等[96]采用电穿孔和化学介导法将氨基糖苷磷酸转移酶Ⅱ基因成功导入美洲牡蛎受精后3 h的胚胎中,显著提高了转基因美洲牡蛎对新霉素和抗生素G418的耐受性。

5 多倍体育种

由于二倍体牡蛎在繁殖季节里性腺要经过产卵排精的排放活动,使得牡蛎的软体部会大幅消瘦,致使风味品质受到较大影响;另外精卵排放后引起的体质虚弱还会导致高温季节的大量死亡。三倍体牡蛎因其不育或者育性差,在繁殖季节仅需要消耗少量能量用于性腺发育,从而节省更多的能量用于生长,周年都可以维持较高的糖原含量,肉质肥满。三倍体牡蛎可以使二倍体牡蛎面临的问题迎刃而解,是优良的海水养殖对象。

5.1 多倍体育种原理

牡蛎的精子在排放前已经在体内完成两次减数分裂,每个精子只携带了一组亲本染色体。而排出的成熟卵子则仍然停留在第一次减数分裂中前期,只有在受精激活后,卵子才会进行第一次和第二次减数分裂,分别释放出第一和第二极体。目前牡蛎三倍体育种主要有两种方法:一种是人工直接诱导,通过抑制受精卵第一或第二极体的释放,使极体携带的一组染色体停留在受精卵内,达到染色体组增加的目的,得到三倍体;另一种是通过四倍体和二倍体杂交,理论上可以产生100%三倍体子代。Guo等[97]认为抑制第一极体的释放易导致第二次减数分裂过程中染色体的分离复杂化,并带有很大的随机性,得到二倍体、三倍体、四倍体和非整倍体胚胎的可能性增加,降低了三倍体诱导率。四倍体牡蛎的诱导途径包括:抑制受精卵极体的释放、抑制卵裂、细胞融合及雌核发育。

5.2 常用的诱导方法

Stanley等最早在1981年使用细胞松弛素B(Cytochalasin B,CB)抑制第二极体诱导出美洲牡蛎三倍体[98],随后,牡蛎的多倍体诱导研究相继开展,使用的方法包括6-二甲氨基嘌呤(6-Dimethylaminopurine,6-DMAP)、CB、咖啡因和聚乙二醇等化学法;温度休克、静水压、电脉冲和渗透压等物理法以及利用二倍体和四倍体杂交的生物学方法。另外,还可通过细胞融合和雌核发育两种方法获得牡蛎的四倍体。

5.2.1 物理方法

(1)温度休克主要是通过破坏受精卵细胞中的微管形成,从而阻碍了染色体向两极方向移动,形成多倍体细胞。温度休克法分低温休克和热休克,选择合适的温度是其关键步骤,需根据贝类原生活海区的水温确定休克温度,温度过高或者过低都会导致多倍体的诱导效果较差。Quillet和Panelay[99]采用热休克法(38℃)诱导日本长牡蛎,获得60%的三倍体胚胎。长牡蛎的受精卵在0~4℃的低温条件下,胚胎孵化率可高达90%以上,稚贝的三倍体率可达80%以上[100]。于瑞海[101]采用4~5℃的低温休克法诱导长牡蛎,三倍体诱导率为68%。田传远等发现在2~7℃的低温条件下处理长牡蛎,均可获得三倍体,三倍体率为36.8%[102]。采用低温(4~5℃)休克法处理大连湾牡蛎受精卵,可得到约70%的三倍体[103]。采用35℃的热休克和10℃的低温休克处理近江牡蛎的受精卵,获得四倍体胚胎[104]。Guo等[97]采用35℃的热休克法获得长牡蛎的四倍体。

(2)静水压的原理是利用较高的水静压(一般650 kg/cm³)作用于受精卵来抑制第二极体的排出,诱发三倍体。Chaiton和Allen利用静水压法诱导了长牡蛎的三倍体,成功率为57%[105]。

(3)电脉冲休克可使细胞融合,从而诱发形成多倍体。Cadoret等[106]1992年采用电脉冲技术(600 V/m)对长牡蛎进行诱导,获得20%的长牡蛎四倍体幼虫。

(4)改变渗透压通过改变渗透压培育多倍体是一种新提出的诱导贝类三倍体的方法,其作用机理可能是海水盐度的变化引起细胞内的能量代谢紊乱,阻碍微管和微丝的形成,抑制细胞的分裂,使得复制的染色体留在胞质内,从而形成三倍体[107]。于瑞海等[108]研究发现,在低盐6~10和高盐55~60的范围内,处理15 min,长牡蛎三倍体诱导率最高,可达到90%

以上。王康等[109]采用低渗法诱导长牡蛎和近江牡蛎,均获得高达89%的三倍体个体。通过改变海水盐度培育牡蛎多倍体的方法显示出了一定的应用前景。

5.2.2 化学方法

(1)CB 是一种微丝抑制剂,可通过破坏构成微丝的肌动蛋白纤维,阻止细胞质分裂和极体释放,从而产生多倍体。但该药难溶于水,剧毒可致癌,且价格昂贵。Downing 和 Allen[110]使用 CB 诱导长牡蛎,三倍体率最高达(88±9)%。于瑞海等[111]在受精卵出现50%第一极体时,利用 CB 处理长牡蛎,获得91.5%的三倍体子代。林位琅[112]采用 CB 诱导长牡蛎,得到68.9%的三倍体子代。利用 CB 诱导僧帽牡蛎受精卵,三倍体诱导率最高可达 87.5%[113]。利用 CB,采用抑制第一和第二极体的方法,可以获得长牡蛎四倍体[114-116]。

(2)6-DMAP 是一种嘌呤毒素类似物,低毒无致癌性、较 CB 便宜、易水溶,有较高的三倍体诱导率,可诱导蛋白质进行去磷酸化,从而通过抑制牡蛎受精卵第二极体的释放来获得三倍体。Scarpa 使用 6-DMAP 诱导美洲牡蛎得到的三倍体率为15%[117],而田传远等[118]利用 6-DMAP 抑制长牡蛎受精卵第一极体的释放,最高可得到(71.3±1.2)%的三倍体;抑制受精卵第二极体的释放,最高得到了93.8%的三倍体[119]。利用 6-DMAP 抑制第一极体和第二极体的释放,长牡蛎的幼虫四倍体率分别平均为 38.57%~62.18% 和 50.45%~68.87%[115]。田传远等[120]在 1996—1997 年使用 6-DMAP 诱导长牡蛎三倍体时,出现了少量的四倍体。

(3)咖啡因可以通过提高细胞内的钙离子(Ca^{2+})浓度,引起微管二聚体的解聚,阻止分裂从而形成多倍体。并且,Shpigel[121]在 1992 年发现热休克和咖啡因混合诱导效果更佳。林琪等[122]采用不同高温结合不同浓度咖啡因诱导长牡蛎,三倍体率最高为71.88%。于瑞海等[123]采用咖啡因和热休克结合的方法,处理受精卵,诱导长牡蛎三倍体,成功率最高为90.5%。

(4)聚乙二醇是一种生物学中常用的细胞融合剂,通过促进细胞融合而形成多倍体。采用紫外线照射可使精子染色体失活,主要用于雌核发育,与化学处理相结合可诱导获得四倍体。Guo 等[124]1993 年通过紫外线照射与 CB 处理相结合的方法获得了长牡蛎四倍体胚胎,诱导率高达96%。1994 年,采用聚乙二醇促进细胞融合得到了 30% 的长牡蛎四倍体胚胎[125]。

5.2.3 生物方法

物理方法安全无毒成本低,但是诱导率偏低,化学法诱导率较高,但是使用的药物通常具有毒性,残留在三倍体牡蛎体内,对人类健康构成威胁。而且,三倍体不育或者育性差,不能自我繁育延续种群,需要年年诱导,操作繁琐,技术要求高,推广难度大。而四倍体和普通二倍体杂交可以解决上述问题,理论上它们杂交后可以产生 100% 的三倍体子代,并且四倍体牡蛎具有可育性,通过自身繁育可以形成稳定的群系,方法简单操作方便,且避免了理化处理对受精卵和幼虫的伤害,可提高孵化率和幼虫的存活率,是实现三倍体牡蛎规模化生产的有效途径。

1994 年,Guo 和 Allen[125]认为直接诱导的四倍体牡蛎难以培育至成体,可能是由于较大的四倍体核在正常体积的卵中卵裂而细胞数目不足引起的。随后使用热休克(35℃)和合子融合,即换用体积更大的三倍体卵子与二倍体精子受精后抑制第一极体排出的方法,长牡蛎四倍体诱导成功率为45%,后可采用四倍体母本和二倍体父本杂交,获得100%的三倍体子代。因此,他们的方法首次成功获得了存活的四倍体长牡蛎。另外,利用这种方法在美洲牡蛎中也培育出存活的四倍体,但是未见应用于生产的报道。学者们花费了大量的精力在牡蛎多倍体育种研究上,迄今为止,采用二倍体和四倍体杂交或者化学药物诱导抑制第二极体排出的方法都可以得到大量的长牡蛎三倍体用以支撑商业生产。目前,三倍体长牡蛎已经在美国西海岸、澳大利亚和我国北方地区获得商业化生产和推广。

6 展望

牡蛎是一种重要的海洋生物资源,也是沿海各国重要的养殖对象,其养殖总产量在所有养殖品种中位居首位。牡蛎营养价值高,国内外消费者对于牡蛎及其加工产品的需求日益增加。但在牡蛎的养殖过程中,仍经常出现养殖个体小型化、生长慢、出肉率低等经济性状持续衰退的现象,严重影响牡蛎的养殖产量和质量。特别是近年来由于牡蛎疱疹病毒病(OsHV-1)的暴发,给牡蛎养殖业造成了严重的损失。优良品种是牡蛎养殖业发展的关键所在,国内外育种学家们通过选择育种、杂交育种及多倍体等育种技术,培育出了一系列生长快、抗性强、品质优的牡蛎新品系/种,有效地促进了产业的发展。未来在保护与挖掘优质牡蛎种质资源的基础上,利用各种育种技术,培育出更多品质优良的牡蛎新品种/系,结合高效健康养殖新技术,将进一步促进牡蛎养殖产业的持续健康发展。

参考文献

[1] FAO Fish stat Plus, Aquaculture Production(Quantities and values)1950-2014, Release date: March 2016. www.fao.org/fishery/static/FishStatJ/FAO_FI_Global_2016.1.2.fws

[2] 农业部渔业局.中国渔业年鉴[M].北京:中国农业出版社,2015:33.

[3] 曾志南,宁岳.福建牡蛎养殖业的现状、问题与对策[J].海洋科学,2011,35(9):112-118.

[4] 王如才,王昭萍,张建中.海水贝类养殖学[M].青岛:青岛海洋大学出版社,1995:132-133.

[5] ALLEN S K, GAFFNEY P M, EWART J W.Genetic improvement of the Eastern oyster for growth and disease resistance in the Northeast NRAC fact sheet No.210[R].Northeastern Regional Aquaculture Center,1993.

[6] HASKIN H H, FORD S E.Development of resistance to *Minchinia nelson* (MSX) mortality in laboratory-reared and native oysters stocks in Delaware Bay[J].Marine Fisheries Review,1978,41(1/2):54-63.

[7] BURRESON E M, ANDREWS J D.Unusual intensification of Chesapeake Bay oysters diseases during recent drought conditions[C]//Proc Ocean's'88 Conference.Piscataway(NJ):IEEE,1988:799-802.

[8] RAGONECALVO L M, CALVO G W, BURRESON E M.Dual disease resistance in a selectively bred estern oyster, *Crassostea virginica*, strain tested in Chesapeake Bay[J].Aquaculture,2003,220:69-87.

[9] HERSHBERGER W K, PERDUE J A, BEATTIE J H.Genetic selection and systematic breeding in Pacific oyster culture[J].Aquaculture,1984,39:237-245.

[10] FRANK-LAWALE A, ALLEN S K, GREMONT J L. Breeding and domestication of Eastern oyster

(*Crassostrea virginica*) lines for culture in the mid-atlantic, USA: line development and mass selection for disease resistance[J].Journal of Shellfish Research,2014,33(1):153-165.

[11] NELL J A, HAND R E.Evaluation of the progeny of second-generation Sydney rock oyster *Saccostrea glomerata* (Gould,1850) breeding lines for resistance to QX disease *Marteilia sydneyi*[J].Aquaculture,2003,228(1/2/3 4):27-35.

[12] NELL J A,PERKINS B.Evaluation of the progeny of third-generation Sydney rock oyster *Saccostrea glomerata* (Gould,1850) breeding lines for resistance to QX disease *Marteilia sydneyi* and winter mortality Bonamiaroughleyi[J].Aquaculture,2003,228:27-35.

[13] DOVE M C,NELL J A,MCORRIES,et al.Assessment of QX and winter mortality disease resistance of mass selected Sydney rock oysters,*Saccostrea glomerata* (Gould,1850),in the Hawkesbury River and Merimbula Lake,NSW Australia[J].Journal of Shellfish Research,2013,32(3):681-687.

[14] DOVE M C,NELL J A,O'CONNOR W A.Evaluation of the progeny of the fourth-generation Sydney rock oyster *Saccostrea glomerata* (Gould,1850) breeding lines for resistance to QX disease(*Marteilia sydneyi*) and winter mortality(*Bonamia roughleyi*)[J].Aquaculture Research,2013,44(11):1791-1800.

[15] DGREMONT L,BEDIER E,SOLETCHNIK P,et al.Relative importance of family,site,and field placement timing on survival,growth,and yield of hatchery-produced Pacific oyster spat(*Crassostrea gigas*)[J].Aquaculture,2005,249:213-229.

[16] GREMONT L,GARCIA C,ALLEN S K.Genetic improvement for disease resistance in oysters:A review[J].Journal of Invertebrate Pathology,2015,131:226-241.

[17] GREMONT L,NOURRY M,MAUROUARD E.Mass selection for survival and resistance to OsHV-1 infection in *Crassostrea gigas* spat in field conditions:response to selection after four generations [J].Aquaculture,2015,446:111-121.

[18] HEDGECOCK D.Genetics and brood stock management[J].J Shellfish Res,1995,14:268-274.

[19] HEDGECOCK D,LANGDON C,BLOUIN M.Genetic improvement of cultured pacific oysters by selection [J].Coastal Marine Experiment Station Annual,1996,4.

[20] LANGDON C,EVANSF,JACOBSON D,et al.Yields of cultured Pacific oysters *Crassostrea gigas* Thunberg improved after one generation of selection[J].Aquaculture,2003,220:227-244.

[21] EVANS S,LANGDON C.Effects of genotype × environment interactions on the selection of broadly adapted Pacific oysters (*Crassostrea gigas*)[J].Aquaculture,2006,261:522-534.

[22] NELL J A,SHERIDAN A K,SMITH I R.Progress in a Sydney rock oyster,*Saccostrea commercialis* (Iredale and Roughley),breeding program[J].Aquaculture,1996,144(4):295-302.

[23] NELL J A,SMITH I R,MCPHEE C C.The Sydney rock oyster *Saccostrea glomerata* (Gould 1850) breeding programme:progress and goals[J].Aquaculture Research,2000,31(1):45-49.

[24] NELL J A,PERKINS B.Evaluation of progeny of fourth generation Sydney rock oyster *Saccostrea glomerata* (Gould,1850) breeding lines[J].Aquaculture Research.2005,36(36):753-757.

[25] DOVE M C,O'CONNOR W A.Commercial assessment of growth and mortality of fifth-generation Sydney rock oysters *Saccostrea glomerata* (Gould,1850) selectively bred for faster growth[J].Aquaculture Research,2009,40(12):1439-1450.

[26] WARD R D,ENGLISH L J,MCGOLDRICK D J,et al.Genetic improvement of the Pacific oyster *Crassostrea*

gigas (Thunberg) in Australia[J].Aquaculture Research,2000,31(1):35-44.

[27] ADAMS S L,SMITH J F,ROBERTS R D,et al.Application of sperm cryopreservation in selective breeding of the Pacific oyster, *Crassostrea gigas* (Thunberg)[J]. Aquaculture Research,2008,39(13):1434-1442.

[28] 工庆志,李琪,刘世凯,等.长牡蛎成体生长性状的遗传参数估计[J],中国水产科学,2012,19(4):700-706.

[29] 孔宁,李琪,丛日浩,等.长牡蛎F_3代快速生长选育群体生长特性的研究[J].海洋学,2015,39(3):7-11.

[30] 张景晓,李琪,葛建龙,等.近交对长牡蛎幼虫和稚贝生长与存活的影响[J].水产学报,2014,38(12):2005-2010.

[31] 长牡蛎"海大1号"[J].中国水产,2014,9:35-41.

[32] 曾志南.一种贝壳金黄色速长葡萄牙牡蛎新品系的培育方法:中国,ZL 2014 1 0197671.1[P].2015-08-26.

[33] 肖述,喻子牛.养殖牡蛎的选择育种研究与实践[J].水产学报,2008,32(2):287-295.

[34] 张跃环,王昭萍,喻子牛,等.养殖牡蛎种间杂交的研究概况与最新进展[J].水产学报,2014,38(4):612-623.

[35] BOUCHON-BRANDELY.On the sexuality of the common oyster(*Ostrea edulis*) and that of the *Portuguese oyster*(*O.angulata*).Artificial fecundation of the Portuguese oyster[J].Annals and Magazine of Natural History,1882,10(5):328-330.

[36] GAFFNEY P M,ALLEN S K.Hybridization among Crassostrea species:a review[J].Aquaculture,1993,116(1):1-13.

[37] ALLEN S K,GAFFNEY P M,SCARPA J,et al.Inviable hybrids of *Crassostrea virginica* (Gmelin) with *C. rivularis* (Gould) and *C.gigas*(Thunberg)[J].Aquaculture,1993,113(4):269-289.

[38] SOLETCHNIK P,HUVET A,MOINE O L,et al.A comparative field study of growth,survival and reproduction of *Crassostre agigas*, *C.angulata* and their hybrids[J].Aquatic Living Resource,2002,15(4):243-250.

[39] 郑怀平,王迪文,林清,等.太平洋牡蛎与葡萄牙牡蛎两近缘种间杂交及其早期阶段生长与存活的杂种优势[J].水产学报,2012,36(2):210-215.

[40] CAMARA M D,DAVIS J P,SEKINO M,et al.The Kumamoto oyster *Crassostrea sikamea* is neither rare nor threatened by hybridization in the Northern Ariake sea,Japan[J].Journal of Shellfish Research,2008,27(2):313-322.

[41] 滕爽爽,李琪,李金蓉.长牡蛎(*Crassostrea gigas*)与熊本牡蛎(*C.sikamea*)杂交的受精细胞学观察及子一代的生长比较[J].海洋与湖沼,2010,41(6):914-922.

[42] XU F,ZHANG G F,LIU X,et al.Laboratory hybridization between *Crassostrea ariakensis* and *C.sikamea*[J].Journal of Shellfish Research,2009,28(3):453-458.

[43] 张跃环.香港巨牡蛎 *Crassostrea hongkongensis* 与长牡蛎 *C.gigas* 种间杂交效应及遗传改良研究[D].青岛:中国海洋大学,2012.

[44] HUO Z M,WANG Z P,YAN X W,et al.Fertilization,survival and growth of *Crassostrea hongkongensis* ♀ × *Crassostrea ariakensis* ♂ hybrids in Northern China[J].Journal of Shellfish Research,2013,32(2):377

-385.

[45] 张国范,刘晓,阙华勇,等.贝类杂交及杂种优势理论和技术研究进展[J].海洋科学,2004,28(7):54-60.

[46] 张玉勇,常亚青,宋坚.杂交育种技术在海水养殖贝类中的应用及研究进展[J].水产科学,2005,24(4):39-41.

[47] ZHANG Y,WANG Z,YAN X,et al.Laboratory hybridization between two oysters:*Crassostrea gigas* and *Crassostrea hongkongensis*[J].Journal of Shellfish Research,2012,31(3):619-625.

[48] 张跃环,王昭萍,闫喜武,等.太平洋牡蛎与近江牡蛎的种间杂交[J].水产学报,2012,36(8):1215-1224.

[49] 张跃环,王昭萍,闫喜武,等.香港巨牡蛎与长牡蛎幼虫及稚贝表型性状研究[C]//中国动物学会贝类学分会.贝类学分会第九次会员代表大会论文集,广州:2011:212.

[50] 霍忠明,王昭萍,梁健,等.香港巨牡蛎与近江牡蛎杂交及回交子代早期生长发育比较[J].水产学报,2013,37(8):1155-1161.

[51] 中国科学院南海海洋研究所."华南1号"牡蛎获批水产新品种证书[EB/OL].(2016-03-25)[2016-03-29].http://www.scsio.ac.cn/xwzx/snyw/201603/t20160325_4574418.html.

[52] 张国范.中国近海栉孔扇贝遗传结构及遗传变异与生长的关系[D].青岛:中国科学院海洋所,1992,5.

[53] 孔令锋,滕爽爽,李琪.长牡蛎中国群体与日本群体杂交子一代的生长和存活比较[J].海洋科学,2013,37(8):78-84.

[54] 王卫军,李琪,杨建敏,等.长牡蛎(*Crassostrea gigas*)三个选育群体完全双列杂交后代生长性状分析[J].海洋与湖沼,2015,46(3):628-635.

[55] ZHANG G,FANG X,GUO X,et al.The oyster genome reveals stress adaptation and complexity of shell formation[J].Nature,2012,490(7418):49-54.

[56] ZHANG L,HOU R,SU H,et al.Network analysis of oyster transcriptome revealed a cascade of cellular responses during recovery after heat shock[J].PLoS One,2012,7:e35484.

[57] QIN J,HUANG Z,CHEN J,et al.Sequencing and de novo analysis of *Crassostrea angulata* (Fujian oyster) from 8 different developing phases using 454 GSFlx[J].Plos One,2012,7:e43653.

[58] ZHU Q,ZHANG L,LI L,et al.Expression Characterization of stress genes under high and low temperature stresses in the Pacific oyster,*Crassostrea gigas* [J].Marine Biotechnology,2016,18(2):176-188.

[59] MENG J,ZHU Q H,ZHANG L L,et al.Genome and transcriptome analyses provide insight into the euryhaline adaptation mechanism of *Crassostrea gigas*[J].PLoS One,2013,8:e58563.

[60] ZHAO X,YU H,KONG L,et al.Transcriptomic responses to salinity stress in the Pacific oyster Crassostrea gigas[J].PLoS One,2012,7:e46244-e46244.

[61] FLEURY E,HUVET A,LELONG C,et al.Generation and analysis of a 29,745 unique expressed sequence tags from the Pacific oyster(*Crassostrea gigas*) assembled into a publicly accessible database:the Gigas Database[J].BMC Genomics,2009,10:341.

[62] KIM W J,JUNG H,SHIN E H,et al.Transferability of cupped oyster EST(Expressed Sequence Tag)-Derived SNP(Single Nucleotide Polymorphism) markers to related Crassostrea and Ostrea species[J].Korean Journal of Malacology,2014,30:197-210.

[63] 王家丰.长牡蛎基因区 SNP 标记规模开发及其在遗传育种研究中的应用[D].青岛:中国科学院研究生院(海洋研究所),2013.

[64] LALLIAS D,BEAUMONT A R,HALEY C S,et al.A first-generation genetic linkage map of the European flat oyster *Ostrea edulis* (L.) based on AFLP and microsatellite markers[J].Current Opinion in Ophthalmology,2007,18:560-568.

[65] YU Z,GUO X M.Genetic linkage map of the Eastern oyster *Crassostrea virginica* Gmelin[J].The Biological Bulletin,2003,204:327-338.

[66] LI L,GUO X M.AFLP-based genetic linkage maps of the pacific oyster *Crassostrea gigas* Thunberg[J].Marine Biotechnology,2004,6:26-36.

[67] HUBERT S,HEDGECOCK D.Linkage maps of microsatellite DNA markers for the Pacific oyster *Crassostrea gigas*[J].Genetics,2004,168:351-362.

[68] HUBERT S,COGNARD E,HEDGECOCK D.Centromere mapping in triploid families of the Pacific oyster *Crassostrea gigas*(Thunberg)[J].Aquaculture,2009,288:172-183.

[69] GUO X,LI Q,WANG Q Z,et al.Genetic mapping and QTL analysis of growth-related traits in the Pacific oyster[J].Marine Biotechnology,2012,14:218-226.

[70] ZHONG X,LI Q,GUO X,et al.QTL mapping for glycogen content and shell pigmentation in the Pacific oyster *Crassostrea gigas* using microsatellites and SNPs[J].Aquaculture International,2014,22:1877-1889.

[71] 郭香,李琪,孔令锋,等.基于微卫星标记整合长牡蛎遗传图谱[J].水产学报,2013,37:823-829.

[72] 贺艳.美洲牡蛎(*Crassostrea virginica*)抗病相关基因标记的筛选及应用[D].青岛:中国海洋大学,2012.

[73] 仲晓晓,李琪,孔令锋,等.长牡蛎出肉率与壳形性状的 QTL 定位分析[J].中国水产科学,2015,22:574-579.

[74] PRUDENCE M,MOAL J,BOUDRY P,et al.An amylase gene polymorphism is associated with growth differences in the Pacific cupped oyster *Crassostrea gigas*[J].Animal Genetics,2006,37:348-351.

[75] HUVET A,JEFFROY F,FABIOUX C,et al.Association among growth,food consumption-related traits and amylase gene polymorphism in the Pacific oyster *Crassostrea gigas*[J].Animal Genetics,2008,39:662-665.

[76] 刘思玮,李琪,于红,等.长牡蛎糖原磷酸化酶基因 SNPs 与生长性状和糖原含量的相关性分析[J].中国水产科学,2013(3):481-489.

[77] ZHICAI S,LI L,HAIGANG Q,et al.Candidate gene polymorphisms and their association with glycogen content in the Pacific oyster *Crassostrea gigas*[J].PLoS One,2015,10(5):e0124401.

[78] CONG R,LI Q,KONG L,et al.Association between polymorphism in the insulin receptor-related receptor gene and growth traits in the Pacific oyster *Crassostrea gigas*[J].Biochemical Systematics & Ecology,2014,54:144-149.

[79] CONG R,LI Q,KONG L,et al.Polymorphism in the insulin-related peptide gene and its association with growth traits in the Pacific oyster *Crassostrea gigas*[J].Biochemical Systematics & Ecology,2013,46:36-43.

[80] GE J L,LI Q,KONG LF,et al.Identification and mapping of a SCAR marker linked to a locus involved in shell pigmentation of the Pacific oyster(*Crassostrea gigas*)[J].Aquaculture,2014,434:249-253.

[81] GE J,QI L,HONG Y,et al.Identification of single locus PCR-based markers linked to shell background

color in the Pacific oyster(*Crassostrea gigas*)[J].Marine Biotechnology,2015,17:655-662.

[82] APPLEYARD S A,WARD R D.Genetic diversity and effective population size in mass selection lines of Pacific oyster(*Crassostrea gigas*)[J].Aquaculture,2006,254:148-159.

[83] TARIS N,ERNANDE B,MCCOMBIE H,et al.Phenotypic and genetic consequences of size selection at the larval stage in the Pacific oyster (*Crassostrea gigas*) [J]. Journal of Experimental Marine Biology & Ecology,2006,333:147-158.

[84] QI L,HONG Y,YU R.Genetic variability assessed by microsatellites in cultured populations of the Pacific oyster(*Crassostrea gigas*) in China[J].Aquaculture,2006,259:95-102.

[85] CAMARA M D.Changes in molecular genetic variation at AFLP loci associated with naturalization and domestication of the Pacific oyster(*Crassostrea gigas*)[J].Aquatic Living Resources,2011,24:35-43.

[86] MILLER P A,ELLIOTT N G,KOUTOULIS A,et al.Genetic diversity of cultured,naturalized,and native Pacific oysters,*Crassostrea gigas*,determined from multiplexed microsatellite markers[J].Journal of Shellfish Research,2012,31:611-617.

[87] AN H S,LEE J W,KIM W J,et al.Comparative genetic diversity of wild and hatchery-produced Pacific oyster(*Crassostrea gigas*) populations in Korea using multiplex PCR assays with nine polymorphic microsatellite markers[J].Genes & Genomics,2013,35:805-815.

[88] MEISTERTZHEIM A L,ARNAUD-HAOND S,BOUDRY P,et al.Genetic structure of wild European populations of the invasive Pacific oyster *Crassostrea gigas* due to aquaculture practices[J].Marine Biology, 2013,160:453-463.

[89] JIANG Q,LI Q,YU H,et al.Genetic and epigenetic variation in mass selection populations of Pacific oyster *Crassostrea gigas*[J].Genes & Genomics,2013,35:641-647.

[90] AN H S,KIM W J,LIM H J,et al.Genetic structure and diversity of *Crassostrea gigas* in Korea revealed from microsatellite markers[J].Biochemical Systematics & Ecology,2014,55:283-291.

[91] VERCAEMER B,SPENCE K R,HERBINGER C M,et al.Genetic diversity of the European oyster(*Ostrea edulis* L.) in Nova Scotia:Comparison with other parts of Canada,Maine and Europe and implications for broodstock management[J].Journal of Shellfish Research,2006,25:543-551.

[92] ZHU Z,LI G,He L,et al.Novel gene transfer into the fertilized eggs of gold fish(*Carassius auratus*,L.1758) [J].Journal of Applied Ichthyology,1985,1(1):31-34.

[93] BOULO V,CADORET J P,SHIKE H,et al.Infection of cultured embryo cells of the pacific oyster,*Crassostrea gigas*,by pantropic retroviral vectors[J].In Vitro Cellular & Developmental Biology.Animal,2000, 36(6):395-399.

[94] CADORET J P,BOULO V,GENDREAU S,et al.Promoters from Drosophila heat shock protein and cytomegalovirus drive transient expression of luciferase introduced by particle bombardment into embryos of the oyster *Crassostrea gigas*[J].Journal of Biotechnology,1997,56:183-189.

[95] CADORET J P,GENDREAU S,DELECHENEAU J M,et al.Microinjection of bivalve eggs:application in genetics[J].Molecular Marine Biology & Biotechnology,1997,6:72-77.

[96] BUCHANAN J T,NICKENS A D,COOPER R K,et al.Transfection of eastern oyster(*Crassotrea virginica*) embryos[J].Marine Biotechnology,2001,3:322-335.

[97] GUO X,DEBROSSE G A,ALLEN S K.All-triploid Pacific oysters(*Crassostrea gigas* Thunberg) produced

by mating tetraploids and diploids[J].Aquaculture,1996,142:149-161.

[98] STANLEY J G,ALLEN S K,HIDU H.Polyploidy induced in the American oyster,*Crassostrea virginica*,with cytochalasin B[J].Aquaculture,1981,23:1-10.

[99] QUILLET E,PANELAY J.Triploidy induction by thermal shocks in the Japanese oyster,*Crassostrea gigas*[J].Aquaculture,1986,57(1/2/3/4):271-279.

[100] YAMAMOTO S,SUGAWARA Y,NOMURA T,et al.Induced triploidy in Pacific oyster *Crassostrea gigas*,and performance of triploid larvae[J].Tohoku Journal of Agricultural Research,1988,39(1):47-59.

[101] 于瑞海.温度休克诱导长牡蛎三倍体的研究[J].海洋科学进展,1994(3):31-36.

[102] 田传远,王如才,梁英,等.低温诱导太平洋牡蛎产生三倍体[J].海洋科学,1999,23(1):53-55.

[103] 梁英,王如才,田传远,等.三倍体大连湾牡蛎的初步研究[J].水产学报,1994(3):237-240.

[104] 容寿柏,李一民.用冷热休克诱导四倍体近江牡蛎[J].湛江水产学院学报,1992(2):18-21.

[105] CHAITONJ A,ALLEN S K.Early detection of triploidy in the larvae of Pacific oysters,*Crassostrea gigas*,by flow cytometry[J].Aquaculture,1985,48(1):35-43.

[106] CADORET J P.Electric field-induced polyploidy in molluscembryos[J].Aquaculture,1992,106(2):127-139.

[107] 王昭萍,赵婷,于瑞海,等.一种新方法——低渗诱导虾夷扇贝三倍体的研究[J].中国海洋大学学报:自然科学版,2009,39(2):193-196.

[108] 于瑞海,王昭萍,孔静,等.利用不同盐度诱导长牡蛎三倍体的研究[J].中国海洋大学学报(自然科学版),2015,45(1):26-29.

[109] 王康.盐度诱导太平洋牡蛎和近江牡蛎三倍体的研究[D].青岛,中国海洋大学,2014.

[110] DOWNING S L,ALLEN S K.Induced triploidy in the Pacific oyster,*Crassostrea gigas*:Optimal treatments with cytochalasin B depend on temperature[J].Aquaculture,1987,61(1):1-15.

[111] 于瑞海,王昭萍.三种化学诱导剂诱导太平洋牡蛎三倍体的比较研究[J].青岛海洋大学学报(自然科学版),2000,30(4):589-592.

[112] 林位琅.人工诱导长牡蛎 *Crassostrea gigas*(Thunberg)三倍体发生的初探[J].现代渔业信息,2001,16(5):18-19.

[113] 曾志南,陈木.僧帽牡蛎三倍体的研究[J].海洋通报,1994(6):34-40.

[114] 阙华勇,张国范,刘晓,等.雄性四倍体与雌性二倍体杂交培育全三倍体长牡蛎(*Crassostrea gigas*)的研究[J].海洋与湖沼,2003,34(6):656-662.

[115] 李慷均.太平洋牡蛎四倍体育种研究[D].青岛:中国海洋大学,2004,6.

[116] STEPHENS L B,DOWNING S L.Inhibition of the first Polar body formation in *Crassotrea gigas* produces tetraploids,not meiotic I triploids[J].Shellfish Research,1988,7(3):550-551.

[117] SCARPA J,WADA K,KOMARU A.Induction of tetraploidy in mussels by suppression of polar body formation[J].Bulletin of the Japanese Society of Scientific Fisheries,1993,59(12):2017-2023.

[118] 田传远,梁英.6-二甲在氨基嘌呤诱导太平洋牡蛎三倍体-抑制受精卵第一极体释放[J].水产学报,1999(2):128-132.

[119] 田传远,王如才,梁英,等.6-DMAP诱导太平洋牡蛎三倍体-抑制受精卵第二极体释放[J].中国水产科学,1999,6(2):1-4.

[120] 田传远,王如才,梁英,等.6-DMAP诱导太平洋牡蛎三倍体—4.四倍体现象的研究[J].青岛海洋大

学学报(自然科学版),1998(4):560-564.

[121] SHPIGEL M,BARBER B J,MANN R.Effects of elevated temperature on growth,gametogenesis, physiology,and biochemical composition in diploid and triploid Pacific oysters,*Crassostrea gigas*,Thunberg [J].Journal of Experimental Marine Biology & Ecology,1992,161(1):15-25.

[122] 林琪,吴建绍.长牡蛎三倍体的诱导和培育[J].应用海洋学学报,2000,19(4):478-483.

[123] 于瑞海,王昭萍,田传远,等.利用咖啡因和热休克诱导太平洋牡蛎三倍体[J].青岛海洋大学学报(自然科学版),2001,31(4):518-522.

[124] GUO X,HERSHBERGER W K,COOPER K,et al.Artificial gynogenesis with ultraviolet light-irradiated sperm in the Pacific oyster,*Crassostrea gigas*.I.Induction and survival[J].Aquaculture,1993,113(3):201-214.

[125] GUO X,ALLEN S K.Viable tetraploid Pacific oyster(*Crassostrea gigas* Thunburg) produced by inhibiting polar body I in eggs of triploids[J].Molecular Marine Biology & Biotechnology,1994,3(1):42-50.

底栖动物增殖放流生态风险评价体系

祁剑飞,曾志南[*1],宁岳,巫旗生

(福建省水产研究所,福建省海洋生物增养殖与高值化利用重点实验室,福建 厦门 361000)

增殖放流是通过向天然水域投放人工繁育的水生生物苗种,以恢复渔业资源,实现渔业可持续发展的渔业管理手段。根据放流目的的不同可以分为3类:①以修复衰退的渔业资源为目的的放流(restocking);②以增加某种资源渔获量为目的的放流(stock enhancement);③海洋牧场(sea ranching)[1]。从19世纪末期到现今,世界各国已经开展了大量的增殖放流实践,但仅有少数能够提供直接证据证明资源得到了增加,或表明其他积极的影响。增殖放流活动的负面影响反而大量存在,例如,人工培养的苗种野外较低的存活率,生长率和繁殖率,导致放流活动没有达到增加资源量的目的,或对同种的野生群体以及水域生态系统有不利影响等[2]。随着人们对这些问题的重视,负责任渔业资源增殖放流观念开始深入人心,人们对增殖放流过程中的生态风险也越来越重视。

虽然系统评价增殖放流活动的生态风险、有效的生态风险预警和防控已经成为增殖放流领域的研究热点[3],但是国内外对该领域的研究实例并不多见。本研究旨在分析放流生物进入增殖水域后其生命活动过程对不同层次生态水平的影响,应用层次分析法构建增殖放流生态风险评价体系,并以5种增殖放流的底栖动物为例进行了生态风险评价。本研究可为今后增殖放流活动的生态风险评价提供参考。

基金项目:国家海洋局海洋公益性行业科研专项(201205021-1);国家贝类产业技术体系项目(CARS-48);国家科技基础条件平台建设运行项目

通信作者:曾志南,E-mail:xmzzn@ sina.com

1 方法与数据

1.1 指标筛选与指标体系的构建

以放流生物进入增殖水域以后的生命活动过程为基础,综合考虑放流生物的生物生态学特征,分析其对种群、群落、生态、环境4个层次的风险,设计4个一级指标和其下的9个二级指标。

1.2 层次分析法

层次分析法将人的思维过程层次化、数量化,并以数学为分析、决策、预报或控制提供定量的依据。它为分析复杂的社会、经济科学管理领域中的问题提供了一种新的、简洁的、可使用的决策方法[4]。层次分析法计算权重的过程包括:建立递阶层次结构的模型、构造判断矩阵、判断矩阵的一致性检验,通过矩阵计算得出各指标权重。本研究在咨询相关专家意见的基础上,利用Yaahp层次分析法软件计算各指标权重。

1.3 数据来源

本研究的基础数据来源于项目组对各放流海域的基础环境、生态调查,包括:海流、水质、沉积物、浮游植物、底栖生物,以及放流对象资源现状调查。各专家在了解放流资料的基础上,按照层次分析法(Analytic Hierarchy Process)的规则对各指标进行两两指标比较,以计算各指标权重(P_i)。

各指标除了应用层次分析法确定权重(P_i),还需要为各指标赋值(X_i),系统总的风险值:

$$R = \sum P_i \times X_i$$

本体系指标风险赋值划分为5个等级。0分:无风险或风险极低;1分:低风险;2分:中度风险;3分:高风险;4分:极高风险。本研究综合各专家意见按照自设的赋值依据对指标赋值。

2 结果

2.1 放流生物生态风险分析

放流生物进入增殖水域后的生命活动是一个复杂的生态学过程,涉及人工繁育苗种在自然海域中的生长和繁殖。一般而言放流种群的遗传多样性较野生种群要低,若二者发生生殖交流会对野生种群的遗传结构及其多样性特征带来显著的负面影响[5-7]。人工养殖的个体患病可能性通常会显著增高[8],放流人工养殖个体可能带入增殖水域没有的病原,进而传染野生种群[9-10]。其次,它们与其处同生态位的野生种类(包括野生的同种群体)竞争饵料和栖息地,对低营养级生物产生捕食压力,或为高营养级生物提供饵料,即通过食物网对生物群落造成影响[11]。在一个生态系统中任何一个种群的变动都会给整个生态系统带来连锁的反应,影响到生态系统的能量流动和物资循环,进而影响到生态系统的稳定性[12]。而放流活动也可能带来水质和底质环境的变化[13]。因此,放流生物对种群、群落、生态、环境4个层次上有潜在的风险(图1)。

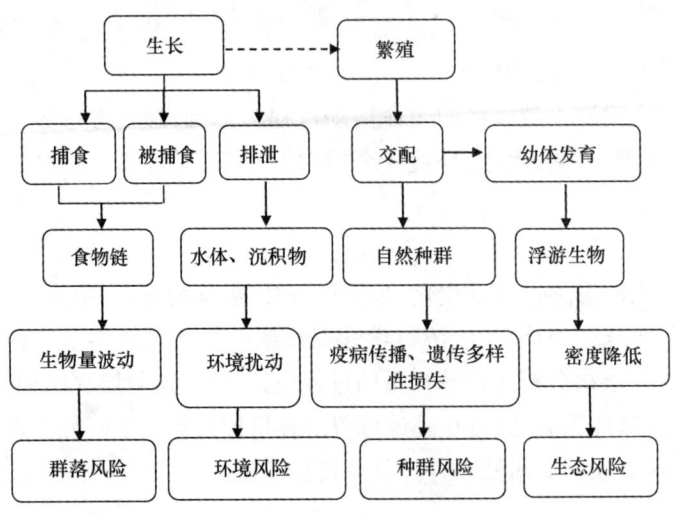

图1 增殖放流生态风险因果链模型

2.2 评价指标构成和定义

在分析放流生物生态风险的基础上,参考文献[14-15],并咨询专家,采用层次分析法建立了种群、群落、生态、环境4个一级指标和其下的9个二级指标,并计算了各指标的权重,构建了增殖放流生态风险评价体系(表1)。放流生物的生态风险在该体系不同层次上有不同的风险概率,而总的生态风险则是这些风险的累加。

表1 增殖放流生态风险评价体系

一级指标	二级指标	赋值和依据
		无风险或极低(0分);低风险(1分);中度风险(2分);高风险(3分);极高风险(4分)
1. 对种群的风险(p_1)	1.1 病害(p_{11})	养殖过程中不发生病害(0);很少发生病害(1);比较少发生病害(2);较经常发生病害(3);经常发生病害(4)
	1.2 遗传多样性(p_{12})	怀卵量很少(0);怀卵量比较少(1);怀卵量中等(2);怀卵量很多(3);怀卵量非常多(4)
2. 对群落的风险(p_2)	2.1 同营养级生物(p_{21})	放流数量很少(0);比较少(1);中等(2);很多(3);非常多(4)
	2.2 上营养级生物(p_{22})	掠食(0);草食(1);滤食(2);腐食(3);生产者(4)
	2.3 下营养级生物(p_{23})	生产者(0);腐食(1);滤食(2);草食(3);掠食(4);

续表

一级指标	二级指标	赋值和依据
		无风险或极低(0分);低风险(1分);中度风险(2分);高风险(3分);极高风险(4分)
3. 对生态的风险(p_3)	3.1 浮游生物(p_{31})	香浓-维纳指数 H'(以 $\log_2 x$ 为底):$4 \leqslant H'(0)$;$3 \leqslant H' < 4(1)$;$2 \leqslant H' < 3(2)$;$1 \leqslant H' < 2(3)$;$0 \leqslant H' < 1(4)$
	3.2 底栖生物(p_{32})	香浓-维纳指数 H'(以 $\log_2 x$ 为底):$4 \leqslant H'(0)$;$3 \leqslant H' < 4(1)$;$2 \leqslant H' < 3(2)$;$1 \leqslant H' < 2(3)$;$0 \leqslant H' < 1(4)$
4. 对环境的风险(p_4)	4.1 水体(p_{41})	海水水质标准(GB 3097-1997):第一类(1);第二类(2);第三类(3);第四类(4)
	4.2 沉积物(p_{42})	海洋沉积物质量(GB 18668-2002):第一类(1);第二类(2);第三类(3)

对一级指标的说明:①对种群的风险:放流生物对放流水域野生种群的风险,是最直接的潜在风险。风险主要来自两个方面:一是通过与野生种群的杂交从而影响其遗传多样性。二是通过病原的传播影响野生种群的健康状况。②对群落的风险:放流生物进入放流水域的食物网后对不同营养层次的类群产生影响。可能与同营养级的类群产生竞争,对下营养级产生捕食压力,为上营养级提供饵料,从而影响到各营养层次生物的生物量,进而影响到放流水域食物网结构的稳定。③对生态的风险:放流生物改变原水域生物类群的比例,调整食物网的结构,从而影响到水域生态系统的物质循环和能量流动。但是用于表征生态系统的指标很少,我们应用浮游植物和底栖动物两个生态类群的多样性指数来表征生态系统的整体状况。面对相同的风险,生态系统状况越好,受到外界影响的程度越小。④对环境的风险:放流生物的生命活动特别是排泄过程可能对水体水质和沉积物质量产生影响。面对同样的风险,水域环境质量状况越差的水域,受到的影响越大。

2.3 5种底栖动物增殖放流生态风险评价

根据现场调查数据,构建判断矩阵,结合 Yaahp 软件计算权重,并为各指标赋值(表2)。参考国外有害生物等级划分体系[16-17],设定风险等级标准:低风险 $0 \leqslant R \leqslant 1.5$,中风险 $1.5 < R \leqslant 2.5$,高风险 $2.5 < R \leqslant 3.5$,极高风险 $3.5 < R \leqslant 4$。

表2 5种底栖动物增殖放流生态风险评价

指标	对总目标权重 P_i	底栖动物				
		泥东风螺(福建连江黄岐湾海域)	西施舌(福建霞浦下浒海域)	紫海胆(广东大亚湾海域)	波纹巴非蛤(福建云霄县烈屿镇浅海海域)	斧文蛤(浙江苍南县渔寮乡海域)
p_{11}	0.1	2	1	2	2	2
p_{12}	0.37	1	2	1	1	2

续表

指标	对总目标权重 P_i	底栖动物				
		泥东风螺(福建连江黄岐湾海域)	西施舌(福建霞浦下浒海域)	紫海胆(广东大亚湾海域)	波纹巴非蛤(福建云霄县烈屿镇浅海海域)	斧文蛤(浙江苍南县渔寮乡海域)
p_{21}	0.17	2	2	2	2	2
p_{22}	0.03	0	2	0	2	2
p_{23}	0.19	4	2	4	2	2
p_{31}	0.01	1	2	1	2	2
p_{32}	0.08	0	2	3	1	1
p_{41}	0.01	1	1	1	1	1
p_{42}	0.04	1	1	1	1	1
p_1	0.47	0.57	0.84	0.57	0.57	0.94
p_2	0.39	1.1	0.78	1.1	0.78	0.78
p_3	0.09	0.01	0.18	0.25	0.1	0.1
p_4	0.05	0.05	0.05	0.05	0.05	0.06
R		1.73	1.85	1.97	1.5	1.88
风险等级		中	中	中	低	中

结果表明,评价的 5 种底栖动物增殖放流的生态风险值均小于 2,风险等级为"低"或者"中",该结果与以往增殖放流工作的实际情况相符。这是因为:①放流地点原先均为放流生物的原栖息地,生态系统中存在放流生物的天敌,放流生物不会出现如外来入侵生物一样的暴发式增殖,给生态带来巨大的冲击。②这 5 种放流生物均为低等无脊椎底栖动物,生态位较低,食物来源多为微藻和有机质颗粒,对食物链的干扰较小。③按照我国增殖放流规范,放流生物均为野生群体的子一代,减小了对野生群体遗传多样性的影响。

西施舌(*Coelomactra antiquata*)、波纹巴非蛤(*Paphia undulate*)、斧文蛤(*Meretrix lamarckii*)均为底栖双壳贝类,它们的生态位相似,但是它们的风险值却有差别。波纹巴非蛤风险值最低,这主要是因为它怀卵量较少,需要较多的亲体才能实现规模化人工繁育,这样就增加了放流群体的基因多样性,从而减少了对野生群体遗传多样性的影响。与之相反,西施舌和斧文蛤的怀卵量较大,对野生群体遗传多样性影响的可能性较大,所以风险值为"中"。

泥东风螺(*Babylonia lutosa*)的怀卵量也不多,对野生群体遗传多样性的影响较小。但它是肉食性动物,对下营养级的风险较西施舌等双壳贝类大。与泥东风螺相似的是紫海胆(*Anthocidaris crassispina*),这两种生物各指标赋值情况类似,但根据项目组 2012 年春季底栖生物生态调查,紫海胆放流海域底栖生物多样性状况(平均 H' 为 1.855)不及泥东风螺放流海域(平均 H' 为 3.909),放流的紫海胆对其较脆弱的生态系统更容易造成风险。另外,相比泥东风螺,紫海胆更容易形成种群规模,对食物链各营养级影响较大,所以其生态风险值比泥东风螺高。

3 讨论

"生态风险"术语,特指对非人类的生物体、种群和生态系统造成的风险。生态风险评价的一般程序中主要包括如下步骤:选择终点、定性和定量描述风险源、鉴别和描述环境效应、采用适宜的环境迁移模型、评估暴露的时空模式、定量计算生物暴露水平与效应之间的相关性和综合以上步骤而得的最终风险评价[18]。即风险源识别和表征、风险受体选取和评价、暴露和危害评价、生态风险综合评价[19]。当前有关生态风险评价的研究内容主要是评价污染物和环境灾害可能给生态系统及其组分带来的概率损失,各学者也以污染物和环境灾害作为主要的风险源[19-21]。以生物为风险源的风险评估主要集中在对有害生物[22]和入侵生物[23-24]的研究中。如吴文广等[25]以莱州湾泥螺(*Bullacta exarata*)为对象应用层次分析法评估其生态安全风险,认为泥螺具一定风险,可以引种但要加强监管;马英等[15]对7种典型海洋外来种进行了风险评估,结果表明,互花米草(*Spartina alterniflora*)和对虾白斑病毒(White spot baculovirus)为极高风险等级,沙筛贝(*Mytilopsis sallei*)、米氏凯伦藻(*Karenia mikimotoi*)和帕金虫(*Perkinsus* spp.)为高风险等级,罗非鱼(*Tilapoa* spp.)为中风险等级,大菱鲆(*Scophthalmus maximus*)为低风险等级。在国内,随着人们对"负责任增殖放流"理念的接受,许多学者提出要对增殖放流中生态风险加以防控[26-28],但是实例研究仍不见报道。

鉴于缺乏放流苗种对野生群体在遗传和疫病方面的基础研究数据,关于增殖放流对增殖水域生态系统结构和功能的影响的研究也不完善,加上按常规的生态风险评价过程来进行是很难解决增殖放流这种多风险源,复杂风险受体的综合风险评价问题[29]。所以本研究在分析增殖放流生物在物种、群落、生态系统、环境多个层次上对水域生态系统的胁迫机制上,应用层次分析法这种因子权重法对增殖放流的风险做多指标综合评价。本研究各级指标的权重是在咨询专家意见的基础上应用层次分析法获得。可见遗传(权重37%)、下营养级(权重19%)、同营养级(权重17%)和病害(权重10%)这四项指标占到总权重的绝大部分,这与人们的日常认知相符。因为现在对增殖放流风险的研究主要集中在对野生种群的影响上,增殖放流对野生种群的胁迫大致分为3方面:与野生种群间生态竞争,影响其种群规模;与野生种群杂交影响其遗传多样性和生态适合度;通过疫病传播影响野生种群的健康状况。而放流生物,特别是高营养级的生物通过下行控制效应对低营养层次生物产生影响,也同样受到关注[28]。

本研究结果表明,今后增殖放流应该按照《水生生物增殖放流管理规定》的要求进行:亲体采用野生个体,尽量提高亲体的数量,增加遗传多样性;控制养殖过程中病害的发生,发生过病害的苗种不适合放流;结合历史捕捞记录,研究放流海区的容纳量,特别是对高营养级的物种,要控制好放流的规模和数量。

本研究以层次分析法为基础,为增殖放流生态风险评价提供了一种简便的方法。层次分析法是一种模拟人的思维过程的工具,为分析问题的思考过程提供了一种数学表达及数学处理的方法[4]。但是它的基础仍然是人的主观判断,同时增殖放流活动无疑是一个复杂的生态学过程,目前对此的研究仍然不够,基础资料相对欠缺,因此今后还需进一步深入研究。

(感谢各位专家在指标权重和指标赋值环节中提供的意见和支持)。

参考文献

[1] Bell J D, Leber K M, Blankenship H L, et al. A new era for restocking, stock enhancement and sea ranching of coastal fisheries resources[J]. Reviews in Fisheries Science, 2008, 16(1-3):1-9.

[2] Araki H, Schmid C. Is hatchery stocking a help or harm?: Evidence, limitations and future directions in ecological and genetic surveys[J]. Aquaculture, 2010, 308(S1):S2-S11.

[3] Lorenzen K, Leber K M, Blankenship H L. Responsible approach to marine stock enhancement: An update [J]. Reviews in Fisheries Science, 2010, 18(2):189-210.

[4] 杜栋,庞庆华. 现代综合评价方法与案例精选[M]. 北京:清华大学出版社,2005.

[5] Lynch M, O'Hely M. Captive breeding and the genetic fitness of natural populations[J]. Conservation Genetics, 2001, 2(4):363-378.

[6] Verspoor E. Reduced genetic variability in fist-generation hatchery populations of Atlantic salmon (*Salmo salar*)[J]. Canadian Journal of Fisheries and Aquatic Science, 1988, 45(10):1686-1690.

[7] Cross T F, King J. Genetic effects of hatchery rearing in Atlantic salmon[J]. Aquaculture, 1983, 33(1-4):33-40.

[8] 赵法箴. 中国水产健康养殖的关键技术研究[J]. 海洋水产研究, 2004, 25(4):1-5.

[9] Olivier G. Disease interactions between wild and cultured fish-perspectives from the American Northeast (Atlantic Provinces)[J]. Bulletin of the European Association of Fish Pathologists, 2002, 22(2):103-109.

[10] Bartley D M, Bondad-Reantaso M G, Subasinghe R P. A risk analysis framework for aquatic animal health management in marine stock enhancement programmes[J]. Fisheries Research, 2006, 80(1):28-36.

[11] Cudmore-Vokey B, Crossman E J. Checklists of the Fish Fauna of the Laurentian Great Lakes and Their Connecting Channels [M]. Canadian Manuscript Report of Fisheries and Aquatic Sciences 2550, Burlington, Ontario: Fisheries and Oceans Canada, 2000.

[12] Huryn A D. Ecosystem-level evidence for top-down and bottom-up control of production in a grassland stream system[J]. Oecologia, 1998, 115(1-2):173-183.

[13] Findlay D L, Vanni M J, Paterson M, et al. Dynamics of a boreal lake ecosystem during a long-term manipulation of top predators[J]. Ecosystems, 2005, 8(6):603-618.

[14] 欧健,卢昌义. 厦门市外来植物入侵风险评价指标体系的研究[J]. 厦门大学学报(自然科学版), 2006, 45(6):883-888.

[15] 马英,熊何健,林源洪,等. 外来海洋物种入侵风险评估体系的构建[J]. 水产学报, 2009, 33(4):617-623.

[16] Daehler C C, Denslow J S, Ansari S, et al. A risk-assessment system for screening out invasive pest plants from Hawaii and other Pacific islands[J]. Conservation Biology, 2004, 18(2):360-368.

[17] Weber E, Gut D. Assessing the risk of potentially invasive plant species in central Europe[J]. Journal of Nature Conservation, 2004, 12(3):171-179.

[18] Barnthouse L W, Suter G W. User's manual for ecological risk assessment. ORNL 6251, 1986.

[19] 常青,邱瑶,谢苗苗,等. 基于土地破坏的矿区生态风险评价:理论与方法[J]. 生态学报,2012,32(16):5164-5174.

[20] 朱琳,佟玉洁. 中国生态风险评价应用探讨[J]. 安全与环境学报,2003,3(3):22-24.

[21] 潘雅婧,王仰麟,彭建,等. 矿区生态风险评价研究述评[J]. 生态学报,2012,32(20):6566-6574.

[22] 郭晓华,齐淑艳,周兴文,等. 外来有害生物风险评估方法研究进展[J]. 生态学杂志,2007,26(9):1486-1490.

[23] 向言词,彭少麟,任海,等. 植物外来种的生态风险评估和管理[J]. 生态学杂志,2002,21(5):40-48.

[24] 马晔,沈珍瑶. 外来植物的入侵机制及其生态风险评价[J]. 生态学杂志,2006,25(8):983-988.

[25] 吴文广,张继红,魏䂀伟,等. 莱州湾泥螺生态安全风险评估—基于 AHP 的 YAAHP 软件实现[J]. 水产学报,2014,38(9):1601-1610.

[26] 李继龙,王国伟,杨文波,等. 国外渔业资源增殖放流状况及其对我国的启示[J]. 中国渔业经济,2009,27(3):111-123.

[27] 程家骅,姜亚洲. 海洋生物资源增殖放流回顾与展望[J]. 中国水产科学,2010,17(3):610-616.

[28] 姜亚洲,林楠,杨林林,等. 渔业资源增殖放流的生态风险及其防控措施[J]. 中国水产科学,2014,21(2):413-422.

[29] 陈辉,刘劲松,曹宇,等. 生态风险评价研究进展[J]. 生态学报,2006,26(5):1558-1566.

遗传、育种与生物技术

三疣梭子蟹低盐耐受性和体重的遗传参数估计及其相关分析*

卢少坤

（宁波大学 海洋学院，浙江 宁波 315211）

三疣梭子蟹（*Portunus trituberculatus*）属于甲壳纲、梭子蟹科、梭子蟹属，广泛分布于我国沿海海区（戴爱云等，1977）。根据2013《中国渔业统计年鉴》（农业部渔业局，2013），其捕捞量达400 348.0 t，养殖面积较广，是我国重要的海产经济蟹类之一。三疣梭子蟹属于广盐性物种，适应盐度在10~35，最适生长盐度在20~35，但低盐刺激会对其生理生化造成一定的影响，王冲等（2010）研究发现盐度骤降会使幼蟹的摄食率、变态率及存活率下降。由于其养殖区域大部分为户外池塘或滩涂围网养殖，水体环境盐度较低，且易受大量降水等因素影响，可能会造成其养殖水体在短时间内盐度过低，研究其生长及低盐耐受性，对于提高养殖存活率及扩大养殖面积有重要意义。

遗传参数主要包括遗传力、遗传相关与重复力，主要是涉及遗传力和遗传相关，其在个体遗传评定、选择反应预测、育种方案设计等中都具有广泛的用途。近些年来，随着水产养殖业的发展，国内外对物种遗传参数评估及家系选育的研究也发展迅猛，主要涉及生长、抗性、肉质等（Fjalestad et al，1993），如虹鳟（*Oncorhynchus mykiss*）的体重性状遗传力分析（Aulstad et al，1972）、凡纳滨对虾（*Litopenaeus vannamei*）、虾夷扇贝（*Patinopecten yessoensis*）、刺参（*Stichopus japonicas*）、大菱鲆（*Scophthalmus maximus*）等的生长遗传力分析（Pérez-Rostro et al，1999；栾生等，2006；马爱军等，2008；梁峻等，2011）、太平洋牡蛎（*Crassostrea gigas*）的肉质遗传力分析（Langdon et al，2000）。水产生物与抗逆性遗传研究也较多，如黄永春等（2013）构建了凡纳滨对虾抗 WSSV 选育家系通过家系选育后其不仅死亡率低还延迟了其死亡高峰时间，王庆志等（2014）构建了虾夷扇贝耐高温育种家系并提供了家系稚贝的早期筛查方法，严福升（2009）研究了牙鲆（*Paralichthys olivaceus*）的生长相关性状遗传力估计及生长性状与耐热性状的相关性分析。在三疣梭子蟹中对抗逆性遗传力的研究还未见报道。本研究构建了20对三疣梭子蟹家系，以急性低盐胁迫致死率为衡量指标，应用全同胞方差组分析法，评估其60日龄盐度耐受性遗传力及60日龄的体重遗传力，并分析生长性状与低盐耐受性状的相关性。为选育具有低盐耐受性的三疣梭子蟹提供理论基础。

1 材料与方法

1.1 亲本选择

2013年9月在浙江宁波象山、宁海、奉化三地选择身体健康、规格均一、未交配的三疣梭子蟹作为亲蟹。

1.2 方法

1.2.1 亲蟹交尾

2013年9月,挑选体格健壮、生长良好的亲蟹在单体框中养殖,到可交配时,采用1雄对3雌进行定向交尾。交尾成功后,记录下各雌雄亲本的编号,并在雌蟹游泳足上打上标签,放入池中越冬。2014年3月下旬,将亲蟹转入种蟹池,期间以鲜活贝类进行营养强化。

1.2.2 幼体培育及养殖

将要产卵的亲蟹转入育苗池,每个育苗池1只亲蟹,产卵前,往育苗池中加入适量的扁藻及轮虫,Z_1—Z_2投喂轮虫及人工配合饲料,Z_3—Z_4投喂卤虫无节幼体,大眼幼体期以冰冻卤虫为饵料,每一期往池中加一定比例的海水,连续充气,待基本变态成为一期稚蟹后出苗,总共获得全同胞家系20个,每个家系取稚蟹3 000尾,放于水泥池中养殖,利用纱网围格分隔不同家系,并保持养殖条件一致。

1.2.3 生长性状测量

在60日龄、90日龄时,从每个家系中选30个个体,利用电子天平测量其体重。

1.2.4 急性低盐致死率

在每个家系60日龄时,随机取出90个个体,分三组,转入盐度为4的水体中,胁迫72 h,并在12 h、24 h、48 h、72 h处记录死亡螃蟹数目,统计其死亡情况并计算其死亡率。

1.2.5 分析方法

利用60日龄、90日龄的体重数据,通过SPSS线性拟合功能,进行线性拟合,以斜率为生长速率。

盐度耐受性分类采用SPSS软件K-均值聚类方法对盐度耐受能力进行分类。

对于全同胞家系,利用全同胞家组分方差分析法计算其遗传力h^2,利用SPSS一般线性模型计算各组分方差:

$$h^2 = V_g/(V_g + V_e)$$

式中:$V_g = (MS_b - MS_w)/n$;$V_e = MS_b$;V_g代表基因型方差组分;V_e代表环境方差组分;MS_b(mean sums between)为组内均方;MS_w(mean sums within)为组间均方。

2 结果

2.1 三疣梭子蟹60日龄和90日龄体重及增长率

三疣梭子蟹60日龄和90日龄体重及其增长率见表1。由表1可见,各家系在60日龄时平均体重为(24.13±9.1)g,在90日龄时其平均体重为(77.50±13.78)g。以体重为衡量标准,60日龄时体重较大的家系为1、2、14、18、20;90日龄时体重较大的家系为3、4、6、7、18。通过线性拟合结果,发现三疣梭子蟹平均体重增长率为(0.79±0.14)g/d,体重增长率较快的家系有2、3、6、7、18。可见60日龄体重较大家系与90日龄存在明显不同,体重的增长率可以较好地说明其生长状况,故以体重增长率来衡量其生长状况(图1)。

表1 三疣梭子蟹60日龄和90日龄的体重及增长率

家系	60日龄体重均值/g	标准差	90日龄体重均值/g	标准差	增长率/(g·d^{-1})	R^2
1	39.91	8.92	77.57	11.81	0.83	0.97
2	46.04	12.81	83.63	25.81	0.91	0.98
3	24.22	10.58	91.96	28.69	0.93	0.81
4	22.50	5.28	87.07	27.26	0.88	0.80
5	14.96	5.51	69.38	25.53	0.70	0.76
6	27.86	7.07	92.16	26.23	0.94	0.84
7	27.57	13.61	100.49	22.98	1.02	0.81
8	24.12	7.10	82.27	26.16	0.84	0.83
9	13.27	5.91	87.04	33.76	0.86	0.71
10	21.27	8.86	63.27	25.16	0.65	0.86
11	12.48	5.58	58.74	22.76	0.59	0.76
12	16.27	23.88	69.41	18.86	0.70	0.78
13	10.29	5.62	43.67	15.03	0.44	0.78
14	30.90	11.68	85.43	20.27	0.89	0.88
15	15.24	5.81	57.61	20.08	0.58	0.81
16	22.90	10.17	75.14	22.94	0.77	0.84
17	25.50	6.37	79.98	6.87	0.82	0.85
18	32.96	6.51	87.66	17.54	0.91	0.89
19	25.37	5.35	77.23	11.20	0.80	0.86
20	29.12	6.56	80.20	9.27	0.83	0.88

2.2 各家系在不同时间下的死亡情况

各家系在12 h、24 h、48 h、72 h下的死亡情况见图2。由图2可见:部分家系在盐度4急性胁迫下48 h死亡全部,大部分家系在72 h处理后全部死亡,有少量家系在72 h处理后,依旧有部分个体存活。计算各组死亡率方差,方差分析时发现其24 h、48 h胁迫下方差较大,为0.20及0.18,说明在24 h、48 h胁迫条件下,不同家系间的死亡率差异较大,在24 h其平均致死率为50%。

依据不同家系在盐度4不同时间下的死亡率对20个家系进行K-均值聚类分析,将其分为3类,聚类情况见表2,各家系聚类中心见表3,并对各家系不同时间点下的聚类结果进行相关性分析,其中48 h聚类结果与72 h呈显著性相关($P<0.05$),其他各小时组间并未发现显著相关。

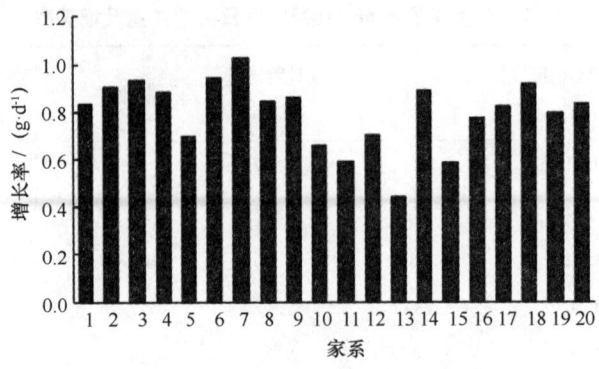

图1　不同家系的体重增长率

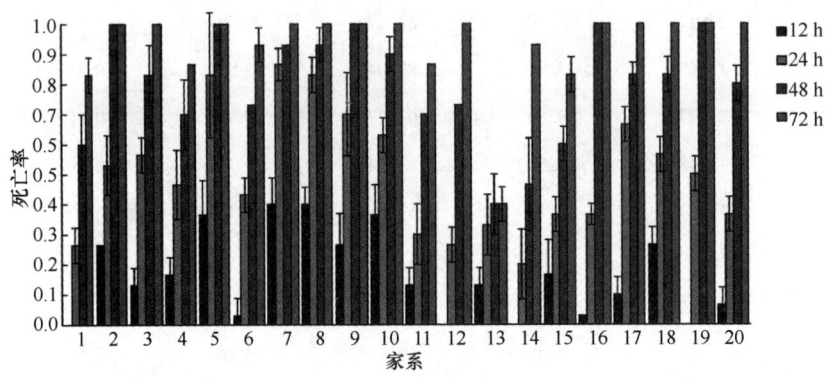

图2　盐度4胁迫下各家系死亡率

表2　各家系死亡率聚类结果

时间	性状		
	1	2	3
12 h	1,6,12,14,16,17,19,20	2,3,4,9,11,13,15,18	5,7,8,10
24 h	1,6,11,12,13,14,15,16,20	2,3,4,9,10,17,19	5,7,8
48 h	1,6,13,14,15	3,4,11,12,17,18,20	2,5,7,8,9,10,16,19
72 h	6,13,14	1,4,11,15	2,3,5,7,8,9,10,12,16,17,18,19,20

根据相关性分析,48 h盐度耐受性与72 h盐度耐受性分类显著相关($P<0.05$),以表2中48 h低盐耐受性分类作为其耐受性分级指标,对增长率与盐度耐受性能力进行相关性分析,其相关系数为0.143,并检验无显著性相关($P=0.547$)。

2.3　遗传力计算

利用SPSS一般线性模型估计得全同胞组分的方差因素见表4,并利用全同胞组分方差分析法计算,其60日龄的低盐三疣梭子蟹在低盐处理12 h、24 h、48 h、72 h下对低盐耐受性的遗传力分别为 0.13、0.18、0.21、0.29,其体重遗传力为 0.45(表5)。

表3 各家系死亡率聚类中心

性状	聚类中心		
	1	2	3
12 h	0.03	0.19	0.38
24 h	0.32	0.58	0.84
48 h	0.56	0.77	0.97
72 h	0.85	0.93	1.00

表4 全同胞组分方差分析

性状	变异来源	均方	显著性
12 h 死亡率	全同胞组间	0.656	0.000
	全同胞组内	0.123	
24 h 死亡率	全同胞组间	1.238	0.000
	全同胞组内	0.218	
48 h 死亡率	全同胞组间	0.936	0.000
	全同胞组内	0.133	
72 h 死亡率	全同胞组间	0.601	0.000
	全同胞组内	0.045	
体重	全同胞组间	2832.415	0.000
	全同胞组内	112.287	

表5 遗传力计算

遗传力估计项目	12 h	24 h	48 h	72 h	生长
V_g	0.02	0.05	0.04	0.02	90.67
V_e	0.12	0.22	0.13	0.04	112.29
遗传力	0.13	0.18	0.21	0.29	0.45

3 讨论

3.1 三疣梭子蟹体重遗传力分析

遗传力反映了某一性状的差异有遗传成分所占的比例,主要有广义遗传力和狭义遗传力计算某一性状的遗传力对于选育优良性状具有重要意义。对水产生物许多物种的主要经济性状遗传力计算较多,如凡纳滨对虾其体重遗传力为 0.37~0.45(Castillo-Juárez et al, 2007),王庆志等(2012)计算了长牡蛎壳高的遗传力为 0.161~0.387,壳长的遗传力为

0.139~0.398。高保全等（2010）通过三疣梭子蟹37个家系评估了三疣梭子蟹的80日龄和120日龄的体重遗传为0.53和0.35，而本实验在60日龄下得到的三疣梭子蟹体重遗传力为0.45，与其较为接近，属于中高度遗传力。由此可见，三疣梭子蟹体重遗传力属于中高度遗传力，具有较好的选育前景。

3.2 三疣梭子蟹低盐耐受性遗传力分析

关于水产动物对于抗逆性状的遗传力分析中，主要有抗病及一些对环境因子的抗逆性性状，中国对虾抗WSSV性状遗传力估计值0.10±0.03（杨翠华，2007）"黄海1号"耐高pH的遗传力在0.29~0.31，耐高氨氮的遗传力在0.15~0.22（黄付友，2007），Thodesen等（2013）研究奥利亚罗非鱼（*Oreochromis aureus*）对于冷水的耐受遗传力为0.05~0.08，蒋湘等（2014）利用盐度对九孔鲍（*Haliotis diversicolor supertexta*）的死亡率评估其低盐性状遗传力为0.056±0.022，可见抗逆性状相对于生长性状来说遗传力较低。本研究首次计算了三疣梭子蟹低盐胁迫条件不同时间下的遗传力为0.13~0.29，不同时间点估算的遗传力大小并不相同，随着低盐胁迫处理时间加长其遗传力变大，这在较为复杂的性状中较为常见，如Boomsma等（1998）通过研究多元遗传分析血压性状的遗传力，发现血压性状的遗传在不同性别间存在差异，认为血压受不同影响因子控制，各影响因子发挥的作用并不相同，进而导致其血压遗传力在不同性别中显现差异。Evans等（2006）发现斑胸草雀（zebra finch）在不同选择压力下，其后代的遗传力出现显著差异，根据表观遗传学的观点，环境压力对基因甲基化等造成影响，可以在不改变基因的情况下对后代产生影响，有些植物在不同的盐度胁迫后显现出不同的遗传力（Boyko et al,2011）。在本实验中，随着环境施压增大，可能使遗传因素造成的差异效果更加明显，导致表型上遗传方差变大，其在48 h及72 h胁迫下其遗传力均大于0.2。

3.3 三疣梭子蟹体重与低盐耐受性性状相关性

生长及抗性性状一直是水产生物选育的重点（Gjedrem,1983），在对虾（Cock et al,2009）中研究较多，Argue等（2002）在凡纳滨对虾育种中，分别构建了以生长性状为主的家系及以生长性状加抗桃拉病毒（TSV）性状复合选育的家系进行，选育具有复合性状的优品品种。但其结果显示抗桃拉病毒性状与生长性状存在负相关。根据本实验结果，其生长性状与盐度耐受性性状相关系数为0.143，检验无显著性相关（$P>0.05$），虽然生长较快个体可能在体重上较大一定程度上会造成其对盐度的耐受能力上升，但根据本实验室构建的三疣梭子蟹低盐耐受性模型，6期以后三疣梭子蟹体重对低盐胁迫的耐受性已基本稳定，体重差异对其低盐耐受能力影响较小。虽然无法完全排除体重影响，且本实验结果并未出现两性状相关，可以认为在一定程度上生长与耐低盐性状无相关性，可以进行复合选育。

通过分析发现12 h与24 h的遗传力低于0.2 h,48 h与72 h的遗传力都高于0.2，但若以72 h筛选其成活率过低，选择压力过大，由于48 h耐受性与72 h耐受性相关显著，且在48 h的遗传力也高于0.2，故在选育过程中可采用48 h处理以达到较佳选育效果。

本实验表明，三疣梭子蟹生长性状属于中度遗传力，低盐耐受性性状属于中低遗传力，并且低盐耐受性状与生长性状并无相关性，本实验发现家系4、6、14具有较强的低盐耐受性及体重增长速率,可利用这些家系进行下一步的选育工作。

参考文献

[1] 马爱军,王新安,杨志,等.2008. 大菱鲆(*Scophthalmus maximus*)幼鱼生长性状的遗传力及其相关性分析. 海洋与湖沼,39(5):499-504.

[2] 王冲,姜令绪,王仁杰,等.2010. 盐度骤变和渐变对三疣梭子蟹幼蟹发育和摄食的影响. 水产科学,29(9):510-514.

[3] 王庆志,李琪,刘世凯,等.2012. 长牡蛎成体生长性状的遗传参数估计. 中国水产科学,19(4):700-706.

[4] 王庆志,李石磊,付成东,等.2014. 虾夷扇贝耐高温育种家系的建立与早期筛查. 水产学报,38(3):371-377.

[5] 农业部渔业局.2013. 2013 年中国渔业统计年鉴. 北京:中国农业出版社,28.

[6] 严福升.2009. 牙鲆(*Paralichthys olivaceus*)生长相关性状遗传力估计和耐热性状初步研究. 青岛:中国海洋大学硕士学位论文,28-45.

[7] 杨翠华.2007. 中国对虾与抗性相关性状的遗传学参数分析. 青岛:中国海洋大学博士学位论文,41-80.

[8] 栾生,孙慧玲,孔杰.2006. 刺参耳状幼体体长遗传力的估计. 中国水产科学,13(3):378-383.

[9] 高保全,刘萍,李健,等.2010. 三疣梭子蟹(*Portunus trituberculatus*)体重遗传力的估计. 海洋与湖沼,41(3):322-326.

[10] 黄付友.2007. "黄海 1 号"中国对虾生长性状和对高 pH、高氨氮抗性遗传力的估计. 青岛:中国海洋大学硕士学位论文,33-43.

[11] 黄永春,艾华水,潘忠诚,等.2013. 凡纳滨对虾抗 WSSV 选育家系的建立及其抗病特性. 水产学报,37(3):359-366.

[12] 梁峻,郑怀平,李莉,等.2011. 虾夷扇贝养殖群体的遗传力估算. 海洋科学,35(3):1-7.

[13] 蒋湘,刘建勇,赖志服.2014. 九孔鲍(*Haliotis diversicolor supertexta*)耐低盐与生长性状的遗传参数评估. 海洋与湖沼,45(3):542-547.

[14] 戴爱云,冯钟琪,宋玉枝,等.1977. 三疣梭子蟹渔业生物学的初步调查. 动物学杂志,(2):30-33.

[15] Argue B J, Arce S M, Lotz J M et al, 2002. Selective breeding of Pacific white shrimp(*Litopenaeus vannamei*) for growth and resistance to Taura Syndrome Virus. Aquaculture, 204(3-4):447-460.

[16] Aulstad D, Gjedrem T, Skjervold H. 1972. Genetic and environmental sources of variation in length and weight of rainbow trout(*Salmo gairdneri*). Journal of the Fisheries Research Board of Canada, 29(3):237-341.

[17] Boomsma D I, Snieder H, de Geus E J C et al, 1998. Heritability of blood pressure increases during mental stress. Twin Research, 1(1):15-24.

[18] Boyko A, Kovalchuk I.2011. Genome instability and epigenetic modification-heritable responses to environmental stress?. Current Opinion in Plant Biology, 14(3):260-266.

[19] Castillo-Juárez H, Casares J C Q, Campos-Montes G et al.2007. Heritability for body weight at harvest size in the Pacific white shrimp, *Penaeus*(*Litopenaeus*)*vannamei*, from a multi-environment experiment using univariate and multivariate animal models. Aquaculture, 273(1):42-49.

[20] Cock J, Gitterle T, Salazar M et al, 2009. Breeding for disease resistance of *Penaeid shrimps*. Aquaculture, 286(1-2):1-11.

[21] Evans M R, Roberts M L, Buchanan K L et al, 2006. Heritability of corticosterone response and changes in life history traits during selection in the zebra finch. Journal of Evolutionary Biology, 19(2):343-352.

[22] Fjalestad K T, Gjedrem T, Gjerde B. 1993. Genetic improvement of disease resistance in fish: an overview. Aquaculture, 111(1-4):65-74.

[23] Gjedrem T. 1983. Genetic variation in quantitative traits and selective breeding in fish and shellfish. Aquaculture, 33(1-4):51-72.

[24] Langdon C J, Jacobson D P, Evans F et al. 2000. The molluscan broodstock program improving Pacific oyster broodstock through genetic selection. Journal of Shellfish Research, 19(1):616.

[25] Pérez-Rostro C I, Ramirez J L, Ibarra A M. 1999. Maternal and cage effects on genetic parameter estimation for Pacific white shrimp *Penaeus vannamei* Boone. Aquaculture Research, 30(9):681-693.

[26] Thodesen J, Rye M, Wang Y X et al. 2013. Genetic improvement of tilapias in China: Genetic parameters and selection responses in growth, pond survival and cold-water tolerance of blue tilapia (*Oreochromis aureus*) after four generations of multi-trait selection. Aquaculture, 396-399(1):32-42.

短期温度胁迫对驼背鲈(♀)×鞍带石斑鱼(♂)杂交子代幼鱼抗氧化及消化生理的影响*

刘玲[1],陈超[1,2],李炎璐[2],刘莉[2,3],陈建国[2,3],李文升[3],马文辉[3]

(1. 上海海洋大学 水产与生命学院,上海 201306;2. 农业部海洋渔业可持续发展重点实验室,中国水产科学研究院 黄海水产研究所,青岛市海水鱼类种子工程与生物技术重点实验室,山东 青岛 266071;3. 莱州明波水产有限公司,山东 莱州 261418)

鼠龙斑是驼背鲈(*Cromileptes altivelis* ♀)与鞍带石斑鱼(*Epinephelus lanceolatus* ♂)的杂交品种,俗名称鼠龙斑,具有母本形态优美以及父本生长速度快的特点,驼背鲈(*C. altivelis*)又称老鼠斑,为鲈形目,鮨科。驼背鲈分布于印-太海域印度尼西亚至东澳大利亚海域,幼年时色彩靓丽,可作为观赏鱼,成年后味道鲜美,为非常高级的食用鱼(区又君等,1999)。鞍带石斑鱼(*E. lanceolatus*),中文俗名龙趸、龙胆石斑,是石斑鱼类中体型最大者,故也被称为"斑王",是一种重要的经济鱼类,具有较高的食用和营养价值。鼠龙斑作为一种人工杂交的石斑鱼,与野生石斑鱼相比,具有生长快、味道鲜美、抗病性强等特征,亦可作为观赏鱼类。作

---

* 基金项目:冷温性石斑鱼规模化苗种繁育关键技术引进(The introduction of key techniques for seedling-rearing cool-temperate-water groupers),项目编号:2012DFA30360;中国-东盟海上合作基金(China ASEAN Maritime Cooperation Fund Project)。

作者介绍:刘玲,女,1992年,研究生,研究方向为海水鱼疾病防治。E-mail:474572282@qq.com

通信作者:陈超 E-mail:ysfrichenchao@126.com

为一种杂交新品种,许多形态生理参数都有待研究。

鱼类抗氧化防御体系中的抗氧化酶主要包括超氧化物歧化酶(SOD)、过氧化氢酶(CAT)和丙二醛(MDA)等,这些酶类和其他的非酶类抗氧化物质共同构成了机体内的抗氧化防御体系,共同保护机体免受氧化伤害,并与体内产生的活性氧物质之间达到一种平衡的状态(亢玉静,2013)。SOD是生物体内重要的抗氧化酶,广泛分布于各种生物体内,SOD具有特殊的生理活性,是生物体内清除自由基的首要物质,把有害的超氧自由基转化为过氧化氢,然后CAT又立即促使过氧化氢分解为分子氧和水,使细胞免于遭受H_2O_2的毒害,从而达到保护机体作用(张克烽等,2007),因此SOD和CAT相互配合组成了一个防氧化链条,是存在于生物体内的非常重要的抗氧化防御性功能酶(乔秋实等,2011)。MDA是膜脂过氧化最重要的产物之一,它的产生还能加剧膜的损伤(王伟等,2012),MDA产生数量的多少能够代表膜脂过氧化的程度,也可间接反映组织细胞受自由基攻击的严重程度。因此,MDA含量常被用来衡量水生动物机体的抗氧化能力(Viña J et al,2002;刘小兵等,2008)。本文主要研究了急性温度胁迫与渐变升温胁迫下,鼠龙斑肝及血清中抗氧化和消化生理指标的变化,为探讨不同程度的温度变化胁迫对鼠龙斑抗氧化及消化生理的影响,以期为人工养殖驯化和生产提供基础理论参考。

1 材料与方法

1.1 材料

实验用鱼鼠龙斑幼鱼由莱州市明波水产有限公司提供,共400尾,平均体重(20.30±0.38)g,平均体长(10.35±0.43)cm,实验前于水温为(26±0.5)℃(自然海水的温度)的水池中暂养3 d,每天分别于8:00和16:00投喂饲料("鱼宝"),采用微流水饲养,每天清污换水一次。

1.2 条件

实验地点为莱州市明波水产有限公司,实验水温通过冷热水(自然海水和地下水)勾兑,微流水状态保持水温,pH为7.5~8.0,盐度为25~30,溶氧大于5 mg/L(24 h不间断充氧)。试验在直径为60 cm、容积为120 L的圆形水槽中进行。

1.3 实验设计

实验为5个突变温度组:21℃、24℃、28℃、32℃、35℃和一个渐变温度组。每个温度组设3个平行,每个平行20尾鱼。突变温度组:将暂养3 d后的鼠龙斑直接放入已经调好温度的水槽中进行实验;温度渐变组:从26℃开始升温,每天升温1℃,连续升温7 d,达到33℃。在实验开始后每天投喂2次,每次投喂时记录每一组投喂量,喂食半小时后,将残余的饲料吸出、晒干后称重,计算摄食量。每天清污换水一次,换水量为1/2。实验结束后(7d)对每组鱼进行称重和称量体长并记录,计算其平均体重增重率、平均体长增长率、平均日摄食量。参数计算公式:

平均体重增重率(%) = $(W_2 - W_1)/W_1 \times 100\%$

平均体长增长率(%) = (T_2-T_1)/T_1×100%

平均日摄食量(g) = ($\sum Q_1 - \sum Q_0$)/$t \times n$

式中：W_2 为结束时的平均体重；W_1 为开始时的平均体重；T_2 为结束时的平均体长；T_1 为开始时的平均体长；Q_1 为饲料日平均投喂量；Q_0 为饲料日平均残留量；t 为试验天数(d)；n 为鱼个体数。

1.4 取样

在试验的第 0 d、3 d、7 d 分别对每组进行取样，每个平行取 3 尾鱼，利用丁香酚(200 mg·L^{-1})进行麻醉，用 2 mL 的一次性注射器进行尾静脉抽血，抽血前注射器先抽取少量的抗凝剂，将抽出血样于 3 000 r/min 离心 10 min，取上清液移于 EP 管中投入液氮罐中保存待测。取血后迅速将鱼置于冰盘上解剖，取其肝、胃、肠，液氮中保存待测。

1.5 样品处理及指标检测

将血清和样品置于-20℃、4℃逐渐解冻，解冻后的组织与生理盐水按重量(g)，体积(mL)= 1∶9 的比例制备组织匀浆液，在冰水浴条件下，利用组织匀浆机，制备成10%的组织匀浆，4 000 r/min 离心 10 min，取上清液，再用生理盐水稀释成适宜浓度，4℃保存，待测。

采用南京建成生物工程研究所的试剂盒测定血清与肝中的 SOD 活力、CAT 活力、MDA 含量；胃中的胃蛋白酶活性；肠道中的淀粉酶、脂肪酶活性，测定步骤按试剂盒说明书进行。

1.6 数据处理

采用 SPSS22.0 软件进行数据处理和分析，采用 ANOVA 对实验结果进行方差分析，采用 Duncan's 法进行多重比较。试验数据用平均值±标准误差(mean±SE)表示，$P<0.05$ 为差异显著。

2 结果

2.1 温度对生长及摄食的影响

2.1.1 温度突变与温度渐变对生长的影响

由图1可以看出温度突变组32℃的体重增重率和体长增重率都显著大于其他温度突变组($P<0.05$)，35℃、28℃、24℃体重增重率无明显差异($P>0.05$)，但24℃的体长增长率与35℃、28℃温度组差异显著($P<0.05$)，21℃的体重增重率和体长增重率都显著小于其他各组($P<0.05$)。温度渐变组(渐变升温组)的体重增重率和体长增重率都显著大于温度突变组($P<0.05$)。

2.1.2 温度突变与温度渐变对摄食的影响

图2表示各温度组下每尾鼠龙斑幼鱼一周内每天的摄食量的变化情况。由图2可以明显地看出，21℃温度突变组的摄食量最低，与其他组具有显著差异($P<0.05$)，平均日摄食量在 0.4 g·尾$^{-1}$·d^{-1} 左右，起伏较小。24℃、28℃、32℃温度突变组的平均日摄食量随着实验天数的增加呈现规律上升趋势，且随着温度组温度的升高，平均日摄食量也越高的趋势，这三组的变化趋势与温度渐变组的变化趋势也相似，而温度渐变组的平均日摄食量最高。

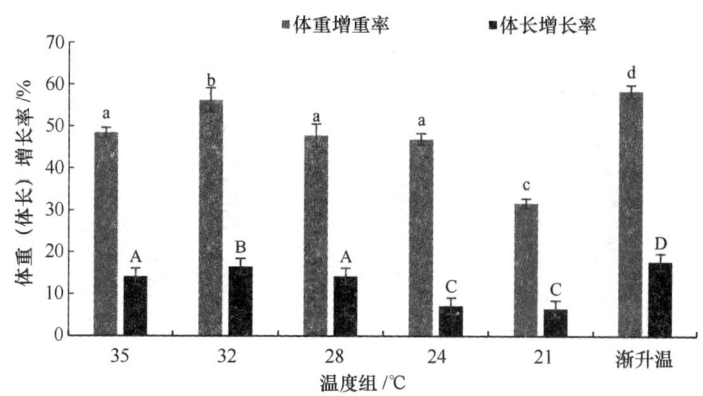

图 1　温度突变与温度渐变对鼠龙斑幼鱼体重和体长增长率的影响

注：不同的大写字母表示不同温度组体长增长率存在显著差异（$P<0.05$）；不同的小写字母表示不同温度组体重增重率存在显著差异（$P<0.05$）.

35 ℃温度突变组的平均日摄食量在实验开始的前 2 d 变化不大，但远远高于其他温度组的摄食量（$P<0.05$），实验期间摄食量无规律。第 8 天时，将所有温度组冷热水关闭，统一换成自然海水，温度范围为（26±0.5）℃，再暂养 3 d 观察其摄食量的变化，由图 2 可以明显看出，除 28 ℃、32 ℃温度突变组外，其他各温度组的摄食量均出现直线下降趋势，28 ℃温度突变组在下降以后第 3 d 的摄食量略有回升趋于平稳，32 ℃突变温度组在恢复自然海水温度的前 2 d 摄食量平稳上升，在第 3 d 时显著下降。

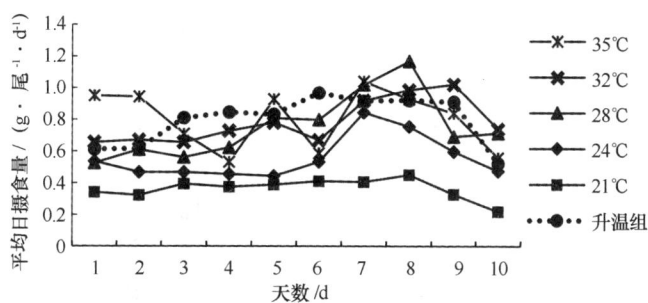

图 2　温度突变与温度渐变对鼠龙斑幼鱼的平均日摄食量的影响

2.2　温度对血清和肝中抗氧化指标的影响

2.2.1　超氧化物歧化酶

21 ℃温度突变组血清中的 SOD 在 3 d、7 d 相对稳定，相比实验开始前显著增加（$P<0.05$），而肝中变化不明显（$P>0.05$），24 ℃、28 ℃血清中 SOD 在第 3 天变化不明显，在第 7 天时显著升高且显著高于 21 ℃温度组（$P<0.05$），而肝中第 3 天升高后在第 7 天有所下降，32 ℃、35 ℃血清中 SOD 在第 3 天明显升高，第 7 天略高于第 3 天，肝中的 SOD 在第 3 天比于 0 d 显著下降，在第 7 天有所上升但仍然低于 0 d。温度渐变组血清中的 SOD 先上升后又恢复到原始值，肝在第 3 天无显著变化，在第 7 显著上升（$P<0.05$）（图 3）。

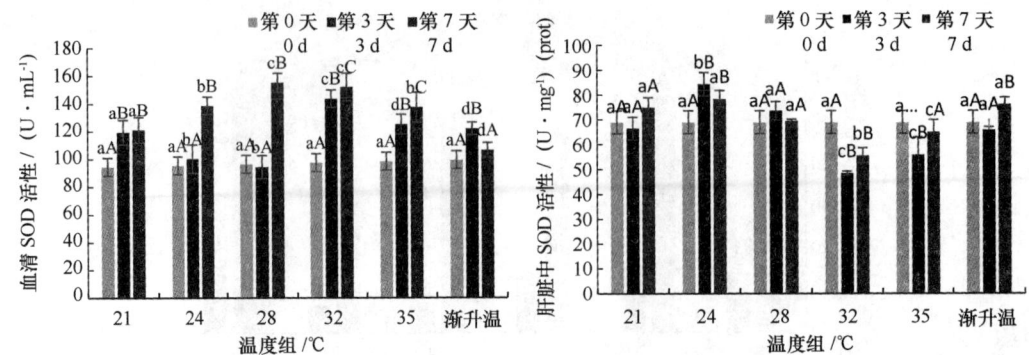

图 3 温度突变与温度渐变对鼠龙斑幼鱼血清和肝中 SOD 活性的影响

注:不同的小写字母表示不同温度组同一时间存在显著差异($P<0.05$);
不同的大写字母表示同一温度组不同时间存在显著差异($P<0.05$)。

2.2.2 过氧化氢酶

温度突变组血清中的 CAT 总体呈现逐渐上升的趋势,除 28℃时上升趋势较小外,其他各温度突变组均在第 3 天和第 7 天时比 0 d 显著升高($P<0.05$),35℃血清中 CAT 上升最高,第 3 天显著升高达到 143.82 U/mL,第 7 天持续升高到 172.64 U/mL 显著高于其他各组($P<0.05$);肝中 24℃、28℃的趋势与血清中相似,呈现显著上升趋势($P<0.05$),21℃在第 3 天显著升高,第 7 天又恢复到 0 d 水平,32℃、35℃肝中的 CAT 在第 3 天和第 7 天呈现显著下降的趋势($P<0.05$)。温度渐变组随着温度的升高血清中的 CAT 呈现在第 3 天显著升高后在第 7 天又显著下降,而肝在第 3 天和第 7 天均是显著下降($P<0.05$)(图 4)。

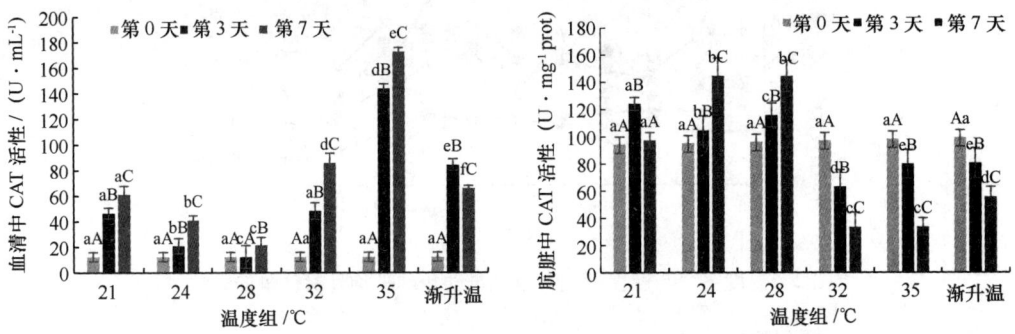

图 4 温度突变与温度渐变对鼠龙斑幼鱼血清和肝中 CAT 活性的影响

2.2.3 丙二醛

21℃、24℃、35℃温度突变组血清中的 MDA 在第 3 天时都显著下降($P<0.05$),28℃变化不明显,32℃呈显著上升在第 3 天时达到了 64.19 nmol/mL,但在第 7 天时,21℃显著上升,24℃与第 3 天相比变化不明显,28℃、32℃、35℃均呈显著下降($P<0.05$);而肝中的 MDA 在 21℃、24℃、32℃均呈现显著上升再下降的趋势,21℃在第 3 天上升显著大于其他各组达到了 3.74 nmol/mg(prot),28℃的第 3 天与 0 d 差异不大,0 d 时显著下降,35℃在第 3 天显

著下降第 7 天略有升高。温度渐变组随着温度的升高,血清和肝中 MDA 变化趋势相似,都在逐渐下降,在第 3 天显著下降($P<0.05$),在第 7 天略为下降(图 5)。

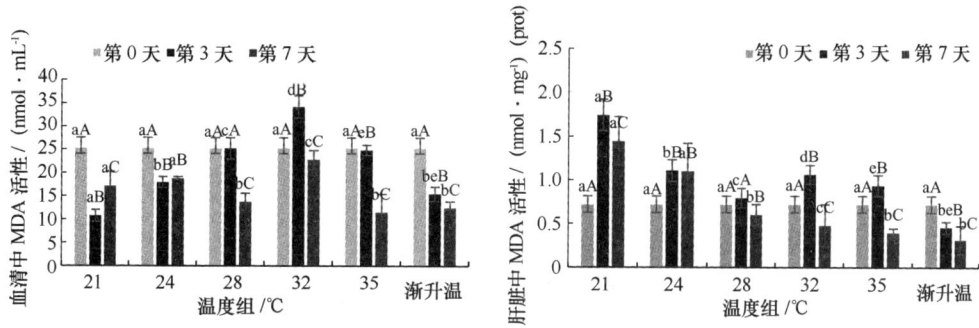

图 5　温度突变与温度渐变对鼠龙斑幼鱼血清和肝中 MDA 活性的影响

2.3　温度对消化生理指标的影响

2.3.1　温度突变与温度渐变对胃蛋白酶的影响

21℃、24℃温度突变组的胃蛋白酶变化趋势相似,在第 3 天显著下降,第 7 天时有所升高,但比 0 d 时要低,其他各温度突变组都逐渐上升,28℃第 3 天与 0 d 相比上升不明显($P>0.05$),第 7 天与 0 d 相比显著上升($P<0.05$),32℃、35℃第 3、7 天都显著上升且比其他各组都高,在第 7 天分别达到了 69.70 U/mg 和 70.05 U/mg(prot);温度渐变组,随着温度的升高,胃蛋白酶显著升高($P<0.05$),在第 3 天,温度上升到 31℃时,胃蛋白为 47.13 U/mg(prot),在第 7 天,温度上升到 35℃时,达到了 88.33 U/mg(prot)(图 6)。

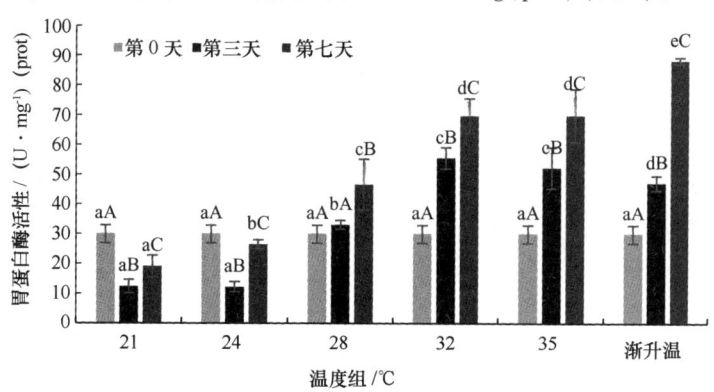

图 6　温度突变与渐变升温对鼠龙斑幼鱼胃蛋白酶活性的影响

2.3.2　温度突变与温度渐变对脂肪酶的影响

21℃、24℃、28℃温度突变组肠道中的脂肪酶变化不显著,21℃在第 3、7 天逐渐降低,24℃、28℃第 0、3 天差异不显著($P>0.05$)而 7 d 时 24℃略有降低,28℃有所升高,32℃、35℃变化趋势相似,均是第 3 天显著上升($P<0.05$),第 7 天显著下降($P<0.05$),但 35℃与 32℃上升、下降变化存在显著差异($P<0.05$),35℃第 3 天高达 159.61 U/g(prot),与其他各温度

突变组存在显著差异($P<0.05$)。温度渐变组肠道脂肪酶,随着温度的上升,第 3、7 天均显著上升($P<0.05$),第 3 d 为 182.16 U/g(prot)显著高于 0 d($P<0.05$),第 7 天为 270.19 U/g(prot)显著高于第 3 d($P<0.05$)(图 7)。

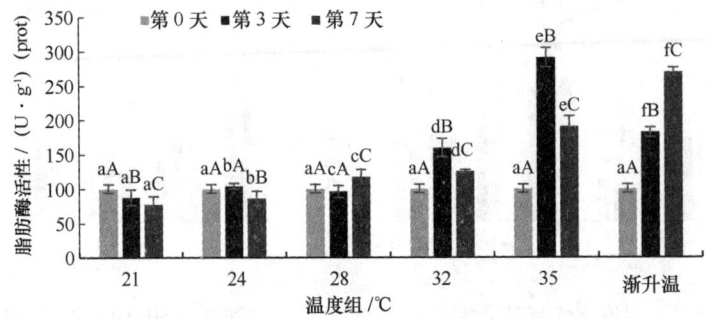

图 7 温度突变与渐变升温对鼠龙斑幼鱼肠道脂肪酶活性的影响

2.3.3 温度突变与温度渐变组对淀粉酶的影响

肠道淀粉酶 21℃、24℃温度突变组,第 3 天比 0 d 显著下降($P<0.05$),第 7 天又显著上升($P<0.05$),21℃第 3、7 天与 0 d 相比下降幅度显著($P<0.05$),24℃在 7 d 回复到 0 d 水平,28℃、32℃总体变化起伏不大,35℃第 3、7 天均显著下降($P<0.05$)。温度渐变组随着温度上升第 3、7 天肠道淀粉酶显著上升($P<0.05$)(图 8)。

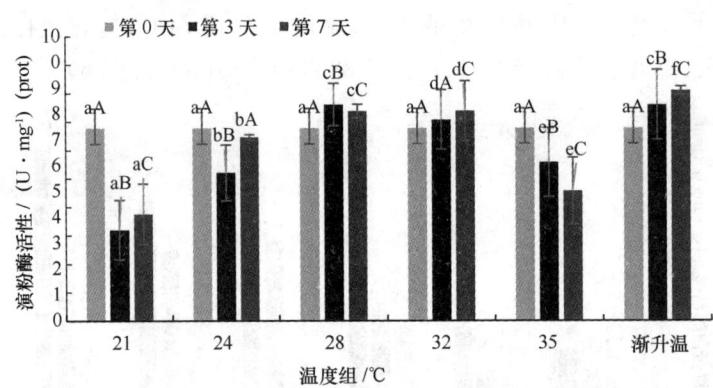

图 8 温度突变与渐变升温对鼠龙斑幼鱼肠道淀粉酶活性的影响

3 讨论

3.1 突变温度与渐变温度对生长、摄食的影响

鱼类属于变温动物,终生生活在水体中,在适宜的温度范围内,鱼类可以正常生长和繁殖。有相关研究表明,在适宜的温度范围内,随着温度的增加,鱼的生长速度加快。但超出适宜的温度范围,温度的增加会起到相反的影响(Jobling M et al,1993)。本实验中也得到了

类似的结果，突变组24℃、28℃、35℃中鼠龙斑的体重增长相似，24℃的体长增长比28℃、35℃时要小，21℃的体长增长与24℃相似，但体重增长却显著小于24℃，32℃的体重、体长均显著大于其他各突变温度组。从平均日摄食量来看，随着突变温度的增加，摄食量也逐渐增加，结合摄食量与生长率，以32℃最为合适，不仅生长速度快，且饲料系数低，从实际生产养殖角度出发，32℃可作为鼠龙斑生产养殖的最适温度。温度渐变组的生长速率与突变温度组相比，显著大于突变温度组（$P<0.05$），其摄食量随着温度的上升而逐渐升高，说明温度渐变对鼠龙斑生长的影响比温度突变组小，还起着加快生长的作用，在养殖过程中可通过渐变温度对鼠龙斑进行驯化达到最佳养殖温度。实验结束后，各温度组均出现了摄食量下降的趋势，这也说明在温度波动较大的情况下，对鱼体影响较大，在养殖过程中，应及时关注温度的变化，在温度变化较大的情况下，适当减少投喂量，避免浪费饲料。

3.2 突变温度组与温度渐变组对鼠龙斑抗氧化指标的影响

温度突变组血清中SOD随着胁迫时间的延长均呈显著上升趋势，说明水温变化使机体中的自由基大量增加，机体的抗氧化防御机制进行调节，形成大量SOD清除过量自由基，21～32℃温度组在实验第7天均显著升高，且随着胁迫温度升高，SOD也逐渐升高，表明在适温范围内血清中抗氧化酶活力与水温呈正比，与李大鹏等（2008）研究结果相符。然而在35℃时有所降低，说明35℃可能已经超过适温范围。肝中的SOD在突变组21～28℃胁迫前后差异不明显，32℃与35℃出现先下降再回升的趋势，说明水温变化使机体启动肝抗氧化防御系统，生成大量的SOD，调节细胞膜通透性使肝中的SOD大量输送到血液中，导致血液中的SOD大量增加，随着时间延长，肝中SOD逐渐回升，说明通过自身调节适应了新的平衡状态。CAT在抗氧化机制中主要是将SOD与自由基反应生成的H_2O_2转化为水，因此CAT的含量在一定程度受到SOD的含量的影响，在21～28℃温度组，血清和肝中CAT变化趋势一致，都是逐渐增加，尤其在第7天显著增加（$P<0.05$），而32℃与35℃血清与肝中CAT的变化趋势完全相反，说明肝组织受到一定损伤，使细胞通透性下降，肝中CAT含量下降而血清中显著升高，这与谢明媚等（2015）研究结果相似。温度渐变组血清中的SOD和CAT均是先上升再下降，SOD在第7天时回复至胁迫前，CAT在第7天显著高于胁迫前，肝中的SOD第3天与胁迫前无明显变化，在第7天时显著上升（$P<0.05$），而肝中CAT在第3、7天均显著下降，可能是肝中CAT大量转入血液中有关。

MDA是细胞膜脂过氧化作用的产物之一，主要在肝分解，所以肝中的脂质过氧化产物MDA含量会随着胁迫加强而升高，正常状态下，机体内MDA的含量是极低的（王奇，2010）。因此通过MDA含量多少来间接判断机体受损伤的程度。温度突变组32℃血清中MDA先上升再下降且变化幅度显著大于其他各组（$P<0.05$），而肝中含量较小说明受到自由基影响较大，通过启动肝抗氧化防御机制与SOD、CAT一起清除机体中过量的自由基。其他各温度组都是逐渐降低的状态，肝中的MDA均是先升高再降低，这与潘桂平（2016）对云纹石斑鱼低温胁迫研究中MDA变化趋势相似。说明受到的自由基氧化损害较大，随着实验时间延长，机体通过调节逐渐恢复。温度渐变组肝和血清中的MDA都是逐渐下降，说明机体SOD、CAT的抗氧化作用足以抵抗自由基的损害。一般结合SOD、CAT和MDA含量更能说明机体

的抗氧化能力,温度突变组32℃、35℃对鼠龙斑的胁迫作用更为明显,本实验由于时间较短(7 d),只是探讨短期应激反应对机体的影响,若时间延长,可能会对鼠龙斑造成一定的伤害;温度渐变组在实验过程中,通过实验结果可知,鼠龙斑通过自身调节适应逐渐升温的状态,使机体达到新的动态平衡,应激反应与突变组相比较小,在生产过程中利于养殖驯化。

3.3 突变温度组与温度渐变组对鼠龙斑幼鱼消化生理指标的影响

胃蛋白酶与肠道中的脂肪酶在温度突变组21℃、24℃的变化趋势相似呈先下降再回升趋势,但第7天还是未能回复到胁迫前状态,肠道脂肪酶有所下降,但变化都不显著($P<0.05$),说明温度急性下降对鼠龙斑的消化酶活性有一定的抑制作用,这从平均日摄食量变化也能明显反映出来。28℃温度组的胃蛋白酶和脂肪酶第3天变化不明显,在第7 d有所上升,淀粉酶在第3天上升后保持平衡,说明28℃温度组对鼠龙斑的影响较小。32℃、35℃胃蛋白酶呈逐渐上升趋势,且显著大于胁迫前的含量($P<0.05$),脂肪酶先上升再下降,但胁迫前后差异明显($P<0.05$),淀粉酶32℃上升趋势不显著,35℃呈下降趋势且与胁迫前存在显著差异($P<0.05$),说明高温胁迫时鼠龙斑的消化酶活性增加,从而使摄食量也增加。温度渐变组的胃蛋白酶和脂肪酶都显著增加且脂肪酶的含量显著大于突变温度组,淀粉酶也呈上升趋势,只是变化幅度不显著($P<0.05$),表明温度渐变能够使鼠龙斑的消化酶活性升高且保持较高的活跃状态,增加鱼体的摄食量。

通过对温度突变以及温度渐变胁迫下,鼠龙斑的生长状况、抗氧化指标以及消化生理指标等分析。温度渐变对鼠龙斑幼鱼生长和抗氧化性具有促进作用,温度突变对鼠龙斑幼鱼抗氧化性影响明显,随着胁迫时间延长可能对鱼体肝抗氧化体系具有损害作用。综上,鼠龙斑在适宜的温度波动范围内,对其正常生长无影响,但由于本次实验时间较短,对其生理生化指标的变化规律研究还有待进一步完善,在实际养殖生产过程中,可通过渐变温度驯化达到养殖可控的温度范围,以减少对鱼体的伤害。

参考文献

[1] Filho D W, Torres M A, Zaniboni-Filho E, et al. Effect of different oxygen tensions on weight gain, feed conversion, and antioxidant status in piapara, *Leporinus elongatus*, (Valenciennes, 1847) [J]. Aquaculture, 2005, 244(1): 349-357.

[2] 胡静,吴开畅,叶乐,等. 急性盐度胁迫对克氏双锯鱼幼鱼过氧化氢酶的影响[J]. 南方水产科学, 2015, 11(6): 73-78.

[3] Handeland S O, Imsland A K, Stefansson S O. The effect of temperature and fish size on growth, feed intake, food conversion efficiency and stomach evacuation rate of Atlantic salmon post-smolts [J]. Aquaculture, 2008, 283(1-4): 36-42.

[4] Jobling M. Influence of body weight and temperature on growth rates of Arctic charr, *Salvelinus alpinus*, (L.) [J]. Journal of Fish Biology, 1983, 22(4): 471-475.

[5] Jobling M. Bioenergetics: feed intake and energy partitioning [C]//Fish Ecophysiology. Springer Netherlands, 1993: 457-466.

[6] 亢玉静,郎明远,赵文. 水生生物体内抗氧化酶及其影响因素研究进展[J]. 微生物学杂志, 2013, 33

(3):75-80.

[7] 刘小兵(综述),朴建华(审校). 生物活性物质的抗氧化能力评价方法及其研究进展[J]. 中国食品卫生杂志,2008,20(5):440-444.

[8] 李大鹏,刘松岩,谢从新,等. 水温对中华鲟血清活性氧含量及抗氧化防御系统的影响[J]. 水生生物学报,2008,32(3):327-332.

[9] 柳学周,徐永江,马爱军,等. 温度、盐度、光照对半滑舌鳎胚胎发育的影响及孵化条件调控技术研究[J]. 渔业科学进展,2004,25(6):1-6.

[10] Martínez-Álvarez R M,Morales A E,Sanz A. Antioxidant Defenses in Fish:Biotic and Abiotic Factors[J]. Reviews in Fish Biology & Fisheries,2005,15(1):75-88.

[11] 潘桂平,刘本伟,周文玉. 低温胁迫对云纹石斑鱼幼鱼抗氧化和免疫指标的影响[J]. 上海海洋大学学报,2016,25(1):78-85.

[12] 区又君,李加儿,陈福华. 驼背鲈的形态和生物学性状[J]. 中国水产科学,1999(1):24-26.

[13] 乔秋实,徐维娜,朱浩,等. 饥饿再投喂对团头鲂生长、体组成及肠道消化酶的影响[J]. 淡水渔业,2011,41(2):63-68.

[14] 孙鹏,柴学军,尹飞,等. 运输胁迫下日本黄姑鱼肝抗氧化系统的响应[J]. 海洋渔业,2014,36(5):469-474.

[15] Viña J. Biochemical adaptation:Mechanism and process in physiological evolution[J]. Biochemistry & Molecular Biology Education,2002,30(3):215-216.

[16] 王伟,姜志强,孟凡平,等. 急性温度胁迫对太平洋鳕仔稚鱼成活率、生理生化指标的影响[J]. 水产科学,2012,31(8):463-466

[17] 王奇,范灿鹏,陈锟慈,等. 三种磺胺类药物对罗非鱼肝组织中谷胱甘肽转移酶(GST)和丙二醛(MDA)的影响[J]. 生态环境学报,2010,19(5):1014-1019.

[18] 谢明媚,彭士明,张晨捷,等. 急性温度胁迫对银鲳幼鱼抗氧化和免疫指标的影响[J]. 海洋渔业,2015(6):541-549.

[19] 张克烽,张子平,陈芸,等. 动物抗氧化系统中主要抗氧化酶基因的研究进展[J]. 动物学杂志,2007,42(2):153-160.

葡萄牙牡蛎外套膜转录组测序及壳色基因挖掘

严璐琪[1,2],郭香[3],巫旗生[3],祁剑飞[3],宁岳[3],王晓清[1,2]*,曾志南[3]*

(1. 湖南农业大学 动物科学技术学院,湖南 长沙 410128;2. 水产高效健康生产湖南省协同创新中心,湖南 常德 415000;3. 福建省水产研究所,福建 厦门 361000)

葡萄牙牡蛎(*Crassostrea angulata*)属软体动物门(Mollusca),双壳纲(Bivalvia),珍珠贝目(Pterioida),牡蛎科(Ostreidae),是广泛分布于世界各地的重要经济贝类。2013年中国牡蛎的总产量为4 218 644 t,占全国贝类养殖总产量的33.1%[1]。为进一步发展牡蛎生产,目前已有关于葡萄牙牡蛎选育研究的报道[2]。牡蛎的视觉性状越来越受到消费者和育种人员的关注[3]。贝类的壳色是受遗传控制的。海产经济贝类壳色研究主要是针对滨螺、皱纹盘鲍、海湾扇贝、牡蛎和蛤类[4]等。通过壳色选育,已培育出"中科红"海湾扇贝新品种[5]。太平洋牡蛎壳色在大多数情况下呈正态分布,具有数量性状遗传特征,但在个别家系中,其壳色仅仅受少数几个主要基因的控制[6-7]。

目前,葡萄牙牡蛎研究主要集中在育种和养殖方面[8-10],关于分子生物学研究方面的尚少[11]。转录组测序(RNA-seq)是对某一物种的mRNA进行高通量测序,具有高通量、低成本、高效率等特点,有助于快速获得大量分子生物学信息。笔者应用RNA-seq技术对金壳和黑壳葡萄牙牡蛎进行高通量转录组测序分析,描绘葡萄牙牡蛎的转录组图谱,筛选与葡萄牙牡蛎壳色相关的基因,旨在为葡萄牙牡蛎基因结构信息的完善及潜在新基因的挖掘提供参考数据。

1 材料与方法

1.1 样品的采集

用黑壳和金黄壳色葡萄牙牡蛎亲本各1个构建全同胞家系,分别选取黑壳与金壳子代个体各3个,采集外套膜组织样品,置于液氮中速冻,于-70℃保存,备用。

1.2 RNA的提取

使用Trizol试剂分别提取黑壳与金壳葡萄牙牡蛎外套膜组织的总RNA[12],分别采用Nanodrop、Qubit 2.0、Aglient 2100方法检测RNA样品的纯度、浓度和完整性等,样品RIN≥9。

基金项目:现代农业产业技术体系建设专项(CARS-48);福建省种业工程项目(201451477-9);福建省属公益类科研院所基本科研专项(2015R1003-8)

作者简介:严璐琪(1991—),女,江苏无锡人,硕士研究生,主要从事水产经济动物遗传育种研究,825954514@qq.com;

通信作者:王晓清,博士,教授,主要从事水产动物育种研究,wangxiao8258@126.com;

曾志南,博士,研究员,主要从事海水养殖和贝类遗传育种研究,xmzzn@sina.com

1.3 RNA 文库的构建及测序

取 5 μg RNA,用带有 Oligo(dT)的磁珠富集其中的 mRNA,加入 Fragmentation Buffer 将 mRNA 进行随机打断。以 mRNA 为模板,用六碱基随机引物(random hexamers)合成第 1 条 cDNA 链,然后加入缓冲液、dNTPs、RNase H 和 DNA polymerase I 合成第 2 条 cDNA 链,利用 AMPure XP beads 纯化 cDNA。将纯化的双链 cDNA 进行末端修复,加 A 尾并连接测序接头,然后用 AMPure XP beads 进行片段大小选择,最后通过 PCR 富集,得到 cDNA 文库。

文库构建完成后,分别使用 Qubit 2.0 和 Agilent 2100 对文库的浓度和插入片段大小进行检测,待检测合格后,用 Illumina HiSeq 2500 进行高通量测序,测序读长为 PE100。

1.4 转录组数据分析

由 Illumina HiSeq 2500 测序所得的原始数据称为原始测序序列(Raw Data)。对 Raw Data 进行数据过滤,去除其中的接头序列及低质量 Reads,获得高质量的 Clean Data。将 Clean Data 与太平洋牡蛎的参考基因组进行序列比对,获得 Mapped Data。基于 Mapped Data,进行插入片段长度检验、随机性检验等测序文库质量评估和表达量分析、可变剪接分析、新基因发掘和基因结构优化等。根据基因在不同样品或不同样品组中的表达量进行差异表达分析、差异表达基因功能注释和功能富集等。

将 FPKM[13](fragments per kilobase of transcript per million fragments mapped)作为衡量转录本或基因表达水平的指标。

基于太平洋牡蛎基因组序列,使用 Cufflinks[13]软件对 Mapped Reads 进行拼接,并与原有的基因组注释信息进行比较,寻找原来未被注释的转录区,发掘葡萄牙牡蛎的新转录本和新基因,从而补充和完善原有的基因组注释信息。

2 结果与分析

2.1 测序数据分析及注释

经 Illumina HiSeq 2500 深度测序,得到原始序列数据,其中黑壳组总计产出数据 5 857 718 092 nt,去除接头序列、空读序列以及低质量序列后,得到干净阅读子 58 004 560 个;金壳组产出数据 6 727 447 326 nt,干净阅读子 66 614 854 个,总计 12.59 Gb Clean Data。碱基组成和质量分析结果表明,原始测序数据的碱基组成情况良好(图 1),低质量碱基测序序列(<30)的比例均低于 10%(图 2)。此结果说明测序质量良好。与太平洋牡蛎基因组的比对分析结果表明,黑壳色和金壳色葡萄牙牡蛎分别有 38 090 056 条(65.76%)和 43 081 54 条(64.67%)比对到参考基因组上。

过滤掉编码肽链过短(少于 50 个氨基酸残基)或只包含单个外显子的序列,在葡萄牙牡蛎转录组中共发掘 1 856 个新基因。使用 BLAST[14]软件将发掘的新基因与 COG、GO、KEGG、Swiss-Prot、NR 数据库进行序列比对,获得新基因的注释信息,最终得到各数据库注释的新基因数量分别是 147、397、203、567、1 347 个。

2.2 基因差异表达分析

在差异表达基因检测过程中,将 Fold Change ≥ 2 且 FDR<0.01 作为筛选标准,结果表

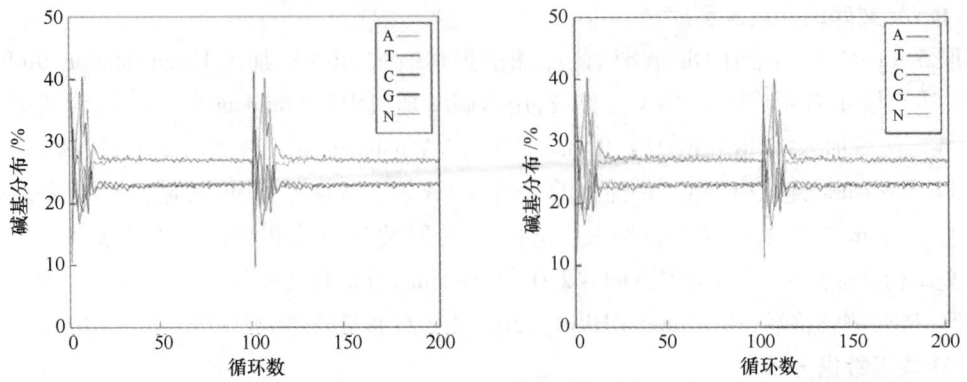

图 1　黑壳色葡萄牙牡蛎(左)和金壳色葡萄牙牡蛎(右)原始数据的碱基组成

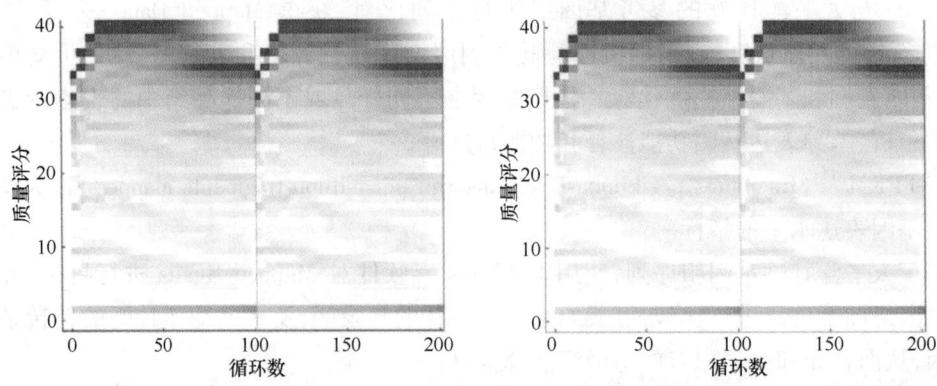

图 2　黑壳色葡萄牙牡蛎(左)和金壳色葡萄牙牡蛎(右)原始数据碱基的质量评分

明,黑壳色葡萄牙牡蛎与金壳色葡萄牙牡蛎之间有 1 082 个差异表达基因,分别有 707 个上调基因,375 个下调基因。

将上述差异表达基因进行功能注释到 COG、GO、KEGG、Swiss-Prot、NR 库,成功获得注释的基因数分别为 193、370、156、553、1 025 个。葡萄牙牡蛎的差异基因在功能注释过程中所匹配的基因序列主要来自有基因组数据的太平洋牡蛎(Crassostrea gigas),占太平洋牡蛎基因组数据的 96.39%。

与 COG 数据库进行比对后的差异表达基因可归属于 21 个大类(图 3),数量最多的功能类为一般功能预测类(R),达 56 条,其余依次为未知功能类(S)、氨基酸转运和代谢类(E)、次生代谢物生物合成、转运和代谢类(Q)、信号转导机制类(T)。

将葡萄牙牡蛎差异表达基因注释到 GO 库,共获得 370 个注释结果,包含 3 个主要分支,即细胞组分、分子功能和生物学过程。在细胞组分方面,包含差异表达基因最多的二级功能是细胞部分类、细胞类、细胞器类;在分子功能方面,包含差异表达基因最多的二级功能是结合活性、催化活性;在生物学过程方面,所包含差异表达基因最多的二级功能是单组织过程和细胞过程(图 4)。

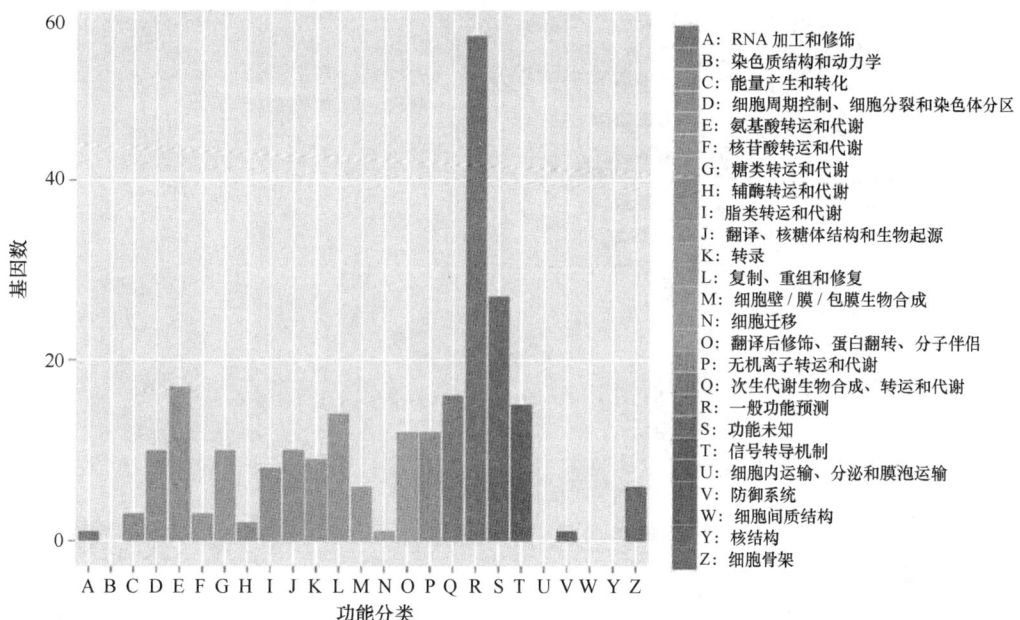

图 3 差异表达基因经 COG 注释后各功能分类基因的数目

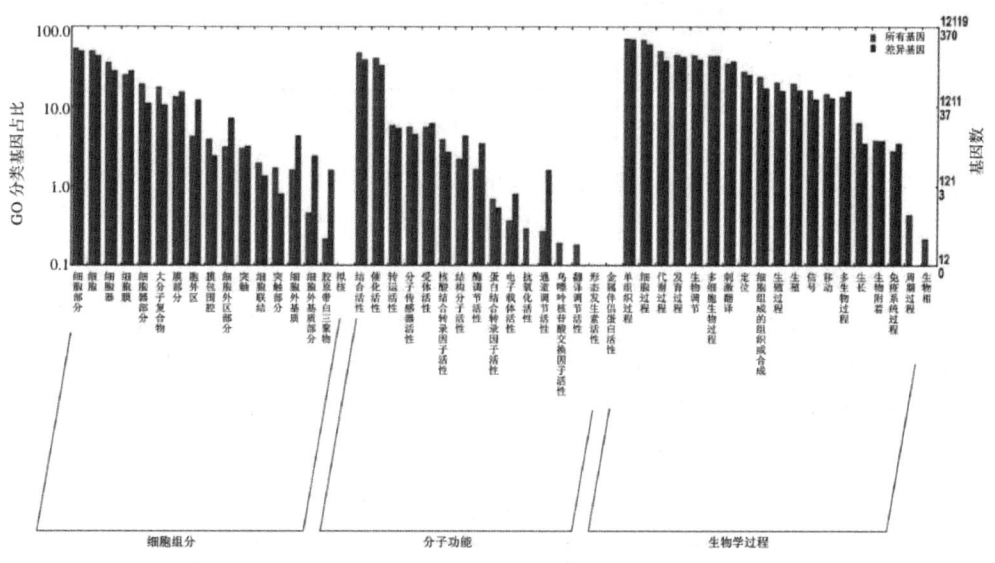

图 4 差异表达基因 GO 二级节点的注释统计结果

葡萄牙牡蛎外套膜转录组共 203 个差异表达基因在 KEGG 数据库获得注释,共涉及 86 种通路,其中,差异基因数量最多的通路分别是细胞外基质受体相互作用通路、神经信号传递通路、吞噬体通路、黏着斑通路等。按照 KEGG 中通路类型进行分类的差异表达基因的注释结果见图 5。

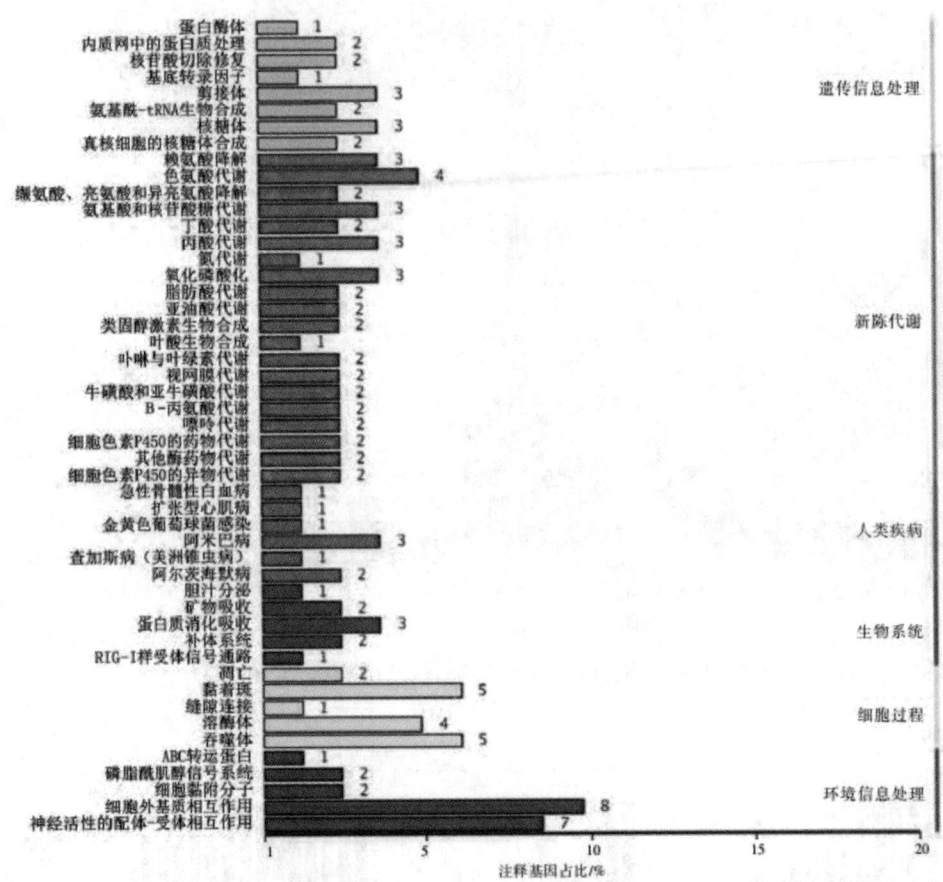

图 5 差异表达基因的 KEGG 分类结果

2.3 壳色基因的挖掘

根据葡萄牙牡蛎外套膜转录组 1 025 个差异表达基因功能注释的结果以及数据库中已经公布的代表性贝壳基质蛋白的序列,筛选出与已知贝壳基质蛋白具有高同源性的基因 14 条,其中 5 条下调基因可能与金壳基因表达相关(表 1)。这 5 条基因分别为 *CGI*_10014905、*CGI*_10005327、*CGI*_10024093、*CGI*_10013406 和 *CGI*_10016016。

表 1 可能与金壳基因表达相关的基因

基因 ID	Swiss-Prot 注释	Nr 注释
CGI_10014905	Perlucin OS=Haliotis laevigata(*Abalone*) PE=1 SV=3	Perlucin[*Crassostrea gigas*]
CGI_10005327	Perluci-like protei(Precursor) OS=Mytilus galloprovincialis(*Mediterranean mussel*) PE=1 SV=1	Collectin-12[*Crassostrea gigas*]
CGI_10024093	Perlucin-like protein(Precursor) OS=Mytilus galloprovincialis(*Mediterranean mussel*) PE=1 SV=1	C-type lectin domain family 4 membr G[*Crassostrea gigas*]

续表

基因 ID	Swiss-Prot 注释	Nr 注释
CGI_10013406	Prisilkin-39 (Precursor) OS = Pinctada fucata (Pearl oyster) PE = 1 SV = 1	hypothetical protein CGI_10013406 [Crassostrea gigas]
CGI_10016016	Protein Pif80 (Precursor) OS = Pinctada fucata (pearl oyster) PE = 1 SV = 1	Sushi, von Willebrand factor type A.ECF and pentraxin domain-containing protein 1 [Crassostrea gigas]

3 结论与讨论

根据数据库中已公布的代表性贝壳基质蛋白序列,在 1 025 个注释到的差异表达基因中进行筛选,共选出 5 条下调基因可能与金壳基因的表达相关。CGI_10014905、CGI_10005327、CGI_10024093 注释到 Perlucin 蛋白[15-16]。Perlucin 蛋白同时存在于鲍属和贻贝属中,对鲍壳的生物结构起着重要的作用,特别是对鲍壳矿物相的晶核生成、定性生长、表面形貌具有调控作用。CGI_10013406 注释到 Prisilkin-39 蛋白[17],Prisilkin-39 富含甘氨酸、酪氨酸和丝氨酸,被认为是一种双功能贝壳基质蛋白,即参与棱柱层的蛋白质框架构建,又可以抑制文石型碳酸钙晶体的形成。CGI_10016016 注释到 Protein Pif80。Pif 蛋白[18]被认为与贝壳内的几丁质成分和文石型碳酸钙晶体一起组成复合体,它参与了贝壳珍珠质层的形成,并赋予了珍珠质层优异的力学性能。笔者将对这 5 条基因进行分子实验验证,以便进一步分析葡萄牙牡蛎壳色相关基因的表达模式,探讨壳色基因与生长的调控关系,建立良好的分子基础研究平台。

本研究中采用 Illumina 高通量测序平台,对黑壳与金壳葡萄牙牡蛎外套膜组织开展转录组测序研究,其中黑壳色组总计产出 5 857 718 092 nt 数据,筛选后的干净阅读子共 58 004 560 个;金壳色组总计产出 6 727 447 326 nt 数据,筛选后的干净阅读子共 66 614 854 个。碱基质量值 Q30 均不小于 90.64%,测序数据与太平洋牡蛎基因组的比对效率分别为 65.67% 和 64.67%,表明数据正常,能够满足后续分析需求。通过差异表达基因分析,得到差异表达基因 1 082 个,其中 94.73% 成功获得注释。本研究中得到的大量数据可以为后续金壳基因挖掘提供参考依据。

参考文献

[1] 农业部渔业渔政管理局. 2014 中国渔业统计年鉴[M]. 北京:中国农业出版社,2014.

[2] 郑怀平,王迪文,林清,等. 太平洋牡蛎与葡萄牙牡蛎两近缘种间杂交及其早期阶段生长与存活的杂种优势[J]. 水产学报,2012(2):210-215.

[3] Clydesdale F M. Color as a factor in food choice[J]. Critical Reviews in Food Science and Nutrition,1993,33(1):83-101.

[4] 管云雁,何毛贤. 海产经济贝类壳色多态性的研究进展[J]. 海洋通报,2009(1):108-114.

[5] 李国江,盛红禄,宋京辉,等. 海洋贝类养殖新品种——'中科红'海湾扇贝[J]. 科学养鱼,2005 (2):22.

[6] Hedgecock D,Perry G M L,Voigt M L. Mapping heterosis QTL in the Pacific oyster *Crassostrea gigas*[J]. Aquaculture,2006,272:267-268.

[7] Jianlong Ge,Qi Li,Hong Yu,et al. Identification and mapping of a SCAR marker linked to a locus involved in shell pigmentation of the Pacific oyster(*Crassostrea gigas*)[J]. Aquaculture,2014,434:249-253.

[8] 巫旗生,曾志南,宁岳,等. 葡萄牙牡蛎工厂化人工育苗技术[J]. 福建水产,2015,37(5):399-405.

[9] 於俊琦,陈琛,冀德伟,等. 高效生态循环养殖系统中的葡萄牙牡蛎单体养殖试验[J]. 科学养鱼, 2013(10):41-42.

[10] 王华青,张志杨,梁和平. 单体葡萄牙牡蛎筏式笼养试验[J]. 中国水产,2014(2):70-71.

[11] 巫旗生. 福建沿海主要养殖牡蛎种类及其遗传多样性研究[D]. 长沙:湖南农业大学,2012.

[12] 王桂玲,李家乐. 淡水育珠蚌外套膜提取总RNA的改良方法[J]. 生物技术通报,2008(S1):356 -361.

[13] Trapnell C,Williams B A,Pertea G,et al. Transcript assembly and quantification by RNA Seq reveals unannotated transcripts and isoform switching during cell differentiation[J]. Nature Biotechnology, 2010, 28 (5):511-515.

[14] Altschul S F,Madden T L,Schaffer A A,et al. Gapped BLAST and PSI BLAST:a new generation of protein database search programs[J]. Nucleic Acids Research,1997,25(17):3389-3402.

[15] Weiss I M,Kaufmann S,Mann K,et al. Purification and characterization of perlucin and perlustrin,two new proteins from the shell of the mollusk *Haliotis laevigata*[J]. Biochemical and Biophysical Research Communications,2000,267(1):17-21.

[16] Mann K,Weiss I M,André S,et al. The amino-acid sequence of the abalone(*Haliotis laevigata*) nacre protein perlucin:Detection of s functional C-type lectin domain with galactose/mannose sepecificity[J]. The Federation of European Biochemical Societies Journal,2000,267(16):5257-5264.

[17] Kong Y M,Jing G,Yan Z G,et al. Cloning and characterization of Prisilkin-39,a novel matrix protein serving a dual role in the prismatic layer formation from the oyster *Pinctada fucata*[J]. Journal of Biological Chemistry,2009,284(16):10841-10854.

[18] Suzuki M,Saruwatari K,Kogure T,et al. An acidic matrix protein,Pif,is a key macromolecule for nacre formation[J]. Science,2009,325(5946):1388-1390.

温度胁迫下银鲳转录组的 de novo 拼接和差异表达的分析

施兆鸿[1], 刘磊[2], 廖雅丽[2], 高权新[1], 彭士明[1], 张晨捷[1]

(1. 中国水产科学研究院 东海水产研究所,农业部东海与远洋渔业资源开发利用重点实验室,
上海 200090; 2. 上海海洋大学 水产与生命学院,上海 201306)

  银鲳(*Pampus argenteus*)属鲈形目、鲳亚目、鲳科、鲳属,为暖温性近海中下层鱼类,银鲳分布于印度洋、印度-太平洋区、朝鲜和日本西部海域,在中国沿海地区均有分布,是主要的捕捞鱼种之一,属名贵食用鱼类。

  转录组测序能够更全面地揭示生物个体在特定时期和特定组织的全局基因的表达情况,尤其对基因组序列信息有限的非模式生物而言,转录组测序更偏重基因编码区域,相比基因组信息,重复元件和富含 GC 区域较少,拼接相对简单。近年来,随着转录组学研究的迅速展开,在研究方法上也有较多的发展与创新,主要包括基于杂交和基于测序的方法。"杂交法"主要是利用高密度的商业化芯片进行研究,但限制这一方法广泛应用的瓶颈是必须预先得到样品对象的全基因组序列信息,检测杂交信号误差也较大;"测序法"包括基于标签序列代表基因的 SAGE、CAGE、MPSS 以及基于高通量测序的 RNA-Seq 技术。杂交法和标签序列法都只对转录组的部分序列进行分析,无法得出完整的基因结构信息,也无法分辨出选择性剪切产生的不同转录本;而基于高通量测序的 RNA-Seq 技术则可以较为全面地、对几乎全部的 RNA 转录本进行分析。在鱼类上,已经有花鲈(*Lateolabrax japonicus*)、斑马鱼(*Danio rerio*)、虹鳟(*Oncorhynchus mykiss*)、斑点叉尾鲖(*Ictalurus punctatus*)和牙鲆(*Paralichthys olivaceus*)等完成了转录组测序工作。

  根据所研究的物种是否有参考基因组信息,RNA-Seq 序列拼接的策略也分为基于参考基因组的序列拼接和 de novo 序列拼接,或当基因组信息不完整时,将二者结合起来进行序列拼接。目前已经发表的利用 de novo 拼接方法进行的非模式生物转录组研究涵盖了昆虫、植物等许多物种。为了对银鲳转录组信息的更多了解,为后续研究提供基础资料,本文采用 Illumina Hiseq 测序平台对不同温度处理下的银鲳肝组织进行 de novo 高通量测序分析。

1 材料与方法

1.1 样品采集

  实验银鲳鱼取自江苏省启东的上海市水产研究所启东实验中心。选取平均体重为 (18.8 ± 7.2) g,平均体长为 (9.1 ± 1.1) cm,体表无伤、体色正常的银鲳幼鱼作为试验对象,实验前将 120 尾银鲳随机平均放入 6 个 2.5 m×2.5 m 的水泥池,实验设置 22℃和 32℃两个温度,各个温度下设置 3 个平行,组间无显著差异($P<0.05$),设置 3 个取样点,分别为 0 h、6 h、

12 h。每个取样点从每个平行中各取3尾鱼,实验期间,各实验组均不投食,取样时先用200×10^{-6}的MS-222麻醉剂麻醉,然后解剖取其肝组织约0.1 g,用纯净水清洗干净,每平行中的3尾鱼的肝组织混合为一个样品,用RNA保存液在-80℃条件下保存待用。

1.2 RNA提取

银鲳肝组织总RNA的提取参照Aidlab公司生产的RNApure超总RNA快速提取试剂盒操作说明进行提取。总RNA质量和数量经安捷伦生物分析仪2100(Agilent)、紫外分光光度计Bioanalyzer 2000进行检测,RNA完整数大于8.0即可用于后续cDNA文库构建。

1.3 cDNA文库制备和检测

选择RNA质量较高的5个样本建库,其中样本1是27℃处理的0 h银鲳肝组织为对照样本、样本2为22℃处理6 h肝组织样本、样本3为32℃处理6 h肝组织样本、样本4为22℃处理12 h肝组织样本、样本5为32℃处理12 h肝组织样本。样品总RNA经过纯化后,利用连接了poly-T的磁珠富集RNA样本中的mRNA。将富集得到的mRNA利用超声波打成小段,电泳后选择200~500 bp的片段回收,用随机引物和反转录酶进行cDNA第1链的合成,然后补齐成双链,加上接头后再进行PCR扩增,以确保低丰度转录本模板的含量。

Illumina测序交由Genergy Bio公司(上海,中国)完成。采用Hisq2000测序仪(美国illumnia公司)平台的双端测序模式进行cDNA均一化处理的高通量测序。

1.4 测序分析及de novo组装

根据Illumina Hiseq测序数据的低质量分数集中于末端的分布特点,利用Trim Galore软件对测序数据从3′端动态去除接头序列片段和低质量片段,利用FastQC软件对预处理数据进行质量控制分析。

获得的Unigene序列分别与UniProt蛋白质序列数据库(Swissprot库)、nr数据库、nt数据库、KEGG数据库、Interpro数据库以及COG数据库进行序列搜索比对(利用Blastx程序),获得跟给定Unigene具有最高序列相似性(E值<10^{-5})的蛋白,从而得到该Unigene的蛋白功能注释信息。采用Unigene的编码蛋白质序列比对Uniprot数据库结果文件和Uniprot蛋白质编号对应的GO注释信息进行GO功能分类注释及差异表达基因分析。

2 结果

2.1 银鲳的cDNA序列分析与组装

选取的5个样本,经Hisq2500平台测序,共得到347 435 132条原始序列,原始序列碱基数为52 115 269 800个,经过处理去除接头序列片段和低质量片段后共得到338 525 690Trim Reads,占原始序列的比例为97.44%,Trim bases数为47486778705,占原始序列碱基数的比例为91.15%。Trim处理后的序列平均长度为140 bp。每个样本原始序列数、碱基数,Trim处理后的序列数、碱基数以及各自所占比例见表1。

遗传、育种与生物技术

表 1　银鲳肝组织转录组库的原始和预处理序列统计结果

Sample	Raw reads	Raw bases	Trim reads	Trim bases	Average length	Trim reads /%	Trim bases /%
1	74424578	11163686700	72447398	10263502241	141.6683349	97.34	91.94
2	71235150	10685272500	69534310	9746999431	140.1753959	97.61	91.22
3	65428632	9814294800	63698204	8969869363	140.818246	97.36	91.40
4	80831510	12124726500	78876728	10918359265	138.4230754	97.58	90.05
5	55515262	8327289300	53969050	7588048405	140.5999995	97.21	91.12
Total	347435132	52115269800	338525690	47486778705	140.3370103	97.44	91.15

经过 de novo 拼接后,得到的转录本(Unigene)数目为 3 715 603 个(≥200 bp),总长度为 225 192 302 bp,N50 的片段长度达到 778 bp(表 2)。组装转录本长度≥500 bp 的转录本数目有 117 256 个,总长度为 143 429 201 bp,N50 的片段长 1 487 bp,此阈值上组装转录本总长度占所有组装转录本总长度的比例为 63.69%。阈值 1 000 bp 转录本数目有 49 630 个,此阈值上组装转录本总长度占所有组装转录本总长度的比例为 43.27%;阈值 2 000 bp、5 000 bp、10 000 bp 组装转录本总长度占所有组装转录本总长度的比例分别为 23.04%、3.10%、0.20%。组装转录本根据长度阈值累计总数分布图见图 1,该图统计不小于 200 bp 长度序列总数目的分布。各阈值范围 N50 的散点分布见图 2,横坐标代表长度阈值,纵坐标代表不小于长度阈值的转录本计算的 N50。

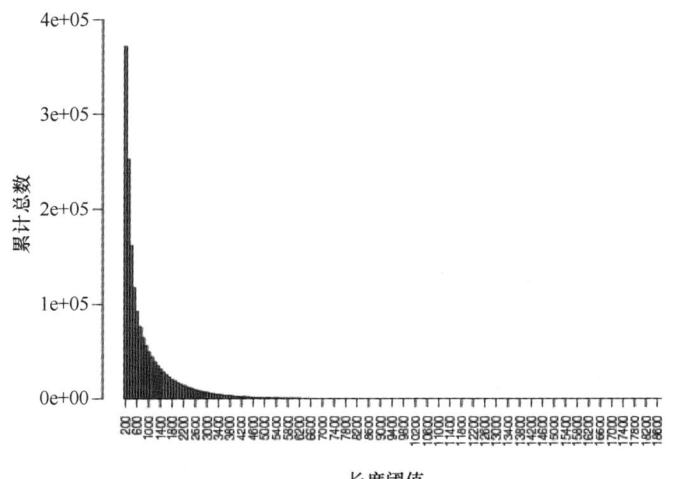

图 1　银鲳肝组织组装转录本根据长度阈值累计总数

由转录本长度分布可知(图 3),在总组装转录本中,所占比例最大的转录本为 200~500 bp,共 254 347 条(68.45%)。而大于 1 000 bp 转录本有 49 630 条,约占 13.36%;大于 5 000 bp 转录本有 1114 条,约占 0.30%。转录本序列 GC 分布如图 4 所示,GC 百分比为 43.30%

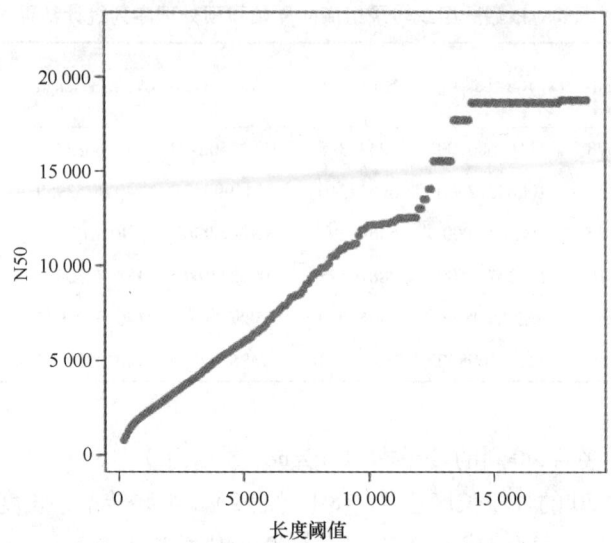

图 2　银鲳肝组织转录本长度阈值和不小于阈值的转录本计算得到 N50 对应关系散点

有最多的序列数,为 2 125 条。

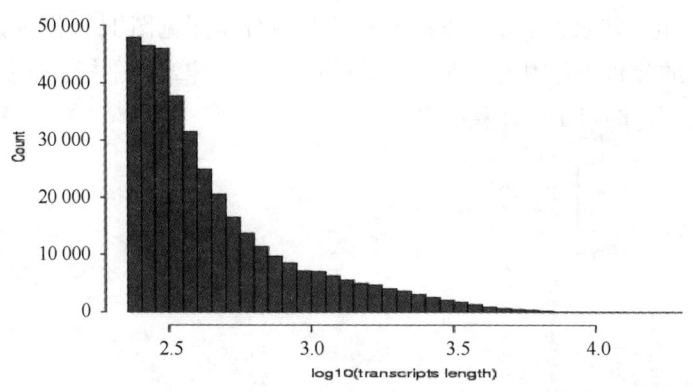

图 3　银鲳肝组织组装转录本长度分布

2.2　银鲳基因序列功能注释信息

基因相似性比对主要基于 BLAST 算法。在 3 715 603 条 Unigene 中,在 Swissprot 库中有 104 547 个获得同源匹配信息,在 nr 数据库中有 136 912 个,在 nt 数据库中有 143 359 个, KEGG 数据库中有 52 121 个,在 KOG 数据库中有 60 212 个。在 Swissprot 库中能找到近缘物种排名前 5 位的分别是 *Homo sapiens*、*Arabidopsis thaliana*、*Mus musculus*、*Rattus norvegicus*、*Danio rerio*;在 nr 数据库中前 5 位的分别是 *Solanum tuberosum*、*Oreochromis niloticus*、*Solanum lycopersicum*、*Rattus norvegicus*、*Maylandia zebra*;nt 数据库中排名前 5 位的是 *Solanum tuberosum*、*Oreochromis niloticus*、*Rattus norvegicus*、*Maylandia zebra*、*Solanum lycopersicum*,这些数据库比对结果有差异,但前 5 位中都是有鱼类的。

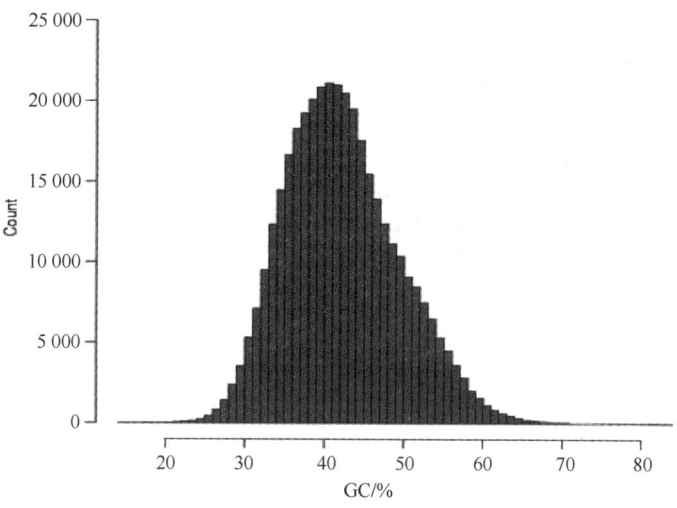

图 4 银鲳肝组织转录本 GC 百分比序列分布

基因序列经过 GO 功能分类,得到所有序列在 GO 功能体系的三大类别:生物过程、分子功能、细胞定位的各个层次所占数目。在第二层,三类基因的数目分别为 998 030、290 215 和 333 826 个,将 GO 分类结果分别进行统计图绘制。在生物过程子分类中,共分为 62 类功能组,前 19 类生物过程子分类见图 5,参与 organic substance metabolic process 的有 74 658 个(7.48%),参与 cellular metabolic process 的有 73 185 个(7.33%),参与 primary metabolic process 的有 72 347 个(7.25%);在分子功能子分类中,共分为 64 类功能组,前 20 类分子功能子分类见图 6,参与 catalytic activity 的有 56 010 个(19.30%),参与 protein binding 的有 52 991 个(18.26%),参与 ion binding 的有 44 085 个(15.19%);在细胞定位子分类中,共分为 25 类功能组,前 20 类细胞定位子分类见图 7,参与 cell part 的有 91 815 个(27.50%),参与 membrane-bounded organelle 的有 71 226 个(21.34%),参与 organelle part 的有 52 256 个(15.65%)。

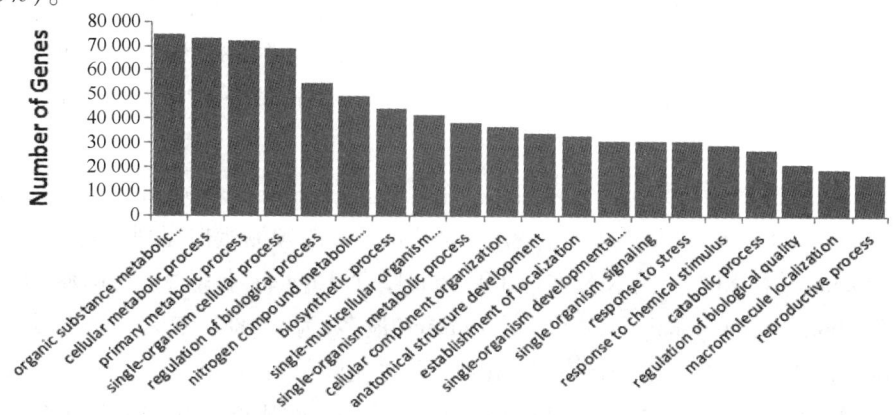

图 5 银鲳肝组织转录组 Unigene 序列的生物过程 GO 注释柱形
注:横坐标代表各个 GO 名称,纵坐标代表属于该 GO 的 Unigene 数目

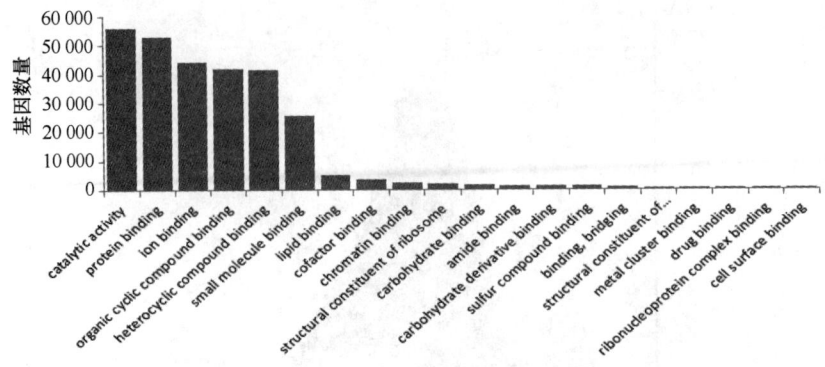

图6 银鲳肝组织转录组 Unigene 序列的分子功能 GO 注释柱形
注:横坐标代表各个 GO 名称,纵坐标代表属于该 GO 的 Unigene 数目

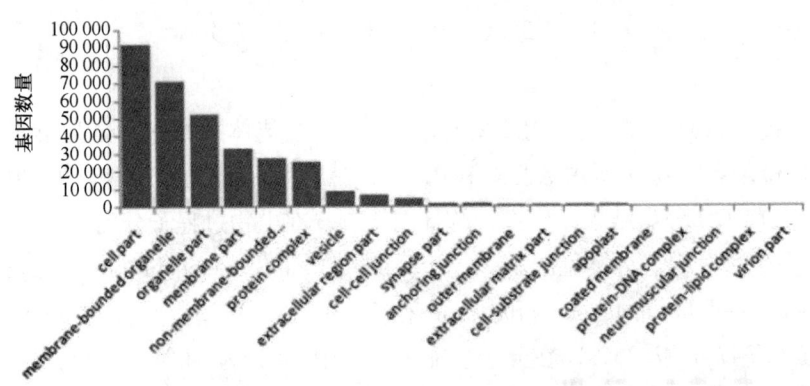

图7 银鲳肝组织转录组 Unigene 序列的细胞成分 GO 注释柱形
注:横坐标代表各个 GO 名称,纵坐标代表属于该 GO 的 Unigene 数目

将拼接得到的 Unigene 进行 KEGG 分析后,共有 52 121 个 Unigene 映射到 338 条代谢途径(图8)。包含最多的是 Metabolic pathways,共有 4 474 个,占 8.58%;其次是 Biosynthesis of secondary metabolites,共有 1 527 个,占 2.93%;Ribosome 共有 831 个,占 1.59%;Microbial metabolism in diverse environments 共有 696 个,占 1.34%;Huntington's disease 共有 676 个,占 1.30%。

构成每个 KOG 的蛋白集是假定来自于一个祖先蛋白,根据 rpsblast 比对于 NCBI 的 Conserved Domains Database 的 KOG 功能注释,针对 Unigene 的预测蛋白序列进行 KOG 功能注释。对 Unigene 进行 KOG 注释和分类(图9),60212 个 Unigene 获得 25 个 KOG 分类,其中 General function prediction only(R)所占的 Unigene 最多,为 9 188(15.26%);其次是 Signal transduction mechanisms(T)和 Transcription(K),所占比例分别为 13.30% 和 7.74%;Cell motility(N)和 Nuclear structure(Y)所占 Unigene 最少,分别占的比例是 0.16% 和 0.14%。但未知功能(S)中的匹配的 Uningene 则高达 3 827 个,为 6.36%。

遗传、育种与生物技术　　101

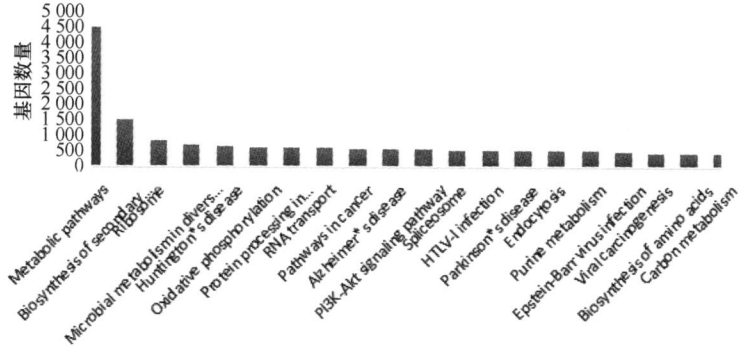

Fig. 8　KEGG Classification of the Unigenes in *Pampus argenteus*

注:52121 unigenes were assigned into 338 KEGG pathways. The top 20 most abundant KEGG pathways are shown.

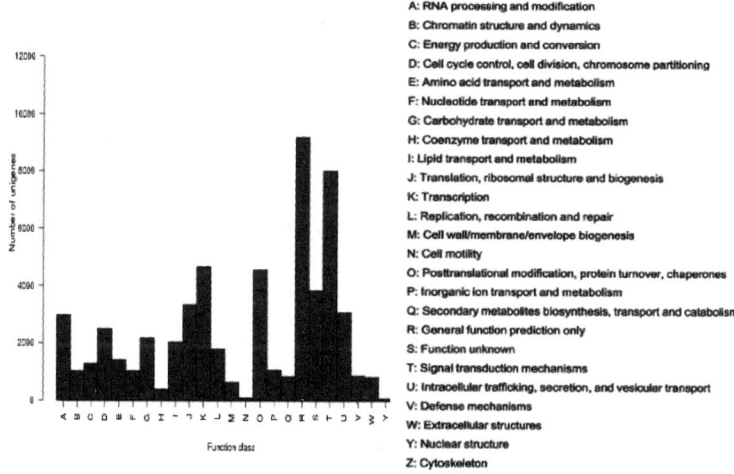

Fig. 9　KOG Classification of the Unigenes in *Pampus argenteus*

注:Possible functions of 60212 unigenes were classified and subdivided into 25 COG categories.

2.3　热胁迫处理实验组与对照组差异基因表达分析

32℃处理 6 h 取样的实验组与 27℃ 0 h 的对照组差异表达基因火山图,见图 10。图 10 中的每个点表示一个基因,横坐标表示某一个基因在 2 样品组中表达量差异倍数的对数值;纵坐标表示错误发生率的负对数值。横坐标绝对值越大,说明表达量在 2 样品组间的表达量倍数差异越大;纵坐标值越大,表明差异表达越显著,筛选得到的差异基因越可靠。32℃处理 12 h 取样的实验组与对照组差异表达基因火山图见图 11。

统计结果显示,6 h 与 0 h 时相比,肝组织中差异表达的基因共有 431 个,与对照组相比, 6 h 时表达上调的基因有 233 个,表达下调的基因有 198 个,差异表达基因的 $\log_2 FC$ 值的范围为 $-13.71 \sim 13.62$。12 h 与 0 h 时相比,肝组织中差异表达基因共有 343 个,与对照组相比,12 h 时上调的基因有 143 个,表达下调的基因有 200 个,差异表达基因的 $\log_2 FC$ 值的范

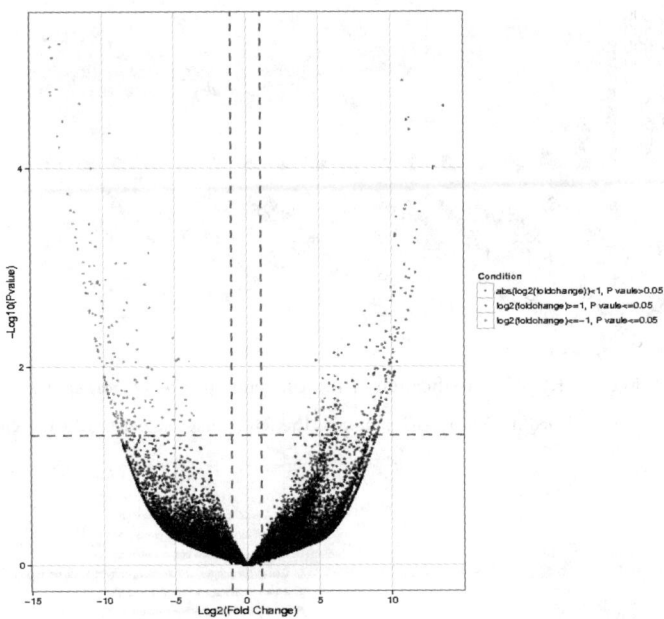

图 10　银鲳 32℃ 处理 6 h 与 27℃ 0 h 的对照组差异表达基因火山图

注：横坐标代表 $\log_2$(fold change)，纵坐标代表 $-\log_{10}(P)$，两条绿色直线对应 fold change 2 倍差异，绿色横线对应 $P=0.05$ 红色和绿色的点代表是差异基因区域．

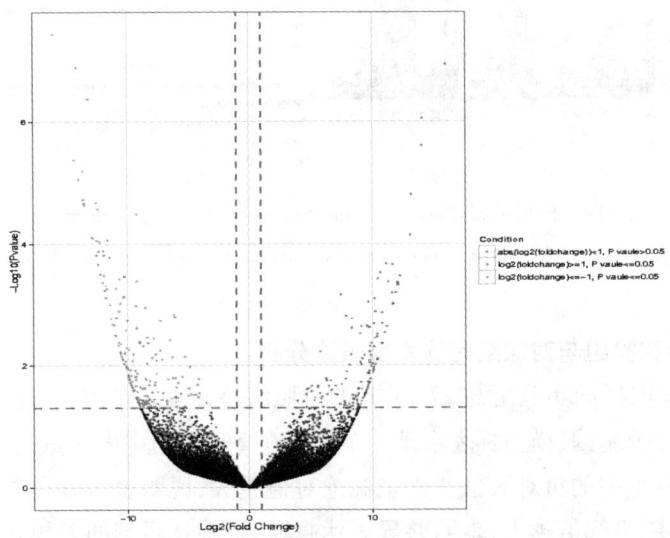

图 11　银鲳 32℃ 处理 12 h 与 27℃ 0 h 的对照组差异表达基因火山图

注：横坐标代表 $\log_2$(fold change)，纵坐标代表 $-\log_{10}(P)$，两条绿色直线对应 fold change 2 倍差异，绿色横线对应 $P=0.05$ 红色和绿色的点代表是差异基因区域．

围：从 -16.15~15.95。差异表达基因的分布情况见图 12。

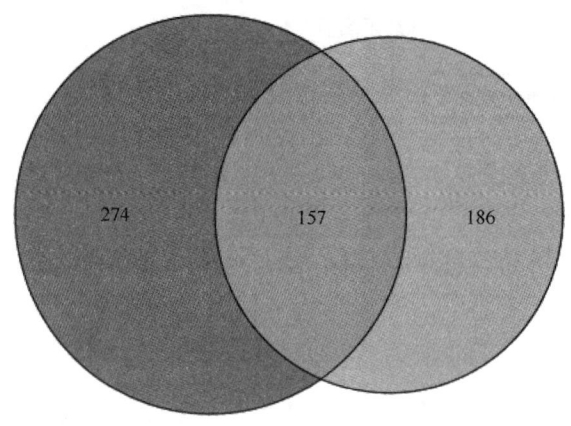

图 12 差异表达基因数量分布

注:蓝色圆圈区域表示 32℃处理 6 h 实验组与对照组差异表达基因数,绿色圆圈区域表示 32℃处理 12 h 实验组与对照组差异表达基因数,重叠部分为两者共同差异表达基因数.

2.3.1 热胁迫处理实验组与对照组差异表达基因的 GO 功能富集结果

将 32℃处理 6 h 取样的实验组和 27℃ 0 h 的对照组两个样品中所有测序基因比对到 GO 数据库中,经筛选得到 1 041 个 GO 显著富集,其中参与生物学过程的有 757 个,参与分子功能的有 200 个,参与细胞组成的有 84 个。差异基因显著富集 GO 柱形图(部分)见图 13。6 h 与对照组相比,GO 功能显著富集的生物学过程中,显著富集前 5 位分别为 protein activation cascade、acute inflammatory response、complement activation、regulation of complement activation、regulation of protein activation cascade;GO 功能显著富集的分子功能中,显著富集前 5 位分别为 eukaryotic cell surface binding、cell surface binding、endopeptidase inhibitor activity、peptidase inhibitor activity、endopeptidase regulator activity;GO 功能显著富集的细胞组成中,显著富集前 5 位分别为 extracellular region、extracellular space、extracellular region part、vesicle lumen、secretory granule lumen。

将 32℃处理 12 h 取样的实验组和 27℃ 0 h 的对照组两个样品中所有测序基因比对到 GO 数据库中,经筛选得到 946 个 GO 显著富集,其中参与生物学过程的有 730 个,参与分子功能的有 157 个,参与细胞组成的有 59 个。差异基因显著富集 GO 柱形图(部分)见图 14。12 h 与对照组相比,GO 功能显著富集的生物学过程中,显著富集前 5 位分别为 complement activation、protein activation cascade、complement activation, classical pathway、humoral immune response mediated by circulating immunoglobulin、humoral immune response;GO 功能显著富集的分子功能中,显著富集前 5 位分别为 hormone activity、endopeptidase inhibitor activity、peptidase inhibitor activity、complement receptor activity、endopeptidase regulator activity;GO 功能显著富集的细胞组成中,显著富集前 5 位分别为 extracellular region、extracellular space、extracellular region part、cytosolic large ribosomal subunit、large ribosomal subunit。

2.3.2 热胁迫处理组与对照组差异表达基因的 KEGG 功能富集结果

将 32℃处理 6 h 的实验组与 27℃ 0 h 的对照组两个样品所有测序基因注释到 KEGG 数

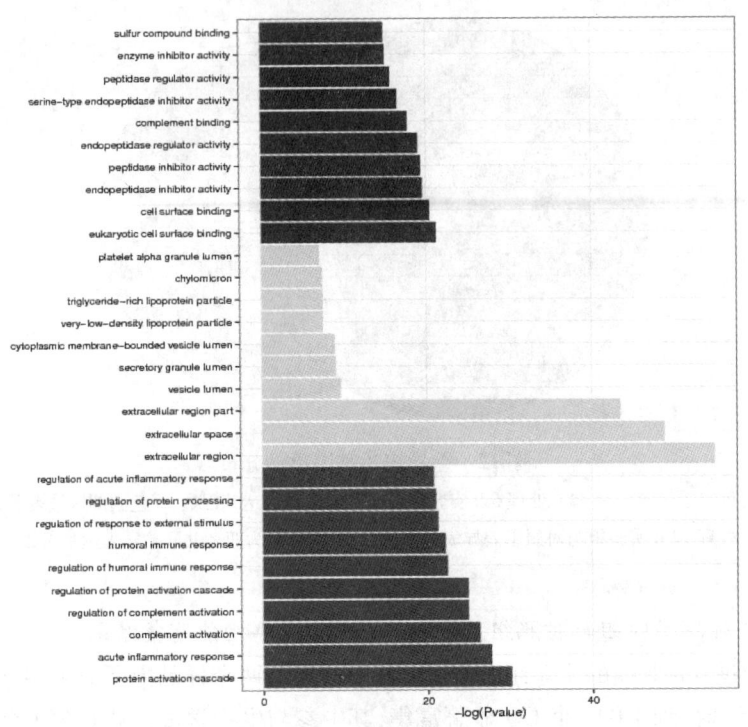

图 13　32℃处理 6 h 与对照组差异表达基因 GO 显著富集柱形
注:横坐标代表-$\log_2(P)$,纵坐标代表显著富集的 GO 名称.

据库,442 个 Unigene 注释到 139 个富集通路,显著富集通路 32 个。Complement and coagulation cascades 是最显著的富集通路,有 14 个 Unigene 被注释到此通路中,其次是 Metabolic pathways,接着是 Steroid hormone biosynthesis。显著富集通路见图 15。

　　将 32℃处理 12 h 的实验组与 27℃ 0 h 的对照组两个样品所有测序基因注释到 KEGG 数据库,200 个 Unigene 注释到 90 个富集通路,显著富集通路 21 个。Metabolic pathways 是最显著的富集通路,有 26 个 Unigene 被注释到此通路中,其次是 Parkinson's disease,接着是 Huntington's disease。显著富集通路见图 16。

2.4　冷胁迫处理实验组与对照组差异基因表达分析

　　22℃处理 6 h 取样的实验组与 27℃ 0 h 的对照组差异表达基因火山图见图 17。图 17 中的每个点表示一个基因,横坐标表示某一个基因在 2 样品组中表达量差异倍数的对数值;纵坐标表示错误发生率的负对数值。横坐标绝对值越大,说明表达量在 2 样品组间的表达量倍数差异越大;纵坐标值越大,表明差异表达越显著,筛选得到的差异基因越可靠。22℃处理 12 h 取样的实验组与 27℃ 0 h 的对照组差异表达基因火山图见图 18。

　　统计结果显示,6 h 与 0 h 时相比,肝组织中差异表达的基因共有 353 个,与对照组相比,6 h 时表达上调的基因有 179 个,表达下调的基因有 174 个,差异表达基因的 $\log_2$FC 值的范围:从-14.38~14.00。12 h 与 0 h 时相比,肝组织中差异表达基因共有 1 303 个,与对照组

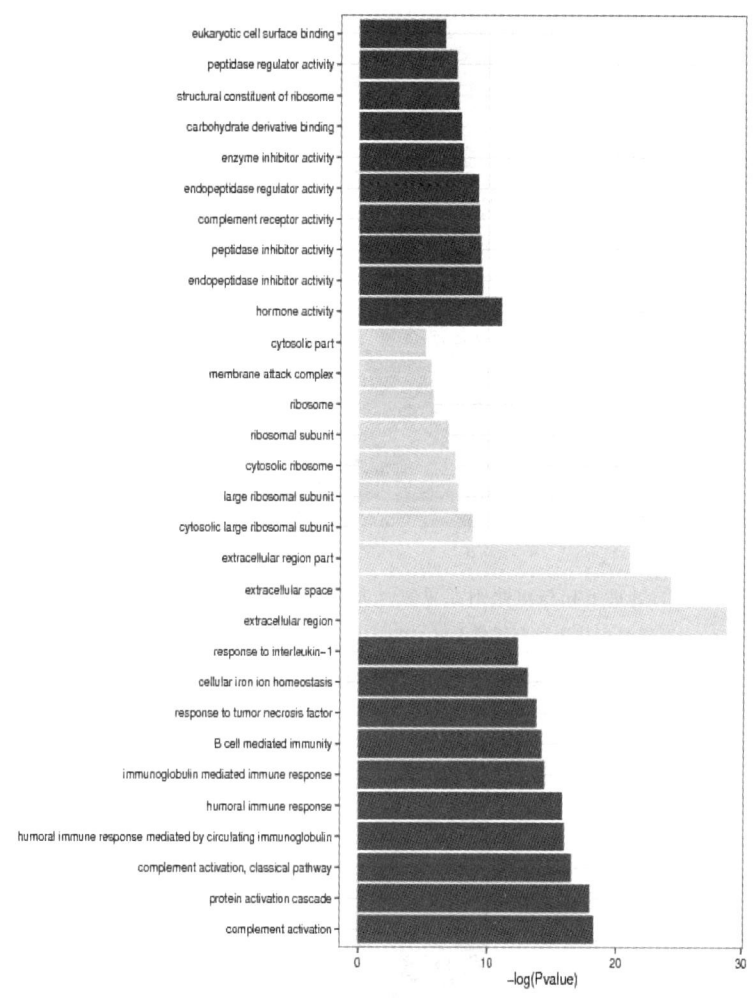

图 14 32℃处理 12 h 与对照组差异表达基因 GO 显著富集柱形

注:横坐标代表-log2(Pvalue),纵坐标代表显著富集的 GO 名称.

相比,12 h 时上调的基因有 1 111 个,表达下调的基因有 193 个,差异表达基因的 $\log_2 FC$ 值的范围:从-16.90~15.19。差异表达基因数量分布情况见图 19。

2.4.1 冷胁迫处理实验组与对照组差异表达基因的 GO 功能富集结果

将 22℃处理 6 h 取样的实验组和 27℃ 0 h 的对照组两个样品中所有测序基因比对到 GO 数据库中,经筛选得到 1 046 个 GO 显著富集,其中参与生物学过程的有 804 个,参与分子功能的有 172 个,参与细胞组成的有 69 个。差异基因显著富集 GO 柱形图(部分)见图 20。6 h 与对照组相比,GO 功能显著富集的生物学过程中,显著富集前 5 位分别为 protein activation cascade、acute inflammatory response、complement activation、humoral immune response、regulation of complement activation;GO 功能显著富集的分子功能中,显著富集前 5 位分别为 eukaryotic cell surface binding、cell surface binding、endopeptidase inhibitor activity、peptidase in-

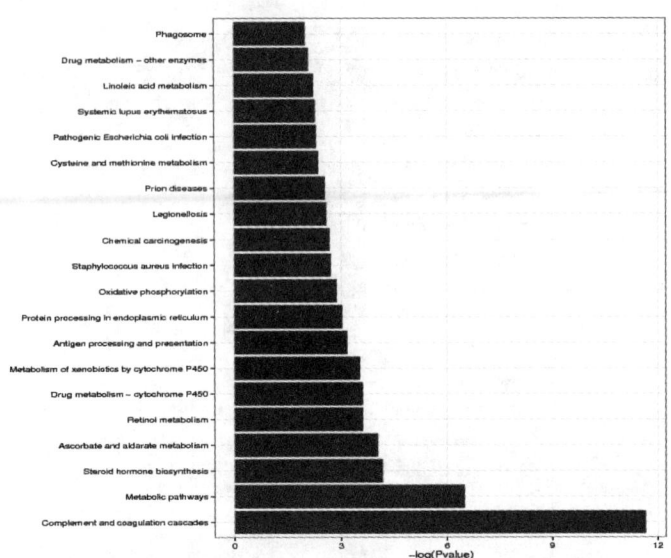

图15 银鲳32℃处理6 h与对照组差异表达基因显著富集 KEGG Pathway 柱形(top20)

注:纵坐标代表显著富集 KEGG Pathway 名称,横坐标代表$-\log_2(P)$;

横坐标越显著表示该 Pathway 越富集显著.

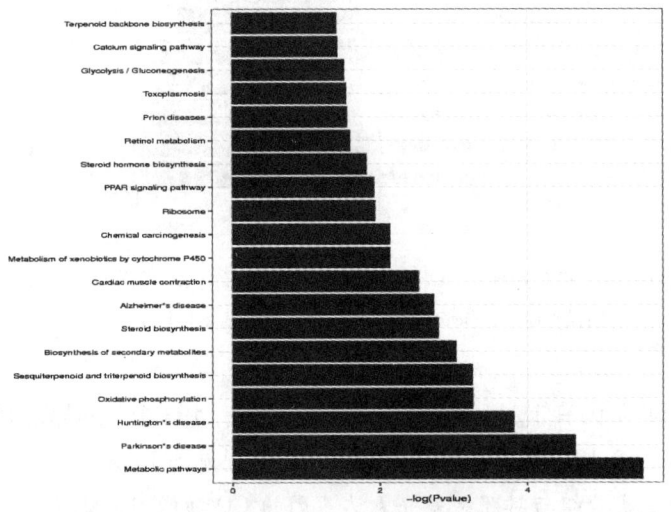

图16 32℃处理12 h与对照组差异表达基因显著富集 KEGG Pathway 柱形(top20)

注:纵坐标代表显著富集 KEGG Pathway 名称,横坐标代表$-\log_2(P)$;

横坐标越显著表示该 Pathway 越富集显著.

hibitor activity、endopeptidase regulator activity;GO 功能显著富集的细胞组成中,显著富集前5位分别为 extracellular region、extracellular space、extracellular region part、vesicle lumen、platelet alpha granule lumen。

遗传、育种与生物技术　　107

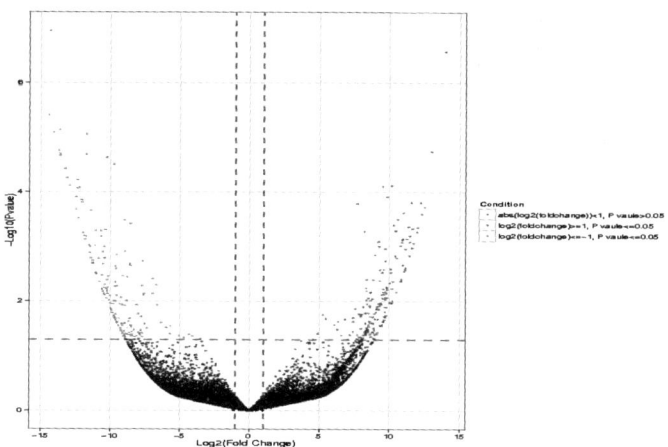

图 17　银鲳 22℃处理 6 h 与对照组差异表达基因火山图

注：横坐标代表 $\log_2$(fold change)，纵坐标代表 $-\log_{10}(P)$，两条绿色直线对应 fold change 2 倍差异，绿色横线对应 $P=0.05$ 红色和绿色的点代表是差异基因区域.

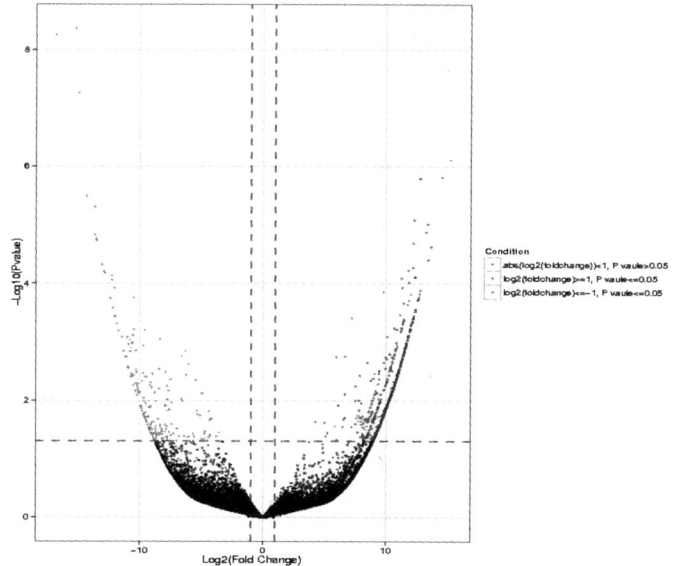

图 18　银鲳 22℃处理 12 h 与对照组差异表达基因火山图

注：横坐标代表 $\log_2$(fold change)，纵坐标代表 $-\log_{10}(P)$，两条绿色直线对应 fold change 2 倍差异，绿色横线对应 $P=0.05$ 红色和绿色的点代表是差异基因区域.

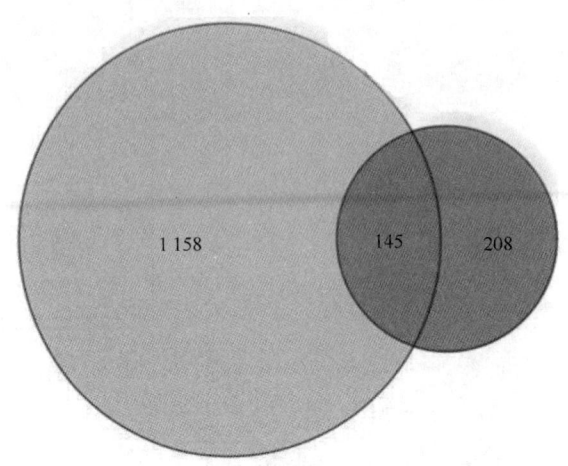

图19 银鲳差异表达基因数量分布

注:深色圆圈区域表示22℃处理6 h实验组与对照组差异表达基因数,浅色圆圈区域表示22℃处理12 h实验组与对照组差异表达基因数,重叠部分为两者共同差异表达基因数.

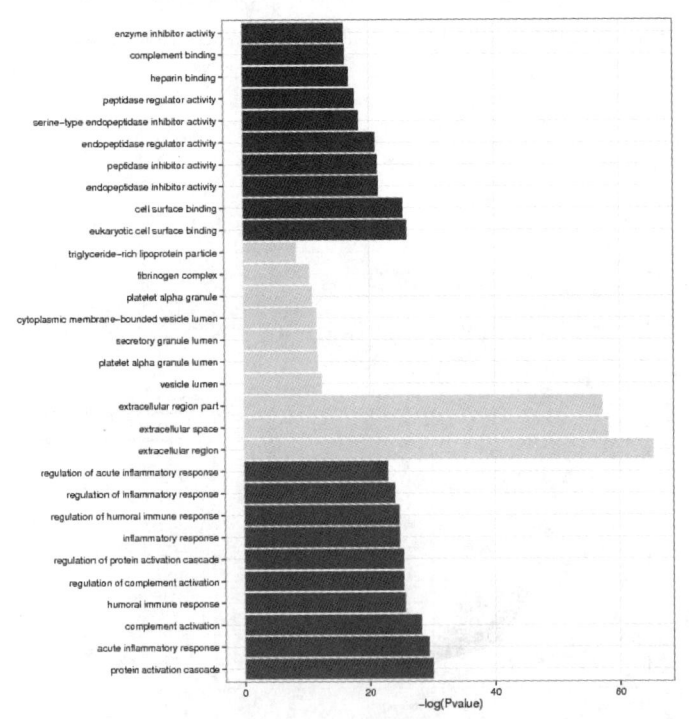

图20 银鲳22℃处理6 h与对照组差异表达基因GO显著富集柱形

注:横坐标代表$-\log_2(P)$,纵坐标代表显著富集的GO名称.

将22℃处理12 h取样的实验组和27℃0 h的对照组两个样品中所有测序基因比对到GO数据库中,经筛选得到1 132个GO显著富集,其中参与生物学过程的有820个,参与分子功能的有220个,参与细胞组成的有90个。差异基因显著富集GO柱形图(部分)见图21。12 h与对照组相比,GO功能显著富集的生物学过程中,显著富集前5位分别为response to cadmium ion、response to salt stress、response to inorganic substance、response to osmotic stress、response to metal ion;GO功能显著富集的分子功能中,显著富集前5位分别为structural constituent of ribosome、translation factor activity、nucleic acid binding、RNA binding、structural molecule activity、translation initiation factor activity;GO功能显著富集的细胞组成中,显著富集前5位分别为plastid、chloroplast、cytosolic ribosome、plasmodesma、symplast。

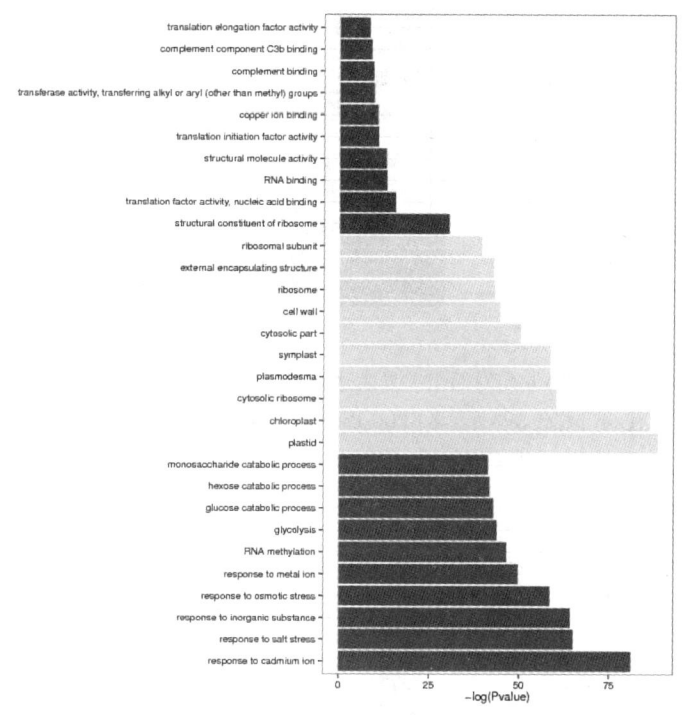

图21 银鲳22℃处理12 h与对照组差异表达基因GO显著富集柱形
注:横坐标代表-$\log_2(P)$,纵坐标代表显著富集的GO名称.

2.4.2 冷胁迫处理实验组与对照组差异表达基因的KEGG功能富集结果

将22℃处理6 h的实验组与27℃0 h的对照组两个样品所有测序基因注释到KEGG数据库,236个Unigene注释到87个富集通路,显著富集通路22个。Parkinson's disease是最显著的富集通路,有15个Unigene被注释到此通路中,其次是Complement and coagulation cascades,接着是Oxidative phosphorylation。显著富集通路见图22。

将22℃处理12 h的实验组与27℃0 h的对照组两个样品所有测序基因注释到KEGG数据库,1 697个Unigene注释到250个富集通路,显著富集通路44个。Ribosome是最显著的富集通路,有93个Unigene被注释到此通路中,其次是Biosynthesis of secondary metabolites,接着是Phenylpropanoid biosynthesis。显著富集通路见图23。

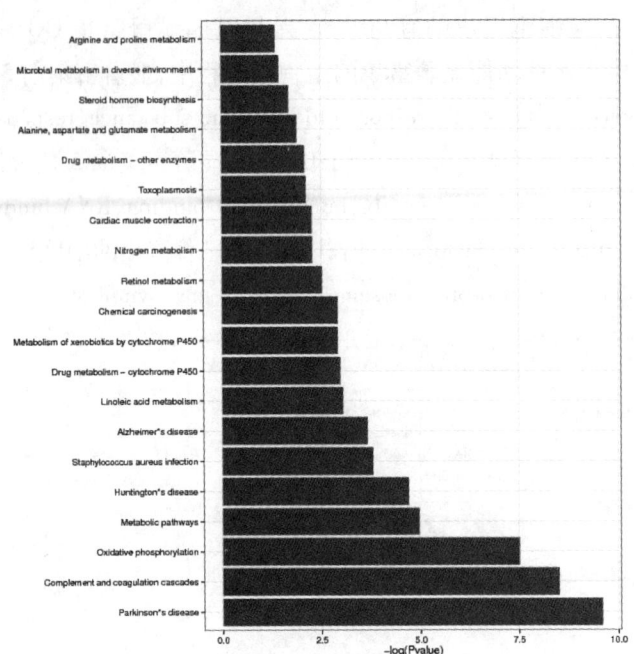

图 22　银鲳 22℃处理 6 h 与对照组差异表达基因显著富集 KEGG Pathway 柱形(top20)
注:纵坐标代表显著富集 KEGG Pathway 名称,横坐标代表-$\log_2(P)$;
横坐标越显著表示该 Pathway 越富集显著.

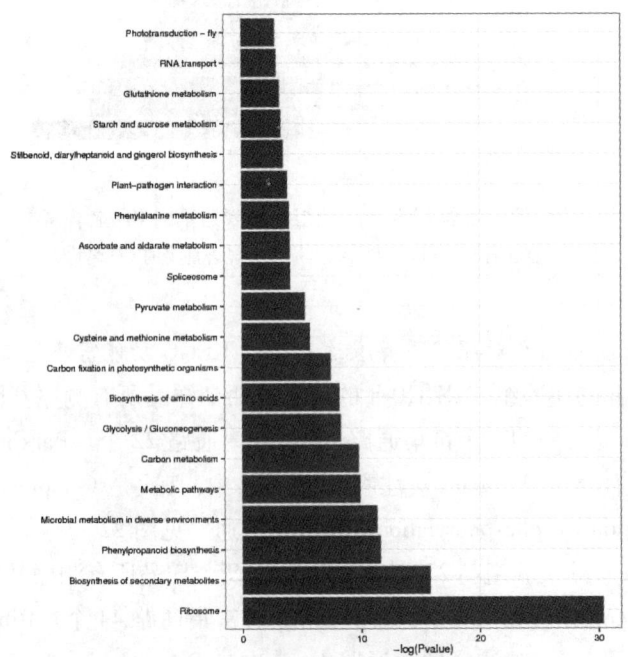

图 23　银鲳 22℃处理 12 h 与对照组差异表达基因显著富集 KEGG Pathway 柱形(top20)
注:纵坐标代表显著富集 KEGG Pathway 名称,横坐标代表-$\log_2(P)$;横坐标越显著表示该 Pathway 越富集显著.

2.5 差异表达基因层次聚类分析

对筛选出来的差异表达基因做层次分类分析,将具有相同或者相似表达行为的基因进行聚类,差异表达基因聚类结果见图24。

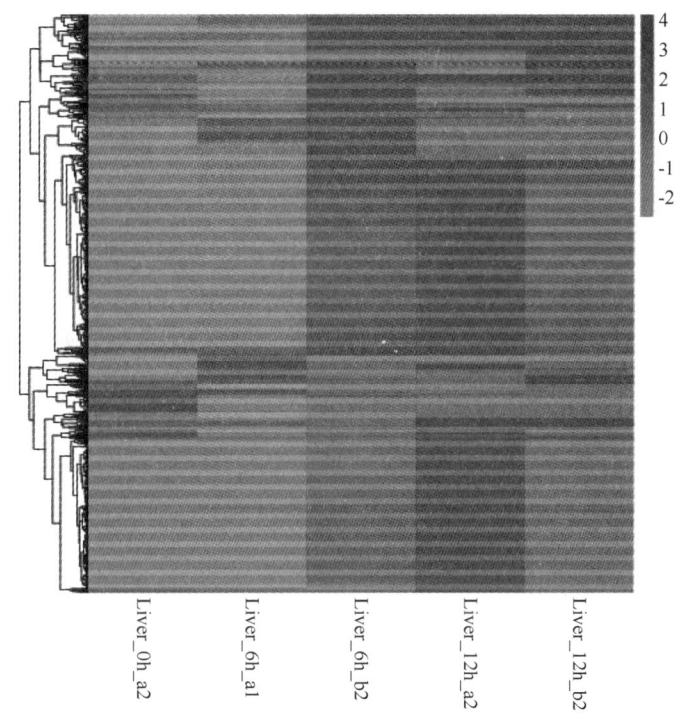

图24 银鲳差异表达基因层次聚类分析

注:图中不同的列代表不同的样品,不同的行代表不同的基因($\log_2 FPKM+1$).

3 讨论

银鲳是重要的水产养殖品种,但相对于其他水产养殖动物,银鲳的基因组学研究较少。本研究用 Illumina 测序技术对银鲳肝组织热胁迫、冷胁迫和对照组进行转录组测序,结果获得大量 mRNA 片段序列,极大丰富了银鲳的基因组资源。

转录组是一个或多个细胞中表达的 RNA 转录物的集合,通过转录组分析有助于在整体水平上研究细胞中基因转录的情况及转录调控规律。本研究选取实验组和对照组共5个样本,分别进行测序,除去低质量序列后混合组装,通过对5个样本的混合拼接组装,增大了组装结果的重复性,避免了因错误组装丢失重要片段的几率,提高了组装结果的真实度,也为获得新基因提高了发生率。组装共得到 371 603 个 Unigene,比对到 Nr 库的结果显示,136 912 条 Unigene 与数据库中的已知基因同源性较高,其他的较低,可能为未知基因。比对到 Nt、Swissprot 库中的结果显示,匹配的物种前5名中都有鱼类,比对结果属于鲳科鲳属的极少,这说明数据库中已有的鲳科基因序列还很少,我们获得的 Unigene 大大丰富了现有数据库中鲳科基因资源。

　　GO、KEGG和KOG注释对于我们深入了解基因的功能很重要。我们获得的Unigene只有大约22.5%被注释到GO、KEGG和KOG数据库,这主要是因为目前国际公共基因数据库中收录的鱼类基因还比较少,本研究获得的很多银鲳Unigene都搜不到同源基因序列。尽管这样,这3个数据库的注释结果可帮助我们了解更多银鲳生物学特性。通过这些注释,我们可以了解基因的分子功能、所处细胞位置、参与的生物过程、所处的代谢途径或信号通路等等,这为今后发掘银鲳功能基因、研究相关生理功能提供了数据。例如,我们发现一些基因和细胞免疫功能相关,一些基因与环境因素调控有关,这些基因序列将来可以用来制作基因表达谱芯片,用来检测银鲳的免疫、抗环境因素胁迫水平,作为银鲳抗病、抗环境因子胁迫品系的选育的生化指标。

　　温度是重要的环境因素之一,它能够影响生物对基因表达的调控。研究通过调温处理的实验组和对照组对研究对象进行基因表达差异分析,有助于了解温度胁迫对银鲳分子机制的影响及发现新的温度相关基因,为更深入研究温度调控银鲳基因表达模式提供基础资料。本研究通过对32℃热处理和22℃冷处理的实验组与对照组转录组数据进行比较分析,在32℃下,6 h时获得431个差异表达基因,包括233个上调表达基因和198个下调表达基因,12 h时获得343个差异表达基因,包括143个上调表达基因和200个下调表达基因;在22℃下,6 h时获得353个差异表达基因,包括179个上调表达基因和174个下调表达基因,12 h获得1 303个差异表达基因,包括1 111个上调表达基因和193个下调表达基因。由研究数据可发现,热胁迫处理后银鲳肝组织差异表达基因数在6 h时高于12 h,在12 h时上调表达基因数显著下降,这可能是12 h时,生物体逐渐适应了环境,部分差异表达基因逐渐恢复正常表达水平;然而在冷胁迫处理下,12 h时差异表达基因显著高于6 h,且显著差异表现在上调表达基因,在此时刻差异表达基因的数量也显著高于热胁迫处理的任何时刻,这可能表明该生物在对热冷的适应能力差异较大,在冷的环境中需要较长时间去控制基因表达适应新环境,需要更多的基因参与控制适应性生存。对比发现,ribosomal protein基因在各个过程中都显著上调表达,这与其功能密切相关,核糖体蛋白是组成核糖体的主要成分,在细胞内蛋白质生物合成中发挥重要作用,温度差异导致基因的差异表达,需要更多的核糖体蛋白参与蛋白合成。研究发现的差异表达基因中,一些基因已有研究证实其与温度调控有关,如热激蛋白基因,热激蛋白在细胞生长、发育、分化以及基因转录中发挥重要的作用,主要的生物学功能是在应激状态下保护细胞生命活动必需的蛋白质,维持细胞生存。本研究中,温度的改变,热激蛋白基因表达的种类有所差异,这可能与其调控过程所起具体作用不同有关。

　　通过对差异表达基因的KEGG聚类分析有助于进一步解读基因功能,在32℃条件下,差异表达基因显著富集的通路是Metabolic pathways、Parkinson's disease、Oxidative phosphorylation、Biosynthesis of secondary metabolites、Steroid biosynthesis、Metabolism of xenobiotics by cytochrome P450、Chemical carcinogenesis、Steroid hormone biosynthesis、Retinol metabolism、Prion diseases;22℃条件下,差异表达基因显著富集的通路是Metabolic pathways、Alanine, aspartate and glutamate metabolism、Microbial metabolism in diverse environments、Arginine and proline metabolism、Pathogenic Escherichia coli infection,其共同存在的通路是 Metabolic pathways。在 32℃ 6 h 和 12 h 与 22℃6 h 进行比较可知,差异基因显著富集的通路为 Steroid hormone biosynthesis、Oxidative phosphorylation、Retinol metabolism、Metabolism of xenobiotics by cytochrome P450、Chemical carcinogenesis、Metabolic pathways。张毓洪等报道,对 ladybirds 冷热刺激后转录组测序分析,KEGG 显著富集的通路的结果与本研究相似。Retinol 是维生素 A,而维生素 A 属于脂溶性维生素,会随着脂肪的吸收而吸进小肠上皮细胞内,与脂肪酸结合成酯后掺入乳糜微粒,通过淋巴液转运被肝摄取,维生素 A 酯在肝的储脂细胞内储存,在机体需要时向血液释放。温度的改变能显著提高脂肪代谢速度,氧化磷酸化过程也随之加快,这在信号通路上体现为 Retinol metabolism 和 Oxidative phosphorylation 等信号通路显著富集。本研究发现,温度变化类固醇合成通路显著富集。温度影响类固醇类物质的合成,特别是性类固醇激素,有报道认为,水温可能直接或间接影响鱼类神经内分泌中枢释放促性腺激素样物质,该物质可启动性腺发育、分化和成熟,而且,在适当温度下,性类固醇激素(雌二醇 E2、睾酮 T)含量会随温度增加而逐渐增加。在已有的研究中,温度不仅对鱼类生长具有明显的影响,同时也能够影响鱼类性类固醇激素的表达水平,进而对性别分化产生影响。对于银鲳来说,这种受温度的影响,是否最终使银鲳性别发生分化有待进一步研究。其他显著富集的信号通路在一些文献中也报道与温度的改变有关,如 Ye Zhao 等对 *Apostichopus japonicus* 的转录组研究中 cytochrome P450 信号通路的报道。

本研究对差异基因进行 GO 富集分析,在 32℃时,实验组与对照组的所有基因比对到 GO-分子功能数据库中,差异表达基因显著富集在 endoptidase inhibitor activity、peptidase inhibitor activity、endoptidase regulator activity、eukaryotic cell surface binding、cell surface binding 等;在 GO-细胞组成数据库中显著富集在 extracellular region、extracellular space、extracellular region part、cytosolic ribosome 等;GO-生物学过程数据库中显著富集在 complement activation、protein activation cascade、humoral immune response 等。在 22℃ 6 h 差异表达基因显著 GO 富集结果与上述结果相符,而 22℃ 12 h 差异表达基因显著 GO 富集结果差异较大,这可能表明低温胁迫时,银鲳能通过与升温胁迫相同的调控机制适应一段时间,超过一定时间,它需要一套不同的机制去适应低温带来的胁迫。

参考文献:(略)

大黄鱼选育家系 F_1 生长性状研究

章霞,傅荣兵,徐志进,李伟业
（浙江省舟山市水产研究所,浙江 舟山 316000）

大黄鱼(Larimichthys crocea),属石首鱼科,黄鱼属,曾是我国海洋四大主捕对象之首,为中下层暖温性海水鱼类[1]。到了20世纪80年代,大黄鱼因过度捕捞而资源匮乏[2],由此大黄鱼养殖业的快速发展应运而生。但由于世代的近交繁殖导致大黄鱼生长速度慢,抗病力差,体色发暗等种质问题频发[3-6],因此大黄鱼良种选育以及种质改良工作的开展具有重要实际意义。

在水产育种中,家系育种在新品种培育、品种优化等生产实践中有着重大的实践意义。目前国内研究者已对部分水产经济动物进行较大规模的家系构建及生长性能研究,并取得较好的选育效果,如半滑舌鳎(Cynoglossus semiliaevis)[7]、石斑鱼(Epinephelus caninu)[8]、大菱鲆(Scophthalmus maximus)[9]、虹鳟(Oncorhynchus mykiss)[10]等都已有不少报道,大黄鱼(Larimichthys crocea)[11]也有部分报道。

本研究拟构建较大数量大黄鱼全同胞及半同胞家系,利用舟山蓝科海洋生物研究所(岱山)大黄鱼和舟山市水产研究所大黄鱼构建12个家系,分别对这12组家系进行3月龄、6月龄、9月龄、12月龄的生长性能测定并比较分析,旨在获得大黄鱼家系不同生长发育阶段生长性状表现情况,为进一步的育种工作提供参考资料。

1 材料与方法

1.1 亲鱼来源

2013年12月,取本单位养殖的成熟个体(个体大、性成熟、活力强)作为亲本300尾,雌鱼体长26.4~32.6 cm,体重354~545 g,雄鱼80尾,体长25.5~32.4 cm,体重252~504 g。另从岱山的舟山蓝科海洋生物研究所购进大黄鱼亲鱼300尾,其中雌鱼120尾,体长约32.1~35.5 cm,体重501~650 g,雄鱼180尾,体长约28.5~32.4 cm,体重350~513 g。

1.2 子代繁育

亲鱼经暂养、营养强化后,于2014年3月采用人工授精方法构建家系,共构建12个家

基金项目：浙江省农业新品种选育重大科技专项 2012C12907-8；浙江省公益技术研究农业项目 2015C32111；海洋经济创新发展区域示范([2015]29号)；舟山市公益类科技项目 2013C31047。

作者简介：章霞,女,1989年出生,浙江金华人,助理工程师,主要从事水生动物增养殖研究。E-mail：yufan414515@163.com。

通信作者：柳敏海,男,1979年出生,湖南邵阳人,高级工程师,主要从事水产动物增养殖研究。E-mail：Okso1125@aliyun.com。

系,A:舟山所♂×岱山♀;B:岱山♂×舟山所♀;C:岱山♂×岱山♀(C1、C2、C3)作为实验组,D:舟山所♂×舟山所♀作为对照组,每组 3 个平行,分别记为 A1,A2,A3;B1,B2,B3;C1,C2,C3;D1,D2,D3。

12 个家系受精卵放在 3 m^3 的玻璃钢桶内孵化育苗,每个桶放入相同体积的受精卵,培育温度(22±0.5)℃。30 d 时,倒桶计数,40 d 后放到 10 m^3 水泥池培育,每个桶数量相同,60 d 后放入 3 m×3 m 网箱中培育,以后每隔一个月倒网一次。

1.3 大黄鱼生物学测定

隔 3 个月定时对每个群体随机抽取 30 个样本,用直尺(精确到 0.1 cm)测量大黄鱼的体长,用电子天平(精确到 0.1 g)测量体重。

1.4 数量参数分析

(1)增积量 = $(W_2-W_1)(L_2-L_1)/(t_2-t_1)^2$

肥满度 = $W/L^3×100$

(2)绝对增重率(g/d) = $(W_2-W_1)/(t_2-t_1)$

绝对增长率(cm/d) = $(L_2-L_1)/(t_2-t_1)$

(3)拟合各群体体长(L)与体重(W)幂函数曲线关系,其关系式为:$W=aL^b$[12]式中 a 为生长的条件因子,b 为幂指数函数。

变异系数[13] CV=SD/MN,式中 SD 为标准偏差,MN 为平均值。

式中:W 为体重(g);L 为体长(cm);W_1、W_2 和 L_1、L_2 分别为时间 t_1、t_2 时的体重(g)和体长(cm)。

数据统计分析用独立样本 T 检验不同样本间体长、体重相关系数差异,采用统计软件 EXCEL2007 和 SPSS17.0 进行单方面方差分析(One-way ANOVA)检验体长、体重同家系之间差异的显著性。

2 结果与分析

2.1 体长参数对比

12 个大黄鱼家系各时期平均体长如表 1 所示,家系 D(D1、D2、D3)的体长在各个月龄都小于家系 A、B、C,差异显著($P<0.05$)。3 月龄时,家系 A2 的平均体长约是家系 D1 的 1.45 倍,家系 C2 显著优于其他家系;6 月龄时,家系 A(A1、A2、A3),B1 体长生长显著优于其他群体;9 月龄时,家系 A 体长生长优于其他家系,显著优于家系 C(C1、C2、C3),家系 D(D1、D2、D3);12 月龄时家系 A(A1、A2、A3)、家系 B(B1,B2,B3)体长大于家系 C(C1、C2、C3),且差异显著。

表1 12个家系不同时期的平均体长及变异系数

家系/月龄	平均体长/变异系数			
	3月龄	6月龄	9月龄	12月龄
A1	7.17±0.78^c/0.109	13.67±1.11^{bcd}/0.081	16.26±1.08^d/0.066	17.07±0.65^{de}/0.038
A2	7.41±0.80^c/0.108	13.78±1.09^{bcd}/0.079	16.54±0.90^d/0.054	17.32±0.61^e/0.035
A3	7.01±0.78^c/0.111	13.43±0.66^b/0.049	16.49±0.72^d/0.044	17.22±0.39^{de}/0.023
B1	5.90±0.57^b/0.097	13.58±0.94^{bc}/0.069	15.97±1.18^d/0.074	16.84±0.74^{de}/0.044
B2	5.83±0.60^b/0.103	13.77±0.87^{bcd}/0.063	16.00±1.06^{bcd}/0.066	16.80±0.62^{de}/0.037
B3	5.87±0.56^b/0.095	13.82±0.83^{bcd}/0.60	16.03±1.02^{cd}/0.064	16.75±0.70^{cd}/0.042
C1	7.16±0.67^c/0.094	13.84±0.89^{bcd}/0.064	15.4±0.83^{bc}/0.054	16.21±0.86^b/0.053
C2	7.26±0.90^c/0.124	14.18±0.60^d/0.042	15.46±0.83^{bc}/0.054	16.27±0.57^{bc}/0.035
C3	7.22±0.82^c/0.127	14.12±0.97^{cd}/0.069	15.42±0.90^b/0.058	16.16±0.66^b/0.041
D1	5.12±0.63^a/0.123	11.11±0.83^a/0.075	13.68±1.33^a/0.097	14.20±0.95^a/0.067
D2	5.14±0.63^a/0.123	11.32±0.85^a/0.075	13.79±1.14^a/0.083	14.61±0.84^a/0.057
D3	5.15±0.50^a/0.097	11.12±0.87^a/0.078	13.53±1.22^a/0.090	14.62±0.84^a/0.057

注:同列上标小写字母不同代表显著差异($P<0.05$),以下各图相同.

2.2 体重参数对比

12个大黄鱼家系各时期平均体重如表2所示,家系D(D1、D2、D3)的平均体重在各个月龄都小于家系A、B、C,差异显著($P<0.05$),家系A2的平均体重约是家系D1的2.79倍。在3月龄时,家系A(A1、A2、A3)、家系C(C1、C2、C3)显著大于家系B(B1,B2,B3),差异显著($P<0.05$)。9月龄、12月龄时,家系A(A1、A2、A3),家系B(B1,B2,B3)体重优于家系C、家系D,且差异显著($P<0.05$);12个家系的体长、体重变异系数分别为0.023~0.127,0.089~0.391,体重变异量比体长大。

表2 12个家系不同时期的平均体长及变异系数

家系/月龄	平均体重及变异系数			
	3月龄	6月龄	9月龄	12月龄
A1	7.01±2.34^d/0.334	45.51±9.47^{bc}/0.208	73.70±13.97^c/0.190	79.09±11.22^c/0.142
A2	7.08±1.96^d/0.277	46.02±9.26^c/0.201	72.23±10.77^c/0.149	79.74±11.29^c/0.142
A3	6.91±1.55^d/0.224	45.38±6.92^{bc}/0.152	73.22±9.39^c/0.128	78.21±6.95^c/0.089
B1	3.89±1.20^{bc}/0.308	41.41±8.24^b/0.199	66.50±14.75^c/0.222	75.89±12.25^c/0.161
B2	4.01±1.19^c/0.297	42.70±7.92^{bc}/0.185	66.96±14.0^{8c}/0.210	75.42±9.96^c/0.132
B3	4.21±1.06^c/0.252	41.71±7.02^{bc}/0.168	67.64±13.55^c/0.200	75.34±10.65^c/0.141
C1	6.76±1.51^d/0.233	42.98±8.03^{bc}/0.187	57.69±10.54^b/0.183	66.56±11.09^b/0.167
C2	6.90±1.78^d/0.258	44.00±7.33^{bc}/0.167	56.64±9.91^b/0.175	66.57±9.81^b/0.147
C3	6.98±1.59^d/0.228	43.44±7.11^{bc}/0.164	56.74±10.04^b/0.177	66.36±9.83^b/0.148
D1	2.54±0.95^a/0.374	24.04±5.10^a/0.212	41.26±11.72^a/0.284	46.82±11.04^a/0.236
D2	2.84±1.11^a/0.391	24.49±5.27^a/0.215	42.03±10.90^a/0.259	50.90±6.52^a/0.128
D3	3.04±1.12^a/0.368	24.04±5.01^a/0.208	41.13±10.77^a/0.262	49.98±6.52^a/0.130

2.3 肥满度及增积量

12个大黄鱼家系各时期肥满度如表3所示,各个时期各个大黄鱼家系的肥满度差异较大,且按照养殖时间延长而有所下降,家系A3、B2、B3、D2、D3肥满度在3月龄优于其他家系,差异显著($P<0.05$),6月龄时,肥满度家系A3>A1、A2、D1、D3>D2>家系B,家系C1>家系C2、C3。9月龄时,各家系肥满度都优于家系C2,且差异显著($P<0.05$),12月龄时,各家系之间肥满度差异不显著。

表3　12个家系不同时期的肥满度

家系	月龄			
	3	6	9	12
A1	1.829±0.137[a]	1.763±0.143[c]	1.697±0.093[e]	1.581±0.092
A2	1.957±0.449[a]	1.750±0.205[c]	1.591±0.124[abcd]	1.528±0.098
A3	2.055±0.506[ab]	1.868±0.202[d]	1.628±0.109[de]	1.529±0.079
B1	1.846±0.144[a]	1.636±0.107[ab]	1.609±0.091[bcd]	1.576±0.108
B2	1.990±0.262[ab]	1.622±0.136[ab]	1.616±0.155[bcd]	1.585±0.120
B3	2.073±0.300[ab]	1.578±0.181[ab]	1.624±0.134[cde]	1.592±0.092
C1	1.842±0.255[a]	1.611±0.149[ab]	1.546±0.143[abc]	1.557±0.150
C2	1.827±0.405[a]	1.534±0.129[a]	1.523±0.151[a]	1.540±0.147
C3	1.880±0.357[a]	1.546±0.189[a]	1.541±0.152[ab]	1.569±0.170
D1	1.834±0.175[a]	1.735±0.153[c]	1.577±0.098[abcd]	1.607±0.169
D2	2.033±0.419[ab]	1.675±0.195[bc]	1.575±0.123[abcd]	1.639±0.179
D3	2.200±0.614[b]	1.745±0.206[c]	1.632±0.134[de]	1.589±0.197

4组大黄鱼家系各时期增积量如图1所示,4组家系在3~6月龄时期日增积量都显著高于其他时期,且家系B>家系D,家系A>家系C,差异显著($P<0.05$),在6~9月龄时期,日增

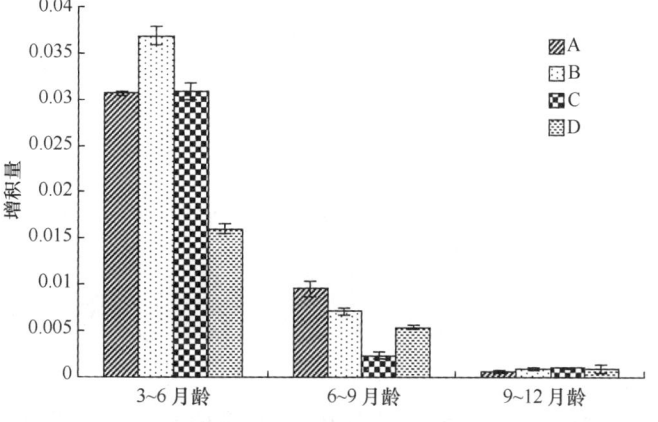

图1　4组家系各个时期的增积量

积量由大到小依次为家系 A、家系 B、家系 D、群体 C,差异显著($P<0.05$)。在 9~12 月龄时期,家系 C 日增积量略大于家系 A、B、D。差异不显著。

2.4 绝对增重率及绝对增长率

4 组大黄鱼家系各时间段的绝对增重率如图 2 所示,随养殖时间增加而减少,养殖前期 3~6 月龄,家系 A、B、C 日增重率达 0.4 g/d 左右,约是家系 D 的 2 倍,家系 A、B 绝对增重率显著大于家系 C;6~9 月龄养殖期间,绝对增重率由大到小依次为家系 A、家系 B、家系 D、家系 C,且各自之间差异显著($P<0.05$);在 9~12 月龄时期,家系 B、C 绝对增重率显著大于家系 A,差异显著($P<0.05$),略大于家系 D,差异不显著。

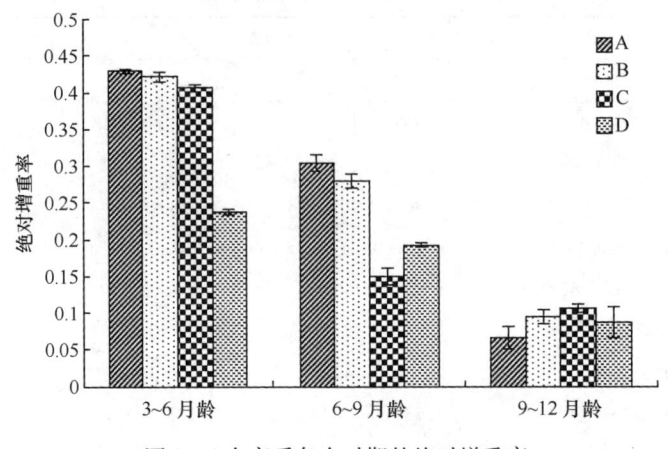

图 2 4 个家系各个时期的绝对增重率

各组大黄鱼家系在不同时期的绝对增长率如图 3 所示,随养殖时间增加而减少,养殖前期 3~6 月龄绝对增长率由大到小依次为家系 B、家系 C、家系 A、家系 D,达 0.066~0.088 cm/d 左右,6~9 月龄养殖期间,家系 A 绝对增长率优于家系 B、D,差异不显著,但显著大于家系 C。9~12 月龄,各家系之间绝对增长率相差不大。

2.5 生长型比较

以 Keys 氏公式 $W = aL^b$ 拟合 3~12 月龄两个生长性能差异最大的大黄鱼选育家系体重(g)与体长(cm)的关系,回归方程分别:

D3:$W = 0.036\,2\,L^{2.681\,6}$ ($R^2 = 0.995\,2$)

A1:$W = 0.021\,2\,L^{2.924\,8}$ ($R^2 = 0.997\,4$)

这两个家系均表现为 $b \approx 3$,即该生长阶段网箱养殖的大黄鱼为等速生长,但不同家系间体长与体重的关系差异显著($P<0.05$)(图 1)。

3 讨论

家系选育在水产动物优良性状选育上应用广泛,韦信键等[14]利用不平衡槽设计构建大黄鱼生长快速家系选育,获得快速生长家系 3 个,生长较快家系 11 个;陈松林等[15]通过查明

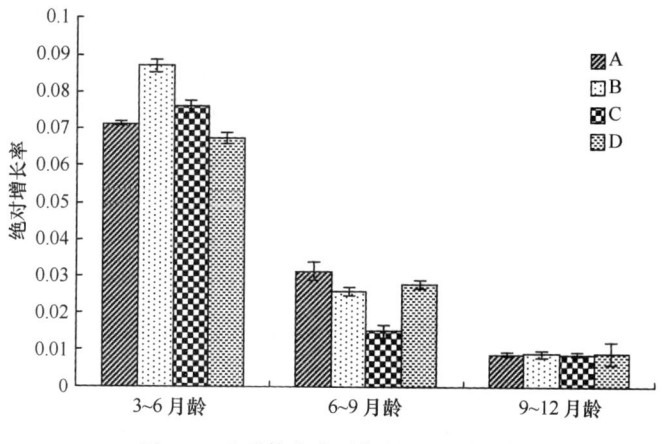

图3 4个群体各个时期的绝对增长率

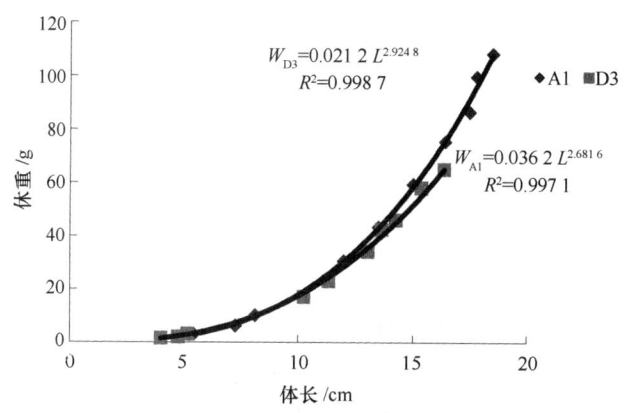

图4 两个家系的体长与体重的关系

半滑舌鳎不同家系雌、雄鱼遗传和生理性别比例及其与生长速率的关系,筛选出生理雌鱼比例高且生长快的家系;刘旭东等[16]通过牙鲆家系选育选育出第二代群体的平均体重和平均全长比未经选育的对照提高 2.91 g,1.33 cm,差异显著,且具有高遗传力;唐章生等[17]对吉富罗非鱼家系进行生长快速选育,获得生长速度比群体的均值高 18.00% 以上的家系等,由此可看出在快速生长性状上进行家系选育是可行的,并且鉴于家系选育的遗传背景较为统一,后期可再采用基于电子标记或分子标记的手段辅助家系选育,提高对大黄鱼生长性状遗传选择的准确性,并在育种进程中将具有性状优势的等位基因或基因型进行富集,应用于QTL 定位、遗传连锁图谱构建和全基因组关联分析[18-21]等进一步提高育种家系的生长性能。

本实验结果表明,家系 A 和家系 B 的生长速度均快于家系 C 和家系 D,且差异显著($P<0.05$),而家系 A 的生长性能略优于家系 B,实验结果符合李明云[22]、郑伟强[23]等的研究结果,造成此现象的原因可能是因为岱山大黄鱼亲本为 2010 年捕捞野生大黄鱼所产生 F_1 代,

遗传多样性丰富,而本所大黄鱼亲本是本所在2000年捕捞的野生大黄鱼经多代近亲交配所得的子代,可能存在种质退化的因素,而造成岱山大黄鱼和本所大黄鱼所产的子代在生长性能上优于本所大黄鱼所产的子代,但此结果仍需要通过更多的实验来补充证明。

本研究表明,12个家系在各个时期的体重变异系数超过体长,因此在大黄鱼生长性能的筛选上,选择体重作为直接指标,体长作为间接指标,这与许益铵等[25]的研究一致,经拟合2个生长性能差异最大的家系的生长曲线关系,符合硬骨鱼类体长体重之间的幂函数关系:$m=aL^b$,b一般为$2.5\sim4.0$[26-27],且各回归方程中b值均接近于3,R^2值较高,拟合度较好,这表明这2个家系在养殖过程中可排除环境条件和营养状况的影响而导致的生长差异,呈匀速生长状态,这也符合李明云[22]、黄伟卿[28]、陈慧[29]、陈成进[30]、徐恭昭[31]等的研究。实验中日增积量、绝对增长率和绝对增重率等数据也显示家系A和家系B的生长性状优于家系C和家系D,肥满度处于中等,可见家系选育对大黄鱼的种质改良具有一定的效果,并且由目前所获得的家系A,家系B可作为生长快速家系进行下一步的优良性状选育,但与此同时也需要通过不同的方法比如分子标记、蛋白鉴定、酶联免疫等手段来探索杂交优势的本质和遗传机制,为后续的选育工作提供更多的依据。

参考文献

[1] 苏永全,张彩兰,王军,等. 大黄鱼养殖[M]. 北京:海洋出版社,2004:1-10.

[2] 刘家富,刘招坤. 福建闽东大黄鱼 Larimichthys crocea (Richardson) 产业展望[J]. 现代渔业信息,2008,23(12):3-5.

[3] 黄振远,苏永全,张建设,等. 闽粤群和岱衢群养殖大黄鱼(Pseudosciaena crocea)及其杂交子代遗传差异的SSR分析[J]. 海洋与湖沼,2011,42(4):592-595.

[4] 王军,全成干,苏永全,等. 官井洋大黄鱼遗传多样性的RAPD分析[J]. 海洋学报,2001,23(3):87-91.

[5] 王娟,封永辉,蔡立胜,等. 来自大黄鱼(Pseudosciaena crocea)肠道的弧菌拮抗菌的筛选与鉴定[J]. 海洋与湖沼,2010,41(5):707-713.

[6] 刘贤德,韦信键,蔡明夷,等. 大黄鱼22个微卫星标记在F_1家系中的分离方式及与生长性状的相关分析[J]. 水产学报,2012,36(9):1322-1330.

[7] 陈松林,杜民,杨景峰. 半滑舌鳎家系建立及其生长和抗病性能测定[J]. 水产学报,2010,34(12):1669-1704.

[8] 刘付永忠,赵会宏,刘晓春,等. 赤点石斑鱼6与斜带石斑鱼杂交初步研究[J]. 中山大学学报(自然科学版),2007,46(3):72-75.

[9] 王新安,马爱军,雷霁霖,等. 大菱鲆不同家系生长性能的比较[J]. 海洋科学,2011,35(4):1-8.

[10] 卢国,谷伟,白庆利. 电子标记辅助虹鳟家系建立及快家速生长筛系[J]. 中国水产科学,2012,19(1):77-83.

[11] 刘贤德,蔡明夷,王志勇,等. 闽一粤东族大黄鱼生长性状的相关与通径分析[J]. 中国海洋大学学报,2008,38(6):916-992.

[12] 叶金清. 官井洋大黄鱼的资源和生物学特征[D]. 上海:上海海洋大学,2012.

[13] 刘贤德,蔡明夷,王志勇,等. 闽-粤东族大黄鱼生长性状与通径分析[J]. 中国海洋大学学报:自然

科学版,2008,38(6):916-920.
- [14] 楼允栋. 鱼类育种学[M]. 北京:中国农业出版社,1999.
- [15] 陈松林,李仰真,张静,等. 半滑舌鳎快速生长及高雌性家系的筛选[J]. 水产学报,2013,347(4):481-488
- [16] 刘旭东,刘志鹏,王亚楠,等. 对牙鲆进行一代选择之后的育种效果分析[J]. 海洋科学进展,2012,30(4):548-555
- [17] 唐章生,林勇,黎筠,等. 吉富罗非鱼不同家系的生长性状差异[J]. 广西师范大学学报:自然科学版,2011,29(3):74-79.
- [18] 卢国,谷伟,白庆利. 电子标记辅助虹鳟家系建立及快速生长家系筛选[J]. 中国水产科学,2012,19(1):77-83.
- [19] 孙效文,鲁翠云,贾智英,等. 水产动物分子育种研究进展[J]. 中国水产科学,2009,16(6):981-990.
- [20] 陈宏. 基因工程实验技术[M]. 北京:中国农业出版社,2005:19-36.
- [21] 张玲. 微卫星DNA标记研究进展及应用[J]. 安徽农业科学,2007,35(4):972-975.
- [22] 李明云,胡玉珍,苗亮,等. 岱衢洋和官井洋大黄鱼自交与杂交子代生长性能及杂交优势分析.2010,34(6):679-684
- [23] 郑炜强,黄伟卿,韩坤煌,等. 大黄鱼选育群体与野生群体杂交F_1生长性状研究[J]. 水产科学,2014,33(11):667-672
- [24] 竺俊全,钱伟平. 海水养殖种类种质退化原因及对策[J]. 宁波大学学报:理工版,2000(02):87-91.
- [25] 许益铵. 舟山附近海域大黄鱼遗传多样性及家系的生长性状研究[D]. 舟山:浙江海洋学院,2014.
- [26] 华元渝,胡传林. 鱼种重量与体长相关公式($W=aL^b$)的生物学及其应用[C]//鱼类学论文集. 北京:科学出版社,1981:125-131.
- [27] Brown M E. Experimental studies on growth, in the Physiology of Fishes[M]. London:Academic Press,1957:361-400.
- [28] 黄伟卿,张艺,柯巧珍,等. 大黄鱼选育子二代生长性状研究[J]. 南方水产科学,2013,9(3):14-19.
- [29] 陈慧,陈武,林国文,等. 官井洋种群网箱养殖大黄鱼的形态特征与生长式型[J]. 海洋渔业,2007,29(4):331-336.
- [30] 陈成进. 人工养殖大黄鱼主要生长特征观察[J]. 现代渔业信息,2011,26(3):24-29.
- [31] 徐恭昭,罗秉征,黄颂芳. 大黄鱼生殖季节体长体质量关系的种内变异[J]. 海洋科学集刊,1984,22(1):1-8.

金属线码标记操作胁迫对大黄鱼5种血清酶活力的影响

黄建华,沈斌,黄晓婷,朱爱意*

(浙江海洋大学 国家海洋设施养殖工程技术研究中心,浙江 舟山 316022)

金属线码标志方法发明于20世纪60年代,在国外已成为最广泛使用的鱼类标志技术之一(Lushchak et al,1988)。该方法是使用专门设备将印有数字编码的磁性金属细丝注射到鱼体皮下组织,在回捕时使用专门的检测仪器进行鉴定(洪波等,2006)。金属线码标由直径0.25 mm的磁性金属丝制作,标上刻有编码,能区分不同个体。标准长度为1.1 mm,视鱼体大小选用(周永东等,2008)。其体积非常小,注入鱼体的伤口小,愈合快,很少引起鱼体组织的损伤,与体外标相比,几乎不影响鱼类的捕食、游泳和生境选择(张堂林等,2003;陈锦陶等,2005;徐开达等,2008);且保持率很高(Lushchak et al,1988;洪波等,2006;张堂林等,2003;陈锦陶等,2005;徐开达等,2008),标记的生物存活率、标记的保持率直接影响着日后标记放流效果的评估。而且线码标记的部位很少被食用,即使被食用。由于线码标记体积小,没有危害成分,且无毒性,所以对人体基本无影响(周永东等,2008)。金属线码标记和检测可以通过自动化仪器进行,便于进行大规模标志和检测。但此技术从外表通常无法识别是否为已标记生物,需要专门的仪器进行检测,而此类设备较昂贵,所以在国内这种方法暂时使用得不多(徐开达等,2008;杨德国等,2005;马晓林等,2016)。

本研究拟采用长(3±0.05)mm、直径(0.57±0.02)mm(约为金属线码直径的2.3倍)的涂铬金属丝,替代市售金属线码,注射到大黄鱼背部肌肉中,分析大黄鱼SOD、CAT、AKP等与机体抗氧化、非特异性免疫相关酶活性的变化,来研究金属标记应激对大黄鱼生理的影响,旨在为大黄鱼的金属标记放流提供参考依据。

1 材料与方法

1.1 材料

1.1.1 实验鱼

本实验所用的大黄鱼购自浙江舟山某养殖基地,充氧运回,120尾,体长(12.4 ± 2.1) cm,体重(24.1 ± 4.6)g。大黄鱼运回实验室后暂养于直径4 m、深1.5 m的海水循环养殖系统内,24 h水循环,每天换水约5%,海水盐度25.6,水质溶解氧约8.0 mg/L。每天9:00和16:00定时投喂大黄鱼养殖配合饲料,投喂1 h后吸去残饵,投喂量约为鱼体重的5%,暂养一周,实验前一天停止投喂。

国家国际科技合作专项(L2015RR0104)、国家海洋局海洋公益性行业科研专项(201405014)共同资助。

*通信作者:E-mail:zay008@163.com,TEL:0580-2556480。

作者简介:黄建华(1989—),男,硕士研究生,从事大黄鱼标记技术研究. E-mail:1099676512@qq.com,TEL:15855635864。

1.1.2 金属线码

涂铬金属丝长度(3.00±0.05)mm,直径(0.57±0.02)mm,无菌消毒处理备用。

1.1.3 主要试剂

超氧化物歧化酶(SOD)(货号:A001-1)、过氧化氢酶(CAT)(货号:A007-1)、溶菌酶(LZM)(货号:A050)、酸性磷酸酶(ACP)(货号:A060)、碱性磷酸酶(AKP)(货号:A059-2)酶活测定试剂盒,均购自南京建成生物工程有限公司;麻醉剂:取海水加入 MS-222,制成 2.5% MS-222 溶液备用。

1.1.4 主要实验仪器及器材

Microfuge 22R 台式离心机(美国贝克曼公司), MultiskanFC 酶标仪, DR5000 分光光度计。

1.2 实验方案

实验时随机取体色、体表、运动正常的鱼放入 2.5% MS-222 麻醉剂溶液中,麻醉 3~5 min,待鱼出现侧翻时取出鱼,用毛巾裹住,露出鱼背部,用一次性注射器,通过空压法将金属丝注射至鱼背部皮下,迅速放入海水循环养殖系统内。根据预实验结果,在标记后 0 h(未标记对照组、麻醉、取血)、3 h、6 h、12 h、24 h、3 d、5 d 时分别取 10 尾大黄鱼,麻醉处理,进行尾静脉取血、称重、测体长。血液样品室温静置 3 h 后,3 000 r/min 离心 10 min,取血清,放入-25℃冰箱保存,备用。

1.3 酶活力单位定义

SOD 活力单位定义:每 100 mL 血清在 1 mL 反应液中 SOD 抑制率达 50% 时所对应的 SOD 量为 1 个 SOD 活力单位(U/mL)。

CAT 活力单位定义:每毫升血清每秒钟分解 1 μmol 的 H_2O_2 的量为一个活力单位(U/mL)。

LZM 采用免疫比浊法进行测定,单位 U/mL。

ACP 活力单位定义:100 mL 血清在 37℃与基质作用 30 min 产生 1 mg 酚为 1 个 ACP 活力单位(U/100 mL)。

AKP 活力单位定义:100 ml 血清在 37℃与基质作用 15 min 产生 1 mg 酚为 1 个 AKP 活力单位(U/100 mL)。

1.4 酶活的测定

血清 SOD、CAT、LZM、ACP 和 AKP 的酶活测定均按南京建成试剂盒说明书进行操作。

1.5 数据分析

利用 Excel 2003 软件对实验数据进行整理,数据以平均值 ± 标准差(Mean±SD)表示。利用 SPSS 18.0 软件对结果进行独立样本 T 检验,显著水平为 $P < 0.05$(*)和 $P<0.01$(**)。

2 结果

2.1 金属线码标记对大黄鱼存活率的影响

本研究标记实验大黄鱼的存活率为100%。标记大黄鱼放回养殖池内后,开始时由于麻醉作用尚未消除,鱼体出现侧翻、头朝上并随着水流浮动的现象并持续3~5 min。随后,大黄鱼开始游动并伴有较为明显的应激反应(如游速较快、易受惊吓等)。约6 h后游动放缓,24 h后游动基本正常,投喂饲料,部分鱼开始摄食,3 d后摄食、活动基本恢复正常。标记大黄鱼伤口有轻微的炎症反应,伤口周围轻微泛红(可能为操作所致),3 d时伤口愈合,泛红消失,体表基本恢复正常。

2.2 金属线码标记对大黄鱼血清酶活的影响

2.2.1 对SOD活性的影响

如图1所示,对照组大黄鱼血清SOD酶活性为20.687 U/mL,金属标记后血清SOD酶的活性开始逐渐上升,金属标记12 h后其血清SOD酶活性升至最高(22.107 U/mL),与对照组相比上升了6.9%,酶活性显著差异($P < 0.05$)。随后血清SOD酶活性开始逐渐下降,金属标记24 h后SOD酶活性降至21.228 U/mL且与对照组相比无显著差异($P > 0.05$),标记3 d后降至正常水平。

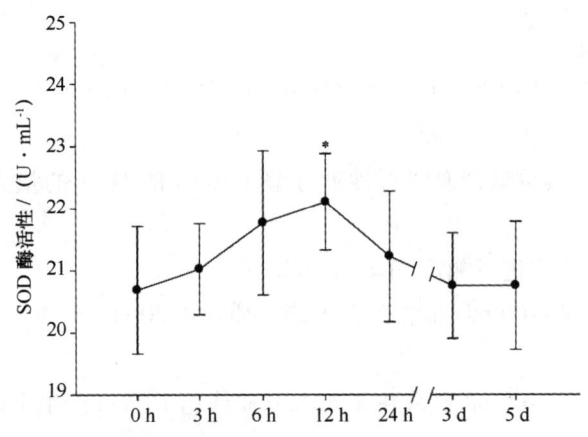

图1 金属线码标记对大黄鱼血清SOD活性的影响

2.2.2 对CAT活性的影响

如图2所示,对照组大黄鱼的血清CAT酶活性为4.986 U/mL,金属标记后其血液中CAT酶活性呈现先升高再降低的趋势。标记6 h后,其血清CAT酶活性为5.474 U/mL,与对照组相比升高了9.8%($P < 0.05$)。标记12 h后CAT酶活性升至最高,为5.657 U/mL($P<0.05$)。随后,血清CAT酶活性开始下降,24 h时与对照组无显著差异($P>0.05$),3 d时已基本恢复到初始水平。

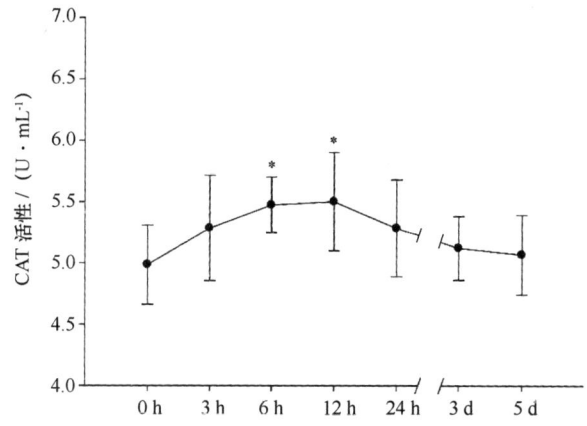

图 2 金属线码标记对大黄鱼血清溶 CAT 活性的影响

2.2.3 对溶菌酶活性的影响

如图 3 所示,对照组大黄鱼血清 LZM 活性为 47.109 U/mL,金属标记后其血清中 LZM 活性同样呈现先升高再下降的趋势。标记 6 h 后,大黄鱼血清 LZM 活性为 49.123 U/mL,与对照组相比上升了 4.3%($P<0.05$)。标记 12 h 后,LZM 活性升至最高,为 49.317 U/mL($P<0.05$)。随后 LZM 酶活性开始逐渐下降,标记 24 h 后与对照组无显著差异($P>0.05$),3 d 后基本降到初始水平。

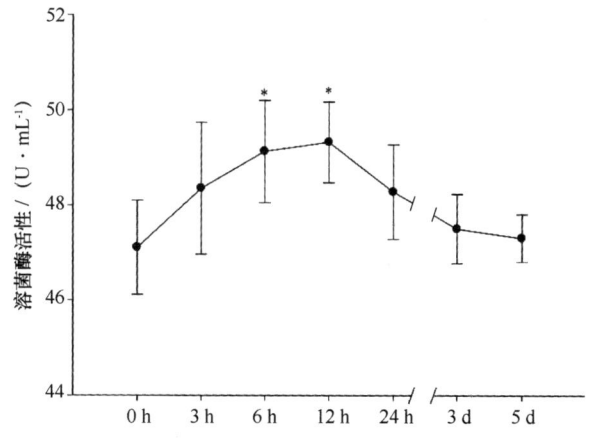

图 3 金属线码标记对大黄鱼血清溶菌酶活性的影响

2.2.4 对 ACP 活性的影响

如图 4 所示,对照组大黄鱼血清 ACP 的活性为 2.385 U/100 mL,金属标记后 ACP 活性同样呈现出先升高再降低的变化趋势。从 0~12 h,血清 ACP 活性持续升高,标记 6 h 后 ACP 活性为 2.731 U/100 mL,比对照组升高了 14.5%($P<0.05$)。标记 12 h 后,ACP 活性达到最大值(2.962 U/100 mL),比对照组升高了 24.2%($P<0.01$)。随后,大黄鱼血清 ACP 活性逐渐降低,标记 24 h 后与对照组已无显著差异($P>0.05$),3 d 后恢复初始水平。

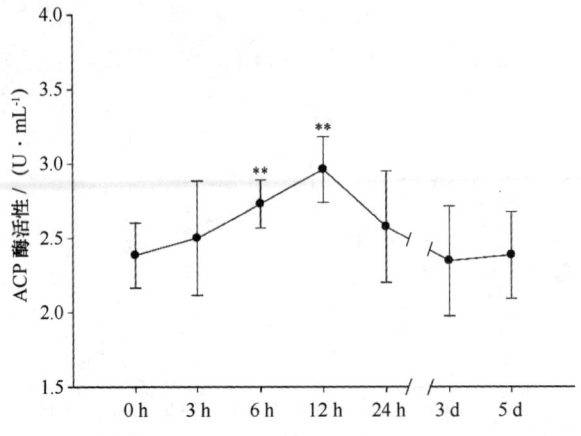

图4 金属线码标记对大黄鱼血清ACP活性的影响

2.2.5 对AKP活性的影响

如图5所示,对照组大黄鱼的血清AKP活性为15.613 U/100 mL,金属线码标记后,AKP活性出现了与ACP类似的先升高再降低的变化趋势。从0~12 h,血清中AKP活性逐渐升高,标记6 h后AKP活性达到18.088 U/100 mL,与对照组相比升高了15.9%,差异极显著($P<0.01$)。标记12 h后,大黄鱼血清AKP酶活性达到最大值,为18.278 U/100 mL,与对照组相比显著升高了17.1%($P<0.01$)。之后,血清AKP活性开始逐渐降低,标记24 h后与对照组无显著差异($P>0.05$),3 d后恢复初始水平。

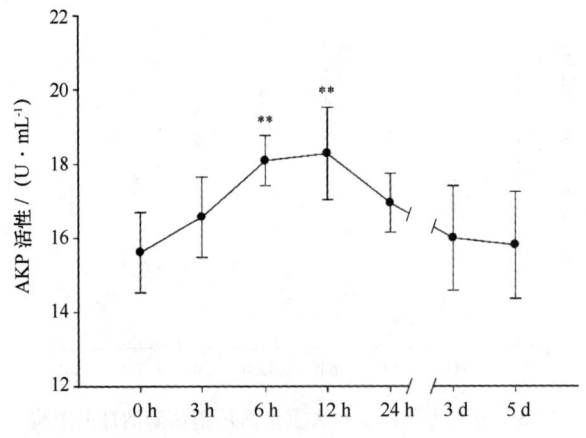

图5 金属线码标记对大黄鱼血清AKP活性的影响

3 讨论

金属线码标记方法具有鱼体伤口小、愈合快、不影响鱼类捕食游泳等生理活动的特点,因而被广泛用于鱼类增殖放流活动的效果评估。但金属线码作为异物植入鱼体内,会引起鱼体排异、应激等一些不良反应,很可能会导致鱼体死亡并导致标记的失败。本研究通过分析大黄鱼血清 SOD、CAT、LZM、ACP 和 AKP 的活性变化,对金属线码标记可能引起的应激反应、免疫排异等开展研究,并为该标记方法在大黄鱼增殖放流中的大规模应用提供参考依据。

3.1 金属线码标记对大黄鱼血清抗氧化酶 SOD 和 CAT 活性的影响

环境胁迫(Lushchak et al,2007)、创伤应激(聂海等,2008;魏宁等,2012)等会引起动物体内活性氧的积累,对动物体的健康造成威胁。SOD 和 CAT 是生物体内清除自由基的主要抗氧化酶。SOD 能够催化机体超氧阴离子自由基(O_2^{-})产生歧化反应生成 H_2O_2 和 O_2,是体内 O_2^{-} 的重要清除剂(姚翠鸾等,2003)。CAT 能催化 H_2O_2 生成 H_2O 和 O_2,避免 H_2O_2 反应形成有害的 HO^{-},减轻 H_2O_2 对细胞的氧化损伤(靳晓敏等,2006)。本研究结果表明,金属线码标记后,大黄鱼血清 SOD 和 CAT 活性均在短时间内迅速升高,并在 12 h 时活性达到最高(图 1 和图 2)。该结果提示由金属线码标记引起的创伤应激和炎症反应很可能导致大黄鱼体内脂质过氧化显著增强并引起大黄鱼体内活性氧积聚,大黄鱼血清中 SOD 和 CAT 活性应激性升高,并通过两种酶的协同作用清除体内的氧自由基,从而避免氧自由基对机体造成的损伤。这与其他一些研究的结果相类似。例如,聂海等(2008)研究发现,大鼠(*Rattus norvegicus*)血清 SOD 活性在创伤刺激早期也略有升高。而魏宁等(2012)研究了采血应激对白羽肉鸡(*Gallus gallus*)血清 SOD 活性的影响,结果发现采血应激同样能够导致白羽肉鸡血清 SOD 活性在 24 h 内显著升高。周继红等(1992)对创伤处理的猪(*Sus scrofa*)的血液 CAT 活性开展了研究,结果表明创伤应激后猪血液 CAT 活性在 12 h 内显著升高。另外,高碳酸盐碱度(王卓等,2013)、低海水盐度(陈庆凯,2014;尹飞等,2011)、重金属(赵汉取等,2014)和农药胁迫(靳晓敏等,2006;焦铭等,2014)等均能导致鱼体内 SOD 和 CAT 活性的显著升高。随着金属线码标记时间的延长,大黄鱼血清 SOD 和 CAT 活性开始缓慢下降并逐渐恢复到正常水平(图 1 和图 2)。该结果提示,随着标记时间的延长,大黄鱼体内产生的氧自由基逐渐被清除,金属线码标记对大黄鱼产生的生理影响也逐渐减弱并恢复至正常水平。

3.2 金属线码标记对大黄鱼血清非特异性免疫酶 LZM 活性的影响

溶菌酶 LZM 是生物体重要的非特异性免疫因子之一,具有杀菌、抗感染、诱导调节其他免疫因子合成和分泌、增加免疫力、修复伤口等功能(陈昌福等,1996)。本研究的结果表明,金属线码标记后,大黄鱼血清 LZM 活性在 6 h 时显著上升并在 12 h 时活性达到最高(图 3)。该结果提示,金属线码标记导致的创伤应激和炎症反应使得大黄鱼处于防御机制的快速动员期,并引起大黄鱼血清 LZM 活性在短时间内快速上升,从而达到抗感染和促进伤口愈合的作用。除了创伤应激,有研究表明高密度养殖、温度胁迫、重金属和农药胁迫等都会诱导鱼类血清 LZM 活性的快速升高。王文博等(2004)研究发现鲫鱼(*Carassius auratus*)血液 LZM 活性在拥挤胁迫 3 d 时显著升高,随后活性大幅下降,胁迫 30 d 时已显著低于对照组。孙学亮等(2010)对半滑舌鳎(*Cynoglossus semilaevis*)进行了急性高温胁迫研究,结果发现温度胁迫后 6 h 其血液 LZM 活性急剧升高,之后维持在较高水平。而对草鱼(*Ctenopharyngodon idella*)开展的重金属(陈昌福等,1996)和农药(武焕阳等,2012)胁迫研究发现,低浓度的有毒物质暴露能够显著提高草鱼血清 LZM 的活性。因此,鱼类血清 LZM 活性不但是衡量机体免疫状态的指标之一,还是衡量养殖环境好坏的重要指标。与 SOD 和 CAT 类似,随着金属线码标记时间的延长,大黄鱼血清 LZM 活性开始缓慢下降并逐渐恢复到正常水平(图3)。该结果提示,随着标记时间的延长,在 LZM 以及其他免疫因子的作用下,金属线码标记对大黄鱼产生的炎症反应等影响开始逐渐减弱并恢复至正常水平。

3.3 金属线码标记对大黄鱼血液磷酸酶 ACP 和 AKP 活性的影响

与 LZM 一样,ACP 和 AKP 也是溶酶体酶的重要组成部分,在非特异性免疫中发挥重要的作用,是衡量机体免疫机能和健康状况的重要指标(王卓等,2013)。另外,AKP 还是血细胞溶酶体的特征酶,会对异物产生水解破坏作用(张辉等,2003)。本研究的结果表明,金属线码标记后,大黄鱼血清 ACP 和 AKP 活性同样在短时间内迅速升高,6 h 时活性显著高于对照组,并在 12 h 时活性达到最高(图4和图5)。该结果提示金属线码标记引起大黄鱼产生创伤应激和炎症反应,诱导大黄鱼血清 ACP 和 AKP 活性应激性升高,从而参与非特异性免疫、排异反应等生理过程,增强机体免疫力。封青川等(2001)的研究结果表明,大鼠肝部分切除能够引起肝 ACP 和 AKP 活性显著升高。而葛明峰等(2012)通过对大黄鱼开展致病弧菌感染研究发现,弧菌感染大黄鱼也出现了血清 ACP 和 AKP 活性升高的现象。另外,一些有毒有害物质的胁迫也能诱导鱼体内 ACP 和 AKP 活性的升高。例如,草鱼经不同浓度的三聚氰胺胁迫后,其体内的 ACP 和 AKP 活性均出现了显著的升高(吴红松,2014)。恩诺沙星可以使红笛鲷(*Lutjanus sanguineus*)血清 AKP 活性先升高后降低(张丽敏等,2009)。与其他酶的活性变化相类似,随着金属线码标记时间的延长,大黄鱼血清 ACP 和 AKP 活性也开始缓慢下降并逐渐恢复到正常水平(图4和图5)。该结果提示,随着标记时间的延长,金属线码标记对大黄鱼产生的影响开始逐渐减弱并恢复至正常水平。

4 结论

金属线码标记会使大黄鱼产生一定的创伤应激和免疫反应,但随着标记时间的延长,其对大黄鱼产生的影响会快速减弱,至 3 d 时其影响已基本消失。因此,建议应将金属线码标记后的大黄鱼至少暂养 3 d,待其免疫功能恢复、身体适应异物后,再进行放流。

参考文献

陈昌福,罗宇良,蔡冰,等.1996.饲养水温对草鱼溶菌酶活性的影响.中国水产科学,3(3):24-30.
陈锦淘,戴小杰.2005.鱼类标志放流技术的研究现状.上海水产大学学报,14(4):451-456.
陈庆凯.2014.低盐胁迫对黄姑鱼幼鱼血清免疫和抗氧化性能的影响.海洋渔业,36(6):516-522.
丁爱侠,贺依尔.2011.岱衢族大黄鱼放流增殖试验.南方水产科学,7(1):73-77.
封青川,卢爱灵,李庚午,等.2001.连续 4 次(每次间隔 36 h)部分肝切除对大鼠肝 ACP、AKP、HSC70/HSP68 和 PCNA 的影响.动物学报,47(专刊):190-198.
葛明峰,李思源,王国良.2012.3 种致病弧菌感染对大黄鱼 7 种酶活性的影响.海洋学研究,30(2):74-80.
洪波,孙振中.2006.标志放流技术在渔业中的应用现状及发展前景.水产科技情报,33(1):73-76.

焦铭,孙雪,李笔,等.2014.毒死蜱对斑马鱼血清 CAT 和 SOD 活性的影响.江西农业学报,26(3):110-111.

靳晓敏,吴垠,杨松,等.2006.两种菊酯类农药对鲤血清 CAT 和 SOD 的影响.农业环境科学学报,25(3):615-618.

马晓林,周永东,徐开达,等.2016.浙江沿岸大黄鱼标志放流及回捕率调查研究.浙江海洋学院学报,35(1):24-29.

聂海,黄显凯,赖西南,等.2008.舱内腹部爆炸伤大鼠血清及肠道组织 MDA 含量和 SOD、GSH-Px 活力变化及意义.第三军医大学学报,30(10):910-913.

孙学亮,邢克智,陈成勋,等.2010.急性温度胁迫对半滑舌鳎血液指标的影响.水产科学,29(7):387-392.

王文博,汪建国,李爱华,等.2004.拥挤胁迫后鲫鱼血液皮质醇和溶菌酶水平的变化及对病原的敏感性.中国水产科学,11(5):408-412.

王卓,么宗利,林听听,等.2013 碳酸盐碱度对青海湖裸鲤幼鱼肝和肾 SOD、ACP 和 AKP 酶活性的影响.中国水产科学,20(6):1212-1218.

魏宁,张步彩,蔡丙严,等.2012 采血应激对白羽肉鸡血清超氧化物歧化酶活性的影响.江苏农业科学,40(12):222-224.

吴红松.2014.三聚氰胺对鲤鱼 ACP、AKP、AST 和 LDH 酶活性的影响.毒理学杂志,28(4):301-303.

武焕阳,许莉佳,靳涛,等.2012.硫丹对草鱼溶菌酶及过氧化氢酶活性的影响.水产科学,31(6):346-349.

徐开达,周永东,王伟定,等.2008.舟山海域黑鲷标志放流试验.上海水产大学学报,17(1):93-97.

杨德国,危起楼,王凯,等.2005.人工标志放流中华鲟幼鱼的降河洄游.水生生物学报,29(1):26-30.

姚翠鸾,王维娜,王安利.2003.水生动物体内超氧化物歧化酶的研究进展.海洋科学,27(10):18-21.

尹飞,孙鹏,彭士明,等.2011.低盐度胁迫对银鲳幼鱼肝抗氧化酶、鳃和肾脏 ATP 酶活力的影响.应用生态学报,22(4):1059-1066.

张辉,姜亚洲,袁兴伟,等.2015.大黄鱼耳石锶标记研究.中国水产科学,22(6):1270-1277.

张辉,张海莲.2003.碱性磷酸酶在水产动物中的作用.河北渔业,5:12-13.

张丽敏,吴灶和,简纪常,等.2009.恩诺沙星对红笛鲷血清中碱性磷酸酶活力、抗体 IgM 含量、溶菌酶含量及其抗菌能力的影响.水产养殖,30(4):1-7.

张堂林,李钟杰,舒少武.2003.鱼类标志技术的研究进展.中国水产科学,10(3):246-253.

赵汉取,施沁璇,沈萍萍,等.2014.低浓度 Cd^{2+} 胁迫对青鱼组织 SOD 活性和 MT 诱导的影响.水生态学杂志,35(2):90-94.

周继红,朱佩芳,周宝桐,等.1992.猪钢珠弹伤后粒细胞功能和血浆过氧化脂质的变化.中华创伤杂志,8(4):254.

周永东,徐汉祥,戴小杰,等.2008.几种标志方法在渔业资源增殖放流中的应用效果.福建水产,(1):6-12.

Heidinger R C, Cook S B. 1988. Use of Coded Wire Tags for Marking Fingerling Fishes. N Am J Fish Mange,8(2):268-272.

Lushchak V I, Bagnyukova T V. 2007. Hypoxia induces oxidative stress in tissues of a goby, the rotan *Perccottus glenii*. Comp Biochem Phys B,148(4):390-397.

大黄鱼过氧化氢酶(CAT)基因的克隆及其对鳗弧菌感染响应的研究

包苗苗,霍利平,刘慧慧

(浙江海洋大学 国家海洋设施养殖工程技术研究中心,浙江 舟山 316022)

过氧化氢酶(Catalase,CAT,EC 1.11.1.6)是生物进化过程中形成的生物防御系统的关键酶之一,广泛存在于原核和真核生物体中,其作用机理是通过催化一对电子转移将过氧化氢(H_2O_2)分解为水和氧气,是机体抗氧化系统关键酶[1]。环境中很多致病菌和污染物都会刺激机体产生大量的活性氧自由基等有害物质,而机体内的多酶促反应和非酶促反应也都能产生 H_2O_2,H_2O_2 是有毒害作用的活性氧前体,当内源性抗氧化系统不足以清除体内过量的自由基及 H_2O_2 时,就会导致机体内 DNA 断裂、脂质过氧化、酶失活等氧化应激,进而对机体造成氧化损伤,CAT 等抗氧化酶则通过催化 H_2O_2 的氧化还原反应,参与机体免疫反应,清除代谢过程中产生的氧自由基和过氧化物,保护细胞免受外界胁迫造成的损伤,其酶活力或基因表达的变化与机体的抗氧化或健康状态密切联系[2]。

大黄鱼(*Larimichthys crocea*)亦称黄花鱼、黄鱼,隶属于脊索动物门(Chordata)、硬骨鱼纲(Osteichthyes)、鲈形目(Perciformes)、石首鱼科(Sciaenidae),是福建、浙江两省的重要经济鱼类,已成为我国重要的海水养殖品种,被农业部确定为我国 6 种最具优势的出口水产品之一[3]。但伴随着大黄鱼养殖业的日益兴起和迅猛发展,大规模和高密度的人工养殖以及近年来沿海水域污染的加剧,导致大黄鱼自身免疫力下降、疾病频发,以鳗弧菌(*Vibrio anguillarum*)为代表的弧菌病是其中主要病原之一,广泛存在于海洋动物体及沿岸海水沉积物中,是海水鱼、虾、贝类的常见的细菌性病原之一[4]。鱼类是较低等的脊椎动物,其特异性免疫机制还不完善,如大黄鱼因缺乏某些获得性免疫相关因子(CD4 和 CD8),使其天然免疫在机体中发挥更为重要的作用[3],因此,包括大黄鱼在内的大多数鱼类主要依赖非特异性免疫来抵御病害生物的入侵和修复感染后损伤的机体,其中抗氧化系统是鱼类的非特异性免疫的主要依赖对象,因病原菌的入侵而导致氧化损伤主要依赖如超氧化物歧化酶、过氧化氢酶等抗氧化酶系,在短时间内发挥有效清除和降解等作用[5]。

对于硬骨鱼类的抗氧化酶系已有报道,但作为我国主要养殖品种的大黄鱼该方面的报道仅限于超氧化物歧化酶[6],为研究大黄鱼 CAT 基因在抵御病原菌感染中的作用,本研究克隆获得大黄鱼 CAT 基因完整开放阅读框,在检测其组织特异性的基础上,采用 RT-PCR 技术以肝中 CAT 为分子标记,监测鳗弧菌感染条件下 CAT 基因的相对表达情况,以

基金项目: 国家自然科学基金项目(41606148);浙江省自然科学基金项目(LY14C190004);浙江省大学生科技创新活动计划暨新苗人才计划(2015R411005);舟山市科技局项目(2015C41014)。

通信作者: 刘慧慧,E-mail:liuhuihui_77@163.com

期为大黄鱼的大规模健康养殖及正确运用鱼类 CAT 分子作为养殖水体环境污染预警标记提供指导。

1 材料与方法

1.1 材料

实验大黄鱼(1龄,体长20~30 cm,体重350~400 g)取自浙江舟山东极养殖场,于25℃沙滤海水中暂养1周,每天全部换新鲜海水。随后将大黄鱼随机分为2组,每组30条,其中实验组腹腔注射100 μL PBS 重悬的鳗弧菌菌液(pH 7.4,1×10^{8}CFU/mL),对照组注射100 μL PBS(pH 7.4)。收集注射后 0 h、2 h、6 h、12 h、24 h、48 h、72 h 的肝组织提取总 RNA。

1.2 方法

1.2.1 总 RNA 的提取及 cDNA 的合成

采集3尾健康大黄鱼肝、脾脏、脑、肾、肌肉、鳃、肠等组织,按的 Trizol Total RNA 试剂盒(TaKaRa,China)推荐方法提取总 RNA,1.5%非变性琼脂糖电泳检测总 RNA 完整性,紫外分光光度计(Bio-Rad,USA)测定 RNA 浓度。总 RNA 经 DNAase 处理后按照 M-MLV RTase cDNA Synthesis Kit 试剂盒(TaKaRa,China)推荐方法对 RNA 进行反转录,获得相应 cDNA。

1.2.2 大黄鱼 CAT 基因的克隆

根据大黄鱼基因组数据库,通过 Primer 5.0 软件设计扩增完整开放阅读框(ORF)的引物,以大黄鱼肝 cDNA 为模板,克隆 *CAT* 基因。20 μL 反应体系:10×PCR Buffer 2 μL,dNTPs 0.4 μL,正向引物 CAT-F (5′-ATGGCTGACAACAGAGATAAAAC-3′)0.8 μL,反向引物 CAT-R (5′- TCACATCTTTGAGGACGC - 3′) 0.8 μL,模板 cDNA 0.6 μL,*Taq* DNA 聚合酶(TaKaRa) 0.4 μL。PCR 反应条件:94℃预变性 4 min,94℃变性 1 min,59.4℃退火 30 s,72℃延伸 1 min,循环 30 次;72℃延伸 10 min。1.5%琼脂糖电泳检测 PCR 产物,以 DL 2000 Marker 为标记,选取预期大小条带,以琼脂糖胶纯化试剂盒(TIANGEN,China)纯化后送上海英潍捷基生物公司测序。

1.2.3 列分析

将测序获得的 ORF 序列以 BLASTp(http://www.ncbi.nlm.gov/BLAST/)进行序列同源性比对,Expasy-ProtParam(http://www.expasy.org/tools/protparam.html)推测蛋白的理论分子量和等电点,在 MEGA 5.2 软件中采用 Neighbor-Joining 算法构建系统发育树,蛋白质结构域以 SMART 在线工具(http://smart.emblheidelberg.de/)预测。

1.2.4 大黄鱼 CAT 基因表达实时荧光定量 PCR 检测

根据基因的测序结果,设计特异性荧光定量 PCR 引物,采用荧光定量 PCR 法,以 β-actin(β-actin-F :5′-TCGTCGGTCGTCCCAGGCATCAG-3′, β-actin-R:5′-ATGGCGT-GGGGCAGAGCGTAACC-3′)为内参,分析 CAT 基因在各组织(肝、脾脏、脑、肾、肌肉、鳃、肠)中的差异表达以及鳗弧菌感染后的基因表达情况,二者反应体系和反应程序一致。20 μL PCR 扩增反应体系:primer-F (5′-GAGCACATCGGCAAGACTACGC-3′)0.8 μL,primer-R(5′

-TTGAGGATTACGCTTCTGGGAG-3′) 0.8 μL, 2×SYBR© Premix Ex *Taq* TM Ⅱ(TaKaRa) 10 μL, cDNA sample(100 ng/μL) 0.8 μL, ROX II 0.4 μL, ddH_2O 7.2 μL。反应采用两步法进行(ABI-7500 型荧光定量 PCR 仪),即 95℃预变性 1 min, 95℃变性 10 S, 65℃延伸 45 S,共 40 个循环,反应结束后,温度从 55℃缓慢升到 95℃,制备熔解曲线。实验设置无模板对照和阴性对照,每个反应 3 个重复。以 SPSS 13.0 进行单因子显著性差异分析(ANOVA)和 *t* 检验,分别标记显著差异($P<0.05$)和极显著性差异($P<0.01$)

2　结果

2.1　大黄鱼 *CAT* 基因序列及分析

以大黄鱼肝 cDNA 为模板(总 RNA 浓度, $A_{260}/A_{280}=1.85$),扩增得到 CAT 开放阅读框 1 584 bp 的序列(GenBank 登陆号 KKF14425.1),编码 527 个氨基酸,在线预测其分子量为 59.98 kD,等电点为 8.37。Signal P 3.0 软件分析发现,大黄鱼 CAT 分子不含信号肽,功能域预测显示,该分子具有与其他多种动物高度保守的典型酶活性中心序列 FDRERIPERV-VHAKGA(氨基酸残基第 64~81 位)、亚铁血红素结合信号序列 RLFSYPDTH(氨基酸残基第 354-362 位)、3 个用于催化反应的氨基酸残基 His^{75}、Asn^{148} 和 Tyr^{358} 以及 12 个 NADPH 结合位点,进一步通过 BLASTp 比对发现,目标分子与其他鱼类 CAT 基因相似度达 90%,与鲈形目的军曹鱼(*Rachycentron canadum*)、条石鲷(*Oplegnathus fasciatus*)相似度最高,为 94%。

```
1     ATGGCTGACAACAGAGATAAAACCACGGACCAGATGAAGATGTGGAAGGAGGGCCGTGGAGCTCAGAGGGCTGACAAGCTGACCACAGGG
1      M  A  D  N  R  D  K  T  T  D  Q  M  K  M  W  K  E  G  R  G  A  Q  R  A  D  K  L  T  T  G
91    GCTGGCCATCCCATTGGAGACAAGCTGAACCTGCAGACTGCAGGTCCCAGGGGTCCTCTGCTGGTCCAAGATGTGGTCTTCACAGATGAG
31     A  G  H  P  I  G  D  K  L  N  L  Q  T  A  G  P  R  G  P  L  L  V  Q  D  V  V  F  T  D  E
181   ATGGCCCACTTCGACAGGGAACGAATTCCAGAGAGAGTGGTGCACGCCAAAGGGGCAGGGGCATTTGGCTACTTTGAGGTGACTCACGAC
61     M  A  H  F  D  R  E  R  I  P  E  R  V  V  H  A  K  G  A  G  A  F  G  Y  F  E  V  T  H  D
271   ATCAGTCGTTACTGCAAGGCCAAGGTGTTTGAGCACATCGGCAAGACTACGCCCATTGCTGTTCGCTTCTCCACTGTGGCCGGTGAATCG
91     I  S  R  Y  C  K  A  K  V  F  E  H  I  G  K  T  T  P  I  A  V  R  F  S  T  V  A  G  E  S
361   GGATCAGCTGACACTGTGCGAGACCCCCGAGGCTTTGCAGTCAAGTTTTACACTGAGGGTGGCAACTGGGACCTGACGGGCAACAACACC
121    G  S  A  D  T  V  R  D  P  R  G  F  A  V  K  F  Y  T  E  G  G  N  W  D  L  T  G  N  N  T
451   CCCATTTTCTTCATCAGGGACGCTCTACTGTTCCCGTCCTTCATCCACTCCCAGAAGCGTAATCCTCAAACCCACATGAAAGACCCTGAC
151    P  I  F  F  I  R  D  A  L  L  F  P  S  F  I  H  S  Q  K  R  N  P  Q  T  H  M  K  D  P  D
541   ATGGTGTGGGACTTCTGGAGCCTGAGGCCAGAGAGTCTGCATCAGGTGTCCTTCTTGTTCAGCGATCGAGGTTTGCCCGACGGCTACCGT
181    M  V  W  D  F  W  S  L  R  P  E  S  L  H  Q  V  S  F  L  F  S  D  R  G  L  P  D  G  Y  R
631   CACATGAACGGCTACGGCTCTCATACCTTCAAACTGGTCAACAGCAACGGCGAGCGCTTCTACTGCAAGTTCCACTACAAAACTGATCAA
211    H  M  N  G  Y  G  S  H  T  F  K  L  V  N  S  N  G  E  R  F  Y  C  K  F  H  Y  K  T  D  Q
721   GGAATAAAGAATCTGCCGGTTGAGGAGGCAGACCGCCTGGCTTCCACCAACCCAGATTATGCCATCGGAGACTTGTTTAACGCCATTGCC
241    G  I  K  N  L  P  V  E  E  A  D  R  L  A  S  T  N  P  D  Y  A  I  G  D  L  F  N  A  I  A
811   AATGGGAACTTCCCGTCCTGGACTTTCTACATCCAGGTTATGACCTTTGAGCAGGCTGAGAAGTTCCAGTTCAACCCATTCGATCTTACC
271    N  G  N  F  P  S  W  T  F  Y  I  Q  V  M  T  F  E  Q  A  E  K  F  Q  F  N  P  F  D  L  T
901   AAGGTTTGGTCACACAAAGAATACCCTTTGATCCCTGTGGGCAAAATGGTGCTGAACAGGAACCCAGTCAACTACTTTGCAGAGGTGGAG
301    K  V  W  S  H  K  E  Y  P  L  I  P  V  G  K  M  V  L  N  R  N  P  V  N  Y  F  A  E  V  E
991   CAGCTGGCCTTTGACCCCAGCAACATGCCACCAGGCATCGAGCCAAGCCCTGACAAGATGCTGCAGGGTCGCCTCTTCTCCTACCCAGAC
331    Q  L  A  F  D  P  S  N  M  P  P  G  I  E  P  S  P  D  K  M  L  Q  G  R  L  F  S  Y  P  D
1081  ACGCATCGACACCGTCTGGGAGCCAACTACCTGCAGCTCCCTGTCAACTGCCCCTTCAGGGCCCGCGTGGCCAACTACCAGCGCGATGGT
361    T  H  R  H  R  L  G  A  N  Y  L  Q  L  P  V  N  C  P  F  R  A  R  V  A  N  Y  Q  R  D  G
1171  CCTATGTGCATGTTTGACAACCAAGGTGGAGCTCCAAACTACTATCCAAACAGCTTCAGTGCCCCGGAGACCCAGCCTCAGTTTATGGAG
391    P  M  C  M  F  D  N  Q  G  G  A  P  N  Y  Y  P  N  S  F  S  A  P  E  T  Q  P  Q  F  M  E
1261  TCCAAGTTCAGCGTGTCTCCAGATGTGGGACGTTACAACAGTGGAGATGAAGATAATGTCACGCAGGTTCGTACCTTCTACACTCAGGTG
421    S  K  F  S  V  S  P  D  V  G  R  Y  N  S  G  D  E  D  N  V  T  Q  V  R  T  F  Y  T  Q  V
1351  CTGAACAAAGAAGAACGCCAGAGACTTTGCCAGAACATGGCGGGAGCCCTGAAGGGAGCCCAGCTCTTCATCCAGAAACGCATGGTGGAG
451    L  N  K  E  E  R  Q  R  L  C  Q  N  M  A  G  A  L  K  G  A  Q  L  F  I  Q  K  R  M  V  E
1441  AACTTGAAGGCAGTCCATCCAGACTATGGAAACAGTGTTCAGACCCTTCTCGACAAGTACAATGCAGACGCCCAGAAGAACACAAACGTT
481    N  L  K  A  V  H  P  D  Y  G  N  S  V  Q  T  L  L  D  K  Y  N  A  D  A  Q  K  N  T  N  V
1531  CATGTTTACAGCCGTCCAGGAGCCTCAGCTGTTGCTGCGTCCTCAAAGATGTGA
511    H  V  Y  S  R  P  G  A  S  A  V  A  A  S  S  K  M  *
```

图 1　大黄鱼 CAT 核苷酸序列及其推测氨基酸序列

注:酶活性中心序列"FDRERIPERVVHAKGA"及亚铁血红素结合信号序列"RLFSYPDTH"用下画线标出;3 个催化位点残基"H","N"和"Y"用方框标出,NADPH 结合位点用圆圈标出.

基于大黄鱼基因组序列并利用 GeneMaper 对其 CAT 分子 DNA 进行分析(图2),序列全长 6 380 bp,明显短于人(*Homo sapiens*)、小鼠(Mus musculu)、美国短吻鳄(*Alligator mississippiensis*)、尼罗罗非鱼(*Oreochromis niloticus*)等,含有 13 个外显子及 12 个内含子,与人和猩猩(*Pongo pygmacus abelli*)相似,但每个外显子和内含子的长度又与其他物种有所差别。

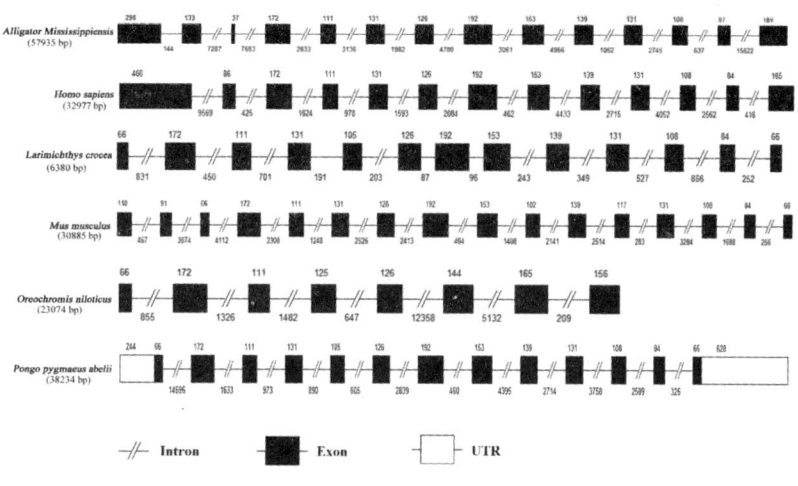

图 2　大黄鱼 CAT 基因内含子与外显子分布

2.2　大黄鱼 CAT 系统进化分析

选取不同物种的 CAT 氨基酸序列利用 MEGA5.2 构建进化树(图3),不同纲类的物种分别成簇,说明在生物进化过程中,CAT 分子的基因变异较为明显。在鱼类动物分支中,大黄鱼与石首鱼科的军曹鱼首先聚在一起,进一步与其他的鱼类聚类。哺乳动物、鸟类、鱼类等脊椎动物聚为一支,节肢动物与贝类则位于另一进化分支,上述进化树所表现的进化关系与传统分类方法一致,亦说明本次实验获得序列为 CAT 分子,与序列分析结果相似。

2.3　CAT mRNAs 在大黄鱼不同组织内的表达

大黄鱼内参基因 β-actin 和 CAT 分子呈"S"形扩增曲线,复孔间曲线重叠,扩增峰明显、基线平整,无模板对照和阴性对照均无扩增,熔解曲线为单一峰,扩增效率达(100±5)%,说明 RT-PCR 反应体系良好,没有非特异性扩增,相对定量结果准确。CAT mRNAs 在所检测的组织中均可表达,其丰度由大到小依次为肝、脾脏、肾脏、鳃肠道、脑、肌肉,其中肝中的表达量(比肌肉高 6.68 倍)明显高于其他组织($P<0.01$),其他组织表达差异不显著($P>0.05$),肠、脾脏、肾中 CAT 的表达量相对较高,肌肉中最低(图4)。

2.4　鳗弧菌感染条件下大黄鱼 CAT 基因的表达分析

组织特异性表达结果显示,大黄鱼肝中 CAT 基因的表达量最高,因此以肝组织为候选实验对象,鳗弧菌感染后,肝中 CAT 基因的表达随时间的推移变化明显,先表现为逐渐升高,到 12 h 时,达到最高,为对照组的 7.48 倍,随后缓慢下降,到 72 h 已基本恢复到原始水平,注射 PBS 组 CAT 基因表达略有上升,但不明显(图5)。

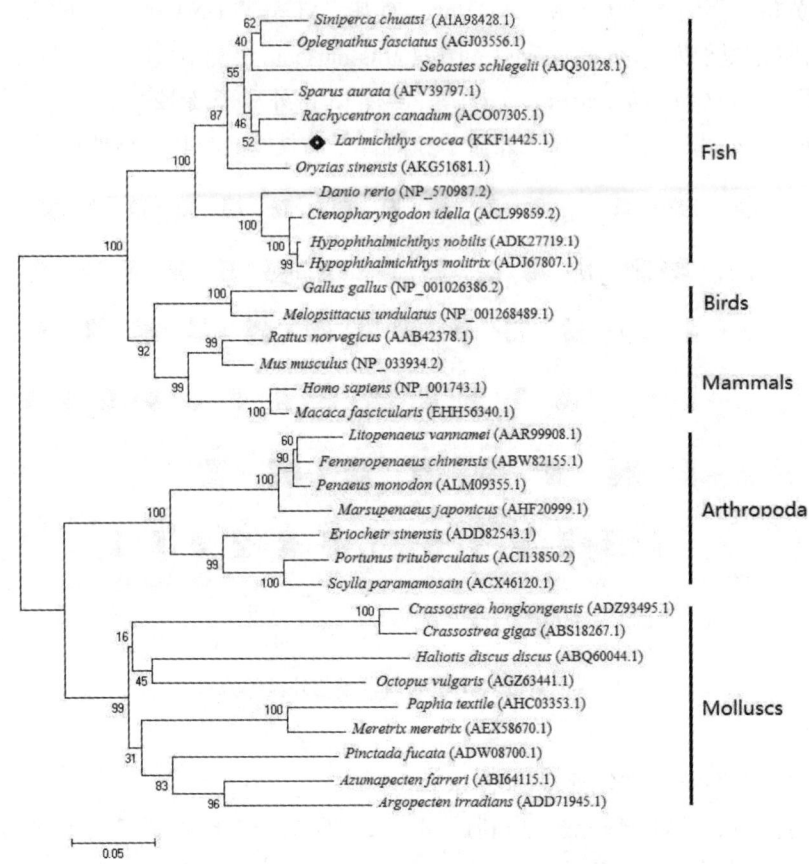

图3 大黄鱼 *CAT* 基因与其他物种之间的进化分析

3 讨论

3.1 大黄鱼 *CAT* 基因序列分析

作为一种含 Fe 的血蛋白酶类，CAT 广泛存在于从单细胞生物的细菌到高等生物的人类中，能将 H_2O_2 分解为氧和水，有效清除体内的超氧阴离子自由基（O^{2-}）、游离氧（O）、羟自由基（OH）等活性氧物质，从而防止它们对细胞造成损伤[7]。本实验克隆获得大黄鱼 CAT 分子，分子量为 59.98kD，与其他鱼类相近。CAT 氨基酸序列与多种鱼类同源性均较高（90% 以上），具有与其他物种高度保守的亚铁血红素结合信号序列、酶活性中心序列、3 个参与催化的氨基酸残基 His^{75}、Asn^{148} 和 Tyr^{358} 及 12 个 NADPH 结合位点[8]，因此认为所得到的序列为大黄鱼 CAT 分子，在系统进化树中，大黄鱼与石首鱼科的军曹鱼首先聚在一起，进一步与其他的鱼类聚类，其所在的鱼类进化支与其他动物分支明显，该进化关系与传统的分类方法一致。环境胁迫可诱导机体内氧自由基含量显著增加，而鱼体的 CAT 分子可以清除体内多余的氧自由基和过氧化氢，且其基因表达变化或酶活力与机体的抗氧化及健康状态密切相

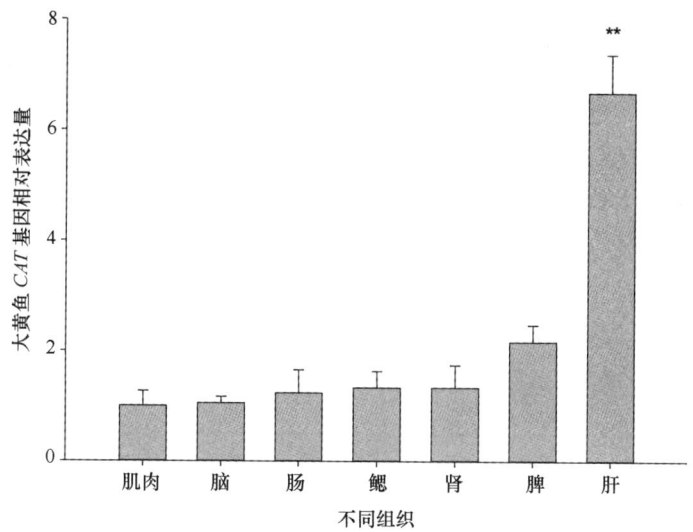

图 4 不同组织中大黄鱼 CAT 基因的表达分析

注:"*"表示显著($P<0.05$),"**"表示极显著($P<0.01$),下同.

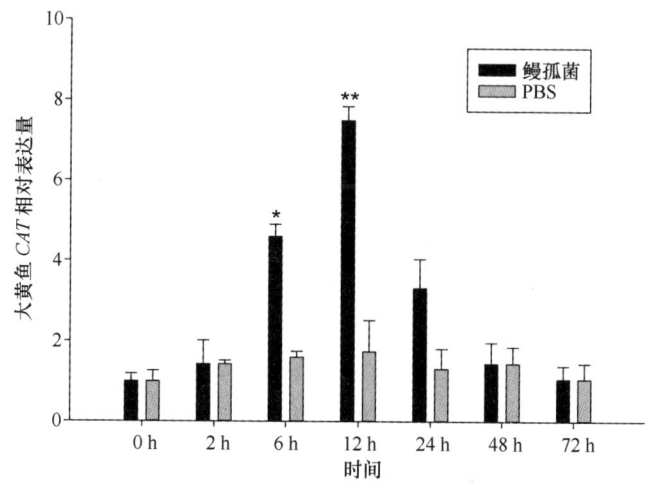

图 5 鳗弧菌感染后大黄鱼肝组织内 CAT 基因的表达分析

关,因此该分子常被用作环境污染的指示标记物,其表达水平在一定程度上可有效地反应机体受环境毒物的损害程度,该特征在很多鱼类中有报道[2],本研究已从大黄鱼中克隆出 CAT 基因的完整开放阅读框序列,还有待于获得基因全长及上游调控序列,确定调控位点,为进一步使用该基因作为评估养殖水体污染状况的分子标记奠定基础。

3.2 CAT mRNAs 在大黄鱼不同组织内的表达

CAT 基因组织特异性表达的相关研究在多种生物中展开,在哺乳动物中,肝、肾和血液是其表达的主要场所,脑中呈低表达[9]。在无脊椎动物中,CAT 基因的表达亦具有明显的组织特异性,凡纳滨对虾 CAT 基因在肝胰腺中表达最高,鳃次之,肌肉最低[10];中国对虾 CAT 基因在所有被检测的组织中均表达,血细胞、肝胰腺和肠的表达量较高,其次为卵巢、鳃、淋巴样器官,肌肉最低[11],分析认为肝胰腺是无脊椎动物机体中代谢活性较高的组织,能产生大量的活性氧及其活性前体 H_2O_2,而 CAT 在肝胰腺中较高的表达可能与其能降解 H_2O_2,担任解毒功能密切相关。本次实验结果显示,大黄鱼 CAT 基因在所有检测的组织中均有表达,但肝中的表达量明显高于其他组织,该结果与草鱼[12]、条石鲷[13]类似,鱼类肝与无脊椎动物的肝胰腺类似,是参与新陈代谢的重要器官,并能促使一些有毒物质改进,再排泄出体外,从而起到解毒作用,因此在机体中需不断的承受着氧化胁迫进而调控肝功能,氧自由基的产生与其关系密切,并因此诱导 CAT 的大量转录[14-15],该特征与本研究所得到的大黄鱼肝组织中 CAT 表达高于其他组织的结果一致。

3.3 鳗弧菌感染后大黄鱼 CAT 基因的表达分析

鱼类是水生生态系统中营养级较高的生物,对水质变化敏感,而目前水体污染具有复杂性和严重性的特点,常规的水生态毒理学方法无法满足对水体综合评估的需求,因此利用生物体内抗氧化防御系统作为检测标记已广泛被应用,该方法可以灵敏地反应鱼体生理生化的状态,用于评价水体养殖环境对鱼类的影响程度。CAT 是机体抗氧化防御系统的重要组成部分,超氧化物歧化酶(SOD)将氧自由基转化成 H_2O_2 后,CAT 进一步将其还原成水和氧分子,使细胞免受过氧化氢毒害,保护机体细胞内环境的稳定,因此,CAT 基因表达及活性变化能反映机体内自由基的代谢情况,是判断生物体的健康状况及抗氧化防御能力的重要指标[16]。大黄鱼被鳗弧菌感染后,其肝组织中 CAT 的表达量明显上升,到 12 h 表达量达到最高,为对照组 7.48 倍,该结果表明病原菌感染会引发机体的吞噬作用以消耗体内过多的活性氧来维持细胞内环境的稳定,进而引起呼吸暴发,此时氧首先还原一个电子形成超氧阴离子,再由吞噬细胞膜上的 NADPH 氧化酶催化的超氧阴离子被 SOD 转换成 H_2O_2[17],超氧阴离子还可产生羟自由基和单线态氧等活性氧自由基,上述基团能直接参与细胞介导的杀灭细菌、真菌和原生动物等,同时与 CAT 产生的次卤化物或与溶菌体酶协同作用来杀伤病原体。此外,病原菌侵染同样会引起大黄鱼 SOD 活性增强[6],CAT 作为内源活性氧清除剂与 SOD 协同作用,在一定程度上清除体内过量的活性氧,维持其平衡状态,相似的结果在马氏珠母贝(Pinctada fucata)[18]、中国对虾[10]中均有报道。在感染后期,体内 ROS 积累增多,机体细胞内正常信号转导、新陈代谢等过程受到影响,进而导致 CAT 基因表达水平下降,该特征符合毒理学规律[19],结果很好地反映了病原菌对鱼体健康状况的影响,亦说明 CAT 分子参与了大黄鱼的天然免疫过程。另有文献报道 CAT 也是研究生物抗逆环境与清除自由基有关反应机理的特殊工具酶,其基因表达状况或酶活力水平在一定程度上可有效地反应机体受环境毒物的损害程度[20],因此,可以 CAT 为分子标记反馈养殖环境优劣状况。

参考文献

[1] 郭勤单,王有基,吕为. 温度和盐度对褐牙鲆幼鱼渗透生理及抗氧化水平的影响[J]. 水生生物学报, 2014,38(1):58-67.

[2] Kim J H,Rhee J S,Lee J S,et al. Effect of cadmium exposure on expression of antioxidant gene transcripts in the river pufferfish,Takifugu obscurus (*Tetraodon tiformes*) [J]. Comparative Biochemistry and Physiology Part C:Toxicology & Pharmacology,2010,152(4):473-479.

[3] Wu C,Zhang D,Kan M,et al. The draft genome of the large yellow croaker reveals well-developed innate immunity. Nature Communications,2014,DOI:10.1038/ncomms6227.

[4] 李清禄,陈强. 海水网箱养殖大黄鱼细菌性病原鉴定与感染治疗研究[J]. 应用与环境生物学报,2001,7(5):489-493.

[5] Løvoll M,Kilvik T,Bosshre H,et al. Maternal transfer of complement componets C3-1,C3-3,C3-4,C4,C5,C7,Bf and Df to offspring in rainbow trout(*Oncorhynchus mykiss*)[J]. Immunogenetics,2006,58(2/3):168-179.

[6] Liu H H,He J Y,Chi C F,et al. Identification and analysis of icCu/Zn-SOD,Mn-SOD and ecCu/Zn-SOD in superoxide dismutase multigene family of *Pseudosciaena crocea*[J]. Fish & Shellfish Immunology,2015,43:491-501.

[7] Klotaz M G,Klassen G,Lowen P C. Phylogenetic relationships among prokaryotic and eukaryotic catalases [J]. Molecular Biology and Evolution,1997,14:951-958.

[8] Putnam C D,Arvai A S,Bourne Y,et al. Active and inhibited human catalase structures:ligand and NADPH binding and catalytic mechanism[J]. Journal of Molecular Biology,2000,296(1):295-309.

[9] Chen X L,Liang H Y,Van R H,et al. Catalase transgenic mice:Characterization and sensitivity to oxidative stress[J], Archives of Biochemistry and Biophysics,2004,422(2):197-210.

[10] Tavares-Sánchez O L,Gómez-Anduro G A,Felipe-Ortega X,et al. Catalase from the white shrimp *Penaeus* (*Litopenaeus*) *vannamei*:molecular cloning and protein detection[J]. Comparative Biochemistry and Physiology Part B:Biochemistry and Molecular Biology,2004,138(4):331-337.

[11] Zhang Q L,Li F H,Zhang X J,et al. cDNA cloning,characterization and expression analysis of the antioxidant enzyme gene,catalase,of Chinese shrimp[J]. Fish & Shellfish Immunology,2008,24(5):584-591.

[12] 郑清梅,韩春艳,温茹淑,等. 草鱼过氧化氢酶全长 cDNA 的克隆序列同源分析与组织表达[J]. 基因组学与应用生物学,2011,30(5),529-538.

[13] Elvitigala D A S,Premachandra H K A,Whang I,et al. Marine teleost ortholog of catalase from rock bream (*Oplegnathus fasciatus*):Molecular perspectives from genomic organization to enzymatic behavior with respect to its potent antioxidant properties[J]. Fish & Shellfish Immunology,2013,35:1086-1096.

[14] Kamata H,Honda S,Maeda S,et al. Reactive oxygen species promote TNF alpha-induced death and sustained JNK activation by inhibiting MAP kinase phosphatases[J]. Cell,2005,120:649-661.

[15] 袁一鸣,李西雷,白志毅,等. 三角帆蚌 *CAT* 基因 cDNA 全长克隆及表达分析[J]. 水产学报,2011,35(4):481-492.

[16] Martínez R M,Morales A E,Sanz A. Antioxidant defenses in fish:Biotic and abiotic factors[J]. Reviews in Fish Biology and Fisheries,2005,15(1-2):75-88.

[17] Leto T L,Morand S,Hurt D,Ueyama T,et al. Targeting and regulation of reactive oxygen species generation by Nox family NADPH oxidases[J]. Antioxidants & Redox Signaling,2009,11:2607-2619.

[18] Guo H Y,Zhang D C,Cui S. Molecular characterization and mRNA expression of catalase from pearl oyster *Pinctada fucata*[J]. Marine Genomics,2011(4):245-251.

[19] Yin F, Gong H, Ke Q Z, et al. Stress, antioxidant defence and mucosal immune responses of the large yellow croaker *Pseudosciaena crocea* challenged with *Cryptocaryon irritans*[J]. Fish & Shellfish Immunology, 2015, 47: 344-351.

[20] Jia R, Han C, Lei J L, et al. Effects of nitrite exposure on haematological parameters, oxidative stress and apoptosis in juvenile turbot(*Scophthalmus maximus*)[J]. Aquatic Toxicology, 2015, 169: 1-9.

基于微卫星标记研究我国南海翡翠贻贝群体遗传多样性和遗传结构

叶莹莹

(浙江海洋大学 海洋科学与技术学院 国家海洋设施养殖工程技术研究中心,浙江 舟山 316022)

翡翠(股)贻贝 *Perna viridis*(Linnaeus,1758),属双壳纲(Bivalvia)、贻贝目(Mytiloidae)、贻贝科(Mytilidae)、贻贝亚科(Mytilinae)、股贻贝属(*Perna*),俗称"青口螺",其软体组织干品称为"淡菜",产于我国的东海南部、台湾海峡、南海(广东、广西沿海)以及东南亚等地,如马来西亚、菲律宾、越南、印度尼西亚、新加坡、泰国、印度洋等[1]。

本实验旨在利用9个微卫星多态性位点来揭示我国南海野生翡翠贻贝的群体遗传多样性和群体遗传结构,从而帮助相关行业和渔业水产部门指导和管理翡翠贻贝养殖产业及其野生资源的管理和养护,达到科学发展的目的。

1 材料与方法

1.1 样本收集

翡翠贻贝样本采集于2014年10月,分别采自漳州(漳州)、珠海(珠海)、湛江(湛江)、北海(北海),均为野生群体(表1)。

表1 翡翠贻贝群体收集记录表

样品名称(缩写)	省、自治区(经纬度)	样本数	采集年月
漳州(ZZ)	福建(24°02′N,117°52′E)	48	2014.10
珠海(ZH)	广东(22°16′N,113°36′E)	45	2014.10
湛江(ZJ)	广东(20°55′N,110°34′E)	48	2014.10
北海(BH)	广西(21°27′N,109°04′E)	46	2014.10

样本的采集地点力求覆盖南海的大部分野生群体,选取具有代表性的采样地点进行采样,有助于更好地分析和研究南海地区翡翠贻贝的遗传多样性和遗传结构(图1)。

样本解剖后,收集样本的闭壳肌并在DNA提取前一直保存在95%以上乙醇中。

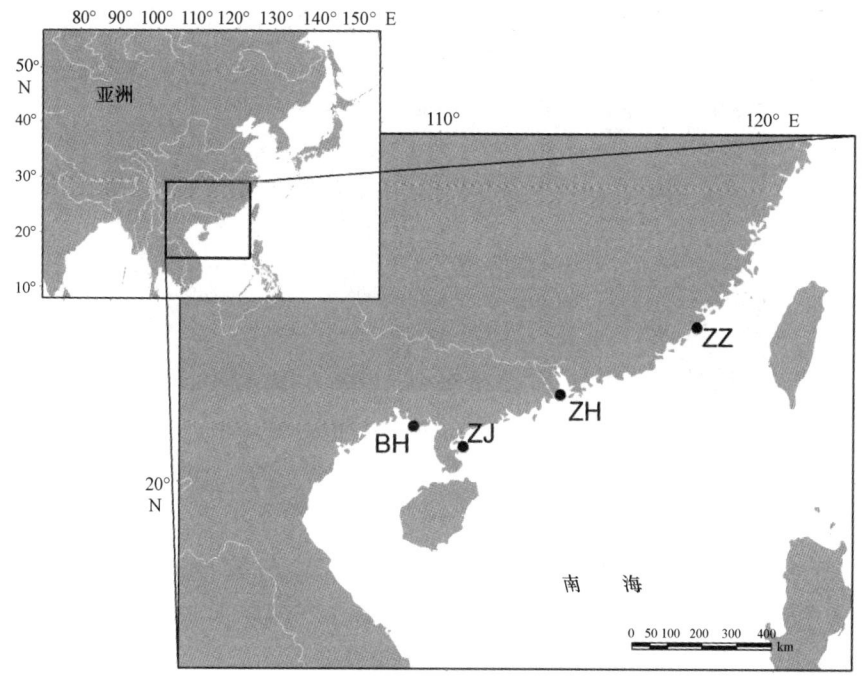

图 1　4 个采样点在南海的分布位置

1.2　DNA 提取

本实验采用改良盐析法样本 DNA 进行提取,具体方法如下:①1. 剪取小块的翡翠贻贝闭壳肌组织(约 0.1 g)放入 1.5 mL EP 管中;②往 1.5 mL EP 管中加入 400 μL 的裂解液(含 10 mmol/L Tris-HCl(pH 7.4),0.15 mol/L NaCl,5 mmol/L EDTA(pH 8.0));③将样本的闭壳肌组织剪碎后,各加入约 15 μL 蛋白酶 K 后,翻转数次;④放入 55~56℃水浴锅中,恒温水浴过夜或 10 h,至管中溶液澄清,无沉淀;⑤取出放置室温中静置冷却;⑥加入 300 μL 6 mol/L NaCl 溶液,涡旋 30 s;⑦将离心机温度预冷至 4℃后将离心管在 10 000 r/min 下离心 30 min;⑧取上清液到新的 1.5 mL EP 管中;⑨加入等体积异丙醇(约 610 μL),翻转 50 次;⑩-20℃下冷藏 1 h 以上,取出后 10 000 r/min 下离心 5 min,离心机温度为 4℃;⑪缓慢倒出异丙醇,加入 1 mL 70%乙醇,离心 5 min,10 000 r/min,离心机温度为 4℃;⑫缓慢倒出乙醇,将离心管置于烘箱中 45℃下烘干;⑬加入 50 μL 超纯水,轻缓涡旋数秒,4℃中静置数小时后,检测 DNA。

1.2.1　琼脂糖凝胶电泳检测 DNA

DNA 提取完毕后使用琼脂糖凝胶电泳法检测 DNA,具体方法如下:①称取 0.8 g 的琼脂糖粉末,加入 80 mL 的 1×TAE 溶液后摇匀,微波加热至混合溶液澄清透明,即得 1%琼脂糖凝胶溶液;②将胶液室温静置冷却至 65℃后倒入模具中并插入梳子,等待胶液冷却成型,倾倒胶液时,要注意胶内不能有气泡并沿模具一角缓慢倒入;③将凝胶从模具中取出后,置于电泳槽中并使缓冲液没过整块凝胶;④将 1.5 μL 6×Loading-buffer(已混合核酸染料)和 3

μL DNA 溶液混合,注入凝胶孔中;⑤控制电泳电压为 135 V,电泳分离时间为 30 min;⑥紫外凝胶成像系统下观察结果(图2)。

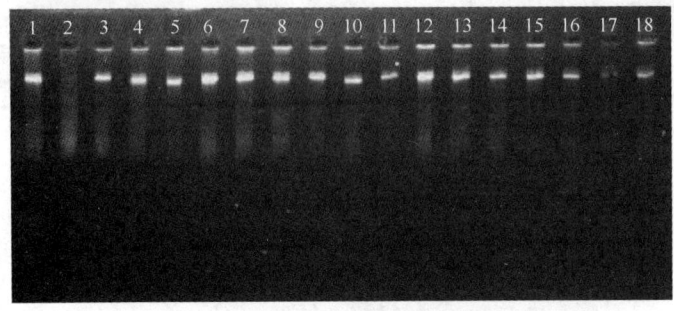

图 2　DNA 提取电泳图谱(BH1-18)

1.3　微卫星分析

根据 Lin 等[9]筛选获得的微卫星引物,考虑等位基因的丰富性、杂合性和良好的放大结果等选取 9 组引物(AGM03、AGM04、AGM05、AGM07、AGM08、AGM09、AGM12、AGM16、AGM18)对各个样品进行微卫星分析。并将其正向引物 5′端进行荧光标记(微卫星引物由深圳华大基因医学有限公司合成)(表2)。

表 2　9 个微卫星多态性位点引物

位点及登录号	引物序列(5′-3′)	重复类型	片段大小/bp	退火温度/℃
AGM03 (EF159714)	F:ACTTGGGGCTTTTAAGGGCTTG R:ATTTCCACCAAGTTTCACCGTT	$CT_6CA_6CG\ CA_{10}$	216-283	55
AGM04 (EF159715)	F:TGTATCCTTCCTGTGTTGGCAAATA R:ATAACCAGCAAACCAGCAAGGTA	CA_4CGCA_{10}	126-164	55
AGM05 (EF159716)	F:ATGTGATGCTTTTTATTTAGAATGTGTC R:TTTTAATTAAGCCGTGTATTTTTCAGTA	CT_{22}	249-293	55
AGM07 (EF159717)	F:ACGGAGCAGCGATTGTGACATC R:AGACGGCAAAATTAGAAACGAGGAA	CA_{15}	352-378	55
AGM08 (EF159718)	F:CAACAAATTCTACAAATGACCTTCTTCA R:AAACCAATCGGATTTAGCTTTCTTG	TG_{21}	232-298	55
AGM09 (EF159719)	F:TGTTGGGAATAGGTCGAACTAAACTGG R:AATATTCCGCAAACTGACGCACTGG	$CA_6AA\ CA_4CGCA_4$	177-197	55
AGM12 (EF159720)	F:ATGTTTCAACAGCCAAATACAGCACAG R:GAAGCGGGATGGTCTCAGATGG	CA_8	120-128	55
AGM16 (EF159722)	F:TCGAAATCCCTTGATCCCTTGAG R:AAACCATTATACCCCTGCCAACA	$GACA_6N_{20}C_{13}A_{11}$	147-159	55
AGM18 (EF159723)	F:AATACCGACGCGTCAGCAGTGG R:TGACAGTCCTAACATCGCTGG	$CA_{11}CG\ CA_6$	265-288	55

PCR 反应底物体系为 25 μL,其中底物包括 20~50 ng 的 DNA 模板、2×*Taq* MasterMix(康为世纪)、5 pmol 的正反向引物以及 DEPC 水。按照初始变性温度在 95℃ 3 min;然后在 94℃ 30 s;55℃ 30 s;72℃ 1 min,30~35 个循环;最后延伸 72℃ 10 min 的程序进行 PCR 反应,并使用赛默飞世尔公司 Veriti©96 热循环仪进行 PCR 扩增。

使用聚丙烯酰胺凝胶电泳对 PCR 扩增产物进行条带分析,评估扩增效果,之后产物由上海捷瑞生物技术股份有限公司进行毛细管电泳,混合体系为 1 μL PCR 产物、1 μL GS500LIZ(P/N 4322682)标准样品以及 9 μL HIDI。

1.3.1 聚丙烯酰胺凝胶电泳分析微卫星 PCR 扩增产物

微卫星反应底物经过 PCR 扩增后,利用聚丙烯酰胺凝胶电泳进行微卫星 PCR 产物电泳,分析条带,具体方法如下:①组装好凝胶模具并安装在电泳槽上;②使用含有 3%琼脂糖且完全溶解的 TBE 溶液进行下端封口;③待封口的琼脂糖溶液凝固后,在上端插入梳子;④配制聚丙烯酰胺凝胶胶液(每块胶的配方为 30 mL 8%聚丙烯胶液、300 μL 5%APS 溶液、30 μL TEMED 溶液(易燃,有腐蚀性,具强神经毒性,请勿大量吸入),其中 8%聚丙烯胶液(500 mL)由 1×TBE 溶液(100 mL)、40%聚丙烯胶液(100 mL)和超纯水(300 mL)配得,5%APS(5 mL,现配现用)由过硫酸铵[$(NH_4)_2S_2O_8$]固体(0.5 g)和超纯水(5 mL)配得。)⑤胶液配制后轻轻摇晃,注意摇晃时避免产生气泡,缓慢从梳子一端倒入模具中,避免在模具不要产生气泡;⑥等待胶液凝固后,倒入 1×TBE 缓冲液,点样(2.5 μL 样品与 1.5 μL 6×loading buffer(含核酸染料)混合)⑦控制电泳电压为 135 V,电泳时间为 2 h;⑧取出胶片,在紫外凝胶成像系统下观察,记录条带情况(图3)。

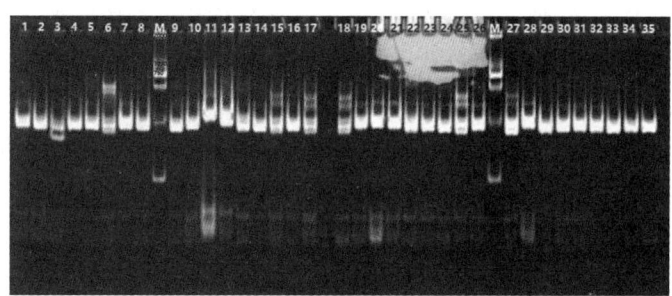

图 3　AGM09 在北海群体中扩增电泳图谱

1.4 统计分析

1.4.1 群体内遗传多样性

使用 9 个微卫星多态性位点对样本 DNA 进行 PCR 扩增后,将 PCR 产物进行毛细管电泳,记录电泳各项数据,利用 GENALEX 6.5[10]软件统计等位基因数(A)、计算有效等位基因(A_e)、预期杂合度(H_e)、观察杂合度(H_o)和固定指数(F_{is})。利用 FSTAT 2.9.3[11]软件根据最小样本量($n=42$)计算每个位点的等位基因丰度(A_r)以达到每个样本都具有相同的等位基因多样性参考标准。

利用 GENEPOP 4.0[12]软件运行 Markov chain approximation [13]对数据进行精确计算,分

析基因型分布频率是否符合哈迪-温伯格平衡(HWE),通过连续性Bonferroni方法对多重检验的显著性标准进行调整,然后衡量群体或位点在何种程度上偏离或者不偏离HWE,同时也可以判断出各位点之间是否处于连锁不平衡(Linkage disequilibrium,LD)。利用MICRO-CHECKER 2.2.3(http://www.microchecker.hull.ac.uk)软件检查存在的无效等位基因和微卫星标记分型误差。

利用NeESTIMATOR 2.0软件根据连锁不平衡(LD)理论计算有效群体数(N_e),其中最小等位基因频率为0.01以及参数可置信区间为95%。通过BOTTLENECK 1.2.02软件(http://www.montpellier.inra.fr/URLB/bottleneck/bottleneck.html)实现以下两个测试:①根据突变—漂变平衡(mutation-drift equilibrium)下L形分布的等位基因频率模型转变测试;②利用1 000次重复下的两相模型[two-phase model,(TPM),其中设定90%为单次突变,10%为多次突变]。用sign test和standardized differences test检验群体是否存在显著的杂合子过剩位点。

每个群体均利用BOTTLENECK 1.2.02软件进行瓶颈效应测试(瓶颈事件:指群体的生活史中曾发生过使群体数量大规模骤减的事件,瓶颈效应测试能提高在群体统计推断过程中的随机性,加速近交系数的上升速率,降低群体遗传多样性水平,并且令中度有害的等位基因固定,因此确定有无发生过瓶颈效应是群体遗传研究是非常关键的一项数据参考)。

1.4.2 群体间的遗传分化

关于群体间遗传分化的分析有以下两种方法,一种是传统遗传分析;另一种则是根据各种模型的群体分析。前者假设每个群体都是离散的独立个体,而后者反之。利用GENA-LEX6.5[14]软件进行多位点的分子方差分析(AMOVA,999个排列)。使用随机置换程序(1000个排列)计算成对F_{st}值和利用ARLEQUIN3.5软件用一个给定的F_{st}值对P值进行精确校正,从而确定群体之间的遗传分化水平。通过Bonferroni校正进行校正多重显著性测试。利用GENALEX 6.5[14]软件检测群体基因流(N_m)。

根据Cavalli-Sforza and Edwards (1967) chord遗传距离D_C构建Neighbor-Joining进化树,从而说明群体间的遗传结构。为了检测遗传群体的一致性,根据多个遗传距离矩阵(利用微卫星分析软件MSA计算1000次重复)利用PHYLIP 3.69软件运行NEIGHBOR和CONSENSE算法构建遗传谱系。

群体的外在水平可以帮助我们发现可能的遗传群体数(K),故此,本实验利用根据Bayesian algorithm的STRUCTURE2.3.4[15]软件实现个体基因型的分析,从而实现符合实验要求的群体算法。而要确定与实验数据最为符合的K值,首先要生成一系列预先设定的K值(假定群体数量,$K=1\sim7$),最可能的K值是一个在最高和最低的可能值之间浮动ln$P$(K)。所以,本实验利用混合模型与相关的等位基因频率,以及程序的默认参数设置,对每个K值进行20次的独立运算,每次运算都执行100 000 Monte Carlo重复。

2 结果

2.1 群体间的遗传多样性

利用9个微卫星位点对所有翡翠贻贝群体进行PCR扩增后,PCR产物经分析得到以下结果(表3):共检测到155个等位基因;每个位点的全部等位基因数(A),最少个数为2个(AGM18),最多个数为29个(AGM03和AGM05);在所有群体中的等位基因中:平均有效等位基因数(A_e),最少个数为1.127(AGM18),最大个数为16.752(AGM05);有效等位基因丰度(A_r),最小值为1.983(AGM18),最大值为23.809(AGM05);群体中的观察杂合度(H_o),最小值为0.118(AGM18),最大值为0.872(AGM04);预期杂合度(H_e),最小值为0.108(AGM18),最大值为0.940(AGM05);固定指数(F_{is}),最小值为-0.064(AGM18),最大值为0.293(AGM05)。所有群体都具有相似的遗传多样性,平均有效等位基因数(平均A_e),最小值为7.092(北海),最大值为7.571(珠海);有效等位基因丰度(A_r),最小值为12.894(湛江),最大值为13.746(北海);平均观察杂合度(平均H_o),最小值为0.596(北海),最大值为0.656(漳州);平均预期杂合度(平均H_e),最小值为0.690(北海),最大值为0.733(漳州)。平均固定指数(平均F_{is}),最小值为0.080(湛江),最大值为0.106(北海)。

表3 南海翡翠贻贝的微卫星分析统计

		AGM03	AGM04	AGM05	AGM07	AGM08	AGM09	AGM12	AGM16	AGM18	平均值
漳州	N	48	48	46	48	42	48	47	48	48	47.000
	A	21	17	26	15	19	7	7	8	2	13.556
	A_e	10.378	7.719	17.344	8.565	9.613	3.518	1.623	5.434	1.229	7.269
	A_r	20.117	16.562	25.436	14.732	19.000	6.75	6.872	7.971	2.000	13.271
	H_o	0.729	0.771	0.717	0.771	0.905	0.750	0.340	0.708	0.208	0.656
	H_e	0.904	0.870	0.942	0.883	0.896	0.716	0.384	0.816	0.187	0.733
	F_{is}	0.193	0.114	0.239	0.127	-0.010	-0.048	0.113	0.132	-0.116	0.083
珠海	N	45	45	44	44	42	45	45	45	45	44.444
	A	21	18	27	15	20	8	5	9	2	13.889
	A_e	12.126	9.000	17.286	8.363	9.719	2.733	1.742	5.973	1.193	7.571
	A_r	20.588	17.529	26.539	14.817	20	7.926	4.867	8.933	2.000	13.689
	H_o	0.867	0.844	0.818	0.682	0.857	0.600	0.422	0.600	0.178	0.652
	H_e	0.918	0.889	0.942	0.880	0.897	0.634	0.426	0.833	0.162	0.731
	F_{is}	0.055	0.050	0.132	0.226	0.045	0.054	0.009	0.279	-0.098	0.083
湛江	N	47	48	48	48	48	48	48	48	48	47.889
	A	22	18	20	16	21	7	4	9	2	13.222
	A_e	13.149	8.084	16.225	8.288	10.061	2.709	1.546	5.565	1.064	7.410
	A_r	21.232	17.34	19.73	15.455	20.56	6.873	3.986	8.872	1.998	12.894
	H_o	0.723	0.958	0.604	0.833	0.833	0.604	0.313	0.833	0.063	0.641
	H_e	0.924	0.876	0.938	0.879	0.901	0.631	0.353	0.820	0.061	0.709
	F_{is}	0.217	-0.094	0.356	0.052	0.075	0.042	0.115	-0.016	-0.032	0.080

续表

		AGM03	AGM04	AGM05	AGM07	AGM08	AGM09	AGM12	AGM16	AGM18	平均值
北海	N	45	46	46	46	42	46	46	45	45	45.222
	A	22	19	24	18	22	6	6	7	2	14.000
	A_e	11.219	7.185	16.153	8.430	11.605	2.805	1.413	3.994	1.022	7.092
	A_r	21.514	18.445	23.53	17.538	22	5.993	5.826	6.933	1.933	13.746
	H_o	0.822	0.913	0.522	0.804	0.738	0.478	0.304	0.756	0.022	0.596
	H_e	0.911	0.861	0.938	0.881	0.914	0.643	0.292	0.750	0.022	0.690
	F_{is}	0.097	-0.061	0.444	0.087	0.192	0.257	-0.041	-0.008	-0.011	0.106
总计	N	185	187	184	186	174	187	186	186	186	
	A	29	23	29	20	28	8	7	9	2	
平均值	A_e	11.718	7.997	16.752	8.4115	10.250	2.941	1.581	5.2415	1.127	
	A_r	20.863	17.469	23.809	15.636	20.390	6.886	5.388	8.177	1.983	
	H_o	0.785	0.872	0.665	0.773	0.833	0.608	0.345	0.724	0.118	
	H_e	0.914	0.874	0.940	0.881	0.902	0.656	0.364	0.805	0.108	
	F_{is}	0.141	0.002	0.293	0.123	0.076	0.072	0.049	0.097	-0.064	

注:样本数(N),等位基因数(A),有效等位基因数(A_e),等位基因丰度(A_r),观察杂合度(H_o),预期杂合度(H_e),为每个群体和位点给出的 F_{is} 值和显著偏离哈温平衡的概率(P值)($P<0.001$,Bonferroni 校正 = 0.05/36)。

本实验的36个微卫星多态性位点(4个群体×9个位点),有7个基因型(其中漳州和湛江的AGM03、05位点;珠海的AGM07位点;北海的AGM05、08位点)显著偏离HWE($P<0.001$,Bonferroni 校正 = 0.05/36)。通过 Bonferroni 校正,显示出各个微卫星位点间不存在连锁不平衡现象。利用 MICRO-CHECKER 2.2.3 软件分析,表明在漳州群体和湛江群体的AGM03位点和珠海群体的AGM16位点上可能存在无效等位基因。但是从群体遗传分析中,可以排除这3个位点对于实验结果的最终影响。因此,利用所有的位点进行进一步的统计分析。

4个群体的有效群体数(N_e)预测估值较高(表4),最小为北海的1 190.5(置信区间 = 290.1—无穷大),最大为漳州的无穷大(置信区间 = 3 065.8—无穷大)。而全部南海地区采集的群体的总 N_e 预测估值为无穷大(置信区间 = 1869.0—无穷大)。

表4 翡翠贻贝群体有效群体数(N_e)预测估值及"瓶颈"效应测试

样本/群体	有效群体数(N_e) 预测估值	95%置信区间		瓶颈测试 TPM(P值)
		下限值	上限值	
漳州	无穷大	3 065.8	无穷大	0.975 59
珠海	无穷大	416.4	无穷大	0.981 45
湛江	3 910.5	373.2	无穷大	0.898 44

续表

样本/群体	有效群体数(N_e) 预测估值	95%置信区间		瓶颈测试 TPM(P值)
		下限值	上限值	
北海	1 190.5	290.1	无穷大	0.935 55
总计	无穷大	1 869.0	无穷大	0.997 07

注:利用9个微卫星位点对翡翠贻贝4个群体进行 Wilcoxon 测试,并且根据连锁不平衡效应和瓶颈效应进行置信区间为95%的有效群体数(N_e)预测估值.

在两相模型(TPM)下进行瓶颈测试,表明任何样品中均不存在杂合子过剩现象,这说明了在南海的翡翠贻贝群体近期没有出现过瓶颈效应事件(表4)。此外,在所有群体的模型转变测试中,也得出正常的等位基因 L 型分布,这也从另一方面证实了本实验中的群体没有在最近经历过瓶颈效应事件。

2.2 群体中的基因多样性

传统的和根据模型的遗传分析都显示了南海地区翡翠贻贝种群存在随机交配现象。AMOVA 显示了群体中的遗传多样性对总遗传变异的贡献为0%($P=0.251$)且所有群体存在的遗传变异都能在4个群体中找到。全部群体的成对 F_{st} 值并不显著,F_{st} 值的范围从 -0.001~0.005(见表5;$P>0.008$,Bonferroni 校正 = 0.05/6)。每代迁入数(N_m),最小值为23.443(珠海-北海),最大值为56.733(湛江-北海)。

表5 翡翠贻贝群体遗传分化系数(F_{st},对角线下)和每代迁入数(N_m,对角线上)

群体	漳州	珠海	湛江	北海
漳州	—	51.948	43.383	36.060
珠海	-0.001 NS	—	38.031	23.443
湛江	0.002 NS	0.001 NS	—	56.733
北海	0.001 NS	0.005 NS	-0.002 NS	—

注:NS 表示不显著,$P>0.008$,Bonferroni 校正 = 0.05/6.

根据 Cavalli-Sforza 和 Edwards (1967) chord distance D_C 构建4个翡翠贻贝群体 Neighbor-Joining 进化树(NJ 进化树),由图4可知4个群体分成两个分支,一支由漳州群体和珠海群体组成;而另一支由湛江群体和北海群体组成(图4)。这说明了漳州和珠海这两个群体的亲缘关系比较相近,北海和湛江这两个群体的亲缘关系较近。但是由于缺少更多的其他海域群体,无法判断以上实验得到差异是来自群体内部或是群体之间,因此需要进一步利用更高分辨率的软件进行分析。

利用 STRUCTURE 2.3.4 进一步分析后,4个群体的 NJ 进化树显示出了相邻群体间的密切遗传关系,而通过群体分析,对应每个 K 值的平均 Ln 相似值都是处于最高,即 $K=1$,这说明了整个南海的翡翠贻贝都是属于同一遗传群体(图5)。

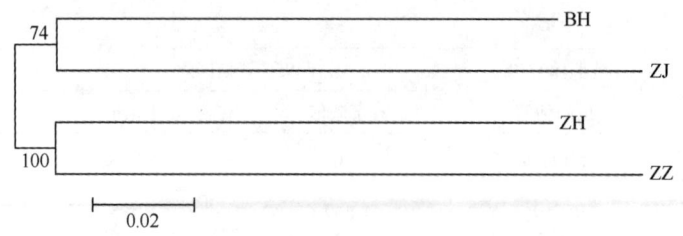

图 4 翡翠贻贝样本基于遗传距离 D_c 进行树

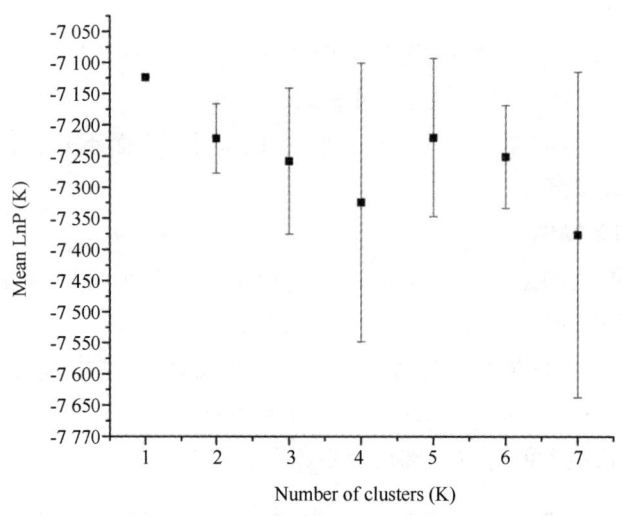

图 5 平均 Ln 相似值（$LnP(K)$）

3 讨论

3.1 遗传多样性和 HWE 偏离

本实验检测出南海翡翠贻贝的微卫星遗传多样性水平与泰国海湾（根据 5 个微卫星位点；平均等位基因数（A）= 10.4-12.2、平均等位基因丰度（A_r）= 10.23-12.06、平均观察杂合度（H_o）= 0.52-0.63、平均期望杂合度（H_e）= 0.66-0.73[16]）和新加坡海湾（与本实验使用同样的 9 个微卫星位点；平均等位基因丰度（A_r）= 10.4-13.9、平均观察杂合度（H_o）= 0.64-0.70、平均期望杂合度（H_e）= 0.73-0.77[17]）均属于中等水平，但是远高于在马来西亚群岛翡翠贻贝群体（平均观察杂合度（H_o）= 0.14-0.21，平均期望杂合度（H_e）= 0.19-0.28[18]）。尽管马来西亚群体可能受到了一定的遗传制约，然而 Ong 等[18]发现微卫星位点检测技术也可能是造成马来西亚群体较低的遗传变异性原因。因为，Lin 等[17]通过使用不同的微卫星位点对马来西亚群体进行检测也得到了较高水平的遗传变异性。

由于本实验只是使用了林等[9]的微卫星多态性位点进行引物合成并测试，这导致了结果显示出了明显的杂合子缺失现象，这可能是由于存在无效等位基因或者实验样品数量不足(例如:AGM03)。事实上,先前关于翡翠贻贝的研究证实了无效等位基因的存在[16-17]。然而,在本实验中,利用 Micro-Checker 程序分析没有从整体上分析全部群体,也是导致无效等位基因存在的原因。而且杂合子缺失更加频繁地发生在较多等位基因数的位点上(每个位点等位基因 28-29;AGM03、05 和 08)。这可能与没有获得足够的群体量来支撑每个位点的检测个体数有关。而且可以排除其他生物原因,如近亲繁殖和 Wahlund 效应,因为实验数据表明了南海的群体存在大量的随机交配现象。

本实验中,尽管群体被开发过度,但是群体内适度的遗传变异是导致翡翠贻贝群体具有巨大有效群体规模(N_e)的主要原因之一。南海地区群体的高水平基因流(N_m:23.443-56.733)依然足以维持其有效群体(N_e)。

3.2 群体间的遗传分化

微卫星结果揭示我国南海翡翠贻贝为一个群体,同样在马来西亚群岛地区、泰国海湾和新加坡海湾地区也只发现低水平的群体遗传分化[16-18]。南海翡翠贻贝持续相对较长的产卵期和其产卵所处的海洋条件可能是造成群体较低遗传分化的原因。虽然,翡翠贻贝是一种营固着生活物种,但是其生活史却有着 3~4 周的浮游幼虫阶段[19]。长时间的幼虫阶段为其群体传播提供了充足的时间,同时也促进了群体间的基因流动。与此相反,幼虫阶段持续较短的物种其基因流动范围也会相应缩小,基因流动范围有限,从而导致了地区间群体的遗传结构有较大的差异[19]。在南海地区,叶等[20]利用线粒体 DNA 标记发现我国沿海等边浅蛤 *Gomphina aequilatera* 群体具有显著的分化,其浮游期为 10 d 左右。同样,南海夏季稳定且盛行的东北洋流也可能是推动地区间基因流动的重要原因。每代迁移数 N_m 检测和 NJ 进化树共同揭示了一个互相影响的基因流动模型,即相邻的采样点间的基因流动要远高于地理位置相对遥远的采样点间的基因流动。

综上,本实验研究结果显示了南海翡翠贻贝野生群体的遗传多样性不高,其遗传多样性较低且还在持续减弱。海洋洋流和此物种本身持续较长的浮游幼虫阶段在南海翡翠贻贝群体的同化过程起到重要作用。实验结果表明了群体近期没有任何迹象瓶颈事件和遗传变异。因此,相关管理部门应该以保护翡翠贻贝有效群体为目标,对物种栖息地进行有效且妥善的管理和保护,减少环境污染。从而保证南海地区的翡翠贻贝群体能够继续保持原有的发展状态,对栖息地和海洋的保护,有助于改良物种群体的繁衍,而其稳定的遗传结构和较低的遗传多样性也说明了 4 个地区的群体对所在栖息地目前的外界环境是相适应的。

参考文献

[1] 位正鹏,孔晓瑜,吴相云,等. 根据 COI 序列的翡翠股贻贝 *Perna viridis* 线粒体遗传特性分析及其近缘种间的系统关系探讨[J]. 热带海洋学报,2010,28(6):72-78.

[2] Prakoon W, Tunkijjanukij S, Nguyen T T T, et al. Spatial and temporal genetic variation of green mussel, Perna viridis in the Gulf of Thailand and implication for aquaculture. [J]. Marine Biotechnology, 2010,12(5): 506-515.

[3] Rajagopal S, Venugopalan V P, Nair K V K, et al. Reproduction, growth rate and culture potential of the green

mussel, *Perna viridis* (L.) in Edaiyur backwaters, east coast of India[J]. Aquaculture, 1998, 162(98): 187 -202.

[4] Cao Y Y, Li Z B, Li Q H, et al. Characterization of eight novel microsatellite markers in the green-lipped mussel *Perna viridis* (Mytilidae)[J]. Genetics & Molecular Research Gmr, 2013, 12(12): 344-7.

[5] 陆雅凤,赵晟,徐梅英,等. 能值分析在贻贝养殖生态系统的应用[J]. 浙江海洋学院学报:自然科学版, 2014(5):458-462.

[6] 张玲. 微卫星 DNA 标记研究进展及应用[J]. 安徽农业科学, 2007, 35(4):972-975.

[7] 李成华,李太武,宋林生. 微卫星 DNA 技术及其应用的探讨[J]. 浙江海洋学院学报:自然科学版, 2003, 22(4):352-355.

[8] 高焕,于飞,阎斌论,等. 微卫星技术路线的发展及在海洋生物中的应用[J]. 海洋湖沼通报, 2008 (4):129-136.

[9] Lin G, Feng F, Yue G H. Isolation and characterization of polymorphic microsatellites from Asian green mussel(*Perna viridis*)[J]. Molecular Ecology Notes, 2007, 7(6):1036-1038.

[10] Peakall R, Smouse P E. GenAlEx 6.5: genetic analysis in Excel. Population genetic software for teaching and research——an update.[J]. Bioinformatics, 2012, 28(28):2537-9.

[11] Goudet J: FSTAT, a program to estimate and test gene diversities and fixation indices Version 2.9.3 Lausanne University, Lausanne, Switzerland; 2001.

[12] Rousset F. genepop'007: a complete re-implementation of thegenepopsoftware for Windows and Linux[J]. Molecular Ecology Resources, 2008, 8(1):103-106.

[13] Guo S W, Thompson E A. Performing the exact test of Hardy-Weinberg proportion for multiple alleles[J]. Biometrics, 1992, 48(2):361-372.

[14] Peakall R, Smouse P E. GenAlEx 6.5[J]. Bioinformatics, 2012, 28(19):2537-2539.

[15] Pritchard J K, Stephens M, Donnelly P. Inference of population structure using multilocus genotype data. [J]. Genetics, 2000, 7(4):574-578.

[16] Prakoon W, Tunkijjanukij S, Nguyen T T T, et al. Spatial and temporal genetic variation of green mussel, *Perna viridis* in the Gulf of Thailand and implication for aquaculture.[J]. Marine Biotechnology, 2010, 12 (5):506-515.

[17] Lin G, Lo L C, Yue G H. Genetic Variations in Populations from Farms and Natural Habitats of Asian Green Mussel, *Perna viridis*, in Singapore Inferred from Nine Microsatellite Markers[J]. Journal of the World Aquaculture Society, 2012, 43(2):270-277.

[18] Ong C C, Yusoff K, Yap C K, et al. Genetic characterization of *Perna viridis* L. in peninsular Malaysia using microsatellite markers[J]. Journal of Genetics, 2009, 88(2):153-163.

[19] Rajagopal S, Venugopalan V P, Velde G V D, et al. The greening of the coasts: review of the *Perna viridis* success story.[J]. Aquatic Ecology, 2006, 40(3):273-297.

[20] Ye Y, Li J, Wu C. Genetic diversity and population connectivity of the Asian green mussel *Perna viridis* in South China Sea, inferred from mitochondria DNA markers[J]. Biochemical Systematics & Ecology, 2015, 61:470-476.

曼氏无针乌贼TLR基因的克隆与病原菌胁迫下的表达

霍利平,包苗苗,刘慧慧*

(浙江海洋大学 国家海洋设施养殖工程技术研究中心,浙江 舟山 316022)

  先天性免疫系统是宿主抵御病原微生物入侵的第一道防线,是生物体对入侵物免疫应答过程中的起始阶段,针对病原体的天然免疫识别是由细胞表面受体介导的,这类受体能够识别在病原体中普遍存在的病原体相关的分子模式(pathogen associated molecular patterns, PAMPs)[1],如革兰氏阴性菌的脂多糖(Lipopolysaccharide,LPS)等,被称为模式识别受体(PAMP recognization receptors,PRRs)。Toll样受体(Toll like receptors,TLRs)PRRs家族在进化中是相对保守的重要成员,广泛存在于脊椎动物和无脊椎动物中[2]。迄今为止,已发现的TLR基因家族成员有23个(TLR1-23)[3],其通过识别病原相关模式分子,激活先天免疫系统产生炎症因子、抗微生物肽等,以抵御入侵病原,并向抗原呈递细胞发出警报,从而启动获得性免疫系统。TLR识别的信号反应主要通过MyD88介导,而后NF-κB被激活[4],引起机体的天然免疫应答,启动适应性免疫机制,从而在多种生物对微生物感染的监测和免疫应答的诱导中起着必不可少的作用。近年来,对水产动物TLR的研究正逐步开展,先后获得了河鲀(Fugurub)、牙鲆(Paralichthy solivaceus)、凡纳滨对虾(Litopenaeus vannamei)、栉孔扇贝(Chlamys farreri)和刺参(Apostichopus japonicus)等的TLR基因,并对其功能进行了相应的研究[5-9]。

  曼氏无针乌贼(Sepiella maindroni de Rochebruns)俗称墨鱼,具有很高的食用和药用价值,作为无脊椎动物家族的代表成员,曼氏无针乌贼只存在原始的非特异性免疫系统,依靠非特异性免疫来抵御各种病原的侵染,维持机体健康和正常的生命活动。目前对于海洋软体动物TLR分子的研究虽已展开,但关于TLR分子对抗病原菌的相互作用机制方面尚没有深入报道,迄今也未见关于曼氏无针乌贼TLR的研究报道。本研究克隆获得曼氏无针乌贼TLR基因,并研究其组织特异性及其抗病原菌感染的机制和功能,为阐明TLR基因在曼氏无针乌贼天然免疫中的作用奠定基础。

1 材料与方法

1.1 材料

  实验曼氏无针乌贼(胴长5~8 cm)取自浙江省温州苍南养殖基地,试验中所需的各个组织(皮肤、肝、性腺、视液、脑、心、性腺)均取自性成熟乌贼。SMARTer™ RACE cDNA Amplification Kit试剂盒购自Clontech公司;rTaq酶、M-MLVRTasecDNAsynthesisKit、Trizol、荧光定量试剂SYBR Premix Ex Taq M Ⅱ等均购自Takara公司;氨苄霉素、DEPC等购自上海生工;其他试剂则为国产分析纯试剂。

1.2 方法
1.2.1 总RNA的提取及TLR核心片段

用Trizol研磨法提取乌贼肝组织的总RNA,并以紫外分光光度计和10 g/L琼脂糖凝胶电泳检测RNA的浓度及完整性,于-80℃下保存备用。

1.2.2 TLR基因cDNA全长的克隆

M-MLV RTase Cdna synthesis Kit反转录合成cDNA第一链。根据转录组序列,利用Primer5进行比对并设计核心片段引物TLR-F1、TLR-R1(表1)。以上述合成的第一链cDNA作为模板进行PCR扩增。PCR反应体系(20 μL):cDNA 0.8 μL,TLR-F1 0.8 μL,TLR-R1 0.8 μL,rTaq 0.4 μL,dNTPMixture(2.5 mmol/L)0.8 μL,Mg^{2+} 2 μL,10×PCR Buffer 2 μL,灭菌双蒸水12.2 μL。PCR扩增程序:95℃下预变性3 min;95℃下变性30 s,55℃下退火30 S,72℃下延伸1 min,共进行35个循环;最后72℃延伸7 min,4℃下保温。经琼脂糖凝胶电泳检测PCR扩增产物后,送Invitrogen公司检测。

经上获得的cDNA序列设计特异性引物TLR-F2、TLR-R2(表1),用于获得乌贼TLRcDNA全长,按照Clontech公司的SMARTTM RACE cDNA Amplification Kit说明书进行:高质量的总RNA分别反转录为cDNA作为模板,以TLR-F2和TLR-R2为基因特异性引物,以及试剂盒提供的UPM进行3′RACE和5′RACE的PCR反应。3′RACE和5′RACE PCR反应程序:94℃ 30 s,72℃ 3 min,5个循环;94℃ 30 s,70℃ 30 s,72℃ 3 min,5个循环;94℃ 30 s,68℃ 30 s,72℃ 3 min,27个循环;RACE产物纯化后与pMD18T进行连接,转化后对阳性克隆进行测序。

表1 曼氏无针乌贼TLR基因克隆及荧光定量所用的引物序列

引物	序列(5′-3′)
TLR-F1	GTCCCAAACAGTGCGAAT
TLR-R1	GCGACAAGTCCAATACCG
TLR-F2	GCGAGAAGACGCTGAAGTTG
TLR-R2	TCCGTTCCGATGTGACTG
TLR-F3	TCCGACTCGCTTATGTGAT
TLR-R3	GCGACAAGTCCAATACCG
β-actin-F	GCCAGTTGCTCGTTACAG
β-actin-R	GCCAACAATAGATGGGAAT

1.2.3 序列分析

将测序获得的ORF序列以BLASTp(http://www.ncbi.nlm.gov/BLAST/)进行序列同源性比对,Expasy-ProtParam(http://www.expasy.org/tools/protparam.html)推测蛋白的理论分子量和等电点,使用SMART软件(http://smart.embl-heidelberg.de)预测其结构域;Signal P 4.1 Server软件(http://www.cbs.dtu.dk/services/SignalP/)预测其信号肽,用Tmhmm程序搜寻跨膜区;采用Mega 5程序,以邻位相连法(Neighbor-joining)构建进化树。

1.2.4 组织差异性分析

分别取雌雄乌贼各脑、视液、心、鳃、皮肤、性腺、胃等组织,提取 RNA 并反转录成 cDNA,以 β-actin 基因为内参。在 ABI 7500 Real-time PCR 扩增仪上进行 RT-PCR,按照 SYBR Premix Ex Taq M Ⅱ使用说明,采用 SYBR Green 嵌合荧光法进行实时定量 PCR 扩增反应。PCR 反应体系(10):SYBR Premix Ex Taq Ⅱ(2X)5 μL,TLR-F3、TLR-R3(表1)为上下游引物(10 pmol/L)各 0.4 μL,ROX Reference Dye Ⅱ(50x)0.2 μL,cDNA 模板 0.4 μL,灭菌双蒸水 3.6 μL。PCR 扩增程序:95℃下预变性 30 S;95℃下变性 5S,59℃下退火 30 s,共进行 40 个循环。

1.2.5 水产病原菌感染下 Sm-TLR 的表达分析

将健康乌贼随机分为 3 组,每组设 3 个重复,每组 40 只,分别向每组乌贼皮下注射 PBS 重悬的副溶血弧菌(*Vibrio parahemolyticus*)、嗜水气单胞菌(*A. hydrophila*, pH 7.4, 1×10^7 CFU/mL),剂量为 0.1 mL/只,对照组注射 100 μL PBS(pH 7.4),于注射后 0 h、2 h、4 h、8 h、12 h、24 h、48 h 后分别取 3 个存活个体的肝和鳃组织,提取 RNA 并反转录成 cDNA。以 β-actin 基因作内参基因,按照 1.2.4 方法进行 RT-PCR。

1.3 数据处理

实验数据处理采用 $2^{-\Delta\Delta CT}$ 法,使用 SPSS22 对组织差异性分析及同一时间点的阴性对照组,实验组的表达进行单因素方差分析。采用 Duncan's 多重比较。所有数据采用 $\bar{x}\pm SD$ 表示,$P<0.05$ 认定为有显著性差异。

2 结果

2.1 总 RNA 提取结果及基因序列

RNA 电泳结果显示为 3 条带(图 1),证明 RNA 提取较完整,总 RNA 浓度 $A_{260}/A_{280}=1.85$,说明 RNA 浓度符合要求,可作为模板扩增目的基因。经 RACE 扩增获得曼氏无针乌贼 TLR 分子 3914 bp 的全长 cDNA 序列(命名为 Sm-TLR,图 2),提交 GenBank(序列编号为 KX954389),该序列包括 185 bp 的 5′UTR、137 bp 的 3′UTR 和 3582 bp 的开放阅读框,编码 1 193 个氨基酸,理论分子量为 137.87 kD,预测等电点为 3.69。

2.2 氨基酸序列分析

Smart 软件分析显示曼氏无针乌贼 TLR 具有典型的代表 TLR 家族成员的特征的 Toll/IL-IR 同源结构域(TIR,图 3a),其氨基酸序列含有 11 个亮氨酸重复序列(Leucine rich repeats, LRRs)、1 个 C 端亮氨酸富集区(Leucine rich repeat C—terminal, LRR-CT)和 1 个 N 端亮氨酸富集区(Leucine rich repeat N—terminal, LRR-NT)。分子的跨膜区(trans membrane region, TMR, 图 3b)位于 989~1026 氨基酸处。其 N 末端具有信号肽,位于 1~26aa 处(图 3c)。

2.3 系统进化分析

利用 Mega 5 程序对来自不同物种的 *TLR* 基因建系统进化树,结果显示曼氏无针乌贼与

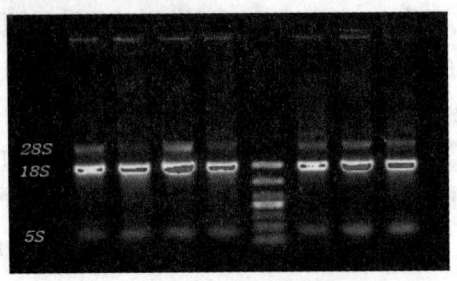

图 1　曼氏无针乌贼肝组织总 RNA

注：M. DNA Marker DL1000.

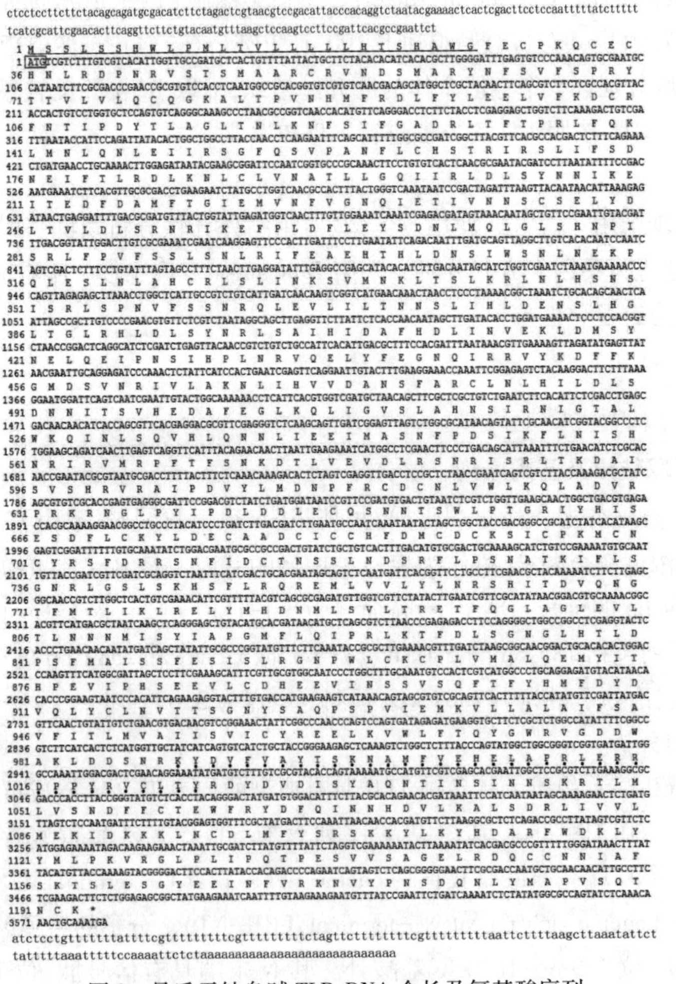

图 2　曼氏无针乌贼 TLRcDNA 全长及氨基酸序列

（注：□起始密码子；*终止密码子；下划线为信号肽；●为 TIR；大写是 ORF；小写 UTR）

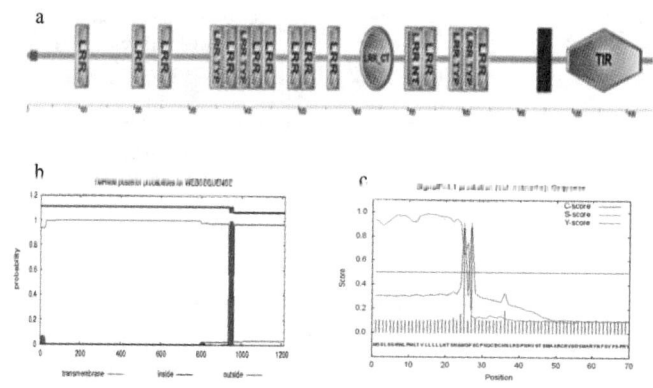

图 3 Sm-TLR 氨基酸序列分析
a:SMART 分析 TLR 蛋白结构;b:TLR 跨膜结构分析;c:TLR 信号肽分析

同属于头足类的夏威夷短尾乌贼亲缘关系最近,位于同一进化分支(图4),并与其他无脊椎动物分类位于同一进化分支,但脊椎动物已有的分类 TLR 并不相同。进一步选择来自 22 个不同软体动物的 TLR 氨基酸序列进行同源性比对分析,以邻位连接法构建进化树,设定 Bootstrap 值为 1 000。结果显示(图5),SmTLR 与夏威夷短尾乌贼同源性最高100%,并与其他扇贝等双壳类软体动物亲缘性较近。

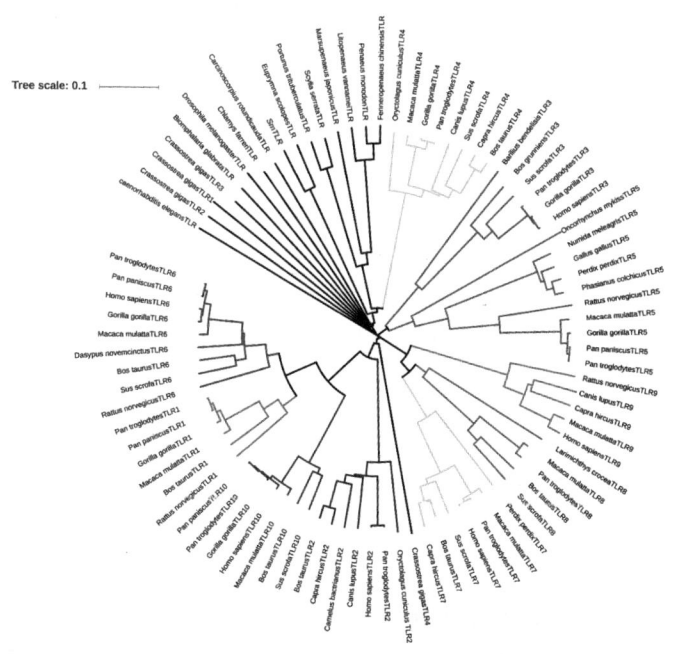

图 4 Sm-TLR 及其他同类分子系统进化分析

2.4 *Sm-TLR* 基因 mRNA 的组织定量分析

以 β-actin 为内参基因,采用荧光定量 PCR,检测了 *TLR* 基因 mRNA 在曼氏无针乌贼

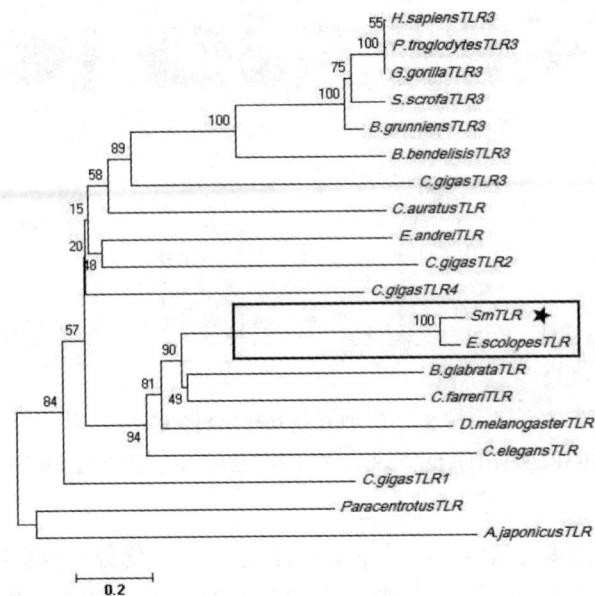

图5 基于TLR分子氨基酸序列分析软体动物进化关系

肝、鳃、皮肤、脑、心、视液、肠、性腺等中的表达水平。结果显示,TLR基因的mRNA在所检测的各个组织中均有表达,但表达量存在显著性的差异,雌雄性腺表达量均较高,脑组织的表达量高于其他组织,肝和鳃中亦有较高表达(图6)。

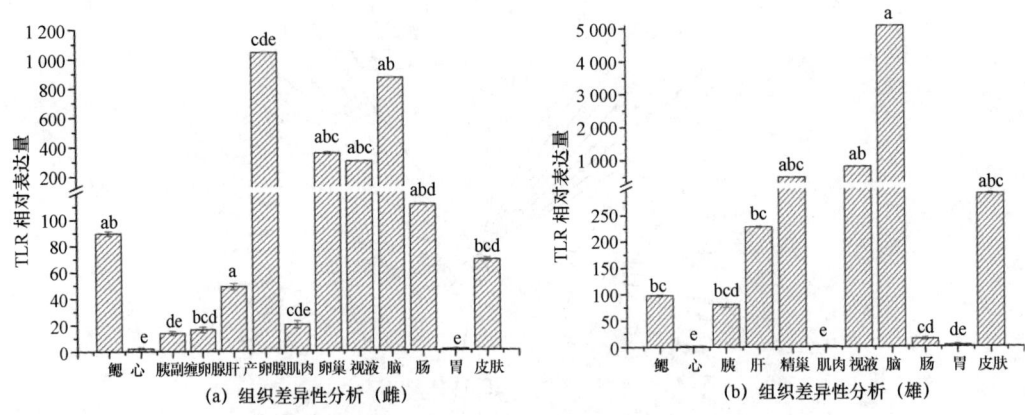

图6 Sm-TLR组织差异性分析

2.5 病原菌感染后Sm-TLR的表达分析

经副溶血弧菌感染后,Sm-TLR在各时间段的表达如图7所示,感染后8 h,Sm-TLR在肝组织、鳃组织的表达量明显升高,到12 h时,SmTLR表达量达到最高,为对照组的2.5倍,随后逐渐下降,48 h时已降低到感染前水平。

嗜水气单胞菌感染后的表达状况与副溶血弧菌类似(图8),前8 h中SmTLR在两个组

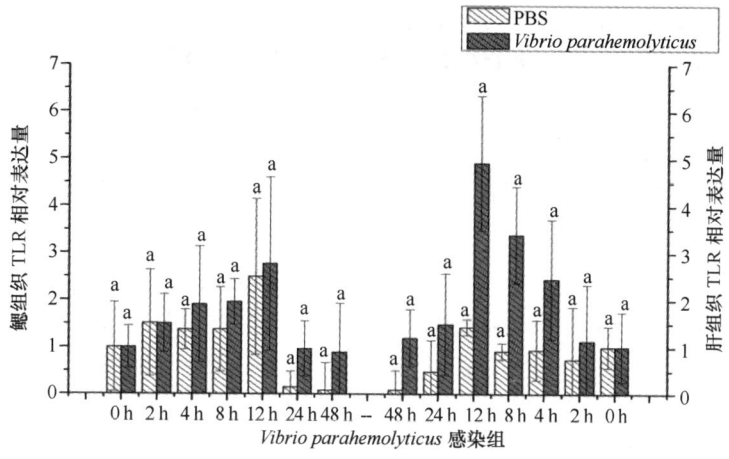

图7 副溶血弧菌感染后TLR表达

织中的表达量处于较低水平,到12 h时,SmTLR表达量明显上升,并达到最高值,随着时间的延长,SmTLR的表达量降低,至48 h时表达量最低。

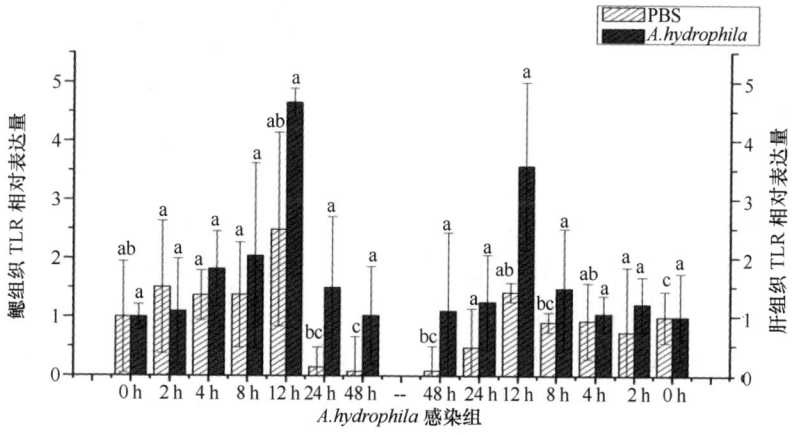

图8 嗜水气单胞菌感染后TLR表达

3 讨论

TLR不仅参与天然免疫,更为重要的是它还可以区分不同的微生物(甚至同种微生物的不同结构)并诱发相应的效应,作为一类跨膜蛋白受体,其胞外段有17~31个富含亮氨酸的重复序列 leucine-richrepeat,LRR),参与 病原体PAMPs的识别,胞内区存在一段序列保守区,该序列与IL-1受体的胞内区的保守序列有高度同源性,被称为TIR(Toll/IL-1-1 receptor homologous region)结构域,因此,TLRs也属于IL-1受体超家族的成员[10]。TIR区域是TLRs与其下游蛋白激酶相互作用的关键部位。该结构与髓样分化因子88(MyD88)相互作用,参与信号传递。曼氏无针乌贼依靠天然免疫反应系统来防御病原入侵,对异物的识别是免疫应答的第一步,在其他无脊椎动物中存在识别的结合细菌、真菌和病毒细胞成分的蛋白因子,这些蛋白因子可以识别并结合微生物的脂多糖及葡聚糖等并且激发一系列的免疫反应,TLRs是这类蛋白因子的典型代表,但该分子在曼氏无针乌贼中还未见报道,本研究中获得曼氏无针乌贼 TLR 分子(Sm-TLR)3914 bp 的全长序列,包括 185 bp 的 5′UTR、137 bp 的 3′UTR 和 3582 bp 的开放阅读框,编码 1193 个氨基酸,理论分子量为 137.87 K,预测等电点为 3.69,具有典型的 TLRs 家族典型的 LRR、TIR 结构域和跨膜区,其氨基酸序列与夏威夷短尾乌贼 TLR 相似度达到 100%,表明所获得的序列为曼氏无针乌贼 TLR 分子。

通过实时荧光定量 PCR 检测,发现 Sm-TLR 在曼氏无针乌贼的脑、视液、性腺、肝、鳃、肌肉、皮肤等中均有表达,与已报道的几种海洋无脊椎动物,如凡纳滨对虾、栉孔扇贝、刺参、紫海胆[11]等机体中 TLR 具有广泛的组织分布特征的结果一致。Sm-TLR 在曼氏无针乌贼的肝和鳃中也有较高表达,鳃作为贝类的呼吸器官,直接与水环境中大量微生物接触,其先天性免疫防御反应对贝类抵抗各种病原入侵具有重要作用,因此 TLRs 在曼氏无针乌贼的鳃中大量表达使其能够识别更多的病原体,从而在面临病原体侵入时能更加有效的激活机体的免疫应答。而肝则是机体的主要解毒器官,因此也可以检测到 Sm-TLR 的高表达。

TLR 的种类繁多,特异性识别的病原分子也不尽相同,已发现的 TLR 家族主要有 TLR1~TLR10,其中 TLR1 主要识别三酰脂多糖[12];TLR2 能识别多种病原微生物的产物,主要识别革兰氏阳性菌的标记蛋白[13];TLR3 主要特异性识别 dsRNA[14];TLR4 主要识别革兰阴性杆菌的脂多糖,还包括脂蛋白、肽聚糖等分子[15];TLR5 主要识别细菌鞭毛,TLR7、TLR8 和 TLR9 识别的病原分子是病毒和细菌的核酸[16];TLR6 主要识别二酰基脂蛋白和酵母多糖[17];而 TLR10 的主要识别物质和信号通路目前尚不清楚。众所周知,先天免疫系统可以依靠 TLRs 信号通路对细菌入侵作出免疫应答,基因的表达调控受到多种因素的影响,这些因素包括外界物理刺激和生理刺激。本研究中,Sm-TLR 在进化树中位于无脊椎动物进化分支,经副溶血弧菌和嗜水气单胞菌刺激后,其肝和鳃中表达明显上调,均在刺激后 12 h 时表达量达到峰值,为对照组 3~4 倍,随后逐渐下降,说明 Sm-TLR 对副溶血弧菌和嗜水气单胞菌特异性识别较强且有一定的时间依赖性,与王轶南[18]关于海胆的研究结果类似。因此,Sm-TLR 属于与脊椎动物的哪一种 TLR 更接近,还有待于进步研究。

在疾病的监控和诊断中,疾病的发生、发展通常会伴随着病原的变化及机体免疫系统成分的改变而变化,故仅有病原的检测是不够的,还需结合机体本身的免疫因子的检测,只有将免疫识别成分检测、病原检测与疾病的发生发展结合起来,才能真正做到早诊断早治疗,得出更合理更可靠的结论,因 TLRs 对病原体的识别是机体免疫防御的第一道防线,故通过研究 Toll 样受体来开发水产动物免疫增强剂势在必行,本研究克隆了曼氏无针乌贼 *TLR* 基因全长,并对其结构特征和病原菌感染后表达规律进行了分析,实验结果为进一步深入研究软体动物 *TLR* 基因的作用机理和免疫增强剂的开发奠定了重要基础。

参考文献

[1] Armant M A,Fenton M J. Toll-like receptors:a family of pattern-Recognition receptors in mammals[J].Ge-

nome Biol,2002,3(8):REVIEWS30l1.

[2] Smith ME Jr,Mitchell A,et al. Toll-like receptor(TLR) 2 and TLR5,but not TLR4,are required for Helicobacter pylori-induced NF—kappa B activation and chemokine expression by epithelial cells[J]. J Biol Chem,2003,278(7):32 552-32 560.

[3] 黄颖. 藏酋猴与川金丝猴 *TLR* 基因家族序列测定与进化分析[D]. 成都:四川农业人学,2012.

[4] Pasare C,Medzhitov R. Toll—like receptors:linking innate and adaptive immunity[J]. Microbes and Infection,2004,6(15):1382-1387.

[5] Oshiumi H,Tsujita T,Shida K,et al. Prediction of the prototype of the human Toll—like receptor gene family from the puffer fish,*Fugu rubripes*,genome[J]. Immunogeneties,2003,54:791-800.

[6] Hirono1,Takami M,Miyata M T,et al. Characterization of gene Structure and expression of two Toll-like receptors from Japanese flounder,Paralichthys olivaceus[J]. Immunogenctics,2004,56(1):38-46.

[7] 叶曼玉,刘利平,戴习林,等. 凡纳滨对虾 Toll 样受体基因 cDNA 片段的克隆及序列分析[J]. 上海水产大学学报,2008,17(3):263-267.

[8] Qiu Limei,Song Lingsheng,Yu Yundong,et al. Identification and Characterization of amyeloid differentiation factor 88(MyD88) cDNA from Zhikong scallop *Chlamys farreri*[J]. Fish & Shellfish Immunology,2007,23(3):614-623.

[9] Hongjuan S,Zunchun Z,Ying D,et al. Identification and expression analysis of two Toll—like receptor genes from sea cucumber(*Apostichopus japonicus*)[J]. Fish&Shellfish Immunology,2013,34:147-158.

[10] Hibino T,Loza-Coll M,Messier C,et al. The immune gene repertoire encoded in the purple sea urchin genome[J]. Developmental Biology,2006,300(1):349-365.

[11] 隗黎丽,吴华东,熊六凤. 柱状黄杆菌对草鱼 TLRs 基因表达水平的影响[J]. 大连海洋大学学报,2013,28(4):378-382.

[12] Miyake K. Innate immune sensing of pathogens and danger signals by cell surface Toll-like receptors[J]. Seminars Immunol,2007,19(1):3-10.

[13] 唐军. Toll 样受体一个新发现的介导天然免疫的古老家族(上、下)[J]. 国外医学:免疫学分册,2001,24(2):57 261.

[14] Yang C,Su J. Molecular identification and expression analysis of Toll—like receptor 3 in common carp *Cyprinus carpio* [J]. Journal of Fish Biology,2010,76:1926-1939.

[15] Zhao W,An H Z,Zhou J,et al. Hyperthermia differentially regulates TLR4 and TLR2 mediated innate immune response[J]. Immunol Letters,2007,108(2):137-142.

[16] Simon R,Samue lC E. Activation of NF-[kappa]B-dependent Gene expression by *Salmonella flagellins* FliC and FIjB[J]. Biochem Biophys Res Commun,2007,355(1):280-285.

[17] Opsal M A,Vage D I,Haves B,et al. Genomic organization and Transcript profiling of the bovine toll-like receptor gene cluster TLR6 — TLR1 — TLR10[J]. Gene,2006,384:45-50.

[18] 王轶南,常亚青,等.虾夷马粪海胆 *TLR* 基因 cDNA 克隆及表达分析[J]. 大连海洋大学学报,2014,29(4):339-335.

栉江珧染色体组型的初步分析

周丽青[1]，王雪梅[2]，吴彪[1]，陈四清[1]，刘志鸿[1]，
杨爱国[1]，孙秀俊[1]，张广明[1,3]，赵庆[1,3]

(1. 中国水产科学研究院 黄海水产研究所 农业部海洋渔业可持续发展重点实验室，山东 青岛 266071；
2. 山东省日照市海洋与渔业研究所，山东 日照 276800；3. 上海海洋大学 水产与生命学院，上海 201306)

栉江珧(*Atrina pectinata* Linnaeus)广泛分布于印度-太平洋地区的海域中，常用前端的足丝附着于底质，以后缘朝上的方式埋栖于浅海泥沙底质中，属大型贝类，因肉味鲜美而深受消费者的喜爱，闭壳肌巨大，鲜用或加工为干制品，俗称"干贝"，具有滋阴补肾，调中消食之功效。

染色体是"遗传信息"包括基因的载体，一个细胞里的全部染色体包含了这个生物的全部遗传信息。各种生物的染色体具有一定的类型和组数，染色体组型或核型一般是以处于体细胞有丝分裂中期的染色体数目和形态来表示，常采用由Levan等(1964)所提出的根据着丝粒的位置进行分类的方法。研究物种染色体不仅可以探讨其分类地位和系统演化，也有助于近缘物种的鉴定和群落分析。或许是因为实验对象暂养技术不完善，实验对象组织细胞的分裂增生能力不强，常规染色体制备方法无法制备出染色体形态好且分散均匀的中期分裂相染色体标本，我们团队连续多届研究生试图研究栉江珧染色体核型，均未成功。迄今为止，有关栉江珧的分类研究尚不多见，染色体组型分析也未见有报道，因此，建立大型贝类染色体制备技术并研究染色体组型对于丰富贝类遗传学和分类学内容，探究该物种的起源及分类进化地位，指导遗传育种生产实践都有重要的意义。

1 材料与方法

1.1 材料

2016年6月17日，从山东省日照市海洋与渔业研究所取健康的促熟的栉江珧亲贝2枚，1♀，1♂。雄性壳色偏土黄色，壳绞合部长17.8 cm，体重273.17 g，雌性壳色偏墨绿色，壳绞合部长19.5 cm，体重291.31 g。暂养于25 L水槽中，暂养水温20~23℃，高于原养殖场水温3℃左右，饲以实验室培育的扁藻和叉边金藻，每天早晚各投饵1次，每天换水一次，每次换一半过滤海水。

1.2 方法

提前准备好染色体制片的载玻片，要求干净无油污，不挂水。栉江珧阴干10~30 min，

---

* 青岛市战略性新兴产业培育计划项目(13-4-1-60-hy)资助.

作者简介：周丽青，副研究员，E-mail:zhoulq@ysfri.ac.cn

通信作者：杨爱国，研究员，E-mail:yangag@ysfri.ac.cn

双壳即张开,用一个厚约 1 cm 的软塑料板塞在壳腹缘处使双壳无法闭合,迅速沿鳃丝边界剪取 0.2 cm 宽、0.3 cm 长的鳃丝,制造微小创面,把栉江珧放回水体中精养 2~3 d 后,再取该创面的愈合增生组织。所取鳃丝和愈合增生组织在过滤海水中漂洗后立即放入含有 0.04%秋水仙素的 50%海水(纯净水与海水以体积比 1∶1 混合)中处理 30~45 min,用镊子取出组织放入 0.075 mol/L KCl 溶液中低渗 30~45 min,再取出组织用预冷的新鲜配制的卡诺氏(Carnoy's)液(甲醇∶冰醋酸=3∶1)充分固定。制片时先用 50%的冰醋酸将固定的组织解离成细胞悬浊液,热滴片法制片,10%的 Giemsa 染液染色 30 min,自来水冲洗,晾干后镜检,拍照。

1.3 核型分析与比较

选取染色体收缩适中、分散好的雄性中期分裂相 15 个,雌性中期分裂相 7 个,进行显微照相并放大测量,并用下式计算相对长度和臂比:

$$相对长度 = (实测染色体长度/全部染色体长度总和) \times 100$$
$$臂比 = 长臂长度/短臂长度$$

用 Excel 求出它们的平均数和标准差,按 Levan 等(1964)确定的标准进行染色体分类,得出栉江珧的染色体核型公式。

2 结果

2.1 栉江珧染色体数目的确定

两只贝均观察到清晰分裂相,共对 100 个中期分裂相进行染色体众数统计,结果列于表 1,确定染色体众数为 34。

表 1 栉江珧二倍体染色体计数结果

染色体数目	≤34	34	≈68	总和
分裂相数目所占百分比/%	27	71	2	100
	27	71	2	100

2.2 染色体相对长度和臂比值分析结果

通过测量与分析,雌雄栉江珧染色体相对长度和臂比值见表 2,栉江珧的中期分裂相皆为二倍体,都有 2 条相对长度明显大于其他的染色体。

表 2 栉江珧染色体类型、相对长度及臂比

染色体序号	雄性♂			雌性♀		
	相对长度 平均值±标准差	臂比值 平均值±标准差	染色体类型	相对长度 平均值±标准差	臂比值 平均值±标准差	染色体类型
1	5.53±0.43	1.22±0.10	M	5.31±0.24	1.26±0.17	M
2	4.87±0.28	1.25±0.18	M	5.10±0.33	1.22±0.21	M

续表

染色体序号	雄性♂			雌性♀		
	相对长度 平均值±标准差	臂比值 平均值±标准差	染色体类型	相对长度 平均值±标准差	臂比值 平均值±标准差	染色体类型
3	3.86±0.34	4.58±1.40	ST	4.22±0.37	4.89±1.43	ST
4	3.56±0.24	4.95±1.40	ST	3.79±0.38	4.44±0.88	ST
5	3.55±0.20	4.30±1.14	ST	3.69±0.26	3.79±0.73	ST
6	3.39±0.18	4.19±0.99	ST	3.42±0.23	4.01±0.99	ST
7	3.38±0.31	2.25±0.42	SM	3.45±0.32	2.59±0.37	SM
8	3.22±0.34	2.41±0.41	SM	3.07±0.27	2.31±0.32	SM
9	3.31±0.21	4.59±1.20	ST	3.58±0.35	4.44±1.36	ST
10	3.11±0.18	4.71±1.49	ST	3.12±0.26	3.72±1.20	ST
11	3.06±0.19	3.86±0.88	ST	3.06±0.16	3.92±1.06	ST
12	2.92±0.21	4.00±1.28	ST	2.90±0.17	3.69±0.47	ST
13	2.95±0.16	2.41±0.40	SM	3.06±0.17	3.91±0.94	ST
14	2.78±0.17	2.43±0.43	SM	2.86±0.07	3.57±0.82	ST
15	2.82±0.15	3.64±0.57	ST	2.99±0.23	2.39±0.22	SM
16	2.68±0.15	4.03±0.92	ST	2.65±0.28	2.32±0.34	SM
17	2.73±0.17	4.17±1.38	ST	2.72±0.10	1.32±0.21	M
18	2.56±0.17	4.55±1.39	ST	2.52±0.15	1.26±0.19	M
19	2.89±0.34	1.47±0.21	M	2.85±0.26	2.47±0.40	SM
20	2.76±0.32	1.43±0.23	M	2.63±0.22	2.48±0.35	SM
21	2.78±0.21	2.45±0.41	SM	2.71±0.23	3.59±0.80	ST
22	2.65±0.16	2.46±0.38	SM	2.59±0.14	3.45±0.71	ST
23	2.55±0.19	4.24±1.50	ST	2.65±0.19	3.78±0.86	ST
24	2.36±0.15	4.41±1.93	ST	2.47±0.09	3.66±0.57	ST
25	2.54±0.21	1.32±0.20	M	2.51±0.20	1.29±0.19	M
26	2.43±0.27	1.34±0.17	M	2.29±0.09	1.41±0.19	M
27	2.60±0.11	2.40±0.40	SM	2.54±0.28	2.24±0.34	SM
28	2.51±0.28	2.35±0.36	SM	2.36±0.27	2.32±0.36	SM
29	2.39±0.28	1.34±0.23	M	2.49±0.19	3.74±0.68	ST
30	2.19±0.25	1.33±0.23	M	2.28±0.24	3.82±0.56	ST
31	2.47±0.18	2.36±0.41	SM	2.30±0.23	2.27±0.43	SM
32	2.25±0.22	2.21±0.31	SM	1.99±0.13	1.34±0.72	SM
33	2.24±0.18	4.61±1.35	ST	2.01±0.15	4.22±1.16	ST
34	2.09±0.21	4.41±1.16	ST	1.80±0.22	3.86±1.12	ST

注:M,中部着丝粒染色体;SM:亚中部着丝粒染色体;ST,亚端部着丝粒染色体.

2.3 栉江珧染色体组型

雄性染色体组型为 2n = 8M + 10SM + 16ST,臂数 NF = 68(图1);雌性染色体组型为 2n = 6M + 10SM + 18ST,臂数 NF = 68(图2),这两个栉江珧个体的染色体组型略有不同,染色体排序也略有差别,其中 1-12、23-28、31-34 位的染色体排序在雌雄中是一致的,13-16 位非常相似,此次试验发现,雄性栉江珧中期分裂相染色体中出现较多的最大号染色体异形的情况,用于雄性染色体组型分析的 15 个中期分裂相中最大号染色体有 8 个存在异形,如图 1-c 和图 1-d 中的 1 号与 2 号染色体,存在明显的大小差异,但另外 7 个中期分裂相的最大号染色体不存在大小差异。

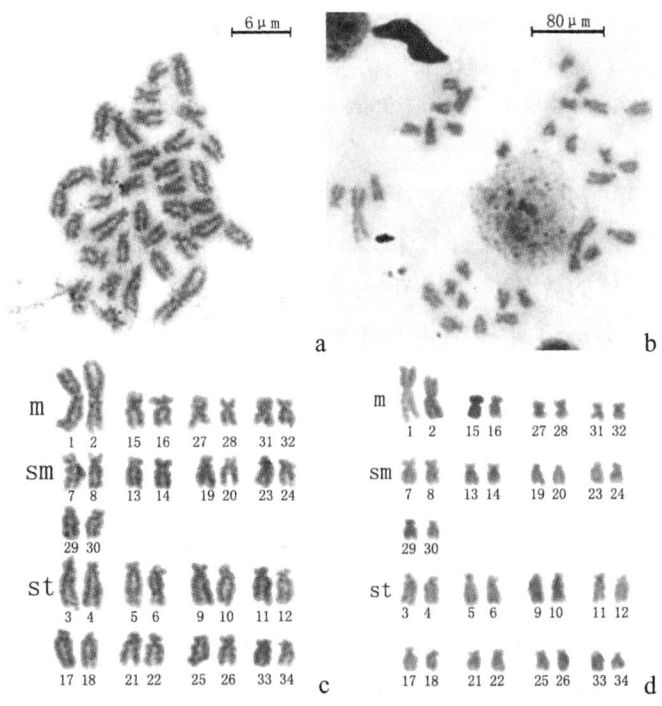

图1 雄性栉江珧中期分裂相染色体及核型

a、c. 雄性栉江珧中期分裂相染色体;b、d. 雄性栉江珧染色体核型.

3 讨论

3.1 栉江珧的遗传分化及分类

本研究发现所取的两枚栉江珧亲贝尽管是养殖场从当地采捕人员手中购得,并饲养于相同的环境条件中,但二者存在染色体组型差别,同一个雄贝不同体细胞还存在最大号染色体的差异。而目前,栉江珧人工育苗还处于试验阶段,尚未见有大规模人工育苗成功的报道,人工育苗的主要难题是栉江珧自然排放产卵量低,幼虫上浮粘连会导致幼虫大量死亡,不能满足生产需求(郑言鑫等,2015)。这难题是否与栉江珧亲贝遗传组成有差异或染色体变异有关还有待进一步的实验论证。雄性最大号染色体异形是否预示着栉江珧存在性染色

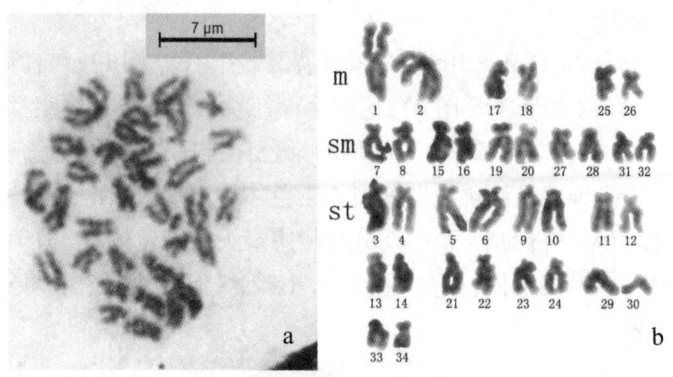

图 2 雌性栉江珧中期分裂相染色体及核型
a. 雌性栉江珧中期分裂相染色体;b. 雌性栉江珧染色体核型.

体,所取的两枚贝是不是分属不同的亚种?这些问题都有待进一步考证。正如前言所述,栉江珧分类和系统进化尚存在很多疑问,课题组前期在对栉江珧遗传变异分析中发现,即便是统一群体中的不同个体的微卫星和 SRAP 标记都存在很大的区别,同一对引物在某个个体中能扩增出条带,而在另一个个体中却扩增不出条带。本实验结果似乎预示着个体染色体组成存在变异。尽管栉江珧是雌雄异体型生物,但从外观上很难区分雌雄,多以繁殖盛期的性腺色泽来判断,成熟的亲贝性腺覆盖内脏团,雄性呈乳白色,雌性呈橘红色,当我们发现雄性存在最大号染色体异形之后,希望能够重复实验验证,但栉江珧的性腺已经消退,无法鉴别雌雄,只能等待明年的夏初取样再验证。

纵观动物由低等向高等进化历程,遗传分化中遗传因素的作用逐渐增强,环境因素的影响渐渐减弱(Volff et al,2003)。贝类是无脊椎动物漫长进化过程中较独特的一支,性别表型多样,雌雄同体、雌雄异体和性变等现象时有发生,而双壳贝类中尚未报道有性染色体,大多数人认为双壳贝类的性别是在相同遗传背景下生殖细胞分化的结果,而分化过程因受环境影响而发生性别逆转。为此,科研人员采用高通量转录组序列分析技术来筛选鉴定性别差异表达的基因,黑唇珠母贝生殖腺转录组分析就鉴定出许多与性别分化和性别决定相关的基因:雄性的 *Dmrt* 和 *Fem-1*(Female-lethal-1);雌性的 *foxl2*(Forkhead box L2) 和 *vtg*(Teaniniuraitemoana et al,2014)。但目前对海洋贝类性别分化的研究仍停留在对基因的分离鉴定和表达分析,尚缺乏对性别分化相关基因间相互作用及共表达调控模式的系统研究,相关的未知基因还有待发掘。

3.2 大型贝类染色体制备方法的改进

我们捕获的大型贝类大多都是成年贝,生长缓慢,组织细胞分裂增生的能力较弱,而要制备大量的染色体收缩适中、分散好的中期分裂相需要细胞分裂增生能力强的组织材料,如胚胎、幼虫、幼贝和成贝的鳃、生殖腺、肾脏等(吴宝铃,1999),但这些操作都需要解剖杀死试验动物作为代价。早在 1991 年,M. C. Alvarez 提出通过取鱼类的尾鳍进行原代培养获得成纤维细胞制备染色体的方法(尤锋,1994),尽管该方法对鱼损伤很小,一个样品还可重复取样或进行其他研究,但细胞培养的操作要求严格,实验条件要求也较高,并不是每次或每个物种的细胞培养都能成功,且时间跨度较长,数天或者数周,不利于该项技术的推广。笔者创造了直接剪取鳍条边缘及剪鳍后的愈合增生组织制备染色体的方法,对鱼体健康不会造成严重伤害,或者基本上不影响鱼体的健康状况,整个过程操作简便,可在实验基地或生产单位随时开展(周丽青,2010)。基于实验对象少而珍贵的情况,利用鱼类和贝类都有伤口修复能力,获取大量分裂增生的细胞用于染色体制备,取得了相当好的结果,还能保证实验动物仍能健康存活。

采用创口愈合增生组织制备动物中期分裂相染色体的报道较少,但植物中报道较多,而且发现愈伤组织植株体细胞在继代培养中染色体常发生变异,多为染色体数目的变异,如王仑山等(1990)就报道了伊贝母愈伤组织在不同培养基上继代培养时的染色体变异和分化频率,随着继代培养的进程,不仅观察到二倍体细胞频率逐渐减少,观察到比率不等的不同倍性的体细胞,同时还观察到了各种类型的染色体结构变异和有丝分裂异常。因此,我们推测这两枚栉江珧染色体组型差异也有可能是有一部分的中期分裂相是创口愈合增生组织细胞的,这将需要进一步的实验论证。

参考文献

白临建,杨爱国,周丽青,等.栉江珧形态性状对重量性状的影响.渔业科学进展,2012,33(6):87-92.

王仑山,丁惠宾,王亚馥,等.伊贝母愈伤组织在继代培养过程中的染色体变异和分化频率的研究.西北植物学报,1990,10(1):54-60.

吴宝铃.国家攀登计划B类项目 海水增养殖生物优良种质和抗病力的基础研究 贝类繁殖附着变态生物学.济南:山东科学技术出版社,1999:137-144.

任建峰,杨爱国.栉江珧研究现状及开发利用前景.海洋水产研究,2005,26(4):84-88.

严加坤,杨爱国,周丽青,等.我国不同地理群体栉江珧遗传多样性及系统发生分析.渔业科学进展,2013,34(2):29-35.

严加坤,杨爱国,周丽青,等.基于线粒体16S rRNA基因研究5个栉江珧野生群体的遗传多样性.海洋科学,2013,37(2):36-42.

郑言鑫,杨爱国,吴彪,等.栉江珧(*Atrina pectinata*)催产方法及幼虫培养条件.渔业科讯进展,2015,36(6):127-133.

周丽青,杨爱国,吴彪,等.波纹唇鱼染色体制备及核型的初步研究.渔业科学进展,2010,31(1):54-58.

Levan A,Fredga K,Sandberg A A.Nomenclature for centromeric position on chromosomes.Hereditas,1964,52(2):201-220.

Liu J,Li Q,Kong LF et al.Cryptic diversity in the pen shell *Atrina pectinata*(Bivalvia:Pinnidae):high divergence and hybridization revealed by molecular and morphological data.Molecular Ecology(2011) 20,4332-4345.

M.C.Alvarez,尤锋.海水和淡水鱼类细胞短期培养制备染色体的技术.国外水产,1994(3):34-36.

Teaniniuraitemoana V,Huvet A,Levy P,et al.Gonad transcriptome analysis of pearl oyster *Pinctada margaritifera*:identification of potential sex differentiation and sex determining genes.BMC Genomics,2014,15:491-511.

Volff JN,Zarkower D,Bardwell VJ,et al.Evolutionary dynamics of the DM domain gene family in metazoans.Journal of Molecular Evolution.2003,57(Suppl 1):S241-S249.

Wu B, Bai L J, Yang A G, et al. Novel polymorphic microsatellite markers isolated from the pen shell *Atrina pectinata* (Mollusca: Bivalvia: Pinnidae). Genetics and Molecular Research (GMR), 2014, 13(4): 10643-10647.

Yan J K, Wu B, Yang A G, et al. The complete mitochondrial genome of the pen shell *Atrina pectinata* (Mollusca: Bivalvia: Pinnidae): The first representative from the family Pinnidae. Mitochondrial DNA, 2013, 24(4): 368-369.

四种壳色马氏珠母贝遗传规律研究

李健强[1],方文珊[1]孙宗红[1],刘锦上[2],刘冠[3],刘志刚[1]

(1. 广东海洋大学水产学院,广东 湛江 524025;2. 湛江银浪海洋生物技术有限公司,广东 湛江 524022; 3. 雷州市源源至种苗繁育有限公司,广东 雷州 524200)

马氏珠母贝(*Pinctada martensii*)又称合浦珠母贝,是我国海水珍珠培育的重要母贝,其贝壳可加工成珍珠粉入药或做成贝雕,贝肉含氨基酸种类丰富[1]且具有醒酒效果[2],具有极高的经济价值。

海洋贝类因为丰富多彩的壳色备受大众喜爱,越是艳丽的壳色越能吸引眼球,对其经济价值有一定的促进作用。但贝类壳色的作用绝非仅是表征上的吸引,作为可稳定遗传的性状,它不仅与生物的生态、行为有关[3-4],而且与其生长、存活等生长形状相关[5-6]。Mitton[7]指出贻贝将入射光吸收转换为热量以供生长,不同的壳色及条纹是贻贝一种适应不同环境条件(温度)的机制。Newkirk[8]发现贻贝的壳色形成由简单的遗传机制所决定,而且棕色个体年增长小于蓝色个体10%~20%。Brand 等[9]对虾夷扇贝进行不染色、单壳面染色、双壳面染色处理,发现染色组表现出显著的生长优势,未染色组存活率较低,生长速度较慢,个体较小。郑怀平等[10]统计发现河北、山东、辽宁三省的海湾扇贝壳色主要有橙、紫、白、黑、棕等色,而且棕色个体总重最大,紫色个体最轻最小。孙秀俊等[11]比较白色和褐色虾夷扇贝的形态特征,分析白色虾夷扇贝在出柱率方面有极显著的优势;而顾向飞[12]研究4种壳色花纹文蛤(暗纹、细纹、黑斑、红壳)的生长形状得出暗纹文蛤的各项生长指标优势最为明显。丛日浩等[13]筛选白、黑、金、紫壳色长牡蛎建立家系,比较发现稚贝阶段的各家系间存活和生长存在显著差异。张涛等[14]建立了橙色、褐色、橙褐色3个华贵栉孔扇贝群体,发现早期发育阶段不同壳色群体间生长性状差异显著。由此可见,多数双壳类壳色与其生长性状间存在显著的关联性。通过多代的定向选育,可使壳色不断纯化,同时实现以壳色作为辅助标记培育具优良生长性状或育珠效果的壳色品系的目的。利用这一关联性,国内开展了多种贝类壳色新品系的选育工作,并成功地培育出了"红斑马"菲律宾蛤仔、"中科红"海湾扇贝、

基金项目:广东省海洋渔业科技推广专项科技攻关与研发项目(A201108A04、A201208A01)。

第一作者:李健强,男,1991—,硕士研究生,研究方向为贝类遗传育种,E-mail:806568962@qq.com

通信作者:刘志刚,男,硕士,教授,从事贝类增养殖技术,贝类遗传育种研究,E-mail:liuzg919@126.com

"玛瑙鲍"皱纹盘鲍等多个优良品系。目前,关于马氏珠母贝壳色选育及壳色遗传规律的研究报道尚少,本实验在课题组连续6代选育的基础上,采用完全双列杂交方法研究了第7代4种壳色马氏珠母贝的壳色遗传规律,进一步纯化了壳色,旨在将壳色作为有效的辅助遗传标记,选育出目的壳色品系,指导该贝工厂化种苗繁育及遗传选育。

1 材料

1.1 材料来源

实验亲贝为本课题组黑(B)、白(W)、红(R)、黄(Y)4种壳色马氏珠母贝选育系 F_6 个体,该贝由湛江银浪海洋生物技术有限公司提供(图1)。

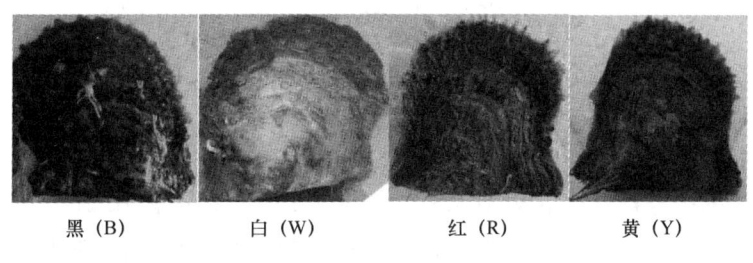

图1 四种壳色马氏珠母贝

1.2 亲贝促熟

从海区挑选规格相近、贝体完整、性腺外观饱满、色泽鲜艳的亲贝在实验前进行催熟培育。将亲贝清理干净,按密度 20~30 个/m³ 水体投放,每天全换过滤海水一次,分批投喂扁藻及干酵母。保证水体中扁藻最大密度为 $(5~6)×10^5$ 个细胞/L,干酵母每天 3~5 mg/L。暂养催熟后,于 2014 年 10 月开始在雷州市乌石镇源至育苗场展开实验。

2 方法

2.1 壳色的界定

经过6代群体继代选育的马氏珠母贝4种壳色选育系 F_6,4种壳色纯化度已较高,为了研究壳色遗传规律,本次实验均选取不含有放射带或者放射带非常不明显的贝作为实验的母贝(图1)。

黑色:双壳黑色底色无其他颜色放射带。
白色:双壳灰白底色无其他颜色放射带。
红色:双壳壳顶灰白放射带红色。
黄色:双壳黄色底色无其他颜色放射带。

2.2 实验的处理和设计

马氏珠母贝属雌雄异体,2014年10月中旬,种贝的性腺已发育成熟。选取壳色纯合度最好的黑壳(B)、白壳(W)、黄壳(Y)及红壳(R)雌雄亲贝各一对,解剖法授精。建立了6个杂交组合 W×B、R×B、Y×B、R×W、Y×W、R×Y，4 个自交组 BB、WW、RR、YY，即 12 个正反交组合 WB、BW、RB、BR、YB、BY、RW、WR、YW、WY、RY、YR，实现 4×4 的双列杂交（表1）。各个实验组严格隔离，防止交叉污染。为防止精子过量导致胚胎畸形和水体腐败，受精时，保证一个卵子周围有 2~4 个精子。10 min 后，经 300 目筛绢网过滤杂质，放入 8 L 的大白桶中充气孵化。受精 24 h 后，受精卵发育为 D 形幼虫。

表1 不同壳色马氏珠母贝 4×4 双列杂交的实验设计

亲本	黑壳（B♀）	白壳（W♀）	红壳（R♀）	黄壳（Y♀）
黑壳（B♂）	BB	BW	BR	BY
白壳（W♂）	WB	WW	WR	WY
红壳（R♂）	RB	RW	RR	RY
黄壳（Y♂）	YB	YW	YR	YY

2.3 幼虫培育及管理

在 8 L 大白桶中进行幼虫培育，D 形幼虫孵出 2 d 后投喂金藻，10 d 后辅以小球藻、亚心形扁藻和活性酵母。根据镜检结果即幼虫胃内残存饵料的多少来确定投饵量。随幼虫的发育、个体增大而逐渐增加投饵量。培育期间，定期更换海水，新进水与原水的温差不应超过 0.5℃，确保 24 h 充气，同时使幼虫、饵料分布均匀，增加幼虫的摄食机会。将土霉素磨碎溶于水并用 300 目筛绢过滤，以 1 mg/L 的浓度投放，抑制水中有害微生物的繁殖，减少病害发生。30 d 左右时，幼虫出现眼点。当 30%~40% 的幼虫出现眼点时，投放附着基（聚乙烯网片）进行采苗，附着后增喂虾塘藻。

2.4 稚贝的中间育成

2015 年 3 月 21 日把育苗室内壳长 1.5~2.0 mm 的稚贝全部移至雷州乌石镇深水海区养殖，使用一级笼具，采用 60 目网袋，规格 30 cm×50 cm，每袋 10 g 左右，2 000~2 500 粒。培育 10~20 d 后，换成 40 目网袋，每袋 1 000~1 500 粒。稚贝壳长约为 8 mm 时换成 20 目网袋，每袋 500~800 粒。各组贝苗的笼具做好标记，防止混淆。

实验期间所用笼具的规格、网目大小、分笼时间、笼具之间的放养密度及参照海水贝类养殖学[15]的方法，确保每个阶段各组的养殖密度、分笼、吊养水深等条件一致。养成期定期检查换洗贝苗笼，保持海水交换通畅，每月按时清除贝上的附着物，提高贝苗的成活率。

在海上养殖个 8 月后，各组合壳色表型已充分表达，将各组合后代充分混合均匀后，从各组随机抽取 200 个个体，统计各种壳色的数量。

3 结果

3.1 自交组壳色情况

8 个月后抽样统计壳色表型的情况见表 2。F_6 时黑壳色产生与亲本不同的表型，表现为灰白底色带有黑色放射带且在壳内边缘的棱柱层黑色不连成片，白壳色也有部分发生性状分离,其分离表型为灰白底色略带黑色斑点。黄壳色,红壳色没有发生性状分离。马氏珠母贝壳色由背景色和前景色组成,黄色和白色为背景色,黑色为前景色,只有自交组情况不能判断红色为背景色还是前景色。

表2　4种壳色马氏珠母贝自交壳色表型

亲本	抽样个数	壳色表型及表型数/个	表型率/%
B(♂)×B(♀)	200	黑色195、灰白底色黑色放射带分散5	97.5
W(♂)×W(♀)	200	白色187、灰白底色带有黑斑13	93.5
R(♂)×R(♀)	200	红色200	100
Y(♂)×Y(♀)	200	黄色200	100

3.2　杂交组壳色情况

各杂交组双列杂交后出现正反交情况如表3所示:①红色与白色杂交后,出现白色、红色以及壳面正面白色反面红色3种贝;②黑色与红色杂交后,出现黑色、红色以及黑底色红色放射带3种贝;③黄色与白色杂交后,出现黄色、白色以及灰白底色红色放射带3种壳色;④黄色与红色杂交后,出现黄色、黄底色带有红色放射带、灰白底色带有红色放射带3种壳色;⑤黑色与白色杂交后,出现黑色、白色、浅黑色以及白色略带红色放射带4种壳色;⑥黑色与黄色杂交后,出现黄色、黄底色带有红色放射带、灰白底色带有红色放射带3种壳色。就杂交组子代的情况可见,红色为马氏珠母贝前景色。单看背景色,黄白壳色贝杂交符合黄壳色:白壳色=1:1的比例(适合性检验黄白杂交,$P=0.396$;白黄杂交,$P=0.572$)。

表3　杂交后代壳色情况

	亲本	抽样个数	壳色表型及表型数/个
红白杂交	R(♂)×W(♀)	200	白色40、红色76、正面白色反面红色84
	W(♂)×R(♀)	200	红色131、灰白底色红色放射带69
红黑杂交	B(♂)×R(♀)	200	黑色136、灰白底色红色放射带74
	R(♂)×B(♀)	200	黑色79、黑底红色放射带64、灰白底色红色放射带57
黄白杂交	Y(♂)×W(♀)	200	黄色94,白色21、灰白底色红色放射带85
	W(♂)×Y(♀)	200	黄色96、白色104
红黄杂交	Y(♂)×R(♀)	200	黄色94、黄底色带有红色放射带53、灰白底色红色放射带53
	R(♂)×Y(♀)	200	黄底色带有红色放射带107、灰白底色红色放射带93
黑白杂交	B(♂)×W(♀)	200	黑色61、白色(带红色带)139
	W(♂)×B(♀)	200	黑色86、白色17、浅黑色97个
黑黄杂交	B(♂)×Y(♀)	200	黄色115个、灰白底色黑色放射带85
	Y(♂)×B(♀)	200	黄色160、黑色40

4 讨论

4.1 马氏珠母贝壳色的遗传规律分析

马氏珠母贝4种壳色的完全双列杂交产生了4个自交组及12个杂交组,自交组中子代壳色基本和亲本一致,但同样也有少部分子代与亲本壳色不同,如白壳色贝自交出现了灰白底色带黑斑,这与Wada[16]报道马氏珠母贝白壳色贝是缺乏色素的变现,属于隐性纯合子的观点似有出入。其实不然,隐性纯合白壳色贝为不含色素的马氏贝,含有致死基因,存活率比其他壳色贝低,因此无论自然环境还是养殖条件下数量都极其稀少。笔者认为马氏贝的壳色是由背景色和前景色共同组成的,就本实验结果,笔者推测自然环境中的大多数白壳色贝均无背景色但含前景色,实验所选用的白壳色贝亲本正是课题组从自然环境中挑选并经过了6代壳色选育能稳定遗传壳色的品系,就背景色而言,实验自交组子代并没有发生壳色分离,反映了本课题组连续7代选育使马氏珠母贝的壳色基因已相当纯化。实验中子代壳色情况较为复杂,需对背景色和前景色进行独立分析遗传规律。

(1)马氏珠母贝背景色遗传规律。综合自交组和杂交组子代壳色情况,不难看出黄色与白色为马氏珠母贝的背景色,存在一定遗传规律。白壳色自交得到背景色为白色的贝,黄壳色贝和白壳色贝杂交子代均符合黄壳色∶白壳色=1∶1的比例,但是黄壳色贝自交并没有出现期望的黄壳色∶白壳色=3∶1的比例。笔者推测纯白壳色贝(不含背景色和前景色基因)含有致死基因,在稚贝期壳色尚未分化时就已死亡;但当白壳色贝携带前景色基因时可提高存活率,自然环境中的白壳色贝多为此类。可以推断出马氏珠母贝背景色的遗传规律:白壳色贝为隐性纯合子,黄壳色相对白壳色为显性,可为纯合子和杂合子。马氏珠母贝的背景色遗传符合孟德尔遗传定律,为质量性状。

(2)马氏珠母贝前景色遗传规律。红色、黑色作为马氏珠母贝的前景色,在杂交组子代中出现情况比较复杂,不具明显的比例,不符合孟德尔遗传规律。前景色的主要表型有无前景色类,放射带类以及纯色类(如黑色出现无前景色,黑色放射带,浅黑色,纯黑色;红色类似)。笔者推测前景色为阈性状,有多个微效基因所控制,以红色为例,当达到一定阈值时,前景色由无前景色变为红色放射带,达到另一个阈值时,红色放射带均匀覆盖壳表面呈现出外形为纯红壳色贝。可以确定的是,红色前景色和黑色前景色相对无前景色为显性,而且红黑杂交出现黑底色红色放射带说明了红色和黑色共显。红色放射带出现的情况有灰白底色红色放射带和黄底色红色放射带,表明红色前景色基因对黄色背景色基因和白色背景色基因有一定上位效应,由于未见黄底色黑放射带的贝壳,可知黑色前景色基因仅对白色背景色基因有上位效应。

(3)马氏珠母贝壳色遗传存在伴性遗传,白壳表现出明显的母系遗传。伴性遗传又称性联遗传,是遗传基因位于性染色体上的遗传现象。秦艳杰[17]在构建海湾扇贝遗传图谱及对其壳色基因、生长相关QTL的定位研究中建立了雌性和雄性的连锁图谱,发现了壳色标记(橙色)定位出现在了雌性图谱上,而不出现在雄性图谱上,表明该橙壳色属母性遗传。本实验中也出现了母系遗传的情况,红壳色贝与白壳色贝杂交后代壳色多态。仅当白壳色贝作为母本时出现正面白色反面红色的情况,此红色来自白壳色母贝所含的前景色基因,白壳色表现出明显的的母系遗传;同样的,当白壳色贝分别与黄壳色贝、黑壳色贝杂交时,仅当白色作为母本时,后代中出现的白壳色贝均有红色放射带。

4.2 马氏珠母贝壳色的形成机制

受自然环境的限制和生理因素等影响,海水贝类在生长的过程中,不同的群体间或者同一群体内产生了壳色多态性。例如白樱蛤有白、红、橙、黄4种颜色[18];郑怀平[10]统计山东、辽宁、河北三省的海湾扇贝主要有橙、紫、黑、棕等壳色。马氏珠母贝壳色丰富,主要由黑色素和脂色素的沉积形成的,黑色素产生黑、灰、褐三色,脂色素产生红、黄两色,而当壳表含色素少或者不含色素时就会呈现白壳色。Wada等[16]报道马氏珠母贝的壳色有褐色、红色、黄色和白色。这与本研究所用黑、红、黄、白4种壳色的亲贝有所差别。马氏珠母贝壳表的黑色素可形成不同的色素结构而产生黑、灰、褐不同的颜色,三者的区别在于不同的色素结构或者色素-蛋白结合体于壳表面色素沉积浓度不同,导致了壳色饱和度不同,最终形成的壳色不同。一般的野生马氏珠母贝是杂交群体,不同壳色贝之间存在基因流动,因此壳色多态性远高于缺少壳色基因流动的自交群体。而本实验选用亲贝为连续纯化6年的选育系F_6,壳色纯度相当高,故马氏珠母贝野生群体的褐色在本实验中呈现黑色,这也是笔者推测马氏贝前景色为阈性状的一个重要原因。Kracuter等[19]第一次证明海湾扇贝的壳色是受遗传控制的,同样,马氏珠母贝的壳色是由一个特殊的基因座控制,这个基因座由独立的几个基因位点控制,同时受环境因素的影响而采用多样化的色素沉积模式形成的。综合实验中亲贝、自交后代和杂交后代的壳色情况,可推测控制壳色的基因座最少有2个独立的基因位点:一是控制背景色的位点;二是控制前景色的位点。这与Elek[20]和Adamkewicz[21]报道的海湾扇贝贝壳的外表颜色划分为背景颜色和图案颜色是相似的。控制马氏珠母贝背景色的位点产生黄、白两种背景色,其中白壳色贝若缺乏前景色基因时为隐性纯合子,但含致死基因以致存活率低,黄色相对白色为显性;控制背景色的位点主要产生红、黑以及无色3种前景色,红、黑相对无前景色为显性且红、黑共显。前景色表型复杂,包括了间插性颜色和覆盖性颜色两种。间插性颜色会出现不同颜色放射带,不能完全涂满整个贝壳,如灰白底色红色放射带和灰白底色黑色放射带等情况;而覆盖性颜色能在背景色基础上较均匀地覆盖上色素,如出现的红壳色和黑壳色情况。两个基因位点间存在一定加性效应,共同表达形成贝壳颜色。

参考文献

[1] 苗东亮,纪丽丽,李世杰,等. 马氏珠母贝贝肉与贝壳成分研究[J]. 湖北农业科学,2011,(7):439-1443.

[2] 韩丽娜. 马氏珠母贝肉醒酒作用及其醒酒机理的研究[D]. 湛江:广东海洋大学,2010.

[3] Smith D A S. Polymorphism and selective predation in *Donax faba* Gmelin(Bivalvia:Tellinacea)[J]. Journal of Experimental Marine Biology and Ecology,1975,17(2):205-219.

[4] Beukema J J,Meehan B W. Latitudinal variation in linear growth and other shell characteristics of *Macoma*

balthica[J]. Marine Biology,1985,90(1):27-33.

[5] Wolff M,Garrido J. Comparative study of growth and survival of two color morphs of the Chilean scallop *Argopecten purpuratus* (Lamarck) in suspended culture[J]. J Shellfish Res,1991,10(1):47-53.

[6] Choromanski J, Stiles S. Observations on self-fertilization in the bay scallop *Argopecten irradians*[J]. J. Shellfish Res,1995,14(1):268.

[7] Mitton J B. Shell color and pattern variation in *Mytilus edulis* and its adaptive significance[J]. Chesapeake Science,1977,18(4):387-390.

[8] Newkirk G F. Genetics of shell color in *Mytilus edulis* L. and the association of growth rate with shell color [J]. Journal of Experimental Marine Biology and Ecology,1980,47(1):89-94.

[9] Brand E,Kijima A,Fujio Y. Shell color polymorphism and growth in the Japanese scallop,*Patinopecten yessoensis*[J]. Tohoku journal of agricultural research,1994,44(1):67-76.

[10] 郑怀平,许飞,张国范,等. 海湾扇贝壳色与数量性状之间的关系[J]. 海洋与湖沼,2008,39(4):328-333.

[11] 孙秀俊,杨爱国,刘志鸿,等. 2种壳色虾夷扇贝的形态学指标比较分析[J]. 安徽农业科学,2008,36(23):10008-10010.

[12] 顾向飞. 文蛤不同壳色花纹品系生长性状和营养成分的差异分析[D]. 宁波:宁波大学,2014.

[13] 丛日浩,李琪,葛建龙,等. 长牡蛎4种壳色家系子代的表型性状比较[J]. 中国水产科学,2014,21(3):494-502.

[14] 张涛,郑怀平,孙泽伟,等. 华贵栉孔扇贝不同壳色后代早期发育阶段性状比较[J]. 中国农学通报,2009(23):478-484.

[15] 王如才,王昭萍. 海水贝类养殖学[M]. 青岛:中国海洋大学出版社,2008.

[16] Wada K T,Komaru A. Color and weight of pearls produced by grafting the mantle tissue from a selected population for white shell color of the Japanese pearl oyster *Pinctada fucata martensii*(Dunker)[J].Aquaculture,1996,142(1):25-32.

[17] 秦艳杰. 海湾扇贝遗传图谱构建及壳色基因,生长相关QTL的定位研究[D]. 青岛:中国科学院研究生院海洋研究所,2006.

[18] 管云雁,何毛贤. 海产经济贝类壳色多态性的研究进展[J]. 海洋通报,2009,28(1):108-114.

[19] Kracuter J,Adamkewicz S L,Castagna M,et al. Rib number and shell color in hybridized subspecies[18]of the Atlantic bay scallop,*Argopecten irradians*[J]. Nautilus,1984,98(1):17-20.

[20] Elek J. A,Adamkewicz S. L. Polymorphism for shell color in the atlantic bay scallop *Argopecten-irradians-irradians*(lamarck)(mollusca,bivalvia) on marthas-vineyard island[J]. American Malacological Bulletin, 1990,7(2):117-126.

[21] Adamkewicz L,Castagna M. Genetics of shell color and pattern in the bay scallop *Argopecten irradians*[J]. Journal of Heredity,1988,79(1):14-17.

17α-甲基睾酮及芳香化酶抑制剂对条纹锯鮨性逆转的影响

刘莉[1,2]，陈超[1]，孔祥迪[2]，邵彦翔[1,2]，张梦淇[2]，
张廷廷[1,2]，张春禄[2]，陈建国[2]，曲江波[3]

(1. 中国水产科学研究院 黄海水产研究所,山东 青岛 266071；2. 上海海洋大学 水产与生命学院,
上海 201306；3. 烟台开发区天源水产有限公司,山东 烟台 264000)

条纹锯鮨(*Centropristis striata*),又称美洲黑石斑,体色呈深褐色或蓝黑色,各鳍较大并具有显著的菱形白色斑点,头部与鳍边呈五彩斑斓的颜色,又称翡翠斑和珍珠斑[29]。它的肉质丰腴,营养价值高,生长速度快,抗病力强,摄食效率高,能够适应高密度、集约化的养殖,在沿海网箱养殖和池塘养殖都有很大的潜能。条纹锯鮨属于雌雄同体的鱼类,但低龄鱼首先表现雌性,在自然海域中,雌鱼占多数[30]。个体较小的、年龄较低(<4龄)的条纹锯鮨的卵巢首先成熟,当生长到一定年龄和大小时卵巢逐渐退化,精巢开始形成[31]。这种状况造成了在人工生产过程中常常出现雄鱼缺少或雌雄生殖腺发育不同步等问题,大大限制了条纹锯鮨人工繁殖和育苗的进程。本文利用17α-甲基睾酮、芳香化酶抑制剂来诱导1龄的条纹锯鮨性别转换,分析逆转过程中各时期血清性激素水平和芳香化酶活性变化,分析这些变化与性腺发育进程之间的联系,探究条纹锯鮨性逆转的内分泌调节机制,为条纹锯鮨大批量苗种人工繁育工作提供参考依据。

1 材料与方法

1.1 材料

本实验所用条纹锯鮨全长(23.61±1.52)cm、体重(288.81±141.75)g,2015年4月在福建福鼎市康泰利水产养殖专业合作社购买,在天源水产有限公司培育,经驯养后进行实验,水温20.6~26.8℃。

1.2 埋置药条的制备

取5.6 g的17α-甲基睾酮和2.8 g的芳香化酶抑制剂分别加入到一定含量的硅橡胶基质(MDX4-4210,Dow Corning Corporation,USA)中,混合均匀后加入固化剂(硅胶基质:固化剂=10:1),再次充分搅拌混匀后,分别平涂到自制凹形模具中(长×宽×高=120 mm×76 mm×1.5 mm),随后将其放入恒温培养箱中,37℃、无光条件下放置24 h。

实验用时,先将其等分为80份(1.5 mm为间隔,将120 mm均分)规格为76 mm×1.5 mm×1.5 mm的长条,每个长条的含量分别为:17α-甲基睾酮70 mg；芳香化酶抑制剂35 mg。给鱼埋置时,根据鱼的体重再将长条切割成相应含量的药条。

1.3 实验设计和样品处理

实验设置A、B、C、D 4个处理组,其中ABC为实验组,D为对照组,每组40尾鱼,分别放

入4个养殖池中独立饲养,采用背部肌肉埋置的方式,A组埋置10 mg/kg体重含量的17α-甲基睾酮;B组埋置5 mg/kg体重含量的AI;C组埋置等量体重含量的17α-甲基睾酮及AI;D组埋置空白药条,作为对照组,每月埋置一次,共埋置3次。

每15天取样一次,每组随机抽取3尾鱼轻轻挤压鱼体腹部,检查排精情况,检测精子的活力和存活时间;在鱼体尾部静脉采集血液,放于4℃冰箱中6~8 h后,待血液分层后,采用3 500 r/min速度离心5 min,将得到的血清存放于-80℃冰箱中,测定血清中性激素的含量;采集血液后,立即解剖,取部分脑放于冻存管中,迅速保存到液氮罐中,测定芳香化酶活性。同时测量性腺重、体重和内脏重,用于计算性腺成熟系数(gonadosomatic index,GSI)。

$$性腺指数\ GSI = [GW/(BW-VW)] \times 100$$

(BW:体重;VW:内脏重;GW:性腺重)

1.4 组织学观察

性腺取样后,用Davasion溶液固定24 h后再换成70%酒精保存液。用分别采用不同浓度的酒精脱水,二甲苯透明后进行包埋,切片厚度保持在5~7 μm的范围,HE染色,自然风干后进行封片,最后在光学显微镜下查看切片结果,分析性逆转过程中性腺的组织学变化。

1.5 血清中性类固醇激素的测定

运用的睾酮(T)和雌二醇(E2)放射免疫测定(RIA)试剂盒购于天津九鼎医学生物工程有限公司,按其说明书方法进行测定。

1.6 芳香化酶活性的测定

将脑组织切割后,称取重量,加入一定量的pH为7.4的PBS溶液,立即放置于液氮中。将组织样品在低温冰盒中融化,再将PBS加入样品中使其匀浆充分,离心20 min左右(2 000~3 000 r/min)仔细收集上清,分装后进行检测。根据上海沪鼎生物科技有限公司提供的鱼芳香化酶酶联免疫分析试剂盒,运用双抗体夹心法测定脑组织中芳香化酶的浓度。

1.7 数据分析

用SPSS软件对所得数据进行分析,比较对照组和埋置组之间是否有显著性差异($P<0.05$),结果以平均值±标准差表示。

2 结果

2.1 埋置17α-甲基睾酮和芳香化酶抑制剂对条纹锯鮨性腺发育、性腺成熟系数及排精率的影响

统计条纹锯鮨诱导过程中性腺指数变化(图1)所示,除D组外,其余各处理组性腺成熟系数均表现先降低后升高的变化过程。埋置药条2周后,各处理组鱼的GSI值均降低,且C组GSI下降最明显,而B组则略有降低。第2周之后,B组GSI值明显升高,到第6周时GSI达到最高值,随后大幅下降,但相对A、C组其GSI值一直处于较高水平;C组GSI值显著升高,第4周时达到其最高值,再迅速降低,最后趋于平稳;而A组性腺成熟指数值则变化不大,相对其他各组则保持较低水平。而对照组D组的性腺成熟系数则表现为升高后缓慢降

低,并维持在较高水平。

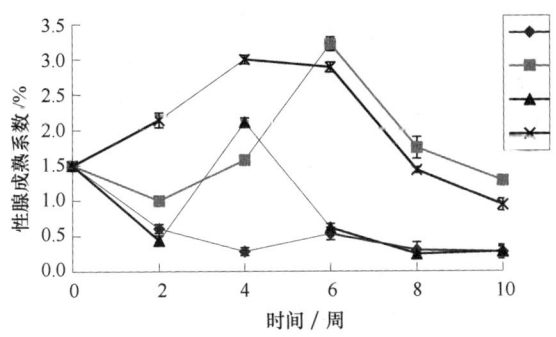

图 1　性逆转过程中条纹锯鮨性腺成熟系数变化

不同时期的条纹锯鮨体色和性状会有很大不同。繁殖季节,体形较大的雄鱼头部有一个突出的隆起,眼睛周围到鳃盖的边缘及头部呈现出明亮的蓝绿色,此为婚姻色,在两眼之间的背部形成白色的"V"形斑纹;而雌鱼则呈鲜明的深灰色(图2a)。埋置药条两周后,可见实验组亲鱼头部呈蓝绿色,表现出明显的婚姻色(图2b),埋置后期,婚姻色更加显著,第三次埋置后,可看到亲鱼头部的脂肪突起(图2c)。解剖发现,实验最初亲鱼的卵巢呈黄色囊状(图3a),成熟的卵巢可观察到透明的卵粒(图3b),两周后可见亲鱼性腺后部先变白,然后蔓延到前部,第二次埋置后期性腺饱满呈白色或乳白色(图3c),轻微挤压雄鱼腹部有白色精液流出,第三次埋置后亲鱼性腺已完全转化为精巢。实验结束时,繁殖期过后性腺退化,排除精液后的精巢呈肉色,外观呈松弛状态体积缩小(图3d)。

埋置17α-甲基睾酮或AI可有效诱导条纹锯鮨性逆转,促使卵巢退化,精巢发育,显微镜下观察的性腺组织切片结果见图4。图4a为初级卵母细胞,显微镜下呈现深紫色,为卵母细胞的小生长期。细胞核大且呈卵圆形,核仁数目逐渐增多,体积减小,卵膜外有一层有滤泡组成的滤泡膜。

镜检可见,此时卵细胞进入卵母细胞的生长期阶段,细胞体积开始增大,卵母细胞的细胞核被染成粉色。卵母细胞的内缘开始出现皮质液泡,其性状和大小不规则,呈环形分布,液泡层随卵母细胞的增大而增多,在细胞质中逐渐充满(图4b)。随卵母细胞不断发育,细胞外周的液泡间出现粉色的卵黄颗粒,卵母细胞的体积增大,粉色的卵黄颗粒越来越多,放射膜也逐渐增厚,最后可以看到大片的卵黄颗粒充满整个细胞,并可以看到部分卵黄粒开始融合成块状,核仁逐渐崩解,卵细胞脱离滤泡膜并排出(图4c)。

卵母细胞排出后残留的滤泡细胞,逐渐发育形成精原细胞,为椭圆形,细胞中心有一个大的胞核,为弱碱性(图4d)。精原细胞位于精小叶的边缘。精原细胞逐渐分裂成个体较小、深色的初级精母细胞,数目也较多。初级精母细胞经过一次分裂后形成更小的次级精母细胞,细胞的数量进一步增加,这个时期精巢中,可以同时看到精原细胞和精母细胞,但此时期维持的时间较短。很快次级精母细胞会再次分裂产生精细胞,精子细胞较小,显微镜下可以看到胞核被染成深蓝色(图4e)。精子细胞经过一系列的形态变态发育成精子,被染成深

图 2 性逆转过程中条纹锯鮨的外观变化
1. 雌鱼；2. 雌雄间性鱼（NC,指婚姻色）；3. 雄鱼

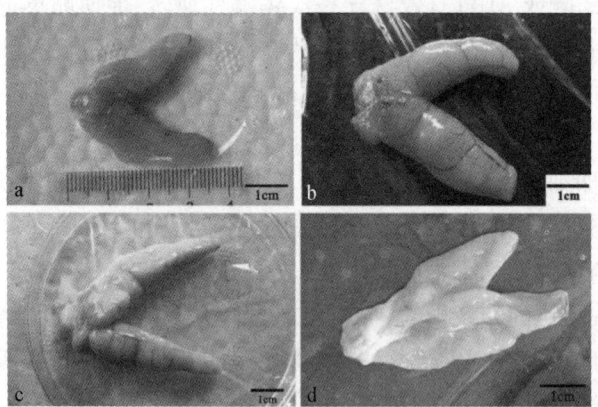

图 3 性逆转过程中条纹锯鮨性腺变化

蓝色,大片的精子在小叶腔中形成漩涡(图 4f)。

药条处理 4 周后,全部实验组鱼都发生不同水平的性转,卵母细胞逐渐退化、消失,在其周围出现大量的雄性生殖细胞,部分鱼可以挤出少量精液；而对照组无明显变化。实验第 8 周时,3 个实验组中 C 组鱼的排精率最高,A 组最低；此时实验组鱼的精巢结构具有正常精

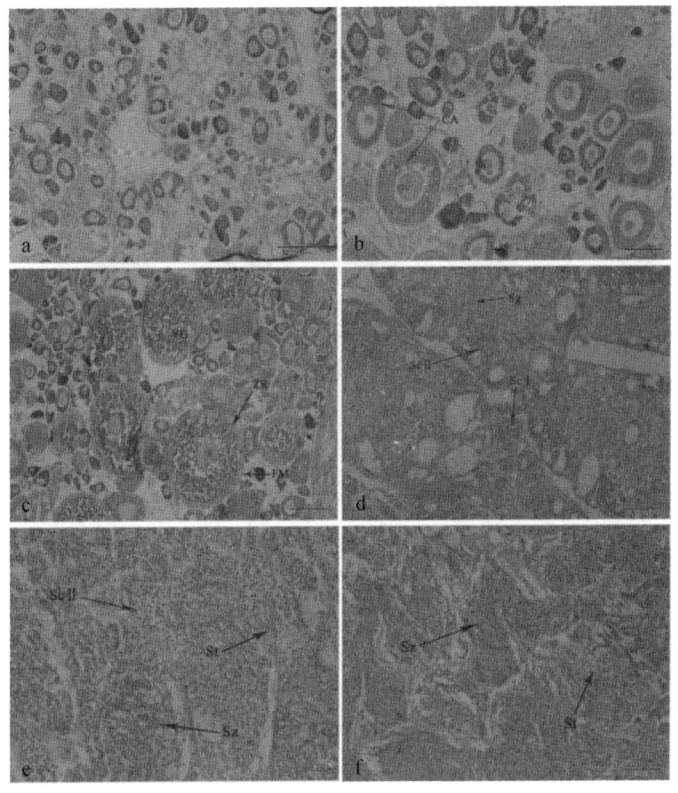

图 4　性逆转过程中条纹锯鮨的性腺组织学变化

雌性阶段(a、b、c);性腺转变阶段(d、e);性逆转雄鱼阶段(f);GV,卵黄核;CA,皮质液泡;ZR,放射膜;FM,滤泡膜;YG,卵黄颗粒;Sg,精原细胞;ScⅠ,初级精母细胞;ScⅡ,次级精母细胞;St,精子细胞;Sz,精子

巢的结构,在精小叶腔中可见大量精子,轻压腹部即可排出乳白色精液;D 组部分鱼的卵母细胞退化,精原细胞增殖,并可以挤出少量精子。第三次药条处理两周后,可见实验组鱼排精量有所降低。并在实验期间采集精液,记录精子的活力和存活时间(图 5 和图 6),精子活力明显高于空白组的精子的活力,而其他各组间差别不显著($P<0.05$),且 17α-甲基睾酮和 AI 组条纹锯鮨精子的存活时间明显高于其余各组($P<0.05$)。

2.2　埋置 17α-MT、芳香化酶抑制剂对条纹锯鮨血清中性类固醇激素的影响

实验过程中,各组条纹锯鮨血清中睾酮(T)的含量发生了不同变化。未埋置药条时,条纹锯鮨血清中 T 的浓度较低(图 7)(3.51 ± 0.8)ng/dL,第一次埋置药条 2 周后,3 个药条处理组血清中 T 的含量均显著升高,且均高于对照组 D 组,实验 4 周后,3 个处理血清中 T 的浓度持续升高,其水平高于对照组 D 组,且 B 组血清中 T 的浓度升高幅度最大,达到其最高值。第二次药条处理后,B 组 T 的浓度有所下降,但仍高于实验前鱼体血清中睾酮的初始浓度,A、C 组血清中 T 的浓度缓慢升高,与第 4 周时 A、C 组血清中 T 的浓度相比变化不大,且对照组 D 组 T 的浓度也略微升高,但仍然低于各实验组。第 3 次药条处理后,A 组条纹锯鮨血清中 T 的浓度与第二次处理后 T 的浓度相比变化不大,B 组血清中 T 的浓度稍有下降,但

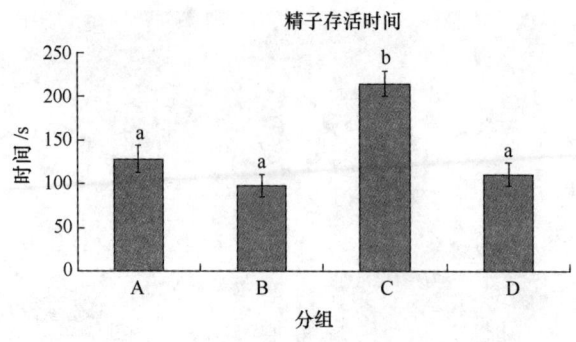

图 5　性逆转雄鱼的精子活力

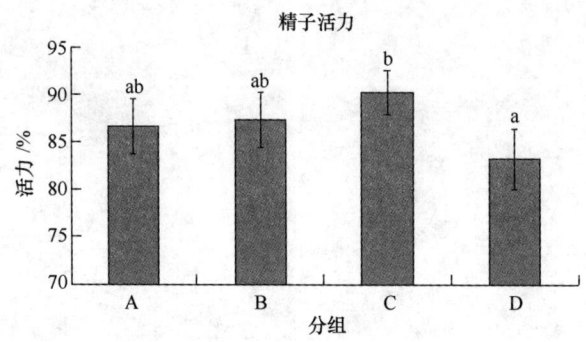

图 6　性逆转雄鱼的精子存活时间

仍然高于实验前鱼体血清中 T 的浓度,而对照组 D 组血清中 T 的浓度较一次埋置处理后 T 的浓度有所升高,但低于 A、C 组。

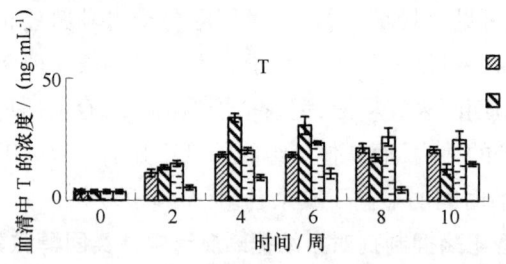

图 7　埋置 17α-MT 和 AI 对条纹锯鮨血清中 T 浓度的影响

如图 8 所示,性逆转过程中,各组条纹锯鮨血清中雌二醇的水平发生了明显变化。实验开始前条纹锯鮨血清中雌二醇的水平为 (48.33 ± 8.76) pg/mL。

埋置处理两周后,3 个实验组鱼体血清中雌二醇的水平明显降低,且 C 组雌二醇水平最低,而对照组雌二醇的水平则缓慢升高且高于各实验组,埋置处理 4 周后,3 个实验组鱼体内雌二醇的水平持续降低,C 组雌二醇的水平仍然保持各组最低且远小于初始值和对照组雌二醇的水平,而对照组鱼体雌二醇的水平比前两周时水平要高。第二次处理后,3 个实验组中鱼体内雌二醇的水平变化不大,此时期各组雌二醇的水平相比差异不明显,D 组血清中雌二醇水平明显降低,但仍然高于其他各组,第 8 周时,D 组鱼雌二醇的水平与 3 个实验组鱼雌二醇水平对比差别不大,各组雌二醇的浓度均处于较低水平。第 3 次处理后,除对照组雌二醇含量略有升高,其他各组雌二醇的含量仍然保持较低水平。

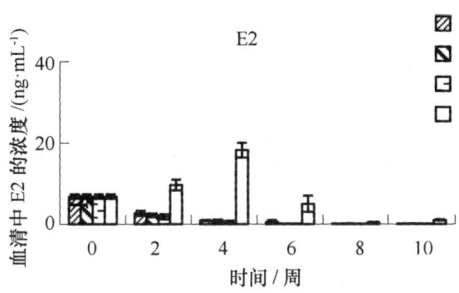

图 8　埋置 17α-MT 和 AI 对条纹锯鮨血清中 E2 浓度的影响

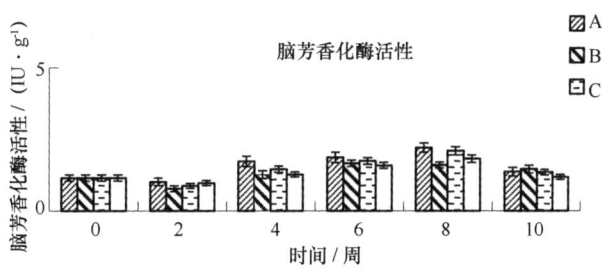

图 9　埋置 17α-MT 和 AI 对条纹锯鮨脑芳香化酶活性的影响

2.3　埋置 17α-MT、芳香化酶抑制剂对条纹锯鮨脑芳香化酶活性的影响

第一次药条处理后,各组条纹锯鮨脑芳香化酶活性都缓慢降低,但 A 组酶活性则相对高于其余各组,实验开始 4 周后,A 组鱼酶的活性持续升高,其活性明显高于同时期其他 3 组的酶活,而且高于实验开始前的浓度,B 组脑芳香化酶活性增加不明显,且与 D 组酶的活性相差不大,C 组酶的活性略有升高。第二次药条处理后,A 组脑芳香化酶的活性与第一次处理对比变化不大,但仍高于其他各组,B、C 组酶的活性有所升高但与 D 酶的活性相似,实验第 8 周时,A 组鱼酶的活性与药条处理前相比明显升高,而 B 组酶的活性则有所降低且明显低于其他各组,C 组脑芳香化酶浓度与上一时期相比显著增多,也高于对照组 D 组酶的浓度。第三次处理后,除 B 组变化不明显外其余各组条纹锯鮨脑芳香化酶活性均降低,且各组间酶活性差异不显著。

3　讨论

由于鱼类具有较低等的进化历程,导致遗传对于鱼类性别的影响小于高等脊椎动物,因此除遗传因素外,鱼类生殖系统的发育、性腺的成熟及分化还受其自身的调节系统(下丘脑-

垂体-性腺轴)和外部环境(温度、光照、外源激素等)的共同影响。鱼类生殖腺主要分泌雄激素、孕激素和雌激素等性类固醇激素,这些激素在鱼类性腺发育过程中,能够加快生殖细胞的生成和增生,调控各项生殖行为,还能够通过调节促性腺激素释放激素(GnRH)对促性腺激素(GtH)释放起抑制或者促进的作用,在生殖过程中不断协调下丘脑-垂体-性腺轴的各个因子间的相互作用[32-34]。17α-甲基睾酮是一种雄性的类固醇激素,将17α-甲基睾酮以药条的形式埋置到鱼背部的肌肉中,然后被缓慢吸收入血,作用于性腺特定的细胞,产生反馈调节作用,从而抑制性腺分泌性激素。

17α-甲基睾酮和芳香化酶抑制剂在诱导鱼类性别转换方面得到广泛应用。在饲料中添加甲基睾酮的方式投喂1~4龄的黄腹石斑鱼(Epinephelus marginatus)4个月能够诱导黄腹石斑鱼完全转雄,并获得能够成功受精的精子[35]。将甲基睾酮添加到饲料中投喂2龄鲑点石斑鱼(Epinephelus fario)5个月成功诱导其性逆转[36]。同样有研究者将甲基睾酮、睾酮、甲状腺素及丙酸睾酮以一定比例混合埋置到点带石斑鱼(Epinephelus coioides)肌肉中,两个月时间可以成功诱导其性别转换[37]。多项研究表明,性腺的生长和分化受到芳香化酶抑制剂的影响较大[38],而且运用AI能促进蜂巢石斑鱼(Epinephelus merra)[28]、日本褐牙鲆(Paralichthys olivaceus)[39]和尼罗罗非鱼(Oreochromis niloticus)[40]等鱼类性别转化。

本实验结果显示,条纹锯鮨经17α-甲基睾酮和AI诱导处理后,3个实验组大部分个体均可得到有活力的成熟精子,而对照组仅有少部分个体可以挤出精液。实验开始前,条纹锯鮨性腺处于卵巢发育初期,埋置药条后,随着药物在鱼体的缓慢释放,条纹锯鮨血清中的睾酮等雄激素增加,抑制了卵巢中卵母细胞的发育,卵母细胞开始退化,因此埋置药条2周后鱼体GSI值降低,随着雄激素的不断增加,卵母细胞周围的精原细胞开始形成并增生(图4.4),同时相对应GSI值也逐渐升高,雄性生殖细胞最初在卵巢的后部开始增生,然后缓慢蔓延到前部[41-42],最终占据卵巢组织的位置,完全转化为精巢(图4.6)。而对照组在实验开始四周内性腺成熟系数高于各处理组,其性腺也大部分处于卵巢期,因此此阶段对照组卵巢是逐渐发育的,其GSI值也缓慢增加。实验处理八周后实验组精巢组织排出精液,对照组卵巢产卵结束,各组条纹锯鮨GSI值均逐渐降低。

在性逆转过程中条纹锯鮨雌二醇的水平明显降低。雌二醇在一定程度上能够维持雌雄同体鱼类的雌性性别[43],一旦雌二醇水平降低,将会引起卵母细胞萎缩、退化[44],因此,在埋置药条后3个实验组条纹锯鮨血清中雌二醇(E2)的水平与对照组相比明显降低,也将导致卵巢的退化,与之对应的GSI值降低。这与蜂巢石斑鱼(Epinephelus merra)体长大于20 cm,尤其是在非繁殖季节,E2循环水平降低到一定值时,大多数雌鱼开始进行性逆转[45];濑鱼(Thalassoma duperrey)性逆转的开始与E2循环水平的明显下降息息相关[20]的结果相一致。因此当E2水平低于一定值时可能是启动了雌性先熟的雌雄同体鱼类由雌向雄的转化。

Lee等[46]研究发现,17α-甲基睾酮诱导巨石斑鱼(Epinephelus tauvina)性逆转是通过对性腺的直接作用或对HPG轴产生正反馈,促进GnRH和GtH的合成、增多,促进性腺中雄性生殖细胞的发育,诱导巨石斑鱼转雄。本实验中,伴随着E2水平的降低,埋置17α-甲基睾酮后血清性类固醇激素T显著升高并维持在较高水平,促进条纹锯鮨卵母细胞周围生精组织的增生,促进精巢的形成;而脑内芳香化酶的活性与对照组相比差异不显著。表明17α-甲基睾酮可能是作用于性腺或脑,使GtH的水平升高,卵母细胞的发育受抑制,精原细胞及初级精母细胞开始形成并增多,得到能够产生成熟精子的功能性雄鱼。

芳香化酶抑制剂是可以抑制性腺芳香化酶活性的类固醇类和非类固醇类化合物,抑制从其前体睾酮催化合成17β-雌二醇(E2),从而减少雌激素的产生[47]。雄激素受芳香化酶基因的刺激可以转化为雌激素,因此减弱芳香化酶基因的表达可以使雌二醇的水平降低,可能是诱导日本褐牙鲆的性逆转的机理[39];而蜂巢石斑鱼在埋植AI后,芳香化酶抑制剂的剂量对血清中雌二醇下降程度有重要影响[28]。本实验中芳香化酶抑制剂组E2水平显著降低的同时,睾酮水平相比对照组升高显著,因此芳香化酶抑制剂可能是抑制了睾酮转化为雌二醇。而AI处理后条纹锯鮨脑部芳香化酶活性无显著变化,因此AI主要是通过抑制内源性E2产生,提高血清中睾酮的水平,从而促进卵巢萎缩,精原细胞的增殖,完成条纹锯鮨性逆转。

本研究中AI和17α-MT结合使用诱导条纹锯鮨产生精子的活力和寿命要优于两者单独使用组,同时此组睾酮水平要高于其他两组,而E2水平则低于其他两组,这可能是由于芳香化酶抑制剂能够抑制17α-MT转化为雌激素[23]。也有可能由于芳香化酶抑制剂抑制卵巢中的雄激素合成雌二醇(E2)。埋置17α-MT可以增加鱼体血液中雄激素的水平。但由于P450芳香化酶基因促进17α-MT转化为雌二醇,从而增加了体内雌激素的水平[48]。在埋置外源性类固醇激素的同时,添加AI能够阻碍雄激素转化为雌激素从而增加与体内雄性激素的比例。因此将AI与外源性类固醇激素联合使用诱导石斑鱼雄性化的效果要高于单独使用17α-MT、芳香化酶抑制剂的诱导效果。

实验结束时,对照组条纹锯鮨体内血清中雌二醇(E2)的水平高于最初对照组水平,可能是由于繁殖季节结束后性腺开始退化所致,血清睾酮(T)的水平也有所升高,观察性腺组织切片可以看到少数鱼体性腺已转为精巢,并可挤出少量精液,可能是由于7—8月水温升高导致了对照组条纹锯鮨雄性化。温度能够影响半滑舌鳎的性腺分化方向,通过观察组织切片和遗传性别鉴定技术发现,高温处理能够提高半滑舌鳎群体中雄性的比例,而低温的雄性化效果不明显[49]。而温度对于条纹锯鮨性腺分化是否有影响及其作用机理则还需进一步的探索。

参考文献

[1] Tan S M,Tan K S. Biology of the tropical grouper,*Epinephelus tauvina* I. a preliminary study on hermaphroditism in E. tauvina. [J]. Singapore Journal of Primary Industries,1974.

[2] Chen C,Hsieh H,Chang K. Some aspects of the sex change and reproductive biology of the grouper,*Epinephelus diacanthus* (Cuvier et Valenciensis)[J]. Bulletin of the Institute of Zoology,Academia Sinica,1980.

[3] Shapiro D Y. Differentiation and evolution of sex change in fishes[J]. Bioscience,1987,37(7):490-497.

[4] Shapiro D Y,Sadovy Y,McGehee A M. Periodicity of sex change and reproduction in the red hind,*Epinephelus guttatus*,a protogynous grouper[J]. Bulletin of Marine Science,1993,53(3):1151-1162.

[5] Sadovy Y,Colin P L. Sexual development and sexuality in the *Nassau grouper*[J]. Journal of Fish Biology,

1995,46(6):961-976.

[6] Munoz R C, Warner R R. A new version of the size-advantage hypothesis for sex change: incorporating sperm competition and size-fecundity skew[J]. The American Naturalist, 2003, 161(5):749-761.

[7] Perry A N, Grober M S. A model for social control of sex change: interactions of behavior, neuropeptides, glucocorticoids, and sex steroids[J]. Hormones and Behavior, 2003, 43(1):31-38.

[8] Roberts D E, Schlieder R A. Induced sex inversion, maturation, spawning and embryogeny of the protogynous grouper, *Mycteroperca microlepis*[J]. Journal of the World Mariculture Society, 1983, 14(1-4):637-649.

[9] Kuo C, Ting Y, Yeh S. Induced sex reversal and spawning of blue-spotted grouper, *Epinephelus fario*[J]. Aquaculture, 1988, 74(1-2):113-126.

[10] Tan-Fermin J D. Withdrawal of exogenous 17-alpha methyltestosterone causes reversal of sex-inversed male grouper *Epinephelus suillus* (Valenciennes).[J]. The Philippine Scientist, 1992, 29:33-39.

[11] Quinitio G F, Caberoy N B, Reyes D M. Induction of sex change in female *Epinephelus coioides* by social control[J]. Israeli Journal of Aquaculture, 1997, 49:77-83.

[12] Tanaka H, Tsuchihashi Y, Kuromiya Y. Induction of sex revesal in the sevenband grouper, Epinephelus Septemfasciatus: Proceedings of the 6th International Symposium on the Reproductive Physiology of Fish. Bergen, Norway, 1999[C].

[13] Afonso L O, Iwama G K, Smith J, et al. Effects of the aromatase inhibitor Fadrozole on reproductive steroids and spermiation in male coho salmon(*Oncorhynchu skisutch*) during sexual maturation[J]. Aquaculture, 2000, 188(1):175-187.

[14] 黄文,杨宪宽,徐新,等. 激素诱导斜带石斑鱼(*Epinephelus coioides*)雄性化的研究[J]. 海洋与湖沼,2014(6):1317-1323.

[15] Chen F Y, Chow M, Chao T M, et al. Artificial spawning and larval rearing of the grouper, *Epinephelus tauvina* (Forskål) in Singapore.[J]. Singapore Journal of Primary Industries, 1977, 5(1):1-21.

[16] 方永强,林秋明,齐襄,等. 17α—甲基睾酮对赤点石斑鱼性逆转的影响[J]. 水产学报,1992,16(2):171-174.

[17] 杨家驹,黄增岳. 人工诱导巨石斑鱼性逆转的研究[J]. 热带海洋,1996,15(4):75-79.

[18] 李广丽,刘晓春,林浩然. 17α-甲基睾酮对赤点石斑鱼性逆转的影响[J]. 水产学报,2006,30(2):145-150.

[19] Ranjan R, Xavier B, Dash B, et al. Efficacy of 17 α-methyl testosterone and letrozole on sex reversal of protogynous grouper, *Epinephelus tauvina* (Forskal, 1775) and spawning performance of sex-reversed males[J]. Aquaculture Research, 2015, 46(9):2065-2072.

[20] Nakamura M, Hourigan T F, Yamauchi K, et al. Histological and ultrastructural evidence for the role of gonadal steroid hormones in sex change in the protogynous wrasse *Thalassoma duperrey*[J]. Environmental Biology of Fishes, 1989, 24(2):117-136.

[21] Guiguen Y, Jalabert B, Thouard E, et al. Changes in plasma and gonadal steroid hormones in relation to the reproductive cycle and the sex inversion process in the protandrous seabass, *Lates calcarifer*[J]. General and Comparative Endocrinology, 1993, 92(3):327-338.

[22] Bhandari R K, Alam M A, Higa M, et al. Evidence that estrogen regulates the sex change of honeycomb grouper(*Epinephelus merra*), a protogynous hermaphrodite fish[J]. Journal of Experimental Zoology Part

[23] Piferrer F, Zanuy S, Carrillo M, et al. Brief treatment with an aromatase inhibitor during sex differentiation causes chromosomally female salmon to develop as normal, functional males[J]. Journal of Experimental Zoology,1994,270(3):255-262.

[24] Haynes B P, Dowsett M, Miller W R, et al. The pharmacology of letrozole[J]. The Journal of Steroid Biochemistry and Molecular Biology,2003,87(1):35-45.

[25] Kroon F J, Liley N R. The role of steroid hormones in protogynous sex change in the blackeye goby, *Coryphopterus nicholsii* (Teleostei:Gobiidae)[J]. General and Comparative Endocrinology,2000,118(2):273-283.

[26] Lee Y, Yueh W, Du J, et al. Aromatase inhibitors block natural sex change and induce male function in the protandrous black porgy, *Acanthopagrus schlegeli* Bleeker:possible mechanism of natural sex change[J]. Biology of Reproduction,2002,66(6):1749-1754.

[27] Bhandari R K, Higa M, Nakamura S, et al. Aromatase inhibitor induces complete sex change in the protogynous honeycomb grouper (*Epinephelus merra*)[J]. Molecular Reproduction and Development,2004,67(3):303-307.

[28] Bhandari R K, Komuro H, Higa M, et al. Sex inversion of sexually immature honeycomb grouper (*Epinephelus merra*) by aromatase inhibitor[J]. Zoological Science,2004,21(3):305-310.

[29] 雷霁霖,卢继武. 美洲黑石斑鱼的品种优势和养殖前景[J]. 海洋水产研究,2007.

[30] Hood P B, Godcharles M F, Barco R S. Age, growth, reproduction, and the feeding ecology of black sea bass, *Centropristis striata* (Pisces:Serranidae), in the eastern Gulf of Mexico[J]. Bulletin of Marine Science,1994,54(1):24-37.

[31] Waltz W, Roumillat W A, Keener-Chavis P. Distribution, age structure, and sex composition of the black sea bass, *Centropristis striata*, sampled along the southeastern coast of the United States[M]. South Carolina Wildlife and Marine Resources Department,1979.

[32] 林浩然. 鱼类生理学[M]. 广州:广东高等教育出版社,1999.

[33] Hoar W S, Nagahama Y. The cellular sources of sex steroids in teleost gonads:Annales de Biologie Animale Biochimie Biophysique.1978. EDP Sciences.

[34] 方永强,赵维信,魏华. 文昌鱼类固醇激素水平与性腺发育相关性的研究[J]. 科学通报,1993,38(8):744-746.

[35] Glamuzina B, Glavi O M, Skaramuca B, et al. Induced sex reversal of dusky grouper, *Epinephelus marginatus* (Lowe)[J]. Aquaculture Research,1998,29(8):563-567.

[36] Kuo C, Ting Y, Yeh S. Induced sex reversal and spawning of blue-spotted grouper, *Epinephelus fario*[J]. Aquaculture,1988,74(1-2):113-126.

[37] 邹记兴,陶友宝,向文洲,等. 人工诱导点带石斑鱼性逆转的组织学证据及其机制探讨[J]. 高技术通信,2003,13(6):81-86.

[38] Afonso L, Campbell P M, Iwama G K, et al. The effect of the aromatase inhibitor fadrozole and two polynuclear aromatic hydrocarbons on sex steroid secretion by ovarian follicles of coho salmon[J]. General and Comparative Endocrinology,1997,106(2):169-174.

[39] Takeshi K, Kazufumi T, Yoshitaka N, et al. Aromatase inhibitor and 17α-lpha-methyltestosterone cause sex

-reversal from genetical females to phenotypic males and suppression of P450 aromatase gene expression in Japanese flounder(*Paralichthys olivaceus*). [J]. Molecular Reproduction & Development, 2000, 56(1): 1-5.

[40] Afonso L O B, Wassermann G J, Terezinha De Oliveira R. Sex reversal in Nile tilapia (*Oreochromis niloticus*) using a nonsteroidal aromatase inhibitor[J]. Journal of Experimental Zoology, 2001, 290(2): 177-181.

[41] Mercer L P. The reproductive biology and population dynamics of black sea bass, *Centropristis striata* [J]. 1978.

[42] Roumillat W A, Waltz C W, Wenner C A. Contributions to the life history of black sea bass, *Centropristis striata*, off the southeastern United States[J]. South Carolina State Documents Depository, 1986.

[43] Liley N R, Stacey N E. Hormones, pheromones, and reproductive behavior in fish[J]. Fish Physiology, 1983, 9(Part B).

[44] Chan S, Yeung W. Sex control and sex reversal in fish under natural conditions[J]. Fish Physiology, 1983, 9 (part B): 171-222.

[45] Bhandari R K, Komuro H, Nakamura S, et al. Gonadal restructuring and correlative steroid hormone profiles during natural sex change in protogynous honeycomb grouper (*Epinephelus merra*)[J]. Zoological Science, 2003, 20(11): 1399-1404.

[46] Lee S, Kime D E, Chao T M, et al. In vitro metabolism of testosterone by gonads of the grouper(*Epinephelus tauvina*) before and after sex inversion with 17α-methyltestosterone[J]. General and Comparative Endocrinology, 1995, 99(1): 41-49.

[47] Steele R E, Mellor L B, Sawyer W K, et al. In vitro and in vivo studies demonstrating potent and selective estrogen inhibition with the nonsteroidal aromatase inhibitor CGS 16949A[J]. Steroids, 1987, 50(1): 147-161.

[48] Kwon J Y, McAndrew B J, Penman D J. Treatment with an aromatase inhibitor suppresses high-temperature feminization of genetic male(YY) Nile tilapia[J]. Journal of Fish Biology, 2002, 60(3): 625-636.

[49] 邓思平,陈松林,田永胜,等. 半滑舌鳎的性腺分化和温度对性别决定的影响[J]. 中国水产科学, 2007, 14(5): 714-719.

黄盖鲽 Tachykinin 1 基因克隆及表达特性分析

郑风荣[1]，郭湘云[1,2]，李华[2]，王波[1*]，滕照军[3]，侯永江[3]

（1. 国家海洋局第一海洋研究所，山东 青岛，266061；2. 大连海洋大学，辽宁 大连，116023
3. 日照市海洋水产资源增殖站，山东 日照，276805）

速激肽（tachykinin）是一个最大的神经肽类家族，在两栖动物到哺乳动物中均有发现，该家族主要包括 P 物质（Substancep，SP）、神经激肽 A（neurokinin A，NKA）和神经激肽 B（neurokinin B，NKB）[1-3]。迄今，3 种编码速激肽基因（Tac1，Tac3，Tac4）在一些物种中均有克隆，由于翻译后修饰作用，编码的多肽数目很多，所有的多肽相对短小，平均长度只有 10~11 个氨基酸[4-5]。哺乳动物速激肽广泛分布于中枢神经系统，起着神经递质和神经调控因子的作用。P 物质（Substance P，SP）广泛分布于神经系统及外周组织，在各组织中呈现纷繁多样的生理效应[6]。1979 年 Vijayan 首次提出了 SP 与生殖功能有关，SP 参与下丘脑-垂体-性腺生殖轴系激素调节[7-8]。神经激肽 A（neurokinin A，NKA）又名 K 物质（Substance K，SK），是 Kimura 于 1983 年首先从猪脊髓中分离出来的一个含 10 个氨基酸的神经肽。NKA 在中枢及周围神经系统中均有广泛的分布，与 SP 来自同一前体[9]，参与多种功能的调节，被认为是肽类神经递质。

黄盖鲽（*Pseudopleuronectes yokohamae*）是一种新型人工养殖经济鱼种，其繁殖力强，抗病能力强，且肉质鲜美，富含丰富的营养价值。本文以黄盖鲽为研究对象，通过 RACE 技术克隆了 Tac1 基因，预测了 Tac1 基因氨基酸的理化性质、二级结构和高级结构，进行同源性比较，并以氨基酸序列为基准，构建了 N-J 系统发育树，进一步分析了黄盖鲽 Tac1 基因的系统进化地位。应用 qRT-PCR 方法分析了 Tac1 基因 mRNA 在雌雄黄盖鲽不同组织中以及不同发育时期脑组织的表达水平，初步阐明了 Tac1 基因在鱼类生长发育中的作用，为鱼类的生殖内分泌调控研究提供研究资料。

1 材料与方法

1.1 材料

黄盖鲽取自山东省日照市海洋水产资源增殖站，在实验室暂养 1 周，水温保持在 15~18℃，日投喂一次，换水一次。MS-222 麻醉后迅速取出雌雄成鱼黄盖鲽脑、性腺、肝、脾脏、头肾、心脏、后肠和鳃等组织，于-80℃冰箱保存。脑组织用于 Tac1 基因克隆，其他组织则用于 Tac1 mRNA 组织特异性表达。不同发育阶段的黄盖鲽分别取 5 尾，取脑组织立即放入液

基金项目：国家高技术发展计划（2012AA10413，2012AA10408）国家海洋公益性行业科研专项（201405010）
郑风荣（1975-），女，副研究员，研究方向：海洋生物学。E-mail:zhengfr@fio.org.cn
通信作者：王波（1963—），男，硕士，研究员，研究方向：海洋生物学。E-mail:ousun@fio.org.cn

氮中保存备用。

1.2 RNA 提取和 cDNA 合成

利用 TransZol(TransGen,China)试剂提取脑组织 RNA,使用 DNaseI(TaKaRa,China)处理 RNA 去除基因组 DNA 污染,定容于 RNase Free 水中。紫外可见分光光度计(Ultrospec 2100 pro,美国)测定浓度,同时 1.0% 琼脂糖凝胶电泳检测完整性。利用 SMARTer™ RACE cDNA Amplification 试剂盒进行反转录,合成第一条链 cDNA,操作按说明书进行。

1.3 Tac1 基因克隆

根据本实验室黄盖鲽转录组数据库中筛选的 Tac1 基因部分 cDNA 序列,设计特异性引物 GSP1,GSP2(表 1)进行 3′ 和 5′ RACE 扩增。按照 SMARTer™ RACE cDNA Amplification 试剂盒(Clontech)说明书进行 3′ 和 5′ 端 RACE 扩增。3′ RACE 程序为:95℃退火 3 min;95℃ 30 s,63℃ 30 s,72℃ 1 min,共 35 个循环;72℃延伸 10 min。5′ RACE 程序为:95℃退火 3 min;95℃ 30 s,65℃ 30 s,72℃ 1 min,共 35 个循环;72℃延伸 10 min。用 1.0%的琼脂糖凝胶电泳对扩增的 PCR 产物进行检测,利用琼脂糖凝胶 DNA 回收试剂盒(TIANGEN,China)切胶回收目的片段纯化后连接到 pMD19-T vector(TaKaRa,China)载体上,转化至 E. coli DH5α 感受态细胞中过夜培养,挑选阳性克隆,送上海桑尼有限公司测序。将 3′ RACE 和 5′ RACE 获得的基因片段连接为 Tac1 cDNA 全长,设计验证引物 Tac1F 和 Tac1R 进行全长 PCR 扩增,并与 GenBank 中已知 Tac1 序列进行比对。

表 1 实验使用引物序列

引物	序列	作用
3′CDS	AAGCAGTGGTATCAACGCAGAGTAC	3′ RACE reverse transcription(T)$_{30}$VN (N=A,C,G,or T;V=A,G or C)
5′CDS	AAGCAGTGGTATCAACGCAGAGTAC(X)$_5$ (X=undisclosed base in the proprietary SMARTer oligo sequence)	5′ RACE reverse transcription
UPM(Long)	CTAATACGACTCACTATAGGGCAAGCAG TGGTATCAACGCAGAGT	5′&3′ RACE PCR
UPM(Short)	CTAATACGACTCACTATAGGGC	5′&3′ RACE PCR
GSP1	CTCTTCCGTGGGAGGGGCATCTGAC	3′ RACE PCR
GSP2	CTGCTTTGGGGTCGTTTTCTTCG	5′ RACE PCR
Tac1 F	ACTGTAGCGGCGTTACCAAG	全长验证
Tac1 R	GGGGTAGAACATGACGGCTC	全长验证
Q-Tac1 F	TGAGGATGACACGAAAGCCAC	Real-time PCR
Q-Tac1 R	GATGAGAAGCAGGCAGGTGAA	Real-time PCR
β-actin F	CAACTGGGATGACATGGAGAAG	β-actin 内参基因
β-actin R	TTGGCTTTGGGGTTCAGG	β-actin 内参基因

1.4 序列和进化分析

利用 DNAstar 软件对测序结果进行序列拼接,在 NCBI 数据库中利用 BLAST 进行同源性比对。用 GENSCAN 软件 ORF Finder 确定正确的开放阅读框,利用 ProtPara 预测氨基酸理化性质。利用 SOPMA 软件预测蛋白质二级结构。利用 SWISS-MODEL 软件预测蛋白质三级结构。利用 signal P 4.0 预测 Tac1 氨基酸分子的信号肽区域。利用 Clustalx 2 软件与其他物种 Tac1 基因氨基酸进行多序列比对。利用 MEGA 5.0 Neighbor-Joining 法(bootstraps 为 1000)进行进化分子。

1.5 Tac1 基因表达分析

根据实验获得 Tac1 cDNA 序列设计 qRT-PCR 引物 Q-Tac1 F 和 Q-Tac1R(表1),以 β-actin 为内参,用 ABI 7500 Real-time PCR 仪进行实时定量分析。以黄盖鲽各组织和发育不同时期脑组织 RNA 为模板,使用 Prime Script ™ II 1st strand cDNA synthesis Kit 试剂盒(TaKaRa,China)进行反转录得到 cDNA。采用 SYBR PremixEx Taq(TaKaRa,China)进行 qRT-PCR,反应程序为:95℃ 30 s;95℃ 5 s,60℃ 30 s;共 40 个循环。根据各组织的 C_t,采用 $2^{-\triangle\triangle C_t}$ 方法分析不同组织中 Tac1 mRNA 的表达水平的变化。

利用 SPSS22.0 软件进行单因素方差分析(ANOVA),当 $P<0.05$ 时为差异显著,当 $P<0.01$ 时为差异极显著。

2 结果

2.1 黄盖鲽 Tac1 基因的克隆和序列分析

黄盖鲽 Tac1 基因核苷酸及推导的氨基酸序列(GenBank 登录号:KT907051)见图1。该基因 cDNA 全长 1237 bp,包括 338 bp 的 5′非编码区,1 个 348 bp 的开放阅读框和 551 bp 的 3′非编码区,共编码 115 个氨基酸。3′非编码区含有 Poly A 尾。经预测,黄盖鲽 Tac1 基因氨基酸序列 1~43 个氨基酸为信号肽序列,下画线标注;SP 成熟肽具有 11 个氨基酸(58~68),NKA 成熟肽具有 10 个氨基酸(83~92),均用阴影标注。起始密码子和终止密码子加黑标注。

表 2 哺乳动物 Tac1 基因编码多肽序列

多肽	序列	外显子
Substance P	R-P-K-P-Q-Q-F-F-G-L-M-NH_2	3
Neurokinin A	H-K-T-D-S-F-V-G-L-M-NH_2	6
Neuropeptide K	R-H-K-T-D-S-F-V-G-L-M-NH_2	3,4,5,6
Neuropeptide γ	R-H-K-T-D-S-F-V-G-L-M-NH_2	3,5,6

利用在线工具 ProtParam(http://web.expasy.org/protparam/)分析编码的氨基酸序列,可知其理论分子量为 16.2K Da,预测的等电点(theoretical pI)是 9.85。不稳定系数是 60.80,可推测为不稳定蛋白。总带正电残基(Arg + Lys)为 19,总带负电残基(Asp + Glu)为

12。表3为 *Tac*1 基因全部氨基酸的组成。

```
  1 CGTTACCTCAGCTACTGTAGCGGCGTTACCAAGCAACCTCGCTCG
 46 TGGGGCTATATAGGAGCGCGTGCAGGGGAGCTTTTCTGCAGGACG
 91 CACGAGAGCTGCTGCAGATTGTGAGCGCGCGAGTTGCGGACAGTG
136 GCGGGAGCGGAGACACAGCGGGGCGCACGCACGCGTTATGGACTA
181 CTGTTAGATTCTATCAGGGAAAAAACAGTGCGCGCACAGGACAGA
226 AGCTGCTCGTGCCTCAAACCTCACTCCTTTACTTTTTTACTTTAG
271 TTTTGCAGTTGTTGCTGTCGTTGACGGTTATTTTTAGTTGTCAGT
316 TTTTACTGCGCACCTTCGGCATC ATG AAG TTG CTG CTT TTA
                             M   K   L   L   L   L
     CCA GTT TTG ATG CTT CTT TTC TCT ATT GCC CAA GTT
      P   V   L   M   L   L   F   S   I   A   Q   V
     TTT TGC GAA GAA AAC GAC CCC AAA GCA GAG GCT GAC
      F   C   E   E   N   D   P   K   A   E   A   D
     TAC TGG ACG AGT AGT AGT CAA ATT CAG GAT GGC TGG
      Y   W   T   S   S   S   Q   I   Q   D   G   W
     ATT TCC AAT GAC CCC TTC AGA GAA ATC CTC CTG AGG
      I   S   N   D   P   F   R   E   I   L   L   R
     ATG ACA CGA AAG CCA CGG CCA CAT CAG TTC ATC GGT
      M   T   R   K   P   R   P   H   Q   F   I   G  →SP
     CTG ATG GGG AGA CGG TCT ATG GCA AAT TCA CAG ACA
      L   M   G   K   R   S   M   A   N   S   Q   T
     ACC CGA AAA AGG CAT AAA GTC AAC TCT TTT GTT GGA
      T   R   K   R   H   K   V   N   S   F   V   G  →NKA
     CTG ATG GGG AAA AGA AGC CAA GAG GAG CCA AAT TCG
      L   M   G   K   R   S   Q   E   E   P   N   S
     TAT GAG TGG AGC ACA GTA CAG ATG TAT GAC AGG CGC
      Y   E   W   S   T   V   Q   M   Y   D   R   R
     CGC TAA ACGCTCATCTCTTCACCTGCCTGCTTCTCATCTAGCCAT
      R
726 TCCTCTTCCGTGGGAGGGGCATCTGACAGTTTCTCCAGACTGTGTTT
873 AATTGTTAGTCAAATAAAATGATTCTGTTTCCACATTGTAGTGATGT
920 AGCAGTACTGTATCTGTGCCAGTTTCATTTGTCCCAGCAGATTGGGG
967 TGAGACGAAGGGGAAATTCATTATCAGTGTCAGTGCTTTCTGTGAGC
1014 GTTTTCGGCCATTTGTCACACCACAAATACTACATGTCGTTGTGGAC
1061 AATTAAAGCAAGGCTGTACCCAGGGTATGCTGAAAATTGCACTGCCA
1108 AATTCACTGTATAGTGCCTCATAACTGTTTGATTGCAACTGATTGTT
1155 ATAAATACAACACACTGGGACAGGTTCTCATTTAGTCTTTAAGTGAC
1202 TTTAGAGGAGCCGTCATGTTCTACCCCTGGACATATCATTTGATGTG
1249 ACAGGATACCTGTGTGTTTCAATGGTTTGACAAATATTAAAATTATT
1296 TTCTTTACTGGTTCAAAAAAAAAAAAAAAAAAAAAAAAAAAA
```

图 1　黄盖鲽 *Tac*1 基因核酸序列及推导的氨基酸序列

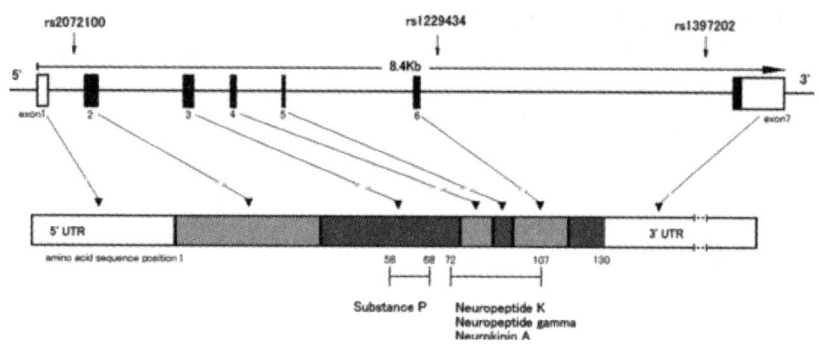

图 2 哺乳动物 *Tac*1 基因结构以及编码蛋白位置

表 3 *Tac*1 基因氨基酸组成

名称	个数	百分比/%	名称	个数	百分比/%
Ala（A）	4	2.9	Pro（P）	6	4.3
Arg（R）	12	8.7	Trp（W）	13	2.2
Asn（N）	5	3.6	Thr（T）	7	5.1
Asp（D）	5	3.6	Phe（F）	8	5.8
Gln（Q）	9	6.5	Tyr（Y）	3	2.2
Glu（E）	7	5.1	Val（V）	6	4.3
Gly（G）	6	4.3	Met（M）	7	5.1
His（H）	2	1.4	Lys（K）	7	5.1
Ile（I）	7	5.1	Leu（L）	18	13.0
Cys（C）	2	1.4	Ser（S）	13	9.4

通过 SOPMA（https://npsa‑prabi.ibcp.fr/cgi‑bin/npsa_automat.pl?page=npsa_sopma.html）软件进行蛋白质二级结构分析显示，α‑螺旋（Alpha helix）占 37.39%，β‑转角（Bate turn）占 6.09%，无规则卷曲（random coil）占 44.35%，延伸链（extended strand）占 12.17%（图 3）。

通过 SWISS-MODEL 软件（http://www.swissmodel.expasy.org/）预测蛋白质三级结构显示，*Tac*1 蛋白单体分子的三级结构由 3 个 α 螺旋（α-helix）组成（图 4）。

2.2 黄盖鲽 *Tac*1 基因同源性和系统进化树分析

将黄盖鲽 *Tac*1 基因氨基酸序列在 BLASTP 进行同源性比对，结果显示：与鲈形目大黄鱼（*Larimichthys crocea*）和鲉形目裸盖鱼（*Anoplopoma fimbria*）的同源性分别为 87% 和 83%。利用 Clustal x 2 软件对 *Tac*1 基因氨基酸进行多序列比对，结果显示 *Tac*1 基因氨基酸序列在不同物种中高度保守，氨基酸序列中均包括 SP 和 NKA 成熟肽，且保守性相对较高（图 5），并基于氨基酸序列构建的系统发育树显示，所选 14 种物种 *Tac*1 氨基酸形成 2 大分支：啮齿目海狸（*Castor fiber*）独为一支，其他鱼类聚为一支，其中，黄盖鲽 *Tac*1 氨基酸与鲈形目大黄

```
MKLLLLPVLMLLFSIAQVFCEENDPKAEADYWTSSSQIQDGWISNDPFREILLRMTRKPRPHQFI
hhhhhhhheehhhhhheeecttttttccheeeecccccccccccchhhhhhhhccccccccee
GLMGKRSMANSQTTRKRHKVNSFVGLMGKRSQEEPNSYEWSTVQMYDRRR
eeecccccchhccccccchhhhhhhhccccccccccchhhhhhhhhttc
Sequence length : 115
SOPMA :
    Alpha helix       (Hh) :    43 is 37.39%
    3₁₀ helix         (Gg) :     0 is  0.00%
    Pi helix          (Ii) :     0 is  0.00%
    Beta bridge       (Bb) :     0 is  0.00%
    Extended strand   (Ee) :    14 is 12.17%
    Beta turn         (Tt) :     7 is  6.09%
    Bend region       (Ss) :     0 is  0.00%
    Random coil       (Cc) :    51 is 44.35%
    Ambiguous states  (?)  :     0 is  0.00%
    Other states          :     0 is  0.00%
```

图 3 SOPMA 软件对 $Tac1$ 基因氨基酸二级结构分析

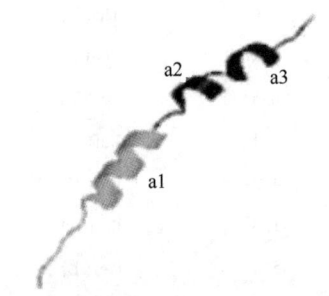

图 4 SWISS-MODEL 软件对 $Tac1$ 蛋白三级结构分析

鱼($Larimichthys\ crocea$)亲缘关系最近(图 6)。

2.3 黄盖鲽 $Tac1$ 基因 mRNA 组织分布分析

qRT-PCR 方法检测 $Tac1$mRNA 在黄盖鲽不同组织的表达,结果表明:$Tac1$ 基因 mRNA 在雌雄黄盖鲽脾脏、脑、头肾、后肠、鳃、心脏、肝和雌雄性腺(精巢和卵巢)组织中均有表达,在不同组织中的表达水平差异大。在雄鱼肝组织中 $Tac1$ 基因 mRNA 表达水平最高,其次是脑组织和后肠,明显高于其他组织($P<0.05$);在雌鱼中,$Tac1$ 基因 mRNA 表达水平依次为脑组织、肝和后肠,相比较其他组织差异显著($P<0.05$)(图 7)。

2.4 黄盖鲽不同发育时期脑组织中 $Tac1$ 基因 mRNA 的表达水平

$Tac1$ 基因 mRNA 在雌性黄盖鲽不同发育阶段脑组织中的表达水平结果显示:成熟期相对于发育期,脑组织中 $Tac1$ 基因 mRNA 的表达水平有所提高,但无显著差异($P>0.05$)。然而,退化期 $Tac1$ 基因 mRNA 的表达水平大幅度提升,差异极显著($P<0.01$)(图 8)。

```
                        Castor  fiber                    --
MKILVALAVFFLVSTQLFAEEIGANDDLNYWSDWSDSDQIKEELPEPFEHLLQRIARS
                        Scleropages formosus            --
MKLLLSVVVLSFLVAELWCEERAPIEDLTYWASSNERP-DEWLASDSFREMLRRMTRK
                        Sebastes rastrelliger    MMKLLILPVLMVFVAEV-
                  YSTIETDPKEEKDYWTSSNEIQ-DRWLSNDPFREILLRMTRK
                        Sebastes caurinus        MMKLLILPVLMVFVAEV-
                  YSTMETDPKEEKDYWTSSNEIQ-DRWLSNDPFREILLRMTRK
                        Gasterosteus aculeatus   -
MKFVILPLLMFFCAVAQVFCEENEPKEEADYWTNSNEIQ-NGWLANDPFREVLLRMTRK
                        Anoplopoma fimbria
MMKILVLPVLMAFFAVAQVFCEENDPKEEADYWTSSNDIQ-DGWLASDPFREILRRMTRK
                        Pseudopleuronectesyokoham -
MKLLLLPVLMLLFSIAQVFCEENDPKAEADYWTSSSQIQ-DGWISNDPFREILLRMTRK
                        Larimichthys crocea         -
MKLLLLPVLMALFTVAQVSCEENDPKEEADYWTSSNQIQ-DGWLPNDPFREILLRMTRK
                        Ictalurus punctatus          --
MKLLLSVVVLFLALNEVFAEEMGPNEDQDYWANGSIMQDDWPIQADPFREILRRITRK
                        Danio  rerio                 --
MKFILPTVVIFVVLCQVFGEELGPKEDLDYWTGNNQIQ-DEWIQSDPFREILRRMTRK
                        Ctenopharyngodon idella   --
MKFLLPAAVIFLVLCQVFGEELGPKEDLDYWTGNNQIQQDEWLQADPFREILRRITRK
                        Osmerus  mordax             --
MKLLLPLVIAFLAIAQIFCEEVGPKEDPDYWTNSNQIE-DNWLSTDPFREILRRMTRK
Oncorhynchus mykiss     --MKLLLPLVIAFLAIAQVFCEEIGPKEDLDYWMN-
                                DQIT-DEWLSSDPFGEILRRMTRK
Salvelinus fontinalis   --MKLLLPLVIAFLAIAQVFCEEIGPKEDLDYWMN-
                                DAIT-DEWLSSDPFGEILRRMTRK
    .::    :           *      :  **     .        : * .:* *::*:
                    SP                     NKA
                                               Castor fiber
PKPQQFFGLMGKRDAGHGQISHKRRKTDSFVGLMGKRALN-SVAYERSAMQDYERRRK
                                           Scleropages formosus
PRPHQFFGLMGKRSPTNPQITRKRQKLNSPVGLMGKRSQEEPDSYEWNTILNYGRR--
                                           Sebastes rastrelliger
PRPHQFIGLMGKRSMANAQITRKRRKINSFVGLMGKRSQEEPESYEWSTIQTYDKRR-
                                           Sebastes caurinus
PRPHQFIGLMRKRSMANAQITRKRRKINSFVGLMGKRSQEEPESYEWSTVQTYDKRR-
                                           Gasterosteus aculeatus
PRPHQFVGLMGKRSMANAQITRKRRKVNSFVGLMGKRSQEEPGSYEWSTLQTYDKRR-
                                           Anoplopomafimbria
PRPHQFIGLMGKRSMANAQITRKRRKVNSFVGLMGKRGQEEPGSYEWSTIQTYDKRR-
                                           Pseudopleuronectesyokohamae
PRPHQFIGLMGKRSMANSQTTRKRHKVNSFVGLMGKRSQEEPNSYEWSTVQMYDRRR-
                                           Larimichthys crocea
PRPHQFIGLMGKRSMGNAQITHKRRKVNSFVGLMGKRSQEEPESYEWSTLQTYDRRR-
                                           Ictalurus punctatus
PRPHQFIGLMGKRSSANTQITRKRRKINSFVGLMGKRSQEEPDSYDWSLLQNYYERR-
                                           Danio rerio
PRPHQFIGLMGKRSSANAQITRKRRKINSFVGLMGKRSQEEPESYEWGTVQIYDKRR-
                                           Ctenopharyngodon idella
PRPHQFIGLMGKRSSANAQITRKRRKINSFVGLMGKRSQEEPESYEWGTVQIYDKRR-
                                           Osmerus mordax
PRPHQFFGLMGKRSSANAQITRKRHKLNSPVGLMGKRSQEEPDSYEWNTIQNLDNRR-
                                           Oncorhynchus mykiss
PRPHQFFGLMGKRSSANPQITRKRRKINSFVGLMGKRSQEKPDSYEWNALQNYDKRR-
                                           Salvelinus fontinalis
PGPHQFFGLMGKRSSANPQITRKRRKINSFVGLMGKRSQEKPDSYEWNTLQNYDKRR-
  * *;*:**.*** **. .  .  *  ::**:* :*********.. :  :*:    : .*.
```

图 5　黄盖鲽 *Tac*1 氨基酸序列与其他物种氨基酸序列的比较

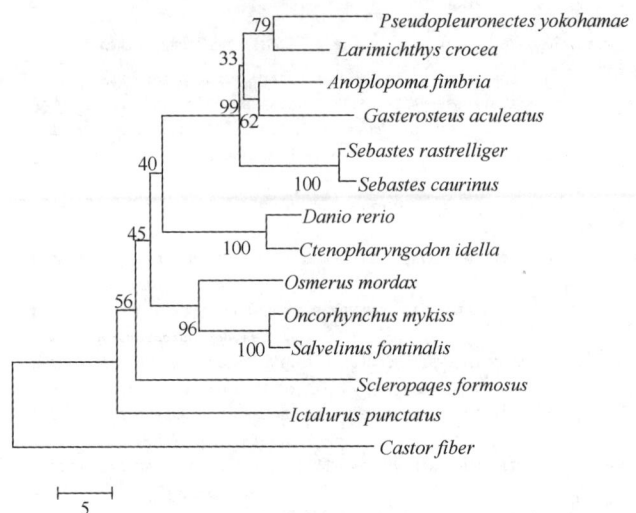

图6 黄盖鲽与其他鱼类基于Tac1氨基酸序列的系统进化树

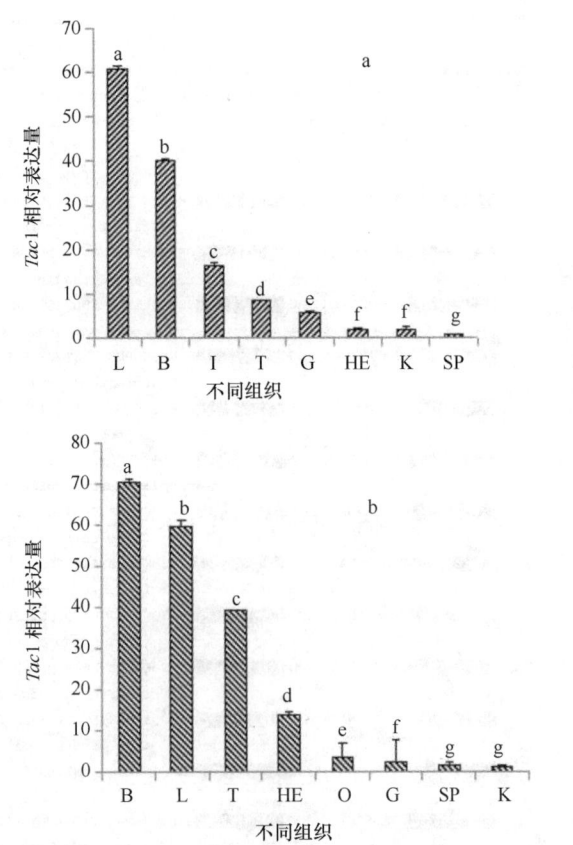

图7 黄盖鲽各组织中Tac1基因mRNA的表达水平(a为雄鱼,b为雌鱼)
I:后肠,B:脑,SP:脾,L:肝,K:头肾,G:鳃,HE:心脏,O:卵巢,T:精巢. 不同字母表示差异显著($P<0.05$). 下同.

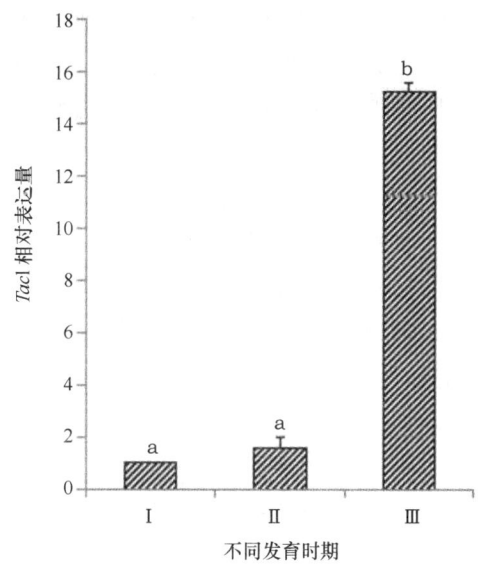

图 8　雌黄盖鲽脑组织不同发育时期 $Tac1$ 基因 mRNA 表达水平
Ⅰ、Ⅱ、Ⅲ分别为发育期、成熟期、退化期

3　讨论

本研究通过 RACE 技术首次在黄盖鲽脑组织中克隆出 $Tac1$ cDNA 全长序列。研究表明,NKA 的 N 末端延伸形式也属于生物活性肽,命名为神经激肽 K 和神经激肽 γ (图 8)[10-11]。哺乳动物 TAC1 基因含有 7 个外显子,编码 SP 和 NKA 的序列分别在外显子 3 和 6,编码 NPγ 的序列在外显子 3、5、6,编码 NPK 的序列在外显子 3、4、5、6,其所编码多肽序列如表 2[12]。本实验获得的 $Tac1$ 基因序列所编码的 P 物质(SP)、神经激肽 A(NKA)成熟肽均包括速激肽家族的特征序列,即常见的 C 末端序列,Phe-X-Gly-Leu-Met-NH$_2$[1,13],其中,可变氨基酸(X)可以代表芳香族或脂肪族氨基酸,基本上都是疏水性氨基酸。该 C 末端序列对于一致的速激肽受体(NK_1、NK2、NK_3)的激活起着非常重要的作用[4,14]。在本研究中分别是异亮氨酸(I)和缬氨酸(V)。据报道,该基本序列 KR/RR 可为内切蛋白酶裂解和随后修整提供一个靶位点[15-16]。黄盖鲽 $Tac1$ 氨基酸与其他鱼类的同源性比对显示,与鲈形目大黄鱼(Larimichthys crocea)的同源性最高(87%)。系统进化树分析显示,黄盖鲽与大黄鱼亲缘关系紧密聚为一支,说明 $Tac1$ 基因在进化过程中具有较高的保守性。

雌雄黄盖鲽成鱼不同组织中 $Tac1$ 基因 mRNA 表达显示,在脾脏、脑、头肾、后肠、鳃、心脏、肝和雌雄性腺(精巢和卵巢)等 8 个组织中均有表达,在脑组织、肝和后肠中表达较高,而且差异显著。因此,$Tac1$ 基因 mRNA 表达具有组织特异性,在大多数物种中,速激肽在胃肠道中被发现,特别是在幽门、十二指肠和空肠有高密度分布[17]。赵有利[18]指出,SP 还分布于甲状腺、气管、心脏、肾、胰腺和卵巢,在牙髓、瞳孔括约肌、视网膜及自主神经系统内也有SP分布。这种表达特异性可能与 Tac1 基因所编码的4种多肽的生理学作用有关。研究证实,SP和NKA在正常和病理状态下发挥着不同的生理作用,包括血管舒张、血浆蛋白外渗和炎症细胞的刺激等,引起平滑肌收缩,调节血管张力,黏液分泌和免疫功能[19-22]。

不同发育时期脑组织中的表达结果表明,Tac1 基因 mRNA 表达水平在成熟期缓慢升高,在退化期大幅度提高,而且差异极显著。研究表明,SP 在下丘脑中的含量是随着动物的年龄、性别、动物周期及性腺甾体激素水平二发生变化的[23-26]。这表明 Tac1 基因可能在鱼类生殖和神经内分泌过程中起着一定调控作用。Batttnann T 等[27]在离体实验中发现,SP 可抑制促性腺激素释放激素(GnRH)诱导 LH 的分泌。姜恩魁等[28-29]研究发现,SP 可能通过抑制促黄体生成素(LH)和促卵泡素(FSH)分泌而抑制卵巢孕酮和雌激素的生成,且对腺垂体 LH 分泌的抑制最为明显。姜岩[30]对雌性大鼠的研究同样表明,SP 对雌、孕激素生成及垂体 LH、FSH 分泌均有抑制作用,抑制了 GnRH 的分泌,从而抑制了卵巢激素的分泌。综上所述,Tac1 基因编码的多肽 SP 不仅是神经系统、内分泌系统和免疫系统共同的化学语言,也是生殖内分泌调控的重要因子。

本实验首次从黄盖鲽脑组织中克隆获得 Tac1 基因的 cDNA 全长,通过生物信息学的分析,并结合其在黄盖鲽雌雄各组织和性腺不同发育时期的表达情况,初步显示 Tac1 基因在黄盖鲽生长发育过程中发挥着重要的作用,同时也为人工繁育黄盖鲽提供了理论基础。

(致谢:郑风荣老师和王波老师对在实验期间给予耐心指导与关怀,实验室师兄师姐给予实验的帮助,谨致谢忱!)

参考文献

[1] Severini C,Improta G,Falconieri-Erspamer G,et al.The Tachykinin Peptide Family[J].Pharmacological Reviews,2002,54(2):285-322.

[2] Kangawa K,Minamino N,Fukada A,et al.NeuromedinK:a novel mammalian tachykinin indentified in porcine spinal cord[J].Biochemical and Biophysical Research Communications.1983,114(2):533-540.

[3] Oscar P C,Pinto F M,Pennefather J N,et al.A Role for Tachykinins in Female Mouse and Rat Reproductive Function.[J].Biology of Reproduction,2003,69(3):940-946.

[4] Maggi C A.The mammalian tachykinin receptors[J].General Pharmacology.1995,26:911-944.

[5] Page N M.New challenges in the study of the mammalian tachykinins.[J].Peptides,2005,26(8):1356-1368.

[6] Patak E N,Pennefather J N,Story M E.Effects of tachykinins on uterine smooth muscle.[J].Clinical & Experimental Pharmacology & Physiology,2000,27(11):922-927.

[7] 李红胜,赵志奇.P物质的分子神经生物学研究进展.[J].生理科学进展,1994,25(1):35-41.

[8] 刘婧,姜恩魁.P物质和P物质受体.[J].锦州医学院学报,2001,22(1):57-59.

[9] Bilkei G A,Berner J J,Wickstrom R,et al.Increased morphine analgesia and reduced side effects in mice lacking the tac1 gene[J].British Journal of Pharmacology,2010,160(6),1443-1452.

[10] Saffroy M,Torrens Y,Glowinski J,et al.Autoradiographic distribution of tachykinin NK2 binding sites in the

rat brain: comparison with NK1 and NK3 binding sites[J].Neuroscience,2003,116(3):761-773.

[11] Marui T,Funatogawa I,Koishi S,et al.Tachykinin 1(TAC1) gene SNPs and haplotypes with autism: A case-control study[J].Brain & Development.2007,29(8):510-513.

[12] Pennefather J N,Lecci A,Candenas M L,et al.Tachykinins and tachykinin receptors: a growing family[J].Life Sciences,2004,74(12):1445-1463.

[13] Zhang Y,Lu,L,Furlonger C,et al.Hemokinin is a hematopoietic-specific tachykinin that regulates B lymphopoiesis[J].Nature Immunology,2000,1(5):392-397.

[14] Caseleri M A,Huang R R,Fong T M,et al.Determination of the amino acid residues in substance P conferring selectivity and specificity for the rat neurokinin receptors[J].Molecular Pharmacology,1992,41(6):1096-1099.

[15] Southey B R,Amare A,Zimmerman T A,et al.NeuroPred: a tool to predict cleavage sites in neuropeptide precursors and provide the masses of the resulting peptides[J].Nucleic Acids Research,2006,34(2):267-272.

[16] Garten W,Klenk H D.Characterization of the carboxypeptidase involved in the proteolytic cleavage of the influenza haemagglutinin[J].Journal of General Virology,1983,64(10):2127-2137.

[17] Gates T S,Zirnmerman R P,Mantyh C R,et al.Substance P and substance K receptor blinding sites in the human gastrointestinal tract: localization by autoradiography[J].PePtide,1989,9(6):1207-1219.

[18] 赵有利.哺乳动物速激肽 hemokinin_1 对痛觉的调节作用及其对白血病细胞增殖与分化作用的研究[D].2009,8-15.

[19] Rouhollah M,Ludvig B,McCormack R G,et al.Dexamethasone decreases substance P expression in human tendon cells: an in vitro study[J].Rheumatology,2014,54(2):318-323.

[20] Botz B,Imreh A,Sandor K,et al.Role of Pituitary Adenylate-Cyclase Activating Polypeptide and Tac1 gene derived tachykinins in sensory,motor and vascular functions under normal and neuropathic conditions[J].Peptides,2013,43(9):105-112.

[21] Dehlin H M,Manteufel E J,Monroe A L,et al.Substance P acting via the neurokinin-1 receptor regulates adverse myocardial remodeling in a rat model of hypertension[J].International Journal of Cardiology,2013,168(5):4643-4651.

[22] Satake H,Ogasawara M,Kawada T,et al.Tachykinin and tachykinin receptor of an ascidian,*Ciona intestinalis*: evolutionary origin of the vertebrate tachykinin family[J].Journal of Biological Chemistry,2004,279(51):53798-53805.

[23] Duval P,Lenoir V,Garret C,et al.Reduction of the amplitude of preovulatory LH and FSH surges and of the amplitude of the in vitro GnRH-induced LH release by substance P.Reversal of the effect by RP 67580[J].Neuropharmacology,1996,35(12):1805-1810.

[24] Martens G J.Molecular biology of G-protein-coupled receptors[J].Progress in Brain Research,1992,92(2):201-214.

[25] Regoli D,Boudon A,Fauchere J L.Receptors and antagonists for substance P and related peptides[J].Progress in Brain Research,1994,46(5):551-599.

[26] Tsuruo Y,Hisano S,Y Okamura,et al.Hypothalamic substance P-containing neurons: sex-dependent topographical different and ultrastructural transformations associated with stages of the estrous cycles[J].Brain

[27] Battmann T,Parsadaniantz S M,Jeanjean B,et al.In vivo inhibition of the Preovulatory LH surge by Substance P and in vitro modulation of gonadotrophin-releasing hormone-induced LH release by Substance P, oestradiol and progesterone in the female rat[J].Journal of Endocrinology,1991,130(2):169-175.

[28] 赵云阁,姜恩魁,焦金菊等.P物质对大鼠离体腺垂体黄体生成素和卵巢孕酮分泌的影响[J].锦州医学院学报,1996,17(1):19-22.

[29] 姜恩魁,焦金菊,李金庆,等.P物质对动情期大鼠下丘脑—垂体轴系的调控[J].中国应用生理学杂志.1992,8(4):365-366.

[30] 姜岩.雌性大鼠生殖轴中P物质与卵巢激素关系的研究[J].中国医学工程,2011,19(5):151-152.

基于转录组测序的星斑川鲽微卫星分子标记的开发

郑风荣[1],李青[1,2],关洪斌[2],沈朕[1,2],郭湘云[1],王波[1]*

(1. 国家海洋局第一海洋研究所,山东 青岛 266061;2. 山东大学 海洋学院,山东 威海 264209)

微卫星(microsatellite),又称短串联重复序列(simple tandem repeats,STRs)或简单重复序列(simple sequence repeats,SSR),由核心序列和侧翼序列组成,其核心序列为2~6个核苷酸的串联重复片段[1]。微卫星具有多态性和重复性高、共显性、操作简单、可跨物种扩增、覆盖面广等优点,而且扩增片段较小,更适合于微量、降解材料的检测[2-3]。在鱼类和贝类中,由微卫星反映出来的高度多态性已广泛应用于群体结构研究、移植和养殖群体中的遗传变异和改良遗传品质等方面[5]。一般的SSR筛选费时费力,需要经过建库、富集、基因组文库测序等步骤,存在繁琐、效率低、耗时长等问题[6]。转录组测序的快速发展为SSR的研究提供了一种捷径,具有开发效率高,减少工作量,减少错过多态性SSR位点等优点。近年来利用转录组数据获得微卫星标记,并进行遗传多样性的研究已有很多成功报道[7-8]。张群英等利用转录组测序技术开发了中华鳖(Pelodiscus sinensis)与生长性状相关的EST-SSR标记[9]。Fu等利用转录组高通量测序技术,筛选获得了鲢鱼(Hypophthalmichthys molitrix)的13327个SSR标记[10],而Liao等则从鲫鱼(Carassius auratus)转录组数据中筛选得到11295个SSR标记[11]。

星斑川鲽(Platichthys stellatus)又名星突江鲽,隶属鲽形目、鲽科、川鲽属,是一种大型经济鱼类[12]。目前关于星斑川鲽的报道大多数集中在形态观察[12-13]、育苗及养殖[14]、生物学特性[15]等,在遗传比较方面的报道尤其是涉及微卫星方面的为数不多[16-19]。目前为止星斑川鲽的基因组序列还没有公布,在NCBI上公布的星斑川鲽的EST序列只有六条(http://

基金项目:海洋公益性行业科研专项(201405010,201305005),国家高技术发展计划(2012AA10413)
作者简介:郑风荣(1975—),女,副研究员,研究方向:海洋生物学。E-mail:zhengfr@fio.org.cn
通信作者:王波(1963—),男,硕士,研究员,研究方向:海洋生物学。E-mail:ousun@fio.org.cn

www.ncbi.nlm.nih.gov/nucest? term=Starry+Flounder+EST),在Nucleotide公布的关于星斑川鲽的SSR序列也只有158条,这在一定程度上限制了星斑川鲽SSR标记的开发和利用,从而限制了星斑川鲽的遗传育苗和品质改造。在本研究中,我们利用Illumina Hiseq™ 2000高通量测序技术对星斑川鲽脑垂体和下丘脑组织的转录组进行了测序分析,并找到适合星斑川鲽SSR标记研究的引物,为星斑川鲽遗传多样性分析、遗传图谱建立以及分子标记辅助育种奠定基础。

1 材料与方法

1.1 材料

转录组测序样品为2013年4月和5月分别取自日照海洋水产资源增殖站的健康、性腺成熟期和退化期的星斑川鲽亲鱼各3尾,均重(1 000±10)g,分别取两个时期的脑垂体和下丘脑组织混合后经液氮速冻后送上海派森诺生物科技有限公司进行转录组文库构建,并进行高通量测序。

SSR扩增所需要的星斑川鲽30个个体样品于2014年8月取自山东省日照海洋水产资源增殖站,取健康成熟的星斑川鲽的尾鳍组织,放于含95%酒精的eppendorf管中,存放于-80℃冰箱中备用。

1.2 方法

1.2.1 基因组DNA提取

采用天根(TIANGEN)生物公司的海洋动物组织基因组DNA提取试剂盒提取星斑川鲽基因组DNA,用1%的琼脂糖凝胶电泳检测DNA的浓度和质量,-80℃保存备用。

1.2.2 星斑川鲽转录组SSR位点的鉴别

使用MISA(MIcro Satellite,http://pgrc.ipk-gatersleben.de/misa,version 1.0)对Unigene序列进行SSR筛选,检测标准为:二碱基、三碱基、四碱基、五碱基、六碱基的重复次数分别是六、五、五、五、五次;间隔小于100 bp的SSR被定义为复合型SSR。

1.2.3 SSR引物群体验证

将20对引物序列进行荧光标记修饰,用于群体遗传多样性验证。PCR体系为20 μL:DNA模板25 ng 1 μL,上下游引物(10 μmol/L)各0.5 μL,5×Phusion HF Buffer 4 μL,dNTP MIX(2.5 mmol/L)1.6 μL,Phusion DNA Polymerase(2 U/μL) 1.25 μL,双蒸水补足20 μL。dNTP MIX购自TaKaRa公司,DNA Polymerase、HF Bufffer购自Thermo Fisher公司。PCR反应在TAKARA PCR Thermal Cycler Dice上进行,程序为95℃预变性5 min;95℃变性30 s,退火Tm 30 s,72℃延伸45 s,30个循环;72℃延伸10 min。PCR扩增产物送华大基因生物科技有限公司用ABI3730xl全自动DNA测序仪进行测序。

2 结果与分析

2.1 星斑川鲽转录组中SSR位点的分布特征

在星斑川鲽的30 640条unigene(总长为82 619 097 bp)中共发现20 095个SSRs,分布

在 10 924 条 unigene 中,含有率(含有 SSRs 的 unigene 占总的 unigene 的百分比)为 35.66%。其中复合型 SSRs 3 296 个(16.4%),含有 2 个及 2 个以上 SSRs 的 unigene 共有 4 815 条,占 15.71%。SSRs 的分布率(SSRs 的个数占总 unigene 的百分比)为 65.57%,星斑川鲽转录组中平均每 4 111 bp 中就有一个 SSR 位点(表 1)。

表 1　星斑川鲽转录组中 SSR 重复单元分布特征

重复类型	数量	频率	平均距离/kb	平均长度/bp	主要重复单元
二核苷酸	12 789	41.73%	6.46	18.20	AC/GT/AG/CT/AT/AT
三核苷酸	6 652	21.71%	12.42	18.94	AGG/CCT/AGC/CTGAAG/CTT
四核苷酸	473	1.54%	174.67	28.73	ACAG/CTGT AAAC/GTTTATCC/ATGG
五核苷酸	61	0.20%	1 354.41	31.31	AGAGG/CCTCT
六核苷酸	120	0.39%	688.49	36.85	AAAAC/GTTTT
合计	20 095	65.57%	4.11	18.84	ACAGAG/CTCTGT

星斑川鲽转录组中最多的 SSR 重复类型是二核苷酸型,占 SSRs 总数的 63.64%,其中(AC)n 最多;三核苷酸重复是仅次于二核苷酸重复的一大类型,占 SSRs 总数的 33.10%;五核苷酸重复最少,仅占 SSRs 总数的 0.30%;四核苷酸、六核苷酸分别占 SSRs 总数的 2.36% 和 0.60%(图 1)。

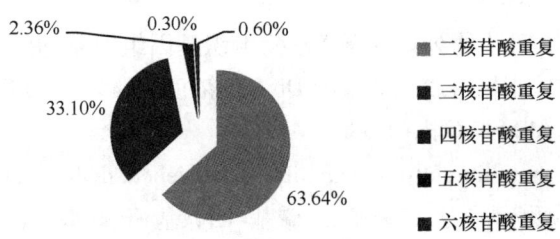

图 1　星斑川鲽 SSRs 不同重复单元所占比例

星斑川鲽转录组中 SSRs 的序列长度从 12~78 个碱基不等,平均长度为 18.84 bp;二、三、四、五、六核苷酸重复的平均长度分别为 18.20 bp、18.94 bp、28.73 bp、31.31 bp 和 36.85 bp。重复序列长度范围在 12~20 bp 的占 73.78%,重复序列长度在 21~40 bp 的占 22.62%,大于 40 bp 最少,仅占 3.60%(图 2)。

星斑川鲽转录组中 SSRs 重复单元的重复次数在 5~32 次之间。重复次数在 5-10 次的有 1 6871 个,占总数的 83.96%;11~20 次的有 2 712 个,占总数的 13.50%;21~30 次的有 480 个,占 2.39%;大于 30 次的仅有 32 个,占 0.16%(图 3)。

星斑川鲽转录组中 SSRs 包含 100 种重复单元,其中二核苷酸重复单元类型最少,仅有 4 种;六核苷酸重复单元类型最多,含有 37 种;三、四、五核苷酸重复单元类型分别有 10、25、24 种。二核苷酸重复单元占所有 SSR 分子的 63.64%,其中 AC/GT 是二核苷酸重复单元中出现频率最多的类型,有 8 308 个,占所有 SSR 分子的 41.34%,CG/CG 则是出现频率最少的二

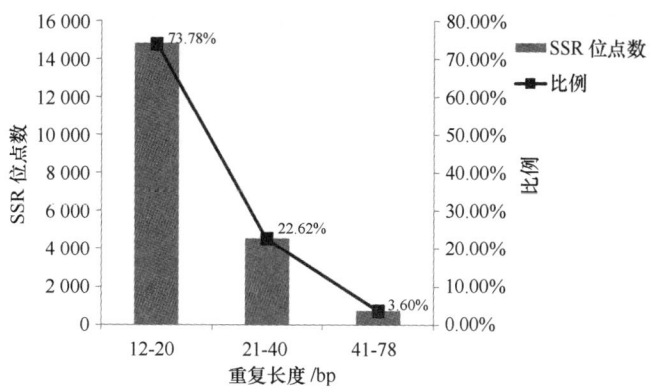

图 2 SSRs 重复长度分布

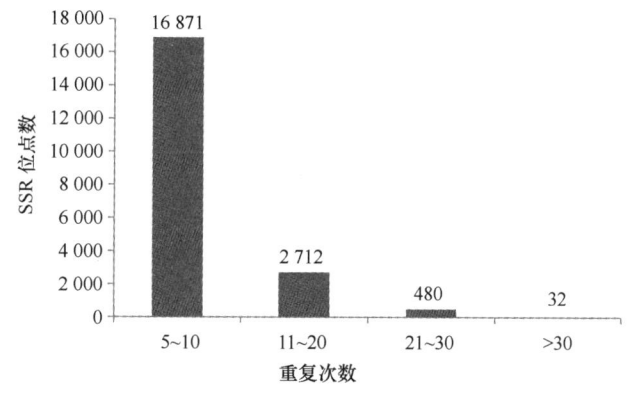

图 3 SSR 重复次数分布

核苷酸重复单元类型,仅 6 个,AG/CT、AT/AT 分别位居第二、第三,分别占 SSR 总数的 16.65%、5.62%(图 4)。三核苷酸重复单元是仅次于二核苷酸重复单元的第二大 SSR 类型,重复单元类型有 10 种,其中含量最多的两种是 AGG/CCT、AGC/GCT,分别占总 SSR 总数的 12.38%、7.49%。

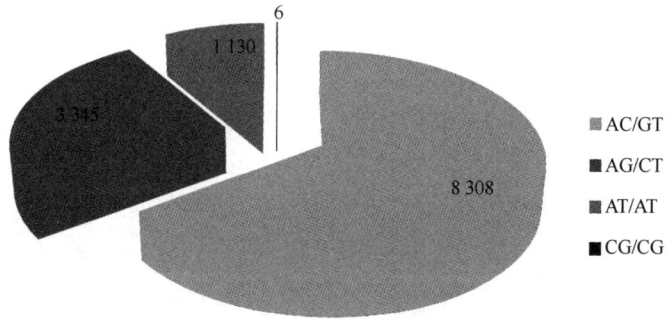

图 4 二核苷酸重复中不同重复单元的数量

表 2 星斑川鲽的 19 个微卫星位点的基本信息

locus name	accession number	primer sequences	repeat motif	locus size range/bp	test population sample size	na	ne	Obs_Het	Exp-Het	PIC	N_{ei}	HWE
PTS3	KU042928	F:TGGTCTCGGATTTGAACACGA R:GTTCGACCTGATCGGACTCT	$(CAT)_{10}$	201–212	30	2	1.88	0.625	0.484	0.358	0.469	符合
PTS14	KU042934	F:GACGAGTTTGACACGGATGA R:TTACCCAAGTAGGACCACC	$(AAT)_6$	227–243	30	4	2.66	0.400	0.646	0.558	0.624	
PTS15	KU042935	F:AGTCCCCTCTCTCTGCTCTCC R:AAACAGACTGAGGTGGGGTC	$(AC)_{11}$ aa$(AC)_6$	193–239	30	6	3.12	0.733	0.703	0.642	0.680	符合
PTS16	KU042936	F:CGGTGGAAGAGAACAACCAT R:CTCCTCCGACTCTCTTGCT	$(GAG)_6$	234–245	30	2	1.85	0.652	0.476	0.354	0.459	符合
PTS17	KU233890	F:TTCCTCAACTTCGATCCCAC R:GAGAACAAGAAGCGCTTTCG	$(AC)_6$	214–226	30	1	1.00	0.000	0.000		0.000	
PTS18	KU042937	F:GTTTCTGTGGCCTCATGGAT R:GGTCAGACATGGACCCAGTT	$(AGA)_7$	281–293	30	2	1.42	0.071	0.304	0.350	0.293	
PTS21	KU042938	F:ATCTTCTGGACAACCATCCG R:CCGGGTCTGATCTTCTTCTT	$(GAG)_6$	235–252	30	2	1.69	0.231	0.409	0.316	0.394	符合
PTS24	KU042939	F:GAGCCTGCGACGTATATGGA R:GCGACACCCGTTTTCTTATC	$(AGG)_5$	263–281	30	2	1.28	0.250	0.226	0.195	0.219	符合
PTS25	KU042940	F:TGCTCTGATTTTGGGATGAA R:CTGAAGAGGAGAGCTGAGGG	$(AC)_6$	201–278	30	6	4.94	0.333	0.825	0.769	0.798	
PTS26	KU042941	F:GCCGTTTCTCGGATACTTCT R:GAGTCCTTCAGCCTCCACTG	$(CTG)_5$	207–228	30	3	2.26	0.600	0.577	0.478	0.558	
PTS27	KU042942	F:AGCACTCTCTGCGTTTGGCTT R:CACTCTCAGTCTCTGCACCTG	$(AG)_8$	187–204	30	3	2.04	0.437	0.526	0.457	0.510	符合

续表

locus name	accession number	primer sequences	repeat motif	locus size range/bp	test population sample size	na	ne	Obs_Het	Exp-Het	PIC	N_{ei}	HWE
PTS29	KU042943	F:ATGGGTCGTCTAACGGACTG R:GGGCCTATGCTACACACGTA	$(GT)_{12}$	238–261	30	5	3.24	0.875	0.714	0.638	0.691	符合
PTS37	KU042946	F:TCTCCCATTCTTGAACCAGG R:TTGGCTCGTTGGAGGGATTAC	$(TG)_7$	201–215	30	1	1.00	0.000	0.000		0.000	
PTS39	KU042947	F:CCACATTTGAGCGTCGTTG R:GCACGCACGAGTATCAGTGT	$(TCC)_6$	232–254	30	5	3.24	0.500	0.696	0.633	0.674	符合
PTS40	KU042948	F:GCCCTGACCTCTCGATAGAA R:CATGTCCTCAAAGTCGCTCA	$(AC)_6$	197–230	30	2	1.44	0.375	0.315	0.258	0.305	
PTS43	KU042949	F:GCTACCTGCAGAGAGGGTTG R:CCCGGTGACTTCTCCACTAA	$(AGG)_8$	238–254	30	2	1.60	0.000	0.387	0.305	0.375	
PTS45	KU042951	F:CACCTCTCTCTGTGGACCT R:AGCAACGACATGACAACAGC	$(GGT)_7$	264–278	30	1	1.00	0.000	0.000		0.000	
PTS47	KU042952	F:CAGTATCACAACACCCGCAC R:ATGTCGTTCCCACTCCTCAC	$(GGA)_5$	374–389	30	3	2.38	0.733	0.600	0.492	0.580	符合
PTS50	KU042953	F:CGACGAAGGAACCAGCTGTA R:TCATTTGCTGTGCTGCTTCT	$(CAG)_9$	227–233	30	2	1.42	0.214	0.304	0.250	0.293	符合
MEAN	—	—	—	—	30	2.84	2.07	0.351	0.431	0.459	0.417	—

2.2 星斑川鲽转录组中 SSRs 平均分布距离

在 30 640 条 unigene 中总共筛选出了 20 095 个 SSRs,出现频率较高,总体出现频率是 65.57%,并且 4 815 条 unigene 含有多于 1 个 SSR,100 种重复单元类型。从分布密度来看,星斑川鲽转录组序列中最高水平为平均每 4.11 kb 就出现一个 SSR 位点。

2.3 微卫星引物多态性检测

将挑选出来的 20 个 SSR 位点引物,用荧光标记,在 30 个个体的星斑川鲽群体内进行 PCR 扩增。软件 peak scanner software v1.0 对毛细管电泳结果进行处理。软件 POPGENE 1.32 用来计算等位基因数(na)、有效等位基因数(ne)、观望杂合度(H_O)、期望杂合度(H_E)、以及 Nei′氏多样性指数(N_{ei})。多态信息含量(PIC)计算公式[20]为:

$$PIC = 1 - \sum_{i=1}^{n} P_i^2 - \sum_{i=1}^{n-1}\sum_{j=i+1}^{n} 2P_i^2 P_j^2$$

式中:P_i 和 P_j 是第 i 和第 j 个等位基因频率,n 是等位基因数目。

结果表明,位点 PTS8 的荧光引物 PCR 结果检测中未发现特异性条带,普通引物 PCR 检测具有特异性条带。其余 19 个位点,均可扩增出特异性条带,经卡方检验符合哈代—温伯格平衡的位点有 10 个,其余 9 个位点偏离($P<0.05$),表现出杂合子缺失。等位基因数由 1 个(PTS17、PTS37、PTS45)到 6 个(PTS15、PTS25)不等,平均等位基因数为 2.84。观测杂合度为 0~0.875,平均观测杂合度为 0.351;多态信息含量(PIC)高于 0.5 的有 5 个。Nei's 氏基因指数为 0.417。

3 讨论

本研究以二、三、四、五、六核苷酸重复单元的 SSRs 的最少重复次数分别为六、五、五、五、五次,最小长度为 12 bp 的为筛选条件,在星斑川鲽的 30 640 条 unigene 中发现 10 925 条含有 SSR 分子,包含 20,095 个 SSRs。二、三、四、五、六核苷酸重复单元的类型各有 4、10、25、24、37 种,其中二核苷酸重复数最多,占 41.34%,并且 AC/GT 是出现频率最多的类型,这与杨树林和鲁翠云等的研究结果一致[21-22]。第二大类是三核苷酸重复,其中含量最多是 AGG/CCT,占 SSRs 总数的 12.38%,这与蔡磊和张群英等在诸氏鲻虾虎鱼(*Mugilogobius chulae*)和中华鳖中的研究结果相符[23,9]。星斑川鲽转录组中 SSRs 出现频率为 65.57%,高于半滑舌鳎(*Cynoglossus semilaevis*)52.44%[24]、大鳞副泥鳅(*Paramisgurnus dabryanus*)21.10%[25]、中华鳖 22.82%(*Pelodiscus Sinensis*)[9] 和泥鳅(*Misgurnus anguillicaudatus*)7.6%[26]。星斑川鲽转录组中 SSRs 平均分布距离为 4.11 kb,大于牙鲆(*Paralichthys olivaceus*)7.9 kb[27]、中华鳖 177 Mb[9] 和大鳞副泥鳅 6.99 kb[25]。SSRs 分布频率和分布距离受多种因素影响,这些差异可能由 SSRs 在水产动物中物种特异性引起,也可能是由于基因组结构组成[28],数据库大小,数据分析工具和 SSRs 筛选参数设计等影响[29-30]。

群体的遗传多样性主要表现在等位基因数、杂合度和多态信息含量 3 个方面[31]。有效等位基因数反映了同一位点等位基因之间的相互作用。本研究所获星斑川鲽有效等位基因数从 1~6 不等,平均有效等位基因数为 2.84,小于匈牙利鲤(*Cyprinus carpio* L.)群体的 6,

和兴国红鲤(*Cyprinus carpio* var. *singuonensis*)群体的 3.111 的平均有效等位基因数,但是大于翘嘴鳜(*Siniperca chuatsi*)群体的平均有效等位基因数 1.80,说明星斑川鲽养殖群体存在等位基因缺失现象,推测是因为长期的人工选择育种、近交等因素,致使丢失了某些遗传多样性[32-35]。杂合度(H)又被称为基因多样度,是群体杂合程度的度量单位,平均杂合度越高,群体的遗传一致性就越低,其遗传多样性就越高[36]。有研究调查了 57 种海洋鱼类的 524 个微卫星位点,得到期望杂合度为 0.79[37],本研究得到的星斑川鲽群体的观测杂合度和期望杂合度分别为 0.351 和 0.431,因此该星斑川鲽群体的遗传多样性较低。多态信息含量(PIC)被认为是衡量变异程度的指标,当 PIC>0.5 时,该位点具有高度多态性,当 PIC<0.25 时,该位点表现为低多态性[20]。星斑川鲽中仅有 PTS14、PTS15、PTS25、PTS29、PTS39 五个位点为高度多态基因位点,即表示这些位点可以提供较多的遗传信息。

微卫星存在于真核生物整个基因组中,并且大部分存在于非编码区,Wren 等在研究基因区的位点多态性时发现大约有 8%的多态性位点位于编码区[38]。经过转录组测序筛选出来的 SSRS 来自基因组的转录区,大多数是功能基因,因此相比那些非转录区筛选出来的 SSR 标记更容易在物种间扩增[39],更能够促进基因图谱的发展,以及增加标记辅助选择的有效性[40]。本研究基于转录组测序技术得到的 20 个微卫星位点中,有 12 个微卫星位点是与免疫有关(PTS15、PTS25、PTS39 等),有 1 个位点与生长相关(PTS26),还有各种功能蛋白(如 PTS14 和 PTS16)。因此本研究得到的微卫星标记分子标记位点可为星斑川鲽遗传图谱建立以及分子标记辅助育种提供理论基础。

综上所述,本研究通过转录组测序技术发现了大量的星斑川鲽微卫星位点,实验结果弥补了星斑川鲽 SSR 序列方面的空白。并且 20 个微卫星位点在星斑川鲽群体中扩增结果表明,与海洋野生鱼类相比,位点多态性较低。因此,我们应从外界引进新的目标物种的个体,加强与养殖个体的基因交流,增加基因多样性,为星斑川鲽的种质资源保存、遗传进化以及遗传多样性提供基础。

参考文献

[1] ZIETKIEWICZ E, RAFALSKI A, LABUDA D. Genome fingerprinting by simple sequence repeat(SSR)-anchored polymerase chain reaction amplification[J]. Genomics, 1994, 20(2):176-183.

[2] JONES E, DUPAL M, DUMSDAY J, et al. An SSR-based genetic linkage map for perennial ryegrass(*Lolium perenne* L.)[J]. Theoretical and Applied Genetics, 2002, 105(4):577-584.

[3] 黄海燕,杜红岩,刘攀峰. 基于杜仲转录组序列的 SSR 分子标记的开发[J]. 林业科学, 2013, 49(5): 176-181.

[4] SAHA M C, COOPER J D, MIAN MAR, et al. Tall fescue genomic SSR markers: development and transferability across multiple grass species[J]. Theoretical and Applied Genetics, 2006, 113(8):1449-1458.

[5] LAL K K, CHAUHAN T, MANDAL A, et al. Identification of microsatellite DNA markers for population structure analysis in Indian major carp, *Cirrhinus mrigala* (Hamilton-Buchanan, 1882)[J]. Journal of Applied Ichthyology, 2004, 20(2):87-91.

[6] EDWARDS K J, BARKER J H, DALY A, et al. Microsatellite libraries enriched for several microsatellite se-

quences in plants[J]. Biotechniques,1996,20(5):758.

[7] Xiao T Q,Lu C Y,Xu Y L,et al. Screening of SSR markers as-sociated with scale cover pattern and mapped to a genetic linkage map of common carp (*Cyprinus carpio* L.)[J]. J Appl Genet,2015,56(2):261-269.

[8] Tian C X,Liang X F,Yang M,et al. New microsatellite loci for the mandarin fish *Siniperca chuatsi* and their application in population genetic analysis[J]. Genet Mol Res,2014,13(1):546-558.

[9] 张群英. 基于转录组测序的中华鳖微卫星标记的开发及 MSTN 基因的克隆表达[D]. 苏州:苏州大学,2014.

[10] Fu B D,He S P. Transcriptome analysis of silver carp(Hypoph-thalmichthys molitrix) by paired-end RNA sequencing[J]. DNARes,201219(2):131-142.

[11] Liao X L,Cheng L,Xu P,et al. Transcriptome analysis of crucian carp(*Carassius auratus*),an important aquaculture and hy-poxia-tolerant species[J]. PLo S One,2013,8(4):e62308.

[12] 王波,孙萍,方华华,等. 星斑川鲽形态特征及相关参数的观测[J]. 海洋学报,2010,(2):139-147.

[13] 王波,刘振华,孙丕喜,等. 星斑川鲽胚胎发育的形态观察[J]. 海洋学报,2008,30(2):130-136.

[14] 丁立云,张利民,王际英,等. 饲料蛋白水平对星斑川鲽幼鱼生长,体组成及血浆生化指标的影响[J]. 中国水产科学,2010,17(6):1285-1292.

[15] 王广军. 星斑川鲽的生物学特性与养殖前景分析[J]. 水产科技,2006,(2):35-36.

[16] 陈艳翠,高天翔,陈四清,等. 星突江鲽(*Platichthys stellatus*)群体同工酶分析[J]. 南方水产科学,2008,4(1):48-52.

[17] 尤锋,吴志昊,李军,等. 星斑川鲽(*Platichthys stellatus*)养殖群体的 RAPD 分析[J]. 海洋科学进展,2007,25(1):73-78.

[18] GALLAGHER E P,SHEEHY K M,JANSSEN P L,et al. Isolation and cloning of homologous glutathione S-transferase cDNAs from English sole and starry flounder liver[J]. Aquatic Toxicology,1998,44(3):171-182.

[19] BORSA P,BLANQUER A,BERREBI P,BERREBI P. Genetic structure of the flounders *Platichthys flesus* and *P. stellatus* at different geographic scales[J]. Marine Biology,1997,129(2):233-246.

[20] BOTSTEIN D,WHITE R L,SKOLNICK M,et al. Construction of a genetic linkage map in man using restriction fragment length polymorphisms[J]. American Journal of Human Genetics,1980,32(3):314.

[21] 杨述林,王志刚,樊斌,等. 微卫星及其功能研究[J]. 湖北农业科学,2004,(6):91-93.

[22] 鲁翠云,毛瑞鑫,李鸥,等. 鲤鱼三,四核苷酸重复微卫星座位的筛选及特征分析[J]. 农业生物技术学报,2009,17(6):979-987.

[23] 蔡磊,余露军,陈小曲,等. 诸氏鲻虾虎鱼转录组序列中微卫星标记的初步筛选及特征分析 生物技术通报 2015,31(9):146-151.

[24] 王文基. 半滑舌鳎和牙鲆的转录组测序及初步分析[D]. 青岛:中国海洋大学,2014.

[25] 李彩娟. 基于第二代测序的大鳞副泥鳅微卫星分子标记的开发与应用[D]. 苏州:苏州大学,2014.

[26] Chen D,Li Q,Kong L. Development and characterization of 47 genic microsatellite markers of the Loach,*Misgurnus anguillicaudatus*[J]. Journal of the World Aquaculture Society,2010,41(1):163-167.

[27] 陈松波,龚丽,刘海金. 牙鲆 EST 资源的 SSR 信息分析[J]. 东北农业大学学报,2010,41(10):82-86.

[28] Toth G,Gaspari Z,Jurka J. Microsatellites in different eukaryotic genomes:survey and analysis[J].Genome

Research,2000,10(7):967-981.

[29] Varshney R K,Graner A,Sorrells M E. Genic microsatellite markers in plants:features and applications[J]. Trends in Biotechnology,2005,23(1):48-55.

[30] Wei L B,Zhang H Y,Zheng Y Z,et al. Developing EST-derived microsatellites in sesame (*Sesamum indicum* L.)[J]. Acta Agronomica Sinica,2008,34(12):2077-2084.

[31] Senanan W,Kapuscinski AR,Na-Nakorn U,et al. Genetic impacts of hybrid catfish farming(*Clarias macrocephalus* × *C. gariepinus*) on native catfish populations in central Thailand[J]. Aquaculture. 2004,235(1-4):167-184.

[32] LEHOCZKY I,MAGYARY I,HANCZ C,Weiss S. Preliminary studies on the genetic variability of six Hungarian common carp strains using microsatellite DNA markers[J]. Hydrobiologia,2005,533(1-3):223-228.

[33] 岳华梅,翟晴,宋明月,等.基于转录组测序的兴国红鲤微卫星标记筛选 淡水渔业,46(1):24-28.

[34] 袁文成.基于转录组测序的翘嘴鳜微卫星标记的开发及MHC class I 基因的克隆表达[D].苏州:苏州大学,2015.

[35] 万玉美,王蕾,谭照君,等.红鳍东方鲀两个群体的遗传结构及与经济性状相关性分析[J].淡水渔业,2011,41(5):9-16.

[36] 李莉,孙振兴,杨树德,等.用微卫星标记分析皱纹盘鲍群体的遗传变异[J].遗传,2006,28(12):1549-1554.

[37] DEWOODY JA,AVISE J C. Microsatellite variation in marine,freshwater and anadromous fishes compared with other animals[J]. Journal of Fish Biology,2000,56(3):461-473.

[38] WREN J D,FORGACS E,FONDON J W,et al. Repeat polymorphisms within gene regions:phenotypic and evolutionary implications[J]. The American Journal of Human Genetics,2000,67(2):345-356.

[39] 张琼,刘小林,李喜莲,等.EST-SSR分子标记在水生动物遗传研究中的应用[J].水产科学,2010,29(5):302-306.

[40] GUPTA P K,RUSTGI S. Molecular markers from the transcribed/expressed region of the genome in higher plants[J]. Functional & Integrative Genomics,2004,4(3):139-162.

星斑川鲽微卫星标记在相近物种及杂交后代中的应用

郑风荣[1],关洪斌[2],李青[1,2],沈朕[1,2],武宁宁[3],王波[*]

(1 国家海洋局第一海洋研究所,山东,青岛 266061;
2 山东大学 海洋学院,山东 威海 264209
青岛市渔业技术推广站,山东 青岛 266000)

  星斑川鲽(*Platichthys stellatus*)、钝吻黄盖鲽(*Pseudopleuronec tesyokohamae*)和石鲽(*Kareius bicoloratus*)均属于鲽形目、鲽科,分别属于川鲽属、黄盖鲽属和石鲽属[1-3]。这3种鲽科鱼类肉质鲜美,口感独特,具有底栖生活习性,已成为我国北方重要的海水养殖鱼类。研究三者的遗传多样性以及遗传结构对于渔业资源的管理起到积极带动作用[4]。

  亲鱼双方的遗传物质经过杂交可以重新组合[5],有可能产生出新的性状,甚至可以表现出比亲鱼还优良的性状[6],因此杂交育种是一种见效快并被广泛应用的传统的育种方式。在鲆鲽类中展开杂交育种的研究报道也不少[7-9],关于石鲽和星斑川鲽杂交的实验早在20世纪80年代就有报道,但是集中在形态学方面[10]、淡水适应性方面[11],在遗传方面也仅仅有采用同工酶作为研究手段对星斑川鲽的基因座位遗传多样性的研究[12-13]。关于钝吻黄盖鲽遗传方面的研究有张岩等关于钝吻黄盖鲽微卫星位点的开发及群体遗传多样性分析[14-15]。关于石鲽的研究有遗传多样性及石鲽与牙鲆杂交子一代的遗传学分析[16]。关于水产动物的微卫星研究中有不少实验是引用其他相近种类的微卫星引物。海萨等[17]将在伊犁鲈(*Perca schrenkii*)中开发的17对微卫星引物在河鲈(*Perca fluviatilis*)和黄金鲈(*Perca flavescens*)中扩增,实验结果表明有10对引物具有通用性。齐晓艳等[18]利用磁珠富集法开发了文蛤(*Meretrix meretrix*)微卫星文库,将筛选出来的30对微卫星引物在斧文蛤(*Meretrix lamarckii*)和帘文蛤(*Meretrix lyrata*)群体中扩增,结果16对在斧文蛤中成功获得特异性条带,12对在帘文蛤中获得特异性条带。但运用星斑川鲽微卫星研究钝吻黄盖鲽、石鲽以及石鲽与星斑川鲽杂交后代的遗传多样性还未见相关报道。本文在前期星斑川鲽中开发得到的20对微卫星引物的基础上,进一步研究了在钝吻黄盖鲽、石鲽及其杂交一代中应用的通用性,以此来研究相近物种钝吻黄盖鲽、石鲽及其杂交一代的遗传多样性,为种质资源的保护提供理论基础。

基金项目:项目名1-国家海洋公益性行业科研专项,黄渤海重要经济生物产卵场修复与重建技术集成与示范(201405010;,201305005);项目名2-国家高技术发展计划(863项目):重要鲆鲽鱼类良种培育(2012AA10A408)
作者简介:第一作者,郑风荣,女,副研究员,zhengfr@fio.org.cn;
通信作者:王波;男,研究员,主要从事海水养殖研究,ousun@fio.org.cn

1 材料与方法

1.1 材料

16 尾钝吻黄盖鲽(*Pseudopleuronectes yokohamae*)于 2015 年 1 月取自烟台蓬莱近海登州浅滩,16 尾石鲽(*Kareius bicoloratus*)于 2015 年 6 月取自日照近海,均为野生群体。以上样品经分类鉴定[16,19],形态学测量(钝吻黄盖鲽体长和体重为 22 cm±2.5 cm,250 g±30 g;石鲽体长和体重为 30 cm±2 cm,600 g±50 g)后,取其尾鳍,于 95%酒精固定,保存于-80℃冰箱中。

将取自日照海洋水产资源增殖站的星斑川鲽雌性亲鱼和取自日照近海的野生石鲽雄性亲鱼于 2015 年 4 月在烟台蓬莱宗哲养殖有限公司进行同步促熟培养,人工授精杂交,获得受精卵并进行孵化培养。2015 年 8 月取 24 尾平均体长(24±2)mm 的杂交幼苗(*P. stellatus* ♀×*K. bicoloratus* ♂),取部分肌肉组织,于 95%酒精固定,保存于-80℃冰箱中。

1.2 方法

基因组 DNA 提取 取每个样本约 30 mg,采用海洋动物组织基因组 DNA 提取试剂盒(TIANGEN)提取,并溶于 130 μL TE(0.5 mol/L 的 Tris-HCl,0.5 mol/L EDTA,pH 8.0)中,于-20℃保存。水浴时注意不断摇晃使样品细胞充分裂解以释放出 DNA;加 TE 溶解前应充分晾干使酒精挥发完全,以免影响后续实验。

微卫星引物采用日照星斑川鲽群体筛选出来的 20 对微卫星引物,由华大基因生物科技有限公司合成并用荧光素标记。引物信息及 GenBank 登录号见表 1。

表 1 20 对 SSR 标记的引物信息

位点	登录号	引物序列(5′—3′)	重复单元	退火温度/℃
PTS3	KU042928	F:TGGTCTGGATTTGAACACGA R:GTTGGACGTGATCGGACTCT	$(CAT)_{10}$	61
PTS8	KU042933	F:AGCTGCTCTCACACACAGGA R:CCTCTTCGCCTTTCTGACTG	$(GGA)_6$	63
PTS14	KU042934	F:GACGAGTTTGACACGGATGA R:TTACGCCAAGTAGGACCACC	$(AAT)_6$	63
PTS15	KU042935	F:AGTCCCCTCTTCTGCTCTCC R:AAACAGAGTGAGGTGGGGTG	$(AC)_{11}aa(AC)_6$	63
PTS16	KU042936	F:CGGTGGAAGAGAACAACCAT R:CTGCTCCGACTCTTCTTGGT	$(GAG)_6$	61
PTS17	KU232890	F:TTCCTCAACTTCGATCCCAC R:GAGAACAAGAAGGCGTTTCG	$(AC)_6$	63
PTS18	KU042937	F:GTTTCTGTGGCCTGATGGAT R:GGTCAGACATGGACCCAGTT	$(AGA)_7$	63

续表

位点	登录号	引物序列(5′—3′)	重复单元	退火温度/℃
PTS21	KU042938	F:ATCTTCTGGACAACCATCGG R:CCGGGTGTGATCTTCTTGTT	$(GAG)_6$	63
PTS24	KU042939	F:GAGCCTCGCAGGTATATGGA R:GCGACACCGGTTTTCTTATC	$(AGG)_5$	64
PTS25	KU042940	F:TGCTGTGATTTTGGGATGAA R:CTGAAGAGGAGACGTGAGGG	$(AC)_6$	64
PTS26	KU042941	F:GCGGTTTGTCGGATACTTGT R:GAGTCCTTCAGCCTCCACTG	$(CTG)_5$	64
PTS27	KU042942	F:AGCACTCTGTGGTTTGGCTT R:CACTGTCAGTCTCTGCACCTG	$(AG)_8$	64
PTS29	KU042943	F:ATGGGTCGTCTAACGGACTG R:GGGCCTATGCTACACACGTA	$(GT)_{12}$	64
PTS37	KU042946	F:TCTCCCATTCTTGAACCAGG R:TTGGCTGTTGGAGGGATTAC	$(TG)_7$	63
PTS39	KU042947	F:CCACATTTGAGCGTCGTTG R:GCACGCACGAGTATCAGTGT	$(TCC)_6$	64
PTS40	KU042948	F:GCCCTGACCTCTCGATAGAA R:CATGTCCTCAAAGTCGCTCA	$(AC)_6$	64
PTS43	KU042949	F:GCTACCTGCAGAGAGGGTTG R:CCCGGTGACTTCTCCACTAA	$(AGG)_8$	64
PTS45	KU042951	F:CACCTCTGTCTGGTGGACCT R:AGCAACGACATGACAACAGC	$(GGT)_7$	64
PTS47	KU042952	F:CAGTATCACAACACCCGCAC R:ATGTCGTTCCCACTCCTCAC	$(GGA)_5$	63
PTS50	KU042953	F:CGAGGAAGGAACCAGGTGTA R:TCATTTGCTGTGCTGCTTCT	$(CAG)_9$	64℃

引物扩增及检测 PCR 扩增体系为 20 μL,DNA 模板 0.4 μL,引物(10 μmol/L)各 0.5 μL,dNTP MIX(2.5 mmol/L,Thermo)1.6 μL,Phusion DNA Polymerase(2 U/μL,Thermo)1.25 μL,5×Phusion HF Buffer 4.0 μL,ddH_2O 11.75 μL。PCR 反应在 TAKARA PCR Thermal Cycler Dice 上进行,程序为 95℃预变性 5 min;95℃变性 30 s,退火 30 s,72℃延伸 45 s,30 个循环;最后 72℃再延伸 10 min。PCR 扩增产物送华大基因生物科技有限公司用 ABI3730xl 全自动 DNA 测序仪进行毛细管电泳测序。

数据处理软件 peak scanner software v1.0 对毛细管电泳结果进行处理。软件 POPGENE 1.32 用来计算等位基因数(na)、有效等位基因数(ne)、观望杂合度(H_O)、期望杂合度(H_E)、

以及 Nei'氏多样性指数(N_{ei})。多态信息含量(PIC)计算公式[20]为:

$$PIC = 1 - \sum_{i=1}^{n} P2_i - \sum_{i=1}^{n-1}\sum_{j=i+1}^{n} 2P2_i P2_j$$

式中:P_i 和 P_j 是第 i 和第 j 个等位基因频率,n 是等位基因数目。

2 结果

2.1 20对微卫星引物在黄盖鲽群体中的扩增情况

这20对微卫星引物在钝吻黄盖鲽群体中的扩增结果如表2所示,20个微卫星位点中有12个位点有特异性条带,且58.33%的为单一条带。在扩出特异性条带的12个位点中有PTS15、PTS24、PTS26、PTS29和PTS37共五个位点不偏离HWE平衡。这12个位点平均等位基因数为2,有效等位基因数1.59,观测杂合度0~0.9375(PTS26),平均值为0.2466,期望杂合度为0.2340,多态信息含量(PIC)大于0.5的有PTS15、PTS26两个位点。Nei's氏基因多样性指数为0.2264。

表2 12个微卫星标记在钝吻黄盖鲽中的扩增情况

位点	等位基因数	有效等位基因数	Shannon's Information dex	观测杂合度	期望杂合度	多态信息含量	Nei's氏基因指数	条带大小/bp	哈温平衡
locus	na	ne	I	Obs_Het	Exp-Het	PIC	Nei's	locus size	HWE
PTS3	1	1	0	0	0		0	203	
PTS8	1	1	0	0	0		0	386	
PTS15	5	4.06	1.4899	0.8125	0.7782	0.714	0.754	213-224	符合
PTS16	1	1	0	0	0		0	259	
PTS17	1	1	0	0	0		0	205	
PTS21	1	1	0	0	0		0	312	
PTS24	2	1.06	0.1391	0.0625	0.0625	0.059	0.061	268-271	符合
PTS26	5	2.76	1.2136	0.9375	0.6593	0.58	0.639	216-243	符合
PTS29	3	2.17	0.8979	0.4	0.5586	0.466	0.54	227-241	符合
locus	na	ne	I	Obs_Het	Exp-Het	PIC	Nei's	locus size	HWE
PTS37	2	1.98	0.6906	0.5	0.5159	0.374	0.497	220~224	符合
PTS45	1	1	0	0	0		0	275	
PTS50	1	1	0	0	0		0	228	
Mean	2	1.59	0.3693	0.247	0.234		0.226		

2.2 20对微卫星引物在石鲽群体中的扩增情况

20个微卫星位点在石鲽中有15个位点可以扩出特异性条带,有8个位点具有多态性,在这8个位点中除位点PTS37和PTS29外,其他6个位点均符合HWE平衡。15个位点共有40个等位基因,每个位点的等位基因数从1~6(PTS40)不等,平均有效等位基因数为1.862 5,平均Shannon's信息指数为0.565 0。多态信息含量(PIC)大于0.5的有4个:PTS29、PTS37、PTS40和PTS47。平均期望杂合度和Nei's氏基因指数分别为0.315 8和0.302 8。

表3 15个微卫星标记在石鲽中的扩增情况

位点 locus	等位基因数 na	有效等位基因数 ne	Shannon's信息指数 I	观测杂合度 Obs_Het	期望杂合度 Exp-Het	多态信息含量 PIC	Nei's氏基因指数 Nei's	条带大小 /bp	哈温平衡 HWE
PTS3	1	1.000	0.000	0.000	0.000		0.000	203	
PTS8	1	1.000	0.000	0.000	0.000		0.000	192	
PTS14	2	1.132	0.233	0.125	0.121	0.110	0.117	225~235	符合
PTS16	1	1.000	0.000	0.000	0.000		0.000	240	
PTS17	1	1.000	0.000	0.000	0.000		0.000	219	
PTS18	3	1.889	0.812	0.625	0.486	0.416	0.471	281~298	符合
PTS21	3	1.226	0.388	0.200	0.191	0.175	0.184	246~252	符合
PTS24	1	1.000	0.000	0.000	0.000		0.000	273	
PTS29	5	3.084	1.302	0.187	0.698	0.625	0.676	256~269	
PTS37	3	2.866	1.076	0.533	0.674	0.578	0.651	210~219	
PTS40	6	5.142	1.704	0.500	0.879	0.777	0.806	186~234	符合
PTS43	4	2.048	0.939	0.562	0.528	0.461	0.512	237~254	符合
PTS45	3	2.133	0.900	0.750	0.548	0.468	0.531	264~275	符合
PTS47	5	2.461	1.118	0.625	0.613	0.535	0.594	374~409	
PTS50	1	1.000	0.000	0.000	0.000		0.000	232~233	
平均	2.67	1.86	0.565	0.274	0.316		0.303		

2.3 20对微卫星引物在杂交一代(*P. stellatus* ♀ × *K. bicoloratus* ♂)中的扩增情况

在杂交一代中(*P. stellatus* ♀ × *K. bicoloratus* ♂)扩增的20个微卫星位点中,有18个位点扩出特异性条带,其中有11个位点具有多态性,其中4个位点经卡方检验符合HWE平衡。18个位点共有41个等位基因,位点PTS15位点数最多为6个,平均每个位点的等位基因数位为2.28。平均Shannon's信息指数为0.5469;观测杂合度由0到0.9583(PTS17),平均观测杂合度为0.5255,平均期望杂合度为0.3435。多态信息含量高(PIC>0.5)的位点有4个:PTS3、PTS14、PTS15、PTS50。平均Nei's氏基因多样性指数为0.3364。

遗传、育种与生物技术

表4 18个微卫星标记在杂交一代的扩增情况

位点	等位基因数	有效等位基因数	Shannon's 信息指数	观测杂合度	期望杂合度	多态信息含量	Nei's氏基因指数	条带大小 /bp	哈温平衡
locus	na	ne	I	Obs_Het	Exp-Het	PIC	Nei's		HWE
PTS3	4	2.4	1.065	0.833	0.597	0.530	0.584	197~210	平衡
PTS8	1	1	0	0	0		0	185~186	
PTS14	3	2.81	1.065	1	0.659	0.571	0.645	224~241	
PTS15	6	4.43	1.580	0.875	0.791	0.738	0.774	194~246	
PTS16	1	1	0	0	0		0	239	
PTS17	2	1.99	0.692	0.958	0.510	0.375	0.499	218~221	
PTS18	2	2	0.693	1	0.511	0.375	0.5	280~290	
PTS21	3	1.68	0.657	0.542	0.414	0.338	0.405	225~256	平衡
PTS24	3	1.23	0.386	0.208	0.194	0.178	0.190	270~277	平衡
PTS25	1	1	0	0	0		0	277~279	
PTS26	4	2.66	1.107	0.917	0.637		0.624	201~233	
PTS27	1	1	0	0	0		0	199~200	
PTS37	2	2	0.693	1	0.511	0.375	0.5	212~216	
PTS39	2	2	0.693	1	0.511	0.375	0.5	243~249	
PTS40	1	1	0	0	0	0.353	0	232	
PTS43	2	1.84	0.65	0.708	0.467		0.457	246~252	
PTS45	1	1	0	0	0	0.305	0	276	
PTS50	2	1.6	0.562	0.417	0.383	0.530	0.375	227~234	平衡
平均	2.28	1.81	0.547	0.526	0.344		0.336		

3 讨论

3.1 星斑川鲽相近鲽科鱼类中微卫星多样性的比较

在本实验中20个微卫星位点中有大部分在黄盖鲽(60%)和石鲽(75%)群体中扩出特异性目的条带,因此可以证明微卫星引物可以在相近物种中的通用性,而且比较发现,20个微卫星标记在钝吻黄盖鲽中的引物通用性最差,结合闫平平等[21]的实验结果,在星斑川鲽、石鲽、钝吻黄盖鲽3个鲽科鱼类中,星斑川鲽与石鲽的亲缘关系最近,本实验可以说明微卫星引物更容易在相近物种中扩增,通用性较强,这和祝斐等[22]的实验结果一致:在云斑尖塘鳢(Oxyeleotris marmorata)中开发的14对微卫星引物在线纹尖塘鳢(Oxyeleotris lineolatus)群体、河川沙塘鳢(Odontobutis potamophila)群体中扩增,可用引物分别为100%和71.4%。Shi等[23]将在泉水鱼(Pseudogyrincheilus prochilus)中获得的微卫星标记在相近鱼类墨头鱼(Garra pingi pingi)和白甲鱼(Onychostoma sima)中扩增,实验表明,分别有14对和13对引物具有通用性。以上结果均表明 SSR 引物能够在不同种、亚科、科之间具有通用性。刘志鹏[24]将在圆斑星鲽(*Verasper moseri*)中筛选的 216 对 SSR 引物在条斑星鲽(*V. variegatus*)、高眼鲽(*Cleisthenes herzensteini*)以及木叶鲽(*Pleuronichthys cornutus*)3 个群体中扩增,分别有 137、95、90 对引物具有通用性,即表明亲缘关系越近引物通用性越高,亲缘关系越远引物通用性就越低。因此采用近缘物种的微卫星引物是一种快捷低成本的微卫星研究方法。

本实验测得的有效等位基因数分别为:黄盖鲽(1.59)、石鲽(1.86),平均观测杂合度分别是黄盖鲽(0.247)、石鲽(0.274)。高度多态基因座($PIC>0.5$)所占扩出条带的比例分别为黄盖鲽(16.67%)、石鲽(26.67%),Nei's 氏基因指数分别是黄盖鲽(0.226)、石鲽(0.302)。三个指标均表明石鲽和黄盖鲽鱼类遗传多样性均很低。黄盖鲽和石鲽均为野生群体,但是本实验结果并没有表明其遗传多样性高。

在本文中虽然石鲽、黄盖鲽是野生群体,但是在本实验中证明其遗传多样性却远远低于学者关于一般海洋鱼类微卫星遗传多样性的调研[25]。得出钝吻黄盖鲽和石鲽遗传多样性如此低的结果,令人很震惊,其生活历史及环境可以解释这一原因:钝吻黄盖鲽虽然是采自蓬莱登州浅滩的野生群体,但是从 2003 年开始山东省烟台蓬莱宗哲养殖公司都会在此取野生群体样本作为亲本,进行人工育苗后,待幼苗生长发育一段时间后投苗放养至大海,年年如此循环,本身钝吻黄盖鲽属于冷温性鱼类,在黄海沿岸变性水团控制的区域可以不用参与洄游,就可以在当地越冬并产卵,因此经过日积月累,在龙口、威海乳山、蓬莱等地这一带的海域内,钝吻黄盖鲽逐渐形成一个小群体。同样石鲽也属于冷温性鱼类,在黄海北部及山东半岛沿岸形成地方小种群[26],因此造成有效亲本过小,近交衰退等结果,最终使得这些野生资源遗传多样性欠缺。

3.2 星斑川鲽、石鲽和杂交一代(*P. stellatus* ♀×*K. bicoloratus* ♂)微卫星多样性的比较

比较日照星斑川鲽、石鲽以及杂交一代的观测杂合度、多态信息含量、Shannon's 信息指数以及 Nei's 氏基因多样性指数 3 个指标,均会发现杂交一代的遗传多样性介于两个亲本之间,且接近遗传多样性较高的那一方。周翰林等[27]利用 6 对微卫星引物比较两种杂交石斑鱼亲子代(斜带石斑鱼(*Epinephelus coioides*)♀×鞍带石斑鱼(*Epinephelus lanceolatus*)♂、棕点石斑鱼(*Epinephelus fuscoguttatus*)♀×鞍带石斑鱼♂)的遗传多样性实验中发现两种子代(青龙斑和虎龙斑)的杂合度均高于亲本。傅建军等[28]用 8 对微卫星引物对两个地理群体的草鱼(*Ctenopharyngodon idella*)经过 3 种不同的交配方式(两种自繁组合和一种杂交组合)所得后代进行了遗传多样性比较,不管是等位基因数、杂合度还是多态信息含量,杂交子代均高于自繁子代。结合孟德尔遗传定律,杂交子代继承了亲本双方的遗传物质,是一种可以增加群体遗传多样性的交配方式,远缘杂交带来的遗传多样性更大。

4 结语

将在日照星斑川鲽开发的 20 对微卫星标记在野生石鲽、野生钝吻黄盖鲽和日照星斑川鲽(♀)×石鲽(♂)的杂交一代中扩增,扩增结果显示有大部分微卫星标记在同种不同地理

群体的星斑川鲽群体中以及杂交子代中具有很高的通用性,还有部分引物在不同鲽科鱼类间具有通用性。同时本实验中不管是养殖群体鲽科鱼类,还是野生群体鲽科鱼类均显示出较低的遗传多样性参数,这样给我们鱼类养殖产业海外渔业管理带来一定的警示。

参考文献

[1] 王波,孙萍,方华华,等. 星斑川鲽形态特征及相关参数的观测[J]. 海洋学报,2010,2:139-147.

[2] 周勤,王迎春,苏锦祥. 温度对黄盖鲽仔鱼生长,发育,摄食及PNR的影响[J]. 中国水产科学,1998,5(1):30-37.

[3] 肖永双,张岩,高天翔. 基于线粒体DNA部分片段探讨石鲽与星突江鲽的亲缘关系[J]. 中国海洋大学学报:自然科学版,2010,(6):69-76.

[4] Utter F M. Biochemical genetics and fishery management: an historical perspective[J]. Journal of Fish Biology,1991,39(sA):1-20.

[5] Šimková A, Vojtek L, Hala ok K, et al. The effect of hybridization on fish physiology, immunity and blood biochemistry: A case study in hybridizing *Cyprinus carpio* and *Carassius gibelio* (Cyprinidae) [J]. Aquaculture,2015,435:381-389.

[6] Garrett D L, Buth D. A new intergeneric hybrid flatfish (Pleuronectiformes: Pleuronectidae) from Puget Sound and adjacent waters[J]. Copeia,2005,2005(3):673-677.

[7] You F, Wang W, Xu D, et al. Hybrids between olive flounder Paralichthysolivaceus and stone flounder Kareiusbicoloratus: karyotype, allozyme and RAPD analyses[J]. Chinese Journal of Oceanology and Limnology,2009,27:317-323.

[8] 肖永双,肖志忠,刘清华,等. 星斑川鲽,大菱鲆及其杂交后代的线粒体DNA序列比较分析[J]. 海洋科学,2014,38(6):5-9

[9] 刘振华,王波,徐中平. 星斑川鲽与其他鲆鲽类杂交研究简报[J]. 水产科技情报,2009,(6):267-270.

[10] Kosaka M. Morphological study of hybrid flatfish: *Kareiusbicoloratus* × *Platichthysstellatus* in Sendai Bay [Japan][J]. Journal of the Faculty of Marine Science and Technology Tokai University,1980.

[11] Takeda Y, Tanaka M. Freshwater adaptation during larval, juvenile and immature periods of starry flounder *Platichthysstellatus*, stone flounder *Kareiusbicoloratus* and their reciprocal hybrids[J]. Journal of Fish Biology,2007,70(5):1470-1483.

[12] Park J Y, Kijima A. Genetic variability and differentiation within and between the stone flounder(*Kareiusbicoloratus*) and the starry flounder(*Platichthys stellatus*)[J]. 1991,41(3-4):69—82.

[13] Borsa P, Blaquer A, Berrebi P. Genetic structure of the flounders *Platichthys flesus* and *P. stellatus* at different geographic scales[J]. Marine Biology,1997,129:233—246.

[14] 张岩,肖永双,高天翔,等. 钝吻黄盖鲽野生群体遗传多样性分析 水产学报,2008,32(3):492-495

[15] 钝吻黄盖鲽微卫星位点的开发及群体遗传多样性分析.上海:上海海洋大学 硕士论文,2014

[16] 徐建鹏.石鲽遗传多样性及石鲽♂与牙鲆♀杂交子一代的遗传学分析[D].青岛:中国海洋大学,2007

[17] 海萨,李家乐,刘峰,等. 伊犁鲈微卫星位点的筛选及近缘物种通用性[J]. 动物学杂志,2009,44(1):17-23.

[18] 齐晓艳,董迎辉,姚韩韩,等. 文蛤30个微卫星标记的开发及在斧文蛤和帘文蛤中的通用性检测[J]. 水产学报,2013,37(8):1147-1154.

[19] 张岩,肖永双,高天翔,等.钝吻黄盖鲽不同群体形态学比较研究.渔业科学进展,2010,31(5):15-21

[20] Botstein D, White R L, Skolnick M,et al. Construction of a genetic linkage map in man using restriction fragment length polymorphisms[J]. American journal of human genetics,1980,32(3):314.

[21] 闫平平,齐欣,黄大亮,等. 中国北方沿海14种经济鱼类和7种鲽科鱼类的PCR-RFLP分析[J]. 检验检疫学刊,2015,(6).

[22] 祝斐,朱晓平,尹绍武,等. 云斑尖塘鳢微卫星标记在两种虾虎鱼亚目鱼类群体间的适用性研究[J]. 海洋渔业,2012,34(2):130-136.

[23] Shi F, Xu N, Xiong M, et al. Isolation and characterization of 15 microsatellite loci in an endemic Chinese cyprinid fish, Pseudogyrincheilusprochilus, and their cross-species amplification in two related species[J]. Conservation Genetics Resources,2009,1(1):397-399.

[24] 刘志鹏. 半滑舌鳎(*Cynoglossus semilaevis*)三倍体诱导和鲆鲽鱼类微卫星通用性研究[D]. 青岛:中国海洋大学,2011.

[25] Dewoody J, Avise J. Microsatellite variation in marine, freshwater and anadromous fishes compared with other animals[J]. Journal of Fish Biology,2000,56(3):461-473.

[26] 陈大刚.黄渤海渔业生态学.北京:海洋出版社,1991.

[27] 周翰林,张勇,齐鑫,等. 两种杂交石斑鱼子一代杂种优势的微卫星标记分析[J]. 水产学报,2012,36(2).

[28] 傅建军,王荣泉,刘峰,等. 草鱼长江和珠江群体及长江♀×珠江♂杂交组合遗传差异的微卫星分析[J]. 上海海洋大学学报,2010,19(4):433-439.

许氏平鲉淋巴囊肿病毒核衣壳蛋白基因序列及基因型分析

郑风荣[1], 郭湘云[1,2], 王波[1*], 李华[2]

(1. 国家海洋局第一海洋研究所,山东 青岛 266061;2. 大连海洋大学,辽宁 大连 116023)

淋巴囊肿病(Lymphoeystis disease)是Lowe在1874年首次在鲽形目鱼类中发现[1],继而于1965年正式确认该病病原为淋巴囊肿病毒[2]。淋巴囊肿病毒(Lymphocystis disease virus,LCDV)属于虹彩病毒科((Iridoviridae),淋巴囊肿病毒属(Lymphocysti-virus)[3-4],已知LCDV可导致全球140多种淡、海水鱼患淋巴囊肿病[5-6]。近几年,我国在云纹石斑鱼(*Epinephelus moara*)、牙鲆(*Paralichthys olivaceus*)、鲈鱼(*Lateolobrax japonic*)、军曹鱼

基金项目:国家高技术发展计划863项目(2012AA10408。2012AA10413),国家海洋公益性行业科研专项(201405010)
郑风荣(1975-),女,副研究员,研究方向:海洋生物学。E-mail:zhengfr@ fio.org.cn
通信作者:王波(1963—)男,硕士,研究员,研究方向:海洋生物学。E-mail: ousun@ fio.org.cn

(*Rachycentron canadum*)、金头鲷(*Sparus aurata*)等名贵鱼种养殖中发生淋巴囊肿病[7-14]。Tidana 和 Webby 研究表明,虹彩病毒科的核衣壳蛋白(major capsid protein, MCP)基因可作为分子标记研究 LCDV 系统进化关系以及基因型分类[15-16]。在虹彩病毒科中,*MCP* 基因具有高度保守性,但也存在着可以区分相近病毒分离株的变异,适宜作为研究病毒进化及分类的良好对象[17],目前广泛应用于新分离的脊椎动物虹彩病毒的分类鉴定[18-21]。

许氏平鲉(*Sebastods schlegelii*),属于鲉形目(Scorpaeniformes)、平鲉科(Sebastidae)、平鲉属(*Seriola*),又名黑鲪,俗称黑鱼,刺毛等,广泛分布于我国渤海、黄海和东海近海岩礁地带,日本和朝鲜沿岸也均有分布。本研究从许氏平鲉淋巴囊中病毒肿瘤中分离到该病毒基因组 DNA,通过 PCR 扩增,克隆测序获得了 *MCP* 基因 DNA 序列,预测了 MCP 蛋白质的二级结构、三级结构和功能结构域,以淋巴囊肿病毒 *MCP* 基因序列为分子标记,研究了淋巴囊肿病毒许氏平鲉分离株(LCDV-ss)与 29 种虹彩病毒分离株之间的系统关系,并分析确定了 LCDV-ss 的基因型。

1 材料与方法

1.1 材料

患病许氏平鲉取自山东蓬莱养殖场,大小 25~30 cm,体表可见单个或聚集成团的乳头瘤状赘生物,尤其在唇部、背鳍及尾鳍较多。囊肿物大小不一,小的直径约 1 cm,大的直径有 2~3 cm,呈现乳黄色、灰白色及粉红色。肉眼可见囊肿物中数量众多的颗粒状囊肿细胞。70%酒精棉球消毒肿瘤部位,灭菌手术刀片切下囊肿,-80℃备用。

1.2 方法

1.2.1 LCDV 的分离及病毒基因组 DNA 的提取

将存放于-80℃冰箱中的肿瘤取出,加入 10 倍体积的 TNE 缓冲液(0.05 mol/L Tris-HCl、0.001 mol/L EDTA、0.1 mol/L NaCl, pH 7.4),玻璃研磨器中研磨,在-20℃和常温状态下,反复冻融 4 次。将冻融后匀浆液,4℃,200 g/min 离心 30 min,取上清液,沉淀加入 TNE 研磨后,4℃,5 000 g/min 离心 30 min,上清液和第一次离心上清液合并,0.45 μm 和 0.22 μm 的滤器过滤后保存于-20℃备用。使用病毒 DNA 提取试剂盒(OMEGA)从纯化的许氏平鲉淋巴囊肿病毒悬液中提取病毒基因组 DNA。

1.2.2 PCR 扩增、克隆与测序

根据 GenBank 中已注册的韩国许氏平鲉淋巴囊肿病毒 MCP 基因序列(AY849392)我当时是选用 LCDV-cn 以及其他的 LCDV 分离株设计的引物,开始扩增的 MCP 一部分序列的,这个过程不大对的利用 primer 5.0 软件设计引物 LCDV-F:ATGACTTCTGTAGCGGGTTCG、LCDV-R:TACAGGAAATCCCATAGATCC。PCR 反应体系为:dNTPs 2 μL(浓度为 10 mmol/L),primer F&R 4 μL(浓度为 10 μmol/L),5×Phusion HF buffer 10 μL, Template DNA 2 μL, Phusion DNA Polymerase 0.4 μL(5U/μL,Thermo),ddH$_2$O 27.6 μL,总体积 50 μL。取 5 μL PCR 产物进行 1%琼脂糖凝胶电泳,将 PCR 产物纯化后连接到 pMDl8-T 载体上,转化到感

受态细胞 E. coli DH5α 中,涂平板、挑菌,经 PCR 检测阳性克隆后进行扩培,送北京美吉桑格生物医药科技有限公司进行测定序列。

1.3 生物信息学分析与系统进化树的构建

测序结果在 NCBI 数据库中进行同源性比对,通过 DNAstar 软件并结合人工调整进行序列拼接,用 GENSCAN 软件确定正确的开放阅读框,并翻译成氨基酸序列,用 Predict Protein 和 SOPMA 软件预测其二级结构,利用 SWISS-MODEL 软件进行蛋白质三级结构预测,然后用 MEGA 5.0 软件分析变异位点、信息位点和遗传距离,并构建 Neighbor-joining 系统发育树(bootstrap values 为 1000)。

2 结果

2.1 MCP 基因序列分析

经 PCR 得到了完整的 LCDV-ss MCP 基因全序列(GenBank,登录号为 KT630271)。用 DNAStar 软件对其进行分析,结果为该基因 DNA 序列全长 1 382 bp,编码一个 388 个氨基酸、分子量 43.81 kD、等电点(pI)6.32 的推定蛋白。8 种淋巴囊中病毒 MCP 基因 DNA 序列排序后,共得到 1 319 个排列位点,其中保守位点 944 个,变异位点 373 个,简约信息位点 269 个。碱基频率 A = 32.3%,C = 15.2%,G = 17.4%,T = 35.2%。表 1 为 12 株淋巴囊中病毒 MCP 蛋白分子的遗传距离。

表1 LCDV MCP 蛋白分子进化距离矩阵

	1	2	3	4	5	6	7	8	9	10	11	12
LCDV-ss		0.013	0.013	0.019	0.014	0.014	0.014	0.015	0.014	0.014	0.015	0.015
LCDV-rc	0.065		0.005	0.019	0.011	0.010	0.010	0.010	0.008	0.009	0.015	0.016
LCDV-sb	0.062	0.008		0.019	0.010	0.009	0.009	0.010	0.006	0.008	0.015	0.015
LCDV-1	0.129	0.131	0.124		0.020	0.020	0.020	0.020	0.019	0.019	0.019	0.020
LCDV-jf	0.074	0.040	0.034	0.144		0.005	0.003	0.013	0.012	0.012	0.017	0.017
LCDV-rf	0.071	0.037	0.031	0.145	0.008		0.004	0.012	0.011	0.012	0.016	0.016
LCDV-C	0.071	0.037	0.031	0.141	0.003	0.005		0.012	0.011	0.011	0.017	0.016
LCDV-pf	0.074	0.040	0.037	0.142	0.058	0.055	0.055		0.010	0.010	0.017	0.018
LCDV-sa	0.065	0.023	0.014	0.137	0.049	0.046	0.046	0.037		0.008	0.016	0.016
LCDV-cb	0.074	0.029	0.023	0.134	0.049	0.052	0.046	0.037	0.023		0.016	0.016
LCDV-yp	0.085	0.077	0.076	0.134	0.104	0.101	0.101	0.101	0.089	0.088		0.016
LCDV-tl	0.076	0.092	0.086	0.137	0.092	0.089	0.089	0.111	0.095	0.092	0.095	

注:左下方数据为两序列遗传距离(pairwise distance),右上角数据为标准差.

2.2 MCP 蛋白质二级结构预测结果

应用 PredictProtein、SOPMA 软件对 MCP 蛋白序列进行二级结构预测,图 1 显示了 MCP

蛋白序列二级结构和蛋白结合区。

```
                    10        20        30        40        50        60        70
                    |         |         |         |         |         |         |
            MTSVAGSSVTSAFIDLATYDTIEKHLYGGDSAVAYFVRETKKCTWFSKLPVLLTRCSGSPNFDQEFSVNV
            ecccttcchhhheehhhhhhhhheettcchhheehhhttteeettcceeecccccccccteeeeee
            --pp----------------------pp------------------------------------
            SRGGDYVLNAWMTVRIPAVKLGNNNRMNANGTIRWCKNLFHNLIKQTSVQFNDLVAQKFESYFLDFWSAF
            cttcceeehhhheecccceeeeccccccttcceeehhhhhhhhhtcchhhhhhhhhhhhhhhhhhhe
            -------------------------------pp-------------------------------------
            GMCGSKRIGYDNMIGNTIDMTQPVGPESQLPEKILVLPLPYFFSRDSGIALPSAALPYNEIRLTFHLRDW
            tccccccchhhtcceeeccccttcccceeeecccccccccccccccccccceeeeehtch
            -------------------pp-----------------------------------
            TELLIFQNKQDSTIIPLTAGDLVWGKPDLKDVQVWITNVVVTNEERRLMGTVPRDILVEQVQTAPKHVFQ
            heeeeeecctcceeeeettcceeccccccceeeeeeeeecthheetccccceehhhcccceec
            ----------ppp-------------------------------------------
            PLTIPSPNFDIRFSHAIKILFFGVRNVTHQAVQSNYTTSSPVIFDETIASDLPGIAVDPIANVTLVYENS
            ccccccccceeechhhheeeeeecccchhhccccccccceeehhhcttccteeecttcceeeeeccc
            --------------------------------p---------pp---------
            SRLNEMGSEYYSLIQPYYFGGFYPSRYRVIICIVIPFI
            Hhhhhhhhhhhhhccccccttcccttteeeeeeeccttc
            -----p------------------p---------
```

图 1 许氏平鲉淋巴囊肿病毒 MCP 蛋白序列二级结构和蛋白结合区预测
　　注:h 为 α-螺旋;t 为 β-转角;c 为无规则卷曲;e 为延伸链;p 为蛋白结合区

2.3 MCP 三级结构和功能结构预测结果

应用 SWISS-MODEL 软件对 MCP 蛋白三维结构模拟的结果见图 2。图 3 为 MCP 蛋白结构域的预测结果,可见 MCP 蛋白序列中的 241-377 aa 片段是 Capsid 功能结构域。

图 2 MCP 蛋白三维模拟结构

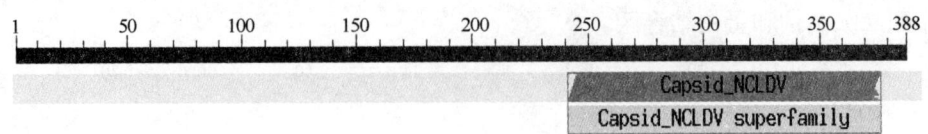

图3 MCP 功能结构域

2.4 虹彩病毒系统关系分析

以虹彩病毒 *MCP* 基因氨基酸序列构建的 N-J 系统进化树表明(图4):30 种虹彩病毒形成 3 个群,依次为淋巴囊肿病毒(*Lymphocystivirus*)、蛙病毒(*Ranavirus*)、肿大细胞病毒(*Megalocytivirus*)。其中 LCDV-ss 划分为淋巴囊肿病毒属,独为一支。

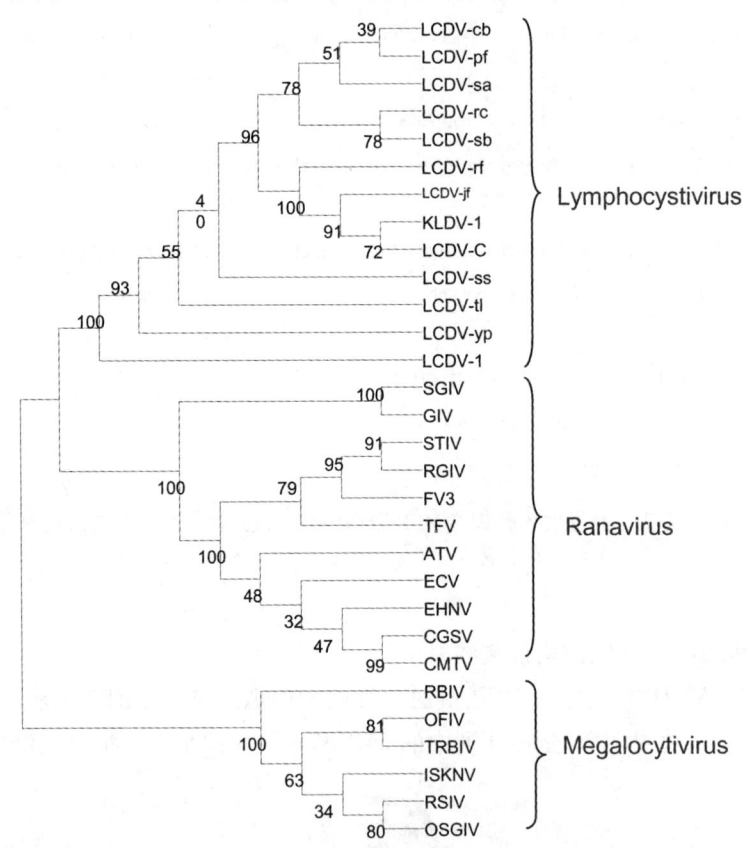

图4 基于 MCP 氨基酸序列构建的系统发育树

3 讨论

自然界中任何生物都会发生变异,变异可使物种进化。病毒作为一种独立的生物群体,而为了更好地在不同宿主细胞中生存,病毒可能会发生更多的基因变异。病毒的变异和进化,是病毒与宿主细胞和病毒与宿主个体及群体相互作用的结果。病毒的进化使病毒结构和特性不断发生适应性变化,甚至还有一些重组体的形成、新种的出现等[22-23]。

目前,世界上已分离了多株淋巴囊肿病毒,而且不同宿主的淋巴囊肿病毒之间差异较大[24-26]。对已知 LCDV 分离株的基因型和系统关系的研究表明,鱼类淋巴囊肿病毒至少可划分为 7 种基因型:基因型 I(包括 LCDV-1)、基因型 II(LCDV-jf、LCDV-cn 和 LCDV-C 等)、基因型 III(LCDV-rf)、基因型 IV(LCDV-rc 和 LCDV-sb)、基因型 V(LCDV-cb)、基因型 VI(LCDV-tl)、基因型 VII(LCDV-sa)[27-30]。

在本研究中,由遗传距离分析可见,LCDV-ss 和 LCDV-1 的遗传距离最大,为 0.129,与其他淋巴囊肿病毒之间的遗传距离相差不大,在 0.062~0.085;系统发育树分析表明,LCDV-cb 和 LCDV-pf、LCDV-rc 和 LCDV-sb、KLDV-1 和 LCDV-C 分别聚为一支,两者之间的亲缘关系较近,许氏平鲉淋巴囊肿病毒分离株 LCDV-ss 独为一支。

30 株虹彩病毒的系统发育树分析表明:LCDV-ss 与其他 12 种淋巴囊肿病毒分离株形成一支,说明 LCDV-ss 与淋巴囊肿病毒的亲缘关系近于其他虹彩病毒。在系统发育树上,LCDV-ss 独为一支;遗传距离分析同样表明,LCDV-ss 与其他病毒株间的遗传距离无明显差别,即没有与 LCDV-ss 遗传距离较近的淋巴囊肿病毒株,因此本研究认为中国许氏平鲉淋巴囊肿病毒分离株 LCDV-ss 不属于以上 7 种基因型,应属于另外一种新的基因型,称其为淋巴囊肿病毒 VIII 型基因型。本研究关于淋巴囊肿病毒基因型的分析与闫秀英[12]和 Hossain[31]得出的相关研究结论相一致,不支持 Kitamura[26]和 Kvitt[13]的 3 个基因型的结论。

参考文献

[1] Lowe J. Fauna and flora of Norfolk. Part IV. Fishes. Trans. Norfolk Norwich Nat. Soc[M]. Norfolk, U. K. :[s. n.],1874 :21-56.

[2] Walker R,Weissenberg R. Conformity of light and electron microscopic studies on virus particle distribution in lymphoeystis tumor cells of fish[J]. Ann N Y Acad Sci,1965,126:375-378.

[3] Samalecos C P. Analysis of the structure of fish lymphocystis disease virions from skin tumours of pleuronectes[J]. Arch Virol,1986,91(1-2):1-10

[4] Chinchar V G,Essbauer S,He J G,et al. Virus Taxonomy:VIII Repoa of the International Committee on the Taxonomy of Viruses. London:Elsevier. 2005:163-175.

[5] Tidona C A, Darai G. Lymphocystis disease virus (Iridoviridae) [C].//Granoff A, Webster R G, eds. Encyclopedia virology,USA:Academic Press,1999.

[6] Bunkley-Williams L,Williams E H Jr,Phelps R P,et al. Does lymphocystis occur in pacora. ,lagioscion surinamensis(Sciaenidae),from Colombia? [J].Acta Tropica,2002,82:7-9.

[7] 张永嘉,郭青,吴泽阳. 云纹石斑鱼淋巴囊肿病病变过程的超微研究[J]. 海洋与湖沼,1997,28(4):406-410.

[8] 徐洪涛,朴春爱,姜忠良,等. 养殖牙鲆淋巴囊肿病病原的研究[J]. 病毒学报,2000,16(3):223-226.

[9] 宋晓玲,黄倢,杨冰,等. 牙鲆淋巴囊肿病的病理和病原分离[J]. 中国水产科学,2003,10(2):117-120.

[10] 曲凌云,张进兴,孙修勤. 养殖牙鲆淋巴囊肿病流行状况与组织病理学研究[J]. 黄渤海海洋,1999,

17(2):43-46.

[11] 薛良义,王国良,徐兴林,等. 海水网箱养殖鲈鱼淋巴囊肿病的初步研究[J]. 海洋科学,1998,(2):54-56.

[12] 闫秀英,孙修勤,吴淑勤,等,军曹鱼淋巴囊肿病毒的系统关系研究及基因型分析[J]. 高技术通信,2007.17(10):1087-1091

[13] Hagit Kvitt, Gilad Heinisch, Ariel Diamant, Detection and phylogeny of Lymphocystivirus in sea bream Sparus aurata based on the DNA polymerase gene and major capsid protein sequences. [J]. Aquaculture, 2008 (2)275:58-63.

[14] Pirarat N, Pratakpiriya W, Jongnimitpaiboon K, et al. Lymphocystis disease in cultured false clown anemonefish(Amphiprion ocellaris)[J]. Aquaculture 2011,3(315),414-416.

[15] Tidana C A, Schnitaler P, Kehm R, et al. Is the Major Capsid protein of Iridoviruses a Suitable Target for the Study of Viral Evolution? [J].Virus Genes,1998,16(1):59-66.

[16] Webbv R, Kalmakof J. Sequence comparison of the major capsid protein gene from 18 diverse-iridoviruses. Arch Virol,1998,143:1949-1966

[17] Williams T. The Iridoviruses[J]. Adv Virus Res,1996,46:345-412.

[18] Tidona C A, Schnitzler P, Kehm R, et al. Is the major capsid protein of iridoviruses a suitable target for the study of viral evolution[J]? Virus Genes,1998,16:59-66.

[19] Mao J, Hedrick R P, Chinchar V G. Molecular characterization, sequence analysis, and taxonomic position of newly isolated fish iridoviruses[J]. Virology,1998,229:212-220.

[20] Webby R, Kalmakoff J. Sequence comparison of the major capsid protein gene from 18 diverse iridoviruses [J]. Arch Virol,1998,143:1949-1966.

[21] Hyatt A D, Gould A R, Zupanovic Z, et al. Comparative studies of piscine and amphibian iridoviruses[J]. Arch Virol,2000,145:301-331.

[22] 李琦涵,姜莉. 病毒感染的分子生物学[M]. 北京:化学工业出版社. 2004.

[23] 闫秀英,吴灶和,简纪常,等.淋巴囊肿病毒 mcp 基因变异特征及其基因型分析[J].中国海洋大学学报,2011,41(4):39-45.

[24] Tidona C A, Darai G. The complete DNA sequence of lymphocystis disease virus I[J]. Virology,1997,230:207-216.

[25] Zhang Q Y, Feng X, Jian X, et al. Complete genome sequence of lymphocystis disease virus[J]. Journal of Virology,2004(5):6982-6994

[26] Kitamura S I, Jung S J, Oh M J. Differentiation of Lymphocystis Disease Virus Genotype by Muhiplex PCR [J]. The Journal of Microbiology,2006(4):248-253.

[27] KITAMURA S I, JUNG S J, KIM W S, et al. A new genotype of lymphoeystivirus, LCDV-RF, from lymphoeystis diseased rockfish I[J]. Arch Vir-01. 2006,151(3):607-615.

[28] HOSSAIN M, SONG J Y, KITAMURA S I, et al. Phylogenetic analysis of lymphocystis disease virus from tropical ornamental fish species based on a major capsid protein gene[J]. J Fish Dis,2008,31(6):473-479.

[29] Yan X Y, Wu Z H, Jian J C, et al. Analysis of the genetic diversity of the lymphoc ystis virus and its evolutionary relationship with its hosts. Virus Genes,2011,43(3):358-366.

[30] YAN Xiu ying et al. Research Progress of Molecular Biology of Lymphocystis Disease Virus from Fish[J]. Journal of Anhui Agri,Sci,2013,41(10):4395-4397.
[31] Hossain M,Song J Y,Kitamura S I,et al. Phylogenetic analysis of lymphocystis disease virus from tropical ornamental fish species based on a major capsid protein gene. [J]. Journal of Fish Diseases,2008,31: 473-479.

基于 *cyt b* 和 D-loop 部分序列的 4个大泷六线鱼群体遗传多样性分析

沈朕[1,2]，关洪斌[1]，郑风荣[2]，胡发文[3]，郭文[3]，王波[2,*]

(1. 山东大学 海洋学院,山东 威海 264209;2. 国家海洋局 第一海洋研究所,山东 青岛 266061;
3. 山东省海洋生物研究院,山东 青岛,266104)

  大泷六线鱼(*Hexagrammos otakii*)为六线鱼科(Hexagrammidae)六线鱼属(*Hexagrammos*),分布于朝鲜、日本以及中国东海、黄海、渤海等海域,系冷温性近海底层鱼类[1]。大泷六线鱼味道鲜美、营养价值和经济价值高,受广大消费者和养殖者的青睐[2]。随着市场对大泷六线鱼的需求不断增大,沿海过度捕捞使得大泷六线鱼的资源衰退日渐严重。我国对于大泷六线鱼的研究从20世纪80年代开始至今,大都围绕着其生物学指标、营养成分组成和人工繁育方面来进行[3],对于大泷六线鱼遗传多样性的研究在国内外却很少见,目前国外只有Habib等基于COI、COIII-ND3-ND4L和 *cyt b* 对黄海和日本海附近群体遗传结构进行研究[4],国内的研究有刘奇[5]和李莹等[6]关于大泷六线鱼遗传多样性的研究,但取样地都集中在黄渤海海域,且只使用了D-loop序列进行遗传多样性与遗传结构的分析,并未使用 *cyt b* 或COI基因进行对比分析。

  遗传多样性的研究可以为了解物种的进化历史以及进化和发展的潜力提供可行性资料,进而根据其现状制定合理有效的保护方案[7]。线粒体DNA(mtDNA)具有母系遗传、拷贝数多、编码效率高、进化速度快等特点,已经广泛应用于海洋鱼类的遗传研究中[8-9]。细胞色素 b(*cyt b*)和控制区(D-loop)是研究应用比较广的序列,进化速度相对较快,适用于群体水平的遗传多样性分析[10],已经被用于多种鱼类的多样性分析,如短吻鲟(*Acipenser brevirostrum*)[11]、鲚(*Coilia*)[12]、罗非鱼(*Oreochromis mossambicus*)[13]、云南倒刺鲃(*Spinibarbus yunnanensis*)[14]、大鳍鳠(*Mystus macropterus* Bleeker)[15]、翘嘴鲌(*Culter alburnus*)[16]等。我们利用线粒体 *cyt b* 基因和D-loop控制区部分序列分析中国大泷六线鱼的4个群体的遗传

基金项目：国家海洋公益性行业科研专项——黄、渤海重要经济生物产卵场修复与重建技术集成与示范(201405010);国家高技术研究发展计划项目——重要鲆鲽鱼类良种培育(2012AA10A408)
作者简介：沈朕(1990—),男,山东青岛人,硕士研究生,主要从事基因工程方面研究. E-mail:397027997@qq.com
通信作者：王波(1963—),男,山东蓬莱人,研究员,主要从事海水养殖技术方面研究. E-mail:ousun@fio.org.cn

多样性,对比野生与养殖群体的遗传多样性差异,研究了3个地理群体间的遗传结构和变异,旨在了解这几个大泷六线鱼群体的遗传背景,为加强其渔业资源的保护和开发,提供理论依据。

1 材料与方法

1.1 样本采集

实验所采用的野生大泷六线鱼分别采自大连(39°25′N,122°51′E)30尾,琅琊台(35°30′N,119°58′E)30尾和舟山(30°03′N,122°37′E)30尾,3个地区。养殖群体为大连♀与大连及即墨鳌山海域♂杂交子代,(30尾,样品采自即墨山东省海洋生物研究院养殖场),采样点见图1。选取体长在15 cm左右的健康个体,取尾鳍和肌肉组织存放于体积浓度为95%的乙醇中,-20℃保存备用。

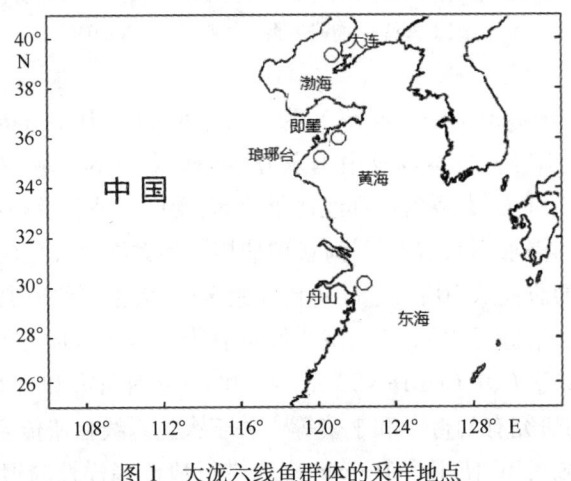

图1 大泷六线鱼群体的采样地点

1.2 DNA的提取和PCR的扩增

每个样本取尾鳍或肌肉组织约30 mg(即墨养殖群体的样本取肌肉和尾鳍共30 mg,其余群体只取尾鳍),采用海洋动物组织基因组DNA提取试剂盒(北京天根生化科技有限公司)进行提取,并溶于200 μL TE中,于-20℃保存。用于扩增线粒体 $cyt\ b$ 基因的引物[6]:上游引物(5′-AAC CAC CGT TGT TAT TCA ACT-3′),下游引物(5′-CTC AGA ATG ACA TTT GTC CTC A-3′)。用于扩增D-loop控制区的引物序列[2]:上游引物(5′-TAA CTC CAC CCC CTA ACT CC-3′),下游引物(5′-CCA TTA ACT TAT GTA AGC GTC G-3′)。PCR反应程序为94℃预变性5 min,35个循环(94℃变性30 s,退火30 s,72℃延伸1 min),最后72℃延伸10 min。扩增 $cyt\ b$ 基因的引物退火温度为52℃,D-loop引物的退火温度为56℃。所有的PCR反应体系均为50 μL:DNA模板2 μL(约20 ng/μL),上下游引物各2 μL(10 μmol/L),25 μL 2×Premix Taq(大连宝生物有限公司),ddH$_2$O补齐至50 μL。取5 μLPCR扩增产物经质量分数为1%的琼脂糖凝胶电泳检测后,将含有目的条带的PCR产物送北京美吉桑格生物医药科技有限公司进行测序。

1.3 数据分析

测序结果经 Dnastar 软件包(DNASTAR, Inc., Madison, USA)校对后并截取有效片段。采用 mega6.06 统计变异位点,碱基组成以及群体间的遗传距离进化树。使用 DNASP5.10 软件计算序列的单倍型数(h)、单倍型多样性(H_d)、核苷酸多样性(π)、平均核苷酸差异数(k)。用 Arlequin 3.11 软件采用分子变异分析方法(AMOVA)计算群体间遗传分化指数 F_{st} 并用排列测验法(permutation test)检测显著性。

2 实验结果

2.1 mtDNA cyt b 序列分析结果

2.1.1 cyt b 碱基序列组成分析

PCR 扩增后,将测序结果与 GenBank 中注册的大泷六线鱼的 mtDNA cyt b 基因序列进行比对,确定所得片段序列为目的片段。经 Dnastar 比对后截取得到 365 bp 的有效序列。各群体的碱基组成见表1。T、C、A、G 碱基的平均含量分别为 29.4%、30.0%、23.2%、17.3%。A+T 的含量(52.6%)高于 G+C 的含量(47.3%),符合动物细胞色素 b 的特征[17],并与其他鱼类的碱基组成偏向性相似。

表1 各群体 cyt b 与 D-loop 基因片段碱基组成   %

群体	T		C		A		G	
	cyt b	D-loop	cyt b	D-loop	cyt b	D-loop	cyt b	D-loop
大连(野生)	29.4	33.7	30.1	15.6	23.2	35.7	17.3	15.0
琅琊台(野生)	29.4	33.7	30.0	15.7	23.3	35.6	17.3	15.0
舟山(野生)	29.3	33.4	30.1	15.9	23.3	35.8	17.4	14.9
即墨(养殖)	29.5	33.7	29.9	15.8	23.3	35.6	17.3	15.0
平均	29.4	33.6	30.0	15.7	23.2	35.7	17.3	15.0

2.1.2 遗传多样性

cyt b 序列计算得出的各群体内多样性信息见表2。舟山群体呈现出的多样性最高,变异位点21个,简约信息位点17个,单倍型10个,平均核苷酸差异数 7.080,核苷酸多样性 0.019 40,均明显高于其他3个群体。大连群体多样性次之,琅琊台与即墨养殖群体多样性均较差,养殖群体多样性(变异位点4个,简约信息位点3个,单倍型5个,平均核苷酸差异数 0.862,核苷酸多样性 0.002 36)低于琅琊台(变异位点6个,简约信息位点4个,单倍型8个,平均核苷酸差异数 1.301,核苷酸多样性 0.003 56)。大连、琅琊台、舟山、即墨 cyt b 序列中19种单倍型中有6种是共享单倍型(表3),占总数的 31.6%,剩下13种单倍型为个体特有,其中7种为舟山群体所独有,明显高于其他2个野生群体,与大连(3个)和琅琊台(4个)之间共享的单倍型要少于大连与琅琊台之间的(7个)。Hap1 和 Hap4 在4个群体中均有出现且为多个个体所共享,可能是最原始的单倍型。养殖群体与大连有较多的共享单倍型(4个),与亲本来源相符(表3)。

表4中列出4个群体间Kimura 2-paramter遗传距离和遗传分化指数F_{st},其中舟山和大连、琅琊台的遗传距离最高,为0.018;琅琊台与大连的遗传距离最低,为0.004。3个野生群体中,大连和舟山的遗传分化指数最高(0.356 6),大连与琅琊台分化指数最低(-0.011 1)。3个野生群体分子变异分析(AMOVA)见表5,群体间变异占31.86%,变异大部分来自于群体内部,3个野生群体间没有显著的遗传分化。

表2 各群体 cyt b 基因遗传多样性参数

群体	保守位点 C	变异位点 V	简约信息位点 P_i	自裔位点 S_i	单倍型 h	单倍型多样性 H_d	平均核苷酸差异数 k	核苷酸多样性 π
大连(野生)	356	9	3	6	8	0.749	1.382	0.003 80
琅琊台(野生)	359	6	4	2	8	0.726	1.301	0.003 56
舟山(野生)	344	21	17	4	10	0.802	7.080	0.019 40
即墨(养殖)	361	4	3	1	5	0.678	0.862	0.002 36

表3 大泷六线鱼 cyt b 单倍型在各群体中的分布

单倍型	大连	琅琊台	舟山	即墨	单倍型	大连	琅琊台	舟山	即墨
Hap 1	13	15	12	10	Hap 11		1	1	
Hap 2	1				Hap 12			6	
Hap 3	7	4		14	Hap 13			2	
Hap 4	5	4	1	3	Hap 14			3	
Hap 5	1	1			Hap 15			1	
Hap 6	1		1		Hap 16			1	
Hap 7	1				Hap 17			1	
Hap 8	1	1			Hap 18			2	
Hap 9		2			Hap 19				2
Hap 10		2							

注:空白处为群体中不含有此种单倍型.

表4 基于 cyt b 基因得出的野生群体间遗传距离(对角线下方)与遗传分化指数(对角线上方)

	大连	琅琊台	舟山
大连	—	-0.011 1	0.356 6
琅琊台	0.004	—	0.347 9
舟山	0.018	0.018	—

表5 基于 $cyt\ b$ 得出的遗传差异的分子方差分析

变异来源	自由度	方差	变异成分	变异比例
群体间	2	48.911	0.76095	31.86
群体内	87	141.567	1.62720	68.14
总变异	89	190.478	2.38815	
F_{st}	0.31863($P<0.05$)			

2.1.3 分子系统树

选择单鳍多线鱼(*Pleurogrammus monopterygius*)线粒体 $cyt\ b$ 序列作为外群(GenBank 登录号:AB087414.1),基于 Kimura 2-paramter 构建 NJ 分子系统进化树(图2),Bootstrap 检验次数为1 000次。3个野生群体之间没有明显的分界点,没有明显构成一个单独分支的群体。

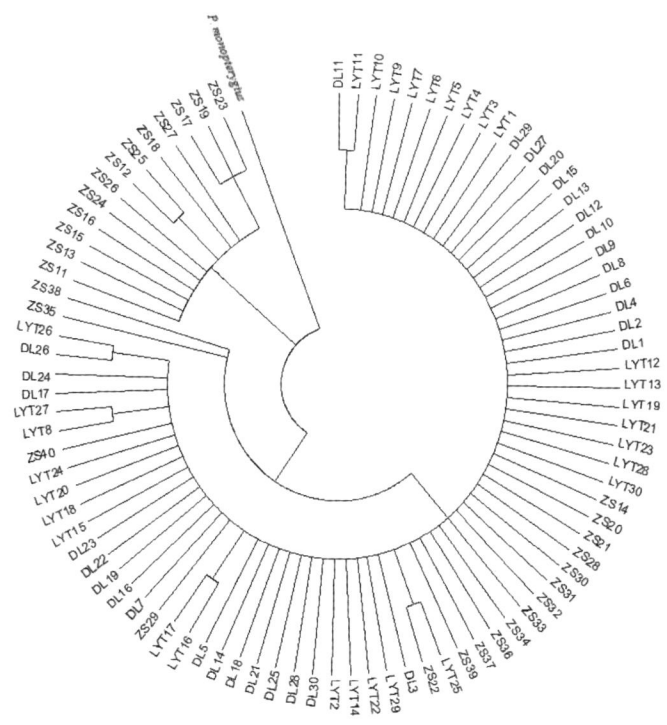

图2 大泷六线鱼线粒体 $cyt\ b$ 序列 NJ 系统树

2.2 mtDNA D-loop 序列分析结果

2.2.1 D-loop 碱基序列组成分析

PCR 扩增后,将测序结果与 GenBank 中注册的大泷六线鱼的 D-loop 基因序列进行比对,确定所得片段序列为目的片段。经 Dnastar 比对后截取得到 387 bp 的有效序列,有效片段各群体碱基含量见表1。T,C,A,G 的平均含量 33.6%,15.7%,35.7%,15.0%。其中 A+T

的含量(69.3%)显著高于 G+C 的含量(30.7%),表现出十分明显的碱基偏向性,与脊椎动物 D-loop 的特征相符[6]。

2.2.2 遗传多样性

各群体通过 D-loop 序列得出的遗传多样见表 6。舟山群体多样性最高(变异位点 33 个,简约信息位点 27 个,单倍型 16 个,平均核苷酸差异数 12,核苷酸多样性 0.031 35),大连次之,即墨和琅琊台的多样性最差,与 cyt b 序列的分析结果相同。相较于 cyt b 中的结果,D-loop 中琅琊台群体的多样性(变异位点 11 个,简约信息位点 9 个,单倍型 12 个,平均核苷酸差异数 2.108,核苷酸多样性 0.005 46)明显高于即墨群体(变异位点 10 个,简约信息位点 5 个,单倍型 7 个,平均核苷酸差异数 1.366,核苷酸多样性 0.003 54)。D-loop 序列中 38 种单倍型中有 6 种为共享单倍型(表 7),占总数的 15.8%,其中 2 种为 4 个群体共享,剩下 32 种单倍型为群体特有,其中 13 个为舟山群体所独占,高于其他 2 个群体,而且舟山群体与大连(3 个)和琅琊台间(2 个)共享单倍型要少于大连和琅琊台之间的(5 个)。Hap1,Hap8 被较多个体共享,可能是最原始的单倍型。即墨与大连群体亲缘关系较近(共享单倍型 4 个)。D-loop 单倍型中得到的结果与 cyt b 中的基本一致。

基于 Kimura 2-paramter 计算的 3 个野生群体间的遗传距离见表 8,大连与舟山遗传距离最高(0.028),大连和琅琊台的遗传距离最低(0.006)。琅琊台与舟山遗传分化指数最高(0.316,63),大连与琅琊台遗传分化指数最低(-0.004,92)。分子变异分析(AMOVA)件表 9,群体间变异占 27.14%,变异大部分来自于群体内部,3 个野生群体间没有显著的遗传分化,这与 cyt b 中所得到的结果基本一致。

表 6 各群体 D-loop 遗传多样性参数

群体	保守位点 C	变异位点 V	简约信息位点 P_i	自裔位点 S_i	单倍型 h	单倍型多样性 H_d	平均核苷酸差异数 k	核苷酸多样性 π
大连(野生)	368	19	13	6	16	0.938	3.216	0.008 35
琅琊台(野生)	376	11	9	2	12	0.894	2.108	0.005 46
舟山(野生)	354	33	27	6	16	0.894	12.000	0.031 35
即墨(养殖)	377	10	5	5	7	0.657	1.366	0.003 54

表 7 大泷六线鱼 D-loop 单倍型在各群体中的分布

单倍型	大连(野生)	琅琊台(野生)	舟山(野生)	即墨(养殖)	单倍型	大连(野生)	琅琊台(野生)	舟山(野生)	即墨(养殖)
Hap 1	9	9	6	8	Hap 20		2		
Hap 2	2	2	1		Hap 21		1		
Hap 3	3	3			Hap 22			8	
Hap 4	2				Hap 23			1	

续表

单倍型	大连（野生）	琅琊台（野生）	舟山（野生）	即墨（养殖）	单倍型	大连（野生）	琅琊台（野生）	舟山（野生）	即墨（养殖）
Hap 5	1				Hap 24			1	
Hap 6	1	1			Hap 25			1	
Hap 7	1				Hap 26			1	
Hap 8	4	6	1	16	Hap 27			3	
Hap 9	1			1	Hap 28			1	
Hap 10	1				Hap 29			1	
Hap 11	1				Hap 30			1	
Hap 12	1				Hap 31			1	
Hap 13	1				Hap 32			1	
Hap 14	1				Hap 33			1	
Hap 15	1				Hap 34			1	
Hap 16		1			Hap 35				2
Hap 17		1			Hap 36				1
Hap 18		2			Hap 37				1
Hap 19		1			Hap 38				1

注：空白处为群体中不含有此种单倍型.

表8 基于 D-loop 基因得出的野生群体间遗传距离（对角线下方）及遗传分化指数（对角线上方）

地点	大连	琅琊台	舟山
大连	—	-0.004 9	0.299 6
琅琊台	0.006	—	0.316 6
舟山	0.028	0.027	—

表9 基于 D-loop 得出的遗传差异的分子方差分析

变异来源	自由度	方差	变异成分	变异比例
群体间	2	79.842	1.234 15	27.14
群体内	86	284.877	3.312 52	72.86
总变异	88	364.719	4.546 67	
F_{st}	0.271 44（$P<0.05$）			

2.2.3 分子系统树

外群选择单鳍多线鱼（*P. monopterygius*）线粒体 D-loop 序列作为外群（Genbank 登录号：FJ858209.1），基于 Kimura 2-paramter 构建 NJ 分子系统进化树（图3），Bootstrap 检验次数为

1 000次。与线粒体 cyt b 序列所得出的进化树基本一致,3个野生群体间没有明显的单独构成分支的群体。

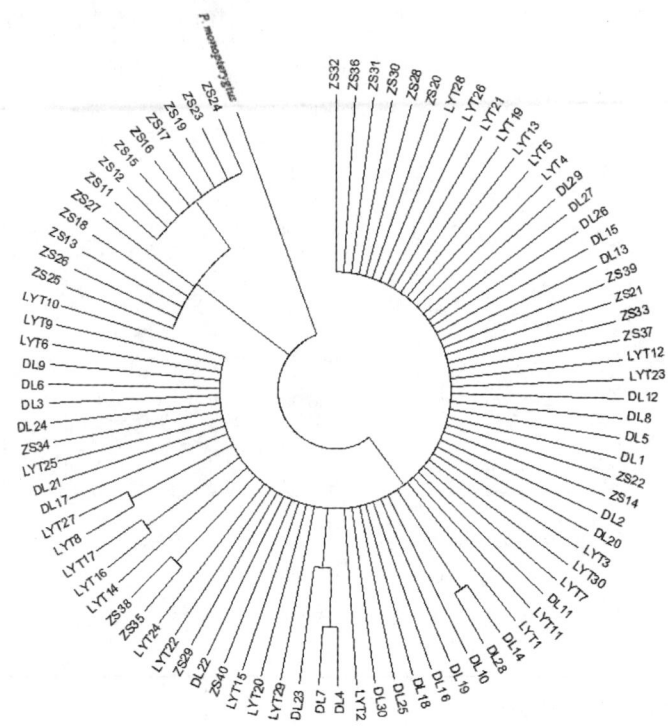

图3 大泷六线鱼线粒体 D-loop 序列 NJ 系统树

3 讨论

我们选取的中国大泷六线鱼主要分布在黄海、渤海、东海海域,研究了4个群体共120尾鱼的 cyt b 序列(365 bp)、D-loop 序列(387 bp)的遗传多样性。4个群体中,大连、琅琊台、舟山均为野生群体,即墨为养殖群体。大泷六线鱼的生存与适应环境的能力与其物种内部的遗传多样性有着十分紧密的关系,丰富的多样性是应对复杂环境的保证,也是物种进化的前提;相反的,相对贫乏的多样性则不利于物种长期生存,同时也会降低其进化的潜能。

3.1 大泷六线鱼遗传多样性和遗传分化分析

研究中 cyt b 序列和 D-loop 序列在4个群体62尾个体检测的单倍型数分别为19个和38个,单倍型多样性指数分别为0.739和0.846。3个野生群体的 cyt b 和 D-loop 变异位点数最高的均为舟山群体,分别占野生群体总变异位点的58.3%和52.4%,变异位点大多来自舟山野生群体,可见舟山群体与其他2个野生群体间亲缘关系较远。2种序列分析的多样性数据显示,舟山群体核苷酸多样性(分别为0.019 40,0.031 35)最高,大连(0.003 80,0.008 35)、琅琊台(0.003 56,0.005 46)均远低于舟山,即墨群体(0.002 36,0.003 54)作为养殖群体,其单倍型多样性、核苷酸多样性及平均核苷酸差异数均低于3个野生群体。

尽管是野生亲本的杂交子一代,但由于养殖过程中亲本数量较少,近交的概率增加,使得养殖群体遗传多样性要比野生群体低[19]。舟山附近海域岛礁众多,占全国岛屿总数的25.7%,大泷六线鱼作为恋礁鱼类,在岛礁密集的海域分布广,数量多,相对于黄、渤海只有近岸的群体,舟山群体亲本数量大,基因交流频繁,累积的遗传多样性相对较高。在养殖过程选育优良性状的同时,应该保持亲本的数量以及亲本的多样性。只有在优选优育的同时最大程度地保留群体多样性,才能提高养殖群体对于环境及疾病的应对能力和遗传改良能力。

单倍型与核苷酸多样性呈反相关,单倍型多样性高而核苷酸多样性低,这与彭士明研究的野生银鲳鱼遗传多样性的结果[20]相同。可能是由于种群在扩张期是由一个小而有效的群体快速成长而来的,庞大的种群数量、环境的不均一性以及适应种群快速增长的生活习性导致在进化期间通过变异获得较多的单倍型多样性,但是却未能积累核苷酸的多样性[21],这从侧面说明,我国近海多岩礁海区适合大泷六线鱼的生长,是其维持较高的遗传多样性基础。这种现象大多出现在一些起源于上新世或更新世早期出现的群体[2,22],如鲱科(Sisoridae)[23]、鲤科(Cyprinidae)[24]、翘嘴鲌(*Culter erythropterus*)[16]等鱼类。

F_{st}是测量群体间遗传分化的重要参数,F_{st}值越大2种群的分化程度越高[25]。我们研究的3个野生地理群体间的 *cyt b* 和 D-loop 的 F_{st} 值分别为 $-0.011\ 1\sim 0.356\ 6$,$-0.004\ 9\sim 0.316\ 6$,并没有出现十分显著的遗传分化,大连与琅琊台群体分化程度很小,而舟山群体则与其余2个群体的分化程度较大。遗传距离结果与遗传分化结果相符,大连与琅琊台群体的遗传距离较近(*cyt b*:0.004,D-loop:0.006 0),舟山与其他2个群体较远(*cyt b*:0.018,D-loop:0.027~0.028)。根据统计资料显示,鱼类在属、种、种群三个水平的分类中,以遗传距离作为判断的标准分别为0.90,0.30和0.05[8,19]。3个群体间的遗传距离均未超过0.05,可见这3个群体间遗传分化远未达到种群的分化标准。AMOVA分析结果显示,群体内的变异占较大比例(*cyt b*:31.86%,D-loop:27.14%)遗传变异主要来自于群体内部,群体间的分化并不显著。

3.2 野生群体地理分化分析

基于 *cyt b* 和 D-loop 序列所构建的NJ树显示,野生群体之间并没有明显汇聚成单独一支的群体,90尾个体无序的分布在不同分支中,这个结果与之前的遗传距离和遗传分化所得到的结果相一致。大连和琅琊台群体的遗传距离较近可能因为同属黄渤海海域,地理位置相近,群体间的杂交及遗传漂变所致的;舟山群体与其他2个群体地理距离较远,基因交流的频率降低,遗传距离相对较远。

大泷六线鱼是底栖鱼类,栖息于岩石或珊瑚礁区域,每年10—11月会在岩石上产卵。每年的秋、冬季胶东半岛流出渤海的沿岸流与黄海暖流的西支会在成山头附近汇合,并形成一股向南流动的黄海沿岸流。大泷六线鱼的幼苗在表层水面度过几个月的浮游期[26],这股寒流会携带同处于黄、渤海海域的大连与琅琊台群体的部分幼苗,漂流至东海海域,与舟山当地的群体形成基因交流。这个推断解释了为什么地理位置相距较远的群体间并没有形成显著的遗传分化,Xiao 和 Han 也得出同样的结论。他们研究的小黄鱼[27]和黄姑鱼[28]取样地也在相距较远的黄海和东海海域,因为中国近海的海流给2个海域的野生群体提供了基因交流的通道,群体间并没有形成显著的遗传分化。

与其他野生鱼类,如银鲳鱼(0.000 7)[29]、大口黑鲈(0.002 8)[30]、沙鳅(0.003 65)[31]相比,3个群体的大泷六线鱼具有较高的核苷酸多样性,遗传多样性较为丰富。近年来,因为沿海经济的发展,过度捕捞和污染成为渔业资源的重要威胁,大泷六线鱼繁殖能力较弱,比较依赖海底环境,势必会受到较大的影响,资源的保护是非常必要的。由于大泷六线鱼的繁殖习性与其栖息海域的洋流等因素,大泷六线鱼的遗传结构十分复杂,今后应该开展更为深入的研究工作,特别是分析整个中国海域,日本及朝鲜等主要栖息地的大泷六线鱼遗传结构、亲缘关系及遗传多样性,并结合mtDNA和其他分子标记技术,更好地反映群体多样性和遗传结构的关系。

参考文献

[1] NISHIKAWA S, K. SAKAMOTO. The karyotype of a hexagrammid, *Hexagrammos otakii* (Pisces, Scorpaeniformes)[J]. Chromosome Information, 1982, 33: 16-17.

[2] GRANT W S, BOWEN B W. Population histories in deep evolutionary lineages of marine fishes: insights from sardines and anchovies and lessons for conservation[J]. Journal of Heredity, 1998, 89: 415-426.

[3] 潘雷,胡发文,高凤祥,等. 大泷六线鱼人工繁殖及育苗技术初步研究[J]. 海洋科学, 2012, 36(12): 39-44.

[4] HABIB K A, JEONG D, MYOUNG J G, et al. Population genetic structure and demographic history of the fat greenling *Hexagrammos otakii*[J]. Genes & Genomics, 2011, 33(4): 413-423.

[5] 刘奇. 大泷六线鱼(*Hexagrammos otakii*)生物学特征与遗传多样性研究[D]. 青岛:中国海洋大学, 2010.

[6] 李莹,王伟,孟凡平,等. 利用线粒体DNA控制区部分序列分析不同地理群体大泷六线鱼遗传多样性[J]. 海洋科学, 2012, 36(8): 40-46.

[7] 董志国,李晓英,王普利,等. 基于线粒体D-loop基因的中国海三疣梭子蟹遗传多样性与遗传分化研究[J]. 水产学报, 2013, 37(9): 1304-1312.

[8] LYNCH M, CREASE T J. The analysis of population survey data on DNA sequence variation[J]. Molecular Biology and Evolution, 1990, 7(4): 377-394.

[9] SHAKLEE J B, TAMARU C S, WAPLES R S. Speciation and evolution of marine fishes studied by the electrophoretic analysis of proteins[J]. Pacific Science, 1982, 36(2): 141-157.

[10] 于旭蓉,仇雪梅,柳晓瑜,等. 线粒体DNA多态性在海洋动物群体遗传结构研究中的应用[J]. 生物技术通报, 2011, 231(10): 49-54.

[11] 王巍,朱华,胡红霞. 4种鲟鱼养殖亲鱼群体遗传多样性分析[J]. 动物学杂志, 2012, 47(1): 105-111.

[12] 杨巧莉. 中国鯷属鱼类进化关系及刀鲚、凤鲚的分子系统地理学研究[D]. 青岛:中国海洋大学, 2012.

[13] 颉晓勇,李思发. 罗非鱼选育群体 *cyt b* 与D-loop序列变异信息对比分析[J]. 基因组学与应用生物学, 2014, 33(5): 982-985.

[14] 郑冰蓉,张亚平,肖蘅. 云南倒刺鲃 mtDNA D-loop 区序列的遗传多样性研究[J]. 水利渔业,2002,22(3):15-16.

[15] 周丽. 大鳍鳠(*Mystus macropterus* Bleeker)遗传多样性及其线粒体控制区结构的研究[D]. 重庆:西南大学,2008.

[16] 王伟. 翘嘴鲌(*Culter alburnus*)群体遗传多样性及鲌亚科鱼类系统发生的研究[D]. 上海:华东师范大学,2007.

[17] 祁得林,晁燕,杨成,等. 川陕哲罗鲑 *Cyt b* 基因克隆及其在鲑亚科中的系统发育关系[J]. 四川动物,2009(6):805-809.

[18] 黄雪贞,钱国英,李彩燕. 中华鳖3个地理群体线粒体基因 D-loop 区遗传多样性分析[J]. 水产学报,2012,36(1):17-24.

[19] 袁娟,张其中,罗芬. 鱼类线粒体 DNA 及其在分子群体遗传研究中的应用[J]. 生态科学,2008,76(4):272-276.

[20] 彭士明,施兆鸿,侯俊利. 基于线粒体 D-loop 区与 COI 基因序列比较分析养殖与野生银鲳群体遗传多样性[J]. 水产学报,2010,34(1):19-25.

[21] KAVIARASU M,SUBHA B. Genetic structure of locally threatened cyprinid, *Osteochilus melanopleurus*, in Peninsular Malaysia River systems inferred from mitochondrial DNA control region[J]. Biochemical Systematics and Ecology,2015,61:336-343.

[22] 李琳. 方氏云鳚和云鳚的形态学与遗传学研究[D]. 青岛:中国海洋大学,2013.

[23] 马秀慧. 中国鮡科鱼类系统发育、生物地理及高原适应进化研究[D]. 重庆:西南大学,2015.

[24] 许旺. 鲤科大吻鱥属鱼类的分子系统发育关系与我国东部地区冷水性淡水鱼类的亲缘生物地理[D]. 上海:复旦大学,2013.

[25] WRIGHT S. Evolution and the genetics of populations. A treatise in four volumes. Volume 4. Variability within and among natural populations[J]. Journal of Biosocial Science,1972,4(2):253-256.

[26] KANAMOTO Z. On the ecology of Hexagrammid Fish :Iv. Mode of the distribution of *Agrammus agrammus* (Temminck et Schlegel) and *Hexagrammos otakii* Jordan et Starks and composition, abundance and food ttems of reef fish around the several reefs[J]. Japanese Journal of Ecology,1979,29:171-183.

[27] XIAO Y,ZHANG Y,GAO T,et al. Genetic diversity in the mtDNA control region and population structure in the small yellow croaker *Larimichthys polyactis*[J]. Environmental Biology of Fishes,2009,85(4):303-314.

[28] HAN Z Q,GAO T X,YANAGIMOTO T,et al. Genetic population structure of *Nibea albiflora* in Yellow Sea and East China Sea[J]. Fisheries Science,2008,74(3):544-552.

[29] 彭士明,施兆鸿,陈超,等. 根据 mtDNA D-loop 序列分析东海银鲳群体遗传多样性[J]. 海洋科学,2010,34(2):28-32.

[30] 李胜杰,白俊杰,叶星,等. 基于线粒体 D-loop 区探讨我国养殖大口黑鲈的分类地位和遗传变异[J]. 海洋渔业,2008,30(4):291-296.

[31] 刘红艳,陈大庆,刘绍平,等. 长江上游中华沙鳅遗传多样性研究[J]. 淡水渔业,2009,39(3):8-13.

卵形鲳鲹低氧相关基因的克隆、序列分析及其在低氧胁迫下的表达变化

陈世喜[1,2]，区又君[1]*，王鹏飞[1]，李加儿[1]，温久福[1]，王雯[1,2]，谢木娇[1,2]

(1. 中国水产科学研究院 南海水产研究所，农业部南海渔业资源开发利用重点实验室，广东 广州 510300；2. 上海海洋大学 水产与生命学院，上海 201306)

乳酸脱氢酶(LDH)是参与糖酵解的主要酶之一，可使机体细胞在氧气不足时继续进行正常的生理活动。1987年第一次报道了真核生物的 $LDH-A$ 基因的全序列后，J. D. Firth 等(1994,1995)最早比对了 LDH 基因的进化关系，并研究发现低氧下影响 $LDH-A$ 表达水平的变化，紧接着又研究了低氧胁迫对人类细胞 LDH-A 基因表达的调控。我国关于 LDH-A 的研究主要是各物种内 LDH-A 的多样性比较及其进化关系(尹绍武等，2007)，低氧胁迫下鱼类 $LDH-A$ 的表达变化则未见报道，且目前低氧胁迫下 $LDH-A$ 基因表达变化与 LDH 酶活性的变化的关系尚不明了。

基质金属蛋白酶家族(MMPs)是一个锌和钙依赖性酶，最初特征在于它们降解细胞外基质的能力，并且还可以降解其他基质，其中 MMP9 主要在降解细胞壁的基底膜发挥作用(Lenz et al,2000)。在豚鼠胚胎的低氧研究中发现，低氧后豚鼠的胚胎心脏的 MMP9 表达水平增加(Evans et al,2012)，对 MMP9 调节人呼吸道上皮细胞紧密连接的完整性和细胞活力的研究结果显示，MMP 家族基因的表达变化在消化道呼吸上皮的重建中扮演着十分重要的角色，哮喘病的研究数据显示，呼吸道上皮炎症导致 MMP9 表达上升(Vermeer et al,2009)。脊椎动物的鳃器官与肺是同源器官，低氧胁迫下鱼类鳃器官的 MMP9 基因表达变化与组织生理间的关系尚未见报道。

卵形鲳鲹(*Trachinotus ovatus*)隶属鲈形目(Perciformes)，鲹科(Carangidae)，鲳鲹属，亦称金鲳，黄腊鲳，红三，黄腊鲳，白鲳，海水白鲳。广泛分布于东南亚和地中海地区的热带和亚热带海域，我国则主要分布于粤、桂、琼、闽沿海(区又君等，2005,2015)。人工养殖条件下的生长速度极快，养殖生产经济效益十分显著，是我国南方重要的优质海水养殖鱼类之一。卵形鲳鲹的正常生长对溶氧要求较高，高密度养殖、运输和天气变化等因素所导致的低氧胁迫严重威胁着该鱼的健康养殖，养殖生产过程中常因水体缺氧导致其生长速度减慢，免疫机能下降，甚至死亡的现象。作者在本课题组前期研究(王刚等，2010,2011)的基础上，使用 3′、5′ RACE、PCR 和荧光定量 PCR 技术，克隆卵形鲳鲹的低氧相关基因($LDH-A$, $MMP9$)，探究

基金项目：广东省自然科学基金项目(No. 2015A030310253)，中央级公益性科研院所(中国水产科学研究院南海水产研究所)基本科研业务费专项资金项目(No. 2014TS 26)

作者简介：陈世喜(1989—)，男，硕士研究生，E-mail：saihei@hotmail.com

通信作者：区又君(1964—)，女，研究员，E-mail：ouyoujun@126.com

不同形式低氧胁迫下两种基因在肝和鳃组织中的表达变化,为卵形鲳鲹的科学养殖和活体运输提供基础理论依据和技术支撑。

1 材料与方法

1.1 实验材料及低氧胁迫实验过程及取样

实验动物为本课题组人工繁育的当年鱼,分为4组:急性实验组和慢性实验组,及各自的对照组,每组3个平行,实验依据YSI-55溶氧仪的实时读数,通过调节充入实验水体的氮气和空气的速率控制溶氧,急性实验组在30 min内将溶氧降至(1.55 ± 0.10) mg/L并开实验始计时。慢性实验组的溶氧水平在第1天以平均0.13 mg/$(L \cdot h^{-1})$的速率缓慢降低至(3.60 ± 0.20) mg/L,第2天以0.085 mg/$(L \cdot h^{-1})$的速率缓慢降低至(1.55 ± 0.20) mg/L并开始实验计时。急性实验组分别在3 h、6 h、12 h和24 h时取样并每次同时取急性对照组,慢性实验组在低氧胁迫14 d时取样,取样后立即保存在液氮中,取样结束后转移至-80℃冰箱保存。

1.2 总RNA提取和序列扩增

从-80℃中拿出样品,取约100 mg迅速放入盛有液氮的研钵,充分研磨后转入1.5 mL离心管中(全程均为无RNase-free离心管)。采用E. Z. N. A.© Total RNA Kit II试剂盒提取RNA。用反转录试剂盒(First-Strand cDNA Synthesis Using M-MLV)合成第一链cDNA,并对获得的反转录产物进行纯化(Universal DNA Purification Kit),操作参照天根说明书。采用TaKaRa末端脱氧核酸转移酶(TdT)试剂盒将纯化的cDNA进行5′末端加尾。

根据本实验室转录组测序所得的卵形鲳鲹LDH-A与MMP9部分序列,用Primer 5.0软件设计特异性引物,结合RACE技术获得谷氨酸脱氢酶基因的cDNA全长。所用引物见表1。

表1 克隆用引物

引物名称	序列(5′-3′)	用途
LDH-A-F1/R1	(F1)5′CTGCTCAAGGACTTGTGCGA3′ (R1)5′TCTCCAATGATCCAGCCGTG3′	1st中间片段扩增
MMP9-F1/R1	(F1)5′CACGCAGGAGGGATGGA3′ (R1)5′GTATGGGTCTCCGTGGT3′	
LDH-A-F2/R2	(F2)5′TGGCGTGAAGGATGAGGT3′ (R2)5′GAGGGAGGAAGGCAGGTA3′	2nd中间片段扩增
MMP9-F2/R2	(F2)5′GCCTTTGCCAGAGCCTTTA3′ (R2)GGCTGCCACCAGAAACAG3′	
LDH-A-3-F1/F2	(F1)5′AGACTAGGACCACTTCTGCG3′ (F2)5′AGGACTTGTGCGATGAGC3′	3′-RACT
MMP9-3-F1/F2	(F1)5′AGGCAGGTGGATCGTGT3′ (F2)5′GACCGCTCTACTGGC3′	

续表

引物名称	序列(5′-3′)	用途
LDH-A-5-F1/F2	(F1)5′AGGAGGGAGGAAGGCAGGTA3′ (F2)5′AGGCTTCAATGCCAACCAGTA3′	5′-RACE
MMP9-5-F1/F2	(F1)5′CCTCCTGCGTGCCTATCC3′ (F)5′GTAGCCAAACCTCTTCAGATA3′	
AUAP	5′GGCCACGCGTCGACTAGTAC3′	
AP	5GGCCACGCGTCGACTAGTACTTTTTTTTTTTTTTT3′	通用引物
AAP	5GGCCACGCGTCGACTAGTACGGGGGGGGGG3′	

1.3 序列拼接验证及分析

卵形鲳鲹中间片段及3′、5′RACE所得序列拼接后,在其5′-UTR和3′-UTR末端设计正向和反向引物,以引物AP反转录的cDNA为模板进行PCR扩增、测序,检验拼接序列的正确性,使用NCBI网站提供的BLAST程序(http://blast.ncbi.nlm.nih.gov/)进行核苷酸序列相似性分析。序列拼接及比对采用软件(Seqman, MegAlign)。Clustal X2.1 (http://www.clustal.org/)进行多序列比对,并使用软件(MEGA6)构建N-J进化树(邻位相接法)。

2 结果

2.1 RNA样品质量

卵形鲳鲹组织总RNA提取后,用核酸测定仪检测,$OD_{260/280}$位于1.9~2.0,取1 μg总RNA样品进行1%琼脂糖凝胶电泳,28S rRNA与18S rRNA条带清晰,前者与后者比值大于1,表明提取的总RNA纯度高,质量好(图1)。

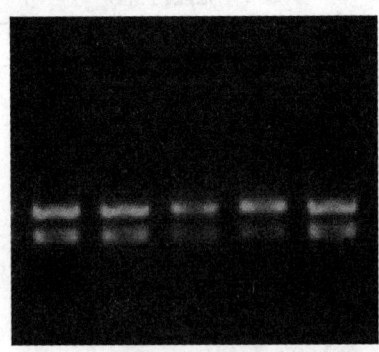

图1 卵形鲳鲹组织总RNA琼脂糖电泳分析

2.2 中间片段的克隆,3′RACE,5′RACE

2.2.1 LDH-A基因

与数据库中已入库鱼LDH-A基因比对后,于保守区设计中间片段简并引物序列,以卵形鲳鲹肝反转录 cDNA 为模板,进行 LDH-A 中间片段克隆,PCR 扩增 2 轮后获得约 900 bp 中间片段(图 2),第二轮产物胶回收后测序,结果 Blast 比对证明该片段为卵形鲳鲹 LDH-A 序列。

以获得 LDH-A 中间片段设计引物,肝反转 cDNA 为模板进行 3'RACE,第二轮 PCR 时在 1 380 bp 出现目标条带,由中间片段 LDH-A 设计 5'RACE 引物,以加尾后的肝 cDNA 进行 5'RACE,第二轮 PCR 后预期条带 280 bp 出现(图 2)。

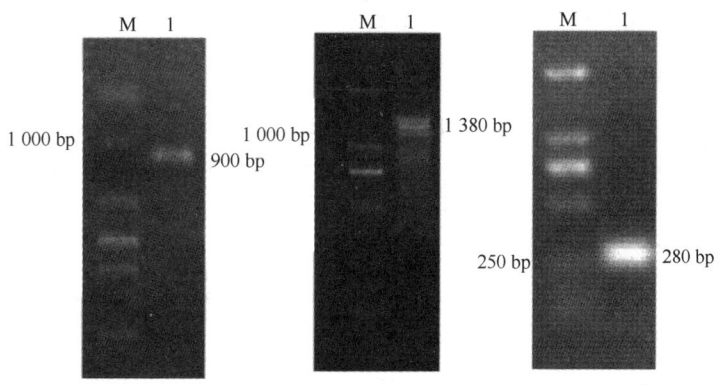

图 2 卵形鲳鲹 LDH-A 3′、5′RACE 及中间片段第二轮 PCR 扩增产物

2.2.2 MMP9 基因

与数据库中已入库鱼 MMP9 基因比对后,于保守区设计中间片段简并引物序列,以卵形鲳鲹肝反转录 cDNA 为模板,进行中间片段克隆,PCR 扩增 2 轮后获得约 1 854 bp 中间片段(图 3),第二轮产物胶回收后测序,结果 Blast 比对证明该片段为卵形鲳鲹 MMP9 序列。

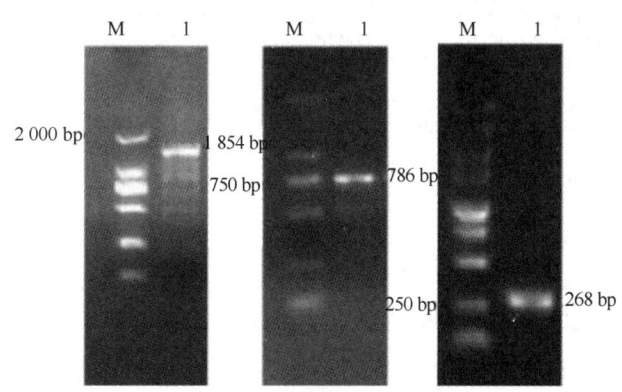

图 3 卵形鲳鲹 MMP9 中间片段第二轮 PCR 扩增及 3′、5′RACE 产物

2.3 序列拼接验证

2.3.1 LDH-A 序列拼接验证

卵形鲳鲹中间片段及 3′、5′RACE 所得序列拼接后,在该序列编码区两端设计引物,以确认拼接序列的 ORF,PCR 后测序确认了拼接序列与卵形鲳鲹 ORF 测序序列一致。序列拼接

后得到卵形鲳鲹 LDH-A 全长 2 331 bp,包括 81 bp 的 5'UTR,1 141 bp 的 3'UTR 以及 999 bp 的编码区,该区共编码 332 个氨基酸,卵形鲳鲹 LDH-A 的蛋白分子质量为 36.14 kD,等电点为 6.95(图 4)。

```
1    GGACCACTTCTGCGGAAGAGCTGCGCTCGGGAGGTGACACATTCCAGCTCGGGTTTCGCCCTTTCAACTAAAACCTA
79   AAGATGTCCACCAAGGAGAAGCTGATTGGCCATGTGATGAAGGAGGAGCCTGTTGGCAGCAGGAGCAAGGTGACGGTG
1         M  S  T  K  E  K  L  I  G  H  V  M  K  E  E  P  V  G  S  R  N  K  V  T  V
157  GTTGGTGTCGGCATGGTGGGCATGGCCTCCGCCGTCAGCATCCTGCTCAAGGACTTGTGCGATGAGCTGGCCTGGTT
26        V  G  V  G  M  V  G  M  A  S  A  V  S  I  L  L  K  D  L  C  D  E  L  A  L  V
235  GATGTGATGGAGGACAAGTTGAAGGGTGAGGCCATGGACCTGCAGCATGGATCCCTCTTCCTGAAGACACAAAGATT
52        D  V  M  E  D  K  L  K  G  E  A  M  D  L  Q  H  G  S  L  F  L  K  T  H  K  I
313  GTGGCCGACAAAGACTACAGTGTGACAGCCAATTCCAGGGTGGTGGTCGTGACTGCCGGTGCCCGCCAGCAGGAGGGC
78        V  A  D  K  D  Y  S  V  T  A  N  S  R  V  V  V  T  A  G  A  R  Q  Q  E  G
391  GAGAGCCGTCTTAACCTGGTGCAGCGCAACGTCAACATCTTCAAGTTCATCATCCCCAACATCGTCAAGTACAGCCCC
104       E  S  R  L  N  L  V  Q  R  N  V  N  I  F  K  F  I  I  P  N  I  V  K  Y  S  P
469  AACTGCATCTTGATGGTGGTCTCTAACCCAGTGGACATCCTGACCTATGTGGCCTGGAAGCTGAGCGGTTTCCCCCGT
130       N  C  I  L  M  V  V  S  N  P  V  D  I  L  T  Y  V  A  W  K  L  S  G  F  P  R
547  CACCGTGTCATTGGCTCCGGCACCAACCTGGACTCTGCCCGTTTCCGCCACATCATGGAGAGAAGCTCCACCTCCAC
156       H  R  V  I  G  S  G  T  N  L  D  S  A  R  F  R  H  I  M  E  G  K  L  H  H
625  CCTTCAAGCTGCCACGGCTGGATCATTGGAGAGCGAGACTCCAGTGTGCCAGTGTGGAGTGGTGATGAATGTTGCT
182       P  S  S  C  H  G  W  I  I  G  E  H  G  D  S  S  V  P  V  W  S  G  V  N  V  A
703  GGAGTTTCTCTGCAGAGCCTCAACCCAAAGATGGGAGCTGACGATGACAGTGAGCACTGGAAGGAGGTCCATAAGATG
208       G  V  S  L  Q  N  P  K  M  G  A  D  D  D  S  E  H  W  K  E  V  H  K  M
781  GTGGTTGCTGGAGCCTATGATGTTATCAAGCTGAAGGGCTACACTTCCTGGGCCATCGGCATGTCCGTGGCTGATCTG
234       V  V  A  G  A  Y  D  V  I  K  L  K  G  Y  T  S  W  A  I  G  M  S  V  A  D  L
859  GTGGAGAGCATCACAAAGAACCTGCACAAAGTTCACCCTGTGTCCACATGGTCCAGGGTATGCATGGCGTGAAGGAT
260       V  E  S  I  T  K  N  L  H  K  V  H  P  V  S  T  L  V  Q  G  M  H  G  V  K  D
937  GAGGTCTTCCTGAGCGTCCCTTGTGTGCTGGGCAACAGTGGCTGACAGATGTCATTCACGTGACACTGAAGCCCGAT
286       E  V  F  L  S  V  P  C  V  L  G  N  S  G  L  T  D  V  I  H  V  T  L  K  P  D
1015 GAGGAGAAGCAGCTGGTGAAGAGCGCCGAGACCCTGTGGGGCGTACAGAAGGAGCTCACCCTGTGAAGTGCTCTCCTC
312       E  E  K  Q  L  V  K  S  A  E  T  L  W  G  V  Q  K  E  L  T  L  *
1093 TGAATTCTTCAGTCCACACCAAACACCATGTGGTCAACCCTACCTATTGTACCTCCTGTGTCCCTCATGGCAATGGG
1171 TGAATGAGACCTTTGAGTATCTAATAAGGCCAAGTGTTTGTAGCTAAACAGCGGAAGCTAGATTTACCTTCAGATA
1249 TTCATACACGGGTGTCATTGTCCTTTGCCGCCTCTTACCTGCCTTCCTCCCTCCTTTCATGACTGAATTTTCAGAAAA
1327 ACAACTCATACCTTAGCCTTGCTATATATTAGCCTGTGTGGAGAGAGAGGAGGTTGTAAGATCTCAGTCGTTAA
1405 AGCCCTATGCATATTGAGCGTATATATCCATGTACTGTATGTTGTGTACTGTTGCTGTTTCTTCTGTACACTCCGTGT
1483 TTGTAGTTGGTATGTATTCTGTGATTGTTACCAGTTGGTTTTTCCCACTTGGTAATCTCTGTTTATTTGTTTTATCA
1561 TTTGGAGTATAATGGAGACATTCCATTCTCTACGAGGAGGGCTTCCTATCCACCTAGAGTCATAACAACACTGCTATA
1639 CACATATATATAGATATATATATCACTGGGCCAAAATCCTGTGATACCAAAGTACCTTATCACTTGAGAAAAGCAATG
1717 CTAAGTCTACTGGTTGGCATTGAAGCCTTTTTACACAAATTTAACCACAAGTGCACTACGATAAAAGAGGCAGGGTC
1795 CTGACACGAAAGATTACATCTGGGAGAAATAAAGGTGTTGCTAACAAATTGACTTGCCATAATTTAACTCAGCAAAGA
1873 GATAACAGAGCCAATGGGAAATATCAGCTAGGATCATGACCTAGAGTCAGGTTACAAATTATAACAGAAGGTAAC
1951 AATCCTGAAGGTGTTTGTTTGCGCACCCTAACTCAACTCAAAGGGTTTTGTATTTATTTTACTCCACCTGACTTTGAA
2029 ACATAGATCAAAGAATTTATGATATTATTTATGATTCACTGAGGAACTCTGCCTGTCCTGGCAGTTGGATATTGATCTTTAT
2107 CAACATTAGATATGGTCAATCACTCACTGATTCACTGAGGAACTCTGCCTGTCCTGGCAGTTGGATATTGATCTTTAT
2185 TTGCTGTAACATCAAATAAAGCTGCCAGGATAATGATACACATCTGTCCTTTGTCCTTTCCTGTGTTTGTCATCCACC
2263 CCAGCAAAGGTAGTTTGTATGTTTACAGGGCAGCTCACTCAGCGCATATCTATGGGTCAACATCTGAG
```

图 4 卵形鲳鲹 LDH-A cDNA 全长序列及对应编码氨基酸

MMP9 序列拼接验证卵形鲳鲹中间片段及 3'、5'RACE 所得序列拼接后,在该序列编码区两端设计引物,以确认拼接序列的 ORF,PCR 后测序确认了拼接序列与卵形鲳鲹 ORF 测序序列一致。拼接后得到卵形鲳鲹 MMP9 全长 2 827 bp,包括 188 bp 的 5'UTR 507 bp 的 3'UTR以及 2 132 bp 的编码区,编码区 684 个氨基酸,卵形鲳鲹 MMP9 的蛋白分子质量为77.04 kD,等电点为 5.41(图 5)。

2.4 系统进化分析

2.4.1 卵形鲳鲹 LDH-A 的进化分析

将所获的卵形鲳鲹 LDH-A 的氨基酸序列与其亲缘关系比较近的大黄鱼(*Larimichthys crocea*)的 LDH-A、LDH-B 及斑马鱼(*Danio rerio*)、尼罗罗非鱼(*Oreochromis niloticus*)、虾虎

```
   1 AGAGAGACAACAACAGGACCCACCAGTCAAAACAAAGAGAGAAGCCAACACTGACAAAGAAACATCGCTGATCTTCAGGG   80
  81 GACAAGCTTTTTATTTCTTTTGGCTCATTGAGTACTTGTTCACTGCAAGGCTTTTAGTAGAATTTTTTTTTTGTTACAT   160
 161 TTTGCAGCAATCCACAGTAGATCTCATCatgagatactgtgcttttagttgtgtgtttggtttgttaggcacgcagg   240
   1                                    M  R  Y  C  A  L  V  V  C  L  V  L  G  I  G  T  Q  E   18
 241 agggatggagcattccctccaagtccgtcagttcccaggagacatcctccaaaacatgactgatacggagatg   320
  19  G  W  S  I  P  L  K  S  V  S  V  T  F  P  G  D  I  L  K  N  M  T  D  T  E  M   44
 321 gcagaaacttatctgaagaggtttggctactagacacagtgcaccgcagtggcttccagtctatggtgtcaacttcaa   400
  45  A  E  T  Y  L  K  R  F  G  Y  L  D  T  V  H  R  S  G  F  Q  S  M  V  S  T  S  K   71
 401 ggcttgaagaggatgcagaggcagatggggctggaagagtctggacagctggatcaggctaccgtggaggccatgaaac   480
  72  A  L  K  K  M  Q  R  Q  M  G  L  E  E  S  G  Q  L  D  Q  A  T  V  E  A  M  K  R   90
 481 ggcctcgctgtgggtcctgatgtggccaactaccaaacctcgagggagacctccattgggaccataacgacatcact   560
  99  P  R  C  G  P  V  A  N  Y  Q  T  F  E  G  L  H  W  D  H  N  D  I  T   124
 561 tataggatcgttaactattctccagacatggagagctctcgattgatgatgcctttgccagagcctttaaggtgtggag   640
 125  Y  R  I  V  N  Y  S  P  D  M  E  S  S  L  I  D  D  A  F  A  R  A  F  K  V  W  S   151
 641 tgatgtgaccctctgaccgcctcggtgacagctgacatcatttggaggtgtgtcagggagacgcc   720
 152  D  V  T  P  L  T  F  T  R  L  F  E  G  T  A  D  I  M  I  S  F  G  R  A  D  H  G   178
 721 gagacataacccatttgatggtaaggatggcttctggcccatgcttatccccctggtgaggggtgtgcagggagacgcc   800
 179  D  P  Y  P  F  D  G  K  D  G  L  L  A  H  A  Y  P  P  G  E  G  V  Q  G  A   204
 801 cacttttgacgatgatgagtctggacctggggtacgacctgtgaagactcgctacagggaatgcggatggtgcat   880
 205  H  F  D  D  D  E  F  W  T  L  G  T  G  P  A  V  K  T  R  Y  G  N  A  D  G  A  M   231
 881 gtgccacttccccttcacttttgagcgtacttaccaccctgttctttgacggccgttcggacaaccatgccattgt   960
 232  C  H  F  P  F  T  F  E  G  R  T  Y  T  T  C  T  T  D  G  R  S  D  N  L  P  W  C   258
 961 gcgccaccacagctgactacagcagagacaagaatacggcttctgcccaagtgaacttctgtacacatttggaggaaac  1040
 259  A  T  T  A  D  Y  S  R  D  K  K  Y  G  F  C  P  S  E  L  L  Y  T  F  G  G  N   284
1041 gccaatggatctccatgtgtcttccccttcgtctttctggggggaacaatatgacagctgtacaacggaggccgcagtga  1120
 285  A  N  G  S  P  C  V  F  P  F  V  F  L  G  E  Q  Y  D  S  C  T  T  E  G  R  S  D   311
1121 tggttaccgctggtgcacgacacagcacctttgacagtgacaagaagtattggattctgtccagtcgtgacactgctg  1200
 312  G  Y  R  W  C  A  T  T  D  N  F  D  S  D  K  K  Y  G  F  C  P  S  R  D  T  A  V   338
1201 tattcggtggaaattcagaaggagagccctgccacttccccttgtgttcctgggtaagacgtatgactcctgcaccagt  1280
 339  F  G  G  N  S  E  G  E  P  C  H  F  P  F  L  V  F  L  G  K  T  Y  D  S  C  T  S   364
1281 gagggacgaggagatggcaagctttggtgtggtcggattaccactgacaactacgatgaggacaagaaatggggcttctgtcctga  1360
 365  E  G  R  G  D  G  K  L  W  C  G  T  T  T  D  N  Y  D  E  D  K  K  W  G  F  C  P  D   391
1361 ccggggttatatctgtcttcttgttggaagccgatgagttggacatgcccttggcctggcactccaacattagaagcg  1440
 392  R  G  Y  S  L  F  L  V  A  A  H  E  F  G  H  A  L  G  L  D  H  S  N  I  R  D  A   418
1441 ctctcatgtaccccatgtacagctatgtggaagatcttccctgcacaaagatgcattgaagcattcagtatctctat  1520
 419  L  M  Y  P  M  Y  S  Y  V  E  D  F  S  L  H  K  D  D  I  E  G  I  Q  Y  L  Y   444
1521 ggacccagaacaagcctctccaccccccctcagccaacaccccccaccaggtccaaaccagacccctacagataaacc  1600
 445  G  P  R  T  S  P  A  P  T  P  P  Q  P  N  T  P  T  T  V  N  P  D  P  T  D  K  P   471
1601 taaacccactgaaccctctactaccatgcctgtgaaagccagaaagatgcctgccagacaaaatttg  1680
 472  K  P  T  E  P  S  T  T  T  T  L  P  V  D  P  T  K  D  A  C  Q  M  N  K  F  D   498
1681 acaccatcactgtcattgagaatgaactacatttcttcaaggacggacattactggaagatgtccaggggcgcaacgca  1760
 499  T  I  T  V  I  E  N  E  L  H  F  F  K  D  G  H  Y  W  K  M  S  S  G  R  N  A   524
1761 aaactccagggacattttctatttctgcaagatggccagctgcttccagctgtcattgactctgttttgaagactctct  1840
 525  K  L  Q  G  P  F  S  I  S  A  R  W  P  A  L  P  A  V  I  D  S  A  F  E  D  S  L   551
1841 gactaagaaactcttaaactcccagggacccgattctggggtgtacacagggcagtctgttctgggtccccgcagatag  1920
 552  T  K  K  L  Y  F  F  S  G  T  R  F  W  V  Y  T  G  Q  S  V  L  G  P  R  S  I  E   578
1921 agaagcttggcctcccaacactatttcagaaggtagagggagcactgcagagggggaaaggcaaagtgctggctcttcagt  2000
 579  K  L  G  L  P  N  T  I  Q  K  V  E  G  A  L  Q  R  G  K  G  K  V  L  L  F  S   604
2001 ggggagaacttctggaaggcttgatgtgaaggcccagaaaatcgacaatggctaccccagataccacagtcgtcttttgg  2080
 605  G  E  N  F  W  R  L  D  V  K  A  Q  K  I  D  N  G  Y  P  R  Y  T  D  V  V  F  G   631
2081 ggcgtccctctgaccatgatgtacatgttccagtacaaaggtcacatctacttctgcggggaccgcttctactggagaatgg  2160
 632  G  V  P  S  D  A  H  D  V  Q  F  Q  Y  K  G  H  I  Y  F  C  R  D  R  F  Y  W  R  M   658
2161 tgaattcccgcaggcaggtggatcgtgtggctatgtgaaatatgacctcctcatgtgctcagattcttcaaaccttcgc  2240
 659  N  S  R  R  Q  V  D  R  V  G  Y  V  K  Y  D  L  L  M  C  S  D  S  S  N  L  R   684
2241 tactgaGATGACCGCGCAGGGATGAGCTCAAAATCAGGTGTCAGGGAGAATGTGATGCAGTATTTGTGCGTAGCGCATGT  2320
 685  Y  *                                                                            685
2321 TGTATGAAGTGTGTGTTTTCTGAGATGTAAATAATTGGCCATGATTGCTGTTGGAAAGTCCTACGACATACAGCAGTGGC  2400
2401 CTGAAAATAAGTCAGTGGTCCAGTACATGAAAGTACAAATTGTGATCTTTGGCACTGACTTGCCCTCAGTTTGATAATCT  2480
2481 GTGAACTGATGTGATATTATGGTAGCCTACAAATTTGAGACAATAACCACAACTTAAATATTCTAAAAAGCCATCTGGATC  2560
2561 AGACTCCATTTGCTGAACAATTTCTTATGTCTGACAGGTTCAGACTCTTAACAGTATTAGATTATTTTGGTATTTATAG  2640
2641 CAGTATCTAATATTATTTTTGTGTCCTAAAGCTTATTTTGTTTTGTATGATTCTATTTGTGTATTTCTGAAAATGGTTTC  2720
2721 AAAGCCAATTACTTGCACTGGAAGACAATGCATGTCTCCTTGACTTAAATTATTTAAGAGACATAGATATGTTTTGTATT  2800
2801 AAAGTTGTAACTTTAAATGCAATAAAC 2827
```

图 5 卵形鲳鲹 MMP9 cDNA 全长序列及对应编码氨基酸

鱼(*Gillichthys seta*)、斜带石斑鱼(*Epinephelus coioides*)的 LDH-A 进行氨基酸的序列比对,卵形鲳鲹的 LDH-A 与斜带石斑鱼和大黄鱼的氨基酸序列具有极高的相似性,大于尼罗罗非鱼和虾虎鱼,与斑马鱼的相似性最低,其中大黄鱼的 LDH-B 属另外一支(图 6)。

利用邻位相接法将卵形鲳鲹的 LDH-A 序列与人类、猿猴、小鼠、蛙类、其他鱼类及海龟以及节肢动物门的水蚤等物种的 LDH-A 序列进行比对及进化树分析,发现卵形鲳鲹 LDH-A 位于鱼类 LDH-A 的分支,与智利海鲈鱼亲缘关系最近,与其他物种 LDH-A 的关系远(图 7)。

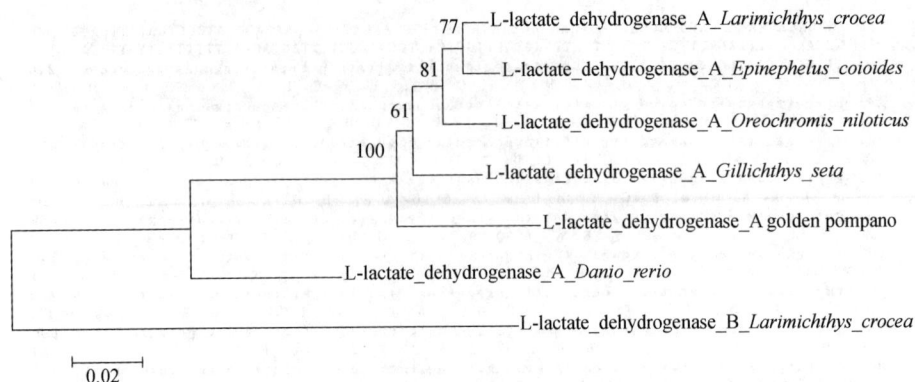

图6　卵形鲳鲹 LDH-A 的氨基酸的序列比对

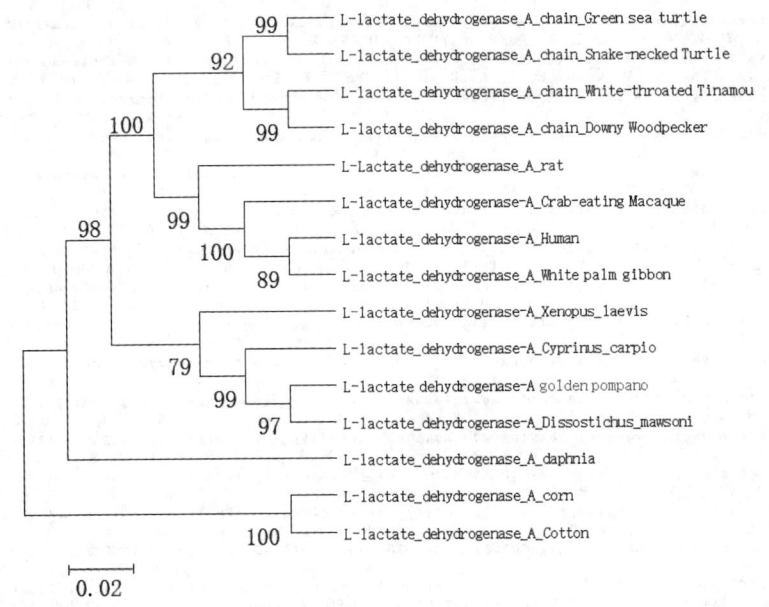

图7　卵形鲳鲹 LDH-A 的进化树分析

2.4.2　卵形鲳鲹 MMP9 的进化分析

将卵形鲳鲹 MMP9 的氨基酸序列与其亲缘关系比较近的高身雀鲷(*Stegastes partitus*)、尼罗罗非鱼、大西洋鲑(*Salmo salar*)、斑马鱼、矛尾鱼(*Latimania chalumna*)的 MMP9 进行氨基酸的序列比对,卵形鲳鲹 MMP9 与高身雀鲷的氨基酸序列具有极高的相似性,大于淡水鱼类(尼罗罗非鱼、斑马鱼),与海水鱼类(矛尾鱼、大西洋鲑)的相似性也不高,与矛尾鱼的相似性最低(图8)。

利用邻位相接法将卵形鲳鲹 MMP9 序列与人类,普通猕猴、马、小鼠、鸡、青鳉(*Oryzias latipes*)、斑马鱼、红鳍东方鲀(*Takifugu rubripes*)的 MMP9 序列进行比对及进化树分析,发现卵形鲳鲹 MMP9 位于鱼类分支,与其他物种 MMP9 的关系远(图9)。

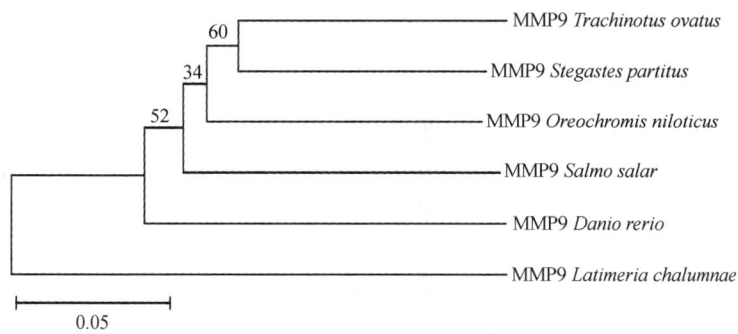

图 8　卵形鲳鲹 MMP9 的氨基酸的序列比对

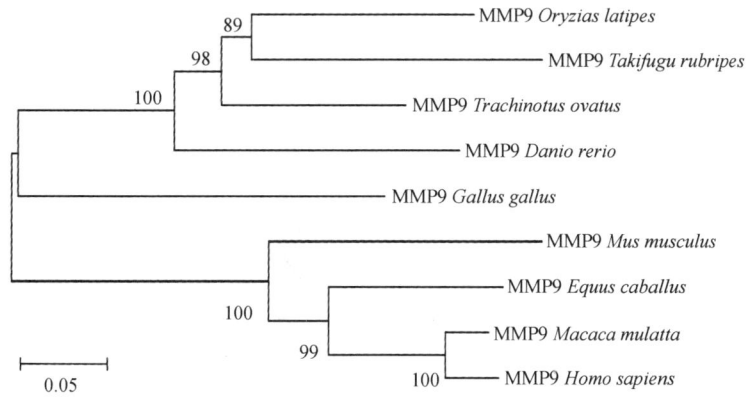

图 9　卵形鲳鲹 MMP9 的进化树分析

2.5　低氧胁迫下卵形鲳鲹肝和鳃器官中的 LDH-A 和 MMP9 的表达变化

2.5.1　低氧胁迫下卵形鲳鲹肝和鳃器官中的 LDH-A 表达变化

急性低氧胁迫中,卵形鲳鲹肝和鳃器官中 LDH-A 表达量均随时间持续先增加后恢复,6 h 达到最大水平,该时刻肝和鳃器官的 LDH-A 表达水平分别为对照组的 5.91 倍和 2.63 倍,24 h 时恢复至对照组水平,与对照组无显著差异($P>0.05$)。慢性低氧胁迫 14 d 后肝和鳃器官中的 LDH-A 与对照组相比亦则显著增加($P<0.01$),肝的增加尤为显著,是对照组的 3.42 倍。无论在急性低氧胁迫还是慢性低氧胁迫中,鳃组织 LDH-A 的表达量始终不及肝,且慢性低氧胁迫 14 d 时表达量为与急性表达量最大值 6 h 时相比,位于对照组与急性最大值之间(图 10)。

2.5.2　低氧胁迫下卵形鲳鲹肝和鳃器官中的 MMP9 表达变化

急性低氧胁迫中,卵形鲳鲹肝和鳃器官中 MMP9 表达水平均随时间持续先下降后上升,24 h 肝 MMP9 上升水平不及鳃,鳃 MMP 表达水平恢复至对照组水平。慢性低氧胁迫 14 d 后肝和鳃器官中的 MMP9 的表达水平不同,肝中表达水平显著下降,而鳃组织 MMP9 表达则显著增加。对比急性和慢性低氧胁迫下鳃 MMP 表达变化可发现,鳃器官中的表达水平在长

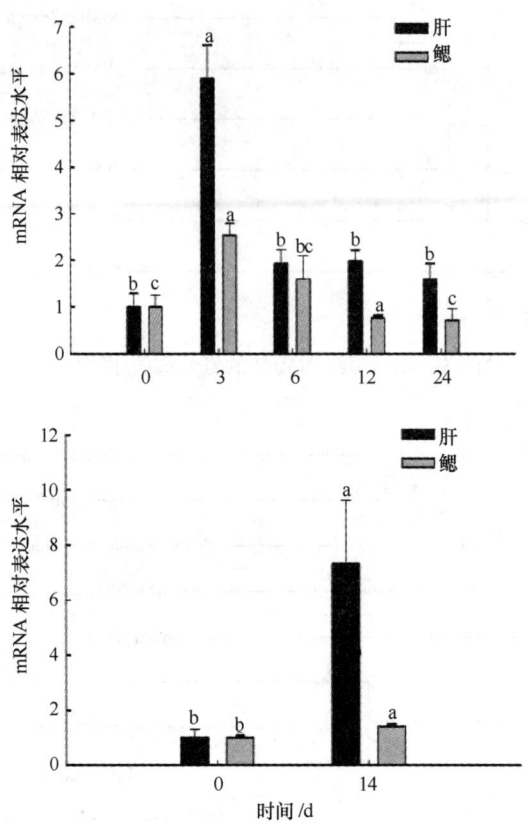

图 10 低氧胁迫下卵形鲳鲹肝和鳃组织中 LDH-A 的表达变化

期低氧胁迫后显著高于急性低氧各组水平(图 11)。

3 讨论和小结

(1)鱼类 LDH 酶有 LDH-A,LDH-B,LDH-C,3 种亚型,对应其基因也有 LDH-A 和 LDH-B、LDH-C 3 种类型(金春华等,2004),在现有的基因库中并未找到与之对应的鱼类 LDH-C 序列的报道,关于 LDH-C 的研究还有待进一步开展。本研究中,针对 A、B 两种亚型的 LDH 氨基酸序列相似性比较,发现 LDH-A 和 LDH-B 有显著的分支差异,序列具有极高差异性,研究称 LDH-A 主要在无氧条件下发生作用(薛国雄,1992),而鱼类溶氧作用下 LDH-A 的研究还未开展,通过本实验的开展获得了卵形鲳鲹该 LDH-A 基因的全序列,为后续实验的进行奠定了基础。

LDH 是无氧代谢的标志酶,其活力大小在一定程度上反映了无氧代谢能力,当机体各组织器官病变时,其组织器官本身的 LDH 要发生变化,血液中 LDH 活力升高则预示着肝、肾脏和肌肉等组织细胞结构发生改变、受到损伤(毛瑞鑫等,2009),与之相对应的 LDH 基因的表达应为上升的。LDH 同工酶催化以 NDA+ 为辅酶的乳酸与丙酮酸的相互装换,是一种同

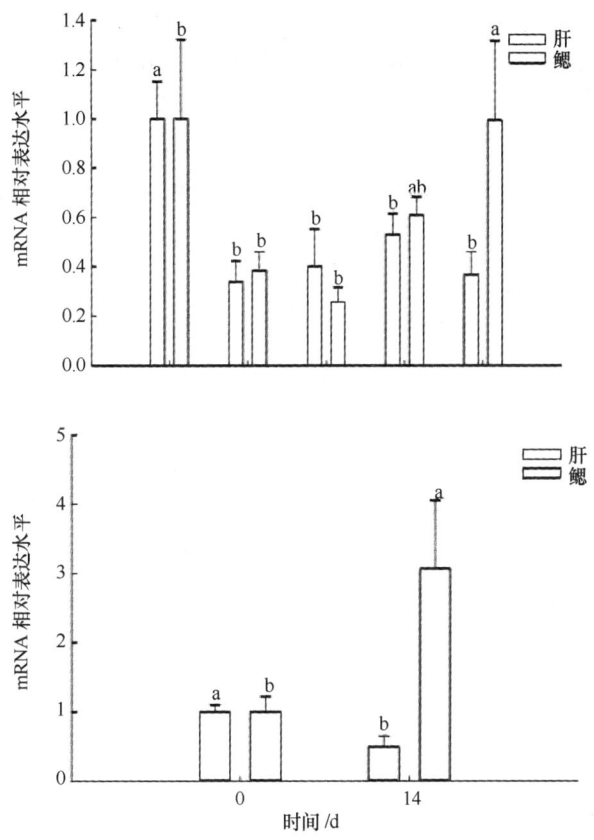

图 11 低氧胁迫下卵形鲳鲹肝和鳃组织中 MMP9 的表达变化

工异构酶,其中 LDH-A 主要在无氧条件下发挥作用(薛国雄,1992)。本实验中,卵形鲳鲹肝和鳃器官中的 LDH-A 表达量在急性和慢性低氧胁迫中均出现显著的增加,表明卵形鲳鲹的无氧代谢正在进行,急性过程中有恢复趋势,表明急性的 LDH-A 表达正在促进 LDH-A 的合成和分泌,同时肝和鳃器官必将受到无氧代谢造成的氧化损伤,且急性过程机体可以通过生理调节恢复至正常水平。慢性低氧胁迫中卵形鲳鲹的肝和鳃器官中的 LDH-A 水平显著增加,表明机体慢性受到氧化损伤,慢性的氧化损伤会导致卵形鲳鲹的个体死亡及组织变性等。

关于 LDH 同工酶的研究报道称鱼类 LDH 的 A 和 B 两种类型主要在眼睛、肌肉、心脏、脾、鳃、肝中表达(金春华等,2004),未提及肝和鳃中的表达水平变化趋势,本实验中对比卵形鲳鲹的肝和鳃器官中的 LDH-A 表达变化可发现,鳃组织中的表达水平不及肝,表明肝在无氧代谢中主要发挥作用,这与生理学的理论是一致的。

本研究中慢性低氧胁迫两种组织中的 LDH-A 的表达量在对照组和急性最高组之间,表明急性过程中进行的生理调节更加剧烈,LDH-A 的表达量高,但是慢性低氧持续的高的 LDH-A 反映出,慢性的低氧环境对卵形鲳鲹机体的生长极为不利。

（2）MMP9 主要在降解细胞壁的基底膜中发挥作用（Lenz et al,2000），MMP9 可以通过减少黏附和组织的完整性，抑制斑马鱼再生细胞的增殖和分化从而抑制受损器官的重排和重建（D'Alencon et al,2010），低氧环境下胃癌细胞中的 MMP9 表达水平是下降的，从而导致扩散速率增大，MMP 下降的变化趋势对机体是有利的（Shen et al,2013）。缺氧诱导因子与 MMP9 的表达变化具有响应机制，低氧环境会诱导缺氧诱导因子的变化，也必定会导致 MMP9 的表达变化（Mamlouk et al,2013）。该研究中，急性低氧胁迫中，卵形鲳鲹肝和鳃器官中 MMP9 表达水平均随时间持续先下降后上升，24 h 肝 MMP9 上升水平不及鳃，鳃 MMP9 表达水平恢复至对照组水平。表明低氧胁迫中 MMP9 在卵形鲳鲹鳃中的表达更迅速，鱼类鳃器官暴露在外界环境中，更易受到外界造成的细胞水平的观察，作者（2017）开展低氧胁迫对卵形鲳鲹鳃器官组织学变化影响的研究，其结果也与本文结果相辅相成。而该 MMP9 下降变化对机体也是有利的，有利于机体适应突然出现的低氧胁迫环境。

在对人类的分子生物学研究中普遍认为 MMP9 是炎症反应中的重要因子（Dai et al,2009），其中在人类乳腺癌的治疗中发现格列本脲和氯化钴的联合治疗法可降低 MMP9 的表达水平，表明高水平 MMP9 可体现机体的炎症反应。慢性低氧胁迫 14 d 后肝中 MMP9 表达水平显著下降，可能是由于鱼体在长期的低氧环境中肝受到低氧胁迫的影响，正在发生细胞水平的病理变化。

在 MMP9 调节人呼吸道上皮细胞紧密连接的完整性和细胞活力中，MMP 基因家族的表达变化在消化道呼吸上皮的重建中扮演着十分重要的角色，哮喘病的研究数据显示，呼吸道上皮炎症导致 MMP9 表达上升（Vermeer et al,2009）。脊椎动物的肺与鳃为同源器官，低氧胁迫下鱼类的 MMP9 基因表达变化与组织生理间的关系尚未见研究。慢性低氧胁迫 14 d 后鳃组织表达则显著增加，与前述结果一致，可能是由于鱼体在长期的低氧环境中鳃器官受到低氧胁迫的影响，正在发生炎症反应。

参考文献

陈世喜,王鹏飞,区又君,等,2017. 急性和慢性低氧胁迫对卵形鲳鲹鳃器官的影响[J]. 南方水产科学,13(1):124-130.

金春华,钟爱华,张海琪,等,2004. 大弹涂鱼不同组织器官的同工酶研究[J]. 海洋科学,28(3):35-40.

毛瑞鑫,刘福军,张晓峰,等. 鲤鱼乳酸脱氢酶活性的 QTL 检测[J]. 遗传,2009,31(4):407-411.

区又君,李加儿. 卵形鲳鲹的早期胚胎发育[J]. 中国水产科学,2005,12(6):120-123.

区又君,李加儿,江世贵,等. 2015. 卵形鲳鲹 花鲈 军曹鱼 黄鳍鲷 美国红鱼高效生态养殖新技术[M]. 北京:海洋出版社.

王刚,李加儿,区又君,等. 2010.卵形鲳鲹胚胎及早期仔鱼耗氧量的研究[J]. 生态科学,29(6):518-523.

王刚,李加儿,区又君,等,2011. 环境因子对卵形鲳鲹耗氧率和排氨率的影响[J]. 动物学杂志,46(6):80-87.

王刚,李加儿,区又君,等,2010. 卵形鲳鲹幼鱼耗氧率和排氨率的初步研究[J]. 动物学杂志,45(3):116-121.

王刚,李加儿,区又君,等,2011. 温度、盐度、pH 对卵形鲳鲹幼鱼离体鳃组织耗氧量的影响[J]. 南方水产科学,7(5):37-42.

薛国雄,1992. 乳酸脱氢酶(LDH)同工酶研究进展[J]. 中国生物工程杂志,12(5):29-32.

尹绍武,廖经球,黄海,等. 2007.褐点石斑鱼不同组织4种同工酶的研究[J]. 海洋通报,26(1):41-44.

Dai C X, Gao Q, Qiu S J, et al, 2009. Hypoxia-inducible factor-1 alpha, in association with inflammation, angiogenesis and MYC, is a critical prognostic factor in patients with HCC after surgery[J]. BMC Cancer, 9(1):418-428.

D'Alencon C A, Pena O A, Wittmann C, et al, 2010. A high-throughput chemically induced inflammation assay in zebrafish[J]. BMC Biol, 8(1):1-16.

Evans L C, Liu H, Pinkas G A, Thompson L P, 2012. Chronic hypoxia increases peroxynitrite, MMP9 expression, and collagen accumulation in fetal guinea pig hearts[J]. Pediatric Research, 71(1):25-31.

Firth J D, Ebert B L, Pugh C W, et al, 1994. Oxygen-regulated control elements in the phosphoglycerate kinase 1 and lactate dehydrogenase A gene: similarities with the erythropoietin 3' enhancer. [J]. Proceedings of the National Academy of Sciences, 91(14):6496-6500.

Firth J D, Ebert B L, Ratcliffe P J, 1995. Hypoxic regulation of lactate dehydrogenase A[J]. Journal of Biological Chemistry, 270(36):21 021-21 027.

Lenz O, Elliot S J, Stetler-Stevenson W G, 2000. Matrix metalloproteinases in renal development and disease[J]. Journal of the American Society of Nephrology Jasn, 11(3):574-581.

Mamlouk S, Wielockx B. 2013. Hypoxia-inducible factors as key regulators of tumor inflammation[J]. Int J Cancer, 132(12):2721-2729.

Shen Z, Kauttu T, Seppanen H, et al, 2013. Both macrophages and hypoxia play critical role in regulating invasion of gastric cancer in vitro[J]. Acta Oncol, 52(4):852-860.

Vermeer P D, Denker, J, Estin M, et al, 2009. MMP9 modulates tight junction integrity and cell viability in human airway epithelia. American Journal of Physiology: Lung Cellular and Molecular Physiology, 40(5):L751-L762.

苗种培育与健康养殖

低盐度对泥东风螺稚螺生长与存活的影响

郑雅友,苏新红,曾志南[*],刘波,李正良,李雷斌

(福建省水产研究所,福建 厦门 361013)

泥东风螺 Babylonia lutosa(Lamarck)俗称黄螺,隶属于软体动物门(Mollusca),腹足纲(Gastropoda),新腹足目(Neogastropoda),蛾螺科(Buccinidae)。在我国的东海和南海均有分布,主要栖息于潮下带泥质底海区,营底栖生活。泥东风螺是腹足纲中重要的经济种类,近年来我国南方沿海地区已开展了人工育苗、养殖和增殖放流,具有良好的市场开发前景。柯才焕等[1],郑怀平等[2]先后报道了波部东风螺(Babylonia formosae habei)在浮游期和胚胎发育期受温度和盐度等生态条件影响的研究结果,杨章武等[3]报道了低盐度对方斑东风螺(Babylonia aerolata)幼螺摄食、生长和存活的影响,刘建勇等[4]报道了几种环境因子对方斑东风螺生长与存活的影响,刘波等[5]报道了泥东风螺幼螺对盐度和酸碱度的适应性研究结果。但有关低盐度对泥东风螺稚螺生长与存活的影响至今未见报道。本文研究了低盐度对泥东风螺稚螺生长与存活的影响,提出最适宜生长与存活的盐度范围,旨在为泥东风螺的人工育苗生产提供科学理论依据。

1 材料与方法

1.1 材料

试验地点设在福建省水产技术推广总站大成良种繁育基地,试验螺取自同一口培育池培育的变态7 d的泥东风螺稚螺,平均个体体重3.7 mg,平均壳高(2.24±0.24)mm,饵料为太平洋牡蛎(Crassostrea gigas)、竹荚鱼(Trachurus japonicus)和远海梭子蟹(Portunus pelagicus)。

1.2 方法

试验前稚螺置于装有少量海水的白色塑料盘,挑选健康、活力强的稚螺,用吸管吸出作为试验用螺,试验容器为1 L的塑料桶,桶底面积0.008 m^2,试验桶加盖,桶底未铺沙,在桶盖上钻一小孔接入气管,水面上盖一细筛绢网,以防稚螺沿桶壁爬离水面干死;将试验桶置于小水泥池内水浴,以减少试验水温波动,试验水温控制在28~28.5 ℃。

试验分盐度渐变与盐度突变两种方法。① 盐度渐变方法:将所有试验组的稚螺在盐度32(海区自然海水的盐度,下同)下培养1 d,之后随机选取1组试验稚螺留在该盐度组继续培养至试验结束(即32盐度组),其余组稚螺移入盐度28条件下培养1 d,再随机留下1组

基金项目:国家海洋公益性行业科研专项(201205021-1)和国家科技基础条件平台建设运行项目经费资助.

作者简介:郑雅友,副研究员,E-mail:qiuying09@sina.com.

通信作者:曾志南,研究员,E-mail:xmzzn@sina.com.

试验稚螺在该盐度组继续培养到试验结束(即28盐度组),其余组稚螺再移入盐度24条件下培养,依次类推,直至达到试验设计的最低目标盐度15(即15盐度组),如此形成最终的15、18、21、24、28、32等6个盐度梯度试验组,经5 d逐渐过渡达到试验所需目标盐度后开始计算试验时间,每个盐度组均设置2个平行组,以32组为对照组,每组投放试验螺100粒。盐度渐变法试验时间为2012年8月9—29日共20 d。②盐度突变方法:将在盐度32的海水中培育的稚螺直接放入事先配置好的盐度梯度分别为15、18、21、24、28和32的6组海水中,每个盐度试验组均设置2个平行组,以32组为对照组,每组投放试验螺100粒。突变法试验时间为2012年8月4—29日共25 d。试验期间,每天早上和傍晚各投饵、换水一次,每次换水量100%;投喂方法为牡蛎、鱼肉或蟹肉3种饵料中每日选择一种切成小块分散投喂,投喂前先停止冲气,半小时后再充气。

1.3 数据采集与处理

日均生长率(壳高、体重)按公式 $A_2 = A_1(1+X)^n$ 计算,其中 A_1、A_2 分别为试验初始和结束时的壳高或体重,X 为日均生长率,n 为试验天数。壳高日均增长量(mm/d)=(试验结束平均壳高-试验初始平均壳高)/试验天数。体重日均增长量(mg/d)=(试验结束平均体重-试验初始平均体重)/试验天数。存活率(%)= 试验结束粒数/试验初始粒数×100;试验开始时取30粒稚螺分别测量壳高并称总重(精度0.01 g),试验开始每组试验稚螺数量逐个计数。试验过程每5 d每个试验组随机取样30粒进行壳高测定并称总重,获得每粒稚螺平均体重,前10 d个体壳高较小,在解剖镜下测量,之后用游标卡尺测量(精度0.02 mm);试验结束每组逐粒计数稚螺存活数量。试验数据取2组平均值用Excel工具对试验数据进行单因素方差分析。

2 结果

2.1 不同盐度对泥东风螺稚螺壳高、体重生长的影响

盐度渐变法经20 d、突变法经过25 d的培育,各试验组泥东风螺稚螺壳高、体重都有不同程度的增长,从表1和表2可看出,盐度32、28、24和21各组,渐变法壳高日均增长率在2.86%～4.57%,体重日均增长率在6.69%～12.80%,突变法壳高日均增率在4.14%～4.73%,体重日均增长率在12.08%～13.52%,最高壳高、体重日均增长率都出现在盐度28组,生长速度并没有因盐度的降低而加快,盐度18组生长速度明显受到影响,图1至图4分别是不同盐度条件下泥东风螺稚螺壳高和体重的生长曲线。图中明显显示,前5 d不同盐度生长差异不明显,5 d后开始出现差异,随时间延长差异越来越大,对试验结束时各组间的体重、壳长数据进行方差分析,结果表明盐度渐变法盐度28组与其他组之间有显著差异($P<0.05$),盐度突变法盐度28和32与其他组之间有显著差异($P<0.05$)。

2.2 盐度渐变对泥东风螺稚螺存活的影响

图5是盐度渐变法试验各组泥东风螺稚螺存活率柱状图,结果表明,当盐度从自然海水的32逐渐降低到28、24和21时,其稚螺的存活率在69%～76%之间,而盐度逐渐降低到18

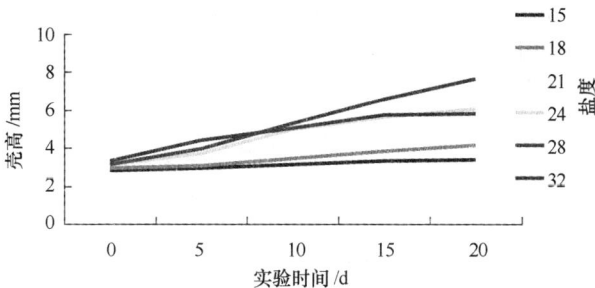

图1 盐度渐变时不同低盐度泥东风螺稚螺壳高生长

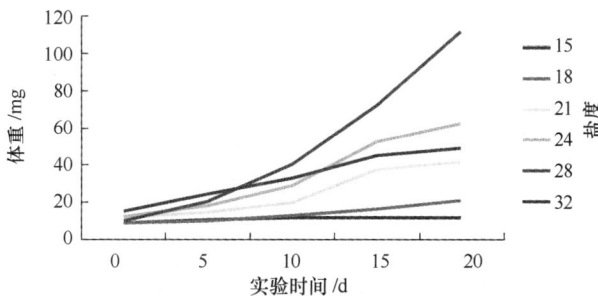

图2 盐度渐变时不同低盐度泥东风螺稚螺体重生长

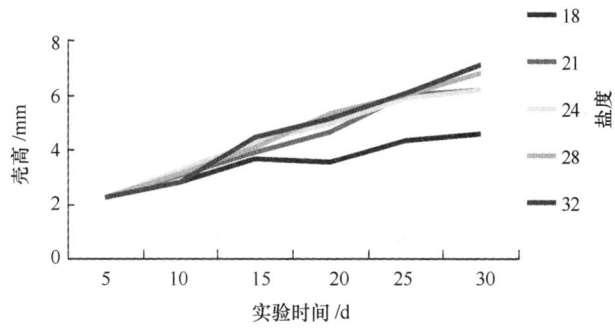

图3 盐度突变时不同低盐度泥东风螺稚螺壳高生长

和15时,存活率只有37%和33%,约为前者各组的一半。从15~24,盐度越高存活率越高,盐度高于24以上各组,盐度变化对存活率影响不明显,盐度18和15时存活率明显偏低,表明盐度低于18以下对泥东风螺稚螺生长与存活会造成严重的影响,盐度逐渐降低至15,虽然稚螺还能够存活,但壳高和体重日均增长率只有0.95%和1.36%,明显变慢。

2.3 盐度突变对泥东风螺稚螺存活的影响

图6是盐度突变法试验各组泥东风螺稚螺存活率柱状图。结果表明,当盐度从32瞬间降至28时,稚螺摄食、活力良好,而降到24时对稚螺的影响也不明显,摄食基本正常,但活力略有降低,盐度32、28和24组的存活率为68%~76%;而盐度突降至21时稚螺摄食明显受到影响,摄食减少,有少量分泌物出现,当天未见爬壁,存活率降到53%;当盐度突降到18

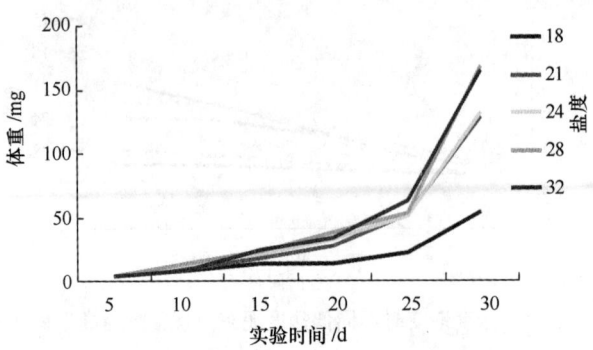

图 4 盐度突变时不同低盐度泥东风螺稚螺体重生长

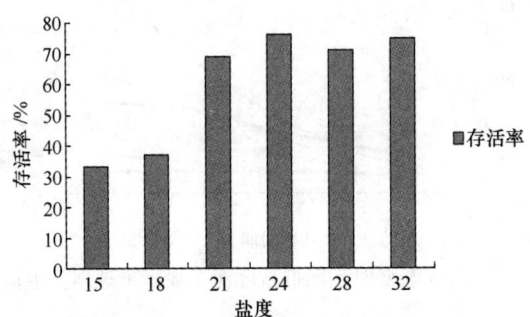

图 5 盐度渐变时不同低盐度泥东风螺稚螺存活率

时,稚螺摄食与生长受到严重的影响,当天不见摄食,不爬壁,有分泌物,但尚能存活,存活率为43%;当盐度突降到15时稚螺无摄食,试验2 h后观察,较多个体的厣张开,仰卧于水底不活动,1 d内死亡率已达91%,死亡个体分泌了大量黏液,黏结成一个团块状。

表1 不同盐度对泥东风螺稚螺生长和存活影响(渐变组)

试验时段	项目	盐度					
		15 ($n=30$)	18 ($n=30$)	21 ($n=30$)	24 ($n=30$)	28 ($n=30$)	32 ($n=30$)
试验初始	平均壳高/mm	2.8±0.54	2.95±0.30	3.09±0.44	3.09±0.26	3.14±0.58	3.34±0.35
	平均体重/mg	8.7	8.7	11.3	12.0	10.0	15.3
试验结束	平均壳高/mm	3.38±1.85	4.12±1.83	5.43±0.96	6.06±0.93	7.67±1.13	5.82±0.86
	平均体重/mg	11.4	20.6	41.3	62.0	111.2	48.7
壳高日均增长量/(mm·d^{-1})		0.01	0.08	0.12	0.15	0.23	0.12
体重日均增长量/(mg·d^{-1})		0.14	0.47	1.50	2.50	5.06	1.67
壳高日均增长率/%		0.95	1.68	2.86	3.43	4.57	2.83
体重日均增长率/%		1.36	4.40	6.69	8.56	12.80	5.96
存活率/%		33	37	69	76	71	75

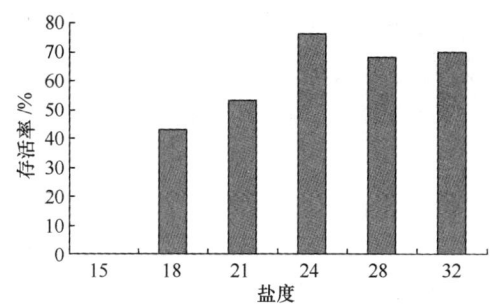

图 6 盐度突变时不同低盐度泥东风螺稚螺存活率

表 2 不同盐度对泥东风螺稚螺生长和存活影响(突变组)

试验时段	项目	盐度					
		15 (n=30)	18 (n=30)	21 (n=30)	24 (n=30)	28 (n=30)	32 (n=30)
试验初始	平均壳高/mm	2.24±0.24	2.24±0.24	2.24±0.24	2.24±0.24	2.24±0.24	2.24±0.24
	平均体重/mg	3.7	3.7	3.7	3.7	3.7	3.7
试验结束	平均壳高/mm	—	4.56±1.85	6.18±0.93	6.15±0.95	7.1±1.86	6.77±1.10
	平均体重/mg	—	26.7	64.0	65.3	88.0	82.0
壳高日均增长量/(mm·d^{-1})		—	0.09	0.16	0.16	0.19	0.18
体重日均增长量/(mg·d^{-1})		—	0.92	2.41	2.46	3.37	3.13
壳高日均增长率/%		—	2.88	4.14	4.12	4.73	4.72
体重日均增长率/%		—	8.23	12.08	12.17	13.52	13.19
存活率/%		0	43	53	76	68	70

3 讨论

(1)温度和盐度是两个对海洋生物生长与存活具有重大影响的环境因子。但当温度或盐度处于适宜范围时,二者相互影响就不明显。本试验的低盐度试验结果是在水温控制在28~28.5℃的条件下,试验泥东风螺稚螺的低盐度耐受范围。对泥东风螺来说,福建地区近岸水域一般不存在盐度过高的情况,泥东风螺人工育苗一般在6—10月间,为台风多发季节,有可能因台风带来的暴雨而导致育苗用水海区盐度突然下降,所以从苗种生产的实际需要出发,讨论低盐度对泥东风螺稚螺的影响比较有实际意义。从本试验的结果看,变态7 d的泥东风螺稚螺能够适应高于21的低盐环境,盐度渐变法存活率达69%以上,盐度突变法存活率达53%以上。盐度从15~24,盐度越高存活率越高,盐度大于24以后,盐度变化对存活率影响不明显,盐度18和15存活率明显偏低,表明盐度低于18以下对泥东风螺稚螺生长与存活造成严重的影响。因此认为泥东风螺稚螺能够正常生长的适宜盐度应在21以上,盐度突变至18时,泥东风螺稚螺仍能存活,但摄食、生长受到较严重影响,突变至15则不能存活。而盐度渐变至15时,稚螺仍可存活,但摄食、生长受到严重影响,盐度逐渐降低可扩大泥东风螺稚螺的存活盐度范围,但其对最适生长盐度范围影响有限。泥东风螺与方斑东风螺是不同种类,但这一结果与杨章武等[3]的方斑东风螺幼螺的适宜盐度范围研究结果接近。

(2) 盐度对方斑东风螺胚胎发育、幼虫、稚螺和幼螺生长与存活的影响已见诸多报道。胚胎发育、幼虫生长存活方面的研究结果:吴进峰等[6]报道适宜盐度为28~38,最适盐度为30~38;罗杰等[7]报道卵囊孵化适宜盐度范围为30.3~37.0;刘建勇等[8]报道最低和最高临界盐度分别为14和32,最适盐度范围为20~28。方斑东风螺稚、幼螺方面的研究结果:张伟等[9]报道适宜生存盐度为19.18~41.39,最适生存盐度为26.0~34.4;适宜生长盐度为19.28~39.96,最适生长盐度为26.0~31.6。刘建勇等[4](壳高16 mm以上)报道适宜盐度为14~35,最高和最低临界盐度分别为38和11,适宜盐度为14~35,最适盐度为17~29,而杨章武等[3]报道适宜盐度应在21以上,而15则是方斑东风螺适应(存活)盐度的下限,上述几项报道试验结果存在差异,有的差异还较大,这种差异是否与不同地理亲体群系有关。但盐度对泥东风螺的影响试验报道很少,刘波等[5]研究结果认为最适宜泥东风螺幼螺(10.5 mm)生长的盐度范围在26~31,盐度渐变至16仍有存活,平均摄饵率还有67.5%,但比盐度31最高平均摄饵率86.7%已明显低很多;本实验生长最好试验组盐度是28,与盐度24和32两组存活率相差不大,但壳高、体重生长速度差异显著($P<0.05$),两个试验的结果相近,相互印证了泥东风螺从幼虫变态成稚螺后最适生长盐度范围,本试验的稚螺与刘波试验的幼螺的亲体来自同一地理群系,也在同一时间同一地点进行,不存在不同地理亲体群系的差异,对试验结果进行比较分析,认为泥东风螺随着稚螺、幼螺的生长,其对低盐环境的最适范围变化不大。

(3) 盐度对泥东风螺的人工育苗与养成至关重要,它的变动对各个发育生长阶段生理代谢具有明显的影响。本试验中当盐度过低时泥东风螺稚螺出现摄食量减少,腹足部缩入壳体,分泌物增多,未见爬壁等不适现象,生长速度、活力及活动范围明显下降。师尚丽等[10]研究结果表明,海水盐度越低氨氮毒性越强。在苗种培育与养殖水体中,投喂的冰鲜鱼、虾蟹肉等残饵,以及死亡的东风螺均可以分解产生氨氮,东风螺排泄的可溶性无机氮以NH_3-N为主,在水流交换不畅的情况下易常造成氨的聚积,氨排泄量随着盐度的增加(15~30)而降低,在低盐度条件下更利于氨的聚集,故东风螺不适于在较低盐度下生活,刘建勇等[11]的研究结果也表明,方斑东风螺在盐度28时的代谢活动较强,这一盐度水平与其自然生活条件类似,因此从有关文献和本试验结果分析,盐度过低不适宜泥东风螺的人工育苗和养殖生产,对泥东风螺而言,其稚、幼螺乃至养殖阶段的盐度应控制在26~31较为适宜。

参考文献

[1] 柯才焕,郑怀平,周时强,等.温度对波部东风螺幼虫存活、生长及变态的影响[C]//中国贝类学会.贝类论文集(第Ⅸ辑).北京:海洋出版社,2001:70-76.

[2] 郑怀平,柯方烧,周时强,等.盐度对波部东风螺幼虫存活、生长及变态的影响[J].台湾海峡,2001,

- [3] 杨章武,郑雅友,李正良,等.低盐度对方斑东风螺摄食与生长的影响[J].台湾海峡,2006,25(1):36-40.
- [4] 刘建勇,罗俊标.几种环境因子对方斑东风螺稚螺生长与存活的影响[J].海洋科学,2008,32(7):15-19.
- [5] 刘波,曾志南,郑雅友,等.泥东风螺(Babylonia lutosa)幼螺对不同饵料、盐度和酸碱度的适应性研究[J].福建水产,2014,36(5):376-380.
- [6] 吴进锋,陈素文,陈利雄,等.温度与盐度对方斑东风螺胚胎发育及幼虫生长的影响[J].中国水产科学,2005,12(5):652-656.
- [7] 罗杰,杜涛,刘楚吾.酸碱度、盐度对方斑东风螺卵囊孵化率和不同饵料对幼虫生长发育、存活的影响[J].海洋科学,2004,28(6):5-9.
- [8] 刘建勇,卓健辉.温度和盐度对方斑东风螺胚胎发育的影响[J].湛江海洋大学学报,2005,25(1):1-4.
- [9] 张伟,刘志刚,章启忠.方斑东风螺对盐度适应性的研究[J].南方水产,2008,4(3):20-26.
- [10] 师尚丽,冯奕成,郑莲,等.不同pH和盐度下氨氮对方斑东风螺的毒性研究[J].湛江海洋大学学报,2005,25(6):36-40.
- [11] 刘建勇,绍杰,卓健辉.盐度对方斑东风螺耗氧率和排氨率的影响[J].热带海洋学报,2005,24(4):35-40.

pH和N/P比对微小原甲藻和青岛大扁藻生长竞争的影响

葛红星[2],陈钊[1],李健[2,3],冯艳艳[2],刘思涛[4],赵法箴[2]

(1.中国海洋大学 水产学院,山东 青岛 266003;2.中国水产科学研究院 黄海水产研究所,农业部海洋渔业可持续发展重点实验室,山东 青岛 266071;3.青岛海洋科学与技术国家实验室,海洋渔业科学与食物产出过程功能实验室,山东 青岛 266071;4.潍坊新大地水产养殖有限公司,山东 潍坊 3261108)

浮游微藻是虾池生态系统的生产者,但是,张瑜斌等[1]研究表明,浮游微藻的优势藻种在养殖过程中不断演替。研究者们普遍认为,对虾养殖前期主要微藻是某些能较好适应低营养盐的硅藻和绿藻,随着养殖的进行,残饵和排泄物不断积累与分解使水体富营养化程度不断提高,喜肥耐污的蓝藻、甲藻开始大量繁殖并成为优势种,最终引起水华或赤潮[2-3]。李

基金项目:国家虾产业技术体系-北方养殖岗位(CARS-47);山东省泰山产业领军人才工程项目"海水养殖虾蟹良种培育和健康养殖"(LNJY2015002);青岛海洋科学与技术国家实验室鳌山科技创新计划项目(2015ASKJ02)

作者简介:葛红星(1986—),男,博士研究生,主要从事对虾健康养殖。E-mail:hongxinggeliu@163.com,Tel:13656421595

通信作者:李健,男,研究员,主要从事海水健康养殖。Tel:0532-85830183 E-mail:lijian@ysfri.ac.cn

雪松等[4]研究表明,某些赤潮性的甲藻能分泌毒素,严重威胁对虾的健康养殖。浮游微藻群落的演替通常被认为与氮、磷浓度,温度,pH值等水质因子的变化有关[5-6]。陈家长等[7]研究了pH值对鱼腥藻和普通小球藻两种微藻间生长竞争的影响,表明pH值对竞争结果有重要影响;WANG等[8]研究了氮、磷比对鱼腥藻和普通小球藻两种微藻间生长竞争的影响,发现氮、磷比对竞争结果也有重要影响。目前关于影响对虾养殖水体中微藻演替因子的研究较多[1-3],但是关于微藻演替的调控鲜有报道。

周名江等[9]研究表明,微小原甲藻是引起赤潮的常见藻种之一。梁伟峰等[2]研究发现,微小原甲藻也是对虾养殖中后期水体中常见的浮游微藻。Shimizu等[10]认为,微小原甲藻可能释放一些毒性物质,不仅毒害水产动物,甚至对人类健康也有潜在危害。青岛大扁藻是对虾养殖水体中常见微藻,也是对虾育苗、贝类养殖中常用的优良饵料,青岛大扁藻对水体中的氨氮等养殖废物有一定的去除作用,而且,郝雯瑾等[11]研究发现,青岛大扁藻能够通过释放克生物质而抑制其他种类微藻。尽管目前有关微小原甲藻和青岛大扁藻的研究较多[11-12],但这些研究多是探讨环境因素对单一藻种生长特性的影响,而有关青岛大扁藻和微小原甲藻间生长竞争的报道较少。因此,本研究选用对虾养殖水体中常见的青岛大扁藻和微小原甲藻为实验对象,探讨不同pH值及氮磷比条件下,青岛大扁藻和微小原甲藻的生长竞争,探讨微藻藻相演替的相关调控因子,为对虾养殖优良藻相的构建提供理论依据。

1 材料与方法

1.1 藻种和培养

实验用微小原甲藻和青岛大扁藻由黄海水产研究所育种室提供。藻种培养基采用f2培养基。单种培养过程中,以上两种微藻藻细胞生长稳定后均能有效监测[14]。微藻于500 mL锥形瓶中培养,锥形瓶均经清水冲洗干净后,120℃高温灭菌,烘干备用。

实验开始前,两种微藻分别在相应的实验条件下适应5个世代。实验时,将达到接种浓度的青岛大扁藻、微小原甲藻常温下4 000 r/min离心10 min后,弃上清液,分别接种到一定体积(300 mL)的f2培养基稀释到实验所需浓度。微藻培养在光照培养箱(武汉,瑞华)中进行,CO_2浓度为$700×10^{-6}$,光强为3 000 lx,光暗周期12 h∶12 h,温度$(20±1)$℃。光照期间,每隔3 h摇动锥形瓶1次并随机更换锥形瓶的位置。实验均为一次性培养(中间不更换培养液),直到微藻均达到最大生物量。实验过程的所有操作均是无菌条件下进行。

1.2 实验方法

1.2.1 不同pH值条件对两种微藻生长竞争的影响

根据对虾养殖水体中常见pH值,实验设置4个pH值梯度(pH值7.5,8.0,8.5和9.0)。每个pH值均设置3个实验组,分别为青岛大扁藻单种培养组,微小原甲藻单种培养组和青岛大扁藻和微小原甲藻混合培养组,其中,单种培养体系中只接种青岛大扁藻或者微小原甲藻,混合培养体系中按照1∶1的比例同时接种青岛大扁藻和微小原甲藻。各实验组均3个平行。实验期间,pH由0.1 mol/L的HCl和0.1 mol/L的NaOH对pH进行调节。

同时,每24 h对pH值监测并调节。分别以24 h内pH值变化的平均值作为实际梯度。实测pH值分别为7.42,8.02,8.56和9.11。

1.2.2　不同N/P条件对两种微藻生长竞争的影响

获得最佳pH条件后,参照f2培养基中氮、磷浓度,在该pH条件下,设置3个不同N/P浓度梯度,以f2培养基中N/P浓度为对照组(表1),每个N/P比浓度均设置3个实验组,分别为青岛大扁藻单种培养组,微小原甲藻单种培养组和青岛大扁藻和微小原甲藻混合培养组,接种量同1.2.1,各实验组均3个平行。N/P比浓度分别通过添加的$NaNO_3$和NaH_2PO_4调节,pH调节同上。

表1　N、P初始添加浓度值

组别 Group	总氮含量 TN/(mol·L^{-1})	总磷含量 TP/(mol·L^{-1})	氮磷比/(N/P)
高富磷组	8.83×10^{-4}	5.81×10^{-4}	3∶2
富磷组	8.83×10^{-4}	1.45×10^{-4}	6∶1
对照组	8.83×10^{-4}	3.63×10^{-5}	24∶1
富氮组	2.65×10^{-3}	3.63×10^{-5}	96∶1

1.3　细胞计数

自接种当日起,每天08:00充分摇匀后,分别取样并统计微藻数量[6]。微藻生物量均出现负增长时实验结束,微藻出现负增长前1 d的生物量即为该种微藻的最大现存量。

1.4　数据处理

1.4.1　比生长速率

根据微藻生物量计算比生长数量[6]:$\ln[N_n/N_{n-1}] = \mu_n \times (t_n - t_{n-1})$ $(n=1,2,3\cdots)$

式中:μ_n为第n天的比生长速率;N_n为第n天的细胞密度(cells·L^{-1});N_{n-1}为第$n-1$天的细胞密度(cells/L);t_n为对应于N_n的培养天数;t_{n-1}为对应于N_{n-1}的培养天数。同时,将藻类从试验开始至生物量达最大现存量这一时间段内的比生长速率的平均值定义为藻类的平均比生长速率(μ),用于比较藻类生长速率的大小。

1.4.2　生长曲线拟合

单种培养下微藻的生长以逻辑斯蒂方程$N = K/(1+e^{a-r*t})$拟合,其中N为微藻生物量,K为最大生物量,r为内禀增长率。

应用逻辑斯蒂方程的对数形式$\ln[(K-N)/N] = a - r \times t$,以最小二乘法进行回归分析,获得该方程的斜率和截距作为a和r的估计值。

1.4.3　竞争抑制参数的计算

利用Lotka-Volterra竞争模型的差分形式(式1和式2)计算竞争抑制参数[2]:

$$(N_s - N_{s-1})/(t_n - t_{n-1}) = r_s \times N_{s-1}(K_s - N_{s-1} - \alpha \times N_{m-1})/K_s \quad (1)$$

$$(N_m - N_{m-1})/(t_n - t_{n-1}) = r_m \times N_{m-1}(K_m - N_{m-1} - \beta \times N_{s-1})/K_m \quad (2)$$

式中：N_s 和 N_m 分别为混合培养中的微小原甲藻和青岛大扁藻在时间 t_n 时的数量（$\times 10^4$ cells/mL）；N_{s-1} 和 N_{m-1} 分别为混合培养中微小原甲藻和青岛大扁藻在时间 t_{n-1} 时的数量（$\times 10^4$ cells/mL），r_s 和 r_m 分别为微小原甲藻和青岛大扁藻的增长率（由单种培养经回归计算获得）；K_s 和 K_m 分别为微小原甲藻和青岛大扁藻的最大环境容纳量（由单种培养获得）；α 和 β 分别为混合培养中青岛大扁藻对微小原甲藻和微小原甲藻对青岛大扁藻竞争抑制参数。

应用式(1)和式(2)分别计算混合培养藻类的增长曲线在拐点至达到最大环境容纳量期间每一单位时间的所有竞争抑制参数，其平均值作为这种藻类对另一种藻类的竞争抑制参数估计值[15]。

抑制起始点为微藻生长曲线的拐点，即逻辑斯蒂方程二阶导数等于 0 的时间 t_n 值，这时 $N=K/2$，$t_n=\alpha/r$，t_n 对 α/r 取整数[16-17]。

1.5 统计分析

采用单因素方差分析法处理数据，并用 t 检验方法对回归方程进行回归显著性检验。

2 结果与分析

2.1 pH 值对微小原甲藻和青岛大扁藻生长竞争的影响

单种培养体系中，微小原甲藻和青岛大扁藻的生长曲线在不同 pH 值条件下符合"S"型，故均可用 Logistic 模型拟合，进而得到微小原甲藻、青岛大扁藻各生长曲线的拐点出现时间（表2）。单种培养体系中，微小原甲藻在 pH 值7.5、8.0 和9.0 条件下拐点出现的时间均晚于青岛大扁藻；混合培养体系中，微小原甲藻在 pH 值7.5、8.0、8.0 和9.0 各种 pH 条件下拐点出现的时间均早于青岛大扁藻。混合培养体系中，青岛大扁藻在 pH 值8.5 和9.0 时，出现拐点时间最晚，均为 7 d；而微小原甲藻在 pH 值8.5 和9.0 时出现拐点时间最早，均为 3 d。

如表3所示，α 和 β 在 pH 值7.5 条件下分别为：1.247 7 和2.500 2；pH 值8.0 条件下为：4.806 5 和2.551 9；pH 值8.5 条件下分别为：5.744 7 和0.949 4；pH 值9.0 条件下为：5.047 7 和1.382 9。α 在 pH 值8.5 条件下最大，而 β 在 pH 值7.5 条件下最大。考虑到 pH 值8.5 时，共培养体系中，青岛大扁藻出现拐点时间最晚、微小原甲藻出现拐点时间最早以及青岛大扁藻对微小原甲藻的竞争抑制参数最大，同时考虑到弱碱性水体有利于对虾生长和抗病力的提高，故不同 N/P 条件对微小原甲藻和青岛大扁藻生长竞争影响实验中，青岛大扁藻抑制微小原甲藻的最佳 pH 值为8.5。

表2 不同pH值下青岛大扁藻和微小原甲藻逻辑斯谛方程模型拟合参数和增长曲线出现拐点的时间

培养模式	pH值	藻种	最大生物量/$(10^6 cells \cdot mL^{-1})$ K	常数 a	内禀增长率 r	拟合度 R^2	拐点时间 /d
单种培养	7.5	微小原甲藻 Prorocentrum minimum	4.66	2.798	0.406	0.968	6.89(7)
		青岛大扁藻 Tetraselmis helgolandica	6.27	2.811	0.499	0.961	5.61(6)
	8.0	微小原甲藻 Prorocentrum minimum	10.45	3.363	0.544	0.936	6.18(6)
		青岛大扁藻 Tetraselmis helgolandica	8.16	3.289	0.548	0.942	6.00(6)
	8.5	微小原甲藻 Prorocentrum minimum	11.00	4.105	0.802	0.989	5.12(5)
		青岛大扁藻 Tetraselmis helgolandica	6.24	3.334	0.538	0.989	6.20(6)
	9.0	微小原甲藻 Prorocentrum minimum	9.87	3.918	0.560	0.997	7.00(7)
		青岛大扁藻 Tetraselmis helgolandica	6.38	2.938	0.460	0.953	6.39(6)
混合培养	7.5	微小原甲藻 Prorocentrum minimum	1.35	1.625	0.436	0.848	3.73(4)
		青岛大扁藻 Tetraselmis helgolandica	2.88	2.574	0.595	0.970	4.33(4)
	8.0	微小原甲藻 Prorocentrum minimum	1.45	1.577	0.484	0.950	3.26(3)
		青岛大扁藻 Tetraselmis helgolandica	5.23	3.081	0.533	0.978	5.78(6)
	8.5	微小原甲藻 Prorocentrum minimum	1.59	1.858	0.597	0.969	3.11(3)
		青岛大扁藻 Tetraselmis helgolandica	5.98	3.233	0.462	0.979	7.00(7)
	9.0	微小原甲藻 Prorocentrum minimum	1.38	1.743	0.666	0.921	2.62(3)
		青岛大扁藻 Tetraselmis helgolandica	5.13	3.068	0.463	0.962	6.63(7)

表3　不同pH值下微小原甲藻和青岛大扁藻的竞争抑制参数

培养时间/d	pH=7.5		pH=8.0		pH=8.5		pH=9.0	
	α	β	α	β	α	β	α	β
3			7.2915		7.4870		5.6936	
4	2.2794	5.5734	5.1821		5.4527		4.4017	
5	2.1688	-0.5729	4.7184		7.2132			
6	0.9996		2.0341	3.9613	2.8258			
7	1.4367			1.8822		1.6515		1.8209
8	0.9341			3.1348		1.4528		1.7704
9	0.8208			2.6971		1.2272		1.1360
10	0.7068			1.0842		0.3373		0.8043
11	0.6356					0.0784		
平均	1.2477	2.5002	4.8065	2.5519	5.7447	0.9494	5.0477	1.3829

2.2　氮、磷比对青岛大扁藻和微小原甲藻生长竞争的影响

由表4可知,无论是单种培养还是混合培养,氮、磷比均影响2种微藻的比生长速率。随着氮、磷比的增大,单种培养体系中,微小原甲藻的平均比生长速率呈现由大到小降低的趋势:富磷组、高富磷组、对照组、富氮组;青岛大扁藻的平均比生长速率由大到小依次为:富磷组、高富磷组、富氮组、对照组。混合培养体系中,微小原甲藻呈现先升高后降低的趋势由大到小依次:对照组、富磷组、高富磷组、富氮组;青岛大扁藻的平均比生长速率由大到小依次为:高富磷组、对照组、富磷组、富氮组。

表4　不同N/P下微小原甲藻和青岛大扁藻的平均比生长速率

藻种	氮、磷比	比生长速率 mean μ	
		单种培养	混合培养
微小原甲藻 *Prorocentrum minimum*	3∶2	0.414 215	0.245 987
	6∶1	0.417 255	0.395 603
	24∶1	0.365 658	0.405 359
	96∶1	0.333 853	0.336 662
青岛大扁藻 *Tetraselmis helgolandica*	3∶2	0.362 018	0.361 239
	6∶1	0.498 091	0.308 089
	24∶1	0.299 351	0.316 187
	96∶1	0.331 061	0.253 131

由表5可知,无论是单培养体系中还是混合培养体系中,微小原甲藻和青岛大扁藻拐点出现时间在对照组均最晚。单种培养体系中,微小原甲藻拐点出现的时间在高富磷组,对照组和富氮组中均晚于青岛大扁藻;混合培养体系中,对照组中微小原甲藻和青岛大扁藻拐点

出现时间分别为 4 d 和 3 d,而其他处理组 2 种微藻拐点出现的时间分别相同。各处理组中,2 种微藻在混合培养体系中拐点出现的时间均早于单种培养。

表5 不同 N/P 下青岛大扁藻和微小原甲藻的逻辑斯谛方程模型拟合参数和增长曲线出现拐点的时间

培养模式	氮、磷比	藻种	最大生物量/ (10^6 cells·mL^{-1})	常数 a	内禀增长率 r	拟合度 R^2	拐点时间 /d
单种培养	3:2	微小原甲藻 *Prorocentrum minimum*	2.38	3.593	0.946	0.895	3.80(4)
	6:1	青岛大扁藻 *Tetraselmis helgolandica*	1.83	2.949	0.958	0.917	3.07(3)
	24:1	微小原甲藻 *Prorocentrum minimum*	5.57	3.616	0.983	0.966	3.67(4)
	96:1	青岛大扁藻 *Tetraselmis helgolandica*	3.62	3.630	0.954	0.909	3.80(4)
		微小原甲藻 *Prorocentrum minimum*	11.85	4.361	0.991	0.981	4.40(5)
		青岛大扁藻 *Tetraselmis helgolandica*	6.34	3.594	0.986	0.973	3.65(4)
		微小原甲藻 *Prorocentrum minimum*	10.22	4.446	0.985	0.970	4.51(5)
		青岛大扁藻 *Tetraselmis helgolandica*	2.19	2.509	0.986	0.971	2.54(3)
混合培养	3:2	微小原甲藻 *Prorocentrum minimum*	0.80	1.591	0.928	0.860	1.71(2)
	6:1	青岛大扁藻 *Tetraselmis helgolandica*	1.27	2.183	0.978	0.957	2.23(2)
	24:1	微小原甲藻 *Prorocentrum minimum*	1.46	2.629	0.946	0.895	2.78(3)
	96:1	青岛大扁藻 *Tetraselmis helgolandica*	1.40	2.738	0.976	0.952	2.81(3)
		微小原甲藻 *Prorocentrum minimum*	3.42	3.479	0.958	0.918	3.63(4)
		青岛大扁藻 *Tetraselmis helgolandica*	2.00	2.416	0.986	0.972	2.55(3)
		微小原甲藻 *Prorocentrum minimum*	1.62	1.882	0.991	0.981	1.90(2)
		青岛大扁藻 *Tetraselmis helgolandica*	1.37	1.779	0.994	0.988	1.79(2)

如表 6 所示,氮、磷比影响混合培养中 2 种微藻的竞争抑制参数。随着氮、磷比的增大,α 和 β 均呈现增大的趋势。其中,高富磷组 α 和 β 分别为:0.7329 和 0.4842;富磷组 α 和 β

分别为:1.848 1 和 1.109 4;对照组 α 和 β 分别为:3.387 4 和 3.266 5;富氮组 α 和 β 分别为:9.206 3 和 3.488 6。

表6 不同 N/P 下微小原甲藻和青岛大扁藻的竞争抑制参数

培养时间/d	氮、磷比							
	3∶2		6∶1		24∶1		96∶1	
	α	β	α	β	α	β	α	β
2	-1.518 0	0.690 2				-0.888 5	10.252 8	5.618 4
3	2.454 2	0.331 1	1.115 7	0.285 1		8.501 5	14.667 1	4.950 6
4	1.262 5	0.431 3	2.580 5	1.646 9	5.731 0	4.463 2	12.003 4	2.816 4
5			1.396 3	0.078 7	3.169 5		-0.098 1	3.150 2
6					4.352 3	1.086 9		0.907 2
平均	0.732 9	0.484 2	1.848 1	1.109 4	3.387 4	3.266 5	9.206 3	3.488 6

3 讨论

3.1 pH 值对青岛大扁藻和微小原甲藻生长竞争的影响

陈家长等[7]研究表明,pH 值是影响微藻生长的重要因素。本实验中,无论是单种培养体系还是混合培养体系中,微小原甲藻和青岛大扁藻在不同 pH 值条件下出现的拐点时间不同,表明 pH 值影响微藻生长。邓光等[18]研究也表明,微藻对中性或者偏碱性环境较为适宜,而 pH<6.0 或者 pH>9.0,微藻的生长就会受到抑制。单种培养体系中,微小原甲藻在 pH 值 7.5、8.0 和 9.0 时拐点出现的时间均晚于青岛大扁藻;混合培养中,微小原甲藻拐点出现的时间均早于青岛大扁藻,表明混合培养体系中,微小原甲藻从自由的快速增长阶段转入互相抑制的生长阶段的时间早于青岛大扁藻。pH 7.5 条件下,微小原甲藻和青岛大扁藻几乎同时对对方产生抑制,而 pH 值 8.0、8.5 和 9.0 条件下,微小原甲藻受到抑制较青岛大扁藻分别早于 3 d、4 d 和 4 d,表明青岛大扁藻对微小原甲藻的抑制随着 pH 值的升高而增大。

郑忠明等[16]研究发现,混合培养体系中微藻的抑制参数(α 和 β)可反映不同微藻种类的抑制作用。本实验结果显示,pH 值 7.5 条件下拐点之后 α 小于 β;pH 值 8.0、8.5 和 9.0 条件下拐点之后 α 大于 β,这可能是因为不同微藻具有不同的最佳生长 pH 范围。有研究表明,旋链角毛藻的最适 pH 为 8.3[19],颤藻的最适 pH 范围为 7.3~8.6[20],这与戴芳芳等[21]关于东海原甲藻的最适 pH 为 7.5 的结果也是一致的。混合培养体系中,pH 值 8.0~9.0 时,α>β,表明碱性环境中青岛大扁藻的竞争优势强于微小原甲藻。

3.2 氮、磷比对青岛大扁藻和微小原甲藻生长竞争影响

研究者们普遍认为,氮、磷是影响水体中微藻生长的主要因子[6,8,22]。孙耀等[23]研究结果表明,水体中无机氮、磷二者之一低于其生长所需最低值,就可能影响浮游微藻的正常生

长。本实验氮磷的最低值分别为 8.83×10^{-4} mol/L 和 3.63×10^{-5} mol/L,均高于微藻生长所需最低值,故两种微藻在各处理组均表现出一定的生长性。本实验中,无论是单培养体系还是混合培养体系条件下,随着氮、磷比的增大,微小原甲藻的平均比生长速率呈现降低的趋势,微小原甲藻的生长受到抑制,表明高氮处理下,影响微小原甲藻生长繁殖最直接因素可能是磷的缺乏。这与 Khozin-Goldberg 和 Cohen 关于缺乏磷影响藻类细胞的生长以及胞内物质积累的结论也是一致的[24]。无论是单培养体系还是混合培养体系,微小原甲藻和青岛大扁藻拐点出现时间在对照组均最晚,表明对照组氮、磷比可能是 2 种微藻所需较适合的氮、磷比或氮、磷浓度。各处理组中,2 种微藻在混合培养体系中拐点出现的时间均早于单种培养,表明混合培养体系中 2 种微藻彼此抑制。

本实验中,混合培养条件下,青岛大扁藻对微小原甲藻的抑制参数(α)的平均值在高富磷组、富磷组、对照组和富氮组分别为:0.732 9、1.848 1、3.387 4 和 9.206 3,而微小原甲藻对青岛大扁藻的抑制参数(β)的平均值在高富磷组、富磷组、对照组和富氮组分别为:0.484 2、1.109 4、3.266 5 和 3.488 6,在所有营养条件下,α 均大于对应的 β。陈德辉等[15]研究得到微囊藻对栅藻的抑制能力是栅藻对微囊藻抑制能力的 7 倍的结论,明显高于本实验室中青岛大扁藻对微小原甲藻的抑制能力。这可能是因为,微小原甲藻作为一种赤潮种对营养盐的吸收能力也较强,故生长速度也较快。万蕾等[25]也研究发现,在大多数不同 N/P 营养条件下,铜绿微囊藻和四尾栅藻表现出相互竞争、相互抑制的作用。本实验中,混合培养体系条件下,青岛大扁藻可以抑制微小原甲藻。这可能是因为相对于微小原甲藻,青岛大扁藻可以自由游动,能避免局部营养不足及其种内竞争,获得足够生长所需要的营养盐和光照等,所以在竞争中占优势。这与 Pang 等[26],王珂等[27]的结论也是一致的。另外,郝雯瑾[11]研究表明,青岛大扁藻能分泌克生物质而直接抑制其他种类微藻,故本实验中,青岛大扁藻在混合培养体系中更能表现出竞争优势性。另外,有研究表明甲藻最适 pH 值为 7.5[21],而本实验中 pH 值为 8.5,低于甲藻生长所需最适 pH,非最适 pH 值可能抑制了甲藻的生长。随着营养盐中氮、磷比的降低,青岛大扁藻和微小原甲藻对对方的抑制参数均增大,这与 Tilman 和 Sterner[28]关于绿藻对磷的要求比氮高的结论也是不矛盾的。

4 结论

pH 为 8.5 时,混合培养体系中,青岛大扁藻出现拐点时间最晚(7 d)、微小原甲藻出现拐点时间最早(3 d)以及青岛大扁藻对微小原甲藻的竞争抑制参数最大(5.7447),表明青岛对微小原甲藻抑制能力最佳的 pH 为 8.5。pH 为 8.5 条件下,氮、磷比对 2 种微藻的平均比生长速率均有影响。各处理组中,2 种微藻在混合培养体系中拐点出现的时间均早于单种培养。96∶1(富氮组)α 和 β 分别为:9.206 3 和 3.488 6。以上研究表明,对虾养殖水体中,青岛大扁藻抑制微小原甲藻的最佳条件是:pH 为 8.5,氮/磷比为 96∶1。

参考文献

[1] 张瑜斌,龚玉艳,陈长平,等. 高位虾池养殖过程浮游植物群落的演替[J]. 生态学杂志,2009,28

(12):2532-2540.
[2] 梁伟峰,李卓佳,陈素文,等. 对虾养殖池塘微藻群落结构的调查与分析[J]. 南方水产,2007,3(5):33-37.
[3] 李卓佳,张汉华,郭志勋,等. 虾池浮游微藻的种类组成、数量和多样性变动[J]. 湛江海洋大学学报,2005,25(3):29-34.
[4] 李雪松,梁君容,陈长平,等. 泉州湾虾池浮游植物种类多样性研究[J]. 厦门大学报(自然科学版),2006,S1:234-239.
[5] 王菁,陈家长,孟顺龙. 环境因素对藻类生长竞争的影响[J]. 中国农学通报,2013,29(17):52-56.
[6] 孟顺龙,裘丽萍,胡庚东,等. 氮磷比对两种蓝藻生长及竞争的影响[J]. 农业环境科学学报,2012,31(7):1438-1444.
[7] 陈家长,王菁,裘丽萍,等. pH对鱼腥藻和普通小球藻生长竞争的影响[J]. 生态环境学报,2014,23(2):289-294.
[8] WANG J, QIU L P, MENG S L, et al. Influences of Nitrogen-phosphorus Ratio on the Growth and Competition of *Chlorella vulgaris* and *Anabaena* sp. strain PCC[J]. Agricultural Science & Technology, 2015, 16(8):1757-1762.
[9] 周名江,朱明远,张经. 中国赤潮的发生趋势和研究进展[J]. 生命科学,2001,13(2):54-59.
[10] Shimizu Y. Dinoflagellate Toxins[C]. Taylor F J R. The Biology of Dinoflagellates: Botanical Monographs Vol. 21. Boston: Blackwell Scientific Publications, 1987, 282-315.
[11] 郝雯瑾,王悠,唐学玺. 两种海洋微藻——强壮前沟藻与青岛大扁藻之间的相互作用研究[J]. 中山大学学报(自然科学版),2008,S1:98-105.
[12] 石岩峻,胡晗华,马润宇,等. 不同氮磷水平下微小原甲藻对营养盐的吸收及光合特性[J]. 环境工程学报,2004,4(6):554-560.
[13] Guillard R R L, Ryther J H. Studies of marine planktonic diatoms. I. *Cyclotella nana* Hustedt and *Detonula confervacea* Cleve[J]. Can. J. Microbiol, 1962, 8:229-239.
[14] Hecky R E, Kilham P. Nutrient limitation of phytoplankton in freshwater and marine environments: a review of recent evidence on the effects of enrichment[J]. Limnol. Oceanogr, 1988, 33:196-822.
[15] 陈德辉,刘永定,袁峻峰,等. 微囊藻和栅藻共培养实验及其竞争参数的计算[J]. 生态学报,1999,19(6):908-913.
[16] 郑忠明,白培峰,陆开宏,等. 铜绿微囊藻和四尾栅藻在不同温度下的生长特性及竞争参数计算[J]. 水生生物学报,2008,32(5):720-727.
[17] 茅华,许海,刘兆普,等. 不同起始细胞数量对旋链角毛藻和中肋骨条藻种群竞争的影响[J]. 海洋环境科学,2008,27(5):458-461.
[18] 邓光,耿亚洪,胡鸿钧,等. 几种环境因子对高生物量赤潮甲藻-东海原甲藻光合作用的影响[J]. 海洋科学,2009,33(12):34-39.
[19] 茅华,许海,刘兆普. 温度、光照、盐度及pH对旋链角毛藻生长的影响[J]. 生态科学,2007,26(5):432-436.
[20] 贺春花,黄翔鹄,李长玲,等. 温度、光照度、盐度和pH对颤藻生长的限制条件研究[J]. 渔业现代化,2011,38(6):20-25.
[21] 戴芳芳,周成旭,严小军. pH及光照对两种赤潮甲藻种群生长和胞外碳酸酐酶活性的影响[J]. 海

[22] 郑朔方,杨苏文,金相灿. 铜绿微囊藻生长的营养动力学[J]. 环境科学,2005,26(2):152-156.
[23] 孙耀,李峰,李健,等. 虾塘水体中浮游植物群落特征及其与营养状况的关系[J]. 海洋水产研究, 1998,19(2):45-51.
[24] Khozin-Goldberg I, Cohen Z. The effect of phosphate starvation on the lipid and fatty acid composition of the fresh water eustigmatophyte Monadus subterraneus [J]. Phytochemistry,2006,67(7):696-701.
[25] 万蕾,朱伟,赵联芳. 氮磷对微囊藻和栅藻生长及竞争的影响[J]. 环境科学,2007,26(6): 1230-1235.
[26] Pang S J, Zhang Z H, Bao Y, et al. Settling abalone veliger larvae in a free-swimming microalgal culture[J]. Aquaculture,2006,258:327-336.
[27] 王珂,逄勇,高光. 不同扰动条件下微囊藻和栅藻竞争能力的比较[J]. 江苏环境科技,2006,4(19): 40-42.
[28] Tilman D, Sterner R W. Invasions of equilibria: Tests of resource competition using two species of algae[J]. Oecologia,1984,61:197-200.

养殖密度对珍珠龙胆石斑鱼摄食行为和生长的影响

王丽娜,申玉春,叶宁

(广东海洋大学 水产学院,海洋生态与养殖环境湛江市重点实验室,广东 湛江 524025)

珍珠龙胆石斑鱼是褐点石斑鱼(*Epinephelus fuscoguttatus* ♀)与鞍带石斑鱼(*Epinephelus lanceolatus* ♂)杂交获得的品种[1],具有生长快速、抗病力强的特点[2]。珍珠龙胆石斑鱼为肉食性凶猛鱼类,养殖过程中饵料不足时,稚、幼鱼存在残食现象。养殖密度作为一种环境胁迫因子,与鱼类的残食和摄食行为密切相关。研究表明,养殖密度过高会导致整个哲罗鱼(*Hucho taimen*)鱼群的平均生长率下降,生长离散现象加剧[3];密度胁迫会对北极红点鲑(*Salvelinus alpinus*)的摄食、行为以及耗氧量造成影响[5];密度胁迫可致使草鱼(*Ctenopharyngodon idellus*)脾的脏器系数显著降低,血浆皮质激素迅速升高,机体对环境胁迫的抵抗力下降[6];中度和高强度的密度胁迫会对草鱼非特异性免疫功能产生抑制效应,并导致脾脏发生器质性病变[7];也有研究表明,单独改变养殖密度不会对大西洋鲑(*Salmo salar*)的存活率造成影响[8]。关于养殖密度对珍珠龙胆石斑鱼摄食行为与生长影响的研究尚未见报道。本文

基金项目:广东省普通高校省级重大科研项目:北部湾近岸典型生态系统对人为活动响应的评价与预警技术(GDOU2013050219)
第一作者:王丽娜,女,1990年出生,硕士研究生,研究方向:海洋环境与生物资源保护.通信地址:524088 广东省湛江市麻章区海大路1号 广东海洋大学,E-mail:1570029696@qq.com
通信作者:申玉春,男,1964年出生,教授,博士,从事水域生态与健康养殖研究.E-mail: shenyuchun@163.com

在工厂化养殖条件下,研究了3种养殖密度对珍珠龙胆石斑鱼摄食行为、生长及血液生理生化指标的影响。研究结果可为工厂化养殖条件下确定珍珠龙胆石斑鱼合理的养殖密度提供理论依据。

1 材料与方法

1.1 材料

实验用鱼来自广东省湛江市东南码头海港公司。幼鱼规格统一,体格健壮,无病无伤,共450尾,平均体长(10.7±0.37)cm,平均体重(34.6±2.72)g(表1)。实验前将幼鱼置于室内实验养殖系统中暂养7 d。

表1 实验幼鱼初始规格

项目	养殖密度/(尾·m^{-3})		
	60	100	140
体重/(g·尾$^{-1}$)	36.0±6.00	34.0±1.00	33.7±1.15
体长/(cm·尾$^{-1}$)	10.5±0.59	10.8±0.25	10.8±0.27
全长/(cm·尾$^{-1}$)	12.2±0.42	12.4±0.13	12.6±0.16
肥满度	3.4±0.51	3.1±0.85	3.1±0.55

1.2 方法

1.2.1 实验设置

实验在规格为0.58 m^{3}养殖水槽中进行,有效水体为500 L。实验期间DO>10.0 mg/L,水温(30±5)℃,实验期间光照强度强烈时用黑色塑料薄膜进行避光处理。实验中,设置60尾/m^3、120尾/m^{3}和140尾/m^3 3种养殖密度,每一养殖密度设2个平行,养殖周期60 d。每天7:30和16:30各投喂1次,投饵量为鱼体重的5.0%,投饵1 h后吸出养殖水槽内粪便和残饵,记录残饵数量。

1.2.2 运动与摄食行为观察

每天观察和记录实验鱼的运动和摄食行为,主要观察记录指标包括:摄食水层、摄食形态、摄食反应时间、摄食爬升迎角等,以上指标的界定和评级参照李国聪[8]等的研究结果进行。实验养殖水槽水深60 cm,在水槽壁上每相隔20 cm作为一个刻度,将养殖水体垂直分为上、中、下3个层次,从上至下分别标记为1~3水层,用来确定珍珠龙胆石斑鱼在实验养殖密度条件下的喜好摄食水层;相应地将幼鱼的摄食积极性划分为3个等级(表2),每10 d统计观察一次珍珠龙胆石斑鱼的摄食行为和状态,并进行系统描述。

表 2 摄食等级评定标准

等级	摄食水层	摄食迎角 /°	摄食反应时间 /s	摄食表现
1	上层	0~90	<10	在养殖水体上层及表面来回巡游,人员靠近时快速聚集游向水面,来回游动索取食物,同水面成 90°夹角,随口张合,强烈索取食物;给予饵料后积极抢食,进食后继续停留在较高水层,继续索取饵料,饱食后缓慢游向低水层,聚集趴伏于水底
2	中层	0~60	10~20	在中层回游或松散聚集或依附于槽壁;人员靠近时游向至较高水层,表现出等待摄食状态,给予饵料后积极索食,进食后往低水层集聚或趴伏于水底或底层边缘;对环境动静敏感
3	下层	0~30	>20	在下层回游或趴伏于水底或依附于槽壁,主动摄食性不明显或摄食消极,投喂饵料时缓慢游至较高水层或集聚在原水层槽壁摄食,饵料靠近口部时才进食甚至不食;进食后集聚在槽壁或游至低水层趴伏,反应迟缓

1.2.3 鱼类生长性能指标

实验期间每 10 d 每个实验组随机捕获 10 尾实验鱼测定一次体重、体长、全长等生长指标。计算肥满度、增重率、体长增长率、净增重、特定生长率、饵料系数、饵料转化率、日均摄食率和生长效率[29];统计成活率。

1.2.4 血液生理指标

实验结束采集鱼尾部静脉血液,加入抗凝剂并低温保存。用 H7180 全自动生化分析仪检测血液谷丙转氨酶(ALT)、谷草转氨酶(AST)、葡萄糖(GLU)等指标。用手工计数法测定白细胞含量。

1.2.5 数据统计

采用 SPSS 13.0 for Windows 统计软件进行单因素方差分析,以 $\alpha=0.05$ 为差异显著水平,描述性统计值采用平均值±标准误(Mean±SD)表示。

2 结果

2.1 运动和摄食行为变化

2.1.1 摄食形态与日常活动

10 d 阶段:摄食形态主要呈现圆锥状,投喂前聚集在养殖桶的中下层边缘或底层,投喂时游动至中层或中上层摄食,食后散布在中下层或底层,处于环境适应期。早期投喂量较少,幼鱼摄食时间也较短,摄食反应时间小于 10 s,期间伴随轻微的攻击抢食现象。

20 d 阶段:摄食形态主要是碗状,幼鱼日常处于中上层桶的边缘或者松散集群、巡游,当人员靠近时,会快速向表层靠近,呈现积极摄食的状态,期间伴随较为强烈的攻击抢食现象。

30 d 阶段:摄食形态主要是碗状和团状,幼鱼日常处于上层、表层松散集群、巡游,积极摄食,随着养殖密度的增加具有轻微、强烈不同程度的攻击抢食现象,不摄食时则主要聚集在中、下层桶的边缘。

40 d 阶段:摄食活动逐渐趋于稳定,摄食形态主要为团状和平铺状,日常处于中上层巡游或悬停,摄食积极性高,反应迅速,并伴随着较为强烈的攻击抢食现象,不摄食时则在中下层洄游或者聚集在桶的边缘。

50 d 阶段:摄食状态已趋于稳定,摄食形态基本呈现为平铺状,摄食积极性高,反应迅速,并伴随着显著的攻击抢食现象,摄食水层主要集中在中上层。

随着养殖天数的增加,幼鱼对养殖水体的良好适应,其摄食形态逐渐趋于稳定,呈现一定的规律性,基本遵循从圆锥形-碗形-团形-平铺形逐渐过渡的规律。

2.1.2 摄食水层

随养殖密度增大,实验幼鱼分布在上层摄食比例逐渐降低。其中,60 尾/m^3 与 100 尾/m^3 和 140 尾/m^3 密度组鱼类在上层摄食比例分别为 80.0%、72.0% 和 66.7%,组间差异显著($P<0.05$)(表3)。

表3 不同养殖密度下 50 d 内各摄食水层的比例 %

养殖密度/(尾·m^{-3})	上层	中层	下层
60	80.0±4.00^b	13.3±2.31^a	6.7±2.31^a
100	72.0±4.00^a	19.3±4.16^{ab}	8.7±1.15^a
140	66.7±2.31^a	20.7±3.06^b	12.7±1.15^b

注:不同小写英文字母表示纵向数据差异($P<0.05$),下同.

随养殖时间延长和养殖规格的增大,60 尾/m^3 密度组幼鱼摄食水层逐渐加深,各阶段差异显著($P<0.05$);100 尾/m^3、140 尾/m^3 密度组摄食水层亦逐渐加深,仅 10 d 与 30 d、50 d 阶段差异显著($P<0.05$)(表4)。

表4 相同时间阶段、不同养殖密度条件下幼鱼的平均摄食水层差异

养殖密度/(尾·m^{-3})	10 d	20 d	30 d	40 d	50 d
60	0.60±0.84^{aA}	1.00±0.28^{aC}	0.90±0.62^{aB}	1.20±0.22^{aC}	1.40±0.29^{aD}
100	0.90±0.36^{abA}	1.10±0.12^{bAB}	1.00±0.14^{abB}	1.70±0.21^{abC}	2.10±0.26^{bC}
140	1.00±0.34^{bA}	1.60±0.31^{bA}	1.00±0.27^{bB}	2.10±1.18^{bBC}	2.20±0.18^{aC}

注:不用大写英文字母表示横向数据差异($P<0.05$),下同.

2.1.3 摄食等级评定

随养殖密度增大,实验幼鱼在摄食等级1所占比例逐渐降低。其中,60 尾/m^3、100 尾/m^3 和 140 尾/m^3 密度组鱼类摄食等级1所占比例分别为 82.7%、73.3% 和 64.0%,组间差异

显著(P<0.05)(表5)。

表5 不同养殖密度条件下50 d内各摄食等级的比例

养殖密度/(尾·m^{-3})	等级1	等级2	等级3
60	82.7±1.15^c	11.3±2.31^a	6.0±2.00^a
100	73.3±2.31^b	16.7±1.15^b	10.0±2.00^a
140	64.0±4.00^a	21.3±2.31^c	14.7±2.31^b

随养殖时间延长和养殖规格的增大,同一密度组幼鱼摄食等级呈现先降低后增加的趋势,30 d趋于稳定阶段;其中60尾/m³密度组10 d与20 d、30 d阶段间差异显著($P<0.05$),140尾/m³密度组20 d与30 d阶段间差异显著($P<0.05$),140尾/m³密度组10 d与20 d、40 d阶段差异显著($P<0.05$)(表6)。

表6 相同时间阶段、不同养殖密度条件下幼鱼的平均摄食等级差异

养殖密度/(尾·m^{-3})	10 d	20 d	30 d	40 d	50 d
60	1.8±0.29^{aC}	1.5±0.50^{aB}	1.3±0.57^{aA}	1.7±0.58^{aB}	1.3±0.58^{aA}
100	1.5±0.50^{aAB}	2.3±0.58^{abB}	1.2±0.29^{bA}	1.8±0.29^{abAB}	2.3±0.58^{bB}
140	1.3±0.58^{bA}	2.2±0.289^{bBC}	1.0±0.10^{bA}	2.5±0.50^{bC}	1.7±0.29^{aAB}

2.2 生长性能

经过60 d的养殖实验,低密度组(60尾/m³)实验鱼平均体重最高,达到108.7 g,生物密度达到6.5 kg/m³;高密度组(140尾/m³)实验鱼平均体重最低,为87.3 g,生物密度达12.2 kg/m³。统计分析了实验鱼15项生长性能指标(表8),其中每尾鱼平均增重(g)、日增重(g)、饵料转化率、生长效率等4项指标随着养殖密度的增大而逐渐下降,实验组间差异显著($P<0.05$);饵料系数随养殖密度增大而上升,实验组间差异显著($P<0.05$)。体重、肥满度随养殖密度的增大而逐渐下降,仅高密度与中、低密度组间差异显著($P<0.05$);摄食效率随养殖密度的增大而逐渐上升,仅高密度与中、低密度组间差异显著($P<0.05$)。养殖密度对体长、全长、增重率、增长率、特定生长率、成活率等6项指标没有显著影响。

表7 不同养殖天数实验鱼生长情况

指标	养殖密度/(尾·m^{-3})	1 d	10 d	20 d	30 d	40 d	50 d	60 d
体重/(g·尾$^{-1}$)	60	36.0±6.00^{aA}	41.3±1.15^{aAB}	45.3±2.31^{aB}	61.3±4.04^{aC}	81.7±5.51^{aD}	103.0±3.61^{bE}	108.7±7.02^{bE}
	100	34.0±1.00^{aA}	39.0±3.00^{aA}	45.0±2.00^{aB}	57.3±1.15^{aC}	70.7±8.74^{aD}	97.0±4.36^{abE}	99.7±1.53^{bE}
	140	33.7±1.15^{aA}	41.7±1.53^{aB}	45.3±2.08^{aB}	57.7±4.16^{aC}	74.3±3.21^{aD}	85.0±9.54^{aE}	87.3±7.02^{aE}

续表

指标	养殖密度/(尾·m⁻³)	1 d	10 d	20 d	30 d	40 d	50 d	60 d
体长/(cm·尾⁻¹)	60	10.6±0.59^{aA}	11.7±0.89^{aB}	12.0±0.13^{aB}	12.6±0.36^{aC}	13.6±0.16^{aD}	14.5±0.11^{bE}	15.6±0.12^{bF}
	100	10.8±0.25^{aA}	11.5±0.23^{aB}	12.1±0.12^{aC}	12.5±0.44^{aD}	13.2±0.32^{aE}	14.5±0.27^{bF}	15.3±0.36^{bG}
	140	10.8±0.27^{aA}	11.6±0.61^{aB}	12.1±0.85^{aB}	12.7±0.22^{aC}	13.3±0.15^{aD}	13.7±0.45^{aD}	15.1±0.60^{aE}
全长/(cm·尾⁻¹)	60	12.2±0.42^{aA}	13.5±0.12^{aB}	14.0±0.17^{aC}	14.8±0.21^{aD}	15.8±0.22^{aE}	16.9±0.12^{aF}	18.1±0.02^{bG}
	100	12.4±0.13^{aA}	13.3±0.37^{aB}	14.2±0.26^{aC}	14.3±0.18^{aC}	15.7±0.65^{aD}	17.2±0.26^{aE}	18.1±0.25^{bF}
	140	12.6±0.16^{aA}	13.7±0.15^{aB}	14.3±0.10^{aBC}	14.7±0.29^{aC}	15.8±0.15^{aD}	16.5±0.65^{aE}	17.8±0.58^{aF}

表8 不同养殖密度下实验鱼生长性能平均值

生长指标	60 尾/m³	100 尾/m³	140 尾/m³
体重/(g·尾⁻¹)	108.7±7.02^B	99.7±1.53^B	87.3±7.02^A
体长/(cm·尾⁻¹)	15.6±0.12^A	15.3±0.36^A	15.1±0.60^A
全长/(cm·尾⁻¹)	18.1±0.02^A	18.1±0.25^A	17.8±0.58^A
肥满度	7.0±0.45^B	6.5±0.25^B	5.8±0.35^A
每尾鱼平均增重/(g·尾⁻¹)	72.7±11.02^B	65.7±1.15^{AB}	53.7±7.02^A
日增重/(g·d⁻¹)	1.2±0.18^B	1.1±0.19^{AB}	0.9±0.12^A
增重率/%	208.4±59.79^A	193.3±6.52^A	159.6±22.35^A
增长率/%	48.4±8.28^A	41.6±3.44^A	40.4±7.07^A
特定生长率/%	1.9±0.34^A	1.8±0.36^A	1.6±0.14^A
总投饵料量/g	3113.1	5188.8	7262.8
饵料系数	1.5±0.24^A	1.6±0.03^{AB}	2.0±0.24^B
饵料转化率/%	70.0±10.61^B	63.3±1.11^{AB}	51.7±6.77^A
生长效率/%	2.3±0.35^C	1.3±0.23^B	0.7±0.95^A
摄食效率/%	2.4±0.12^A	2.6±0.46^A	2.9±0.18^B
成活率/%	99.0	96.7	99.0

2.3 血液生理生化指标变化

随着养殖密度增加谷草转氨酶(AST)含量、谷草/谷丙(ALT/AST)逐渐下降,白细胞含量逐渐上升的趋势;谷丙转氨酶(ALT)和葡萄糖(GLU)含量没有明显变化,血液生理指标各处理间差异不显著(表9)。

表9　不同养殖密度下实验鱼血液生理指标的变化

养殖密度/(尾·m^{-3})	60	100	140	参考值
谷丙转氨酶(ALT)/(U·L^{-1})	9.7±5.93^A	9.7±4.14^A	9.6±0.47^A	0~40
谷草转氨酶(AST)/(U·L^{-1})	12.3±8.96^A	10.0±4.58^A	6.3±3.51^A	8~40
谷草/谷丙(ALT/AST)	1.2±0.79^A	1.0±0.39^A	0.9±0.51^A	
葡萄糖(GLU)/(mmol·L^{-1})	2.0±0.44^A	2.2±0.49^A	2.0±0.52^A	3.9~6.1
白细胞含量/(×10^9 个·L^{-1})	3.8±1.51^A	4.3±0.23^A	5.0±1.98^A	4.0~10.0

3　讨论

3.1　养殖密度对石斑鱼摄食行为的影响

养殖密度作为一种环境胁迫因子能引起鱼类的应急反应,改变鱼类内在生理状况,使养殖群体生长率和存活率下降,增大鱼病发生的可能性,使个体间生长差异增大[11-13]。养殖密度对珍珠龙胆石斑鱼摄食行为活动产生一定的影响,高密度情况下,幼鱼之间相互碰撞与避让,呈现"焦躁激动"状态,攻击抢食现象更为显著,很快进入摄食状态,而低密度条件下,幼鱼的活动相对平缓,摄食时攻击抢食现象不明显。幼鱼无论养殖密度高低均集群明显,一般集群在养殖水槽的底部,随着养殖密度的增高,摄食时,幼鱼逐渐向水面靠近的现象更为显著。

3.2　养殖密度对石斑鱼摄食生长的影响

实验鱼平均尾增重、日增重、饵料转化率、生长效率等4项指标随着养殖密度增大而逐渐下降,差异显著($P<0.05$);饵料系数随养殖密度增大而上升,差异显著($P<0.05$)。体重、肥满度随养殖密度的增大而逐渐下降,摄食效率随养殖密度的增大而逐渐上升。这与柳敏海[16]、丁厚猛等[26]的研究结果相一致,分别表明随着养殖密度的增大,增加龙虎斑单位产量所用的饵料量以及龙虎斑幼鱼平均一天的摄食量逐渐增大;以上结果均与郑乐云[27]、张曦文等[28]、逯尚尉[29]等的研究结果一致。江仁堂[24]认为,虹鳟(Oncorhynchus mykiss)稚鱼在不同的养殖密度条件下,个体的最终体重、特定生长率和日增重均随放养密度的增大而降低,饵料转化率也降低。

3.3　养殖密度对石斑鱼血液生理生化指标的影响

实验表明,随着养殖密度的增加谷草转氨酶(AST)含量、谷草/谷丙(ALT/AST)逐渐下降,白细胞含量逐渐上升。Vijayan 等研究发现,溪红点鲑(Salvelinus fontinalis)在密度胁迫下糖异生作用加强,此时1,6-二磷酸果糖酶、甘油激素和3-磷酸葡萄糖脱氢酶活性上升,同时,肝中甘油代谢酶(甘油激酶、3-磷酸甘油脱氢酶)的活性出现显著升高。本实验中谷丙转氨酶(ALT)、谷草转氨酶(AST)、谷草/谷丙(ALT/AST)随着养殖密度的增加其含量呈现逐渐下降的趋势,但各处理组间差异不显著;这与丁厚猛等[26]的研究结果相反。在脊椎动物中,白细胞是血细胞的一类,通常称为免疫细胞。鱼类白细胞的数量变化情况可以作为肌体免疫指标[42]。鱼类白细胞数量受很多因子的影响,如温度上升、运动及疾病,都可引起白细胞数量的增多[44]。

参考文献

[1] 郑石勤. 珍珠龙胆石斑鱼明日之星[J]. 海洋与渔业,2011(3):47.

[2] 梁华芳,黄东科,吴耀华,等. 温度和盐度对龙虎斑存活与摄食的影响[J]. 广东海洋大学学报,2013,33(4):22-26.]

[3] 白庆利,于洪贤,张玉勇,等. 养殖密度对哲罗鱼稚鱼生长和存活的影响[J]. 东北林业大学学报,2009,37(2):36-70.

[4] Sodeberg R W,Meade J W. Effects of rearing density on growth,survival,and fin-condition of Atlantic salmon [J]. Prog Fish Cult,1987,49,280-283.

[5] Jorgensen E H,Christiansen J S,Jobling M. Effects of stocking density on food intake,growth performance and oxygen consumption in Artic charr(*Salvelinus alinus*)[J]. Aquaculture,1993,110,191-204.

[6] 李爱华. 拥挤胁迫对草鱼血浆皮质醇、血糖及肝中抗坏血酸含量的影响[J]. 水生生学报,1997,21(4):384-386.

[7] 王文博,李爱华. 汪建国,等. 拥挤胁迫对草鱼非特异性免疫功能的影响[J]. 水产学报,2004,28(2):139-144.

[8] 李国聪,陈刚,黄建盛,等. 照度对龙虎斑幼鱼行为活动的影响[J]. 广东海洋大学学,2015,35(1):43-50.

[9] 张东. 水生动物行为研究及其在水产养殖中的应用简述[J]. 水产学报,2013,37(10):1591-1600.

[10] 王渊源,王全阳. 鱼虾的摄食行为[J],海洋渔业,1992,02.

[11] Andrews J W,Knight L H,Page J W,et al. Interactions of stocking density and water turnover on growth and food conversion of channel catfish reared in intensively stocked tanks[J]. Prog Fish Cult, 1971, 33: 197-203.

[12] Allen K O. Effects of stocking density and water change rate on growth and survival of channel catfish *Ictalurus Punctatus* in circular tanks[J]. Aquaculture,1974,4:29-39.

[13] Fagerlund U H M,McBride J R,Stone E T,stress-related effects of hatchery rearing density on coho salmon [J]. Trans Am Fish Soc,1981,110:644-649.

[14] 殷名称. 鱼类仔鱼期的摄食和生长[J]. 水产学报,1995,19(4):335-342.

[15] 李大鹏,庄平,严安生,等. 光照、水流和养殖密度对史氏鲟稚鱼摄食、行为和生长的影响[J]. 水产学报,2004,28(1):54-61.

[16] 柳敏海,彭志兰,张凤萍,等. 养殖密度对条石鲷生长、摄食和行为的影响[J]. 上海海洋大学学报,2012,21(4):530-534.

[17] 李玉全,李健,王清印,等. 溶解氧含量和养殖密度对中国对虾生长的影响[J]. 中国水产科学,2005,12(6):751-756.

[18] Shelbourn J E,Brett J R,Shirahata S. Effect of temperature and feeding regimes on the specific growth rate of sockeye salmon fry(*Oncorhynchus nerka*)with a consideration of size effect[J]. Fish Board Can,1973,30:1191-1194.

[19] Nicholas J K,Hunting W H. Effects of larval stocking density on laboratoryscale and commersial scale pro-

duction of summer flounder *Paralichthys dentatus*[J]. J World Aquaculture Society,2000,31(3): 436-445.

[20] Smith H T,Schreck C B Maughan O E. Effect of population density and feeding rate on the fathead minnow (*Pimephales promelas*)[J]. Journal of Fish Biology,1978,12:1978-455.

[21] 邵邻相,谢炜,叶菲菲.养殖密度对地图鱼幼鱼生长发育的影响[J].水产科学,2005,24(4):7-9.

[22] 庄平,李大鹏,王明学,等.养殖密度对史氏鲟稚鱼生长的影响[J].应用生态学报,2002(6):735-738.

[23] 黄宁宇,夏连军,么宗利,等.养殖密度和温度对瓦氏黄颡鱼幼鱼生长影响实验研究[J].浙江海洋学院学报,2005(3):208-212.

[24] 江仁堂.放养密度对虹鳟稚鱼生长的影响[J].水产学杂志,2009,22(4):32-33.

[25] Poston H A,Williams R C. Interrelations of oxygen concentration,fish density,and performance of Atlantic salmon in an ozonated water reuse system[J]. Prog Fish Cult,1988,50:69-76.

[26] 丁厚猛,李吉方,温海深,等.放养密度对西伯利亚杂交鲟摄食、生长以及肌肉组分的影响[J].海洋湖沼学报,2015(01):79-84.

[27] 郑乐云,杨求华,黄种持,等.循环水养殖密度和氨氮对斜带石斑鱼生长和免疫力的影响[J].上海海洋大学学报,2013,22(5):706-712.

[28] 张曦文,吴垠,贺茹靖,等.循环水养殖模式下养殖密度对青石斑鱼生长及生理指标的影响[J].大连海洋大学学报,2012,27(6):518-522.

[29] 逯尚尉,刘兆普,余燕.密度胁迫对点带石斑鱼幼鱼生长、代谢的影响[J].中国水产科学,2011,18(2):322-328.

[30] 张庆阳,李小进,闫杰,等.养殖密度对龙纹斑幼鱼生长的影响[J].水产养殖,2015,36(4):34-39.

[31] 邵邻相,谢炜,叶菲菲.养殖密度对地图鱼幼鱼生长发育的影响[J].水产科学,2005,24(4):7-9.

[32] Is hioka H. Live Fis h Trans portation. Se rie s of Fis he rie s Book[M]. Tokyo:Kosesha Kosekaku,1982:52-69.

[33] 周玉,郭文场,杨振国,等.鱼类血液学指标研究的进展[J].上海水产大学学报,2001,10(2):163-165.

[34] KAPLAN A,OZABO LL. ClinicalChemistry:Interpretation and Technique[M]. London:Henry Kumnton Publishers,1979:109-111.

[35] 黄琪琰,刘丽燕,范丽萍.异育银鲫溶血性腹水病的病理生理研究[J].水产学报,1992,16(4):316-321.

[36] 钱云霞,陈惠群,孙江飞.饥饿对养殖鲈鱼血液生理生化指标的影响[J].中国水产科学,2002,9(2):133-137.

[37] 陈晓耘.饥饿对南方鲶幼鱼血液的影响[J].西南农业大学学报,2002(2):167-169.

[38] 米瑞芙,陶烦春,王晓梅,等.鲢败血症血液生理指标的变化[J].淡水渔业,1993,23(4):16-19.

[39] IERNEYKB,FARRELLAP,KENNEDYCJ. The different ial leucocyte landscape of four teleosts juvenile *Oncorhynchus kisutch*,*Clupea pallasi* Culaea inconstans and *Pimephales promelas*[J]. FishBiol,2004 J,65:906-919.

[40] 王琨.氨氮对鲤幼鱼部分组织及血液指标的影响[D].哈尔滨:东北农业大学,2007.

[41] BENLIACK,YAVUZCANHY. Blood parameters in *Nile tilapia*(*Oreo chromis niloticu* L.)spontaneously in-

[42] 李懋,万松良,黄二春,等.不同状态下大口鲶血液的研究[J].水产科学,1997,16(6):3-7.
[43] 薛家华,张家国,师吉华,等.不同生态环境内鲤的几项血液指标的比较[[J].上海水产大学学报,1995,2(4):112-117.
[44] 成令忠.1994.组织学(第二版)[M].北京:人民卫生出版社,343-455.
[45] 尾琦久雄.鱼类血液与循环生理[M].上海:上海科学技术出版社.1982,59,74-92,89.

福建省红树林湿地小型底栖动物丰度及生物量的研究

刘梦迪[1,2],常瑜[1,2],郭玉清[1,2]

(1. 集美大学 水产学院,福建 厦门 361021;
2. 福建省海洋渔业资源与生态环境重点实验室,福建 厦门 361021)

我国的红树林主要分布在福建、广东、广西、海南、港澳台等7地沿海。截至目前,已经有许多学者对福建红树林进行过研究,包括:红树林的资源现状[1-2]、生态旅游价值[3]、生态学[4-5]、大型底栖动物的多样性等[6]。红树林具有复杂的有机碎屑食物链,小型底栖动物作为海洋碎屑食物链的关键及中间环节,已经成为海洋环境监测和生态系统健康评估体系的一个关键指标。截至目前,关于福建省红树林湿地小型底栖动物的研究有如下报道,郭玉清[7]对厦门凤林红树林湿地的海洋线虫群落进行了研究。曹婧[8]对漳江口红树林湿地小型底栖动物进行了研究报道,常瑜[9]对洛阳江口红树林湿地小型底栖动物进行了初步研究。本研究的目的在于通过对福建省五片红树林保护区小型底栖动物丰度和生物量的研究,以期为该红树林湿地健康评价指标体系的构建以及红树林的生态修复提供借鉴,为红树林底栖小食物网的研究提供一些参考。

1 材料与方法

1.1 采样站点与时间

于2012—2013年期间按季度分别对漳州红树林(23.96°N,117.35°E)、九龙江口红树林(24.45°N,117.82°E)、凤林湾红树林(24.58°N,118.10°E)、洛阳江口红树林(24.94°N,118.6°E)和湾坞红树林(26.85°N,119.86°E)五片红树林湿地进行采样。采样位置如图1所示。每片区域均设置一个断面,按照海水涨落方向设采样站位3个,3个站位相距100 m左右,每个站位取4个重复样。

基金项目:国家自然科学基金资助项目(41176107)
作者简介:刘梦迪(1992—),女,学士,E-mail:493626111@qq.com
通信作者:郭玉清(1965—),女,博士,教授,从事海洋底栖生物学研究,E-mail:guoyuqing@jmu.edu.cn

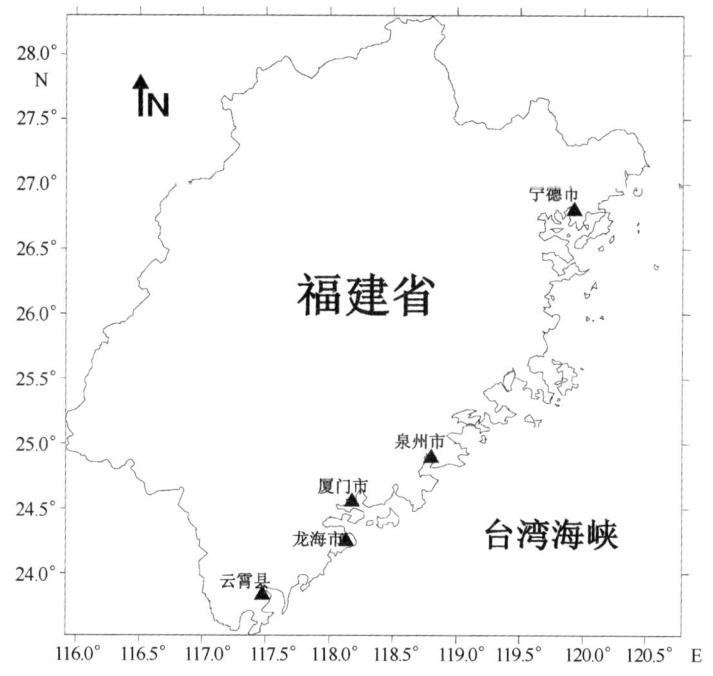

图 1　福建省红树林湿地采样区域示意图

1.2　野外采样及室内分选

选择底质类型相对一致、无人为扰动的采样点进行取样。用内径为 2.6 cm 的取样管从表层采集 5 cm 深度的心样,每个采样点采集重复样 4 个,分别直接装入广口瓶,现场加入 5% 的福尔马林溶液固定,摇匀混合后常温保存。同时采集表层沉积物样品用于总氮(mg/g)、总磷(mg/g)、有机碳(%)和硫化物(10^{-6})等环境因子用于分析。

室内,将样品倒在由 500 μm 和 50 μm 两层网筛组成的套筛内,用经过过滤的自来水缓缓冲洗直至大部分的黏土和粉沙被除尽。之后,用 Ludox 提取液($\rho_{水}:\rho_{Ludox}=1:1.15$)将样品转移至离心管,放入离心机进行离心(离心机转速:3 500 r/min,离心时间:10 min,重复进行三次)。选取上层清液,用 50 μm 孔径网筛过滤,将所截留的全部后生动物转移到划有等宽平行线的培养皿中,在解剖镜下(型号:Nikon-SMZ800)把所有的小型底栖动物按类群分开计数。

1.3　数据处理与分析

Primer 6.0 生物统计软件:相似性分析(ANOSIM)。生物量的估算按照类群的个体平均干重乘以各类群的丰度计算。线虫个体平均干重本实验室测定研究获得,桡足类的个体平均干重参照 McIntyre,1964[10];其他类群的个体平均干重参照参照 Widbom,1984[11]。各类群分别采用的个体平均干重见表 1。

表 1　小型底栖生物的个体平均干重

类群	个体干重(μg)
线虫	0.826
桡足类	1.86
多毛类	14
寡毛类	14
其他类	3.5

2　结果

2.1　红树林湿地主要环境因子

表 2　福建省各采样区域的环境因子(数据来自 2013 年 10 月的样品分析)

采样区域	红树植物	泥温/℃	总氮/(mg·g^{-1})	总磷/(mg·g^{-1})	有机碳/%	硫化物/10^{-6}
漳江口红树林	秋茄	27.3	2.72	0.41	3.96	8.38
九龙江口红树林	秋茄	28.6	1.56	0.58	2.04	8.05
凤林红树林	秋茄	27.4	2.28	0.46	3.17	20.17
洛阳江口红树林	桐花树	28.1	1.31	0.40	1.72	16.89

注:湾坞的环境样品丢失,没有相关数据.

2.2　红树林湿地主要小型底栖动物的类群组成

漳江口红树林共鉴定出 11 个小型底栖动物类群,自由生活海洋线虫是最优势的类群,其丰度占总丰度的 91.99%。其次为寡毛类(2.81%)、桡足类(2.40%)、多毛类(2.40%),其他类群占 0.40%,包括等足目、海螨、涡虫类、缓步类、双壳类、链虫、枝角类。

九龙江口红树林共鉴定出 7 个小型底栖动物类群,自由生活海洋线虫是最优势的类群,占总丰度的 95.53%,桡足类为第二优势类群,为 3.23%,其次为多毛类(0.49%)、寡毛类(0.49%),其他类群占 0.51%,包括端足、涡虫、星虫。

集美凤林红树林湿地共鉴定出 12 个小型底栖动物类群,自由生活海洋线虫是最优势的类群,占总丰度的 93.62%,桡足类为第二优势类群,为 5.19%,其次为寡毛类(0.65%)、多毛类(0.32%),其他类群占 0.22%,包括端足类、涡虫、涟虫、枝角类、海蜘蛛、十足类、双壳类和未鉴定种。

洛阳江口红树林湿地共鉴定出 8 个小型底栖动物类群,自由生活海洋线虫是最优势的类群,占总丰度的 93.02%,桡足类为第二优势类群,为 5.56%,其次为寡毛类(0.71%)、多毛类(0.57%),其他类群占 0.14%,包括海螨、涡虫类、双壳类、端足类和未鉴定种。

湾坞红树林湿地共鉴定出 6 个小型底栖动物类群,自由生活海洋线虫是最优势的类群,占总丰度的 90.89%,桡足类为第二优势类群,为 6.84%,其次为寡毛类(1.52%)、多毛类(0.51%),其他类群占 0.24%,包括等足类、涡虫。

五片红树林湿地中,均鉴定出自由生活海洋线虫、桡足类、多毛类、寡毛类 4 个类群,线虫的丰度占绝对优势,比例在 90.89%~95.53%,桡足类在为第二优势类群。集美凤林红树林湿地鉴定出的小型底栖动物类群最多,为 13 个类群。湾坞红树林湿地鉴定出的小型底栖动物类群最少,为 6 个类群。

2.3 红树林湿地主要小型底栖动物丰度和生物量的季节变化

2.3.1 漳江口红树林湿地小型底栖动物丰度和生物量的季节变化

漳江口红树林湿地小型底栖动物丰度和生物量见表 3,年平均丰度为 748.75 ind./10 cm^2,小型底栖动物的年平均生物量为 1 159.51 μg/10 cm^2(DW)。在不同季节,线虫丰度和生物量均占据绝对优势。线虫的丰度和生物量在春季最高,分别为(1 150.17±515.06) ind./10 cm^2 和(950.04±425.44)μg/10 cm^2(DW);夏季最低,分别为(176.20±17.33) ind./10 cm^2 和(145.54±14.31)μg/10 cm^2(DW)。桡足类为第二优势类群,其丰度和生物量在春季最高。多毛类和寡毛类在各个季节均有分布,年平均丰度分别为(18.23±8.00) ind./10 cm^2,(20.79±9.62) ind./10 cm^2,占比较小。ANOSIM 统计分别对丰度和生物量进行分析,其结果均为 $P<0.01$(差异极显著),说明小型底栖动物的丰度和生物量存在极显著的季节差异。两两比较结果表明春季与冬季的差异不显著($P>0.05$)。

2.3.2 九龙江口红树林湿地小型底栖动物丰度和生物量的季节变化

九龙江口红树林湿地小型底栖动物丰度和生物量见表 4,小型底栖动物的年平均丰度为 402.35 ind./10 cm^2,年平均生物量为 400.04 μg/10 cm^2(DW)。在不同季节,线虫的丰度和生物量均占据绝对优势。线虫的丰度和生物量在冬季最高,分别为(665.00±347.07) ind./10 cm^2 和(549.29±286.68)μg/10 cm^2(DW),在秋季最低,分别为为(257.83±90.79) ind./10 cm^2 和(212.97±74.99)μg/10 cm^2(DW)。桡足类为第二优势类群,其丰度和生物量在冬季最高。多毛类和寡毛类在各个季节均有分布,年平均丰度分别为(1.77±0.77) ind./10 cm^2 和 2.35±0.79 ind./10 cm^2,占比较小。ANOSIM 分别对丰度和生物量进行分析,结果均为 $P<0.01$(差异极显著),说明九龙江口红树林湿地小型底栖动物的丰度和生物量均存在极显著的季节差异,两两比较结果表明,冬季的小型底栖动物的丰度和生物量显著高于春季、夏季和秋季。

2.3.3 凤林红树林湿地小型底栖动物丰度和生物量的季节变化

凤林红树林湿地小型底栖动物丰度和生物量见表 5,小型底栖动物的年平均丰度为 923.11 ind./10 cm^2,年平均生物量为 887.57 μg/10 cm^2(DW)。在不同季节,线虫的丰度和生物量均占据绝对优势。线虫的丰度和生物量在冬季最高,分别为(1 448.15±260.41) ind./10 cm^2 和(537.79±126.10)μg/10 cm^2(DW),在春季最低,分别为(651.08±152.66) ind./10 cm^2 和(537.79±126.10)μg/10 cm^2(DW)。桡足类为第二优势类群,在冬季丰度和生物量最高。多毛类在各个季节均有分布,年平均丰度为(2.86±1.24) ind./10 cm^2,但所占比例较小。用 ANOSIM 统计分析对丰度和生物量进行分析,其结果均为 $P<0.05$(差异显著),说明凤林红树林区小型底栖动物的丰度和生物量存在显著的季节变化。

表3 潭江口红树林区不同季节小型底栖动物的丰度（ind./10 cm²）和生物量（μg/10 cm²）（DW）

类群	春季		夏季		秋季		冬季		平均值	
	丰度	生物量	丰度	生物量	丰度	生物量	丰度	生物量	丰度	生物量
线虫	1150.17±515.06	950.04±425.44	176.20±17.33	145.54±14.31	359.51±114.72	296.96±94.76	1067.54±162.40	881.79±134.14	688.36±202.38	568.58±167.16
桡足类	36.61±32.62	68.10±60.67	2.07±0.32	3.85±0.60	13.19±19.19	24.53±36.69	21.67±4.54	40.30±8.44	18.39±14.17	34.20±26.35
多毛类	7.06±10.80	98.84±151.20	13.00±2.17	182.00±30.38	24.29±14.43	340.06±202.02	28.58±4.62	400.12±64.68	18.23±8.00	255.26±134.71
寡毛类	14.12±19.47	197.68±272.58	12.81±1.62	179.34±22.68	8.17±9.23	114.38±129.22	48.05±8.17	672.7±114.38	20.79±9.62	291.03±134.72
其他	4.67±2.64	16.35±9.24	1.32±0.34	4.62±1.19	1.88±0.63	6.58±2.21	4.08±0.67	14.28±2.35	2.99±1.07	10.46±3.75
总数	1212.63±563.44	1331.00±919.13	205.41±18.83	515.35±69.16	407.04±138.62	782.51±463.90	1169.92±176.22	2009.19±323.99	748.75±224.28	1159.51±444.05

表 4　九龙江口红树林湿地不同季节小型底栖动物的丰度（ind./10 cm²）和生物量（μg/10 cm²）（DW）

类群	春季 丰度	春季 生物量	夏季 丰度	夏季 生物量	秋季 丰度	秋季 生物量	冬季 丰度	冬季 生物量	平均值 丰度	平均值 生物量
线虫	301.51±104.58	249.05±86.38	314.28±125.03	259.60±103.27	257.83±90.79	212.97±74.99	665.00±347.07	665.00±347.07	384.66±166.87	317.73±137.83
桡足类	11.31±3.91	21.03±7.27	4.40±2.72	8.18±5.06	17.47±10.11	32.49±18.80	18.64±7.95	18.64±7.95	12.96±6.17	24.10±11.48
多毛类	2.07±1.58	28.98±22.12	0.63±0.31	8.82±4.34	2.91±0.76	40.76±10.64	1.47±0.42	1.47±0.42	1.77±0.77	24.78±10.75
寡毛类	0.75±0.53	10.50±7.42	1.05±0.71	14.70±9.94	0.69±0.32	9.66±4.48	6.91±1.60	6.91±1.60	2.35±0.79	32.90±11.06
其他	0.14±0.07	0.49±0.25	—	—	0.43±0.13	1.51±0.46	0.05±0.03	0.05±0.03	0.21±0.08	0.54±0.20
总数	316.21±112.75	310.05±123.44	320.36±133.49	291.30±122.61	280.61±94.05	297.37±109.37	692.22±349.69	692.22±349.69	402.35±172.50	400.04±171.32

注：表中的"—"表示未出现该类群.

表 5 凤林红树林区不同季节小型底栖动物的丰度(ind./10 cm²)和生物量(μg/10 cm²)(DW)

类群	春季		夏季		秋季		冬季		平均值	
	丰度	生物量	丰度	生物量	丰度	生物量	丰度	生物量	丰度	生物量
线虫	651.08±152.66	537.79±126.10	707.92±119.59	584.74±98.78	656.54±143.12	542.30±118.22	1448.15±260.41	1196.17±215.10	856.92±168.95	715.25±139.55
桡足类	36.12±14.09	67.18±26.21	13.82±6.42	25.71±5.30	27.89±12.00	23.04±9.91	113.07±17.29	210.31±32.16	47.73±12.45	81.56±18.40
多毛类	6.91±2.09	96.74±29.26	1.26±0.73	17.64±10.22	0.38±0.28	5.32±3.92	2.87±1.84	40.18±25.76	2.86±1.24	39.97±17.29
寡毛类	0.31±0.26	4.34±3.64	—	—	—	—	11.85±4.14	165.90±57.96	6.08±2.20	42.56±15.40
其他	2.51±1.03	8.79±3.61	1.25±0.72	4.38±2.52	1.88±0.89	6.58±3.12	3.77±1.26	13.20±4.41	2.35±0.98	8.23±3.41
总数	696.93±155.67	714.84±188.81	724.25±126.48	632.46±116.82	686.69±150.87	577.24±135.16	1584.55±266.22	1625.76±335.39	923.11±174.81	887.57±194.05

注:表中的"—"表示未出现该类群.

2.3.4 洛阳江口红树林湿地小型底栖动物丰度和生物量的季节变化

洛阳江口红树林湿地小型底栖动物丰度和生物量见表6,小型底栖动物的年平均丰度为703.32 ind./10 cm^2,年平均生物量为749.39 μg/10 cm^2(DW)。在不同季节,线虫的丰度和生物量均占据绝对优势,线虫的丰度和生物量在春季最高,分别为(905.72±151.23)ind./10 cm^{2}和(748.12±124.92)μg/10 cm^2(DW),在秋季最低,分别为(209.79±43.86)ind./10 cm^{2}和(173.29±36.23)μg/10 cm^2(DW)。桡足类为第二优势类群,其丰度和生物量在冬季丰度最高。多毛类和寡毛类在各个季节均有分布,年平均丰度分别为(4.21±2.50)ind./10 cm^{2}和(5.43±1.94)ind./10 cm^2,比例较小。ANOSIM统计分析结果为$P<0.01$(差异极显著),说明洛阳江口红树林湿地小型底栖动物的丰度存在极显著的季节差异,两两比较均有显著差异。

2.3.5 湾坞红树林湿地小型底栖动物丰度和生物量的季节变化

湾坞红树林湿地小型底栖动物丰度和生物量见表7,小型底栖动物的总丰度为6 575 ind./10 cm^2,年平均生物量为442.94 μg/10 cm^2(DW)。在不同季节,线虫的丰度和生物量均占据绝对优势。线虫的丰度和生物量在冬季最高,分别为(793.35±178.58)ind./10 cm^{2}和(599.66±132.61)μg/10 cm^2(DW),夏季最低,分别为(121.31±27.67)ind./10 cm^{2}和(100.20±22.86)μg/10 cm^2(DW)。桡足类为第二优势类群,其丰度和生物量在冬季最高。多毛类在各个季节均有分布,其年平均丰度为(2.42±1.37)ind./10 cm^2,但所占比例较小。用ANOSIM统计分析丰度和生物量,其结果均为$P<0.01$(差异极显著),说明湾坞红树林湿地小型底栖动物的丰度和生物量存在极显著的季节变化,两两比较的结果表明冬季小型底栖动物的丰度和生物量显著高于夏季和秋季,且夏季和秋季的小型底栖动物丰度和生物量均不存在显著性的差异。

2.3.6 福建红树林湿地小型底栖动物的研究

从上述表格中可以看出在福建省的五片红树林湿地的小型底栖动物类群中(表8),线虫的丰度和生物量占绝对的优势,在五片红树林湿地中,线虫的丰度约占小型底栖动物丰度比例的均值为93.01%。其中线虫的丰度和生物量在九龙江口红树林所占的比例最高,分别为95.53%和79.17%。五片红树林湿地的小型动物类群的丰度在395~925 ind./10 cm^2,生物量在401.69~1 158.27 μg/10 cm^2(DW)。凤林红树林湿地小型底栖动物类群丰度最大,为925 ind./10 cm^2,湾坞红树林湿地小型底栖动物类群总丰度最小,为395 ind./10 cm^2。漳江口红树林湿地小型底栖动物类群总生物量最大,为1 158.27 μg/10 cm^2(DW),而九龙江口红树林湿地小型底栖动物类群总生物量最小,为401.69 μg/10 cm^2(DW)。

表 6 洛阳江口红树林湿地不同季节小型底栖动物的丰度（ind./10cm²）和生物量（μg/10cm²）（DW）

类群	夏季		秋季		冬季		平均值	
	丰度	生物量	丰度	生物量	丰度	生物量	丰度	生物量
线虫	905.72±151.23	748.12±124.92	209.79±43.86	173.29±36.23	844.96±51.64	697.94±42.65	653.49±82.24	539.78±67.93
桡足类	30.75±6.60	57.20±12.28	13.55±6.07	25.20±11.29	71.66±4.27	133.29±7.94	38.65±5.65	71.90±10.50
多毛类	5.67±3.49	79.38±48.86	5.30±2.85	74.20±39.90	1.65±1.16	23.10±16.24	4.21±2.50	58.89±35.00
介毛类	2.75±0.00	38.50±0.00	6.31±3.10	88.34±43.40	7.23±2.72	101.22±38.08	5.43±1.94	76.02±27.16
其他	1.28±1.22	4.48±4.27	0.30±0.03	1.05±0.11	0.82±0.35	2.87±1.23	0.80±0.53	2.80±1.87
总数	946.17±155.11	927.68±190.32	235.20±63.94	362.08±130.92	928.60±53.97	958.41±106.14	703.32±91.01	749.39±142.46

注：缺洛阳江口红树林湿地小型底栖动物丰度的夏季数据。

表 7 湾坞红树林湿地不同季节小型底栖动物的丰度（ind./10cm²）和生物量（μg/10cm²）（DW）

类群	春季		秋季		冬季		平均值	
	丰度	生物量	丰度	生物量	丰度	生物量	丰度	生物量
线虫	121.31±27.67	100.20±22.86	231.16±42.96	190.94±35.48	725.98±160.55	599.66±132.61	359.48±77.06	296.93±63.65
桡足类	17.43±10.73	32.42±18.96	12.56±5.14	23.36±9.56	51.35±19.59	95.51±36.44	27.11±11.82	50.43±21.99
多毛类	2.59±1.25	36.26±17.50	2.30±1.29	32.20±18.06	2.36±1.57	33.04±21.98	2.42±1.37	33.83±19.18
寡毛类	8.72±6.33	122.08±88.62	—	—	3.77±1.54	52.78±21.56	6.25±3.94	58.29±36.73
其他	0.24±0.22	0.84±0.77	2.72±1.34	9.52±4.69	—	—	1.48±0.78	3.45±1.82
总数	150.28±36.55	291.80±149.70	248.75±48.31	256.02±67.80	793.35±178.58	780.99±212.59	397.46±87.81	442.94±143.36

注：缺湾坞红树林湿地小型底栖动物丰度的夏季数据；表中的"—"表示未出现该类群。

表 8 福建省五片红树林湿地小型底栖动物类群的丰度（ind./10cm²）、生物量（μg/10cm²）(DW)及其百分比

	漳江口红树林			九龙江口红树林			凤林红树林			洛阳江口红树林			湾坞红树林		
	丰度	生物量	%	丰度	生物量	%	丰度	生物量	%	丰度	生物量	%	丰度	生物量	%
线虫	688	568.29	49.06	385	318.01	79.17	866	715.32	76.29	653	539.38	72.75	359	296.53	64.15
桡足类	18	33.48	2.89	13	24.18	6.02	48	89.28	9.52	39	72.54	9.78	27	50.22	10.86
多毛类	18	252	21.76	2	28	6.97	3	42	4.48	4	56	7.55	2	28	6.06
寡毛类	21	294	25.38	2	28	6.97	6	84	8.96	5	70	9.44	6	84	18.17
其他类	3	10.5	0.91	1	3.5	0.87	2	7	0.75	1	3.5	0.47	1	3.5	0.76
总数	748	1158.27	100	403	401.69	100	925	937.60	100	702	741.42	100	395	462.25	100

	漳江口红树林			九龙江口红树林			凤林红树林			洛阳江口红树林			湾坞红树林		
	丰度	%		丰度	%		丰度	%		丰度	%		丰度	%	
线虫	688	91.99		385	95.53		866	93.62		653	93.02		359	90.89	
桡足类	18	2.40		13	3.23		48	5.19		39	5.56		27	6.84	
多毛类	18	2.40		2	0.49		3	0.32		4	0.57		2	0.51	
寡毛类	21	2.81		2	0.49		6	0.65		5	0.71		6	1.52	
其他类	3	0.40		1	0.25		2	0.22		1	0.14		1	0.24	
总数	748	100		403	100		925	100		702	100		395	100	

3 讨论

3.1 福建省红树林湿地小型底栖动物的种类组成

河口红树林潮间带(特别是中高潮区)沉积环境中,动物既要耐受变化无常的自然环境因子的作用,又要经受大型底栖动物活动的影响,同时也受到近岸人类活动的干扰[12]。独特的生境特征往往使小型底栖动物成为这里最丰富的动物类群,自由生活海洋线虫由于其数量多、分布广和生活周期短等特点又构成海洋小型底栖无脊椎动物中的最主要类群。郭玉清[7]对厦门凤林红树林湿地(人工林)冬季4个断面13个站位进行研究共鉴定出自由生活海洋线虫、桡足类、多毛类、寡毛类以及其他类5类小型底栖动物类群,线虫占小型底栖动物的76.11%~96.13%。刘均玲等[13]于2012年冬季对海南东寨港国家级红树林保护区小型底栖动物进行研究发现6个小型底栖动物类群,分别为自由生活海洋线虫、桡足类、涡虫、多毛类、寡毛类、海螨类及其他类,线虫占到90.53%~97.02%。此外,海洋线虫在印度[14]、澳大利亚[15]、肯尼亚[15]、古巴[16]、南非等[17]红树林湿地均为丰度最高的小型底栖动物类群。

在本研究中,福建省五片红树林湿地线虫的丰度占绝对优势,比例在90.89%~95.53%,出现的类群从6~13种不等,其中海洋线虫、桡足类、多毛类和寡毛类在各个片区均有出现,其他类群占比小,在0.14%~0.40%。可能的原因是本研究在一年的不同季节采样,增加了稀有类群出现的概率。

3.2 福建省红树林湿地小型底栖动物丰度的季节变化

关于小型底栖动物丰度的季节变化,曹婧[8]研究福建漳江口红树林秋茄、桐花树和白骨壤4个季度小型底栖动物的平均丰度分别为(1 500.3±735.2) ind./10 cm^2、(1 717.5±621.7) ind./10 cm^{2}和(2 607.1±802.6) ind./10 cm^2,丰度随季节变化由大到小依次为:冬季、春季、夏季、秋季。本实验在漳江口秋茄林中的研究发现,春季的丰度最高,冬季次之,但经过统计分析表明,春季与冬季并不存在显著差异。本实验在龙海、凤林及湾坞的研究结果与曹婧[8]研究结果均是以冬季的丰度最高。而吴辰[18]研究广东湛江高桥无瓣海桑、桐花树和木榄4个季度小型底栖动物的平均丰度分别为(1 188.2±390.5.2) ind./10 cm^2、(1 071.8±613.6) ind./10 cm^{2}和(739.0±237.8) ind./10 cm^2,丰度随季节变化由大到小依次为:秋季、春季、夏季、冬季,与上述结果不同。河口沉积环境本身的异质性及变化多样,决定了河口红树林小型底栖动物丰度的变化范围较大,也说明小型底栖动物群丰度季节变化的复杂性。

3.3 福建省红树林湿地小型底栖动物生物量的季节变化

关于红树林湿地小型底栖动物生物量的季节变化,曹婧[8]对漳江口红树林的小型底栖生物进行了研究,结果表明小型底栖动物的平均生物量为(2 051.1±366.5) μg/10 cm^2(DW),生物量随季节由多到少依次为:冬季、春季、夏季、秋季。本研究中,在福建省五片红树林中小型底栖动物的生物量均为冬季和春季较高,而夏季和秋季较低,与曹婧[8]的研究结果相似。

参考文献

[1] 林益明,林鹏.福建红树林资源的现状与保护.生态经济,1999(03):17-20.

[2] 杨忠兰.福建省红树林资源现状分析与保护对策.华东森林经理,2002,16(04):1-4.

[3] 刘怀如,袁怡圃,梁美霞,马艳,卢昌义.泉州湾红树林生态旅游价值及其开发探讨.福建林业科技,2010,37(03):136-138.

[4] 黄镇国,张伟强.中国热带红树林的发展及其地理背景.地理学报,2002,57(02):174-184.

[5] 石莉.中国红树林的分布状况、生长环境及其环境适应性.海洋信息,2002(04):14-18.

[6] 黄雅琴,李荣冠,江锦祥.泉州湾洛阳江红树林自然保护区潮间带软体动物多样性及分布.海洋科学,2011,35(10):110-116.

[7] 郭玉清.厦门凤林红树林湿地自由生活海洋线虫群落的研究.海洋学报(中文版),2008,30(04):147-153.

[8] 曹靖.福建漳江口红树林和盐沼湿地小型底栖动物的研究:厦门大学,2012.

[9] 常瑜,郭玉清.福建洛阳江口红树林小型底栖动物的研究.集美大学学报(自然科学版),2014,19(01):7-12.

[10] Mcintyre A D. Meiobenthos of Sub-Littoral Muds. Journal of the Marine Biological Association,1964,44(3):665-674.

[11] Widbom B. Determination of average individual dry weights and ash-free dry weights in different sieve fractions of marine meiofauna. MAR BIOL,1984,84(1):101-108.

[12] 伍淑婕,梁士楚.人类活动对红树林生态系统服务功能的影响.海洋环境科学,2008,27(05):537-542.

[13] 刘均玲,黄勃,梁志伟.东寨港红树林小型底栖动物的密度和生物量研究.海洋学报(中文版),2013,35(02):187-192.

[14] Krishnamurthy K, Sultan A M A, Jeyaseelan M J P. Structure and dynamics of the aquatic food web community with special reference to nematodes in mangrove ecosystem[in Pichavaram, India]. 1980.

[15] Nicholas W L, Elek J A, Stewart A C, et al. The nematode fauna of a temperate Australian mangrove mudflat; its population density, diversity and distribution. HYDROBIOLOGIA,1991,209(1):13-27.

[16] Armenteros M, Martín I, Williams J P, et al. Spatial and temporal variations of meiofaunal communities from the Western Sector of the Gulf of Batabanó, Cuba. I. Mangrove systems. Revista De Biología Tropical,2008,56(3):124-132.

[17] Dye A H. Composition and seasonal fluctuations of meiofauna in a Southern African mangrove estuary. MAR BIOL,1983,73(2):165-170.

[18] 吴辰.湛江高桥红树林湿地小型底栖动物群落的生境多样性研究.厦门:厦门大学,2012.

卵形鲳鲹滩涂半封闭型多级综合生态养殖试验研究

区又君[1],吉磊[1,2],李加儿[1],范春燕[1,2]

(1. 中国水产科学研究院 南海水产研究所/农业部南海渔业资源开发利用重点实验室,广东 广州 510300;
2. 上海海洋大学 水产与生命学院 上海 201306)

综合养殖是以池塘养殖水产动物为主,兼营作物栽培、畜禽饲养和农畜产品加工的一种生产方式。在淡水养殖中已有悠久的应用历史,尤其是我国。其主要生产方式包括混养,区域综合养殖,间歇性综合养殖以及红树林综合养殖等。传统的综合养殖有两个明显的特点,一是增加经济收益;二是降低环境风险。然而,随着人们对水产食品质量要求和生态平衡意识的提升,现代水产养殖不仅要满足人类日益增长的食物需求,还要将养殖收益与生产地点的选址,操作的局限性,食品质量安全,环境保护和相关法规结合起来考虑。

以往的研究表明,滩涂是一个具有较高潜力的养殖地带。①滩涂连接了陆地和海洋,为底栖生物群落提供了良好的栖息环境,从而为鱼类、虾蟹类、贝类以及其他生物种类提供了丰富的饵料来源。②滩涂地带潮汐涨落频繁,涨潮时从外海携带入各种丰富的营养物质,退潮时又能将废弃物带离养殖区。当然,这些废弃物的排放不能超过海洋的自净能力。③由于陆运和海运都很便捷,所以可大大降低养殖成本。因此滩涂养殖一直受到养殖户和研究者的关注。

根据之前的研究和生产实践,鱼、虾混养的经济和环境效益要优于单养。其原因主要是混养中各种营养物质能被更充分地利用。尽管如此,在养殖的中后期,仍会有大量由残饵和代谢产物或初级生产力间接产生的悬浮或溶解的无机和有机物质无法被利用,从而导致水质恶化。构建既能充分利用营养物质,又能降低环境污染的高效生态养殖模式成为养殖业的迫切需要。

卵形鲳鲹(*Trachinotus ovatus*)俗名金鲳,黄腊鲳等,属中上层暖水性鱼类,广泛分布于热带和亚热带海域,具有生长快速,肉质鲜美以及营养价值高等特点,是目前我国南方沿海网箱和池塘的重要养殖对象。本研究中,笔者设计了一种半封闭型的多级综合养殖体系,以广东汕尾市长沙湾滩涂地带作为试点开展了为期3个月的养殖试验。在体系中,卵形鲳鲹与凡纳滨对虾(*Litopenaues vannamei*)和青蟹(*Scylla serrata*)混养,牡蛎(*Crassostrea riuilaris*)单养。通过测定水质和营养盐的去除率,比较各种类的生长速率及成本利润率,分析评估该养殖体系的环境和经济效益。

基金项目:广东省自然科学基金项目(No. 2015A030310253),中央级公益性科研院所(中国水产科学研究院南海水产研究所)基本科研业务费专项资金项目(2012A0401,20130501,2014TS 26)
作者简介:区又君(1964—),女,研究员,从事鱼类生物学、发育生物学与海洋渔业增养殖技术研究。E-mail:ouyoujun@126.com

1 材料与方法

本试验的基础设施包括鱼虾混养池塘3个,蚝池1个,水闸3座,进水沟和排水沟各1条,总面积为10.26 hm²。每个池塘设置1台增氧机,1个大饵料台用于投喂鱼饵料,8个小饵料台用做饲喂虾、蟹以及日常观测。

供试的卵形鲳鲹鱼苗购自海南三亚,凡纳滨对虾种苗购自广东湛江,锯缘青蟹苗采自当地海区天然苗种,近江牡蛎购自珠海。在放苗前1个月,将池水排低至30 cm,用生石灰按1.2 kg/m²的药量全池消毒,以杀灭野杂鱼和调节底泥的pH值。一周后加入腐熟的鸡粪培养浮游生物,用量为60 g/m²。待池水的透明度达40 cm时放入苗种。而牡蛎池则不做类似处理。卵形鲳鲹、凡纳滨对虾和锯缘青蟹种苗的混养比例为1.2尾:90尾:1.3只,牡蛎的放养密度为2.3个/m²,放养情况如表1所示。当涨潮时,海区水流由闸门a流进入水沟,然后通过闸门b进入鱼池,鱼池的养殖废水流入牡蛎池,最后在退潮时经闸门c流出体系(图1)。

表1 IMTA体系和对照组中各养殖种类的放养情况

组别	卵形鲳鲹			凡纳滨对虾		锯缘青蟹		近江牡蛎	
	体长/cm	体重/g	放养密度/(尾·m⁻²)	体重/g	放养密度/(尾·m⁻²)	体重/g	放养密度/(只·m⁻²)	体重/g	放养密度/(个·m⁻²)
实验组	6.56±0.18	10.47±0.79	1.2	1.73±0.12	90	2.23±0.11	1.3	202±10.64	2.3
对照组	6.47±0.15	10.53±0.72	1.2	1.71±0.10	90	2.23±0.10	1.3	201±10.71	2.3

养殖实验期间,卵形鲳鲹每天于06:00、10:00及17:00人工投喂3次浮水性颗粒膨化饲料,日投饵量约为体重的5%。每天于05:00-06:00和14:00-15:00开动2次增氧机,虾蟹池不投饵。

每个月从水池中随机捞取30尾卵形鲳鲹活体测量其形态性状,而虾、蟹和牡蛎则每半个月抽检一次,测量完后全部放回养殖池继续养殖。通过测量其收获时的总数量和总重量来统计各养殖品种的成活率和产量。采用公式$SGR = 100(\ln W_t - \ln W_i)/t$计算各品种的生长速度。其中,SGR表示特定生长率(%/d);W_i表示试验初始时湿重(g);W_t表示t时间点的测定湿重(g);t表示从放苗开始至测量时所经历的天数(d)。

水质指标均为现场取样测定:每天2次(10:00和14:00),用表层温度计测定温度;用ATC盐度计测定盐度;用AZ8682 pH计测定pH;用YST55溶解氧分析仪测定溶氧。每周1次(10:00)用HACH DR/890水质分析仪测定氨氮、硝态氮、亚硝态氮、硫化物和活性磷。

计算方法:

氨氮、活性磷和硫化物的去除率采用以下公式计算:

$$RE = 100(C_t - S_t)/C_t$$

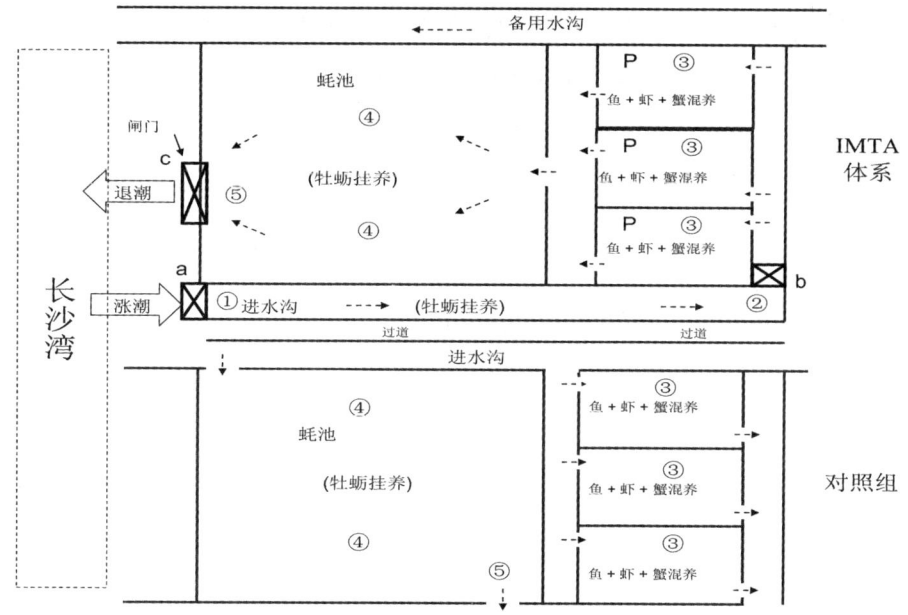

图 1 滩涂 IMTA 示意图

注:①—⑤为水样采集点;a,b,c—闸门;P—混养池;虚箭头表示系统内水流的方向.

式中:RE 为去除率(%);C_t 和 S_t 分别为对照组和实验组在 t 时间点时的营养物质浓度(mg/L)。

体系的经济效益则采用成本利润率来评价,其计算公式为:

$$CPM = R/C = (\sum y_i \cdot p_i - (\sum v_i \cdot y_i + F))/(\sum v_i \cdot y_i + F)$$

式中:CPM 为成本利润率(%);R 和 C 分别为总产值(万元)和总成本(万元);y_i, p_i, v_i 分别为各品种 i(鱼、虾、蟹、贝)的产量,价格和养殖管理成本;F 为该体系的固定成本(万元),包括管理费用,租金,折旧费用,设备及其他基础设施费用及人工等。

实验数据用平均值±标准差的形式表示,并用 SPSS17.0 软件进行单因素方差分析和多重比较,实验结果以 $P<0.05$ 为差异显著。

2 结果与分析

2.1 水质监测结果

表 2 为养殖试验期间水质监测数据。在整个试验期间,水体温度的变幅为 28.9~33.3℃,盐度的变幅为 16.8~25.7,pH 的变化范围为 8.29~8.32。混养实验组池塘中的溶氧量明显高于对照组($P<0.05$),而牡蛎单养池的溶氧量则差异不显著。整个体系中硫化物的浓度与对照组相比较没有明显的差异($P>0.05$)。对照组混养池中的氨氮浓度(260 μg/L)、硝态氮(8.77 mg/L)、亚硝态氮(48.25 μg/L)和活性磷(0.81 mg/L)浓度均高于实验组,但只有氨氮含量的差异达到显著水平($P<0.05$)。通过实验组和对照组的浓度差异来估算营养盐去除率,计算结果:总氮和活性磷的去除率分别为 53.38% 和 58.02%。将 IMTA 体系

中入水沟和排水沟中所有的水质监测指标做比较,两者差异均不显著。

表2 IMTA体系不同单元水质监测结果

水质因素	IMTA体系					对照组	
	进水沟①	牡蛎池②	混养池④	排水沟③	⑤	对照混养池	对照牡蛎池
温度/℃ (10:00)	28.96± 0.38^a	28.95± 0.36^a	28.96± 0.37^a	28.95± 0.37^a	28.96± 0.38^a	28.95± 0.37^a	28.96± 0.38^a
温度/℃ (14:00)	33.31± 0.20^a	33.32± 0.20^a	33.32± 0.21^a	33.32± 0.21^a	33.31± 0.20^a	33.33± 0.21^a	33.32± 0.21^a
盐度	16.80- 25.70	16.80- 25.70	16.80- 25.70	16.80- 25.70	16.80- 25.70	16.80- 25.70	16.80- 25.70
pH	8.30± 0.16^a	8.29± 0.17^a	8.32± 0.18^a	8.31± 0.18^a	8.30± 0.17^a	8.31± 0.18^a	8.30± 0.16^a
溶解氧 /(mg·L^{-1})	5.05± 0.44^{ab}	5.35± 0.11^a	4.25± 0.07^b	4.42± 0.08^b	4.69± 0.38^b	3.43± 0.12^c	4.33± 0.15^b
氨氮 /(μg·L^{-1})	114.00± 6.00^c	104.00± 5.10^c	210.00± 24.70^{ab}	182.50± 24.90^b	121.20± 6.30^c	260.00± 42.50^a	170.70± 13.60^{bc}
硝态氮 /(mg·L^{-1})	0.58± 0.05^c	1.48± 0.13^c	6.53± 0.28^b	7.65± 0.47^{ab}	0.63± 0.07^c	8.77± 0.20^a	1.54± 0.17^c
亚硝态氮 /(μg·L^{-1})	10.25± 0.85^c	22.75± 0.48^c	35.00± 1.63^b	39.70± 2.80^{ab}	14.80± 1.24^c	48.25± 0.48^a	21.81± 0.67^c
硫化物 /(μg·L^{-1})	35.00± 4.28^c	83.30± 3.33^b	122.50± 4.79^a	131.60± 4.63^a	66.70± 5.10^{bc}	154.70± 4.82^a	94.20± 3.54^b
活性磷 /(mg·L^{-1})	0.32± 0.01^b	0.34± 0.01^b	0.46± 0.02^b	0.64± 0.02^{ab}	0.34± 0.01^b	0.81± 0.03^a	0.33± 0.01^b

注:表中①-⑤表示体系中不同的采样点,数据上标字母不同表示存在显著差异($P<0.05$),字母相同则表示没有显著性差异($P>0.05$)。

2.2 收获与产量

表3为养殖收成数据。由表3可见,IMTA体系中各养殖品种增重量,特定生长率,成活率以及产量均高于对照组。在相同的养殖时间内,实验组卵形鲳鲹(387.1 g/尾)和牡蛎(256.3 g/只)的体重增长量显著高于对照组(362.3 g/尾和238.6 g/尾,$P<0.05$)。两组凡纳滨对虾的成活率均较低,对照混养池为16.5%,实验组略高为20.8%;体系中锯缘青蟹的养殖成活率为60.4%,显著高于对照组的52.8%。体系中各养殖品种的总产量与对照组相比也存在明显的优势,其中卵形鲳鲹实验组产量为4 236.2 kg/hm²,高于对照组产量(3 943.4 kg/hm²),凡纳滨对虾实验组产量为2 658.3 kg/hm²,对照组为2 049.3 kg/hm²,锯缘青蟹实验组产量为1 667.2 kg/hm²,高于对照组的1 433.2 kg/hm²,牡蛎实验组产量为5 535.3 kg/hm²,高于对照组的5 142.1 kg/hm²。

表 3 各养殖种类的增重、特定生长率、成活率和产量

组别	卵形鲳鲹				凡纳滨对虾				锯缘青蟹				近江牡蛎			
	增重/(g·尾$^{-1}$)	特定生长率/(%·d^{-1})	成活率/%	产量/(kg·hm^{-2})	增重/(g·尾$^{-1}$)	特定生长率/(%·d^{-1})	成活率/%	产量/(kg·hm^{-2})	增重/(g·尾$^{-1}$)	特定生长率/(%·d^{-1})	成活率/%	产量/(kg·hm^{-2})	增重/(g·尾$^{-1}$)	特定生长率/(%·d^{-1})	成活率/%	产量/(kg·hm^{-2})
IMTA 体系	387.1[a]	4.01[a]	91.2[a]	4236.2[a]	14.2[a]	2.34[a]	20.8[a]	2658.3[a]	213.6[a]	5.07[a]	60.4[a]	1667.2[a]	256.3[a]	0.26[a]	93.9[a]	5535.3[a]
对照组	362.3[b]	3.93[a]	90.7[a]	3943.4[b]	13.8[a]	2.31[a]	16.5[b]	2049.3[b]	208.8[a]	5.04[a]	52.8[b]	1433.2[b]	238.6[b]	0.19[b]	93.7[a]	5142.1[b]

注：数据上标字母不同表示具有显著差异（$P<0.05$），相同则表示没有显著性差异（$P>0.05$）。

2.3 成本与效益

如表4所示,整体上IMTA体系的经济产值优于普通的混养。实验组的生产总成本仅比对照组低2.3%,相差较小,但IMTA体系所产生的总产值和所获得的纯利润却比对照组分别高出48.97%和123.48%。在相同的养殖品种和放养密度条件下,体系的能耗仅为对照组的61.26%,并且在养殖过程中不需要使用药品。IMTA体系的成本利润率比对照组的总和高出2倍以上,经济效益明显。

3 讨论

3.1 滩涂多级综合生态养殖模式的优点

本研究构建了滩涂多级综合生态养殖模式,其优点在于能够有效地将一个养殖单元中的残留饵料,有机或无机物质输送到另一个养殖单元成为其营养物质。当涨潮时,海水经闸门a,b流入体系;退潮时约有1/5的水体从闸门c流出(图1)。海水经过入水沟后浊度降低,溶解氧浓度增高,表明吊养在水渠中的牡蛎有效地滤食了水体中的悬浮有机物。从理论上,牡蛎滤食浮游植物,在一定程度上会降低植物对氨氮的吸收,加之牡蛎自身代谢,水渠中的氨氮含量原本应该会升高,但实际上却降低了(表2)。其原因可能是入水沟中牡蛎的吊养比例适当,使其对藻类的滤食能力保持在合理水平,这样不仅能控制水中浮游植物的过度繁衍,而且还能使藻类一直保持在对数生长期,提高了其对水中营养盐的吸收效率,而氨氮可能是被浮游植物吸收最快的营养盐。据有关混养试验的研究结果报道,在牡蛎放养密度最大的实验组水体中氨氮含量也较对照组为低[9]。此外,一些不能被滤食的悬浮颗粒物在水沟中沉淀下来,使流入池塘的水体水质得到一定程度的净化。

3.2 卵形鲳鲹与虾、蟹混养的优越性

养殖方式和结构一直都是国内外学者研究的热点之一,科学的放养方式和最适的放养结构对提升养殖经济效益和生态效益都具有重大的意义。本研究中滩涂IMTA体系放养方式的优越性在于将单养与混养两者有机地结合起来,这样不仅能增加生态位层次,还可充分地利用水体空间。在混养池塘中,卵形鲳鲹生活于水体上层,而凡纳滨对虾和锯缘青蟹则栖息在下层;它们所需的饵料来源也不尽相同,卵形鲳鲹以颗粒饲料为食,而虾、蟹则摄食残留鱼饵和底栖生物等。在放养结构上一个值得探讨的问题是如何选择混养品种。卵形鲳鲹属肉食性鱼类,养殖早期若将虾苗与其混养而不设置任何保护措施的话,虾苗肯定会遭到该鱼捕食。从本研究中凡纳滨对虾的成活率(20.8%)相当低可以看出,这是原因之一。但是长沙湾地区80%的混养池塘都采用这种放养方式,而且先前的研究也表明该混养方式可行。其原因可能是当地凡纳滨对虾的放养密度非常高,能够保证一定数量的群体存活下来;其次卵形鲳鲹主要以颗粒饲料为食,且投喂足量,使鱼的猎食行为能有所缓和;再者,卵形鲳鲹能将池中的死虾和病虾清除干净,有效地截断了病源;其结果,在池塘中凡纳滨对虾不仅仅是卵形鲳鲹的猎物,更重要的是起到了诱食剂的作用,提高了鱼的摄食能力。而凡纳滨对虾由于处于一定的应激状态,体质在一定程度上也得到增强。当然,这种放养方式是否比其他方法更优越尚不清楚,需要深入探索。

表 4 IMTA 体系的经济效益

组别	成本/万元				产值/万元				纯利润/(万元·hm^{-2})	成本利润率
	苗种	饵料	电费	药品	其他*	卵形鲳鲹	凡纳滨对虾	锯缘青蟹	近江牡蛎		
IMTA 体系	12.94	8.45	0.68	0	4.19	7.93	9.22	5.20	45.06	5.14	1.57
对照组	12.99	8.44	1.11	0.13	4.19	7.38	7.10	4.47	26.30	2.30	0.68

* 指包括管理费用,租金,折旧费用,设备及其他基础设施费用和人工等.

在本实验中,牡蛎是采用单养方式,目的是避免混养时其他种类对其摄食和存活的影响。混养池塘中缺少滤食者,浮游植物会随着营养盐浓度的升高而迅速增长,时间一长很容易导致水质恶化。而利用滩涂的水文特征,当涨潮时外部海水不断流进IMTA体系,同时将池塘中大量的浮游植物和未被利用的有机物输送到蚝池中成为牡蛎的饵料。本实验结果所获得的氨氮和活性磷去除率较高,分别为53.38%和58.02%,表明了近江牡蛎在该系统中起到了良好的生物净化作用。

3.3 IMTA体系的经济效益和生态效益分析

该体系中卵形鲳鲹养殖的特定生长率为4.01,高于普通的混养(3.93)和海区网箱单养(2.96),表明采用该模式卵形鲳鲹的生长速度提高了35.47%。主要有两个方面的原因:一是饵料的种类,本试验主要投喂配方颗粒饵料。有研究表明,投喂天然饵料的鱼其性腺发育和生殖细胞的成熟比较快,而投喂颗粒饲料的鱼则将所摄取得营养更多的用于生长。而良好的水质和较低的盐度则可能是产生上述现象的另一个原因。体系中所有养殖品种的体重增长量,存活率以及产量等均高于对照组,这可能是由于体系中生境较好,营养物质得到了更充分的利用所致。Hopkins J S等在凡纳滨对虾高密度养殖池塘中混养文蛤,结果表明文蛤可以减少水体中的浮游植物量,净化水质,从而提高养殖产量。朱长波等在池塘中构建围网开展凡纳滨对虾和鲻($Mugil\ cephalus$)混养实验,结果显示,在池塘中围网混养鲻,水质指标较好,有利于提高对虾产量和降低饲料成本。

有关滩涂IMTA体系的经济效益,本研究仅基于养殖场水平上所产生的经济价值来分析,而诸如就业岗位提供,社会间接收入以及食品质量安全等社会效益均未纳入统计范围。将IMTA体系和对照组养殖生产的总成本做比较,表明最大的成本差异在于电费,体系中大约61.26%的电能被潮汐能所替代。各单养池塘之间的收入与成本差值大于各混养池间的差值,显示多元化的养殖模式更能保持产值的稳定以及减少养殖风险。结果中(表4)所体现的2.30%的成本降低和123.48%的利润增长很清楚地说明了这一点。

4 小结

尽管该体系的养殖容量仍有待进一步研究,但目前的研究结果已证明了在滩涂地区实施IMTA养殖模式不仅能降低养殖对环境的污染,而且能降低能耗及提高经济效益。

参考文献:略

工厂化珍珠养殖技术与实施

傅百成,傅煜荟,王爱明,傅岳霞

(浙江佰瑞拉农业科技公司,浙江 诸暨 311800)

1 珍珠养殖对环境影响现状

1.1 珍珠养殖对水域环境造成了严重影响

经有关部门对珍珠养殖水质监测结果显示:珍珠养殖水域水质状况差。检测项目有水温、pH 值、电导率、溶解氧、氨氮、氰化物、砷、挥发酚、六价铬、汞、氟化物、高锰酸盐指数、总磷、粪大肠菌群、五日生化需氧量、铜、锌、铅、镉及感官性状等共20项。依据《地表水环境质量标准》(GB3238-2002)及《地表水资源质量评价技术规程》(SL395-2007),采用单因子法对检测结果进行评价,均为劣 V 类水质,至 V 类水质,主要是氮、总磷、五日生化需氧量指标严重超标。

1.2 珍珠养殖造成水域环境污染的原因

虽然珍珠蚌主要以浮游生物、有机碎屑为食,对水体有一定的净化作用,但投肥过量和实行高密度养殖,会对水体造成严重污染,并且水质很难修复。分析污染原因,主要是3个方面。

(1)过量投饵投肥造成污染。养殖户受利益驱动,不考虑水体承载力,过量吊养,过量投肥,造成水体污染。并且是大量投施未经发酵的有机肥,导致水体严重污染。

(2)大量蚌肉蚌壳造成污染。珍珠蚌取珠后,蚌肉、蚌壳等大量废弃物未被利用,也未经无害化处理就随意丢弃,成为重要污染源。

(3)监督管理缺失造成污染。监管制度未成体系,全国没有规范的珍珠养殖准入制,缺乏行之有效的监测标准,执法依据不足。

1.3 对规范和压减珍珠养殖的几点建议

①遵循产业梯次转移规律,尽快退出珍珠养殖产业。②珍珠养殖产生的负面影响显而易见,压减珍珠养殖的决心要坚定不移,也是国家战略方针。③从珍珠养殖产业发展现状出发,要加强分类管理,实现逐步退出。④加大监管力度,形成长效监管机制,不断巩固压减成果。

2 传统珍珠养殖的技术瓶颈

传统的珍珠养殖不单是对水体环境造成污染的重大问题,而在养殖技术上还面临大家公认的珍珠质量产量的六大问题:

①缺乏显著促进珠质分泌养殖方法与工艺。②缺乏加速伤口愈合的胶水或手术方法。

③对珍珠颜色的分析与人工调控还是一个难题。④对珍珠圆度的人为调控也还是个难题。⑤淡水珍珠的光泽难与海水珍珠比美。⑥蚌病难以防治。蚌病不同于鱼病,鱼病易治,蚌病难控。

3 工厂化珍珠养殖技术与中试中的实施

3.1 养殖水质的处理与控制指标

水是珍珠蚌、鱼虾赖以生存的最基本条件,水质的好坏直接影响到珍珠蚌的健康。特别是工厂化养殖密度大、生长快、水体容量小、环境温度又很适合细菌的暴发,池内有机物质含量高,这些因素很容易造成水质老化,导致珍珠蚌、鱼虾缺氧、暴发珍珠蚌病甚至死亡。对于工厂化蚌鱼混养而言,养殖用水水质应控制在:pH 值 7~8.5,溶解氧大于 5 mg/L,水温控制在 24~30℃,氨氮不超过 0.2 mg/L,硫化氢不超过 0.03 mg/L,亚硝酸盐不超过 0.02 mg/L,水体流速控制在 5~10 m/h,总葡萄球菌群控制在 50 个/L,总大肠菌群控制在 30 个/L,藻类、浮游生物量含量控制在 150~250 mg/L,五日生化需氧量(BOD_5)控制在 30 mg/L。水中有毒有害物质含量应符合《无公害食品 淡水养殖用水水质》要求。水体循环流程见图 1。

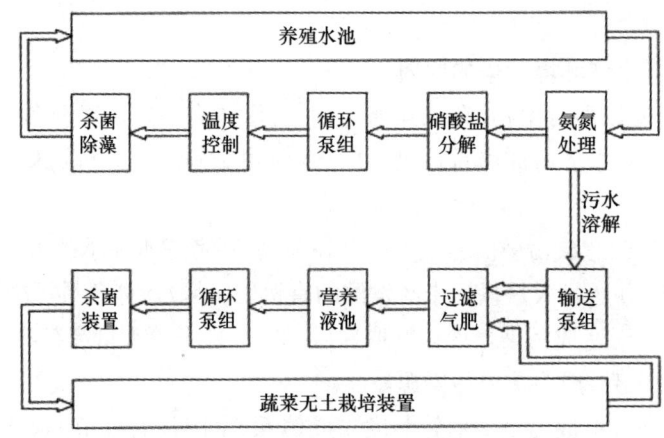

图 1 养、种殖流程示意图

(1)严格监控外源水质。水源浑浊水进行蓄水塘沉淀,绝对禁止有污染或已老化的水体进入养殖场所,所有补充水采用紫外线杀菌及 1 μm 过滤袋对补充水进行过滤。

(2)保持水位。养殖池水位保持 70 cm 高度,分上下两层,上层 25 cm,下层 45 cm,上层为珍珠蚌养殖空间,珍珠蚌每平方密度控制在 25~30 个,下层为鱼虾空间及水下清扫设备工作高度,定期进行养殖池池底沉淀物的清扫、收集沉淀污物作为蔬菜营养进行处理。

(3)利用罗茨风机进行增氧。人工增氧是增加产量的最重要措施之一,适时增氧能改善池水水质、减少疾病、降低饵料系数、提高珍珠蚌的生长速度与产量。设 2 台增氧机,24 h 开机,一用一备,每 2 小时自动转换开机,保证设备的安全运行,全池长度内敷设纳米微孔管向水体增氧。

（4）利用水位的高低由自动控制系统自动补水，水处理系统对养殖循环水进行物理及微生物处理。

（5）利用实时传感器采集数据，在pH值，进行计算计软件控制，自动进行药物添加，低时用生石灰水来提高pH值，高时酸类溶液来降低pH值。

（6）利用物理方法以及微生物修复水质。在养殖水循环系统水处理中有毛刷过滤、滤料过滤、火山石过滤、生化棉过滤4个功能模块，经过处理后的养殖水能做到"肥"、"活"、"嫩"、"爽"解决了定期换水问题，处理产生的排污水，引入蔬菜营养液池，添加欠缺元素作为无土栽培蔬菜营养液使用，节约水资源，做到0污水排放及鱼菜共生。

（7）水温控制采用太阳能集热系统收集热能，每天给保温水箱加热，在养殖水池温度低于26℃时，自动把保温水箱的热量换热到养殖水的加温中，到29℃时自动停止加热程序，24 h加热温度变化控制在2℃内。

（8）对养殖水体进行实时的生物、理化指标的检测，经过计算机的处理，对重要指标进行自动控制处理，一般指标进行报警提示，利用人工检查做好养殖池清洁卫生工作。经常清除池内老死的藻类漂浮团、污物、死鱼虾等。

（9）加强对饲料的处理工艺流程的控制，所有有机饲料（大豆、玉米、米糠、菜饼、麦皮、蛋白饲料等）需经过高温杀菌、发酵、粉碎工艺，定时、按需添加到养殖水体中，提高珍珠蚌的吸收率，降低水处理系统的负荷；微生物饲料由专门的藻类培养装置进行培养，整体养殖水消毒、杀菌后添加接种，保证微生物饲料的供给和生态平衡。

（10）做好所有计算机采集数据、储存、执行情况的管理，实时进行物联网数据共享，使有关专业人员可以实时掌握现场情况及实验数据的收集与分析。加强投入药品情况等都要做好记录，确保生产过程管理规范。

3.2 珍珠蚌的手术控制

传统珍珠蚌插核手术时间一般在春末或初秋，是育珠手术的最佳时机。但因盛夏气温高，蚌离水后脱水快，伤口易发炎溃烂，手术环境不做无菌处理，插核手术后又重新在原水环境中养殖，池塘中大量的细菌无法杀灭，造成感染发炎的概率很高，经统计插核手术后吐核及死亡约总占手术蚌的40%以上，造成很大的损失，冬季则蚌体几乎进入休眠状态，手术伤口不易愈合，易发生吐片、烂片。为了解决这个问题在工厂化珍珠养殖中采取了以下办法：①建立手术前后的流水暂养池，水体采用臭氧杀菌与消毒。②建立无尘工作室，手术室空气进行过滤处理，手术期间保持无尘、正压空气环境，有效减少空气的病菌传入，手术环境全过程采用无菌操作，所有手术器械经过严格消毒。③采用河蚌启闭肌放松剂、创口处理凝胶应用在开壳及伤口处理，杜绝对珍珠蚌边缘的损伤与伤口的恢复。④采用创新的磁场引力法进行固核措施，保证手术后的0吐核。⑤手术后的养殖水体进行全面调整，提供手术期间休养恢复水环境，前7 d全天候杀菌消毒，同时投放一定含量的抗生素到养殖水体，水温控制在22~24℃，减慢细菌生长，加速伤口愈合，恢复机体元气。⑥伤口愈合后养殖水体采用藻类丰富，有机物含量高，水温适当升高，加速珍珠质分泌，经过透视设备检测珍珠质包裹层厚度大于1 mm（国标大于0.8 mm），可以进入珍珠上色养殖流程。

3.3 珍珠蚌的整圆控制

现在传统养殖上的畸形珠比例大，圆珠少而又少，这严重地影响了珍珠的价值，如果有一种控制珠质分泌细胞分泌的均匀的物质或方法，从某方面而言也可达到珍珠圆度的理想效果。上述理论在国内珍珠贝类研究专家已经基本形成共识，可要实现难度很大，基于目前现状，在工厂化珍珠养殖研究中提出了应力包裹理论方法，从内吸分泌细胞，改变为施加适当应力的珍珠囊，形成珍珠生长正圆模具，结合超声波振动等专利技术，使珍珠的正圆度可以人为控制。

3.4 珍珠的颜色控制

目前珍珠颜色的成色机理在国内学术界至今没形成统一的理论，有遗传理论、环境理论、水质因子理论等，还没能真正解开珍珠颜色形成机理，在工厂化珍珠养殖研究中我们结合国内外谈、海水珍珠的研究成果，经过多次的实验，形成了一套离子成色机理理论，并进一步进行了验证，颜色的控制概率高于其他团队的研究。

（1）致色离子的确定，如卟啉铁显红色（人体血液红色由铁离子决定），如卟啉镁显绿色（植物的叶绿不由镁离子决定），如卟啉铜显蓝色，如卟啉锌显黄色等，另外在水体中有很多金属离子，不同的离子均会形成不同的颜色。

（2）在养殖池建设中及水体中严格控制非组织内金属离子的导入，特别是在上色期间严格控制漫散离子，所有离子均处于精确受控状态。

（3）根据实验结果所建立的颜色形成数学模型分解出不同含量的离子量，在饲料及水体中添加精确的离子量，经过珍珠蚌的吸收，分泌到珍珠表层，得到受控的珍珠颜色。

3.5 珍珠表面瑕疵的消除与控制

传统养殖珍珠在珍珠表面或多或少存在瑕疵，发现珍珠表面的瑕疵产生位置均在珍珠质包裹层（文石结构层）上，而金属卟啉络合物层（颜色层）、角质蛋白层（光泽层）均没有瑕疵产生，经过实地跟踪调查分析和实验室实验分析结果，珍珠蚌分泌珍珠质期间，养殖水体环境温度一般在20~30℃，28℃左右这个温度也是细菌生长、裂变的最适宜条件，由于传统养殖水体细菌很难得到全过程控制，珍珠蚌内也寄生了大量的细菌，7 d左右时间细菌老化、死亡，加上细菌的集聚特性，造成老化、死亡细菌集聚菌斑产生，菌斑呈酸性，瑕疵产生结论：由菌斑酸性腐蚀了珍珠质外层，产生小坑，引起珍珠观感瑕疵，养殖水体中细菌少瑕疵就少，而上颜色、上光泽时养殖水体的温度在基本上在8~15℃，不利细菌自然生长，这在海水珍珠很少瑕疵得到了佐证。在工厂化珍珠养殖中采用杀灭细菌来进行控制瑕疵的产生：①在养殖水体循环系统中增加紫外线杀菌装置，根据水体细菌培养分析结果，指导开启杀菌装置。②对紫外线免疫的细菌，定期注入臭氧气体到养殖水体进行细菌杀灭。③在水体pH值低时，用适量的生石灰调整pH值与起到杀菌作用。④及时清理池内沉淀物质，减少细菌生长温床。

3.6 珍珠的光泽控制

传统养殖珍珠光泽形成时间主要在冬季与初春，收入的珍珠光泽好的数量不多，经过分析有多方面造成，环境温度突变引起蛋白分泌与珍珠质分泌的变化，在初春的环境对珍珠蚌来说,晚上进入休眠,早上傍晚分泌蛋白,中午分泌珍珠质,传统养殖光泽形成时间约为2月,而实际有效分泌蛋白期时间只有200~300 h,珍珠蚌摄入蛋白量过少,水体理化指标变化造成分泌的角质蛋白厚度偏薄或不均匀,致密度下降,刚从休眠期过来珍珠蚌机体分泌能力不活跃。在工厂化养殖中采用以下技术对光泽形成进行控制:①严格控制环境、水体温度,饲料的蛋白含量,使珍珠蚌分泌角质蛋白、类胡萝卜素及氨基酸量大而且分泌均匀。②增加分泌时间,精确控制分泌环境,水体温度波动小于2℃,整个分泌过程时间在800 h以上,其光泽达到或超海水珍珠的品质。③由于分泌蛋白包裹层数多而且均匀,并在养殖环境添加抗氧化、防紫外线配方,使养殖出来的珍珠具有防紫外线、酸碱腐蚀上有大幅度提高,光泽持久保持时间更长,可以免增光、漂白工艺,保证了天然高光泽。

参考文献:略

花鲈消化及视觉器官早期发育的组织学观察

温海深,刘阳,柴森浩,黄杰斯,张美昭,李吉方,李昀

(中国海洋大学 海水养殖教育部重点实验室,山东 青岛 266003)

花鲈(*Lateolabrax maculatus*),属鲈形目,鮨科,花鲈属,为我国重要的海产经济鱼类,在海水、半咸水、淡水或河口地区均可存活与生长[1]。目前花鲈育苗技术已取得一定突破,但仔鱼开口期和变态期仍属危险期,易造成大量死亡。鱼类的器官分化及发育是组织胚胎学和发育生物学的基本研究内容之一。由于仔鱼摄食及消化功能对其发育及生长有着直接的联系,因此鱼类器官早期发育的组织学研究主要集中在视觉器官及消化系统的发育[2]。对花鲈早期形态特征有过报道[3-4],但对其仔稚鱼消化系统发育、视觉器官发育等系统性研究鲜有报道。本文借助组织学手段,对花鲈仔稚鱼消化器官、视觉器官的发生及发育进行系统性研究,以期更好地了解花鲈仔稚鱼的消化生理与摄食行为,为寻找适合饵料、提高育苗成活率提供理论依据。

1 材料与方法

2013—2015年,于珠海市斗门区河口渔业研究所进行相关实验,受精卵来自福建。在孵化0~45 d内,每天对孵出仔鱼进行采样,样品经Bouin氏液固定24 h后,用70%酒精长期保存。经脱水,透明,包埋后,使用Lecia RM切片机对样品进行纵、横方向连续切片,厚度6~8 μm,经干燥后,进行H.E染色。最后中性树胶封片。

基金项目:东营市渔业科技项目(20150217);国家"十二五"国家科技支撑计划课题(2011BAD13B03)。
作者简介:温海深(1963—),男,教授,研究方向:鱼类繁殖生理与品种选育. E-mail:wenhaishen@ouc.edu.cn

使用 Olympus 光学显微镜观察仔稚鱼各器官发育情况,并用 Olympus Micro Suite TMFIVE 照相系统进行拍照。

2 结果

2.1 消化器官胚后发育组织学结构

胃:仔鱼出膜 1~3 d,食管、胃、肠并未分化,只是一细长消化管。可观察到消化管紧靠卵黄囊背方,管腔狭细,管壁黏膜上皮细胞为紧密排列的立方或矮柱状细胞,细胞核多位于基底部,并无褶皱出现(图版Ⅰ-1)。

出膜 4 d 仔鱼胃出现雏形,胃壁并无褶皱。出膜 7 d 仔鱼胃开始膨大,胃壁较薄,胃黏膜出现褶皱。上皮种类为单层柱状上皮,细胞呈长柱形,细胞核为杆状,位于细胞中部或底部(图版Ⅰ-2)。

出膜 8 d 后,部分仔鱼开始捕食轮虫,胃部纵切图可观察到胃进一步延长膨大,黏膜褶皱加粗加长,胃上皮细胞为单层矮柱状上皮,细胞核为球形,位于细胞中部(图版Ⅰ-3)。此时胃分化为三部分:贲门部、基底部和幽门部。贲门部是食管和胃的交界处,上皮类型为复层鳞状上皮(图版Ⅰ-4)。胃最后一部分为幽门部,管腔狭小,结缔组织丰富,并最终发育成幽门括约肌(图版Ⅰ-5)。

出膜 17 d 后,仔鱼贲门部的上皮类型由食管的复层鳞状上皮转变成为胃的单层立方上皮,此处胃上皮不含有黏液细胞和微绒毛。

出膜 20 d,胃壁增厚,黏膜褶皱加粗变高,黏膜下层变厚(图版Ⅰ-6 和图版Ⅰ-7)。上皮的类型为单层立方上皮,细胞核圆形,位于细胞中央。胃贲门部上皮出现少量杯状细胞(图版Ⅰ-7)。

肠:出膜后 1~2 d,仔鱼消化管呈细长直管状,肠腔狭细无褶皱(图版Ⅱ-1)。位于卵黄囊背面和脊索之间,与脊索平行呈直线状,无盘曲,末端形成肛突。出膜 3 d 仔鱼肠腔略有膨大,肠腔表面上皮可见单层柱状细胞,细胞核多位于基底部,未出现黏膜褶(图版Ⅱ-1)。

出膜 5 d 仔鱼肠的后段出现略微褶皱,上皮类型为柱状上皮,细胞呈长柱形,细胞核为杆状,位于细胞近基底部(图版Ⅱ-2),但是肠腔前端还未出现褶皱。出膜 8 d 仔鱼开始摄食,黏膜褶皱丰富,肠上皮为纤毛柱状细胞,夹有少量杯状细胞(图版Ⅱ-3),黏膜下层较为丰厚,主要由结缔组织构成。环肌出现,肛门与外界相通。

出膜 13 d 仔鱼,肠道后部黏膜褶皱丰富,并出现少量二级分支褶皱。肠道纵切图可以观察到肠后部的上皮具较多的核上空泡状结构,主要是杯状细胞,肠的前端为单层上皮细胞,还未见到空泡状结构(图版Ⅱ-4)。

出膜 17 d 仔鱼,肠腔明显更加膨大,腔内游离纹状缘增厚,黏膜上皮充斥着大量空泡状结构即杯状细胞,基底部为单层矮柱状细胞,细胞核球形,位于细胞中部,并与杯状细胞构成复层排列(图版Ⅱ-5)。前肠靠近幽门部形成两个盲囊状皱褶,其组织结构和前肠极为相似,该结构为幽门垂的雏形。

苗种培育与健康养殖 297

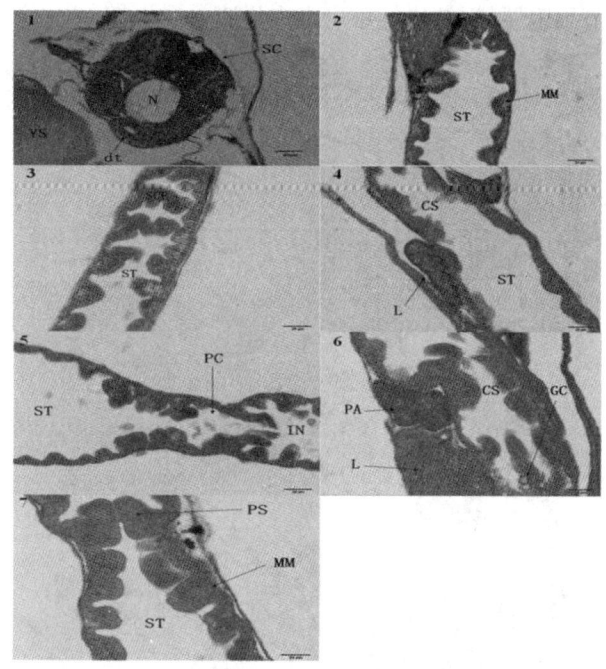

图版 Ⅰ 花鲈仔鱼器官发育组织学观察

图版Ⅰ说明

Ⅰ-1:出膜1 d仔鱼横切图,标尺=20 μm;Ⅰ-2:出膜4 d仔鱼纵切图,标尺=20 μm
Ⅰ-3:出膜8 d仔鱼纵切图,标尺=20 μm;Ⅰ-4:出膜8 d仔鱼纵切图,标尺=20 μm
Ⅰ-5:出膜8 d仔鱼纵切图,标尺=20 μm;Ⅰ-6:出膜17 d仔鱼纵切图,标尺=20 μm
Ⅰ-7:出膜20 d仔鱼纵切图,标尺=20 μm

YS—卵黄囊,N—脊索,dt—消化管,SC—脊髓,MM—黏膜褶皱,ST—胃,L—肝,CS—贲门部,
PC—幽门部,IN—肠道,GC—杯状细胞,PS—幽门括约肌

出膜24 d仔鱼,黏膜上皮纹状缘明显,肠腔内纵行褶增高、增多,肌肉层加厚(图版Ⅱ-6)。肠壁各层次明显,由黏膜层、黏膜下层和肌层组成,外膜为单层细胞及少量结缔组织构成浆膜。

2.2 视觉器官胚后发育组织学结构

出膜3 d仔鱼,视网膜内侧为染色较浅的神经节细胞,视网膜外侧为着色较深的色素层,是一层含丰富色素颗粒的立方上皮细胞(图版Ⅲ-1)。外核层与内核层染色较浅,位于视网膜与色素层之间。在外核层及色素层之间,可观察到一层视锥细胞,核较大、染色浅。晶状体为一透明的球形半固体,主要由上皮细胞构成,无血管和神经,呈嗜酸性。位于晶状体前方有一层透明膜,即为角膜。

出膜后7 d仔鱼,虹膜为一黑色的环形薄膜,位于角膜后方、晶状体前方,仅有单一色素层(图版Ⅲ-2)。晶状体和视神经细胞被一层膜分开,即为内界膜。视细胞仍以视锥细胞为主。至此视网膜已分化完全,从外到内依次分为色素上皮层、视锥层、外界膜、外核层、外网层、内核层、内网层、节细胞层、视神经纤维层和内界膜。

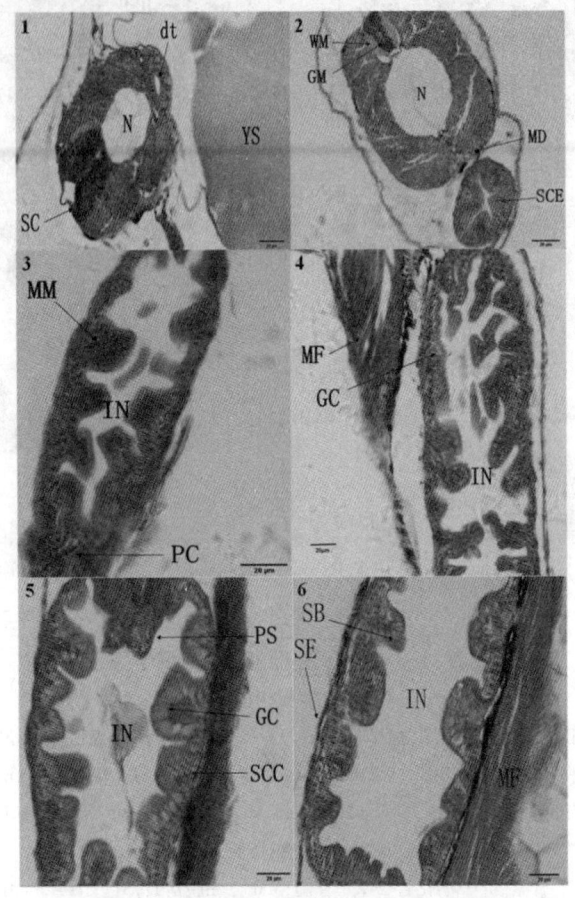

图版Ⅱ 花鲈仔鱼器官发育组织学观察

图版Ⅱ 说明

Ⅱ-1:出膜3 d仔鱼横切图,标尺=20 μm;Ⅱ-2:出膜5 d仔鱼横切图,标尺=20 μm

Ⅱ-3:出膜8 d仔鱼纵切图,标尺=20 μm;Ⅱ-4:出膜13 d仔鱼纵切图,标尺=20 μm

Ⅱ-5:出膜17 d仔鱼纵切图,标尺=20 μm;Ⅱ-6:出膜24 d仔鱼纵切图,标尺=20 μm

YS—卵黄囊,N—脊索,dt—消化管,SC—脊髓,WM—白质,GM—灰质,MD—中肾管,
SCE—单层柱状上皮,PC—幽门部,MM—黏膜褶皱,IN—肠道,MF—肌纤维,GC—杯状细胞,
PS—幽门括约肌,SCC—矮柱状细胞,BB—纹状缘,SE—浆膜

3 讨论

3.1 消化系统

花鲈仔鱼孵化初期为内源性营养,依靠卵黄囊提供营养,食管、胃、肠等消化器官并未分化,此时期消化道上皮细胞以矮柱状细胞为主,这与尼罗罗非鲫(*Tilapia nilotiea*)、斜带石斑鱼(*Epinephelus coioides*)等研究结果相一致[5-6],但哲罗鱼(*Hucho taimen*)在孵化前胃、肠的

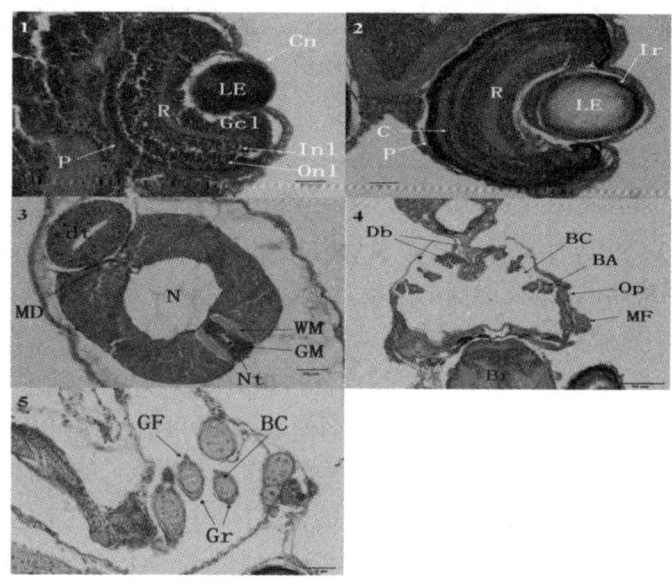

图版Ⅲ 花鲈仔鱼器官发育组织学观察
图版Ⅲ 说明
Ⅲ-1:出膜3 d仔鱼纵切图,标尺=20 μm;Ⅲ-2:出膜7 d仔鱼纵切图,标尺=20 μm
Ⅲ-3:出膜3 d仔鱼横切图,标尺=20 μm
Cn—角膜,LE—晶状体,Inl—内核层,Onl—外核层,Gcl—视神经节细胞,R—视网膜,P—色素层,
ir—虹膜,C—视锥细胞,dt—消化管,MD—中肾管,N—脊索,GM—灰质,WM—白质,Nt—神经管

雏形便已出现[7]。出膜后3~4 d,花鲈仔鱼消化道逐渐开始分化为食管、胃、肠等器官,这与南方大口鲇(*Silurus meridionalis*)的研究结果相类似[8]。出膜后7~8 d,消化道分化为口咽腔、食道、胃、肠和直肠,并且胃、肠内壁出现黏膜褶皱,肛门与外界相通,此时仔鱼已做好开口摄食的准备,同时形态学观察,出膜8 d后,部分仔鱼开始捕食轮虫,由此可见,仔鱼开口摄食与其消化器官及排泄器官的发育之间,在时间上存在较为明显的同步性。常青等[9]研究表明,半滑舌鳎仔鱼在出膜后3~5 d,完成了消化系统形态上的分化,具备了独立进行外源性摄食的能力,并且第3天即可开口摄食轮虫,可见不同鱼种间消化器官早期发育时期略有不同。

本实验中,花鲈仔鱼出膜4 d后,胃开始出现雏形,胃壁并无褶皱。出膜7 d仔鱼胃开始膨大,胃壁较薄,胃黏膜出现褶皱。出膜8 d后,部分仔鱼开始捕食轮虫,胃部纵切图可观察到胃进一步延长膨大,黏膜皱褶加粗加长,胃上皮细胞由起初的单层柱状上皮分化为单层矮柱状上皮。可见胃黏膜褶皱的出现、增多,与花鲈仔鱼能否正常开口摄食以及开口摄食的时期存在一定的相关性。此时胃分化为三部分:贲门部、基底部和幽门部,其分化时期与哲罗鱼相近[7],鱼体处于混合性营养阶段后期,此时虽能摄取外界食物,但各消化器官仍未发育完全,为鱼体消化系统的过渡时期,在营养、形态和生理机能上将发生很大转变,如不及时供给适合的饵料将会影响花鲈仔鱼的生长与存活。

Govoni 等[10]通过对几种硬骨鱼类的脂类吸收及食性转换分析，认为大多数海水硬骨鱼类的胃，在仔鱼阶段并未执行胃的实际功能。肠道作为鱼类的消化道，其主要功能是消化吸收，鱼类的早期消化，多数以肠道为主[11]。本实验中，出膜 3 d 仔鱼肠腔略有膨大，肠腔表面上皮可见单层柱状细胞，出膜 5 d 仔鱼肠的后段出现略微褶皱，上皮类型为柱状上皮。出膜 8 d 仔鱼开始摄食，黏膜褶皱丰富，肠上皮为纤毛柱状细胞，夹有少量杯状细胞。出膜 13 d 仔鱼，其纵切图可观察到，仔鱼肠道后部出现大量杯状细胞，这与鞍带石斑鱼（*Epinephelus lanceolatus*）研究结果相似[12]，此时肠的前端为单层上皮细胞。肠道黏膜褶皱的增多，预示着花鲈仔鱼用于消化、吸收面积的增加，可见其发生、发育也与花鲈食性转化的时期出现存在一定的相关性。杯状细胞的出现，可以帮助食物在消化道内蠕动，减少摩擦，保护消化道内壁，Murray 等[13]认为食道杯状黏液细胞除润滑功能外，可能还担任着胃前消化的职能。同时，肠上皮细胞分化成不同类型，可在一定程度上预见其所执行的功能，这些上皮细胞内的积极转运活动[9]，也可预示着花鲈仔鱼食性的转化。

3.2 视觉器官

视觉器官的发育直接影响仔鱼的捕食行为，Blaxter 与 Staines[14]研究认为大多数鱼类仔鱼开口摄食时，视细胞为视锥细胞，而只有鳗鲡科和长尾鳕科为视杆细胞，随后对美洲鳀（*Engraulis mordax*）及牙鲆（*Paralichthys olivaceus*）研究也证实了这一观点[15-16]。视网膜具有感光作用并形成视觉冲动传递到视觉中枢，晶状体有屈光作用，它们在眼的视觉成像中起决定性作用[17]。因此花鲈仔鱼眼的各部分发育中，其发育时间最早，在真鲷（*Pagrosomus major*）[18]与施氏鲟（*Acipenser schrenckii*）[19]的研究中均证实，仔鱼视网膜和晶状体在刚破膜时便开始分化发育，出膜 3~4 d 后角膜、虹膜等才开始发育。本实验中花鲈仔鱼在出膜 8 d 后开始摄食，此时视网膜从外向内分化为 10 层：色素上皮层、视锥层、外界膜、外核层、外网层、内核层、内网层、节细胞层、视神经纤维层和内界膜。花鲈仔鱼视网膜在整个仔鱼期只有视锥细胞，并无视杆细胞出现，因此对弱光的反应较为迟钝，对强光反应敏感。这一眼部构造决定了其摄食节律，即白天摄食强烈，晚上几乎不摄食。王小平等[20]研究亦表明，花鲈到稚鱼期，视杆细胞才开始发育，仔鱼逐渐在夜间光照下摄食，到幼鱼期其摄食能力更加增强。

4 结论

本研究发现，仔鱼开口摄食与其消化器官及排泄器官在发育时间上，存在一定同步性，不同鱼种间消化器官早期发育时间存在差异性。消化器官黏膜褶皱的出现、增多，与花鲈仔鱼食性转化存在一定的相关性。胃分化为贲门部、基底部和幽门部三部分时，鱼体处于混合性营养阶段后期，为鱼体消化系统的过渡时期，如不及时供给适合的饵料将会影响花鲈仔鱼的生长与存活。同时，消化器官上皮细胞的不同分化，可一定程度预见其功能，其与花鲈仔鱼食性转化相关联。花鲈仔鱼视网膜在整个仔鱼期只有视锥细胞，这一眼部构造决定其在仔鱼阶段，将在白天强烈摄食，而晚上几乎不摄食。以上研究结果，将为花鲈早期系统培育、提高育苗成活率提供理论依据。

参考文献

[1] 温海深,张美昭,李吉方,等. 我国花鲈养殖产业现状与种子工程研究进展[J]. 渔业信息与战略,2016,31(2):105-111.

[2] 柴森浩. 花鲈仔鱼发育与精液低温冷冻保存研究[D]. 青岛:中国海洋大学,2014.

[3] 胡先成,邵贻钧. 花鲈的胚胎发育和仔鱼发育[J]. 水产科技情报,1995,22(5):195-198.

[4] 韩枫,温海深,张美昭,等. 人工繁育花鲈早期发育形态特征与仔鱼培育技术研究[J]. 海洋湖沼通报,2016(5):85-92.

[5] 赵宝生,孙建富,毕宁阳. 尼罗罗非鱼(Tilapia nilotia)仔鱼前期器官发育与分化的组织学观察[J]. 大连水产学院学报,1989,2:003.

[6] 吴金英,林浩然. 斜带石斑鱼消化系统胚后发育的组织学研究[J]. 水产学报,2003,27(1):7-12.

[7] 关海红,匡友谊,徐伟,等. 哲罗鱼消化系统器官发生发育的组织学观察[J]. 动物学杂志,2007,42(2):116-123.

[8] 刘建虎,叶元土. 南方大口鲶消化管胚后发育组织学研究[J]. 中国水产科学,1999,6(1):18-23.

[9] 常青,陈四清,张秀梅,等. 半滑舌鳎消化系统器官发生的组织学[J]. 水产学报,2005,29(4):447-453.

[10] Govoni J J,Boehlert G W,Watanabe Y. The physiology of digestion in fish larvae[J]. Environmental Biology of Fishes,1986,16(1/3):59-77.

[11] Hamlin H J,Herbing I H V,Kling L J. Histological and morphological evaluations of the digestive tract and associated organs of haddock throughout post-hatching ontogeny.[J]. Journal of Fish Biology,2000,57(3):716-732.

[12] 郭仁湘,符书源,杨薇,等. 鞍带石斑鱼仔稚(幼)鱼的发育和生长研究[J]. 水产养殖,2011(4):8-13.

[13] Murray H M,Wright G M,Goff G P. A study of the posterior esophagus in the winter flounder,Pleuronecte.[J]. Canadian Journal of Zoology,1994,72(7):1191-1198.

[14] Blaxter J H S,Staines M,Blaxter J H S,et al. Pure-cone retinae and retinomotor responses in larval teleosts[J]. Journal of the Marine Biological Association of the United Kingdom,1970,50(2):449-464.

[15] O'Connell C P. Development of organ systems in the northern anchovy,Engraulis mordax,and other teleosts[J]. American Zoologist,1981,21(2):429-446.

[16] Kawamura G,Ishida K. Changes in sense organ morphology and behaviour with growth in the flounder Paralichthys olivaceus[J]. Nippon Suisan Gakkaishi,2008,51(2):155-165.

[17] 何滔,肖志忠,刘清华,等. 条石鲷视觉器官早期发育的组织学观察[J]. 海洋科学,2012,36(3):49.

[18] 李大勇,刘晓春. 真鲷早期发育阶段的摄食节律[J]. 热带海洋,1994,13(2):82-87.

[19] 王念民,刘建丽,王炳谦,等. 施氏鲟仔鱼眼的组织学观察[J]. 水产学杂志,2006,19(1):20-25.

[20] 王小平,单保党,洪万树,等. 花鲈视觉发育与摄食行为的关系[J]. 厦门大学学报(自然版),1999(2):323-327.

循环水养殖好氧反硝化细菌的分离和脱氮应用

陈钊[1,2]，宋协法[1]，黄志涛[1]，李健[2]，董登攀[1]，任义[1]

(1. 中国海洋大学 水产学院，山东 青岛 266003；
2. 中国水产科学研究院 黄海水产研究所，山东 青岛 266071)

  反硝化是氮循环中的重要环节，也是一种重要的脱氮方式，指硝酸盐在微生物的作用下相继被还原为 NO_2^-、NO、N_2O、N_2 的过程[1]，实现了土壤、水域中的氮元素向大气中的转移。传统理论认为反硝化是严格厌氧的过程，O_2 会抑制反硝化还原酶基因的表达和反硝化还原酶的活性[1]，此外，在有机物氧化的过程中，O_2 一般认为是首选的电子受体[2]，在有氧条件下反硝化菌会优先利用溶解氧进行呼吸，这样就阻止了 NO_3^-、NO_2^- 作为最终电子受体[3]。20 世纪 80 年代，Robertson 和 Kuenen 首次发现了一种可以在有氧状态下进行反硝化的细菌 *Thiosphaera pantotropha*（现更名为脱氮副球菌 *Paracoccus denitrification*[5]），并将此现象命名为好氧反硝化[4]。此后，又有许多学者报道了好氧反硝化方面的研究[6-9]。

  脱氮技术是水质净化、污水处理的重要手段，其中生物脱氮技术因不需要后续处理、无副产物产生而成为最经济的脱氮方法[10]。生物脱氮技术有着广泛的应用，其在循环水养殖系统中对于水质的控制发挥着重要作用，其中氨氮和亚硝酸盐因对养殖生物具有毒性而受到严格控制，一般是利用生物滤池中硝化细菌的硝化作用将氨氮和亚硝酸盐转化为低毒性的硝酸盐，但硝酸盐的持续积累最终也会导致系统的崩溃，所以将硝酸盐通过反硝化作用转化为气态氮，完成氮元素由水域向大气的转移仍然是必要的过程。循环水养殖系统内需要高溶氧以确保其高密度养殖的需求，而传统的反硝化过程是在厌氧的环境下进行的[1]，这与循环水养殖的要求相矛盾，需要额外增加水处理环节以实现厌氧反硝化。厌氧反硝化会增加养殖成本、限制循环水养殖系统的生产，所以好氧反硝化的发现从根本上解决了这一矛盾。针对循环水养殖的特点开展好氧反硝化的相关研究，对于循环水养殖系统的脱氮、维持良好的水质状态具有重要意义。

  生物滤池具有十分复杂的生态结构，在实现循环水养殖系统脱氮、控制养殖系统水质方面起着至关重要的作用。本研究尝试从循环水养殖系统中的生物滤池内分离好氧反硝化细菌，开展相关研究，并在此基础上进行好氧反硝化反应器的应用研究，以期为循环水养殖系统的脱氮技术工艺提供参考。

基金项目：国家科技支撑计划项目(2011BAD13B04)；中国海洋大学青年教师科研专项基金(201413062)；山东省博士后创新项目(201302025)
作者简介：陈钊(1987—)，男，硕士研究生，研究方向为循环水养殖；联系电话：15689932536；电子邮件：cz19890205@163.com。
通信作者：宋协法(1964—)，男，教授；电子邮件：yuchuan@ouc.edu.cn

1 材料与方法

1.1 细菌分离

1.1.1 样品来源

莱州明波公司珍珠龙胆(Epinephelus fuscoguttatus ♀ × Epinephelus lanceolatu ♂)循环水养殖系统内的生物滤池。

1.1.2 培养基及试剂

反硝化富集培养基[11]：牛肉膏 3.0 g，蛋白胨 5.0 g，KNO_3 1.0 g，人工海水($30×10^{-3}$ 的 NaCl 溶液) 1 000 mL，pH 约为 7.4。

溴百里酚蓝(BTB)分离培养基[12]：KNO_3 1.0 g，$C_6H_5Na_3O_2 \cdot 2H_2O$ 1.0 g，KH_2PO_4 1.0 g，$FeSO_4 \cdot 7H_2O$ 0.05 g，$CaCl_2$ 0.2 g，$MgSO_4 \cdot 7H_2O$ 1.0 g，溴百里酚蓝(1%溶于酒精) 1 mL，琼脂 20.0 g，人工海水 1 000 mL，pH 为 7.2。

活化培养基：KNO_3 1.0 g，$C_6H_5Na_3O_2 \cdot 2H_2O$ 1.0 g，KH_2PO_4 1.0 g，$FeSO_4 \cdot 7H_2O$ 0.05 g，$CaCl_2$ 0.2 g，$MgSO_4 \cdot 7H_2O$ 1.0 g，人工海水 1 000 mL，pH 约 7.4。

反硝化性能测定培养基(DM)：$C_6H_5Na_3O_2 \cdot 2H_2O$ 1.31 g，CH_3COONa 1.10 g，KNO_3 0.361 g，$MgSO_4 \cdot 7H_2O$ 0.2 g，KH_2PO_4 1.0 g，K_2HPO_4 5.0 g，NaCl 0.5 g，微量元素溶液 1 mL，人工海水 999 mL，pH 约为 7.4。

微量元素溶液[13]：EDTA 50.0 g，$ZnSO_4$ 2.2 g，$CaCl_2$ 5.5 g，$MnCl_2 \cdot 4H_2O$ 5.06 g，$FeSO_4 \cdot 7H_2O$ 5.0 g，$(NH_4)_6Mo_7O_2 \cdot 4H_2O$ 1.1 g，$CuSO_4 \cdot 5H_2O$ 1.57 g，$CoCl_2 \cdot 6H_2O$ 1.61 g，去离子水 1 L，pH 7.0。

各培养基用前都在 121℃ 条件下灭菌 20 min。

1.1.3 细菌富集

将从生物滤池中获取的滤料在无菌环境下剪碎后放入装有 90 mL 无菌人工海水的三角瓶中，在摇床 200 r/min 条件下震荡 3 h。随后取上清液 10 mL 接种到 90 mL 富集培养基中，并于 30℃、转速 150 r/min 条件下培养，每隔 12 h 分别用二苯胺试剂和格里斯试剂定性检验硝酸盐和亚硝酸盐含量，当硝酸盐明显降低且有亚硝酸盐产生时富集下一代。如此重复富集 3 次获得四代富集培养液。

1.1.4 细菌分离纯化

用无菌人工海水将四代富集培养液稀释成 10^{-1}、10^{-2}、10^{-3}、10^{-4}、10^{-5}、10^{-6}、10^{-7}、10^{-8} 八个梯度，分别移取 0.1 mL 稀释液在 BTB 平板上稀释涂布，每个梯度做两个平行，之后在 30℃ 恒温箱中培养 2~3 d，待菌落长出后，选取变蓝的平板并挑取带蓝色晕圈的单菌落再次画线(每代皆做两个平行)，如此纯化 3 次获得四代纯化菌落。将菌落一致、生长良好的平板上的菌株接种到斜面培养基上，4℃ 保藏。

1.2 反硝化性能测定

用接种环从斜面培养基上刮取适量细菌接种到装有 100 mL 活化培养基的三角瓶内，

30 ℃、180 r/min 条件下活化 2 d。移取 2 mL 活化培养液接种到 100 mL 反硝化测定培养基中,30 ℃、180 r/min 条件下培养,分别测定其 48 h 后的硝酸盐、亚硝酸盐、氨氮的浓度变化。

1.3 反硝化反应器的研究

1.3.1 实验装置

如图 1 所示,人工污水通过蠕动泵以恒定流速(12.22 mL/min)由反应器底部入水口输送进反应器,然后从反应器上部出水口流出,进入废液缸,不再利用。反应器内填充 190 g K1 滤料,滤料为直径 1 cm、高 1 cm 的内十字圆筒结构,外壁附有纵向突起条带;滤料密度约为 0.96 g/cm^3(堆积密度 150 kg/m^3),比表面积约 850 m^2/m^3。反应器有效水容积为 2.2 L,水力停留时间(HRT)为 3 h。反应器浸入配有加热棒的水槽中施行水浴控温(水槽内持续充气搅拌以实现均匀加热),温度控制在(25+1)℃;反应器外壁贴有黑色壁纸以避光;24 h 充气。

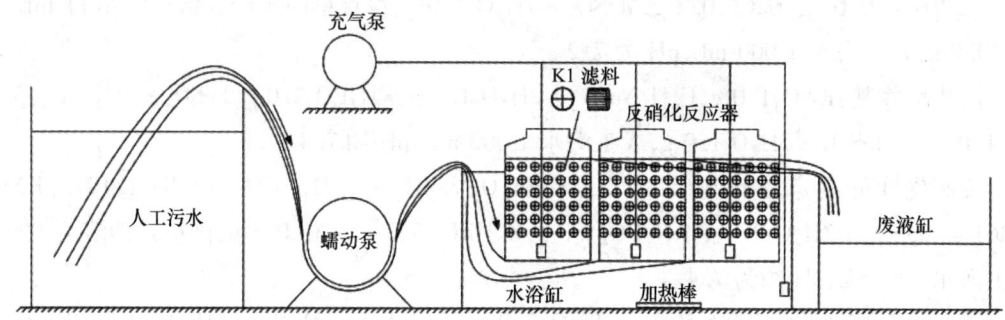

图 1 实验装置

1.3.2 人工污水

采用青岛近海海水配制(每天配制一次),NO_3^--N 浓度约 50 mg/L,C/N 约为 6,各成分配比如下:CH$_3$COONa 0.878 7 g/L,KNO$_3$ 0.361 g/L,KH$_2$PO$_4$ 0.025 5 g/L,K$_2$HPO$_4$·3H$_2$O 0.042 7 g/L,微量元素溶液 1 mL/L,pH 约为 7.3。

1.3.3 接种

将分离、筛选的菌株分别在 25 ℃、180 r/min 条件下单独活化 2 d。移取每种菌的活化培养液 10 mL 到装有 2.2 L 人工污水的反硝化反应器中混合接种,24 h 充气,蠕动泵不启动,稳定 2 d。

1.3.4 水质监测

在接种后的 48 h 中,每隔 12 h 对反应器内的水质进行取样分析,检测硝酸盐、亚硝酸盐、氨氮、总氮的浓度变化。接种 2 d 后开启蠕动泵,每天从反应器的进出水口取样分析,检测上述 4 个指标的变化,直至出水口水质达到稳定。

1.4 水质分析方法

氨氮检测方法为次溴酸盐氧化分光光度法,亚硝酸盐的检测方法为 N-(1-萘基)-乙二胺分光光度法,硝酸盐检测方法为锌镉还原法,总氮检测方法为过硫酸钾氧化-紫外分光光度法。

2 结果与分析

2.1 细菌分离

细菌富集阶段,经二苯胺和格里斯试剂定性检测,12 h后即有亚硝酸盐的产生,24 h后硝酸盐的含量明显降低。48 h后进行下一代富集。涂布平板后,10^{-3}、10^{-4}、10^{-5}三个稀释度平板上的菌落有利于单菌落的挑取,选取此3个稀释度平板进行下一代的纯化;重复画线,获得四代纯化菌株。最终分离出八株细菌,分别命名为Z1~Z8。

2.2 细菌反硝化性能测定

反硝化性能测定培养基NO_2^--N、NH_4^+-N、NO_3^--N初始浓度经测定分别为0、0.023 mg/L、64.95 mg/L。对分离出的8株细菌进行反硝化性能测定,48 h后测定亚硝酸盐、氨氮、硝酸盐的浓度,计算硝酸盐的去除率,并用亚硝氮、氨氮、硝氮的浓度之和计算无机氮的去除情况,结果如图2所示。

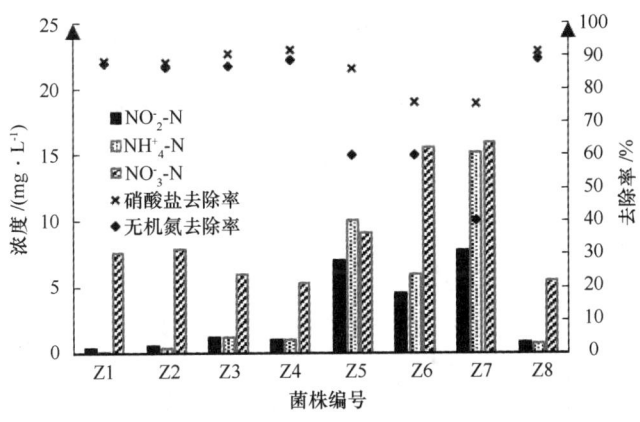

图2 48 h反硝化性能测定结果

图2表明,各菌株硝酸盐去除率都较高,但都存在一定的亚硝酸盐和氨氮积累。Z1、Z2、Z3、Z4、Z8菌株亚硝酸盐、氨氮积累较少,硝酸盐去除率在90%左右、无机氮去除率在87%左右,效果良好;Z5、Z6、Z7亚硝酸盐、氨氮积累比较严重,且硝酸盐和无机氮去除率相对较低。

2.3 反硝化反应器的脱氮效果

2.3.1 接种后48 h反应器内水质变化

将分离、筛选菌株Z1、Z8各自活化后混合接种入反应器。反应器接种后保持24 h充气,每隔12 h对反应器内污水进行取样分析,检测硝酸盐、亚硝酸盐、氨氮和总氮的变化,结果如图3所示,相应硝酸盐和总氮的去除率见图4。

由图3和图4可知,48 h内硝酸盐的浓度大幅降低,最终去除率为56.26%,但从误差线幅度可知,3个反应器之间差异较大;总氮去除效果微弱,48 h总氮去除率13.98%;亚硝酸

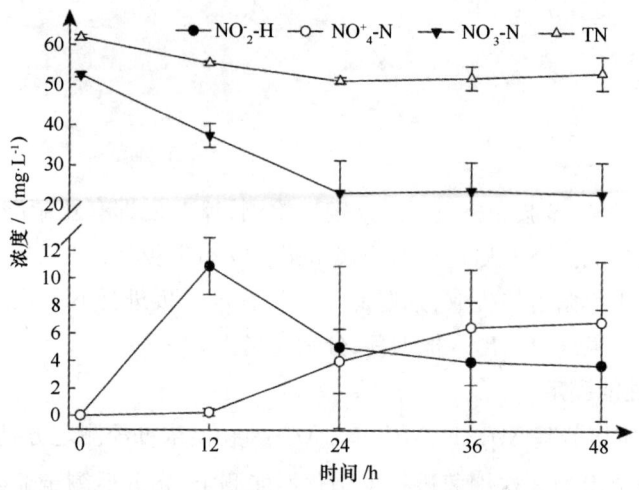

图3 反应器接种后48 h内水质变化

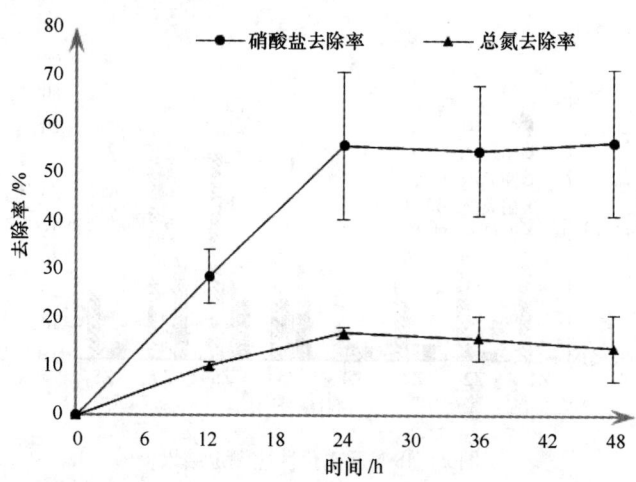

图4 反应器接种后48 h内硝酸盐和总氮去除率变化

盐存在显著积累现象,且积累速率较快,12 h达到峰值(10.88 mg/L)后开始缓慢降低,并有趋于稳定的趋势;氨氮也存在积累现象,最终浓度达到6.87 mg/L。

2.3.2 系统运行后的水质检测结果

接种2 d后开启蠕动泵,从第二天开始每天检测反应器进、出水口水质变化。人工污水因添加了碳源,在室内放置期间会受到自然环境中微生物的作用而引起水质指标的变化,为降低因此导致的水质波动,人工污水每天配制一次,并且每天清洗人工污水容器。实验期间反应器进水口 NO_3^--N、NO_2^--N、NH_4^+-N、TN 的浓度变化分别为 $(51.280±1.378)$ mg/L、$(0.010±0.017)$ mg/L、$(0.120±0.064)$ mg/L、$(58.600±1.403)$ mg/L。实验期间反应器进、出水口水质指标如图5至图8所示,图9为相应硝酸盐和总氮的去除率。

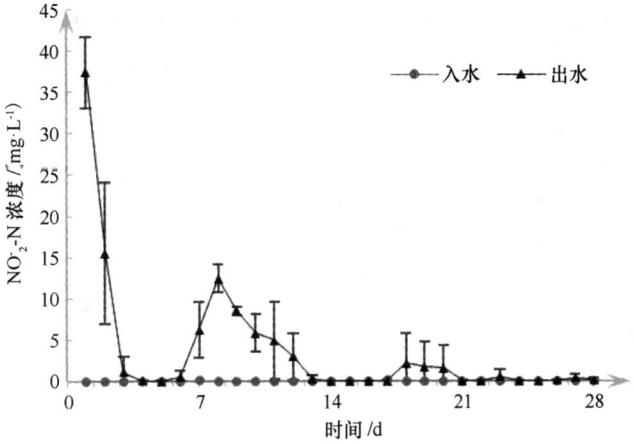

图 5　生物反应器进出水口亚硝酸盐变化

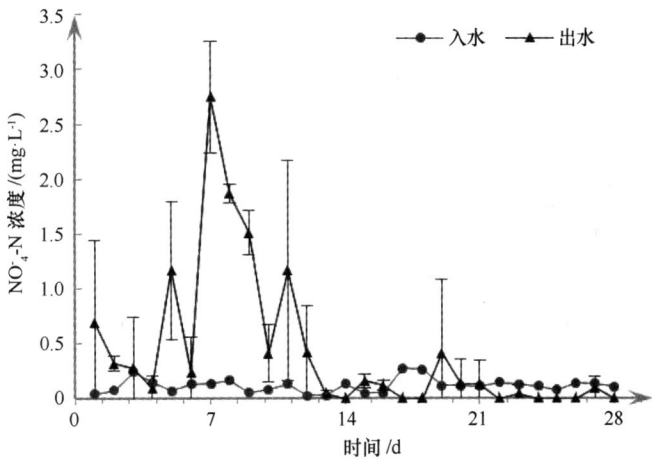

图 6　生物反应器进出水口氨氮变化

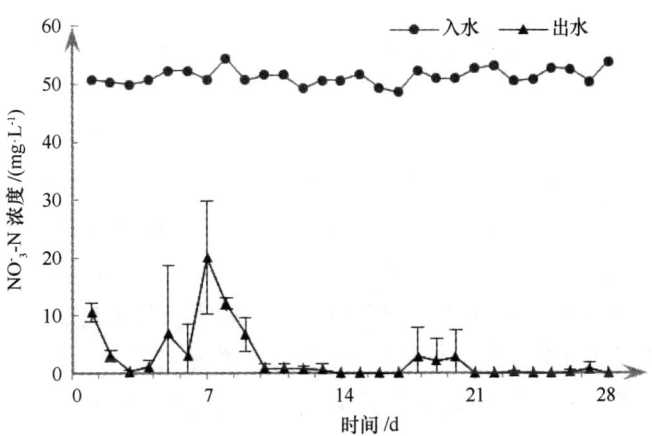

图 7　生物反应器进出水口硝酸盐变化

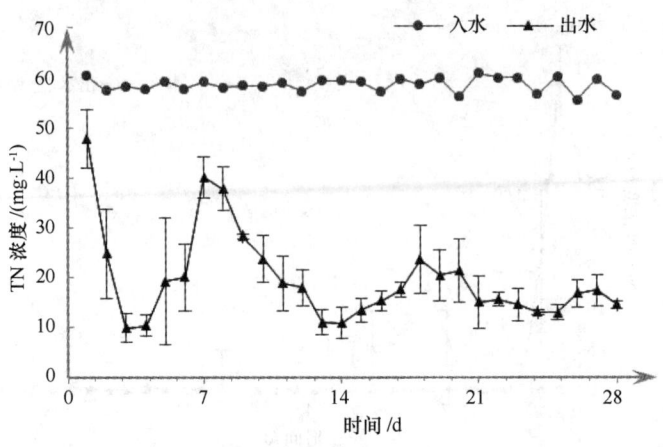

图 8 生物反应器进出水口总氮变化

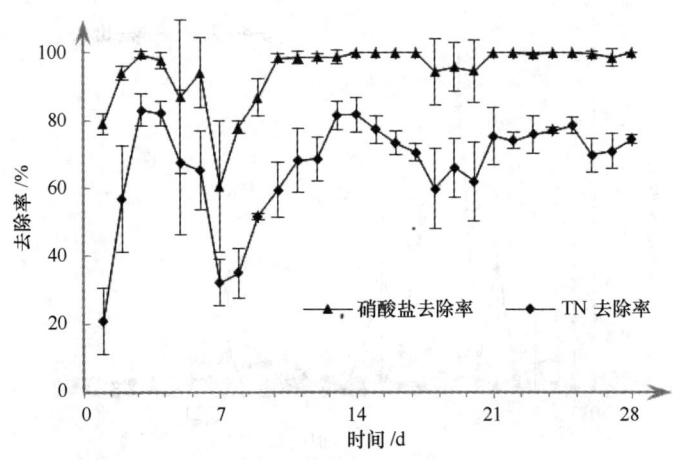

图 9 生物反应器对硝酸盐和总氮的去除率

系统启动 1 d 后,亚硝酸盐积累十分严重,达到 37.41 mg/L,说明反硝化过程的的第一阶段十分活跃,大量硝酸盐被还原为亚硝酸盐;之后亚硝酸盐浓度迅速降低,最低浓度为 0 mg/L(第 14 天),在经历两次波动之后,逐渐趋于稳定,实验结束时亚硝酸盐浓度为 0.18 mg/L。与反应器接种后 48 h 相比,系统启动后氨氮积累情况大幅减弱,第一天氨氮浓度为 0.69 mg/L,之后出现多次波动,第 7 天达到峰值 2.75 mg/L,最低浓度为 0.04 mg/L(第 13 天),20 d 后逐渐趋于稳定,实验结束时氨氮浓度为 0 mg/L。反应器对硝酸盐的去除效率非常高,系统启动后第一天去除率即达到 79.04%,此后历经几次起伏;9 d 后达到理想状态,除第 18~20 天去除率在 95% 左右,其他时间硝酸盐去除率都在 98% 以上。总氮在系统启动初去除效果较弱,第一天去除率只有 20.94%,此后迅速提升,第 3 天即达到去除率峰值 83.17%,此后历经多次波动,慢慢趋于稳定,实验结束时总氮去除率为 74.40%。总体来看,反硝化反应器对人工污水的脱氮效果良好,硝酸盐及总氮去除效果理想,氨氮和亚硝酸盐积累情况在后期稳定后较弱,具有一定的应用价值。

3 讨论

好氧反硝化细菌的筛选方法分为3种[3]:①间歇曝气法,利用好氧反硝化细菌可以同时利用O_2和NO_3^-的特点,频繁转换富氧、缺氧条件使好氧反硝化细菌取得竞争优势,马放等即采用此种方法[14];②使用选择性培养基或呼吸抑制剂,根据好氧反硝化细菌对培养条件的特殊要求制作选择培养基以抑制其他细菌的生长,如Meiberg[15]、孔庆鑫[16]等的做法;③使用酸碱指示剂,即用溴百里酚蓝(BTB)来制作培养基,筛选因反硝化消耗亚硝酸盐或硝酸盐而显蓝色的菌落,如Takaya[12]等学者的做法。本文采用第三种方法筛选好氧反硝化细菌,这也是该领域当下使用较多的一种方法。

从分离出的8株菌的反硝化性能测定结果来看,各株菌都存在不同程度上的氨氮和亚硝酸盐的积累现象。关于亚硝酸盐的积累,一种解释认为与亚硝酸盐相比,硝酸盐作为电子受体时基质释放的能量较高,因此微生物优先利用硝酸盐作为反硝化作用的电子供体,导致亚硝酸盐浓度升高;另一解释认为硝酸盐还原酶的合成要早于亚硝酸盐还原酶,因而导致亚硝酸盐因转化延时而积累[17]。另外,Körner等学者指出,在任何条件下亚硝酸盐还原酶对氧气都是最敏感的[18],这也可能是在富氧条件下亚硝酸盐积累的又一原因。硝酸盐的还原方式存在两种,一种是反硝化,$NO_3^- \rightarrow NO_2^- \rightarrow NO \rightarrow N_2O \rightarrow N_2$,另一种是硝酸盐异构还原(DNRA),$NO_3^- \rightarrow NO_2^- \rightarrow NH_4^+$[19]。过去认为硝酸盐异构还原是厌氧过程[20-22],后来发现DNRA在富氧条件下也能发生[23-24]。无论是富氧环境还是缺氧环境,反硝化和硝酸盐异构还原是两个同时存在又相互竞争的过程[25],由此解释了反硝化性能测定过程中氨氮的积累现象。DNRA有利于土壤中氮素的保持[26],但在水产养殖领域,氨氮是有害的,传统生物滤池即通过硝化作用实现氨氮的转化,若DNRA过程太强、氨氮积累过多则硝酸盐的还原就失去意义。既然硝酸盐异构还原无法避免,如何通过条件调控来促进反硝化同时抑制DNRA亟待研究。

在反应器接种后2 d的稳定期内,硝酸盐的去除效果明显,总氮去除率较低,氨氮、亚硝酸盐积累明显。但系统运转后发生显著改变,硝酸盐迅速降低,第一天硝酸盐去除率79.04%,之后大多数时间维持在99%以上;总氮去除情况波动较大,随着实验的进行逐渐平稳,13 d后去除率维持在73%左右;氨氮积累现象随着时间逐渐减弱;亚硝酸盐积累现象在系统启动之初与接种后两天相比更加剧烈,这可能是由于这一阶段硝酸盐还原酶活性较强,而亚硝酸盐还原酶不足导致的,随着实验的进行,亚硝酸盐的积累现象逐渐减弱。根据反应器的脱氮效果及滤料规格推算出,整个实验期间反应器硝酸盐去除效率约为0.794 g NO_3^--N/($m^2 \cdot d$),总氮去除效率约为0.636 g TN/($m^2 \cdot d$);反应器稳定后,即系统启动两周后,反应器硝酸盐去除效率约为0.827 g NO_3^--N/($m^2 \cdot d$),总氮去除效率约为0.687 g TN/($m^2 \cdot d$)。反应器接种后的稳定速度较快,可以迅速的发挥作用,且亚硝酸盐、氨氮积累现象在稳定后变得微弱。氨氮、亚硝酸盐积累情况与菌株反硝化性能测定的结果有较大差异,分析原因可能有三方面：①反硝化性能测定培养基组成结构太简单且测定时间较短,限制了反硝化过程的进行；②反应器中接种的两种细菌之间可能存在协同作用,促进了脱氮过程；③自然环境中的细菌在反应器内挂膜,促进了脱氮过程。

实验期间生物反应器出水口水质出现多次波动,而且从对应时间的误差线幅度也可以看出3个反应器在波动期会出现较大差异。反硝化细菌属于异养微生物,而人工污水C/N较高,营养物质丰富,利于微生物的繁殖；另一方面,反应器直接暴露在室内,自然环境中的微生物也会在其中大量繁殖,使得反应器内的群落结构变得十分复杂,再加上反应器容积太小,很容易受到外界环境的影响。实验期间观察到反应器内滤料表面生物膜逐渐增多,后期滤料表面附着了大量生物膜,微生物生命周期短,大量死亡后可能导致水质恶化,引起水质波动。

4　结论

(1)分离出的8株细菌皆可高效去除硝酸盐,但存在不同程度的氨氮和亚硝酸盐的积累。

(2)接种Z1、Z8两株细菌的好氧反硝化反应器反应迅速、高效,接种后两周即达到相对稳定状态。

(3)反应器启动两周后,硝酸盐去除率超过98.8%(约0.827 g NO_3^--N/($m^2 \cdot d$)),总氮去除率超过71.8%[约0.687 g TN/($m^2 \cdot d$)],亚硝酸盐和氨氮积累微弱,具有一定的应用价值。

参考文献

[1] Ferguson S J.Denitrification and its control[J].Antonie van Leeuwenhoek,1994,66(1-3):89-110.

[2] Frette L,Gejlsbjerg B,Westermann P.Aerobic denitrifiers isolated from an alternating activated sludge system[J].FEMS Microbiology Ecology,1997,24(4):363-370.

[3] 王薇,蔡祖聪,钟文辉,等.好氧反硝化菌的研究进展[J].应用生态学报,2008,18(11):2618-2625.

[4] Robertson L A,Kuenen J G. Aerobic denitrification: a controversy revived[J].Archives of Microbiology,1984,139(4):351-354.

[5] Lukow T,Diekmann H.Aerobic denitrification by a newly isolated heterotrophic bacterium strain TL1[J].Biotechnology letters,1997,19(11):1157-1159.

[6] Chen F,Xia Q,Ju L K.Aerobic denitrification of *Pseudomonas aeruginosa* monitored by online NAD(P)H fluorescence[J].Applied and Environmental Microbiology,2003,69(11):6715-6722.

[7] Kim M,Jeong S Y,Yoon S J,et al.Aerobic denitrification of *Pseudomonas putida* AD-21 at different C/N ratios[J].Journal of bioscience and bioengineering,2008,106(5):498-502.

[8] Wang P,Yuan Y,Li Q,et al. Isolation and immobilization of new aerobic denitrifying bacteria[J]. International Biodeterioration & Biodegradation,2013,76:12-17.

[9] Ji B,Wang H,Yang K.Nitrate and COD removal in an upflow biofilter under an aerobic atmosphere[J].Bioresource technology,2014,158:156-160.

[10] Liu Y,Gan L,Chen Z,et al.Removal of nitrate using *Paracoccus* sp.YF1 immobilized on bamboo carbon

[J].Journal of hazardous materials,2012,229:419-425.

[11] 马放,任南琪,杨基先.污染控制微生物学实验[M].哈尔滨:哈尔滨工业大学出版社,2002.

[12] Takaya N,Catalan-Sakairi M A B,Sakaguchi Y,et al.Aerobic denitrifying bacteria that produce low levels of nitrous oxide[J].Applied and environmental microbiology,2003,69(6):3152-3157.

[13] Zheng H Y,Liu Y,Gao X Y,et al.Characterization of a marine origin aerobic nitrifying-denitrifying bacterium[J].Journal of bioscience and bioengineering,2012,114(1):33-37.

[14] 马放,王弘宇,周丹丹.活性污泥体系中好氧反硝化菌的选择与富集[J].湖南科技大学学报:自然科学版,2005,20(2):80-83.

[15] Meiberg J B M,Bruinenberg P M,Harder W.Effect of dissolved oxygen tension on the metabolism of methylated amines in Hyphomicrobium X in the absence and presence of nitrate:evidence for 'aerobic' denitrification[J].Journal of General Microbiology,1980,120(2):453-463.

[16] Kong Q X,Li J W,Wang X W,et al.A new screening method for aerobic denitrification bacteria and isolation of a novel strain[J].Chin J Appl Environ Biol,2005,11(2):222-225.

[17] Kucera I,Matyasek R.Aerobic adaptation of *Paracoccus denitrificans*:sequential formation of denitrification pathway and changes in continuous culture of *Pseudomonas stutter*[J].Appl Environ Microbiol,1989,55:1670-1676.

[18] Körner H,Zumft W G.Expression of denitrification enzymes in response to the dissolved oxygen level and respiratory substrate in continuous culture of *Pseudomonas stutzeri*[J].Applied and Environmental Microbiology,1989,55(7):1670-1676.

[19] Simon J.Enzymology and bioenergetics of respiratory nitrite ammonification[J].FEMS microbiology reviews,2002,26(3):285-309.

[20] Bonin P,Omnes P,Chalamet A.Simultaneous occurrence of denitrification and nitrate ammonification in sediments of the French Mediterranean Coast[J].Hydrobiologia,1998,389(1-3):169-182.

[21] Kelso B,Smith R V,Laughlin R J,et al.Dissimilatory nitrate reduction in anaerobic sediments leading to river nitrite accumulation[J].Applied and Environmental Microbiology,1997,63(12):4679-4685.

[22] Yin S X,Chen D,Chen L M,et al.Dissimilatory nitrate reduction to ammonium and responsible microorganisms in two Chinese and Australian paddy soils[J].Soil Biology and Biochemistry,2002,34(8):1131-1137.

[23] Fazzolari É,Nicolardot B,Germon J C.Simultaneous effects of increasing levels of glucose and oxygen partial pressures on denitrification and dissimilatory nitrate reduction to ammonium in repacked soil cores[J].European Journal of Soil Biology,1998,34(1):47-52.

[24] Polcyn W,Luciński R.Aerobic and anaerobic nitrate and nitrite reduction in free-living cells of *Bradyrhizobium* sp.(Lupinus)[J].FEMS microbiology letters,2003,226(2):331-337.

[25] 韦宗敏,黄少斌,蒋然.碳源对微生物硝酸盐异化还原成铵过程的影响[J].工业安全与环保,2013,38(9):4-7.

[26] Dalsgaard T,Bak F.Nitrate reduction in a sulfate-reducing bacterium,Desulfovibrio desulfuricans,isolated from rice paddy soil:sulfide inhibition, kinetics, and regulation [J]. Applied and Environmental Microbiology,1994,60(1):291-297.

营养、生理与饲料

烷过氧自由基氧化对大黄鱼肌原纤维蛋白的影响

贠三月[1]，陈舜胜[1]*

(1. 上海海洋大学食品学院，上海 201306)

在脂质过氧化反应的中间物和产物中，烷过氧自由基和烷氧自由基可氧化蛋白质的主肽链和侧链基团。烷过氧自由基是脂质过氧化反应中重要的自由基中间体，在诱导蛋白质氧化过程中，烷过氧自由基也具有相当重要作用，原因有 3 点：①相关性：蛋白质氧化和脂质过氧化在氧化过程中是同时存在的，并且有相互依存的密切联系，蛋白质氧化和脂质过氧化可以通过烷过氧自由基联系起来[6]；②自身特性：烷过氧自由基具有扩散距离较远，半衰期长的特点，对蛋白质氧化破坏的时间和范围较大[7]；③广泛性：在多种氧化应激环境中，烷过氧自由基都可产生[8]。

鱼肉蛋白由 3 种蛋白组成，包括：肌原纤维蛋白、肌浆蛋白和基质蛋白。鱼肉中肌原纤维蛋白和肌浆蛋白都能发生一定程度的氧化，且以肌原纤维蛋白氧化为主，其对氧化反应非常敏感。因此本实验以不同浓度的烷过氧自由基溶液作为氧化体系，对大黄鱼肌肉块进行模拟氧化，通过分析氧化后的肌原纤维蛋白结构和功能性质等指标，探究脂质次生氧化产物中的烷过氧自由基对鱼肉蛋白质的氧化影响规律，以期为鱼肉蛋白质氧化机制研究及鱼类保鲜加工提供依据和参考。

1 实验设备与材料

1.1 实验材料及处理

原料及预处理：鲜活大黄鱼购于农贸市场，平均体长(32 ± 5) cm、体重(480 ± 50) g。冰水致死后分条进行真空包装并于 $-80\ ℃$ 超低温冰箱冻藏备用。实验前从冰箱中取出所需大黄鱼，解冻后宰杀去皮，用手术刀取背部肌肉切成厚度约 1.0 cm 的肉片，再轻轻切取直径约为 2.5 cm 的小肉块，备用。

1.2 主要实验仪器与设备

MS105DU 分析天平：梅特勒-托利多仪器(上海)有限公司；PL602-L 电子天平：梅特勒-托利多仪器(上海)有限公司；UV-2550 紫外可见光分光光度计：岛津仪器(苏州)有限公司；THZ-D 型台式恒温振荡器：太仓市实验设备厂；970CRT 荧光分光光度计：上海精密科学仪器有限公司；CR-400 色彩色差计：日本 Minolta 公司；TA-XT plus 型质构分析仪：英国 Stable MicroSystem 公司；THERMO 型冷冻高速离心机：美国 Thermo 公司；DF-101S 集热式恒温加热磁力搅拌器：郑州长城科工贸有限公司；MDF-382E(CN)医用低温箱：大连三洋冷链有限公司；JHG-Q60-P100 型实验室均质机：上海融合机械设备有限公司。

1.3 其他实验用具

小玻璃杯、烧杯、量筒、试管、锥形瓶、离心管、手术刀、镊子、试管架、离心管架、移液枪、滤纸、标签、报纸、保鲜膜、橡皮带等。

1.4 实验主要试剂

2,2-盐酸脒基丙烷（AAPH），分析纯，购于国药集团化学试剂有限公司；盐酸胍、乙酸乙酯、乙醇、三氯乙酸（TCA）、乙醚、5,5′-二硫代双(2-硝基苯甲酸)（DTNB）、2,4-二硝基苯肼（DNPH）、2,4,6-三硝基苯磺酸（TNBS）、乙二胺四乙酸（EDTA）等，均为分析纯，购于锦州药业集团器化玻璃有限公司。

2 实验与方法

2.1 肌原纤维蛋白的提取

新鲜大黄鱼冰水致死后宰杀去皮，取背部肌肉绞碎，加入5倍体积的10 mmol/L的Tris-HCl(pH 7.2)，高速均质，在5 000 r/min、离心10 min，取沉淀，上述过程反复3次，在最后一次沉淀中加入5倍体积的10 mmol/L Tris-HCl缓冲液（含0.6 mol/L NaCl,pH7.2），高速均质，之后4 500 r/min、离心15 min，取上层清液备用（均在0~4℃条件下离心）。

2.2 氧化肌原纤维蛋白样品的制备

将制备的肌原纤维蛋白与不同浓度（0 mmol/L、0.1 mmol/L、1 mmol/L、5 mmol/L、10 mmol/L、50 mmol/L）的AAPH溶液以2∶1($v∶v$)的比例混合，置于37℃避光条件下，在恒温水浴中孵化24 h，并充分混匀，使鱼肉发生不同程度的氧化。反应结束后，将反应液放到冰水浴中，使之温度迅速降到4℃以下，之后贮藏在-80℃冰箱中备用。

2.3 羰基含量的测定

参照Oliver[9]等的方法并加以改进。取1 mL蛋白溶液（浓度为5 mg/mL）放入塑料离心管并加入1 mL DNPH溶液（10 mmol/L含2 mol/L HCl），室温条件下避光静置1 h（每15 min，振荡一次），添加3 mL 20%的TCA后10 000 r/min离心5min，弃掉上清液，用乙酸乙酯-乙醇（体积比1∶1）清洗沉淀3次后，加入5 mL 6 mol/L盐酸胍溶液，37℃条件下保温15 min使沉淀充分溶解，10 000 r/min离心3 min后去除不溶物，所得溶液于370 nm波长下测定吸光度。使用分子吸光系数22 000 L/(mol·cm)计算每毫克蛋白中羰基含量。

2.4 总巯基和游离巯基

参考Youngsawatdigul[10]的方法并加以修改。取1 mL蛋白溶液（浓度为5 mg/mL）于试管中并添加9 mL、50 mmol/L磷酸缓盐冲液（含0.6 mol/L KCl,10 mmol/L EDTA,8 mol/L尿素，pH 7.0）。取5 mL上述混合液加入0.5 mL 0.1% DTNB,25℃条件下保温25 min，在412 nm波长下所测吸光度即为总巯基的吸光度。而游离巯基的测定是在不含尿素的情况下，4℃下反应1 h，在412 nm波长下测定吸光度。使用分子吸光系数13 600 L/(mol·cm)计算每毫克蛋白中总巯基的含量（nmol）。

2.5 游离氨基和有效赖氨酸

游离氨基参考吴伟[11]的方法采用TNBS比色法并加以修改。取1 mL 5 mg/mL的蛋白液加4 mL 0.1 mol/L的四氢硼酸钠缓冲溶液（含有1%SDS、pH9.3)中,室温下磁力搅拌2 h

后,用 10 000 r/min 离心 30 min。取上清液 4 mL 与 1 mL 0.1% 的 TNBS 混合均匀,随后在 37℃水浴中避光反应 1 h,反应结束后向反应液中加入 2 mL 0.5 mol/L HCl 调节 pH 值,最后取反应液在 335 nm 波长下测定吸光度,对照为不加蛋白液改为加入 6 mL 的 20 mmol/L 的磷酸盐缓冲液。以甘氨酸为标准做标准曲线求解游离氨基的含量。

有效赖氨酸采用 Hall 等[12]测定 ε-氨基的方法并加以修改。准确取 1 mL 5 mg/mL 的蛋白液,加入 1 mL 1 mol/L NaHCO$_3$ 以及 1mL 的 TNBS(0.1%,w/v)装入 10 mL 带有塞的试管中混匀,40℃恒温条件下避光反应,时间为 75 min。冷却后加入 3 mL 12 mol/L 盐酸,100℃水浴反应 2 h,经过冷却后加水定容至 10 mL。取出 5 mL 水解液用 5 mL 乙醚萃取两次,除去乙醚层,经过 60℃水浴将水层挥发,除去残留的乙醚,将水层定容至 10 mL。对照样将 10 mL 5 mg/mL 的蛋白液换成 10 mL 20 mmol/L 的磷酸盐缓冲液。以 L-Lys 为标准做标准曲线,波长 415 nm 条件下测定吸光度。

2.6 表面疏水性

采用 Saeed[13]的方法并加以改进。ANS 荧光探针法测定表面疏水性,将样品用 20 mmol/L 含 0.6 mol/L KCl 的磷酸盐缓冲溶液(pH 7.0)稀释至 0~1 mg/mL,加入 25 μL 8 mmol/L ANS(用 20 mmol/L pH 7.0 的磷酸盐缓冲液)后混合均匀,避光环境静置 10 min,然后用荧光分光光度计测定其荧光强度。测定条件为:激发波长 374 nm,狭缝 5 nm,扫描范围 250~500 nm。以荧光强度对蛋白浓度作图,曲线初始斜率即为蛋白质分子的表面疏水性指数。

2.7 大黄鱼鱼肉蛋白内源荧光的变化

准确量取 0.5 mL 的 5 mg/mL 的蛋白液加入 9.5 mL 的 50 mmol/L、pH 值 7.0 的磷酸盐缓冲液。采用 F96 型荧光分光光度计在激发波长为 290 nm 的条件下得到 350~450 nm 之间的发射光谱(灵敏度为 2,狭缝 10 nm)。

2.8 SDS-PAGE 凝胶电泳

参考 Xiong 等的方法略作修改[14],分离胶 12%,浓缩胶 4%,还原剂为 DTT,运用 Quantity One 软件进行分析和处理。

2.9 蛋白质凝胶性质的测定

(1)凝胶的制备:将 2.3.1 中得到的蛋白冷冻干燥,用磷酸盐缓冲液将蛋白质浓度稀释到 80 mg/mL,加 2.5%(w/v)的 NaCl,搅拌均匀后置于 10 mL 小烧杯中,40℃水浴 30 min 后转入 85℃水浴 30 min,于 4℃冷藏过夜。

(2)凝胶强度的测定:用 TA.XT plus 质构仪对蛋白凝胶强度进行测定,采用 P/5S 探头,参数设定为下压距离 8.0 mm,触发力为 10.0 g。

(3)凝胶持水性的测定:准确称取样品 M_1(约 5 g),外面用滤纸包裹好固定在 50 mL 离心管(含棉花)中,3 000 r/min 的条件下离心 6 min,最后称量凝胶质量 M_2。凝胶的持水性利用公式(1)进行计算。

$$WHC = \frac{M_1}{M_2} \times 100\% \tag{1}$$

(4)凝胶白度的测定:测量前取出样品,在室温条件下恢复 30 min,采用色差计测定 L^*、a^* 以及 b^* 的值。白度由(2)式计算得到。

$$W = 100 - \sqrt{(100 - L^*)^2 + a^{*2} + b^{*2}} \quad (2)$$

2.10 乳化特性的测定

取 1 mL、5 mg/mL 蛋白液,用 50 mmol/L、pH 6.5 磷酸盐缓冲液稀释到 1 mg/mL,将 8.0 mL蛋白溶液和 2.0 mL 大豆油放入离心管中,在匀浆机中匀浆 1 min,之后迅速从距离心下层 0.5 cm 的处取样液 100 μL,加入到准备好的 5 mL SDS 溶液中(0.1%),充分混匀后,在 500 nm 波长处测定吸光度记作 A_0。10 min 后在剩余静止后的样液相同位置再次取样 100 μL,加入到 5 mL SDS 溶液中(0.1%),充分均匀后测定吸光度记作 A_1。用不添加任何试剂的 0.1% SDS 溶液作为对照。乳化性(EAI)和乳化稳定性(ESI)分别由式(3)和式(4)来计算。

$$EAI/(m^2/g) = 2 \times 2.303/\rho \times (1 - \varphi) \times 10^4 \times A_{500nm} \times 50 \quad (3)$$

$$ESI/\% = A_1/A_0 \times 100 \quad (4)$$

式中:波长为 500 nm 处的吸光值为 A_{500nm};φ 为油相体积分数($\varphi = 0.25$);蛋白质质量浓度为 $\rho(g/mL)$;乳状液在 0 以及 10 min 的吸光值为 A_0、A_1。

3 结果与分析

3.1 羰基含量的变化

羰基的形成是蛋白质氧化后最显著的变化之一,因此羰基含量已经成为衡量蛋白质氧化程度最常用的指标[15]。大黄鱼肌原纤维蛋白羰基含量变化如图 1 所示,肌原纤维蛋白经过氧化处理后,所有样品的羰基含量发生明显的增加。样品羰基含量在浓度为 0 时为 12.92 nmol/mg。加入 AAPH 后,样品羰基含量逐渐上升,当浓度最高时(50 mmol/L),羰基含量达到最大值。AAPH 氧化体系主要是通过夺氢反应导致蛋白质羰基化。蛋白质主肽链和侧链基团可通过烷过氧自由基的夺氢反应转化成为碳中心自由基,在有氧的条件下,与分子氧接合形成蛋白质主肽链和侧链的过氧自由基。之后分为两种情况:一是通过 α-胺基化途径导致蛋白质主肽链过氧自由基氧化,使得主肽链断裂以及蛋白质羰基化;另一方面则是蛋白质侧链过氧自由基的进一步氧化,为蛋白质引入羰基。烷过氧自由基可夺取赖氨酸、苏氨酸、精氨酸以及脯氨酸侧链过氧自由基可进一步氧化成为羰基化合物。

3.2 巯基含量的变化

半胱氨酸是对氧化修饰最敏感的氨基酸之一,但蛋白质羰基化并不能反映半胱氨酸的氧化状态,可以用总巯基和游离巯基含量来表征半胱氨酸氧化修饰后的情况[16]。从图 2 可以看出,样品的总巯基和游离巯基含量呈显著的下降趋势($P<0.05$)。当浓度最高时游离巯基含量最小为 5.63 nmol/mg。样品总巯基含量在低浓度时没有明显的变化,当 AAPH 浓度不小于 1 mmol/L 时,才发生显著下降($P<0.05$)。

烷过氧自由基与蛋白质巯基反应活性较高。烷过氧自由基能够快速与蛋白质中的游离

营养、生理与饲料

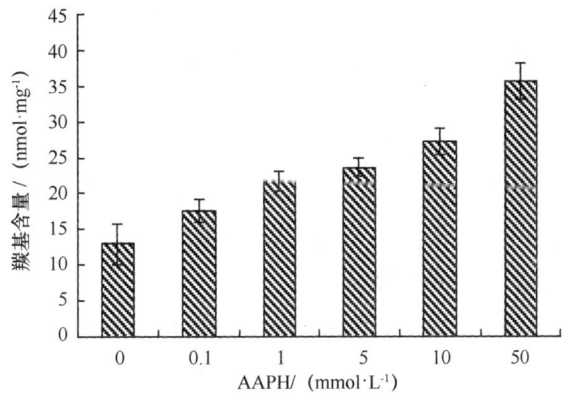

图1 AAPH氧化体系对大黄鱼肌原纤维蛋白羰基含量的影响
（注：图中的不同字母表示在 $P=0.05$ 水平上差异显著，下同）

巯基反应形成亚磺酰自由基，在有氧的环境下与分子氧反应形成硫醇自由基，硫醇自由基可进一步使蛋白质氧化，造成蛋白质氧化程度增加以及巯基含量的下降。此外，巯基转化为二硫键是最早被观察的蛋白质氧化反应，多肽内部或多肽间形成二硫键可能是造成巯基含量减少的主要原因。蛋白总巯基下降的绝对值比游离巯基下降的绝对值要大，说明蛋白质氧化使得大黄鱼肌原纤维蛋白二硫键含量下降。二硫键含量下降表明这部分大黄鱼肌原纤维蛋白巯基被氧化成为不可逆氧化状态，形成了非二硫键的含硫化合物。

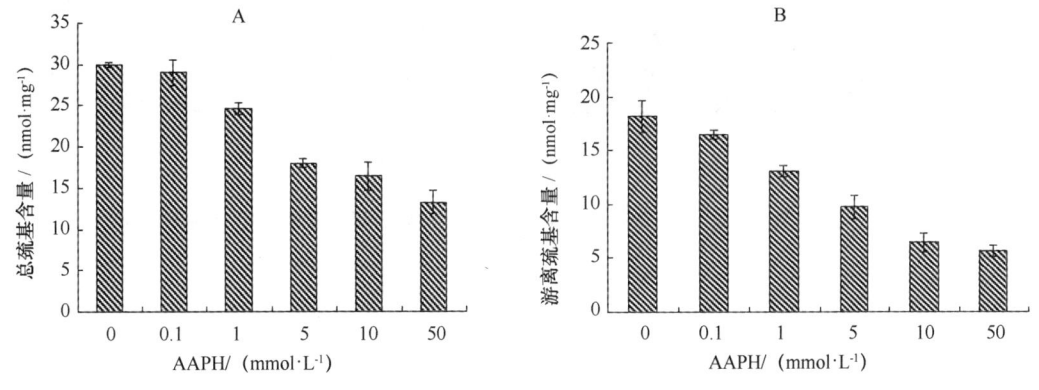

图2 AAPH氧化体系对大黄鱼肌原纤维蛋白巯基含量的影响
（A 总巯基，B 游离巯基）

半胱氨酸是对氧化修饰最敏感的氨基酸之一，但蛋白质羰基化并不能反映半胱氨酸的氧化状态，可以用总巯基和游离巯基含量来表征半胱氨酸氧化修饰后的情况[16]。从图2可以看出，样品的总巯基和游离巯基含量呈显著的下降趋势（$P<0.05$）。当浓度最高时游离巯基含量最小为 5.63 nmol/mg。样品总巯基含量在低浓度时没有明显的变化，当AAPH浓度不小于 1 mmol/L 时，才发生显著下降（$P<0.05$）。

烷过氧自由基与蛋白质巯基反应活性较高。烷过氧自由基能够快速与蛋白质中的游离巯基反应形成亚磺酰自由基,在有氧的环境下与分子氧反应形成硫醇自由基,硫醇自由基可进一步使蛋白质氧化,造成蛋白质氧化程度增加以及巯基含量的下降。此外,巯基转化为二硫键是最早被观察的蛋白质氧化反应,多肽内部或多肽间形成二硫键可能是造成巯基含量减少的主要原因。蛋白总巯基下降的绝对值比游离巯基下降的绝对值要大,说明蛋白质氧化使得大黄鱼肌原纤维蛋白二硫键含量下降。二硫键含量下降表明这部分大黄鱼肌原纤维蛋白巯基被氧化成为不可逆氧化状态,形成了非二硫键的含硫化合物。

3.3 游离氨基和有效赖氨酸含量的变化

不同浓度 AAPH 氧化后对大黄鱼肌原纤维蛋白游离氨基和有效赖氨酸含量的影响如图3所示。样品的游离氨基和有效赖氨酸含量在较低浓度 AAPH 存在时就发生显著的下降,随着浓度不断增加,游离氨基和有效赖氨酸含量逐渐下降,当浓度达到最大后,其含量分别下降了56.0%和34.5%。烷过氧自由基可将蛋白质中赖氨酸残基的 ε-氨基转化成为羰基,引入的羰基基团可进一步与蛋白质氨基反应形成希夫碱,从而使得游离氨基和有效赖氨酸含量下降。此外,蛋白质的聚集也是氧化大黄鱼肌原纤维蛋白中有效赖氨酸含量减少的原因,当蛋白质发生氧化后,形成共价交联聚集体,使赖氨酸包裹在共价交联聚集体内部而不能与测试试剂反应,也会造成有效赖氨酸含量的降低。

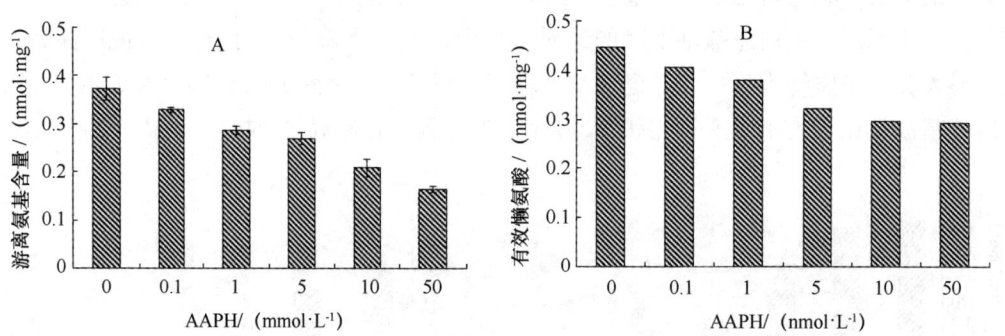

图3 AAPH 氧化体系对大黄鱼肌原纤维蛋白游离氨基和有效赖氨酸含量的影响

(A:游离氨基 B:有效赖氨酸)

3.4 表面疏水性的变化

蛋白质表面疏水性反映蛋白质分子表面疏水性氨基酸的相对含量,通过它的大小可以衡量蛋白质的变性程度[17]。鉴于它能够观察出蛋白位点在化学上或物理上的微妙变化,疏水性被作为评价蛋白变性的一个重要参数。ANS 探针是常用的疏水探针,它以非共价的形式与蛋白质分子的非极性区域结合,增强荧光强度,在一定范围内,荧光强度与蛋白质的浓度具有良好的线性关系[18],因此可以运用到表面疏水性的测定中。蛋白质疏水性还与蛋白质溶解性和乳化性等性质密切相关,对蛋白质的加工性质有重要影响。从图4中可以看出,样品的表面疏水性在低浓度条件下(≤5 mmol/L)较低。浓度增大到 10 mmol/L 时,样品的表面疏水性显著增加,之后变化趋势减缓。

在氧化体系中蛋白构象发生变化使蛋白质解折叠,一些疏水性的脂肪族与芳香族氨基酸侧链基团从蛋白分子内部暴露到极性的溶液中,导致了疏水值的增加。目前认为表面疏水性增加主要是因为蛋白质变性,蛋白质的内部结构改变,使埋藏在蛋白质内部的疏水性氨基酸残基暴露出来[19]。

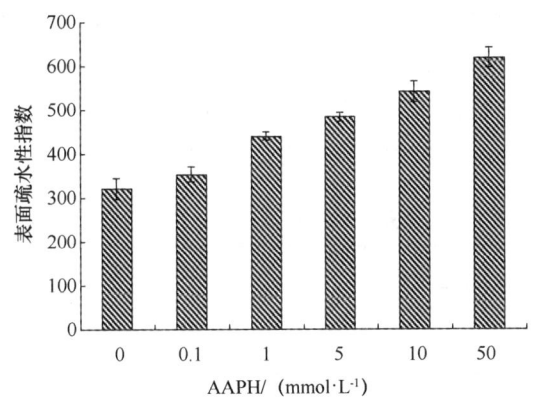

图4 AAPH氧化体系对大黄鱼肌原纤维蛋白表面疏水性的影响

3.5 内源荧光的变化

内源荧光图谱见图5,内源荧光可以反应氧化后蛋白质中色氨酸残基的变化情况。样品的荧光强度在AAPH浓度为0.1 mmol/L时出现显著下降,荧光强度下降了23%,之后下降趋势缓慢,最大浓度时的荧光强度也只是减少了40%。烷过氧自由基易通过夺氢反应将色氨酸残基转化为不稳定的色氨酸自由基,从而与分子氧结合形成色氨酸过氧自由基,最终转化成为犬尿氨酸,导致内源荧光强度的下降。从图5中可以看出,在复杂的氧化环境下,其内源荧光淬灭现象十分明显,这种破坏作用在整个复杂的氧化环境中并不显著。

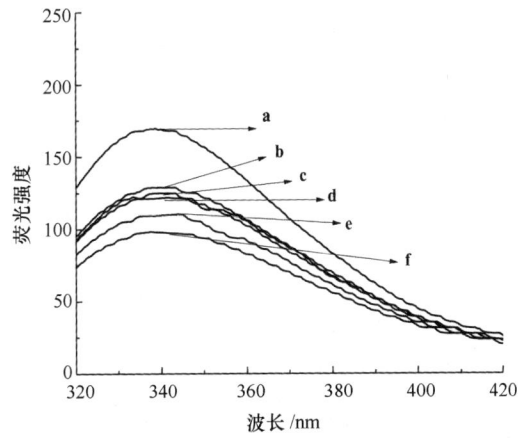

图5 AAPH氧化体系对大黄鱼肌原纤维蛋白内源荧光的影响

3.6 粒径分布的变化

氧化后蛋白质的粒径大小将会发生变化,因此通过分析蛋白质粒径分布可以直观地了解到蛋白质聚集和降解的情况。另外,蛋白质粒径分布与蛋白质水合性质有密切的关系,对鱼肉蛋白加工有重要的影响。表1是氧化后大黄鱼肌原纤维蛋白粒径分布情况。从表1中可以看出,样品天然蛋白质粒径较小且分布集中,最小粒径为105.7 nm,最大粒径为190.1 nm,平均粒径为142.3 nm。随着氧化液浓度的增大,蛋白质粒径也逐渐增加,最大粒径达到553.6 nm,平均粒径也增大到260.3 nm。与此同时也伴随着更小粒径的蛋白质产生。当AAPH浓度不小于1 mmol/L时,粒径100 nm以下出现了较多的小分子蛋白,这说明蛋白质氧化过程中产生聚集的同时也伴随着蛋白质的降解。

表1 大黄鱼肌原纤维蛋白氧化后粒径分布情况

氧化剂浓度/(mmol·L^{-1})	最小粒径/nm	最大粒径/nm	平均粒径/nm
0	105.7	190.1	142.3
1	58.77	458.7	203.7
5	78.82	531.2	223.5
50	68.06	553.6	260.3

3.7 SDS-PAGE 电泳的变化

蛋白质与蛋白质之间的交联、聚集以及蛋白质的降解都可以用聚丙烯酰胺凝胶电泳(SDS-PAGE)直观地表现出来。因此,我们对氧化后的大黄鱼肌原纤维蛋白进行了一系列的电泳实验(图6)。从图6中可以看出在肌球蛋白重链部分上方区域产生了一些高分子化合物,形成聚集体,堆积在分离胶的顶部,且蛋白丰度随着AAPH浓度的升高而增加。肌动蛋白变化不明显,肌球蛋白轻链部分几乎消失。

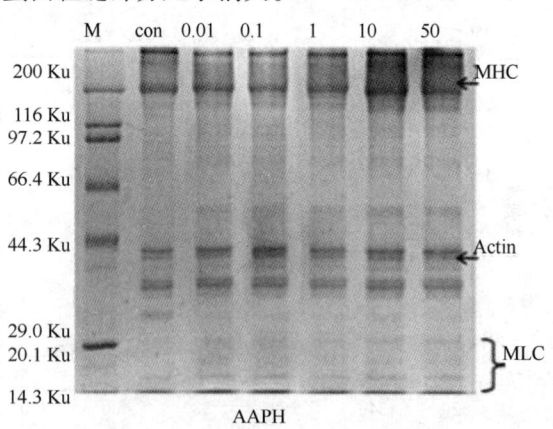

图6 大黄鱼肌原纤维蛋白氧化后SDS-PAGE电泳图谱

AAPH电泳图谱肌球蛋白重链部分丰度增强,浓缩胶顶部出现大分子聚集物,是由于蛋白质经过氧化后发生聚集产生的。AAPH肌球蛋白轻链丰度有所增加,是因为在氧化过程中分子量较大的蛋白发生了降解,这与3.6中所说到的 AAPH 氧化的蛋白粒径分布的趋势相一致。

3.8 凝胶特性的变化

凝胶特性是食品蛋白质最重要的功能性质之一,是蛋白质食品加工过程中一项最关键的指标,对鱼肉产品的外形、保水性和感官印象都有很大的影响。图7为大黄鱼氧化后样品凝胶强度、凝胶持水力以及凝胶白度的变化情况。总体而言,所有样品的凝胶强度、凝胶持水力以及凝胶白度随着浓度的上升呈下降趋势。当 AAPH 达到较高浓度时,对蛋白质结构性质的氧化破坏作用已经达到一定限度,对凝胶网络结构形成过程中氢键、疏水和静电相互作用等的破坏趋于饱和,凝胶强度和持水性不再发生明显变化。另外,蛋白质凝胶白度也随着 AAPH 浓度的增加而降低($P<0.05$),且与凝胶持水性呈正相关关系。Park[20]认为水的存在能提高凝胶白度值,AAPH 氧化致使蛋白质水合能力和凝胶持水性降低,从而导致凝胶中截留水分减少,这可能是凝胶白度降低的主要原因,此外,Xia 等[21]认为蛋白凝胶白度值的下降还可能和氨基酸侧链与氧化产物在加热形成凝胶时发生非酶褐变有关。

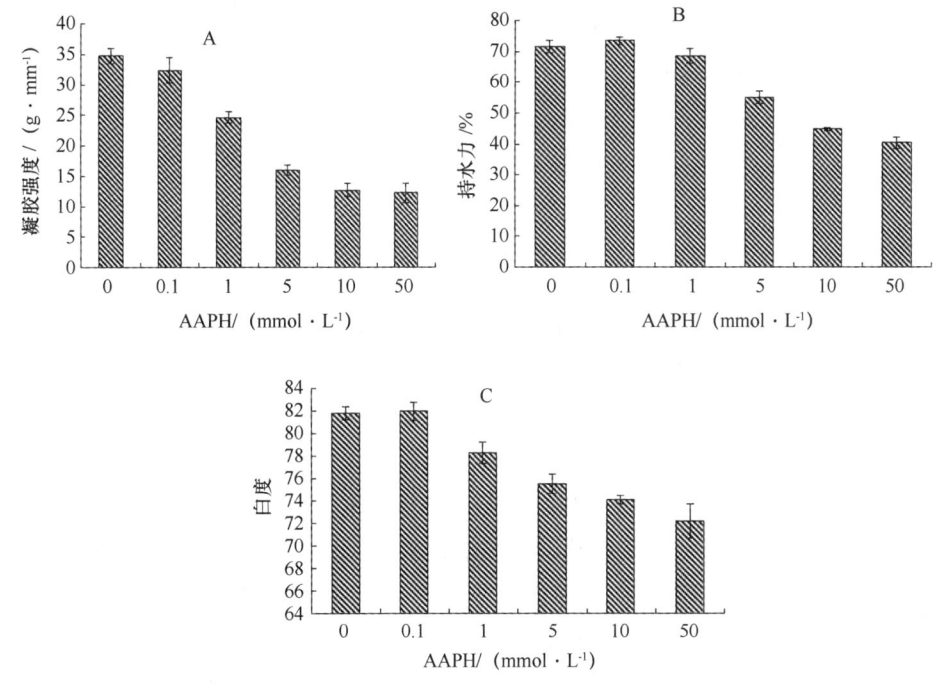

图7 大黄鱼肌原纤维蛋白氧化后凝胶特性的变化情况
(A:凝胶强度,B:持水力,C:凝胶白度)

3.9 乳化特性的变化

食品中蛋白质在形成和稳定乳状液的能力,对于食品工业是至关重要的,在食品乳化体系中,蛋白质能够降低油和水界面之间的张力,从而阻止体系中油滴发生聚集,提高体系的稳定性。图8为大黄鱼肌原纤维蛋白氧化后乳化性(A)和乳化稳定性(B)的变化情况。开始时样品的乳化性出现稍微增加,但是并不明显,之后显著下降。

许多因素都影响蛋白质的乳化作用,蛋白质的溶解度与乳化能力有密切的关系,一般来讲,它们是呈正相关的。不溶的蛋白质对乳化作用的贡献很小,这可能是由于蛋白质在它的表面性质起作用之前必须先溶解和移动到表面,氧化后造成较大聚集或是不溶物质,不能形成稳定的界膜,因此,在很大程度上降低了乳化性和乳化稳定性。此外,之前结果得到的巯基含量的下降和表面疏水性的增加使蛋白质分子间的疏水相互作用增加,这些都会对蛋白质的乳化性造成影响。

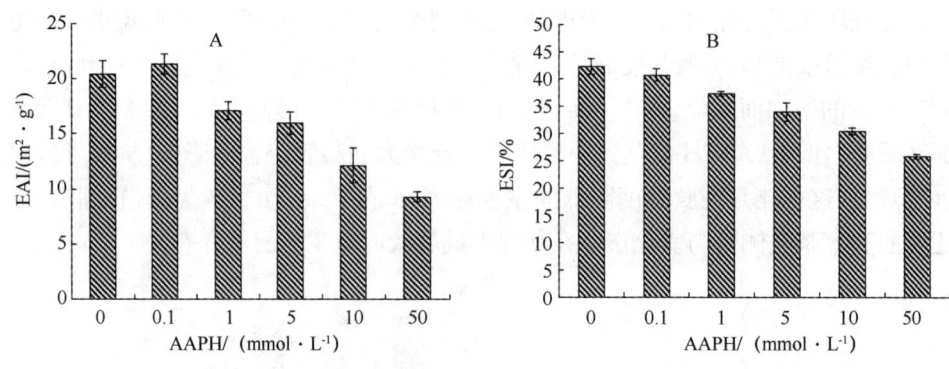

图 8 大黄鱼肌原纤维蛋白氧化后乳化特性的变化情况
(A:乳化性,B:乳化稳定性)

4 结论

采用不同浓度的 AAPH 对大黄鱼肌肉块进行模拟氧化,得出如下结论:① 随着 AAPH 浓度的增加蛋白质羰基含量增加,氧化程度加剧,尤其在 AAPH 浓度为 50 mmoL/L 时表现更为显著。② 随着 AAPH 浓度的增加游离氨基和有效赖氨酸的含量逐渐下降,蛋白内源荧光强度逐渐下降,且在高浓度时下降的趋势尤其明显。③ AAPH 氧化使蛋白质结构发生了明显改变,主要体现在蛋白质总巯基和游离巯基含量降低,表面疏水性在 AAPH 浓度超过 5 mmol/L 时显著增加,SDS-PAGE 凝胶电泳图谱显示,氧化后的肌球蛋白重链条带区域产生大量的高分子化合物,形成聚集体,而原肌球蛋白发生降解,产生少量低分子量蛋白。④ 蛋白质结构的改变影响了大黄鱼肌原纤维蛋白质的功能性质,表现在蛋白质凝胶强度、持水力、凝胶白度、乳化性以及乳化稳定性的下降,表明氧化导致凝胶三维网状结构形成的破坏,是因为分子间作用力和氢键的作用力下降造成的。另外,肌原纤维蛋白氧化后的乳化性和乳化稳定性显著下降,对加工生产鱼肉制品造成严重的影响。

参考文献

[1] 农业部渔业局. 2014 中国渔业统计年鉴[M]. 北京:中国农业出版社,2014.
[2] Hultin H. O. Oxidation of lipids in seafoods. In:Shahidi F,Botta,J R(Eds). Seafoods. Chemistry,Processing,Technology and Quality[M]. Suffolk:Blackie Academic and Professional,1994:49−74.

[3] Headlam, H. A., Davies, M. J. Markers of protein oxidation: different oxidants give rise to variable yields of bound and released carbonyl products[J]. Free Radical Biology and Medicine, 2004, 36:1175-1184.

[4] Released carbonyl products[J]. Free Radical Biology and Medicine, 2004, 36:1175-1184.

[5] Adams A., Kimpe N. D., van Boekel M A J S. Modification of casein by the lipid oxidation product malondialdehyde[J]. Journal of Agricultural and Food Chemistry, 2008, 56(5):1713-1719.

[6] Gieseg S., Duggan S., Gebicki J. M. Peroxidation of proteins before lipids in U937 cells exposed to peroxyl radicals[J]. Biochemical Journal, 2000, 350(1):215-218.

[7] Gieseg S. P., Pearson J., Firth C. A. Protein hydroperoxides are a major product of low density lipoprotein oxidation during copper, peroxyl radical and macrophage-mediated oxidation[J]. Free Radical Research, 2003, 37(9):983-991.

[8] Duggan S., Rait C., Platt A., Gieseg S. P. Protein and thiol oxidation in cells exposed to peroxyl radicals is inhibited by the macrophage synthesised pterin 7,8-dihydroneopterin[J]. Biochimica et Biophysica Acta-Molecular Cell Research, 2002, 1591(1-3):139-145.

[9] Oliver C N, Ahn B W, Moerman E J, et al. Age-related changes in oxidized proteins[J]. Journal of Biological Chemistry, 1987, 262(12):5488-5491.

[10] Yongsawatdigul J, Park J W. Thermal denaturation and aggregation of threadfin bream actomyosine[J]. Food Chemistry, 2003, 83:409-416.

[11] 吴伟. 蛋白质氧化对大豆蛋白结构和凝胶性质的影响[D]. 无锡:江南大学, 2010.

[12] Hall R J, Trinder N, Givens D I. Observations on the use of 2,4,6-trinitrobenzenesulphonic acid for the determination of available lysine in animal protein concentrates[J]. Analyst, 1973, 98(1170):673-686.

[13] Saeed S, Howell N K. Rheological and differential scanning calorimetry studies on structural and textural changes in frozen Atlantic mackerel(*Scomber scombrus*)[J]. Journal of Science of Food and Agriculture, 2004, 84:1216-1222.

[14] Xiong Y L, Park D, Ooizumi T. Variation in the cross-linking pattern of porcine myofibrillar protein exposed to three oxidative Environments[J]. Journal of Agricultural and Food Chemistry, 2009, 57:153-159.

[15] 顾书媛,余静,莫玲,等. 蛋白质氧化及其对机体氧化还原状态的影响[J]. 食品工业科技, 2012(17):382-389.

[16] 朱卫星,王远亮,李宗军 蛋白质氧化机制及其评价技术研究进展[J]. 食品工业科技, 2011, 32(11):483-486.

[17] Chelh I, Gatellier P, Sante-lhoutellier V. Technicalnote: a simplified procedure for myofibril hydrophobicity determination[J]. Meat Science, 2006, 74(4):681-683.

[18] 王瑛,周春霞,洪鹏志,等. 碎冰冷藏对罗非鱼肌原纤维蛋白理化特性的影响[J]. 食品工业科技, 2013, 34(10):120-123.

[19] Pacifici R, Kono Y, Davies K. Hydrophobicity as the signal for selective degradation of hydroxyl radical-modified hemoglobin by the multicatalytic proteinase complex, proteasome[J]. Journal of Biological Chemistry, 1993, 268(21):15405-15411.

[20] Park J. W. Surimi gel colors as affected by moisture content and physical conditions[J]. Journal of Food science, 1995, 60(1):15-18.

[21] Xia X F, Kong B H, Xiong Y L, et al. Decreased gelling and emulsifying properties of myofibrillar protein

from repeatedly frozen-thawed porcine longissimus muscle are due to protein denaturation and susceptibility to aggregation[J]. Meat Science,2010,85(3):481-486.

野生条斑紫菜叶状体对干出胁迫的抗氧化生理响应特征

李晓蕾[1,2,3]，汪文俊[1,3]，梁洲瑞[1,3]，刘福利[1,3]，孙修涛[1,3]，曹原[1,2,3]，姚海芹[1,2,3]

(1. 上海海洋大学 水产与生命学院,农业部海洋渔业可持续发展重点实验室,上海 201306；
2. 中国水产科学研究院 黄海水产研究所,山东 青岛 266071；
3. 青岛海洋科学与技术国家实验室,海洋渔业科学与食物产出过程功能实验室,山东 青岛 266071)

紫菜味道鲜美,营养丰富,具有较高的经济价值,是主要的海藻栽培物种。我国主要栽培品种是条斑紫菜($Pyropia\ yezoensis$)和坛紫菜($Pyropia\ haitanensis$)。其中条斑紫菜分布在我国的黄海、渤海、东海,日本列岛和朝鲜半岛。近年来,随着科研人员对条斑紫菜研究的深入,养殖面积也在不断增大,成为我国长江以北主要经济海藻物种。大多数紫菜的生命周期存在两个阶段,丝状体时期和叶状体时期。大部分紫菜叶状体生长在潮间带的岩石上。随着潮汐作用,潮间带海藻生长于两种截然不同的环境中:低潮时暴露在空气中,高潮时沉没于海水中。两种环境条件下,其光合能力和光合作用机理不同,如对碳源的吸收利用方式。沉没于海水时,海藻利用水体中的溶解性无机碳源主要为HCO_3^-进行光合作用;在干出状态下,藻体只能利用空气中的CO_2(邹定辉等,2001)。因为生长环境的改变,无机碳源利用方式的不同等,导致其光合能力和光合作用机制不同。研究表明不同紫菜物种对外界环境变化的适应能力不同。坛紫菜叶状体在大潮时干露在空气中的时间最长可达 8 h 左右,失水率达90%以上,复水后藻体仍健康生长(谢佳等,2014);而生长在潮间带水沼中的半叶紫菜耐受失水胁迫的临界点在 42%～46%(Lin et al. 2009;Wang et al. 2016)。

本研究拟通过测定野生条斑紫菜叶状体在不同干出胁迫下,藻体内光合作用,光合色素、可溶性蛋白(SP)和 MDA 含量,以及重要抗氧化酶活力的变化情况,以探讨野生条斑紫菜对干出胁迫的生理响应特征,为揭示条斑紫菜叶状体对干出失水的适应机制奠定基础。

基金项目:中国水产科学研究院基本科研业务费专项资金项目(2015A02)与长岛县科技计划项目(适于长岛海区的紫菜养殖模式研究与示范)共同资助。

作者简介:李晓蕾(1991—),女,在读研究生,主要从事经济海藻抗逆机制研究,E-mail:1185063242@qq.com。

通信作者:汪文俊(1979—),女,博士,副研究员,主要从事海藻遗传育种与开发利用研究,E-mail:wjwang@ysfri.ac.cn。

1 材料与方法

1.1 材料

实验材料于2016年3月采自山东青岛湛山潮间带岩石上。取回后立刻将紫菜叶状体擦干并置于光照培养箱中,光强为30 $\mu mol(photons) \cdot m^{-2} \cdot s^{-1}$,温度为13℃,放置不同时间,计算失水率:

失水率=(鲜重-藻体失水后重量)/鲜重×100%

对失水率分别为10%、20%、30%、40%、50%、60%、70%、80%的样品,分别测量其F_v/F_m、光合色素 Chl a、Car、R-PE、R-PC、SP、膜脂过氧化指标 MDA 的含量,以及抗氧化酶 SOD、POD、CAT 的活性。每组样品设3个生物学重复。

1.2 叶绿素荧光参数的测定

将新鲜紫菜叶状体擦干表面水分置于光照培养箱中进行干出实验,将样品置于黑暗中10 min,测定F_v/F_m值。每个实验组设置3个重复。随后对处理样品进行复水处理。

1.3 叶绿素a和类胡萝卜素含量的测定

称取干出后的藻体0.1 g,液氮充分研磨后,用5 mL 100%甲醇进行提取,然后放入4℃冰箱中(避光保存),静置24 h。4℃,5 000 g,离心10 min,用紫外可见光分光光度计测定上清液的吸光度,对照液为100%甲醇。根据公式计算 Chl a 的含量(Robert,2002):[Chl a] = $16.29 \times A_{665} - 8.54 \times A_{652}$。根据公式计算 Car 的含量:[Car] = $7.6 \times (A_{480} - 1.49 \times A_{510})$。

1.4 藻胆蛋白含量的测定

R-PE 和 R-PC 含量的测定参考高洪峰等(1993)。取干出后的藻体0.1 g,用0.1 mol/L的磷酸缓冲液进行提取,4℃,5 000 g,离心10 min,取上清,定容至25 mL,取上清液测其在455 nm、564 nm、592 nm、595 nm、618 nm、645 nm处的吸光值,对照液为磷酸缓冲液。计算公式为:

[R-PE] = $0.123 \times A_{560} - 0.07 \times A_{618} + 0.015 \times A_{650}$;

[R-PC] = $0.187 \times A_{618} - 0.089 \times A_{650}$。

1.5 可溶性蛋白含量的测定

考马斯亮蓝溶液(CBB)的配制:考马斯亮蓝 G-250 100 mg 溶于50 mL 95%乙醇,加入100 mL 85% H_3PO_4,用蒸馏水稀释至1 000 mL。

蛋白标准曲线:牛血清蛋白,根据其浓度用0.15 mol/L NaCl 配制成100 $\mu g/mL$ 的蛋白溶液。标准曲线的制作按表1制作。

表1 蛋白标准曲线   mL

试管编号	1	2	3	4	5	6
标准蛋白	0.0	0.2	0.4	0.6	0.8	1.0
蒸馏水	1.0	0.8	0.6	0.4	0.2	0.0
考马斯亮蓝	5.0	5.0	5.0	5.0	5.0	5.0

以 OD_{595} 为纵坐标,标准蛋白含量为横坐标,在坐标轴上绘制标准曲线(张志良,2001)。

蛋白质的提取:取 0.1 g 藻体,液氮充分研磨后,用蒸馏水定容到 5 mL,涡旋 20 min,4℃,5 000 g,离心 10 min 得到提取液。取 0.1 mL 提取液+0.9 mL 蒸馏水+5 mL CBB 混匀,加完试剂 2~5 min 测 OD_{595}。对照液为 1 mL 蒸馏水+5 mL CBB。

1.6 MDA 以及 POD、SOD、CAT 含量的测定

MDA 以及 POD、SOD、CAT 含量的测定均采用南京建成试剂盒,依次测定,记录结果。

1.7 数据处理

色素、SP、MDA 含量,因材料进行了失水处理,用以上公式测出来的含量×(1-失水率),再进行不同失水率组间的对比。采用 Excel 2007、Origin 8 以及 SPSS 数据处理系统进行数据的统计分析并作图,设显著水平为 $P<0.05$。

2 结果

2.1 干出胁迫对野生条斑紫菜 F_v/F_m 的影响

如图 1 所示,随着失水率的增加,F_v/F_m 显著下降($P<0.05$),当失水率达到 60% 时,F_v/F_m 达到最小值。对藻体进行复水处理后,发现当藻体失水 66% 时,复水 1 h,藻体 F_v/F_m 可恢复正常值(0.5~0.6);失水率 80% 的藻体复水 1 h 后,F_v/F_m 可恢复到 0.48。

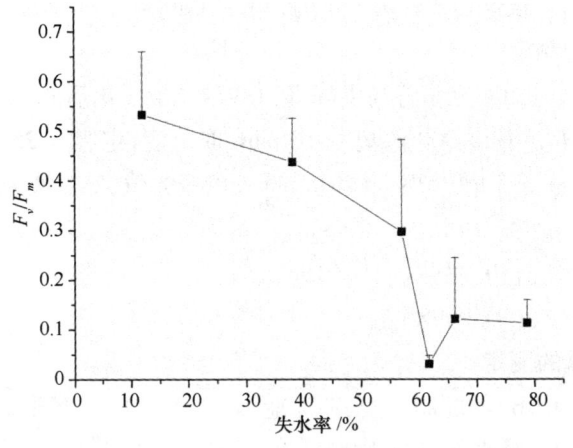

图 1 干出胁迫对野生条斑紫菜 F_v/F_m 的影响

2.2 干出胁迫对野生条斑紫菜 Chl a 和 Car 含量的影响

从图 2 和图 3 可以看出,随着失水率的增大,紫菜叶状体 Chl a 和 Car 的含量呈现逐渐下降的趋势。对照组(失水率为 0)Chl a 和 Car 的含量显著高于实验组($P<0.05$)。在失水率为 10%~20% 时,Chl a 和 Car 含量与对照组相比显著下降($P<0.05$);失水率 30%~70%,Chl a 和 Car 的含量比失水率 20% 时显著下降,但彼此之间变化不明显;在失水率为 80% 时,Chl a 和 Car 的含量降到最低值,与失水率不大于 40% 组差异显著($P<0.05$)。

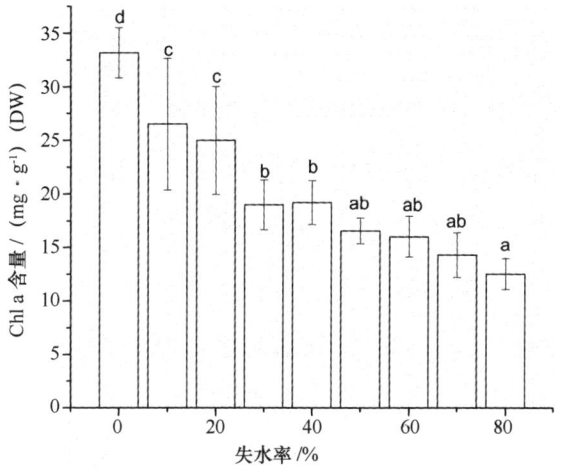

图2 干出胁迫对野生条斑紫菜 Chl a 含量的影响

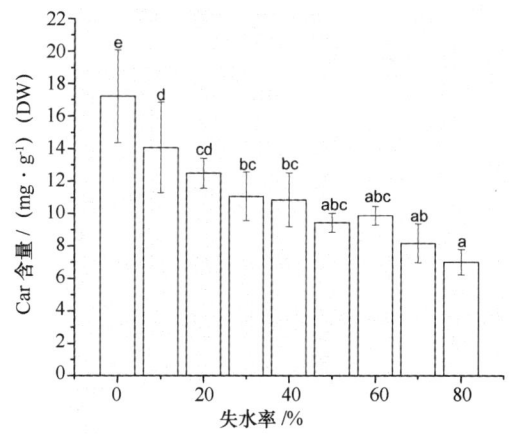

图3 干出胁迫对野生条斑紫菜 Car 含量的影响

2.3 干出胁迫对野生条斑紫菜 R-PE,R-PC 和 SP 含量的影响

如图4和图5所示,R-PE 和 R-PC 的变化趋势一致,对照组含量最高,在失水胁迫初期(失水率10%~20%),R-PE 和 R-PC 含量显著下降($P<0.05$);随着藻体失水率从20%增加到60%,R-PE 和 R-PC 含量呈现上升趋势;随着藻体继续失水直至失水率达80%,R-PE 和 R-PC 含量没有显著变化。总体来说,与对照组相比,藻胆蛋白(R-PE 和 R-PC)含量在失水藻体中是降低的。

从图6可以看出,随着失水胁迫的增大 SP 含量呈现逐渐下降的趋势。对照组 SP 含量显著高于实验组($P<0.05$),失水率从10%~70%,组间差异不显著;在失水率达到80%,即高失水胁迫下,SP 含量显著下降($P<0.05$)。总体来说,与对照组相比,SP 含量在失水藻体中是降低的。

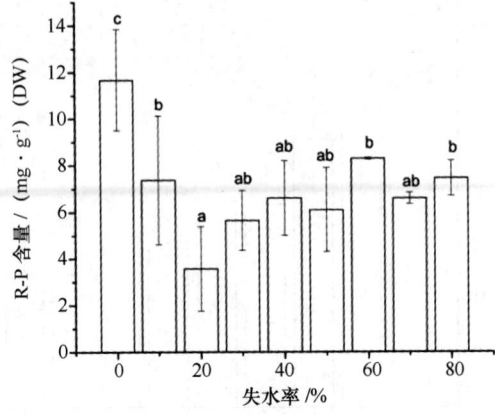

图4 干出胁迫对野生条斑紫菜R-PE含量的影响

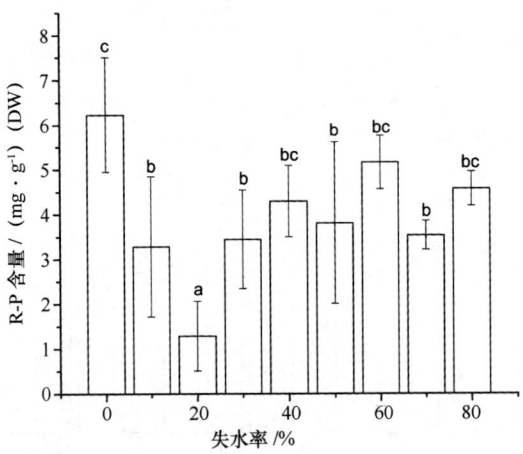

图5 干出胁迫对野生条斑紫菜R-PC含量的影响

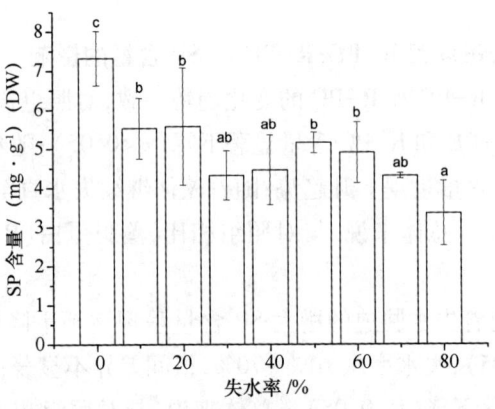

图6 干出胁迫对野生条斑紫菜SP含量的影响

在失水胁迫初期(失水率10%~20%),藻胆蛋白(R-PE+R-PC)与 SP 的比值呈急剧下降趋势;随着藻体失水率从 20%增加到 40%,该比值上升至对照水平(失水率=0);随着藻体继续失水直至失水率达 80%,该比值显著高于对照值。总之,与对照组相比,藻胆蛋白(R-PE+R-PC)与 SP 的比值呈现先下降后升高的趋势(图 7)。

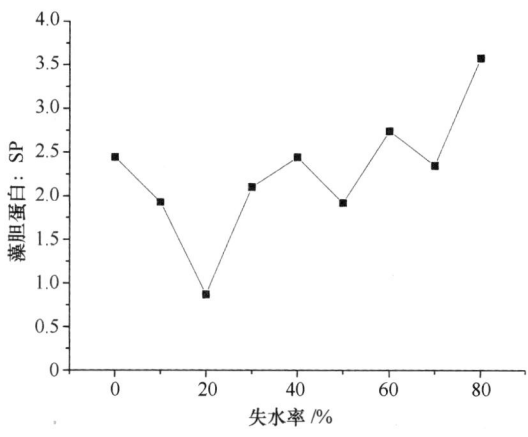

图 7 干出胁迫下,野生条斑紫菜藻胆蛋白与 SP 比值

2.4 干出胁迫对野生条斑紫菜 MDA 含量的影响

在失水率为 10%~30%时,藻体 MDA 含量与对照组相比差异不明显;当失水率为 40%时,MDA 含量与对照组相比显著升高($P<0.05$),但直至失水率由 40%增加到 80%,MDA 含量没有显著变化(图 8)。

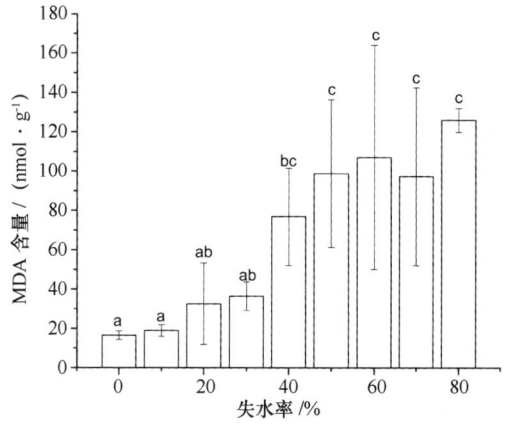

图 8 干出胁迫对野生条斑紫菜 MDA 含量的影响

2.5 干出胁迫对野生条斑紫菜抗氧化酶活力的影响

失水率达到 10%和 20%时,总 SOD 活力与对照组没有明显差异(图 9);当失水率达到 30%时,总 SOD 活力显著降低($P<0.05$);失水率从 50%~80%,其间差异不显著,但与失水率小于 40%组相比,总 SOD 活力显著降低($P<0.05$)。

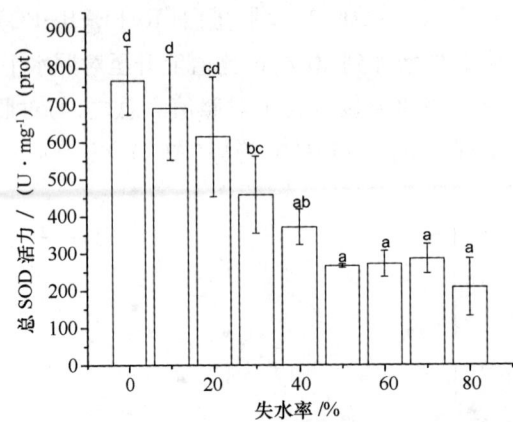

图9 干出胁迫对野生条斑紫菜总SOD活力的影响

如图10所示,失水率不大于20%时,CAT活力维持对照水平;失水率30%时,CAT活力下降,显著低于对照($P<0.05$);随着失水率增加到70%,CAT酶活力变化不大;失水率80%组的CAT活力又显著下降(图10)。对于10%和60%这两个点的骤然降低,可能是由于实验过程中操作不当造成。

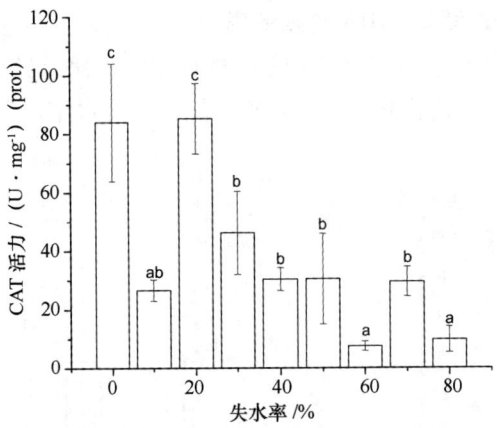

图10 干出胁迫对野生条斑紫菜CAT活力的影响

在干出过程中,POD活力的变化趋势与SOD和CAT明显不同。失水率10%的处理相比对照组,POD活力显著上升($P<0.05$);随后随着失水率增加,POD活力逐渐下降($P<0.05$),但失水率20%时其活力仍然显著高于对照;当失水率不小于30%时,处理组的POD活力降低至对照组以下($P<0.05$)。失水率50%~80%处理组其POD活力水平与失水率30%~40%组相比又有显著下降,但彼此间没有明显差异(图11)。

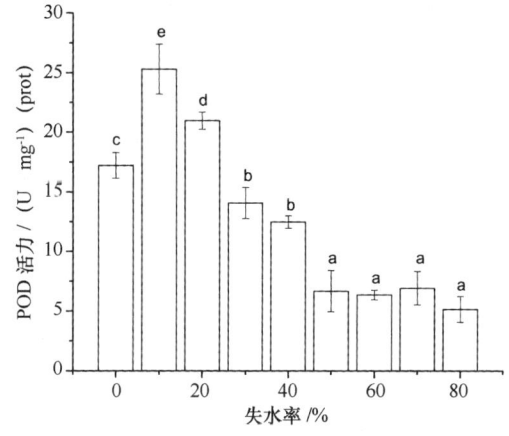

图11 干出胁迫对野生条斑紫菜POD活力的影响

3 讨论

紫菜的光合色素主要是藻胆蛋白和叶绿素,藻胆蛋白包括R-PE、R-PC和别藻蓝蛋白。藻胆蛋白是红藻的主要捕光色素,能高效捕获光能,并传递至PSⅡ。光合色素的含量极易受外界环境的影响(Shen,1995)。对刚采集的新鲜野生紫菜进行不同程度的干出胁迫发现,随着失水率的增大,紫菜叶状体的Chl a 和 Car 含量不断下降,藻胆蛋白的含量呈现先下降后上升的趋势,失水处理组与对照组相比藻胆蛋白含量是降低的。健康藻体的F_v/F_m在0.5~0.6。本研究发现,随着失水程度加大,F_v/F_m显著降低,推测是由于失水抑制了光合色素的合成、光合链的电子传递和一些酶的活性导致。Hader 等(2002)指出藻体在氧化应激状态下,光系统Ⅱ(PSⅡ)呈现下调状态,其间的能量以热能的形式耗散,以保护光合膜不受损伤。Soojung 等(2013)研究指出Car不仅参与吸收传递光能的过程,而且还会接受过剩的叶绿体激发态的能量,避免单线态氧的产生,进而起到保护作用(白志英等,2009)。在逆境条件下,Car还会被ROS氧化,以减少ROS的产生,期间还会被一些氧化酶、过氧化物酶以及脂氧合酶等氧化。因此,推测Car含量的降低与参与抗氧化反应有关。藻胆蛋白不仅是主要的捕光色素,还是紫菜体内重要的抗氧化物质。Contreras-Porciaet 等(2010)研究指出在 *Porphyra columbina* 干出过程中,R-PE 和 R-PC 以热能的形式耗散藻体产生的过多热量,抑制活性氧的暴发。Romay 等(2003)研究指出R-PC可以直接清除不同类型的活性氧,降低脂质过氧化的水平。藻胆蛋白是SP的重要组成部分,虽然失水胁迫导致藻体的藻胆蛋白(R-PE 和 R-PC)和SP含量降低(相比对照组),但对比不同程度失水胁迫藻体的藻胆蛋白(R-PE 和 R-PC):SP发现,该比值呈现先下降后上升的趋势,在失水率40%时达到对照水平,失水80%时显著超出对照水平。表明随着失水胁迫加剧,条斑紫菜藻胆蛋白的抗逆作用逐渐显现,一方面作为类囊体膜的重要组成部分,对维持光合膜的完整性起着积极作用,以保证复水后快速恢复光合作用(F_v/F_m)做准备;另一方面,作为抗氧化物质,抑制细胞内活性氧的过度累积,减轻膜脂的过氧化作用(MDA 的产生)。

  Davison 等(1996)研究指出,植物体在干出胁迫的过程中,最先受到伤害的是细胞膜,即发生膜脂过氧化,产生 MDA。随着失水程度加剧,植物细胞中活性氧不断积累,MDA 的含量也逐渐增加。本研究发现,随着失水胁迫处理,藻体 MDA 水平分为两个阶段:对照水平,胁迫水平。MDA 含量在失水率不大于 30%时没有显著变化,失水率不小于 40%时显著上升,但失水率 40%~80%藻体间没有显著差异。表明失水率达 40%时,细胞膜脂发生明显过氧化;但失水程度进一步加剧,条斑紫菜膜脂过氧化程度没有随之加剧,藻胆蛋白在可溶性蛋白中比重的增加可能对抑制 MDA 的产生具有重要贡献。失水胁迫初期,MDA 水平没有明显积累,应该与抗氧化酶的作用相关。

  为了避免过量活性氧对植物细胞的损伤,植物细胞通常会通过提高相关抗氧化酶的活性与抗氧化物质含量来清除过多的活性氧以应对胁迫(曾超西等,1997;Lee et al,1982)。野生条斑紫菜叶状体在失水胁迫初期(10%~20%),SOD 和 CAT 活性与对照组无显著性差异;随着失水胁迫的增大,其活力显著下降,但失水率 40%~80%组无显著性差异。说明野生条斑紫菜细胞中的 SOD 和 CAT 在低失水胁迫下参与过量活性氧的清除,但随着细胞含水量的减少,SOD 和 CAT 活力逐渐降低。在植物经历胁迫的过程中,可能由于物种、生长环境以及地区分布的差异,细胞内相应的抗氧化应激途径也会有所差异。陆生植物 SOD 活性随干旱脱水可呈现一直下降、先上升后下降、保持不变等多种模式(李明等,2002;赵天宏等,2008)。生活在中高潮区的脐形紫菜在失水胁迫后藻体 SOD 活力轻微下降,而生活在中低潮区的条斑紫菜没有发现此现象[①]。而本研究中 SOD 活力随着失水胁迫增加显著降低,可能由于本研究所采集的条斑紫菜品系和生长环境与 Liu(2009)不同导致。CAT 活力受外界条件影响较为明显,它是一类光敏感性酶类,强光下易发生光失活(赵天宏等,2008);另外,超氧阴离子和过氧化氢共同或分别与 CAT 形成复合物,也可降低 CAT 的活力(Asada,1999)。对于10%和60%这两个点的骤然降低,可能是由于实验过程中操作不当造成的。在干出过程中,POD 活力的变化趋势与 SOD 和 CAT 明显不同。在失水初期(10%~20%),其活力显著上升,随后其活力随着胁迫程度的加大逐渐降低,这与邵世光等(2009)在对条斑紫菜进行盐度胁迫处理时测定的 POD 活力变化一致,表明在失水胁迫初期藻体通过提高 POD 酶活性以减少胁迫产生的超氧化物自由基的伤害。结果表明,野生条斑紫菜在干出胁迫的过程中,POD、SOD 与 CAT 在胁迫初期清除超氧化物自由基的过程中发挥了一定的作用,随着胁迫程度的增大,藻体细胞内水量减少,不能够为抗氧化酶系的抗氧化反应提供足够的水环境,进而导致相关酶活力的降低。

  综上所述,随着条斑紫菜失水胁迫的增大,藻体光合作用降低,复水后可恢复到正常状态;Chl a、Car 和 SP 含量减少;藻胆蛋白含量呈现先下降后上升的趋势;藻胆蛋白与 SP 比值的变化趋势与藻胆蛋白类似,但在高失水胁迫下,该值显著高于对照组;细胞在失水率达

[①] Liu Y C. Mechanism for differential desiccation tolerance in porphyra specie. Boston:Northeastern University doctoral dissertation,2009,47-60

40%以上（含）产生过量 MDA;SOD、CAT、POD 的活力均在低失水胁迫（≤20%）时活力较高，随着胁迫的增大，活力逐渐下降。由结果推测在应对失水胁迫初期主要由 POD、SOD 以及 CAT 等抗氧化酶抑制活性氧的暴发，在失水胁迫后期抗氧化酶活力降低，藻胆蛋白可能起着清除活性氧的作用。

参考文献

白志英,李存东,孙红春,等.2009.干旱胁迫对小麦叶片叶绿素和类胡萝卜素含量的影响及染色体调控.华北农学报,24(1):1-6.

陈利梅.2012.超声波辅助双水相提取条斑紫菜黄酮类物质及其抗氧化活性研究.食品科学,33(04):41-46.

冯琛,路新枝,于文功.2004.逆境胁迫对条斑紫菜生理生化指标的影响.海洋湖沼通报,3:22-26.

高洪峰.1993.不同生长期坛紫菜中藻胆蛋白的含量变化.海洋与湖沼,24(6):645-648.

何芳,汪之和,马婉婉,等.2015.不同分子量条斑紫菜多糖体外抗氧化活性研究.上海海洋大学学报,25(5):783-788.

李明,王根轩.2002.干旱胁迫对甘草幼苗保护酶活性及脂质过氧化作用的影响.生态学报,22(4):503-507.

邵世光,阎斌伦,李廷友,等.2009.Cr^{6+}、Pb^{2+}、Cd^{2+}胁迫下条斑紫菜保护酶系统的响应.水生态学杂志,2(4):94-97.

谢佳,徐燕,纪德华,等.2014.坛紫菜叶状体对失水胁迫的抗氧化生理响应.中国水产科学,21(2):405-412.

曾超西,王以柔.1997.水稻幼苗的低温伤害与膜脂过氧化.植物学报,29(5):506-512.

张志良.2000.植物生理学实验指导.北京:高等教育出版社,125-126.

赵天宏,孙加伟,付宇.2008.逆境胁迫下植物活性氧代谢及外源调控机理的研究进展.作物杂志,3:10-13.

邹定辉,高坤山.2001.大型海藻类光合无机碳利用研究进展.海洋学报,20(5):83-90.

Contreras-Porcia L,Thomas D,Flores V,et al. 2010.Tolerance to oxidative stress induced by desiccation in *Porphyra columbina*(Bangiales,Rhodophyta). Journal of Experimental Botany,62(6):1815-1829.

Davison IR,Pearson GA. 1996.Stress tolerance in intertidal seaweeds. Journal of Phycology,32(2):197-211.

Hader D,Lebert M,Sinha RP,et al. 2002.Role of protective and repair mechanisms in the inhibition of photosynthesis in marine macroalgae. Photochemical and Photobiological Sciences,1(10):809-814.

Lee EH,Bennett JH. 1982.Superoxide dismutases. Plant Physiology,69(12):352-354.

Lin AP,Wang GC,Yang F,Pan GH. 2009.Photosynthetic parameters of sexually different parts of *Porphyra katadai* var. *hemiphylla*(Bangiales,Rhodophyta) during dehydration and rehydration. Planta,229:803-810.

Robert J. 1983.The chequered history of the development and use of simultaneous equations for the accurate determination of chlorophylls a and b. Photosynthesis Research,88(C7):4505-4523.

Romay Ch,González R,Ledón N,et al. 2003.C-phycocyanin:a biliprotein with antioxidant,anti-Inflammatory and neuroprotective effects. Current Protein and Peptide Science,4(3):207-216.

Shen DL. 1995.Chromosomal and mutagenic study of the marine macroalga,Gracilaria enuistipitata. Journal of Applied Phycology,7(1):26-30.

Soojung Oh,Malshick Shin,Kyungae Lee,et al. 2013.Effects of water activity on pigments in dried laver(Porphyra)

during storage. Food Science & Biotechnology,22(6):1523-1529.
Wang WJ,Sun XT,Liu FL,et al.2016.Effect of abiotic stress on the gameophyte of *Pyropia katadae* var. *hemiphylla* (Bangiales,Rhodophyta). Journal of Applied Phycology,28(1):469-479.

锯缘青蟹与三疣梭子蟹的营养成分分析及比较

姚兴南[1,2],孟凡同[1,2],顾志峰[1,2],王爱民[1,2]

(1. 海南大学 热带生物资源教育部重点实验室,海南 海口 570228;
2. 海南大学 海洋学院/海南省热带水生生物技术重点实验室,海南 海口 570228)

锯缘青蟹(*Scylla serrata*)俗称青蟹,属节肢动物门、甲壳纲、十足目、短尾亚目、梭子蟹科,广布于印度-西太平洋热带、亚热带海域,我国主要分布于长江以南沿海地区[1]。与锯缘青蟹同属一科的三疣梭子蟹(*Portunus trituberculatus*)是我国常见的一种暖温性大型的海产经济蟹类。两种海蟹营养丰富,有较高营养价值和经济价值,在我国水产养殖中占有一定的地位[2]。

动物体内的一般营养成分,蛋白质、脂肪含量以及氨基酸和脂肪酸的组成变化,直接影响到动物的肉质营养和品质风味[2]。近年来,对三疣梭子蟹和锯缘青蟹的营养价值的研究主要集中在不同生态环境下营养成分的比较[1-2]、不同部位的营养成分[10]、营养需求及其配合饲料研究[4]、三疣梭子蟹软壳蟹主要营养成分分析[5-6]等。但不同种类海蟹之间营养成分的分析和品质研究的报道少之又少,尚未见野生锯缘青蟹与野生三疣梭子蟹营养成分的分析及比较。

本研究对野生锯缘青蟹与野生三疣梭子蟹雌蟹肌肉和性腺的一般营养成分(水分、粗蛋白、粗脂肪、灰分)、脂肪酸含量和氨基酸含量及组成特点进行了分析比较,并采用氨基酸评分(ASS)、化学评分(CS)和必需氨基酸指数(EAAI)[14]进行综合评价,并对同科的锯缘青蟹和三疣梭子蟹进行比较,以期揭示两种海蟹品质差异和影响风味的本质,为野生锯缘青蟹和三疣梭子蟹的资源开发利用及养殖过程中营养需求提供基础资料和科学依据。

1 材料与方法

1.1 材料

实验用蟹分别于2015年9月和10月在海南省万宁市(18°49N,110°28E)的红树林区用诱捕法采集,各选取15只野生的雌性三疣梭子蟹和锯缘青蟹成熟样本。活体样本装在放有

基金项目:国际科技合作专项(2013DFA3180);海南省星火产业带专项(HNXH201527)
作者简介:姚兴南,2015级硕士研究生.
通信作者:顾志峰. hnugu@163.com

冰块的泡沫箱里带回实验室。称重,测量拍照后解剖分离出肌肉、性腺并称重,随机分为 3 组后以每组 5 只混合肌肉、性腺组织,标记后-80℃保存。

1.2 方法

(1)水分:根据 GB 5009.3-2010,采用直接干燥法[7]测定,每份样品在 105℃ 烘干到恒重。

(2)粗蛋白:根据 GB 5009.5-2010,采用凯式定氮法[8]测定。

(3)粗脂肪:根据 GB/T14772-2008,采用索式提取法[9]测定。

(4)灰分:根据 GB 5009.4-2010,采用高温灼烧法[10],在马弗炉中 550℃ 烧 24 h。

(5)氨基酸测定:氨基酸成分根据 GB/T 14965-1994(SAC 1994)测定。样品在加入 8 mL 6mol/L HCL 充氮气封口的水解管中 110℃ 水解 24 h。通过水解脱水析出后在 40~50℃ 的真空中蒸干。剩余物用 1~2 mL 水溶解后蒸,重复两次。最终用 pH 2.2 的缓冲液(柠檬酸钠)溶解后过 0.45 μm 滤膜。Biochrom 20 氨基酸自动分析仪(GE. USA)分离氨基酸。氨基酸浓度以湿重 g/100g 表示,样品分一式 3 份检测。

(6)脂肪酸测定:脂肪酸分析方法见参考文献[11]并略加改动。首先,用三氯甲烷-甲醇(2∶1 V/V)提取样品的脂肪酸,用 Folch 法(1957)真空过滤,取底层有机相用旋转蒸发去除氯仿。得到的蟹粗脂肪中加入 0.5 mol/L KOH-CH$_3$OH5 mL,充氮气混匀,65℃ 水域中皂化 20 min。冷却后加 14% BF$_3$-CH$_3$OH 混合溶液 4 mL,60℃ 水域中酯化 5 min。最后用 0.45 μm 微孔纤维滤膜过滤后进行气相分析。

(7)分析条件:色谱柱,HP-INNOWAX 毛细管色谱柱(30 m×0.25 mm,0.15 μm);程序升温,初温 60℃ 保持 2 min,以 6℃/min 升至 180℃,然后以 4℃/min 升至 220℃ 保持 15 min;进样口温度 250℃,分流比 60∶1;进样量:0.45 μL;载气:氦气;恒流:1.0 mL/min。使用峰面积比(总脂肪酸百分比)计算定量数据。

(8)评价方法:根据 FAO/WHO 提供的最新氨基酸评分标准模式[14]和全鸡蛋蛋白模式[13]来评价蟹肉的蛋白质营养价值,氨基酸评分(AAS)、化学评分(CS)和必需氨基酸指数(EAAI)[14]按以下公式求得:

AAS={待测样品氨基酸含量(mg/g)(pro)/FAO/WHO 评分模式同种氨基酸含量(mg/g)(pro)}×100 (1)

CS={待测样品氨基酸含量(mg/g)(pro)/全鸡蛋蛋白质同种氨基酸含量(mg/g)(pro)}×100 (2)

EAAI=$\{(Lys(t)/Lys(s))\times100\times Met(t)/Met(s))\times100\times,\cdots,Val(t)/Val(s))\times100\}^{1/n}$ (3)

式中:n 为比较的氨基酸数;t 为待测样品蛋白质的必需氨基酸含量;s 为全鸡蛋蛋白质的必需氨基酸含量。

2 结果与分析

2.1 两种蟹可食用部分比例

锯缘青蟹与三疣梭子蟹的可食用部分的不同组分质量比率的测定结果见表1。

表1 锯缘青蟹与三疣梭子蟹可食用部分比例(以湿重计) %

样本	肌肉	肝胰脏	性腺	可食用部分
三疣梭子蟹	28.47±1.12	5.38±0.11	13.39±1.57	47.24±2.67
锯缘青蟹	32.05±0.51*	6.22±0.84*	13.93±1.37	52.20±3.26*

注：* 表示存在显著差异（$P<0.05$）。

性成熟锯缘青蟹与三疣梭子蟹的可食用部分总量存在显著差异（$P<0.05$），锯缘青蟹的可食用部分为52.20%，而三疣梭子蟹为47.24%，且两种蟹可食用部分均占总重的一半左右。锯缘青蟹的不同组分比例均大于三疣梭子蟹。其中，肌肉比例差异显著，锯缘青蟹为32.05%，三疣梭子蟹为28.47%；性腺比例相当，无明显差异。

2.2 基本营养成分

锯缘青蟹与三疣梭子蟹的肌肉和性腺的基本营养成分测定结果见表2。

表2 锯缘青蟹与三疣梭子蟹的基本营养成分(干物质基础) %

营养成分含量	三疣梭子蟹		锯缘青蟹	
	肌肉	性腺	肌肉	性腺
水分	76.73±1.09	54.57±1.11	74.66±0.72	44.83±0.47
粗蛋白	74.08±2.71	58.12±3.76	83.45±0.21	64.4±0.55
粗脂肪	8.08±0.87	14.20±0.85	2.26±0.27	16.27±0.60
灰分	3.76±0.81	8.76±1.66	6.63±0.19	4.41±0.14

锯缘青蟹肌肉与性腺中的水分、粗蛋白和粗脂肪与三疣梭子蟹基本一致，而灰分则相反。两者肌肉中水分和粗蛋白均高于性腺，而粗脂肪相反。锯缘青蟹肌肉的灰分高于性腺，而三疣梭子蟹性腺中灰分高于肌肉。两者肌肉的粗蛋白、粗脂肪和性腺的水分、灰分差异显著。锯缘青蟹肌肉粗蛋白、粗脂肪分别为83.45%和2.26%，而三疣梭子蟹分别为74.08%和8.08%。三疣梭子蟹性腺水分、灰分分别为54.57%和8.76%，而锯缘青蟹分别为44.83%和4.41%。

2.3 氨基酸组成及含量分析

锯缘青蟹与三疣梭子蟹氨基酸组成及含量测定结果见表3。

锯缘青蟹与三疣梭子蟹的肌肉和性腺中共测得17常见氨基酸（由于使用盐酸水解预处理样品，色氨酸被破坏而无法测到），包括9种必需氨基酸（EAA）和7种非必需氨基酸

(NEAA)。从氨基酸的组成特点来看,两种蟹的肌肉和性腺中以谷氨酸含量最高,在锯缘青蟹两种组织均中明显高于三疣梭子蟹($P<0.05$)。胱氨酸含量在两种组织中均最少仅0.17~0.26 g/100 g。两种蟹的肌肉和性腺中必需氨基酸(EAA)和总氨基酸(TAA)含量均呈现性腺大于肌肉($P<0.05$),锯缘青蟹与三疣梭子蟹存在显著差异($P<0.05$)。

锯缘青蟹中 EAA 占 NEAA 的比例及 EAA 占 TAA 的比例均高于三疣梭子蟹($P<0.05$),肌肉和性腺中则表现为性腺均高于肌肉。综合来看,锯缘青蟹中的氨基酸含量高于三疣梭子蟹。

表3 锯缘青蟹与三疣梭子蟹的氨基酸组成(以湿重计) g/100 g

氨基酸	三疣梭子蟹		锯缘青蟹	
	肌肉	性腺	肌肉	性腺
Thr 苏氨酸	0.50±0.01[c]	0.76±0.01[b]	0.85±0.00[b]	1.48±0.01[a]
Val 缬氨酸	0.54±0.01[c]	0.93±0.00[b]	0.84±0.05[b]	1.72±0.00[a]
Ile 异亮氨酸	0.49±0.01[c]	0.74±0.02[b]	0.82±0.00[b]	1.49±0.00[a]
Leu 亮氨酸	0.96±0.01[c]	1.40±0.00[b]	1.40±0.02[b]	2.51±0.03[a]
Phe 苯丙氨酸	0.54±0.01[c]	0.61±0.00[c]	0.82±0.00[b]	1.35±0.03[a]
Lys 赖氨酸	0.98±0.02[c]	1.02±0.01[c]	1.49±0.01[b]	1.78±0.04[a]
Met 甲硫氨酸	0.36±0.01[c]	0.44±0.03[bc]	0.53±0.04[b]	0.98±0.02[a]
Cys 胱氨酸	0.17±0.01[b]	0.19±0.00[b]	0.23±0.00[a]	0.26±0.03[a]
Tyr 酪氨酸	0.42±0.01[c]	0.70±0.01[b]	0.80±0.02[b]	1.54±0.00[a]
EAA	4.96±0.22[c]	6.79±0.09[b]	7.78±0.17[b]	13.11±0.20[a]
Asp 天冬氨酸	1.15±0.04[c]	1.20±0.03[c]	1.72±0.01[b]	2.05±0.05[a]
Ser 丝氨酸	0.49±0.02[c]	0.85±0.00[b]	0.68±0.00[c]	1.63±0.04[a]
Glu 谷氨酸	1.97±0.06[c]	2.01±0.00[c]	2.80±0.02[b]	3.60±0.00[a]
Gly 甘氨酸	0.91±0.04[b]	0.57±0.01[c]	1.02±0.00[b]	1.16±0.00[a]
Ala 丙氨酸	0.73±0.00[c]	0.68±0.01[c]	1.16±0.01[b]	1.34±0.00[a]
His 组氨酸	0.27±0.01[c]	0.41±0.00[b]	0.48±0.03[b]	1.06±0.04[a]
Arg 精氨酸	1.44±0.00[b]	1.06±0.01[c]	1.71±0.00[a]	1.90±0.00[a]
Pro 脯氨酸	0.77±0.01[b]	0.72±0.00[b]	1.18±0.04[a]	1.08±0.02[a]
NEAA	7.73±0.25[c]	7.50±0.08[c]	10.75±0.08[b]	13.82±0.14[a]
TAA	12.69±0.35[c]	14.29±0.30[c]	18.53±0.33[b]	26.93±0.26[a]
EAA/NEAA/%	64.17±0.02[c]	90.53±0.01[a]	72.37±0.01[b]	94.86±0.00[a]
EAA/TAA/%	39.09±0.04[d]	47.52±0.02[b]	41.99±0.00[c]	48.68±0.01[a]

2.4 营养品质评价

将表3的数据单位换算成每克蛋白质中含氨基酸毫克数后,按照 FAO/WHO 建议的氨基酸评分标准模式和全鸡蛋蛋白质的氨基酸模式,分别计算出锯缘青蟹和三疣梭子蟹肌肉中必需氨基酸含量,AAS、CS 以及 EAAI 值,并得出其限制性氨基酸[1],结果见表4。

表4 锯缘青蟹与三疣梭子蟹的必需氨基酸含量、AAS、CS、EAAI

必需氨基酸	WAO/WHO 模式 AAS	全鸡蛋模式 AAS	肌肉中含量 /(mg·g^{-1})(Pro)		三疣梭子蟹		锯缘青蟹	
			三疣梭子蟹	锯缘青蟹	AAS	CS	AAS	CS
Thr 苏氨酸	40	47	44.66	40.19	111.7	95.02	100.48	85.51
Val 缬氨酸	50	66	46.98	39.72	93.96	71.18	79.44*	60.18*
Ile 异亮氨酸	40	54	48.14	38.77	120.4	89.15	96.93	71.8
Leu 亮氨酸	70	86	72.51	66.19	103.6	84.31	94.56	76.97
Lys 赖氨酸	55	70	85.27	70.45	155	121.81	128.1	100.6
Phe+Tyr 苯丙氨酸+酪氨酸	60	93	85.85	76.6	143.1	92.31	127.67	82.37
Met+Cys 甲硫氨酸+胱氨酸	35	57	22.62	35.93	64.63*	39.68*	102.66	63.04
总分					792	593.46	729.8	541
EAAI					75.85		78.22	

注:*第一限制性氨基酸.

根据 AAS 模式,三疣梭子蟹的第一、第二限制性氨基酸分别为甲硫氨酸+胱氨酸和缬氨酸,而锯缘青蟹的第一、第二限制性氨基酸分别为缬氨酸和亮氨酸。根据 CS 模式,三疣梭子蟹的第一、第二限制性氨基酸分别为甲硫氨酸+胱氨酸和缬氨酸,与 AAS 模式结果相同,而锯缘青蟹的第一、第二限制性氨基酸分别为缬氨酸和甲硫氨酸+胱氨酸。三疣梭子蟹和锯缘青蟹的 EAAI 分别为 75.85 和 78.22。

2.5 脂肪酸组成及含量

锯缘青蟹和三疣梭子蟹的肌肉和性腺脂肪酸测定结果见表5。共检测出 34 种脂肪酸,碳链长度在 13~24。分别包括 12 种饱和脂肪酸、10 种单不饱和脂肪酸和 12 种多不饱和脂肪酸。三疣梭子蟹和锯缘青蟹性腺中饱和脂肪酸以棕榈酸(C16:0)为主,含量达 15.55%~23.01%,后者性腺中饱和脂肪酸(40.21%)明显高于前者(28.46%),肌肉中饱和脂肪酸含量无显著差异;三疣梭子蟹和锯缘青蟹的肌肉和性腺中单不饱和脂肪酸以油酸(C18:1)为主,含量在 4.60%~19.82%,前者单不饱和脂肪酸明显高于后者;多不饱和脂肪酸在肌肉中锯缘青蟹(51.02%)显著高于三疣梭子蟹(46.00%),而在性腺中相反。这种脂肪酸构成与三疣梭子蟹[2]和锯缘青蟹[14]的脂肪酸构成基本一致。

营养、生理与饲料

表5 锯缘青蟹与三疣梭子蟹的脂肪酸组成(干物质基础) %

脂肪酸	三疣梭子蟹		锯缘青蟹	
	肌肉	性腺	肌肉	性腺
C13	—	0.05±0.02	—	0.34±0.00
C14	1.12±0.21[c]	2.22+0.13[b]	0.63±0.00[c]	3.12±0.04[a]
C15	1.56±0.32[b]	1.75±0.06[b]	0.69±0.03[c]	2.21±0.07[a]
C16	15.89±0.89[b]	15.55±1.65[b]	0.22±0.00[c]	23.01±2.1[a]
C17	0.81±0.05[c]	1.28±0.10[b]	13.95±0.04[a]	—
C18	6.36±0.76[bc]	4.59±0.20[c]	8.15±0.10[b]	9.51±0.06[a]
C19	—	0.65±0.18[a]	0.39±0.03[b]	0.62±0.00[a]
C20	0.32±0.12[b]	1.68±0.04[a]	—	0.54±0.01[b]
C21	—	0.18±0.01	—	0.16±0.03
C22	—	0.45±0.08	—	0.34±0.60
C23	—	—	—	0.09±0.00
C24	—	0.06±0.04	—	0.18±0.04
C14:1n5	—	—	—	0.18±0.01
C16:1n7	6.25±0.52[c]	9.38±0.41[b]	5.30±0.06[c]	11.98±0.41[a]
C16:1n6	—	—	0.15±0.03	0.27±0.06
C17:1n7	0.65±0.01[c]	1.04±0.01[b]	1.20±0.00[b]	2.48±0.11[a]
C18:1n9	19.82±0.95[a]	17.58±0.74[b]	15.83±0.25[b]	4.60±0.05[c]
C19:1n9	—	0.44±0.13[b]	0.60±0.02[b]	1.20±0.01[a]
C20:1n7	0.86±0.32[c]	1.96±0.67[b]	1.00±0.05[c]	2.80±0.05[a]
C20:1n9	0.36±0.03[c]	0.78±0.06[a]	0.31±0.00[c]	0.57±0.00[b]
C22:1n9	—	0.76±0.08	—	0.79±0.00
C24:1n9	—	0.21±0.07	—	0.27±0.00
C18:2n9	3.77±0.05[a]	3.29±0.01[b]	2.86±0.00[c]	3.15±0.05[b]
C20:2n6	0.65±0.07[a]	0.51±0.02[b]	0.54±0.05[b]	0.09±0.00[c]
C20:3n6	0.57±0.01[b]	0.26±0.01[c]	0.71±0.03[a]	—
C20:4n3	—	0.52±0.00	—	1.02±0.00
C20:4n6(ARA)	6.28±0.52[b]	5.49±0.32[c]	8.94±0.08[a]	4.95±0.05[c]
C20:5n3(EPA)	14.70±1.56[b]	12.50±0.86[c]	17.14±0.28[a]	12.91±0.06[c]
C21:5n3(HPA)	0.12±0.01	—	—	—
c22:2n6	0.47±0.10[a]	0.17±0.01[b]	—	0.19±0.02[b]
C22:4n6	1.05±0.02[a]	0.98±0.02[a]	0.95±0.02[b]	1.12±0.04[a]
C22:5n3	1.32±0.36[b]	0.73±0.45[c]	2.91±0.06[a]	—
C22:5n6	0.65±0.02[b]	—	1.29±0.03[a]	0.77±0.00[b]
C22:6n3(DHA)	16.42±0.95[a]	14.94±0.85[b]	16.21±0.08[a]	9.65±0.01[c]
SFA	26.06±0.52[c]	28.46±0.74[b]	24.05±0.68[c]	40.21±0.55[a]
MUFA	27.94±0.41[b]	32.15±0.95[a]	24.93±0.76[c]	25.15±0.55[c]
PUFA	46.00±0.25[b]	39.39±0.63[b]	51.02±0.24[a]	34.64±0.13[c]

SFA:饱和脂肪酸;MUFA:单不饱和脂肪酸;PUFA:多不饱和脂肪酸;—:未检出.

3 讨论与结论

3.1 锯缘青蟹与三疣梭子蟹基本营养成分的组成差异

可使用部分及其营养成分是评价海水蟹品质的重要指标。锯缘青蟹可食用部分含量均高于三疣梭子蟹,锯缘青蟹肌肉和肝胰脏含量明显高于三疣梭子蟹($P<0.05$),性腺比例相当,无明显差异。锯缘青蟹肌肉和性腺的水分含量均低于三疣梭子蟹。锯缘青蟹性腺的粗蛋白、粗脂肪明显高于三疣梭子蟹,而灰分相反。与三疣梭子蟹相比锯缘青蟹含有较高的可食用部分及其营养成分,与锯缘青蟹和三疣梭子蟹营养成分基本一致[1,14]。

3.2 氨基酸对两种蟹营养品质的影响

由于人体必需氨基酸需要从食物中获得,因此食物蛋白质营养价值的高低主要取决于其所含必需氨基酸的种类、数量和组成比例。根据 FAO/WHO 的理想氨基酸模式,质量较好的蛋白质其 E/T 为 40% 左右,E/N 在 60% 以上[2],锯缘青蟹和三疣梭子蟹的氨基酸组成均远高于 FAO/WHO 的评价标准,具有丰富的氨基酸组成。动物肌肉蛋白质氨基酸评分、化学评分及必需氨基酸指数是衡量其营养品质高低的重要指标。在锯缘青蟹和三疣梭子蟹的氨基酸评分中,锯缘青蟹第一、第二限制性氨基酸是缬氨酸和亮氨酸,而三疣梭子蟹是甲硫氨酸+胱氨酸和缬氨酸。化学评分中锯缘青蟹第一、第二限制性氨基酸分别为缬氨酸和甲硫氨酸+胱氨酸。

锯缘青蟹肌肉和性腺中氨基酸 E/T 和 E/N 均明显高于三疣梭子蟹($P<0.05$),EAAI 分别是 78.22 和 75.85。两种蟹必需氨基酸组成相对比较平衡,且含量丰富,锯缘青蟹相比三疣梭子蟹具有更丰富的营养。

3.3 锯缘青蟹与三疣梭子蟹脂肪酸组成特点

组成脂肪的脂肪酸大致分为 SFA、MUFA 和 PUFA 三类。摄入过多的饱和脂肪酸会提高血脂。不饱和脂肪酸却具有降脂的功能,其中亚油酸、亚麻酸和花生四烯酸是人体所不能合成的必需脂肪酸,必须从食物中获得[1]。因此,脂肪中脂肪酸的含量及组成也是两种蟹营养价值评价的重要指标。

锯缘青蟹和三疣梭子蟹体内含有丰富的脂肪酸。锯缘青蟹肌肉中含有 75.95% 的不饱和脂肪酸,比三疣梭子蟹的 73.94% 高,而性腺中相反,与檀东飞等[14]对锯缘青蟹营养成分分析的研究中得到的结果一致。$C16:0$(棕榈酸)、$C18:1(n-9)$(油酸)、$C20:5(n-3)$(EPA)和 $C22:6(n-3)$(DHA)是锯缘青蟹和三疣梭子蟹肌肉和性腺中主要的脂肪酸,这与徐善良等[2]野生与养殖三疣梭子蟹营养品质分析及比较的研究结果类似。$C16:0$、$C18:1(n-9)$ 和 $C22:6(n-3)$ 分别是 SFA、MUFA 和 PUFA 的重要组成部分,在锯缘青蟹的肌肉中 $C22:6(n-3)$ 的含量最高,而肌肉中 $C16:0$ 的含量最高,而三疣梭子蟹肌肉和性腺中最高的均是 $C18:1(n-9)$。

多不饱和脂肪酸的摄入量与心血管系统疾病有显著的负相关,还具有抗癌和参与免疫调节的作用,尤其是 EPA 和 DHA[1]。两种蟹中 EPA 和 DHA 都是重要的脂肪酸,EPA 含量在锯缘青蟹肌肉和性腺中均高于三疣梭子蟹,而 DHA 在三疣梭子蟹的肌肉和性腺中均高于锯缘青蟹,两者性腺中 DHA 含量差异显著($P<0.05$)。锯缘青蟹肌肉中 EPA 和 DHA 的含量要稍高于三疣梭子蟹,因此对人体心脑血管的益处更大。

综上所述,锯缘青蟹和三疣梭子蟹肌肉和性腺含有丰富的营养物质,蛋白质含量高,氨基酸种类齐全,比例均衡,必需氨基酸含量较高,脂肪酸种类丰富,具有较高的营养。营养价值方面,锯缘青蟹具有更高比例的可食用部分,粗蛋白含量和氨基酸含量及比例较高。脂肪酸组成及含量相当。因此,锯缘青蟹是一种具有较高营养价值的水产品。

参考文献

[1] 王雪峰,顾鸿鑫,郭倩琳,等.海水和淡水养殖锯缘青蟹的营养成分分析[J].食品科学,2010,31(23):386-390.

[2] 徐善良,张薇,严小军,等.野生与养殖三疣梭子蟹营养品质分析及比较[J].动物营养学报,2009,21(5):695-702.

[3] 汪倩,吴旭干,楼宝,等.三疣梭子蟹不同部位肌肉主要营养成分分析[J].营养学报,2013,35(3):310-312.

[4] 艾春香,刘建国,林琼武,等.青蟹的营养需求研究及其配合饲料研制[J].水产学报,2007,31(9):123-128.

[5] 华晓旭,黄福勇,母昌考,等.三疣梭子蟹软壳蟹主要营养成分分析与评价[J]营养学报,2013,35(1):89-93.

[6] 靳立兵,王春琳,母昌考,等.三疣梭子蟹软壳蟹肝胰腺的消化酶活力与营养成分分析[J].生态学报,2014,33(2):237-243.

[8] GB 5009.3-2010 食品中水分的测定[S].中国:中华人民共和国卫生部,2010.

[8] GB 5009.5-2010 食品安全国家标准 食品中蛋白质的测定[S].中国:中华人民共和国卫生部,2010.

[9] GB/T14772-2008 食品中脂肪的测定[S].中国:中华人民共和国卫生部,2008.

[10] GB 5009.4-2010 食品安全国家标准 食品中灰分的测定[S].中国:中华人民共和国卫生部,2010.

[11] 符贵红,褚武英,成嘉,等.鲢肌肉脂肪酸分离方法效果比较及组成特征分析[J].淡水渔业,2008,38(3):13-17.

[12] FAO.Protein and amino acid requirements in human nutrition.Technical Report Series 953[R].Geneva:FAO.2007.

[13] Pelltt P L,Yong V R..Nutrition evaluation of protein foods[M].Tokyo:The United National University Publishing Company,1980:26-30.

[14] 檀东飞,吴国欣,林跃鑫,等.锯缘青蟹营养成分分析[J].福建师范大学学报,2000,16(4):79-84.

不同养殖模式马氏珠母贝鲜肉矿物元素含量的比较

郑兴[1,2]，李乐[1,2]，顾志峰[1,2]，王爱民[1,2]

(1. 海南大学 热带生物资源教育部重点实验室，海南 海口 570228；
2. 海南大学 海洋学院/海南省热带水生生物技术重点实验室，海南 海口 570228)

马氏珠母贝(*Pinctada fucata martensii*)，又称合浦珠母贝，在我国主要分布于广西、广东、海南等地，是我国生产海水珍珠贝的主要养殖贝类[1]。由于养殖环境的污染和破坏，以及淡水珍珠的生产和加工工艺的快速进步，马氏珠母贝海水珍珠养殖产业面临着巨大的危机[2-3]。近年来，马氏珠母贝蛋白质含量高、无机质含量丰富，激起了许多国内学者研究马氏珠母贝的药用和食用价值的兴趣，将其作为健康保健食品进行开发利用已成为当前马氏珠母贝研究热点之一[4-7]。

贝类具有富集水体中金属或微量元素的能力[8-9]，富集量的程度与养殖环境、贝的种类、养殖时间的长短等因素息息相关。一般而言，在相同养殖环境下养殖时间越长其富集量越大。过量金属或微量元素对于人体而言是有害的，甚至会致人死亡，因而将贝类作为食用性产品进行生产时应充分综合质量安全管理[10-11]，正确评估其各种元素、尤其是有害的重金属元素的含量。

随着海洋环境污染的不断加剧，以传统养殖方式进行生产的海产品常被检测出重金属元素超标，从而迫使作为食物生产海产品养殖应采用一种绿色、健康、安全、可持续模式。循环水养殖模式近年来被认为是较为环保、绿色的养殖方式，可产出较为绿色、生态、安全的水产品[12-13]。循环水养殖技术贝类养殖中应用较少[14]，尚未见有关于循环水养殖模式所得马氏珠母贝的矿物元素安全性评估的相关报道。本文以马氏珠母贝为研究对象，比较分析海上吊笼养殖方式与室内循环水养殖方式所得马氏珠母贝贝肉中相关矿物元素含量的差异，以期得出马氏珠母贝作为食用产品生产在循环水养殖模式下可靠及安全程度，进而为马氏珠母贝作为绿色营养食品的生产工艺的构建提供一定的理论支持。

1 材料与方法

1.1 材料

马氏珠母贝于2014年12月分别采自海南省蜈支洲岛、海南大学海洋学院循环水养殖室，实验贝为在两种养殖模式下养殖90 d的2龄贝。实验材料为新鲜马氏珠母贝贝肉(包括全内脏)。

基金项目：国际科技合作专项(2013DFA3180)；国家自然科学基金项目(2012AA10A414,4166003)
作者简介：郑兴，2016级博士研究生
通信作者：王爱民．E-mail：aimwang@163.com

1.2 实验材料预处理方法

将实验用马氏珠母贝去壳、除杂,取贝肉用蒸馏水洗净后沥干称重;随后装于玻璃培养皿中放于烘箱中105℃条件下干燥至恒重,称重;随后取样进行粉碎、湿法消解处理[15],作为元素测定样品待用。

1.3 样品测定方法

(1)水分测定:采用GB/T 5009.3-2010《食品中水分的测定》中的直接干燥法测定[16]。

(2)贝肉中元素测定:取经过消化处理好的贝肉样品,用电感耦合等离子体原子发射光谱法(ICP-AES)测定元素钙(Ca)、镁(Mg)、锌(Zn)、铁(Fe)、铬(Cr),用电感耦合等离子体质谱法(ICP-MS)测定元素硒(Se)、铜(Cu)、锰(Mn)、镍(Ni)、钒(V)、钼(Mo)、镉(Cd)、钴(Co)[15]。分别计算出13种元素其在干物质中的含量。

1.4 数据处理

采用DPS14.5统计软件处理实验数据,分析不同养殖模式下相同养殖时间马氏珠母贝贝肉化学元素含量的变化。

2 结果

2.1 不同养殖模式下马氏珠母贝贝肉水分

在养殖相同时间条件下海上吊笼养殖模式与循环水养殖模式所产马氏珠母贝新鲜贝肉的水分不存在显著性差异($P>0.05$)。海上吊笼养殖模式水分含量为$(88.92±0.51)\%$;循环水养殖模式下的马氏珠母贝水分含量为$(89.21±0.62)\%$(表1)。

2.2 不同养殖模式下无显著性差异的矿物元素($P>0.05$)

在养殖相同时间条件下海上吊笼养殖模式与循环水养殖模式所产的马氏珠母贝新鲜贝肉中元素钴(Co)及硒(Se)不存在显著性差异($P>0.05$)。钴含量在海上吊笼养殖模式下为$(0.0263±0.0003)$ mg/100 g(DW),循环水养殖模式下为$(0.0276±0.0007)$ mg/100 g(DW);硒含量在海上吊笼养殖模式下为$(0.650±0.012)$ mg/100 g(DW),循环水养殖模式下为$(0.631±0.003)$ mg/100 g(DW)(表1)。

2.3 不同养殖模式下存在显著性差异的矿物元素($0.01<P<0.05$)

在养殖相同时间条件下海上吊笼养殖模式与循环水养殖模式所产的马氏珠母贝新鲜贝肉中元素锰(Mn)、铬(Cr)、镍(Ni)存在显著性差异($0.01<P<0.05$)。海上吊笼养殖模式下元素锰、铬、钒、镍含量分别为$(2.577±0.012)$ mg/100 g(DW)、$(0.964±0.003)$ mg/100 g(DW)、$(0.109±0.001)$ mg/100 g(DW);循环水养殖模式下元素锰、铬、钒、镍含量分别为$(1.997±0.008)$ mg/100 g(DW)、$(1.27±0.022)$ mg/100 g(DW)、$(0.0756±0.003)$ mg/100 g(DW)(表1)。

2.4 不同养殖模式下存在极显著性差异的矿物元素($P<0.01$)

在养殖相同时间条件下海上吊笼养殖模式与循环水养殖模式所产的马氏珠母贝新鲜贝肉中元素镁(Mg)、钙(Ca)、锌(Zn)、铁(Fe)、镉(Cd)、钼(Mo)、铜(Cu)、钒(V)存在极显著性差异($P<0.01$)。海上吊笼养殖模式下元素镁、钙、锌、铁、镉、钼、铜、钒的含量分别为($678.400±2.746$)mg/100 g(DW)、361.566 mg/100 g(DW)、($76.510±8.156$)mg/100 g(DW)、($67.600±0.346$)mg/100 g(DW)、($1.231±0.009$)mg/100 g(DW)、($0.603±0.007$)mg/100 g(DW)、($0.480±0.058$)mg/100 g(DW)、($0.457±0.003$)mg/100 g(DW);循环水养殖模式下元素镁、钙、锌、铁、镉、钼、铜、钒的含量分别为($1\,084.000±9.504$)mg/100 g(DW)、($683.567±6.035$)mg/100 g(DW)、($167.133±1.105$)mg/100 g(DW)、($135.93±1.072$)mg/100 g(DW)、($0.011±0.012$)mg/100 g(DW)、($0.167±0.003$)mg/100 g(DW)、($2.107±0.013$)mg/100 g(DW)、($0.126±0.003$)mg/100 g(DW)(表1)。

表1 不同养殖方式下马氏珠母贝贝肉水分及无机质含量 mg/100 g(DW)

项目	海上吊笼养殖模式	循环水养殖模式
水分/%	88.92±0.51[a]	89.21±0.62[a]
Mg	678.400±2.746[A]	1084.000±9.504[B]
Ca	361.566±0.767[A]	683.567±6.035[B]
Zn	76.510±8.156[A]	167.133±1.105[B]
Fe	67.600±0.346[A]	135.93±1.072[B]
Mn	2.577±0.012[a]	1.997±0.008[b]
Cd	1.231±0.009[A]	0.011±0.012[B]
Cr	0.964±0.003[a]	1.27±0.022[b]
Se	0.650±0.012[a]	0.631±0.003[a]
Mo	0.603±0.007[A]	0.167±0.003[B]
Cu	0.480±0.058[A]	2.107±0.013[B]
V	0.457±0.003[A]	0.126±0.003[B]
Ni	0.109±0.001[a]	0.0756±0.003[b]
Co	0.0263±0.0003[a]	0.0276±0.0007[a]

注:DW 干重;采用LSD 单因素方差分析方法,其中小写的不同字母 a、b 表示有显著性差异 $0.01<P<0.05$),大写的不同字母 A、B 表示有极显著性差异($P<0.01$),相同字母表示无显著性差异($P>0.05$)。

3 讨论

微量元素尽管在人体内的含量不到万分之一,却与人体的生长发育、生殖等密切相关,其中与人体健康和生命有关的必需微量元素有 14 种,即有铁、铜、锌、锰、铬、钼、钴、钒、镍、锡、氟、碘、硒、硅[18-20]。

选择部分矿物元素将不同养殖模式下所产马氏珠母贝的含量与牡蛎、翡翠贻贝中的含量进行对比,其结果见表2。钙是人体生长发育、健康维持不可或缺的营养素之一,缺乏则会引起种种障碍,如骨质疏松、免疫功能低下、细胞分裂亢进等[21],循环水养殖及海上吊笼养殖下马氏珠母贝钙和铁的含量明显高于牡蛎、翡翠贻贝,其中循环水养殖下含量最高,可作为最佳的钙补充来源;铁参与体内各种生理生化反应,在生物酶中有着关键作用,三羧酸循环中有一半以上的酶与因子含有 Fe 或必须有 Fe 存在才能发挥生理生化功能[22],铁在循环水养殖所产马氏珠母贝中含量最高,其次由含量较高到最低为海上吊笼养殖模式所产马氏珠母贝、牡蛎、翡翠贻贝,故循环水养殖所产马氏珠母贝可作为铁元素最佳补充来源;锌是皮肤、骨骼和器官正常发育必需的元素,在提高免疫力、增进食欲、增强创伤组织再生能力等有关键作用[23],可维持机体正常发育、提高白细胞功能、促进 DNA 及蛋白质合成等[24],缺乏则会引起食欲不振、生长停滞、性功能发育不良、嗅觉迟钝、创伤愈合率低等症状[25-26],相对而言牡蛎中锌含量最高,其次为循环水养殖所产马氏珠母贝,最低为翡翠贻贝,故循环水养殖模式所产马氏珠母贝依然可作为元素锌的较佳来源;硒与人体与抗癌、抗衰老、抗毒性、治疗溃疡性疾病、增强创伤组织再生能力等密切相关[27-29],硒在海上吊笼养殖所产马氏珠母贝中含量最高,其次由含量较高到低依次分别为循环水养殖模式所产马氏珠母贝、牡蛎、翡翠贻贝,故马氏珠母贝可作为较佳的硒来源。铜可保持体内器官形态和结缔组织成熟,锰对于骨骼发育和繁殖有促进作用[30-33],铜在牡蛎中含量最高,其次由含量较高到最低为循环水养殖模式所产马氏珠母贝、传统海上吊笼养殖所产马氏珠母贝、对虾、翡翠贻贝,锰在海上吊笼养殖所产马氏珠母贝及牡蛎中含量相当,其次为循环水所产马氏珠母贝,最低为翡翠贻贝,故马氏珠母贝可作为较好的铜镁元素的补充来源。

表2 不同养殖模式马氏珠母贝与其他水产品无机质含量的比较　　　　mg/100 g

水产品种无机质	马氏珠母贝（循环水）	马氏珠母贝（海上）	牡蛎[17]	翡翠贻贝[17]
Ca	684	362	271	112
Mn	1.55	2.58	2.33	0.56
Fe	136	67.6	38.8	10.0
Zn	167	76.51	552	4.98
Cu	2.11	0.48	89.1	0.157
Se	0.466	0.65	0.318	0.104

本研究结果显示马氏珠母贝较其他贝类更富含部分人体所必需微量元素,可满足机体正常的生长发育。在循环水养殖模式下所得马氏珠母贝贝肉中的大部分元素是高于传统吊笼养殖模式,如元素 Mg、Ca、Zn、Fe、Cu 等,出现该现象的原因可能在于循环水养殖模式使用了大量的珊瑚石、贝壳砂等天然矿化物材料作为水体处理滤料,而这些材料在养殖过程中可能会逐步地释放以上无机质元素,从而使贝体能持续地吸收,最终使贝肉富含该类无机质。同时,循环水养殖模式下马氏珠母贝贝肉中对人体有毒的元素含量明显远远低于传统吊笼养殖模,如元素 Ni、Cd,Ni 为有毒金属元素,可抑制免疫系统功能、引起细胞免疫功能下降、使宿主免疫监视机制破坏[34];Cd 则会严重影响肾脏及骨骼的功能性[35]。出现该现象的原因可能在于目前的海洋环境条件污染情况愈来愈严重,而海上吊笼养殖模式直接接触的环

境是海洋,且贝类对重金属具有一定的蓄积能力,故海上吊养所得的马氏珠母贝体内含有较高的有害重金属元素[36-37];与之相反的是循环水养殖模式的用水具有严格的水质控制要求,取原水需经过严格的预处理后才能进入养殖系统中使用,如进行超精密物理过滤、紫外杀菌、重金属离子络合分离等处理工艺,故循环水养殖模式下的水质具有一定的安全性和洁净性,从而使在该模式下所得的马氏珠母贝有害重金属离子的含量极低,且通过循环水养殖模式所得马氏珠母贝产品的 Cd 含量是接近我国 GB 18406.4—2001《农产品安全质量无公害水产品安全要求》中贝类中镉的限量值 0.1 mg/kg[38]。

综上所述,通过循环式养殖模式进行马氏珠母贝的养殖可得到更为健康、绿色的马氏珠母贝产品,在富含营养元素的同时可降低对人体有害的重金属离子的含量。

参考文献

[1] 邓陈茂,童银洪,符韶.马氏珠母贝的研究进展[J].现代农业科技,2009(2):204-206.
[2] 曹占旺,王大鹏,甘西.马氏珠母贝及海水珍珠的研究进展[J].广西农业科学,2009(12):1618-1622.
[3] 李权昆,倪民军,陈万灵.海水珍珠产业化发展方向与对策[J].资源开发与市场,2006(04):349-352.
[4] 刘媛,王健,孙剑峰,等.我国海洋贝类资源的利用现状和发展趋势[J].现代食品科技,2013(03):673-677.
[5] 张自然.醒酒功能性食品及其醒酒机理研究进展[J].钦州学院学报,2012(03):66-69.
[6] 章超桦,吴红棉,洪鹏志,等.马氏珠母贝肉的营养成分及其游离氨基酸组成[J].水产学报,2000(02):180-184.
[7] 刁石强,李来好,陈培基,等.马氏珍珠贝肉营养成分分析及评价[J].浙江海洋学院学报(自然科学版),2000(01):42-46.
[8] 张少娜.经济贝类对重金属的生物富集动力学特性的研究[D].青岛:中国海洋大学,2003.
[9] 郭远明,刘琴,顾捷,等.4种海洋贝类对水体中 Pb 的富集规律[J].海洋学研究,2013(01):78-84.
[10] 刘桂荣.扇贝中重金属残留及食用风险分析[D].青岛:中国海洋大学,2005.
[11] 李颖洁.加强水产品质量安全管理提高水产品国际竞争力的研究[D].北京:对外经济贸易大学,2002.
[12] 黄志涛,董登攀,宋协法,等.基于物质平衡原理的贝类循环水养殖系统的设计与试验[J].农业工程学报,2014(12):208-215.
[13] 申玉春,熊邦喜,叶富良,等.虾-鱼-贝-藻生态优化养殖及其水质生物调控技术研究[J].生态学杂志,2005(06):613-618.
[14] 黄志涛.彩虹贝循环水养殖系统的设计与实验研究[D].青岛:中国海洋大学,2013.
[15] 刘娟花,胡世伟,李世杰,等.插核手术对马氏珠母贝中矿物元素的影响[J].湖北农业科学,2011(05):1012-1014.
[16] 中华人民共和国卫生部.食品中水分的测定[S].北京,2010.
[17] 王光亚.中国食物成分表[M].北京:北京医学出版社,2009.
[18] 夏敏.必需微量元素与人体健康[J].广东微量元素科学,2003(01):11-16.
[19] 范娟娟,豆淑艳.微量元素与人体健康[J].河南科技,2014(15):59.
[20] 葛亚龙,唐志华.微量元素与人体健康[J].饮料工业,2013(03):4-6.

[21] 刘颖,荫士安.钙与人体健康[J].国外医学(卫生学分册),1997(01):31-35.
[22] 赵凤泽,沈刚哲,姜英子.中药微量元素的研究近况与展望[J].广东微量元素科学,2002(03):24-30.
[23] 黄雨三.保健食品检验与评价技术规范实施手册[M].北京:清华同方电子出版社,2003.
[24] 梅光泉.中草药中的微量元素[J].微量元素与健康研究,1994(02):25-26.
[25] 赵谋明,宁正祥.食品生物化学[M]广州:华南理工大学出版社,1997.
[26] G R,Portip,Maiolif.Effect of micronutrient status on natural killer cell immune function in healthy free living subjects aged≥ 90 y[J].Am J Clinical Nutr,2000,71(2):590-598.
[27] 谢宗埔.海洋水产品营养与保健[M].青岛:青岛海洋大学出版社,1991.
[28] 廖鲁兴,李巧云.硒与体内酶活性及其他元素分布的关系[J].国外医学(医学地理分册),1995(02):53-55.
[29] Je S.Selenium and the prevention of cancer partII:mechanisms for the carcinostatic activity of Se compounds [J].The bulletin of selenium Tellurium Development Association,2001,10:1-12.
[30] 李青仁,王月梅,李晓波.钒的生物学功能及与疾病的关系[J].微量元素与健康研究,2007(02):65-66.
[31] 施秀芳.微量元素铬的营养生物化学研究进展[J].中国药学杂志,2006(03):167-170.
[32] 张立.微量元素与健康[J].中外健康文摘,2012,09(14):34-35.
[33] 李亚杰,藏伟儒,于北辰.再述微量元素与健康的研究-从微量元素看食品安全[J].医学动物防制,2005,21(11):830-831.
[34] 杨荣芳.动物营养必需微量元素镍的生理功能[J].饲料博览,2009(04):30-32.
[35] 刘莉莉,林岚,殷霄,等.镉毒性研究进展[J].中国职业医学,2012(05):445-447.
[36] Maanan M.Heavy metal concentrations in marine molluscs from the Moroccan coastal region[J].Environmental Pollution,2008,153(1):176-183.
[37] Storelli M M.Potential human health risks from metals(Hg,Cd,and Pb)and polychlorinated biphenyls (PCBs) via seafood consumption:Estimation of target hazard quotients(THQs) and toxic equivalents(TEQs)[J].Food and Chemical Toxicology,2008,46(8):2782-2788.
[38] 中华人民共和国质量监督检验检疫总局.GB 18406.4-2001 农产品安全质量无公害水产品安全要求[S].北京,中国国家标准化管理委员会,2001.

甘露寡糖对欧洲鳗鲡生长、消化酶活性及非特异性免疫的影响

杨敏,黎中宝*,卢静,陈强,李文静,黄永春

(集美大学水产学院;福建省海洋渔业资源与生态环境重点实验室,福建 厦门 361021)

欧洲鳗鲡(Anguilla anguilla),属鳗鲡目,鳗鲡科,鳗鲡属,肉食性鱼类,肉质鲜美、营养丰富,是国内外畅销的一种名贵淡水鱼类。欧洲鳗鲡因其养殖产量高、经济价值高而成为广州、福建等沿海地区重要的养殖品种[10]。然而,面对日渐匮乏的鳗鲡苗种,进行人工育苗和营养饲料的研究成为维持鳗鲡产业可持续发展的必由之路。

目前国内对欧洲鳗鲡有进行分子生物学方面的研究[11],Hg^{2+}[12]、三唑磷[13]对欧洲鳗鲡急性毒性的研究,也有欧洲鳗鲡对极限高温和低温耐受性的研究[14];但目前国内对欧洲鳗鲡营养饲料的研究极少,仅见多维[15]、复合酶制剂[16]在欧洲鳗鲡饲料上的应用研究,未见MOS在欧洲鳗鲡饲料上的研究报道。本实验通过在饲料中添加MOS投喂欧洲鳗鲡,研究MOS对欧洲鳗鲡生长、体成分、肠道酶活性和血清免疫酶的影响,探讨甘露寡糖的适宜添加量,为提高欧洲鳗鲡生长性能和非特异性免疫力提供理论依据。

1 材料与方法

1.1 实验用鱼及饲养管理

实验用欧洲鳗鲡购于福建省龙岩市养鳗场。将购回的鳗鲡置于集美大学海水试验场循环过滤桶(1 200 L)中暂养15 d,暂养期间,每天两次定时(8:00,18:00)投喂基础饲料。

暂养结束后挑选无病、无伤、活力好、规格均一的幼鳗540尾[初始体重为(5.82±0.02)g],随机分到18个带有过滤系统的玻璃水族缸中(40 cm×40 cm×80 cm),这18个缸共分为6个处理,每个处理设3个重复,每个重复放养30尾鳗鱼。按5.0%~6.0%的日投饵率分两次进行投喂(8:00,18:00),投喂时将饲料制成小团状,待鱼饱食20 min后,用虹吸管吸去残饵和粪便,并根据水质状况换1/5左右的水。实验期间,水温20.6~25.8℃,溶氧大于7.3 mg/L,氨氮小于0.21 mg/L,pH值7.8~8.2。

1.2 实验设计及实验饲料

甘露寡糖(mannan oligosaccharide,MOS)由酵母细胞提取,商品名为奇力素(巴西奥奇特公司研制,纯度不小于14%)。基础饲料由福建天马饲料有限公司提供,基本营养成分见表1。将甘露寡糖添加到基础饲料中,按逐级扩大法混匀,配制成甘露寡糖含量分别为:0%、

资助项目:厦门市科技项目(3502Z20123026)
作者简介:杨敏(1991—),男,硕士研究生,研究方向为水产动物营养与饲料,1396912602@qq.com
通信作者:黎中宝,教授,博士生导师,研究方向为种群遗传学和保护生物学,lizhongbao@jmu.edu.cn

0.10%、0.20%、0.30%、0.40%、0.50%的6组饲料,将制好的饲料自然晾干后,保存于-4℃冰箱备用。

表1 基础饲料基本营养成分　　　　　　　　%(干重)

项目	干物质	粗蛋白	粗脂肪	粗灰分
含量	94.21	46.29	9.41	9.81

1.3 样品采集及处理

投喂42 d后,禁食24 h,将每个缸里的鱼全部捞出,用适量丁香酚进行麻醉,称重并记录尾数;另外每个缸随机捞取6尾鱼进行称重和量体长,随后用1 mL注射器在鱼的尾静脉处采血;采血后的鱼立即在放有冰的解剖盘上进行解剖,分离出肠道和肝,并将肝称重,用冻存管收集肠道和肝,收集好的肠道和肝立即放入液氮中暂时保存,然后再置于-80℃冰箱保存备用。所采集的血液先在4℃冰箱中静置8 h,然后用低温离心机(3 000 r/min、4℃)离心10 min,收集分离得到的血清,并置于-80℃冰箱保存备用。另每缸随机取5尾鳗鲡置于-20℃冰箱保存,用于测定鱼体基本营养成分。

肠道粗酶液的制备:先将从-80℃冰箱中拿出的肠道置于冰水浴中解冻并称重,按1:9 (V/W)的比例加入4℃的生理盐水,用匀浆器冰水浴匀浆5 min制得10%的匀浆液,将制得的匀浆液在(4 000 r/min,4℃,20 min)条件下离心,离心后取上清液即为粗酶液,保存于-80℃冰箱待用。

1.4 指标测定

1.4.1 生长指标测定

分别按以下式(1)至式(5)计算鳗鲡的增重率(WGR)、特定生长率(SGR)、肝体指数(HSI)和肥满度(CF)及成活率(SR)5个生长指标。

$$增重率 WGR(\%) = (W_2 - W_1)/W_1 \times 100 \quad (1)$$

$$特定生长率 SGR(\%/d) = (\ln W_2 - \ln W_1)/t \times 100 \quad (2)$$

$$肝体指数 HSI(\%) = (W_h/W) \times 100 \quad (3)$$

$$肥满度 CF(\%) = W/L^3 \times 100 \quad (4)$$

$$成活率 SR(\%) = (N_2/N_1) \times 100 \quad (5)$$

式中:W_1和W_2分别为欧洲鳗鲡初均重和末均重(g);t为实验天数(d);W为样品鱼体重(g);W_h为肝胰脏重(g);L为样品鱼体长(cm);N_1和N_2分别为放养尾数和收获尾数。

鳗鲡全鱼体成分和饲料基本营养成分的测定方法:粗蛋白质含量的测定采用Foss凯氏定氮法;粗脂肪含量的测定采用索氏抽提法(抽提液为乙醚);采用马福炉灼烧法(550℃)测定粗灰分;采用105℃常压烘箱干燥恒重法测定水分含量。

1.4.2 肠道消化酶活性测定

肠道消化酶活性指标包括肠道淀粉酶、胰蛋白酶和脂肪酶,以上酶的活性均采用试剂盒进行测定,测定步骤严格按说明书进行,试剂盒购于南京建成生物工程研究所。

1.4.3 非特异性免疫力指标测定

非特异性免疫力指标包括血清碱性磷酸酶(AKP)、溶菌酶(LZM)、总超氧化物歧化酶(T-SOD)活性和血清总蛋白(TP)含量。以上指标均采用南京建成生物工程研究所生产的试剂盒进行测定,测定步骤严格按说明书进行。

1.5 数据的统计与分析

采用 SPSS16.0 对所有数据进行单因素方差分析(One-Way ANOVA),多重比较采用 Duncan 法进行,差异显著水平取 $P<0.05$。所得数据结果用平均值±标准误(Mean±SE)表示。

2 结果与分析

2.1 甘露寡糖对欧洲鳗鲡生长性能的影响

如表 2 所示,随着饲料中 MOS 含量的递增,增重率和特定生长率呈逐渐上升趋势,0.40%组和 0.50%组增重率比对照组分别提高了 28.01%和 23.85%,达到显著差异($P<0.05$),特定生长率与增重率变化趋势基本一致,在 0.40%组达各组最高水平($P<0.05$)。各组鳗鲡肝体指数和肥满度均无显著差异($P>0.05$)。饲料添加 MOS 能够显著提高鳗鲡成活率($P<0.05$),0.20%~0.50%组鳗鲡均无死亡现象发生。

表 2 MOS 对欧洲鳗鲡生长性能的影响

项目	添加水平/%					
	0	0.10	0.20	0.30	0.40	0.50
初均重/g	5.93±0.08	5.77±0.06	5.80±0.08	5.85±0.12	5.80±0.05	5.78±0.12
末均重/g	9.12±0.19[c]	9.08±0.20[c]	9.28±0.21[bc]	9.50±0.23[bc]	10.13±0.14[a]	9.86±0.13[ab]
增重率/%(WGR)	53.84±1.22[c]	57.24±1.93[c]	60.13±4.81[bc]	62.58±5.40[bc]	74.79±2.36[a]	70.70±1.25[ab]
特定生长率/%(SGR)	1.03±0.02[c]	1.08±0.03[c]	1.12±0.07[bc]	1.15±0.08[bc]	1.33±0.03[a]	1.27±0.02[ab]
肝体指数/%(HSI)	1.87±0.10[a]	1.82±0.09[a]	1.76±0.08[a]	1.78±0.05[a]	1.78±0.09[a]	1.85±0.10[a]
肥满度/%(CF)	0.121±0.007[a]	0.125±0.009[a]	0.124±0.007[a]	0.126±0.006[a]	0.120±0.006[a]	0.119±0.009[a]
存活率/%(SR)	94.45±2.22[b]	97.78±1.11[a]	100±0.00[a]	100±0.00[a]	100±0.00[a]	100±0.00[a]

注:同行上标小写字母不同者表示差异显著($P<0.05$)。下同。

2.2 甘露寡糖对欧洲鳗鲡体组成的影响

MOS 对欧洲鳗鲡体组成的影响见表 3。鱼体含水量 0.20%组为最低,与对照组形成显著差异($P<0.05$),0.20%组鳗鲡粗蛋白含量显著高于对照组及 0.50%组($P<0.05$),0.40%组鱼体粗灰分含量最高且与对照组相比差异显著($P<0.05$),各组之间鱼体粗脂肪含量无显著差异($P>0.05$)。

表 3 MOS 对欧洲鳗鲡体成分的影响   %(FW)

添加水平/%	水分	粗脂肪	粗蛋白	粗灰分
0	72.32±0.09^a	5.52±0.11^a	19.11±0.05^b	3.05±0.07^b
0.10	71.42±0.25^{ab}	5.87±0.35^a	19.60±0.29^{ab}	3.11±0.03^{ab}
0.20	70.67±0.06^b	6.05±0.14^a	20.16±0.01^a	3.12±0.04^{ab}
0.30	71.66±0.44^a	5.56±0.07^a	19.72±0.30^{ab}	3.06±0.02^b
0.40	71.10±0.15^a	5.88±0.34^a	19.73±0.09^{ab}	3.29±0.13^a
0.50	71.42±0.25^{ab}	6.08±0.03^a	19.39±0.25^b	3.11±0.12^{ab}

2.3 甘露寡糖对欧洲鳗鲡肠道消化酶活性的影响

如表 4 所示,在饲料中添加 0.20%~0.50% 的 MOS 能够同时提高鳗鲡肠道胰蛋白酶、淀粉酶和脂肪酶活性,0.40%组胰蛋白酶和脂肪酶活性显著高于对照组($P<0.05$),0.20%~0.50%组淀粉酶活性显著高于对照组($P<0.05$)。

表 4 MOS 对欧洲鳗鲡消化酶活性的影响

添加水平/%	胰蛋白酶/(U·mg^{-1})(prot)	淀粉酶/(U·g^{-1})(prot)	脂肪酶/(U·g^{-1})(prot)
0	219.30±4.99^b	24.95±1.42^b	17.73±1.09^b
0.10	219.43±2.98^b	25.72±1.00^b	18.71±3.04^{ab}
0.20	230.93±5.47^{ab}	30.52±1.81^a	22.08±0.84^{ab}
0.30	224.30±5.22^{ab}	31.27±1.65^a	21.47±1.93^{ab}
0.40	236.02±2.16^a	34.09±1.36^a	24.21±1.68^a
0.50	231.99±4.86^{ab}	31.97±1.81^a	19.95±1.92^{ab}

2.4 甘露寡糖对欧洲鳗鲡非特异性免疫的影响

如表 5 所示,随着饲料中 MOS 含量的增加,血清 SOD、LZM、AKP 活性均先升后降,0.30%~0.40%组鳗鲡血清 SOD 活性显著高于对照组,达各组最高水平($P<0.05$),0.40%组 LZM 和 AKP 活性达各组最高水平,且 0.40%组 LZM 活力显著高于其他各组($P<0.05$);血清 TP 随 MOS 含量的增加不断升高,0.50%组 TP 达各组峰值($P<0.05$)。

表 5 MOS 对欧洲鳗鲡非特异性免疫的影响

添加水平/%	SOD/(U·mL^{-1})	LZM/(U·mL^{-1})	AKP/(金氏单位·100 mL^{-1})	TP/(mg·mL^{-1})
0	351.35±6.52^b	74.63±3.31^d	1.53±0.11^b	29.04±0.90^b
0.10	366.52±6.24^{ab}	81.80±6.08^{cd}	2.10±0.24^{ab}	29.79±1.37^{ab}
0.20	364.18±3.12^{ab}	111.61±4.50^b	1.96±0.10^{ab}	29.18±0.43^b
0.30	370.02±7.16^a	97.13±3.18^{bc}	2.03±0.26^{ab}	30.89±1.55^{ab}
0.40	373.53±2.81^a	127.26±2.91^a	2.36±0.33^a	32.60±0.72^a
0.50	360.28±3.76^{ab}	83.80±7.53^{cd}	1.68±0.01^{ab}	32.94±0.70^a

3 讨论

3.1 甘露寡糖对欧洲鳗鲡生长性能的影响

基于国内外的研究，MOS 因具有选择性促进有益菌增殖、阻止病原菌定植，优化肠道微生态的保健功能而对动物机体产生着重要影响[1]。本实验结果发现，饲料添加 MOS 有促进欧洲鳗鲡生长，提高鱼增重和特定生长率的作用，且呈浓度依赖关系。在建鲤上的研究发现[17]，饲料中添加 0.27% 的 MOS 使建鲤增重率和特定生长率分别提高 8.77% 和 4.50%。鲤[18]幼鱼饲料中添加 0.20% 甘露寡糖可使鱼体增重率提高 11.6%，饲料系数降低 17.6%。在本实验中，0.40% 的 MOS 添加组增重率较对照组提高了 28.01%，达各组最高水平。张红梅[5]在鲤饲料中添加不同含量的 MOS，结果发现，MOS 添加组生长率均较对照组明显提高，0.40% 的 MOS 处理组生长率高出对照组 16.8%，与本实验结果较一致。然而，添加高剂量的 MOS 未能进一步提高欧鳗增重率，这在罗非鱼[4]的实验中也得到证实，0.75% 较 0.50% 的 MOS 使鱼增重率下降，说明过量添加 MOS 可能对生长产生不利影响，原因可能是过量的 MOS 使鱼肠道过度发酵、食糜黏度增加，而影响饲料养分消化吸收[19]。

在本实验中，MOS 有降低鱼体水分含量、提高鱼体粗蛋白、粗灰分含量的趋势，然而 MOS 仅提高了东方鲀[20]鱼体粗脂肪含量，MOS 对欧洲鲈[7]和金头鲷[21]的鱼体成分影响均不显著，以上研究结果存在差异的原因可能跟实验对象饲料营养组成等有关，需进一步研究。

3.2 甘露寡糖对欧洲鳗鲡肠道消化酶活性的影响

鱼类消化酶不但反映其消化机能，而且与饲料养分的吸收有着直接关系。鳗鲡消化酶的研究可为其营养生化与饲料质量评定提供重要依据。迄今为止，关于 MOS 对鱼类肠道消化酶的影响报道较少。但研究表明，功能性寡糖能够作用于肠道内源性消化酶，提高内源酶活性从而促进鱼类生长[22]。于艳梅[23]研究了在黄颡鱼饲料中添加不同浓度梯度的魔芋甘露寡糖，结果显示，各添加组均提高了肠道蛋白酶活性，而肠道淀粉酶和脂肪酶活性则随魔芋甘露寡糖添加浓度的增加呈先提高后降低的趋势。强俊等[24]在奥尼罗非鱼饲料中添加低聚木糖，0.03% 组鱼肠蛋白酶、脂肪酶和淀粉酶活性均达最高，显著高于对照组。熊沈学等[25]在异育银鲫饲料中添加 0.01% 的低聚木糖，能够明显观察到其促进生长和提高肠道消化酶活性的作用。本实验中，饲料添加 0.20%~0.50% 的 MOS 能够较好提升欧洲鳗鲡肠道胰蛋白酶、淀粉酶和脂肪酶活性。说明饲料中适宜浓度的甘露寡糖可以促进欧洲鳗鲡肠道消化酶分泌，从而促进鳗鲡生长。

3.3 甘露寡糖对欧洲鳗鲡非特异性免疫的影响

有研究指出，功能性寡糖可以充当免疫刺激因子，提高动物机体对外来抗原或药物的免疫应答能力，可以通过对病原微生物的识别、黏附和排除等作用来调节动物机体的非特异性免疫防御系统[26]。超氧化物歧化酶(SOD)是酶促抗氧化系统的重要成员，SOD 可增强吞噬细菌侵染,发挥非特异性免疫防御作用,是生物体内广泛存在的天然抗菌肽[27]。Zhang等[6]研究认为4.0~8.0 g/kg MOS使凡纳滨对虾血清SOD活性显著高于对照组,MOS不仅能提高对虾的生长性能,而且对虾抗氨氮胁迫能力也大大增强。在黄颡鱼饲料中添加0.2%~0.3%魔芋甘露寡糖可以显著增强其血清SOD和溶菌酶活性,增加黄颡鱼免疫器官指数[23],0.20%MOS能显著提高欧洲鲈[7]和虹鳟血清中LZM活性,提高鱼类免疫力。本实验中,0.30%~0.40%添加组欧鳗血清SOD活性达各组最高水平,显著高于对照组,0.40%MOS使血清LZM活性显著高于其他各组,得到与上述报道较为一致的结论。另有研究证实,血清中的其他两种指标碱性磷酸酶(AKP)活性和血清总蛋白含量(TP)对鱼类免疫水平的高低也具有重要参考价值[28-30]。刘爱君等[4]在饲料中添加MOS不仅能使罗非鱼血清SOD、LZM活性得到显著提高,也能使AKP活性显著升高。徐磊等[9]也指出MOS能使鱼血清AKP活性显著升高,使鱼抗氧化能力增强。陈希等[31]给草鱼投喂添加MOS的饲料使草鱼血清AKP和TP活性显著高于对照组,这与在黄颡鱼[23]实验得出的结论相一致。本实验中鳗鲡血清AKP活性在MOS添加量为0.4%时达到最大值,且显著高于对照组,鳗鲡血清TP随MOS含量的增加不断升高,当含量为0.40%~0.50%时达最高水平,且显著高于对照组。

4 结论

饲料中添加适量甘露寡糖可提高欧洲鳗鲡的成活率、增重率,以及促进肠道消化酶的分泌,提高饲料利用率;可降低欧洲鳗鲡鱼体水分含量,提高粗蛋白含量,使鳗鲡肉质得到改善,同时也可提高欧洲鳗鲡血清免疫酶活性,提高欧洲鳗鲡非特异性免疫力。综合考虑生长、消化及非特异性免疫力等因素,建议欧洲鳗鲡饲料中甘露寡糖的最适添加量为0.40%。

参考文献

[1] 黎中宝. 饲料添加剂[M]. 厦门:厦门大学出版社,2004:160-164.

[2] 阎桂玲,袁建敏,呙于明,等. 啤酒酵母甘露寡糖对肉鸡肠道微生物及免疫机能的影响[J]. 中国农业大学学报,2008,13(6):85-90.

[3] 曹功明,卢建雄,马桂兰,等. 甘露寡糖对动物肠道环境及生长性能影响的研究进展[J]. 江苏农业科学,2010(1):226-227.

[4] 刘爱君,冷向军,李小勤,等. 甘露寡糖对奥尼罗非鱼(*Oreochromis niloticus×O. aureus*)生长、肠道结构和非特异性免疫的影响[J]. 浙江大学学报(农业与生命科学版),2009,35(3):329-336.

[5] 张红梅. 甘露寡聚糖对鲤鱼生产性能及对鱼体各项生物学指标的影响[D]. 保定:河北农业大学,2003:20.

[6] Zhang J, Liu Y, Tian L, et al. Effects of dietary mannan oligosaccharide on growth performance, gut morphology and stress tolerance of juvenile Pacific white shrimp, *Litopenaeus vannamei*[J]. Fish Shellfish Immunol,2012,33(4):1027-1032.

[7] Torrecillas S, Makol A, Caballero MJ, et al. Immune stimulation and improved infection resistance in European sea bass(*Dicentrarchus labrax*) fed mannan oligosaccharides[J]. Fish Shellfish Immunol,2007,23(5):969-981.

[8] Staykov Y, Spring P, Denev S, et al. Effect of a mannan oligosaccharide on the growth performance and immune status of rainbow trout (*Oncorhynchus mykiss*)[J]. Aquacult Int, 2007, 15(2):153-161.

[9] 徐磊,刘波,谢骏,等. 甘露寡糖对异育银鲫生长性能、免疫及 HSP70 基因表达的影响[J]. 水生生物学报,2012,36(4):656-664.

[10] 孙剑,罗国芝,孙大川,等. 欧洲鳗半封闭式循环水养殖模式的运行效果研究[J]. 广东农业科学, 2014,41(5):203-207.

[11] 吴宁,黎中宝,林小云,等. 6 种鳗鲡(*Anguilla*)线粒体 DNA CO I 序列的比较研究[J]. 海洋与湖沼, 2010,41,(6):930-934.

[12] 郑伟刚,黎中宝,李文静,等. Hg^{2+}对 5 种鳗鲡白仔急性毒性影响的研究[J]. 南方水产科学,2011,7 (4):16-23.

[13] 李文静,黎中宝,郑伟刚,等. 三唑磷对 5 种鳗鲡幼鳗的急性毒性实验[J]. 南方水产,2009,5(6):13 -18.

[14] 吴宁,李文静,黎中宝,等. 5 种鳗鲡幼鳗极限温度的耐受性初步研究[J]. 南方水产,2010,6(6):14 -19.

[15] 卢静,黎中宝,陈强,等. 饲料添加多维对欧洲鳗鲡生长性能、消化酶活性和免疫的影响[J]. 海洋与湖沼,2014,45(3):489-594.

[16] 卢静,黎中宝,陈强,等. 复合酶制剂对欧洲鳗鲡生长性能、消化酶及非特异性免疫的影响[J]. 海洋与湖沼,2015,46(2):420-425.

[17] 李云兰. 甘露寡糖对幼建鲤(*Cyprinus carpio* var. Jian)肠道菌群和免疫功能的影响[D]. 雅安:四川农业大学,2004:29.

[18] Staykov Y, Denev S, Spring P. Influence of dietary mannan oligosaccharides (Bio-Mos) on growth rate and immune function of common carp (*Cyprinus carpio* L.)[J]. Lessons from the past to optimise the future. European Aquaculture Society, Special Publication, 2005, (35):431-432.

[19] Chesson A. Probiotics and other intestinal mediators[C]//Cole D J A, Wiseman J, Varley M A. Principles of Pig Science. Nottingham: Nottingham University Press, 1994:197-214.

[20] 翟秋玲,张春晓,孙云章,等. 三丁酸甘油酯和甘露寡糖对菊黄东方鲀生长性能、体组成及肠道健康指标的影响[J]. 动物营养学报,2014,26(8):2197-2208.

[21] Dimitroglou A, Merrifield D L, Spring P, et al. Effects of mannan oligosaccharide (MOS) supplementation on growth performance, feed utilisation, intestinal histology and gut microbiota of gilthead sea bream (*Sparus aurata*)[J]. Aquaculture, 2010, 300(1):182-188.

[22] 明建华,刘波,周群兰,等. 功能性寡糖在水产动物饲料中的应用[J]. 水产科学,2008,27(9):490 -493.

[23] 于艳梅. 魔芋甘露寡糖对黄颡鱼的益生功能研究[D]. 武汉:华中农业大学,2010:13-15,21-23,27 -29.

[24] 强俊,王辉,李瑞伟,等. 低聚木糖对奥尼罗非鱼幼鱼生长、体成分和消化酶活力的影响[J]. 淡水渔业,2009,39(6):63-68.

[25] 熊沈学,刘文斌,方星星. 低聚木糖梯度添加对异育银鲫生长及肠道消化酶活性的影响[J]. 畜牧与兽医,2005,37(10):23-24.

[26] Mussatto S I, Mancilha I M. Non-digestible oligosaccharides: A review[J]. Carbohyd Polym, 2007, 68(3):

[27] 徐永平,汪婷婷,孙永欣,等. 水产动物溶菌酶研究的最新进展[J]. 水产科学,2011,30(5):307-310.

[28] Bigaj J, Dulak J, Plytycz B. Lymphoid organs of Gasterosteus aculeatus[J]. J Fish Biol, 1987, 31(Supplement sA):233-234.

[29] Poelstra K, Bakker W W, Klok P A. et al. Dephosphorylation of endotoxin by alkaline phosphatase in vivo[J]. Am J Path,1997,151(4):1163-1169.

[30] Holland M C, Lambris J D. The complement system in teleosts[J]. Fish Shellfish Immunol, 2002, 12(5):399-420.

[31] 陈希,吴志新,刘佳佳,等. 甘露寡糖对草鱼血清生化特性的影响[J]. 南昌大学学报:理科版,2011,35(4):393-397,420.

高盐胁迫对凡纳滨对虾生长、摄食及饵料转化率的影响

李娜[1], 王仁杰[1], 赵玉超[1], 沈敏[1], 苏文辉[2], 赵超[3], 李玉全[1*]

(1. 青岛农业大学 海洋科学与工程学院,山东 青岛 266109; 2. 东营市海洋与渔业局,山东 东营 257091; 3. 莱西市水产局,山东 青岛 266600)

凡纳滨对虾(Litopenaeus vannamei),俗称南美白对虾,是全球养殖产量最高的对虾种类。据报道,凡纳滨对虾可耐受2~78盐度变化[1]。因其具有耐广盐的特性,国内在淡水、半咸水、高盐水中都进行了大规模养殖。对虾在较低盐度环境条件下生长较快,高盐度下生长减慢[2],但高盐虾在口感、品质等方面明显优于低盐虾。我国沿海或西北地区还存在大量的高盐水体,如山东盐场盐度30~70的水域面积约13.33万hm^2。这些水域可以发展凡纳滨对虾养殖,并且也有不少高盐水体已经开展了相关的养殖生产,但单位面积产量一般不高于400 kg/hm^2,远低于其他盐度水体。关于盐度对虾类的影响前人已做过大量报道,涉及生长、存活、饵料利用、酶活、分子等多个方面,但研究主要集中在低盐水体[3-6],对高盐海水对对虾的影响研究,国内相关文献报道甚少。为探讨高盐条件下对虾的生长情况,本实验以凡纳滨对虾为实验材料,通过分析高盐对对虾存活率、相对增重率、特定生长率、饵料转化率的影响,以期丰富对虾逆境生物学理论,并为高盐对虾养殖提供理论借鉴。

基金项目:山东省现代农业产业技术体系虾蟹类创新团队(SDAIT-15-011);国家自然科学基金项目(31101916);青岛市科技成果转化引导计划(14-2-4-87-jch)。
通信作者:E-mail:jiangfangqian@163.com

1 材料与方法

1.1 实验对象的来源、暂养与驯化

试验在青岛农业大学海洋科学与工程学院开放实验室进行。实验所用凡纳滨对虾购自昌邑市海丰水产养殖有限责任公司。实验用虾运至青岛农业大学实验室后，暂养于水族箱中。暂养期间所用海水为天然海水，盐度30±2，pH值7.9±0.5，用加热棒将温度控制在(27±0.5)℃，24 h充气泵充氧，每日换水2次，每次换水30%。暂养7 d后，筛选相近规格的凡纳滨对虾，以每天5个盐度的速度由30逐渐驯化至实验设计梯度。高盐度海水由天然海水（盐度30左右）与粗盐调配而成。

1.2 实验设置与数据测定

实验于PVC箱(35 cm×25 cm×20 cm)中进行，设置30、40、50、60共4个盐度梯度，每个处理组设3个平行组，每个处理组放入调整到设计盐度的凡纳滨对虾20尾。实验前停食1 d，以排空肠胃中的粪便。各实验组连续充气。每天投喂2次(07:30、19:30)，日投喂量为对虾湿重的8%，每天换水2次，每次换水50%；每天于09:30和21:30收集残饵2次，70℃烘干称重后保存；每隔10 d测定1次体长和体重，计算特定生长率、存活率、相对增重率、摄食率等指标。

分别称取10 g饵料和随机挑选20尾凡纳滨对虾，称重后在70℃条件下烘干至恒重，估算实验开始时饵料和对虾的干重(g)和水分含量(g)，重复3次。

养殖实验结束后，在相同的环境下，分别称取10 g饵料，记作m_0，放入不同盐度处理中，浸泡2.0 h，收集残饵于70℃条件下烘干至恒重，记作m_1，计算饵料在不同盐度海水中的溶失率。

1.3 数据计算

饵料溶失率 $=(m_0-m_1)/m_0\times 100\%$

存活率 $=$ (存活数/开始时的总数)$\times100\%$

相对增重率 $WG=100(W_t-W_0)/W_0$

特定生长率 $SGR=100(\ln W_2-\ln W_1)/T$

摄食率 $FId=100F/[T\times(W_2+W_1)/2]$

食物转化率 $FCR=100(W_2-W_1)/F$

式中：$W_0(W_1)$和$W_t(W_2)$分别为实验起始和结束时对虾湿(干)重(g)；T为实验天数(d)，F为实验过程中对虾所摄取的饵料量(换算为干重,g)。

1.4 数据处理

所得数据采用SPSS13.0软件进行方差分析(ANOVA)及Duncan多重比较，以$P<0.05$作为差异显著。

2 结果与分析

2.1 饵料溶失率

从表1可以看出,随着盐度的升高,饵料溶失率逐渐降低,盐度 30~50 处理间差异不显著($P>0.05$),盐度 50 和 60 处理间差异显著($P<0.05$)。在盐度 30 时,饵料溶失率最高,达到 25.86%;盐度 60 时,溶失率最低,为 21.85%。

表1 高盐对饵料溶失率的影响

盐度	饵料初始重/g	溶失后饵料干重/g	溶失率/%
30	10.00	7.41±0.12ª	25.86±1.16ᵇ
40	10.00	7.52±0.04ª	24.82±0.38ᵇ
50	10.00	7.54±0.05ª	24.64±0.54ᵇ
60	10.00	7.82±0.11ᵇ	21.85±1.09ª

2.2 存活率

从表2可以看出,随着盐度的升高,凡纳滨对虾的存活率逐渐降低,且各处理组间差异显著($P<0.05$)。盐度 30 时存活率最高,为 88.33%,盐度 60 时存活率最低,为 38.33%。

表2 高盐对凡纳滨对虾存活率的影响

盐度	平均投放数量/尾	平均剩余数量/尾	存活率/%
30	20	17.67±0.58ᵈ	88.33±2.89ᵈ
40	20	15.33±0.58ᶜ	76.67±2.89ᶜ
50	20	11.00±1.00ᵇ	55.00±5.00ᵇ
60	20	7.67±0.58ª	38.33±2.89ª

2.3 相对增重率

从表3可以看出,随着盐度的升高,凡纳滨对虾的相对增重率逐渐降低,且各处理组间差异显著($P<0.05$)。盐度 30 时相对增重率最高,为 549.57%,盐度 60 时相对增重率最低,为 203.07%。

表3 高盐对凡纳滨对虾相对增重率的影响

盐度	初始湿重/g	结束时湿重/g	相对增重率/%
30	0.76±0.02ᶜ	4.93±0.06ᵈ	549.57±21.35ᵈ
40	0.62±0.04ᵇ	3.22±0.15ᶜ	420.15±8.11ᶜ
50	0.61±0.03ᵇ	2.39±0.15ᵇ	292.10±9.47ᵇ
60	0.50±0.01ª	1.53±0.04ª	203.07±2.38ª

2.4 特定生长率

从表4可以看出,随着盐度的升高,凡纳滨对虾的特定生长率逐渐降低,且各处理组间差异显著($P<0.05$)。盐度30时特定生长率最高,为56.24%,盐度60时特定生长率最低,为3.70%。

表4 高盐对凡纳滨对虾特定生长率的影响

盐度	初始干重/g	结束时干重/g	特定生长率/%
30	0.16±0.004 5^c	1.05±0.011 8^d	6.24±0.11^d
40	0.13±0.007 9^b	0.68±0.031 2^c	5.50±0.05^c
50	0.13±0.006 8^b	0.51±0.032 0^b	4.55±0.08^b
60	0.11±0.002 7^a	0.33±0.008 4^a	3.70±0.03^a

2.5 摄食率

从表5可以看出,随着盐度的升高,凡纳滨对虾的摄食率逐渐升高,且各处理组间差异显著($P<0.05$)。盐度30时摄食率最低,为6.07%,盐度60时摄食率最高,为9.04%。

表5 高盐对凡纳滨对虾摄食率的影响

盐度	初始干重/g	结束时干重/g	摄食率/%
30	0.16±0.004 5^c	1.05±0.011 8^d	6.07±0.24^a
40	0.13±0.007 9^b	0.68±0.031 2^c	6.91±0.35^b
50	0.13±0.006 8^b	0.51±0.032 0^b	7.70±0.37^c
60	0.11±0.002 7^a	0.33±0.008 4^a	9.04±0.04^d

2.6 饵料转化率

从表6可以看出,随着盐度的升高,凡纳滨对虾的饵料转化率逐渐降低,且各处理组间差异显著($P<0.05$)。盐度30时饵料转化率最高,为80.61%,盐度60时饵料转化率最低,为37.16%。

表6 高盐对凡纳滨对虾饵料转化率的影响

盐度	初始干重/g	结束时干重/g	饵料转化率/%
30	0.16±0.004 5^c	1.05±0.011 8^d	80.61±3.39^d
40	0.13±0.007 9^b	0.68±0.031 2^c	65.42±2.91^c
50	0.13±0.006 8^b	0.51±0.032 0^b	51.47±1.86^b
60	0.11±0.002 7^a	0.33±0.008 4^a	37.16±0.35^a

3 讨论

盐度是一种渗透调节因子,当水生动物生活在不适的盐度环境中会产生应激反应,消耗额外的能量以维持体内外的渗透平衡,从而影响其生长和存活等[3]。申玉春等认为,凡纳滨对虾生长的最适盐度在 22 左右,盐度为 30 时,饵料转化率最高[5]。黄凯等研究发现,盐度对凡纳滨对虾体重增长率、成活率、饵料系数有显著影响($P<0.05$),在盐度为 20 时生长最好[7]。王兴强等研究发现,凡纳滨对虾在盐度 20 时特定生长率最高,35 时存活率最高[8]。朱春华认为,凡纳滨对虾等渗点在 14~22 盐度附近,因此用于渗透压调节的耗能较少,而盐度低于 14 或高于 22 时,身体内外存在较大的渗透压梯度差,凡纳滨对虾为维持自身渗透平衡,需要耗费更多的能量,在一定程度上影响了其生长[9]。

Panikkar[10]研究发现,广盐性虾类可通过血淋巴的渗透调节和离子调节来适应外界环境盐度的变化,具有二重性。在高盐度,虾类需将体内多余的盐分排出体外,保持体内的正常水分;在较低的盐度条件下又需要摄取足够的盐分,排掉多余的水分,在这种渗透压主动调节过程中,虾类要消耗体内储存的能量,以适应外界的盐度变化,因而代谢率升高,降低了生长效能。对虾生活的盐度在等渗点附近时新陈代谢能耗降低,能够使生长加快[11]。本研究发现,凡纳滨对虾在不同盐度下的存活率、相对增重率、特定生长率、饵料转化率均表现为 30 > 40 > 50 > 60,摄食率表现为 60 > 50 > 40 > 30。说明,高盐下凡纳滨对虾虽然摄取了较多的饵料,但由于用于调节渗透的能量增加,生长受到抑制。因此,从本实验结果来看,凡纳滨对虾在盐度 30 ~ 40 范围内生长性能最好,这与前人在凡纳滨对虾上的报道一致[3-11]。

参考文献

[1] 张伟权.世界重要养殖品种—南美白对虾生物学简介[J].海洋科学,1990(3):69-72.

[2] Bray W A,Lawrence A L,Leung-turjillo J R.The effect of salinity on growth and survival of *Penaeus vannamei*,with observations on the interaction of HHN virus and salinity[J].Aquaculture,1994,122-133.

[3] 李玉全.盐度对脊尾白虾生长、摄食及饵料转化率的影响[J].江苏农业科学,2014,42(9):191-193.

[4] 戴习林,张立田,臧维玲,等.Ca^{2+}、Mg^{2+}、盐度对凡纳滨对虾存活、生长及风味的影响[J].水产学报,2012,36(6):914-921.

[5] 申玉春,陈作洲,刘丽,等.盐度和营养对凡纳滨对虾蜕壳和生长的影响[J].水产学报,2012,36(2):290-299.

[6] 侯文杰,臧维玲,刘永士,等.盐度及 Ca^{2+} 与 Mg^{2+} 含量对凡纳滨对虾生长及虾体钙镁含量的影响[J].江苏农业科学,2012,40(3):193-196.

[7] 黄凯,王武,卢洁,等.盐度对南美白对虾的生长及生化成分的影响[J].海洋科学,2004,28(9):20-25.

[8] 王兴强,曹梅,马甡,等.盐度对南美白对虾的生长及生化成分的影[J].海洋水产研究,2006,27(1):8-13.

[9] 朱春华.盐度对南美白对虾生长性能的影响[J].水产养殖,2002,(3):25-27.

[10] Panikkarnk.Osmotic behavior of shrimps and prawn sin relation to their biology and culture[R].FAO Fish Rep,1968,FRBCSP/67/E/25:527-538.

[11] Ruscoeim,Shelleyc C,Williamsg R.The combined effects of temperature and salinity on growth and survival of juvenile mud crabs(*Scylla serrata*)[J].Aquaculture,2004,238(1/4):239-247.

注射多巴胺和5-羟色胺对3种主要养殖对虾争胜行为的影响

赵玉超,秦 浩,李娜,沈敏,王仁杰,李玉全*

(青岛农业大学 海洋科学与工程学院 山东 青岛 266109)

争胜行为是同种动物个体相遇争斗的行为,是一种典型的社会行为,普遍存在于鱼类、甲壳类等水生动物中[1]。对虾争胜行为的研究对丰富甲壳类行为学研究、合理调控对虾工厂化养殖密度具有十分重要的作用。目前,有关对虾争胜行为的研究甚少,仅限于生存因子、饵料、养殖密度等方面[2-5],但探究其调控机理的研究尚未见报道。生物胺(BA)广泛分布于甲壳动物的中枢神经系统和外周器官内,可作为神经递质或激素传递各种信息,主要参与甲壳动物体色变化、运动、渗透调节、行为、神经内分泌调节,是调节动物行为的一种重要物质,目前有关于生物胺对对虾争胜行为影响的研究甚少。

多巴胺(DA)是生物胺的一种,具有促性腺激素释放抑制因子的作用[6],也能影响个体的运动、行为。有研究发现,通过注射一定剂量的多巴胺,可以改变对虾的一些生理特性[7-8]。Chen 等[9]推测 DA 可能参与病理性的攻击行为及其他异常行为;DA 的合成、降解、受体以及转运等有关过程都可能影响个体的行为[10]。5-羟色胺(5-HT)又名血清素,属生物胺中的抑制性神经递质,常作为神经递质或神经调质或激素物质调控许多重要的生理功能,广泛分布在甲壳动物中枢和外周神经组织中[11],参与多种行为,如睡眠、饮食、记忆和攻击性等。在无脊椎动物中,5-HT 在认知、摄食、定位、生理节律和防御行为的反应方面起重要作用[12-14]。5-HT 和多巴胺在多种机制中证明具有相反的效应[15]。5-HT 是影响攻击行为的最主要的神经递质[16-18],其他的神经递质可能是先通过影响 5-HT 进而影响攻击行为[19]。本研究拟日本囊对虾、中国明对虾、凡纳滨对虾为实验对象,分别注射不同浓度的多巴胺和5-羟色胺,分析争斗的总次数、优胜方的平均优势指数、对虾体内 DA、5-HT 含量等,探讨注射不同浓度外源物质对对虾争胜行为的影响。

1 材料与方法

1.1 材料

实验所用中国明对虾、凡纳滨对虾购自昌邑海丰水产养殖有限责任公司,生物学体长分别为(9.0±0.5)cm 和(8.0±0.3)cm。日本囊对虾购自即墨市对虾养殖场,生物学体长为

基金项目:山东省现代农业产业技术体系虾蟹类创新团队(SDAIT-15-011);国家自然科学基金项目(31101916);青岛市科技成果转化引导计划(14-2-4-87-jch)。

作者简介:赵玉超(1992—),男,硕士研究生,从事水产养殖研究. E-mail: yuchaoqau@163.com

*通信作者:李玉全(1978—),男,教授,博士,从事甲壳类动物增养殖研究. E-mail: jiangfangqian@163.com

(8.5±0.3)cm。挑选健康活泼、体格健壮、体色正常,规格一致的个体放置于 50 cm×40 cm×35 cm 的塑料水槽中暂养 7 d,水位 30 cm。所用海水为经沉淀、消毒、沙滤后的自然海水,盐度 33,中国明对虾、日本囊对虾的养殖水温为(23.0±1.0)℃,凡纳滨对虾的养殖水温为(24±1.0)℃,pH 8.0±0.3;自然光照,连续充气,日换水 1/3。饵料为人工配合饲料。饲料成分:粗蛋白 43%,粗灰分 15%,粗纤维 5%,总磷 0.9%,粗脂肪 5%,赖氨酸 2.2%,水分 12%。日投喂 3 次(6:00,12:00,18:00),投喂 2 h 后清理残饵及粪便。

1.2 方法

1.2.1 实验设计

本研究以日本囊对虾、凡纳滨对虾、中国明对虾为观察研究对象,每种对虾均分为 3 个处理组:DA 组、5-HT 组和对照的生理盐水(0.85%)组。实验采用人工注射的方法进行,注射量 60 μL,DA 组与 5-HT 组注射液均配制有高、低两种浓度:高浓度多巴胺(HDA,$2×10^{-3}$ mol/L)、低浓度多巴胺(LDA,$2×10^{-4}$ mol/L)、高浓度 5-羟色胺(H5-HT,$2×10^{-5}$ mol/L)、低浓度 5-羟色胺(L5-HT,$2×10^{-6}$ mol/L)注射液用生理盐水配制,并灭菌处理。每处理组设 3 个平行组。实验在塑料水箱中进行,实验期间与暂养期间的养殖管理相同。容器底部铺上具有 5 cm×5 cm 方格线的塑料板,以便量化对虾的游动速度和范围等。对虾养殖密度为 80 尾/m², 每天上午 9:00 实验开始前需从暂养箱中选取 1 尾对虾,用黑色标记笔在头胸甲部标记,注射外源物后放置到各养殖箱中观察,连续观察 20 min,实验进行 10 d。观察时停止充气,减轻对对虾行为观察的影响,记录争斗次数、争斗强度等争胜行为指标,并计算平均优势指数。观察结束后抽取对虾血液进行血清样品的制备。实验借助行为观察法和视频图像解析技术进行行为的统计分析,记录被观察对虾争斗中的争斗发起者、获胜方、失败方、争斗次数、争斗持续时间、游动速度及距离等。统计分析争斗发起者获胜的概率、攻击次数与攻击强度的关系。攻击强度参考李玉全等[5]关于日本囊对虾争胜行为的划分,用摄像机记录争斗过程并加以归类。

1.2.2 对虾血淋巴的采集

从每个水箱中随机选取标记对虾 1 尾,用 1 mL 一次性无菌注射器于对虾心脏处抽取对虾的血淋巴,注射器中预先吸入预冷抗凝剂(0.51 mol/L 氯化钠、0.01 mol/L、EDTA-2Na、0.2 mol/L 柠檬酸、0.04 mo/L 柠檬酸二钠、0.1 mol/L 葡萄糖,pH 7.3),使血淋巴与抗凝剂的最终比例为 1:1,在离心管中混匀后,置于 4℃下中保存。

1.2.3 血清的制备

取上述抗凝血淋巴的样品,在 4℃下 3 000 r/min 在高速冷冻离心机中离心 10 min,取上清液,即为血清样品,并保存于-80℃冰箱中备用。

1.2.4 指标检测

多巴胺含量测定分析参考王怀友等[20]方法;参照 ELISA 试剂盒的方法,检测对虾体内 5-羟色胺含量。

1.3 数据处理与统计分析

平均优势指数(MD):实验过程中总获胜次数与争斗总次数(获胜次数+失败次数)的

比值。

使用SPSS17.0作数据统计分析,利用单因子方差分析(One-way ANOVA)比较分析不同处理间的差异,$P<0.05$为显著水平,$P<0.01$为极显著水平,使用Excel 2010软件作图。

2 结果与分析

2.1 多巴胺浓度对平均争斗次数的影响

由图1可知,注射多巴胺对3种对虾争斗次数有显著性影响($P<0.05$)。在注射多巴胺后3种对虾间的争斗显著增加,同种对虾在注射不同浓度多巴胺后与对照组差异均显著($P<0.05$),且HDA组比LDA组更易激发对虾间的争胜欲,随着多巴胺的升高,3种对虾的争斗性呈现上升的趋势。日本囊对虾在多巴胺的作用下表现出较强的争斗性,争斗性略高于中国明对虾,并高于凡纳滨对虾;低浓度多巴胺组中日本囊对虾与中国明对虾争胜行为相比较差异不显著($P>0.05$),与凡纳滨对虾相比较差异显著($P<0.05$);对照组的各种对虾之间差异显著。从图2可知,对照组中日本囊对虾体内的DA含量最高,这与日本囊对虾本身具有的好斗性相关,同图1中对虾表现出较强好斗性相符,凡纳滨对虾体内的DA含量最低,对虾间的争斗较少,与凡纳滨对虾适合高密度养殖相符合。在注射LDA后,3种对虾体内的DA含量均有提升,凡纳滨对虾体内DA含量变化最为明显(图1),争斗次数随之增多,高于对照组;日本囊对虾与中国明对虾体内DA含量较高,争斗次数也相对较多。在注射HDA后,对虾体内的DA含量略微上升,但3种对虾在高浓度的多巴胺作用下均表现出较高的争斗性。由此可见,对虾可通过调节体内DA含量来调节对虾的争胜行为,低浓度多巴胺对对虾的争斗性影响较小,而在高浓度多巴胺的作用下对虾用于行为调控的DA含量随之增多,对虾间的争斗行为增多,DA含量增加幅度显著降低。

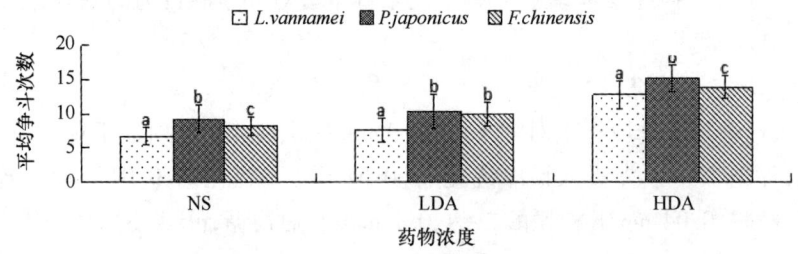

图1 DA浓度对3种主要养殖对虾平均争斗次数的影响

2.2 多巴胺浓度对争斗平均优势指数(MD)的影响

从图3可以看出,3种对虾在注射多巴胺和生理盐水后,平均优势指数变化趋势基本一致,平均优势指数均大于0.5,对照组的平均优势指数高于HDA组,低浓度多巴胺对日本囊对虾和中国明对虾优势地位的影响与对照组相似。多巴胺注射浓度对凡纳滨对虾争斗优势地位影响不显著($P>0.05$),对日本囊对虾和中国明对虾的平均优势指数影响差异显著($P<0.05$)。多巴胺对对虾争斗中优势地位的确定有一定影响,随多巴胺浓度的升高,对虾的平

均优势指数呈下降趋势。

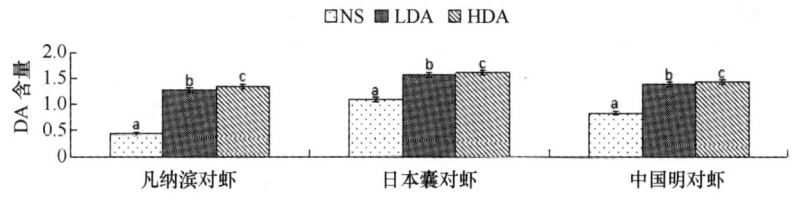

图 2　注射不同浓度 DA 后对虾体内 DA 的含量变化

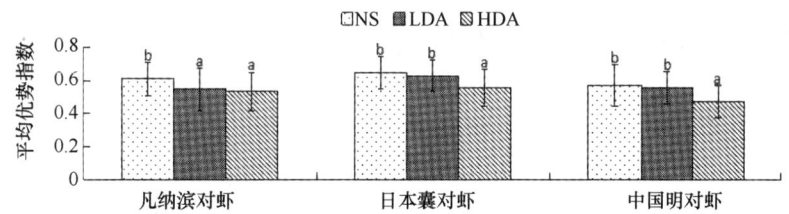

图 3　DA 浓度对 3 种主要养殖对虾平均优势指数的影响

2.3　5-羟色胺对平均争斗次数的影响

由图 4 可知,注射 5-羟色胺对凡纳滨对虾、日本囊对虾、中国明对虾的争斗行为影响显著($P<0.05$),5-羟色胺有效地降低了同种对虾间的争斗,各处理组间争斗次数均差异显著($P<0.05$);随着 5-羟色胺注射浓度的升高,平均争斗次数减少。对照组中日本囊对虾表现出较强的好斗性,在注射 5-羟色胺后,争斗行为受到限制最为显著,争斗数量变化最大。从图 5 可以得知,注射不同浓度 5-羟色胺后日本囊对虾、中国明对虾 5-羟色胺的含量均差异显著($P<0.05$)。

随着初始 5-羟色胺注射浓度的升高,对虾体内最终的 5-羟色胺浓度呈现小幅上升趋势,与图 4 中日本囊对虾、中国明对虾争斗次数减少相符合。此外,日本囊对虾在注射不同浓度 5-羟色胺和生理盐水后,体内 5-羟色胺含量变化最为显著($P<0.05$),这也与日本囊对虾在高浓度 5-羟色胺作用下争斗性降低相符合。

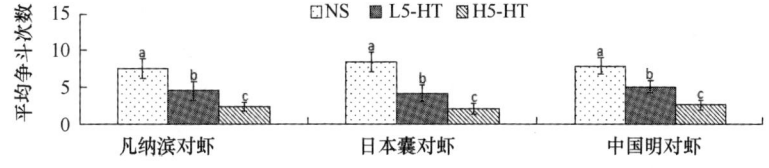

图 4　5-HT 浓度对 3 种主要养殖对虾平均争斗次数的影响

2.4　5-HT 浓度对争斗平均优势指数(MD)的影响

从图 6 可以得知,注射 5-羟色胺溶液对凡纳滨对虾平均优势指数无显著影响($P>0.05$);日本囊对虾在注射 H5-HT 后平均优势指数与对照组相比差异显著($P<0.05$),与

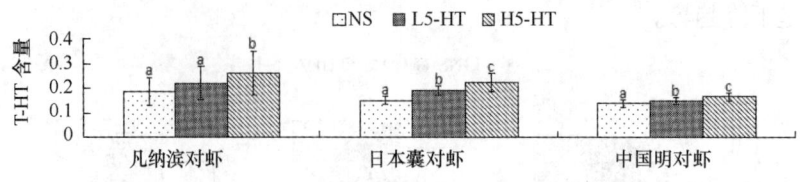

图 5 注射不同浓度 5-HT 后对虾体内 5-HT 的含量变化

L5-HT 组差异不显著($P>0.05$);注射 L5-HT 组的中国明对虾与 H5-HT 组差异显著,与对照组差异不显著($P>0.05$)。由此可知,3 种对虾在注射外源物后平均优势指数均大于 0.5,高浓度 5-羟色胺更易帮助对虾在争斗中获得优势地位。

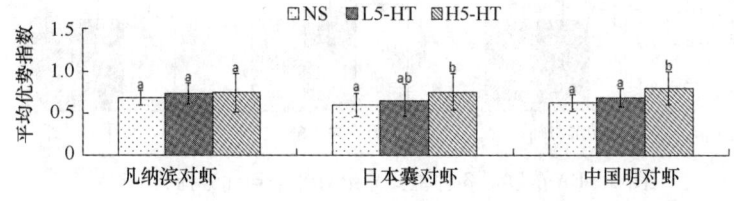

图 6 不同 5-HT 浓度对 3 种主要养殖对虾平均优势指数的影响

3 讨论

3.1 注射 DA 对对虾争胜行为的影响

Fletcher & Hardege 研究发现,水生动物的个体行为往往依赖多种复杂的化学信号[21]。有许多学者研究发现,生物胺可作为神经递质或激素传递各种信息,参与甲壳动物渗透调节、免疫应激、神经内分泌等生理过程[22-25]。实验发现,注射多巴胺能激发对虾的争斗性,促进对虾的运动,争斗次数显著增加。随着多巴胺浓度的提高,对虾间的争斗数量呈上升趋势,实验结果与 Cheng 等[7-8]关于多巴胺对对虾行为具有一定的影响相同,明确了多巴胺在争胜行为方面的影响。注射高浓度多巴胺后,对虾体内多巴胺含量相较于注射低浓度含量呈小幅升高趋势,作者认为高浓度多巴胺在注入对虾体内后,会作为一种神经内分泌信号或激素,在对虾体内完成转化或代谢,含量随之减少,而低浓度多巴胺的注入量相较于未注射对虾体内的多巴胺含量较小,所能引起对虾争斗性有限。目前关于最适多巴胺注入量和多巴胺在对虾体内的转化、代谢机理等方面有待于进一步研究。李玉全等[26]认为日本囊对虾具有较强的好斗性,较凡纳滨对虾和中国明对虾不耐高密度养殖,而凡纳滨对虾适合高密度养殖。本研究结果显示,日本囊对虾在注射生理盐水组中表现出较强的争斗性,对虾间争斗要高于同组中的凡纳滨对虾和中国明对虾,这与上述的研究结果相近。

3.2 注射 5-HT 对对虾争胜行为的影响

有研究表明,给脊椎动物补充 5-羟色胺可以减少其攻击性[27-28]。实验结果表明,5-HT 在抑制对虾的行为调控中起到一定作用,对对虾争斗性均具有减弱性,注射 5-羟色胺可显著减弱对虾的争斗行为,减少对虾的争斗次数,能有效地减少其攻击型,可见5-羟色胺不仅对脊椎动物争斗行为有抑制作用,也可对对虾的争斗起到明显的减弱作用,与多巴胺作用相反,具有拮抗作用。此外,研究发现,增加对虾体内的5-羟色胺含量会减少对虾间的争斗,研究结果可为对虾高密度养殖提供理论参考,在饵料中适当添加5-羟色胺以减弱对虾间的争胜行为,增加养殖密度有待于进一步研究。

参考文献

[1] 李玉全,孙霞.水生动物的争胜行为[J].动物学研究,2013,34(3):214-220.

[2] 秦浩,李玉全.生存密度和饵料对中国明对虾(*Fenneropenaeus chinensis*)争胜行为和生长性能的影响[J].海洋与湖沼,2014,45(4):834-838.

[3] 张沛东,张秀梅,李健,等.中国明对虾、凡纳滨对虾仔虾的行为观察[J].水产学报,2008,32(2):223-228.

[4] 赵玉超,,秦浩,李玉全,等.密度和饵料种类对凡纳滨对虾 *Litopenaeus vannamei* 争胜行为和生长的影响[J].水产学杂志,2016,29(3):44-48.

[5] 李玉全.日本囊对虾的争胜行为及其与温度的关系[J].江苏农业科学,2014,42(8):231-232.

[6] 孙迪,王慧,黄丽波,等.多巴胺和半胱胺对泰山螭霖鱼生长的影响[J].山东农业大学学报(自然科学版),2011,42(2):223-226.

[7] Cheng W,Chieu H T,Ho M C,et al.No radrenaline mo dula te s the immunity o f white shrimp *Litopenaeus vannamei*[J].Fish & Shellfish Immunology,2006,21:11-19.

[8] Cheng W,Chieu H T,Tsai C H,et al.Effects of dopamine on the immunity of w hite shrimp *Litopenaeus vannamei*[J].Fish & Shellfish Immunology,2005,19:375-385.

[9] Chen TJ,Blum K,Mathews D,et al.Are dopaminergic genes involved in a predisposition to pathological aggression? Hypothesizing the importance of"super normal controls"in psychiatric genetic research of complex behavioral disorders[J].Med Hypotheses,2005,65(4):703-707.

[10] Comings DE,Blum K.Reward deficiency syndrome:genetic aspects of behavioral disorders[J].Prog Brain Res,2000,126:325-341.

[11] Sloley B D,Juorio A V.Monoamine neurotransmitters in invertebrates and vertebrates:an examination of the diverse enzymatic pathways utilized to synthesize and inactivate biogenic amines[J].Int Rev Neurobiol,1995,38:253-304.

[12] Metropolitan Area Child Study Research Group.Changing the way children"think"about aggression:social-cognitive effects of a preventive intervention[J].J Consult Clin Psychol,2007,75(1):160-167.

[13] Fingerman M.Crustacean endocrinology:a retrospective,prospective,and introspective analysis[J].Physiological Zoology,1997a:257-269.

[14] Fingerman M.Roles of neurotransmitters in regulating reproductive hormone release and gonadal maturation in decapod crustaceans[J].Invertebrate Reproduction and Development,1997b,31:47-54.

[15] Fingerman M,Fingerman SW.Antagonistic actions of dopamine and 5-hydroxytryptamine on color changes in the fiddler crab,Uca pugilator[J].Comparative Biochemistry and Physiology Part C:Comparative Pharmacology,1977,58(2):121-127.

[16] Lesch KP,Merschdorf U.Impulsivity,aggression,and serotonin:a molecular psychobiological perspective

[17] Miczek KA,Fish EW.5.Monoamines,GABA,Glutamate,and Aggression[J].Biology of Aggression,2005: 114-149.

[18] Bortolato M,Pivac N,Muck SD,et al.The role of the serotonergic system at the interface of aggression and suicide[J].Neuroscience,2013,236:160-85.

[19] 孔雀,邰发道.攻击行为神经机制的研究进展[J].现代生物医学进展,2006,6(8):55-8.

[20] 王怀友,孙悦,唐波.分光光度法测定多巴胺[J].分析实验室,2003,22(1):45-47

[21] Fletcher N,Hardege JD.The cost of conflict:agonistic encounters influence responses to chemical signals in the European shore crab[J].Animal Behaviour,2009,77(2):357-361.

[22] Ji Ling Mo,Pierre Devos,Gerard Trausch.Dopamine as a modulator of ionic transport and $Na^+-K^+-ATPase$ activity in the gills of the Chinese crab Eriocheir sinensis[J].Crust Biol,1998,18(3):442-448.

[23] 胡发文,潘鲁青,杨慧赞.注射生物胺对凡纳滨对虾免疫指标的影响[J].热带海洋学报,2007,26(5):64-68.

[24] 张林娟,潘鲁青.注射生物胺对凡纳滨对虾鳃丝离子转运酶活力和血淋巴渗透压的影响[J].海洋湖沼通报,2007(2):114-120.

[25] 叶海辉,李少菁,李祺福,等.生物胺对雌性锯缘青蟹生殖神经内分泌的调控作用[J].海洋与湖沼,2003,34(3):329-333.

[26] 李玉全,王仁杰,姜令绪.密度胁迫对日本囊对虾生长和水环境的影响[J].海洋科学,2013,37(10):53-57.

[27] Ferrari PF,Palanza P,Parmigiani S,et al.Serotonin and aggressive behavior in rodents and nonhuman primates:Predispositions and plasticity[J].Eur J Pharmacol,2005,526(1-3):259-273.

[28] Summers CH,Winberg S.Interactions between the neural regulation of stress and aggression[J].J Exp Biol,2006,209(23):4581-4589.

高度不饱和脂肪酸对水生动物代谢的影响及其机理

许友卿,刘晓丽,安晓玲,王利香,丁兆坤

(广西大学 水产科学研究所,广西 南宁 535004)

高度不饱和脂肪酸(highly unsaturated fatty acids,HUFAs)是一类碳原子数目大于20,双键数目不小于3的多不饱和脂肪酸(polyunsaturated fatty acids,PUFAs)[1],主要包括花生四

基金项目:国家自然科学基金项目(31360639);广西生物学博士点建设项目(P11900116,P11900117);广西自然科学基金项目(2014GXNSFAA118286,2014GXNSFAA118292).

作者简介:许友卿(1958—),女,教授,博士生导师,研究方向:环境生物学,水生动物营养、生理生化与分子生物学。E-mail:youqing.xu@hotmail.com 电话:0771-3235635

通信作者:丁兆坤(1956—),男,教授,博士生导师,研究方向:环境生物学,水生动物营养、生理生化与分子生物学。E-mail:zhaokun.ding@hotmail.com 电话:0771-3235635

烯酸(arachidonic acid, AA)[2]、二十碳五烯酸(Eicosapentaenoicacid, EPA)和二十二碳六烯酸(Docosahexaenoicacid, DHA)[3]。

HUFAs 特别是 AA、DHA 和 EPA,是水生动物尤其是鱼类的必需营养素,在维持机体的正常机能、提高免疫力、促进生长、发育、繁殖等方面发挥重要的生理作用[4-8]。HUFAs 还可调节机体代谢、抗氧化和相关基因表达。HUFAs 在一定程度上提高水生动物肌肉脂肪酸含量,降低肝胰脏脂质沉积,具有重要的实际生产意义[9]。HUFAs 在降低脂质过度沉积的同时,促进脂肪酸 β 氧化,调控脂代谢相关基因和脂肪酸组成,进而影响机体的能量代谢[10]。HUFAs 还可以提高水生动物的抗氧化能力,进而提高机体清除脂质过氧化产物的能力[9]。脂肪酸(包括 HUFAs)的一个最重要的作用就是储存及通过 β 氧化以 ATP 的形式提供能量。此外,HUFAs 还可调节血糖水平、葡萄糖代谢、糖代谢相关基因的表达,提高胰岛素的敏感性,改善胰岛素的功能[11]。HUFAs 能大大提高饲料营养价值,节约蛋白消耗,提高饲料蛋白质转化效率即脂肪对蛋白质的节约效应[12]。HUFAs 可通过直接或间接途径影响某些重要基因的表达,如通过影响转录因子的活性,对一系列基因进行调控[13]。

至今为止,对 HUFAs 的研究主要集中研究 HUFAs 对水生动物生长、发育、繁殖及免疫调节的影响等,鲜见 HUFAs 影响水生动物代谢的报道。

本文概述 HUFAs 对水生动物代谢的影响及机理,重点综述 HUFAs 对脂肪酸代谢、蛋白质代谢、糖(能量)代谢、核酸代谢的影响及其机理。以便进一步深入研究、掌握 HUFAs 影响水生动物代谢的规律和调控机制,有效地应用 HUFAs 调控水生动物代谢,改善水生动物的生长发育,促进其健康养殖,提高生产效率,增加社会效益和经济效益。

1 HUFAs 影响水生动物脂肪酸代谢

首先,HUFAs 能提高水生动物体内 AA、DHA 和 EPA 等的含量。提高饲料中 n-3 HUFAs 的水平,可显著提高水生动物体内脂肪酸含量,其中主要是 AA、DHA 和 EPA,进而促进机体脂肪代谢[14]。虽然淡水鱼可由 18：3n-3 通过脱饱和、延长代谢生成 DHA 和 EPA[15]。但是,大多数海水鱼不具有这种能力或能力有限,其 HUFAs 不能通过 C18 PUFAs 转化满足生理需要,只能通过直接摄食 HUFAs,满足生长需求[16]。

HUFAs 能促进水生动物脂肪分解,抑制脂肪合成,影响机体脂肪酸的组成。研究发现,HUFAs 一方面能促进脂肪分解；另一方面能抑制脂肪合成,进而减缓脂肪过多沉积的问题[17]。n-3 HUFAs 尤其是 EPA 和 DHA 在哺乳动物中具有抑制肥胖的作用,饲喂富含 DHA 和 EPA 的日粮可降低小鼠体重,且脂质蓄积下降。与低能量的饮食相比,富含 n-3 HUFA 的饮食能更有效地降低体重[18]。对于水生动物尤其是鱼类来说,能优先利用脂类作为能源物质,当食物中脂肪含量或组成不合理时,会导致鱼类代谢紊乱,造成必需脂肪酸缺乏或脂肪沉积过多,影响鱼体健康,而添加 HUFAs 可有效缓解体内应激反应并促进脂质代谢[7,19]。

n-3 HUFAs 能调节机体脂肪细胞的脂解作用。饲料中添加 n-3 HUFAs,可显著降低大西洋鲑(*Salmo salar*)[20]和草鱼(*Ctenopharyngodon idellus*)[9]的脂质蓄积。Liu 等[21]研究表

明,在饲料中添加 DHA 和 EPA 可显著增加草鱼体内甘油和游离脂肪酸的释放,并显著提高相关酶如脂肪甘油三酯脂肪酶(ATGL)、激素敏感脂肪酶(HSL)等的表达,这表明 n-3 HUFAs 调节草鱼体内或体外脂肪细胞的脂解作用。Ji 等[12]研究证实,n-3 HUFAs 能够抑制草鱼脂质合成及其转运能力,并通过影响与脂代谢相关的基因表达,降低肝胰脏及腹腔脂肪的沉积,影响草鱼的抗氧化作用、脂肪代谢和生长。Li 等[13]报道,投喂富含 HUFAs 的鱼油,一方面显著降低草鱼腹膜内脂肪(IPF)比率($P<0.05$),显著提高 n-3 HUFAs 在肌肉、肝胰脏和腹腔脂肪中的含量($P<0.05$);另一方面,显著降低脂肪合成酶(FAS)和乙酰-CoA 羧化酶基因的表达($P<0.05$),显著提高过氧化物酶体增殖物激活受体 α 型(PPARα)基因的表达($p<0.05$)。这些都表明 n-3 HUFAs 能通过影响草鱼脂肪代谢相关基因表达而抑制脂质积累。Tian 等[22]和 Wang 等[23]在草鱼日粮添加适宜的花生四烯酸(AA)(0.30%)可有效抑制其脂肪积累,改变脂肪代谢的关键基因表达,说明 AA 在调节脂肪代谢中发挥重要作用。EPA 和 DHA 等 HUFAs 对降低血清胆固醇和甘油三酯有很大的作用,可防止血液中过多的脂质在血管中沉积[24-25]。n-3 HUFAs 可以显著降低黑鲷(*Sparus macrocephlus*)幼鱼血清中甘油三酯的含量[26]。PUFAs 特别是 HUFAs 能抑制脂肪酸合成酶(FAS)、葡萄糖-6-磷酸脱氢酶(G-6-PD)等脂肪合成酶的活力,从而降低肝脂含量[8]。

DHA、EPA、AA 等 HUFAs 的水平影响水生动物脂肪酸代谢,它们的比例亦然。Boglino 等[27]研究发现,必需脂肪酸(如 DHA、EPA、AA)水平或它们的比例(EPA/DHA,AA/EPA,AA/DHA,(n-3)/(n-6) HUFAs,OA/PUFAs)稍有变化,就会改变塞内加尔鲷幼鱼靶组织的脂肪代谢,扰乱其脂肪积累,导致肠和肝脂肪变性。

n-3 HUFAs 还显著影响机体的脂肪酸组成。n-3 HUFAs 和 DHA/EPA 能显著影响大黄鱼的脂肪酸组成和生长[28]。随着 n-3 HUFAs 水平增加,三疣梭子蟹(*Portunus trituberculatus*)粗脂肪下降[29]。DHA 可通过抑制细胞分化、促进细胞凋亡和水解、增加线粒体数量,降低脂肪细胞数量和脂质含量,从而降低脂质蓄积[30]。黄裕等[31]用含 7.5%鱼油和含 7.5%小麦胚芽油的饲料,分别投喂半滑舌鳎(*Cynolossus semilaevis*)幼鱼 68 d,发现投喂富含 n-3 HUFAs 的鱼油组全鱼粗脂肪含量显著低于小麦胚芽油组,且鱼油组血清甘油三酯和总胆固醇含量显著低于小麦胚芽油组。

然而,也有报道称,添加 n-3 HUFAs 提高或不影响全鱼组织中脂肪含量。2016 年,Li 等[32]报告,随着饲料中鱼油含量的增加(0%,1%,3%),三疣梭子蟹肌肉中粗脂肪含量呈上升趋势。张稳等[33]报道,用 n-3 HUFAs 含量分别为 0.74%、1.14%、1.55%、1.94%、2.35%、2.76%(DHA/EPA 比例均为 1.1)的日粮,投喂幼蟹 8 周,其机体粗脂肪含量显著高于对照组($P<0.05$)。饲料 n-3HUFAs 能显著降低黑鲷幼鱼肌肉中的脂肪含量,但对全鱼组织中脂肪含量无显著影响[34]。

HUFAs 除了为机体提供必需脂肪酸外,还有一个重要的作用就是储存及通过 β 氧化以 ATP 的形式提供能量。脂肪酸的 β 氧化是在线粒体和过氧化物酶体中进行的一个完整的酶促反应过程。HUFAs 都可以促进线粒体的 β 氧化。当 EFAs 的量超过机体利用限度时,便会被 β 氧化,最终以 ATP 的形式提供能量。DHA 也可被 β 氧化,并促进线粒体的生成,为机体提供能量[35]。草鱼在摄食 n-3 HUFAs 后的第 1~2 周,甘油三酯脂肪酶(ATGL)基因的表达水平显著高于对照组[36]。而 ATGL 是催化脂肪水解第一个环节的关键酶,它能特异性地水解甘油三酯为甘油二酯和一个游离脂肪酸,然后进行 β 氧化。但是,不同脂肪酸被利用的顺序相异[37]。饱和脂肪酸和单不饱和脂肪酸作为仔鱼内源营养阶段的重要能源被首先利用,而 DHA、EPA、AA 则选择性地被优先保存下来。大菱鲆(Scophthalmus maximus)和金头鲷(Sparus aurata)等在胚胎发育阶段和仔鱼吸收卵黄内源营养的发育阶段,其脂肪酸按 n-9、n-6、n-3 系列顺序先后被利用[38]。饲料 HUFAs 的组成除了影响对大西洋鲑(Salmo salar)脂肪生成,还间接影响其葡萄糖、糖原的沉积和中间代谢[11]。

2 HUFAs 影响水生动物蛋白质代谢

适宜的 HUFAs 含量和比例,能提高饲料营养价值和蛋白质转化效率。Liao 等[39]给刺参(Stichopus japonicus)幼参分别投喂含 0.22% 和 0.46% n-3 HUFAs 的饲料后,其体重、饲料转化率、蛋白有效率、粗蛋白含量均显著高于投喂含 0.15% n-3 HUFAs 饲料者。饲料中适宜的 HUFAs 含量和比例,能大大提高饲料营养价值,提高饲料蛋白质转化效率,提供更多能量,并且节约蛋白质[40]。此外,在同一蛋白质水平内,随着脂肪水平的升高,黑鲷幼鱼的特定生长率和蛋白质效率逐渐升高,而饵料系数则逐渐降低[41]。Bell 等[42]认为,饲料中 n-3 HUFAs 能促进蛋白质在大西洋鲑肌肉中沉积。通常,鱼类对碳水化合物的消化能力较差,一部分蛋白质作为能源被消耗。因此,提高脂肪含量,增加可利用的能量(脂肪)后,能节约消耗蛋白质,提高蛋白质利用效率,即脂肪对蛋白质的节约效应[40]。HUFAs 能显著提高生长速率、饲料转化率和粗蛋白含量[43]。在饲料中添加 0.52% 的 n-3 HUFAs,可减少肝胰脏脂质含量和提高鲤鱼幼鱼的蛋白质效率,并促进一些与脂质代谢相关的基因如脂蛋白脂肪酶(LPL),硬脂酰辅酶 A 去饱和酶(SCD)和过氧化物酶体增殖物激活受体 α(PPARα)的表达[44]。魏广莲等[45]用富含 HUFAs 的饲料(鱼油含量为 4.76%)投喂刀鲚(Coilia nasus)幼鱼 60 d,其肌肉中粗蛋白质含量比对照组降低了 27.78%,而粗脂肪含量稍有升高,但差异不显著($P>0.05$)。潘瑜等[46]用添加 1.5% 鱼油的饲料投喂鲤鱼,显著增加了鱼粗蛋白含量,显著降低粗脂肪含量,提高了肝胰脏 LPL 活性。

然而,应该指出的是,脂肪对蛋白质的节约作用有一定的限度范围,蛋白质和脂肪的生理功能不能相互替代。一方面,蛋白质含量过低将严重阻碍鱼类生长;另一方面,饲料脂肪过高,会使脂肪沉积在腹腔及肠系膜上,影响鱼类的品质及健康[43]。Helland 等[47]发现,同在 54% 蛋白质水平,当饲料的脂肪水平从 16% 增加到 20% 时,脂肪对所投喂的太平洋刺鳍鱼(Centropyge hotumatua)的蛋白质有节约作用,但再增加脂肪水平,则无节约作用。

此外,何流健等[48]配制成 n-3 HUFAs 水平分别为 0.5%、1.5%、3.0%、4.0%、5.0%、6.0%、7.0% 的七组等氮等脂实验饲料,投喂斜带石斑鱼(E. coioides)幼鱼 66 d,鱼体粗脂肪的含量随饲料 n-3 HUFA 水平的升高而显著降低($P<0.05$),但对石斑鱼全鱼水分和粗蛋白的含量无显著影响($P>0.05$)。

3 HUFAs 影响水生动物糖(能量)代谢

HUFAs 可调节鱼体血糖水平、葡萄糖代谢、提高胰岛素的敏感性、改善胰岛素功能等。脂联素能够调节葡萄糖代谢、降低血脂水平、改善胰岛素功能,而 HUFAs 能显著促进脂联素基因的表达和分泌[49]。在 DHA 25~100 μmol/L 浓度范围, DHA 可以提高细胞脂联素 mRNA 表达,改善糖脂代谢[50]。但是,用不同浓度 DHA(50~400 μmol/L)、不同作用时间(0~72 h)之于 3T3-L1 脂肪细胞,发现 DHA 下调脂联素 mRNA 的表达,且抑制效应呈时间、剂量依赖性[51]。Bueno 等[52]用 250 μmol/L 的 DHA 作用于 3T3-L1 脂肪细胞,发现 DHA 对脂联素 mRNA 表达的抑制作用不明显。这说明 HUFAs 调节脂联素 mRNA 表达受时间和剂量影响。

高 DHA/EPA 能有效降低机体空腹血糖水平,具有较好的降血糖作用。与模型小鼠对照组比较,高 DHA/EPA 组的小鼠血清胰岛素平均下降 18.5%($P<0.01$); HOMA-IR 指数平均下降 35.4%($P<0.01$)。说明,高 DHA/EPA 能较好地降低血清胰岛素,改善胰岛素功能[53]。

通常,鱼类对碳水化合物的消化能力较差。然而,HUFAs 可间接影响葡萄糖、糖原的沉积和中间代谢,从而影响鱼类能量代谢。Morais 等[11]通过对大西洋鲑(Salmo salar)肝转录组数据的分析,发现饲料 HUFAs 的组成除了影响脂肪生成,还间接影响葡萄糖、糖原的沉积和中间代谢。

HUFAs 在调控脂类代谢时,会抑制肝中糖酵解酶的基因转录[54]。斑马鱼(Danio rerio)、大西洋鲑(Salmo salar)和金头鲷(Sparus aurata)的固醇调节元件结合蛋白(SREBP-1)和糖脂代谢有关,可调节脂肪酸合成或糖代谢相关基因的表达[55-59]。

4 HUFAs 影响水生动物核酸代谢

HUFAs 通过影响机体核酸、蛋白质等代谢,直接或间接影响生长发育。我们的实验证明,添加 EPA、DHA 和 AA 等 n-3 HUFAs,可促进军曹鱼(Rachycentron canadum)幼鱼的核酸代谢,提高 RNA/DNA 比率,增加蛋白质合成,加速生长;而且不同剂量和比例的 EPA、DHA 和 AA 对军曹鱼幼鱼核酸代谢影响相异,剂量高的影响大,与鱼肌肉核酸代谢成正比,与幼鱼生长正相关[60-61]。用添加 n-3 HUFAs 的饲料饲喂草鱼 3 个月后,发现 n-3 HUFAs 能够影响鱼核糖核酸 RNA/RNA 聚合酶 II 核心启动序列和真核翻译起始因子 eIF-4a 等基因的表达[44]。HUFAs 可通过直接或间接途径影响某些重要基因的表达,如通过影响转录因子的活性对一系列基因进行调控,其中重要的转录因子就是过氧化物酶体增殖物激活受体(PPARs)和过氧化物酶体增殖物激活受体 γ(PPARγ)辅助活化因子 α(PGC-1α)[62]。而且用含有 2.02% n-3 HUFAs 的饲料投喂西伯利亚鲟(Acipenser baeri)仔鱼 32 d,其内脏团中 PPARs、LPL 等基因表达量均显著高于 0.27% n-3 HUFAs 组[14]。HUFAs 能提高鱼体中 Δ5、Δ6 脂肪酸去饱和酶基因的表达量,表明 HUFAs 能诱导 Δ5、Δ6 脂肪酸去饱和酶基因 mRNA

的转录[63-65]。

5 HUFAs对水生动物代谢影响的机理

5.1 HUFAs通过基因和受体影响代谢

HUFAs可通过直接或间接的途径影响某些重要基因的表达,进而调控机体代谢。日粮n-3 HUFAs影响参与信号转导、细胞进程、代谢、转运、转录调节和免疫反应的基因,也影响编码蛋白丝氨酸/苏氨酸激酶、核激素受体以及细胞因子受体基因的表达[66]。其中一个重要的转录因子就是PPARs,已在乌颊鱼(*Sparus macrocephlus*)和比目鱼(*Hippoglossus stenolepis*)等鱼类发现,三类PPARs亚型[67],PPARs对于n-3 HUFAs亲和性强于n-6 HUFAs。PPARα能够促进脂肪酸分解基因如乙酰辅酶A氧化酶(acyl-CoA oxidase,ACO)、双功能酶(bifunctional enzyme)、硫解酶(thiolase)和长链脂肪酸酰基CoA合成酶(long-chain fatty acid acyl-CoA synthetase)的表达,促进脂肪酸转运和吸收基因如脂肪酸转运蛋白(fatty acid transport protein,FATP)、脂肪酸转位酶(fatty acid translocase,FAT/CD36)和肝胞浆途径脂肪酸结合蛋白(liver cytosolic fatty acid-binding protein,L-FABP)的表达,还可促进脂蛋白A-I和A-II基因的表达,从而增加血浆高密度脂蛋白胆固醇(high density lipoprotein cholesterol,HDL-e)。n-3 PUFAs能上调过PPARα的表达,进而激活其靶基因如脂蛋白酯酶(LPL)和肉毒碱棕榈酰转移酶I(carnitine palmitoyl transferase I,CPT I)表达,促进脂肪分解代谢[68]。

George等[69]研究发现,n-3 PUFAs抑制胰岛素上调的SREBP-1c基因的转录,是通过抑制肝X受体α(Liver X receptor,LXRα)的转录而实现的。肝LXR是一种转录调控因子,属核激素受体家族成员,其活性受到胆固醇降解产物氧化型胆固醇的调节[70]。LXR可以调节胆固醇代谢[71]、脂肪酸合成[69]等过程中相关基因的表达。不饱和脂肪酸可作为LXR激动剂[72],HUFAs可调控LXR的表达[10]。植物油替代66%鱼油显著降低鲑鱼肝[73]和金头鲷(*Sparus aurata*)[74]脂肪组织LXR基因的表达,饲料中较低n-3 PUFAs、较高的n-6 PUFAs和较低胆固醇含量,均导致LXR表达量降低。

5.2 HUFAs通过影响代谢酶调节代谢

HUFAs通过影响酶的表达或活性调节代谢。HUFAs可以影响脂质生成相关酶LPL的表达及酶活性,进而影响机体脂肪代谢。HUFAs抑制肝脂肪生成相关酶AMP,激活蛋白激酶(AMPK)后,通过抑制固醇调节元件结合蛋白-1c(SREBP-1c)基因表达而抑制脂肪合成[75]。在体及离体研究均证实,HUFAs可以促进脂肪细胞内线粒体和过氧化酶体脂肪酸的氧化速率,这一作用主要是通过促进氧化相关酶的活性来实现的,这些酶包括肉毒碱棕榈酰转移酶-1、酰基辅酶A氧化酶和烯酰辅酶A水合酶。Luo等[66]研究发现,投喂含n-3 HUFAs饲料后,罗非鱼(*Oreochromis niloticus*)肌肉中的HUFAs含量增加,总n-3脂肪酸和总PUFAs也随之升高,显著影响肝中琥珀酸脱氢酶、乳酸脱氢酶、苹果酸脱氢酶、脂蛋白脂酶和肝脂酶的活性并促进脂质代谢。

6 小结与展望

综上所述,HUFAs可通过多种途径影响水生动物代谢,其机理十分复杂,我们对此研究和理解有限。今后应多学科结合,综合运用现代分子生物学技术,认真研究HUFAs对水生动物代谢的影响及其机理,在深入理解的基础上,应用HUFAs调控水生动物代谢,促进水产业的高效生产,提高社会效益和经济效益。特别应注意下述研究:①探讨相关研究技术,为深入研究提供先进的技术手段。②进一步研究水生动物对n-3 HUFAs、n-6 HUFAs的需求量,以及n-3/n-6的比例。③研究其他物质和HUFAs共同对水生动物的影响。④深入研究HUFAs如何通过转录因子调节水生动物代谢。⑤研究HUFAs对不同物种海、淡水水生动物的代谢影响,从生态系统水平上研究HUFAs对代谢的影响。⑥深入研究作用机制。

参考文献

[1] 丁兆坤,麻艳群,许友卿.合成高度不饱和脂肪酸去饱和酶的分子生物学研究Ⅰ.结构与功能[J].中国生物工程杂志,2008(s1):196-200.

[2] 丁兆坤,刘亮,许友卿.二十碳四烯酸研究[J].水产科学,2007,26(12):684-688.

[3] 许友卿,张海柱,丁兆坤.二十二碳六烯酸和二十碳五烯酸的代谢研究[J].水产科学,2007,26(10):580-583.

[4] 许友卿,丁兆坤.水产动物饲料添加剂促进营养与免疫的研究[J].水产科学,2013,32(5):300-305.

[5] Xu Y Q,Li W F,Ding Z K.Polyunsaturated fatty acid supplements could considerably promote the breeding performance of carp.Eur.J.Lipid Sci.Technol.2016,118.doi:10.1002/ejlt.201600183

[6] 马晶晶,王际英,孙建珍,等.饲料中DHA/EPA值对星斑川鲽幼鱼生长、体组成及血清生理指标的影响[J].水产学报,2014(02):244-256.

[7] 许友卿,庄丽,丁兆坤.多不饱和脂肪酸对海水仔稚鱼生长发育的影响及机理[J].饲料工业,2010,31(14):13-18.

[8] 徐瀚林.饲料中n-3长链多不饱和脂肪酸水平对花鲈幼鱼血清生化指标的影响[J].河北渔业,2016,273(9):1-3.

[9] 吉红,曹艳姿,刘品,等.饲料中HUFA影响草鱼脂质代谢的研究[J].水生生物学报,2009,33(5):881-889.

[10] 李超,刘品,曹艳姿,等.草鱼LXRα基因的克隆及表达研究[J].西北农林科技大学学报:自然科学版,2014,42(6):1-9.

[11] Morais S,Pratoomyot J,Taggart J B,et al.Genotype-specific responses in Atlantic salmon(*Salmo salar*) subject to dietary fish oil replacement by vegetable oil:a liver transcriptomic analysis[J].BMC Genomics,2011,12(1):1-17.

[12] Ji H,Li J,Liu P.Regulation of growth performance and lipid metabolism by dietary n-3 highly unsaturated fatty acids in juvenile grass carp,*Ctenopharyngodon idellus*[J].Comparative Biochemistry and Physiology:Part B.Biochemistry and Molecular Biology,2011,159(1):49-56.

[13] Li C,Liu P,Ji H,et al.Dietary n-3 highly unsaturated fatty acids affect the biological and serum biochemical parameters,tissue fatty acid profile,antioxidation status and expression of lipid-metabolism-related

[14] 艾立川.n-3HUFA 对西伯利亚鲟亲鱼繁殖力及子代发育和脂肪代谢的影响[D].北京:中国农业科学院,2015.

[15] Olsen R E,Henderson R J,McAndrew B J.The conversion of linoleic-acid and linolenic acid to longer chain polyunsaturated fatty-acids by tilapia (*Oreochromis nilotica*) in vivo[J].Fish Physiology and Biochemistry,1990,8(3):261-70.

[16] 许友卿,钟鸣,丁兆坤.多不饱和脂肪酸对鱼饲料转化率的影响及其机理[J].饲料工业,2010,31(8):46-50.

[17] Varga T,Czimmerer Z,Nagy L.PPARs are a unique set of fatty acid regulated transcription factors controlling both lipid metabolism and inflammation[J].Biochimica Et Biophysica Acta,2011,1812(8):1007-1022.

[18] 李超.n-3 高不饱和脂肪酸对草鱼生长、脂代谢及健康状况的影响[D].杨凌:西北农林科技大学,2013.

[19] Yildiz M.Effects of Dietary Lipids on Growth and Fatty Acid Composition in Russian Sturgeon (*Acipenser gueldenstaedtii*) Juveniles[J].Turkish Journal of Veterinary & Animal Sciences,2005,29(5):1101-1107.

[20] Cao J M,Liu Y J,Lao C L,et al.Effect of different dietary fatty acids on tissue lipid content and fatty acid composition of grass carp[J].Acta Zoonutrimenta Sinica,1997,9(3):36-44.

[21] Liu P,Li C,Huang J,et al.Regulation of adipocytes lipolysis by n-3 HUFA in grass carp (*Ctenopharyngodon idellus*) in vitro and in vivo[J].Fish physiology and biochemistry,2014,40(5):1447-1460.

[22] Tian J,Ji H,Oku H,et al.Effects of dietary arachidonic acid (ARA) on lipid metabolism and health status of juvenile grass carp,*Ctenopharyngodon idellus*[J].Aquaculture,2014,430(15):57-65.

[23] Wang L N,Liu W B,Lu K L,et al.Effects of dietary carbohydrate/lipid ratios on non-specific immune responses,oxidative status and liver histology of juvenile yellow catfish *Pelteobagrus fulvidraco*[J].Aquaculture,2014,s 426-427(1):41-48.

[24] 唐传核,徐建祥,彭志英.脂肪酸营养与功能的最新研究[J].中国油脂,2000,25(6):20~25.

[25] 何志谦.人类营养学(第二版)[M].北京:人民卫生出版社.2000:9-123.

[26] 马晶晶,邵庆均,许梓荣,等.n-3 高不饱和脂肪酸对黑鲷幼鱼生长及脂肪代谢的影响[J].水产学报,2009,33(4):639-649.

[27] Boglino A,Gisbert E,Darias M J,et al.Isolipidic diets differing in their essential fatty acid profiles affect the deposition of unsaturated neutral lipids in the intestine,liver and vascular system of Senegalese sole larvae and early juveniles[J].Comparative Biochemistry and Physiology Part A:Molecular & Integrative Physiology,2012,162(1):59-70.

[28] Zuo R,Ai Q,Mai K,et al.Effects of dietary n-3 highly unsaturated fatty acids on growth,nonspecific immunity,expression of some immune related genes and disease resistance of large yellow croaker (*Larmichthys crocea*) following natural infestation of parasites (*Cryptocaryon irri*)[J].Fish & Shellfish Immunology,2012,32(2):249-258.

[29] 胡水鑫,王骥腾,韩涛等.饲料 n-3HUFA 对三疣梭子蟹幼蟹生长、饲料利用和组织脂肪酸组成影响的研究[J].饲料工业,2015(8):18-25.

[30] 黄吉芹.DHA对草鱼前体脂肪细胞及线粒体发育影响的初步研究[D].杨凌:西北农林科技大学,2013.

[31] 黄裕,王际英,李宝山,等.小麦胚芽油替代鱼油对半滑舌鳎幼鱼生长、体成分、血清生化指标及脂肪代谢酶的影响[J].中国水产科学,2015,22(6):1195-1208.

[32] Li X Y,Wang J T,Han T,et al.Effects of phospholipid addition to diets with different inclusion levels of fish oil on growth and fatty acid body composition of juvenile swimming crab *Portunus trituberculatus*[J].Aquaculture Research,2016,47(4):125-126.

[33] 张稳.三疣梭子蟹对n-3系列高度不饱和脂肪酸、维生素C和维生素E需求量的研究[D].宁波:宁波大学,2014.

[34] 蒋左玉,善海波,姚俊杰,等.脂肪营养对鱼类脂肪沉积及代谢关键酶的影响[J].科学养鱼,2014(7):78-80.

[35] 吉红,田晶晶.高不饱和脂肪酸(HUFAs)在淡水鱼类中的营养作用研究进展[J].水产学报,2014,38(9):1650-1665.

[36] 吉红,黄吉芹,刘品,等.草鱼ATGL基因的表达及饲喂n-3HUFAs对其影响[J].水产学报,2012,36(5):732-739.

[37] 吉红,田晶晶,等.高不饱和脂肪酸(HUFAs)在淡水鱼类中的营养作用研究进展[J].水产学报,2014,38(9):1650-1665.

[38] Falk-Petersen S,Falk-Petersen I B,Sargent J R,et al.Lipid class and fatty acid composition of eggs from the Atlantic halibut(*Hippoglossus hippoglossus*)[J].Aquaculture,1986,52(3):207-211.

[39] Liao M,Ren T,Chen W,et al.Optimum Level of Dietary n-3 Highly Unsaturated Fatty Acids for Juvenile Sea Cucumber,*Apostichopus japonicus*[J].Journal of the World Aquaculture Society,2015,46(6):642-649.

[40] Gao W,Liu Y J,Tian L X,et al.Protein-sparing capability of dietary lipid in herbivorous and omnivorous freshwater finfish:a comparative case study on grass carp(*Ctenopharyngodon idella*) and tilapia (*Oreochromis niloticus×O.aureus*)[J].Aquaculture Nutrition,2011,17(1):2-12.

[41] 彭士明,陈立侨,叶金云,等.饵料蛋白能量比对黑鲷幼鱼生长和体成分的影响[J].中国水产科学,2005,12(4):465-470.

[42] Bell J G,Mcevoy J,Tocher D R,et al.Replacement of fish oil with rapeseed oil in diets of Atlantic salmon (*Salmo salar*) affects tissue lipid compositions and hepatocyte fatty acid metabolism[J].The Journal of Nutrition,2001,131:1535-1543.

[43] Mirheydari S M,Matinfar A,Emadi H.Relation between reproductive and biologic performance of *Litopenaeus vannamei* females broodstock fed different dietary highly unsaturated fatty acid(HUFA) levels [J].World Applied Sciences Journal,2014,32(1):123-132.

[44] Tian J J,Lu R H,Ji H,et al.Comparative analysis of the hepatopancreas transcriptome of grass carp(*Ctenopharyngodon idellus*) fed with lard oil and fish oil diets[J].Gene,2015,565(2):192-200.

[45] 魏广莲,徐钢春,顾若波,等.饲料中添加不饱和脂肪酸对刀鲚幼鱼脂肪代谢酶活性和肌肉成分的影响[J].动物营养学报,2014,26(1):270-278.

[46] 潘瑜.亚麻油对鲤生长性能、脂质代谢及抗氧化能力的影响[D].重庆:西南大学,2013.

[47] Helland A,Wick P,Koehler A,et al.Reviewing the environmental and human health knowledge base of car-

bon nanotubes[J].Ciênc Saúde Coletiva,2008,13(2):441-52.

[48] 何流健.两种规格斜带石斑鱼 n-3 高度不饱和脂肪酸和卵磷脂需要量的研究[D].湛江:广东海洋大学,2013.

[49] 彭安芳,毛丽梅,陈艳,等.不同脂肪酸构成比膳食对大鼠脂联素及其受体表达的影响[J].营养学报,2009,31(2):129-131.

[50] 吕玉珊,罗玮,宋佳,等.n-6/n-3 多不饱和脂肪酸对 3T3-L1 脂肪细胞脂联素及 PPARγ 表达的调节作用[J].营养学报,2016,38(2):152-156.

[51] 袁继红,龙欢,雷霆,等.成熟脂肪细胞中脂联素基因表达的脂肪酸应答调控[J].华中农业大学学报,2009,28(3):320-325.

[52] Bueno A A,Oyama L M,Oliveira C D,et al.Effects of different fatty acids and dietary lipids on adiponectin gene expression in 3T3-L1 cells and C57BL/6J mice adipose tissue[J].Pflügers Archiv-European Journal of Physiology,2008,455(4):701-709.

[53] 朱昱哲.高含量 DHA/EPA 甘油三酯调节脂质代谢和改善胰岛素抵抗作用的研究[D].青岛:中国海洋大学,2013.

[54] 王建平,王加启,卜登攀,等.脂肪的生理功能及作用机制[J].中国畜牧兽医,2009,36(2):42-45.

[55] Greta C A,Tocher D R,Martinez-Rubio L,et al.Conservation of lipid metabolic gene transcriptional regulatory networks in fish and mammals[J].Gene,2014,534:1-9.

[56] Egea M,Metón I,Córdoba M,et al.Role of Sp1 and SREBP-1a in the insulin-mediated regulation of glucokinase transcription in the liver of gilthead sea bream(Sparus aurata)[J].Journal of Molecular Endocrinology,2007,38(4):481-492.

[57] Passeri M,Cinaroglu A C,Sadler K.Hepatic steatosis in response to acute alcohol exposure in zebrafish requires sterol regulatory element binding protein activation[J].Hepatology,2009,49(2):443-452.

[58] Howarth D L,Passeri M,Sadler K C.Drinks like a fish:Using zebrafish to understand alcoholic liver disease[J].Alcoholism:Clinical and Experimental Research,2011,35(5):826-829.

[59] Coccia E,Varricchio E,Vito P,et al.Fatty acid-specific alterations in leptin,PPARα,and CPT-1 gene expression in the rainbow trout[J].Lipids,2014,49(10):1033-1046.

[60] Xu Y,Ding Z,Zhang H,et al.Different ratios of docosahexaenoic and eicosapentaenoic acids do not alter growth,nucleic acid and fatty acids of juvenile cobia(Rachycentron canadum)[J].Lipids,2009,44(12):1091-1104.

[61] Ding Z,Y.X U,Zhang H,et al.No significant effect of additive ratios of docosahexaenoic acid to eicosapentaenoic acid on the survival and growth of cobia(Rachycentron canadum) juvenile[J].Aquaculture Nutrition,2009,15(3):254-261.

[62] 许友卿,逄劭楠,丁兆坤.多不饱和脂肪酸对基因表达的影响及其机理[J].饲料工业,2011,32(2):56-60.

[63] Kuah M K,Jaya-Ram A,Shu-Chien A C.The capacity for long-chain polyunsaturated fatty acid synthesis in a carnivorous vertebrate:Functional characterisation and nutritional regulation of a Fads2 fatty acyl desaturase with Δ4 activity and an Elovl5 elongase in striped snakehead(Channa striata)[J].Biochimica et Biophysica Acta(BBA)-Molecular and Cell Biology of Lipids,2015,1851(3):248-260.

[64] 许友卿,郑一民,丁兆坤.营养素对水生动物生长发育相关基因表达的影响及机理研究[J].饲料工

业,2015(12):1-7.

[65] 许友卿,郑一民,丁兆坤.合成高度不饱和脂肪酸△6去饱和酶研究的回顾与前瞻[J].饲料工业,2008,29(14):41-44.

[66] Luo Z,Tan X Y,Liu C X,et al.Effect of dietary conjugated linoleic acid levels on growth performance,muscle fatty acid profile,hepatic intermediary metabolism and antioxidant responses in genetically improved farmed Tilapia strain of Nile tilapia *Oreochromis niloticus*[J].Aquaculture Research,2012,43(9):1392-1403.

[67] Leaver M J,Boukouvala E,Antonopoulou E,et al.Three peroxisome proliferator-activated receptor isotypes from each of two species of marine fish[J].Endocrinology,2005,146(7):3150-3162.

[68] Petrescu A D,Huang H,Martin G G,et al.Impact of L-FABP and glucose on polyunsaturated fatty acid induction of PPARα-regulated β-oxidative enzymes[J].American Journal of Physiology Gastrointestinal & Liver Physiology,2013,304(3):241-256.

[69] George Howell I,Deng X,Yellaturu C,et al.N-3 polyunsaturated fatty acids suppress insulin-induced SREBP-1c transcription via reduced trans-activating capacity of LXRα[J].Biochimica et Biophysica Acta (BBA)-Molecular and Cell Biology of Lipids,2009,1791(12):1190-1196.

[70] Aranda A,Pascual A.Nuclear hormone receptors and geneexpression[J].Physiological Reviews,2001,81(3):1269-1304.

[71] Steffensen K R,Gustafsson J A.Putative metabolic effects of the liver X receptor(LXR)[J].Diabetes,2004,53(1):36-42.

[72] Cruz-Garcia L,Sánchez-Gurmaches J,Bouraoui L,et al.Changes in adipocyte cell size,gene expression of lipid metabolism markers,and lipolytic responses induced by dietary fish oil replacement in gilthead sea bream(*Sparus aurata*,L.)[J].2010,158(4):391-399.

[73] Cruzgarcia L,Minghetti M,Navarro I,et al.Molecular cloning,tissue expression and regulation of liver X receptor(LXR) transcription factors of Atlantic salmon(*Salmo salar*) and rainbow trout(*Oncorhynchus mykiss*)[J].Comparative Biochemistry & Physiology Part B Biochemistry & Molecular Biology,2009,153(1):81-88.

[74] Cruz-Garcia L,Sánchez-Gurmaches J,Gutiérrez J,et al.Regulation of LXR by fatty acids,insulin,growth hormone and tumor necrosis factor-α in rainbow trout myocytes[J].Comparative Biochemistry & Physiology Part A Molecular & Integrative Physiology,2011,160(2):125-136.

[75] Li Y,Xu S,Mihaylova M,et al.AMPK Phosphorylates and Inhibits SREBP Activity to Attenuate Hepatic Steatosis and Atherosclerosis in Diet-Induced Insulin-Resistant Mice[J].Cell Metabolism,2011,13(4):376-388.

高度不饱和脂肪酸对水生动物生长、发育和繁殖的影响及其机理

许友卿,韩进华,陈亨德,钟艺文,丁兆坤

(广西大学 水产科学研究所,广西 南宁 535004)

高度不饱和脂肪酸(Highly unsaturated fatty acids,HUFAs),是多不饱和脂肪酸(Poly unsaturated fatty acids,PUFAs)中具有20个碳原子以上,含3个或3个以上双键的脂肪酸[1-4]。其中主要是花生四烯酸(arachidonic acid,AA,C20:4n-6)、二十二碳六烯酸(docosahexaenoic acid,DHA,C22:6n-3)、二十碳五烯酸(eicosapentaenoic acid,EPA,C20:5n-3),三者均是水生动物的必需脂肪酸(essential fatty acids,EFAs)[5-12]。

HUPAs可通过影响机体脂类代谢[13]、基因表达[14-15]、细胞膜功能[16]、机体免疫[17-18]及血液生理生化特性[19-20]等,对水生动物的生长、发育和繁殖发挥重要的作用。

然而,相对于热门领域来说,研究HUFAs对水生动物繁殖特别是胚胎发育和生长影响的较少,研究其机理的更少,一些有关问题亟待探讨[21]。

本文综述了HUFAs对水生动物生长、发育和繁殖的影响及其作用机理,旨在深入研究之,掌握HUFAs影响水生动物生长、发育和繁殖的规律和调控机理,有效地利用HUFAs调控、促进水生动物的生长、发育和繁殖,提高生产效率,发展水产养殖业,增加经济效益和社会效益。

1 HUFAs对水生动物繁殖的影响

HUFAs能显著促进水生动物的生殖性能。HUFAs如DHA、EPA、AA是水生动物卵黄合成和胚胎发育所必需的,在水生动物性腺成熟过程中不仅作为一种能量来源,更能为性腺的连续发育和胚胎的形态发展提供必需营养素,包括必需脂肪酸、磷脂和某些激素的前体物质等。HUFAs可维持水生动物亲体正常性成熟,进而促进其卵黄正常发生和胚胎发育,并且提高卵的孵化率,对水生动物繁殖发挥十分重要的作用[22-23]。2016年,Xu等[24]实验表明,日粮中添加n-6和n-3 PUFAs对促进鲤鱼(*Cyprinus carpio*)性腺发育成熟、繁殖性能、雌鲤鱼产卵复原是必不可少的;适当的n-6/n-3 PUFAs也是必要的。鱼日粮中脂肪酸的组成对成

基金项目:国家自然科学基金项目(31360639);广西生物学博士点建设项目(P11900116,P11900117);广西自然科学基金项目(2014GXNSFAA118286,2014GXNSFAA118292)。
作者简介:许友卿(1958—),女,教授,博士生导师,研究方向:环境生物学,水生动物营养、生理生化与分子生物学。E-mail:youqing.xu@hotmail.com 电话:0771-3235635
通信作者:丁兆坤(1956—),男,教授,博士生导师,研究方向:环境生物学,水生动物营养、生理生化与分子生物学。E-mail:zhaokun.ding@hotmail.com 电话:0771-3235635

功繁殖和后代存活至关重要[25-29]。PUFAs 已被确定为影响亲鱼繁殖性能的关键营养素[30-31]。淡水/洄游鱼类通常需要 C_{18} PUFAs,而海洋鱼类则需要 AA、EPA 和 DHA 等 HUFAs[29,32]。最重要的 HUFAs——AA、EPA 和 DHA,被极性脂质优先结合,在配子和胚胎发育中发挥其特殊作用[33]。日粮中添加 PUFAs 在鱼成熟过程中作用显著。真鲷(Pagrus maior)的饲料中缺乏 PUFAs 会显著降低孵化率,增加卵和幼虫的畸形率[34-39]。事实证明,繁殖成功依赖于日粮中 n-3 和 n-6 PUFAs 的水平[37-41],日粮中的 n-3 和 n-6 PUFAs 可以提高亲鱼的繁殖性能[37-38,42-44]。通常,受精卵中含有大量的 n-3 和 n-6 PUFAs,这些脂肪酸的重要性体现在它们是细胞膜磷脂尤其是卵磷脂的要素[45]。在鱼受精卵中,DHA 主要存在于磷脂酰胆碱中;在幼鱼发育过程中,DHA 优先被用于神经组织和视网膜的发育[46-47]。为亲鱼提供充足的 n-3 和 n-6 PUFAs 是至关重要的,有利于胚胎和幼鱼的发育,细胞的增殖和分化[48,49]。由于鱼类等后生动物自身体内无法合成 n-3 和 n-6 PUFAs,必须在它们的饲料中添加 n-3 和 n-6 PUFAs,要么添加 AA、EPA 和 DHA,要么添加它们的前体物质,例如,LA(AA 的前体物质)、LNA(EPA 和 DHA 的前体物质)[50-51]。相对于投喂饵料鱼的欧亚鲈鱼(Perca fluviatilis×Sander lucioperca)亲鱼,欧亚鲈鱼育种者给亲鱼投喂基于适宜磷脂和适当 AA、EPA 和 DHA 比例的实验饲料,使之生产高质量的受精卵和幼鱼[52]。但是,不同鱼种对 PUFAs 的需求不同。鲤需要 n-6 和 n-3 PUFAs 作为其 EFAs[53]。罗非鱼(Oreochromis mossambicus)需要 n-6 PUFAs,而虹鳟鱼(Oncorhynchus mykiss)需要 n-3 PUFAs 如 C18:3n-3[25]。在欧洲鲈(Dicentrarchus labrax)繁殖、生长和发育过程中,n-6 HUFAs 发挥重要作用[54]。相对于投喂低水平 AA 的亲鱼,饲喂高水平 AA 的亲鱼可显著提高其卵的受精率和孵化率[37]。AA 在迈耶剑尾鱼(Xiphophorus meyeri)卵母细胞和鱼苗中沉积,表明 AA 在其生殖活动中的重要性[55]。

HUFAs 的含量及其比例(如 DHA/EPA 和 AA/DHA 等)显著影响水生动物的生殖性能及幼体质量。饲料中适量 EPA 和 DHA 有利于水生动物吸收和运输胆固醇,为合成孕酮(PG)和雌二醇(E2)提供原料,从而促进 PG 和 E2 的生成[56-57]。Araújo 等[45]研究表明,EPA 对卵巢中 E2 的生成有调节作用。但是过量的 EPA 和 DHA 能够抑制金鱼(Carassius auratus)类固醇类激素的合成,从而抑制卵黄合成[46]。适宜的 HUFAs 含量及其比例(如 DHA/EPA 和 AA/DHA 等),都会显著提高水生动物的生殖性能及幼体质量[60]。用富含 n-3 系列脂肪酸的饲料饲喂的螯虾(Astacus leptodactylus)亲虾,可以显著提高其产卵和第一阶段幼虾的质量。Buen-Ursua 等发现,DHA/EPA 比率对提高海马(Hippocampus comes)的繁殖能力,比它们各自的水平高低更重要。Luo 等发现,饲喂 HD(DHA/EPA 为 1.9)的西伯利亚鲟(Acipenser baeri)雌亲鱼的产卵质量、繁殖力、受精率分别比饲喂 HE(DHA/EPA 为 0.53)雌亲鱼提高 40.98%、22.3%、35.6%。Lane 等发现,白鲈(Morone chrysops)卵含较高水平的 n-3 HUFAs,包括 EPA、DHA 和鲱油酸,可以提高其的孵化率。Yanes-Roca 等[66]报道,巴西黄金鲈(Centropomus undecimalis)卵含较高浓度 DHA 的受精卵的孵化率较高。

HUFAs 不但可提高水生动物的卵子质量,而且能增加精子质量和受精率。人们通常主要关心卵子质量,却未足够关注精子质量。实际上,精子质量同样影响亲本的繁育性能。草鱼精子中的 n-6 PUFAs 主要是 AA 含量(13.95%),显著高于卵之 AA 含量(5.86%)。AA 影响精子的活力。HUFAs 对雄性硬骨鱼的性成熟和精子产生均发挥重要作用。Asturiano 等用湿杂鱼(WD)和 2 种富含 PUFAs 的北半球鱼油(ST)、金枪鱼轨道油(RO)制备的颗粒商业饲料,比较投喂欧洲海鲈鱼(*Dicentrarchus labrax*)亲鱼,发现饲喂 ST 和 RO 雄性亲鱼的排精历时比饲喂 WD 雄性亲鱼更长,而且排出的精液体积和精子密度都显著高于后者,但各组精子的质量和运动能力没有差异。尽管于受精后 3 h 和 24 h,它们的受精率相似,均在 88%~90%,但是卵受精后 48 h、72 h,投喂 RO 的胚胎和幼体成活率显著高。于受精后 48 h 的胚胎和幼体成活率分别是:投喂 ST 者 13.9%,RO 者 20.9%,WD 者 1.0%。于受精后 72 h 的胚胎和幼体成活率分别是:投喂 ST 者 15.5%,RO 者 20.6%,WD 者 1.2%。

然而,Berenjestanaki 等报道,给三斑毛腹鱼(*Trichopodus trichopterus*)亲鱼投喂 EPA、DHA 等含量高的鱼油,对产卵的质量参数产生负面影响。

2 HUFAs 对水生动物发育的影响

HUFAs 对早期胚胎发育的影响很大。Araújo 等[58]用添加玉米油饲料饲喂斑马鱼(*Brachydanio rerio*)雌亲鱼,发现卵巢中 AA 的比例($P=0.015$),高于饲喂其他饲料的雌鱼($P=0.0069$),并且产卵受精后 8~9 h 的受精卵发育较快。说明 AA 可能充当胚胎早期发育的调节剂,但是 AA 的效应机制尚需研究。

HUFAs 对水生动物幼体的生长发育,尤其对骨骼发育及相关基因影响显著。研究发现,在任何特定生长发育阶段,投喂缺乏 DHA 日粮的金头鲷(*Sparus aurata*)幼鱼体形较小,膀胱结石、脊椎前弯和后弯症发病率高,而脊椎矿化的数量最少。增加日粮中 DHA 的含量,能增强幼鱼的生长,并显著提高类胰岛素生长因子-Ⅰ(insulin-like growth factor Ⅰ,IGF-Ⅰ)基因的表达。然而,DHA 水平增至 5% 时,增加幼鱼组织脂质氧化程度,增加颅软骨内成骨、中轴骨骼的血液和椎弓畸形,提高饲料中 DHA 的水平,显著增加了氧化的风险,随之自由基和有毒的氧化混合物(脂肪酸过氧化物、脂肪酸羟基和醛)增加,自由基和氧化反应产物可以引起哺乳动物骨细胞凋亡。更奇的是,提高日粮中 DHA 水平的同时,也增加了幼鱼的氧化状态与幼鱼的骨骼畸形。

然而,Hernández-Cruz 等报道,提高金头鲷日粮中 DHA 的水平,既不影响骨骼畸形,也不影响骨标志(如与运行相关的转录因子 2 或碱性磷酸酶)基因的表达。

3 HUFAs 对水生动物生长的影响

n-3 HUFAs 尤其是 DHA 和 EPA,对于水生动物的生长和生理功能是非常重要的。然而,有些水生动物不能合成或合成 n-3 HUFAs 的能力有限,摄食是其获取 n-3 HUFAs 最有效和最主要的途径。Hu 等研究发现,日粮中 n-3 HUFAs 水平显著影响三疣梭子蟹(*Portunus trituberculatus*)的增重量。但是,不同种类和比例的 n-3 HUFAs 影响相异,例如 DHA 对于促进鱼类幼体生长和发育效果比 EPA 更好。用 HD(DHA/EPA 为 1.9∶1.0)的饲料投喂西伯利亚鲟雌鱼所孵化出 35 日龄稚鱼的体长较长、体重较重、增重率及成活率较高,这些指标均比投喂 HE(DHA/EPA 为 1.0∶1.9)的雌鱼所孵化的稚鱼更好。

不同动物对 n-3 HUFAs 比例的响应相异。Wu 等用 6 种不同 DHA/EPA(0.55、1.04、1.53、2.08、2.44)的日粮投喂日本尖吻鲈(*Lateolabrax japonicus*),发现饲料中 DHA/EPA 比率在 0.55~2.0 时,鱼的终体重和特定生长率随着 DHA/EPA 比率的增加而显著增加,但比率高于 2.0 后则开始下降。Hu 等用 4 种含不同 DHA/EPA(0.70、0.84、1.06 和 1.25)的日粮投喂三疣梭子蟹,发现投喂 DHA/EPA 为 0.84 的三疣梭子蟹的终体重和增重量最高,比投喂 DHA/EPA 为 1.06、1.25 的蟹显著提高,但与投喂 DHA/EPA 为 0.7 的蟹比较,无显著差异。Xu 等发现投喂不同 DHA/EPA 的日粮对军曹鱼(*Rachycentron canadum*)的生长无显著影响。

4 HUFAs 对水生动物生长、发育和繁殖的影响的机理

4.1 HUFAs 通过基因和受体影响水生动物生长、发育和繁殖

HUFAs 通过受体和基因表达而发挥作用。过氧化物酶体增殖物激活受体(peroxisome proliferators-activated receptors,PPARs)在介导 HUFAs 影响代谢、生长、发育和繁殖中发挥重要作用。n-3 HUFAs 是 PPARs 的配体,PPARs 可以调控大量与脂质代谢相关基因的表达。Kjær 等发现,DHA 可以增强大西洋鲑(*Salmo salar*)PPARα 基因的表达。肝 X 受体(Liver X receptor,LXR)是一种转录调控因子。HUFAs 可调控 LXR 的表达。

4.2 HUFAs 通过影响酶的表达及活性影响水生动物代谢、生长、发育和繁殖

HUFAs 可通过影响酶的表达及活性调节水生动物代谢、生长、发育和繁殖。例如 HUFAs 可以影响脂蛋白脂肪酶(LPL)的表达及酶活性,进而影响机体脂肪代谢,从而影响水生动物代谢、生长、发育和繁殖。饲料中含适量 EPA 和 DHA 有利于水生动物吸收和运输胆固醇,为合成孕酮(PG)和雌二醇(E2)提供原料,从而促进 PG 和 E2 的生成。但是过量的 EPA 和 DHA 能够抑制金鱼类固醇类激素的合成,从而抑制卵黄合成。

5 结语及展望

综上所述,HUFAs 尤其是 EPA、DHA 和 AA 对水生动物繁殖、胚胎和个体发育、生长发挥重要作用。适量 EPA、DNA、AA 及其比例对水生动物的正常生长、发育、繁殖非常重要。但是它们的作用机理亟待研究。未来应该综合利用多学科,从基因、分子、细胞、器官和整体水平,多层次、全面深入地研究 HUFAs 对水生动物生长、发育、繁殖的影响,要注重用现代分子生物学技术从分子和基因水平研究其机理,特别应注意研究下述问题:①深入研究 n-3 HUFAs、n-6 HUFAs 各别对水生动物生长、发育、繁殖的影响;②深入研究其他物质和 n-3 HUFAs、n-6 HUFAs 共同对水生动物生长、发育、繁殖的影响;③一步研究水生动物繁殖、发育、生长对 n-3 HUFAs、n-6 HUFAs 的最佳需求量和 n-3/n-6 比例;④深入研究 HUFAs 对水生动物生长、发育、繁殖影响的具体途径和机理。

参考文献

[1] Sayanova O V, Napier J A. Eicosapentaenoic acid: biosynthetic routes and the potential for synthesis in transgenic plants[J]. Phytochemistry, 2004, 65(2):147-158.

[2] 许友卿,钟鸣,丁兆坤.多不饱和脂肪酸对鱼饲料转化率的影响及其机理[J].饲料工业,2010,31(8):46-50.

[3] 丁兆坤,麻艳群,许友卿.合成高度不饱和脂肪酸去饱和酶的分子生物学研究Ⅰ[J].结构与功能[J].中国生物工程杂志,2008(s1):196-200.

[4] 丁兆坤,麻艳群,许友卿.合成高度不饱和脂肪酸去饱和酶的分子生物学研究Ⅱ[J].克隆、表达与功能分析[J].中国生物工程杂志,2008(s1):201-214.

[5] 许友卿,郑一民,丁兆坤.合成高度不饱和脂肪酸△6去饱和酶研究的回顾与前瞻[J].饲料工业,2008,29(14):41-44.

[6] 丁兆坤,刘亮,许友卿.二十碳四烯酸研究[J].水产科学,2007,26(12):684-688.

[7] 丁兆坤,刘亮,许友卿.花生四烯酸研究[J].中国科技论文,2007,2(6):410-416.

[8] 许友卿,丁兆坤.用基因工程方法研制廿二碳六烯酸[J].中国生物工程杂志,2005,25(5):22-25.

[9] 许友卿,张海拄,丁兆坤.二十二碳六烯酸和二十碳五烯酸研究进展(1)[J].生物学通报,2007,42(11):13-15.

[10] 许友卿,张海拄,丁兆坤.二十二碳六烯酸和二十碳五烯酸研究进展(2)[J].生物学通报,2007,42(12):3-5.

[11] 许友卿,张海拄,丁兆坤.二十二碳六烯酸和二十碳五烯酸的代谢研究.水产科学,2007,26(10):580-583.

[12] 许友卿,郑一民,丁兆坤.军曹鱼△6脂肪酸去饱和酶的cDNA序列克隆与基因表达[J].中国水产科学,2010,17(6):1183-1191.

[13] Lei C X, Ji H, Zhang J L, et al. Effects of dietary DHA/EPA ratios on fatty acid composition, lipid metabolism-related enzyme activity, and gene expression of juvenile grass carp, *Ctenopharyngodon idellus*[J]. Journal of the World Aquaculture Society, 2016, 47(2):287-296.

[14] 许友卿,逢劭楠,丁兆坤.多不饱和脂肪酸对基因表达的影响及其机理[J].饲料工业,2011,32(2):56-60.

[15] 许友卿,郑一民,丁兆坤.营养素对水生动物生长发育相关基因表达的影响及机理研究[J].饲料工业,2015(12):1-7.

[16] Ding Z K, Xu Y Q, Zhang H, et al. No significant effect of additive ratios of docosahexaenoic acid to eicosapentaenoic acid on the survival and growth of cobia(*Rachycentron canadum*) juvenile[J]. Aquaculture Nutrition, 2009, 15(3):254-261.

[17] Yu H, Gao Q, Dong S, et al. Effects of dietary n-3 highly unsaturated fatty acids(HUFAs) on growth, fatty acid profiles, antioxidant capacity and immunity of sea cucumber *Apostichopus japonicus*(Selenka)[J]. Fish & Shellfish Immunology, 2016, 54:211-219.

[18] 许友卿,李伟峰,丁兆坤.多不饱和脂肪酸对鱼类免疫与成活的影响及机理[J].动物营养学报,2010,22(3):551-556.

[19] MA J J, Wang J, Sun J, et al. Effect of dietary DHA to EPA ratios on growth performance, body composition

and serum physiological parameters in juvenile *Platichthys stellatus*[J].Journal of Fisheries of China,2014,38(2):244-256.

[20] Li C,Liu P,Ji H,et al.Dietary *n*-3 highly unsaturated fatty acids affect the biological and serum biochemical parameters, tissue fatty acid profile, antioxidation status and expression of lipid-metabolism-related genes in grass carp, *Ctenopharyngodon idellus*[J].Aquaculture Nutrition,2015,21(3):373-383.

[21] Abdul H,Yusli W,Batu D T F L,et al.Changes in proximate and fatty acids of the eggs during embryo development in the blue swimming crab, *Portunus pelagicus*(Linnaeus 1758) at Lasongko Bay, Southeast Sulawesi, Indonesia[J].Indian Journal of Science & Technology,2015,8(6):501-509.

[22] Callan C K,Laidley C W,Kling L J,et al.The effects of dietary HUFA level on flame angelfish(*Centropyge loriculus*) spawning, egg quality and early larval characteristics[J].Aquaculture Research,2014,45(7):1176-1186.

[23] Parma L,Bonaldo A,Pirini M,et al.Fatty acid composition of eggs and its relationships to egg and larval viability from domesticated common sole(*Solea solea*) breeders[J].Reproduction in Domestic Animals,2014,50(2):186-194.

[24] Xu Y Q,Li W F,Ding Z K.Polyunsaturated fatty acid supplements could considerably promote the breeding performance of carp[J].Eur J Lipid Sci Technol,2016,118.doi:10.1002/ejlt.201600183.

[25] Furuita H,Yamamoto T,Shima T,et al.Effect of arachidonic acid levels in broodstock diet on larval and egg quality of Japanese flounder *Paralichthys olivaceus*[J].Aquaculture,2003,220(1-4):725-735.

[26] Mazorra C,Bruce M,Bell J G,et al.Dietary lipid enhancement of broodstock reproductive performance and egg and larval quality in Atlantic halibut(*Hippoglossus hippoglossus*)[J].Aquaculture,2003,227(1-4):21-33.

[27] Meunpol O,Meejing P,Piyatiratitivorakul S.Maturation diet based on fatty acid content for male *Penaeus monodon*(*Fabricius*) broodstock[J].Aquaculture Research,2005,36(12):1216-1225.

[28] Pérez M J,Rodríguez C,Cejas J R,et al.Lipid and fatty acid content in wild white seabream(*Diplodus sargus*) broodfish at different stages of the reproductive cycle[J].Comparative Biochemistry & Physiology Part B Biochemistry & Molecular Biology,2007,146(2):187-196.

[29] Tocher D R,Dabrowski K,Hardy R.Fatty acid requirements in ontogeny of marine and freshwater fish[J].Aquaculture Research,2010,41(5):717-732.

[30] Watanabe T,Vassalloagius R.Broodstock nutrition research on marine finfish in Japan[J].Aquaculture,2003,227(03):35-61.

[31] Bell J G,Sargent J R.Arachidonic acid in aquaculture feeds:current status and future opportunities[J].Aquaculture,2003,218(1-4):491-499.

[32] Ahlgren G,Vrede T,Goedkoop W.Fatty Acid Ratios in Freshwater Fish,Zooplankton and Zoobenthos-Are There Specific Optima? [M].Lipids in Aquatic Ecosystems.Springer New York,2009:147-178.

[33] Soudant P,Marty Y,Moal J,et al.Effect of food fatty acid and sterol quality on *Pecten kaximus* gonad composition and reproduction process[J].Aquaculture,1996,143(3-4):361-378.

[34] Watanabe T,Arakawa T,Kitajima C,et al.Effect of nutritional quality of broodstock diets on reproduction of red sea bream[J].Nippon Suisan Gakk,1984,50(3):495-501.

[35] Watanabe T,Ohhashi S,Itoh A,et al.Effect of nutritional composition of diets on chemical components of

[36] Rodríguez C, Cejas J R, Martín M V, et al. Influence of $n-3$ highly unsaturated fatty acid deficiency on the lipid composition of broodstock gilthead seabream (*Sparus aurata* L.) and on egg quality[J]. Fish Physiology and Biochemistry, 1998, 18(2):177-187.

[37] Røjbek M C, Støttrup J G, Jacobsen C, et al. Effects of dietary fatty acids on the production and quality of eggs and larvae of Atlantic cod(*Gadus morhua*)[J]. Aquaculture Nutrition, 2014, 20(6):654-666.

[38] Liang M Q, Lu Q K, Qian C, et al. Effects of dietary n-3 to n-6 fatty acid ratios on spawning performance and larval quality in tongue sole *Cynoglossus semilaevis*[J]. Aquaculture Nutrition, 2013, 20(1):79-89.

[39] Furuita H, Tanaka H, Yamamoto T, et al. Effects of high levels of $n-3$ HUFA in broodstock diet on egg quality and egg fatty acid composition of Japanese flounder. *Paralichthys olivaceus*[J]. Aquaculture, 2002, 210(1):323-333.

[40] Li Y Y, Chen W Z, Sun Z W, et al. Effects of $n-3$ HUFA content in broodstock diet on spawning performance and fatty acid composition of eggs and larvae in *Plectorhynchus cinctus*[J]. Aquaculture, 2005, 245(1-4):263-272.

[41] Wu X, Chang G, Cheng Y, et al. Effects of dietary phospholipid and highly unsaturated fatty acid on the gonadal development, tissue proximate composition, lipid class and fatty acid composition of precocious Chinese mitten crab, *Eriocheir sinensis*[J]. Aquaculture Nutrition, 2010, 16(1):25-36.

[42] Bell J G, Frandale B M, Bruce M P, et al. Effect of broodstock dietary lipid on fatty acid compositions of eggs from sea bass(*Dicentrarchus labrax*)[J]. Aquaculture, 1997, 149(1-2):107-119.

[43] Navas J M, Bruce M, Thrush M, et al. The impact of seasonal alternation in the lipid composition of broodstock diets on egg quality in the European sea bass[J]. Journal of Fish Biology, 1997, 51(4):760-773.

[44] Vassallo-Agius R, Watanabe T, Yoshizaki G, et al. Quality of eggs and spermatozoa of rainbow trout fed an n-3 essential fatty acid-deficient diet and its effects on the lipid and fatty acid components of eggs, semen and livers fish[J]. Science, 2001, 67(5):818-827.

[45] 许友卿,庄丽,丁兆坤. 多不饱和脂肪酸对海水仔稚鱼生长发育的影响及机理[J]. 饲料工业, 2010, 31(14):13-18.

[46] Tocher D R, Harvie, D.G., Fatty acids composition of the major phosphogleygerides from fish neural tissues: (n-3) and(n-6) polyunsaturated fatty acids in rainbow trout(*Salmo gairdneri*) and cod(*Gadus morhua*) brains and retinas[J]. Fish Physiology and Biochemistry, 1988, 5(4), 229-239.

[47] Bell M V, Dick J, Molecular species composition of the major diacyl glycerophospholipids from muscle, liver, retina and brain of cod(*Gadus morhua*)[J]. Lipids, 1991, 26(8):565-573.

[48] Aarab L, Pérez-Camacho A, Viera-Toledo M D P, et al. Embryonic development and influence of egg density on early veliger larvae and effects of dietary microalgae on growth of brown mussel *Perna perna*, (L. 1758) larvae under laboratory conditions[J]. Aquaculture International, 2013, 21(5):1065-1076.

[49] Finstad H S, Kolset S O, Holme J A, et al. Effect of $n-3$ and $n-6$ fatty acids on proliferation and differentiation of promyelocytic leukemic HL-60 cells[J]. Blood, 1994, 84(11):3799-3809.

[50] Bell M V, Henderson R J, Sargent J R. The role of polyunsaturated fatty acids in fish[J]. Comparative Biochemistry & Physiology B Comparative Biochemistry, 1986, 83(4):711-719.

[51] Sargent J. Origins and functions of egg lipids: nutritional implications[J]. Broodstock Management & Egg &

[52] Kestemont P, Henrotte E.Nutritional Requirements and Feeding of Broodstock and Early Life Stages of Eurasian Perch and Pikeperch[M].Biology and Culture of Percid Fishes.2015,539-564.

[53] T.Takeuchi.Essential fatty acid requirements in carp[J].Archives of Animal Nutrition,1996,49(1):23-32.

[54] Bruce M, Oyen F, Bell G, et al.Development of broodstock diets for the European sea bass(*Dicentrarchus labrax*) with special emphasis on the importance of *n*-3 and *n*-6 highly unsaturated fatty acid to reproductive performance[J].Aquaculture,1999,177(1-4):85-97.

[55] Ling S, Kuah M K, Muhammad T S T, Kolkovski S, et al.Effect of dietary HUFA on reproductive performance, tissue fatty acid profile and desaturase and elongase mRNAs in female swordtail *Xiphophorus helleri*[J].Aquaculture,2006,261(1):204-214.

[56] Ganga R, Bell J G, Montero D, et al.Effect of dietary lipids on plasma fatty acid profiles and prostaglandin and leptin production in gilthead seabream(*Sparus aurata*)[J].Comparative Biochemistry & Physiology Part B Biochemistry & Molecular Biology,2005,142(4):410-418.

[57] Wouters R, Piguave X, Bastidas L, et al.Ovarian maturation and haemolymphatic vitellogenin concentration of Pacific white shrimp *Litopenaeus vannamei*(Boone) fed increasing levels of total dietary lipids and HUFA[J].Aquaculture Research,2001,32(7):573-582.

[58] Araújo F G, Costa D V, Machado M R F, et al.Dietary oils influence ovary and carcass composition and embryonic development of zebrafish[J].Aquaculture Nutrition,2016,22(3).

[59] Wade M G, Van d K G, Gerrits M F, et al.Release and steroidogenic actions of polyunsaturated fatty acids in the goldfish testis[J].Biology of Reproduction,1994,51(1):131-139.

[60] Wu X, Cheng Y, Sui L, et al.Effect of dietary supplementation of phospholipids and highly

丙氨酰-谷氨酰胺和维生素 E 对军曹鱼幼鱼特定生长率和不同组织器官 RNA/DNA 比值的影响

许友卿,李伟峰,黄金华,丁兆坤

(广西大学 水产科学研究所,广西 南宁 535004)

核酸(DNA 和 RNA)分析法为研究幼鱼对环境变化的反应、近期生长和死亡率状况提供了有价值的参考。鱼组织 RNA 与 DNA 比值可指示仔、稚、幼鱼的近期生长和营养条件[1-4]。

基金项目: 国家自然科学基金项目(31360639);广西生物学博士点建设项目(P11900116,P11900117);广西自然科学基金项目(2014GXNSFAA118286,2014GXNSFAA118292)。

作者简介: 许友卿,教授,博士生导师,主要从事鱼类营养、生理生化与分子生物学研究。E-mail:youqing.xu@hotmail.com 电话:0771-3235635

通信作者: 丁兆坤(1955—),男,广东人,教授,博士生导师,主要从事鱼类营养、生理生化与分子生物学研究。E-mail:zhaokun.ding@hotmail.com 电话:0771-3235635

维生素 E 是一种必需微量营养素,可以促进鱼类生长等[5-7]。谷氨酰胺(Gln)是一种条件必需氨基酸,在鱼类和畜禽等动物的研究中已被证实具有促进肠道发育等功能[8-10]。有报道称,联合应用 Gln 和维生素 E 可协同提高细胞生存发育能力[11],促进肉鸡肠道发育等[12-13]。然而,目前尚未见在饲料中联合添加 Gln 和维生素 E 对鱼类生长协同影响的报道。

由于 Gln 的溶解度低和性质不稳定,故实验和临床均用丙氨酰-谷氨酰胺(AGD)代替 Gln。AGD 不但安全有效,与 Gln 的生理作用无异,而且 AGD 于体内经二肽酶水解还可以同时释放出 Gln 和丙氨酸供组织利用[14]。

军曹鱼(*Rachycentron canadum*)是我国南方重点养殖的鱼类[15-17]。由于军曹鱼是热带、亚热带广盐性海水鱼,生长速度快,营养高和味道鲜美,已迅速发展为优良的海水养殖品种,因此吸引了许多学者研究之[17-21]。本文报道添加不同剂量和比例的丙氨酰-谷氨酰胺二肽(AGD)和/或维生素 E 投喂军曹鱼幼鱼 12 周,对其特定生长率(SGR)、主要组织器官肝、肌肉、脑、心脏、肾和血清 RNA/DNA 比值的影响。以理解军曹鱼稚幼鱼的营养生理、AGD 和维生素 E 的协同作用,为调控动物特别是鱼类营养和配制高效合理的饲料提供科学依据,促进 AGD 和维生素 E 的联合应用,对促进军曹鱼及其他海洋性鱼类养殖业的健康发展具有理论和应用意义。

1 材料与方法

1.1 养鱼饲料的主要原料

鱼油和北太平洋白鱼粉(蛋白质大于 65%)是美国海鲜公司产品。维生素 E 是 α-生育酚,1 000 IU/g(Sigma T3634)购自美国 Sigma-aldrich 公司。L-丙氨酰-L-谷氨酰胺二肽(AGD)和 L-丙氨酸(纯度大于 99%),购自中国青岛福林生化有限公司。维生素混合物、矿物质混合物和大豆磷脂购自中国广州诚一生物技术有限公司。酪蛋白(食品级)购自中国甘肃华玲牛奶公司广州分公司。其他饲料原料均是食品级,购自中国不同的生物技术公司。

1.2 养鱼实验饲料的配制

养鱼实验以白鱼粉、酪蛋白、豆粕为蛋白源,鱼油、大豆磷脂为脂肪源,淀粉作为主要糖源配制基础饲料,其组分是基于本团队的研究结果[20,21]。AGD 和维生素 E 的添加量参考了其他学者的研究[17,22-24],每千克干饲料分别添加 AGD 0 g、10 g、0 g、10 g、5 g、2.5 g 和维生素 E(α-生育酚)0 IU、0 IU、100 IU、100 IU、50 IU、25 IU,共 6 个饲料组,依次简称为 D0、D1、D2、D3、D4、D5。其中 D0 组为对照组不添加 AGD 和维生素 E。经高效液相色谱(HPLC)分析,各饲料组 AGD 和维生素 E 实际含量分别为 0.00、9.70、0.00、9.80、4.70、2.40 g·kg^{-1}干饲料和 27.30、26.70、128.20、127.80、78.50、50.90 IU·kg^{-1}干饲料。养鱼实验饲料配方和干饲料营养成分见表 1。

表1 养鱼实验饲料配方(g·kg⁻¹干饲料)和营养组成(占干物质%)

原料	D0	D1	D2	D3	D4	D5
白鱼粉	560.00	560.00	560.00	560.00	560.00	560.00
豆粕	200.00	200.00	200.00	200.00	200.00	200.00
酪蛋白	50.00	50.00	50.00	50.00	50.00	50.00
大豆磷脂粉	10.00	10.00	10.00	10.00	10.00	10.00
鱼油	50.00	50.00	50.00	50.00	50.00	50.00
维生素混合物[a](不含维生素E)	15.00	15.00	15.00	15.00	15.00	15.00
矿物质混合物[b]	15.00	15.00	15.00	15.00	15.00	15.00
α-淀粉	75.62	100.00	75.62	100.00	87.81	81.71
L-丙氨酸	24.38	0.00	24.38	0.00	12.19	18.29
L-丙氨酰-L-谷氨酰胺	0.00	10.00	0.00	10.00	5.00	2.50
维生素E/(IU·kg⁻¹)	0.00	0.00	100.00	100.00	50.00	25.00
主要成分/%						
水分	7.38	7.07	7.56	7.12	7.26	7.21
灰分	13.12	12.71	12.92	12.56	12.92	12.74
粗蛋白	47.49	47.42	47.69	47.71	47.36	47.43
粗脂肪	11.15	11.27	10.91	11.61	11.25	11.30
L-丙氨酰-L-谷氨酰胺/(g·kg⁻¹)	0.00	9.70	0.00	9.80	4.70	2.40
维生素E(IU·kg⁻¹)	27.30	26.70	128.20	127.80	78.50	50.90

附注:[a]维生素预混料(IU or mg·kg⁻¹ of dried feed):维生素A 80 000 IU,维生素D_3 40 000 IU,维生素K_3 120 mg,维生素B_1 150 mg,维生素B_2 320 mg,盐酸吡哆 300 mg,维生素B_{12} 2 mg,烟酸 15 mg,泛酸钾 720 mg,叶酸 40 mg,生物素 2 mg,肌醇 2000 mg,维生素C 100 mg,氯化胆碱 10 000 mg。

[b]矿物质预混料(mg·kg⁻¹ of dried feed):Fe 160 mg,Zn 600 mg,Mn 40 mg,Cu 200 mg,I 10 mg,Mg 200 mg,Co 20 mg,Mo 20 mg,等。

所有原料粉碎后过60目网筛。先以表1中各组数据比例将维生素E(α-生育酚)和鱼油分组调配均匀,AGD与矿物质混合物分组调配均匀,再按各组数据比例称量各组其他饲料成分,全部混合一起,充分搅拌均匀。投喂前每千克干饲料加养殖用海水0.7 kg,充分混合,揉成饲料面团,再手工制成适合鱼口径的小圆颗粒,投喂。为便于饲料的保存和保持饲料的新鲜,每次手工制作饲料量不超过3 d的投喂量,存于-20℃,用前充分解冻放凉至室温。

1.3 实验鱼的驯化、养殖与取样

军曹鱼2 100尾,鱼龄24 d,体重约3 g,体长(4.05±0.32)cm,购自广东省湛江市流沙镇海水鱼种育苗场。先在广西水产科学研究所防城港海水养殖中试基地标准化养殖车间的养殖池内驯化,驯化养殖池为9 m×7 m×1.7 m,水深0.8 m。用过滤充氧的海水驯化养殖,海水盐度27~30 g·L⁻¹,温度26~32℃,pH 7.8~8.0,溶氧不小于6 mg·L⁻¹。每天于08:00

和 17:00 投喂 2 次,投喂量为当时鱼体湿重的 5%(每周称体重 1 次,调整投喂量)。驯化 1 月后,随机选取 390 尾体重为(14.87±0.51)g,体长(12.86±0.24)cm 的军曹鱼幼鱼,其中 30 尾用于 0 周解剖取组织器官样品,其余 360 尾随机分为 6 组,每组 3 个平行,养于 18 个 400 L 的养殖桶,水质条件与驯化相同,每桶流水量 2~3 L·min^{-1},用气石充气。饲喂 12 周后结束实验养殖,在停止投喂 24 h 后抽取样品。先以 1/13 000 浓度的 MS-222 逐尾鱼麻醉,称量所有鱼体长、体重,随机取每桶 3 尾全鱼样品,另 3 尾鱼尾静脉采血,3 800 g 离心 12 min 取血清,然后解剖取肝、背侧肌、肾、脑、心脏等组织器官,分别称量样品、装样品袋、标记和固定好,用液氮速冻保存,运回广西大学水产研究所实验室,用于 RNA 和 DNA 测定。

1.4 实验鱼主要组织器官 DNA、RNA 含量的测定

1.4.1 DNA 的测定

用上海生物工程技术有限公司生产的 UNIQ-10 柱式动物基因组 DNA 抽提试剂盒,抽提实验鱼主要组织器官样品的 DNA。用核酸蛋白分析仪检测样品 DNA 含量。

DNA 含量计算公式:

$$C_{DNA}(\mu g \cdot mg^{-1}) = C_A(ng \cdot \mu L^{-1}) \times 50(\mu L) \div 1\,000 \div M(mg)$$

上式 C_{DNA} 为样品 DNA 的浓度($\mu g \cdot mg^{-1}$),C_A 为测定浓度($ng \cdot \mu L^{-1}$),50(μL)为样品 DNA 被稀释体积,1 000 为 ng 和 μg 的换算倍数,M 为样品重量(mg)。

1.4.2 RNA 的测定

称量约 100 mg 组织,于液氮条件下研磨成粉末,用 Trizol 匀浆,加入氯仿,振荡离心后取上清液;加入异丙醇,振荡离心后去除上清液;加入乙醇,振荡离心后去除上清液;加入 100 μL 无 RNase 之 H_2O,待 RNA 溶解后,用核酸蛋白分析仪检测样品 RNA 含量。

RNA 含量计算公式:

$$C_{RNA}(\mu g \cdot mg^{-1}) = C_A(ng \cdot \mu L^{-1}) \times 100(\mu L) \div 1\,000 \div M(mg)$$

上式 C_{RNA} 为样品 RNA 的浓度($\mu g \cdot mg^{-1}$),C_A 为测定浓度($ng \cdot \mu L^{-1}$),100(μL)为样品 RNA 被稀释体积,1 000 为 ng 和 μg 的换算倍数,M 为样品重量(mg)。

1.5 计算公式与数理统计

相对增重率(RWG) = $(W_t - W_i)/W_i$

特定生长率(SGR,% day^{-1}) = $(\ln W_t - \ln W_i)/D \times 100\%$;

饲料系数(FCR) = 饲料投喂量$/(W_t - W_i)$

式中:W_t 为最终体重,W_i 为最初体重,D 为养殖天数。

实验数据采用 SPSS18.0 for Windows 统计软件中单因素方差分析(One-way analysis of variance),对实验鱼各项测定指标进行统计分析,若差异显著($P < 0.05$),则进行 Duncan's 多重比较。数据全部以平均值 ± 标准误(mean ± SE)表示。

2 结果

2.1 添加不同剂量和比例的 AGD 和/或维生素 E 投喂军曹鱼幼鱼 12 周,对其相对增重率、特定生长率和饲料系数的影响

添加不同剂量和比例的 AGD 和/或维生素 E 投喂军曹鱼幼鱼 12 周后,总平均体重由起始的 (14.87 ± 0.51) g 增至 212.14 g。各实验组鱼相对增重率(RWG)均分别高于对照组,其由大到小依次为 D4、D3、D5、D2、D1、D0。其中 D4 组 RWG 显著高于($P < 0.05$)对照组,其他各组与对照组无显著性差异($P > 0.05$)(图1a)。

各组鱼的特定生长率(SGR)均分别高于对照组,其中 D4 组鱼的 SGR 最高并显著高于($P < 0.05$)对照组。联合添加 AGD 和维生素 E 的 D3、D4、D5 组鱼的 SGR 均高于单独添加 AGD 的 D1 组和单独添加维生素 E 的 D2 组,但差异不显著($P>0.05$)(图1b)。

联合添加 AGD 和维生素 E 的 D3、D4、D5 组鱼的饲料系数(FCR)均分别显著低于($P < 0.05$)对照组,其中 D4 组鱼的 FCR 最低,并显著低于($P<0.05$)单独添加 AGD 的 D1 组和单独添加维生素 E 的 D2 组(图1c)。

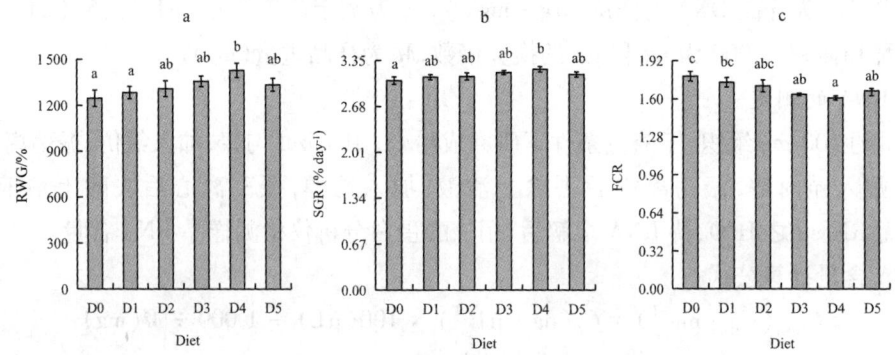

图1 添加不同剂量和比例的 AGD 和/或维生素 E 投喂军曹鱼幼鱼 12 周,对其相对增重率(RWG)(图1a)、特定生长率(SGR)(图1b)、饲料系数(FCR)(图1c)的影响

所有图示以平均数 ± 标准误表示,柱上不同的字母表示显著性差异($P<0.05$).

2.2 添加不同剂量和比例的 AGD 和/或维生素 E 投喂军曹鱼幼鱼 12 周,对鱼肝、肌肉、脑、肾、心脏、血清 RNA/DNA 比值及其与特定生长率关系的影响

除脑外,各实验组鱼肝、肌肉、肾、心脏、血清 RNA/DNA 比值均分别高于对照组,其中 D3、D4、D5 组鱼肌肉 RNA/DNA 比值均显著高于($P<0.05$)对照组(表2)。实验鱼肝、肌肉、脑、肾、心脏、血清 RNA/DNA 比值与其 SGR 的线性回归关系,其相关系数 R^2 由大到小依次为:肌 R^2、血清 R^2、肝 R^2、肾 R^2、心脏 R^2、脑 R^2。其中肌肉 RNA/DNA 比值与 SGR 的线性回归关系 $R^2 = 0.8422$(图2b),血清 RNA/DNA 比值与 SGR 的线性回归关系 $R^2 = 0.82705$(图2f),均显示高度正相关;肝 RNA/DNA 比值与 SGR 的线性回归关系 $R^2 = 0.61722$(图2a),显著相关;肾 RNA/DNA 比值与 SGR 的线性回归关系 $R^2 = 0.47954$(图2d),心脏

RNA/DNA 比值与 SGR 的线性回归关系 $R^2 = 0.3252$（图 2e），均显示低度相关；脑 RNA/DNA 比值与 SGR 的线性回归关系 $R^2 = 0.02696$（图 2c），无直线相关。

此外，添加不同剂量和比例的 AGD 和/或维生素 E 饲喂 12 周后，军曹鱼幼鱼血清 RNA/DNA 比值高于第 0 周（表 2）。

表 2　添加不同剂量和比例 AGD 和/或维生素 E 投喂军曹鱼幼鱼 12 周，对其肝、肌肉、脑、肾、心脏、血清 RNA/DNA 比值的影响

组织器官	Initial*	D0	D1	D2	D3	D4	D5
肝	4.93±0.37^{ab}	4.34±0.26^a	4.55±0.17^{ab}	4.76±0.31^{ab}	4.64±0.12^{ab}	5.45±0.42^b	5.28±0.21^b
肌肉	2.77±0.06^{ab}	2.25±0.15^a	2.51±0.11^a	2.55±0.05^a	3.16±0.23^b	3.30±0.17^b	3.24±0.29^b
脑	3.38±0.11^c	2.88±0.12^{abc}	2.52±0.17^a	2.98±0.06^{abc}	2.75±0.12^a	2.95±0.06^{abc}	3.32±0.42^{bc}
肾	3.96±0.21^b	2.92±0.29^a	3.09±0.12^a	3.15±0.36^a	3.02±0.16^a	3.25±0.26^a	3.07±0.21^a
心脏	1.84±0.06^a	1.96±0.13^{ab}	2.04±0.07^{ab}	2.51±0.18^c	2.24±0.11^{bc}	2.44±0.06^c	2.51±0.19^c
血清	11.53±0.54^a	13.24±0.69^{ab}	14.25±1.08^{bcd}	13.71±0.89^{abc}	16.89±0.99^d	16.40±0.78^{cd}	15.68±1.07^{bcd}

所有数据以平均数 ± 标准误表示；横排中具有不同字母的数据，表示实验组间有显著差异（$P < 0.05$）；* Initial 表示第 0 周（$n = 3 \times 3$）．

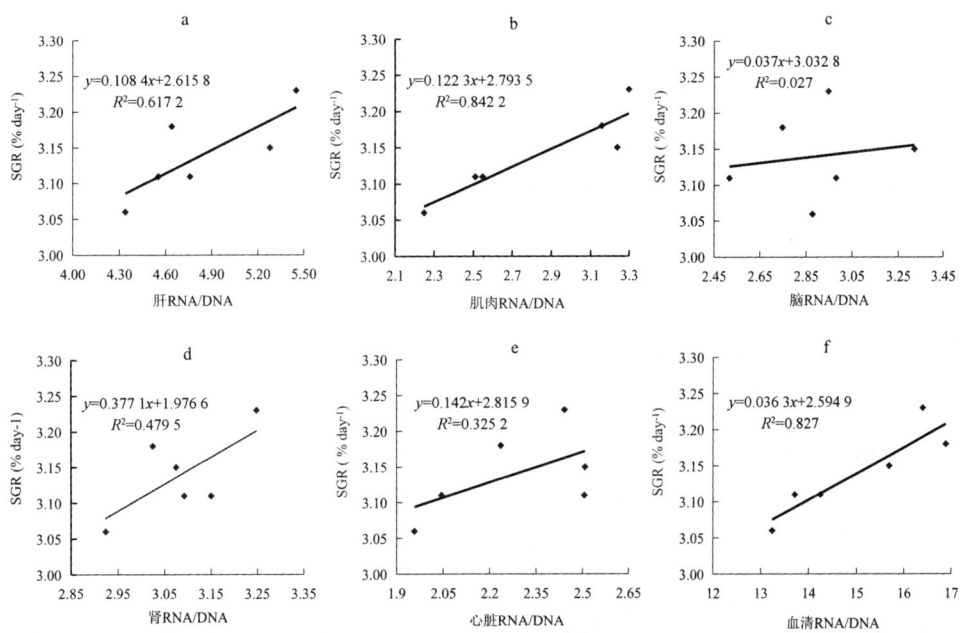

图 2　添加不同剂量和比例的 AGD 和/或 VE 投喂军曹鱼幼鱼 12 周，对鱼肝（图 2a）、肌肉（图 2b）、脑（图 2c）、肾（图 2d）、心脏（图 2e）、血清（图 2f）RNA/DNA 与特定生长率（SGR）的线性回归关系的影响

3 讨论

实验结果表明,添加不同剂量和比例 AGD 和/或维生素 E 投喂的鱼的相对增重率(RWG)、特定生长率(SGR)均高于对照组,其中 D4 组 RWG、SGR 显著高于($P < 0.05$)对照组,而饲料系数(FCR)均低于对照组(图 1)。这表明添加 AGD 和/或维生素 E 均可促进军曹鱼生长,降低饲料系数,与其他大多学者的研究结果一致。在日粮中联合添加精氨酸和 Gln 能促进杂交条纹鲈(*Morone chrysops*×*Morone saxatilis*)的生长,降低饲料系数等[25]。日粮添加 Gln 可促进杂交鲟(*Acipenser schrenckii*×*Huso dauricus*)的生长和饲料效率等[26]。对健鲤(*Cyprinus carpio* var. Jian)[27]、镜鲤(*Cyprinus carpio*)[28]和半滑舌鳎(*Cynoglossus semilaevis*)[24]的研究也表明,添加 Gln 促进鱼类生长。然而,在金头鲷(*Sparus aurata*)[29]和斑点叉尾鮰(*Ictalurus punctatus*)[22]的研究中发现,Gln 对鱼生长没有显著性影响,这可能是由于鱼种和实验条件不同所致。

维生素 E 是必需微量营养素,具有多种重要的生化和生理作用,包括促进鱼的生长。维生素 E 可能通过阻止脂质氧化,促进对日粮中不可或缺营养素的吸收而刺激生长[23]。研究表明,日粮添加维生素 E 促进了杂交罗非鱼(*Oreochromis niloticus*×*O. aureus*)[30]、大鳇鱼(*Huso huso*)[31]、鲟(*Acipenser naccarii*)[32]、杂交条纹鲈(*Morone chrysops* ♀ × *M. saxatilis* ♂)[33]、金头鲷(*Sparus aurata*)[34]、南亚野鲮(*Labeo rohita*)[35]、印度鲮(*Cirrhinus mrigala*)[36]、草鱼(*Ctenopharyngodon idellus*)[23]、虹鳟(*Scophthalmus maximus*)[37]的生长。然而,VE 对金头鲷(*Sparus aurata*)[38]、大菱鲆(*Scophthalmus maximus*)、大比目鱼(*Hippoglossus hippoglossus*)[34]、白鲟(*Acipenser transmontanus*)[39]和银鳟(*Oncorhynchus kisutch*)[40]等鱼的生长影响不显著。结果相异可能是由于饲料配方,比如所用油脂的类型和剂量,还有鱼种和规格不同等原因。

联合添加 AGD 和维生素 E 的 D3、D4、D5 组鱼 RWG、SGR 均高于单独添加 AGD 的 D1 组和单独添加维生素 E 的 D2 组(图 1)。这表明在促鱼类生长方面,AGD 和维生素 E 具有一定协同作用。由于 Gln 是 GSH 的前体物质[41],增加 Gln 可显著提高胞内 GSH 含量[42],而 GSH 可还原和再生维生素 E,使维生素 E 发挥作用[43];Gln 和维生素 E 可协同刺激上皮细胞的生长和再生[11];Gln 和维生素 E 均可促进鱼类的生长等,因此二者能协同增效[9]。我们的发现与 Ayazi 的报道一致,他在日粮中添加 Gln 和维生素 E 能大大促进热应激条件下肉鸡的生长[44]。

添加不同剂量和比例 AGD 和/或维生素 E,对军曹鱼幼鱼主要组织器官的 RNA/DNA 比值的影响,因剂量和组织器官而异,特定生长率(SGR)与 RNA/DNA 比值线性回归分析显示:肌肉 R^2>血清 R^2>肝 R^2>肾 R^2>心脏 R^2>脑 R^2(图 2)。当 AGD 和维生素 E 的添加量分别为 5 g·kg^{-1} 干饲料和 50 IU·kg^{-1} 干饲料(D4)时,军曹鱼幼鱼肌肉 RNA/DNA 比值最高,且显著高于($P<0.05$)对照组(表 2)。这与 D4 组鱼 SGR 最高,并显著高于($P<0.05$)对照组的结果一致。当对各组鱼肌肉 RNA/DNA 与其 SGR 进行线性回归分析时,$R^2 = 0.842\ 2$(图

2),显示高度正相关,它们可以互为指示。然而,D3、D4、D5 组鱼肌肉 RNA/DNA 比值均显著高于($P<0.05$)对照组,而只有 D4 组鱼 SGR 显著高于($P<0.05$)对照组(表2)。如此结果,一方面表明 RNA/DNA 比值比 SGR 更灵敏地反映生长状况;另一方面表明 AGD 和维生素 E 协同作用有剂量依赖性,只有 D4 最优配合,才能发挥最佳的效果。鱼的生长主要通过合成蛋白质来实现,而蛋白质是由 rRNA 翻译合成的。蛋白质的含量可以通过 RNA 的水平来检测,因此蛋白质的合成和鱼的生长可通过检测 RNA 含量来预测[45]。即使在鱼的开始生长阶段,通过 RNA 与 DNA 的比值也可以估算鱼的生长速度。由于鱼细胞内 DNA 的含量是固定的,而且鱼 DNA 的总量与鱼细胞的数量相关[46];通过鱼细胞中 RNA 的浓度可以得到 RNA 与 DNA 比值[47]。因此,RNA 与 DNA 比值是鱼 RNA 浓度的一个较好的指标,而且能准确指示正处于生长过程中的鱼的代谢[21]。换言之,在正常生理条件下,细胞 DNA 含量稳定,而 RNA 含量与蛋白质合成密切相关[48],RNA/DNA 比值或 RNA 总量可作为蛋白质合成的指标之一。相对于其他组织,肌肉 RNA/DNA 比值能更敏感[49]地反映鱼类生长及健康状况[50-51],是海洋生物研究中的重要指标之一[52-54]。通过研究 RNA/DNA、RNA 总量,可以直观、深入地了解营养因子或环境变化对鱼体的影响[21]。我们的研究结果相似于其他学者的报道:肌肉 RNA/DNA 与相对增重率(RWG)呈正相关,肌肉相关系数 $R^2=0.958$。红鳍东方鲀(*Takifugu rubripes*)肌肉 RNA/DNA 比值能非常灵敏地反映鱼体的生长[55]。

添加不同剂量和比例的 AGD 和/或维生素 E 饲喂12周后,各组军曹鱼幼鱼血清 RNA/DNA 比值均高于第0周(表2),表明军曹鱼幼鱼血清 RNA/DNA 比值随着鱼体的生长而增加,而且鱼血清 RNA/DNA 比值与 SGR 的线性回归关系 $R^2=0.82705$,显示高度正相关(图2)。表明鱼血清 RNA/DNA 比值也可以准确地指示生物新陈代谢和蛋白质合成状况。而蛋白质的合成使组织不断地修补和更新,并增生新的组织,促进生长,增加体重[56]。王桂芹等[57]在饲料中维生素 B_6 与蛋白质的交互作用的研究中,发现乌鳢(*Channa argus*)血清 RNA/DNA 比值与乌鳢特定生长率显著正相关,这与本研究结果相似。

总而言之,在本实验条件下,添加不同剂量和比例 AGD 和/或维生素 E 可促进军曹鱼幼鱼的 RWG 和 SGR,也增加其主要组织器官 RNA/DNA 比值;当每千克干饲料添加 AGD 5 g 和维生素 E 50 IU 时,效果最佳。军曹鱼幼鱼的 SGR 与其肌肉、血清的 RNA/DNA 比值高度正相关,可互为指示。

参考文献

[1] Rooker J R, Holt G J. Application of RNA:DNA ratios to evaluate the condition and growth of larval and juvenile red drum(*Sciaenops ocellatus*)[J]. Mar Freshw Res,1996,47:283-290.

[2] Peck M A, Buckley L J, Caldarone E M, et al. Effects of food consumption and temperature on growth rate and biochemical-based indicators of growth in early juvenile Atlanticcod Gadus morhua and haddock *Melanogrammus aeglefinus*[J]. Marine Ecology Progress Series,2003,251(1):233-243.

[3] Tanaka Y, Satoh K, Yamada H, et al. Assessment of the nutritional status of field-caught larval Pacific bluefin tuna by RNA/DNA ratio based on a starvation experiment of hatchery-reared fish[J]. Journal of Experimental Marine Biology and Ecology,2008,354(1):56-64.

[4] Masuda Y, Oku H, Okumura T, et al. Feeding restriction alters expression of some ATP related genes more sensitively than the RNA/DNA ratio in zebrafish, Danio rerio[J]. Comparative Biochemistry and Physiology Part B, 2009, 152(3): 287-291.

[5] 许友卿, 易波, 丁兆坤. 维生素 E 和维生素 C 的协调抗氧化作用及对水产动物的影响[J]. 饲料工业, 2011, 32(14): 59-62.

[6] 许友卿, 李文龙, 丁兆坤. 添加维生素 E 对鱼类的抗氧化作用及其机理[J]. 饲料工业, 2010, 31(18): 6-10.

[7] 许友卿, 谢亮亮, 丁兆坤. 维生素 E 和硒在机体的协同作用[J]. 饲料工业, 2012, 33(4): 30-33.

[8] 许友卿, 李伟峰, 丁兆坤. 谷氨酰胺对水生动物免疫的影响及机理[J]. 动物营养学报, 2012, 24(3): 406-410.

[9] 许友卿, 李伟峰, 丁兆坤. 谷氨酰胺和维生素 E 协同对机体的影响及机理[J]. 动物营养学报, 2013, 25(8): 1671-1676.

[10] 许友卿, 易波, 丁兆坤. 谷氨酰胺对水生动物的抗氧化作用及其机理[J]. 饲料工业, 2013, 34(4): 22-24.

[11] Jiang J, Zheng T, Zhou X-Q, et al. Influence of glutamine and vitamin E on growth and antioxidant capacity of fish enterocytes[J]. Aquaculture Nutrition, 2009, 15: 409-414.

[12] Murakami A E, Sakamoto M I, Natali M R, et al. Supplementation of glutamine and vitamin E on the morphometry of the intestinal mucosa in broiler chickens[J]. Poultry Science, 2007, 86(3): 488-495.

[13] Sakamoto M I, Murakami A E, Silveira T G V, et al. Influence of glutamine and vitamin E on the performance and the immune responses of broiler chickens[J]. Brazilian Journal of Poultry Science, 2006, 8(4): 243-249.

[14] Wang C A, Xu Q Y, Xu H, et al. Dietary L-alanyl-L-glutamine supplementation improves growth performance and physiological function of hybrid sturgeon Acipenser schrenckii ♀ × A. baerii ♂ [J]. Journal of Applied Ichthyology, 2011, 27(2): 727-732.

[15] 刘迎隆, 麦康森, 徐玮, 等. 摄食不同淀粉含量饲料对军曹鱼血清生化指标的影响[J]. 水生生物学报, 2015, 39(1): 46-51.

[16] 何伟聪, 董晓慧, 谭北平, 等. 益生菌对军曹鱼幼鱼生长性能, 消化酶和免疫酶活性的影响[J]. 动物营养学报, 2015, 27(12): 3821-3830.

[17] Zhou Q C, Wang L G, Wang H L, et al. Dietary vitamin E could improve growth performance, lipid peroxidation and non-specific immune responses for juvenile cobia(Rachycentron canadum)[J]. Aquaculture Nutrition, 2013, 19: 421-429.

[18] Holt G J, Faulk C K, Schwarz M H. A review of the larviculture of cobia Rachycentron canadum, a warm water marine fish[J]. Aquaculture, 2007, 268: 181-187.

[19] Zheng X, Ding Z, Xu Y, et al. Physiological roles of fatty acyl desaturases and elongases in marine fish: characterisation of cDNAs of fatty acyl Δ6 desaturase and elovl5 elongase of cobia(Rachycentron canadum)[J]. Aquaculture, 2009, 290: 122-131.

[20] Ding Z, Xu Y, Zhang H, et al. No significant effect of additive ratios of docosahexaenoic and eicosapentaenoic acids on the survival and growth of cobia (Rachycentron canadum) juvenile[J]. Aquaculture Nutrition, 2009, 15: 254-261.

[21] Xu Y, Ding Z, Zhang H, et al. Different ratios of docosahexaenoic and eicosapentaenoic acids do not alter growth, nucleic acid and fatty acids of juvenile cobia(*Rachycentron canadum*)[J]. Lipids, 2009, 44:1091-1104.

[22] Pohlenz C, Buentello A, Bakke AM, Gatlin Ⅲ DM(2012a) Free dietary glutamine improves intestinal morphology and increases enterocyte migration rates, but has limited effects on plasma amino acid profile and growth performance of channel catfish *Ictalurus punctatus*[J]. Aquaculture 370-371:32-39.

[23] Li J, Liang X, Tan Q, Yuan X, Liu L, Zhou Y, Li B(2014) Effects of vitamin E on growth performance and antioxidant status in juvenile grass carp *Ctenopharyngodon idellus*. Aquaculture 430:21-27.

[24] Liu J, Mai K, Xu W, Zhang Y, Zhou H, Ai Q(2015) Effects of dietary glutamine on survival, growth performance, activities of digestive enzyme, antioxidant status and hypoxia stress resistance of half-smooth tongue sole(*Cynoglossus semilaevis* Günther) post larvae[J]. Aquaculture 446:48-56.

[25] Cheng Z, Gatlin III D M, Buentello A. Dietary supplementation of arginine and/or glutamine influences growth performance, immune responses and intestinal morphology of hybrid striped bass(*Morone chrysops* × *Morone saxatilis*)[J]. Aquaculture, 2012, 362-363:39-43.

[26] Qiyou X Qing, Hong X, et al. Dietary glutamine supplementation improves growth performance and intestinal digestion/absorption ability in young hybrid sturgeon(*Acipenser schrenckii female* × *Huso dauricus male*)[J]. Journal of Applied Ichthyology, 2011, 27(2), 721-726.

[27] Lin Y, Zhou X Q. Dietary glutamine supplementation improves structure and function of intestine of juvenile Jian carp(*Cyprinus carpio* var. jian)[J]. Aquaculture, 2006, 256:389-394.

[28] Xu H, Zhu Q, Wang C, et al. Effect of dietary alanyl-glutamine supplementation on growth performance, development of intestinal tract, antioxidant status and plasma non-specific iImmunity of young mirror carp (*Cyprinus carpio* L.)[J]. Journal of Northeast Agricultural University, 2014, 21(4):37-46.

[29] Coutinho F, Castro C, Rufino-Palomares E, et al. Dietary glutamine supplementation effects on amino acid metabolism, intestinal nutrient absorption capacity and antioxidant response of gilthead sea bream(*Sparus aurata*) juveniles[J]. Comparative Biochemistry and Physiology, Part A, 2016, 191:9-17.

[30] Huang C, Huang S. Effect of dietary vitamin E on growth, tissue lipid peroxidation, and liver glutathione level of juvenile hybrid tilapia, *Oreochromis niloticus* × *O. aureus*, fed oxidized oil[J]. Aquaculture, 2004, 237:381-389.

[31] Amlashi A S, Falahatkar B, Sattari M, et al. Effect of dietary vitamin E on growth, muscle composition, hematological and immunological parameters of sub-yearling beluga *Huso huso* L. [J]. Fish & Shellfish Immunology, 2011, 30:807-814.

[32] Agradi E, Abrami G, Serrini G, et al. The role of dietary n-3 fatty acid and vitamin E supplements in growth of sturgeon(*Acipenser naccarii*)[J]. Comparative Biochemistry & Physiology Part A, 1993, 105:187-195.

[33] Kocabas A M, Gatlin III D M. Dietary vitamin E requirement of hybrid striped bass(*Morone chrysops female* × *M. saxatilis male*)[J]. Aquaculture Nutrition, 1999, 5:3-7.

[34] Tocher D R, Mourente G, Van dereecken A, et al. Effects of dietary vitamin E on antioxidant defense mechanisms of juvenile turbot(*Scophthalmus maximus* L.), halibut(*Hippoglossus hippoglossus* L.) and sea bream (*Sparus aurata* L.)[J]. Aquaculture Nutrition, 2002, 8:195-207.

[35] Sau S K, Paul B N, Mohanta K N, et al. Dietary vitamin E requirement, fish performance and carcass compo-

sition of rohu(*Labeo rohita*) fry[J]. Aquaculture,2004,240:359-368.

[36] Paul BN,Sarkar S,Mohanty S N. Dietary vitamin E requirement of mrigal,*Cirrhinus mrigala* fry[J]. Aquaculture,2004,242:529-536.

[37] Niu H,Jia Y,Hu P,et al. Effect of dietary vitamin E on the growth performance and nonspecific immunity in sub-adult turbot(*Scophthalmus maximus*)[J]. Fish & Shellfish Immunology,2014,41(2):501-506.

[38] Montero D,Tort L,Robaina L,et al. Low vitamin E in diet reduces stress resistance of gilthead seabream (*Sparus aurata*) juveniles[J]. Fish & Shellfish Immunology,2001,11(6):473-490.

[39] Moreau R,Dabrowski K. Alpha-tocopherol downregulates gulonolactone oxidase activity in sturgeon[J]. Free Radical Biology & Medicine,2003,34(10):1326-1332.

[40] Huang C H,Higgs D A,Balfry S K,et al. Effect of dietary vitamin E level on growth,tissue lipid peroxidation and erythrocyte fragility of transgenic Coho salmon, *Oncorhynchus kisutch* [J]. Comparative Biochemistry & Physiology Part A,2004,139(2):199-204.

[41] Schuster H,Blanc M C,Bonnefont-Rousselot D,et al. Protective effects of glutamine dipeptide and α-tocopherol against ischemia-reperfusion injury in the isolated rat liver[J]. Clinical Nutrition,2009,28(3):331-337.

[42] Roth E,Oehler R,Strasser E,et al. Regulative potential of glutamine-relation to glutathione metabolism[J]. Nutrition,2002,18:217-221.

[43] Gupta A,Singh S,Jamal F,et al. Synergistic effects of glutathione and vitamin E on ROS mediated ethanol toxicity in isolated rat hepatocytes[J]. Asian Journal of Biochemistry,2011,6(4):347-356.

[44] Ayazi M. Effect dietary glutamine and vitamin E supplementation on performance,some antioxidant indices in broiler chickens under continuous heat stress temperature[J]. International Journal of Farming and Allied Sciences,2014,3(12):1303-1310.

[45] Höök T O,Gorokhova E,Hansson S. RNA:DNAratios of Baltic herring larvae and copepods in embayment and open sea habitats[J]. Estuarine Coastal & Shelf Science,2008,76(1):29-35.

[46] Cavalier-Smith T. Nuclear volume control by nucleoskeletal DNA,selection for cell volume and cell growth rate and the solution of the DNA C-value paradox[J]. Journal of Cell Science,1978,34(1):247-278.

[47] Mustafa S. Influence of maturation on the concentrations of RNA and DNA in the fish of the catfish *Clarius batrachus* [J]. Transactions of the American Fisheries Society,1977,106(5):449-451.

[48] Tanaka Y,Gwak W S,Tanaka M,et al. Ontogenetic changes in RNA,DNA and protein contents of laboratory-reared pacific bluefin tuna *Thunnus orientalis*[J]. Fisheries Science,2007,73(2):378-384.

[49] Olivar M P,Diaz M V,Chícharo M A. Tissue effect on RNA:DNA ratios of marine fish larvae[J]. Scientia Marina,2009,73(4):171-182.

[50] Buckley L J,Caldarone E M,Clemmesen C. Multi-species larval fish growth model based on temperature and fluorometrically derived RNA/DNA ratios:results from a meta-analysis[J]. Marine Ecology Progress Series,2008,371:221-232.

[51] Björnssona B T,Stefanssonb S O,Mccormickc S D. Environmental endocrinology of salmon smoltification [J]. General & Comparative Endocrinology,2011,170(2):290-298.

[52] Franke A,Clemmesen C. Effect of ocean acidification on early life stages of Atlantic herring(*Clupea harengus* L.)[J]. Biogeosciences Discussions,2011,8(4):7097-7126.

- [53] Talmage S C. The effects of elevated carbon dioxide concentrations on the early life history of bivalve shellfish[D]. State university of new york at stony brook, PhD thesis, 2011, 238 pages.
- [54] Catarino A I, Bauwens M, Dubois P. Acid-base balance and metabolic response of the sea urchin *Paracentrotus lividus* to different seawater pH and temperatures[J]. Environmental Science & Pollution Research, 2012, 19(6):2344-2353.
- [55] 梁萌青,王成刚,陈超,等. 几种添加剂对红鳍东方鲀的促生长效果与RNA/DNA关系[J]. 海洋水产研究,2001,22(2):38-41.
- [56] 李云,沈盎绿,徐兆礼. 悬沙胁迫下日本囊对虾仔虾的生长和DNA损伤[J]. 中国水产科学,2011,18(3):493-499.
- [57] 王桂芹,李子平,牛小天,等. 饲料能量和维生素B_6对乌鳢生长和蛋白质合成与调控的影响[J]. 中国饲料,2011,(16):36-40.

饲料中添加虾青素、叶黄素等4种物质对豹纹鳃棘鲈(东星斑)生长和体色的影响

关献涛[1,2],吴洪喜[2,3],马建忠[2],单乐州[2],林少珍[2]

(1. 上海海洋大学 水产与生命学院,上海 201306; 2. 浙江省海洋水产养殖研究所,浙江 温州 325005; 3. 浙江省水产技术推广总站,浙江 杭州 310023)

  豹纹鳃棘鲈(东星斑),隶属于鲈形目、鮨科、石斑鱼亚科、鳃棘鲈属。主要分布于西太平洋,以日本南部至澳洲(昆士兰和西澳)海域居多[1-3],属亚热带和热带珊瑚礁鱼类。东星斑不仅肉质鲜美,营养丰富,而且体色艳丽,具有较高的经济价值和观赏价值,深受国际市场尤其东南亚市场的欢迎[4]。因东星斑的经济和观赏价值与其体色关系密切,因此对其体色的研究就显得很有意义。

  迄今,饲料中添加某些物质对鱼类体色影响的研究已有一些报道[5-7],但均未涉及东星斑。参考国内外学者的研究成果,作者在配合饲料中分别添加了虾青素、叶黄素、螺旋藻和玉米蛋白粉4种物质,对东星斑进行75 d的喂养实验,现将实验结果加以总结和分析,供同行参考。

基金项目:浙江省科技计划项目(2015F50009)、浙江省近岸水域生物资源开发与保护重点实验室人才培养项目(2012F20020)、温州市海水增养殖产业科技创新团队建设项目(C20120004)、中央立项现代农业生产发展资金鱼类产业提升项目(浙海渔计[2013]48号)。

作者简介:关献涛(1990—),男,硕士研究生,主要从事水生生物的养殖技术、生态学研究。E-mail:guanxtchina@126.com

通信作者:吴洪喜(1963—),男,研究员,主要从事水产增养殖技术、生理生态学、海洋生物资源开发和利用技术研究。E-mail:whxchina@126.com

1 材料与方法

1.1 材料

1.1.1 实验鱼苗及其暂养

实验鱼苗源自海南省琼海县的一家人工繁殖场,体形、色泽正常,健康状况良好,大小较一致[体长(16.8±0.65)cm,体重(92.13±7.91)g],共200尾(部分多余备用)。正式实验前将入选的鱼苗放养于若干只内径1 m、高度0.5 m的小型圆形网箱内暂养15 d,使之适应实验环境。小型网箱置于循环水系统中的1个水体约20 m^3 的养殖池中,养殖水每天循环8~10次,控制水温(25.0±1.0)℃,盐度24~26,氨氮浓度不高于0.1 mg/L,亚硝酸盐浓度不高于0.05 mg/L,pH值8.0~8.3,溶氧浓度(7.0~8.5)mg/L,每天8:30、16:30各投饲基础饲料1次,投喂量以见少许剩饲为止,残饲及粪便虹吸清除。

1.1.2 基础饲料和添加物

基础饲料为青岛七好生物科技有限公司生产的石斑鱼配合饲料(粗蛋白含量为48%、粗脂肪为10%、灰分为16%、水分为12%)。添加物:虾青素(商品名为金晶红100,含量为10%,立达尔生物科技股份有限公司)、叶黄素(商品名立达尔黄20,含量20 g/kg,源于万寿菊,立达尔生物科技股份有限公司)、螺旋藻(内蒙古维宝螺旋藻生物工程有限责任公司)、玉米蛋白粉(南通普汇饲料有限公司)。

1.1.3 实验海水

取自浙江省洞头县洞桥岙海域,经24 h沉淀和砂滤后使用。

1.2 实验仪器

CR-400色彩色差计(日本柯尼卡美能达)、手持式溶氧测量仪(苏州益品德环境科技有限公司)、ATC型盐度计(上海天垒仪器仪表有限公司)、KTJ型温度计(上海苏锦贸易有限公司)、ACS-DII型电子天平(赛多利斯公司)。

1.3 实验设计与实验饲料的制作

4种物质的添加量如表1所示。用粉碎机分别将基础饲料和添加物粉碎,经60目过滤,根据实验设计的量比混合均匀,再用小型饲料机加工成直径6.0 mm的颗粒饲料,塑料袋密封后在-20℃条件下保存备用。实验设16组,另设1个空白对照组,每组使用1个小型网箱,各网箱放养实验鱼苗10尾。

表1 实验设计   %

组别	虾青素	叶黄素	螺旋藻	玉米蛋白粉
对照组	0	0	0	0
水平1	0.05	0.05	4	4
水平2	0.10	0.10	8	8
水平3	0.15	0.15	12	12
水平4	0.20	0.20	16	16

1.4 管理

正式实验管理同前期的适应性暂养,只是将投喂的基础饲料改为实验饲料,正式实验历时75 d。

1.5 指标及其测定

1.5.1 生长指标

实验开始和实验结束各称量鱼体重、体长1次,并计算出增长率、特定生长率和饲料系数等指标。计算公式如下:

增长率(mass gain, MG) = $(W_t - W_0)/W_0 \times 100\%$;

特定生长率(specific growth rate, SGR) = $(\ln W_t - \ln W_0)/d \times 100\%$;

饲料系数(feed conversion ratio, FCR) = $F/(W_t - W_0)$。

式中:W_t为鱼末均体重(g);W_0为鱼初均体重(g);F为摄食量;d为实验天数。

1.5.2 体色指标

用CR-400色彩色差计分别检测东星斑的头颊部、鳃盖、背部、腹部、背鳍、胸鳍、尾鳍和尾柄的L^*值、a^*值和b^*值。L^*值代表亮度,数值越大体色越亮;a^*值正数代表偏红,负数代表偏绿;b^*值正数代表偏黄,负数代表偏蓝。测定时注意:先用吸水纸将鱼体表面水分吸干,再将色差计的探头紧贴于实验鱼待测部位读取结果。

1.6 数据统计与分析

实验数据以"平均值±标准差"(Mean±SD)表示,SPSS 19.0软件统计,单因素方差分析(One-way ANOVA),Duncan比较数据间的差异显著性,显著性水平$P = 0.05$。

2 结果与分析

2.1 基础饲料中添加不同物质对东星斑生长指标的影响

表2为投喂添加虾青素、叶黄素组、螺旋藻和玉米蛋白粉4种物质的实验饲料75 d后东星斑主要生长指标测定结果。东星斑体重增长率、特定生长率,基础饲料中添加4种物质的实验饲料组均略高于空白对照组;而饲料系数,实验饲料组均略低于空白对照组,但各实验组与空白对照组间的差异均不显著。

表2 基础饲料中添加4种物质的实验饲料喂养东星斑75 d后的主要生长指标

添加剂	添加量/%	增长率/%	特定生长率/%	饵料系数
对照组	0	66.16±6.06	0.68±0.05	2.56±0.37
虾青素	0.05	68.80±6.53	0.70±0.05	2.36±0.16
	0.10	69.11±5.70	0.70±0.05	2.38±0.15
	0.15	70.24±5.50	0.71±0.04	2.33±0.19
	0.20	70.45±5.80	0.71±0.05	2.31±0.15

续表

添加剂	添加量/%	增长率/%	特定生长率/%	饵料系数
叶黄素	0.05	67.59±6.86	0.69±0.05	2.36±0.44
	0.10	68.76±5.43	0.70±0.04	2.42±0.23
	0.15	69.20±5.89	0.70±0.05	2.43±0.33
	0.20	69.89±5.11	0.71±0.04	2.40±0.33
螺旋藻	4	68.46±5.66	0.69±0.04	2.45±0.43
	8	68.59±6.62	0.70±0.05	2.45±0.12
	12	70.15±4.00	0.71±0.03	2.36±0.41
	16	68.63±4.50	0.70±0.04	2.41±0.17
玉米蛋白粉	4	67.89±6.03	0.69±0.05	2.45±0.40
	8	68.28±5.82	0.69±0.05	2.44±0.27
	12	68.67±5.01	0.70±0.04	2.36±0.22
	16	68.37±3.96	0.69±0.03	2.46±0.19

2.2 基础饲料中添加虾青素对东星斑体色的影响

图1至图3分别为基础饲料中添加不同剂量虾青素的实验饲料喂养东星斑75 d后的体色L^*值、a^*值和b^*值。可见,虾青素能使东星斑的体色L^*值变小,也就是能使东星斑体色变暗。但东星斑头颊部、腹部、胸鳍、尾鳍和尾柄的L^*值,添加组与空白对照组间差异显著;鳃盖、背部和背鳍的L^*,添加组与空白对照组间差异不显著($P>0.05$)。虾青素能使东星斑的体色a^*值变大,即能使东星斑体表红色程度变大,尤其是对腹部、鳃盖影响最大,所有8个部位的a^*值,添加组与空白对照组间的差异均呈显著。虾青素能使东星斑的体色b^*值变大,即能使东星斑体色变得更黄,尤其是对腹部影响最大,所有8个部位的b^*值,实验组与空白对照组间差异显著。

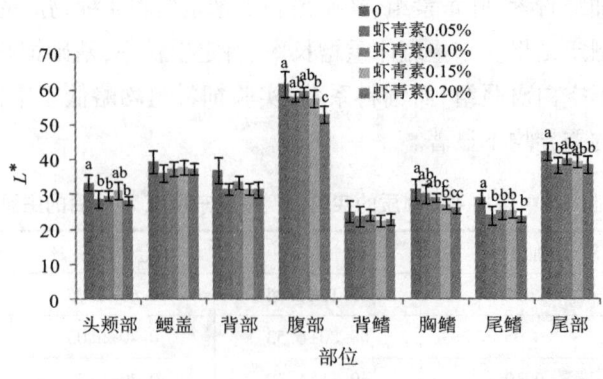

图1 投喂添加不同剂量虾青素的使用饲料75 d后东星斑的体色L^*值

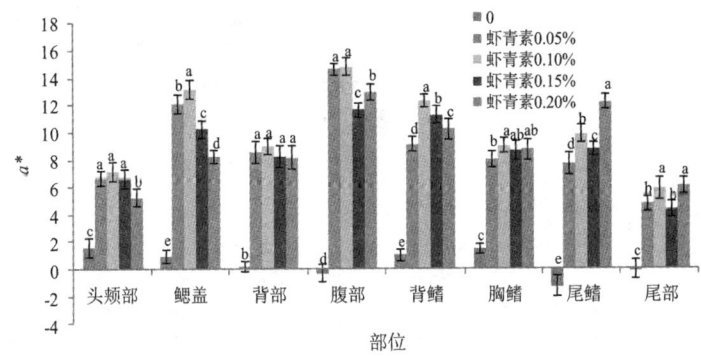

图 2　投喂添加不同剂量虾青素的使用饲料 75 d 后东星斑的体色 a^* 值

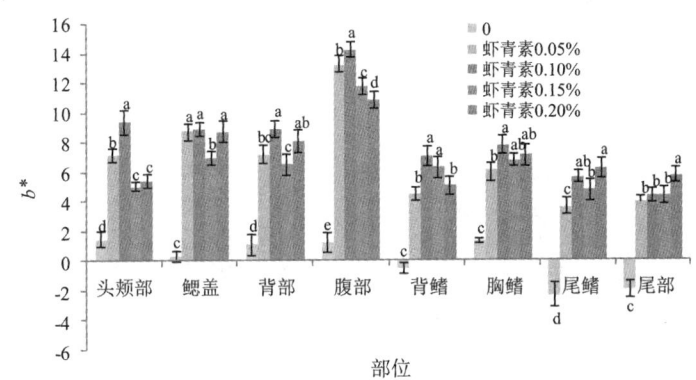

图 3　投喂添加不同剂量虾青素的使用饲料 75 d 后东星斑体的体色 b^* 值

注:同组不同字母表示显著性差异($P<0.05$),L^* 表示亮度值,a^* 表示红色值,$-a^*$ 表示绿色值,b^* 表示黄色值,$-b^*$ 表示蓝色值,下同.

2.3　基础饲料中添加叶黄素对东星斑体色的影响

图 4 至图 6 分别为基础饲料中添加不同剂量叶黄素的实验饲料喂养东星斑 75 d 后的体色 L^* 值、a^* 值和 b^* 值。可见,叶黄素能使东星斑的体色 L^* 值略有降低,即使东星斑体色略有变暗,但影响程度不大。除背鳍外,叶黄素能使东星斑其他 7 个部位的 a^* 值均升高,即能使东星斑体色变得更红,尤以 0.10% 添加量组的变色效果最佳,实验组与空白对照组的 a^* 值差异显著($P<0.05$)。叶黄素也能使东星斑的 b^* 值升高,即能使东星斑体色变黄,尤以腹部、胸鳍部的效果最为明显,各实验组与空白对照组间的 b^* 值差异显著($P<0.05$)。

2.4　基础饲料中添加螺旋藻对东星斑体色的影响

图 7 至图 9 分别为添加不同剂量螺旋藻的实验饲料喂养东星斑养殖 75 d 后的体色 L^* 值、a^* 值和 b^* 值。可见,螺旋藻对东星斑的体色 L^* 值影响较小,几乎可以忽略。螺旋藻对东星斑体色 a^* 值的影响,各组除对胸鳍外,对其余部位均有显著性影响($P<0.05$),尤其添加量为 12% 组,东星斑的各个部位的体色 a^* 值均为最高。螺旋藻的对东星斑体色 b^* 值也有明显的影响,各实验组与空白对照组间均呈显著性差异($P<0.05$),尤其添加量为 12% 组,

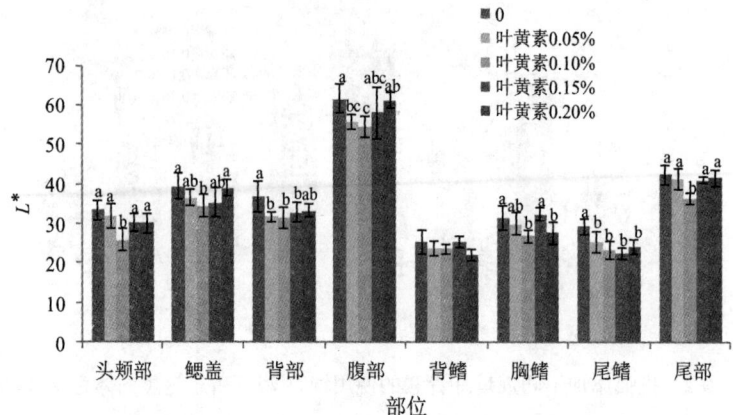

图4 添加不同剂量的叶黄素实验饲料喂养东星斑75 d后的体色L^*值

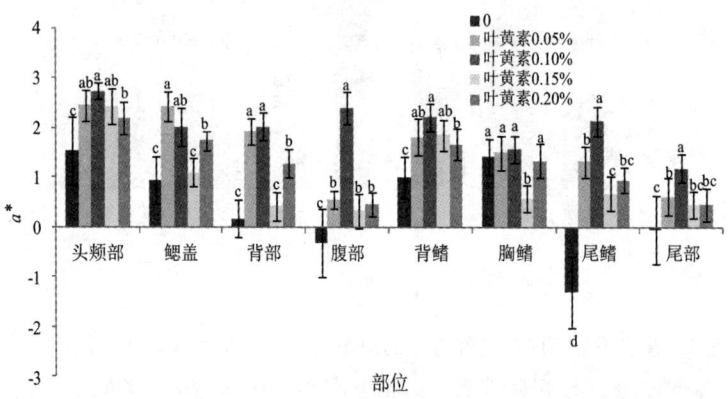

图5 添加不同剂量叶黄素的实验饲料喂养东星斑75 d后的体色a^*值

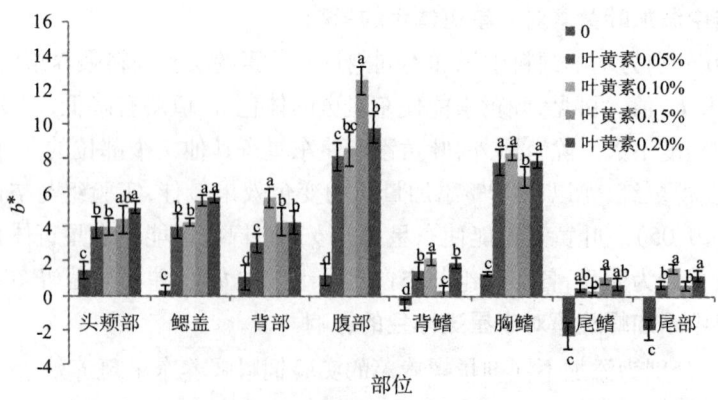

图6 添加不同剂量叶黄素的实验饲料喂养东星斑75 d后的体色b^*值

东星斑各部位的 b^* 值均为最高。

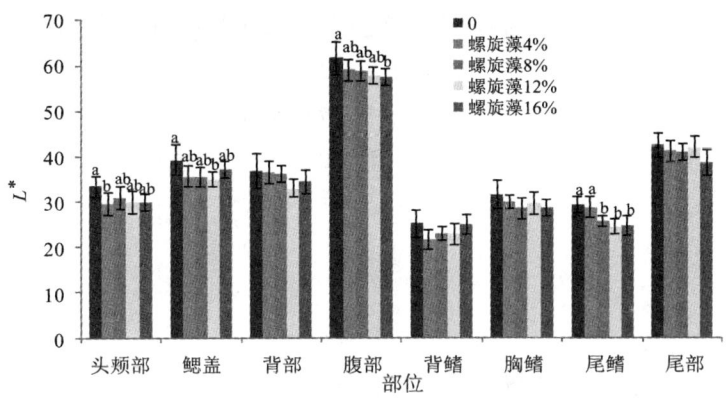

图 7　添加不同剂量螺旋藻的使用饲料喂养东星斑 75 d 后的体色 L^* 值

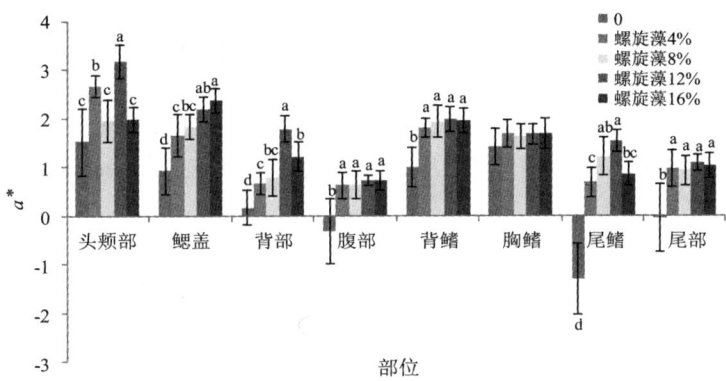

图 8　添加不同剂量螺旋藻的实验饲料喂养东星斑 75 d 后的体色 a^* 值

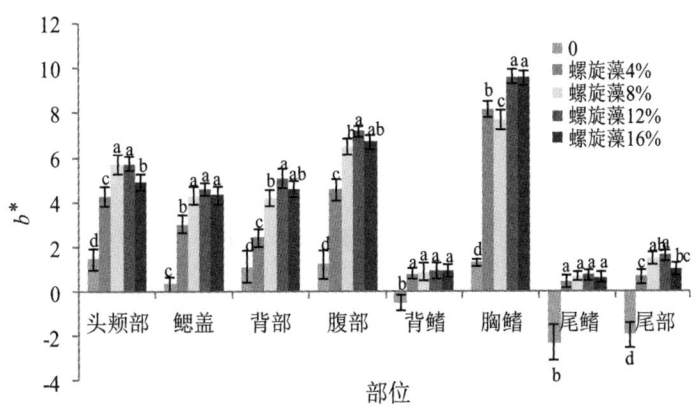

图 9　添加不同剂量螺旋藻的实验饲料喂养东星斑 75 d 后的体色 b^* 值

2.5 基础饲料中添加玉米蛋白粉对东星斑体色的影响

图 10 至图 12 分别为添加不同剂量玉米蛋白粉的实验饲料喂养东星斑 75 d 后的体色 L^* 值、a^* 值和 b^* 值。可见,玉米蛋白粉能使东星斑的 L^* 值略有降低,但影响不是很大。玉米蛋白粉能使东星斑的 a^* 值、b^* 值升高,各实验组与空白对照组间均呈显著性差异($P<0.05$),尤其添加量为 12%组,东星斑的各个部位的 a^* 值、b^* 值均为最高。

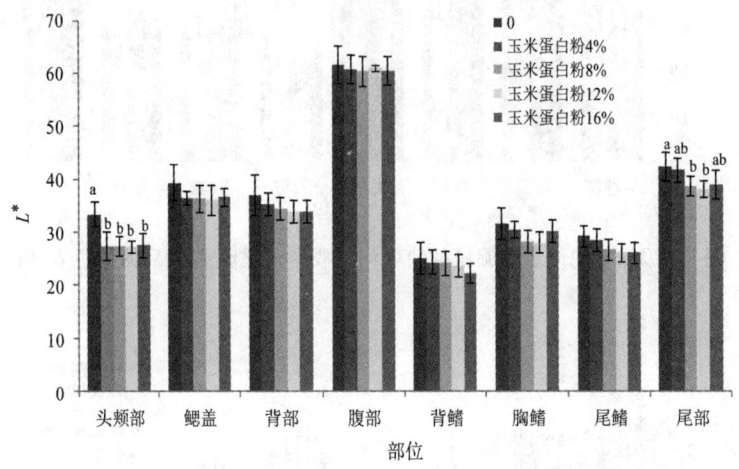

图 10 添加不同剂量玉米蛋白粉的实验饲料喂养东星斑 75 d 后的体色 L^* 值

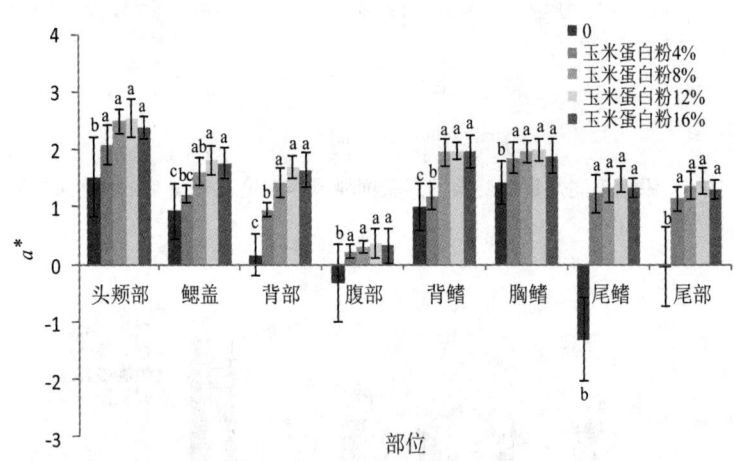

图 11 添加不同剂量玉米蛋白粉的实验饲料喂养东星斑 75 d 后的体色 a^* 值

3 讨论

3.1 饲料添加物对鱼类生长的影响

饲料添加物不仅可用于给鱼类的皮肤、肌肉、鳞片着色,也能对鱼类自身生长性能的发挥起着一定的促进作用。研究表明,在建鲤(*Cyprinus carpio*)的基础日粮中添加一定量的螺

营养、生理与饲料

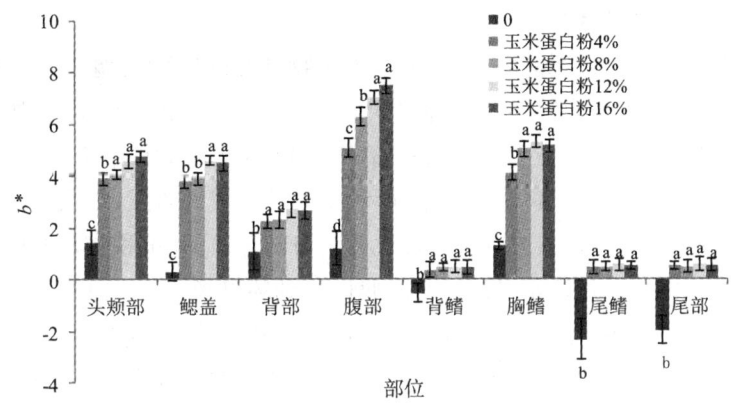

图12 添加不同剂量玉米蛋白粉的实验饲料喂养东星斑75 d后的体色b^*值

旋藻粉,能显著提高其生长性能,实验鱼的相对增重率明显高于对照组[8];螺旋藻粉对幼蟹的生长也有一定促进作用[9];螺旋藻粉对雌性虹鳟(Oncorhynchus mykiss)后代的特定生长率和生长系数均显著高于对照组[10];陈超等也认为虾青素和螺旋藻对东星斑早期形态生长具有显著性影响[4],但大部分研究结果显示,饲料添加剂对多数鱼类生长性能没有明显的促进作用,如在脂鲤(Hyphessobrycon callistus)饲料中添加不同浓度的虾青素[11],在杂交鲇饲料中添加不同形式的叶黄素[12],在虹鳟(Oncorhynchus mykiss)饲料中添加β-胡萝卜素或虾青素[13],在黄颡鱼(Pelteobagrus fulvidraco)饲料中添加不同浓度玉米蛋白粉等[14],对鱼类的特定生长率、增重率、饲料系数的影响均不显著,本实验也进一步验证了这一观点。本研究在普通饲料基础上,添加虾青素、螺旋藻等物质,虽然对东星斑的增重率、特定生长率以及饲料系数略有影响,但差异不显著($P>0.05$),这说明了普通添加物对东星斑的生长影响并不大。

3.2 4种添加物对东星斑体色的影响

鱼类色素的主要成分是类胡萝卜素,类胡萝卜素是一种脂溶性化合物,根据分子中是否含有氧元素,类胡萝卜素又可分为碳氢型类胡萝卜素和碳氢氧型类胡萝卜素[15],前者包括α-胡萝卜素、β-胡萝卜素和γ-胡萝卜素,但呈色效果较差;后者包括虾青素、叶黄素、玉米黄质、黄体素和角黄素等,是鱼虾类的主要呈色色素。水生动物自身不具备含氧类胡萝卜素的合成能力,所以其对含氧类胡萝卜素的需求只能从饲料中摄取[16]。研究表明,饲料是调控体色最有效的手段之一[17-19]。投喂添加虾青素、叶黄素等饲料,可使鱼类体色逐渐加深,越来越鲜艳,这也是已被实验证明了的能使鱼体着色且较为安全与可靠的方法之一[20-21]。本实验结果显示,虾青素能使东星斑体色明显变红,叶黄素、螺旋藻以及玉米蛋白粉能使东星斑明显变黄。鱼类不同的体色是由鱼类自身对类胡萝卜素代谢能力和沉积在鱼体皮肤或肌肉的类胡萝卜素显色作用的结果。如胡子鲇(Clarias fuscus)[15]、大黄鱼(Pseudosciaena crocea)[22]、黄颡鱼[23]等皮肤呈黄色;真鲷[24]以及大西洋鲑[25]、虹鳟[26]等鲑鳟鱼类的肌肉呈现红色或者淡红色;金鱼(Carassius auratus)[27]、孔雀鱼(Poecilia reticulate)[28]、锦鲤(brocarded carp)[29]等观赏鱼呈现五彩斑斓的彩色。

3.3 水生生物体表成色机理

根据对类胡萝卜素的代谢能力,可分成三类生物,即红鲤鱼型、鲷鱼型和甲壳类[30]。红鲤鱼型可将玉米黄质、叶黄素等转变成虾青素,虾青素可直接沉积在体内,如大部分淡水鱼类;鲷鱼型不能把其他类胡萝卜素转化成虾青素,只能直接从食物中吸收并沉积在体内,如大部分经济鱼类;甲壳类可将β-胡萝卜素、叶黄素等转变成虾青素,如大部分的虾类。在天然海域中,东星斑能将天然饵料中的色素转化为自身的色素,并沉积在皮肤中使体色呈红色或鲜橘红色。除虾青素外角黄素可以使鱼的肌肉达到粉红色[31-32],但虾青素能使鱼类体色更接近野生群体[33-34]。在工厂化养殖过程中,由于食用配合饲料造成其体色逐渐变黑,与天然个体的鲜艳体色比相差甚远,因而影响其商业价值。本实验发现,只有喂养添加虾青素饲料东星斑的体色与野生个体十分相似,喂养添加其他3种物质饲料的东星斑虽然他的体色也略有变红,但更明显的是变黄,可见东星斑不能把其他类胡萝卜素转化成虾青素,东星斑应属于鲷鱼型。实验结果显示,随着添加量的增加,东星斑体色值并不是一直增加,而是先增加后下降。说明鱼类的体色并非始终随饲料中添加量的增加而加深,当添加量达一定值时,鱼类体色会又开始变暗,此结果也已被其他实验所证实[35-36]。这可能是由于积累到一定程度时,鱼体对类胡萝卜素吸收和沉积的效率下降。在实际生产中,为节省增色和养殖成本,需尽可能利用色素沉积效率最高时使用,有利于提高添加剂的增色效率。

参考文献

[1] 日本栽培渔业协会.平成元年度事业年报[M].东京:日本栽培渔业协会,1989.

[2] Frisch A, Anderson T.Physiological stress responses of twospecies of coral trout(*Plectropomus leopardus* and *Plectropomus maculatus*)[J].Comparative Biochemistry and Physiology – Part A: Molecular & Integrative Physiology,2005,140(3):317-327.

[3] 张友标,喻达辉,黄桂菊.生态因子对豹纹鳃棘鲈受精卵孵化和仔鱼成活的影响[J].广东农业科学,2010,38(10):102-105.

[4] 陈超,吴雷明,李炎璐,等.豹纹鳃棘鲈(*Plectropomus leopardus*)早期形态与色素变化及添加剂对其体色的影响[J].渔业科学进展,2014,35(5):83-90.

[5] Foss P,Storebakken T,Austreng E,et al.Carotenoids in diets for salmonids V.Pigmentation of rainbow trout and sea trout with astaxanthin and astaxanthin dipalmitate in comparison with canthaxanthin.Aquaculture,1987,65:293-305.

[6] Storebakken T,Foss P,Schiedt K,et al.Carotenoids in diets for salmonids:IV.Pigmentation of Atlantic salmon with astaxanthin,astaxanthin dipalmitate and canthaxanthin[J].Aquaculture,1987,65:279-292.

[7] Chatzifotis S,Pavlidis M,Jimeno C D,et al.The effect of different carotenoid sources on skin coloration of cultured red porgy(*Pagrus pagrus*)[J].Aquaculture Research,2005,36:1517-1525.

[8] 罗萍.螺旋藻对建鲤生长发育的影响[J].水利渔业,2006,26(4):41-42.

[9] 张饮江,何培民,何文辉.螺旋藻对中华绒螯蟹生长和体色的影响[J].中国水产科学,2001,8(2):59-62.

[10] Bazyar Lakeh A A,Ahmadi M R,Safi S,et al.Growth performance,mortality and carotenoid pigmentation of

fry offspring as affected by dietary supplementation of astaxanthin to female rainbow trout (*Oncorhynchus mykiss*) broodstock[J].Journal of Applied Ichthyology,2010,26(1):35-39.

[11] Yi-Juan Wang, Yew-Hu Chien, Chih-Hung Pan. Effects of dietary supplementation of carotenoids on survival, growth, pigmentation, and antioxidant capacity of characins, *Hyphessobrycon callistus*[J].Aquaculture.2006,261:641 648.

[12] 史少奕,李小勤,冷向军,等.饲料中添加不同形式叶黄素对杂交鲶体色的影响[J].上海海洋大学学报,2010(2):196-200.

[13] Amar E C, Kiron V, Satoh S, et al.Influence of various dietary synthetic carotenoids on biodefence, mechanisms in rainbow trout, *Oncorhynchus mykiss*(Walbaum)[J].Aquaculture Research,2001,32:162-173.

[14] 朱磊.玉米蛋白粉和脱霉剂对黄颡鱼生长、体色及健康的影响[D].苏州:苏州大学,2012.

[15] 冷向军,李小勤,韦友传,等.饲料中添加叶黄素对胡子鲇体色的影响[J].水产学报,2003,27(1):38-42.

[16] Goodwin T W.The Biochemistry carotenoids[M].London:Chapman and Hall,1984.

[17] 陈晓明,徐学明,金征宇.富含虾青素的法夫酵母对金鱼体色的影响[J].中国水产科学,2004,11(1):70-73.

[18] 王锐,费小红.四种增色剂在观赏鱼中应用的研究[J].北京水产,2005(4):37-38.

[19] Nakamura K, Iida H.Relationship between albinism and riboflavin amount in flounder *Paralichthys olivaceus*[J].Bull Jap Soc Sci Fish,1986,52(7):1275-1279.

[20] Alishahi M, Karamifar M, Mesbah M.Effects of astaxanthin and *Dunaliella salina* on skin carotenoids, growth performance and immune responseof *Astronotus ocellatus*[J].Aquacult Int,2015,23:1239-1248.

[21] 冷向军,石英,李小勤,等.饲料中添加叶黄素对金鱼体色的影响[J].浙江大学学报(农业与生命科学版),2010,6(2):168-174.

[22] 李欢,段青源,桑卫国.固相萃取-反相高效液相色谱法测定大黄鱼皮肤主要色素[J].食品工业科技,2015,(4):57-66.

[23] Maszumi S.Morphological color changes in fish:regulation of pigment cell density and morphology[J].Microscopy Research and Technique,2002,58(6):496-503.

[24] Chatzifotis S, Pavlidis M, Jimeno C D, et al.The effect of different carotenoid sources on skin coloration of cultured red porgy(*Pagrus pagrus*)[J].Aquaculture Research,2005,36:1517-1525.

[25] Buttle L G, Crampton V O, Williams P D.The effect of feed pigment type on flesh pigment deposition and colour in farmed Atlantic almon, *Salmo salar* L.[J].Aquaculture Research,2001,32:103-111.

[26] Sommer T R, Souzaa F M L, Morrissy N M.Pigmentation of adult rainbow trout, *Oncorhynchus mykiss*, using the green alga *Haematococcus pluvialis*[J].Aquaculture,1992,106:63-74.

[27] 周浠.中国金鱼及其养殖,金鱼的生物学特性[J].北京水产,2000(3):33-41.

[28] 代国庆.家有孔雀鱼[J].中国水产,2000(9):64-65.

[29] 胡民强.我国锦鲤营养需要研究进展[J].佛山科学技术学院学报(自然科学版),2010,28(06):36-39.

[30] Simpson K L.Carotenoids in Fish Feeds//Carotenoids as colorants and vitamin A precursors.New York:Academic Press,1981:463-537.

[31] Smith B, Hardy R, Torrissen O.Synthetic astaxanth in deposition in pan-size coho salmon(*Oncorhynchus*

kisutch）[J].Aquaculture,1992,104:105-119.

[32] Baker R T M,Pfeiffer A M,Schoner F J,et al.Pigmenting efficacy of astaxanthin and canthaxanthin in freshwater reared Atlantic salmon, *Salmo salar*[J]. Animal Feed Science and Technology,2002,99(1-4):97-106.

[33] Noemí T,Juana R C,Covadonga R,et al.Pigmentation,carotenoids,lipid peroxides and lipid composition of skin of red porgy(*Pagrus pagrus*) fed diets supplemented with different astaxanthin sources[J].Aquaculture,2007,270(1-4):218-230.

[34] Kalinowski C T,Robaina L E,Izquierdo M S.Effect of dietary astaxanthin on the growth performance,lipid composition and post-mortem skin colouration of red porgy *Pagrus pagrus*[J].Aquacult Int,2011,19(5):811-823.

[35] 林建斌.鱼虾用着色剂的概况[J].饲料工业,1992,13(9):14-16.

[36] 向枭,曾学润,李晋平,等.类胡萝卜素对花玛丽鱼体色影响的最适量研究[J].北京水产,2000(1):52-53.

野生金乌贼缠卵腺的营养成分分析及评价

刘长琳,葛建龙,赵法箴,陈四清,谭杰,边力,燕敬平

（中国水产科学研究院 黄海水产研究所 农业部海洋渔业资源可持续利用重点开放实验室,青岛 266071）

　　金乌贼（*Sepia esculenta*）俗称乌鱼、乌子、墨鱼、针墨鱼,广泛分布于俄罗斯远东海、日本沿海、朝鲜西海岸和南海岸、中国沿海以及菲律宾群岛海域[6],是我国北方海域经济价值最大的头足类。金乌贼的缠卵腺呈乳白色,状如卵,其腌制品俗称"乌鱼蛋",能加工成薄如纸,形似梅花瓣的造型,一直被视为海味珍品,具有补肾填精、开胃利水之功效。目前已见金乌贼肌肉蛋白质和脂肪酸[7],以及墨汁[8]的营养成分分析和评价,但未见金乌贼缠卵腺的营养成分分析和评价的报道。本研究对金乌贼缠卵腺的营养成分进行了测定,并对品质进行了评价,以期为其加工利用提供理论支持。

1 材料与方法

1.1 材料

　　金乌贼样品于2015年6—7月在青岛黄岛海域（120°20′—120°38′E、35°74′—35°92′N）采用地笼网捕捞获得,挑取雌性性成熟亲体20只,平均体重（725.6±20.5）g,平均胴长（19.6±2.2）cm,活体塑料袋充氧运输至黄海水产研究所金乌贼实验基地。

基金项目：国家科技支撑计划（2011BAD13B08）；中央级公益性科研院所基本科研业务费专项资金（20603022013021）
作者简介：刘长琳(1978—),男,副研究员,E-mail:liuchl@ ysfri.ac.cn
通信作者：陈四清,E-mail:chensq@ ysfri.ac.cn

1.2 方法

1.2.1 样品取样

沿金乌贼腹中线剪开,取缠卵腺,测量称重后,捣碎。一部分置于55℃恒温箱烘干至恒重;另一部分冷冻干燥,密封干燥保存备用。

1.2.2 营养成分测定

水分测定为105℃烘干恒重法(GB/T 5009.3-2010);粗蛋白的测定为凯氏定氮法(GB/T 5009.5-2010);粗脂肪测定为索氏脂肪抽提法(GB/T5009.6-2003),采用丹麦福斯公司ST310脂肪测定仪测定;粗灰分测定为箱式电阻炉550℃灼烧法(GB/T 5009.4-2010)。氨基酸和脂肪酸分别采用Agilent1100液相色谱仪和安捷仑6890N/5973气质联用仪测定。常量及微量元素的含量按照GB/T5009-2003,采用Thermo Fisher Scientific ICP等离子发射光谱仪测定,其中硒(Se)采用全自动四通道氢化物原子荧光光度计测定。

1.2.3 营养评价

根据联合国粮农组织/世界卫生组织(FAO/WHO)1973年建议的氨基酸评分标准模式和全鸡蛋蛋白质的氨基酸模式分别按以下公式计算氨基酸评分(AAS)、化学评分(CS)[9]、必需氨基酸指数(EAAI)[10]:

$$AAS = \frac{aa}{AA(FAO/WHO)} \times 100$$

$$CS = \frac{aa}{AA(Egg)} \times 100$$

$$EAAI = \sqrt[n]{\frac{100A}{AE} \times \frac{100B}{BE} \times \frac{100C}{CE} \times \cdots \times \frac{100H}{HE}}$$

式中:aa 为试验样品氨基酸含量(mg/g);AA(FAO/WHO)为FAO/WHO评分标准模式中同种氨基酸含量(mg/g);AA(Egg)为全鸡蛋蛋白质中同种氨基酸含量(mg/g);n 为比较的必需氨基酸个数,$A,B,C,\cdots,H$ 为样品肌肉蛋白质的必需氨基酸含量(%,dry),$AE,BE,CE,\cdots,HE$ 为全鸡蛋蛋白质的必需氨基酸含量(%,dry)。

1.2.4 数据处理与分析

试验结果借助Excel 2010和SPSS 16.0软件进行数据整理及生物学统计,描述性统计值使用平均值±标准差(mean±SD)表示。

2 结果

2.1 一般营养成分

野生金乌贼缠卵腺鲜样中水分、粗蛋白、粗脂肪、灰分、总糖含量分别为65.75%、28.31%、2.04%、1.11%和2.79%。

表1 野生金乌贼缠卵腺中一般营养成分含量(%,湿重)

项目	水分	粗蛋白	粗脂肪	灰分	总糖
含量	65.75±0.66	28.31±0.34	2.04±0.02	1.11±0.14	2.79±0.19

注:总糖=100-(粗蛋白+粗脂肪+灰分+水分)[11]。

2.2 氨基酸含量及营养品质评价

2.2.1 氨基酸组成

由表2可知,金乌贼缠卵腺中,除色氨酸(Trp)在样品水解过程中被完全破坏外,共检测出17种氨基酸,氨基酸总量(TAA)占粗蛋白含量的69.40%,其中必需氨基酸(EAA)7种,占粗蛋白含量的25.25%;半必需氨基酸(HEAA)2种,占粗蛋白含量的14.73%;非必需氨基酸(NEAA)8种,占粗蛋白含量的29.42%;此外必需氨基酸与总氨基酸(EAA/TAA)的比值为36.38%,必需氨基酸与非必需氨基酸(EAA/NEAA)的比值为85.83%。金乌贼缠卵腺从单一氨基酸在粗蛋白中的含量来看,组氨酸(His)的含量最高(10.91%),其次为天门冬氨酸(Asp)(6.24%),此外谷氨酸(Glu)和赖氨酸(Lys)含量也较高,所占比例均超过5.00%,而蛋氨酸(Met)的含量最低,含量仅为0.42%。

表2 野生金乌贼成体缠卵腺中氨基酸组成及含量(干重) %

氨基酸	粗蛋白中含量	干样中含量
苏氨酸 Thr*	4.77±0.29	3.94±0.24
蛋氨酸 Met*	0.42±0.02	0.35±0.04
缬氨酸 Val*	2.97±0.12	2.45±0.11
异亮氨酸 Ile*	4.09±0.24	3.38±0.22
亮氨酸 Leu*	4.26±0.18	3.52±0.12
苯丙氨酸 Phe*	3.11±0.06	2.57±0.02
赖氨酸 Lys*	5.63±0.12	4.65±0.11
精氨酸 Arg	3.82±0.07	3.16±0.07
组氨酸 His	10.91±0.34	9.02±0.32
丝氨酸 Ser	2.46±0.09	2.03±0.10
天门冬氨酸 Asp#	6.24±0.21	5.16±0.18
谷氨酸 Glu#	6.02±0.12	4.98±0.10
甘氨酸 Gly#	1.96±0.04	1.62±0.02
丙氨酸 Ala#	2.32±0.02	1.92±0.02
胱氨酸 Cys	3.58±0.11	2.96±0.12
酪氨酸 Tyr	3.26±0.08	2.69±0.07
脯氨酸 Pro	3.58±0.12	2.96±0.12
氨基酸总量 TAA	69.40±0.88	57.36±0.80
必需氨基酸总量 EAA	25.25±0.42	20.87±0.44

续表

氨基酸	粗蛋白中含量	干样中含量
半必需氨基酸总量 HEAA	14.73±0.12	12.18±0.12
非必需氨基酸总量 NEAA	29.42±0.42	24.32±0.44
呈味氨基酸总量 FAA	16.54±0.28	13.68±0.26
EAA/TAA	36.38	
EAA/NEAA	85.83	
FAA/TAA	23.83	

注：* 必需氨基酸；# 鲜味氨基酸.

2.2.2 呈味氨基酸分析

金乌贼缠卵腺中谷氨酸(Glu)、天门冬氨酸(Asp)、甘氨酸(Gly)以及丙氨酸(Ala)等4种呈味氨基酸在粗蛋白中的含量为16.54%,占氨基酸总量的23.83%,其中呈鲜味特征的Asp和Glu的含量较高,在粗蛋白中的含量分别为6.24%和6.02%。

2.2.3 必需氨基酸组成评价

由 AAS 可知,缬氨酸(Val)得分最低,为59.46,亮氨酸(Leu)得分次之,为60.89,其他必需氨基酸的 AAS 得分均高于100分。由 CS 可知,除缬氨酸(Val)、亮氨酸(Leu)和酪氨酸+苯丙氨酸(Tyr+Phe)得分低于80分外,其他氨基酸均高于80分,其中缬氨酸(Val)得分最低,亮氨酸(Leu)次之。因此,野生金乌贼缠卵腺中第一限制性氨基酸为缬氨酸(Val),第二限制性氨基酸为亮氨酸(Leu)。此外,野生金乌贼缠卵腺的必需氨基酸指数 EAAI 为77.62,氨基酸较为平衡。

表3 金乌贼成体缠卵腺蛋白质必需氨基酸组成评价 mg/g

必需氨基酸 EAA	异亮氨酸 Ile	亮氨酸 Leu	赖氨酸 Lys	胱氨酸+蛋氨酸 Cys+Met	苏氨酸 Thr	缬氨酸 Val	酪氨酸+苯丙氨酸 Tyr+Phe
金乌贼缠卵腺	40.91	42.62	56.34	40.02	47.74	29.73	63.75
FAO 模式	40	70	55	35	40	50	60
氨基酸得分 AAS	102.28	60.89	102.44	114.34	119.35	59.46	106.25
鸡蛋蛋白质	49	66	66	47	45	54	86
化学分 CS	83.49	64.58	85.36	85.15	106.09	55.06	74.13
必需氨基酸指数 EAAI				77.62			

2.3 脂肪酸组成与含量

金乌贼缠卵腺中主要检测出22种脂肪酸,其中包括饱和脂肪酸(SFA)7种、单不饱和脂肪酸(MUFA)8种、多不饱和脂肪酸(PUFA)7种,其中 PUFA 含量最高,为54.84%;SFA 含量次之,为29.70%;MUFA 含量最少,仅为7.15%,此外不饱和脂肪酸(UFA)与 SFA 的比值为 2.09。在 SFA 中,C16:0(棕榈酸)的含量最高(19.39%),C18:0(硬脂酸)的含量次之(6.24%),两者构成了饱和脂肪酸的主要成分,占饱和脂肪酸含量的 86.30%;在 PUFA 中,C22:6(DHA)和 C20:5(EPA)含量最高,分别占脂肪酸总量的 26.53% 和 17.74%,且 DHA+EPA 含量占脂肪酸总量的 44.27%,且占 PUFA 的 80.73%。

表 4 野生金乌贼缠卵腺中脂肪酸的组成及含量(干重)　　　　%

脂肪酸	含量	脂肪酸	含量
C14:0	1.76±0.11	C20:3 n-3	8.58±0.12
C15:0	0.45±0.04	C20:5 n-3 (EPA)	17.74±0.18
C16:0	19.39±0.22	C22:0	0.40±0.04
C16:1 n-7	0.26±0.04	C22:1 n-11	0.27±0.02
C16:1 n-5	0.29±0.05	C22:1 n-9	0.50±0.05
C17:0	1.35±0.14	C22:5 n-3	0.76±0.10
C18:0	6.24±0.21	C22:6 n-3 (DHA)	26.53±1.12
C18:1n-9	1.85±0.11	饱和脂肪酸 SFA	29.70±0.81
C18:1 n-7	1.40±0.08	单不饱和脂肪酸 MUFA	7.15±0.08
C18:2 n-6	0.38±0.06	多不饱和脂肪酸 PUFA	54.84±1.51
C20:0	0.11±0.04	DHA+EPA	44.27±1.11
C20:1 n-9	2.47±0.14	DHA/EPA	1.50
C20::1 n-7	0.11±0.01	UFA/SFA	2.09
C20:2 n-6	0.73±0.04	∑n-6/∑n-3	0.023
C20:3 n-6	0.12±0.01		

2.4 维生素含量

由表 5 可知,野生金乌贼缠卵腺中 V_{B6} 的含量最高,为 4.51 mg/kg;其次为 V_{B3} 和 V_{B2},含量分别为 3.88 mg/kg 和 1.72 mg/kg。

表 5 野生金乌贼缠卵腺中维生素含量(干重)　　　　mg/kg

维生素	V_A	V_{B1}	V_{B2}	V_{B3}	V_{B6}
含量	0.02±0.00	1.19±0.08	1.72±0.02	3.88±0.12	4.51±0.08

2.5 常量及微量元素含量

由表 6 可知,金乌贼缠卵腺中含有多种矿物质元素,其中在常量元素中,K 的含量最高,为 19 350 mg/kg,其次为 Na 和 P,分别为 8 793 mg/kg 和 8 667 mg/kg,Ca/P 为 1/10.84;在微量元素中,Cu 的含量最高为 49.35 mg/kg,其次为 Zn 和 Mn,含量分别为 45.24 mg/kg 和 36.94 mg/kg。

表 6　野生金乌贼缠卵腺中常量及微量元素含量（干重）　　mg/kg

元素	K	Ca	P	Na	Mg	Cu	Fe	Mn	Zn	Se	Ca/P
含量	19 350±110.55	799.5±21.14	8 667±80.25	8 793±55.48	945.8±18.96	49.35±4.21	11.03±0.84	36.94±1.22	45.24±2.32	1.18±0.18	1/10.84

3　讨论

3.1　一般营养成分

金乌贼缠卵腺一般营养成分与野生拟目乌贼（Sepia lycidas）[2]、野生虎斑乌贼（Sepia pharaonis）[3]和太平洋褶柔鱼（Todarodes pacificus）[5]等 3 种头足类缠卵腺主要营养成分含量相比较，金乌贼缠卵腺粗蛋白和粗脂肪含量最高，水分和灰分含量最低，总糖含量高于拟目乌贼，且显著低于太平洋褶柔鱼；与金乌贼、拟目乌贼[2]、虎斑乌贼[3]、曼氏无针乌贼[12]、日本枪乌贼[13]、短蛸[14]、长蛸[11]、弯斑蛸[15]等野生头足类肌肉的主要营养成分含量相比较，金乌贼缠卵腺粗蛋白和粗脂肪含量最高，水分和灰分含量最低，总糖含量低于金乌贼、曼氏无针乌贼和长蛸，而高于拟目乌贼、短蛸和弯斑蛸。因此金乌贼缠卵腺具有高蛋白、高脂肪、低灰分的特点。

表 7　不同野生头足类品种缠卵腺或肌肉的主要营养成分含量比较（干重）　　%

项目	水分	粗蛋白	粗脂肪	灰分	总糖
金乌贼缠卵腺	65.75±0.66	28.31±0.34	2.04±0.02	1.11±0.14	2.79±0.19
拟目乌贼（Sepia lycidas）缠卵腺[2]	68.17±0.83	22.74±0.58	0.22±0.04	2.09±0.22	0.23±0.01
虎斑乌贼缠卵腺[3]	72.87±0.37	15.64±0.20	1.30±0.06	2.69±0.11	—
太平洋褶柔鱼（Todarodes pacificus）缠卵腺[5]	77.8	10.9	1.2	1.4	8.5
金乌贼肌肉[16]	71.10±0.42	22.02	0.75	2.17	3.97
拟目乌贼肌肉[2]	73.99±0.06	14.80±0.07	0.17±0.01	1.78±0.01	0.20±0.01
虎斑乌贼肌肉[3]	74.47±1.08	19.90	0.8	2.65±0.13	—
曼氏无针乌贼（Sepiella maindron）肌肉[12]	77.74±1.92	13.56±0.31	1.16±0.07	2.90±0.11	3.67±0.20
日本枪乌贼肌肉[13]	85.82	9.29	1.43	1.79	—
短蛸（Octopus ocellatus）肌肉[14]	81.7	14.8	1.00	1.1	1.44
长蛸（Octopus minor）肌肉[11]	79.30	14.85	0.41	1.94	3.50
弯斑蛸（Octopus dollfusi）肌肉[15]	81.0	15.0	1.0	1.1	1.44

3.2　氨基酸含量及营养品质

蛋白质含量、氨基酸种类和比例等是影响食品中蛋白质营养价值评定的重要因素[17]，其中 EAA 的含量与组成是最重要的评价指标。金乌贼缠卵腺 EAA/TAA 为 36.38%，EAA/NEAA 为 85.83%，指标均符合 FAO/WHO 的理想模式要求的优质蛋白质中 EAA/TAA 为

40%左右,EAA/NEAA 在 60%以上的标准[18],表明金乌贼缠卵腺蛋白质质量较好。

金乌贼缠卵腺单一氨基酸中组氨酸(His)的含量最高,其次为天门冬氨酸(Asp),但在虎斑乌贼缠卵腺中谷氨酸(Glu)含量最高,其次为 Asp,拟目乌贼缠卵腺中 Glu 含量最高,其次为精氨酸(Arg),而金乌贼肌肉中 Glu 的含量最高,其次为 Asp[16],金乌贼墨汁中 Asp 含量最高,其次为亮氨酸(Leu)[17],因此在头足类不同品种的缠卵腺以及同一品种的不同部位中氨基酸含量的高低次序存在一定差异。组氨酸是一种半必需氨基酸,但在儿童阶段人体不能合成,是儿童阶段的必需氨基酸,具有促进铁的吸收、降低胃液酸度、扩张血管和降低血压等作用,可用于治疗心脏病、贫血、风湿性关节炎等疾病的治疗[19]。天门冬氨酸是呈鲜味的特征氨基酸[10],具有增强机体抵抗力、保护心肌等作用[20]。因此,金乌贼缠卵腺具有一定的药用价值和保健作用。

必需氨基酸指数(EAAI)是一种评价蛋白质营养价值的常用指标,能够反映出蛋白源与标准蛋白的必需氨基酸组成的拟合程度[21]。金乌贼缠卵腺的 EAAI 为 77.62,低于金乌贼肌肉(85.43)[16]和曼氏无针乌贼的肌肉(85.6)[12],但高于虎斑乌贼缠卵腺(56.69)和肌肉(69.29)[3]以及拟目乌贼的缠卵腺(71.08)和肌肉(71.73)[2]。Oser[22]认为 EAAI 为 80 左右时蛋白质营养价值较好,因此金乌贼缠卵腺蛋白质具有较好的营养价值,可以作为人体理想的蛋白质来源。

3.3 脂肪酸组成与含量

脂肪质量主要取决于脂肪酸的不饱和度,UFA/SFA 越大,说明脂肪质量越高[23]。金乌贼缠卵腺 UFA/SFA 为 2.09,仅低于拟目乌贼缠卵腺(2.16)[2],但高于虎斑乌贼缠卵腺(1.75)[3],以及金乌贼(1.75)[16]、拟目乌贼(1.79)[2]、虎斑乌贼(1.42)[3]、曼氏无针乌贼(1.27)[24]、弯斑蛸(1.95)[15]和短蛸(0.99)[14]等野生头足类的肌肉含量,说明金乌贼缠卵腺脂肪质量较高。

PUFA 具有抗肿瘤、预防心血管疾病和增强免疫力等功能,在医药方面应用广泛,且高含量的 PUFA 能显著增加香味,在一定程度上反映多汁性[25]。金乌贼缠卵腺 PUFA 含量丰富,为 54.84%,与虎斑乌贼缠卵腺(54.15%)相当[3],低于拟目乌贼缠卵腺(56.19%)[2],但高于金乌贼(49.83)[16]、曼氏无针乌贼(40.03)[24]、日本枪乌贼(24.94%)[13]、短蛸(41.24)[14]和弯斑蛸(52.62)[15]等头足类肌肉含量。此外,n-3 PUFA 在人体的营养、发育和健康等方面有着重要作用,其中 DHA 和 EPA 具有预防心血管疾病、抗癌、抗炎等作用,且 DHA 还对胎儿大脑的形成以及婴儿神经和视觉系统的发育具有促进作用[26]。金乌贼缠卵腺的 PUFA 中 DHA 和 EPA 含量最高,DHA+EPA 占脂肪酸总量的 44.27%,高于拟目乌贼的缠卵腺(36.53%)[2]和虎斑乌贼(43.09%)[3],以及金乌贼(41.23%)[7]、短蛸(35.96%)[14]和曼氏无针乌贼(32.02%)[24]的肌肉中的含量,此外还高于褐牙鲆(29.79%)[27]、凡纳滨对虾(19.41%)[28]、海湾扇贝(30.15%)[29]等多种水产动物肌肉中的含量。英国卫生部(HMSO)推荐的人类食品中 n-6/n-3 PUFA 最大安全上限为 4.0,长期摄食超过此限值的水产品可引发心血管疾病,从而对人体健康造成危害[30]。金乌贼缠卵腺 n-6/n-3 PUFA 为 0.023,远低于 HMSO 推荐的最大限值。因此金乌贼缠卵腺含有丰富的 PUFA,有益于人体健康,可用于富含不饱和脂肪酸的药物、保健品和高档食品的开发。

3.4 维生素含量

维生素是维持身体健康所必需的一类有机化合物,在物质代谢中起着重要的作用。金乌贼缠卵腺维生素较为丰富,其中 V_{B6} 含量最高, V_{B3} 次之。 V_{B6} 为人体内某些辅酶的组成成分,参与多种代谢反应,尤其与蛋白质和氨基酸代谢有密切关系,对防治不安、失眠、多发性神经炎等具有一定作用[31]。 V_{B3} 可用于高胆固醇血症、动脉粥样硬化及缺血性心脏病的治疗,缺乏时易患癞皮病、神经炎、消化道炎症等疾病[31]。此外金乌贼缠卵腺 V_{B2} 和 V_{B1} 含量较高,两者均高于长蛸[11]、弯斑蛸[15]和真蛸(*Octopus vulgaris*)[32]等头足类肌肉含量。

3.5 常量及微量元素含量

矿物元素是构成生命体的重要物质,是某些蛋白质、酶、激素、维生素的重要组成成分,对于维持人体的正常生命活动有着重要的生理功能,但矿物元素不能在人体内合成,所以日常膳食中的含量显得尤为重要。金乌贼缠卵腺中含有丰富的矿物元素,其中在常量元素中 K 和 Na 含量较高,在微量元素中 Cu 和 Zn 含量较高,且与野生拟目乌贼和虎斑乌贼的缠卵腺相比较,金乌贼缠卵腺中除 Fe 含量低于拟目乌贼缠卵腺[2]、Ca 含量低于虎斑乌贼缠卵腺[33]外,其余元素含量均高于两者的缠卵腺;与金乌贼肌肉相比较,金乌贼缠卵腺中除 P、Mg、Zn 和 Fe 等 4 种元素含量偏低外,其余 6 种元素含量均高于金乌贼肌肉,其中 Gu 和 Mn 含量远高于金乌贼肌肉。马爱军等[34]认为 Na 和 K 含量较高时有利于维持肌体的电解质平衡,促进新陈代谢,进而提高肌体的活力和健康水平。Zn 参与蛋白质、核酸的合成与代谢[35],被称为"生命之花",对有机体的性发育与功能、生殖细胞的形成具有重要作用[36]。Cu 会影响卵泡的生长和成熟,以及输卵管的蠕动和卵子的运行,而 Mn 对于骨骼发育和繁殖均有作用[37]。缠卵腺是头足类生殖系统的重要组成部分,其作用是分泌凝胶状物质,形成受精卵的卵膜[38],在金乌贼缠卵腺中 Cu、Mn 元素含量明显高于肌肉,其原因可能是两者与生殖功能密切相关。

参考文献

[1] 林东明,陈新军.头足类生殖系统组织结构研究进展.上海海洋大学学报,2013,22(3):410-418.

[2] 蒋霞敏,彭瑞冰,罗江,等.野生拟目乌贼不同组织营养成分分析及评价.动物营养学报,2012,24(12):2393-2401.

[3] 高晓兰,蒋敏霞,乐可鑫,等.野生虎斑乌贼不同组织营养成分分析及评价.动物营养学报,2014,26(12):3858-3867.

[4] Aso Y, Kimura S. Development and application of marine mucin for cosmetics. Fragrance Journal, 2006, 34(3):14-20.

[5] 王倩.太平洋褶柔鱼缠卵腺糖蛋白的分离提取及生物活性分析.福州:福建农林大学,2013.

[6] 郝振林,张秀梅,张沛东.金乌贼的生物学特性及增殖技术.生态学杂志,2007,26(4):601-606.

[7] 樊甄姣,吕振明,吴常文,等.野生金乌贼蛋白质和脂肪酸成分分析与评价.营养学报,2009,31(5):513-515.

[8] 郑小东,杨建敏,王海艳,等.金乌贼墨汁营养成分分析及评价.动物学杂志,2003,38(4):32-35.

[9] 王颖,吴志宏,李红艳,等.青岛魁蚶软体部营养成分分析及评价.渔业科学进展,2013,34(1):133-139.

[10] 董辉,王颉,刘亚琼,等.杂色蛤软体部营养成分分析及评价.水产学报,2011,35(2):276-282.
[11] 钱耀森,郑小东,王培亮,等.天鹅湖长蛸营养成分的分析及评价.海洋科学,2010,34(12):14-18.
[12] 常抗美,吴常文,吕振明,等.曼氏无针乌贼(Sepiella maindroni)野生及养殖群体的生化特征及其形成机制的研究.海洋与湖沼,2008,39(2):145-151.
[13] 刘玉峰,毛阳,王远红,等.日本枪乌贼的营养成分分析.海洋学报,2011,41(增刊):341-343.
[14] 张伟伟,雷晓凌.短蛸不同组织的营养成分分析与评价.湛江海洋大学学报,2006,26(4):91-93.
[15] 雷晓凌,赵树进,杨志娟,等.南海弯斑蛸营养成分的分析与评价.营养学报,2006,28(1):58-61.
[16] 刘长琳,阮飞腾,秦搏,等.金乌贼成体肌肉的营养成分分析及评价.海洋科学,2016,40(8):1-10.
[17] 杨建敏,邱盛尧,郑小东,等.美洲帘蛤软体部营养成分分析及评价.水产学报,2003,27(5):495-498.
[18] 冀德伟,李明云,史雨红,等.光唇鱼的肌肉营养组成与评价.营养学报,2009,31(3):298-300.
[19] 王镜岩 朱圣庚 徐长法.生物化学教程.北京:高等教育出版社,2008:17.
[20] 祝忠群.谷氨酸、天门冬氨酸与心肌保护.心血管病学进展,1997,18(1):47-50.
[21] 陈道海,文菁,赵玉燕,等.野生与人工养殖的虎斑乌贼肌肉营养成分比较.食品科学,2014,35(7):217-222.
[22] Oser B L.Method for integrating essential amino acid content in the nutritional evaluation of protein.Journal of the American Dietetic Association,1951,27(5):396-402.
[23] 刘长琳,陈四清,王有廷,等.裸盖鱼(Anoplopoma fimbria)肌肉的营养成分分析及评价.渔业科学进展,2015,36(2):133-139.
[24] 宋超霞,王春琳,邵银文,等.野生鱼养殖曼氏无针乌贼肌肉的营养成分和评价.营养学报,2009,31(3):301-303.
[25] 吴爱春,张永普,周化斌.橄榄蚶软体部营养成分分析与评价.动物学杂志,2009,44(1):92-98.
[26] 朱路英,张学成,宋晓金,等.n-3 多不饱和脂肪酸 DHA、EPA 研究进展.海洋科学,2007,31(11):78-85.
[27] 楼宝,高露姣,毛国民,等.褐牙鲆肌肉营养成分与品质评价.营养学报,2010,32(2):195-197.
[28] 张高静,韩丽萍,孙剑锋,等.南美白对虾营养成分分析与评价.中国食品学报,2013,13(8):254-260.
[29] 李伟青,王颉,孙剑锋,等.海湾扇贝营养成分分析与评价.营养学报,2011,33(6):630-632.
[30] HMSO.Nutritional aspects of cardiovascular disease[R]//Report on health and social subjects No.46.London:HMSO,1 994.
[31] 李靖.维生素的生理作用及抗癌作用.洛阳医专学报,1999,17(3):169-176.
[32] 杨月欣,王光亚,潘兴昌.中国食物成分表.北京:北京大学医学出版社,2002:151-155.
[33] 戴宏杰,孙玉林,冯梓欣,等.雌性虎斑乌贼缠卵腺营养成分分析与评价.食品科学,2016,37(14):97-102.
[34] 马爱军,刘新富,翟毓秀,等.野生及人工养殖半滑舌鳎肌肉营养成分分析研究[J].海洋水产研究2006,27:49-54.
[35] 于朝云,杨慧.微量元素与人体生理功能的关系.山东医药,2009,49(9):113-114.
[36] Irmisch G,Schlaefke D,Richter J.Zinc and Fatty Acids in Depression.Neurochemical Research,2010,35(9):1376-1383.
[37] Taweechai S S,Wongkham S,Chareonsuks,et al.Selective activity of streblus asper on Mutans streptococci.Journal of Ethnopharmacology,2000,70(1):73-79.
[38] Boletzky S V.Encapsulation of cephalopod embryos:a search for functional correlations.Amer Malacol Bull,1986,4(2):217-227.

下丘脑神经肽对半滑舌鳎垂体促性腺激素和生长激素表达及分泌的影响

王滨[1,2],刘权[1,3],柳学周[1,2],徐永江[1,2],史宝[1,2],宋雪松[1,3]

(1. 中国水产科学研究院 黄海水产研究所,农业部海洋渔业可持续发展重点实验室,山东 青岛 266071;
2. 青岛海洋科学与技术国家实验室,海洋渔业科学与食物产出过程功能实验室,山东 青岛 266237;
3. 上海海洋大学 水产与生命学院,上海 201306)

Kisspeptin(简称 Kiss)是由 *Kiss*1 基因编码的一种新型下丘脑神经肽,参与了哺乳动物生殖调控及青春期启动(Roa et al. ,2011;Tena-Sempere,2010)。*Kiss*1 基因最初是从人黑色素瘤和乳腺癌细胞中分离得到的,因其具有抑制肿瘤生长和转移的功能,Kiss 最初被命名为转移抑制素(metastin)(Lee et al. ,1996;Lee and Welch,1997)。1999 年,Lee 等从大鼠(*Rattus norvegicus*)脑中鉴定出了一种新型 G 蛋白偶联受体,命名为 GPR54(Lee et al. ,1999)。两年后,Kiss 被认为是孤儿受体 GPR54 的内源性配体(Kotani et al. ,2001;Muir et al. ,2001;Ohtaki et al. ,2001)。2003 年,两个独立研究组发现突变 *GPR*54 导致人特发性性腺功能减退(de Roux et al. ,2003;Seminara et al. ,2003)。随后研究发现基因敲出 *Kiss*1 或者 *GPR*54 均影响性腺发育及生殖功能(d'Anglemont de Tassigny et al. ,2007;Seminara et al. ,2003),说明 Kiss/GPR54 在哺乳类生殖调控中发挥了关键作用。

目前,除鸟类外,在其他脊椎动物中均鉴定出了 *Kiss*1 的同源基因(Mechaly et al. ,2013;Pasquier et al. ,2014;Tena-Sempere et al. ,2012;Um et al. ,2010)。斑马鱼(*Danio rerio*)、青鳉(*Oryzias latipes*)、金鱼(*Carassius auratus*)、欧洲海鲈(*Dicentrarchus labrax*)、条纹鲈(*Morone saxatilis*)以及鲐鱼(*Scomber japonicus*)中有两种 Kiss 基因(*Kiss*1 和 *Kiss*2),然而在尼罗罗非鱼(*Oreochromis niloticus*)、斜带石斑鱼(*Epinephelus coioides*)、塞内加尔鳎(*Solea senegalensis*)以及星点东方鲀(*Takifugu niphobles*)中只存在 *kiss*2 基因(Mechaly et al. ,2013;Tena-Sempere et al. ,2012)。尽管在多种鱼类中已鉴定出了 Kiss 系统,然而有关 Kiss 对鱼类生殖调控的研究相对较少且存在争议。最初在金鱼中研究报道称 Kiss1 和 Kiss2 均不影响垂体细胞 LH 分泌(Li et al. ,2009)。然而,另外两个研究报道称 Kiss1 直接促进了金鱼垂体细胞 LH、GH 及 PRL 分泌(Chang et al. ,2012b;Yang et al. ,2010)。最近有报道称只有 Kiss2 显著性地促进了欧洲海鲈垂体细胞 LH 和 FSH 分泌,而 Kiss1 对二者分泌无影响(Espigares et al. ,2015)。此外,Kiss2 也显著性地促进了条纹鲈垂体细胞 LH 和 FSH 分泌,而 Kiss1 特异性地促进了

基金项目:国家自然科学基金项目(31602133;31502145)、国家鲆鲽类产业技术体系(CARS-50)、山东省自然科学基金项目(ZR2016CB02)和中国水产科学研究院黄海水产研究所基本科研业务费(20603022016018)。

作者简介:王滨,助理研究员,从事鱼类生殖内分泌研究,E-mail:wangbin@ ysfri. ac. cn

通信作者:柳学周,研究员,E-mail:liuxz@ ysfri. ac. cn

FSH 分泌,对 LH 分泌无影响(Zmora et al.,2015)。另一方面,Kiss1 显著性地增加了金鱼垂体细胞 *lhβ*、*gh* 及 *prl* mRNA 水平(Yang et al.,2010)。相反,Kiss1 特异性地降低了欧洲鳗鲡(*Anguilla anguilla*)垂体细胞 *lhβ* mRNA 水平,对 *gthα*、*fshβ*、*tshβ* 及 *gh* mRNA 水平无影响(Pasquier et al.,2011)。最近研究报道称 Kiss1 和 Kiss2 均不影响欧洲海鲈垂体细胞 *lhβ* 和 *fshβ* mRNA 水平(Espigares et al.,2015)。然而,Kiss1 和 Kiss2 均增加了条纹鲈垂体细胞 *fshβ* mRNA 水平;Kiss2 对 *lhβ* mRNA 水平无影响,Kiss1 却抑制了 *lhβ* mRNA 水平(Zmora et al.,2015)。同样在哺乳类中,Kiss1 在垂体水平影响促性腺激素分泌的作用也存在争议(Richard et al.,2009)。综上所述,Kiss 参与了脊椎动物垂体功能,然而 Kiss 在不同物种间的作用具有多样性,尤其是在硬骨鱼类中存在两种 Kiss 多肽,它们对鱼类生殖调控的精确作用需要进一步深入研究。

半滑舌鳎(*Cynoglossus semilaevis*)属于鲽形目(Pleuronectiformes)、舌鳎科(Cynoglossidae)、舌鳎属(*Cynoglossus*),是一种重要的海水养殖经济鱼类。近年来,对于半滑舌鳎生殖相关功能基因研究已有过一些报道,例如 *gnrh2*、*gnrh3*、*fshβ*、*lhβ*、*gthα*、*mpr-like* 及 *pgrmc*1 等(Shi et al.,2015;Zhou et al.,2012;柳学周等,2015;王滨等,2017;张金勇等,2016)。本实验室通过同源克隆及 RACE 的方法已经获得了半滑舌鳎部分 *Kiss*2 cDNA 序列(GenBank 登录号:KX090946)。为了进一步研究 Kiss2 在鲆鲽鱼类生殖调控中的精确作用,本文通过原代垂体培养方法,结合荧光定量 PCR 及 ELISA 技术研究 Kiss2 对半滑舌鳎垂体促性腺激素及生长激素表达及分泌的影响,以期阐明 Kiss2 对半滑舌鳎垂体功能的精确调控作用。

1 材料与方法

1.1 试剂

半滑舌鳎 Kiss2 成熟肽(FNFNPFGLRF-NH2)由上海强耀生物科技有限公司合成,纯度为 99.72%;GnRH 类似物[des-Gly^{10},D-Ala^{6}]-LHRH ethylamide(简称 GnRHa,货号:L4513)和生长抑素(somatostatin,简称 SS,货号:S9129)均购自 Sigma 公司。将多肽均溶于灭菌超纯水配成 1 mmol/L 母液后分装于 PCR 管(5 μL/管),-80℃ 保存备用。L15 培养基干粉(Leibovitz's L15 Medium powder)及双抗(Penicillin-Streptomycin-Glutamine)均购自 Life Technologies 公司;牛血清白蛋白 BSA(Albumin Bovine Serum,Fraction V,Fatty Acid-Poor,Endotoxin-Free)购自 Calbiochem 公司;HEPES 购自 Solabio 公司;RNA 提取试剂 RNAiso Plus、反转录试剂盒 PrimeScript™ RT reagent Kit with gDNA Eraser(Perfect Real Time)以及荧光定量 PCR 试剂盒 SYBR© *Premix Ex* Taq™II(Tli RNaseH Plus)均购自 TaKaRa 公司,其余为国产分析纯。

1.2 实验用鱼

实验用半滑舌鳎购自青岛钧予水产有限公司,2 龄、雌性,体重为(493.4±15.1)g,性腺指数(gonadosomatic index,GSI=性腺重/体重×100)为(0.71±0.04)%。半滑舌鳎用 0.05% MS222(Sigma 公司)麻醉后用剪子沿侧线剪开头部处死,迅速取出垂体置于冰预冷的新鲜 L15 培养基中。L15 培养基配方参照之前已发表文献(Wang et al.,2014)。取样工具在使用前均高压灭菌,烘干。取样结束后立刻将样品转移到细胞房内进一步处理。

1.3 原代垂体培养实验

原代垂体培养实验方法参考之前已发表文献(Shahjahan et al., 2011; Wang et al., 2014)。以下所有操作均在无菌超净工作台中进行。将垂体转移到培养皿中,用新鲜的 L15 培养液清洗 2 次。用巴氏吸管将垂体逐个转移至 24 孔培养板中,每孔加入 1 mL L15 培养液,然后放在 25℃培养箱(HF 151 UV,Heal Force 公司)中预孵育 1 h。预孵育结束后,去除孵育液,按以下方法处理:对照组,每孔加入 1 mL 的 L15 培养液;Kiss2 实验组,每孔加入 1 mL Kiss2 终浓度为 1 μmol/L 的 L15 培养液。为了比较 GnRH、SS 与 Kiss 对垂体激素基因表达及分泌调控的差异,故增加 GnRHa 和 SS 实验组。每孔加入 1 mL GnRHa 或者 SS 终浓度为 1 μmol/L 的 L15 培养液,然后将 24 孔培养板放在 25℃培养箱中孵育 24 h。Kiss 多肽浓度及孵育时间选择参考之前已发表文献(Yang et al., 2010)。孵育结束后,将垂体转移到含有 1 mL RNAiso Plus 的 EP 管中用注射器抽打数次,使垂体与 RNAiso Plus 匀浆完全后放在-80℃冰箱中保存直至 RNA 提取。该实验重复两次,每次实验每种处理 4~5 个重复。

1.4 总 RNA 提取、反转录与荧光定量 PCR 检测

按照 RNAiso Plus 操作说明提取垂体总 RNA,通过 NanoDrop2000C 分光光度计(Thermo 公司)测定 RNA 的纯度和浓度。取 1 μg 总 RNA 通过 0.8%琼脂糖凝胶电泳检验其完整性。纯度高且完整的 RNA 按照 PrimeScript™ RT reagent Kit with gDNA Eraser(Perfect Real Time)反转录试剂盒说明书进行反转录实验。反转录实验体系为 20 μL,先取 1 μg 总 RNA 与 2 μL 5×gDNA Eraser Buffer、1 μL gDNA Eraser,用无 RNase 水补充至 10 μL,充分混匀、短暂离心后按以下反应程序进行:42℃ 2 min;将这一步的反应液与 1 μL RT Primer Mix、1 μL PrimeScript™ RT Enzyme Mix I、4 μL 5×PrimeScript Buffer、4 μL 无 RNase 水,充分混匀、短暂离心后按以下反应程序进行:37℃ 15 min,85℃ 5 s;将反转录产物 10 倍稀释后-20℃保存备用。

表 1 定量 PCR 反应所使用的引物

名称	引物序列(5'-3')	扩增长度/bp	扩增效率	GenBank 登录号
gh-F	TTATAGACCAGCGGCGTTTC	179	0.94	HQ334196
gh-R	ATGCTTGTTGTCGGGGATG			
$gth\alpha$-F	TTCCCCACTCCTCTAACGACA	116	1.08	JQ364953
$gth\alpha$-R	ACCACAATACCAGCCACCACTAC			
$lh\beta$-F	TCCACCTGACACTAACGCTG	191	0.90	JQ277934
$lh\beta$-R	GTTTGGTTCCTTTGTTCTGC			
$fsh\beta$-F	TGATGGGTGTCCAGAGGAAG	95	1.10	JQ277933
$fsh\beta$-R	CAACAAACCGTCCACAGTCC			
$18S$-F	GGTCTGTGATGCCCTTAGATGTC	107	1.00	GQ426786
$18S$-R	AGTGGGGTTCAGCGGGTTAC			

按照之前文献(Wang et al., 2016)所述方法通过荧光定量 PCR 检测相关基因表达分

析。荧光定量扩增体系为 20 μL，包括 10 μL 2×SYBR© *Premix Ex Taq*™ II、0.8 μL 上下游引物（每种引物浓度均为 10 μmol/L）、2 μL 稀释的 cDNA 模板以及 7.2 μL 无菌水，充分混匀、短暂离心后通过 Mastercycler ep *realplex* Real-time PCR 仪（Eppendorf 公司）进行荧光定量检测，每个样品 3 个平行，PCR 程序采用两步法：95℃ 30 s；95℃ 5 s，60℃ 20 s，共 40 个循环。反应结束后进行熔解曲线分析进而验证产物特异性。18S 作为内参基因，定量 PCR 检测所使用的引物以及它们的扩增片段长度与扩增效率等信息见表 1。基因相对表达量参照 $2^{-\Delta\Delta C_t}$ 法计算，结果以平均值±标准误（mean±SE）表示。采用 SPSS17 进行单因素方差分析与 Ducan 多重比较，图中不同字母表示不同组之间有显著性差异（$P<0.05$）。

1.5 垂体激素 ELISA 检测

参照之前已发表的文献（Kim et al., 2015；Peng et al., 2015）所述方法，原代垂体培养孵育液中的 LH、FSH 及 GH 含量分别用南京建成生物工程研究所和武汉华美生物工程有限公司开发的相应 ELISA 试剂盒检测，具体操作参照使用说明书进行。为了保证检测结果的准确性，所有样本均设双孔测定，每次检测均做标准曲线。LH ELISA 试剂盒灵敏度为 0.2 mIU/mL；FSH ELISA 试剂盒灵敏度为 0.1 mIU/mL；GH ELISA 试剂盒灵敏度为 312.5 pg/mL。结果以平均值±标准误（mean±SE）表示，统计分析同上。

2 实验结果

2.1 Kiss2 对垂体 *gh*、*gthα*、*lhβ* 及 *fshβ* mRNA 表达量的影响

我们研究了 Kiss2 对半滑舌鳎垂体 *gh* 及 *gth* 亚基 mRNA 表达量的影响。如图 1A 所示，以对照组作为参照，Kiss2 轻微增加了 *gh* mRNA 表达水平，但是与对照组相比无显著性差异。同样，Kiss2 也不影响 *gthα*、*lhβ* 及 *fshβ* mRNA 表达量（图 1B-D）。作为比较对照，GnRHa 对 *gh* mRNA 表达量无影响（图 1A）。此外，GnRHa 略微增加了 *gthα*、*lhβ* 及 *fshβ* mRNA 表达量，但是与对照组相比无显著性差异（图 1B-D）。

2.2 Kiss2 对垂体 GH 分泌的影响

我们研究了 Kiss2 对半滑舌鳎垂体 GH 分泌的影响。如图 2 所示，以对照组作为参照，Kiss2 不影响垂体 GH 分泌。作为比较对照，SS 却显著性地降低了垂体 GH 分泌（$P<0.05$）。

2.3 Kiss2 对垂体促性腺激素分泌的影响

我们研究了 Kiss2 对半滑舌鳎垂体促性腺激素分泌的影响。如图 3A 所示，以对照组作为参照，Kiss2 显著性地抑制了 LH 分泌（$P<0.05$）；同样，Kiss2 也显著性地降低了 FSH 分泌水平（图 3B）。作为比较对照，GnRHa 略微降低了 LH 分泌水平，但是与对照组相比没有显著性差异（图 3A）。然而，GnRHa 却显著性地抑制了 FSH 分泌（图 3B）。

3 讨论

Kiss 在哺乳类生殖调控中的作用受到了广泛研究，然而有关 Kiss 对鱼类生殖调控的研究相对较少，尤其是在鱼类中有两种 Kiss 多肽，它们在鱼类生殖调控中的精确作用及其分子

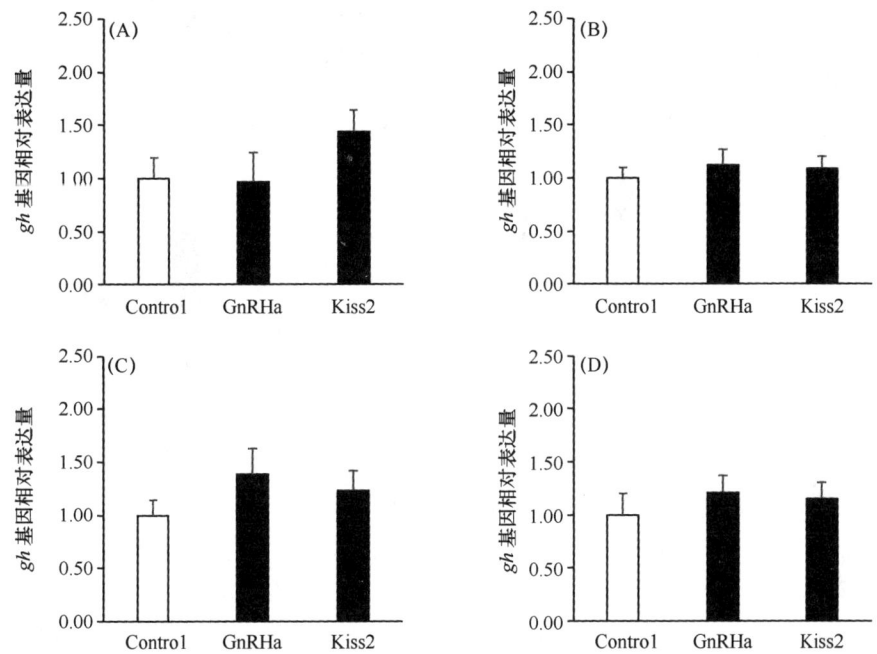

图1 Kiss2对半滑舌鳎原代培养垂体 gh（A）、$gth\alpha$（B）、$lh\beta$（C）及 $fsh\beta$（D） mRNA 表达量的影响

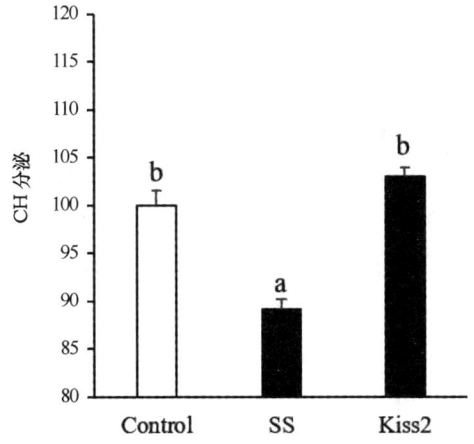

图2 Kiss2对半滑舌鳎原代培养垂体 GH 分泌的影响

机制尚未阐明(Akazome et al.,2010;Richard et al.,2009;Tena-Sempere et al.,2012;Zohar et al.,2010)。目前在斑马鱼、金鱼、斜带石斑鱼、欧洲鳗鲡、条纹鲈以及欧洲海鲈等硬骨鱼类中鉴定出了 Kiss 系统,并对其在鱼类生殖调控中的作用进行了初步研究(Espigares et al.,2015;Felip et al.,2009;Kitahashi et al.,2009;Li et al.,2009;Pasquier et al.,2011;Shi et al.,2010;Yang et al.,2010;Zmora et al.,2015)。为了进一步研究 Kiss 在鱼类生殖调控中的精确作用,本研究通过原代垂体培养方法,结合荧光定量 PCR 及 ELISA 技术研究了 Kiss2 对半滑

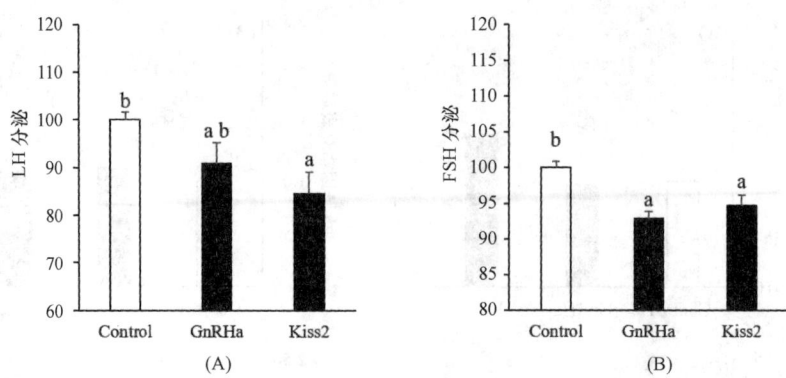

图 3　Kiss2 对半滑舌鳎原代培养垂体 LH(A)和 FSH(B)分泌的影响

舌鳎垂体促性腺激素及生长激素表达与分泌的影响。

Kiss 在不同物种间对 gh 及 gth 亚基 mRNA 表达水平的调控作用不尽相同。在本研究中,Kiss2 不影响半滑舌鳎垂体 gh、$gth\alpha$、$lh\beta$ 及 $fsh\beta$ mRNA 的表达量(图1)。同样,Kiss2 也不影响黄条鰤(Seriola lalandi)(Nocillado et al.,2013)、鲐鱼(Selvaraj et al.,2013b)、条纹鲈(Zmora et al.,2014)及欧洲海鲈(Espigares et al.,2015)垂体 $lh\beta$ 及 $fsh\beta$ mRNA 的表达水平。此外,Kiss2 也不影响斑马鱼垂体 gh mRNA 的表达水平,却促进了 $lh\beta$ 及 $fsh\beta$ mRNA 的表达水平(Kitahashi et al.,2009)。相反,Kiss1 对斑马鱼垂体 gh、$lh\beta$ 及 $fsh\beta$ mRNA 的表达量无影响(Kitahashi et al.,2009),这与本研究结果是一致的。有意思的是,Kiss1 特异性地降低了欧洲鳗鲡垂体 $lh\beta$ mRNA 的表达水平,对 gh、$gth\alpha$、$fsh\beta$ 及 $tsh\beta$ mRNA 的表达量无影响(Pasquier et al.,2011)。相反,Kiss1 增加了金鱼垂体 gh 及 $lh\beta$ mRNA 的表达水平(Yang et al.,2010)。此外,Kiss2 特异性地促进了斜带石斑鱼垂体 $fsh\beta$ mRNA 的表达量,对 $lh\beta$ mRNA 的表达水平无影响(Shi et al.,2010)。另一方面,GnRHa 增加了黑鲷(Acanthopagrus schlegeli)垂体 $gth\alpha$、$lh\beta$ 及 $fsh\beta$ mRNA 的表达量(An et al.,2008),但是却不影响半滑舌鳎垂体 $gth\alpha$、$lh\beta$ 及 $fsh\beta$ mRNA 的表达水平(图1)。与本研究结果类似,GnRHa 也不影响黄条鰤和鲐鱼垂体 $lh\beta$ 及 $fsh\beta$ mRNA 的表达量(Nocillado et al.,2013;Selvaraj et al.,2013a)。综上所述,Kiss 对垂体 gh 及 gth 亚型的表达调控具有物种特异性,也与生殖周期和注射途径有关。此外,Kiss1 和 Kiss2 在不同物种间参与生殖调控的作用方式可能有所差异。

Kiss 对脊椎动物垂体 GH、LH 及 FSH 分泌的影响因物种而异,即使是同一物种(例如大鼠和金鱼),不同的研究人员也得到了矛盾的结论。在哺乳类中,最初通过大鼠原代垂体细胞或者碎片孵育实验证实 Kiss1 对 LH 及 FSH 分泌无影响(Matsui et al.,2004;Thompson et al.,2004)。此外,Kiss1 也不影响牛原代垂体细胞 LH 及 FSH 的分泌(Ezzat et al.,2010)。相反,另一篇报道称 Kiss1 促进了大鼠垂体细胞 LH 及 GH 分泌(Gutierrez-Pascual et al.,2007)。有意思的是,Kiss1 特异性促进了狒狒垂体细胞 LH 及 GH 分泌,对 FSH、TSH、PRL 及 ACTH 分泌无影响(Luque et al.,2011)。如此不一致的结果可能是由于物种特异性、不同试验参数及实验动物处于不同生殖周期导致的。例如,Kiss1 能够促进卵泡期羊垂体细胞

LH 分泌,但是对黄体期羊垂体细胞 LH 分泌无影响(Smith et al.,2008)。

同样,由于鱼类中存在两种 Kiss 多肽,Kiss 对硬骨鱼类垂体激素分泌的影响更加复杂。肌肉注射 Kiss1 和 Kiss2 均提高了青春期前的欧洲海鲈血清 LH 水平(Felip et al.,2009);腹腔注射 Kiss1 也提高了性成熟雌性金鱼血清 LH 水平,但是 Kiss2 无影响(Li et al.,2009)。然而,Kiss1 和 Kiss2 均不影响金鱼垂体细胞 LH 分泌(Li et al.,2009)。相反,另外两篇研究报道称 Kiss1 直接促进了金鱼垂体细胞 LH 分泌(Chang et al.,2012b;Yang et al.,2010)。最近研究报道称 Kiss2 促进了欧洲海鲈(Espigares et al.,2015)和条纹鲈(Zmora et al.,2015)垂体细胞 LH 分泌,但是 Kiss1 无影响。有意思的是,Kiss1 和 Kiss2 对杂交条纹鲈 LH 分泌的调控作用与生殖周期相关(Zmora et al.,2012)。另一方面,肌肉注射 Kiss2 提高了青春期前的欧洲海鲈血清 FSH 水平,但是 Kiss1 无影响(Felip et al.,2009)。同样,Kiss2 而非 Kiss1 促进了欧洲海鲈垂体细胞 FSH 分泌(Espigares et al.,2015)。此外,Kiss1 和 Kiss2 均促进了条纹鲈垂体细胞 FSH 分泌(Zmora et al.,2015)。相反,长期埋植 Kiss2 显著性地降低了条纹鲈血清 LH 和 FSH 水平(Zmora et al.,2014)。与之类似,在本研究中,Kiss2 均显著性降低了半滑舌鳎 LH 和 FSH 分泌。据我们所知,这是首次在硬骨鱼类垂体水平证实 Kiss2 直接抑制促性腺激素分泌。作为比较对照,GnRHa 不影响 LH 分泌,却抑制了 FSH 分泌,该结果有点出乎意料,具体原因尚不清楚。分析其原因可能是由于本研究所用 GnRHa 浓度(1 μmol/L)过高导致垂体细胞脱敏进而对 GnRHa 刺激无应答;此外,处理时间(24 h)过长导致促性腺激素快速积累进而通过负反馈作用抑制自身分泌(Chang et al.,2009),然而上述推断需要进一步深入研究。此外,GnRHa 不影响欧洲海鲈垂体细胞 FSH 分泌(Espigares et al.,2015)。因此,GnRHa 对垂体促性腺激素分泌调控作用可能因物种而异。在多种鱼类中 SS 已被证实是垂体 GH 分泌的主要抑制因子(Chang et al.,2012a;李文笙和王滨,2013)。作为比较对照,在本研究中 SS 显著性地降低了半滑舌鳎垂体 GH 分泌,然而 Kiss2 不影响 GH 分泌(图 2)。相反,Kiss1 促进了金鱼垂体细胞 GH 分泌(Chang et al.,2012b;Yang et al.,2010)。综上所述,Kiss 对 Gth 及 GH 分泌的调控作用因物种、生殖周期和注射途径而异,甚至在同一物种的不同生殖周期 Kiss1 和 Kiss2 可能发挥了不同的作用。

4 小结

Kiss 在下丘脑-垂体-性腺轴多个水平参与了哺乳动物生殖调控,然而其在鱼类生殖调控中的作用尚无定论,需要进一步深入研究。本研究通过原代垂体培养的方法研究了 Kiss2 对半滑舌鳎垂体 Gth 及 GH 表达及分泌的调控作用,结果表明 Kiss2 不影响半滑舌鳎垂体 $gth\alpha$、$lh\beta$、$fsh\beta$ 及 gh 的表达水平;Kiss2 也不影响垂体 GH 分泌,却显著性地抑制了 LH 及 FSH 分泌。该研究结果增加了人们对 Kiss2 参与了鲆鲽鱼类生殖调控机制的认识,为下一步研究奠定了基础。

参考文献:略

饲料中添加微藻粉替代鱼油对星斑川鲽幼鱼生长和体组成的影响

张燕[1,2],乔洪金[2],李宝山[2],孙永智[2],公绪鹏[1,2],王际英[2],张利民[2]

(1. 上海海洋大学 水产与生命学院,上海 201306;

2. 山东省海洋资源与环境研究院,山东省海洋生态修复重点实验室,山东烟台 264006)

星斑川鲽(*Platichthys stellatus*,Pallas 1788)又称星突江鲽,隶属鲽形目、鲽科、川鲽属,被认为是继牙鲆、大菱鲆以后最有希望的海水养殖鱼类之一,具有生长快、耐受性好,适宜高密度集约化养殖、抗病力强、内脏团小、出肉率高等优点。鱼油中的多不饱和脂肪酸(HUFA)对水产动物的生长具有不可替代的作用,是水产饲料主要的脂肪源。近年来,随着渔业资源的枯竭导致鱼油的供给量逐年降低,探寻饲料中替代鱼油的合适脂肪源成为水产养殖业亟待解决的问题。

微藻含有鱼类生长所必需的各种营养物质,特别是丰富的不饱和脂肪酸,是理想的鱼油替代产品。裂壶藻(*Schizochytrium* sp.)含有丰富的二十二碳六烯酸(DHA);微绿球藻(*Nannochloropsis* sp.)含有丰富的二十碳五烯酸(EPA),都是鱼类生长发育所必需的高不饱和脂肪酸(HUFA)。Panellists发现虹鳟(*Oncorhynchus mykiss*)摄食90 mg/g的隐甲藻干藻粉(24.38 mg DHA/g 藻粉)能改善肌肉的品质,提高营养价值。Miller等用裂壶藻油替代鱼油对大西洋鲑(*Salmo salar*)幼鱼的生长无影响,且会增加幼鱼肌肉中的DHA的含量。本试验以星斑川鲽幼鱼为研究对象,探讨以富含DHA和EPA的微藻粉替代鱼油对星斑川鲽幼鱼生长性能、饲料利用和体组成的影响,为星斑川鲽配合饲料的科学配制提供理论依据。

1 材料与方法

1.1 实验设计与饲料

以脱脂鱼粉(白鱼粉经氯仿:甲醇=3:1脱脂后的产物,脂肪含量低于1%)、酪蛋白和大豆浓缩蛋白为主要蛋白源,以鱼油、玉米油为主要脂肪源配制粗蛋白含量为49%、粗脂肪含量为15%的基础饲料。分别用裂壶藻粉、微绿球藻粉及两种藻粉的混合物(裂壶藻:微绿球藻=1:6.26)替代基础饲料中的鱼油,制成4组等氮等能的实验饲料,分别命名为鱼油组(FO)、裂壶藻粉组(SO)、微绿球藻粉组(NO)和混合藻粉组(MO)。饲料配方及营养组成见表1,饲料的脂肪酸组成见表2。原料粉碎过80目筛,按配比称量后混匀,经螺旋挤压机加

基金项目:山东省科技发展计划(2014GHY115006);国家海洋生物产业-水生动物营养与饲料研发创新示范平台(201702002);国家自然科学基金(31201973)。

作者简介:张燕(1991—),女,硕士研究生,主要从事水产动物营养与饲料研究,Email:maima091@163.com

通信作者:王际英(1965—),女,研究员,Email:ytwjy@126.com 电话:0535-6395688

工成 2 mm 颗粒,50℃烘干,置于-20℃冰箱保存、备用。

表1 实验饲料的配方和营养组成 %

原料	饲料组			
	FO	SO	NO	MO
脱脂鱼粉	30.00	30.00	30.00	30.00
酪蛋白	16.00	16.00	16.00	16.00
大豆浓缩蛋白	20.00	19.68	10.55	10.12
鱼油	3.86	0	0	0
玉米油	6.14	8.37	4.02	2.35
裂壶藻粉[a]	0.00	2.29	0	2.26
微绿球藻粉[b]	0.00	0	14	14.15
微晶纤维素	7.25	6.91	8.68	8.37
多维[c]	1.00	1.00	1.00	1.00
多矿[d]	2.00	2.00	2.00	2.00
其他[e]	13.75	13.75	13.75	13.75
合计	100.00	100.00	100.00	100.00
营养组成(%干物质基础)				
粗蛋白/%	49.06	48.82	48.84	48.85
粗脂肪/%	15.56	14.44	14.53	14.79
粗灰分/%	13.58	13.69	14.39	14.47
总能/(kJ·g^{-1})	22.68	22.19	22.27	22.36

注:a. 裂壶藻粉(%干物质):粗蛋白9.60%,粗脂肪70.70%,购自美国Alltech公司;

b. 微绿球藻粉(%干物质):粗蛋白45.16%,粗脂肪45.50%,购自烟台海融生物技术有限公司;

c. 矿物质预混料(mg/kg 饲料):$MgSO_4·7H_2O$,3 568.0 mg;$NaH_2PO_4·2H_2O$,25 568.0 mg;KCl,3 020.5 mg;$KAl(SO_4)_2$,8.3 mg;$CoCl_2$,28.0 mg;$ZnSO_4·7H_2O$,353.0 mg;Ca-lactate,15 968.0 mg;$CuSO_4·5H_2O$,9.0 mg;KI,7.0 mg;$MnSO_4·4H_2O$,63.1 mg;Na_2SeO_3,1.5 mg;$C_6H_5O_7Fe·5H_2O$,1 533.0 mg;NaCl,100.0 mg;NaF,4.0 mg;

d. 维生素预混料(mg/kg 饲料):维生素A,38.0 mg;维生素D,13.2 mg;α-生育酚,210.0 mg;硫胺素,115.0 mg;核黄素,380.0 mg;盐酸吡哆醇,88.0 mg;泛酸,368.0 mg;烟酸,1 030.0 mg;生物素,10.0 mg;叶酸,20.0 mg;维生素B_{12},1.3 mg;肌醇,4 000.0 mg;抗坏血酸,500.0 mg;

e. 其他(g/kg 饲料):甜菜碱5.00,α-淀粉100,羧甲基纤维素钠20.00,磷酸二氢钙10.00,氯化胆碱2.00,抗氧化剂0.5.

表2 实验饲料的脂肪酸组成 %

脂肪酸	鱼油	玉米油	微绿球藻	裂壶藻	混合藻粉	饲料组			
						FO	SO	NO	MO
C14:0	6.88	—	4.97	6.53	5.18	2.63	1.10	2.18	3.77
C16:0	21.71	11.48	21.18	22.80	21.56	16.27	13.82	18.11	22.23

续表

脂肪酸	鱼油	玉米油	微绿球藻	裂壶藻	混合藻粉	饲料组			
						FO	SO	NO	MO
C16:1-7	6.55	-	24.78	0.09	11.29	2.56	0.40	6.18	7.00
C18:0	3.59	1.63	1.23	0.79	1.15	3.22	2.14	2.44	2.5
C18:1n-9	11.15	25.67	4.83	0.23	4.19	21.15	24.08	21.53	14.13
C18:1n-7	2.97	-	-	-	1.67	1.95	0.79	0.27	1.43
C18:2n-6	2.17	58.10	3.49	-	2.89	33.37	43.58	33.74	22.05
C18:3n-3	1.75	0.72	-	-	0.11	0.82	0.55	0.78	0.83
C18:3n-6	0.15	-	0.53	0.28	0.49	0.08	0.09	0.07	0.42
C20:1	3.45	0.35	-	-	0.10	1.24	0.4	0.43	0.41
C20:2n-9	3.32	-	-	0.35	0.25	0.8	0.04	0.13	0.15
ARA	0.84	-	5.22	0.74	4.36	0.61	0.34	1.38	1.69
EPA	10.19	0.11	25.37	1.88	11.12	3.14	0.51	4.71	5.03
DHA	15.38	-	-	42.70	12.82	3.36	3.99	0.55	5.87
∑SFA	32.18	13.11	27.38	30.12	27.89	22.39	17.16	22.94	28.82
∑MUFA	24.12	25.67	33.10	0.32	17,25	26.90	25.67	28.41	22.97
∑n-6 PUFA	3.16	58.10	9.24	1.02	7.74	34.06	44.02	35.19	24.17
∑n-3 PUFA	27.31	0.83	25.37	44.59	24.05	7.32	5.05	6.05	11.73
n-3 HUFA	25.56	0.11	25.37	44.59	23,94	6.5	4.5	5.27	10.91
DHA/EPA	1.51	-	-	-	1.15	1.07	7.84	0.12	1.17

1.2 试验动物与饲养管理

试验鱼购自日照纪新养殖场,种质来源相同、大小均匀、健康无病,平均体重约为(7.35±0.03)g。正式试验前,实验鱼在山东省海洋资源与环境研究院全封闭水循环系统中驯养2周,期间投喂对照组饲料,后随机分为4组,每组设3个重复,每个重复50尾鱼,放养于绿色圆柱形(直径80 cm,高70 cm)养殖桶中,控制水深50 cm左右,保持流速为2 L/min左右,试验周期90 d。养殖过程控制水温在(17.6±0.9)℃,pH 7.8~8.2,盐度28~30,保证溶氧大于5 mg/L,氨氮、亚硝酸氮均小于0.1 mg/L。每天定量投喂两次(08:00,15:30),投喂量为鱼体重的2%~3%,根据摄食情况调整投喂量,投喂30 min后,从系统自带的排水口将残饵排出,数颗粒,计算残饵量。

1.3 采样与处理

试验结束后禁食24 h。称总重后,随机从每桶中取15尾鱼,其中3尾用作全鱼常规分析,另外12尾进行尾静脉采血,采血后分离内脏、肝、肠道并称重,取背肌,采样完毕,样品-20℃保存,待测。血样静置4 h,4 000 r/min离心10 min,取上清液,-80℃保存,待测。

1.4 测定指标和方法

生长性能　增重率(WGR,%) = $(W_t - W_0)/W_0 \times 100$;

特定生长率$(SGR,\%/d) = (\ln W_t - \ln W_0)/d \times 100$；

摄食率$(DFI,\%/d) = F/[(W_0+W_t)/2 \times d] \times 100$；

饲料系数$(FCR) = F/(W_t-W_0)$；

蛋白质效率$(PER,\%) = (W_t-W_0)/(F \times P) \times 100$；

肝体比$(HSI,\%) = W_h/W_t \times 100$；

脏体比$(VSI,\%) = W_v/W_t \times 100$；

肥满度$(CF,g/cm^3) = W_t/L^3 \times 100$；

存活率$(SR,\%) = N_t/N_0 \times 100$；

式中：W_0—试验初鱼体重量(g)；W_t—试验终鱼体重量(g)；F—摄食干饲料重(g)；d—养殖天数；P—饲料中粗蛋白质的含量；W_h—肝质量；W_v—内脏质量；L—试验终鱼体长；N_0—试验开始时鱼体总尾数；N_t—试验结束时鱼体总尾数。

饲料及组织样品水分测定采用105℃烘干恒重法测定(GB/T 6435—2006)；粗蛋白采用凯氏定氮法测定(GB/T 6432—2006)；粗脂肪采用索氏抽提法测定(GB/T 6433—2006)；粗灰分采用马弗炉550℃失重法测定(GB/T 6438—2007)；能量采用燃烧法测定(IKA,C6000,Germany)。

脂肪酸分析中油脂的提取方法参照Folch等的方法，脂肪酸测定方法参照Metcalfe等的方法并略作修改。样品皂化、甲酯化后，利用气相色谱仪(GC-2010,SHIMADZU,Japan)测定脂肪酸含量，色谱条件参照马晶晶等的条件。采用supelco 37种脂肪酸甲酯混标(supelco, USA)识别样品脂肪酸，各脂肪酸相对含量采用面积归一化法计算。

1.5 数据统计分析

采用SPSS17.0软件对数据进行单因素方差分析(One-Way ANOVA)，当处理之间差异显著$(P<0.05)$时，用Duncan's检验进行多重比较，以平均值±标准差(Means±SD)形式表示。采用Person相关分析方法分析肌肉、肝脂肪酸与饲料脂肪酸的相关性，r表示person相关系数，"*"表示相关性显著$(P<0.05)$，"**"表示相关性极显著$(P<0.01)$。

2 结果与分析

2.1 微藻粉替代鱼油对星斑川鲽幼鱼生长的影响

如表3所示，经90 d的养殖试验后，各组的存活率无显著差异$(P>0.05)$，FO组和SO组的增重率、特定生长率和脏体比显著高于微绿球藻组(NO)和混合藻粉组(MO)$(P<0.05)$。FO组的饲料系数显著低于NO组和MO组$(P<0.05)$，但与SO组差异不显著$(P>0.05)$。各实验组摄食率、肥满度和肝体比均没有显著差异$(P>0.05)$。SO组的蛋白质效率最高，但与FO组差异不显著$(P>0.05)$。

表3 微藻粉替代鱼油对星斑川鲽幼鱼生长的影响 $n=3; \bar{X}\pm SD$

项目	饲料组			
	FO	SO	NO	MO
初体重/g	7.34±0.01	7.33±0.01	7.37±0.04	7.37±0.01
末体重/g	33.74±0.15[a]	33.33±0.45[a]	29.63±1.40[b]	30.42±0.62[b]
增重率/%	359.78±1.96[a]	354.38±6.75[a]	301.72±17.31[b]	312.84±7.89[b]
特定生长率/(%·d^{-1})	1.70±0.00[a]	1.68±0.02[a]	1.54±0.05[b]	1.58±0.02[b]
摄食率/(%·d^{-1})	1.07±0.01	1.10±0.05	1.14±0.04	1.13±0.04
饲料系数/%	0.76±0.02[b]	0.79±0.04[ab]	0.85±0.05[a]	0.84±0.03[a]
蛋白质效率/%	1.28±0.03[a]	1.25±0.07[ab]	1.15±0.07[b]	1.16±0.05[b]
肥满度[A]/(g·cm^{-3})	2.46±0.08	2.60±0.16	2.46±0.12	2.67±0.10
肝体比[A]/%	1.78±0.38	1.75±0.47	1.62±0.29	1.71±0.57
脏体比[A]/%	5.50±0.10[ab]	5.56±0.22[a]	5.05±0.19[d]	5.21±0.13[bc]
成活率/%	98.67±1.15	98.00±2.00	99.33±1.15	99.33±1.15

注:同行数值后不同上标英文字母表示差异显著($P<0.05$);A:每组12个平行.

2.2 微藻粉替代鱼油对星斑川鲽幼鱼肌肉和全鱼常规营养组成的影响

如表4所示,用微藻粉替代鱼油显著影响了星斑川鲽幼鱼全鱼粗蛋白和粗脂肪含量,对粗灰分的含量无显著影响($P>0.05$)。MO组的全鱼粗蛋白含量显著高于其他三组($P<0.05$)。与FO组相比,NO组和MO组的粗脂肪含量显著降低($P<0.05$),水分含量显著升高($P<0.05$)。

用微藻粉替代鱼油显著影响了星斑川鲽幼鱼肌肉的粗灰分含量,对水分粗蛋白和粗脂肪的含量无显著影响($P>0.05$),其中FO组粗灰分含量显著低于藻粉替代组($P<0.05$)。

表4 微藻粉替代鱼油对星斑川鲽幼鱼体组成的影响 $n=3; \bar{X}\pm SD; \%(湿重)$

项目		饲料组			
		FO	SO	NO	MO
全鱼	水分	76.52±0.13[c]	76.58±0.08[bc]	76.89±0.13[a]	76.80±0.12[ab]
	粗蛋白	16.87±0.26[ab]	16.38±0.29[b]	16.66±0.33[b]	17.39±0.31[a]
	粗脂肪	4.13±0.18[a]	4.04±0.32[a]	3.47±0.10[b]	3.62±0.05[b]
	粗灰分	3.28±0.08	3.22±0.03	3.31±0.13	3.27±0.07

续表

项目		饲料组			
		FO	SO	NO	MO
肌肉	水分	79.06±0.10	78.82±0.33	78.93±0.24	78.65±0.07
	粗蛋白	19.36±0.15	19.95±0.25	19.63±0.55	19.74±0.04
	粗脂肪	2.25±0.08	1.94±0.20	2.02±0.18	2.18±0.21
	粗灰分	1.30±0.01^b	1.28±0.00^b	1.29±0.01^b	1.34±0.02^a

2.3 微藻粉替代鱼油对星斑川鲽幼鱼肌肉和肝脂肪酸的影响

饲料脂肪酸组成显著影响了星斑川鲽幼鱼肌肉和肝的脂肪酸组成（表5和表6）。肌肉中的主要脂肪酸分别为C16：0(13.98%~16.62%)、C18：0(4.32%~4.84%)、C18：1n-9(13.77%~15.81%)、C18：2n-6(20.24%~33.65%)、EPA(3.04%~7.11%)和DHA(4.87%~14.26%)。与FO组相比，各替代组肌肉的SFA含量差异显著（$P<0.05$），MO组含量最高，SO组最低；各替代组不饱和脂肪酸的含量差异显著（$P<0.05$），其中各替代组的MUFA含量均显著升高（$P<0.05$）；NO组的n-6 PUFA含量显著升高（$P<0.05$），但n-3 PUFA和n-3 HUFA含量显著降低（$P<0.05$），MO组的n-3 PUFA和n-3 HUFA含量均显著升高（$P<0.05$）。SO组的DHA/EPA的值最高，NO组最低。通过Person相关性分析发现各实验组幼鱼肌肉脂肪酸中的C14：0、C16：0、C16：1n-7、C18：2n-6、C18：3n-3、C18：3n-6、C20：1、C20：2n-9、ARA、EPA和DHA均与饲料中的脂肪酸含量呈正相关，其中C16：0和DHA呈显著正相关（$r=0.973^*, 0.967^*$），而C14：0和C16：1n-7呈极显著正相关（$r=1.00^{**}, 0.996^{**}$）。

肝中的主要脂肪酸分别是C14：0(1.78%~3.15%)、C16：0(14.20%~19.75%)、C16：1n-7(4.16%~11.51%)、C18：1n-9(24.61%~31.60%)、C18：2n-6(13.76%~36.38%)、C20：1(14.20%~19.75%)、C20：2n-9(1.16%~2.62%)、EPA(0.62%~2.25%)和DHA(0.73%~5.13%)。与FO组相比，NO组和MO组肝中的SFA和MUFA含量显著增加（$P<0.05$），SO组显著降低（$P<0.05$）；n-3 PUFA和n-3 HUFA的变化趋势相同，NO组含量显著降低（$P<0.05$），而FO和MO则显著升高（$P<0.05$）。各实验组的n-6 PUFA含量和DHA/EPA均显著低于SO组（$P<0.05$）。对肝和饲料的脂肪酸组成进行Person相关性分析发现，除了C18：1n-9、C20：1和MUFA外，其余脂肪酸与其在饲料中的百分含量均呈现正相关关系，C18：2n-6、n-6 PUFA和DHA/EPA呈显著相关性（$r=0.983^*, 0.976^*, 0.977^*$），而C16：1n-7呈现极显著正相关（$r=0.992^{**}$）。

表5 微藻粉替代鱼油对星斑川鲽幼鱼肌肉脂肪酸的影响及与饲料脂肪酸组成的Person相关分析

$n=3; \bar{X}\pm SD$

脂肪酸	饲料组				r
	FO	SO	NO	MO	
C14:0	1.49±0.01[b]	1.00±0.02[d]	1.27±0.03[c]	1.96±0.04[a]	1.00**
C16:0	14.15±0.09[c]	13.98±0.44[c]	15.27±0.01[b]	16.62±0.18[a]	0.973*
C16:1n-7	1.73±0.04[b]	0.91±0.05[c]	3.40±0.38[a]	3.48±0.16[a]	0.996**
C18:0	4.56±0.08[b]	4.84±0.08[a]	4.32±0.24[c]	4.54±0.07[b]	-0.300
C18:1n-9	15.48±0.12[a]	13.77±0.29[c]	15.81±0.42[a]	14.56±0.18[b]	-0.072
C18:1n-7	1.72±0.03[b]	1.27±0.02[c]	1.74±0.02[b]	1.80±0.02[a]	0.284
C18:2n-6	30.55±1.29[b]	33.65±2.00[a]	32.4±0.41[ab]	20.24±0.38[c]	0.917
C18:3n-3	0.51±0.02[a]	0.38±0.01[b]	0.52±0.02[a]	0.50±0.02[a]	0.959
C18:3n-6	0.06±0.00[b]	0.09±0.01[a]	0.06±0.02[b]	0.10±0.01[a]	0.755
C20:1	1.72±0.05[a]	1.40±0.07[b]	1.39±0.02[b]	1.21±0.10[c]	0.913
C20:2n-9	1.61±0.08[a]	1.66±0.10[a]	1.25±0.05[b]	1.00±0.08[c]	0.370
ARA	1.21±0.15[b]	1.27±0.39[b]	2.21±0.20[a]	2.01±0.16[b]	0.910
EPA	4.38±0.32[b]	3.04±0.42[c]	7.11±0.47[a]	4.43±0.15[b]	0.720
DHA	11.04±0.22[c]	13.19±0.60[b]	4.87±0.08[d]	14.26±0.04[a]	0.967*
ΣSFA	20.20±0.38[c]	19.82±0.36[c]	20.86±0.16[b]	23.12±0.24[a]	0.906
ΣMUFA	20.70±0.10[b]	17.42±0.23[c]	21.69±0.57[a]	20.85±0.14[b]	0.266
Σn-6 PUFA	31.25±0.54[b]	34.15±0.87[a]	34.57±0.18[a]	22.59±0.15[c]	0.877
Σn-3 PUFA	16.05±0.16[b]	16.40±0.83[b]	12.22±0.32[c]	19.10±0.08[a]	0.704
n-3 HUFA	15.69±0.11[c]	16.54±0.81[b]	12.59±0.25[d]	18.58±0.09[a]	0.686
DHA/EPA	2.42±0.04[c]	3.96±0.08[a]	0.71±0.03[d]	3.34±0.01[b]	0.731

表6 微藻粉替代鱼油对星斑川鲽幼鱼肝脂肪酸的影响及与饲料脂肪酸组成的Person相关分析

$n=3; \bar{X}\pm SD$

脂肪酸	饲料组				r
	FO	SO	NO	MO	
C14:0	2.63±0.08[c]	1.78±0.01[d]	3.15±0.04[a]	2.97±0.05[b]	0.722
C16:0	15.84±0.20[b]	14.20±0.34[c]	19.64±0.20[a]	19.75±0.39[a]	0.885
C16:1n-7	6.15±0.09[b]	4.16±0.06[d]	9.63±0.14[a]	11.51±0.17[c]	0.992**
C18:0	1.32±0.09[c]	1.13±0.08[d]	1.46±0.06[b]	1.98±0.06[a]	0.028
C18:1n-9	26.41±0.36[d]	27.00±0.43[c]	31.60±0.41[a]	30.47±0.64[b]	-0.48

续表

脂肪酸	饲料组				r
	FO	SO	NO	MO	
C18:1n-7	2.62±0.02[b]	0.19±0.00[c]	0.18±0.00[c]	3.30±0.02[a]	0.850
C18:2n-6	28.33±0.39	36.38±0.75	24.64±0.61	13.76±0.67	0.983*
C18:3n-3	0.49±0.01	0.36±0.00[d]	0.40±0.01[b]	0.38±0.01[c]	0.567
C18:3n-6	0.08±0.00[a]	0.06±0.00[b]	0.00±0.00[c]	0.09±0.01[a]	0.566
C20:1	1.92±0.04[a]	1.52±0.05[c]	1.56±0.03[c]	1.70±0.08[b]	0.904
C20:2n-9	2.21±0.09[b]	2.62±0.13[a]	1.60±0.09[c]	1.16±0.05[d]	0.191
ARA	0.33±0.11[c]	0.38±0.02[c]	0.50±0.02[b]	0.82±0.02[a]	0.873
EPA	2.25±0.06[a]	0.62±0.02[c]	1.80±0.07[b]	1.73±0.09[b]	0.731
DHA	4.04±0.19[c]	4.83±0.19[b]	0.73±0.08[d]	5.13±0.24[a]	0.947
∑SFA	19.79±0.33[b]	17.11±0.41[c]	24.25±0.14[a]	24.67±0.52[a]	0.857
∑MUFA	32.98±0.66[d]	36.76±0.41[c]	43.17±0.89[b]	47.15±0.74[a]	-0.439
∑n-6 PUFA	28.73±0.48[b]	36.81±0.76[a]	25.14±0.62[c]	14.66±0.67[d]	0.976*
∑n-3 PUFA	6.77±0.25[a]	5.80±0.21[c]	2.93±0.13[d]	7.24±0.29[a]	0.591
n-3 HUFA	6.29±0.24[b]	5.45±0.20[c]	2.53±0.13[d]	6.86±0.29[a]	0.605
DHA/EPA	1.80±0.05[c]	7.80±0.18[a]	0.41±0.04[d]	2.97±0.16[b]	0.977*

3 讨论

3.1 微藻粉替代鱼油对星斑川鲽幼鱼生长性能及饲料利用的影响

本实验中,SO 组的生长性能明显优于其余两个替代组,且该实验组的饲料系数最低,蛋白质效率最高,证明用裂壶藻替代鱼油对星斑川鲽幼鱼的生长及饲料利用有积极的影响。其次,SO 组与 FO 组差异不显著,证明裂壶藻替代鱼油不会对星斑川鲽幼鱼的生长产生负面影响。有关裂壶藻替代鱼油对鱼类生长的影响,已经有一些研究。Sprague 等分别用两个水平(饲料总量的 11% 和 5.5%)的裂壶藻完全替代鱼油,发现对大西洋鲑幼鱼的生长没有产生负面影响。Sarker 等在进行裂壶藻替代鱼油的适宜替代量的研究时发现,当用裂壶藻完全替代鱼油时,尼罗罗非鱼(*Oreochromis niloticus*)增重率和蛋白质效率显著提高($P<0.05$),饲料系数显著降低($P<0.05$)。Li 等研究发现在饲料中添加裂壶藻粉能有效提高斑点叉尾鲴(*Ictalurus punctatus*)的体重增加和饲料效率,当添加量达到 2% 时,可以明显提高食用部位的 DHA 和总 n-3 PUFA 的含量。本实验条件下,与 FO 组相比,所有替代组的星斑川鲽幼鱼的增重率、特定生长率和饲料系数均发生了显著变化($P<0.05$),SO 组最优,其次是 MO 组,然后是 NO 组。裂壶藻粉能有效提高鱼类的生长性能可能与它含有丰富的 DHA 有关。Copeman 等曾经分别用高 DHA(总脂肪酸的 43.3%)、DHA + EPA(37.4%、14.2%)、DHA + AA(36.0%、8.9%)强化卤虫,投喂美洲黄盖鲽(*Limanda ferruginea*),发现高 DHA 组的实验

鱼生长最快,成活率最高。在虱目鱼(*Chanos chanos*)和塞内加尔鳎(*Solea senegalensis*)上也得出了相同的结论。

与裂壶藻粉相比,微绿球藻粉的替代效果略差,这可能是因为微绿球藻的细胞壁外壳较厚,阻碍了鱼体对微绿球藻的吸收利用,刘建国等用微拟球藻作为饵料直接投喂栉孔扇贝幼虫(*Chlamys farreri*),虽可被摄食但不容易消化,出现代谢性饥饿和营养不良现象,影响个体生长。此外,微绿球藻中虽然含有鱼类生长所必需的EPA,但DHA的含量极低,大量的研究表明,DHA比EPA更能促进大部分海水鱼的生长,过高的EPA含量和过低的DHA含量会导致海水仔稚鱼的神经功能产生消极的影响。

3.2 微藻粉替代鱼油对星斑川鲽幼鱼体组成的影响

本实验中,使用藻粉替代鱼油后星斑川鲽幼鱼的体组成会产生一定的变化,但这些变化对鱼的营养价值影响较小。这可能是因为微藻是食物链中的初级生产者,含有鱼类生长所必需的多种营养物质,特别是某些藻粉中也含有大量的鱼类生长必需的高不饱和脂肪酸,所以用藻粉替代鱼油不会对鱼体的体组成产生较大的影响。Tibaldi等用冻干的金藻粉替代欧洲鲈鱼(*Dicentrarchus labrax* L.)饲料中的部分的鱼粉和鱼油,发现替代后对欧洲鲈鱼的基本营养组成没有显著的影响。Kissinger等用大豆浓缩蛋白、乌贼内脏粉和雨生红球藻粉的混合按照一定比例替代长鳍鰤(*Seriola rivoliana*)饲料中的鱼粉,发现实验组的体成分变化与对照组相比差异很小。

在本实验中,用微藻粉替代鱼油后,MO组和NO组的全鱼的粗脂肪含量降低,其原因可能是因为两组饲料中均含有微绿球藻粉,而微绿球藻的藻细胞虽然含有较多的粗脂肪,但绝大多数都是色素,故而沉积的脂肪较少。此外,全鱼的水分含量也与粗脂肪含量的变化趋势相反,全鱼脂肪含量和水分含量负相关已在美国红鱼(*Sciaenops ocellatus*)、石斑鱼(*Epinephelus coioides*)和军曹鱼(*Rachycentron canadum*)中有过报道。

3.3 微藻粉替代鱼油对星斑川鲽幼鱼肌肉和肝脂肪酸组成的影响

在本实验中,通过肌肉脂肪酸和饲料脂肪酸的相关性分析发现,各组脂肪酸中的C18:0和C18:1n-9的含量与饲料呈负相关,前者可能是由于星斑川鲽不能有效地利用C18:0作为能量来源而倾向于在肌肉积累,后者可能是因为与其他脂肪酸相比,MUFA更易于被β-氧化而加以利用,这与大黄鱼(*Larimichthys crocea*)和大西洋鲑的研究结果相似;肌肉脂肪酸中的DHA和EPA含量均与饲料含量正向相关,说明星斑川鲽幼鱼能够有效地吸收和利用微藻粉内含有的DHA和EPA,其含量明显高于饲料,证明藻粉中的高不饱和脂肪酸在肌肉中沉积从而维持鱼体的正常生理功能,这与金头鲷(*Sparu saurata*),虹鳟和黄尾鰤的研究结果一致。

肝中的脂肪酸含量与饲料的脂肪酸含量变化基本一致。通过肝脂肪酸和饲料脂肪酸的相关性分析发现,各组脂肪酸中的C18:1n-9和MUFA的含量与饲料呈负相关,可能是因为肝中的C18:1n-9已经充分满足供能的需求,剩余的C18:1n-9则在肝中沉积;C18:2n-6含量与饲料中的含量呈显著正相关,可能是因为饲料脂肪酸中的C18:2n-6的含量很高,过多的C18:2n-6也随之沉积到肝中,在尖吻重牙鲷(*Diplodus puntazzo*)上也得到了相同的结果。DHA 的含量略有增加,但 EPA 的含量低于饲料中的含量,这可能与 DHA 有调节膜流动性的作用有关,因此 DHA 往往被选择性地保留在极性脂(磷脂)中,大量被储存在嗅觉神经、视网膜和中枢神经系统中。

虽然肝和肌肉的脂肪酸组成大体一致,但其含量有所差异,如肌肉脂肪酸中 EPA 含量为 3.04%~7.11%,DHA 为 4.87%~14.26%,而肝脂肪酸中 EPA 含量为 0.62%~2.25%,DHA 为 0.73%~5.13%。表明饲料脂肪酸含量对鱼体不同组织脂肪酸组成会有不同的影响。相对肌肉的脂肪酸组成,其肝的脂肪酸组成更能反映星斑川鲽幼鱼摄食饲料的脂肪酸组成情况。类似的结果在黄斑蓝子鱼(*Siganus canaliculatus*)和大黄鱼中也得到证实。

4 结论

裂壶藻粉替代鱼油对星斑川鲽幼鱼的生长无负面影响,且能提高星斑川鲽的营养价值;微绿球藻粉替代鱼油减少对肝的损伤,降低脂肪在鱼体内的沉积。混合藻粉既含有 DHA,又含有 EPA,能充分满足鱼体对必需脂肪酸的需求,同时还能提高 n-3 PUFA 的沉积比例。

疾病防控与毒理实验

我国东部沿海地区养殖密集型水域抗生素抗性细菌的多样性分析

李云莉[1,2],高权新[1],张晨捷[1],施兆鸿[1],彭士明[1*],王建钢[1]

(1. 中国水产科学研究院 东海水产研究所,上海 200090;2. 上海海洋大学 水产与生命学院,上海 201306)

在水产养殖中使用抗生素能有效的预防暴发性疾病的发生、促进水生动物的生长以及降低一些营养成分的需求量从而节约营养成分,但长期使用抗生素会诱导动物体内产生携带抗性基因的细菌株,特别是会产生具有多重耐药性的菌株[4]。抗生素一旦进入水生环境中,整个水体中的菌落结构将发生改变,这种改变会使水生菌产生抗生素抗性基因,从而对抗生素具有耐受性。抗生素抗性基因可以在各种环境介质(比如土壤、河水、地下水)中进行迁移、转化,继而整合到质粒、转座子、整合子等可移动基因元件,之后再进入到微生物环境中,在细菌之间利用基因的横向转移进行传播,使原本没有抗生素抗性的细菌获得耐药性,整个过程伴随着某些菌的减少,甚至消失;另外,具有耐受性的细菌就会增加,成为优势菌,通过食物链进入动物体内或人体内,严重威胁人类健康甚至生命安全。因此,对养殖密集型水域抗生素抗性细菌的多样性进行即时有效地研究分析是十分有必要的。

本实验中,分别采集我国沿海 11 个不同地区养殖密集水域中的土壤底泥样品,利用 DNA 提取试剂盒提取土壤底泥样品中的 DNA 并将其纯化,之后进行 PCR 扩增以及高通量测序处理,通过比较不同养殖区域土壤底泥在不同的抗生素作用下,微生物群落的多样性特征变化,为之后沿海地区密集型养殖水域的用药情况提供一些理论指导。

1 材料与方法

1.1 土壤采集

土壤样品采集于中国东部沿海养殖密集水域,从北至南分别是大连、唐山、蓬莱、连云港、启东、象山、宁德、东山、湛江、陵水和美济礁等 11 个地点。每个地区的海水养殖品种也不尽相同。山东以北主要养殖半滑舌鳎、大菱鲆、对虾以及海蜇、刺参等;江浙的养殖品种主要是文蛤、梭子蟹、对虾以及大黄鱼、黑鲷等;福建以南主要养殖鲍鱼、花鲈以及珍珠龙胆、点蓝子鱼等。之后,将采集到的土壤样品用密封袋装好之后,-80℃保存备用[5]。

1.2 土壤 DNA 的提取和纯化

将各地采集到的土壤样品分别充分混合后,每份样品称取 3 g 进行平板涂布试验。实验采用的培养基为 LB 培养基,其配方为:胰化蛋白胨 10 g,酵母提取物 5 g,NaCl 10 g,琼脂15~20 g,水 1 000 mL,最终 pH 为 7.4。高温灭菌后,添加到培养基中的抗生素的浓度分别为:盐

基金项目:国家自然基金项目(31202009);中央级公益性科研院所基本科研业务费(东 2014Z02)。
通信作者:彭士明,博士,副研究员。E-mail:shiming.peng@163.com

酸四环素 10 μg/mL,盐酸土霉素 20 μg/mL,环丙沙星 2 μg/mL,恩诺沙星 2 μg/mL,磺胺嘧啶 50 μg/mL,磺胺甲恶唑 100 μg/mL。涂布后,36℃培养 72 h[6],每组 5 个平行。DNA 提取的方法参照细菌基因组 DNA 提取试剂盒(离心柱型)说明书进行。

1.3 PCR 扩增及高通量测序

以纯化后的 DNA 为模板,利用 16S rRNA 基因通用引物 27F(5′-AGAGTTTGATCC-TG-GCTCAG-3′)和 1492R(5′-GGYTACCTTGTTACGACTT-3′)进行目的基因扩增。PCR 反应体系:DNA 模板 1 μL,上、下游引物(10 μmol/L)各 1 μL,2×Taq PCR MasterMix 12.5 μL,补充 ddH$_2$O 至 25 μL。PCR 扩增程序为:95℃预变性 2 min;95℃变性 30 s,55℃退火 30 s,72℃延伸 45 s,30 个循环;最后与 72℃延伸 10 min。反应结束后取 5 μL 反应产物,进行琼脂糖凝胶电泳,检查扩增效果。将样品的 PCR 产物,送至上海派森诺生物科技有限公司,在 Illumina MiSeq 平台上进行高通量测序。

1.4 多样性分析

1.4.1 稀释曲线

根据获得的操作分类单位(operational taxonomic unit,OTU)数据,以随机抽取的序列数量为横坐标,观测到的 OUT 数量为纵坐标绘制出样品的稀释曲线。当曲线趋向平坦时,说明测序趋于饱和,测序数据合理,此时增加数据量对于获得新的 OUT 帮助不大;相反则表明测序不饱和,增加数据量可以获得更多的 OUT。

1.4.2 丰度曲线

将每个样品的 OUT 按照丰度从大到小依次排序,以各个丰度值取 log$_2$ 获得的值为纵坐标,OUT 的序数为横坐标,采用 Excel 软件作折线图。曲线跨度越大表示物种的组成越丰富,曲线越平坦,表示物种组成的均匀程度越高。

1.4.3 Alpha 多样性分析

根据 OUT 列表中的各样品物种丰度情况,应用软件中的 mothur 中的 summary.single 命令,计算出 3 种常用的生物多样性指数:Chao 指数、ACE 指数和 Simpson 指数。

2 结果与分析

2.1 优质序列的获取

运用 Qiime 进行序列过滤[8]获得有效序列,运用 mothur 软件中 uchime 的方法去除嵌合体序列[9-10]获得优质序列,并对所有样品的优质序列的序列长度进行统计(图 1)。图 1 中横坐标表示所有样品优质序列的长度,纵坐标表示该长度的序列数量。从图 1 中可以看出,获得的优质序列的长度为 225 bp。

2.2 多样性分析

2.2.1 稀释曲线

样品的稀释曲线见图 2。从图 2 可以看出,随着样品序列的增加,观测到的 OTU 数量变化不大,曲线趋于平坦,说明测序趋于饱和,增加测序的数量对于获得新的 OTU 帮助不大,

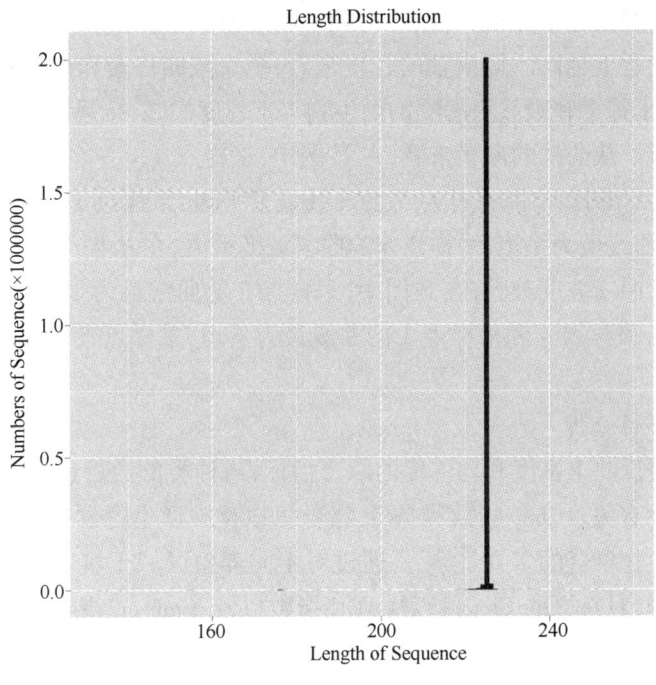

图 1 优质序列长度分布

测序数据合理。

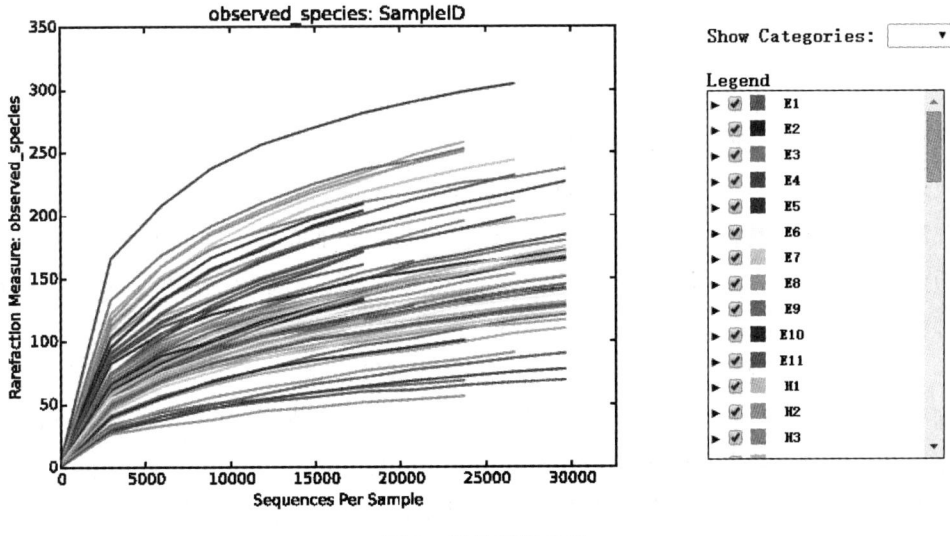

图 2 样品稀释曲线

2.2.2 丰度曲线

图 3 中 6 幅图中的每条折线代表一个样品的 OTU 丰度分布。横轴表示的是 OTU 的序数，纵轴对应的是 OTU 的丰度值。物种的丰富程度由曲线在横轴上的长度来反映，曲线跨

度越大表示物种的组成越丰富；物种组成的均匀程度由曲线的形状来反映，曲线越平坦，表示物种组成的均匀程度越高。从横轴的长度来看，抗盐酸四环素和磺胺嘧啶的微生物丰富程度最高，抗盐酸土霉素和磺胺甲恶唑的微生物丰富程度次之，抗恩诺沙星和环丙沙星的微生物丰富程度最低。从曲线的形状来看，在 E 图中，采样点 4、8、9 的曲线最为平坦，采样点 11 的曲线坡度最大；在 H 图中，采样点 5 的曲线最为平坦，采样点 11 的曲线坡度最大；在 J 图中，采样点 3 的曲线最为平坦，采样点 5 的曲线坡度最大；在 M 图中，采样点 8 的曲线最为平坦，采样点 11 的曲线坡度最大；在 S 图中，采样点 5 的曲线最为平坦，采样点 2 的曲线坡度最大；在 T 图中，采样点 4 和采样点 1 的曲线最为平坦，采样点 6 和采样点 7 的曲线坡度最大。

2.2.3 Alpha 多样性分析

多样性指数是反映丰富度和均匀度的综合指标，与种类的数目（即丰富度）和种类中个体分配上的均匀性有关。Chao 指数和 ACE 指数可以反映微生物群落的丰富度，而 Simpson 指数可以反映微生物群落的多样性[10]。通过对不同养殖区域土壤底泥中添加不同的抗生素进行微生物培养，对获得的 Chao 指数、ACE 指数以及 Simpson 指数等数据进行多样性分析，由图 4 可知，不同养殖区域中微生物的丰富度和多样性存在着差异。从 Chao 指数图和 ACE 指数图可以看出，在 11 个养殖区域里，抗磺胺类抗生素的微生物丰富度比较高，抗四环素类抗生素的微生物丰富度次之，丰富度最低的是抗喹诺酮类抗生素的微生物。从 Simpson 指数图中可以看出，大部分地区，抗四环素类和磺胺类抗生素的微生物群落多样性高于抗喹诺酮类抗生素的微生物群落多样性。

3 讨论

我国是世界第一水产养殖大国，细菌性病害在水产养殖中的影响非常严重，尤其是在密集型水域养殖中，发生更为频繁，极大限制了我国水产养殖业的发展[11-12]。本实验中，收集了东部沿海 11 个养殖密集型水域的土壤底泥样品，通过添加 6 种不同的抗生素来比较各地区的微生物群落组成。利用 Illumina MiSeq 高通量测序平台可以将特定可变区完全覆盖，测序原理精确，数据准确度高的特点，对样品的微生物群落组成进行分析[13]。派森诺公司所采用的 Illumina Misep 高通量测序平台，由于该平台可以更完全的覆盖特定可变区，因此能够更加准确地获得微生物群落多样性的组成信息，测序原理精确、数据准确度高，可以用于研究复杂样品的微生物群落组成，具有先进性[14]。

本次研究从北到南，选取了 11 个具有代表性的海水养殖地点，收集海水底泥样品。在细菌培养过程中，选择了三大类 6 种常见的抗生素作为实验药品分别添加其中，共获得了 66 个实验样品。我们对所有样本的 OTU 分类以及 α 多样性进行了分析。通过对质量过滤，获得 Index 完全匹配的有效序列，之后再对有效序列进行过滤和去除嵌合体的操作，获得优质序列，优质序列的百分比都在 88% 以上。11 个地区，66 个样品的稀释曲线都比较平坦，说明测序数据量的合理性，能够比较真实地反映样品的细菌群落，代表细菌群落多样性。

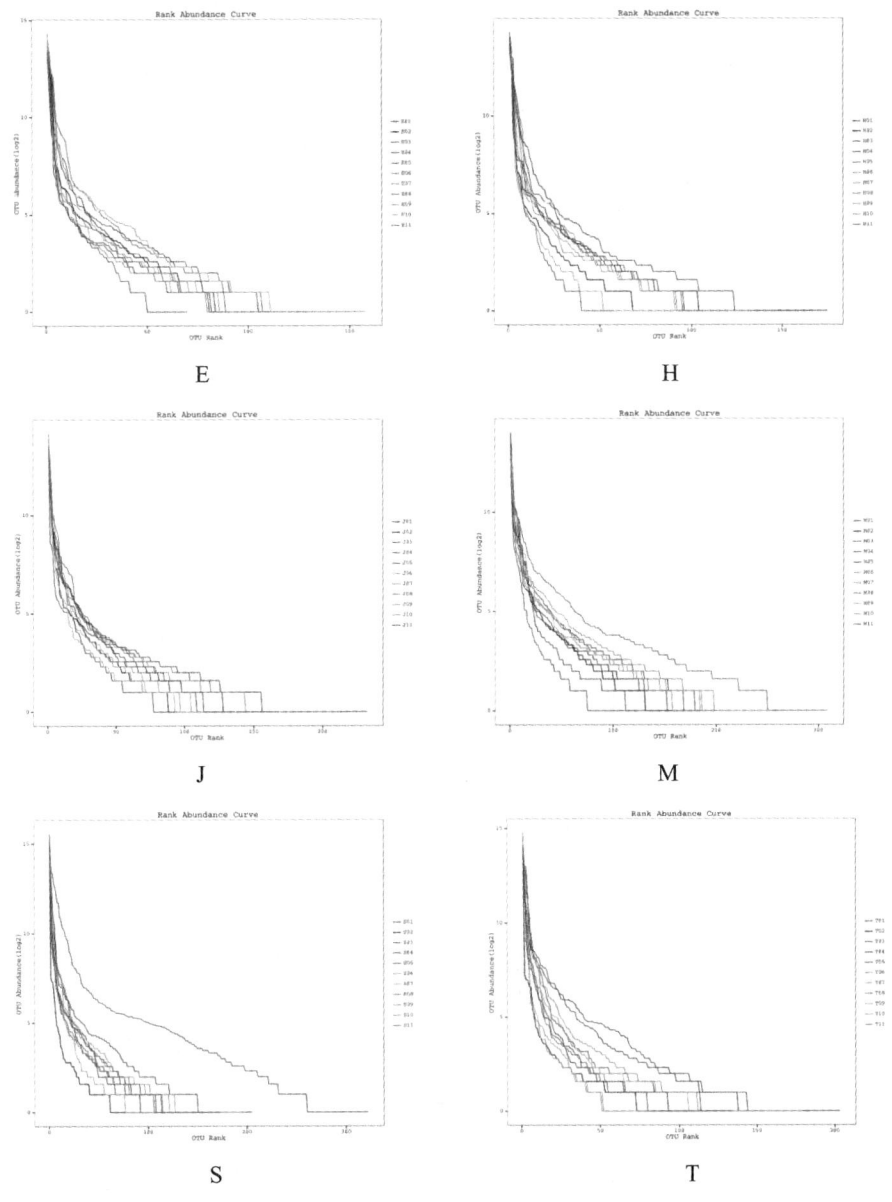

图 3 样品丰度分布曲线

从丰度曲线的横轴可以看出,携带有抗盐酸四环素和磺胺嘧啶抗性基因的细菌群落比较丰富,相对而言,携带有抗喹诺酮类抗性基因的细菌群落比较稀少。在东部沿海地区,经济相对比较发达,人口相对集中,沿海滩涂的养殖环境,受人类生产生活的影响比较大,而其中盐酸四环素和磺胺嘧啶也是人类在生产生活中使用比较多的两种抗生素,随着生活污水和生产污水的排放,会对近海岸的海水养殖区域产生比较大的影响[15]。从纵轴来看,E 图和 H 图中,代表湛江和启东的曲线最为平坦,代表美济礁的曲线最为陡峭。其中东山和启东主要以养殖虾蟹类为主,而喹诺酮类抗生素对虾蟹类的病害防治具有一定的疗效[16],因此

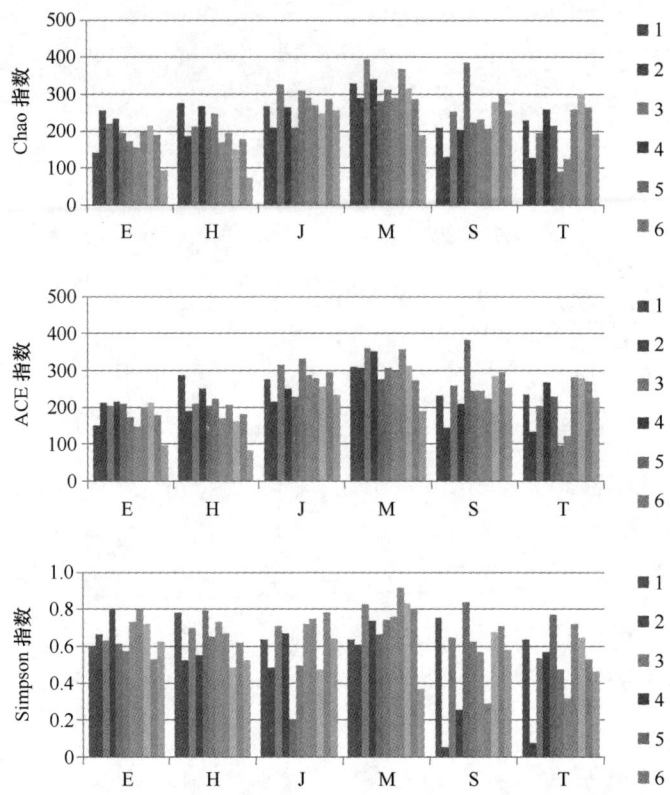

图4 不同抗生素作用下各养殖区域底泥细菌微生物多样性的变化
(图中数字代表不同的采样地点,字母代表不同的抗生素)

在这两个地区,携带有这两种抗生素抗性基因的细菌相对比较多。美济礁地区主要养殖品种还很少,因此受到抗生素的影响相对较小,主要是受到人类生产生活污水的影响[17],在J图和M图中,代表蓬莱和东山的曲线最为平坦,代表启东和美济礁的曲线最为陡峭。蓬莱和东山养殖的主要品种分别有大菱鲆、半滑舌鳎和皱纹盘鲍等,大菱鲆容易患有黑瘦病和白鳍病,半滑舌鳎容易感染寄生虫类疾病,皱纹盘鲍容易感染纤毛虫病[18]。磺胺类药物对许多革兰氏阳性菌和一些革兰氏阴性菌、诺卡氏菌属、衣原体属和某些原虫(如疟原虫和阿米巴原虫)均有抑制作用[19]。因此,在这两个地区能检测到的携带有磺胺类抗生素抗性基因的细菌群落会多一些。而启动主要以养殖虾蟹类为主,因此用到磺胺类药物的情况比较少。在S图和T图中,代表启东和连云港的曲线最为平坦,代表唐山和象山的曲线最为陡峭。启东和连云港两地的主要海水养殖品种为虾蟹贝类,而唐山和象山的主要养殖品种为鱼类。在海水养殖过程中,四环素类抗生素的运用是最为广泛的。虾蟹类的细菌性疾病多是由于弧菌所引起的[20],因此在防治的过程中,会添加四环素类的抗生素来进行消毒杀菌。唐山和象山的海水养殖中,由于环境因素,因此这两个地区的养殖对象,患有细菌性疾病的概率相对较小,因此相对而言,四环素类抗生素的用量较小,携带有四环素类抗生素抗性基因的细菌群落均匀度较小。

本研究对11个地区,66个样品进行了Alpha多样性分析,其中Chao指数和ACE指数可以代表群落的丰富程度,Simpson指数可以代表群落的多样性。从Chao指数和ACE指数图中,可以看出抗磺胺类抗生素的微生物丰富度比较高,抗四环素类抗生素的微生物丰富度次之,丰富度最低的是抗喹诺酮类抗生素的微生物。从Simpson指数图中可以看出,大部分地区,抗四环素类和磺胺类抗生素的微生物群落多样性高于抗喹诺酮类抗生素的微生物群落多样性。磺胺类抗生素对多种革兰氏阳性菌和一些革兰氏阴性菌、诺卡氏菌属、衣原体属和某些原虫(如疟原虫和阿米巴原虫)均有效[21]。四环素类抗生素属于光谱类的抑菌剂,高浓度的时候具有很强的杀菌作用,对常见的革兰阳性菌、革兰阴性菌以及厌氧菌有作用,还对多数立克次体属、支原体属、衣原体属、非典型分枝杆菌属、螺旋体有作用[22]。喹诺酮类是主要作用于革兰阴性菌的抗菌药物,对革兰阳性菌的作用较弱(某些品种对金黄色葡萄球菌有较好的抗菌作用)[23]。由此可以看出,11个地区中,携带有革兰氏阳性菌抗性基因的细菌群落比较丰富,相比较而言,携带有革兰氏阴性菌抗性基因的细菌群落比较稀少。从Simpson指数图中可以看出,大部分地区,抗四环素类和磺胺类抗生素的微生物群落多样性高于抗喹诺酮类抗生素的微生物群落多样性。

参考文献(略)

海洋动物共附生放线菌分离及拮抗菌筛选

田云方

(浙江海洋大学,浙江 舟山 316000)

海洋放线菌生活在海洋生命极端环境中,由于其特殊的产生抗菌活性物质的能力以及代谢途径,有助于其在极端环境中生存下来,也为我们提供大量新颖的天然来源抗生素。伴随着分子生物学方法的广泛兴起和使用,新的培养策略和培养手段的不断发展,生物、化学、制药等相关交叉和渗透的学科,为海洋放线菌产生的活性代谢产物的研究和开发提供了强有力的技术支持。由于目前对于海洋放线菌的采集和培养仍存在技术上的很多困难,因此仍然有很大数量的海洋放线菌仍然未能培养利用。近年来很多人利用分子生物学等方式方法对海洋放线菌的生态环境进行调查研究,进而指导分离方法的进一步优化,这对我们进一步认识和利用海洋放线菌是很大一步的尝试。目前人们已经从海洋放线菌中发现和分离出了许多有价值的生物活性化合物,这些生物活性化合物对于新型药物的研究发现提供了重要的基础。

1 材料与方法

1.1 材料

样品:四齿大额蟹(*Metopograpsus quadridentatus*)、近江牡蛎(*Ostrea rivularis*)、褐菖鲉(*Sebastiscus marmoratus*)、鳞笠藤壶(*Tetraclita squamosa*)和日本菊花螺(*Siphonaria japonica*),均采集于舟山等地潮间带岩滩。

指示菌:金黄色葡萄球菌(*Staphylococcus aureus*)、大肠杆菌(*Escherichia coli*)、枯草芽孢杆菌(*Bacillus subtilis*)和白色念珠菌(*Monilia albican*)。

1.2 方法

1.2.1 样品的采集及处理

(1)去近海岩滩采集海洋生物样品,采集过程中尽量不破坏样品,将采集的样品按其类别分别放入酒精中保存,采集所用工具均做无菌处理,避免杂菌对实验造成影响。

(2)将采集的样品从酒精中拿出放入已灭菌的培养皿观察其形态特征先查阅相关材料对样品种类做初步鉴定。

(3)将 5 种样品分别置于研钵中,滴加适量生理盐水,研磨成糊状。分别称取 5 g 样品置于烧杯中,再用量筒取 45 mL 蒸馏水于烧杯中,混匀。取 15 根试管,分别加入 9 mL 无菌水,置于试管架备用。用移液枪从样品中分别取 1 mL 注入 5 根试管中,标为 10^{-2}。再从 10^{-2} 中取 1 mL 注入另外 5 根试管,标为 10^{-3}。再从 10^{-3} 中取 1 mL 注入另外 5 根试管,标为 10^{-4}。

1.2.2 菌株的分离及培养

在超净工作台上用移液枪将稀释的样品吸取 1 mL 打于培养基表面,用涂布棒将样品均匀涂布于改良培养基上进行培养,每个梯度涂 3 个平板。将培养基放入倒置与 30℃的恒温培养基中进行培养。

1.2.3 菌株的编号与纯化培养

(1)48 h 后将培养基取出,肉眼观察培养基中菌落颜色及特征,选取形态颜色各有不同的菌株进行纯化培养,并对同一样品的培养基上选出的菌株进行编号如:P1:表示从样品四齿大额蟹中选出的 1 号菌株。T16:表示从样品磷笠藤壶中选出的 16 号样品。共获得菌株 152 株。

(2)将编号的菌株一个平板上画一株进行纯化培养。在超净工作台上,将接种环在酒精灯上灼烧灭菌,然后挑取已经编号的菌株之子形画线于高氏一号改良培养基上。

(3)将纯化画线好的菌株放在 30℃的恒温培养箱中进行恒温培养。

1.2.4 点种法初筛纯化菌株及培养

采用金黄色葡萄球菌作为指示菌,与培养基混匀后静置放置,冷却至室温,将分离纯化的单菌株点种于画好九宫格的培养基上,每个培养基点种 3 种菌,每种点 3 个。放置于 30℃恒温培养箱中倒置培养,3 d、5 d 和 7 d 分别观察菌株是否有透明圈长出。并以是否有抑菌圈长出对菌株进行筛选和保种。

将初筛菌株重新划线于高氏一号改良培养基上进行培养,培养 3 d 后将菌株接种于发酵培养基上发酵培养,放置 30℃摇床中恒温培养。

1.2.5 酶标仪法复筛菌株

(1)将发酵培养的菌株移液枪取出与离心管中 4℃离心 10 min。

(2)把金黄色葡萄球菌斜面培养后制成菌悬液。

(3)吸取 10 μL 指示菌+90 μL 待测菌株上清液与酶标板中,用酶标仪法[13]定量测定菌株在波长 630 nm 处吸光度,以得到菌株的抑菌效果。对抗性菌株进行复筛。

(4)酶标法:①从金黄色葡萄球菌的发酵液中移取少量于比色皿中,在波长为 600 nm 的条件下,测得 OD 值为 0.01。②吸取金黄色葡萄球菌的发酵液,置于 96 孔板中标有"A"的一行中,每孔 100 μL。再吸取该指示菌的发酵液,置于 96 孔板中剩下的孔中,每孔 90 μL。将待测菌 8 000 r/min,4℃离心 10 min,分别吸取待测菌株的发酵离心上清液,置于有指示菌的孔中,每种菌 3 个孔,每孔 10 μL,盖好盖子。③将 96 孔板放入酶标仪中检测,波长为 630 nm,记录数据,每 2 h 检测 1 次,检测 12 h,未检测时放入 30℃培养箱中培养。(注:不能直接用手接触酶标板上下两面,以免影响检测数据)。

1.2.6 复筛菌株抑菌圈的测定

将复筛菌株发酵培养 6 d,发酵液 4℃、8 000 r/s 低速离心,用滤纸片扩散法和打孔法将发酵液和发酵上清液贴于金黄色葡萄球菌混匀板上,每个平板放 3 种菌,每种 3 个平行,放置于 30℃培养箱中恒温培养。3 d 后测量并记录抑菌圈直径的大小,获得高效拮抗菌株。

1.2.7 高效拮抗菌株抗菌谱检测

将发酵菌株发酵液 4℃、8 000 r/s 低速离心,取其上清液。采用大肠杆菌,白色念珠球菌和枯草芽孢杆菌为指示菌与培养基混匀后静置冷却至室温。将待测菌株发酵液用滤纸片扩散法和发酵上清液打孔法检测菌株的抗性,30℃恒温培养,而后观察菌株是否产生抑菌圈并记录。

1.2.8 拮抗菌株的鉴定

(1)形态学观察。将 4 株高效拮抗菌株根据《微生物学实验》[14]利用插片法和载片培养法观察菌株的菌丝、孢子丝和孢子形态特征。

(2)生理生化鉴定。对四株拮抗菌做 API 等生理生化试验,3 d、5 d、7 d 观察期浑浊度。并对四株菌做碳源利用,明胶液化等相关试验。

(3)分子鉴定。用 MP 试剂盒提取 4 株待测菌株总 DNA 后通过 16S rDNA 序列分析,采用上游引物 341F(5′-CCTACGGGAGGCAGCAG-3′)和下游引物 907r(5′-CCGTCAATTC-CTTTRAGTTT-3′)进行 PCR 扩增,用感受态细胞连接、转化、挑克隆,经质粒提取确证有正确外源插入片段的转化子,以载体上的通用引物作为测序引物序列,委托上海美吉测序公司测序。根据测序结果用 Blast 软件与 GenBank 数据库中的 16S rDNA 序列比对,用 MEGA 5.0 软件进行序列分析并构建系统发育树。① DNA 提取。取 50 μL 裂解液加入 EP 管中,共 4 管,用无菌牙签分别挑取 4 株菌的单菌落,于裂解液中搅动几下。80℃热变性 15 min 后,低速离心,取 1~5 μL 裂解后的上清液作为 PCR 反应的模板。② PCR 扩增。反应体系:dNTP 1 μL,DNA 模板 1 μL,10×PCR Buffer 2.5 μL,rTaq 0.5 μL,341F 1 μL,907R 1 μL,ddH$_2$O 16.5 μL。反应条件:94℃预变性 5 min,94℃变性 30 s,55℃退火 40 s,72℃延伸 40 s,35 个循环;72℃延伸 7 min,4℃终止反应。③ 琼脂糖凝胶电泳检测。④ 连接。连接体系:Solution I 5 μL,PCR 产物 4 μL,19T 1 μL,置于 16℃低温恒温槽中连接 12~16 h。⑤ 转化。取感受态细胞 50 μL 加入 10 μL 连接产物,冰上预冷 30 min,42℃热激 90 S;冰上 3 min,勿动;取 800 μL Amp-LB 液体培养基于 EP 管中;将产物和感受态细胞加入 Amp-LB 培养基 37℃,200 r/min 摇床 1 h;将 IPTG 7 μL 和 X-gal 80 μL 涂布于平板,放置 30~60 min;将摇床菌液 4 000 r/min,离心 5 min,吸去上清液,混匀,取 100 μL 菌液,均匀涂布并标记,37℃ 正置 1 h 后,倒置过夜 12~16 h。⑥ 挑克隆。取灭菌 1.5 mLEP 管 11 管,分别加入 800 μL Amp+LB 培养基,用无菌牙签对克隆进行挑取,放在 EP 管,完成取出牙签,盖上盖子,标记,37℃,180 r/min,摇床 12~16 h。⑦ 送检。⑧ 构建系统发育树。根据测序结果用 Blast 软件与 GenBank 数据库中的 16S rDNA 序列比对,用 MEGA 5.0 软件进行序列分析并构建系统发育树。

2 结果与分析

2.1 样品的涂布生长

2.1.1 高氏涂布培养基菌落生长情况

高氏涂布情况良好,虽然平板中有一些水蒸汽影响了单菌落的生长,导致大片菌落形成菌苔,但菌落的总体生长情况较好,便于挑选(图 1)。

2.1.2 涂布菌落生长状况记录

由表 1 可知,样品近江牡蛎中的菌株生长最少,猜测可能是样品本身含有的放线菌较少,而样品四齿大额蟹中菌株生长的最多。

表 1 高氏涂布培养基菌落生长情况记录

样品	稀释度	菌落数		
近江牡蛎	10^{-2}	8	26	8(+2 菌苔)
	10^{-3}	无	无	无
	10^{-4}	1	无	无
褐菖鲉	10^{-2}	38(+14 菌苔)	38(+13 菌苔)	64(+13 菌苔)
	10^{-3}	2(+7 菌苔)	1	3
	10^{-4}	无	无	无
日本菊花螺	10^{-2}	52(+3 菌苔)	20(+9 菌苔)	39(+6 菌苔)
	10^{-3}	8	3	1
	10^{-4}	无	无	1

续表

样品	稀释度	菌落数		
四齿大额蟹	10^{-2}	81(+14菌苔)	103(+11菌苔)	64(+13菌苔)
	10^{-3}	58	24	31
	10^{-4}	1	无	无
鳞笠藤壶	10^{-2}	49(+15菌苔)	24(+大片菌苔)	116(+10菌苔)
	10^{-3}	10	13	5(+2菌苔)
	10^{-4}	无	无	2
对照组		均无		

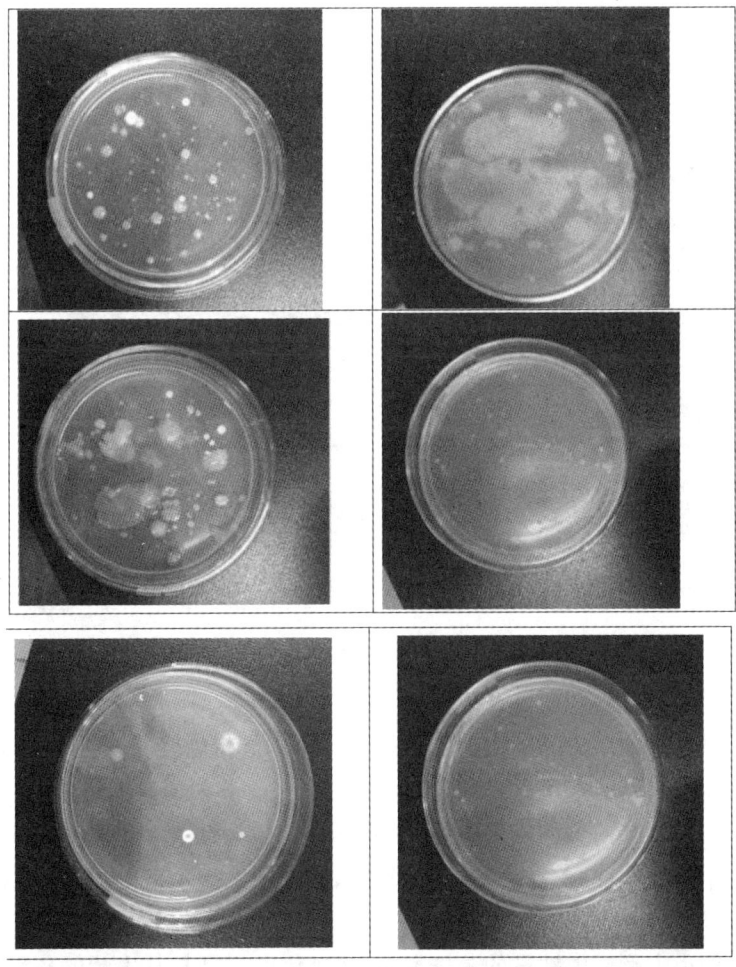

图1 样品涂布生长

2.2 分离菌株的挑选及编号纯化培养

经分离纯化,从样品中共获得海洋放线菌152株,其中样品四齿大额蟹含有的放线菌数量最多有77株,样品褐菖鲉和日本菊花螺中获得的菌株相对较少,近江牡蛎中获得的最少,只有4株(表2)。刘颖[15]等对不同地点的3种红树共附生微生物研究表明不同样品的微生物组成的差异极显著。将菌株进行标号,其中P1表示从样品四齿大额蟹中挑选的一号菌株;P10表示从样品四齿大额蟹中挑选的10号菌株。H表示褐菖鲉;M表示近江牡蛎;T表示磷笠藤壶;J表示日本菊花螺。

表2 分离纯化自潮间带海洋动物的不同类型共附生微生物

样品	放线菌
四齿大额蟹 Metopograpsus quadridentatus	77
褐菖鲉 Sebastiscus marmoratus	18
鳞笠藤壶 Tetraclita squamosa	34
近江牡蛎 Ostrea rivularis Gould	4
日本菊花螺 Siphonaria japonica	19

2.3 点种法对拮抗菌株的初筛

2.3.1 培养基点种实验结果

初筛标准:菌落周围是否产生透明圈(图2)。

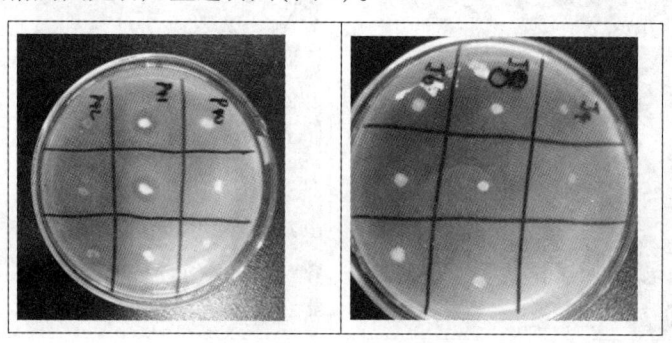

图2 培养基点种部分实验结果

结果分析:点种菌株产生的透明圈很明显,生长良好,根据透明圈大小选取目的菌株。

2.3.2 放线菌点种实验结果记录

分析:由表3知放线菌点种效果较好,特别是四齿大额蟹样品中有28株菌株都有抑菌效果,特别是日本菊花螺(J)4号菌株的透明抑菌圈非常大,四齿大额蟹(P)41号菌株的透明抑菌圈也相对较大。

分析:样品四齿大额蟹中携带的菌株最多(表4),可能是与其生活的环境和其自身免疫结构有关。

表 3　放线菌点种产生抑菌圈菌株记录

样品	菌株编号
四齿大额蟹 Metopograpsus quadridentatus	1,5,6,7,9,15,16,17,18,22,24,25,32,36,40, 41,44,46,48,55,57,58,59,63,67,71,75
近江牡蛎 Ostrea rivularis Gould	2
褐菖鲉 Sebastiscus marmoratus	11
鳞笠藤壶 Tetraclita squamosa	16,27,28,29,30,
日本菊花螺 Siphonaria japonica	4,6

表 4　放线菌点种产生溶菌圈菌株记录

样品	菌株编号
四齿大额蟹 Metopograpsus quadridentatus	8,10,13,23,26,27,28,29,33,35,37,38,39,42, 43,53,61,66,68,72,74,77,
褐菖鲉 Sebastiscus marmoratus	15
鳞笠藤壶 Tetraclita squamosa	10,21,26,34
近江牡蛎 Ostrea rivularis Gould	4
日本菊花螺 Siphonaria japonica	1,13,9,11

注:指示菌为金黄色葡萄球菌.

初筛结果见表 3。

表 5　微生物的抑菌率

	放线菌
数量	34
抑菌率/%	22.37

2.4　酶标仪法对初筛菌株的复筛结果

采用金黄色葡萄球菌作为指示菌,酶标仪法测定初筛菌株的吸光度,复筛出高效拮抗菌株(图 3)。

结果分析:酶标仪法一共筛选出在波长 630 nm 处吸光度较低的菌株。其他菌株吸光度较高,分析可能是菌株有抗性,但是抗性较弱。

经过筛选,选出菌株 GY11 GP17GM2 GY7 GP48 GP6 GP57 GP16 九株吸光度在 0.1 左右的菌株。

2.5　复筛菌株的抗菌活性进一步检测

根据 3 个样本测得的抑菌圈直径的平均值显示菌株 GY11 抑菌圈直径最大,且三个样本之间差距最小,菌株 GP57 抑菌效果次之。

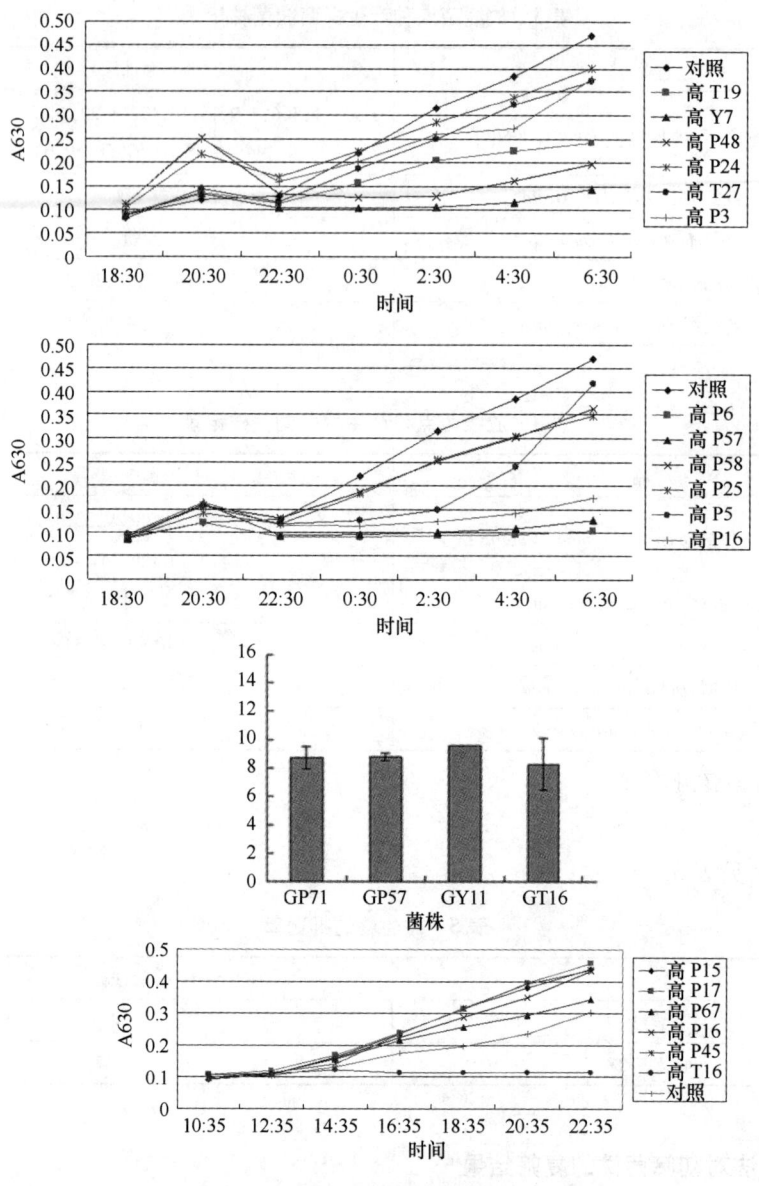

图 3 波长 630 nm 处菌株的吸光度

2.6 拮抗菌抗菌谱测定

抗菌谱测定结果发现,菌株 GP57 对 3 种菌均有抗性,菌株 GT16 对白色念珠球菌和大肠杆菌具有抗性,可见不同菌株的抗菌范围不同。据报道,Thongchai Taechowisan 等[16]从姜中分离到内生放线菌,其中 3 种菌株能强烈抑制刺盘孢(*Colletotrichum musae*),5 种能够抑制尖芽孢镰刀菌(*Fusarium oxysporum*),而有两种能抑制这两种供试真菌。以此可以得出不同菌株的抗菌范围存在一定差异。

表6 4株共附生菌株的抗菌活性

菌株	白色念珠球菌	大肠杆菌	枯草芽孢杆菌
GP71	++	+	-
GP57	+	++	+
GY11	+	-	++
GT16	+	++	-

+:表示有抗性;++:表示有较强的抗性;+++表示有很强的抗性;-:表示无抗性.

2.7 拮抗菌分类地位鉴定

2.7.1 形态学鉴定

(1)显微镜下观察气生菌丝和基内菌丝形态及其颜色,结果发现四株菌均显示典型的放线菌菌落特征。

表7 4株拮抗菌株的培养特征

菌株	菌落形态	气生菌丝	基内菌丝
GP71	干燥,边缘不规则	灰绿色,粉状	浅棕色
GP57	干燥,边缘不规则	白色,粉状	黄色
GY11	干燥,边缘不规则	白色	黄色
GT16	干燥,边缘不规则	白色	棕色

(2)典型菌株孢子显微形态。①4株菌菌落形态有所不同,但是不能简单地从菌落形态判断菌株的分类地位,有文献中海洋真菌鉴定过去主要以形态特征(例如性结构区分)进行,但真菌有用的形态特征并不多,而且有时还伴随有显著的形态改变[17],所以对于放线菌来说单从菌株的形态就判别其类型是不科学的。②图4为典型菌株的孢子形态特征,孢子形态呈链状。猜测可能属于链霉菌属[18]。

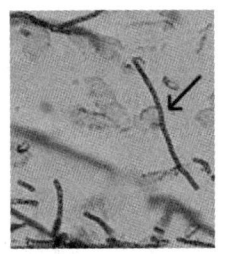 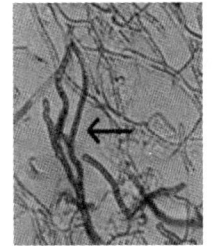

箭头所指为菌株GP57孢子   箭头所指为菌株GT16的孢子

图4 菌株孢子显微形态

2.7.2 生理生化鉴定结果

明胶液化:4株菌均能使明胶发生缓慢液化现象。

API 实验结果：如表 8API 试验中发现菌株 GT16、GY11 均能利用 19 种碳源，碳源利用率较好。

表 8　4 株拮抗菌株的碳源利用情况

碳源	GT16	GP71	GP57	GY11	碳源	GT16	GP71	GP57	GY11
α-甲基-D-葡萄糖 MDG	+	+	+	+	D-葡萄糖 GLU	+	+	+	+
N-乙酰-葡萄糖苷 ALN	+	+	+	+	甘油 GLY	+	+	+	+
2-酮基-葡萄糖酸盐 2KG	+	+	+	+	D-木糖 XYC	+	+	+	+
L-阿拉伯糖 ARA	+	+	−	+	木糖醇 XLT	+	+	+	+
侧金盏花醇 ADO	+	+	+	+	肌醇 LNO	+	+	+	+
D-半乳糖 GAL	+	+	+	+	山梨醇 SOR	+	+	+	+
纤维二糖 CEL	+	+	+	+	D-蔗糖 SAC	+	+	+	+
D-乳糖（牛源）LAC	+	+	+	+	海藻糖 TRE	+	+	+	+
D-麦芽糖 MAC	+	+	+	+	D-棉子糖 RAF	+	−	+	+
D-松叁糖 MLZ	+	+	−	+					

注：+：表示能利用该碳源，−：表示不能利用该碳源.

菌株 GT16 均能利用 19 种碳源，利用最广，生存最易。4 株菌均能利用 D-葡萄糖、2-酮基-葡萄糖酸盐、D-木糖、D-半乳糖、N-乙酰-葡萄糖苷、纤维二糖、D-麦芽糖、海藻糖。其他碳源的利用情况各有不同。郑忠辉[19]早在 1998 年就提出微生物的抗菌活性表达与否与菌株的菌株的培养基的成分和培养条件（如 pH 值、温度、盐度等）有关。所以猜测，菌株抗菌效果不同可能与培养条件也有一定关系。

2.7.3　分子鉴定

用 MP 试剂盒提取 4 株待测菌株总 DNA 后通过 16S rDNA 序列分析，采用上游引物 341F（5′-CCTACGGGAGGCAGCAG-3′）和下游引物 907r（5′-CCGTCAATTCCTTTRAGTTT-3′）进行 PCR 扩增，用感受态细胞连接、转化、挑克隆，经质粒提取确证有正确外源插入片段的转化子，以载体上的通用引物作为测序引物序列，委托上海美吉测序公司测序。根据测序结果用 Blast 软件与 GenBank 数据库中的 16S rDNA 序列比对，用 MEGA 5.0 软件进行序列分析并构建系统发育树。最后挑选出同源性较高的目的菌株。

根据系统发育树，G P57 和 G T16 均与链霉菌属同源性较高，其中菌株 G T16 与灰平链霉菌同源性最为相近为 100%。因此，将菌株 G T16 鉴定为灰平链霉菌；而菌株 G P57 游离于树外，但距离较近，结合形态学特征和生理生化结果，鉴定为链霉菌属。

3　结论

本课题采集了舟山岩滩潮间带上 5 种样品，分离纯化出 152 株菌株，筛选出 34 株拮抗菌株。抑菌率为 22.37%，查阅相关文献发现在其他潮间带海洋动物中可以获得更好的抑菌

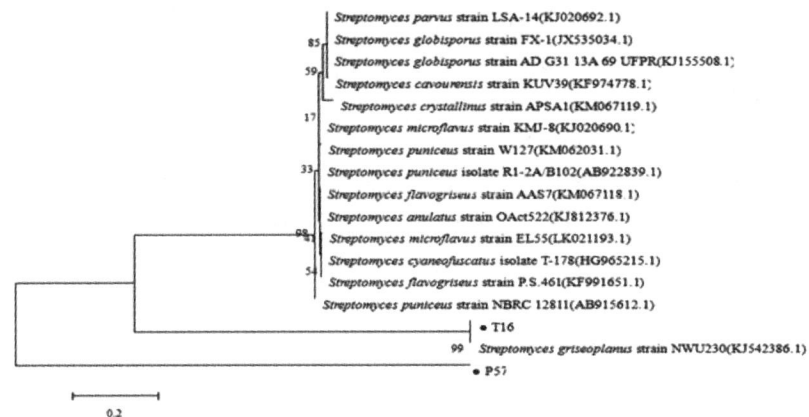

图 5 菌株系统发育树基于 16S rDNA 基因序列

率。所以在对宿主样品的选择上可以更加丰富,不仅可在岩滩上采样,也可在泥滩和沙滩上采样,以期获得更丰富的共附生微生物资源。

在筛选拮抗菌株的过程中运用点种法、滤纸片法和酶标法,发现相同菌株在不同筛选方法下所显示的抑菌作用不同。最后选出 9 株抑菌效果相对较好的菌株。而后用滤纸片法复筛时,原本有抑菌作用的菌株 G P48、G P16、G Y7、G P6 和 G M2 没有抑菌圈产生,最终筛选出 4 株抑菌效果较好的菌株最为目的菌株。近年来,朱林江[20]等研究发现环境胁迫会诱导细胞发生适应性突变,如病原菌的抗药性、工业菌株的适应性和人体细胞的癌变等。因此,在对拮抗菌株的筛选时,要采用不同的方法进行多次筛选,尽量减少 CO_2 等对微生物的影响。

实验发现不同菌株的抗菌谱是不同的,其中菌株 G P57 对白色念珠球菌、大肠杆菌和枯草芽孢杆菌都有一定的抗性;而 G Y11 对白色念珠球菌和枯草芽孢杆菌有抗性,G P71 和 G T16 对白色念珠球菌和大肠杆菌有抗性,而对枯草芽孢杆菌抗性。

经过形态学观察、生理生化鉴定和 16S rDNA 分子鉴定,确定菌株 G T16 相似度为 100%,鉴定为灰平链霉菌;菌株 G P57 为相似度为 99%,鉴定为链霉菌属;Sun 等[21]从海绵中分离得到多种共附生海性海洋放线菌,其中就包括链霉菌属。Nithyanand 等[22-24]还从珊瑚的黏液中分离到多种活性放线菌,包括短小杆菌属(*Curtobacterium*)、链霉菌属(*Streptomyces*)等。2010 年,Goodfellow 等[20]统计了目前从海洋环境中已分离的放线菌有 50 个属,可见海洋放线菌是一类具有很大开发潜力的微生物资源。海洋共附生微生物中,海洋放线菌可能是一类很好的产抗菌活性物的菌源,值得更进一步的研究。

参考文献

[1] 蔡超靖.海洋放线菌研究概况.国外医药抗生素分册,2011,1001-87512011;05-0219-04.

[2] 周颖.共附生海洋微生物抗菌活性物质的研究.农机化研究,2008(2):227-230.

[3] Holmstrom C,Kjelleberg S.Marine Pseudoal teromonas species are associated with higherorganisms and pro-

duce biologically active extra cellular agents.Microbiology Ecology,1999,30(4):285-293.

[4] Eiamraoui B,Eiamraoui M,Cohen N,Fassouane A.Antifungal and antibacterial activity ofmarine microorganisms.Annales Pharmaceutiques Francaises,2014,72(2):107-111.

[5] Scopel M,Santos O,Frasson A P,et al.Anti-Trichomonas vaginalis activity of marine associated fungi from the South Brazilian Coast.Experimental Parasitology,2013,133(2):211-216.

[6] Jaruchoktaweechai C,Suwanborirux K,Tanasupawatts S,Kittakoop P,Menasveta P.New macrolactins from a marine *Bacillus* sp. Sc026.Nat Prod,2000,63(12):984-986.

[7] Heindl H,Wiese J,Thiel V,et al.Phylogenetic diversity and antimicrobial activities of bryozoan-associated bacteria isolated from Mediterranean and Baltic Sea habitats.Systematic and Applied Microbiology,2010,33(2):94-104.

[8] Ludmila A,Romanenko M U,Natalia I K,et al.Isolation phylogenetic analysis and screening of marine mollusc-associated bacteria for antimicrobial,hemolytic and surface ativities.Microbiological Research,2008,163(3):633-644.

[9] Santos O C S,Pontes P V,Santos J F M,et al.Isolation,characterization and phylogeny of sponge-associated bacteria with antimicrobial activities from Brazil.Research in Microbiology,2010,161(7):604-612.

[10] 李越中,陈琦.海洋微生物资源及其产生生物活性代谢产物的研究.生物工程进展,2000,20(5):28-31.

[11] 周颖.共附生海洋微生物抗菌活性物质的研究.农机化研究,2008(2):227-234.

[12] 李影林.培养基手册.长春:吉林科学出版社,1991:370.

[13] 孟庆龙,陈晓琳,张明.一种使用酶标仪快速测定细菌素效价的方法.中国微生态学杂志,2009,21(8):685-687.

[14] 袁丽红.微生物学实验.北京:化学工业出版社,2010:77-86.

[15] 刘颖,刘峰.不同地点的三种红树共附生微生物分离及生物活性差异的研究.安徽农业科学,2008,36(15):6364-6366.

[16] Taechowisan T,Peberdy J F,Lunyong S.Isolation of endophytic actinomycetes from selected plants and their antifungal activity.World Journal of Microbiology and Biotechnology 2003.19(4):381-385.

[17] Brasier CM.Fungal species in practice:identifying species units in fungi.In:Claridge M F,Dawah HA,Wilson M R,eds.Species:The Units of Biodiversity,London:Chapman & Hall,1997:135.

[18] 杨汝德.现代工业微生物学教程.北京.高等教育出版社,38-41.

[19] 郑忠辉,陈连兴,黄耀坚,等.厦门海区潮间带海洋动植物共附生微生物的抗菌活性.台湾海峡,1998,17(44):439-444.

[20] 朱林江,李崎.环境胁迫诱导的细胞适应性突变.遗传,2014,36(4):327-335.

[21] Sun W,Dai SK,Jiang SM,et al.Culture-dependent and culture-independent diversity of Actinobacteria associated with the marine sponge *Hymeniacidon perleve* from the South China Sea.Antonie Van Leeuwenhoek 2010,98:65-75.

[22] Nithyanand P,Indhumathi T,Ravi A V,et al.Culture independent characterization of bacteria associated with the mucus of the cora l *Acropora digitifera* from the Gulf of Mannar.World Journal of Microbiology and Biotechnology,2011,27:1399-1406.

[23] Nithyanand P,Manju S,Pandian S K.Phylo-genetic characterization of culturable Actino-mycetes associated

with the mucus of the coral *Acropora digitifera* from Gulf of Mannar.FEMS Microbiology Letters,2011,314:112-118.

[24] Goodfellow M,Fiedler H P.A guide to successful bioprospecting:informed by actinobacterial systematics. Antonie van Leeuwenhoek.2010,98(2):119-42.

牙鲆肠道白浊病治疗效果的研究

李爽,潘玉洲,李忠红,张力,李耕

中国水产科学研究院 营口增殖实验站,辽宁 营口 115004

牙鲆又称褐牙鲆,俗称牙偏、偏口、比目鱼。牙鲆是冷水性、底栖的名贵海产经济鱼类,是北方沿海重要的海水养殖鱼类之一。个体较大、肉质美味,具有很高的经济价值。牙鲆的养殖在我国渔业养殖史上占有十分重要的地位,但是,由于近20~30年来过度捕捞和环境的污染,造成牙鲆自然产量大幅度下降,促使人们不得不走向工厂化养殖的道路[1]。牙鲆苗生活在水深10 m以上,具有潜沙习性[2],牙鲆幼苗最适的培育温度是17~20℃,最适生长温度为21℃。牙鲆在13℃以下和23℃以上摄食量减少,长时间处于27℃容易易引起牙鲆大量死亡[3-4]。

随着养殖技术的不断提高,牙鲆以生长快、食性杂、广盐性等优点,被北方确定为养殖对象,工厂化养殖可以人为控制水质状况,利用科学技术和养殖设备,包括水处理设施和养殖用水处理[5],为养殖对象提供最佳水质条件。牙鲆对水质要求很高,一旦发病迅速蔓延,在牙鲆鱼苗初期,牙鲆苗很容易患病,最常见的是腹水和肠道白浊病,得此病即为大批量死亡,本次实验旨在研究防治牙鲆病苗的特效药,提高牙鲆幼苗成活率,降低养殖成本。

1 材料与方法

1.1 材料与仪器

材料:发育到25 d左右的患病鱼苗300尾。

药物:中仁腹水康、肠炎白便康、二氧化氯、盐酸土霉素、环丙沙星、氟甲喹可溶性粉、硫酸链霉素。

器材:5 L锥形瓶若干、电子秤、烧杯、玻璃棒、滴管。

基金项目:中央级公益性科研院所基本科研业务费专项资金(2014A07XK08).

作者简介:李爽(1980—),男,硕士,工程师;主要从事遗传育种,海珍品等养殖品种的增殖放流技术、推广等工作,E-mail:lishuangzb6@163.com,辽宁省营口市西市区金牛山大街西131号,邮编:115004

通信作者:李耕,男,高工 ;E-mail:lishuangzb6@163.com。

1.2 方法

1.2.1 药物泼洒及药浴饵料

锥形瓶内装上 5 L 的养殖海水,每个锥形瓶内患病鱼苗和健康鱼苗共 10 尾,在每个瓶上做好标记 1~22。

1、2 号泼洒肠炎白便康,
3、4 号泼洒中仁腹水康,
5、6 号泼洒肠炎白便康及中仁腹水康,
7、8 号泼洒二氧化氯,
9、10 号泼洒盐酸土霉素,
11、12 泼洒环丙沙星,
13、14 泼洒氟甲喹可溶性粉,
15、16 泼洒硫酸链霉素,
17、18 投喂硫酸链霉素浴饵,
19、20 投喂氟甲喹可溶性粉浴饵。

药品浓度 10 mg/L,其中 21、22 设为对照组,只加入等量海水(鱼苗要选取较有活力的作为实验对象)。投入配置好的药品,1~16 号及 21、22 号正常投喂饵料,17、18、19、20 号投喂药浴的饵料,每天投喂 4 次。

1.2.2 药浴饵料

增加第三组实验,在同一苗池中取若干鱼苗,用中仁腹水康和肠炎白便康混合药浴卤虫喂养,药浴浓度两种药品各 5 mg/L。

试验过程中为保证水温基本恒定,将锥形瓶放在鱼池内水浴。

药品的配制:用电子秤称量 50 mg 的药品,放在小烧杯内加适量水,玻璃棒搅拌充分溶解。

药浴饵料培养:取两份 500 mL 卤虫分别用硫酸链霉素和氟甲喹可溶性粉药浴,浓度为 10 mg/L,培养至少 3 h。取两份 500 mL 卤虫用中仁腹水康、肠炎白便康药浴,各 5 mg/L,药浴至少 3 h。

2 结果

从表 1 中鱼苗死亡数可以看出,各种药物泼洒一段时间后,对未患病的鱼苗没有致死作用,而且未患病的鱼苗并没有被感染,各种药品有一定的防治作用;从死亡率上可以看出药浴病苗组中肠炎白便康、中仁腹水康混合使用、硫酸链霉素的治疗效果明显,死亡率明显降低,均低于 40%,病苗死亡率降低到 60% 左右,盐酸土霉素稍差,链霉素和氟甲喹药浴卤虫效果较差,死亡率均超过 50%,病苗死亡率超过 70%,环丙沙星基本没有起到作用(表 1)。

表 1 几种药物使用后鱼苗的平均死亡率和平均病苗死亡率

药物名称	平均死亡率/%	平均病苗死亡率/%
肠炎白便康	40	72.85
中仁腹水康	35	56.65
肠炎白便康、中仁腹水康	30	47.7
二氧化氯	50	80.7
盐酸土霉素	35	60

续表

药物名称	平均死亡率/%	平均病苗死亡率/%
环丙沙星	50	85.7
氟甲喹可溶性粉	45	79.5
硫酸链霉素	25	39.92
硫酸链霉素浴饵	53.9	77.95
氟甲喹可溶性粉浴饵	64.2	73.63
空白	55	89.45

从表2的死亡率可以看出,中仁腹水康和肠炎白便康混合浴饵使用效果很差,病苗死亡率高达92.85%,和空白组一样。在控制病鱼病情方面泼洒硫酸链霉素效果最好,其次是混合泼洒中仁腹水康和肠炎白便康,泼洒盐酸土霉素和中仁腹水康较于前两种稍差些。混合泼洒中仁腹水康和肠炎白便康,硫酸链霉素在防治鱼病实验中都有较好效果,病苗死亡率降到39.92%,用硫酸链霉素,肠炎白便康,中仁腹水康浴饵投喂病苗效果很差,药物泼洒远好于浴饵投喂。

表2 中仁腹水康和肠炎白便康药浴饵料效果

编号	药品名称	浓度/(mg·L^{-1})	健康/总数/病苗	健康/总数/死亡	平均死亡率/%	平均病苗死亡率/%
1	中仁腹水康、肠炎白便康浴饵	5	3/10/7	3/10/7	60	92.85
			3/10/7	3/10/6		
2	中仁腹水康、肠炎白便康浴饵	5	3/10/7/	3/10/6		
			4/10/6	4/10/6		
3	空白		2/10/8	2/10/8	75	92.85
			3/10/7	3/10/6		

3 讨论

药浴试验组中:德普的肠炎白便康和中仁腹水康,硫酸链霉素以及盐酸土霉素对腹水病和肠道白浊病的防治效果明显,肠炎白便康和中仁腹水康混合使用组中平均死亡率达到30%,病苗死亡率47.7%;硫酸链霉素组中平均死亡率只有25%,平均病苗死亡率达到39.92%,治疗效果更好[6]。3、4两组实验都是浴饵实验,综合1、2两组实验中的浴饵喂养病鱼的数据,用药品浴饵的方式投喂对病鱼病情的防治效果都很差,其中中仁腹水康和肠炎白便康混合浴饵平均死亡率60%,平均病苗死亡率92.85%,硫酸链霉素浴饵组中平均死亡率53.9%,平均病苗死亡率达77.95%,基本没有防治效果[7]。通过这几日的观察,病鱼摄食能力较差,肠道白浊,肠内基本没有新鲜饵料,浴饵基本没有作用,因此泼洒药品的方式明显好于药浴饵料[8]。

牙鲆幼苗在患肠道白浊病和腹水病后,肠道白浊,腹部膨大,肛门常拖有线状粪便,进食能力明显变弱,泼洒渔药对鱼病的防治作用较好,对于患病早期的病鱼浴饵的作用要强于泼洒渔药,患病后期病鱼基本不摄食,主要还要依赖泼洒渔药来防治,但治疗效果很差,还是以防为主以治为辅[9]。牙鲆稚鱼肠道白浊病发病急,流行快,药物没有产生效力前鱼即死亡,至今仍未找到有效的治疗方法。牙鲆孵化时以轮虫为主要饵料,活轮虫肠内有大量的弧菌和假单胞菌等多种细菌。其中以弧菌为最多,约 $10^3/g \sim 10^4/g$。据专家试验,在培养轮虫的水中,细菌繁殖为 $2 \times 10^4/mL \sim 2 \times 10^6 CFU/mL$,稚鱼每天食用这些轮虫就会发生弧菌性肠道白浊病[10]。从患肠道白浊病症状明显的牙鲆稚鱼肠内取出肠内溶物,放入 25℃ 孵卵器内培养 48 h,便会形成直径 1 mm 的灰白色透明菌落。分离菌为革兰氏阴性,系具有活动性的单间菌,在盐度 0 中不生长[11]。再经过更详细试验,则查明为弧菌。鱼患此病后,其主要症状是消化道白浊,不索饵,体色变黑,腹部凹陷,肠道组织剥离,肠炎严重,大量死亡,3~5 d 即全部死亡。牙鲆稚鱼鱼肠道白浊病发病急,流行快,药物没有产生效力前鱼即死亡,至今仍未找到有效的治疗方法。轮虫是牙鲆鱼的初期饵料,也是这种疾病的主要感染源。所以,培养轮虫时,要设法防止病原菌感染,尽量使用经过过滤无病菌的海水培养轮虫。

参考文献

[1] 刘云.牙鲆免疫系统形态结构、发育和感染病理反应的研究[D].青岛:中国海洋大学,2003.
[2] 司飞,刘海金,孙朝徽,等.温度对牙鲆胚胎发育的影响[J].大连海洋大学学报,2008,23(6):476-478.
[3] 刘兴旺.大菱鲆及半滑舌鳎蛋白质营养生理研究[D].青岛:中国海洋大学,2010.
[4] 张玲.牙鲆(*Paralichthys olivaceus*)免疫促进机理初探[D].青岛:中国海洋大学,2003.
[5] 张建设.致病性副溶血弧菌脂多糖对牙鲆的免疫效应及其抗原性研究[D].青岛:中国海洋大学,2004.
[6] 刘洪明.水产动物主要病原细菌免疫特性的比较研究[D].青岛:中国海洋大学,2003.
[7] Chugh T D, Burns G J, Shuhaiber H J, et al. Adherence of Staphylococcus epidermidis to fibrin-platelet clots in vitro mediated by lipoteichoic acid.[J].Infection & Immunity,1990,58(2):315-319.
[8] Mdai M I, Basseres A, N arbonne J F.Influence of temperature, pH, xygenation, type corbicula in the fresh water clam Corbicula Jlum inea.omp Biochem Physiol[J].Toxicol Pharmacol,2002,13(1):93-104.
[9] Oren Z.A class of highly potent antibacterial peptides derived from pardaxin, a pore-forming peptide isolated from Moses sole fish Pardachirus marmoratus.[J]. European Journal of Biochemistry, 1996, 237(1): 303-310.
[10] Larsen N, Nissen P, Willats W G.The effect of calcium ions on adhesion and competitive exclusion of *Lactobacillus* sp.and *E.coli* O138.[J].International Journal of Food Microbiology,2007,114(1):113-119.
[11] Prunier C, Howe P H.Disabled-2(Dab2) is required for transforming growth factor beta-induced epithelial to mesenchymal transition(EMT)[J].Journal of Biological Chemistry,2005,280:17 540-17 548.

氟苯尼考在感染副溶血弧菌的脊尾白虾体内的药效学

冯艳艳[1,2]，葛红星[2]，李健[1,2,3]，李吉涛[2]，翟倩倩[2]

（1. 上海海洋大学，上海 201306；2. 中国水产科学研究院 黄海水产研究所，山东 青岛 266071；
3. 青岛海洋科学与技术国家实验室海洋渔业科学与食物产出过程功能实验室，山东 青岛 266071）

脊尾白虾（*Exopalaemon carinicauda*），隶属于长臂虾科（Palaemonidae），白虾属（*Exopalaemon*），主要分布于朝鲜半岛西岸的浅海低盐水域和中国大陆沿岸，目前黄渤海产量为最多（李明云，1994）。由于脊尾白虾具有环境适应性强、抗病力强、繁殖周期短等优点（Duan et al，2014），易于实验室养殖，因此脊尾白虾是一种研究甲壳动物疾病感染的较理想实验动物。本实验以分离于泰国养虾场所暴发的 AHPNS 的凡纳滨病虾体内的副溶血弧菌（VIB460）感染脊尾白虾，研究了氟苯尼考在其体内的药效，以探索氟苯尼考在防治该病方面的科学用药剂量和效果，为氟苯尼考在防治甲壳动物细菌性疾病中提供了科学的理论依据。

1 材料与方法

1.1 材料

1.1.1 实验动物

外观健康脊尾白虾，购于山东日照海辰水产有限公司。试验用虾体长（56.0±4.8）mm，体重（2.2±0.4）g。暂养于 200 L 的桶中，每桶 50 尾，水温（24±0.5）℃，盐度 30±1，pH 值 6.5±0.3。连续充气，每天换水 1 次，换水量为 1/3，并投喂对虾配合饲料。

1.1.2 实验菌株

实验菌株为分离于泰国养虾场所暴发的急性肝胰腺坏死综合征的凡纳滨病虾体内的副溶血弧菌，编号为 VIB460，为黄海水产研究所海水养殖疾病控制与病原分子病理学实验室所赠。用 TSB+2%NaCl 液体培养基 180 r，28℃培养 6~8 h 复苏，并用 0.1 mol/L 的 PBS（Phosphate Buffer Saline，pH=7.0）无菌缓冲液进行稀释。

1.1.3 实验药物和试剂

本研究所用氟苯尼考，由湖北中牧安达药业有限公司提供，批号为 150208-1，含量为 98%；TCBS 培养基，由北京路桥技术股份有限公司提供，批号为 160412；其他为国产分析纯。

基金项目：国家虾产业技术体系（CARS-47）、山东泰山产业领军人才工程项目（LJNY2015002）、国家自然科学基金项目（31472275）、青岛海洋科学与技术国家实验室鳌山科技创新计划项目（2015ASKJ02）和宁波市科技计划项目（2016C11011）经费共同资助.

作者简介：冯艳艳（1989—），女，博士，主要从事水产健康养殖研究，E-mail：yarufeng@sina.cn

通信作者：李健（1961—），男，研究员，E-mail：lijian@ysfri.ac.cn，联系电话：0532-85830183

1.1.4 基础饲料

配方如下:鱼粉(45%)、花生粉(25%)、豆粕(10%)、面粉(7%)、鱼油(5%)、玉米粉(5%)、鱼膏(2%)。

1.2 实验方法

1.2.1 疾病模型浓度的摸索

设置预实验,以不同浓度副溶血弧菌感染健康非免疫状态下脊尾白虾。在浓度为 10^8 CFU/mL 细菌,注射剂量为 15 μL 时,感染 8 h 后出现死亡个体,12~72 h 出现死亡高峰,96 h 的累积死亡率可达 50% 以上。及时捞出死亡个体进行剖检,取肝胰腺研磨涂布 TCBS 固体培养基平板,28℃培养 12~16 h,菌落呈绿色、表面光滑的半透明圆形,说明该疾病模型建立成功。

1.2.2 实验设计

把暂养的健康非免疫状态下脊尾白虾,随机分为 5 组,分别为空白对照组、肝损伤对照组、氟苯尼考低剂量组(10 mg/kg)(BW)、中剂量组(20 mg/kg)(BW)、高剂量组(mg/kg)(BW),每组 180 尾,每组 6 个平行(其中三个平行用于记录死亡率),每个平行 30 尾。采用鸡蛋作为黏合剂,按照每次投喂量为虾体重的 2% 计算(张喆 et al,2011),即空白对照组和肝损伤对照组投喂不含药物的基础饲料,低剂量组按照 0.5 g 氟苯尼考药粉配制 1 kg 饲料投喂;中剂量组按照 1 g 氟苯尼考药粉配制 1 kg 饲料投喂;高剂量组按照 2 g 氟苯尼考药粉配制 1 kg 饲料投喂。每天投喂 2 次,投喂时间为 7 h 和 17 h,连续投喂 5 d,之后各组均投喂基础饲料。分别于最后一次给药后的 24 h,根据预实验,肝损伤对照组和各氟苯尼考浓度组注射浓度为 10^8 CFU/mL,15 μL 副溶血弧菌,空白对照组注射同体积 PBS(0.1 mol/L,pH=7.0)的无菌缓冲液,实验过程中仔细观察并记录各组实验虾的发病、死亡情况以及典型临床症状等。于感染后 1 d、3 d、7 d 和 14 d 后用 1 mL 一次性无菌注射器(事先抽取 0.3 mL 抗凝剂-EDTA 盐)于围心腔取 0.3 mL 血淋巴,置于 1.5 mL 无菌离心管中,并在无菌条件下取肝胰腺液称重研磨,涂布 TCBS 固体培养基平板,每个样品 3 个平行,28℃培养 12~16 h,用平板计数法计算细菌数量,以各样品平均值作为实验结果。

累计死亡率计算公式:$S(\%) = (Dt_1 + Dt_2 + \cdots\cdots + D_t)/N_t \times 100$,其中 S 为累积死亡率;D 代表死亡数;t 代表记录时间;N 代表每个平行的实验个体数。

表1 实验分组

组别	简称	给药剂量/(mg·kg^{-1})(BW)	注射种类
空白对照组	K	0	PBS
肝损伤对照组	C	0	副溶血弧菌
氟苯尼考低剂量组	L	10	副溶血弧菌
氟苯尼考中剂量组	M	20	副溶血弧菌
氟苯尼考高剂量组	H	40	副溶血弧菌

1.2.3 统计分析

实验数据以平均值±标准差($\bar{X}$±SD)表示,用 SPSS17.0 软件对实验结果进行单因素方差分析并进行 Duncan 氏多重比较(当 $P<0.05$ 时为显著性差异)。

2 结果

2.1 各组累积死亡率及临床症状

根据公式计算出各组在各个时间点脊尾白虾的累积死亡率,由表 2 可知:K 组实验期间无死亡个体,各时间点的累积死亡率均为 0。C 组累积死亡率为 65.01%。L、M 和 H 组在注射副溶血弧菌后的累积死亡率呈线性升高趋势,L、M 和 H 组累积死亡率分别为 58%、51% 和 45.35%,各组之间差异显著($P<0.05$)。

表 2 不同时间点脊尾白虾各组累积死亡率   %

组别	1 d	3 d	7 d	14 d
K	0^a	0^a	0^a	0^a
C	30.33±2.32^b	50.33±2.32^b	65.01±1.20^b	65.01±1.20^b
L	22.22±0.95^c	41.52±1.50^c	58±1.63^c	58±1.63^c
M	18.22±1.36^d	34.94±1.23^d	51±1.41^d	51±1.41^d
H	15.22±1.39^d	28.65±1.26^e	45.35±1.21^e	45.35±1.21^e

注:表中的值为平均值±标准差($n=3$),标有不同字母者表示在同一时间点组间差异显著($P<0.05$).

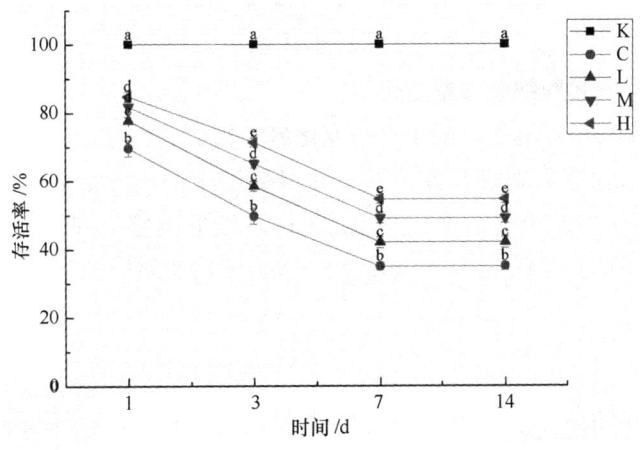

图 1 副溶血弧菌感染后各组存活率变化

实验期间,注射 PBS 无菌缓冲液的 K 组无一死亡,且能正常摄食,游动自如。其余各组脊尾白虾在感染副溶血弧菌 6 h 后,摄食量大幅减少甚至停止摄食,部分病虾在水面旋转游泳。随后病症逐渐明显,甲壳变软并易从肌肉上剥离下来,病虾空肠空胃。感染 8 h 后,C 组开始死亡,对死亡个体剖检可见,有的死亡个体的肝胰腺显著萎缩并呈淡黄色和白色,有的肝胰腺则红肿、糜烂,部分死亡个体的肠道呈现红肿状况。感染7 d后到试验结束,各组无死亡个体出现,病虾体色慢慢恢复正常,摄食正常。从图1可知,与C组相比,L、M和H组14 d后的存活率分别提高了7.01%、14.01%和19.66%,各组之间差异显著($P<0.05$)。

2.2 各组脊尾白虾血淋巴细菌数量变化

从图2可以看出,在整个试验期间,K组脊尾白虾血淋巴无细菌存在。C、L、M和H组在感染副溶血弧菌后血淋巴中均有细菌存在,都呈下降趋势且C组显著高于其他各组($P<0.05$)。1~3 d细菌含量下降幅度最大,在第14天实验结束时除C组外,L、M和H组与K组无显著性差异($P>0.05$)。

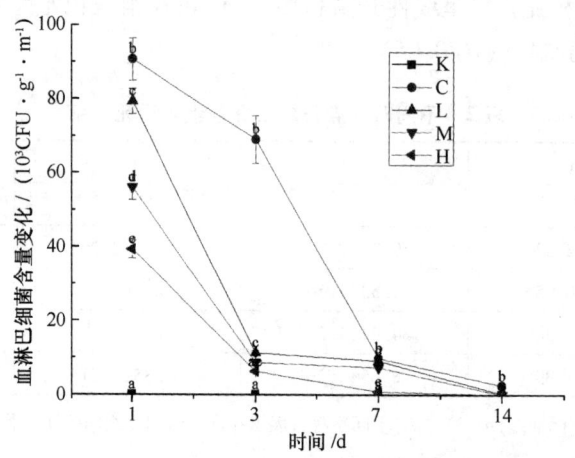

图2 感染副溶血弧菌后脊尾白虾血淋巴内细菌含量变化

2.3 各组脊尾白虾肝胰腺细菌数量变化

从图3可以看出,与血淋巴中细菌含量变化趋势相似。在整个试验期间,K组脊尾白虾肝胰腺无细菌存在,在感染副溶血弧菌后C组肝胰腺中细菌含量显著高于L、M和H($P<0.05$)。在第14天实验结束时除C组外,L、M和H组肝胰腺中细菌含量分别为2.81×10^2 CFU/g、1.13×10^2 CFU/g和0,与K组无显著性差异($P>0.05$)。

3 讨论

弧菌是甲壳动物最为常见的致病菌,影响虾蟹幼苗的健康,还可使成体致病(Atlas et al,1991,Geiselbrecht et al,1996)。目前常见的危害虾蟹类的弧菌主要包括副溶血弧菌(Vibrio parahaemolyticus)、鳗弧菌(Vibrio anguillarum)、哈维氏弧菌(Vibrio harveyi)和溶藻弧菌(Vibrio alginolyticus)等,引起的疾病有AHPNS、红腿病、烂鳃病、甲壳溃疡病、肌肉乳化病等(Ascencio et al,2001,Liu et al,2004,刘淇等,2007,文国樑等,2015)。副溶血弧菌是一种致病力较强的条件致病菌,可以感染多种海水虾蟹类。目前认为由副溶血弧菌引发的虾蟹类疾病主要包括AHPNS、红腿病、败血症等。有研究表明,感染AHPNS的虾的表观病症为体

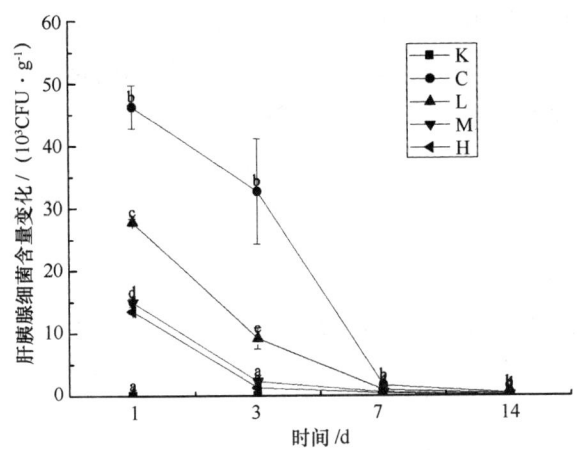

图3 感染副溶血弧菌后脊尾白虾肝胰腺内细菌含量变化

质较差,甲壳变软,摄食量大幅减少甚至停止摄食,空肠,肝胰腺萎缩呈淡黄色和白色或肝胰腺肿胀、糜烂发红(Lightner et al,2012,Tang et al,2014,Kondo et al,2014),本实验感染发病虾的临床症状与此一致,说明该疾病模型建立成功。

氟苯尼考是世界水产养殖最常用的抗菌药物,并已被证明水产养殖中几种常见的病原菌具有强大的杀伤作用。Christensen 等(2006)和 Fang 等(2013)研究认为,氟苯尼考在预防和治疗弧菌引起虾类的 AHPNS 可能起到有效的作用。氟苯尼考对许多水产养殖常见病原菌表现出高度抗菌活性,廖昌容(2005)研究氟苯尼考对6种海洋致病弧菌的体外抗菌活性发现,其对一株副溶血弧菌的体外最小抑菌浓度(MIC)为 2 mg/L。目前,对氟苯尼考体内药效学的研究主要集中在鱼类上,Gaunt 等(2006)研究发现,斑点叉尾鮰(Ictalurus punctatus)人工诱导感染鮰爱德华氏菌后,氟苯尼考可有效控制病鱼的死亡率;Seljestokken 等(2006)研究表明,氟苯尼考连续投喂人工诱导感染弧菌(Listonella anguillarum)的鳕鱼(Gadus morhua)10 d,其死亡率显著降低;王荻等(2012)研究表明,氟苯尼考对实验感染鲁氏耶尔森氏菌(Yersinia ruckeri)的西伯利亚鲟(Acipenser baeri)的治疗是有效的。本实验结果发现,L、M 和 H 组的存活率分别提高了 7.01%、14.01% 和 19.66%,表明氟苯尼考各剂量组对脊尾白虾感染副溶血弧菌均有显著疗效。

感染副溶血弧菌 7 d 后,L、M 和 H 组均再无死亡个体出现,存活个体的体色和摄食也恢复正常。Adamsa(1991)研究发现,斑节对虾注射热灭活溶藻弧菌后,能够在 4 h 内清除其体内 99% 的细菌。郭志勋等(2006)研究发现,斑节对虾能够在鳗弧菌感染 2 h 内迅速清除进入体内的 97% 的细菌。本实验除空白对照组 K 组外,各组血淋巴和肝胰腺中细菌含量呈下降趋势。在第 14 d 实验结束时,L、M 和 H 组中血淋巴和肝胰腺细菌含量分别为 $1.73×10^2±5$ CFU/mL、0、0 和 $2.81×10^2±1$ CFU/g、$1.13×10^2±0.8$ CFU/g、0,与 K 组差异不显著($P>0.05$)。推测这可能是虾依靠自身非特异性免疫清除体内细菌,也可能是药效的低量缓慢作用杀灭了细菌,具体情况仍需进一步实验验证。

本实验所用氟苯尼考 L(10 mg/kg)(BW)、M(20 mg/kg)(BW)、H(40 mg/kg)(BW)3种剂量均能够提高脊尾白虾在感染副溶血弧菌时的存活率,降低虾体内细菌含量。本试验不仅可以为临床防治虾类弧菌病提供用药指导,同时也为制定合理的给药剂量提供理论基础。

参考文献

蔡小辉,彭银辉,赵鹏,等.2013.副溶血弧菌(Vibrio parahaemolyticus)诱导拟穴青蟹(Scylla paramamosain)血淋巴 cDNA 文库构建及表达序列标签初步分析水.海洋与湖沼,44:684-690

陈晋旭,季辉,彭麟,等.2012.氟苯尼考及其代谢物在淡水小龙虾中残留消除规律的研究.南京农业大学学报,35:110-114

郭志勋,冯娟,王江勇.2006.斑节对虾血淋巴细胞对鳗弧菌的清除作用.中国水产科学,13:28-32

黄凯,陈素娟,黄骏,等.2015.动物源性沙门氏菌的耐药性分析及氟苯尼考类耐药基因的鉴定.中国畜牧兽医,42:459-466

李明云.1994.池养脊尾白虾的繁殖,生长及其最大持续轮捕量的初步探讨.水产学报,18:85-92

廖昌容,徐力文,陈毕生.2005.氟苯尼考对六种海洋致病弧菌的体外抗菌活性研究.水产养殖,26:1-4

刘淇,李海燕,王群,等.2007.梭子蟹牙膏病病原菌——溶藻弧菌的鉴定及其系统发育分析.渔业科学进展,28:9-13

王荻,李绍戊,冯娟,等.2012.氟苯尼考在感染鲁氏耶尔森氏菌的西伯利亚鲟体内的药效学.水产学杂志,25:11-14

文国樑,曹煜成,徐煜,等.2015.养殖对虾肝胰腺坏死综合症研究进展.广东农业科学,42:118-123

阎斌伦,秦国民,暴增海,等.2010.三疣梭子蟹病原副溶血弧菌的分离与鉴定.海洋通报,29:560-566

张喆,李健,冯伟,等.2011.不同浓度诺氟沙星对中国对虾非特异性免疫酶活的影响.渔业科学进展,32:53-59

Adamsa A.1991.Response of penaeid shrimp to exposure to Vibrio species.Fish & shellfish immunology,(1):59-70

Ascencio F,Aguirre-Guzmán G,Vázquez-Juárez R.2001.Differences in the susceptibility of American white shrimp larval substages(Litopenaeus vannamei) to four vibrio species.Journal of Invertebrate Pathology,78:215-9

Atlas R M,Horowitz A,Krichevsky M,et al.1991.Response of microbial populations to environmental disturbance.Microbial Ecology,22:249-56

Bondad-Reantaso MG,Subasinghe RP,Josupeit H,et al.2012.The role of crustacean fisheries and aquaculture in global food security:past,present and future.Journal of Invertebrate Pathology,110:158-65

Caipang C M A,Lazado CC,Brinchmann MF,et al.2009.In vivo modulation of immune response and antioxidant defense in Atlantic cod,Gadus morhua following oral administration of oxolinic acid and florfenicol.Comparative Biochemistry & Physiology Part C Toxicology & Pharmacology,150:459-464

Chiu C-H,Guu Y-K,Liu C-H,et al.2007.Immune responses and gene expression in white shrimp,Litopenaeus vannamei,induced by Lactobacillus plantarum.Fish & shellfish immunology,23:364-377

Christensen A M,Ingerslev F,Baun A.2006.Ecotoxicity of mixtures of antibiotics used in aquacultures.Environmental Toxicology & Chemistry,25:2208-15

Duan Y,Liu P,Li J,et al.2014.Molecular responses of calreticulin gene to Vibrio anguillarum and WSSV challenge in the ridgetail white prawn Exopalaemon carinicauda.Fish & shellfish immunology,36:164-171

Fang W,Li G,Zhou S,et al.2013.Pharmacokinetics and tissue distribution of thiamphenicol and florfenicol in Pacific white shrimp *Litopenaeus vannamei* in freshwater following oral administration.Journal of Aquatic Animal Health,25:83-89

FAO.2010.The State of World Fisheries and Aquaculture 2010.State of World Fisheries & Aquaculture(4):40-41

Flegel TW.2012.Historic emergence,impact and current status of shrimp pathogens in Asia.Journal of Invertebrate Pathology,110:166-73

Gaunt PS,Mcginnis AL,Santucci TD,et al.2006.Field Efficacy of Florfenicol for Control of Mortality in Channel Catfish,Ictalurus punctatus(Rafinesque),Caused by Infection With Edwardsiella ictaluri.Journal of the World Aquaculture Society,37:1-11

Geiselbrecht AD,Herwig RP,Deming JW,et al.1996.ENUMERATION AND PHYLOGENETIC ANALYSIS OF POLYCYCLIC AROMATIC HYDROCARBON-DEGRADING MARINE BACTERIA FROM PUGET SOUND SEDIMENTS.Applied & Environmental Microbiology,62:3344-3349

Haendiges J,Rock M,Myers RA,et al.2014.Pandemic *Vibrio parahaemolyticus*,Maryland,USA,2012.Emerging Infectious Diseases,20:718-20

Kondo H,Tinwongger S,Proespraiwong P,et al.2014.Draft Genome Sequences of Six Strains of *Vibrio parahaemolyticus* Isolated from Early Mortality Syndrome/Acute Hepatopancreatic Necrosis Disease Shrimp in Thailand.Genome Announcements,2

Lai HC,Ng TH,Ando M,et al.2015.Pathogenesis of acute hepatopancreatic necrosis disease(AHPND) in shrimp.Fish & shellfish immunology,47:1006-1014

Lightner DV,Redman RM,Pantoja CR,et al.2012.Early mortality syndrome affects shrimp in Asia.

Liu CH,Yeh ST,Cheng SY,et al.2004.The immune response of the white shrimp *Litopenaeus vannamei* and its susceptibility to *Vibrio* infection in relation with the moult cycle.Fish & shellfish immunology,16:151-61

Qianqian GE,Jian LI,Duan Y,et al.2016.Isolation of Prawn(*Exopalaemon carinicauda*) Lipopolysaccharide and β-1,3-Glucan Binding Protein Gene and Its Expression in Responding to Bacterial and Viral Infections.Journal of Ocean University of China,15:288-296

Seljestokken B,Bergh Ø,Melingen GO,et al. 2006. Treating experimentally induced vibriosis (*Listonella anguillarum*) in cod,*Gadus morhua* L.,with florfenicol.Journal of Fish Diseases,29:737-42

Sotorodriguez SA, Gomezgil B, Lozanoolvera R, et al. 2015. Field and experimental evidence of *Vibrio parahaemolyticus* as the causative agent of acute hepatopancreatic necrosis disease of cultured shrimp(*Litopenaeus vannamei*) in Northwestern Mexico.Applied & Environmental Microbiology,81:1689-99

Tang KFJ,Lightner DV.2014.Homologues of insecticidal toxin complex genes within a genomic island in the marine bacterium *Vibrio parahaemolyticus*.Fems Microbiology Letters,361:34-42

Zhang XJ,Yan BL,Bai XS,et al.2014.Isolation and Characterization of *Vibrio parahaemolyticus* and *Vibrio rotiferianus* Associated with Mass Mortality of Chinese Shrimp(*Fenneropenaeus chinensis*).Journal of Shellfish Research,33:61-68

镧对黄姑鱼的促生长作用及抗病力的影响

陈超[1,2]，陈建国[1,2]，张廷廷[1,2]，邵彦翔[1,3]，谭鲁玉[1,4]，
孙曙光[1]，张春禄[1,2]，张梦淇[1,2]，王孝山[5]，徐加元[5]

（1. 中国水产科学研究院 黄海水产研究所，农业部海洋渔业可持续发展重点实验室，
青岛市海水鱼类种子工程与生物技术重点实验室，山东 青岛 266071；
2. 上海海洋大学 水产与生命学院 上海 201306；3. 大连海洋大学 大连 116023；
4. 中国海洋大学 海洋生命学院，山东 青岛，266003；5. 中国水产科学研究院 东海水产研究所）

黄姑鱼（*Nibea albiflora*），属鲈形目，石首鱼科，黄姑鱼属，体形与黄花鱼有相似处，为近海中下层鱼类，主要栖息于砂泥底质沿岸海域，以小型甲壳类及小鱼等底栖动物为食（楼宝等，2011）。分布于太平洋西北部沿海、日本的土佐湾、中国的黄海和渤海（雷霁霖等，1992）。耐受温度为 8~33℃（楼宝等，2011），最适温度为 24~29℃，2 龄可性成熟，耐受盐度为 10~40（楼宝等，2011）。黄姑鱼营养价值高，肉质鲜美，是中国传统渔业的主要捕捞对象之一，在中国近海渔业资源中占有重要地位（林楠等，2013）。近年来，由于不加节制的捕捞、海域污染的加剧，加上弧菌类疾病和淀粉卵涡鞭虫、刺激隐核虫为主的寄生虫病害等病害因素等（毛小伟等，2012），使黄姑鱼资源日趋衰退（林楠等，2013）。

已有研究表明，稀土元素镧具有促进生物机体生长、调控生物机体免疫应答、增强机体抗病力等生理作用。稀土在农作物（水稻、玉米）生产、畜禽业（猪）和渔业（鱼、虾、贝、藻）的养殖中得到广泛应用。稀土元素的作用机制之一：稀土离子可以结合在生物体内的细胞膜或细胞器膜上，从而调控膜上有关酶（如钙调蛋白）的酶活性或者改变膜的通透性，诱导生物机体内相关基因的差异性表达，来达到调控生物机体的免疫应答、机体生长发育的目的（He et al, 2000；秦俊法等，2002；杨军等，2009；江良梁等，2007）。有关稀土对鱼类的作用研究已有许多报道（王艳龙等，2015）。稀土作为饵料添加剂对团头鲂（*Megalobrama amblycephala*）、草鱼（*Ctenopharyngodon idellus*）、青鱼（*Mylopharygodon piceus*）、鲤（*Cyprinus carpio* Linnaeus）、鲫（*Carassius auratus*）、鲢（*Hypophthalmichthys molitrix*）、鳙（*Aristichthys nobilis*）等鱼种的研究发现，不仅能促进鱼体生长、降低饵料系数，而且还能增强抗病能力、提高成活率（韩希福等，1997）。

本实验旨在探讨在人工养殖条件下，稀土元素镧对黄姑鱼仔稚鱼生长和抗病力的影响，

基金项目：国际合作项目 2012FDA30360 和东盟项目中国-东盟海水养殖技术联合研究与推广中心共同. Jointly funded by International cooperation projects 2012FDA30360 and The association of south-east Asian nations (asean) project: China-asean mariculture technology joint research and extension center.
通信作者：陈超 ysfrichenchao@126.com
作者简介：陈建国，上海海洋大学硕士研究生 ysfrichenjianguo@126.com

以期为镧元素在黄姑鱼苗种繁育的应用提供科学依据。

1 材料与方法

1.1 材料

选90日龄的黄姑鱼稚鱼,体重为(0.46±0.14)g,全长为(3.64±0.36)cm,1 050尾,暂养于中国水产科学研究院东海水产研究所福建福鼎研究中心7 d。

1.2 养殖管理

黄鱼幼鱼在室内暂养,水温(17~21℃)。挑选个体大小均匀的健康黄姑鱼,21个200 L圆柱形玻璃缸中。随机分为7组,每组3个重复,每个重复50尾黄姑鱼。饲养期间连续充氧,盐度14~20,pH7.7~8.1,溶氧为7.5~8.1 mg/L,氨氮为0.48 mg/L,亚硝氮为0.045 mg/L。每天根据黄姑鱼摄食情况适当调整投饵量以达到饱食投喂,投喂量为黄姑鱼体重5%~8%,一天投喂两次,投喂时间为8:00,15:00。次日10:00清理残饵和粪便和更换2/3新鲜海水,养殖实验持续90 d。

1.3 镧元素的添加与取样

实验组采用浸泡法:将氯化镧药品溶解于海水中,实验组分为6组,镧元素的浓度依次为0.1 mg/L,0.6 mg/L,1.2 mg/L,1.8 mg/L,2.4 mg/L,3.0 mg/L。空白对照组不添加镧元素,每更换一次海水,补充养殖水体中的镧元素的量。每隔30 d测量黄姑鱼稚鱼的全长、体重,并记录死亡鱼的数量。

1.4 实验中所涉及的生长性能公式如下(宋超等,2014):

平均体重增长率(BWGR)= $(W_f - W_i)/W_i \times 100\%$

平均全长增长率(BLGR)= $(L_f - L_i)/L_i \times 100\%$

特定生长率(SGR)= $100(\ln W_f - \ln W_i)/(t_f - t_i)$

死亡率(AMR)= $(Sum_f - Sum_i)/Sum_i \times 100\%$

式中:W_i和W_f、L_i和L_f、Sum_f和Sum_i、t_f和t_i分别代表实验开始和结束时的体重(g);全长(cm);实验材料数量以及时间。

本实验所有数据采用Microsoft Excel 2010,IBM SPSS Statistics 22,Origin 7.0软件进行统计学分析,用平均值±标准差(Means±SD)的形式表示。全长、体重的实验数据采用单因素方差(One-Way-ANOVA)分析。若差异显著($P<0.05$),则采用Duncan法进行多重比较,并用Origin 7.0软件做出相关回归方程。

2 结果与分析

2.1 不同镧浓度对黄姑鱼幼鱼体重生长和全长生长的影响

不同镧浓度下黄姑鱼幼鱼的体重生长情况如图1所示。从图1中可见,1.8 mg/L处理组中黄姑鱼鮕幼鱼的体重增长最快,随着实验时间的增加,其体重显著地高于其他各处理组。用线性函数方程(W=a+b×T)对不同镧浓度组的黄姑鱼的体重生长数据进行拟合,

0 mg/L、0.1 mg/L、0.6 mg/L、1.2 mg/L、1.8 mg/L、2.4 mg/L、3.0 mg/L 各浓度组下体重的生长系数 b 值依次为:0.009 3、0.009 9、0.010 6、0.010 8、0.011 2、0.009 7、0.009 6。(1.8 mg/L)浓度组黄姑鱼幼鱼的体重生长系数最大,而对照组(0 mg/L)的体重生长系数最小。从体重的生长系数 b 值来看,生长最快的为 1.85 mg/L 处理组,生长最慢的为对照组(图2)。

不同镧浓度下黄姑鱼的全长生长情况如图 2 所示。从图 2 中可见,1.8 mg/L 处理组中黄姑鱼幼鱼的体长增长最快,随着实验时间的增加,其全长明显地高于其他各处理组。采用多项式函数方程($L = a + b_1 \times T + b_2 \times T^2$)对不同镧浓度组的黄姑鱼的全长生长数据进行拟合,可见不同镧浓度下黄姑鱼幼鱼全长随时间的生长拟合曲线的 b_2 值呈现显著差异。0 mg/L、0.1 mg/L、0.6 mg/L、1.2 mg/L、1.8 mg/L、2.4 mg/L、3.0 mg/L 各浓度组下体重的生长系数 $|b_2|$ 值依次为:1.17、1.82、1.65、2.68、3.26、2.37、1.90,1.8 mg/L 组黄姑鱼幼鱼的全长生长系数最大,而对照组(0 mg/L)的全长生长系数最小。从全长的生长系数 $|b_2|$ 值来看,生长最快的为 1.85 mg/L 处理组,生长最慢的为对照组(图2)

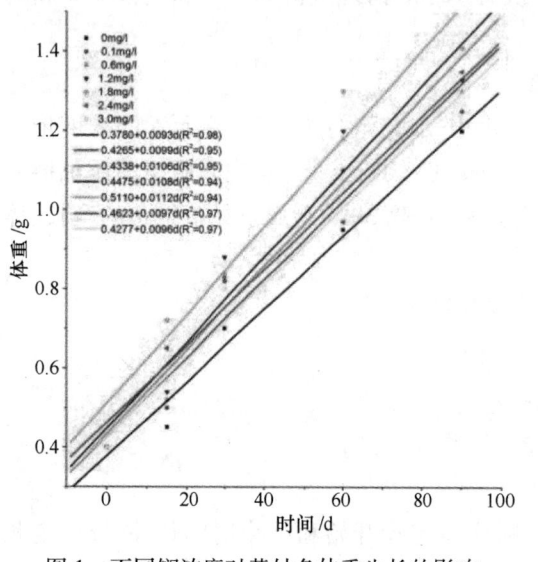

图1 不同镧浓度对黄姑鱼体重生长的影响

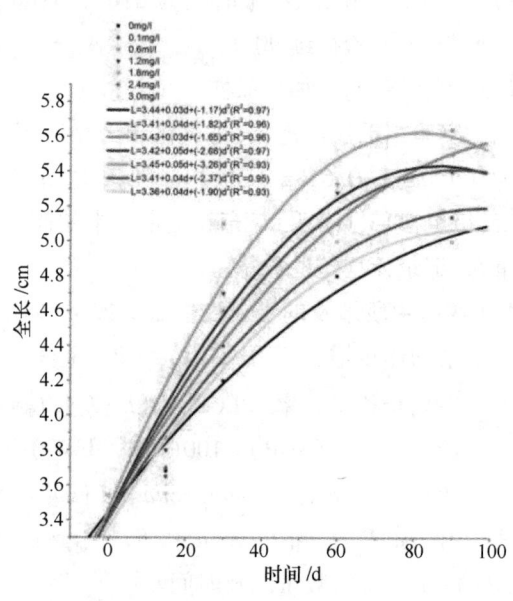

图2 不同镧浓度对黄姑鱼全长生长的影响

2.2 不同镧浓度对黄姑鱼幼鱼各生长参数的影响

不同镧浓度处理组中黄姑鱼幼鱼的各生长参数如表 1 所示。选取健康规格相近的黄姑鱼幼鱼,进行随机分组实验。经过 90 d 的不同浓度的镧(La^{3+})处理后,其最终体重和最终全长在各组间存在显著差异($P<0.05$),其中 1.8 mg/L 处理组的最终体重和最终全长显著地高于对照组、0.1 mg/L、0.6 mg/L 和 3.0 mg/L 处理组($P<0.05$),与 1.2 mg/L 和 2.4 mg/L 处理组之间,没有显著差异($P>0.05$)。另外,镧对黄姑鱼幼鱼的 BWGR、BLGR、SGR 均产生了显著的影响。采用 Duncan 多重比较表明,BWGR、BLGR、SGR 均是在 1.8 mg/L 处理组中最大,并且显著地高于对照组组($P<0.05$),其中,1.8 mg/L 与 2.4 mg/L 的 BLGR 和 SGW 无显著差异($P>0.05$)。AMG 在 1.8 mg/L 处理组中最小,并且显著低于对照组($P<0.05$)。

2.3 最适生长镧离子(La^{3+})浓度

对表1中不同浓度组的 BWGR 数据运用多项式函数方程,得出回归曲线如图3所示,得出回归方程:BWGR = 162.93+42.79C+(−11.62)C^2(R^2 = 0.95),得出 BWGR 最大时的镧离子(La^{3+})浓度是 1.84 mg/L。对表1中不同浓度组的 BLGR 数据运用多项式函数方程,得出回归曲线如图4所示,得出回归方程:BLGR = 38.49+21.54C+(−7.27)C^2(R^2 = 0.90),得出 BLGR 最大时的镧离子(La^{3+})浓度是 1.48 mg/L。对表1中不同浓度组的 SGR 数据运用多项式函数方程,得出回归曲线如图5所示,得出回归方程:SGR = 1.08+0.16C+(−0.04)C^2 (R^2 = 0.93),得出 SGR 最大时的镧离子(La^{3+})浓度是 2 mg/L。对表1中不同浓度组的 AMR 数据运用多项式函数方程,得出回归曲线如图6所示得出回归方程式:AMR = 62.91+(−22.88)C+7.19C^2(R^2 = 0.54),得到黄姑鱼最低死亡率的镧浓度为 1.59 mg/L。

通过对上述各生长参数与稀土元素镧的回归曲线可知,镧离子(La^{3+})浓度对黄姑鱼幼鱼的体重增长、全长增长、特定生长、死亡率均有显著的影响,通过回归方程,求得黄姑鱼幼鱼的最适体重增长、最适全长增长、最适特定生长和最低死亡率的镧离子(La^{3+})浓度分别为 1.84 mg/L、1.48 mg/L、2 mg/L 和 1.59 mg/。综合上述各生长参数对应的最适镧离子(La^{3+})浓度值,得出黄姑鱼幼鱼最适生长镧离子(La^{3+})浓度范围为 1.48~2 mg/L。

表1 不同镧浓度处理组中黄姑鱼幼鱼的生长情况

项目	镧浓度/(mg·L^{-1})						
	0	0.1	0.6	1.2	1.8	2.4	3.0
开始体重/g	0.46± 0.14^a	0.46± 0.14^a	0.46± 0.14^a	0.46± 0.14^a	0.46± 0.14^a	0.46± 0.14^a	0.46± 0.14^a
开始全长/cm	3.64± 0.36^a	3.64± 0.36^a	3.64± 0.36^a	3.64± 0.36^a	3.64± 0.36^a	3.64± 0.36^a	3.64± 0.36^a
结束体重/g	1.20± 1.22^a	1.25± 1.34^{ab}	1.30± 2.01^b	1.33± 1.82^b	1.41± 2.21^c	1.35± 2.12^b	1.32± 1.32^b
结束全长/cm	5.12± 0.32^a	5.14± 0.45^a	5.51± 0.43^b	5.41± 0.39^b	5.64± 0.47^b	5.41± 0.55^b	5.10± 0.42^a
体重增长率/%	160.87± 10.03^a	171.74± 25.09^b	182.61± 30.35^c	189.13± 18.23^c	206.52± 14.31^d	193.48± 19.61^c	186.96± 16.20^c
全长增长率/%	37.36± 3.81^a	41.21± 4.21^a	51.09± 3.05^a	48.63± 3.51^a	54.95± 2.22^b	48.35± 2.52^b	37.36± 3.02^a
特定增长率/%	1.06± 0.04^a	1.11± 0.03^a	1.15± 0.05^a	1.18± 0.05^a	1.24± 0.03^b	1.20± 0.04^b	1.17± 0.06^b
死亡率/%	70.08± 3.91^a	50.02± 4.52^b	50.83± 5.82^b	50.00± 4.91^b	39.17± 5.72^c	55.00± 6.23^b	57.5± 5.42^b

注:数据右上角不用的英文字母,代表有显著性差异(P<0.05).

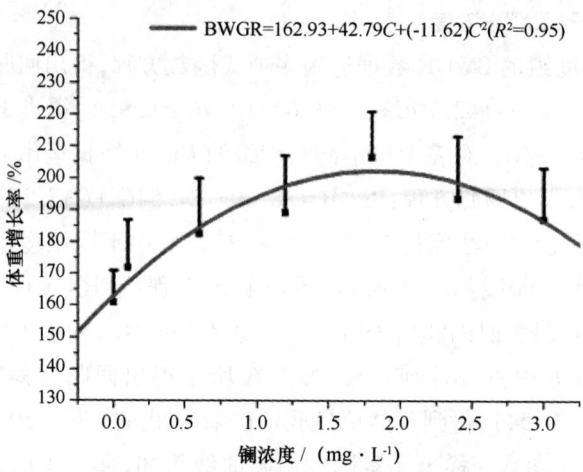

图3 黄姑鱼幼鱼体重增长率与稀土元素镧的拟合曲线

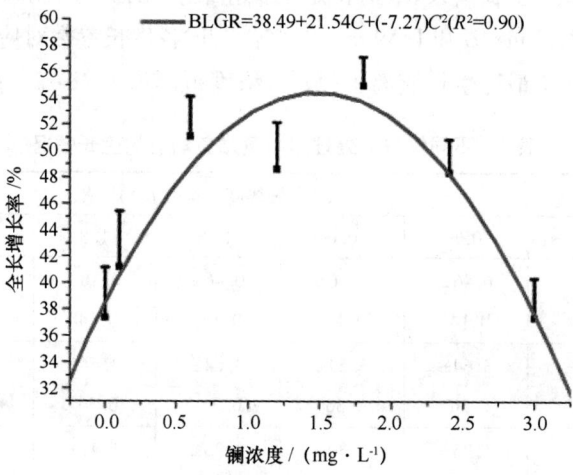

图4 黄姑鱼幼鱼全长增长率与稀土元素镧的拟合曲线

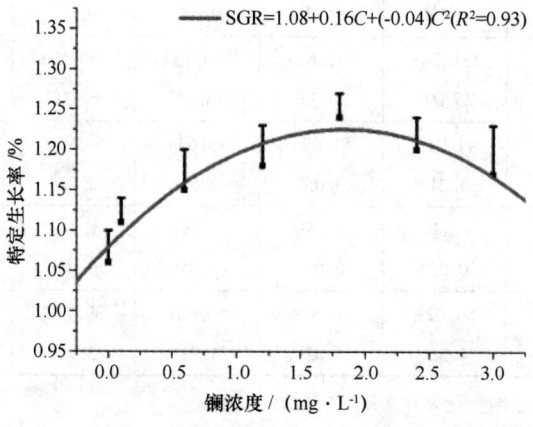

图5 黄姑鱼幼鱼特定生长率与稀土元素镧的拟合曲线

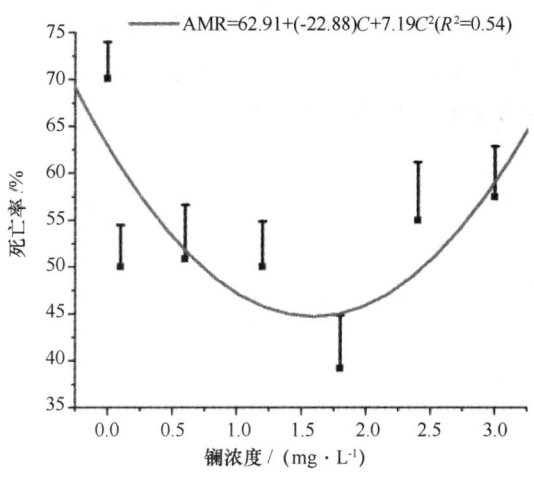

图6 黄姑鱼幼鱼死亡率与稀土元素镧的拟合曲线

3 讨论

3.1 稀土元素镧对黄姑鱼幼鱼促生长的作用

王艳龙等(2009)研究证实,镧是主要的稀土元素之一,它在一定剂量范围内可以促进生物机体的生长,在刺参饲料中添加50 mg/kg的稀土元素镧与对照组相比,可以提高36.92%的特定生长率。周晓波等(1999)研究表明,稀土离子通过参与或调节Ca^{2+}的代谢来调控生物机体的细胞伸长、细胞分裂。

有学者报道,稀土元素添加在猪、鱼、虾、贝等动物的饲料中,可以提高其生长速率(Rosewell,1995;Shen et al,1991)。王敏奇等(2003)研究证实,在猪饲料中添加稀土元素镧可以提高13.06%的日增重和6.53%的饲料转化率。刘颖等(2001)研究证实,$La(NO_3)_3$可以提高大鼠的体重生长率和加速肝糖原的合成,但是高于一定剂量(200 mg/kg)时,则作用相反。韩希福等(1997)研究表明,在鲤鱼饵料中20 mg/kg的稀土元素镧可以显著提高鲤鱼的生长率,25~30 mg/kg也有一定的促生长作用。石文雷(1995)研究报道了维生素C稀土作为饵料添加剂,一方面可以促进鱼体生长、提高饵料利用效率;另一方面可以提高鱼体的抗病能力、提高其成活率。朱伯清等(1995)研究证实,东方对虾饲料中添加30~200 mg/kg剂量的稀土物质,可以促进其生长,最适生长剂量时60 mg/kg。辛福言(1997)研究证实,稀土元素镧可以提高17.1%~23.5%的中国对虾的受精卵的孵化率。韩希福(1997)研究表明,稀土元素镧可以提高16.5%的卤虫孵化率、57.3%~57.8%的变态率和12.0%~12.3%的成虫率,并且可以提高卤虫对杜氏盐藻的摄食强度,盐卤虫的最佳效应La^{3+}浓度为1.8 mg/kg。宋凌云等(2000)研究证实,低剂量的镧可以加速满江红鱼腥草叶绿素a的合成,提高其光合作用,并且可以促进其生长。赵宝华等(2000)研究证实:低剂量的Ca^{2+}和La^{3+}等离子可促进酿酒酵母生长($P<0.05$),而高剂量的Ca^{2+}和La^{3+}等离子则起到抑制作用。本研究证实,镧离子(La^{3+})浓度对黄姑鱼幼鱼的体重增长、全长增长、特定生长均有显著的影响。通过回归方程,求得黄姑鱼幼鱼的最适体重增长、最适全长增长、最适特定生长和最

底死亡率的镧离子(La^{3+})浓度分别为 1.84 mg/L、1.48 mg/L、2 mg/L 和 1.59 mg/L。因此，黄姑鱼幼鱼最适生长的稀土元素镧离子(La^{3+})浓度范围为 1.48~2 mg/L。

3.2 稀土元素镧对黄姑鱼幼鱼促抗病力的影响

稀土元素不仅可以促进生物机体的生长，还可以提高动物的成活率和增强机体的抗病能力。陈兴安等（1995）研究表明，低剂量（0.1 mg/kg）的柠檬酸稀土可以增强小鼠多核细胞的吞噬作用，进而提高动物机体的免疫能力。在"七五"期间，稀土养鱼示范田 2 000 hm²，产量增加 14%~18%，鱼苗的成活率提高 14%，更降低了草鱼的赤皮、肠炎、烂鳃等病害的发生率。近 20 年来推广面积 660 万 hm²，增加效益 20 亿元（韩希福等，1998）。王艳龙等（2015）研究表明，刺参饲料添加 50 mg/kg 的稀土元素镧，可以通过提高刺参机体的非特异性免疫酶的活性，来增强刺参机体免疫力和抗病力。邱关明等（2003）报道，稀土能使动物体抵抗力增强的原因很可能是稀土能够清除动物体内有害自由基。周光理（2002）通过探究稀土元素镧对大鼠腹腔巨噬细胞生长的作用，证实了稀土离子对自由基具有消除作用。李健强等（1995）研究表明，稀土元素镧浸种处理，可以通过提高水稻植株体内还原糖的和合成量糖，来调控植物体内酚类含量，从而提高水稻植株的抗病能力。本研究证实，1.8 mg/L 处理组的稀土元素镧可以显著降低养殖实验中黄姑鱼幼鱼死亡率。通过死亡率的回归方程，求得黄姑鱼幼鱼的的最底死亡率的稀土元素镧浓度为 1.59 mg/L。

参考文献

陈兴安,贺秋晨,关腾,等.小剂量柠檬酸稀土对小鼠中性多形核白细胞吞噬功能的影响.中国稀土学报, 1995,13(1):70-73.

韩希福,王军萍,李剑,等.稀土元素镧对鲤生长的影响.河北大学学报(自然科学版),1997(4):50-54.

韩希福,王军萍.稀土元素在渔业上的应用.中国水产科学,1998,5(04):96-100.

韩希福.稀土元素镧Ⅲ对海水盐卤虫孵化率及变态率的影响.河北渔业,1997,(1):7-10.

He ML,Rambeck WA.Rare earth elements-a new generation of growth promoters for pigs.Archives of Animal Nutrition,2000,53(4):323-334

江良梁,秦宜德,陈程,等.饲喂硝酸镧对大鼠生长及肝中几种酶活性的影响.现代预防医学,2007,34(19): 3639-3641.

雷霁霖,陈超,徐延康,等.黄姑鱼工厂化育苗技术研究.海洋科学,1992(06):5-10.

李健强,王恩东,王建辉,等.三唑酮拌种对小麦苗期叶片中还原糖和游离氨基酸含量的影响.河北农业大学学报,1995,18(4):89-92.

林楠,姜亚洲,袁兴伟,等.象山港黄姑鱼的繁殖生物学.海洋渔业,2013,35(4):389-395.

刘颖,孙淑艳.硝酸镧对大鼠肝的亚慢性毒性实验研究.中国稀土学报,2001,19(2):167-170.

楼宝,史会来,毛国民,等.黄姑鱼全人工繁育及大规格苗种培育技术研究.现代渔业信息,2011,26(03):20-23.

毛小伟,兰时乐,肖调义,等.日本黄姑鱼养殖生物学研究进展.水产科学,2012,31(04):245-248.

秦俊法,陈祥友,李增禧.稀土的生物学效应.广东微量元素科学,2002,9(3):1-16.

邱关明,李幼荣,陈石燕,等.稀土对生物机体剂量效应机理的研究进展.稀土,2003,24(1):49-56.

Roseell D.Feeding Rare Earths to Cashmeres.Canberra:58ACT Australia,1995:37-39

Shen Q, Zhang J, Wang C, Application of Rare Earch Elements on animal production. Feed Industry,1991,12:21-22

石文雷.维生素 C 稀土养鱼及安全卫生评价.见:鱼虾营养研究进展.1995.北京:科学出版社.

宋凌云,胡文月,赵继贞,等.稀土元素镧对满江红鱼腥藻的生理影响.北京大学学报(自然科学版),2000,36(6):783.

宋超,庄平,章龙珍,等.不同温度对西伯利亚鲟幼鱼生长的影响.海洋渔业,2014,36(3):239-246.

王敏奇,许梓荣.饲粮中添加镧对猪生长的影响及安全性.中国兽医学报,2003,23(1):88-90.

王艳龙,徐玮,汪东风,等.镧对刺参生长、免疫反应及抗病力的影响.中国海洋大学学报(自然科学版),2015,45(09):54-60.

辛福言.镧对中国对虾卵子孵化和无节幼体变态的影响.中国稀土学报,1997(1):23-26.

杨军,刘向生,王甲辰,等.我国稀土农用现状、发展趋势及对策.稀土信息,2009(4):29-31.

赵宝华,齐志广,孙涛.介质 Ca^{2+} 和 La^{3+} 对酿酒酵母生长的影响.微生物学通报,2000,27(1):33-36.

周晓波,魏幼璋.稀土离子与 Ca^{2+} 在生物体内的相互作用机制及应用.生命科学研究,1999,3(1):30-35.

周光理.镧离子对大鼠腹腔巨噬细胞生长过程影响的研究[J].微量元素与健康研究,2002,19(1):7-9.

朱伯清,徐明起.添加稀土元素的配合饲料对中国对虾生长效果的研究.中国水产科学,1995(2):15-22.

美洲黑石斑鱼"突眼"症的病原菌分离鉴定

陈建国[1,2],陈超[2,1],李炎璐[2],孙曙光[2,1],邵彦翔[4]
张廷廷[1,2],刘莉[1,2],孙涛[3]

(1. 上海海洋大学 水产与生命学院,上海 201306; 2. 中国水产科学研究院 黄海水产研究所,农业部海洋渔业可持续发展重点实验室,青岛市海水鱼类种子工程与生物技术重点实验室,山东 青岛 266071;3. 烟台开发区天源水产有限公司,山东 烟台 261418;4. 大连海洋大学,辽宁 大连 116023)

美洲黑石斑鱼(*Centropristis striata*)属鮨科 Serranidae,石斑鱼亚科 Serraninae,中文名:条纹锯鮨和黑锯鮨,通称黑石斑,有翡翠斑、珍珠斑、天星斑、宝石斑等多种美名,是美国东部沿海重要的商业捕捞对象、重要的游钓鱼种和观赏鱼类,曾是我国北方工厂化和南方网箱重要的养殖品种之一(王波等,2003)。随着我国石斑鱼产业逐渐进入规模化养殖阶段,石斑鱼的各种病害也随着养殖规模的扩大呈现迅速上升的势头,经常造成大面积死亡,给养殖业主带来巨大经济损失,严重制约了石斑鱼养殖业的发展。我国养殖石斑鱼已报道的一些致病性细菌有创伤弧菌(*Virbrio Vulnificus*)、溶藻弧菌(*V. Alginolyticus*)、河流弧菌(*V. Fluvialis*)、哈维

基金项目:国际合作项目 2012FDA30360 和东盟项目中国-东盟海水养殖技术联合研究与推广中心共同.
作者简介:陈建国,上海海洋大学硕士研究生 ysfrichenjianguo@126.com
通信作者:陈超,ysfrichenchao@126.com

氏弧菌(*V. Harveyi*)、产气单胞杆菌(*Aeromonas* sp)、鲨鱼弧菌(*V. Cardhariae*)、假单胞菌(*Pseudomonas spp.*)、不动杆菌(*Acinetobacter* spp.)(刘秀珍等,1994;朱传华等,2000;鄢庆枇等,2001;覃映雪等,2004;吴定虎等,1989)等。

2015年6月,烟台天源水产有限公司养殖的一批2龄美洲黑石斑鱼,患有"突眼病"症。本研究对其"突眼"症的病灶部位、肝、脾脏、肾脏等组织器官取样,通过生理生化及分子生物学技术手段鉴定,揭示了诱发美洲黑石斑鱼"突眼"症的病原体,为其的健康养殖及综合防治提供理论支撑。

1 材料与方法

1.1 材料

1.1.1 患病美洲黑石斑鱼

2015年8月10日,选取5尾患病的体重为(250±10)g,体长(22±2)cm的2龄美洲黑石斑鱼个体,暂养于烟台天源水产养殖有限公司。

1.1.2 健康美洲黑石斑鱼

感染试验,选用健康美洲黑石斑鱼幼鱼,体重(8.65±1.15)cm,体长(11.365±4.415)g,共计420尾幼鱼。

1.2 病原菌的分离和纯化

取濒死的"突眼症"美洲黑石斑鱼,在无菌条件下,用75%酒精棉对鱼体消毒后,取出眼球、肝、脾脏、肾脏等器官组织,用1.5%的无菌生理盐水冲洗后剪碎。取剪碎的组织,在无菌TSA培养基和TCBS培养基上分别画线分离,在28℃条件下,培养24 h。从眼球、肝、脾、肾等器官组织中,分别分离得到形态特征一致的4株优势菌。经鉴定,它们属同一种(定名为CJG01),连续纯化培养3代。挑取纯化后的单菌落于TSB液体培养基扩增,在28℃条件下,培养10 h。按照(菌液:80%甘油=8:2)的比例,将扩增后的菌液保存于80%灭菌后的甘油中,置于-80℃超低温冰箱保种备用。

1.3 致病菌株的电镜观察

先用PBS冲洗菌株,再用3%戊二醛固定10 min,碳网沾取后晾干5 min,1%磷钨酸染色3 min,自然状态晾15 min,用日本JEOL电子公司JEM-1200EX透射电镜观察(范文辉等,2005)。对患有"突眼"症美洲黑石斑鱼个体的眼球、脾、肝、肾等器官组织样品,采用透射电镜和扫描电镜结合检查病毒颗粒(陈超等,2010)。

1.4 人工感染试验

环境条件:水温26~33℃,盐度26~32,溶氧6.1~6.7 mg/L,pH值7.4~8.1。将致病菌株,用1.5%的无菌生理盐水制成3.0×10^8 CFU/mL菌悬液(采用酶标仪和平板稀释计数法结合计算),10倍浓度系列稀释后备用,设6个浓度梯度组(A1,A2,A3,A4,A5,A6),每个浓度梯度下,设3个平行组(A1.1,A1.2,A1.3;A2.1,A2.2,A2.3;A3.1,A3.2,A3.3;A4.1,A4.2,A4.3;A5.1,A5.2,A5.1,A5.2,A5.3;A6.1,A6.2,A6.3),每平行小组20尾幼鱼,共计

360尾。空白对照B,设3个平行组(B1,B2,B3),每组20尾幼鱼,共计60尾。用有效水体19 L的泡沫箱,每天换水量1/2,充气暂养1周后开始试验。试验组采用肌肉注射攻毒,注射0.1 mL的相应浓度的菌液;对照组肌肉注射0.1 mL的1.5%无菌生理盐水,观察并记录幼鱼发病症状及每日死亡尾数,统计3个平行组幼鱼的平均死亡数。取濒死的美洲黑石斑鱼幼鱼的眼球、肝、脾、肌肉等器官组织,进行再次分离纯化,方法同上。将再次分离纯化的优势菌株制成高浓度的3.0×10^{8}CFU/mL,采用肌肉注射法,注射对照组,最后将第2次分离的优势菌株与原菌株一起做细菌鉴定(范文辉等,2005)。采用寇氏法(邹玉霞等,2004)计算出菌株的半致死浓度 LD_{50}:

$$\lg LD_{50} = X_k - d(P_i - 0.5)$$

式中:X_k 为最大对数值;d 为相邻两组对数值差;P_i 为死亡率;i 为分组号。

1.5 生理生化鉴定

采用API-20NE和API-20NE自动鉴定系统,按方法进行鉴定。并结合生理生化测试盒及相关生理生化鉴定管(青岛高科技工业园海博生物技术有限公司生产)补充鉴定(吕俊超等,2009)。

1.6 细菌16S rDNA序列测定

1.6.1 PCR模板DNA的制备

用灭菌牙签挑取单菌落悬浮于50 μL无菌去离子水中,100℃水浴5 min,12 000 r/min离心20 min,取1 μL上清液做为PCR反应所用模板DNA(范文辉等,2005)。

1.6.2 PCR扩增与测序

采用扩增16SrDNA序列通用引物,正向引物27F:5′-AGAGTTTGATCCTGGCC-TGGCT-CAG-3′,反向引物1492R:5′-TACGGCTACCTTGTTACGACTT-3′。PCR反应条件为:94℃预变性10 min;94℃变性40 s,55℃复性30 s,72℃延伸90 s,35个循环;最后72℃温育7~10 min。PCR产物由上海桑尼生物科技有限公司纯化、测序。根据测序结果,在GenBank中用BLAST(http://www.ncbi.nlm.nih.gov/blast)进行同源性比较,在网站(http://www.bacterio.net/vibrio.html)选取与哈维氏弧菌同源性较高的10株代表菌株的16SrDNA序列,采用MEGA5.05软件构建系统发育树(Tamura et al,2011)。

1.7 药物敏感试验

将培养24 h的细菌,制成浓度为1.0×10^8 CFU/mL菌悬液(陈超等,2010),取50 μL涂布于TSA培养基平板中(平板直径90 mm,培养基厚度4 mm)。用无菌镊子将抗菌素纸片(杭州微生物试剂有限公司生产)贴于平板中央,每个平板1片,28℃恒温培养24 h。结果判读:记录纸片周围抑菌圈直径,根据美国临床实验室标准化协会CLSI(Clinical and Laboratory Standards Institute)标准,报告细菌对该抗生素是敏感(susceptible,S)、耐药(resistant,R)、中介(intermediate,I)(陈佳玉等,2010)。

2 结果与分析

患病的美洲黑石斑鱼表现为眼球充血、肿大等症状。病鱼游动、摄食能力下降,最终眼球脱落,患病鱼死亡。经统计分析,美洲黑石斑鱼的"突眼"病症死亡率高达90%。用电镜扫描眼球,肝、脾、肾等器官组织部位,未发现病毒颗粒。在光学显微镜下观察未发现寄生虫。pH值、光照、盐度、温度、氨氮、亚硝酸盐等环境因子指标均符合美洲黑石斑鱼的生理生态条件。

2.1 病原菌株的形态特征

CJG01菌落在TCBS平板上呈黄色,边缘光滑,有黏性。革兰氏阴性菌。菌株经电镜负染后观察,菌株呈短杆状,端生单鞭毛。菌株CJG01大小$(2.3 \sim 3.4)\mu m \times (1.52 \sim 1.58)\mu m$,鞭毛长$6 \sim 7.8 \mu m$(图1)。

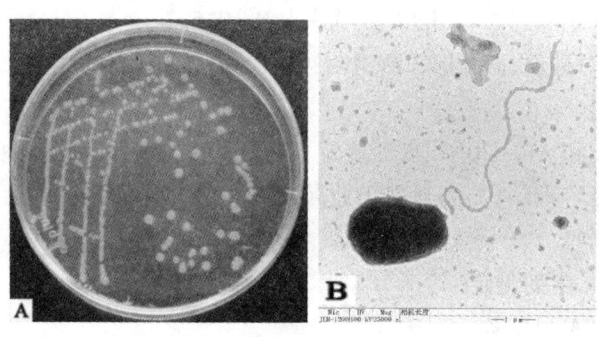

图1 CJG01的菌落和菌体形态

A:菌株CJG01在TCBS培养基上形成边缘光滑整齐的黄色菌落;B:菌株CJG01的电镜照片(bar=1 μm)

2.2 人工感染实验结果

菌株CJG01感染美洲黑石斑鱼幼鱼。感染1~2 d表现高浓度感染组的幼鱼大量死亡,低浓度感染组下的幼鱼游泳能力、摄食能力下降,肌肉注射部位红肿、鳞片脱落。感染3~5 d表现幼鱼肌肉注射部位溃烂,眼球增生;感染6~7 d肌肉腐烂,眼球脱落,幼鱼死亡(图2)。人工感染结果(表1):取濒死幼鱼病灶部位显微镜镜检发现有大量运动细菌。解剖观察患病幼鱼的肝、肾红肿,脾肿大,肠道内有淡黄色液体。从患病美洲黑石斑鱼幼鱼的病灶部位处,再次分离得到的优势菌株,其形态和生理生化反应与菌株CJG01一致,将其制成浓度为3.0×10^8 CFU/mL的菌悬液,感染对照组的美洲黑石斑鱼幼鱼,结果幼鱼全部死亡。优势菌株CJG01诱发了美洲黑石斑鱼"突眼"病,肌肉注射的菌株CJG01的半致死浓度LD_{50}为2.67×10^5 CFU/mL。

2.3 生理生化鉴定结果

菌株CJG01生理生化特性为革兰氏阴性,对弧菌抑制剂O/129敏感。生长温度为28~37℃,最适温度为28℃,在含盐量0%~5%之间的TSB培养基可生长,氧化酶反应阳性,鸟氨酸脱羧酶反应阳性,V-P反应阴性,可同化甘露醇、麦芽糖、苹果酸,不能同化葡萄糖、阿拉伯糖、甘露糖、癸酸、己二酸、柠檬酸、苯乙酸等,其他理化性质见表2。参考《伯杰氏细菌鉴定手册》(第九版)、《一般细菌常用鉴定方法》以及相关文献(Gomez,2009;毛芝娟等,2002)等资料,证实菌株CJG01与哈维氏弧菌(*V. harveyi*)的各项生理生化特性一致。

表 1 CJG01 对美洲黑石斑鱼幼鱼人工感染实验结果

分组		注射浓度/(CFU·mL^{-1})	尾数	剂量/mL	日死亡数/尾数							死亡统计/尾	死亡率/%	半致死率 LD$_{50}$/(CFU·mL^{-1})
					1 d	2 d	3 d	4 d	5 d	6 d	7 d			
试验组	A1	3×10^8	20	0.1	20	0	0	0	0	0	0	20	100	2.67×10^5
	A2	3×10^7	20	0.1	18	0	1	0	0	0	0	19	95	
	A3	3×10^6	20	0.1	16	0	0	1	0	0	0	17	85	
	A4	3×10^5	20	0.1	8	1	0	0	1	0	0	10	50	
	A5	3×10^4	20	0.1	4	0	0	1	0	0	0	5	25	
	A6	3×10^3	20	0.1	0	0	0	0	0	0	0	0	0	
对照组	B	1.5%NaCl	20	0.1	0	0	0	0	0	0	0	0	0	

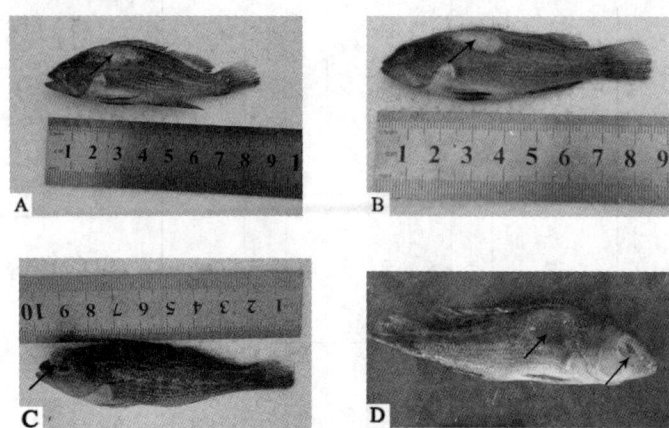

图 2 感染菌株 CJG01 后的幼鱼发病症状
A. 脱鳞；B. 皮肤溃烂；C. 眼球突出；D. 眼球脱落，幼鱼死亡

表 2 菌株 CJG01 生理生化特征分析

鉴定项目	菌株 CJG01	鉴定项目	菌株 CJG01
革兰氏阴性	−	葡萄糖同化	−
运动性	+	阿拉伯糖	−
O/129（10 μg/片）O/129	S	甘露糖	−
O/129（150 μg/片）O/129	S	甘露醇	+
4℃生长	−	N-乙酰-葡萄糖胺	−
15℃生长	−	麦芽糖	+
28℃生长	+	葡萄糖酸盐	+
37℃生长	+	癸酸	−
42℃生长	−	己二酸	−
0NaCl 生长	+	苹果酸	+
4%NaCl 生长	+	柠檬酸	−
5%NaCl 生长	+	苯乙酸	−
6%NaCl 生长	+	氧化酶	+
KNO₃	+	鸟氨酸脱羧酶	+
色氨酸	+	V-P 反应	−
葡萄糖酸化	−	赖氨酸脱羧酶	+
精氨酸	−	丙二酸	−
尿素	+	蔗糖	+
七叶灵	−	海藻糖	+
明胶	−	纤维二糖	+
对硝基-β-D 甲基半乳糖	+	L-天门冬素芳胺酶	−

−：阴性；+为阳性；S 为敏感

2.4 菌株 CJG01 的 16S rDNA 序列分析

菌株 CJG01 的 16S rDNA 序列长度为 1 424 bp(图3),采用 BLAST 进行同源比对结果显示:其与哈维氏弧菌的同源性高达99%。从 NCBI 核酸数据库中选取10株水产动物致病菌株的 16S rDNA 基因序列进行系统发育树分析,并采用 MEGA5.05 软件构建发育树(图4)。从图4可以看出:该菌株于哈维氏弧菌的亲缘关系最为接近。可认定菌株 CJG01 为哈维氏弧菌。

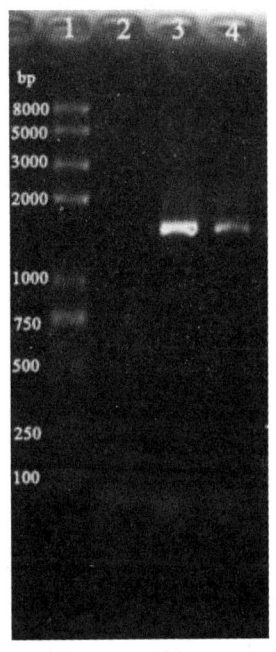

图3 菌株 CJG01 的 16SrDNA PCR 产物琼脂糖电泳图谱
1:DNA marker;2:阴性对照;3:鳗弧菌阳性对照;4:16S rDNA 产物

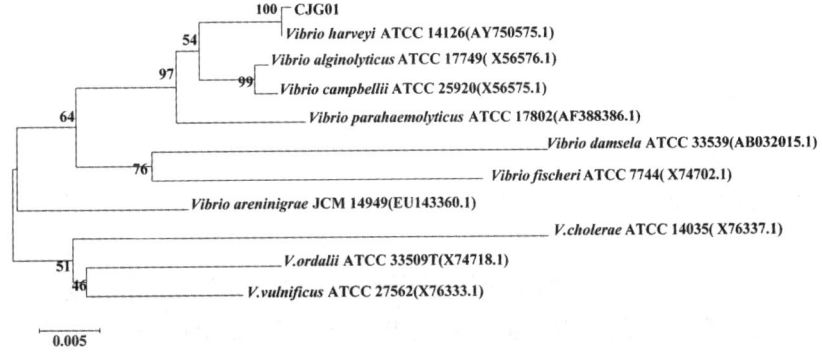

图4 基于菌株 CJG01 的 16S rDNA 序列构建的系统发育树

2.5 药物敏感试验结果

菌株 CJG01 对 28 种药物的敏感性试验结果(表3)研究表明：该菌株对氨苄西林、头孢氨苄、头孢拉定、诺氟沙星、青霉素、阿奇霉素、多黏菌素 B 8 种药物不敏感,对头孢唑林、恩诺沙星、链霉素、红霉素、克拉霉素 4 种药物中度敏感,对头孢哌酮、头孢曲松、头孢他啶、氧氟沙星、洛美沙星、氟罗沙星、环丙沙星、氯霉素、新生霉素、新霉素、庆大霉素、卡那霉素、呋喃唑酮、利福平、四环素、米诺环素 16 种药物敏感。

表3 菌株 CJG01 对抗菌药物的敏感性

药物	药片浓度/(μg·g^{-1})	抑菌圈直径/mm	敏感性	药物	药片浓度/(μg·g^{-1})	抑菌圈直径/mm	敏感性
氨苄西林	10	0	R	新生霉素	30	23	S
头孢氨苄	30	9	R	新霉素	30	25	S
头孢唑林	30	17	I	链霉素	10	12	I
头孢拉定	30	10	R	青霉素	10	0	R
头孢哌酮	75	22.5	S	红霉素	15	17	I
头孢曲松	30	27	S	庆大霉素	10	15	S
头孢他啶	30	23.5	S	卡那霉素	30	18	S
氧氟沙星	5	17	S	克拉霉素	15	14	I
洛美沙星	10	23	S	阿奇霉素	15	12	R
恩诺沙星	5	19	I	多粘菌素	300	0	R
氟罗沙星	5	29	S	呋喃唑酮	300	18	S
诺氟沙星	10	7	R	利福平	5	24	S
环丙沙星	5	23.5	S	四环素	30	24	S
氯霉素	30	24	S	米诺环素	30	33	S

S:敏感;R:耐药;I:中介

3 讨论

弧菌是海洋环境中最常见的细菌群之一,广泛分布于河口近岸、海区、淡水和生物体中(何苹萍等,2013),其致病性受宿主的生理状态及水质环境条件等综合因素的影响较大,是一类条件致病菌(郑天伦等,2002)。在养殖过程中,因过量投饵和养殖鱼类的排泄物引起底质极端恶化,使水体中的氨氮、硫化氢含量显著升高,养殖水体溶氧显著下降,在恶劣的气候条件下,如夏季闷热无风或突降暴雨的天气,引起的盐度和 pH 值的急剧变化;宿主受到病毒、真菌、寄生虫等感染和侵害,引起宿主的机能下降,病原弧菌大量侵入宿主,引起弧菌疾病的暴发(胡超群,1992;Chen et al,1992;胡超群等,2010)。海水鱼类弧菌疾病流行温度为 25~32℃(赵桂林等,2014)范围。本实验证实,环境温度低于15℃,可抑制哈维氏弧菌的增殖,当温度达到 28~37℃时,菌落迅速扩增。在含有 0~5% NaCl 的 TSB 培养基能够生长。

本实验的菌株 CJG01 经过电镜负染,观察到菌株 CJG01 呈短杆状,端生单鞭毛;革兰氏染色为阴性,在 TCBS 培养基上为黄色,边缘透明,中间隆起,有黏性;对弧菌抑制剂 O/129 敏感,氧化酶反应阳性。采用 API-20NE 鉴定系统以及相关生理生化鉴定管对分离的菌株 CJG01 进行生理生化特征比较分析,得出其生理生化特性与哈维氏弧菌一致(林克冰等,1999)。为了进一步确认菌株 CJG01 分类学地位,采用 BLAST 分析比对其 16S rDNA 序列,证实菌株与哈维氏弧菌的同源性高达 99%,确认菌株 CJG01 为哈维氏弧菌。最新 16S rDNA 系统发育学分析比较细菌核糖体 DNA 基因片段的同源性实现对细菌的分类学鉴定,理论上具有很好的可靠性,但是截至 1996 年只有 3 500 余种细菌的完整的 16S rDNA 序列被测定,给鉴定结果的准确性带来很大的影响,如果没有生理生化鉴定结果作为佐证,可能无法得出准确的结论。因此,在进行生物物种鉴定时采用多种方法,取长补短,相互补充,能保证鉴定结果的客观性和科学性(范文辉等,2005)。本次致病菌的感染实验证实了哈维氏弧菌是引发美洲黑石斑鱼突眼病的条件致病菌之一。

在养殖过程中弧菌病害时有发生,并且流行于多个国家和地区,是许多养殖鱼类的病原菌(Ramasamy et al,2010;罗鸣等,2013)。有研究表明哈维氏弧菌通过分泌溶血素、蛋白酶、及脂多糖破坏宿主组织(王海阳等,2014)。本实验证实,哈维氏弧菌侵染肌肉组织后,染病部位出现脱鳞、肌肉溃烂,严重的可见骨骼外露;伴随烂尾,突眼等症状。解剖鱼的内脏,可在肝、肾、脾等组织中分离出致病菌。解剖发现肝、脾、肾充血严重,小肠内有黄色液体流出。有研究证实,哈维氏弧菌可导致鱼的病变组织头肾、脾、胸腺、肝、黏膜淋巴组织和肠的上皮细胞出现不同程度的变性及坏死(任红梅等,2011)。细胞超微病变观察发现,这些组织的线粒体出现空泡化。头肾出现较多空泡(任红梅等,2011);肾小管上皮细胞变性、坏死;颗粒细胞的细胞核核膜部分溶解(徐晓津等,2009);脾窦和脾索分界不明显;脾颗粒细胞核核膜溶解,胸腺中有较多空泡;肝细胞胞浆内脂滴积累多;肠绒毛萎缩,肠上皮细胞胞质多数线粒体、内质网等相互聚集固缩,黏膜上皮细胞坏死、脱落(徐晓津等,2009)等现象。本次人工感染试验中,采用肌肉注射攻毒美洲黑石斑鱼幼鱼,出现了较高的死亡率,半致死浓度 $LD_{50} = 2.67 \times 10^5$ CFU/mL。证实了哈维氏弧菌是毒性很强的致病菌,具有很强的致病性。哈维氏弧菌引起石斑鱼突眼病的病原体的研究报道较少,国内外主要是对其生理生化特性以及病理做了研究,对于其致病因子,致病机理等需要今后做进一步的研究。

参考文献

陈超,程波,王印庚等.七带石斑鱼繁殖群体"突眼"症病原菌的分离与鉴定.渔业科学进展,2010,31(1):25-32.

陈佳玉,梁勇.临床检验系列教程(微生物学检验分册).杭州:浙江大学出版社,2010,35-36.

陈献稿,吴淑勤,石存斌,等.斜带石斑鱼病原菌(哈维氏弧菌)的分离与鉴定.中国水产科学,2004,11(4):313-317.

陈晓燕,胡超群,陈偿.人工养殖点带石斑鱼弧菌病病原菌的分离及鉴定.海洋科学,2003,27(6):68-71.

范文辉,黄健,王秀华,等.养殖大菱鲆溃疡症病原菌的分离鉴定及系统发育分析.微生物学报,2005,45(5):

665-670.

何苹萍,赵永贞,陈秀荔,等.凡纳滨对虾及养殖水体中弧菌的分离鉴定.江苏农业科学,2013,41(6):199-202.

胡超群,陶保华.综述:对虾弧菌病及其免疫预防的研究进展.热带海洋,2010,19(3):84-92.

黄志坚,何建国.鲑点石斑鱼细菌病原的分离鉴定和致病性.中山大学学报(自然版),2002,41(5):64-67.

金珊,王国良,赵青松,等.海水网箱养殖大黄鱼弧菌病的流行病学研究.水产科学,2005,24(1):17-19.

林克冰,吴建绍,黄兆斌.一株斜带石斑鱼(*Epinephelus coioides*)病原菌的分离与鉴定.福建水产,2014,36(6):419-427.

刘秀珍,邹晓理,莫小燕,等.海水网箱养殖石斑鱼病原菌研究.热带海洋,1994,13(1):81-86.

林克冰,周宸,刘家富,等.海水网箱养殖大黄鱼病原菌研究,海洋科学,1999(4):58-62.

罗鸣,陈傅晓,刘龙龙,等.我国石斑鱼养殖疾病的研究进展.水产科学,2013,32(9):549-553.

吕俊超,张晓华,王燕,等.养殖大菱鲆病原菌:杀鲑气单胞菌无色亚种的分离鉴定和组织病理学研究.中国海洋大学学报,2009,39(1):91-95.

毛芝娟,刘国勇,陈昌福.大黄鱼溃疡病致病菌的初步分离与鉴定.安徽农业大学学报,2002,29(2):178-181.

覃映雪,池信才,苏永全,等.网箱养殖青石斑鱼的溃疡病病原.水产学报,2004,28(3):297-302.

Ramasamy Harikrishnan, Chellam Balasundaram, Moon-Soo Heo. Molecular studies, disease status and prophylactic measures in grouper aquaculture: Economic importance, diseases and immunology. Aquaculture, 2010, 30(9): 1-14

任红梅,何智,杨德英,等.黄鳝人工感染温和气单胞菌的组织病理学研究.水生态学杂志.2011,32(1):118-120.

Tamura K, Peterson D, Peterson N, et al. MEGA5: molecular evolutionary genetics analysis using maximum likelihood, evolutionary distance, and maximum parsimony methods. Molecular Biology and Evolution, 2011(28): 2731-2739

王波,朱明远,毛兴华.养殖新品种-美洲黑石斑鱼.河北渔业,2003(5):26-27.

王海阳,黄郁葱,丁燏,等.哈维氏弧菌 GST 核酸疫苗制备及其对斜带石斑鱼的免疫保护.

Gomez AC, Bourne DG Hall MR, et al. Molecular identification, typing and tracking of *Vibrio harveyi* in aquaculture systems: Current methods and future prospects. Aquaculture, 2009(287): 1-10.

吴定虎.赤点石斑鱼的病害及其防治的初步研究.福建水产,1989(3):59-64.

徐晓津,徐斌,王军,等.哈维氏弧菌人工感染大黄鱼的组织病理学研究.厦门大学学报(自然科学版),2009,48(2):281-284.

鄢庆枇,苏永全,王军,等.网箱养殖青石斑鱼河流弧菌病研究.海洋科学,2001,25(10):17-19.

杨少丽,王印庚,董树刚.海水养殖鱼类弧菌病的研究进展.海洋水产研究,2005,26(4):75-82.

郑天伦,王国良,金珊.海水养殖动物弧菌病防治的研究进展.台湾海峡,2002,21(3):372-376.

朱传华,何建国,黄志坚.网箱养殖石斑鱼暴发性溃疡病病原菌分离鉴定及致病性研究.中山大学学报,2000,39(3)(增刊):278-282.

邹玉霞,张培军,莫照兰,等.大菱鲆出血症病原菌的分离和鉴定.高技术通信,2004(4):89-93.

养殖生态与环境

天津人工鱼礁区海域水质环境质量评价

王婷，王群山，贾磊，刘克奉
（天津渤海水产研究所，天津 300457）

2008 年天津市开始在汉沽海域进行人工鱼礁建设，经过几年的建设已经初具规模。为初步分析人工鱼礁投放后水质环境质量情况，2015 年 4 月和 9 月在人工鱼礁海域进行了两个航次的调查。

水质综合评价中的污染程度、水质类别、分类界限等都是一些客观存在的模糊概念，因此，利用模糊数学理论，结合水质指标及其评价原理，利用水质污染程度由轻到重逐渐变化的模糊特性，相对于通用的综合污染指数法等确定性数学方法，可以获得更科学和更合理的评价结果。本文将熵权法用于海洋水质模糊综合评价中各因子的赋权，并应用该方法对天津人工鱼礁海域水质进行综合评价。

1 熵值赋权基本方法

设有 m 个评价指标，n 个评价对象，则形成原始数据矩阵 $R' = (r'_{ij})_{m \times n}$

$$R' = \begin{bmatrix} r'_{11} & \cdots & r'_{1n} \\ \vdots & & \vdots \\ r'_{m1} & \cdots & r'_{mn} \end{bmatrix}$$

（1）对原始数据矩阵进行标准化得到：

$$R = (r_{ij})_{m \times n}$$

式中：r_{ij} 为第 j 个评价对象在评价指标上的标准值，$r_{ij} \in [0, 1]$。其中对大者为优的指标而言，有 $r_{ij} = \dfrac{r'_{ij} - \min\limits_{j}\{r'_{ij}\}}{\max\limits_{j}\{r'_{ij}\} - \min\limits_{j}\{r'_{ij}\}}$；而对小者为优的指标而言，有 $r_{ij} = \dfrac{\min\limits_{j}\{r'_{ij}\} - r'_{ij}}{\max\limits_{j}\{r'_{ij}\} - \min\limits_{j}\{r'_{ij}\}}$。

（2）信息熵。在有 m 个指标，n 个被评价对象的评价问题中，第 i 个指标的熵定义为：

$H_i = -k \sum\limits_{j=1}^{n} f_{ij} \ln f_{ij}, i = 1, 2, \cdots, m$。其中，$f_{ij} = \dfrac{r_{ij}}{\sum\limits_{j=1}^{n} r_{ij}}$，$k = \dfrac{1}{\ln n}$，并假定，当 $f_{ij} = 0, f_{ij} \ln f_{ij} = 0$。

（3）熵权。定义了第 i 个指标的熵之后，可得到第 i 个指标的熵权定义，即：

$w_i = \dfrac{1 - H_i}{m - \sum\limits_{i=1}^{m} H_i}$。其中，$0 \leq w_i \leq 1, \sum\limits_{i=1}^{m} w_i = 1$。

2 天津人工鱼礁海域水质环境质量评价

2.1 天津海域水质环境数据

于2015年4月和9月在天津人工鱼礁海域均匀设置9个站位开展海洋水质环境调查,调查项目包括:溶解氧(DO)、化学耗氧量(COD)、无机氮、活性磷酸盐、石油类、铜、锌、镉、铅、汞、砷,样品的采集、保存和分析全部按照《海洋监测规范》(GB17378-2007)和《海洋调查规范》(GB12763-2007)执行。

根据调查项目以及调查结果,组成评价因子集U,监测数据见表1(限于篇幅,只列出2015年4月份调查结果)。

表1 2015年天津人工鱼礁海域水质环境监测结果

站位	COD /(mg·L^{-1})	DO /(mg·L^{-1})	无机氮 /(mg·L^{-1})	磷酸盐 /(mg·L^{-1})	石油类 /(mg·L^{-1})	铜 /(μg·L^{-1})	锌 /(μg·L^{-1})	镉 /(μg·L^{-1})	铅 /(μg·L^{-1})	汞 /(μg·L^{-1})	砷 /(μg·L^{-1})
1	1.92	7.00	0.674	0.015	0.048	3.371	4.470	1.360	0.120	0.168	0.820
2	1.54	7.60	0.629	0.018	0.030	1.760	5.380	2.320	0.045	0.157	0.876
3	1.78	7.00	0.624	0.019	0.130	1.827	3.160	1.280	0.120	0.173	0.871
4	2.10	7.20	0.503	0.018	0.047	1.975	15.74	2.020	0.400	0.150	1.020
5	1.68	6.60	0.682	0.016	0.055	1.255	4.880	2.520	0.260	0.172	0.890
6	2.06	7.00	0.339	0.016	0.046	2.222	4.230	1.020	0.045	0.153	0.919
7	2.35	7.00	0.546	0.015	0.065	1.579	19.96	2.500	0.180	0.165	0.898
8	2.09	7.40	0.550	0.012	0.069	2.086	10.80	5.160	0.960	0.134	0.662
9	1.82	7.00	0.610	0.019	0.048	2.014	3.510	1.240	0.045	0.067	1.070

2.2 建立评价集

根据海水水质标准GB 3097—1997,将海水水质分为四类,故确定评价集V为:

$$V = \{ \mathrm{I}, \mathrm{II}, \mathrm{III}, \mathrm{IV}, \}$$

2.3 建立单因子隶属矩阵

根据海水水质标准GB 3097—1997,确定各指标属于各水质级别的隶属函数,从而确定单因子隶属度,得到单因子评价矩阵A。

限于篇幅,只列出2015年4月9个调查站位中1号站位的隶属矩阵。

$$A = \begin{bmatrix} 1 & 0 & 0 & 0 \\ 1 & 0 & 0 & 0 \\ 0 & 0 & 0 & 1 \\ 1 & 0 & 0 & 0 \\ 1 & 0 & 0 & 0 \\ 1 & 0 & 0 & 0 \\ 1 & 0 & 0 & 0 \\ 0.91 & 0.09 & 0 & 0 \\ 1 & 0 & 0 & 0 \\ 0.21 & 0.79 & 0 & 0 \\ 1 & 0 & 0 & 0 \end{bmatrix}$$

2.4 熵权法的权重计算

首先将监测数据构成的原始矩阵进行初始化,2015年4月调查结果见表2。数据经过整理后,根据熵权法公式计算出各评价指标的熵和熵权,结果见表3。

表2 原始数据初始化结果

站位	COD	DO	无机氮	磷酸盐	石油类	铜	锌	镉	铅	汞	砷	DO
1	0.53	0.40	0.02	0.59	0.81	0.00	0.92	0.92	0.92	0.05	0.61	0.53
2	1.00	1.00	0.15	0.15	1.00	0.76	0.87	0.69	1.00	0.15	0.48	1.00
3	0.70	0.40	0.17	0.02	0.00	0.73	1.00	0.94	0.92	0.00	0.49	0.70
4	0.31	0.60	0.52	0.12	0.82	0.66	0.25	0.76	0.61	0.22	0.12	0.31
5	0.83	0.00	0.00	0.36	0.74	1.00	0.90	0.64	0.77	0.01	0.44	0.83
6	0.36	0.40	1.00	0.36	0.84	0.54	0.94	1.00	1.00	0.19	0.37	0.36
7	0.00	0.40	0.40	0.55	0.65	0.85	0.00	0.64	0.85	0.08	0.42	0.00
8	0.32	0.80	0.38	1.00	0.61	0.61	0.55	0.00	0.00	0.37	1.00	0.32
9	0.65	0.40	0.21	0.00	0.82	0.64	0.98	0.95	1.00	1.00	0.00	0.65

表3 各评价指标信息熵与熵权

评价指标	信息熵		熵权	
	4月	9月	4月	9月
COD	0.909 2	0.906 7	0.070 8	0.092 3
DO	0.914 0	0.908 4	0.067 0	0.090 7
无机氮	0.808 6	0.910 2	0.149 2	0.088 8
磷酸盐	0.808 7	0.928 5	0.149 2	0.070 7
石油类	0.941 7	0.926 9	0.045 4	0.072 3
铜	0.938 5	0.924 1	0.048 0	0.075 1

续表

评价指标	信息熵		熵权	
	4月	9月	4月	9月
锌	0.919 8	0.924 7	0.062 5	0.074 5
镉	0.939 6	0.873 1	0.047 1	0.125 6
铅	0.941 3	0.871 5	0.045 8	0.127 1
汞	0.700 5	0.900 5	0.233 5	0.098 5
砷	0.895 6	0.914 6	0.081 4	0.084 5

2.5 评价结果

将各站位的隶属矩阵与每个评价指标的熵权进行合成,得到每个站位的模糊综合评价结果(表4和表5)。利用熵权法赋权的模糊综合评价结果表明,2015年天津人工鱼礁海域水质级别为Ⅰ级,水体清洁。对比4月和9月,9月水质较4月水质稍好,隶属于Ⅰ级的程度高于4月分析结果。在各项评价指标中,4月无机氮、磷酸盐、汞权重较大,9月镉、铅权重较大,说明天津人工鱼礁海域海水水质主要受以上因素的影响较大。

表4 4月航次综合评价结果

站位	对各级别的隶属度				所属级别
	Ⅰ	Ⅱ	Ⅲ	Ⅳ	
1	0.662 8	0.187 9	0.000 0	0.149 2	Ⅰ
2	0.668 6	0.182 1	0.000 0	0.149 2	Ⅰ
3	0.610 5	0.225 7	0.014 5	0.149 2	Ⅰ
4	0.676 0	0.174 8	0.000 0	0.149 2	Ⅰ
5	0.597 5	0.252 3	0.001 0	0.149 2	Ⅰ
6	0.685 9	0.255 3	0.058 8	0.000 0	Ⅰ
7	0.583 8	0.264 3	0.002 6	0.149 2	Ⅰ
8	0.621 1	0.224 8	0.004 9	0.149 2	Ⅰ
9	0.821 5	0.029 3	0.000 0	0.149 2	Ⅰ

表5 9月航次综合评价结果

站位	对各级别的隶属度				所属级别
	Ⅰ	Ⅱ	Ⅲ	Ⅳ	
1	0.656 2	0.156 5	0.092 9	0.094 4	Ⅰ
2	0.716 5	0.194 7	0.039 3	0.049 6	Ⅰ
3	0.753 0	0.158 1	0.050 1	0.038 7	Ⅰ
4	0.745 5	0.165 6	0.068 3	0.020 5	Ⅰ

续表

站位	对各级别的隶属度				所属级别
	Ⅰ	Ⅱ	Ⅲ	Ⅳ	
5	0.610 5	0.279 2	0.084 8	0.025 6	Ⅰ
6	0.826 7	0.101 6	0.072 0	0.000 0	Ⅰ
7	0.559 5	0.259 8	0.091 1	0.089 5	Ⅰ
8	0.654 7	0.253 2	0.003 3	0.088 8	Ⅰ
9	0.738 4	0.115 9	0.118 8	0.026 9	Ⅰ

3 讨论

3.1 熵权法赋权的模糊综合评价

利用熵权法赋权的模糊综合评价结果表明,2015年天津人工鱼礁海域水质级别为Ⅰ级,水体清洁。对比4月和9月,9月水质上较4月水质稍好,隶属于Ⅰ级的程度高于4月分析结果。在各项评价指标中,4月无机氮、磷酸盐、汞权重较大,9月镉、铅权重较大,说明天津人工鱼礁海域海水水质主要受以上因素的影响较大。

3.2 指数法评价水环境质量

水环境质量评价指数法是根据水质组分浓度相对于其环境质量标准的大小来判断水环境质量状况。指数评价法可分为单因子污染指数法和水质综合污染指数法,单因子污染指数表示单项污染物对水质污染影响的程度,水质综合污染指数表示多项污染物对水质综合污染的影响程度(表6和表7)。

本文以海水水质的一级标准来评价水质环境质量。通过计算,4月只有2个站位综合污染指数符合一级水质标准,污染情况较严重的主要为无机氮、汞、磷酸盐、镉等。9月3个站位综合污染指数符合一级水质标准,无机氮、溶解氧、磷酸盐、镉污染较严重。

表6 4月污染指数和超标率

站位	1	2	3	4	5	6	7	8	9	超标率
COD	0.96	0.77	0.89	1.05	0.84	1.03	1.18	1.05	0.91	44.44
DO	0.75	0.60	0.75	0.70	0.85	0.75	0.75	0.65	0.75	0
无机氮	3.37	3.15	3.12	2.52	3.41	1.70	2.73	2.75	3.05	100
磷酸盐	0.99	1.19	1.25	1.20	1.09	1.09	1.01	0.81	1.25	77.77
石油类	0.97	0.60	2.60	0.95	1.11	0.92	1.29	1.38	0.95	44.44
铜	0.67	0.35	0.37	0.40	0.25	0.44	0.32	0.42	0.40	0
锌	0.22	0.27	0.16	0.79	0.24	0.21	1.00	0.54	0.18	11.11
镉	1.36	1.71	0.75	2.69	0.94	1.09	2.29	2.25	0.55	66.66
铅	0.12	0.05	0.12	0.40	0.26	0.05	0.18	0.96	0.05	0

续表

站位	1	2	3	4	5	6	7	8	9	超标率
汞	3.36	3.14	3.46	3.00	3.44	3.06	3.30	2.68	1.34	100
砷	0.04	0.04	0.04	0.05	0.04	0.05	0.04	0.03	0.05	0
综合指数	1.17	1.08	1.23	1.25	1.13	0.94	1.28	1.23	0.86	77.77

表7 9月污染指数和超标率

站位	1	2	3	4	5	6	7	8	9	超标率
COD	0.80	1.28	1.13	0.75	0.85	0.79	1.42	1.08	0.77	44.44
DO	1.12	1.13	1.13	1.23	1.21	1.09	1.11	1.15	1.14	100
无机氮	2.54	2.28	2.22	2.12	1.57	1.91	3.54	3.25	1.92	100
磷酸盐	1.96	1.57	1.37	1.70	1.86	1.28	1.19	1.41	2.49	100
石油类	0.32	0.90	0.56	0.28	0.16	0.47	0.54	1.23	0.29	11.11
铜	1.53	1.06	0.98	1.21	0.72	0.62	0.75	0.70	0.61	33.33
锌	0.42	0.29	0.64	0.63	1.68	0.28	0.76	1.31	0.49	22.22
镉	1.27	2.76	1.24	1.51	1.41	1.19	2.59	1.50	1.13	100
铅	0.12	0.24	0.21	0.10	0.16	0.11	0.30	0.29	0.18	0
汞	4.34	0.30	1.20	0.32	5.56	3.06	4.04	1.10	1.92	77.77
砷	0.05	0.05	0.05	0.05	0.05	0.04	0.05	0.05	0.05	0
综合指数	1.31	1.08	0.97	0.90	1.38	0.99	1.48	1.19	1.00	66.66

3.3 对比分析

单因子评价法计算简单,概念清楚,但是确定的水质类别过于保守,只要有一项因子污染严重,则不论其他因子的污染程度如何,综合水质类别都是很差的,不利于样本间的对比排序。

模糊综合评价通过监测数据建立各因子对各级标准的隶属度集,形成隶属度矩阵,再把因子的权重集与隶属度矩阵相乘,得到模糊集,获得一个综合评判集,表明评价水体水质对各级标准水质的隶属程度,反映了综合水质级别的模糊性。

它对多种影响因素的事物或现象进行总的评价,且在评判过程中最显著的特征就是涉及模糊因素,由于各种复杂多变的不确定性因素的影响,难于用解析方法做定量分析,因而通过模糊综合评判,将会使问题得到满意解决。

天津大神堂活牡蛎礁海洋特别保护区水质分析

王群山,王婷

(天津渤海水产研究所,天津 300457)

为了对天津大神堂活牡蛎礁海洋特别保护区进行水质环境分析,天津渤海水产研究所分别对该特别保护区海域进行了4个航次的水质环境调查,并通过单项水质评价法、海水营养指数评价法、有机污染综合指数法等对该特别保护区海域的水质进行质量分析。调查数据表明,该保护区海水受无机氮污染严重,4个航次无机氮污染指数均大于1;海水营养指数分布范围为1.60~93.76,平均值为14.58,处于重度富营养状态;有机污染指数分布范围为0.96~6.58,平均值为2.76,处于3级轻度污染状态。结果表明,无机氮为该海域主要污染因子,富营养化及有机污染情况严重并呈增加趋势。目前保护区已经建立,但对于保护区的治理有待进一步开展,还需对该保护区进行长期的监测与科学研究。

1 材料与方法

1.1 材料

以天津大神堂活牡蛎礁海洋特别保护区为研究区域,总共设计了3个断面9个站位,调查站位(图1)。进行了2012年和2013年春、秋4个航次,调查时间分别为2012年4月和9月,2013年5月和9月。

调查项目包括:溶解氧(DO)、化学耗氧量(COD)、无机氮、活性磷酸盐、石油类、铜、锌、镉、铅、汞、砷,样品的采集、保存、分析全部按照《海洋监测规范 GB 17378—2007》[1]、《海洋调查规范 GB 12763—2007》[2]执行。

1.2 分析评价方法

1.2.1 单项水质评价法

单项水质评价采用目前国内使用的单因子污染指数法进行,一般以单因子污染指数1.0作为该因子是否对环境产生污染的临界值,大于1.0表明受到该因子污染[3]。本文以《海水水质标准 GB 3097—1997》[4]中的第Ⅱ类标准对水质指标进行单因子污染指数计算。

1.2.2 营养指数法

用海水营养指数法评价[5]海水的富营养化状态,其计算公式为:

$$E = C_{COD} \times C_{IN} \times C_{IP}/4\,500 \tag{1}$$

式中:E 为富营养化判断值;C_{COD} 为化学耗氧量,mg/L;C_{IN} 为无机氮,μg/L;C_{IP} 为无机磷,μg/L。如 $E<1.0$ 为贫营养,$1 \leq E<2.0$ 为轻度富营养,$2.0 \leq E<5.0$ 为中度富营养,$5.0 \leq E<15.0$ 为重度富营养,$E \geq 15.0$ 为严重富营养[6]。

1.2.3 有机污染状况

采用有机污染综合指数法[7-9]及有机污染等级对天津大神堂牡蛎礁国家级海洋特别保

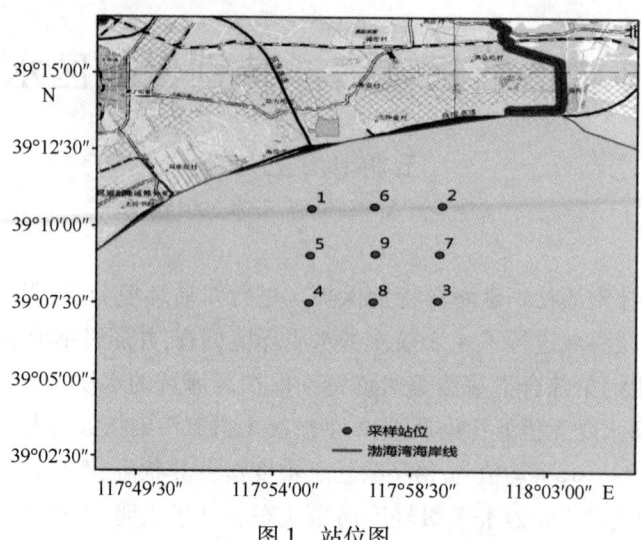

图1 站位图

护区进行有机污染状态进行评价。

$$A = \frac{COD_i}{COD_{io}} + \frac{IN_i}{IN_{io}} + \frac{IP_i}{IP_{io}} - \frac{DO_i}{DO_{io}} \qquad (2)$$

式中:A 为有机污染指数;COD_i、IN_i、IP_i 和 DO_i 分别为实测值;COD_{io}、IN_{io}、IP_{io} 和 DO_{io} 分别为相应要素水质标准,分别为 3.0 mg/L、0.3 mg/L、0.030 mg/L 和 5.0 mg/L。有机污染水平等级见表1。

表1 有机污染评价分级

A 值	有机污染等级	水质质量评价
<0	0	良好
0~1	1	较好
1~2	2	开始受污染
2~3	3	轻度污染
3~4	4	中度污染
>4	5	严重污染

2 结果

2.1 水体中各要素含量变化

调查期间海水中化学耗氧量(COD)、溶氧(DO)、无机氮、活性磷酸盐、石油类、铜(Cu)、锌(Zn)、镉(Pb)、铅(Cd)、汞(Hg)、砷(As)的分布范围以及均值列入表2。结果表明,COD 含量2013年大于2012年,秋季大于春季;DO 含量2013年略大于2012年,春季大于秋季;无机氮含量平均值超过海水Ⅳ类标准,2013 年大于 2012 年;活性磷酸盐含量 2012 年春秋相同,2013 年秋季大于春季;Zn、Pb、As 含量 2013 年大于 2012 年;Cu、Cd、Hg 含量 2012 年大于 2013 年(表 2)。

表 2 调查海域水体各要素含量变化

指标	4 个航次			2012-04	2012-09	2013-05	2013-09
	最小值	最大值	均值	均值	均值	均值	均值
COD/(mg·L^{-1})	1.17	7.05	2.57±1.29	1.93±0.25	1.97±0.05	2.83±0.82	3.54±2.06
DO/(mg·L^{-1})	5.04	9.62	6.62±1.35	7.09±0.28	5.42±0.19	8.50±0.66	5.47±0.31
无机氮/(mg·L^{-1})	0.31	0.98	0.68±0.20	0.57±0.11	0.47±0.13	0.79±0.15	0.87±0.07
活性磷酸盐/(mg·L^{-1})	0.00	0.07	0.03±0.02	0.02±0.00	0.02±0.01	0.01±0.01	0.06±0.01
石油类/(mg·L^{-1})	0.01	0.13	0.04±0.03	0.06±0.03	0.03±0.02	0.05±0.01	0.02±0.01
Cu/(μg·L^{-1})	0.76	7.65	2.36±1.57	2.01±0.59	4.55±1.56	1.45±0.30	1.45±0.68
Zn/(μg·L^{-1})	3.13	48.05	19.00±14.20	8.01±6.10	14.41±9.48	16.05±10.57	37.51±9.41
Pb/(μg·L^{-1})	0.78	8.14	2.52±1.49	2.16±1.27	2.51±0.96	2.48±1.14	2.95±2.34
Cd/(μg·L^{-1})	0.05	0.96	0.20±0.16	0.24±0.29	0.19±0.08	0.22±0.07	0.16±0.09
Hg/(μg·L^{-1})	0.01	0.28	0.11±0.07	0.15±0.03	0.12±0.10	0.05±0.04	0.14±0.05
As/(μg·L^{-1})	0.66	1.60	1.06±0.18	0.89±0.12	0.97±0.06	1.15±0.19	1.21±0.12

2.2 单因子污染状况

调查期间海水中化学耗氧量(COD)、溶氧(DO)、无机氮、活性磷酸盐、石油类、铜(Cu)、锌(Zn)、镉(Pb)、铅(Cd)、汞(Hg)、砷(As)的单因子污染指数见表 3。结果表明,海水受无机氮污染严重,4 个航次无机氮污染指数均大于 1;其次为活性磷酸盐,2013 年秋季航次污染指数较大;COD 单因子污染指数 2013 年均值大于 1;石油类春季单因子污染指数均大于 1;其他水质指标 4 个航次调查单因子污染指数均小于 1(表 3)。

表 3 4 个航次各水质指标的单因子污染指数

时间	COD	DO	无机氮	活性磷酸盐	石油类	As	Cu	Zn	Pb	Cd	Hg
2012-04	0.64	0.55	1.91	0.55	1.2	0.03	0.2	0.16	0.43	0.05	0.74
2012-09	0.66	0.91	1.58	0.82	0.53	0.03	0.46	0.29	0.5	0.04	0.61
2013-05	0.94	0.24	2.64	0.47	1.04	0.04	0.15	0.32	0.5	0.04	0.25
2013-09	1.18	0.90	2.90	2.05	0.33	0.04	0.14	0.75	0.59	0.03	0.69

2.3 海水营养状态

调查期间天津大神堂特别保护区海水营养指数分布范围为 1.60~93.76,平均值为 14.58,处于重度富营养状态。4 个航次调查,海水营养指数随时间推移逐渐增大,海域营状况由中度富营养转变到严重富营养,2013年9月海水营养指数最大为42.34(表4)。

表4 海水营养状态评价结果

调查时间	营养指数分布范围	均值	营养状态
2012-04	2.55~4.64	3.98±0.70	中度富营养
2012-09	2.57~8.01	4.99±1.72	中度富营养
2013-05	1.60~16.07	7.11±5.42	重度富营养
2013-09	15.44~93.76	42.24±25.97	严重富营养

2.4 海水有机污染状况

分析结果表明,调查期间天津大神堂保护区海域有机污染指数平均值为2.76,处于有机污染等级3级轻度污染状态,分布范围为0.96~6.58。4个航次调查中,调查海域有机污染等级随时间推移由2级开始受到污染增加到5级严重污染,2013年9月污染严重(表5)。

表5 海水有机污染情况

调查时间	有机污染指数分布范围	均值	有机污染等级
2012-04	0.96~2.06	1.68±0.34	2
2012-09	1.31~2.79	1.98±0.46	2
2013-05	1.09~3.38	2.35±0.78	3
2013-09	4.13~6.58	5.03±0.81	5

3 讨论

3.1 牡蛎礁保护区主要污染因子及变化分析

根据单因子污染指数,天津大神堂活牡蛎礁特别保护区主要污染因子为无机氮,其次为磷酸盐,COD,与阚文静等[10]、徐晓甫等[11]和王娟娟等[12]的在天津近岸海域研究结果相近。

与房恩军等[13]、谷德贤等[14]的水质调查结果相比,本调查显示,无机氮2012年的数据明显低于2004年和2010年的,而2013年的数据与2004年和2010年的相近;活性磷酸盐2012年和2013年的数据均小于2004年和2010年的。这表明调查海域水质呈现出短期变好趋势后又有向恶性方向发展的趋势,这与2013年天津市海洋质量公报描述"2013年较2012年春季水质好,秋季水质质量较差"相符。其原因可能是由于天津对该海域进行海洋环境治理,修复海洋环境、养护海洋生物,使水质得到改善,但是伴随天津海域的过度开发利用,其他环境的改变,水质又逐步趋于恶化。

3.2 活牡蛎礁保护区水质污染情况分析

富营养水平以及有机污染情况分析表明,天津大神堂牡蛎礁特别保护区海水有机污染严重,富营养化水平较高。这主要是因为计算指标中无机氮、活性磷酸盐、COD的含量较高,其中无机氮含量4个航次平均值为海水Ⅱ类标准的2.26倍。牡蛎礁特别保护区水质质量的现状是水文和生物共同作用的结果:水文上,近年来该海域陆源污染物排放量增加[15],另外该海域为一半封闭性内湾,波浪潮流作用下污染物沿岸输移趋势明显,水体交换能力较弱[16],造成该海域水质污染严重;在海洋生物上,由于对海洋生物保护的不够,掠夺式捕捞等问题,造成该海域海洋生物数量以及多样性水平较低,生态系统稳定性和恢复性较差,降低了海洋生物对该海域的水质调节能力。

3.3 活牡蛎礁保护区保护建议

通过本项目对该海域水质质量的调查分析,为了该保护区的水质条件的改善,生态系统的健康稳定,有以下建议:①严格控制入海排污量,减少海洋的陆源污染。②制定有针对性的管理,限制保护区及其周边海域的开发活动。③开展牡蛎礁生态系统的基础研究和修复技术研究,并进行生态修复工程。④对保护区进行海洋生态环境监测,及时发现问题并采取相应的调控。

参考文献

[1] GB 17378—2007.海洋监测规范[S].北京:中国标准出版社,2007.

[2] GB 12763—2007.海洋调查规范[S].北京:中国标准出版社,2007.

[3] 中国海湾志编纂委员会编.中国海湾志(第九分册)[M].北京:海洋出版社,1998:35-37.

[4] GB 3097—1997,海水水质标准[S].北京:国家环境保护局,1997.

[5] 邹景忠,董丽萍.渤海湾富营养化和赤潮问题的初步探讨[J].海洋环境科学,1983,2(2):41-45.

[6] 王军,张艳,苑旭洲,等.双岛湾海域人工鱼礁区水质状况及其季节变化特征[J].水生态学杂志,2012,33(6):90-95.

[7] 夏斌,张晓理,崔毅,等.夏季莱州湾及附近水域理化环境及营养现状评价[J].渔业科学进展,2009,30(3):103-111.

[8] 姜太良,徐洪达,潘会周,等.莱州湾西南部水环境的状况与评价[J].1991,10(2):19-21.

[9] 蒋岳文,王永强,尚龙生.大连湾海水营养盐的含量及有机污染分析[J].海洋通报,1991,10(1):100-103.

[10] 阚文静,张亚楠,张秋丰,等.天津近岸海域水体富营养化特征及健康状况分析[J].海洋湖沼通报,2013(3):147-151.

[11] 徐晓甫,聂红涛,袁德奎,等.天津近海富营养化及环境因子的时空变化特征[J].环境科学研究,2013,26(4):396-402.

[12] 王娟娟,时文博,王宝峰,等.天津周边海域表层水体理化要素分布特征和水质评价[J].河北渔业,2012(6):12-17.

[13] 房恩军,马维林,刘茂利,等.天津市大神堂贝类保护区贝类资源本地调查报告[J].天津水产,2004(1):20-24.

[14] 谷德贤,陈卫,王婷,等.天津汉沽海域环境质量调查与分析[J].河北渔业,2010(5):33-37.

[15] 张龙军,夏斌,桂祖胜,等.2005年夏季环渤海16条主要入海河流的污染状况评价[J].环境科学,2007,28(11):2409-2415.

[16] SUN T,TAO J H.Experimental and numerical study of wave induced long shore currents on a mild slope

beach[J].China Ocean Engineering,2005,19(3):469-484.

不同填充率的藤壶壳对虾塘养殖尾水处理效果的影响

章霞,徐志进,柳敏海,叶剑英

(浙江省舟山市水产研究所,浙江 舟山 316000)

目前我国的对虾养殖业发展如火如荼,已成为渔业产业经济的重要组成部分。但在发展过程中,普遍存在养殖技术混乱,盲目追求高产,药物的滥用等现象,其中养殖废水随意排放,养殖水环境富营养化污染的问题日益严重[1-3]。据不完全统计,在对虾养殖过程中,有饲料投喂量78%~79%的氮和92%~95%的磷释放在水中或者残留在池底[4]。有研究指出,2001年,广东省对虾养殖行业氮磷的环境排放量为1.39 kg/t 和0.65 kg/t,COD 和悬浮物的排放量为49.65 kg/t 和179.7 kg/t[5];2003年,广东省对虾养殖的氮磷排放量为0.050 kg/t 和10 kg/t[6]。可见,对虾养殖的环境排污量不容小觑。

目前,生物滤料的水处理技术通过去除悬浮物,富集微生物,通过物理和生化综合作用,达到水质处理的效果,占地面积较少,有机负荷去除力强,管理方便等优点[7-8],目前主要应用于工业废水处理[9-10]、生活饮用水处理[11-12]以及循环水养殖[13-14],应用于对虾养殖尾水大水体处理的研究较为少见。究其原因可能是因为现有常见滤料价格昂贵,不易反冲,资源有限等原因。而藤壶壳作为海产生物的废弃物,遍布于海域的潮间带至潮下带浅水区、船下以及其他水下设施等地,资源丰富,价格便宜,且水处理效果较好[15]。这将为其应用于对虾尾水处理工程提供可能。

本文通过研究不同比例藤壶壳:养殖废水的水处理效果,探究在自然养殖状况下,藤壶壳对对虾养殖尾水的最佳处理比例,为今后的养殖废水处理体系设计提供数据。

1 材料与方法

1.1 材料

事先进行藤壶挂膜实验,待生物膜形成后,统一进行分装,滤料与养殖废水比例为A组(1:6);B组(2:9);C组(1:3);D组(1:2),通过水泵(流量2 600 L/h)形成上下桶水循环,每组3桶。装置见图1,生物滤料—藤壶壳见图2。

基金项目:浙江省公益技术研究农业项目2015C32111;海洋经济创新发展区域示范项目浙海渔计〔2015〕29号;舟山市公益类科技项目2013C31047;舟山市公益类科技项目2015C31009;海洋与渔业产业发展资金.

作者简介:章霞(1989—),女,工程师,主要从事水生动物增养殖研究。E-mail:yufan414515@163.com

通信作者:傅荣兵,E-mail:853966748@qq.com

养殖生态与环境

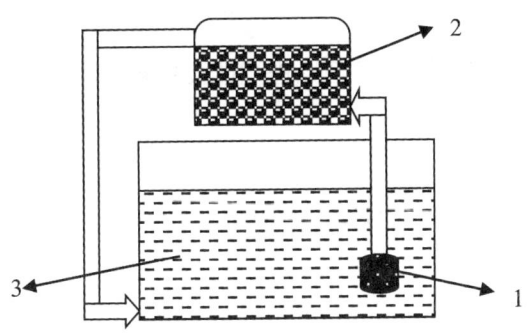

图 1　试验运行示意图
注:1.水泵;2.滤料;3.污水

图 2　藤壶壳的数码照片

1.2　方法

2016 年 6 月 21 日,从浙江华兴水产科技有限公司的对虾养殖大棚中抽取废水注入实验水桶,初始浓度见表 1。各个指标的测定方法如下:悬浮物测定采用重量法(GB 17378.4—2007),根据次溴酸盐氧化法每天测定水体中的氨氮(NH_4^+-N)、萘乙二胺分光光度法测定亚硝酸盐氮(NO_2^--N)、磷钼蓝分光光度法测定磷酸盐(PO_4^{3-}-P)、锌镉还原法测定硝酸盐(NO_3^--N)等指标。

表 1　虾塘尾水各指标的初始浓度

指标	初始浓度/(mg·L^{-1})
悬浮物(SS)	225.0±23.07~241.33±14.57
氨氮(NH_4^+-N)	0.653±0.035~0.705±0.016
亚硝酸酸(NO_2^--N)	0.563±0.011 5~0.585±0.002 2
磷酸盐(PO_4^{3-}-P)	0.230±0.009 4~0.247±0.003 8
硝酸盐(NO_3^--N)	2.420±0.065 8~2.495±0.090 6

1.3 数据分析

采用统计软件 Excel 2007 和 SPSS17.0 进行试验数据分析。

2 结果

2.1 4组不同比例的水处理组中的悬浮物浓度变化

A、B、C、D 4个不同比例的水处理组中的悬浮物在 6 h 时的去除率分别达 (68.65±4.3)%,(74.46±7.0)%,(80.89±4.2)%,(82.11±3.8)%,其中 B、C、D 组去除率显著高于 A 组($P<0.05$),B、C、D 组之间没有显著差异,具体数值见表2。可见藤壶壳对养殖水体中的悬浮物的截留能力良好。

表2 4个实验组中悬浮物的初始浓度和 6 h 后的浓度

组别	A	B	C	D
0 h/(mg·L^{-1})	241.33±14.57	229.67±24.01	225.00±23.07	240.33±14.19
6 h/(mg·L^{-1})	75.67±10.02	58.67±17.16	43.00±10.15	43.00±11.53
去除率/%	68.65±4.30	74.46±7.00[a]	80.89±4.20[a]	82.11±3.80[a]

2.2 4组不同比例的水处理组对尾水氨氮(NH_4^+-N)的处理效果

A、B、C、D 4组的氨氮降解速率不一(图3)。A 组在第7天达到最低值(0.04 mg/L),B 组在第8天,达到最低值(0.056 mg/L),C 组在第7天达到最低值(0.035 mg/L),D 组在第7天达到最低值(0.030 mg/L),去除率分别达 94.2%,92.5%,94.9%,95.5%。去除效果 D 组、C 组显著优于 A 组($P<0.05$),A 组显著优于 B 组($P<0.05$)。

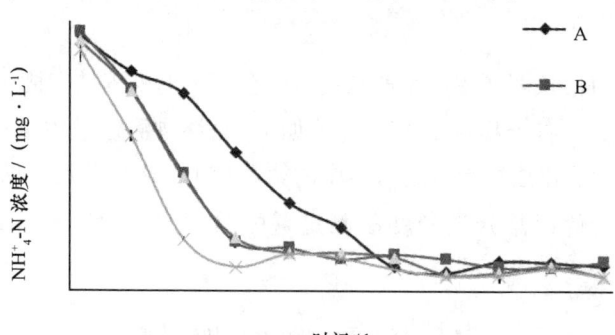

图3 4个处理组中的氨氮(NH_4^+-N)的变化

2.3 4组不同比例的水处理组对尾水氨氮亚硝酸酸(NO_2^--N)的处理效果

由图4可知,D 组的亚硝酸盐降解速率最快,其次是 C 组、B 组、A 组,第5天时,A 组的浓度为 0.071 mg/L,B 组的浓度为 0.017 mg/L,C 组的浓度为 0.010 mg/L,D 组的浓度为 0.008 mg/L。第6天时,A 组的浓度为 0.010 mg/L,B 组的浓度为 0.011 mg/L,C 组的浓度为 0.006 mg/L,D 组的浓度为 0.006 mg/L。去除率分别达 98.2%,98.0%,99.0%,99.0%。第 5 天时,去除率 B、C、D 显著优于 A 组($P<0.05$),第 6 天时,C、D 组显著优于 A、B 组($P<0.05$)。

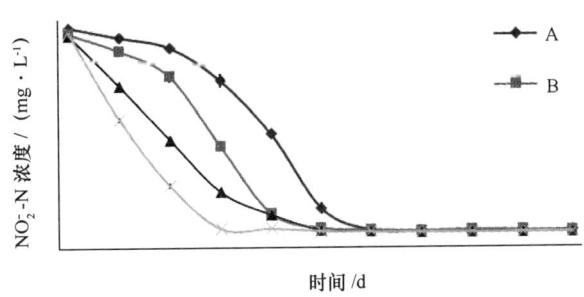

图 4　水处理组中的亚硝酸氮(NO_2^--N)的变化

2.4　4 组不同比例的水处理组对尾水无机磷($PO_4^{3-}-P$)的处理效果

4 组尾水的无机磷($PO_4^{3-}-P$)初始浓度约为(0.230 ± 0.009)~(0.247 ± 0.004) mg/L(图 5)。在 10 d 的试验中,4 组均呈波动上升趋势,最终的上升幅度分别为 29.4%、33.0%、21.8% 和 12.8%。D 组上升幅度显著小于 C 组,C 组显著小于 A、B 组。

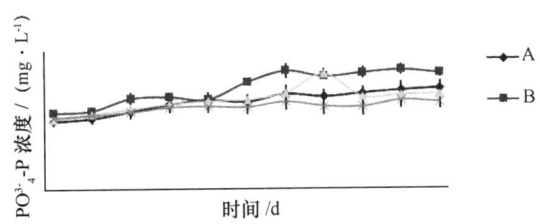

图 5　不同水处理组对磷酸盐($PO_4^{3-}-P$)的降解

2.5　4 组不同比例的水处理组对尾水硝酸盐(NO_3^--N)的处理效果

4 组尾水的硝酸盐(NO_3^--N)初始浓度约为(2.420 ± 0.066)~(2.495 ± 0.091) mg/L,均呈先上升后下降的趋势(图 6),在第 10 天,最终的涨幅为 43.9%、46.5%、41.2% 和 45.5%。4 组之间无显著性差异($P>0.05$)。

3　讨论

根据浙江省地方标准 DB33/453-2006 要求,水产养殖废水(海水)排放至一般工业用水区、滨海风景旅游区、海洋港口水域、海洋开发作业区,执行二级标准,主要指标要求为:悬浮物不大于 200 mg/L,非离子氮(以 N 计)不大于 0.10 mg/L。由本次试验结果可知,4 组水处理组对悬浮物的具有截留作用,且 A、B、C、D 组去除率分别是(68.65 ± 4.30)%、(74.46 ± 7.00)%、(80.89 ± 4.20)%、(82.11 ± 3.80)%,最后的浓度分别是(75.67 ± 10.02) mg/L、

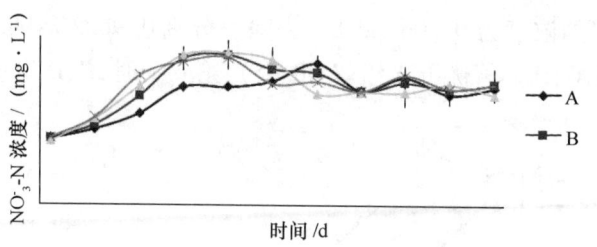

图6 不同水处理组中硝态氮(NO_3^--N)的变化

(58.67 ± 17.16) mg/L、(43.00 ± 10.15) mg/L、(43.00 ± 11.53) mg/L,符合养殖废水排放标准。

在养殖水体中,氨氮和亚硝酸盐浓度过高会导致水生动物的代谢功能失调[15],内分泌紊乱[16]以及各种疾病的暴发,从而影响鱼类的生长[17-18],徐勇等[19]研究了在正常溶氧和过饱和溶氧条件下氨氮对半滑舌鳎96 h LC_{50}分别为0.58 mg/L、和2.39 mg/L;曲克明等[20]的研究结果表明,正常溶氧和过饱和溶氧条件下氨氮对大菱鲆96 h LC_{50}分别为1.14 mg/L和1.73 mg/L。可见在养殖水体中氨氮为一个重要的水质控制指标,在整个试验过程中,水温度维持在21℃~25℃,pH 8.1~8.3,盐度28.5~29.6,根据非离子氮计算公式,在使水质非离子氮(以N计)的浓度不大于0.10 mg/L时,氨氮此时的最大浓度为0.1 mg/L。由试验所得A组中氨氮浓度低于0.1 mg/L需要的处理时间为5 d,B、C组需要4 d,D组需要3 d;同样,一般认为养殖水体中亚硝酸盐的浓度应当不大于0.1mg/L,过高会引发出血病,是诱发暴发性疾病的重要因子,高于0.5 mg/L时会引起患病或死亡。研究表明斑节对虾无节幼体、仔虾基于96 h LC_{50}的亚硝酸盐氮安全浓度大约为0.11 mg/L和1.36 mg/L[21]。4.0 mg/L和8.0 mg/L的亚硝酸氮会降低对虾的免疫功能[22],2.5~5.0 mg/L亚硝酸氮的养殖水体会影响对虾的生长量和存活率[23]。魏泰莉在研究中发现亚硝酸盐对彭泽鲫血红蛋白毒性影响48 h和96 h临界值分别为1.8 mg/L和0.8 mg/L[24]。因此控制水体中的亚硝酸盐浓度同样重要,以此浓度为基准,A组的亚硝酸浓度降至此浓度以下需要6 d,B、C、D组需要5 d。以此处理速率估算,1亩大棚对虾养殖废水处理池的存储量至少达0.9亩,这将造成巨大的土地资源浪费。因此,提高水处理效率是生态水处理技术的必然要求。

在水处理过程中,影响水处理的因素众多,例如水力负荷、水力停留时间、填料性质、碳氮比等,其中有机物的浓度是影响水处理效率的重要因素,适宜的碳氮比能够有效促进异养细菌对N源的消耗和利用以及聚磷菌的释磷作用,因此维持适宜的碳氮比是提高水处理效率以及效果的有效途径。当前有众多的专家学者进行了关于碳氮比对水质处理影响的研究,例如,赵倩等的研究发现在海水养殖废水处理中,同一初始氨氮浓度下,亚硝氮的积累程度随C/N的增大均呈降低趋势[25];在相同C/N下,亚硝氮的积累程度均随初始氨氮浓度的增大而增大。Carrera等研究发现高浓度氨氮工业废水随着进水COD/N的增大,硝化速率呈下降趋势[26]。钱伟等研究碳源及碳氮比对符合菌群净化养殖废水的影响的研究中发现以乙醇为外加碳源且C/N为3:1时,复合菌群对养殖废水的TN、NH_4^+-N和NO_3^--N去除率分别高达93.3%、98.9%和91.8%,均显著地高于对照组($P<0.05$)[27]。由此可见对虾养殖

废水的处理可以尝试通过调节碳氮比来提高水质处理效率,以节省处理时间和减少土地资源浪费。

参考文献

[1] 李由明,王平,刘明,等.海南省凡纳滨对虾养殖水体和养殖废水水质分析研究[J].中国农业信息,2013(7):154-155.

[2] Report prepared by the network of aquaculture centers in Asia(NACA)[M].Bangkok:ministry of Science Technology and Environment,1996.

[3] Braaten R Flaherty M.Hydrology of inland brackishwater shrimp ponds in Chachoengsao Thailand[J].Aquac Engin,2000,23(4):295-313.

[4] Funge-Smith S Briggs M R P.Nutrient budgets in int ensive shrimp ponds:Implications for sustainability[J]. Aquac,1998,164(1-4):117-133.

[5] 李纯厚,黄洪辉,林钦,等.海水对虾池塘养殖污染物环境负荷量的研究[J].农业环境科学学报,2004,23(3):545-550.

[6] 李卓佳,陈永青,杨莺莺,等.广东对虾养殖环境污染及防控对策[J].广东农业科学,2006,(6):68-71.

[7] 尤鑫.曝气生物滤池中生物陶粒的研究进展[J].给水排水,2015,41:173-174.

[8] 胡涛,朱斌,马喜军,等.曝气生物滤池中滤料的应用研究进展[J].化工环保,2008,28(6):509-513.

[9] 管海涛,刁永发,刘静,等.不同性能滤料负载活性焦脱硫脱硝的实验研究[J].环境工程 2015,33:380-384,419.

[10] 李桂荣,冯冰冰,许文峰,等.生物滴滤池滤料分层分段去污特性试验研究[J].水处理技术 2013,39(1):65-69,88.

[11] 秦英海,高金胜,杨基先,等.固定化生物滤料深度净化饮用水的研究[J].20045:34-38.

[12] 谢桂丽,何文杰,蔺洁,等.不同滤料对丹江口水库水的过滤效果研究[J].供水技术,2012,6(5):1-4.

[13] 崔云亮,顾志峰,郑兴,等.5 种滤料在循环养殖系统中去除氨氮效果的比较[J].热带生物学报,2015,6(3):235-240.

[14] 宋协法,曹涵,彭磊.一种新型滤料在循环养殖水处理中的应用[J].环境工程学报 2007(12):27-31.

[15] 王波,雷霁霖.工厂化养殖的大菱鲆生长特性.水产学报,2003,27(4):358-363

[16] 王战蔚,张译丹,李秀颖等.池塘中氨氮、亚硝酸盐的危害及控制措施[J].吉林水利 2013,3:39-40,48.

[17] 潘小玲,陈百悦,樊海平.非离子态氨及亚硝酸盐对欧洲鳗鲡的急性毒性试验[J].水产科技报,1998,25(1):20-23.

[18] 胡益民.鳙等养殖鱼类暴发性疾病与水质环境关系调查初报[J].江西水产科技,1991,3:207-213.

[19] 徐勇,张修峰,曲克明.不同溶氧条件下亚硝酸盐和氨氮对半滑舌鳎的急性毒性效应[J].2006,7(5):28-33.

[20] 曲克明,徐勇,马绍赛,等.不同溶解氧条件下亚硝酸盐和非离子氨对大菱鲆的急性毒性效应[J].2007,28(4):83-88.

[21] Jiann-Chu Chen Tzong-Shean Chin.Acute toxicity of nitrite to tiger prawn Penaeus monodon larvae[J].Aquaculture,1988,69(3/4):253-262.

[22] 黄翔鹄,李长玲,郑莲,等.亚硝酸盐氮对凡纳滨对虾毒性和抗病相关因子影响[J].水生生物学报,

[23] 彭自然,臧维玲,高杨,等.氨和亚硝酸盐对凡纳滨对虾幼虾的毒性影响[J].上海水产大学学报,2004,13(3):274-278.

[24] 魏泰莉,余瑞兰,聂湘平,等.水中亚硝酸盐对彭泽鲫血红蛋白及高铁血红蛋白的影响[J]大连水产学院学报.2011,6(1):67-71.

[25] 赵倩,曲克明,崔正国,等.碳氮比对滤料除氨氮能力的影响试验研究[J].海洋环境科学,2013,32(2):241-248.

[26] CARRERA J, VICENT T, LAFUENTE J. Effect of influent COD/N ratio on biological nitrogen removal (BNR) from high-strength ammonium industrial wastewater[J].Process biochemistry,2004,39(12):2035-2041.

[27] 钱伟,陆开宏,郑忠明等.碳源及C/N对复合菌群净化循环养殖废水的影响[J].水产学报,2012,36(12):1881-1890.

温度和盐度对刺参稚参温度耐受性的影响

孔令锋,张萍萍,李琪

(中国海洋大学 海水养殖教育部重点实验室,山东 青岛 266003)

刺参 Apostichopus japonicus(Selenka,1867),又称仿刺参,属棘皮动物门 Echinodermata,海参纲 Holothuroidea,刺参科 Stichopodidae,仿刺参属 Apostichopus,自然资源主要分布于中国的黄渤海、日本、朝鲜半岛和俄罗斯远东地区,是我国所有海参种类中品质最佳、营养价值最高,最受人们喜爱的一种海产品,名列海产"八珍"之首[1]。近年来,随着国内海参消费持续增长,我国刺参养殖呈现迅猛发展态势。据统计,2014年全国刺参总产量达到 200 969 t,总产值超过百亿元[2]。刺参已成为我国单种水产品中经济效益最高的养殖对象,产生了极大的经济及社会效益。

在刺参人工养殖过程中,多种环境因素发挥重要作用,其中温度和盐度是两个最重要的环境因素。温度和盐度能够影响水生生物的生长和存活,并且这两个因子发挥作用的时候也是相互关联的[3]。Hoang 等[4]研究墨吉对虾(Penaeus merguiensis)低温耐受性时发现温度和盐度都对其产生显著影响。Nurdiani 和 Zeng[5]发现锯缘青蟹(Scylla serrata)幼体的存活率受温度和盐度的共同影响显著。Jian 等[6]的研究表明,黄鳍鲷(Acanthopagrus latus)的温度耐受水平取决于前期适应温度和盐度。在众多环境因素中,温度是影响水生生物活力直接的、最重要的因素,而盐度是间接的、次重要的因素[7]。

基金项目: 高等学校博士学科点专项科研基金资助项目(20130132110009);国家海洋公益性行业科研专项(201305005)
作者简介: 孔令锋,男,副教授,从事无脊椎动物遗传育种研究. E-mail:klfaly@ouc.edu.cn
通信作者: 李琪,男,教授,博士生导师,从事无脊椎动物遗传育种学研究. E-mail:qili66@ouc.edu.cn

我国刺参苗种生产主要在北方沿海进行,渤海和黄海的夏季水温可达到30℃[8],进入育苗场的海水温度甚至可能更高。由于现阶段育苗车间的设备及构造不能很好地控制温度,使得车间内养殖水体的温度在一天内发生比较大的波动,同时换水时较大的温差也会对稚参生存产生胁迫。同样,雨季期间海水盐度的剧烈下降也会对稚参的生长和存活造成不利影响。Dong等[9]指出刺参能够耐受适当程度的温度波动,但波动过于剧烈则会影响稚参的生长。由于温度和盐度对刺参的生长和存活具有重要影响,研究这两个因素尤其是温度对刺参稚参的影响对于刺参苗种安全生产具有重要意义。

本实验在逐渐升高温度和迅速升高温度的两种情况下,研究刺参在不同温度(23℃,25℃和27℃)和盐度(25、30和35)暂养后的温度耐受性,以期为刺参苗种培育提供基础资料。

1 材料与方法

1.1 材料

实验在山东省海阳市海泰水产有限公司进行。实验稚参(2月龄)被随机分配到9个10 L水族箱内,在自然温度23℃、盐度30下暂养,随后调节温度和盐度到设定条件(温度:23℃、25℃、27℃;盐度:25,30,35)。温度调节采用水浴法,用加热棒以0.5~1℃/d的速率逐渐升高温度,直至达到实验要求温度。盐度调节采用添加除氯淡水或海盐的方法,以1~2/d的速率逐渐调整至实验要求盐度。稚参在实验温度和盐度条件下暂养3周,暂养期间每天投喂两次含鼠尾藻粉、海泥、多聚糖和维生素的配合饲料(山东青岛龙兴饲料公司),并持续通气,保持每天换水一次,换水前先将经过砂滤的海水调整到实验所需的温度和盐度。

1.2 方法

分别进行两个单独的实验:逐渐升高温度和迅速升高温度并计算半数致死温度 LT_{50}[10]。实验在相同的条件下做2个重复。

1.2.1 逐渐升高温度对稚参温度耐受性的影响

从9个不同实验条件的暂养水族箱中随机各取20个个体进行温度渐升实验。每个实验组的温度以1℃/h的速率上升,直至稚参全部死亡[4]。稚参死亡个体的认定是通过用玻璃棒将稚参从桶壁剥离后,稚参不能重新附着到桶壁上。稚参存活率为0时的温度记录为最高临界温度(critical temperature maximum, CTMax),稚参存活率为100%时温度记录为最高存活温度(survival temperature maximum, STMax)。用SPSS软件计算当稚参存活率为50%时的温度,记为 GLT_{50}(LT_{50} of gradual change of temperature)。

1.2.2 迅速升高温度对稚参温度耐受性的影响

从9个不同实验条件的暂养水族箱中随机各取20个个体进行温度骤升的实验。迅速将稚参转移至一系列盐度不变的高温(27~33℃)海水中暂养72 h(表1)。计算72 h后稚参的半数致死温度,记为 ALT_{50}(LT_{50} of abrupt change of temperature)。

表1 暂养于不同环境中的稚参转移到高温海水中 72 h 后个体的死亡率

盐度	温度/℃					
	23		25		27	
	检测温度	死亡率/%	检测温度	死亡率/%	检测温度	死亡率/%
25	27	5.0	28	12.5	29	22.5
	28	27.5	29	42.5	30	55.0
	29	50.0	30	80.5	31	82.5
	30	82.5	31	97.5	32	97.5
	31	100	32	100	33	100
30	27	12.5	28	15.0	29	25.0
	28	37.5	29	52.5	30	55.0
	29	80.0	30	87.5	31	87.5
	30	97.5	31	100	32	100
	31	100	32	100	33	100
35	27	20.0	28	17.5	29	30.0
	28	45.0	29	65.0	30	70.0
	29	82.5	30	90.0	31	90.0
	30	100	31	100	32	100
	31	100	32	100	33	100

1.3 数据分析

实验数据采用 two-way ANOVA 进行统计分析,采用 Tukey's 多重比较进行处理间的显著性检验,显著性水平为 $P<0.05$。GLT_{50},ALT_{50},温度(T)和盐度(S)之间的线性关系利用 General Linear Model Procedure 和 Regression Procedure 程序进行分析。

2 结果

2.1 逐渐升高温度对稚参温度耐受性的影响

图1表示当温度以 1℃/h 的速率上升时,暂养于不同温度(23℃、25℃、27℃)、盐度(25、30、35)条件下的稚参的存活率。暂养于 23℃(盐度 25、30 和 35)的稚参的存活率为 100% 时的温度分别为 33.5℃、33.1℃ 和 32.9℃;暂养于 25℃(盐度 25、30 和 35)的稚参的存活率为 100% 时的温度分别为 34.7℃、33.9℃ 和 33.2℃;暂养于 27℃(盐度 25、30 和 35)的稚参的存活率为 100% 时的温度分别为 35.1℃、34.4℃ 和 33.6℃(表2)。这些结果表明,稚参的 STMax 与温度正相关,与盐度负相关。当温度继续上升时,稚参陆续死亡。

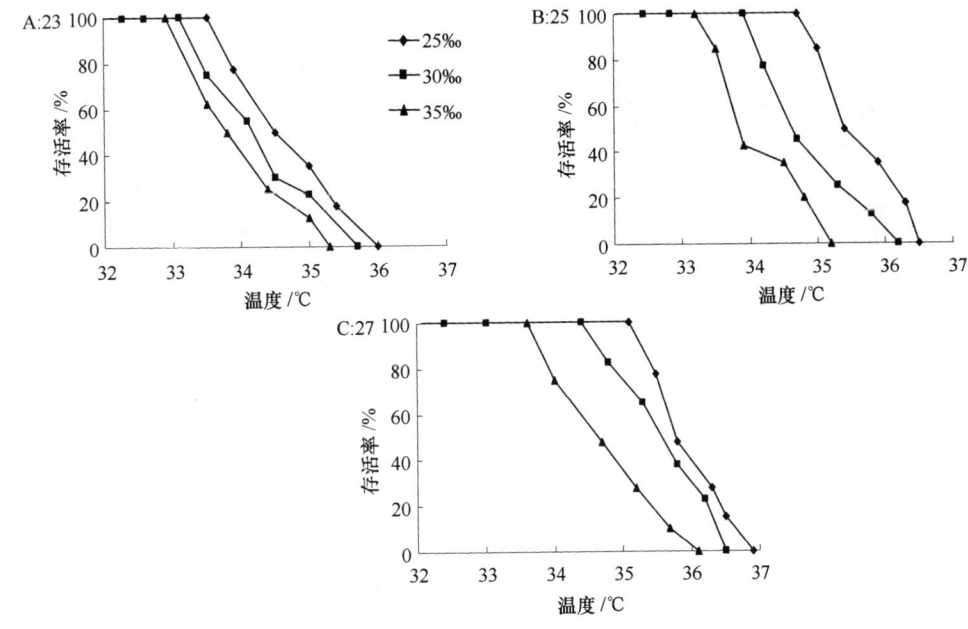

图 1　温度渐变时暂养于不同条件下的稚参的存活率

表 2　暂养于不同温度和盐度条件下稚参的 CTMax、GLT_{50} 和 STMax

温度/℃	盐度	CTMax/℃	GLT_{50}/℃	STMax/℃
23	25	36.0	34.6	33.5
	30	35.7	34.2	33.1
	35	35.3	33.9	32.9
25	25	36.5	35.6	34.7
	30	36.2	34.8	33.9
	35	35.2	34.2	33.2
27	25	36.9	35.9	35.1
	30	36.5	35.5	34.4
	35	36.1	34.7	33.6

图 2A 表示暂养于盐度 25(温度 23℃、25℃ 和 27℃)条件下的稚参的 GLT_{50} 显著高于暂养于 35(温度 23℃、25℃ 和 27℃)条件下的稚参($P<0.05$)。暂养于 23℃(盐度 25、30 和 35)条件下的稚参的 GLT_{50} 显著低于暂养于 27℃(25、30 和 35)条件下的稚参($P<0.05$)。稚参的 GLT_{50} 与温度正相关,与盐度负相关。Two-way ANOVA 双因子方差分析显示温度和盐度对稚参的 GLT_{50} 有显著影响($P<0.05$)(表3)。GLT_{50} 与温度(T)和盐度(S)的关系可以用以下公式表示:$GLT_{50}=31.039-0.11S+0.283T$($R^2=0.956$)。

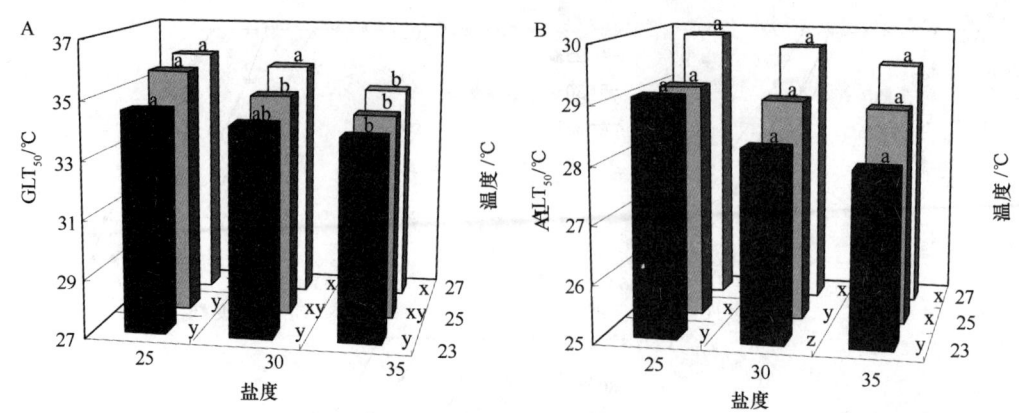

图2 不同温度和盐度条件环境下稚参的 GLT_{50}(A)和 ALT_{50}(B)

表3 不同温度和盐度条件下稚参 GLT_{50} 和 ALT_{50} 的双因子方差分析

Source	Sum of square	df	Mean squares	F ratio	P value
GLT_{50}					
Corrected model	3.751	8	0.938	22.81	<0.05
T	1.936	2	0.968	23.54	<0.05
S	1.816	2	0.908	22.08	<0.05
Error	0.164	4	0.041		
Total	10917.200	9			
ALT_{50}					
Corrected model	2.811	8	0.703	13.75	<0.05
T	2.196	2	1.098	21.48	<0.05
S	0.616	2	0.308	6.02	>0.05
Error	0.204	4	0.051		
Total	7583.620	9			

2.2 迅速升高温度对稚参温度耐受性的影响

表1表示当暂养于不同温度和盐度条件下的稚参被迅速转移到相同盐度、不同高温(27~33℃)海水中72 h后的死亡率。可见,当稚参被转入的海水温度与原暂养温度差异越大,稚参的死亡率越高。暂养于27℃(盐度25、30和35)条件下稚参的 ALT_{50} 显著高于暂养于23℃(盐度25、30和35)条件下的稚参($P<0.05$),而暂养于相同盐度,不同温度条件下的稚参的 ALT_{50} 之间没有显著差异($P>0.05$)(表4和图2B)。two-way ANOVA 双因子方差分析显示温度对稚参的 ALT_{50} 有显著影响($P<0.05$),而盐度对稚参的 ALT_{50} 影响不显著($P>0.05$)。ALT_{50} 与温度、盐度的关系可以用以下公式表示:$ALT_{50}=21.497-0.043S+0.358T$($R^2=0.934$)。

表 4　暂养于不同温度、盐度条件下的稚参的 ALT_{50} 和 95% 置信区间

温度/℃	盐度	ALT_{50}/℃	下限/℃	上限/℃
23	25	28.9	27.9	29.4
	30	28.4	27.3	28.8
	35	28.3	26.7	28.8
25	25	29.2	27.4	29.7
	30	29.1	26.6	29.6
	35	28.8	25.1	29.4
27	25	30.1	24.8	30.8
	30	30.1	25.0	30.7
	35	29.7	3.6	30.6

3　讨论

　　刺参养殖主要依靠人工育苗,因而刺参苗种的数量和质量直接影响刺参养殖业的发展规模。在关于影响稚参生长与存活的众多因素中,现在主要的关注点多在温度、盐度和饵料方面。本研究结果表明,稚参对温度的耐受性与暂养温度正相关,与盐度负相关,并与温度波动的范围密切相关。当温度每小时升高 1℃ 时,在 23℃ 盐度 35 条件下暂养的稚参能耐受 32.9℃ 的高温,而暂养于 27℃ 盐度 25 条件下的稚参则能耐受 35.1℃ 的高温。类似的研究结果在九孔鲍温度耐受性研究中也有报道[10]。Hecht[11]认为对九孔鲍幼体生长最有利的温度范围是 26~30℃。对长毛明对虾、刺虾和斑节对虾的无节幼体的研究表明,温度在 27~29℃、盐度在 30~35 范围内幼体生长最好[12-13]。稚参被迅速转移到系列高温海水中 72 h 后,暂养于 27℃ 盐度 25 条件下的稚参的半数致死温度为 30.1℃,而暂养于 23℃ 盐度 35 条件下的稚参的半数致死温度为 28.3℃,表明稚参对温度的耐受性与温度正相关,与盐度负相关。

　　当温度迅速升高时,其半数致死温度比以 1℃/h 的速率逐渐升高温度时低 5.0~6.5℃,表明暂养于相同温度和盐度条件下的稚参经受不同温度变化模式时,能耐受的温度范围有所不同。Dong 等[14]研究了不同温度波动范围对刺参的影响,认为刺参对海水温度变化比较敏感,适宜温度的波动范围能够促进刺参的生长,而温度波动过于剧烈则会导致刺参的死亡。在本研究中,相比于迅速升高温度,当温度以 1℃/h 的速率升高时,刺参能耐受更大范围的温度波动,并且暂养条件为适当高温-低盐的稚参能耐受更高的温度。

　　通过人为改变温度和盐度水平来研究刺参的温度耐受性,使得稚参没有机会适应新的环境,其机体的保护机制(如过氧化物酶类、热休克蛋白和渗透压调节等)没有足够的时间发挥功能。尽管大多数生活在潮下带的野生群体不可能经受这种突变,但是夏季的气温变化能够致使刺参保苗与养殖池塘中的海水温度发生较大的变化。因此,本实验结果可为中国北方刺参的养殖提供有用的生态学信息。

参考文献

[1] 田传远,李琪,梁英.刺参健康养殖技术[M].青岛:中国海洋大学出版社,2007:1-32.

[2] 农业部渔业渔政管理局.中国渔业统计年鉴2015[M].北京:中国农业出版社,2015.

[3] Kır M,Kumlu M.Effect of temperature and salinity on low thermal tolerance of *Penaeus semisulcatus*(Decapoda:Penaeidae).Aquaculture Research,2008,39:1101-1106.

[4] Hoang T,Lee S Y,Keenan C P,Marsden G E.Cold tolerance of banana prawn *Penaeus merguiensis* de Man and its growth at different temperatures.Aquaculture Research,2002,33:21-26.

[5] Nurdiani R,Zeng C.Effects of temperature and salinity on the survival and development of mud crab,*Scylla serrata*(Forskål),larvae.Aquaculture Research,2007,38:1529-1538.

[6] Jian C Y,Cheng S Y,Chen J C.Temperature and salinity tolerances of yellow fin sea bream,*Acanthopagrus latus*,at different salinity and temperature levels.Aquaculture Research,2003,34:175-185.

[7] Kinne O.Marine Ecology,vol.1,Environmental factors.London:Wiley-Interscience,1971:821-995.

[8] Liu W G,Li Q,Kong L F.Estradiol-17β and testosterone levels in the cockle *fulvia mutica* during the annual reproductive cycle.New Zealand Journal of Marine and Freshwater Research,2008,42:417-424.

[9] Dong Y W,Dong S L,Ji T T.Effect of different thermal regimes on growth and physiological performance of the sea cucumber *Apostichopus japonicus* Selenka.Aquaculture,2008,275:329-334.

[10] Chen J C,Chen W C.Temperature tolerance of *Haliotis diversicolor supertexta* at different salinity and temperature levels.Comparative Biochemistry and Physiology,1999,124:73-80.

[11] Hecht T.Behavioural thermoregulation of the abalone,*Haliotis midae*,and the implication for intensive culture.Aquaculture,1994,126:171-181.

[12] Nisa Z,Ahmed M.Hatching and larval survival of important penaeid shrimps of Pakistan in different salinities.Pakistan Journal of Zoology,2000,32:139-143.

[13] Parado-Estepa F D,Llobrero J A,Villaluz A,et al.Survival and metamorphosis of *Penaeus monodon* larvae at different salinity levels.Israeli Journal of Aquaculture,1993,45:3-7.

[14] Dong Y W,Dong S L.Growth and oxygen consumption of the juvenile sea cucumber *Apostichopus japonicus* (Selenka) at constant and fluctuating water temperature.Aquaculture Research,2006,37:1327-1333.

牙鲆仔稚幼鱼肠道菌群结构比较分析*

刘增新[1,2], 柳学周[1,2,①], 史宝[1], 徐永江[1], 蓝功岗[3], 刘权[1,2]

(1. 中国水产科学研究院 黄海水产研究所,农业部海洋渔业可持续发展重点实验室,山东 青岛 266071;
2. 上海海洋大学 水产与生命学院,上海 201306;3. 青岛贝宝海洋科技有限公司,山东 青岛 266400)

  肠道作为微生物大量存在的栖息地,不仅形成了复杂的肠道微生态系统(Björkstén et al,2006),而且作为宿主生命活动的有机组成部分对宿主的生长发育具有重要的影响(Ley et al,2008;Suez et al,2014)。研究表明,肠道菌群对鱼类的健康发挥着重要作用(Austin et al,2006;孙云章等,2008;Round et al,2009;Qiu et al,2010),如肠道微生物可以调节斑马鱼(*Danio rerio*)消化道基因的表达,促进营养代谢和免疫反应(Rawls et al,2004)。不同的鱼类具有各自独特的肠道菌群结构,而且与外部环境条件密切相关,如生长发育阶段、营养状况、性别和消化系统的复杂性都会对肠道菌群的形成和多样性产生影响(Kim et al,2007;Nayak et al,2010;Wu et al,2010;Stephens et al,2016)。尽管肠道微生物从各个方面影响宿主的生长和健康,但是鱼类的肠道微生态系统是后天形成的(Yan et al,2016),因此,了解鱼类肠道菌群的演替和定植过程,对鱼类肠道微生态系统平衡调控具有重要意义。以往对鱼类肠道微生物群落形成及多样性的研究大多采用传统的梯度稀释平板法分离培养肠道微生物群落,研究其结构组成(Griffiths et al,2001;Huber et al,2004;Jensen et al,2002),但肠道微生物种群中有诸多菌群目前尚无法分离培养。近年来,有学者采用变性梯度凝胶电泳法(DGGE)和高通量测序技术研究鱼类肠道微生物群落结构(Dhanasiri et al,2010;李金金等,2013;Giatsis et al,2015),但 DGGE 方法在实验结果中只能部分反映出样品中的优势菌种,无法得到样品中细菌种类的绝对数量,而且难以进行大量样本的测序分析,深入了解肠道菌群的复杂组成,而高通量测序技术方法弥补了这一缺陷(Suenaga,2011;夏围围等,2014)。

  牙鲆(*paralichthys olivaceus*)作为我国重要的海水养殖经济鱼类,了解在高密度人工养殖系统中其肠道菌群结构变化和功能特性,对牙鲆的健康养殖至关重要。有关牙鲆肠道菌群结构研究,本实验室之前研究了池塘和工厂化两种不同养殖条件下的牙鲆成鱼肠道菌群多样性(李存玉等,2015);Kim 等(2013)对养殖条件下的牙鲆与野生牙鲆的肠道微生物进行了比较分析。对于牙鲆仔稚幼鱼肠道微生物的研究仅见 Stephen 等(2001)和 Jeffreys 等(2003),采用传统的细菌培养方法,报道了仔稚幼鱼肠道菌群的影响因素。本研究旨在通过 MiSeq 16S rRNA 高通量测序的方法,分析牙鲆仔稚幼鱼发育阶段肠道菌群多样性及其形成过程,揭示工厂化人工育苗模式下牙鲆仔稚幼鱼肠道菌群结构,为深入研究牙鲆养殖过程中

基金项目:国家鲆鲽类产业技术体系(CARS-50)、国家自然科学基金项目(31201982、31502145)。
作者简介:刘增新,男,硕士,E-mail:lyxzal@163.com
通信作者:柳学周,研究员. E-mail:liuxz@ysfri.ac.cn,Tel:0532-85830506

肠道菌群形成机制及调控技术提供理论基础。

1 材料与方法

1.1 苗种来源

野生亲鱼经过驯化后,待性腺发育成熟,通过人工授精的方式获取健康的受精卵。在青岛贝宝生物科技公司进行苗种培育,采用牙鲆工厂化人工育苗方法,使用 5 m×5 m×1 m 的方形抹角水泥池,苗种培育的水环境条件为:水温 18~20℃,溶氧量 5 mg/L 以上,盐度 30,NH_4^+-N≤0.1 mg/L,换水率为 50%~300%。苗种培育的饵料系列为轮虫-卤虫-配合饲料,具体投喂时期:4~19 日龄投喂轮虫,按培育水体 5~8 个/mL 投喂,17~32 日龄投喂卤虫,按培育水体 0.5~1 个/mL 投喂,25 日龄时开始投喂配合饲料,随着苗种的生长,逐步增加饲料的投喂量和饲料颗粒粒径(图1))。

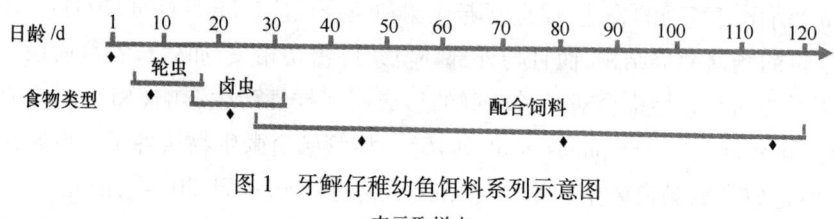

图 1 牙鲆仔稚幼鱼饵料系列示意图

◆表示取样点

1.2 样品采集与保存

于 2015 年 5—9 月进行样品采集,所有样品来自同一批受精卵和同一个育苗池的牙鲆苗种。根据牙鲆摄食饵料的种类和生长发育阶段,分别于 1 日龄、9 日龄、21 日龄、45 日龄、80 日龄和 115 日龄采取仔稚幼鱼肠道样品(图 1 中的黑点◆为取样时间),分别编号为 G1、G2、G3、G4、G5、G6。因为 G1 的样品为初孵仔鱼,无法区分肠道,所以将初孵仔鱼整体保存;G2-G6 时期的样品均只取肠道。取样时,提前进行停食处理 12 h 以上,排空消化道内残留食物。取样在无菌环境下操作,首先用无菌水冲洗干净样品表面;然后于无菌培养皿中将肠道迅速取出后,使用无菌水冲洗 3 次以上,立刻置于液氮中保存;同一阶段样品设置 3 个生物重复样,每组样品根据鱼的大小分别取 50 尾×3(G1)、50 尾×3(G2)、30 尾×3(G3)、5 尾×3(G4)、3 尾×3(G5)和 3 尾×3(G6);每次取样的同时,测量该阶段鱼的全长(表1)。

表 1 实验取样信息表

采样时期(日龄)	组别	采样数量/尾	饵料类型	平均全长/mm
1	G1	50×3	—	3.0±0.3
9	G2	50×3	轮虫	5.0±0.5
21	G3	30×3	卤虫	9.5±0.6
45	G4	5×3	配合饲料	25.0±3.2
80	G5	3×3	配合饲料	56.1±5.4
115	G6	3×3	配合饲料	87.0±8.6

1.3 DNA 提取与 PCR 扩增

保存于液氮中的肠道样品使用 QIAamp DNA mini kit(QIAGEN,德国)进行 DNA 的提取,并使用 1%琼脂糖凝胶和浓度检测,保证提取 DNA 满足后续扩增要求。根据 16S rRNA 基因序列特点和 Miseq 平台测序要求,针对 V3-V4 区域设计特异引物 338F:5′-ACTCCTACGGGAGGCAGCA-3′,806R:5′-GGACTACHVGGGTWTCTAAT-3′进行 PCR 扩增。PCR 采用 TransStart Fastpfu DNA Polymerase,20 μL 反应体系:5×FastPfu Buffer 4 μL,2.5 mmol/L dNTPs 2 μL,Forward Primer(5 μmol/L)0.8 μL,Reverse Primer(5 μmol/L)0.8 μL,FastPfu Polymerase 0.4 μL,BSA 0.2 μL,Template DNA 10 ng,补 ddH_2O 至 20 μL;95℃预变性 3 min,95℃变性 30 s,55℃退火 30 s,72℃延伸 45 s,共 27 个循环,72℃延伸 10 min;PCR 产物定量和均一化处理后使用 Miseq 平台测序分析(上海欧易生物医药科技有限公司)。

1.4 数据处理与分析

生物信息分析流程:由 Illumina MiSeq 测序所得原始数据进行去杂、拼接,对所有的优质序列使用 UPARSE clustering 方法以相似度 97%进行 OTU 分类。随后使用 PyNAST 以 OTU 分类中丰度最大的序列为代表序列与 GreenGenes 数据库进行比对,以不小于 97%的相似度鉴定到属的水平,进一步进行 alpha 以及 bata 多样性分析。

肠道菌群 alpha 多样性分析主要包括 OUT 丰度分析、物种多样性指数分析和物种系统发育分析,用于说明整个发育阶段内肠道菌群的组成和结构变化;肠道菌群 bata 多样性分析主要基于 Unweight Unifrac 距离和 OUT 丰度,采取单因素方差分析(ANOVA)和 LEfSe 分析方法进行分析。所有的统计分析均主要使用 QIIME、R 语言软件完成。

2 结果分析

2.1 基于 16S rRNA 测序的肠道菌群多样性

对牙鲆仔稚幼鱼肠道样品 16S rRNA 数据分析,18 个测序样品共获得 489 922 条有效序列,根据 97%的相似度进行 OTU 分类,获得 7 462 个 OTU。将每组的 3 个重复样品平均或合计后获得 6 组样品的 OTU 数据见表 2。其中 G1、G2、G3、G4、G5、G6 的 OTU 的平均值分别为 1298±99(SD)、768±72(SD)、400±61(SD)、754±176(SD)、1337±527(SD)、886±107(SD)。通过与数据库 16S 序列比对,以不小于 97%进行属水平的注释,在门(Phylum)分类水平上共有 42 个门的菌群种类,在属(Genus)的分类水平上有 972 个属的细菌种类(表 2)。其中 G1 时期共有 38 个门 490 个属,G2 时期共有 38 个门 588 个属,但是 G2 中的其他两组的微生物种类明显变少,G3 时期的微生物种类最少,只有 25 个门对应 254 个属,从 G4 时期开始微生物种类显著增加,G4 中共有 32 个门 359 个属,而 G5 时期增加到 36 个门 498 个属,G6 时期共有 39 个门 336 个属。

表2 牙鲆仔稚幼鱼样品16S rRNA测序数据

样品	有效序列数	可操作分类单元	香农指数	进化多样性	门水平数量	纲水平数量	科水平数量	属水平数量
G1	29 838	1 298	7.443 7	92.356 1	38	92	284	490
G2	28 758	768	4.956 4	80.786 6	38	105	351	588
G3	29 322	400	2.486 9	36.824 3	25	51	157	254
G4	26 288	754	3.222 9	63.175 3	32	87	247	378
G5	23 787	1 337	6.197 8	103.693 1	36	112	330	498
G6	25 313	886	6.390 6	68.769 7	39	71	225	336

对牙鲆仔稚幼鱼的6组样品的进化多样性指数单因素方差分析(ANOVA)发现，不同日龄的肠道样品微生物的进化多样性具有明显差异，这与每组样品对应的菌群种类相一致。初孵仔鱼G1的进化多样性与G2和G3样品有明显差异；G1和G5的进化多样性最高，G3的最低(图2A；$P<0.05$)。另外，我们对5组摄食后的仔稚幼鱼肠道样品(G2、G3、G4、G5、G6)的香农指数做拟合线性回归分析显示，随着仔稚幼鱼日龄的增加，肠道菌群物种多样性逐渐增加(图2B；$R^2=0.596$，$P<0.05$)。

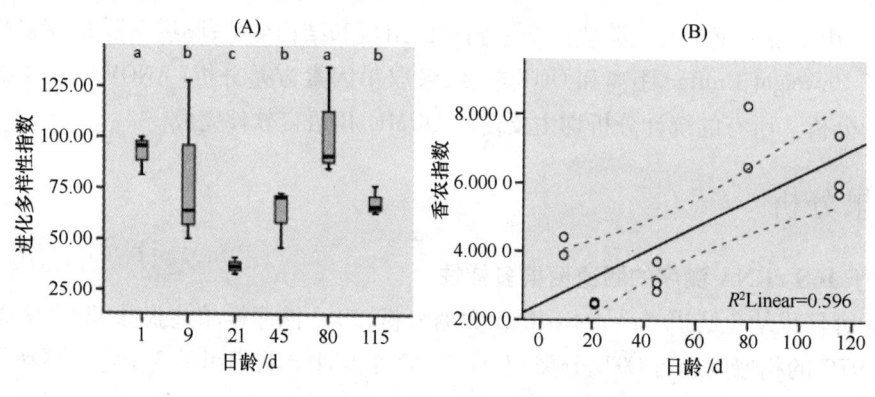

图2 alpha多样性指数分析
(A)进化多样性指数($P<0.05$)；(B)香农指数($P<0.05$)

2.2 仔稚幼鱼肠道菌群门水平的结构组成

在门的分类水平上，将每组样品中OTU对应菌种的相对丰度占该样品总OTU>0.10%的前22个菌门的丰度变化做成图3，对其中排列最高的前7个门的丰度变化列入表3。对其进行分析得出，变形菌门(Proteobacteria)、厚壁菌门(Firmicutes)、拟杆菌门(Bacteroidetes)和放线菌门(Actinobacteria)四者对应OTU的相对丰度在各时期(除G5时期的85%外)均占该组样品总OTU的90%以上。对G1期(初孵仔鱼)而言，虽然其样品并非纯肠道样品，但其主要优势菌群种类在门水平上与摄食后的仔稚幼鱼基本相同，但是在丰度上有较大差别。从摄食后随着仔稚幼鱼生长发育其肠道菌群丰度从门水平上看，变形菌门的相对丰度逐渐降低;厚壁菌门和拟杆菌门的相对丰度逐渐增加;放线菌门的相对丰度基本稳定,只在 G3 时期有所下降;蓝藻菌门(Cyanobacteria)在各时期的相对丰度均很低,仅在 G5 时期出现短暂增加。相对丰度前四位的变形菌门、厚壁菌门、拟杆菌门、放线菌门在牙鲆仔稚幼鱼肠道菌群的形成和演替过程中一直处于优势菌群地位。

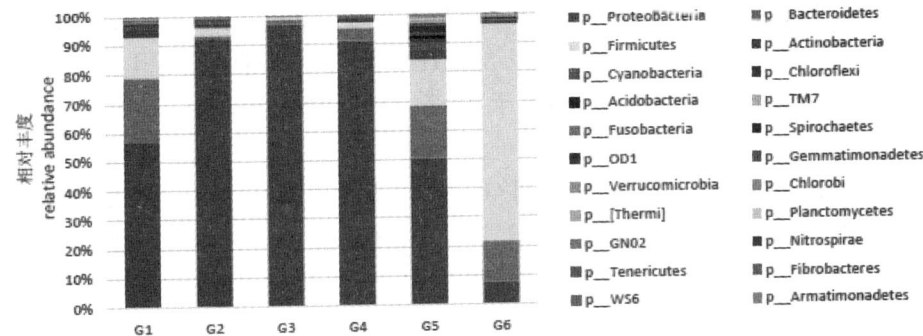

图 3　门水平分类肠道菌群组成

G1:1 日龄;G2:9 日龄;G3:21 日龄;G4:45 日龄;G5:80 日龄;G6:115 日龄

表 3　各样品优势细菌门类及相对丰度

分类	组别					
	G1	G2	G3	G4	G5	G6
变形菌门	55.20	90.29	97.07	90.55	48.92	7.78
拟杆菌门	21.58	1.37	1.69	4.40	17.44	13.78
厚壁菌门	13.37	2.70	0.70	1.84	15.09	74.43
放线菌门	2.71	1.60	0.20	1.23	3.17	1.33
蓝藻菌门	1.08	0.36	0.03	0.20	2.32	0.20
绿弯菌门	0.74	0.98	0.04	0.27	1.22	0.20
酸杆菌门	0.41	0.48	0.03	0.22	1.06	0.10

2.3　仔稚幼鱼肠道菌群属水平的结构组成变化

在相对丰度最高的前 4 个菌门中,筛选各时期样品中曾经出现过 OTU 相对丰度大于 1%并且明确鉴定到属的(相似度不小于 97%)作为优势菌属进行 LEfSE 分析(Kruskal-Wallis,$P<0.05$;Wilcoxon test,$P<0.05$;LDA score>4.0),从而确定组与组之间具有统计学差异的生物标识(Biomarker),即组间差异显著的物种列入表 4。在 G1-G6 的 6 组样品中共筛选出 29 个菌属,其中变形菌门 15 个,厚壁菌门 8 个,拟杆菌门 5 个,放线菌门 1 个。

变形菌门各菌属的组成变化:G1 时期 OTU 相对丰度大于 1%共有 11 个菌属,其相对丰度均不高,G2-G6 时期 OTU 相对丰度大于 1%菌属数量分别为 6、3、5、6、2。其中 G1 期具有重要贡献值(LDA > 4; $P < 0.05$)的交替单胞菌属(*Alteromonas*)、海单胞菌属(*Marinomonas*)和假交替单胞菌属(*Pseudoalteromonas*),在之后的几个阶段中逐渐减少,到

G6时期几乎消失,分析其未能作为肠道主要菌群而定植。弧菌属在G2-G4时期相对丰度显著增高,在G4时期达到60.56%,而到G5、G6时期相对丰度锐减到0.28%的低水平;伯克氏菌属(*Burkholderia*)、*Nautella*、弓形杆菌属(*Arcobacter*)和*Aliivibrio*在G2-G5时期过程中虽然相对丰度曾经较高,但是到G6时期时相对丰度很低,几乎检测不到,分析其在幼鱼期未定植为优势菌属;假单胞菌属(*Pseudomonas*)、萨特氏菌属(*Sutterella*)、埃希氏杆菌属(*Escherichia*)、不动杆菌属(*Acinetobacter*)的相对丰度在各时期均处于较低水平,但一直存在于肠道内;萨特氏菌属在G2-G5阶段相对丰度小于0.1%,在G6时期增加到1.25%,分析该菌此时在牙鲆幼鱼的肠道中可能成为优势菌属。

拟杆菌门各菌属的组成变化:G1时期OTU相对丰度大于1%共有3个菌属,G2-G6时期相对丰度大于1%菌属数量分别为0、0、2、2、2。拟杆菌属(*Bacteroides*)和普氏菌属(*Prevotella*)从G4时期开始增加,到G5和G6时期到达较高水平,分析其可能定植成为肠道优势菌群,其贡献率显著(LDA>4;$P<0.03$);*Cryomorphaceae*某属在G1时期的丰度最高,但是在G2-G6时期持续降低,最后未检测到;极地杆菌属(*Polaribacter*)的丰度逐渐增加,在G5时期达到较高丰度,但在G6时期表达极少,分析其可能尚未固定成为优势菌群。

厚壁菌门各菌属的组成变化:G1时期OTU相对丰度大于1%共有2个菌属且相对丰度均在1%左右,G2-G6时期OTU相对丰度大于1%菌属数量分别为0、0、0、2、8。厚壁菌门各菌属在牙鲆摄食活饵料时的G2-G3时期丰度非常低,尤其是G3时期各菌的相对丰度小于0.05%,其中布劳特氏菌属(*Blautia*)、颤螺菌属(*Oscillospira*)、毛螺科菌某属和瘤胃球菌属(*Ruminococcus*)在转换饲料后的G4时期相对丰度增加,到G6时期成为相对丰度最高的前4位优势菌属(相对丰度大于5%以上);考拉杆菌属、乳杆菌属在G5时期才开始增加,G6时期相对丰度达到大于2%,成为优势菌属。可见厚壁菌门的8个菌属在G6时期均发展成为优势菌属,其中布劳特氏菌等6个菌属在G6时期的贡献率显著(LDA>4;$P<0.03$)。

表4 相对丰度大于1%菌属LEfSe分析

分类	分组						LDA	Group	$P<0.05$
	G1/%	G2/%	G3/%	G4/%	G5/%	G6/%			
拟杆菌门 Bacteroidetes	21.57	1.37	1.69	4.39	17.44	13.78			
拟杆菌属 *Bacteroides*	1.55	0.13	0.06	0.17	0.89	2.87	4.39	G6	0.02
蟑螂杆状体科 Cryomorphaceae(f)	5.51	0.06	0.18	0.14	0.13	0.01	4.87	G1	0.02
极地杆菌属 *Polaribacter*	0.95	0.02	0.04	1.02	2.09	0.01	4.47	G5	0.03
普氏菌属 *Prevotella*	1.14	0.17	0.06	0.15	3.22	2.75	4.64	G5	0.03
Winogradskyella	0.08	0.02	0.04	1.25	0.00	0.00			
厚壁菌门 Firmicutes	13.37	2.70	0.71	1.84	15.09	74.43	--	--	--
布劳特氏菌 *Blautia*	0.22	0.03	0.01	0.04	0.29	10.65	4.94	G6	0.02
真细菌属 *Eubacterium*	0.04	0.00	0.00	0.00	0.06	1.85	4.19	G6	0.02
颤螺菌属 *Oscillospira*	0.63	0.11	0.02	0.09	1.59	5.91	4.69	G6	0.02

续表

分类	分组						LDA	Group	P<0.05
	G1/%	G2/%	G3/%	G4/%	G5/%	G6/%			
瘤胃球菌属 Ruminococcus	1.00	0.14	0.04	0.10	0.93	5.98	4.71	G6	0.02
毛螺菌科 Lachnospiraceae(f)	0.99	0.11	0.02	0.13	1.63	17.34	5.14	G6	0.03
考拉杆菌属 Phascolarctobacterium	0.28	0.04	0.00	0.01	0.52	4.41	4.52	G6	0.03
乳杆菌属 Lactobacillus	1.72	0.37	0.23	0.09	0.42	2.95	--	--	--
粪球菌属 Coprococcus	0.28	0.02	0.01	0.02	0.33	1.79	--	--	--
变形菌门 Proteobacteria	55.20	90.29	97.07	90.55	48.92	7.78			
弧菌科 Vibrionaceae(f)	2.89	9.75	24.43	10.13	0.00	0.00	5.40	G3	0.01
海单胞菌属 Marinomonas	1.92	0.27	0.09	0.05	0.00	0.00	4.41	G1	0.02
交替单胞菌属 Alteromonas	1.22	0.38	0.30	0.27	0.04	0.01	4.21	G1	0.02
弧菌属 Vibrio	2.51	31.92	50.77	60.56	0.15	0.28	5.82	G4	0.02
假交替单胞菌属 Pseudoalteromonas	7.28	4.65	1.95	0.40	0.50	0.03	4.99	G1	0.03
弓形杆菌属 Arcobacter	0.13	2.33	0.35	0.02	0.03	0.00	4.42	G2	0.03
Aliivibrio	0.01	0.15	0.24	2.28	0.02	0.01	4.40	G4	0.03
Nautella	0.02	0.00	0.01	0.94	1.76	0.03	4.39	G5	0.03
伯克氏菌属 Burkholderia	0.44	0.19	0.00	0.21	8.27	0.05	5.06	G5	0.05
萨特氏菌属 Sutterella	0.19	0.02	0.00	0.02	0.09	1.25	--	--	--
脱硫弧菌属 Desulfovibrio	1.03	0.00	0.01	0.01	0.05	0.14			
埃希式杆菌属 Escherichia	3.22	2.15	0.19	1.07	3.11	0.84			
不动杆菌属 Acinetobacter	1.83	0.45	0.05	0.31	1.02	0.14			
假单胞菌属 Pseudomonas	6.80	5.61	0.56	2.94	8.16	2.28	--	--	--
发光杆菌属 Photobacterium	0.01	0.00	0.00	0.05	4.97	0.14			
放线菌门 Actinobacteria	2.71	1.60	0.20	1.13	3.17	1.33			
丙酸菌属 Propionibacterium	1.28	0.94	0.12	0.55	1.15	0.35	--	--	--

3 讨论

鱼类的肠道菌群在其生长发育过程中参与重要的生理活动,与鱼类的健康生长密切相关。鱼类仔稚幼鱼阶段是肠道菌群群落形成的关键时期,在该阶段水环境和食物中的微生物开始进入肠道,随着鱼类的生长不断演替最后完成定植(Egert et al,2005;Austin et al,2006;Knapp et al,2010;Ley et al,2008)。鲆鲽类作为重要的经济养殖鱼类,其肠道微生物的研究一直备受关注(Thomson et al,2005;Sugita,2006;Kim et al,2013)。本研究利用MiSeq16S rRNA 高通量测序技术和生物信息学分析方法深入地认识了工厂化人工育苗条件下牙鲆仔稚幼鱼肠道菌群结构及变化,在门水平和属水平分类基础上,详细阐述了肠道菌群的结构组成特点,以及随生长发育过程的演替变化规律。与以往的研究相比,在技术手段和分析方法方面属于本研究领域的前沿热门课题。之前有学者采用传统的方法分离培养发现,大西洋庸鲽(*Hippoglossus hippoglossus*)和大菱鲆(*Scophthalmus maximus*)肠道微生物群落中的弧菌属在仔稚幼鱼摄食后丰度明显增加并成为优势菌属,但随着饵料的改变,其数量迅速减少(Jeffreysa et al,2003;Jensen et al,2002;史秀清等,2015)。此结果与本研究中弧菌属在仔稚幼鱼肠道中的变化规律相似。但是肠道微生物种群中有诸多菌群目前尚无法分离培养,限制了整体菌群结构的分析。采用本实验的技术方法在牙鲆仔稚幼鱼肠道菌群中发现了42个菌门下的972个菌属,并分析其优势菌属的变化规律。说明本实验方法较全面反映了肠道菌群结构的多样性变化。

以往研究中发现轮虫和卤虫中含有大量的弧菌(Rawls et al,2006;Bjornsdottir et al,2008),在仔鱼开口后,肠道菌群内弧菌属细菌数量迅速增加取代假交替细胞菌属成为优势菌(Bergh et al,1994;Stephen et al,2001;Jeffreysa et al,2003;史秀清等,2015);Picchietti 等(2007)在研究中指出以卤虫和轮虫为载体,能够有效地帮助益生菌进入仔稚幼鱼肠道内定植。有学者指出肠道菌落的形成与摄食饵料关系密切,草鱼(*Carassius auratus gibelio*)的肠道菌群会随着食物的改变而变化(Wu et al,2012);配合饲料中植物性蛋白会影响金头鲷(*Sparus aurata*)的肠道菌群结构(Estruch et al,2015);另外,消化道微生物种间也存在生存竞争关系,有限的肠道环境内微生物种间竞争强度会影响肠道微生物的种类数量(Schryver et al,2014)。本研究发现在仔鱼期的牙鲆开始摄食轮虫后,肠道的优势菌群结构较单一,变形菌门中的弧菌属最先成为仔鱼期肠道菌群的绝对优势菌;在摄食配合饲料后,变形菌门的相对丰度显著降低,厚壁菌门和拟杆菌门的相对丰度明显增大,在幼鱼阶段替代变形菌门成为肠道菌群的绝对优势菌群,其中瘤胃球菌属、布劳特氏菌丰度最高。分析认为,在牙鲆仔鱼开始摄食后,作为饵料的轮虫和卤虫所携带的菌群对仔稚幼鱼的肠道菌群结构具有较大影响,从食物转为配合饲料后,肠道菌群中由食物带来的菌群的变化逐渐稳定,同时牙鲆自身也会有目的地筛选有益菌株而定植,从而达到肠道微生态系统的相对稳定状态。说明摄食饵料对牙鲆仔稚幼鱼肠道菌群结构的变化关系密切。关于饵料对牙鲆肠道菌群结构及变化规律的影响有必要更深入的研究。

本研究中80日龄后的牙鲆幼鱼肠道菌群趋向稳定,形成了以厚壁菌门、拟杆菌门、变形菌门和放线菌门为主的菌群组成,这与养殖牙鲆成鱼在门水平上的肠道优势菌群结构相似,但是在属水平上其结构却有较大差异(李存玉等,2015)。牙鲆成鱼肠道中作为优势菌存在的芽孢杆菌属和不动杆菌属,在幼鱼时期肠道中的丰度却较低;而幼鱼肠道的绝对优势菌属在成鱼肠道中不占主要地位。因此,虽然在仔稚幼鱼阶段牙鲆肠道菌群形成了以瘤胃球菌属、布劳特氏菌属和拟杆菌属等为优势菌属的肠道菌群组成,但是随牙鲆幼鱼的生长发育其肠道菌群的结构仍可能发生变化。另外,牙鲆的生活环境与肠道优势菌关系也较大,Kim 等(2013)研究发现野生牙鲆的肠道微生物种类丰富度显著大于养殖牙鲆,而且当牙鲆处于较为复杂的环境中,肠道内的有益菌数量和种类会增加。在池塘养殖条件下牙鲆肠道的芽孢杆菌属和野生牙鲆肠道的乳酸杆菌属的种类和数量远高于工厂化养殖条件下的牙鲆肠道内菌群。

  本研究测定的初孵仔鱼的菌群结构多样性丰富,但是其肠道菌群与摄食后的仔稚幼鱼肠道菌群结构明显不同。分析其原因,首先该样品是整体初孵仔鱼,由于此时肠道尚未形成,无法取肠道与后续其他各期的肠道样品进行同步比较。但是实验结果发现初孵仔鱼的体内微生物中有一些是在摄食后的仔稚幼鱼肠道中不存在或逐渐消失的菌群,认为这些菌群可能是来源于母源卵子或受精卵,也可能在受精卵孵化时由水环境中介入,然而这些菌群均无法在仔稚幼鱼肠道内定植。还有一些菌群在后期仔稚幼鱼发育过程中的肠道中一直延续存在下来,成为肠道菌群的组成部分,认为他们可能具有母源遗传特征。因此今后应进一步深入开展牙鲆肠道菌群组成与亲本母源的关系研究。

参考文献:略

碱度对水产养殖絮体培养中氮素转化及絮体生物学特性的影响

马涛[1],罗国芝[1,2,3],谭洪新[1,2,3]

(1 上海海洋大学 水产与生命学院,上海 201306;2 上海水产养殖工程技术研究中心 上海 201306;
3 上海高校知识服务平台 上海海洋大学水产动物育种中心 上海 201306)

  近年来,水产养殖产业迅速发展,高密度集约化养殖规模日益扩大,养殖废水及水产动物排泄物肆意排放等问题严重制约着水产养殖业的健康稳定发展,也污染了生态环境。研究证明,生物絮凝技术可调控水体营养结构,促进异养细菌的繁殖,利用微生物同化无机氮转化为细菌蛋白,净化水质、减少换水量;通过细菌絮凝成颗粒,成为部分滤食性养殖对象的食物,降低饲料系数,提高动物免疫和生态防病,是解决水产养殖业发展的环境制约和饲料成本的有效技术。

  在水产生物的絮体形成中,异养细菌和硝化细菌消耗无机碳源,使碱度、pH降低[1-2]。从絮体形成的理论方程式:$NH_4^+ + 1.18\ C_6H_{12}O_6 + HCO_3^- + 2.06O_2 \rightarrow C_5H_7O_2N + 6.06\ H_2O + 3.07\ CO_2$,可知异养微生物转化 1 g 氨氮需消耗 3.57 g 碱度(0.86 g 无机碳)[3]。自养细菌的硝化作用在 BFT 系统中很常见[4-5]。理论上完全硝化 1 g 氨氮需要消耗 7.07 g 碱度(1.69 g 无机碳)[6],主要消耗在氨氮氧化为亚硝酸盐氮过程,因此补充足够的碱度是保证

基金项目:上海市科技委员会资助项目(14320501900);国家自然科学基金(31202033).
作者简介:马涛(1990—),女,硕士研究生;研究方向:水产养殖重复利用研究. E-mail:Mt1011207@163.com.
通信作者:罗国芝(1974—),女,副教授,博士;研究方向:水产养殖重复利用和循环水养殖系统与工程. E-mail:gzhluo@shou.edu.cn.

异养细菌和硝化细菌完成生物絮凝的前提。

Boyd 等[7]发现,碱度只要高于 75 mg/L(CaCO$_3$)就可以形成絮体;Chen 等[6]认为,水产生物絮凝系统中碱度应维持在 100~150 mg/L(CaCO$_3$)之间,高于 200 mg/L(CaCO$_3$)时有益于絮体的形成。Furtado 等[8]研究了生物絮凝系统中碱度对水质的影响,证实当碱度低于 100 mg/L(CaCO$_3$),pH<7 时,水体中氨氮和亚硝酸盐氮含量比碱度为 150~300 mg/L(CaCO$_3$)条件下高。上述研究均未见碱度对生物絮体微生物的影响。本研究利用鳗鲡循环水养殖系统固体废弃物,通过向异位序批式生物絮凝反应器中添加碳酸氢钠控制反应器中碱度来培养絮体,监测碱度对生物絮体形成过程中氮素转化、絮体的生物学特性及微生物群落结构的影响,为生物絮凝技术在水产养殖中的应用提供参考。

1 材料与方法

1.1 材料

本试验共用 9 个相同的圆柱形聚乙烯生物絮凝反应器(内径为 15 cm,高 15 cm,有效容积 11 L),每个反应器装一个石英沙聚合曝气石(直径 3 cm,高 3.5 cm),3 个曝气石链接到一台电磁式空气压缩机(型号 ACO-008,135 W,100 L/min,浙江森森有限公司)。

残饵粪便取自上海海洋大学循环水花鳗鲡(Anguilla marmorata)养殖系统(Recirculating aquaculture system,RAS)的固液分离装置,投喂鳗鱼黑仔配合饲料。饲料水分不大于 10.0,粗蛋白质不小于 48.0,粗脂肪不小于 4.0,粗纤维不大于 3.0,粗灰分不大于 17.0,总磷 1.0~2.8(数据由厂家提供)。收集的残饵粪便经过 65℃烘干,测得粗蛋白质(34.25±0.20)%,粗脂肪(6.55±0.71)%,粗灰分(61.91±0.4)%。

试验开始前,向一聚乙烯桶中添加适量残饵粪便和曝气自来水,混匀,测得初始总悬浮固体物含量为 3 500 mg/L,之后转移到反应器中培养 30 d。添加葡萄糖为碳源,维持反应器中碳氮比 15 以上,以溶解有机碳:氨氮浓度计算,温度 23~25℃,溶解氧 6.5~8.6 mg/L。

通过碳酸氢钠和 1 mol/L HCl 的比例控制反应器中碱度(以 CaCO$_3$ 在 3 个处理组水平:A 组不小于 250 mg/L;B 组 150~200 mg/L;C 组 75~100 mg/L,每组设 3 个重复。试验期间每天向反应器中加纯水至 10 L,补充蒸发和采样损失的水。

1.2 测定指标与方法

试验期间,每天用 Multi3430 型多参数水质分析仪测定反应器中温度、溶解氧含量和pH。从系统取水经 0.45 μm 滤膜过滤后,测氨氮、亚硝态氮、硝态氮、溶解有机碳含量。氨氮含量用纳氏试剂分光光度法(型号 UV2000,上海优尼科,中国)、亚硝酸盐氮含量采用盐酸萘乙二胺比色法、硝酸盐氮含量采用 N-(1-萘基)-紫外分光光度法、溶解有机碳含量采用总有机碳分析仪测定(N/C© 2100,analytikjenamulti,德国)。每日 9:00 和 20:00 用酸碱指示剂滴定法测定系统碱度变化并进行调节。

每 2 天测定反应器中总悬浮固体颗粒物、挥发性悬浮固体含量、生物絮体沉降性能,观察絮体形态、提取疏胞外聚合物、测定絮体粗蛋白、粗脂肪和粗灰分含量。总悬浮固体颗粒物和挥发性悬浮固体含量采用称重法测定。残饵粪便和絮体经65℃干燥后使用元素分析仪测定C、N含量。粗灰分通过马福炉550℃灼烧4 h测定。粗脂肪采用氯仿-甲醇溶液(2:1, V/V)抽提法测定。在奥林帕斯体视镜(Olympus SZ2-STS)、扫描电子显微镜(S3400NII,日本日立公司,日本)下观察絮体的形态、拍照。同陈佳捷等方法提取及测定胞外聚合物的含量[9]。试验第30天取生物絮体进行原核及真核微生物高通量测序。

2 结果

2.1 三组系统碱度的控制

将混匀的残饵粪便添加到反应器中时3组水中碱度均匀,初始平均碱度为355.56 mg/L,加酸使3组碱度分别达到试验设置水平(图1)。2~6 d 3组系统碱度持续降低,每日分别需补充碳酸氢钠,第3天3组平均降至41.95 mg/L。第4天碱度开始缓慢回升,C组达到了75~100 mg/L并开始稳定,A、B组还需要加碱,在第6天后稳定且维持在试验设置的水平。

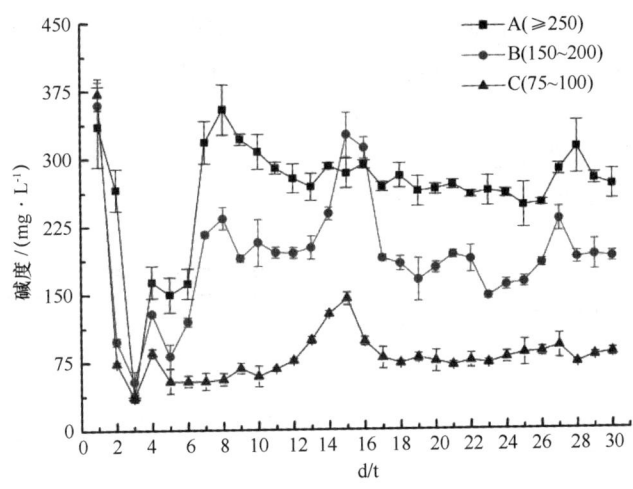

图1 3组反应器水中碱度的变化

2.2 絮体氮素转化率和营养成分含量

随着粪便分解和氨化作用的进行,试验第2天A、B、C组分别有(884.70±17.01) mg、(906.28±18.21) mg 和(915.60±30.9) mg氮释放在反应器中,试验结束时,A、B、C组絮体中每克挥发性悬浮物分别含有(563.66±24.17) mg、(642.01±12.37) mg 和(542.45±11.89) mg氮。氮素转化率[10](终末絮体中每克挥发性悬浮物所含氮/初始总氮)分别为(63.71±4.98)%、(70.84±7.67)%、(59.25±6.36)%,说明生物絮凝可将水产养殖固体废弃物中氮素有效转化,B组高于A、C组。

培养第14天时絮体的粗蛋白、粗脂肪和粗灰分含量见表1。A、B组粗蛋白含量高于培养初期残饵粪便中的粗蛋白含量(34.25%),B组粗蛋白含量显著高于A、C组。3组絮体粗脂肪含量均比培养初期残饵粪便粗脂肪含量(6.55±0.71)%高。3组絮体粗灰分含量明显低于培养初期残饵粪便粗灰分含量$(61.91±0.4)$%。

表1 第14天不同碱度组絮体的粗蛋白、粗脂肪和粗灰分含量

项目	A组	B组	C组
VSS/(g·L^{-1})	1.93±0.53^a	1.47±0.36^b	2.45±0.23^a
粗蛋白/%	35.69±0.07^b	36.74±0.59^a	34.12±0.45^c
粗脂肪/%	6.67±0.80	7.72±0.68	7.87±0.66
粗灰分/%	36.67±1.65^a	31.79±1.82^b	35.02±1.53^a

注：表中同一列数据上标不同小写字母的平均值间差异显著$(P<0.05)$,余同.

2.3 絮体胞外聚合物含量

第6天3组中氨氮含量降低时的胞外聚合物含量见表2。包裹着疏松结合胞外聚合物的异养活性污泥表面负电性强且疏水性差,不利于生物絮凝,紧密结合胞外聚合物通过疏水性与菌细胞紧密结合在一起,絮凝性能和吸附污染物质的能力更强[11-12]。目前,较多研究发现,胞外聚合物的蛋白质与多糖质量浓度比与污泥表面性质有相关性,比值越高,越有利于絮状污泥絮凝,其脱水性能越差[13]。本试验中絮体胞外聚合物蛋白质与多糖比B组最高,且与A、C组有显著性差异。

表2 第6天不同碱度组絮体胞外聚合物组分含量(VSS) mg/g

絮体	样品	溶解性有机碳	DNA	多糖	蛋白质	蛋白质/多糖	腐殖质
疏松结合胞外聚合物	A	2.32±0.45^b	0.12±0.05	2.59±0.23^b	4.71±0w.74^b	1.82±0.45^a	2.27±0.30^b
	B	4.25±0.29^a	0.25±0.10	3.7±0.38^a	7.44±0.48^a	2.01±0.20^a	3.33±0.27^a
	C	2.52±0.48^b	0.34±0.15	3.11±0.22^a	1.69±0.77^c	0.54±0.15^b	2.96±0.05^c
紧密结合胞外聚合物	A	11.46±1.09^b	0.27±0.07^b	4.95±0.26	20.47±1.37^b	4.14±0.14^b	7.94±0.70^b
	B	14.95±1.44^a	0.51±0.17^a	3.34±0.73	21.81±1.91^a	6.53±0.09^a	10.39±1.17^a
	C	12.5±1.05^b	0.13±0.09^b	5.15±1.64	18.54±1.41^c	3.6±0.22^b	8.99±1.00^b

2.4 絮体微生物群落

絮体中原核、真核微生物各门的分布情况见表3。表3表明,3组絮体原核微生物主要隶属于8个菌门,分别为变形菌门、Saccharibacteria门、拟杆菌门、绿弯菌门、放线菌门、厚壁菌门、疣微菌门、浮霉菌门,不同碱度的3组絮体所含微生物在门水平上相似,但C组所占比例与A、B组差异显著。

表3 不同碱度组絮体原核和真核微生物各门的丰度

	分类	丰度/%		
		A	B	C
原核	变形菌门	45.96	27.81	80.07
	Saccharibacteria 门	21.20	21.30	2.29
	拟杆菌门	15.76	18.28	7.51
	绿弯菌门	7.92	17.96	3.31
	放线菌门	3.51	4.75	1.53
	厚壁菌门	2.18	2.32	2.16
	疣微菌门	0.72	3.40	1.88
	浮霉菌门	0.63	1.79	0.47
真核	子囊菌门	88.96	79.95	83.92
	纤毛虫门	7.24	0.43	14.85
	LKM15	0.15	11.46	0.04
	Choanomonada	2.99	4.89	0.83
	Eukaryota unclassified	0.21	3.14	0.08

A组生物絮体原核微生物包括205个菌属,相对丰度大于1%的有18个属,其中相对丰度大于10%的2个菌属,分别是Saccharibacteria norank占21.2%和 *Prosthecomicrobium* 占12.28%;B组生物絮体原核微生物包括187个菌属,相对丰度大于1%的有19个属,其中相对丰度大于10%的2个菌属,分别为Saccharibacteria norank,占21.3%和Caldilineaceae门占12.36%;C组生物絮体原核微生物包括162个菌属,相对丰度大于1%的有11个属,其中相对丰度大于10%的菌属有1个,是克雷伯氏菌属(*Klebsiella*)占61.19%。3组生物絮体真核微生物所包含的属分别为:A组(18个)、B组(15个)、C组(16个),3组中优势菌群及所占比例分别为 *Phialophora* (43.56%)、(47.58%)、(60.16%)和Sordariomycetes_unclassified(43.06%)、(28.98%)、(15.89%)。原核、真核微生物属的分布情况见图4,其中相对丰度低于1%的菌属合并为其他。

3 讨论

3.1 碱度对生物絮体培养水质参数的影响

通常认为水产养殖生物絮凝系统中碳氮比、温度、溶解氧、pH值等决定了水体中微生物分解作用的强弱。本实验中,反应器中悬浮固体颗粒物含量高,随着其分解氨氮快速增加,碱度降低,要维持较高碱度,则需要频繁大量加碱。提高碱度可促进氨化与硝化作用,缓冲水体pH值,为微生物快速增长提供了稳定环境。王大鹏等[14]在零换水生物絮凝养殖凡纳滨对虾(*Litopenaeus vannamei*)时发现,将碱度提高到100 mg/L以上,细菌数量明显增加,能有效提高水处理效果。当系统启动阶段结束,氨氮含量降低并稳定,细菌将水中氮素转化为

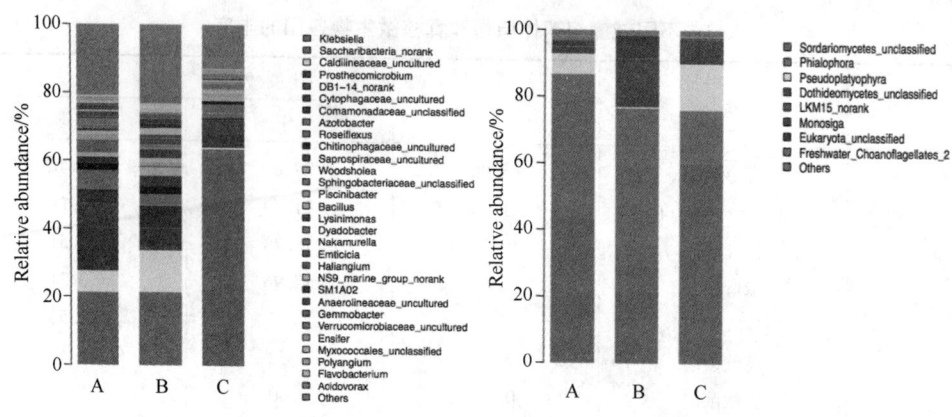

图2 3组样品微生物中不同属的原核16S(左)和真核18S(右)的分布

菌体蛋白,随之系统的碱度也维持稳定状态。

3.2 碱度对生物絮体生物学特性的影响

生物絮体含有大量细菌、原生动物、藻类等微型生物群体,其中活的生物体占10%~90%[15],而原生动物、轮虫是生物絮体系统中的捕食者,在活性污泥净化废水中被用作"指示生物",一方面通过捕食生物絮体中的细菌,促使细菌保持生长期,延缓衰老,优化菌群结构,同时捕食水体中不能自由沉降去除的粒径小于10 μm的悬浮颗粒物质,增强除氮净水能力;另一方面能分泌黏性代谢物质,吸附水中的悬浮颗粒,促使絮状凝结[16]。本实验发现,碱度为75~100 mg/L下纤毛虫类原生动物增多,形成的絮体较密实,碱度大于150 mg/L下轮虫数量增多,因此可通过调节碱度来控制理想微型动物的种类和数量,解决生物絮体老化等问题。

3.3 碱度对生物絮体原核与真核微生物的影响

本实验中,水产生物絮体中变形细菌门的数量占主导地位,与杨章武等的结果一致[5,17],但不同碱度系统中变形细菌门所占比例有较大差异,尤其是碱度为75~100 mg/L下培养的絮体,变形菌属在细菌组成上占支配地位,其中克雷伯氏菌属占61.19%。该属具有固氮作用[18],此门细菌是污水处理系统中去除污染物的优势菌种,说明生物絮体能高效调节水产养殖的水质。Kindaichi等[19]研究了活性污泥中Saccharibacterium门细菌系统发育多样性和生理机能。结果表明是一个系统发育不同的群体,之前划分在TM7门,Saccharibacteria在有机化合物的降解中发挥作用,在有氧、缺氧和以硝酸盐做电子受体条件下能吸收葡萄糖,一些种属还可以利用N-乙酰葡萄糖胺、油酸、氨基酸和丁酸,一些丝状Saccharibacteria表现出β-半乳糖苷酶和脂肪酸的活性,但是Saccharibacteria不吸收乙酸、丙酮酸、丙酸、甘油和乙醇。本实验以葡糖糖为碳源培养絮体,碱度为150~200 mg/L和大于250 mg/L组Saccharibacteria所占比例分别为21.2%和21.3%,75~100 mg/L组中仅含2.29%,说明高碱度下有利于Saccharibacteria生长,充分利碳源-葡萄糖,同时A、B组絮体中丝状菌较多,也是此细菌所占比例较多所致。厚壁菌门以芽孢杆菌为主,本试验发现碱度对此门细菌的含量影响差异不显著。芽孢杆菌分泌的蛋白酶和淀粉酶可以分解污水中的大分子有机物,在特性条件下产生的细菌素对某些致病菌有抑制作用。本试验中不同碱度碱度条件下均没有检测到弧菌属(*Vibrio*)等病原菌。细菌介导参与厌氧氨氧化,使得亚硝酸盐和铵可以直接转化成氮气,因此可以去除废水处理中的氨氮,执行此过程的细菌均属于浮霉菌门[20]。本试验中,碱度为150~200 mg/L组浮霉菌门细菌所占比例最大超过1%,真菌作为生物絮体重要组成部分。大量研究表明,许多淡水子囊菌的子囊孢子具有胶状的鞘、附着丝,在水里会伸展的很长,成为水体中动物的食物,构成生态系统的食物链[21]。本实验检测到絮体中超过80%的真菌都属于子囊菌门,其中分类位置未定的粪壳菌属(*Sordaria*)占主导地位,能够分解纤维素和木质素等固体基质,促进残饵粪便分解形成生物絮体。

参考文献

[1] Wasielesky W, Atwood H, Stokes A, et al. Effect of natural production in a zero exchange suspended microbial floc based super-intensive culture system for white shrimp *Litopenaeus vannamei*[J]. Aquaculture, 2006, 258 (1/4): 396-403.

[2] Furtado P S, Gaona C A P, Poersch L H, et al. Application of different doses of calcium hydroxide in the farming shrimp *Litopenaeus vannamei* with the biofloc technology (BFT)[J]. Aquaculture International, 2014, 22(3): 1009-1023.

[3] 阮赟杰. 水产养殖与加工废水生物絮体资源化技术研究[D]. 杭州:浙江大学, 2013.

[4] Luo G Z, Avnimelech Y, Pan Y F, et al. Inorganic nitrogen dynamics in sequencing batch reactors using biofloc technology to treat aquaculture sludge[J]. Aquacultural Engineering, 2013, 52(52): 73-79.

[5] 夏耘, 邱立疆, 郁二蒙, 等. 生物絮团培养过程中养殖水体水质因子及原核与真核微生物的动态变化[J]. 中国水产科学, 2014, 20(1): 75-83.

[6] Chen S, Jian L, Blancheton J P. Nitrification kinetics of biofilm as affected by water quality factors[J]. Aquacultural Engineering, 2006, 34(3): 179-197.

[7] Boyd C E, Tucker C S. Pond Aquaculture Water Quality Management[M]. First Edition. US: Springer, 1998: P 106.

[8] Furtado P S, Poersch L H, Wasielesky W. The effect of different alkalinity levels on *Litopenaeus vannamei* reared with biofloc technology (BFT)[J]. Aquaculture International, 2015, 23(1): 345-58.

[9] 陈家捷, 谭洪新, 罗国芝, 等. 罗非鱼粪便在分解过程中形态和营养成分变化[J]. 水产科学, 2015, 21(10): 634-939.

[10] Luo G, Liang W, Tan H, et al. Effects of calcium and magnesium addition on the start-up of sequencing batch reactor using biofloc technology treating solid aquaculture waste[J]. Aquacultural Engineering, 2013, 57(6): 32-37.

[11] 龙腾锐, 龙向宇, 唐然, 等. 胞外聚合物对生物絮凝影响的研究[J]. 中国给水排水, 2009, 25(7): 30-34.

[12] 夏志红, 任勇翔, 杨垒, 等. 自养菌和异养菌胞外聚合物对活性污泥絮凝特性的影响[J]. 环境科学学报, 2015, 35(2): 468-475.

[13] 王淑莹, 何岳兰, 李夕耀, 等. 不同活性污泥胞外聚合物提取方法优化[J]. 北京工业大学学报, 2016,

[14] 王大鹏,何安尤,韩耀全,等.碱度调节对凡纳滨对虾室内高密度养殖固定化微生物处理效果的影响[J].中国水产科学,2014,20(2):330-339.

[15] 赵培.生物絮团技术在海水养殖中的研究与应用[D].上海:上海海洋大学,2011.

[16] 沈成媛,万小娟.附着生活型轮虫的悬浮固体去除特性[J].环境工程学报,2013,7(12):5047-5050.

[17] 杨章武,杨铿,张哲,等.基于宏基因组测序技术分析凡纳滨对虾育苗中生物絮团细菌群落结构[J].福建水产,2015,37(2):91-97.

[18] Chen W M, Tang Y Q, Mori K, et al. Distribution of culturable endophytic bacteria in aquatic plants and their potential for bioremediation in polluted waters[J]. Aquatic Biology, 2012, 15:99-110.

[19] Kindaichi T, Yamaoka S, Uehara R, et al. Phylogenetic diversity and ecophysiology of Candidate phylum Saccharibacteria in activated sludge[J]. Fems Microbiology Ecology, 2016, 92(6): fiw078. doi:10.1093/femsec/fiw078

[20] 田美,刘汉湖,申欣,等.百乐克(BIOLAK)活性污泥宏基因组的生物多样性及功能分析[J].环境科学,2015(5):1739-1748.

[21] 胡殿明.淡水粪壳纲及无性型真菌系统学及人为干扰下的淡水真菌多样性研究[D].北京:中国林业科学研究院,2011.

厦门白哈礁海域石珊瑚的初步分类鉴定

倪智[1],刘佳英[1,2,3,*],宋倩倩[1],郭玉清[1,2,3],范永乐[1],张臻[4]

(1. 集美大学水产学院,福建 厦门 361021;2. 农业部东海海水健康养殖重点实验室,福建 厦门 361021;3. 福建省海洋渔业资源与生态环境重点实验室,福建 厦门 361021;4. 厦门大学,福建 厦门 361005)

石珊瑚是海洋中一类低等动物的统称,在动物分类学中属于腔肠动物(Coelenterata)[或刺胞动物门(Cnidaria)][1]。Wells[2]在1933年对造礁石珊瑚的概念进行了定义,在此之后造礁石珊瑚这一术语就被广泛运用。1969年Wells指出:"自从三叠纪发现六放石珊瑚广布全世界,至侏罗纪开始才形成造礁石珊瑚和非造礁石珊瑚两个生态类型。"对此邹仁林比较了造礁石珊瑚和非造礁石珊瑚的生态环境要素,通过比较发现,所生存温度的高低、深度和是否有共生藻(虫黄藻)是判断是否为造礁石珊瑚的重要依据[1]。非造礁石珊瑚又被称为深水石珊瑚,在世界各大洋均有分布[3]。

对于Wells对石珊瑚提出的两个生态类型,随着研究的深入,发现珊瑚礁的形成并不都是造礁石珊瑚的功劳:有些非造礁石珊瑚也具有造礁功能,只是造礁功能没有像主要的造礁石珊瑚那么大;一些软珊瑚在死后体内的骨针也是对珊瑚礁造礁具有贡献的。鉴于此,1985

基金项目:厦门南方海洋研究中心资助项目(13GQT001NF14).

作者简介:倪智(1992—),女,在读硕士研究生,主要研究方向:珊瑚鉴定.

通信作者:刘佳英(1968—),女,副教授,硕士生导师.研究方向:资源与环境的调查与监测.E-mail:765276310@qq.com

年 Schuhmacher 和 Zibrowius 发表了一篇关于讨论非造礁石珊瑚这一说法的文章,对珊瑚的一些专业术语进行了再定义[4]。但现在依然还是有学者沿用造礁石珊瑚与非造礁石珊瑚的定义,本文仅针对白哈礁的浅水石珊瑚进行鉴定。

中国对石珊瑚目动物记录有 21 科 111 属 394 种[5]。有关福建沿海浅水石珊瑚的报道统计:福建沿海浅水石珊瑚累积记录 17 种,隶属 6 科 14 属,其中造礁石珊瑚 4 科 8 属 9 种,非造礁石珊瑚 3 科 6 属 8 种[6]。目前在厦门海域、东山海域、牛山岛海域、台山列岛海域等福建的沿海海域发现有石珊瑚分布[6-7]。据黄宗国《厦门湾物种多样性》一书中对厦门湾石珊瑚目的物种进行了首次比较系统的报道,共有 6 科 10 种,其中有 4 种非造礁石珊瑚,分别隶属于筒星珊瑚属(*Tubastraea*)、锥形珊瑚属(*Balanophyllia*)、星珊瑚属(*Cyathelia*)和齿珊瑚属(*Oulangia*)[8]。厦门白哈礁周边海域发现大量珊瑚群落,研究厦门"白哈礁"珊瑚群落构成中的石珊瑚分类具有重要的意义,对于保护厦门珊瑚群落、移植珊瑚和对局部海域进行生态修复均有重要的价值。

1 材料与方法

1.1 调查方法与样品采集

2015 年 5 月至 2016 年 4 月对厦门白哈礁周边海域进行调查,将采集到的珊瑚骨骼和活体带回实验室,将部分活体珊瑚浸泡在 75% 的酒精中做成标本,共有 8 个珊瑚标本,标记为 1~8 号,部分活体珊瑚暂养在实验室水族缸中,随时观察活体珊瑚的主要性状。

本次调查采用了截线样带调查法。具体调查方法如下:围绕白哈礁的四周设置 4 个调查位点,以这 4 个位点为主断面中心点,从中心点分别向两侧与礁石平行的方向设置一条长为 50 m 的尼龙绳为辅助断面。潜水人员沿着这 50 m 的尼龙绳以 4~5 m/min 的速度进行水下摄像,并对观察到的珊瑚进行拍照,对部分珊瑚进行样品的采集。

调查站位如图 1 所示。

1.2 鉴定方法

对每个骨骼样品进行拍照,用切割机切割下一个或两个隔片具有代表性质的珊瑚杯放在解剖镜下观察每个珊瑚杯中的隔片轮数、隔片大小情况、隔片融合情况、隔片轴向边缘形状、珊瑚杯的形状等细微结构。用游标卡尺测量珊瑚杯从共骨部分突起的高度、珊瑚骼的长度,珊瑚杯的直径等相关参数并拍照。比对整理的石珊瑚的分类依据进行初步分类鉴定。

1.3 实验仪器

解剖针,游标卡尺,解剖盘,相机,尼康 SMZ800 解剖镜,尼康 SMZ1270 解剖镜等。

2 结果

2.1 白哈礁石珊瑚种类鉴定结果与形态特征

对采集和制作的白哈礁石珊瑚的 8 个标本进行鉴定。

2.1.1 标本 1——木珊瑚科待定种(*Dendrophylliidae* sp.)

整体外观特征:珊瑚骼呈白色,从共骨部分外触手芽生殖,珊瑚骼整体被管虫和贝类附

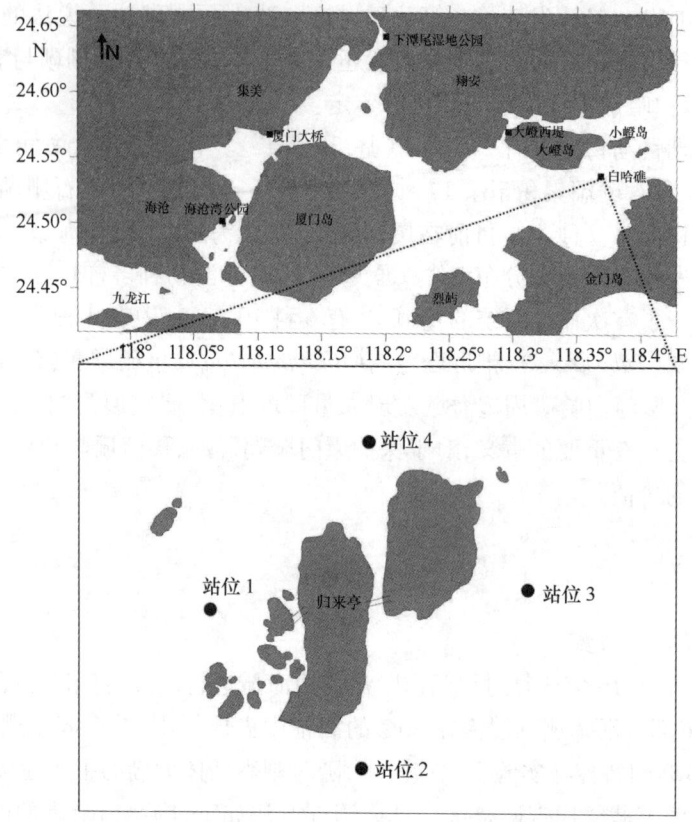

图1 调查站位

图2 标本1骨骼外观图片和珊瑚杯

着阻碍了生长。

测量参数:珊瑚骼体宽72.54 mm,珊瑚杯直径10.02~19.84 mm,珊瑚杯高于共骨9.87~15.52 mm。

细微结构特征:珊瑚杯壁像海绵一样。杯体较厚,杯体凹陷浅,杯体呈圆柱状或者椭圆柱状。轴柱像海绵一样。第一轮隔片边缘垂直轴柱,隔片面有齿状凸起。有一些隔片不出现融合,有一些却出现融合,隔片均不突出。

根据观察的特征与整理的石珊瑚的分类依据相对比,初步判定为木珊瑚科待定种(*Dendrophylliidae* sp.)。

图 3 标本 2 样品外观图片和珊瑚杯图片

2.1.2 标本 2——筒星珊瑚属待定种(*Tubastraea* sp.)

整体外观特征:珊瑚骼呈白色,从一个老珊瑚杯的基部外触手芽生殖,珊瑚基部有藤壶附生。

测量参数:珊瑚骼体宽 54.01 mm,珊瑚杯直径 7.84~13.17 mm,杯高 7.79~12.50 mm。

细微结构特征:珊瑚杯凹陷深。珊瑚杯壁薄,肋较清晰,外鞘有像海绵一样的小孔,轴柱像海绵状。隔片有四轮,第一轮隔片内部边缘有锯齿状,不超过杯沿,第二轮隔片与第一轮隔片差不多长,第三轮隔片上有齿状凸起,第四轮隔片融合。由于采集到时就是骨骼没有活体的颜色,所以很难判断出是什么种类。

根据观察的特征与整理的石珊瑚的分类依据相对比,初步判定为筒星珊瑚属待定种(*Tubastraea* sp.)。

图 4 标本 3 样品外观图片和珊瑚杯图片

2.1.3 标本 3——木珊瑚属的未知种(*Dendrophyllia* sp.)

整体外观特征:珊瑚骼呈灰白色,整体呈筳形,从一个老珊瑚杯的基部外触手芽生殖,珊瑚底部有管虫、藤壶附生,基部包裹着一个贝类生长。

测量参数:珊瑚骼体宽 57.90 mm,珊瑚杯径 8.43~14.87 mm,杯高 6.17~10.23 mm。

细微结构特征:珊瑚杯凹陷深。杯壁薄,肋清晰,外鞘像有海绵一样的小孔,轴柱海绵状。四轮隔片,每个隔片上均有颗粒状凸起,轴向边缘呈现锯齿状,靠近杯沿的地方隔片变窄,第三第四轮隔片有部分融合。

根据观察的特征与整理的石珊瑚的分类依据相对比,初步判定为木珊瑚属的未知种(*Dendrophyllia* sp.)。

2.1.4 标本4和标本8——猩红筒星珊瑚(*Tubastraea coccinea*)

标本4

图5 标本4样品外观图片、珊瑚杯图片和活体照片

测量参数:珊瑚体宽74.81 mm,珊瑚杯径5.93~12.94 mm,杯高6.09~21.27 mm。

标本8

图6 标本8样品外观图片和珊瑚杯图片

测量参数:珊瑚体宽70.18 mm,珊瑚杯径6.72~14.62 mm,高6.92~16.30 mm。

标本4和标本8统一形态特征描述:

整体外观特征:珊瑚骼呈白色,整体呈融合形,从一个老的珊瑚杯的基部或者杯壁外触手芽生殖,珊瑚体有管虫和贝类附生。

细微结构特征:隔片排列成四轮,第四轮隔片融合。所有的隔膜都不突出。第一轮隔膜从边缘向下加宽,下半部垂直延至轴柱,第二轮与第一轮的外形相似,但只有其一半宽,每个隔片的边缘是具有非常细小的齿状物与轴柱的下半部分结合。珊瑚杯凹陷深。

根据观察的特征与整理的石珊瑚的分类依据相对比,初步判定为猩红筒星珊瑚(*Tubastraea coccinea*)。

2.1.5 标本5和标本6——木珊瑚科未知种(*Dendrophylliidae* spp.)

标本5

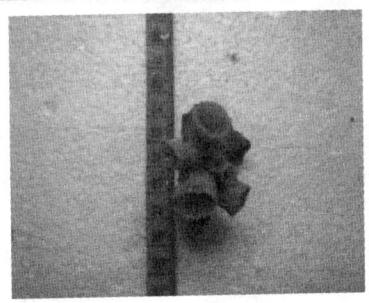

图7 标本5样品外观图片、珊瑚杯图片和活体图片

测量参数:珊瑚体宽56.93 mm,杯体直径6.88~13.24 mm,高11.50~15.38 mm。

标本6

测量参数:珊瑚体宽67.64 mm,珊瑚杯径9.26~16.14 mm,高9.19~22.89 mm

标本5和标本6统一形态特征描述:

整体外观特征:珊瑚骼呈白色,整体呈笙形,从共骨处外触手芽生殖,珊瑚骼基部有管虫附生。

细微结构特征:杯壁非常薄,杯体非常深,肋很清晰,轴柱有些退化。隔片均不超过杯沿,每个隔片均有突起。第一轮隔片与第二轮隔片几乎一样宽,隔片的轴向内缘与轴柱垂直。第四轮隔片融合。有些珊瑚孔有第五轮隔片的存在,但是不清晰。

根据观察的特征与整理的石珊瑚的分类依据相对比,初步判定为木珊瑚科未知种(*Dendrophylliidae* sp$_2$.)。

2.1.6 标本7——*Tubastraea tagusensis*

整体外观特征:珊瑚骼外形大致像个球,呈白色,从珊瑚杯壁外触手芽生殖,珊瑚有管虫

图 8　标本 6 样品外观图片、珊瑚杯图片和活体图片

图 9　标本 7 样品外观图片、珊瑚杯图片和活体图片

和贝类附生。

测量参数：珊瑚体宽 71.88 mm，杯直径 4.62~9.53 mm，杯高 6.02~23.20 mm。

细微结构特征：珊瑚杯近似圆形，珊瑚杯壁薄，肋清晰，肋之间由多孔的凹槽隔开等宽。

隔片有4轮,$S_{1-2}>S_3>S_4$,隔片均不超过杯沿,隔片面均有齿状凸起,第一轮隔片延伸到轴柱,边缘斜下直达珊瑚杯底。第四轮隔片融合。轴柱凸起。

根据观察的特征与整理的石珊瑚的分类依据相对比,初步判定为 Tubastraea tagusensis。

2.2 白哈礁非造礁珊瑚分类的初步结果

根据 Cairns 近年来对非造礁石珊瑚的研究和 De Paula 2004 年在巴西 Ilha Grande Bay 附近发现的 Tubastraea tagusensis 和猩红筒星珊瑚入侵记录的形态描述[9]对比,再对比国内一些生物图集发现在本次的初步分类鉴定中发现了猩红筒星珊瑚、Tubastraea tagusensis 和筒星珊瑚属未知种 Tubastraea sp. 以及木珊瑚属的未知种(Dendrophyllia sp.),木珊瑚科两个未知种(Dendrophylliidae sp. 、Dendrophylliidae spp.)这6种石珊瑚。

其中 Tubastraea tagusensis、筒星珊瑚属未知种 Tubastraea sp.、木珊瑚属的未知种(Dendrophyllia sp.),木珊瑚科两个未知种(Dendrophylliidae sp. 、Dendrophylliidae spp.)都是厦门的新记录种。

3 讨论

3.1 石珊瑚分类的依据与意义

本次珊瑚鉴定所借助到的参考书及资料:《中国海洋生物名录》[5]、《厦门湾物种多样性》[8]、世界海洋物种目录(World Register of Marine Species, WoRMS)[10]、《中国海洋生物图集》[11]、《台湾珊瑚图鉴》[12]、《不可思议的珊瑚鉴赏图典》[13]以及根据权威性网站 WoRMS 所提供的关于非造礁石珊瑚的主要文献,Cairns 的《A generic revision and phylogenetic analysis of the Dendrophylliidae (Cnidaria: Scleractinia)》[14]、《A revision of the shallow-water azooxanthellate scleractinia of the Western Atlantic》[15]、《Cnidaria Anthozoa: Azooxanthellate Scleractinia from the Philippine and Indonesian regions》[16]、《A revision of the ahermatypic Scleractinia of the Galápagos and Cocos Islands》[17]等有关石珊瑚形态学分类相关著作。当拉丁名出现歧义时,则以 WoRMS 为准。

此次有关石珊瑚分类所应用的是传统的形态学分类的方法,总体是根据形态来区分,借助了解剖镜,能够更加清楚地看清珊瑚杯内隔片的形状、数量、隔片的融合情况以及轴柱等相关细节,并对此进行拍照记录,能够对鉴定保留资料,使分类的结果更加准确。

珊瑚本身的生态变异性多,形态多样特别容易受到环境影响,可塑性比较大,分类比较复杂。目前国内对于此方面的研究还比较少,此次有关石珊瑚的分类工作对于石珊瑚形态学分类上做出一些贡献。对研究厦门白哈礁海域石珊瑚的分布以及为今后研究厦门周边海域珊瑚分类打下一定基础。

3.2 样品采集海区的环境背景

一些主要的造礁石珊瑚对温度非常敏感,当水温16~17℃时就会停止摄食,生命活动能力低下,在低于13℃会全部死亡,但第二年暖流又会带来生机,而非造礁石珊瑚并非如此,它们可以在水温为-1.1~28℃内生活,但其最适温度为8.5~20℃[1]。在调查期间白哈礁水温

6~29℃。

白哈礁海区的海底地质是砂石底质和花岗岩地质[18-19]。白哈礁与金门岛距离只有1 800 m,金门岛外侧即是开阔的台湾海峡,因此白哈礁周边海域有着丰富的海水资源,带来丰富的营养物质和有机碎屑,为珊瑚的成长发育提供了丰富的饵料来源。

本调查获得的珊瑚,同历史文献研究对比,发现在类似地形的海域也有这类石珊瑚的出现。2004年De Paula和Christopher[9]报道了在巴西Ilha Grande湾附近(22°50′—23°20′S,44°00′—44°45′W)的入侵珊瑚:*Tubastraea tagusensis* 和猩红筒星珊瑚。这片海域的盐度常年维持在35~36,年温度变化为21~32℃。这个港口常有轮船进出港,为海域内的非造礁石珊瑚带来营养物质。他们猜测,港湾大量的船舶运输使得*Tubastraea tagusensis* 和猩红筒星珊瑚入侵了该片海域。

3.3 对白哈礁石珊瑚分类鉴定的意义

此次调查发现的石珊瑚都存在管虫和贝类的一些附生,其中贝类中大多也是藤壶这样的污损生物。还发现这些石珊瑚在生长阶段还能包裹着贝类继续生长,可见这些石珊瑚的生存能力和对抗外界不利生长能力非常强。根据近年来大洋彼岸的学者2004年对墨西哥湾海域的调查发现,筒星珊瑚属中猩红筒星珊瑚和*Tubastraea tagusensis* 还作为入侵物种对墨西哥湾海域进行了入侵[9],过了10年后再对该海域进行调查发现这两种生物的分布范围扩大了很多[20],由此可见筒星珊瑚属动物的生存能力非常强,对环境适应能力也很强。

此次调查发现的筒星珊瑚属、木珊瑚属的珊瑚活体颜色多为黄色和橙色。在鉴定过程中发现,通过单纯的形态学鉴定方法很难将每种珊瑚区分开。寻求更为科学简便的方法显得尤为重要,随着科学的发展,可以通过现代分子生物学技术中的核酸序列比对分析将这些石珊瑚进行进一步验证和补充;也可以通过前人对于石珊瑚采取的借助电子计算机,应用聚类分析的方法对于这些石珊瑚进行数值分类[21]。

所鉴定到的物种种类为6种,其中*Tubastraea tagusensis* 和筒星珊瑚属未知种 *Tubastraea* sp.以及木珊瑚属的未知种(*Dendrophyllia* sp.),木珊瑚科两个未知种(*Dendrophylliidae* sp.、*Dendrophylliidae* spp.)均为厦门的新纪录。丰富了福建省内沿海浅水石珊瑚种类。

致谢:感谢中国科学院南海海洋研究所李秀保博士和海南南海热带海洋生物及病害研究所所长陈宏对本次石珊瑚种类鉴定提供的帮助。感谢本研究团队的陆志强老师、钟幼平老师、吴成业老师、周立红老师对本次珊瑚采集的过程中提供的帮助。

参考文献

[1] 邹仁林.中国动物志,腔肠动物门[M].北京:科学出版社,2001.
[2] Wells J W.Corals of the Cretaceous of the Atlantic and Gulf coastal plains and western interior of the United States.[M].1933.
[3] 邹仁林,陈国通,孙修勤.东海深水石珊瑚的初步研究Ⅰ[J].海洋通报,1982(4):51-67.
[4] Schuhmacher H,Zibrowius H.What is hermatypic?[J].Coral Reefs,1985,4(1):1-9.

[5] 刘瑞玉.中国海洋生物名录[M].北京:科学出版社,2008.
[6] 杨顺良,杨璐,赵东波,等.福建沿海浅水石珊瑚和柳珊瑚的种类及其分布[J].应用海洋学学报.2015(2):209-218.
[7] 杨顺良,赵东波,任岳森,等.在闽东海域发现的石珊瑚的种类组成和分布[J].应用海洋学学报,2014(1):29-37.
[8] 黄宗国.厦门湾物种多样性[M].北京:海洋出版社,2006.
[9] De Paula A F,Creed J C.Two species of the coral Tubastraea(Cnidaria,Scleractinia) in Brazil:A case of accidental introduction[J].Bulletin of Marine Science Miami,2004,74(74):175-183.
[10] WoRMS-World Register of Marine Species[Z].2016.
[11] 黄宗国林茂.中国海洋生物图集(第三册)[M].北京:海洋出版社,2012.
[12] 戴昌凤,洪圣雯.台湾珊瑚图鉴[M].猫头鹰,2009.
[13] 小林道信,秦小兵.珊瑚图鉴:不可思议的珊瑚鉴赏图典[M].石家庄:河北科学技术出版社,2014.
[14] Cairns S.A generic revision and phylogenetic analysis of the Dendrophylliidae(Cnidaria:Scleractinia)[J].1997,591.
[15] Cairns S D.A revision of the shallow water *Azooxanthellate scleractinia* of the western Atlantic[J].Astrophysics & Space Science.2000,34(1):199-208.
[16] Cairns S D,Zibrowius H.Cnidaria Anthozoa:Azooxanthellate Scleractinia from the Philippine and Indonesian regions[J].1997.
[17] Cairns S D.A revision of the Ahermatypic Scleractinia of the Galapagos and Cocos Islands[J].Smithsonian Contributions to Zoology,1991,504(504):1-32.
[18] 王光禄.厦门市的环境地质[J].水文地质工程地质,1999(4):24-25.
[19] 刘亚辉,王权民,廖河山.厦门市区域地震地质特征[J].地下空间与工程学报,2006,2(5):867-872.
[20] Da Silva A G D P A F.Eleven years of range expansion of two invasive corals(*Tubastraea coccinea* and *Tubastraea tagusensis*) through the southwest Atlantic(Brazil)[J].Estuarine, Coastal and Shelf Science,2014,141:9-16.
[21] 张元林.筒星珊瑚属(*Tubastraea*)的数值分类研究[J].热带海洋,1984(1):56-62.

厦门白哈礁石珊瑚对温度和盐度胁迫响应行为的研究

刘佳英[1,2,3*],倪智[3],周立红[1,2,3],吴成业[1,2,3],钟孜琪[3],张臻[4]

(1. 农业部东海海水健康养殖重点实验室,福建 厦门 361021;
2. 福建省海洋渔业资源与生态环境重点实验室,福建 厦门 361021;
3. 集美大学水产学院,福建 厦门 361021;4. 厦门大学,福建 厦门 361005)

Wells 在 1933 年提出了造礁石珊瑚与非造礁石珊瑚的概念[1],但越来越多的研究发现

基金项目:厦门南方海洋研究中心基金项目 13GQT001NF14
作者简介:刘佳英(1968—),女,副教授.研究方向:资源与环境的调查与监测.E-mail:765276310@qq.com

珊瑚礁形成的原因复杂,并非单纯由石珊瑚的骨骼形成。珊瑚礁是热带海洋浅水造礁石珊瑚和其他附礁生物的遗骸经过各种堆积作用形成的[2]。珊瑚在世界海域的分布,与该海域海水的温度和盐度这两个指标密切相关。从珊瑚在全球范围内的分布看,其主要分布在热带和亚热带海区。造礁石珊瑚生长的水域温度一般为18~29℃,最适环境温度是18~20℃,非造礁石珊瑚生长的水域温度一般为-1.1~28℃,最适环境温度是8.5~20℃[3]。

众多研究和观察表明,温度影响珊瑚的生长发育[4-6],温度过高会导致珊瑚的白化现象,但是不同品种的珊瑚对温度的耐受程度不同[7-8]。盐度是影响珊瑚生长的另一重要环境因素,研究发现高盐度海域中仍然生长着部分珊瑚,但是低盐度水域基本没有珊瑚的踪影,因此有研究指出了降低盐度会导致珊瑚白化死亡[9-11]。

也有学者认为除了高温[12-13]、低盐[14]能导致珊瑚白化外,太阳辐射[15-16]、低温[17-18]和病菌[19]等均能导致珊瑚白化,从而造成珊瑚的大面积死亡。珊瑚受到环境温度和盐度胁迫时,会从珊瑚触手、珊瑚颜色、珊瑚分泌物、珊瑚是否白化等几个方面反映出来[7,20-21]。

厦门"白哈礁"位于厦门大小嶝海域。盛产石斑鱼、黄花鱼、对虾等,国家一级保护动物白海豚也常在这一带出没。"白哈礁"有珊瑚分布区域在东经118°22′8.4″—118°22′15.6″,北纬24°31′48″—24°31′55.2″之间。珊瑚资源调查期间,该水域测得底层海水最低温度是6℃,表层海水最高温度是29℃,盐度区间是27.8~36,本研究以厦门白哈礁海域采集到的浅水石珊瑚为实验对象,通过缓慢的升高温度和降低盐度胁迫实验,观察其应对高温胁迫和低盐胁迫时的珊瑚行为变化,确定厦门白哈礁海域石珊瑚实验条件下的生存高温极限和低盐极限,探讨对于无共生藻的浅水石珊瑚,受温度和盐度胁迫时,致其白化死亡的机理。

1 材料与方法

1.1 材料

1.1.1 材料与设备

水族缸(40 cm×30 cm×28 cm)、造浪器、蛋白质分离器、LED灯(蓝、白光)、壁挂式过滤器、恒温加热棒、法国红十字海盐、RO水。

1.1.2 采样时间地点

2015年5—11月对厦门白哈礁周边海域进行调查,采集到30余株石珊瑚活体带回实验室,暂养在实验室水族缸中,对所采集到的石珊瑚进行初步鉴定,他们主要是筒星珊瑚属的猩红筒星珊瑚、*Tubastraea tagusensis*和筒星珊瑚属未知种 *Tubastraea* sp.以及木珊瑚属的未知种(*Dendrophyllia* sp.)。调查站位共设了4个(图1)。

1.2 方法

对在白哈礁海域采集的石珊瑚进行清洗消毒,暂养在水族缸中。实验用水是海盐配置的海水,温度控制在25℃±1℃,盐度控制在33.6~35.0,pH值控制在8.0±0.01。实验缸是理化条件稳定的活石生态缸,配备过滤系统和蛋白质分离系统。

实验在规格为(40 cm×30 cm×28 cm)的水族缸中进行,设置对照组和实验组各一组缸,

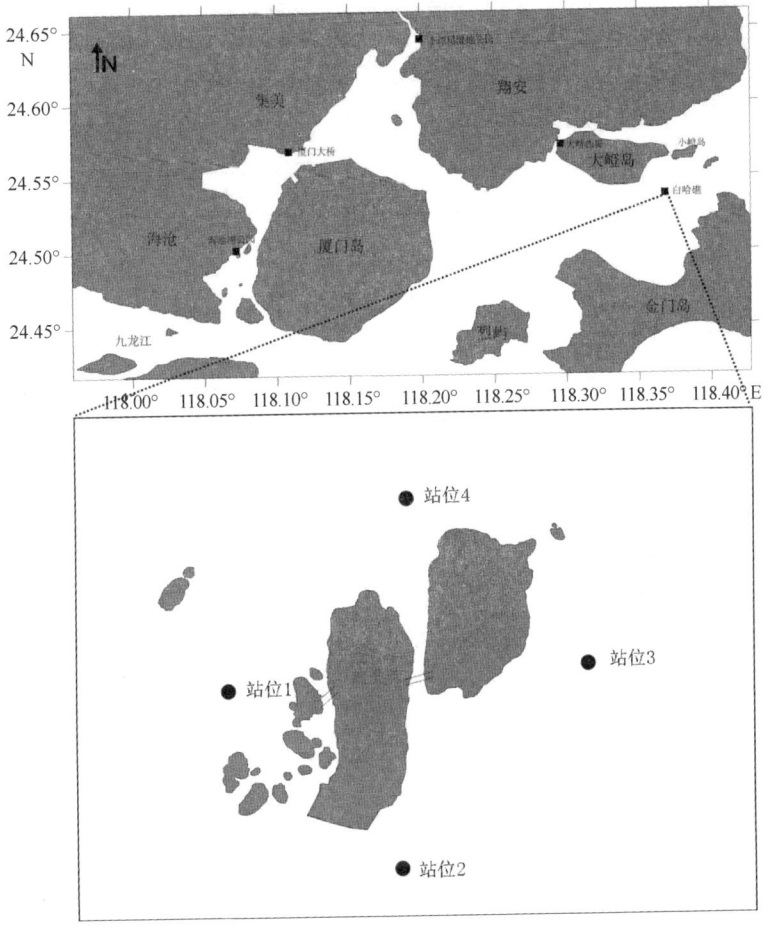

图 1 调查站位

每缸各取 5 株所采集到的"白哈礁"石珊瑚进行试验,对照组和实验组的水温最初控制在珊瑚的适宜生存温度 25℃±1℃,盐度控制在 33.6 进行适应性培养 4 d。本次实验的不同胁迫因子的梯度设置见表 1。鉴于珊瑚需要生活在一个有活石系统的环境中,如果试验设置平行组实验缸,则很难保证平行组实验缸活石系统的一致性,所以我们在同一活石实验缸设置珊瑚试验样本,以保证试验结果的可比性。

1.2.1 升温对"白哈礁"石珊瑚胁迫效应研究

对照组水温保持在 25℃±1℃ 不变。

实验组水温由 25℃ 开始逐步升温,每次增加 2℃,每个温度梯度均培养 4 d,共升温 5 次,分别是 27℃、29℃、31℃、33℃、35℃。而对照组水温则一直保持 25℃±1℃。实验期间每天对实验组和对照组进行一次观察记录,时间是 22:00-23:00(表 1)。

表 1　不同胁迫因子的梯度设置

胁迫因子	对照组	第一阶段 1~4 d	第二阶段 5~8 d	第三阶段 9~12 d	第四阶段 13~16 d	第五阶段 17~20 d
温度/℃	25	27	29	31	33	35
盐度	33.6	31.0	28.4	25.8	23.2	20.6

1.2.2　低盐对"白哈礁"石珊瑚胁迫效应研究

对照组水体盐度保持在 33.6 不变。

实验组盐度则由最适盐度 33.6 开始逐渐降低盐度,共降低 5 次,分别为 31.0、28.4、25.8、23.2、20.6,每次将盐度降低 2.6,每个盐度梯度均培养 4 d。实验期间每天对实验组和对照组进行一次观察记录,时间是 22:00—23:00(表 1)。

1.2.3　观察指标

本实验的观察指标主要有以下 4 个:分别是珊瑚触手伸展变化情况、珊瑚虫颜色变化、珊瑚表面黏液分泌量、珊瑚白化。珊瑚触手伸展变化用开、半开、闭(即不开)来描述;珊瑚虫颜色变化以无变化、变鲜艳、变暗来描述;珊瑚表面黏液分泌量以无、微量、少量、多来描述;珊瑚白化以无白化、少量白化、大量白化来描述。并对每个指标的描述进行赋值(表 2)。

表 2　特征指标与赋值

观察指标与赋值	珊瑚触手伸展变化	赋值	珊瑚虫颜色变化	赋值	珊瑚表面黏液分泌量	赋值	珊瑚白化	赋值
指标描述	闭合	0	变暗	0	无	0	无白化	0
	半开	1	无变化	1	微量	1	少量白化	1
	全开	2	变鲜艳	2	少量	2	大量白化	2
					大量	3		

2　结果与分析

2.1　适应性培养结果与分析

适应性培养期,对照组和实验组的珊瑚触手伸展处在开与半开之间;珊瑚虫颜色无变化;珊瑚表面黏液分泌量以无或微量;珊瑚无白化,生命体征状态均良好。

2.2　结果与分析

2.2.1　对照组组实验结果与分析

根据表 2 中对观察指标的赋值,将对照组珊瑚每天 22:00—23:00 的 4 个观察指标进行量化处理,求其平均值(图 1)。

从图 1 可以看出,在为期 20 d 的实验过程中,通过对 5 株对照组珊瑚的 4 个观察指标特征的观察、记录和分析,对照组的珊瑚在 20 d 的实验期间,4 个观察指标特征总体状况稳定。

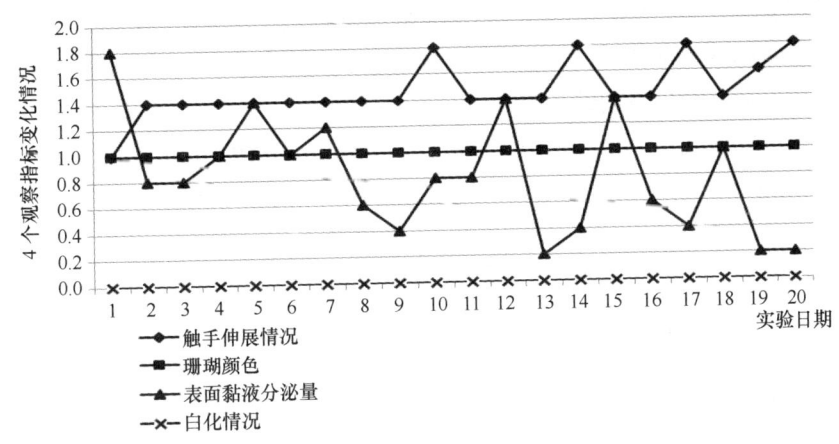

图 1 对照组珊瑚实验结果

珊瑚虫的颜色没有变化,珊瑚无白化现象,珊瑚触手始终处于半开和全开之间,珊瑚体表的黏液分泌情况从初期的少量分泌到实验结束前 2 d 的接近于无。

2.2.2 升温胁迫实验组结果与分析

根据表 2 中对观察指标的赋值,对升温胁迫实验组珊瑚每天 22:00—23:00 的 4 个观察指标进行量化处理,求其平均值(图 2)。

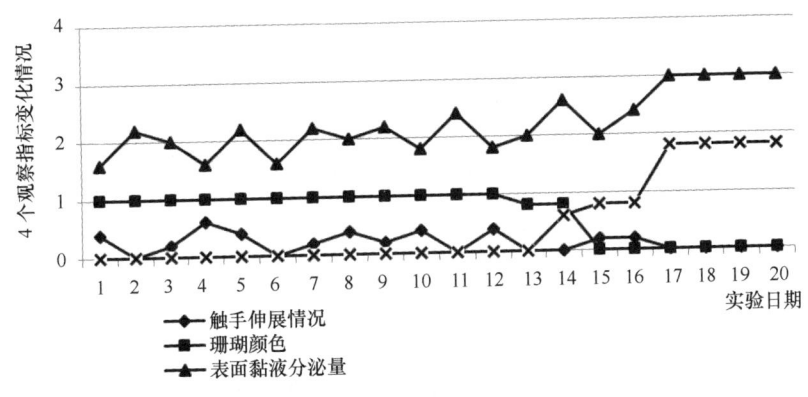

图 2 温度胁迫组珊瑚实验结果

从图 2 可以看出,在为期 20 d 的实验过程中,通过对 5 株升温胁迫实验组珊瑚的 4 个观察指标特征的观察、记录和分析,升温实验组的珊瑚在 20 d 的实验期间,4 个观察指标特征都发生了较大变化。

珊瑚的触手在升温胁迫实验 1~12 d,即水温从 25℃升高到 31℃的 12 d 内,有 3 d 是所有实验的珊瑚触手是完全闭合的,而当水温从 31℃升高到 35℃的 8 d 内,有 6 d 所有实验的珊瑚触手是完全闭合的,特别是水温升到 35℃的 4 d 时间内,珊瑚的触手都是闭合的。

珊瑚虫的颜色在实验水温从 25℃升高到 31℃的 12 d 内,颜色没有变化,但继续升温的

13~14 d,部分珊瑚变暗,从第 15 天开始,所有珊瑚的颜色全部变暗,直到实验结束。

珊瑚体表的黏液分泌情况从初期的微量到少量之间,在水温从 33℃升高到 35℃期间,5 株珊瑚都出现大量分泌黏液的情况。

珊瑚白化指标的观察结果显示,水温从 25℃升高到 31℃的 12 d 期间,珊瑚无白化,继续升温的第 13 天还未出现白化,但 14~16 d,水温在 33℃时,珊瑚出现少量白化,从第 17 天开始,即水温升到 35℃时,所有珊瑚均出现大量白化现象。

实验结束后,我们在原有的实验条件下,将对照组的实验水温直接从 25℃升到 29℃,进行培养 4 d,珊瑚触手伸展正常,珊瑚虫颜色无变化,但是珊瑚体表面覆盖着大量黏液,珊瑚没有出现白化现象。

以上实验结果表明,在实验条件下,白哈礁海域的浅水石珊瑚生命状态较好的环境温度最高值是 31℃,当温度达到 33℃时,此类珊瑚开始白化,我们认为 33℃是此类珊瑚的致死温度。

2.2.3 低盐胁迫实验组结果与分析

根据表 2 中对观察指标的赋值,对低盐胁迫实验组珊瑚每天 22:00—23:00 的 4 个观察指标进行量化处理,求其平均值(图 3)。

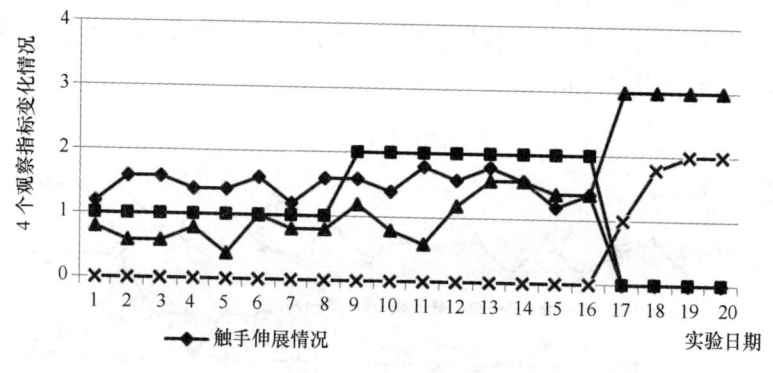

图 3 盐度胁迫组珊瑚实验结果

从图 3 可以看出,在为期 20 d 的实验过程中,通过对 5 株低盐胁迫实验组珊瑚的 4 个观察指标特征的观察、记录和分析,低盐胁迫实验组的珊瑚在 20 d 的实验期间,4 个观察指标特征都发生了较大变化。

珊瑚的触手在实验水体的盐度从 33.6 降低到 23.2 的 16 d 内,所有珊瑚的触手状态都处于半开至全开的状态;而盐度降到 20.6 时,所有珊瑚触手完全闭合。

珊瑚虫的颜色在实验水体的盐度从 33.6 降低到 28.4 的 8 d 内没有变化;当盐度降到 25.8 和 23.2 的 8 d 内,珊瑚虫的颜色更加漂亮和鲜艳;当盐度降到 20.6,所有珊瑚虫颜色变暗。

珊瑚体表黏液在实验水体的盐度从 33.6 降低到 28.4 的 8 d 内有微量分泌;当盐度降到 25.8 和 23.2 的 8 d 时间里,体表黏液仍处于微量和少量之间,并且呈现出随着盐度降低,黏液分泌量增加的趋势;当盐度降到 20.6,所有珊瑚体表均覆盖大量黏液。

珊瑚白化指标的观察结果显示,从 1～16 d,即在实验水体盐度从 33.6 降低到 23.2 期间,珊瑚无白化,继续降低盐度到 20.6,即实验第 17 天,珊瑚开始出现白化,19～20 d,所有珊瑚均出现大量白化现象。这说明,在实验条件下,白哈礁海域的浅水石珊瑚生命状态较好的环境盐度最低值是 23.2,低于此盐度值,珊瑚即出现白化死亡。

3 讨论

3.1 水温与盐度对石珊瑚分布的影响

珊瑚群落分布区是海洋生态系统中初级生产力较高的区域之一,石珊瑚对海水温度和盐度要求很高。邹仁林认为从珊瑚在全球范围内的分布看,其主要分布在热带和亚热带海区。邹仁林认为造礁石珊瑚生长的水域温度一般为 18～29℃,最适环境温度是 18～20℃。非造礁石珊瑚生长的水域温度一般为-1.1～28℃,最适环境温度是 8.5～20℃[3]。而黄晖和戴昌凤认为适合造礁石珊瑚生长的水温一般在 18～30℃,最适合水温为 26～28℃,在 16～17℃时就停止摄食,13℃以下就会死亡[22,23];2004 年 De Paula 和 Christopher 在巴西 Ilha Grande 湾附近(22°50′—23°20′S,44°00′—44°45′W)发现筒星珊瑚属 $Tubastraea\ tagusensis$ 珊瑚和猩红筒星珊瑚。而该海湾的盐度常年维持在 35～36,年温度变化为 21～32℃[24]。

本次在厦门白哈礁海域发现的浅水石珊瑚生存的海域温度测得区间是 6～29℃。通过对厦门发现的石珊瑚温度胁迫实验表明,白哈礁海域的浅水石珊瑚生命状态较好的环境温度上限是 31℃,说明白哈礁海域的浅水石珊瑚生存环境温度在 6～31℃,期间都可以良好的生存。

盐度是影响石珊瑚分布的另一重要因素,有研究表明不同品种的珊瑚对盐度的耐受性不同,邹仁林认为石珊瑚生存的水域盐度一般是 27～40,最适盐度为 34～36,而深海石珊瑚(非造礁石珊瑚)一般存在大于 34 的海域内[25]。也有学者认为适合造礁石珊瑚生长的盐度一般为 32～40,最适宜盐度为 34～36[22-23]。这说明,石珊瑚在部分高盐度海域仍然能生存。在低盐度地区较难生存。有研究表明盐度的变化会影响珊瑚虫黄藻的光合作用速率,使得珊瑚因缺乏能量而影响生长[4]。短时间内盐度的突变会对珊瑚虫的呼吸作用以及共生藻的光合作用产生影响,时间过长会导致珊瑚的死亡[5]。

本次在厦门白哈礁海域发现的浅水石珊瑚生存的海域盐度测得区间是 27.8～36。与邹仁林、黄晖等的看法接近。通过对其进行的盐度和温度胁迫实验表明,白哈礁海域的浅水石珊瑚生命状态较好的环境盐度下限是 23.2;说明白哈礁海域的浅水石珊瑚可以生存的盐度在 23.2～36,这类珊瑚在自然界的分布会比较广泛。

3.2 温度和盐度致使无共生藻石珊瑚白化机理

珊瑚白化从直观上来讲就是珊瑚颜色变白的现象,而实际上是由于珊瑚失去共生藻或者失去色素抑或是同时失去共生藻和色素导致珊瑚体变白的现象。珊瑚出现白化一般是由于不适应环境的压力造成的,珊瑚白化根据其受环境的胁迫程度可分为生理性的白化、共生藻胁迫白化和珊瑚虫胁迫白化[4]。

　　李淑等认为夏季大规模的珊瑚白化(热白化)可能是珊瑚共生虫黄藻密度逐渐降低(排出)到一定阈值的外观表征,而非突发的生态现象[26]。现在普遍认为随着全球温室效应的加剧,尤其是厄尔尼诺现象造成的海水表面温度持续升高,从而造成珊瑚及其共生藻的共生体系的崩溃,导致虫黄藻大量排出,使得全球范围内的珊瑚生存环境恶化,珊瑚生命受到威胁,认为全球变暖和海水温度上升是导致世界范围内珊瑚礁大量死亡的主要原因[12,27-28]。

　　本次试验用的猩红筒星珊瑚、*Tubastraea tagusensis*、*Tubastraea* sp. 以及 *Dendrophyllia* sp.,被普遍认为是无共生藻石珊瑚。其受到高温胁迫和低盐胁迫时,首先出现生理性的应激反应,分泌黏液,随着胁迫的加强,黏液的分泌量亦不断增加,另外珊瑚虫的触手活力随着胁迫的增加而不断下降,这些都是生理性反应,所以我们认为对于无共生藻的猩红筒星珊瑚、*Tubastraea tagusensis*、*Tubastraea* sp. 以及 *Dendrophyllia* sp. 受到高温和低盐胁迫时出现的白化现象,是一种生理性白化。

3.3　珊瑚在人工条件和自然条件下,环境的要求不一致

　　鲍鹰等对石珊瑚中的粗野鹿角珊瑚(Acroporahumilis)、霜鹿角珊瑚(Acroporapruinosa)和松枝鹿角珊瑚(Acroporabrueggemanni)的在水泥池和自然海域人工养殖实验结果表明,这3种珊瑚可以在自然海域的海底珊瑚苗床上常年生长(水温14.3~30.3℃);在水泥池中当水温低于14℃或高于28℃时珊瑚陆续死亡[20]。说明该人工条件下,以上3种珊瑚的生存要求的环境温度和盐度比自然海区苛刻,这可能与其陆基人工养殖条件还不够完善有关。

　　厦门白哈礁海域的猩红筒星珊瑚、*Tubastraea tagusensis* 和 *Tubastraea* sp. 以及 *Dendrophyllia* sp. 在自然海区的温度上限是29℃,而在实验条件下,31℃时仍生存状态良好。在自然海区的盐度下限是27.8,而在实验条件下,盐度23.2时仍生存状态良好。说明我们实验用的活石生态系统要优于自然海区的条件,这为将来开展猩红筒星珊瑚、*Tubastraea tagusensis* 和 *Tubastraea* sp. 以及 *Dendrophyllia* sp. 珊瑚的移植和无性繁育研究提供依据。

4　结论

　　(1)"白哈礁"海域浅水石珊瑚猩红筒星珊瑚、*Tubastraea tagusensis*、*Tubastraea* sp.、*Dendrophyllia* sp. 是广盐和广温分布种。他们适合的温度范围是6~31℃,盐度为23.2~33.6,它们可以分布在靠近河口区盐度偏低的海域。

　　(2)猩红筒星珊瑚、*Tubastraea tagusensis*、*Tubastraea* sp.、*Dendrophyllia* sp. 受环境温度和盐度胁迫造成其白化时,主要是生理性白化。

参考文献

[1] Wells J W.Corals of the Cretaceous of the Atlantic and Gulf coastal plains and western interior of the United States[M].1933.
[2] 沈国英,施并章.海洋生态学[M].厦门:厦门大学出版社,1996.
[3] 邹仁林.造礁石珊瑚[J].生物学通报,1998,33(6):8-11.

[4] 李秀保,黄晖,练健生,等.珊瑚及共生藻在白化过程中的适应机制研究进展[J].生态学报,2007,27(3):1217-1225.

[5] Li X,Huang H,Lian J,et al.Effects of the multiple stressors high temperature and reduced salinity on the photosynthesis of the hermatypic coral *Galaxea fascicularis*[J].Acta Ecologica Sinica,2009,29(3):155-159.

[6] 赵焕庭.中国现代珊瑚礁研究[J].世界科技研究与发展.1998(4):98-105.

[7] 杨小东,申玉春,刘丽,等.温度、pH和盐度对珊瑚小穗生长的影响[J].海洋环境科学,2014(1):53-59.

[8] 李淑,余克服,施祺,等.海南岛鹿回头石珊瑚对高温响应行为的实验研究[J].热带地理,2008,28(6):534-539.

[9] 李泽鹏.主要环境因子对滨珊瑚的胁迫作用研究[D].湛江:广东海洋大学,2012.

[10] 施祺,张叶春,孙东怀.海南岛三亚滨珊瑚生长率特征及其与环境因素的关系[J].海洋通报,2002,21(6):31-38.

[11] 钱军,李洪武,王晓航,等.大洲岛珊瑚礁海域水质状况分析与评价[J].生态科学,2015,34(6):22-29.

[12] Hoegh-Guldberg O.Climate change,coral bleaching and the future of the world's coral reefs[J].Marine & Freshwater Research,1999,50(8):839-866.

[13] Lough J M.1997-98:Unprecedented thermal stress to coral reefs?[J].Geophysical Research Letters.2000,27(23):3901-3904.

[14] Hoegh-Guldberg O,Smith G J.The effect of sudden changes in temperature,light,and salinity on the population density and export of zooxanthellae from the reef corals *Stylophora pistillata* Esper and *Seriatopora hystrix* Dana.J Exp Mar Biol Ecol[J].Journal of Experimental Marine Biology & Ecology,1989,129(3):279-303.

[15] Lesser M P,Stochaj W R,Tapley D W,et al.Bleaching in coral reef anthozoans:effects of irradiance,ultraviolet radiation,and temperature on the activities of protective enzymes against active oxygen[J].Coral Reefs,1990,8(4):225-232.

[16] Gleason D F,Wellington G M.Ultraviolet radiation and coral bleaching[J].Nature,1993,365(6449):836-838.

[17] Hoegh-Guldberg O,Fine M.Low temperatures cause coral bleaching[J].Coral Reefs,2004,23(3):444.

[18] Yu K F,Zhao J X,Liu T S,et al.High-frequency winter cooling and reef coral mortality during the Holocene climatic optimum[J].Earth & Planetary Science Letters,2004,224(1-2):143-155.

[19] Kushmaro A,Loya Y,Fine M,et al.Bacterial infection and coral bleaching[J].Nature,1996,380(380):396.

[20] 鲍鹰,周学家,黄美霞,等.鹿角珊瑚人工养殖的初步研究[J].海洋科学,2012,36(1):69-72.

[21] 李淑,余克服,施祺,等.造礁石珊瑚对低温的耐受能力及响应模式[J].应用生态学报,2009,20(9):2289-2295.

[22] 黄晖.福建东山珊瑚自然保护区及其生物多样性[M].北京:海洋出版社,2009.

[23] 戴昌凤,洪圣雯.台湾珊瑚图鉴[M].猫头鹰,2009.

[24] De Paula A F,Creed J C.Two species of the coral Tubastraea(Cnidaria,Scleractinia) in Brazil:A case of accidental introduction[J].Bulletin of Marine Science-Miami.2004,volume 74(74):175-183.

[25] 邹仁林.中国动物志,腔肠动物门[M].北京:科学出版社,2001.
[26] 李淑,余克服,陈天然,等.珊瑚共生虫黄藻密度的季节变化及其与珊瑚白化的关系——以大亚湾石珊瑚为例[J].热带海洋学报,2011,30(2):39-45.
[27] 李淑,余克服.珊瑚礁白化研究进展[J].生态学报,2007,27(5):2059-2069.
[28] Fitt W K, Brown B E, Warner M E, et al. Coral bleaching: interpretation of thermal tolerance limits and thermal thresholds in tropical corals[J]. Medicine Science & the Law. 2001, 20(1):51-65.